二广高速公路分水岭至南阳段工程竣工验收

第三册　工程决算、竣工决算、审计、竣工数量表

主编　陈亚莉　侯建军　薛彦岭

人民交通出版社股份有限公司

内 容 提 要

本书收录了二广高速公路分水岭至南阳段工程的工程决算编制说明及相关表格，竣工财务决算说明书及相关表格，审计报告、竣工决算审计决定书，竣工数量表编制说明及各标段竣工数量表。

本书可供从事高速公路建设、设计、施工、监理、质检等方面的工程技术人员使用参考。

图书在版编目(CIP)数据

二广高速公路分水岭至南阳段工程竣工验收. 3，工程决算，竣工决算，审计，竣工数量表/陈亚莉，侯建军，薛彦岭主编. —北京：人民交通出版社股份有限公司，2014.12

ISBN 978-7-114-11023-8

Ⅰ.①二… Ⅱ.①陈… ②侯… ③薛… Ⅲ.①高速公路—道路工程—工程验收—中国 Ⅳ.①U415.12

中国版本图书馆 CIP 数据核字(2013)第 279891 号

书　　名：二广高速公路分水岭至南阳段工程竣工验收(第三册)
著 作 者：陈亚莉　侯建军　薛彦岭
责任编辑：杜　琛　卢　珊
出版发行：人民交通出版社股份有限公司
地　　址：(100011)北京市朝阳区安定门外外馆斜街 3 号
网　　址：http://www.ccpress.com.cn
销售电话：(010)59757973
总 经 销：人民交通出版社股份有限公司发行部
经　　销：各地新华书店
印　　刷：化学工业出版社印刷厂
开　　本：787×1092　1/16
印　　张：22.625
字　　数：601 千
版　　次：2014 年 12 月　第 1 版
印　　次：2014 年 12 月　第 1 次印刷
书　　号：ISBN 978-7-114-11023-8
全册定价：198.00 元

二广高速公路分水岭至南阳段
工程竣工验收（第三册）

编　委　会

目　　录

第一部分　工 程 决 算

第二部分　竣 工 决 算

第三部分　审　　计

第四部分　工程竣工数量表

第一部分　工程决算

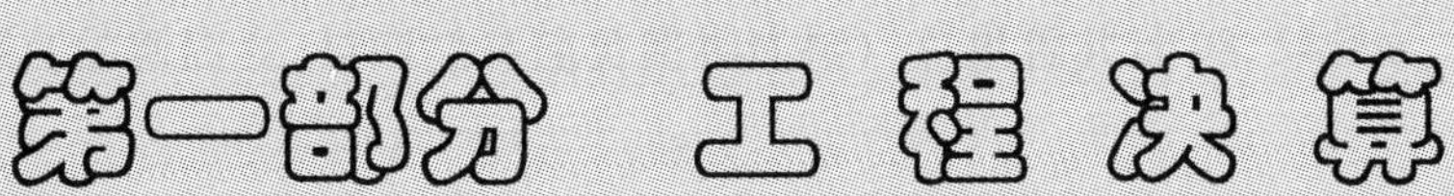

运营。

（2）主线剩余18.856km（土建1～6标，路面1标）及联络线24.25km（土建19～22标，路面6～7标，独山连接线，扣除蒲山特大桥）于2008年11月26日通车进入试运营。

（3）联络线蒲山特大桥于2009年9月30日建成通车进入试运营阶段。

（四）主要工程数量

全线路基土方2121.79万m^3；沥青混凝土路面260.33万m^2；水泥稳定碎石基层216.08万m^2；水泥稳定砂砾底基层218.08万m^2；互通式立交7处，分离式立交10处；特大桥4座，共长5316.4m；大、中、小桥101座，总长度16729.5m；通道89处；天桥28座；涵洞154道；隧道为3665.4m/9道。交通标志1113块；道路标线147677m^2；隔离栅187142m；收费雨棚、广场、收费岛4处；综合功能服务区1处、停车区1处。

二、报审工程决算情况

本项目2011年4月，项目业主根据交通部工程决算编制办法要求，依据社会审计（河南联华会计师事务所有限责任公司等5家）结果编制了工程决算文件（未经政府审计）。项目工程决算479292万元，超概金额为22723万元，超概比例为4.98%。

2014年经政府审计、厅财务处审查后，修改计算偏差，重新编制了工程决算，总金额为469588万元，比原编制工程决算减少9704万元，工程决算比批复概算增加13019万元，增幅2.85%。

审查后工程决算与批复概算对比情况见表1。

审查后工程决算与批复概算对比情况表 表1

序号	费用名称	批复概算（万元）	工程决算（万元）	增减（万元）
	第一部分　建筑安装工程费	353638	376231	22593
一	路基工程	75652	66877	-8775
二	路面工程	62693	77781	15088
三	桥梁、涵洞工程	158609	146967	-11642
四	隧道工程	16458	13229	-3229
六	其他工程及沿线设施	16290	30976	14687
七	临时工程	2912	2912	0
八	管理、养护及服务房屋	5253	15882	10629
十二	建安费部分预留费（其他支付）	15145	15798	653
	第二部分　设备工具及器具购置费	8184	12609	4425
	第三部分　工程建设其他费用	81801	80749	-1052
一	土地、青苗补偿及安置补置费	36581	40415	3834
二	建设单位管理费	10445	12366	1921
三	研究试验费	1500	6015	4515
四	勘察设计费	7460	1029	-6431
九	建设期贷款利息	25374	19966	-5408
	专项评估费	442	958	516
十	第三部分预留费用（其他支付）	12946	5768	-7178
	总　金　额	456569	469588	13019

三、审查过程情况简述

2011 年 7 月，我站对项目公司提交的工程决算进行了审查，提出了初审意见，因该项目未经政府审计，项目公司未再调整决算，2014 年 4 月项目公司结合政府审计情况对该项目决算重新进行了调整。完善了决算编制内容，其概算分解和费用分类基本合理，数据对应逻辑关系基本符合要求。

四、各主要部分工程决算费用分析及评价

（一）建安工程费

建安工程费决算每公路公里 3725.5 万元。

（1）路基工程每公路公里 678.64 万元。计价土方数量平均每公路公里 11.98 万 m^3；土方综合 18.8 元/m^3；计价石方数量平均每公路公里 9.55 万 m^3；石方综合单价 21.91 元/m^3；防护工程 154.8 万元/公路公里；排水工程 70.19 万元/公路公里；软基处理 49.37 万元/公路公里。各项指标与项目建设条件等情况基本相符。

（2）路面工程每公路公里 789.28 万元。面层综合单价 225.74 元/m^2；基层综合单价 54.41 元/m^2；底基层综合单价 21.17 元/m^2；各单项指标基本合理。

（3）桥涵工程每公路公里 1491.36 万元，其中涵洞综合单价指标 9545.08 元/m，桥梁综合单价 74597.06 元/m。

（4）安全设施每公路公里 100 万元，与同期项目相比基本合理。

（5）绿化工程每公路公里 84.89 万元，扣除声屏障 880.39 万元后，绿化费用为每公路公里 75.96 万元，与同期项目相比偏高。

（6）房建工程每公路公里 161.16 万元，总建筑面积为 23196.13m^2，综合费用指标 6846.76 元/m^2，综合指标与同期项目相比略高。

（二）设备及工具器具购置费

设备及工器具购置费决算每公路公里 127.95 万元，与同期项目相比相比偏高。

（三）工程建设其他费用

工程建设其他费用决算每公路公里 911.71 万元。其中：土地费用决算每公路公里 502.4 万元；建设单位（项目公司）管理费每公路公里 57.38 万元；工程监理费每公路公里 54.02 万元；建设期贷款利息每公路公里 202.60 万元。建设单位（项目公司）管理费与同期项目相比略高，其他基本合理。

五、需要说明的问题

（1）部分土建工程较大变更未按规定程序及时报批，如蒲山特大桥结构形式变更、独山收费站房建的变更等，项目 2009 年 10 月最后建成通车，2012 年 5 月完成相关批复。

（2）土方决算工程数量较合同增加 53%，石方决算工程数量较合同增加 48%，土石方计量比例变化较大。反映出项目地质勘察设计深度严重不足。

（3）房建建筑面积决算工程数量较合同增加工程量 5987.73m^2，增加幅度为 35%，增加费用 9270.36 万元，决算显示费用较合同增加 140%，与合同比较反映出房建设计变更较多且变更后的标准、费用较高。

（4）绿化工程决算显示费用较合同增加 219%。与合同比较反映出绿化设计变更较多且变更后的标准、费用较高。

（5）该项目中个别决算费用与合同费用差距较大，见表 2。

决算费用与合同费用对比情况表 表2

项　　目	概算费用(万元)	合同费用(万元)	决算费用(万元)	决算费用/合同费用(%)
计价土方	10327.1	14334.7	22185.32	55
计价石方	33190	14998	20630	38
防护工程	16001.2	6244.1	15254.9	144
环境保护工程	929.83	2620.19	8366.17	219
管理、养护及服务房屋	5252.8	6611.47	15881.83	140

六、结论意见

(1)该项目工程决算文件经项目公司修改完善后,基本符合交通部《公路建设项目工程决算编制办法》和厅《河南省公路建设项目工程决算编制和审查要求》的规定。

(2)该项目工程决算为469588万元,扣除连接线费用后决算平均每公路公里4733万元。工程决算比批复概算增加13019万元,增幅2.85%。剔除路面与房建的变更因素,与其他项目比较总体造价控制基本合适。

附件:项目总决算(分析)表

2014年11月18日

附件

项目总决算(分析)表

路线工程:二广高速公路分水岭至南阳段

项	目	工程或费用名称	单位	工程数量	决算金额(元)	指标
		第一部分　建筑安装工程费	公路公里	98.546	3671334380.78	37255031.97
一		路基工程	公路公里	98.55	668773310.08	6786407.47
	1	计价土方	m^3	11802867.26	221853198.72	18.80
	2	计价石方	m^3	9415093.63	206300639.69	21.91
	3	排水工程	m^3	126608.895	51640377.82	407.87
	4	防护工程	m^3	318570.65	152549387.37	478.86
	5	特殊路基处理	km	98.546	36429706.48	369672.10
二		路面工程	公路公里	98.55	777808978.56	7892851.85
	1	面层	m^2	2603316.4	587660519.17	225.74
	2	基层	m^2	2160831.89	117587967.79	54.42
	3	底基层	m^2	2180825.47	46168998.13	21.17
	4	排水工程	m	468430.25	17518120.94	37.40
	5	路缘石	m^3	7122.71	8873372.53	1245.79
三		桥梁、涵洞工程	公路公里	98.546	1469672401.10	14913567.28
	1	涵洞	m/道	5611.16/154	53558978.61	9545.08
	2	桥梁	m/座	22045.9/105	1416113422.49	64234.77
五		隧道工程	公路公里	98.546	132288183.32	1342400.33
	1	洞门	座	9	6260614.91	695623.88
	2	明洞	m^2			
	2	洞身	m	3665.4	126027568.41	34383.03
六		其他工程及沿线设施	公路公里	98.546	218791743.32	2220199.13
	1	清除场地	公路公里	98.546	4502332.77	45687.63
	2	拆除建筑物、构筑物	公路公里	98.546	18175894.89	184440.72
	3	管理与养护设施	公路公里	98.546	13863305.11	140678.52
	4	安全设施	公路公里	98.546	98588502.32	1000431.29
	5	服务设施	公路公里	98.546	0.00	0.00
	6	环境保护工程	公路公里	98.546	83661708.23	848960.97
七		临时工程	公路公里	98.546	29119395.79	295490.39
八		管理、养护及服务房屋	公路公里	98.546	158818276.14	1611615.65
	1	管理房屋	m^2	11679.79	83432830.20	7143.35
	2	养护房屋	m^2			
	3	服务房屋	m^2	11516.94	75385445.94	6545.61
十二		建安费其他费用	公路公里	98.546	157975851.62	1603067.11
十三	1	预留工程费用				
		第二部分　设备、工具及器具购置费	公路公里	98.546	126086034.61	1279463.75
一		设备购置费	公路公里	98.546	111147825.50	1127877.60
二		工具、器具购置费	公路公里	98.546	8609570.36	64220.15

续上表

项	目	工程或费用名称	单 位	工程数量	决算金额(元)	指 标
三		办公及生活用家具购置费	公路公里	98.546	6328638.75	0.00
		第三部分　工程建设其他费用	公路公里	98.546	898462606.29	9117190.01
一		土地、青苗补偿及安置补置费	公路公里	98.546	495121280.75	5024265.63
二		建设单位管理费	公路公里	98.546	123663002.33	1254875.92
三		勘察设计费	公路公里	98.546	60146190.00	610336.19
四		研究试验费	公路公里	98.546	10292600.00	104444.62
九		建设期贷款利息	公路公里	98.546	199659533.21	2026054.16
		专项评估费	元	98.546	9580000.00	97213.48
十		其他费用及预留费用	公路公里	98.546	58086240.85	589432.76
	1	绿色通道植树费	元		2096525.01	
	2	回龙电站加固及发电损失费	元		24040800.00	
	3	路线交叉保通协调费用	元		230000.00	
	4	独山互通连接线	km	5.402	17375260.90	3216449.63
	5	南召互通连接线	km	3.734	14343654.94	3841364.47
	6	其他费用预留费用	公路公里			
		决算总金额	公路公里	98.546	4695883021.68	47651685.73

洛阳至南阳高速公路分水岭至南阳段工程决算文件编制说明

洛阳至南阳高速公路分水岭至南阳段工程是内蒙古自治区二连浩特市至广东省广州市国家重点公路的重要组成部分，是河南省规划的公路网骨架“五纵、四横、六通道”高速公路主骨架规划中的“第四纵”。本项目的建设对加快国家干线公路网建设、充分发挥国道主骨架路网功能具有重要意义。同时，也是河南省和沿线经济发展的需要，对于实现河南省的经济发展战略，发挥河南省的区位优势，缩小区域间经济发展差距，促进豫西地区经济发展将起到重要作用，对缓解河南省南北交通运输压力，完善综合运输体系有着重要意义，对河南省旅游业、外向型经济的发展具有积极的促进作用。

一、项目基本建设概况

（一）项目立项及概算批复情况

本项目的立项依据是：河南省发展与改革委员 2005 年 6 月 8 日《关于洛阳至南阳高速公路分水岭至南阳段工程可行性研究报告核准的批复》（豫发改交通〔2005〕705 号）等文件。

本项目批复概算金额为 456569 万元（河南省发展和改革委员会豫发改设计〔2006〕359 号文《关于洛阳至南阳高速公路分水岭至南阳段工程初步设计的批复》），本项目已批复的施工图预算金额为 455417 万元。其中：主体工程 421104 万元（河南省交通厅豫交计〔2006〕332 号《关于洛阳至南阳高速公路分水岭至南阳段工程施工图设计的批复》）；批复绿化工程 3400 万元（2007 年 6 月 5 日河南省交通厅豫交计〔2007〕136 号《关于洛阳至南阳高速公路分水岭至南阳段绿化工程方案设计的批复》）；10kV 供电线路工程 1575 万元（河南高速公路发展有限责任公司豫高司工〔2006〕423 号《关于洛南高速公路南阳段 10kV 供电线路工程施工图设计及预算的批复》）；机电工程合计 9566 万元，其中机电工程预算 3369 万元、隧道附属工程预算 2319 万元、机电工程管道、土建工程预算 2381 万元、供配电照明工程预算 1497 万元（河南省交通厅豫交计〔2007〕29 号《关于洛南高速分水岭至南阳段机电工程详细设计 通信管道 供配电照明 隧道附属工程施工图设计的批复》）；房建工程 5207 万元（河南省交通厅豫交计〔2007〕48 号《关于洛阳至南阳高速公路分水岭至南阳段房建工程施工图设计的批复》）；蒲山跨焦枝铁路及南水北调总干渠特大桥 14565 万元（河南省交通厅豫交计〔2008〕145 号《关于洛阳至南阳高速公路分水岭至南阳段蒲山特大桥跨焦枝铁路及南水北调总干渠段工程施工图设计的批复》）。

2009 年 2 月，国土资源部《关于洛阳至南阳高速公路分水岭至南阳段工程建设用地的批复》（国土资函〔2009〕147 号）批准项目建设用地 647.71hm^2（折合 9715.61 亩）。项目实际占地 647.05hm^2（折合 9705.75 亩），其中：已办结土地使用权证 9682.09 亩，23.8 亩服务区经营性用地使用权证尚待办理。

（二）项目建设情况

1.建设里程

本工程起于南阳与平顶山交界的分水岭，止于南阳市区西部张华岗，与已建成的上海至武威国家重点公路相接，主线全长约 74.299km，联络线由南阳市卧龙区的安皋乡向东，经蒲山镇止于宛城区的新店乡，与南兰高速公路相连接，全长 24.25km，总里程共计 98.546km。

2. 工程交工验收情况

工程项目于 2005 年 9 月 16 日开工建设，主线其中 55km（土建 7～18 标，路面 2～5 标）于 2007 年 12 月 9 日通车进入试运营；主线剩余 18.856km（土建 1～6 标、路面 1 标）于联络线 24.25km（土建 19～22 标、路面 6～7 标，扣除蒲山特大桥）于 2008 年 11 月 26 日通车进入试运营；联络线蒲山特大桥于 2009 年 9 月 30 日建成通车进入试运营阶段。

3. 工程竣工专项验收情况

2010 年 3 月 6 日通过工程竣工环境保护专项验收；2010 年 6 月 25 日通过工程竣工档案专项验收；2010 年 8 月 20 日通过工程竣工质量检测。

4. 主要技术指标

本项目采用全封闭、全立交、四车道（山区）、六车道（平原区）高速公路技术标准设计，其主要技术标准如下：

设计行车速度：山岭区 100km/h；平原区 120km/h。

路基宽度：山岭区 26m；平原区 28m。

平曲线一般最小半径：山岭区 700m；平原区 1000m。

平曲线极限最小半径：山岭区 400m；平原区 650m。

最大纵坡：山岭区 4%；平原区 3%。

桥梁设计荷载：（公路—Ⅰ级）×1.3。

设计洪水频率：特大桥为 1/300、其他和路基 1/100。

地震动峰值加速度系数：0.05g、0.10g（相当于地震基本烈度：Ⅵ、Ⅶ度）。

连接线采用二级公路技术标准设计。

南召互通立交连接线 3.734km：按山岭重丘区二级路标准设计，设计速度 60km/h，路基宽度 12m，分为行车道 2×3.75m、硬路肩 2×1.5m 和土路肩 2×0.75m 三部分。路面结构自下而下依次为：底基层 20cm 厚级配砂砾，基层 30cm 厚 5% 水泥稳定碎石，上面层 4cm 厚细粒式沥青混凝土（AC—13C），下面层 6cm 厚中粒式沥青混凝土（AC—20C）。

独山互通立交连接线 5.402km：按平原微丘二级路标准设计，设计速度采用 80km/h，路基宽度为 17.0m，分为行车道 2×3.5m，硬路肩 2×3.5m 和土路肩 2×1.5m 三部分。路面结构自下而下依次为：底基层 20cm 厚级配砂砾，基层 30cm 厚 5% 水泥稳定碎石，上面层 4cm 厚细粒式沥青混凝土（AC—13C），下面层 6cm 厚中粒式沥青混凝土（AC—20C）。

其他有关标准按《公路工程技术标准》（JTG B01—2003）和《河南省高速公路设计技术要求》规定执行。

（三）项目资金来源

本项目资金来源为：项目法人筹措项目资本金（占批准总投资的 35%）和申请银行贷款。截至 2014 年 3 月 31 日，共到位资金 468419 万元，其中：项目资本金 1000 万元（法人资本金 1000 万元，由河南高速公路发展有限责任公司拨付）；基建拨款 44278.15 万元（由河南高速公路发展有限责任公司拨付）；申请银行贷款 285720 万元（工商银行 61050 万元、建设银行 136000 万元、交通银行 36670 万元、国家开发银行 46000 万元、浦发银行 6000 万元）；上级拨入资金 137420.85 万元。

全线路基土方 2121.79 万 m^3；沥青混凝土路面 260.33 万 m^2；水泥稳定碎石基层 216.08 万 m^2；水泥稳定砂砾底基层 218.08 万 m^2；互通式立交 7 处，分离式立交 10 处；特大桥 4 座，共长 5316.4m；大、中、小桥 101 座，总长度 16729.5m；通道 89 处；天桥 28 座；涵洞 154 道；隧道为

3665.4m/9 道。交通标志 1113 块;道路标线 147677m^2;隔离栅 187142m;收费雨棚、广场、收费岛 4 处;综合功能服务区 1 处、停车区 1 处、隔音墙 30 处共 3479m。分别在南召设 1 处停车区,南阳设 1 处服务区,在南召、五朵山、遮山、独山互通立交设置 4 处匝道收费站。分别在分水岭、柴家庄、上河东、雪家庄隧道口设置 4 处隧道供电管理站。全线共分布两个路政大队保证行车安全和路况畅通。监控中心随时了解路况信息。

二、项目管理情况

(一)机构建设情况

我公司是根据《中华人民共和国公司法》于 2005 年 6 月注册成立具有法人资格的国有独资公司。按照省公司对机构设置和人员定编的有关部门要求,设置综合办公室、计划合同处、财务处、质量监督处、工程技术处、协调处 6 个职能处室,分别负责项目的综合业务、合同管理、资金管理、质量监督、工程技术、内外环境协调等各项工作。在各级领导的指导和监督下,严格执行国家基本建设程序,依据河南省交通厅、河南高速公路发展有限责任公司关于建设项目管理的规定对本项目进行管理,全面落实项目法人责任制、招投标制、工程监理制和合同管理制。从开工伊始,我们就制定了科学周密的网络施工计划,对工程项目精心组织、严格管理,把工程建设质量作为头等大事来抓,严格贯彻三级质量保证体系,实行层层负责的工程质量终身制和廉政责任追究制。同时,通过计量支付监督,严格合同管理。以调度会、现场会、联席会、工地例会等形式,协调好地方关系和各标段的项目施工,充分发挥组织、协调、监督和服务功能,形成严格的工程建设管理体制,确保建设项目的质量与进度同步。各职能部门密切配合,严守纪律,规范管理,为建设项目的圆满完成奠定了基础。

(二)工程招投标情况

洛阳至南阳高速公路分水岭至南阳段各项工程均按照国家相关法律、法规及河南省交通厅、河南高速公路发展有限责任公司的相关规定和要求,全面落实了招投标制度。在具体过程中,我公司切实履行业主的责任和义务,与招标代理公司密切配合,遵守《中华人民共和国招投标法》等相关法律法规,按照公正、公平、科学、择优的原则,在上级监察部门全过程参与、全面监督的情况下,严格按照“报审资格预审文件→发布资格预审公告→进行资格预审→上报资格预审评审报告→公布资格预审结果→报审招标文件→发布招标公告→进行招标→上报招标评标报告→发布中标通知书→进行合同谈判→签订合同”的流程进行招投标工作。本项目中标设计单位、监理单位、施工单位及硅芯管和办公机具的采购单位如下。

1. 设计单位

中交第一公路勘察设计研究院。

2. 监理单位

No. A:河南省高等级公路建设监理部,承担的监理工作所辖路段为土建 No. 1 ~ No. 10、No. 27 合同段,路面 LM1、LM2 合同段,房建 FJ1、FJ2 合同段,绿化 LH1、LH2、LH6、LH7 合同段,交通安全设施 JA1、JA4、JA7、JA10 合同段,伸缩缝 SSF1、SSF2 合同段。主线起止桩号为 K0 + 849. 907 ~ K32 + 400,路线全长 31. 550km。

No. B:河南省宏力工程咨询有限公司,承担的监理工作所辖路段为土建 No. 11 ~ No. 25 合同段,路面 LM3 ~ LM7 合同段,房建 FJ3 ~ FJ7 合同段,绿化 LH3 ~ LH5、LH8 ~ LH12 合同段,交通安全 JA2、JA3、JA5、JA6、JA8、JA9、JA11 ~ JA13 合同段,伸缩缝 SSF3 ~ SSF5 合同段。监理主线起止桩号为 K32 + 400 ~ K74 + 756. 555,联络线起止桩号为 JK0 + 702 ~ JK24 + 247. 172。

JDJL 机电监理:北京华路捷公路工程技术咨询有限公司,承担本项目机电、供配电照明工程的监理工作。

3. 施工单位

(1)土建施工单位

①主体施工单位：

No. 1　路桥集团第一公路工程局

No. 2　中铁十九局集团第三工程有限公司

No. 3　中铁二局股份有限公司

No. 4　中铁一局集团第四工程有限公司

No. 5　江西省公路桥梁工程局

No. 6　中铁大桥股份有限公司

No. 7　长庆石油勘探局筑路工程总公司

No. 8　中铁十八局集团第一工程有限公司

No. 9　路桥集团第一公路工程局第三工程公司

No. 10　中铁十局集团第二工程有限公司

No. 11　中铁十三局集团第五工程有限公司

No. 12　中铁九局集团有限公司

No. 13　中铁十七局集团第三工程有限公司

No. 14　长沙市公路桥梁建设有限责任公司

No. 15　南通路桥工程有限公司

No. 16　湖南湘潭公路桥梁建设有限责任公司

No. 17　中铁十一局集团第一工程有限公司

No. 18　路桥集团第一公路工程局厦门工程处

No. 19　路桥华祥国际工程有限公司

No. 20　中铁四局集团有限公司

No. 21　中铁七局集团有限公司

No. 22　路桥华南工程有限公司

②预制施工单位：

No. 23　中铁五局集团第三工程有限责任公司

No. 24　中铁二十二局哈尔滨铁路建设集团有限公司

No. 25　中铁大桥局集团湖北第六工程有限公司

③连接线施工单位：

No. 26　中铁大桥局股份有限公司(因特殊原因退场,交当地政府组织施工)

No. 27　中交第三公路工程局有限公司

(2)路面施工单位

LM-1　路桥集团第一公路工程局

LM-2　山西路桥第二工程有限公司

LM-3　河南省公路工程局集团有限公司

LM-4　路桥集团第一公路工程局厦门工程处

LM-5　贵州省公路工程总公司

LM-6　河南路桥建设集团有限公司

LM-7　江苏海通建设工程有限公司

(3)房建施工单位
FJ-1　河南六建建筑集团有限公司
FJ-2　河南科兴建设有限公司
FJ-3　河南省合立建筑工程有限公司
FJ-4　中国有色金属工业六冶洛阳公司
FJ-5　中铁十五局集团第七工程局有限公司
FJ-6　林州市建筑工程九公司
FJ-7　江苏省第一建筑安装有限公司
FJ-8　焦作市海宇公路工程有限公司
FJ-9　郑州市第一建筑工程有限责任公司
FJ-10　深圳市文业装饰设计工程有限公司
FJ-11　河南省豫美装饰工程有限公司
FJ-12　郑州住银科贸有限公司
FJ-13　河南省合立建筑工程有限公司
FJ-14　河南锦业实业有限公司
FJ-15　河南泰通企业发展有限公司
(4)绿化施工单位
LH-1　河南新封园林绿化工程有限公司
LH-2　潢川县博宇花卉有限责任公司
LH-3　许昌四季春园林绿化工程有限公司
LH-4　河南天图园林景观有限公司
LH-5　潢川县佳美园林工程有限责任公司
LH-6　郑州黄河园林绿化工程公司
LH-7　南阳市市政工程总公司
LH-8　潢川县绿洲园林绿化有限责任公司
LH-9　河南农业大学园林艺术工程公司
LH-10　厦门市厦生园林绿化工程有限公司
LH-11　河南省通行实业园林工程有限公司
LH-12　河南省豫建园林工程有限公司
(5)交通安全设施施工单位
JA-1　武安市交通安全设备有限公司
JA-2　浙江交通设施有限公司
JA-3　河南省公中附属设施有限公司
JA-4　河南省新乡六通实业有限公司
JA-5　河南鸿志实业有限公司
JA-6　江苏中路交通工程有限公司
JA-7　江苏耀鑫交通设施有限公司
JA-8　南通市兴路交通工程有限公司
JA-9　郑州彩达交通设施工程有限公司
JA-10　杭州萧山金鹰交通设施有限公司
JA-11　福建省漳州市公路机械修配厂

JA-12　杭州神通交通设施有限公司

JA-13　北京市高速公路交通工程公司

(6)机电工程施工单位

①供电照明施工单位：

LNGZ-1　郑州市祥龙电力安装工程有限公司

LNGZ-2　郑州市亚通照明工程有限责任公司

LNGZ-3　中铁建电气化局集团第一工程有限公司

LNGZ-4　辽宁阳光照明工程有限公司

②机电施工单位：

LNJD　中铁一局集团电务工程有限公司

(7)伸缩缝施工单位

SSF-1　衡水市橡胶总厂有限公司

SSF-2　衡水冀军桥闸工程橡胶有限公司

SSF-3　衡水健达工程橡胶有限公司

SSF-4　四川中交路桥科技有限公司

SSF-5　衡水桥闸工程橡胶有限公司

(8)硅芯管

GXG-1　衡水宝力工程塑料有限公司

GXG-1　河北凯巍塑业有限公司

(9)办公机具

JJ-1　郑州腾坤装饰工程有限公司

JJ-2　郑州富昇家具有限公司

JJ-3　河南普美斯科技有限公司

JJ-4　山东省皇冠厨业有限公司

(三)建设管理情况

在本项目的建设过程中，我公司始终以打造"科技高速、生态高速、人文高速、廉政高速、和谐高速"为目标，围绕"严格监理管理、严格过程控制、严格程序管理、严格安全生产、强化文明施工"五个方面开展工作，狠抓质量，力促进度，确保安全，强化管理，项目建设取得了如下好成绩：2007 年 10 月在交通部组织的全国"质量、安全督察"大检查中获得好评；在 2008 年河南省交通厅组织的第一次质量、安全大检查中，获得全省"安全管理"第一名；在 2008 年交通厅组织的第一次质量安全大检查中"实体质量"获得全省第三名；2011 年，本项目蒲山特大桥工程被国家工程建设质量奖评审委员会评为"国家优质工程奖"。

(四)工程质量管理

"精品路、景观路、环保路"是岭南高速公路向资源节约型、环境优良型、项目和谐型发展的总体目标。

百年大计，质量第一，质量是工程建设的永恒主题。在本项目的建设中，质量意识始终贯彻工程建设管理的全过程。我们按照四级质量保证体系，全面加大业主的监察力度：一是董事会成员和相关业务处室工作人员，明确划分责任区段，将质量、进度综合评比结果与责任人的效益工资挂钩，并作为同等重要依据对公司相关职能部门、参建单位进行工作考核、履约评定；二是抽调精干人员长驻工地，对工程施工的质量、进度、安全等进行严密的过程监控。为确保工程质量合格率达到 100%、优良率达到 95% 以上，为了进一步加强工程质量控制，项目公司制定了一系列严格监督质量的措施，下发了《岭南公司高速公路工程履约检查评比办法》、《关于路基、桥梁有涵洞（通道）工程施工等有关规定的通知》、《关于确保沥青路面中上面层施工质量的几项具体措施》等一系列具体细致的质量管理办法，制定奖罚制度，做到奖罚分明，毫不留情，以达到激励先进，督促后进的目的。

在本项目实施中，特别是对以下几个方面采取了重点监督和控制措施，对提高工程的施工质量发挥了很好的作用。

（1）对路基施工质量的控制。特别对有关石灰等级、灰土含水量、压实度等各项抽检，要求试验室增加频率，确保工程质量。路基施工过程中，严格控制每层的填筑厚度，并同时控制好平整度、横坡及其他指标。为了保证路基压实度符合设计要求，要求施工单位用进口的大吨位压路机碾压。严把原材料关，要求监理和施工单位共同考察合格的料场，不合格材料不允许进场，从合格料场进场的原材料，施工单位、中心试验室人员及时深入一线，做到随到随检、及时报验，要求监理加大抽检频率，确保进场原材料的质量。

（2）对结构物施工质量的控制。重点包括基桩、立柱、盖梁、现浇箱梁、箱梁安装、桥面铺装及桥梁混凝土护栏等，要求严格控制桥面铺装厚度，从梁板顶高程复测开始，同时严格控制平整度要求，对防护栏进行严格检查，不但要保证内在质量，同时做到外观光滑平顺，为保证桥面净宽，要求护栏双面防线后再拉尺复核。

（3）对路面基层、底基层施工质量的控制。从严控制原材料质量，特别是粒料含泥量和针片状含量，避免由于原材料质量不高而采用提高水泥剂量来保证混合料强度现象发生，施工时原材料要求每天进行筛分试验，据结果及时调整配合比，施工中水泥用量应严格按配合比控制。底基层施工前，必须对下承层进行洒水湿润，要求提前洒水 2 ~ 3 遍，充分湿润下承层，对表面有松散时，必须提前洒水湿润，喷洒水泥浆，水泥浆配比为 1:0.5，水泥浆用量不小于 4.0kg/m^2，保证水泥浆起到各层的联结作用，同时要确保水泥稳定碎石拌和机、摊铺机、碾压等设备的数量型号满足要求，施工中还要确保各层厚度及强度满足设计要求，最后要做到各层间养生与自检工作。

（4）对排水工程质量的控制。首先要求严把原材料质量，规范防排施工的施工工序并落实砂浆拌和、运输及砌筑的各项要求，严格控制砌筑实体的断面尺寸、厚度、强度、平整度。加大施工过程控制，增大施工中的自、抽检频率，承包人和监理分段管理，落实到具体人，加大监管力度，对不合格的路段做到查到一处返工一处，决不姑息迁就。

（5）对沥青路面施工质量的控制。首先对原材料质量进行严格把关，特别是碎石针片状比例控制在 15% 之内，做好 ATB—25、AC—25、AC—20、AC—13 的生产配合比，施工过程中严控各施工阶段的施工温度，把沥青路面的厚度、密实度、平整度作为主控目标，同时做好各层间的层次连接和高程控制。对桥梁伸缩缝处、施工缝等平整度不能满足省厅平整度要求的全部用洗刨机进行洗刨处理。加强过程控制和阶段验收的检测频率，确保工程质量，创精品工程。

对房建工程主要采取巡视和抽检等手段；对立柱预制和安装进行检查，发现问题及时纠正及时处理。在施工中对所有材料及混凝土试件累计抽检 64 次，合格率 100%，抽检频率大于 20%，对所有材料严格把关，确保工程质量。

对于绿化工程，主要采取巡视、抽检和到苗圃考察等手段对苗木的规格等进行检查，发现问题及时纠正、及时处理，不留任何隐患。

以上这些措施都大大消除了质量隐患，达到非常良好的施工效果。

（五）工程合同与计量支付管理

我公司在遵守诚实信用的原则下，依照有关法律、法规的规定，起草、签订了洛阳至南阳高速公路分水岭至南阳段项目的土建、路面、房建、绿化、交通安全设施、交通机电及其他有关合同。

与此同时，还制定并逐步完善了合同管理的各项规章制度，加强对合同执行情况的监督，确保合同履行和各项任务目标的完成。为更好地对合同执行情况进行监督，全方位了解工程进展情况，我公司还成立了由公司领导和相关部门工作人员组成的计划落实小组，经常深入施工现场，掌握工程实际进展情况，保证了合同履行的严肃性和准确性。

此外，我公司还非常重视对计量支付的管理，坚持计量与支付三级审查制度，一级向一级负责：承包人完成某项工程或工程量清单中某一项，首先向驻地监理工程师提出报验申请，经驻地监理工程师验收合格方可申报项目数量；然后承包人提出申报数量，经驻地监理工程师验收合格签字认证后方可申报项目计量；监理代表处计量工程师对部分工程抽检和审查，确认工程质量、数量无误时，正式开具工程支付证书并经代表处总监代表签字后上报我公司，最后由我公司各有关处室对计量进行复审，才能办理支付手续。

由于坚持计量支付程序化，并对发现的提前计量或重复计量事件进行严肃处理，有效杜绝了提前或重复计量的现象，对合理利用资金、控制投资总额起到了积极的作用。

（六）工程资金使用管理

本项目在资金使用方面，在确保资金安全、合理、高效使用的前提下，充分发挥了资金预算、资金结算的调控功能，通过综合运用国家有关金融优惠政策、利率杠杆，采用长、短期贷款相结合等多种筹资手段，大力推行"零存款"资金管理方案，从而有效地避免了因资金不足而影响工程进度和资金闲置浪费等现象的发生。

（七）工程变更管理

根据重点项目建设管理有关规定，工程应在初步设计批复之后，依据施工图进行招标。而根据当时全省高速公路建设形势，为了河南境内高速公路网络的形成，本项目依据初步设计进行了招标，施工图设计时间比较短，加之山区地段地形复杂，造成设计中测量误差较大，同时在建设过程中，因河南省地方标准提高等原因，造成工程变更多，如原地面高程误差较大、部分隧道围岩与设计不符、高挡墙后路基压浆、桥面铺装层钢筋由 D5 冷轧钢筋网变更 12 钢筋网，部分路段为膨胀土，需要技术处理，进行了路基填料变更，完善地方道路（改路、改渠），蒲山特大桥结构形式变更，根据最新部颁标准对标志、标线的变更，独山收费站房建的变更，为建设景观路、绿化路对绿化工程的变更等等，致使工程增加了投资。

在此情况下，我们严格按照河南省交通厅、河南高速公路发展有限责任公司制定的变更申报程序对工程严格控制、管理，对于政策性变更，我们严肃认真对待，组织专家进行实地踏勘、详细论证，严格把握；对于技术变更，我们严格根据技术规范，必要时组织专家进行论证，妥善处理造价与进度、质量、功能之间的相关矛盾关系，谨慎决策，及时上报省高发公司、省交通厅。本项目于 2012 年 5 月 10 经河南省交通厅下发《关于洛南高速公路分水岭至南阳段设计变更的批复》（豫交文 2012 年 351 号文）对以上的项目设计变更给予批复。

（八）工程质量评价

（1）根据本公司的申请，河南省交通基本建设质量检测监督站、开封市天平路桥工程检测有限公司分别于 2007 年 11 月 16 日 ~19 日、2008 年 9 月 4 日 ~7 日、2008 年 11 月 17 日、2009 年 9 月 10 日 ~11 日对二广高速公路分水岭至南阳段工程的南召至南阳段、分水岭至南召段、联络线工程（除蒲山特大桥外）、蒲山特大桥进行了质量鉴定。总体评价显示：路面表面平整、密实，路面厚度均匀，厚度满足设计要求；路面抗滑性能符合要求；路面横坡及宽度控制较好。路基边坡坡体稳定；排水沟内侧及沟底平顺，总体施工质量良好。桥面平整，伸缩缝安装质量较好。结论性意见显示：工程建设项目设计完善、合理；质量控制体系完备、有效，运转良好。经对已完成项目检测和质量状况分析，未发现有影响交工验收的质量问题。

(2)2009年5月20日~23日,河南省公路工程试验检测中心接受本单位的委托,依据《公路工程质量检验评定标准第二册:机电工程》(JTG F80/2—2004)和本项目机电工程招标、投标文件、合同文件及设计文件对本项目的机电工程进行了交工检测,检测结论为:经我中心按照交通部的标准和相关文件的要求进行抽样和检测,各分项工程基本要求、实测项目和外观鉴定符合相关标准和设计文件的要求,质量保证资料真实、基本齐全,机电设施分部工程符合相关标准和设计文件的要求,机电工程运行正常,单位工程合格。

(九)设备、工具、器具购置情况

根据概算项目及设计要求,本项目购置主要用于收费站服务区办公生活家具等1895万元;购置收费站服务区使用的中央空调、空调及加油站储油罐及加油机等设备2410万元;购置供收费站服务区及收费处能够运行使用的供配电及机电设备8138万元;车辆77部计1536万元。工程决算造价13979万元(包括需要安装)。详见设备、工具及器具购置费用支出汇总表(08表及08附表,此处略)。

(十)工程建设其他费用使用情况

经决算,本项目工程建设其他费用决算造价89846.26万元。其中:土地、青苗等补偿和安置补助费49512.13万元;建设单位管理费12366.3万元(包含监理费5311.62万元、工程质量监督费491.18万元及设计文件审查费61万元、招标、律师代理费等,建设项目前期工作费6243万元;勘察设计费6014万元、文物勘探费120万元、水土保持报告编制费552万元、地质灾害危害性评估费64万元、环境评价费91万元、压覆矿产资源评估费15万元及防洪评价报告费146万元等);研究试验费1029.26万元;工程质量专项检查检测费171.72万元;建设期贷款利息19965.95万元。详见工程建设其他费用支出汇总表(09表,此处略)。

(十一)预留工程费用使用情况

根据省审计厅审计意见预留工程保留以下:

第1项,通道积水专项治理工程

经验收后支付专项治理费用40.9万元(本决算,已列入决算桥梁工程中)。

第2项,白河引道工程

按批复概算预留279.23万元(本决算,已列入决算桥梁工程中49.96万元)。

本决算根据交通厅内审办意见列入预留工程费用共计为0万元,以上两项调入桥梁决算中。

(十二)连接线工程

独山互通立交连接线实际完成5.402km,决算造价为1745万元,南召互通立交连接线3.734km,决算造价1434万元。

三、工程项目决算情况分析

(一)项目决算情况

本项目工程决算469588.32万元,概算金额为456569万元,超概金额为13019万元,超概比例为2.85%,其中连接线3179万元,扣除连接线费用后决算平均每公路公里3817万元。

主要项目为:

(1)路基工程概算造价为75652万元,决算造价为66877万元,决算造价比概算节约投资8775万元。

(2)路面工程概算造价为62693,决算造价为77781万元,决算造价比概算增加投资15088万元。

(3)桥梁涵洞(含交叉工程)概算造价为158609元,决算造价为146967万元,决算造价比概算节约投资11642万元。

(4)隧道工程概算造价为16458元,决算造价为13229万元,决算造价比概算节约3229万元。

(5)其他工程及沿线设施概算造价为16290万元,决算造价为21879.17万元,决算造价比概算增加投资5589.17万元。

(6)管理、养护及服务房屋概算造价为5253万元,决算造价为15882万元,决算造价比概算增加投资10629万元。

(7)工程决算造价中的设备及工器具购置概算造价为8184万元,决算造价为12609万元,决算造价比概算增加投资4425万元。

(8)工程决算造价中的工程建设其他费用概算造价为81801万元,决算造价为89846.26万元,决算造价比概算增加8045.26万元。

另外,独山互通立交连接线工程批复概算3346万元,决算造价为1745万元,决算造价比概算节约1601万元。

南召互通立交接线工程批复概算1640万元,决算造价为1434万元,决算造价比概算节约206万元。

(二)主要超概原因

1.路面工程优化设计

本项目初步设计于2005年7月完成,初步设计文件中:

(1)设计推荐采用的路面结构为河南省的常规结构形式,即"4cm厚沥青玛琋脂碎石混合料(SMA—13)+6cm中粒式改性沥青混凝土(AC—20I)+8cm厚粗粒式沥青混凝土(AC—25I)+36cm水泥稳定碎石基层+20cm水泥石灰稳定砂砾底基层",总厚度74cm。属"沥青面层+半刚性基层"的典型结构。

(2)LK0+877.368(RK0+910.841)~K33+850段路基宽26m,中央分隔带宽2.0m,土路肩宽0.75m;K33+850~主线终点和联络线路基宽28m,中央分隔带宽3.0m,土路肩宽0.75m。

施工图设计阶段对路面结构进行了优化调整,并根据河南省交通厅文件(豫交计〔2005〕191号)"关于印发《河南省高速公路设计技术要求》的通知"要求,对K33+850~主线终点和联络线路基断面和路面结构层和宽度进行调整:

(1)即4cm细粒式改性沥青混凝土(AC—13C)+6cm中粒式改性沥青混凝土(AC—20C)+7cm粗粒式沥青混凝土(AC—25C)+7cm沥青碎石(ATB—25)+32cm水泥稳定碎石基层+18cm水泥稳定砂砾底基层,总厚度仍为74cm。

(2)LK0+877.368(RK0+910.841)~K33+850段路基宽26m,中央分隔带宽2.0m,土路肩宽0.75m;K33+850~主线终点和联络线路基宽28m,中央分隔带宽2.0m,土路肩宽0.50m。决算造价比概算增加投资16736万元。

2.其他工程及沿线设施环境保护工程中的绿化工程、声屏障等的优化变更及增加

其他工程及沿线设施中管理与养护设施决算额1132万元,系10kV供电线路工程,概算中无此项。因决算时此项在设备购置项归集,故将其概算也调入设备购置比较;环境保护工程包括绿化和声屏障,概算批复819.81万元,交通厅批复绿化施工图预算为3400万元。绿化工程因本项目原批复设计方案绿化面积小,裸露黄土、渣石多,存在水土流失及边坡不稳等安全隐患;植物栽植间距大,植物种类单一、数量少,绿化档次低,缺少立体景观视觉效果。为了把岭南高速建成"精品路、生态路、样板路",达到"三季有花、四季常绿、车在路上行、人在画中游"的效果,经交通厅同意批复变更对全线绿化工程设计方案进行了优化变更,决算比批复概算增加费用7147万元,根据环评报告要求增加隔音墙879万元。

3. 房建工程设计优化变更

(1)为进一步提高房屋使用功能、合理分配用房面积,满足环保需求。经交通厅同意对房屋、场地建筑面积进行了调整,对建筑物的使用功能和建筑装饰装修作了更深一步的优化变更。其中土石方挖填变更量比较大。

(2)南召停车区及南阳北服务区为了增加使用功能增加场区停车场硬化面积,同时由于施工工期短、工程量大为了能保证工程质量及进度,采取了许多保证质量、缩短工期的措施造成费用的增加(如采用商品混凝土施工)。

(3)独山收费站原设计为收费站三层建筑,后变更为管理中心五层建筑,当时施工工期短(只有四个月工期),施工任务重,为保证工程质量,确保工程按期完成,采用商品混凝土施工,加大周转材料的投入,同时提升装修效果,增加了工程费用。

(4)原设计施工图纸中的装修工程比较简单,费用较低,后为增加使用功能,为提升装修效果在材料使用方面加大管理,提高装修档次,造成装修费用的普遍增加。房建工程决算比概算增加 12180 万元。

四、工程审计情况

本项目在社会中介机构对工程结算审计的基础上,于 2013 年 6 月 3 日 ~7 月 25 日和 2014 年 9 月由河南省审计厅进行政府审计。由于郑州铁路工程管理所承建的蒲山特大桥主跨工程主跨工程量差和价差尚未经河南省交通运输厅批复,故未进行结算审计。本竣工决算表中该单位的工程计量是按暂估入账金额确定的,郑州铁路工程管理所 150326909.00 元。其他标段工程已按政府审计结论及厅定额站、厅内审办意见予以调整。

五、工程决算文件编制中有关问题的处理说明

(1)工程招投标时标底现已不可查,因此标底费用未填写并分析。

(2)由于独山连接线和南召连接线在概算中均为单列项,故在编制中将由中标单位做的该项所有费用全部列入。

(3)08 表(此得略)第一大项设备购置中除第 7 小项养护及管理设备(车辆)外,均含安装及材料费用。

(4)由于设备购置费中含养护及管理设备安装费,故将管理与养护设施概算 5812 万元,并入设备购置费概算中。

(5)由于工程决算表中不单独反映交叉工程,故将概算中的交叉工程按照细目进行了相应的拆分,主要计入了路基、路面、桥梁涵洞等项目中。

(6)将概算其他工程及沿线设施中的停车区及服务区,拆分后分别计入了管理、养护及服务房屋及路面、桥梁、涵洞当中。

六、项目管理体会

经过四年的项目建设,有以下几点体会:

(1)建设一条高质量的高速公路,离不开各级领导的关怀和大力支持,离不开所有参建人员的努力拼搏精神。在本项目建设期间,始终得到了交通部、河南省委、省政府、省交通厅、省交投集团、省高发公司以及沿线各级政府的大力支持和帮助,各级领导均能在工程进展的关键时刻奔赴现场视察指导,解决工程中出现的困难和问题,从政策和资金等方面给与倾斜,为工程按时完工提供了有力保障。

(2)部分“提高工程质量,增加工程造价”的变更,可及时避免,以后工程建设中应加强专家咨询,尽量避免和减少工程投资的增加。

(3)要紧紧依靠地方政府及人民群众,为工程顺利实施创造优良外部环境。项目开工初始,地方各级政府就成立了高速公路地方协调办公室,并与项目公司签订了征地拆迁总承包合同,在工程施工过程中,地方协办为工程的顺利进展做出了很大的贡献,协办领导基本都能做到随叫随到解决现场实际问题,沿线绝大部分人民群众均能体谅到高速公路建设的难处,出现的问题一般情况下均能做到“场内问题、场外处理”。岭南高速能够提前一个月顺利通车,均离不开地方政府及人民群众的大力支持。

(4)要建设一条优质工程,设计是施工质量的龙头、工程的灵魂,优化方案设计,能够提高工程质量,降低工程造价。二广高速公路分水岭至南阳段高速公路在全省高速公路建设上采用了GTM 混合料配合比设计,遏制或减缓反射裂缝的发生,有效解决路面早期破坏问题,延长沥青路面使用寿命,取得了良好的效果。

(5)严格招标程序、选择优秀的施工单位、规范管理是做好项目建设的必要条件。招标时应对拟投标单位的履约能力、信誉情况、在建项目的执行情况从严进行核实,对于履约能力差、管理不规范的单位禁止在资格预审中通过,确保中标的单位是优秀的施工单位;在项目实施过程中,对中标单位要严格按照合同办事、规范程序,并严格监督履行,确保项目规范运作。

(6)“百年大计、质量第一”,选择一支优秀的监理单位是工程质量的保证。一支优秀监理单位的管理人员,不仅是一个现场质量监督员,同时也是一个工程施工的指导员,既能做到质量全面控制,又能把握控制要点,这样才能做到在确保工程质量的前提下,加快施工进度。

(7)加强内部管理,强化服务意识。为给工程建设提供优良的内外部环境。

(8)采用施工新技术、新设备,科学合理安排施工工期,才能节约投资、确保工程质量。

(9)上下齐心、团结一致、锐意进取是各项工作得以顺利开展的根本。

河南岭南高速公路有限公司

2014 年 11 月 16 日

建设项目概况表

01 表

项目名称：洛阳至南阳高速公路分水岭至南阳段工程

<table>
<tr><td colspan="2" rowspan="2">建设项目名称</td><td colspan="4" rowspan="2">洛阳至南阳高速公路分水岭至南阳段工程</td><td rowspan="10">主要技术指标</td><td colspan="2">公路等级</td><td>高速公路</td></tr>
<tr><td colspan="2">路线全长(km)</td><td>98.546(73.856)</td></tr>
<tr><td colspan="2" rowspan="2">建设起止时间</td><td>计划</td><td colspan="3">2003.12.16～2006.12.28</td><td colspan="2">路基宽度(m)</td><td>平原 28、山区 26</td></tr>
<tr><td>实际</td><td colspan="3">2005.9～2009.3</td><td rowspan="3">路面</td><td>宽度(m)</td><td>12.5×2/11.5×2</td></tr>
<tr><td colspan="6">初步设计审批</td><td>厚度(cm)</td><td>74</td></tr>
<tr><td>机关</td><td>河南省发展与改革委员会</td><td>日期</td><td>2006.4.6</td><td>文号</td><td>豫发改设计〔2006〕359 号</td><td>结构类型</td><td>沥青混凝土路面</td></tr>
<tr><td colspan="6">调整概算审批</td><td colspan="2">桥梁宽度(m)</td><td>山区 2×11.5，分离式 12；平原区 2×12.5</td></tr>
<tr><td>机关</td><td></td><td>日期</td><td></td><td>文号</td><td></td><td colspan="2">隧道宽度(m)</td><td>9.4/8.4</td></tr>
<tr><td colspan="2">项目法人</td><td colspan="4">河南岭南高速公路有限公司</td><td colspan="2">设计车速(km/h)</td><td>120/100</td></tr>
<tr><td colspan="2">主要设计单位</td><td colspan="4">中交第一公路勘察设计研究院</td><td colspan="2">设计荷载</td><td>桥涵—公路—Ⅰ级</td></tr>
<tr><td colspan="5">主要工程量</td><td colspan="5">费用情况(万元)</td></tr>
<tr><td colspan="2">分部工程名称</td><td>单位</td><td>设计</td><td>完成</td><td>费用名称</td><td>批准概预算</td><td colspan="2">工程决算</td><td>净增减</td></tr>
<tr><td colspan="2">路基土石方</td><td>m^3</td><td>18186952</td><td>18386040</td><td>第一部分　建筑安装工程费用</td><td>353638</td><td colspan="2">367133</td><td>21691</td></tr>
<tr><td colspan="2">路基排水工程</td><td>公路公里或 m^3</td><td>232570.17</td><td>126608.89</td><td>路基工程</td><td>75652</td><td colspan="2">66877</td><td>－8774</td></tr>
<tr><td colspan="2">路基防护工程</td><td>公路公里或 m^3</td><td>606738.72</td><td>318570.65</td><td>路面工程</td><td>62693</td><td colspan="2">77781</td><td>15088</td></tr>
<tr><td colspan="2">路面工程</td><td>m^2</td><td>2641315.5</td><td>2678972</td><td>桥梁涵洞工程</td><td>158609</td><td colspan="2">146967</td><td>－11642</td></tr>
<tr><td rowspan="4">桥涵工程</td><td>特大桥</td><td>m/座</td><td>4787.6/4</td><td>5316.4/4</td><td>隧道工程</td><td>16458</td><td colspan="2">13229</td><td>－3229</td></tr>
<tr><td>大桥</td><td>m/座</td><td>12024.4/58</td><td>14740.4/63</td><td>其他工程及沿线设施</td><td>16290</td><td colspan="2">21879</td><td>5590</td></tr>
<tr><td>中、小桥</td><td>m/座</td><td>2171.5/30</td><td>1989.1/38</td><td>临时工程</td><td>2912</td><td colspan="2">2912</td><td>0</td></tr>
<tr><td>涵洞</td><td>道</td><td>130</td><td>154</td><td>管理养护及服务房屋</td><td>5253</td><td colspan="2">15882</td><td>10629</td></tr>
<tr><td colspan="2">隧道工程</td><td>m/座</td><td>3780/8</td><td>3665.4/9</td><td>建安费预留费用</td><td>15145</td><td colspan="2">15798</td><td>653</td></tr>
</table>

01 表续上表

建设项目名称		洛阳至南阳高速公路分水岭至南阳段工程				主要技术指标	公路等级		高速公路
							路线全长(km)		98.546(73.856)
建设起止时间		计划	2003.12.16～2006.12.28				路基宽度(m)		平原28、山区26
		实际	2005.9～2009.3				路面	宽度(m)	12.5×2/11.5×2
初步设计审批								厚度(cm)	74
机关	河南省发展与改革委员会	日期	2006.4.6	文号	豫发改设计〔2006〕359号			结构类型	沥青混凝土路面
调整概算审批							桥梁宽度(m)		山区2×11.5,分离式12;平原区2×12.5
机关		日期		文号			隧道宽度(m)		9.4/8.4
项目法人		河南岭南高速公路有限公司					设计车速(km/h)		120/100
主要设计单位		中交第一公路勘察设计研究院					设计荷载		桥涵—公路—Ⅰ级
交叉	互通式立体交叉	处	7	7	**第二部分 设备、工具及器具购置费**	8184	12609		4425
	分离式立体交叉	处	10	10	**第三部分 工程建设其他费用**	81801	89846		8045
	平面交叉道	处			土地、青苗等补偿费及安置补助费	36581	49512		12931
	通道	处	109	89	建设单位管理费	10445	12366		1921
	人行天桥	处	29	28	勘察设计费	7460	1029		-6431
征地		亩	10479.9	9910.3	研究试验费	1500	6015		4515
拆除建筑物		m^2		46048.7	建设期贷款利息	25374	19966		-5408
					专项评估费	442	958		516
					其他费用预留费用	12946	5809		-7138
					总金额	456569	469588		13019

编制：刘萍　　复核：张晔

投资控制情况比较表

02 表

（单位：元）

项目名称：洛阳至南阳高速公路分水岭至南阳段工程

项	目	工程或费用名称	批准的概（预）算	标底	工程合同	项目决算	工程合同与批准的概（预）算比较	工程合同与标底比较	项目决算与批准的概（预）算比较	项目决算与工程合同比较
			1	2	3	4	5	6	7	8
		第一部分　建筑安装工程费	3536375702.55	—	2968982566.15	3613248139.93	-16.00%	0.00%	2.00%	22.00%
一		路基工程	756515871.34	0.00	480610660.52	668773310.08	-36.00%	0.00%	-12.00%	39.00%
	1	计价土方	103271059.39		143347310.31	221853198.72	39.00%		115.00%	55.00%
	2	计价石方	331905240.65		149980851.06	206300639.69	-55.00%		-38.00%	38.00%
	3	排水工程	88792221.81		82792017.98	51640377.82	-7.00%		-42.00%	-38.00%
	4	防护工程	160012066.63		62441833.84	152549387.37	-61.00%		-5.00%	144.00%
	5	特殊路基处理	72535282.85		42048647.34	36429706.48	-42.00%		-50.00%	-13.00%
二		路面工程	626933723.02	—	771296265.60	777808978.56	23.00%		24.00%	1.00%
	1	面层	364526492.56		564107127.48	587660519.17	55.00%		61.00%	4.00%
	2	基层	169347744.57		121532344.51	117587967.79	-28.00%		-31.00%	-3.00%
	3	底基层	78242181.90		44804251.00	46168998.13	-43.00%		-41.00%	3.00%
	4	排水工程	—		17999593.00	17518120.94				-3.00%
	5	路缘石	14817303.99		22852949.61	8873372.53	54.00%		-40.00%	-61.00%
三		桥梁、涵洞工程	1586091815.72	—	1253077503.68	1469672401.10	-21.00%		-7.00%	17.00%
	1	涵洞	59775005.92		37899375.01	53558978.61	-37.00%		-10.00%	41.00%
	2	桥梁	1526316809.80		1215178128.67	1416113422.49	-20.00%		-7.00%	17.00%
五		隧道工程	164580007.63	—	112846182.86	132288183.32	-31.00%		-20.00%	17.00%
	1	洞门	8839212.42		4656375.26	6260614.91	-47.00%		-29.00%	34.00%
	2	明洞	—			—				
	3	洞身	155740795.20		108189807.60	126027568.41				16.00%
六		其他工程及沿线设施	162895202.60	—	220632810.99	218791743.32	35.00%		34.00%	-1.00%

02 表续上表

项	目	工程或费用名称	批准的概(预)算	标底	工程合同	项目决算	工程合同与批准的概(预)算比较	工程合同与标底比较	项目决算与批准的概(预)算比较	项目决算与工程合同比较
			1	2	3	4	5	6	7	8
	1	清除场地	296332.11		9423208.92	4502332.77	3080.00%		1419.00%	-52.00%
	2	拆除建筑物、构筑物	4631614.18		87709120.37	18175894.89	1794.00%		292.00%	-79.00%
	3	管理与养护设施	60301809.23		—	13863305.11	-100.00%		-77.00%	
	4	安全设施	88367087.42		97298562.04	98588502.32	10.00%		12.00%	1.00%
	5	服务设施		—	—	—				
	6	环境保护工程	9298359.66		26201919.65	83661708.23	182.00%		800.00%	219.00%
七		临时工程	32592639.47		25298251.24	29119395.79	-22.00%		-11.00%	15.00%
八		管理、养护及服务房屋	52528001.16	—	66114680.56	158818276.14	26.00%		202.00%	140.00%
	1	管理房屋	838022.11		36831094.56	83432830.20	4295.00%		9856.00%	127.00%
	2	养护房屋	—		—	—				
	3	服务房屋	51689979.06		29283586.00	75385445.94	-43.00%		46.00%	157.00%
十二		建安费预留费用	151446141.61	—	29526210.69	157975851.62	—	—	—	—
十三	2	预留工程(白河引道)	2792300.00	—	—	-	—	—	—	—
		第二部分　设备、工具及器具购置费	81835650.45	—	132717887.64	126086034.61	62.00%	0.00%	54.00%	-5.00%
一		设备购置费	76500204.00		113763018.53	111147825.50	49.00%		45.00%	-2.00%
二		工具、器具购置费	4011000.00		3963204.00	8609570.36	-1.00%		115.00%	117.00%
三		办公及生活用家具购置费	1324446.00		14991665.11	6328638.75	1032.00%		378.00%	-58.00%
		第三部分　工程建设其他费用	818014751.75	—	797634507.07	898462606.29	-2.00%	0.00%	10.00%	13.00%
一		土地、青苗补偿及安置补置费	365808442.00		404401899.89	495121280.75	11.00%		35.00%	22.00%
二		建设单位管理费	104451151.43		106295738.21	123663002.33	2.00%		18.00%	16.00%

02 表续上表

项	目	工程或费用名称	批准的概（预）算	标底	工程合同	项目决算	工程合同与批准的概（预）算比较	工程合同与标底比较	项目决算与批准的概（预）算比较	项目决算与工程合同比较
			1	2	3	4	5	6	7	8
三		研究试验费	15000000.00		12620600.00	10292600.00	-16.00%		-31.00%	-18.00%
四		勘察设计费	74598771.00		72371340.30	60146190.00	-3.00%		-19.00%	-17.00%
九		建设期贷款利息	253736387.17		201944928.67	199659533.21	-20.00%		-21.00%	-1.00%
		专项评估费	4420000.00	—	9580000.00	9580000.00	117.00%	0.00%	117.00%	0.00%
十		其他费用及预留费用	129462676.15		56380359.90	58086240.85	-56.00%		-55.00%	3.00%
	1	绿色通道植树费	781596.00		2096550.00	2096525.01	168.00%		168.00%	0.00%
	2	回龙电站加固及发电损失费用	32645500.00		24040800.00	24040800.00	-26.00%		-26.00%	0.00%
	3	路线交叉保通协调费用	5600000.00		230000.00	230000.00	-96.00%		-96.00%	
	4	独山互通连接线	33459631.00		15373772.90	17375260.90				
	5	南召互通连接线	16400000.00		14639237.00	14343654.94				
	6	其他费用预留费用	40575949.15							
		总金额	4565688780.91	—	3899334960.86	4695883021.68	-15.00%	0.00%	3.00%	20.00%

编制：刘萍　　　　复核：张晔

工程数量情况比较表

03 表

项目名称：洛阳至南阳高速公路分水岭至南阳段工程

项	目	工程或费用名称	单位	批准的概（预）算	工程合同	项目决算	工程合同与批准的概（预）算比较	项目决算与批准的概（预）算比较	项目决算与工程合同比较
				1	2	3	4	5	6
		第一部分　建筑安装工程费	公路公里	98.106	98.106	98.546	0	0	0
一		路基工程	公路公里	98.106	98.106	99.546	12.00%	1.00%	1.00%
	1	计价土方	m^3	6931109.00	7738391.00	11802867.260	12.00%	70.00%	53.00%
	2	计价石方	m^3	7317446.00	6343428.00	9415093.630	-13.00%	29.00%	48.00%
	3	排水工程	m	232447.96	235521.00	126608.890	1.00%	-46.00%	-46.00%
	4	防护工程	m^3	715155.16	308188.70	318570.650		-55.00%	3.00%
	5	特殊路基处理	km	98.11	98.106	98.546	0.00%	0.00%	
二		路面工程	m^2	98.106	98.11	98.546	0.00%	0.00%	0.00%
	1	面层	m^2	2157458.00	1809960.00	2603316.370	-16.00%	21.00%	44.00%
	2	基层	m^2	2273298.00	1988373.00	2160831.890	-13.00%	-5.00%	9.00%
	3	底基层	m^2	2337398.00	1809014.00	2180825.470	-23.00%	-7.00%	21.00%
	4	排水工程	m	—		468430.250			
	5	路缘石	m^3	10572.00	10572.00	7122.710	0.00%	-33.00%	-33.00%
三		桥梁、涵洞工程	公路公里	98.106	98.106	98.546	0.00%	0.00%	0.00%
	1	涵洞	m/道	4656.8/130	4656.8/130	5611.16/154		48.00%	
	2	桥梁	m/座	18983.5/92	18983.5/92	22045.9/105		14.13%%	
五		隧道工程	公路公里	98.106	98.106	98.546	0.00%	0.00%	0.00%
	1	洞门	座	8	8	9	0.00%	13.00%	13.00%
	2	明洞	m/座						
	3	洞身	m/座	3780.00	3368.5	3665.4/9	-11.00%		
六		其他工程及沿线设施	公路公里	98.106	98.106	98.546	0.00%	0.00%	0.00%

03 表续上表

项	目	工程或费用名称	单位	批准的概(预)算	工程合同	项目决算	工程合同与批准的概(预)算比较	项目决算与批准的概(预)算比较	项目决算与工程合同比较
				1	2	3	4	5	6
	1	清除场地	公路公里	98.106	98.106	98.546	0.00%	0.00%	0.00%
	2	拆除建筑物、构筑物	公路公里	98.106	98.106	98.546	0.00%	0.00%	0.00%
	3	管理与养护设施	公路公里	98.106	98.106	98.546	0.00%	0.00%	0.00%
	4	安全设施	公路公里	98.11	98.106	98.546	0.00%	0.00%	0.00%
	5	服务设施	公路公里	98.106	98.106	98.546	0.00%	0.00%	0.00%
	6	环境保护工程	处	98.106		98.546	0.00%	0.00%	0.00%
七		临时工程	公路公里	98.106	98.106	98.546	0.00%	0.00%	0.00%
八		管理、养护及服务房屋	公路公里	550.29	98.106	98.546	-82.00%	-82.00%	0.00%
	1	管理房屋	m^2	550.29	7653.07	11679.790	0.00%	2022.00%	53.00%
	2	养护房屋	m^2			0.000	0.00%	0.00%	0.00%
	3	服务房屋	m^2	13708.730	9555.93	11516.940	-30.00%	-16.00%	21.00%
十二		建安费预留费用	公路公里	98.106					
	2	预留工程(白河引道)	km	1.7			0.00%	0.00%	
十		其他费用及预留费用	公路公里	98.106	98.11	98.546	0.00%	0.00%	0.00%
	1	绿色通道植树费	公路公里	65.133	65.133	65.133	0.00%	0.00%	0.00%
	2	回龙电站加固及发电损失费用	元	32645500	24040800	24040800.000	-26.00%	-26.00%	-26.00%
	3	路线交叉保通协调费用	元	5600000.00	230000	230000.00	-96.00%	-96.00%	-96.00%
	4	独山互通连接线	km	7.22	5.4	5.40	-25.00%	-25.00%	0.00%
	5	南召互通连接线	km	4.1	3.73	3.73	-9.00%	-9.00%	0.00%
	6	其他费用预留费用	公路公里	98.106	98.106	98.546	0.00%	0.00%	0.00%

编制:刘萍　　　　复核:张晔

概（预）算分析表

04 表

项目名称：洛阳至南阳高速公路分水岭至南阳段工程

项	目	工程或费用名称	单位	工程数量	概(预)算金额(元)	涉及项目节编号
		第一部分　建筑安装工程费	公路公里	98.106	3536375703	
一		路基工程	公路公里	98.106	756515871	
	1	计价土方	m^3	6931109	103271059	一-1、一-3、四-1～7(土方部分)、六-5～6(土方部分)、九、十、十一、新增加费用项目-9～10
	2	计价石方	m^3	7317446	331905241	一-2、一-4、四-1～7(石方)、六-5～6(石方部分)、九、十、十一、新增加费用项目-10
	3	排水工程	m^3	232447.96	88792222	一-5、四-1～7(排水)、六-5～6(排水)、九、十、十一、新增加费用项目-10
	4	防护工程	m^3	715155.16	160012067	一-6、四-1～7(防护工程)、六-5～6(防护)、九、十、十一、新增加费用项目-10
	5	特殊路基处理	km	98.106	72535283	一-7、一-8、九、十、十一
二		路面工程	公路公里	98.106	626933723	
	1	面层	m^2	2157458	364526493	二-4、二-5、四-1～7(面层)、六-5～6(面层)、九、十、十一、新增加费用项目-9～10
	2	基层	m^2	2273298	169347745	二-3、二-5、四-1～7(基层)、六-5～6(基层)、九、十、十一、新增加费用项目-9～10
	3	底基层	m^2	2337398	78242182	二-1、二-2、二-5、四-1～7(底基层)、六-5～6(底基层)、九、十、十一、新增加费用项目-9～10
	4	防水工程	m^2			
	5	路缘石	m^3	10572	14817304	二-6、二-7、二-8、九、十、十一

项	目	工程或费用名称	单 位	工程数量	概(预)算金额(元)	涉及项目节编号
三		桥梁、涵洞工程	公路公里	98.106	1586091816	
	1	涵洞	m/道	6639.90/186.0	59775006	三-1、四-1～7(涵洞、涵式通道)、四-9(涵式通道)、六-5～6(涵洞、涵式通道)、九、十、十一
	2	桥梁	m/座	32100.46/197.0	1526316810	三-2～56、四-1～7(桥梁)、四-8、四-10、、六-5～6(桥梁)、九、十、十一、新增加费用项目-9
五		隧道工程	公路公里	98.106	164580008	
	1	明洞/洞门	m/座	257.0/14.0	8839212	五-1～4、九、十、十一
	2	明洞	m			
	3	洞身	m	3779.791	155740795	五-1～4、九、十、十一
六		其他工程及沿线设施	公路公里	98.106	162895203	
	1	清除场地	公路公里	98.106	296332	六-1、九、十、十一
	2	拆除建筑物、构筑物	公路公里	98.106	4631614	六-2、九、十、十一
	3	管理与养护设施	公路公里	98.106	60301809	六-3、五-5～13、九、十、十一
	4	安全设施	公路公里	98.106	88367087	六-4、九、十、十一、新增加费用项目-9～10
	5	服务设施	公路公里			
	6	环境保护工程	公路公里	98.106	9298360	六-7、六-8、九、十、十一
七		临时工程	公路公里	98.106	32592639	七、九、十、十一
八		管理、养护及服务房屋	公路公里	98.106	52528001	
	1	管理房屋	m^2	550.29	838022	八-1～3、九、十、十一
	2	养护房屋	m^2			
	3	服务房屋	m^2	13708.730	51689979	八-4、九、十、十一
十二		建安费预留费用	公路公里	98.106	151446142	预备费
	2	预留工程(白河引道)	公里	1.70	2792300	

04 表续上表

项	目	工程或费用名称	单 位	工程数量	概(预)算金额(元)	涉及项目节编号
		第二部分 设备、工具器具及家具购助费	公路公里	98.106	81835650	
一		设备购置费	公路公里	98.106	76500204	第二部分 一
二		工具、器具购置费	公路公里	98.106	4011000	第二部分 二
三		办公及生活用家具购置费	公路公里	98.106	1324446	第二部分 三
		第三部分 工程建设其他费用	公路公里	98.106	818014752	
一		土地、青苗补偿及安置补置费	公路公里	98.106	365808442	第三部分 一、新增加费用项目-9 ~ 10
二		建设单位管理费	公路公里	98.106	104451151	第三部分 二、新增加费用项目-9 ~ 10
三		研究试验费	公路公里	98.106	15000000	第三部分 四
四		勘察设计费	公路公里	98.106	74598771	第三部分 三-1
九		建设期贷款利息	公路公里	98.106	253736387	第三部分 九
第三部分	三-2 ~ 6	专项评估费	元		4420000	
		其他费用及预留费用	公路公里	98.106	129462676	
	1	绿色通道植树费	公路公里	65.133	781596	新增加费用项目-1
新增加费用项目-11	2	回龙电站加固及发电损失费用	元		32645500	
新增加费用项目-12	3	路线交叉保通协调费用	元		5600000	
	4	独山互通连接线	km	7.220	33459631	新增加费用项目-8
	5	南召互通连接线	km	4.100	16400000	新增加费用项目-13
	6	其他费用预留费用	公路公里	98.106	40575949	预备费
		概(预)算总金额	公路公里	98.106	4565688781	

编制:刘萍　　复核:张晔　　审核:

标底及合同费用分析表

05 表

项目名称:洛阳至南阳高速公路分水岭至南阳段工程

项	目	工程或费用名称	单位	工程数量	标底金额(元)	合同金额(元)	涉及细目号
		第一部分　建筑安装工程费	公路公里	98.106		2961499116.10	
一		路基工程	公路公里	98.106		480610660.52	
	1	计价土方	m^3	7738391.00		143347310.31	203-1、203-1-a、203-1-c、203-2、203-2-a、204-1、204-1-a、204-1-e、204-1-g、204-1-h、204-1-i、204-3、216-1-A、216-1-b、216-1-b1
	2	计价石方	m^3	6343428.00		149980851.06	203-1-b、204-1-1、204-1-c、204-2-b、204-1-k
	3	排水工程	m^3	235521.00		82792017.98	207-1、207-1a、207-1-b、207-2、207-3、207-4、207-4b、207-5、207-6、208-1、208-1-1a、208-1-2、215-5、217-1-G、217-2-i、217-1-g、207-4
	4	防护工程	m^3	308188.70		62441833.84	208-2-a-1、-a-1、208-2-d、208-3、208-4-a、208-4-d、208-5、209-1、212-1-c、212-4-c、212-4-5a、213-1-g、216-3-c、216-3-D、217-1-a、217-1-h、217-1-E、217-1-F
	5	特殊路基处理	km	98.106		42048647.34	205-1,205-1-a、-b、-h、-k、-j、-m、-p,205-1-1、205-2、205-6、205-4
二		路面工程	公路公里	98.106		771296265.55	
	1	面层	m^2	1809960.00		581548542.48	307-1、307-2、307-2a、307-3、308-1-a、308-1-c、308-2、308-2-b,308-2-a、-b,309-1、310-1、311-1-a、311-1-b、311-1-d、313-1-a ~ c、314-1-b、314-1-c
	2	基层	m^2	1988373.00		166158600.51	304-1-a ~ b、304-2、304-2-a、304-2-e、304-2-g、~ b ~ ~304-2-f、306-1-a、306-4、306-4a、306-5、314-1-o
	3	底基层	m^2	1809014.00		177994.99	304-1-1、304-1-a、304-1-c、306-1-a

05 表续上表

项	目	工程或费用名称	单位	工程数量	标底金额(元)	合同金额(元)	涉 及 细 目 号
	4	排水工程	m^2			558177.96	313-1-a ~ b、313-2-a、313-3-a、313-4-a、313-4-r、313-5-a、313-7-b、314-1-a ~ p、315-5-a
	5	路缘石	m^3	10572.00		22852949.61	312-1、312-2、312-2-b ~ c、312-3、312-4、312-5、314-1-p
三		桥梁、涵洞工程	公路公里	98.106		1253077503.68	
	1	涵洞	m/道	1027.74/104		37899375.01	419、420、421
	2	桥梁	m/座	20422.76/92		1215178128.67	401-1、401-2、403-1-a、403-1-b、403-1-c、403-2-a、403-2-b、403-2-d、403-2-e、403-3-a、403-3-a1、403-3-b、403-3-b1、403-3-c、403-3-d、403-4-a、403-4-a ~ g、403-4-k、403-5-1、404-1、404-2、404-3、404-4、404-5、405-1、406-3、410-1、410-2、410-3、410-4、410-5、411-2、411-4、411-5、411-7、411-8、413-1、413-2、414-1、414-2、415、416、417-2
五		隧道工程	公路公里	98.106		112846182.86	
	1	洞门	座	8		4656375.26	502-1-1、502-2-1、502-2-2、502-2-12、502-2-14、502-3-2、502-3-3、502-3-4、502-4-3、502-4-4
	2	洞身	m^2	3368.5		104972650.26	502-5、502-5-1、502-5-2、502-7
	3	明洞		m^2		3217157.34	503-1、503-2、503-3、504-1、504-2、504-3、504-5、504-6、505-1-1、505-1-2、505-1-3、505-1-6、505-1-8.2、505-1-8.3、505-1-8.4、505-1-12.1、505-1-12.2、506-2、508-1
六		其他工程及沿线设施	公路公里	98.106		220632810.99	
	1	清除场地	公路公里	98.106		9423208.92	202-1、202-1-a、202-1-b、202-1-c
	2	拆除建筑物、构筑物	公路公里	98.106		87709120.37	202-2、202-2-b、202-3、202-3-a、202-3-b、202-3、改路改渠(直接计入小合同)

05 表续上表

项	目	工程或费用名称	单位	工程数量	标底金额(元)	合同金额(元)	涉及细目号
	3	管理与养护设施	公路公里	98.106		—	10kV 供电线路工程
	4	安全设施	公路公里	98.106		97298562.04	602-2、603-4、603-5、604-1、604-2、604-3、604-4、604-5、604-6、、604-7、604-8、604-9、604-10、605-1、605-4、605-5、605-7、606-1、607-1、600-b
	5	服务设施	公路公里	98.106		—	
	6	环境保护工程	处	99.106		26201919.65	701、701-1～7、701-a～b、702、702(T)、702-1、702-1-a～1、702-2～9、703-01～67、704、704-a～V、704-01～28、706-1、706-2、706-3、706-4、705、705-1、705-a～k、707-1-1～7、707-2-1、707-3-1～2
七		临时工程	公路公里	98.106		25298251.24	103-1、103-2、103-3、103-3-a、103-3-b、103-4、103-5
八		管理、养护及服务房屋	公路公里	98.106		66114680.56	
	1	管理房屋	m^2	550.29		36831094.56	详见房建 11 表,此处略
	2	养护房屋	m^2	—		—	
	3	服务房屋	m^2	13708.73		29283586.00	详见房建 11 表,此处略
十二		建安费预留费用	公路公里				
	2	预留工程(白河引道)	公里	1.7			
		第二部分　设备、工具及器具购置费	公路公里	98.106		132717887.64	
一		设备购置费	公路公里	98.106		113763018.53	
二		工具、器具购置费	公路公里	98.106		3963204.00	
三		办公及生活用家具购置费	公路公里	98.106		14991665.11	
		第三部分　工程建设其他费用	公路公里			797634507.07	
一		土地、青苗补偿及安置补置费	公路公里	98.106		404401899.89	
二		建设单位管理费	公路公里	98.106		106295738.21	
三		研究试验费	公路公里	98.106		12620600.00	

05 表续上表

项	目	工程或费用名称	单位	工程数量	标底金额(元)	合同金额(元)	涉 及 细 目 号
四		勘察设计费	公路公里	98.106		72371340.30	
九		建设期贷款利息	公路公里	98.106		201944928.67	
		专项评估费	元				
十		其他费用及预留费用	公路公里				
	1	绿色通道植树费	km	65.13		2096550.00	
	2	回龙电站加固及发电损失费用	元			24040800.00	
	3	路线交叉保通协调费用	元			230000	连接线 10 表
	4	独山互通连接线	km	5.4		15373772.90	连接线 10 表
	5	南召互通连接线	km	3.73		14639237.00	连接线 10 表
	6	其他费用预留费用	公路公里			29526210.69	
		总金额	公路公里			3891851510.81	

编制:刘萍　　　　复核:张晔

项目总决算(分析)表

06 表

项目名称:洛阳至南阳高速公路分水岭至南阳段工程

项	目	工程或费用名称	单位	工程数量	决算金额(元)	涉及细目号
		第一部分　建筑安装工程费	公路公里	98.546	3671334380.78	
一		路基工程	公路公里	98.546	668773310.08	
	1	计价土方	m^3	11802867.26	221853198.72	203-1、203-1-a、203-1-c、203-2、203-2-a、204-1、204-1-a、204-1-e、204-1-g、204-1-h、204-1-i、204-3、216-1-A、216-1-[illegible]、216-1-b1
	2	计价石方	m^3	9415093.63	206300639.69	203-1-b、204-1-1、204-1-c、204-2-b、204-1-[illegible]
	3	排水工程	m^3	126608.89	51640377.82	207-1、207-1a、207-1-b、207-2、207-3、207-4、207-4b、207-5、207-6、208-1、208-1-1a、208-1-2、215-5、217-1-G、217-2-i、217-1-g、207-4
	4	防护工程	m^3	318570.65	152549387.37	208-2-a-1、-a-1、208-2-d、208-3、208-4-a、208-4-d、208-5、209-1、212-1-c、212-4-c、212-4-5a、213-1-g、216-3-c、216-3-[illegible]、217-1-a、217-1-h、217-1-E、217-1-F
	5	特殊路基处理	km	98.546	36429706.48	205-1、205-1-a、-b、-h、-k、-j、-m、-p、205-1-1、205-2、205-6、205-4
二		路面工程	公路公里	98.55	777808978.56	
	1	面层	m^2	2603316.37	587660519.17	307-1、307-2、307-2a、307-3、308-1-a、308-1-c、308-2、308-2-b、308-2-a、-b、309-1、310-1、311-1-a、311-1-b、311-1-d、313-1-a ~ c、314-1-b、314-1-c
	2	基层	m^2	2160831.89	117587967.79	304-1-a ~ b、304-2、304-2-a、304-2-e、304-2-[illegible]、~ b ~ ~ 304-2-f、306-1-a、306-4、306-4a、306-5、314-1-o
	3	底基层	m^2	2180825.47	46168998.13	304-1-1、304-1-a、304-1-c、306-1-a
	4	排水工程	m	468430.25	17518120.94	313-1-a ~ b、313-2-a、313-3-a、313-4-a、313-4-[illegible]、313-5-a、313-7-b、314-1-a ~ p、315-5-a

06 表续上表

项	目	工程或费用名称	单位	工程数量	决算金额(元)	涉及细目号
	5	路缘石	m^3	7122.71	8873372.53	312-1、312-2、312-2-b～c、312-3、312-4、312-5、314-1-p
三		桥梁、涵洞工程	公路公里	98.546	1469672401.10	
	1	涵洞	m/道	5611.16/154	53558978.61	419、420、421
	2	桥梁	m/座	22045.9/105	1416113422.49	401-1、401-2、403-1-a、403-1-b、403-1-c、403-2-a、403-2-b、403-2-d、403-2-e、403-3-a、403-3-a1、403-3-b、403-3-b1、403-3-c、403-3-d、403-4-a、403-4-a～g、403-4-k、403-5-1、404-1、404-2、404-3、404-4、404-5、405-1、406-3、410-1、410-2、410-3、410-4、410-5、411-2、411-4、411-5、411-7、411-8、413-1、413-2、414-1、414-2、415、416、417-2
五		隧道工程	公路公里	98.546	132288183.32	
	1	洞门	座	9	6260614.91	502-1-1、502-2-1、502-2-2、502-2-12、502-2-14、502-3-2、502-3-3、502-3-4、502-4-3、502-4-4
	2	明洞	m^2			
	3	洞身	m/座	3665.4/9	126027568.41	503-1、503-2、503-3、504-1、504-2、504-3、504-5、504-6、505-1-1、505-1-2、505-1-3、505-1-6、505-1-8.2、505-1-8.3、505-1-8.4、505-1-12.1、505-1-12.2、506-2、508-1
六		其他工程及沿线设施	公路公里		218791743.32	
	1	清除场地	公路公里	98.546	4502332.77	202-1、202-1-a、202-1-b、202-1-c
	2	拆除建筑物、构筑物	公路公里	98.546	18175894.89	202-2、202-2-b、202-3、202-3-a、202-3-b、202-3、改路改渠(直接计入小合同)
	3	管理与养护设施	公路公里		13863305.11	隧道防火及照明设施、10kV供电线路工程
	4	安全设施	公路公里	98.546	98588502.32	602-2、603-4、603-5、604-1、604-2、604-3、604-4、604-5、604-6、、604-7、604-8、604-9、604-10、605-1、605-4、605-5、605-7、606-1、607-1、600-b

06 表续上表

项	目	工程或费用名称	单位	工程数量	决算金额(元)	涉及细目号
	5	服务设施	公路公里	98.546	0.00	
	6	环境保护工程	公路公里	98.546	83661708.23	701、701-1 ~ 7、701-a ~ b、702、702(T)、702-1、702-1-a ~ 1、702-2 ~ 9、703-01 ~ 67、704、704-a ~ V、704-01 ~ 28、706-1、706-2、706-3、706-4、705、705-1、705-a ~ k、707-1-1 ~ 7、707-2-1、707-3-1 ~ 2
七		临时工程	公路公里	98.546	29119395.79	103-1、103-2、103-3、103-3-a、103-3-b、103-4、103-5
八		管理、养护及服务房屋	公路公里	98.546	158818276.14	
	1	管理房屋	m^2	11679.79	83432830.20	隧道配电房及收费站
	2	养护房屋	m^2			房屋 07 表
	3	服务房屋	m^2	11516.94	75385445.94	房建 07 表
十二		建安费预留费用	公路公里	98.546	157975851.62	101-1、102-1、102-2、104-1、105-1、业主提供 1% 奖金、索赔、计日工、其他工程
十三	1	预留工程费用			0.00	07 表(尾工)
		第二部分　设备、工具及器具购置费	公路公里	98.546	126086034.61	
一		设备购置费	公路公里	98.546	111147825.50	08 表
二		工具、器具购置费	公路公里	98.546	8609570.36	6328638.75
三		办公及生活用家具购置费	公路公里	98.546	6328638.75	08 表
		第三部分　工程 建设其他费用	公路公里	98.546	898462606.29	
一		土地、青苗补偿及安置补置费	公路公里	98.546	495121280.75	09 表
二		建设单位管理费	公路公里	98.546	123663002.33	09 表
三		勘察设计费	公路公里	98.546	60146190.00	09 表
四		研究试验费	公路公里	98.546	10292600.00	09 表
九		建设期贷款利息	公路公里	98.546	199659533.21	09 表
		专项评估费	元		9580000.00	09 表
十		其他费用及预留费用	公路公里	98.546	58086240.85	

06 表续上表

项	目	工程或费用名称	单位	工程数量	决算金额(元)	涉 及 细 目 号
	1	绿色通道植树费	元		2096525.01	绿化07表
	2	回龙电站加固及发电损失费	元		24040800.00	27标07表一
	3	路线交叉保通协调费用	元		230000.00	土建07表
	4	独山互通连接线	km	5.402	17375260.90	27标07表一
	5	南召互通连接线	km	3.734	14343654.94	27标07表一
	6	其他费用预留费用	公路公里			
		决算总金额	公路公里	98.106	4695883021.68	

编制:刘萍　　　　复核:张晔

第二部分　竣工决算

关于二广高速公路项目分水岭至南阳段竣工决算的审核认定意见

依据交通运输部《公路工程竣(交)工验收办法实施细则》(交公路发〔2010〕65号)及我厅《关于进一步加强我省高速公路和普通干线公路竣(交)工验收工的通知》(豫交文〔2014〕32号)的文件要求,我厅于2014年7月1日~10日对二广高速公路分水岭至南阳段建设项目(以下简称岭南高速项目)的竣工决算进行审核。我们的审核是基于河南省审计厅于2014年3月7日对本项目出具的审计报告(豫审投报〔2014〕21号),审定本项目竣工决算为470448.52万元。我们本次审核的主要内容为审计问题的整改情况、竣工决算基准日后尾工工程及预留费用的实施和开支情况以及其他需要说明的事项。审核意见如下:

一、尚未整改的审计问题

1. 挪用项目建设资金10248.56万元的问题

(1)截至2011年5月31日,岭南高速项目垫付通车后应由项目运营管理单位承担的利息及费用9831.22万元。经审核2013年12月26日,岭南公司向河南高速公路发展有限公司申请偿还原岭南试运营期间相关费用的请示,但截止审核基准日,岭南高速项目垫付通车后应由项目运营管理单位承担的利息及费用还有5151.82万元尚未收回。其中:垫付应由岭南高速项目管理公司承担的贷款利息及经营费用4599.47万元、南阳北服务区421.59万元、南召停车区130.76万元。

(2)用于批复概算外项目支出417.34万元。经审核2014年4月3日岭南公司向南阳市人民政府发出请求退回划拨土地前期费用的报告(豫高司岭南〔2014〕2号),但截至2014年5月31日,该款项仍未收回。

2. 关于往来账项686.93万元

其中:投标保证金25万元,履约保证金661.93万元,未及时清理问题。

截至2014年5月31日,经审核岭南公司对投标保证金已清理完毕。履约保证金账户余额为175.56万元,尚未清理完毕。

3. 多支付永久性征地补偿款项369.33万元

系2005年11月,岭南公司与南阳市高速公路建设指挥部签订《征地协议书》,永久征地660.69hm^2(折合9910.3亩),支付征地补偿款项共计23051.88万元。2009年2月,国土资源部批准项目建设用地647.71hm^2(折合9715.61亩),项目实际占地647.06hm^2(折合9705.88亩)。由于征地协议在前,土地批复在后,造成项目协议多签征地204.42亩,多支付征地费用369.33万元。

根据岭南公司提供的情况说明:该项目于2005年9月开工建设,开工建设初期河南省土地勘测规划院就已经进行勘测定界工作,《征地协议书》中土地的亩数是根据勘测定界报告确定的亩数为依据,且此土地亩数在工程建设过程中实际占用,补偿款项已经支付给农户。

《关于洛阳至南阳高速公路分水岭至南阳段工程建设用地的批复》(国土资函〔2009〕147号)批准项目用地647.71hm^2(折合9715.61亩),于2009年2月批复,核减了申请用地

12.9797hm^2(折合194.7亩)。办理土地证时,有关部门依据国土资源部(国土资函〔2009〕147号)办理,超出批复部分即使项目建设实际占用,也不能办理土地证。故造成办理的土地证显示实际用地647.06hm^2(折合9705.88亩)与土地批复一致,但与实际占用相差了204.42亩。造成此结果的主要原因是项目实施急,土地报件批复慢等历史原因造成(见土地征地面积表,本文略)。

审核建议:岭南公司应按照审计决定书要求,尽快追回其他单位占用的项目资金及抓紧清理履约保证金。

二、尾工工程实施情况及预留费用方面

尾工工程及预留费用共计核减1454.32万元,核增40.2万元,合计核减1414.12万元,具体明细如下:

1.尾工工程实施情况

岭南高速项目经政府审计后确认的尾工共两项共计320.16万元,其中通道积水专项治理工程预留40.93万元,该工程已完工并结清工程款;白河引道工程预留279.23万元,截至2014年5月31日,已支付工程款49.96万元,账面余额229.27万元。该工程于2011年作为尾工工程预留,至今已长达2年左右未实施。本次审核岭南公司未能提供与工程相关的资料,本次审核核减尾工工程229.27万元。

2.预留费用情况

(1)岭南高速项目经政府审计后确认的预留费用5项,共计2191万元。截至2014年5月31日,预留费用账面余额为1426.79万元,经审核调整和核减预留费用共计1024.5万元,审核后的预留费用为402.29万元。具体明细如下:

①工程管理费预留989万元,截至2014年5月31日已支付649.4万元,岭南公司将存款利息15.95万元在工程管理费列支,本次审核将其调整到其他应付款—款利息收入账户,调整后工程管理费余额为323.65万元。

②土地拆迁补偿费预留1042万元,截至2014年5月31日已支付42.56万元,尚有999.45万元未使用。经审核该建设项目土地使用权证除南阳北服务区23.8亩未办理外,其他均已办理完毕。南阳北服务区属于经营用地,需要缴纳土地出让金,该项目已通车多年,因项目所在地国土部门对高速公路项目补办经营性用地费用无明确计价标准,该费用至今未支付。建议核减工程成本999.45万元。

③临时设施费预留80万元,截至2014年5月31日已支付房屋租赁费31.15万元,根据岭南公司提供的尚未入账的费用发票,共计9.1万元,扣除该费用后余额39.75万元。

④社会中介机构审查费预留20万元,截至2014年5月31日已支付12.1万元,余额7.9万元。

⑤其他费用预留60万元,截至2014年5月31日已支付律师代理费29万元,余额31万元。

(2)截至2014年5月31日其他应付款/暂估预留款/待摊基建支出/存款利息收入账户余额209.65万元,本次审核将在其他应付款/暂估预留款/待摊基建支出/工程管理费中列支的利息收入15.95万元调整至该账户,调整后的余额为225.6万元。建议核减工程成本225.6万元。

(3)岭南公司与黄河勘测规划设计有限公司签订岭南高速公路对回龙抽水蓄能电站影响楚林工程总承包合同及补充协议,合同价款共计2404.08万元,经审核工程结算实际列支费用2363.88万元,少列支40.2万元。建议核增工程成本40.2万元。

三、其他说明事项

1.土建22标审计情况

由于在省审计厅2013年6月至7月第一次审计时，岭南项目公司与路桥华南工程有限公司（土建22标）在部分项目结算上存在较大分歧，未达成共识、未进行社会审计，故该标段未在审计厅审计期间提供资料，岭南项目公司也未将具体情况及时上报审计厅。在编制项目竣工财务决算时对土建22标段暂定的19240.79万元计入财务决算，审计厅在出具的豫审投报〔2014〕21号审计报告中对该标段情况进行了披露。经过社会审计后，岭南项目公司向审计厅提交了土建22标的资料，审计厅于2014年9～10月对路桥华南土建22标进行了单独审计，并出具了审计报告（豫审投报〔2014〕85号），最终认定19794.68万元，比暂定金额增加553.89万元。建议岭南公司调整账目。

2. 郑州铁路工程管理所蒲山特大桥标段未审计情况

该建设项目中蒲山特大桥主跨铁路工程由于铁路部门规定代建，未进行招标，而是由郑州铁路工程管理所承建。且该工程量差和价差未经我厅批复，故未进行最终结算。后由于施工方未提供资料，故该工程也未经社会中介机构审计和政府审计。因此岭南项目公司在编制竣工财务决算时将该工程的工程成本按照暂估金额入账，共计15032.69万元。截至本次审核日，该单位的工程结算仍未经有关部门审计。

最终认定该项目的竣工决算值为469588.31万元。

洛阳至南阳高速公路分岭至南阳段
竣工财务决算说明书

一、概述

(一)项目建设意义

洛阳至南阳高速公路分水岭至南阳段工程是内蒙古自治区二连浩特市至广东省广州市国家重点公路的重要组成部分,是河南省规划的公路网骨架"五纵、四横、六通道"中的"第四纵"。本项目的建设对加快国家干线公路网建设、充分发挥国道主骨架路网功能具有重要意义。同时,也是河南省和沿线区域经济发展的需要,对于实现河南省的经济发展战略,发挥河南省的区位优势,缩小区域间经济发展差距,促进豫西地区经济发展将起到重要作用;对缓解河南省南北交通运输压力,完善综合运输体系有着重要意义;对河南省旅游业、外向型经济的发展具有积极的促进作用。

(二)项目概况及技术标准

1. 项目概况

洛阳至南阳高速公路分水岭至南阳段起于南阳与平顶山交界的分水岭,路线向南经南召县董店东、石门乡西、瓦踮村西南、谢庄乡东、龚河东南、王村西,止于南阳市区西部张华岗,与已建成的上海至武威国家重点公路相接,主线全长约73.856km;联络线由南阳市卧龙区的安皋乡向东,经蒲山镇止于宛城区的新店乡,与许平南高速公路相连接,全长24.25km,总里程共计98.106km。独山互通立交连接线长5.402km,南召互通立交连接线长3.734km。征用土地654.1171hm^2。项目采用全封闭、全立交、四车道(山区)、六车道(平原区)高速公路技术标准。

本项目于2005年9月正式开工建设,2008年11月26日除联络线中蒲山特大桥跨焦枝铁路及南水北调总干渠段工程外全部建成并投入试运营。其中:2007年12月9日已建成55.726km并先期投入试运营。蒲山特大桥跨焦枝铁路及南水北调总干渠段工程于2007年初开工建设,于2009年9月30日建成并投入试运营。

2. 主要工程技术标准

项目采用全封闭、全立交、四车道(山区)、六车道(平原区)高速公路技术标准设计,其主要技术标准如下。

设计行车速度:山岭区100km/h;平原区120km/h。

路基宽度:山岭区26m;平原区28m。

平曲线一般最小半径:山岭区700m;平原区1000m。

平曲线极限最小半径:山岭区400m;平原区650m。

最大纵坡:山岭区4%;平原区3%。

桥梁设计荷载:(公路—I级)×1.3

设计洪水频率:特大桥1/300;其他桥梁和路基1/100。

地震动峰值加速度系数:0.05g、0.10g(相当于地震基本烈度:Ⅵ、Ⅶ度)。

连接线采用二级公路技术标准设计。

其他有关标准按《公路工程技术标准》(JTG B01—2003)和《河南省高速公路设计技术要

求》规定执行。

3.实际完成工程量

全线共完成路基土方 1838.6 万 m^3；沥青混凝土路面 267.9 万 m^2；水泥稳定碎石基层 215.6 万 m^2；水泥稳定砂砾底基层 221.4 万 m^2；互通式立交 7 处，分离式立交 10 处；特大桥 4 座，共长 5316.4m；大、中、小桥 101 座，总长度 16729.5m；通道 89 处；天桥 28 座；涵洞 154 道；隧道 5 座，总长 3665.4m。交通标志 1113 块；道路标线 147677m^2；隔离栅 187142m；收费雨棚、广场、收费岛 4 处；综合功能服务区 1 处、停车区 1 处、隔音墙 30 处共 3479m。分别在南召设 1 处停车区，南阳设 1 处服务区，在南召、五朵山、遮山、独山互通立交设置 4 处匝道收费站。分别在分水岭、柴家庄、上河东、雪家庄隧道口设置 4 处隧道供电管理站。

二、项目立项、审批与资金筹措

（一）项目立项情况

本项目的立项依据是：河南省发展与改革委员会 2005 年 6 月 8 日《关于洛阳至南阳高速公路分水岭至南阳段工程可行性研究报告核准的批复》（豫发改交通〔2005〕705 号）。

（二）项目概算批复情况

2006 年 4 月 6 日，河南省发展与改革委员会《关于洛阳至南阳高速公路分水岭至南阳段工程初步设计的批复》（豫发改设计〔2006〕359 号），核定本项目总概算金额为 456569 万元。其中：

建筑安装工程费 339154 万元；设备及工器具购置费 7833 万元；工程建设其他费用 81140 万元；预留费 19553 万元；新增加费用项目（不作预备费基数）8889 万元。

2007 年 6 月 5 日河南省交通厅《关于洛阳至南阳高速公路分水岭至南阳段绿化工程方案设计的批复》（豫交计〔2007〕136 号），批复本项目绿化工程总概算为 3400 万元。

（三）项目预算批复情况

本项目已批复的施工图预算总金额为 452017 万元（不含绿化工程、回龙电站加固及发电损失费、下穿宁西铁路立交桥），具体为：

（1）主体工程 421104 万元（河南省交通厅豫交计〔2006〕332 号《关于洛阳至南阳高速公路分水岭至南阳段工程施工图设计的批复》）。

（2）10kV 供电线路工程 1575 万元（河南高速公路发展有限责任公司豫高司工〔2006〕423 号《关于洛南高速公路南阳段 10kV 供电线路工程施工图设计及预算的批复》。

（3）机电工程合计 9566 万元，其中：机电工程预算 3369 万元、隧道附属工程预算 2319 万元，机电工程管道、土建工程预算 2381 万元，供配电照明工程预算 1497 万元（河南省交通厅豫交计〔2007〕29 号《关于洛南高速分水岭至南阳段机电工程详细设计　通信管道　供配电照明　隧道附属工程　施工图设计的批复》）。

（4）房建工程 5207 万元（河南省交通厅豫交计〔2007〕48 号《关于洛阳至南阳高速公路分水岭至南阳段房建工程施工图设计的批复》）。

（5）蒲山跨焦枝铁路及南水北调总干渠特大桥 14565 万元（河南省交通厅豫交计〔2008〕145 号《关于洛阳至南阳高速公路分水岭至南阳段蒲山特大桥跨焦枝铁路及南水北调总干渠段工程施工图设计的批复》。

（四）土地批复情况

1.项目初步设计用地面积

河南省发展与改革委员会《关于洛阳至南阳高速公路分水岭至南阳段工程初步设计的批复》

（豫发改设计〔2006〕359 号）批复本项目总用地面积控制在 698.66hm^2 以内，折合 10479.9 亩。

2. 国土资源部批复用地面积

2009 年 2 月《国土资源部关于洛阳至南阳高速公路分水岭至南阳段工程建设用地的批复》（国土资函〔2009〕147 号），批准建设用地共计 647.707hm^2（折合 9715.605 亩），由当地人民政府按照有关规定提供，作为洛阳至南阳高速公路分水岭至南阳段工程及服务区用地。其中服务区用地 14.1801hm^2 中的经营性用地以有偿使用方式提供，其余建设用地以划拨方式提供。

3. 实际用地面积

本项目实际用地面积合计 660.687hm^2（表 1），其中服务设施用地 1.587hm^2。

项目用地面积情况表（单位：hm^2） 表 1

<table>
<tr><td rowspan="2">批复情况
土地所在位置</td><td>初步设计批复</td><td>国家国土资源部批复</td><td rowspan="2">实际征地</td><td rowspan="2">实际征地与国土资源部批复相比增（减）数</td></tr>
<tr><td>豫发改设计〔2006〕359 号</td><td>国土资函〔2009〕147 号</td></tr>
<tr><td>南召县</td><td rowspan="5">698.66</td><td>244.728</td><td>244.728</td><td></td></tr>
<tr><td>地方铁路局</td><td>0.6452</td><td></td><td></td></tr>
<tr><td>镇平县</td><td>88.4594</td><td>88.459</td><td></td></tr>
<tr><td>卧龙区</td><td>269.2453</td><td>267.656</td><td></td></tr>
<tr><td>宛城区</td><td>44.6291</td><td>44.629</td><td></td></tr>
<tr><td>南阳北服务区</td><td></td><td></td><td>1.587</td><td></td></tr>
<tr><td>其他</td><td></td><td></td><td>13.628</td><td></td></tr>
<tr><td>合　　计</td><td>698.66</td><td>647.707</td><td>660.687</td><td></td></tr>
</table>

4. 其他需要说明的问题

截至竣工决算日土地使用权证除服务区用地外，均已办理。

（五）项目资金来源及资金实际到位情况

1. 资金来源

本项目资金来源由两部分组成：项目法人筹措项目资本金（占批准总投资的 35%）和申请银行贷款。

2. 资金到位情况

截至 2014 年 11 月 15 日，共到位资金 468419 万元，其中：项目资本金 1000 万元；基建拨款 44278 万元；申请银行贷款 244550 万元工商银行 59550 万元，建设银行 136000 万元；开发银行 43000 万元，浦发银行 6000 万元；上级拨入资金 178591 万元。

三、项目执行情况

（一）项目招投标情况

洛阳至南阳高速公路分水岭至南阳段各项工程均按照国家相关法律、法规及河南省交通厅、河南高速公路发展有限责任公司、南阳市高速公路有限公司的相关规定和要求，全面落实了招投标制度。在具体操作过程中，我公司切实履行业主的责任和义务，与招标代理公司密切配合，遵守《中华人民共和国招标投标法》等相关法律法规，按照公正、公平、科学、择优的原则，在上级监察部门全过程参与、全面监督的情况下，严格按照"报审资格预审文件→发布资格预审公告→进行资格预审→上报资格预审评审报告→公布资格预审结果→报审招标文件→发布招标公告→进行招标→上报招标评标报告→发布中标通知书→进行合同谈判→签订合同"的流程进行招投标工作。本项目中标设计单位、监理单位、施工单位及硅芯管和办公机具的采购单位如下。

1. 设计单位

中交第一公路勘察设计研究院

2. 监理单位

(1)No. A:河南省高等级公路建设监理部,承担的监理工作所辖路段为土建 No. 01 ~ No. 10、No. 27 合同段,路面 LM01、LM02 合同段,房建 FJ01、FJ02 合同段,绿化 LH01、LH02、LH06、LH07 合同段,交通安全 JA01、JA04、JA07、JA10 合同段,伸缩缝 SSF01 ~ SSF02 合同段。监理主线起止桩号为 K0 +849.907 ~ K32 +400,路线全长 31.550km。

(2)No. B:河南宏力工程咨询有限公司,承担的监理工作所辖路段为土建 No. 11 ~ No. 25 合同段,路面 LM03 ~ LM07 合同段,房建 FJ3 ~ FJ7 合同段,绿化 LH03、LH04、LH05、LH08 ~ LH12 合同段,交通安全 JA02、JA03、JA05、JA06、JA08、JA09、JA11、JA12、JA13 合同段,伸缩缝 SSF03 ~ SSF05 合同段。监理主线起止桩号为 K32 +400 ~ K74 +756.555,联络线起止桩号为 JK0 +702 ~ JK24 +247.172。

(3)机电监理:北京华路捷公路工程技术咨询有限公司,承担本项目机电、供配电照明工程的监理工作。

3. 施工单位

(一)土建施工单位

①主体施工单位:

No. 1　路桥集团第一公路工程局

No. 2　中铁十九局集团第三工程有限公司

No. 3　中铁二局股份有限公司

No. 4　中铁一局集团第四工程有限公司

No. 5　江西省公路桥梁工程局

No. 6　中铁大桥股份有限公司

No. 7　长庆石油勘探局筑路工程总公司

No. 8　中铁十八局集团第一工程有限公司

No. 9　路桥集团第一公路工程局第三工程公司

No. 10　中铁十局集团第二工程有限公司

No. 11　中铁十三局集团第五工程有限公司

No. 12　中铁九局集团有限公司

No. 13　中铁十七局集团第三工程有限公司

No. 14　长沙市公路桥梁建设有限责任公司

No. 15　南通路桥工程有限公司

No. 16　湖南湘潭公路桥梁建设有限责任公司

No. 17　中铁十一局集团第一工程有限公司

No. 18　路桥集团第一公路工程局厦门工程处

No. 19　路桥华祥国际工程有限公司

No. 20　中铁四局集团有限公司

No. 21　中铁七局集团有限公司

No. 22　路桥华南工程有限公司

②预制施工单位:

No. 23　中铁五局集团第三工程有限责任公司

No. 24　中铁二十二局哈尔滨铁路建设集团有限公司
No. 25　中铁大桥局集团湖北第六工程有限公司
③连接线施工单位：
No. 26　中铁大桥局股份有限公司(因特殊原因退场，交当地政府组织施工)
No. 27　中交第三公路工程局有限公司
(2)路面施工单位
LM-1　路桥集团第一公路工程局
LM-2　山西路桥第二工程有限公司
LM-3　河南省公路工程局集团有限公司
LM-4　路桥集团第一公路工程局厦门工程处
LM-5　贵州省公路工程总公司
LM-6　河南路桥建设集团有限公司
LM-7　江苏海通建设工程有限公司
(3)房建施工单位
FJ-1　河南六建建筑集团有限公司
FJ-2　河南科兴建设有限公司
FJ-3　河南省合立建筑工程有限公司
FJ-4　中国有色金属工业六冶洛阳公司
FJ-5　中铁十五局集团第七工程局有限公司
FJ-6　林州市建筑工程九公司
FJ-7　江苏省第一建筑安装有限公司
FJ-8　焦作市海宇公路工程有限公司
FJ-9　郑州市第一建筑工程有限责任公司
FJ-10　深圳市文业装饰设计工程有限公司
FJ-11　河南省豫美装饰工程有限公司
FJ-13　河南省合立建筑工程有限公司
FJ-14　河南锦业实业有限公司
(4)绿化施工单位
LH-1　河南新封园林绿化工程有限公司
LH-2　潢川县博宇花卉有限责任公司
LH-3　许昌四季春园林绿化工程有限公司
LH-4　河南天图园林景观有限公司
LH-5　潢川县佳美园林工程有限责任公司
LH-6　郑州黄河园林绿化工程公司
LH-7　南阳市市政工程总公司
LH-8　潢川县绿洲园林绿化有限责任公司
LH-9　河南农业大学园林艺术工程公司
LH-10　厦门市厦生园林绿化工程有限公司
LH-11　河南省通行实业园林工程有限公司
LH-12　河南省豫建园林工程有限公司
(5)交通安全设施施工单位

JA-1　武安市交通安全设备有限公司

JA-2　浙江交通设施有限公司

JA-3　河南省公中附属设施有限公司

JA-4　河南省新乡六通实业有限公司

JA-5　河南鸿志实业有限公司

JA-6　江苏中路交通工程有限公司

JA-7　江苏耀鑫交通设施有限公司

JA-8　南通市兴路交通工程有限公司

JA-9　郑州彩达交通设施工程有限公司

JA-10　杭州萧山金鹰交通设施有限公司

JA-11　福建省漳州市公路机械修配厂

JA-12　杭州神通交通设施有限公司

JA-13　北京市高速公路交通工程公司

(6)机电工程施工单位

①供电照明施工单位:

LNGZ-1　郑州市祥龙电力安装工程有限公司

LNGZ-2　郑州市亚通照明工程有限责任公司

LNGZ-3　中铁建电气化局集团第一工程有限公司

LNGZ-4　辽宁阳光照明工程有限公司

②机电施工单位:

LNJD　中铁一局集团电务工程有限公司

(7)伸缩缝施工单位

SSF-1　衡水市橡胶总厂有限公司

SSF-2　衡水冀军桥闸工程橡胶有限公司

SSF-3　衡水健达工程橡胶有限公司

SSF-4　四川中交路桥科技有限公司

SSF-5　衡水桥闸工程橡胶有限公司

(8)硅芯管

GXG-1　衡水宝力工程塑料有限公司

GXG-1　河北凯巍塑业有限公司

(9)办公机具

JJ-1　郑州腾坤装饰工程有限公司

JJ-2　郑州富昇家具有限公司

JJ-3　河南普美斯科技有限公司

JJ-4　山东省皇冠厨业有限公司

(二)工程管理情况

在本项目的建设过程中,我公司始终以打造"科技高速、生态高速、人文高速、廉政高速、和谐高速"为目标,围绕"严格监理管理、严格过程控制、严格程序管理、严格安全生产、强化文明施工"五个方面开展工作,狠抓质量,力促进度,确保安全,强化管理,项目建设取得了如下好成绩:2007 年 10 月份在交通部组织的全国"质量、安全督察"大检查中获得好评;在 2008 年河南省交通厅组织的第一次质量、安全大检查中,获得全省"安全管理"第一名;在 2008 年交通厅组织的第一次质量安全大检查中“实体质量”获得全省第三名。

1. 项目组织机构

岭南高速公路是国家重点公路二广线洛阳至南阳段高速公路的组成部分，此工程已经河南省发展和改革委员会发该交通〔2005〕705 号文立项核准批复，于 2005 年 6 月注册成立了河南岭南高速公路有限公司。

按照省公司对机构设置和人员定编的有关要求，分设办公室、合同处、财务处、质监处、工程处、协调处 6 个职能处室，分别负责项目的综合业务、内外环境协调、合同管理、资金管理、工程技术、质量监督等各项工程。

岭南公司领导班子由 5 人组成，董事长、总经理侯建军对公司工作负总责，常务副总经理刘宇负责公司合同计划处、协调处工作，副总经理、总工程师张延明负责公司工程技术处、质量监督处工作，临时党委副书记、纪检书记、工会主席鄢宏发负责办公室工作，财务总监朱保军负责财务处工作。

公司成立后，在各级领导的指导和监督下，严格执行国家基本建设程序，依据河南省交通厅、河南高速公路发展有限责任公司关于建设项目管理的规定对本项目进行管理，全面落实项目法人责任制、招投标制、工程监理制和合同管理制。从开工伊始，我们就制定了科学周密的网络施工计划，对工程项目精心组织、严格管理，把工程建设质量作为头等大事来抓，严格贯彻三级质量保证体系，实行层层负责的工程质量终身制和廉政责任追究制。同时，通过计量支付监督，严格合同管理。以调度会、现场会、联席会、工地例会等形式，协调好地方关系和各标段的项目施工，充分发挥组织、协调、监督和服务功能，形成严格的工程建设管理体制，确保建设项目的质量与进度同步。各职能部门密切配合，严守纪律，规范管理，为建设项目的圆满完成奠定了基础。

2. 合同与计量支付管理

我公司在遵守诚实信用的原则下，依照有关法律、法规的规定，起草、签订了洛阳至南阳高速公路分水岭至南阳段项目的土建、路面、房建、绿化、交通安全设施、交通机电及其他有关合同，与此同时，还制定并逐步完善了合同管理的各项规章制度，加强对合同执行情况的监督，确保合同履行和各项任务目标的完成。为更好地对合同执行情况进行监督，全方位了解工程进展情况，我公司还成立了由公司领导和相关部门工作人员组成的计划落实小组，经常深入施工现场，掌握工程实际进展情况，保证了合同履行的严肃性和准确性。

此外，我公司还非常重视对计量支付的管理，坚持计量与支付三级审查制度，一级向一级负责：承包人完成某项工程或工程量清单中某一项，首先向驻地监理工程师提出报验申请，经驻地监理工程师验收合格方可申报项目数量；然后承包人提出申报数量，经驻地监理工程师验收合格签字认证后方可申报项目计量；监理代表处计量工程师对部分工程抽检和审查，确认工程质量、数量无误时，正式开具工程支付证书并经代表处总监代表签字后上报我公司，最后由我公司各有关处室对计量进行复审，才能办理支付手续。

由于坚持计量支付程序化，并对发现的提前计量或重复计量事件进行严肃处理，有效杜绝了提前或重复计量的现象，对合理利用资金、控制投资总额起到了积极的作用。

3. 质量管理

“精品路、景观路、环保路”，是岭南高速公路向资源节约型、环境优良型、项目和谐型发展的总体目标。

百年大计，质量第一，质量是工程建设的永恒主题。在本项目的建设中，质量意识始终贯彻工程建设管理的全过程。我们按照四级质量保证体系，全面加大业主的监察力度。一是董事会成员和相关业务处室工作人员，明确划分责任区段，将质量、进度综合评比结果与责任人的效益工资挂钩，并作为同等重要依据对公司相关职能部门、参建单位进行工作考核、履约评定。二是抽调精干人员长驻工地，对工程施工的质量、进度、安全等进行严密的过程监控。为确保工程质量合格率达到100%、优良率达到95%以上，为了进一步加强工程质量控制，项目公司制定了一系列严格监督质量的措施，下发了《岭南公司高速公路工程履约检查评比办法》《关于路基、桥梁有涵洞（通道）工程施工等有关规定的通知》《关于确保沥青路面中上面层施工质量的几项具体措施》等一系列具体细致的质量管理办法，制定奖罚制度，做到奖罚分明，毫不留情，以达到激励先进、督促后进的目的。

在本项目实施中，特别是对以下几个方面采取了重点监督和控制措施，对提高工程的使用质量发挥了很好的作用。

（1）对路基施工质量的控制。特别对有关石灰等级、灰土含水量、压实度等进行抽检，要求试验室增加频率，确保工程质量。路基施工过程中，严格控制每层的填筑厚度，并同时控制好平整度、横坡及其他指标。为了保证路基压实度符合设计要求，要求施工单位用进口的大吨位压路机碾压。严把原材料关，要求监理和施工单位共同考察合格的料场；不合格材料不允许进场；从合格料场进场的原材料，施工单位、中心试验室人员及时深入一线，做到随到随检，及时报验，并要求监理人员加大抽检频率，确保进场原材料的质量。

（2）对结构物施工质量的控制。控制重点包括基桩、立柱、盖梁、现浇箱梁、箱梁安装、桥面铺装及桥梁混凝土护栏等。要求严格控制桥面铺装厚度，从梁板顶高程复测开始，同时严格控制平整度，对防护栏进行严格检查。不但要保证内在质量，同时做到外观光滑平顺。为保证桥面净宽，要求护栏双面防线后再拉尺复核。

（3）对路面基层、底基层施工质量的控制。从严控制原材料质量，特别是粒料含泥量和针片状碎石含量，避免由于原材料质量不高而采用提高水泥剂量来保证混合料强度的现象发生。施工时原材料要求每天进行筛分试验，根据结果及时调整配合比，施工中水泥用量应严格按配合比控制。底基层施工前，必须对下承层进行洒水湿润，要求提前洒水2～3遍，充分湿润下承层。当表面有松散时，必须经过提前洒水湿润后，再喷洒水泥浆。水泥浆配比为1∶0.5，水泥浆用量不小于4.0kg/m^2，保证水泥浆起到连接各层的作用。同时要确保水泥稳定碎石拌和机、摊铺机、碾压机等设备的数量型号，施工中还需确保各层厚度及强度满足设计要求，最后要做好各层间养生与自检工作。

（4）对防排工程质量的控制。首先要求把控原材料质量，规范防排工程施工的施工工序与砂浆拌和、运输及砌筑的各项要求，严格控制砌筑实体的断面尺寸、厚度、强度、平整度。加大施工过程控制，增大施工中的自、抽检频率，承包人和监理分段管理，落实到具体人，加大监管力度，对不合格的路段做到查到一处返工一处，决不姑息迁就。

（5）对沥青路面施工质量的控制。首先对原材料质量进行严格控制，特别是针片状碎石控制在15%之内，做好ATB—25、AC—25、AC—20、AC—13的生产配合比，施工过程中严格控制各施工阶段的施工温度，把沥青路面的厚度、密实度、平整度作为主控目标，同时做好各层间的层次连接和高程控制。对桥梁伸缩缝、施工缝等平整度不能满足河南省交通厅平整度要求的全部用铣刨机进行铣刨处理。加强过程控制和阶段验收的检测频率，确保工程质量，创精品工程。

对房建工程主要采取巡视和抽检等手段；对立柱预制和安装进行检查，发现问题及时纠正、处理。在施工中对所有材料及混凝土试件累计抽检64次，合格率100%，抽检频率大于20%，对所有材料严格把关，确保工程质量。

对于绿化工程，主要采取巡视、抽检和到苗圃考察等手段对苗木的规格等进行检查，发现问题及时纠正、处理,不留任何隐患。对正在施工或已完工工程进行全面检查,并要求施工单位以书面材料向代表处汇报。

以上这些措施都大大消除了质量隐患,达到非常良好的施工效果。

4. 工程变更管理

根据重点项目建设管理有关规定,工程应在初步设计批复之后,依据施工图进行招标。根据当时全省高速公路建设形势,为了河南境高速公路网络的形成,本项目依据初步设计进行了招标。施工图设计时间比较短,加之山区地段地形复杂,造成设计中测量误差较大。同时在建设过程中,因河南省地方标准提高等原因,造成工程变更多,例如:原地面高程误差较大、部分隧道围岩与设计不符、高挡墙后路基压浆、桥面铺装层钢筋由 D5 冷轧钢筋网变更为 12 钢筋网;部分路段为膨胀土,需要作技术处理;进行了路基填料变更;完善地方道路(改路、改渠);蒲山特大桥结构形式变更;根据最新部颁标准对标志、标线的变更;独山收费站房建的变更;为建设景观路、绿化路对绿化工程的变更等,致使工程投资增加。

在此情况下,我们严格按照河南省交通厅、河南高速公路发展有限责任公司制定的变更申报程序对工程进行严格控制、管理。对于政策性变更,我们严肃认真对待,组织专家进行实地踏勘、详细论证;对于技术变更,我们严格遵循技术规范,必要时组织专家进行论证,妥善处理造价与进度、质量、功能之间的关系,谨慎决策,及时上报省高发公司、省交通厅。

5. 资金使用管理

本项目在资金使用方面,在确保资金安全、合理、高效使用的前提下,充分发挥了资金预算、资金结算的调控功能,通过综合运用国家有关金融优惠政策、利率杠杆,采用长、短期贷款相结合等多种筹资手段,大力推行"零存款"资金管理方案,从而有效地避免了因资金不足而影响工程进度和资金闲置浪费等现象的发生。

(三)工程质量评价

(1)根据本公司的申请,河南省交通基本建设质量检测监督站、开封市天平路桥工程检测有限公司于2007 年11 月16 日 ~19 日对本项目进行了质量鉴定,对已完成的路基工程、路面工程、桥梁工程、交通安全设施等工程按照交通部颁布的《公路工程竣(交)工验收办法》《公路工程质量检验评定标准 第一册 土建工程》(JTG F80/1—2004)等相关标准、规范和规程进行全面检测。检测工作分路面组、桥梁组、测量组、路基涵洞防排组及交通安全设施组,根据本项目特点,各检测组分别对能够检测的工程项目进行了实际量测和全面检查。

路基组主要负责路基边坡、排水工程、小桥工程的检测;路面组负责路面横坡、宽度等指标的检测;桥梁组负责混凝土强度、主要结构几何尺寸等指标的检测;交安组负责标志、波形梁护栏等项目的几何尺寸检测;测量组负责路面、桥面横坡及涵底流水面高程的检查;各组同时负责相关项目的外观检查。

通过检查,河南省交通基本建设质量检测监督站出具了《洛南高速公路分水岭至南阳段交工验收检测报告》,总体评价显示:路面表面平整、密实、均匀,未见泛油、松散、裂缝、离析现象;原材料质量得到了较好的控制;施工配比符合规范要求;路面厚度均匀,厚度满足设计要求;路面抗滑性能符合要求;路面横坡及宽度控制较好。路基边坡坡体稳定,大部分路段未见亏坡及不均匀沉降现象;大部分路段排水工程断面尺寸控制较好;铺砌厚度开挖检查基本满足设计要求;排水沟内侧及沟底平顺,总体施工质量良好。桥面平整,伸缩缝安装质量较好,桥面宽度、横坡控制较好;受力构件制作较规范,尺寸控制较好,混凝土强度符合设计要求;墩柱尺寸控制良好,混凝土强度满足设计要求。表面平整、密实。结论性意见显示:洛南高速公路分水岭至南召段工程建设项目设计完善、合理;质量控制体系完备、有效,运转良好。经对已完成项目检测和质量状况分析,未发现有影响交工验收的质量问题。

(2)根据本公司的申请,依据交通部《公路工程竣(交)工验收办法》,按照《公路工程质量检验评定标准　第一册　土建工程》(JTG F80/1—2004)与《公路路基路面现场测试规程》,河南省交通基本建设质量检测监督站、开封市天平路桥工程检测有限公司于2008年9月4日~7日对本项目分水岭至南召段进行了工程交工检测。本次交工质量检测分路面组、桥隧组、测量组、路基涵洞防排组及交通安全设施组,根据本项目特点,各检测组分别对能够检测的工程项目进行了实际量测和全面检查。

路基组主要负责路基边坡、排水工程、小桥工程的检测;路面组负责路面横坡、宽度等指标的检测;桥梁组负责混凝土强度、主要结构几何尺寸等指标的检测;交安组负责标志、波形梁护栏等项目的几何尺寸检测;测量组负责路面、桥面横坡及涵底流水面高程的检查;各组同时负责相关项目的外观检查。

通过检测,2008年9月8日河南省交通基本建设质量检测监督站出具了《二广高速公路分水岭至南召段交工验收检测报告》,报告中的总体评价显示:路面表面平整、密实、均匀,未见泛油、松散、裂缝、离析现象;原材料质量得到了较好的控制要求;施工配比符合规范要求;路面厚度均匀,厚度满足设计要求;路面抗滑性能符合要求;路面横坡及宽度控制较好。路基边坡坡体稳定,大部分路段未见亏坡及不均匀沉降现象;大部分路段排水工程断面尺寸控制较好;铺砌厚度开挖检查基本满足设计要求;排水沟内侧及沟底平顺,总体施工质量良好。桥面平整,伸缩缝安装质量较好,桥面宽度、横坡控制较好;受力构件制作较规范,尺寸控制较好,混凝土强度符合设计要求;墩柱尺寸控制良好,混凝土强度满足设计要求。表面平整、密实。结论性意见显示:二广高速公路分水岭至南召段工程建设项目设计完善、合理;质量控制体系完备、有效,运转良好。经对已完成项目检测和质量状况分析,未发现有影响交工验收的质量问题,建议线内主体工程通过验收。

(3)根据本公司的申请,依据交通部《公路工程竣(交)工验收办法》,按照《公路工程质量检验评定标准　第一册　土建工程》(JTG F80/1—2004)与《公路路基路面现场测试规程》,河南省交通基本建设质量检测监督站于2008年11月17日对本项目联络线张华岗至南阳段进行了工程交工检测。本次交工质量检测分路面组、桥梁组、测量组、路基涵洞防排组及交通安全设施组,根据本项目特点,各检测组分别对能够检测的工程项目进行了实际量测和全面检查。

路基组主要负责路基边坡、排水工程、小桥工程的检测;路面组负责路面横坡、宽度等指标的检测;桥梁组负责混凝土强度、主要结构几何尺寸等指标的检测;交安组负责标志、波形梁护栏等项目的几何尺寸检测;测量组负责路面、桥面横坡及涵底流水面高程的检查;各组同时负责相关项目的外观检查。

通过检测,2008年11月22日河南省交通基本建设质量检测监督站出具了《二广高速公路分水岭至南召段联络线工程交工验收检测报告》,报告中的总体评价显示:路面表面平整、密实、均匀,未见泛油、松散、裂缝、离析现象;原材料质量得到了较好的控制;施工配比符合规范;路面厚度均匀,厚度满足设计要求;路面抗滑性能符合要求;路面横坡及宽度控制较好。路基边坡坡体稳定,大部分路段未见亏坡及不均匀沉降现象;大部分路段排水工程断面尺寸控制较好;铺砌厚度开挖检查基本满足设计要求;排水沟内侧及沟底平顺,总体施工质量良好。桥面平整,伸缩缝安装质量较好,桥面宽度、横坡控制较好;受力构件制作较规范,尺寸控制较好,混凝土强度符合设计要求;墩柱尺寸控制良好,混凝土强度满足设计要求。表面平整、密实。结论性意见显示:二广高速公路分水岭至南阳段联络线工程建设项目设计完善、合理;质量控制体系完备、有效,运转良好。经对已完成项目检测和质量状况分析,未发现有影响交工验收的质量问题,建议线内主体工程通过验收。

(4)根据本公司的申请,依据交通部《公路绿化工程质量检验评定暂行规定》《公路工程竣(交)工验收办法》,按照《公路工程质量检验评定标准 第一册 土建工程》(JTG F80/1—2004)及其他相关要求,河南省交通基本建设质量检测监督站委托开封市天平路桥工程检测有限公司组成绿化主线、绿化站区两个检测组,于 2009 年 5 月 15 日、16 日对本项目绿化工程进行了工程交工检测。

苗木规格采用皮尺、游标卡尺、塔尺测量,苗木数量、成活率、覆盖率采用测尺量,并与设计值比较,苗木间距用钢卷尺,并测量,土层厚度采用钢板尺、塔尺测量。

通过检测,河南省交通基本建设质量检测监督站出具了《二广高速公路分水岭至南阳段绿化工程交工验收检测报告》,报告中的检测意见显示:现场抽查,苗木质量总体情况较好,草坪较平整、均匀;灌木干径大小搭配较合理;乔木干径大小搭配较合理,排列较整齐,种植的支撑材料、高度、方向及位置较整齐;孤植树木冠幅较完整;树木排列的林缘线、林冠线基本符合设计要求;花卉冠径大小基本搭配合理,排列整齐,该工程各种苗木种植数量与规格基本满足设计标准和规范要求。经检测认为,二广高速公路分水岭至南阳段绿化工程抽查结果基本符合相关专业的质量验收要求和观感要求。建议对发现的质量问题尽快进行整改。

(5)2009 年 5 月 20 日 ~23 日,河南省公路工程试验检测中心接受本单位的委托,依据《公路工程质量检验评定标准 第二册 机电工程》(JTG F80/2—2004)和本项目机电工程招标投标文件、合同文件及设计文件对本项目的机电工程进行了交工检测。检测项目包括:监控设施、通信设施、收费设施、低压配电设施、照明设施、隧道机电设施。2009 年 5 月 29 日出具了检测报告,检测结论为:经我中心按照交通部的标准和相关文件的要求进行抽样和检测,各分项工程基本要求、实测项目和外观鉴定符合相关标准和设计文件的要求,质量保证资料真实、基本齐全,监控设施、通信设施、收费设施、低压配电设施、照明设施、隧道机电设施分部工程符合相关标准和设计文件的要求,机电工程运行正常,单位工程合格。

(6)根据河南岭南高速公路有限公司的申请,依据交通部《公路工程竣(交)工验收办法》(2004 年第 3 号令),按照《公路工程质量检验评定标准 第一册 土建工程》(JTG F80/1—2004)与《公路路基路面现场测试规程》(JTG E60—2008),河南省交通基本建设质量检测监督站、开封市天平路桥工程检测有限公司于 2009 年 9 月 10 日、11 日对二广高速公路分水岭至南召段联络线工程蒲山特大桥进行了工程交工检测。本次交工质量检测分路面组、桥梁下部组、桥梁上部组。根据本项目特点,各检测组分别对能够检测的工程项目进行了实际量测和全面检查。

路面组负责沥青路面各项指标检测;桥梁下部组负责桥梁下部结构混凝土强度、主要结构几何尺寸等指标的检测;桥梁上部组负责桥梁上部结构混凝土强度、主要结构几何尺寸、桥面各项指标的检测;各组同时负责相关项目的外观检查。

通过检测,河南省交通基本建设质量检测监督站出具了《二广高速公路分水岭至南召段联络线工程蒲山特大桥工程交工验收检测报告》。总体评价为:桥面伸缩缝安装质量较好,桥面宽度、横坡控制较好;受力构件制作较规范,尺寸控制较好,混凝土强度符合设计要求;墩柱尺寸控制良好,混凝土强度满足设计要求,表面平整、密实。沥青混凝土路面表面平整、密实、均匀,未见泛油、松散、裂痕、离析现象;原材料质量得到了较好的控制;施工配比符合规范要求;路面抗滑性能符合要求。结论性意见为:二广高速公路分水岭至南阳段联络线工程蒲山特大桥项目设计完善、合理;质量控制体系完备、有效,运转良好;施工质量控制良好。经对已完成项目检测和质量状况分析,未发现有影响交工验收的质量问题,建议通过验收。

四、财务决算情况

（一）账务处理、财产物资清查及债权债务清理情况

本项目进入通车试运营期后，我公司即根据财政部《基本建设财务管理规定》（财建〔2002〕394号）和交通部《公路建设项目工程决算编制办法》（交公路发〔2004〕507号）的相关要求，成立了由专业人员组成的竣工决算工作组，筹备财务决算报告的编制工作。整体决算报告的编制工作分为决算准备和实施两个部分。准备阶段的工作主要包括：做好各项账务、物资、财产、债权债务的清理，做到工完账清、账实相符；对各种材料物资、设备、施工机械等进行清点核实、妥善保管；对列入竣工决算的基建收入、基建结余等财务问题，按国家规定进行相应处理。在具体编制工作阶段，首先制定编制计划和实施方案，明确分工，建立逐级审核制度，做到数字准确，内容完整真实；其次对竣工项目工程以合同段为单位，把工程结算与财务决算相互结合，以中介机构审定的工程结算为基础，按照规定进行相关财务处理，形成相应决算资产；最后结合基建会计核算资料进行会计结转处理，形成决算所要求的交付使用资产和造价执行情况资料，并根据《基本建设财务管理规定》，结合相关会计账簿和工程结算审核报告，完成基本建设项目竣工财务决算报表以及竣工决算财务说明书的编制工作。

1.财产物资清查

依据决算工作编制的要求，我公司组织各部门对建设期间形成的所有交付使用的资产进行数量、价值清查核实，做到账账、账证、账实相符。其结果如下。

（1）现金清查值为：7482.33元。

（2）银行存款清查值为：127912615.33元。

（3）流动资产清查值为：5399493.00元。

（4）设备投资清查值为：28071754.36元，其中：机器设备1476263.00元。电子设备2627978.00元；办公家具及用具8609570.36元，车辆15357943.00元。

（5）路基、路面、桥涵、隧道及沿线设施等清查值为：4064967025.07元。

（6）房屋建筑物清查值为：195755905.74元。

（7）土地使用权为9910.31亩，清查值为400759697.75元。

（8）无形资产—软件清查值为：133420.00元。

（9）递延资产清查值为：795725.75元。

经核对，以上账账相符，账实相符，有关数量、价值明细详见报表。

2.主要会计事项处理原则

基本建设会计是正确核算基本建设项目筹资投入、基建支出、结余的重要工作，亦是进行竣工决算的基础。本项目建设成本包括建筑安装工程、设备投资、待摊基建支出和其他投资。

（1）建筑安装工程：是按照项目概算内容发生的构成基本建设实际支出的建筑工程和安装工程的实际成本，不包括安装设备本身的价值及按照合同规定付给施工企业的预付备料款和预付工程款。

（2）设备投资：是按照项目概算内容发生的构成基本建设实际支出的各种设备的实际成本。包括需要安装设备、不需要安装设备和为生产准备的不够固定资产标准的工具、器具的实际成本。

（3）待摊基建支出：是按照项目概算内容发生的构成基本建设实际支出的、按照规定应当分摊计入交付使用资产成本的各项费用支出。包括：建设单位管理费、土地征用及迁移补偿费、勘察设计费、研究试验费、可行性研究费、借款利息、合同公证及工程质量检测费、土地使用税、汇兑损益、设备盘亏及毁损、耕地占用税、土地复垦及补偿费、社会中介机构审计费、车船使用税和其

他待摊投资等。

待摊投资将构成交付使用资产的间接成本和无形资产成本。

(4)其他投资:是按照项目概算内容发生的构成基本建设实际支出的房屋购置和办公机具、器具支出以及取得各种无形资产和递延资产发生的费用。其他投资在编制决算时将根据实际情况转入交付使用资产等。

基于以上会计处理原则,在编制决算过程中,根据具体情况进行会计处理。

(1)根据有关中介机构对各工程项目进行工程结算审计的审定结果,调整与之相对应的“在建工程—建筑安装工程”等各明细科目,对验收交付完工资产的直接成本进行归集。编制人员根据《国有建设单位会计制度》等有关规定,依据相应投资支出账户,在审核其正确性、完整性、真实性的基础上进行确认,编制基本建设项目竣工财务决算报表。

(2)根据“在建工程—建筑安装工程”、“在建工程—设备投资”、“ 在建工程—其他投资”和“在建工程—待摊基建支出”等科目的明细记录,计算确认交付使用资产的实际成本并编制交付使用资产明细表等竣工决算附件,从名称、规格、型号、数量、单价、金额上进行量化处理。交付使用资产的实际成本按下列内容计算确认:

①路基、路面、桥涵防护工程、房屋及建筑物等固定资产的成本,包括建筑工程成本和应分摊的待摊基建支出。

②动力设备和生产设备等固定资产的成本,包括需安装设备的采购成本、安装工程成本,设备基础、支柱等建筑工程成本及应分摊的待摊基建支出。

③交通运输设备及其他不需安装的设备、工具、器具家具等固定资产和流动资产的成本,按采购成本计算,不分摊待摊基建支出。

④无形资产和递延资产的成本,按取得时的实际成本计算,也不分摊待摊基建支出。

(3)待摊基建支出的分摊方法

分摊率 = 应分摊费用总额/应分摊费用的资产价值总额 × 100%

单项资产应分摊的费用 = 应分摊费用的单项资产价值 × 分摊率

各项资产的直接成本加应分摊的待摊投资形成交付使用资产竣工决算值,填入报表中,有关会计处理如下:

①路基工程的会计处理:路基作为单项工程,决算形成交付使用资产—固定资产—路基,下设明细项:土方工程、排水工程、防护工程、特殊路基处理等。依照会计账户 “在建工程—建筑安装工程”与各种机构审定的路基汇总数字核对无误后,加上应分摊计入该项的“在建工程—待摊基建支出”,转入“交付使用资产总表—固定资产—路基”。按照路基明细项和其应分摊的待摊基建支出,分别形成路基工程明细项决算数值,记入“交付使用资产明细表—固定资产—路基明细项”。

②路面工程的会计处理:路面作为单项工程,决算形成“交付使用资产—固定资产—路面”,下设明细项:底基层、沥青混凝土面层、路缘石、其他路面等。其决算会计处理与路基工程相同。

③桥梁、涵洞工程的会计处理:桥梁、涵洞作为单项工程,决算形成“交付使用资产—固定资产—桥梁、涵洞”,下设明细项:大桥、中桥、涵洞等。其决算会计处理与路基工程相同。

④交叉工程的会计处理:交叉工程作为单项工程,决算形成“交付使用资产—固定资产—交叉工程”,按互通式立交、分离式立交、通道等设置明细项,其会计处理与路基工程相同。

⑤其他工程与沿线设施的会计处理:其他工程及沿线设施作为单项工程,决算形成“交付使用资产—固定资产—其他工程及沿线设施”,下设明细项:安全设施(护栏、标志标线、隔离栅、指示牌、轮廓标门架等),服务设施(道路、停车场、外管网线及污水处理等服务性设施),通信机电设施(主要是通信线路、人孔井、管线预埋等),供配电及照明设施(主要是供电线路、变电站及照

明、配电电缆铺设等),监控设施,收费设施(收费岛、收费亭等)。其会计处理与路基工程相同。

⑥房屋建筑物的会计处理:房屋建筑物作为单项工程,决算形成“交付使用资产—固定资产—房屋建筑物”,按用途明细分为管理房屋、养护房屋(养护工区)、服务房屋及收费站房屋等。根据中介机构审定的工程决算,与账面值核对无误后,结转“在建工程—建设安装工程—房屋建筑物”计入“交付使用资产—固定资产—房屋建筑物”形成房屋建筑物的直接成本,同时结转各明细项;计算应分摊的待摊基建支出,转入“交付使用资产—固定资产—房屋建筑物”形成间接成本,将应分摊的待摊基建支出分摊计入各明细项,汇总计算形成“交付使用资产—固定资产—房屋建筑物”竣工决算值。

⑦机器设备、工器具的会计处理:机器设备、工器具作为单项工程,决算形成“交付使用资产—固定资产—机器设备、工器具”,下设需安装设备和不需安装设备。不需安装设备根据核对无误的“设备投资—固定资产—不需要安装设备”账面值,直接结转形成“交付使用资产—固定资产—机器设备”等;需安装设备经与账面值核对一致,由“在建工程—建筑安装工程—需安装设备”加上计算应分摊的待摊基建支出,转入“交付使用资产—固定资产—机器设备”,形成竣工决算值。工器具经与账面值核对一致,直接转入“交付使用资产—固定资产—工器具”,形成竣工决算值。

⑧无形资产—土地使用权:无形资产作为一项单项资产管理,决算形成“交付使用资产—无形资产(土地)”,基本建设财务处理上,其价值构成在“在建工程—待摊基建支出”账户下反映。在清查确定相关土地及价值构成的基础上,直接从“在建工程—待摊基建支出”转入“交付使用资产—无形资产—土地使用权”,形成竣工决算值。

⑨递延资产,根据已核实的会计账面价值,按取得时的实际成本直接从“在建工程—其他投资—递延资产”,转入“交付使用资产—递延资产”。

(4)预留各项费用的会计处理

预留各项费用作为截至竣工决算日尚未支付的各项费用,增加在“在建工程—待摊基建支出—各项预留费用”“在建工程—建筑安装工程—各明细项目”,同时增加“其他应付款—预留费用”。竣工决算报表中已将预留费用的待摊费用作为待摊基建支出摊入各项资产中,尾工工程作为在建项目在在建工程科目反映。预留费用共6项,金额约485万元。具体项目见表2。

表2

序号	项　　目	金　额	备注
	预留费用合计	4849909.10	
(一)	待摊基建支出	4849909.10	
1	待摊基建支出/工程管理费	2956947.11	
2	待摊基建支出/工程监理费	904080.00	
3	待摊基建支出/临时设施费	342938.00	
4	待摊基建支出/社会中介机构审查费	79000.00	
5	待摊基建支出/存款利息	256943.99	
6	待摊基建支出/其他待摊投资	310000.00	

3. 债权债务清理情况

决算编制准备阶段,扶项公司财务部门已对往来款项进行了清查核对,按照审定计量与各合同单位进行结算,账面保留部分主要是按照合同条款对合同单位保留工程质量保证金、部分合同工程款及工程奖励基金,决算中调整增加收尾工程估算值。往来账项无呆、坏账等损失,也无其他负债,主要往来账项如下。

(1)其他应收款:共计55856892.89元。其中:施工借款4293556.00元;管理公司借款

51555336.89 元;个人借款 8000.00 元。

(2)应付工程款:共计 45088503.90 元。主要为应付施工单位工程款。

(3)其他应付款:共计 1936288577.26 元。其中:单位应付款 23665311.07 元;应付履约保证金 1463629.72 元;暂估预留款 4849909.10 元; 个人其他应付款 2256000.00 元; 代扣各项保险 660.88 元;应付质保金 115496592.98 元;发包人奖励基金 6130133.77 元;应付河南岭南高速公路有限公司(管理)转入还本资金及还息资金 1782426339.74 元。

(4)应付职工薪酬:1395.15 元,系工会经费。

(二)基本建设投资完成及结余情况

本项目总概算为 456569 万元,竣工决算总值为 469588 万元(含连接线),竣工决算造价比概算增加投资 13019 万元。

工程项目累计投资 469588 万元,已交付使用资产 469588 万元,其中:流动资产 540 万元;固定资产 428879 万元;无形资产 40089 万元;递延资产 80 万元。

(三)主要经济技术指标对比分析

由于工程决算造价中包含临时工程费用、施工技术装备费用、计划利润和税金,本次工程造价主要经济指标的分析,为保证相关指标的可比性,将概算、施工图预算中临时工程费用、施工技术装备费用、计划利润和税金分配到相关的工程项目后进行对比分析。

1. 主要经济指标分析

(1)每公里造价

本项目概算造价 4653.83 万元/km,工程决算造价 4786.53 万元/km,决算造价比概算增加投资 132.7 万元/km,主线全长 98.106km,共计比概算增加投资 13019 万元。

(2)决算与概算对比分析

工程决算造价比概算增加投资 13019 万元,具体包括以下几项。

①建筑安装工程费。

工程决算造价中的建筑安装工程比概算增加投资 36477 万元。概算造价为 3457 万元/km,决算造价为 3828.82 万元/km,决算造价比概算增加投资 371.82 万元/km。主要项目为:

a. 路基工程概算造价为 65654 万元,决算造价为 70154 万元,决算造价比概算增加投资 4500 万元。其主要原因是殊路基数量增加。

b. 路面工程概算造价为 47547 万元,决算造价为 57802 万元,决算造价比概算增加投资 10255 万元。其主要原因是路面结构层设计发生变化。

c. 桥梁涵洞概算造价为 113281 万元,决算造价为 123095 万元,决算造价比概算增加投资 9814 万元。其主要原因是桥面铺装全省设计标准提高。

d. 交叉工程概算造价为 67120 万元,决算造价为 69275 万元,决算造价比概算增加投资 2155 万元。

e. 隧道工程概算造价为 17655 万元,决算造价为 13212 万元,决算造价比概算减少投资 4443 万元。其原因是岩土构造等级发生变化。

f. 其他及沿线工程概算造价为 22400 万元,决算造价为 25083 万元,决算造价比概算增加投资 2683 万元。其主要原因是绿化环保标准提高。

g. 管理、养护及服务房屋概算造价为 5495 万元,决算造价为 17008 万元,决算造价比概算增加投资 11513 万元。其主要原因为:独山收费站原设计为收费站三层建筑,后变更为管理中心五层建筑,增加了工程费用;增加使用功能,提高装修档次,造成装修费用的普遍增加。

②设备及工器具购置费。

工程决算造价中的设备及工器具购置费为 7238 万元,比概算 7833 万元减少投资 595 万元。

③工程建设其他费用。

工程决算造价中的工程建设其他费用为 80795 万元,比概算为 81140 万元减少投资 345 万元。主要项目为:

a. 土地、青苗等补偿及安置补助概算造价为 36173 万元,决算造价为 40076 万元,决算造价比概算增加投资 3903 万元。

b. 建设单位管理费概算造价为 10192 万元,决算造价为 12267 万元,决算造价比概算增加投资 2075 万元。

c. 前期工作费概算造价为 7902 万元,决算造价为 7131 万元,决算造价比概算减少投资 771 万元。

d. 研究试验费概算造价为 1500 万元,决算造价为 1355 万元,决算造价比概算减少投资 145 万元。

e. 建设期贷款利息概算造价为 25373 万元,决算造价为 19966 万元,决算造价比概算减少投资 5407 万元。

④其他费用。

a. 预备费用:

预备费用概算为 19553 万元,该部分费用未使用。

b. 新增加费用项目:

绿色通道植树费概算为 78 万元,决算造价为 209 万元,决算造价比概算增加投资 131 万元。

独山互通连接线概算为 3346 万元,决算造价 1745 万元,决算造价比概算减少投资 1601 万元。

回龙电站加固及发电损失费概算为 3265 万元,决算造价为 2404 万元,决算造价比概算减少投资 861 万元。

路线交叉保通协调费用概算为 560 万元,决算造价为 130 万元,决算造价比概算减少投资 430 万元。

南召互通连接线概算为 1640 万元,决算造价为 1434 万元,决算造价比概算减少投资 206 万元。

2. 其他需要说明的事项

(1)本项目在社会中介机构对工程结算审计的基础上,于 2013 年 6 月 3 日 ~7 月 25 日由河南省审计厅进行政府审计。由于郑州铁路工程管理所承建的蒲山特大桥主跨工程未经社会中介机构和政府审计。蒲山特大桥主跨工程量差和价差尚未经河南省交通运输厅批复,故未进行结算。本竣工决算表中该单位的工程计量是按暂估金额 150326909.00 元确定的。

(2)本竣工决算是按照河南省审计厅出具的审计报告(豫审投报〔2014〕21 号和豫审投报〔2014〕85 号),以及河南省交通运输厅内部审计办公室出具的《关于二广高速公路项目分水岭至南阳段竣工决算的审核认定意见》,对原竣工决算报表进行调整后编制的,截止日期为 2014 年 11 月 15 日。

河南岭南高速公路有限公司

二〇一四年十一月十五日

交通基本建设项目竣工决算审批表

交建竣1表

<table>
<tr><td>建设项目法人(建设单位)</td><td>河南岭南高速公路有限公司</td><td>建设性质</td><td>新建</td></tr>
<tr><td>建设项目名称</td><td>洛阳至南阳高速公路分水岭至南阳段项目</td><td>主管部门</td><td>河南省交通厅</td></tr>
<tr><td colspan="4">主管部门(单位)意见:

盖　章
年　月　日</td></tr>
<tr><td colspan="4">省级交通主管部门
或部属一级单位意见:

盖　章
年　月　日</td></tr>
<tr><td colspan="4">交通部审批意见:

盖　章
年　月　日</td></tr>
</table>

公路建设项目工程概况表

交建竣2表

建设项目或单项工程名称	洛阳至南阳高速公路分水岭至南阳段工程		工程主要特征、完成的主要	设计	实际
建设地址或地理位置	起点位于平顶山和南阳交界处的分水岭，与上海至武威国家重点公路南阳至内乡高速公路相接即为本项目终点		1. 公路等级	Ⅰ级	双向六车道高速公路
			2. 计算行车速度(km/h)	120/100	120/100
建设时间	计划	从2003年12月16日开工至2006年12月28日竣工	3. 路线全长(km)	98.106	98.546
	实际	从2005年9月开工至2008年11月竣工	4. 路基宽度(m)	平原28、山区26	平原28、山区26
初步设计和概算批准机关、日期、文号	河南省发展计划委员会		5. 路面结构	沥青混凝土	沥青混凝土
	2006年4月6日豫发改设计〔2006〕359号		6. 土方(万m^3)	11830005	11322766.3
调整概算批准机关、日期、文号			7. 石方(万m^3)	6356947	7063274.07
			8. 特大桥(m/座)	5343.6/4	5316.4/4
开工报告批准时间			9. 大桥(m/座)	12024.4/58	14740.4/63
主要设计单位	中交第一公路勘察设计研究院		10. 中桥(m/座)	2171.5/30	1989.1/38
主要监理单位	河南省高等级公路建设监理部、河南省宏力工程咨询有限公司、河南省宏力工程咨询有限公司		11 涵洞(道)(不含互通区)	130	154
			12. 隧道[m(折算为单洞长度)/道]	3780/8	3665.4/9
主要施工单位	路桥集团第一公路工程局、中铁十九局集团第三工程有限公司、山西路桥第二工程有限公司、河南省公路工程局集团有限公司、河南六建建筑集团有限公司		13. 互通立交(处)	7	7
			14. 分离式立交(座)	10	10
工程质量监督部门	河南省交通基本建设质量检测监督站、河南省交通试验检测监理技术咨询有限公司		15. 通道(处)(不含互通区)	109	89
主要材料消耗	设计	实际	16. 天桥(座)	29	28
钢材(t)			17. 服务区(处)	1	1
木材(m^3)			18. 停车区(处)	1	1
水泥(t)			19. 独山互通立交联接线长(km)	7.2	5.402
沥青(t)			20. 南召互通立交联接线长(km)	4.1	3.734

交建竣 2 表续上表

	批准概算	竣工决算	21.		
基建支出合计(万元)	456569	469588			
建筑安装工程	339154	375631	22. 平均每公里造价(万元)	4654	4156
设备工具器具	7833	7238	23. 拆迁房屋(m^2)		
待摊投资	81140	80796	24. 迁移人口(人)		
其中:建设单位管理费	2431	6010	25. 占地面积(亩)	≤10479.9	9910.3
预备费	19553				
新增加费用项目(不作预备费基数)	8889	5923			
主要收尾工程					
工程内容或名称	投资额(万元)	预计完成时间			
建安投资			工程质量评定:优良　项;合格　项;不合格　项;总评优良		

建设项目竣工财务决算总表

交建竣 3 表

单位:元

资金来源	金额	资金占用	金额
一、基建拨款	—	一、基本建设支出	4695883021.68
1. 预算拨款	—	1. 交付使用资产	4695883021.68
2. 基建基金拨款	—	2. 在建工程	0.00
3. 进口设备转账拨款	—	3. 待核销基建支出	—
4. 器材转账拨款	—	4. 非经营项目转出投资	—
5. 煤代油专用基金拨款	—	二、应收生产单位投资借款	—
6. 自筹资金拨款		三、拨付所属投资借款	—
7. 其他拨款		四、器材	
二、项目资本	10000000.00	其中:待处理器材损失	—
1. 国家资本		五、货币资金	127920097.66
2. 法人资本	10000000.00	六、预付及应收款	55856892.89
3. 个人资本	—	七、有价证券	—
三、项目资本公积	442781535.92	八、固定资产	—
四、基建借款	2445500000.00	固定资产原价	—
五、上级拨入投资借款	—	减:累计折旧	—
六、企业债券资金	—	固定资产净值	—
七、待冲基建支出	—	固定资产清理	—
八、应付款	1981378476.31	待处理固定资产损失	—
九、未交款			—
1. 未交税费			—
2. 未交基建收入			—
3. 未交基建包干节余			—
4. 其他未交款			—
十、上级拨入资金			—
十一、留成收入			—
合计	4879660012.23	合计	4879660012.23

资金来源情况表

交建竣4表

单位:元

资金来源	2005年度		2006年度		2007年度		2008年度		2009年度		2010年度		2011年度		2012年度		2013年度		2014年1~11月		合计	
	计划	实际	计划	实际	计划	实际	计划	实际	计划	实际	计划	实际	计划	实际	计划	实际	计划	实际	计划	实际	计划	实际
一、基建拨款				560000000.00		548000000.00		366000000.00		60000000.00		53990000.00			—		—				—	442781535.92
1.交通部补助										60000000.00				-60000000.00							—	—
2.河南省高发司				560000000.00		548000000.00		366000000.00				53990000.00		-1085208464.08							—	442781535.92
二、项目资本	—	-110000000.00	—	-100000000.00	—	—	—	—	—	—	—	—										10000000.00
1.法人资本		110000000.00		-100000000.00	—	—	—	—	—	—	—	—										10000000.00
①河南省高发司		110000000.00		-100000000.00																		10000000.00
四、基建投资借款	—	390000000.00	—	650000000.00	—	1036000000.00	—	494000000.00	—	276000000.00	—	193700000.00	—	1199208464.08	—	-1080000000.00	—	-219208464.08	—	-494200000.00	—	2445500000.00
1.工商银行借款						816000000.00	—	184000000.00	—	-24000000.00	—	-264000000.00	—	86000000.00	—	-150000000.00	—	-30000000.00	—	-22500000.00	—	595500000.00
2.建设银行借款		390000000.00	—	110000000.00	—	360000000.00	—	260000000.00	—	310000000.00	—		—		—		—			-70000000.00	—	1360000000.00
3.国家开发银行				100000000.00			—		—	50000000.00		330000000.00		80000000.00		-40000000.00		-60000000.00		-30000000.00	—	430000000.00
4.交通银行借款				100000000.00						-50000000.00		61700000.00		450000000.00		-200000000.00		10000000.00		-371700000.00	—	—
5.中行长期借款				340000000.00		-240000000.00		50000000.00		-50000000.00		-22000000.00		479208464.08		-536000000.00		-21208464.08			—	-0
6.中信银行						100000000.00				40000000.00		—		-40000000.00		-40000000.00		-60000000.00			—	—
7.华夏银行借款												60000000.00						-60000000.00			—	—
8.光大银行借款												28000000.00		10000000.00				-38000000.00			—	—
9.农业银行借款														6000000.00		-6000000.00					—	—

交建竣4表续上表

单位:元

资金来源	2005年度		2006年度		2007年度		2008年度		2009年度		2010年度		2011年度		2012年度		2013年度		2014年1~11月		合计	
	计划	实际	计划	实际	计划	实际	计划	实际	计划	实际	计划	实际	计划	实际	计划	实际	计划	实际	计划	实际	计划	实际
10. 兴业银行														78000000.00		-58000000.00		-20000000.00			—	—
11. 郑州市商业银行														50000000.00		-50000000.00					—	—
12. 浦发银行																		60000000.00			—	60000000.00
五、上级拨入投资借款																					—	—
六、企业债券资金																					—	—
七、上级拨入资金																1072500000.00		225208464.08		488200000.00	—	1785908464.08
合计	—	500000000.00	—	1110000000.00	—	1584000000.00	—	860000000.00	—	336000000.00	—	247690000.00	—	1199208464.08	—	-7500000.00	—	6000000.00	—	-6000000.00	—	4684190000.00

项目		工程总概算			概算包干数	工程造价			其中：						概算投资结余			概算包干节余	备注
		合计	人民币	外币		合计	人民币	外币	建安投资	设备投资	其他投资	待摊投资	待核销支出	转出投资	合计	人民币	外币		
	5. 工程环境影响评价费	610000.00	610000.00			610000.00	610000.00					610000.00			—	—			
	6. 压覆矿产资源评估费	1130000.00	1130000.00			150000.00	150000.00					150000.00			980000.00	980000.00			
四	研究试验费	15000000.00	15000000.00			13552600.00	13552600.00					13552600.00			1447400.00	1447400.00			
五	建设期贷款利息	253736387.00	253736387.00			199659533.21	199659533.21					199659533.21			54076853.79	54076853.79			
第一二三部分费用合计		4281275332.00	4281275332.00	—	—	4636651981.68	4636651981.68	—	3794436779.13	27930717.36	6328638.75	807955846.44	—	—	-355376649.68	-355376649.68			
第四部分　其他费用		284413449.00	284413449.00	—	—	59231040.00	59231040.00	—	59231040.00	—	—	—			225182409.00	225182409.00			
一	预留费用	195526722.00	195526722.00			—	—								195526722.00	195526722.00			
	2. 预备费	195526722.00	195526722.00												195526722.00	195526722.00			
二	新增加费用项目(不作预备费基数)	88886727.00	88886727.00			59231040.00	59231040.00		59231040.00						29655687.00	29655687.00			
	1. 绿色通道植树费	781596.00	781596.00			2096525.00	2096525.00		2096525.00						-1314929.00	-1314929.00			
	8. 独山互通连接线	33459631.00	33459631.00			17450060.00	17450060.00		17450060.00						16009571.00	16009571.00			
	9. 四车道改六车道增加设计费	—													—	—			
	10. 改线增加费用	—													—	—			

项目	工程总概算			概算包干数	工程造价			其中：						概算投资结余			概算包干节余	备注
	合计	人民币	外币		合计	人民币	外币	建安投资	设备投资	其他投资	待摊投资	待核销支出	转出投资	合计	人民币	外币		
11. 回龙电站加固及发电损失费	32645500.00	32645500.00			24040800.00	24040800.00		24040800.00						8604700.00	8604700.00			
12. 路线交叉保通协调费用	5600000.00	5600000.00			1300000.00	1300000.00		1300000.00						4300000.00	4300000.00			
13. 南召互通连接线	16400000.00	16400000.00			14343655.00	14343655.00		14343655.00						2056345.00	2056345.00			

备注：

1. 按照菲迪克合同条款支付规定，施工技术装备费、计划利润、税金均包括在工程量清单的单价之中，不单独结算。故与之相对应的概算分摊计入各单项。
2. 决算时，临时工程已包含在在第一部分建筑安装工程费中，不单独形成资产。故将其概算按比例分摊计入第一部分。
3. 因决算时，新增加费用项目 9（四车道改六车道增设计费）和项目 10（改线增加费用）已包含在第一部分建筑安装工程费中，故将其概算按比例分摊计入第一部分。

基本建设项目交付使用资产总表

交建竣 6 表

单位:元

单项工程项目名称（1 栏）	总计(2 栏) = (8) + … + (11)	固定资产						流动资产（9 栏）	无形资产（10 栏）	递延资产（11 栏）
		建筑安装工程（3 栏）	建安工程设备（4 栏）	设备投资（5 栏）	其他投资（6 栏）	待摊投资(7 栏)	合计(8 栏)			
公路及构筑物	3750878410.42	3392532138.62	—	—	—	358346271.80	3750878410.42			
路基	775641016.43	701538899.63				74102116.80	775641016.43			
路面	639079087.24	578023624.24				61055463.00	639079087.24			
桥梁、涵洞	1362416421.51	1232255749.51				130160672.00	1362416421.51			
交叉工程	765933884.90	692759140.90				73174744.00	765933884.90			
隧道	172655980.34	156161009.34				16494971.00	172655980.34			
连接线	35152020.00	31793715.00				3358305.00	35152020.00			
安全设施及沿线设施	214137194.06	162529101.03	31150136.14	—	—	20457956.89	214137194.06			
交通安全设施	114656215.90	103702346.90				10953869.00	114656215.90			
监控设施	16080751.38	5172019.87	9372431.54			1536299.97	16080751.38			
通信设施	27582208.92	21699594.88	3247501.00			2635113.04	27582208.92			
收费设施	9148445.52	1710310.00	6564122.64			874012.88	9148445.52			
供配电照明设施	46669572.34	30244829.38	11966080.96			4458662.00	46669572.34			
绿化及环境保护	99951420.59	90402410.36				9549010.23	99951420.59			
房屋建筑物	195755905.74	170081152.66	6972880.31	—	—	18701872.77	195755905.74			
收费站设施	76156729.87	68880975.27				7275754.60	76156729.87			
服务区房屋	98819447.00	89378567.00				9440880.00	98819447.00			
其他工程	1775616.00	1605980.00				169636.00	1775616.00			
房建设备	19004112.87	10215630.39	6972880.31			1815602.17	19004112.87			
设备	28071754.36	—	—	27930717.36	—	141037.00	28071754.36			

交建竣 6 表续上表

单项工程项目名称（1 栏）	总计(2 栏) = (8) + ··· + (11)	固定资产						流动资产（9 栏）	无形资产（10 栏）	递延资产（11 栏）
		建筑安装工程（3 栏）	建安工程设备（4 栏）	设备投资（5 栏）	其他投资（6 栏）	待摊投资(7 栏)	合计(8 栏)			
机器设备	1476263.00			1335226.00		141037.00	1476263.00			
电子电器设备	2627978.00			2627978.00			2627978.00			
车辆	15357943.00			15357943.00			15357943.00			
家具器具	8609570.36			8609570.36			8609570.36			
低值易耗品	5399493.00						—	5399493.00		
无形资产	400893117.75						—		400893117.75	
土地使用前	400759697.75						—		400759697.75	
软件	133420.00						—		133420.00	
递延资产	795725.75									795725.75
	—						—			
小计	4695883021.68	3815544802.68	38123016.45	27930717.36	—	407196148.69	4288794685.18	5399493.00	400893117.75	795725.75

交付单位　　　　2014 年 11 月 13 日　　　　接收单位　　　　年　月　日
盖　章　　　　　　　　　　　　　　　　　　盖　章

第三部分　审　计

河 南 省 审 计 厅

审 计 报 告

豫审投报〔2014〕21号

被审计单位:河南岭南高速公路有限公司

审 计 项 目:二连浩特至广州高速公路分水岭至南阳段建设项目竣工财务决算审计

根据《中华人民共和国审计法》第二十二条的规定，河南省审计厅派出审计组，自2013年6月3日至7月25日，对二连浩特至广州高速公路分水岭至南阳段建设项目（以下简称岭南高速项目）的竣工财务决算进行了就地审计，同时对与项目建设直接相关的沿线政府协办、勘察设计、施工、监理、供货等部门和单位取得建设资金的真实性进行了延伸审计调查。河南岭南高速公路有限公司（以下简称岭南公司）对其提供的财务会计资料、建设项目管理资料及其他相关证明材料的真实性和完整性负责，并对此作了书面承诺。河南省审计厅的责任是依法独立实施审计并出具审计报告。

一、项目基本情况

岭南高速项目是内蒙古自治区二连浩特市至广东省广州市国家重点公路的组成部分，也是我省“五纵、四横、六通道”高速公路主骨架规划中的“第四纵”。项目于2005年9月开工建设，2007年12月，55km主线建成投入运营；2008年11月，主线18.86km与24.25km联络线（不含蒲山特大桥）建成投入运营；2009年9月，蒲山特大桥及房建、绿化、交通机电等附属工程建成投入运营。2010年8月，项目通过工程竣工质量检测。项目的建成通车，对沿线经济社会发展将起到促进作用。

（一）建设规模及标准情况

项目建设总里程98.11km，其中：主线起于南阳与平顶山交界处的分水岭，止于南阳市张华岗西，与已建成的上海至武威国家重点公路相接，全长73.86km；联络线起于主线龚河枢纽互通立交（主线桩号K60+382），向东至祝庄与许平南高速公路相接，全长24.25km。山岭区段设计行车速度每小时100km，按四车道布设，路基宽度26m，部分路段采用2×13m分离式路基；平原区段及联络线行车速度每小时120km，按六车道布设，路基宽度28m，设置紧急停车岛；桥梁设计荷载为公路—Ⅰ级。全线共完成路基土石方1838.6万m^3，沥青混凝土路面267.9万m^2，特大桥5316.4m/4座，大、中、小桥16729.5m/101座，互通式立交7处，分离式立交10处，通道89道，天桥28座，涵洞154道，隧道3665.4m/5道，服务区1处，停车区1处，收费站4处，隧道供电管理站4处。

（二）项目机构设置情况

2003年，南阳市政府以《关于确定南阳境内三段高速公路投资主体问题的通知》（宛政文〔2003〕53号），确定“南阳市高速公路有限公司”为岭南高速项目投资主体，组织完成了项目建议书与可行性研究报告编制等前期工作。2005年5月，根据省长办公会会议精神，岭南高速项目法人变更为河南高速公路发展有限责任公司，并于2005年6月成立“河南岭南高速公路有限公司”（以下简称岭南公司）负责项目的建设与管理工作。

（三）立项等文件批复情况

2004年2月，河南省发展和改革委员会以《关于太原至澳门国家重点公路分水岭至南阳段高速公路项目建议书的批复》（豫发改办〔2004〕230号），批准了项目立项，批复项目投资估算40.7亿元。

2005年6月，河南省发展和改革委员会以《关于洛阳至南阳高速公路分水岭至南阳段工程可行性研究报告核准的批复》（豫发改交通〔2005〕705号），核准了项目可行性研究报告，核准项目投资估算39.6亿元。

2006年4月，河南省发展和改革委员会以《关于洛阳至南阳高速公路分水岭至南阳段工程初步设计的批复》（豫发改设计〔2006〕359号），批复了项目初步设计，核定项目概算投资456569万元。

2006~2008年，河南省交通厅陆续批复项目施工图设计、10kV供电线路施工图设计、房建工程施工图设计、蒲山跨焦枝铁路及南水北调总干渠特大桥工程施工图设计，机电工程详细设计及通信管道、供配电照明、隧道附属工程施工图设计。核定项目施工图预算总投资452017万元（不含绿化工程、回龙电站加固及发电损失费、下穿宁西铁路立交桥等费用）。

2009年2月，国土资源部以《关于洛阳至南阳高速公路分水岭至南阳段工程建设用地的批复》（国土资函〔2009〕147号），批准项目建设计划用地647.71hm^2（折合9715.61亩）。

（四）招标情况

岭南高速项目通过公开招标方式选定项目主要勘察设计、施工和监理单位。其中：中交第一公路勘察设计研究院为项目勘察设计单位；河南省高等级公路建设监理部等3家监理企业为监理单位；路桥集团第一公路工程局等90家施工企业为公开招标标段施工单位。

（五）资金来源及到位情况

截至项目竣工决算日2011年5月31日，岭南高速项目实际到位资金469769万元。其中：省交通运输厅拨付车辆通行费收入6000万，河南高速公路发展有限责任公司拨付项目公司资本金153799万元；银行贷款309970万元。

（六）投资完成及形成资产情况

岭南公司编制的项目竣工财务决算报告显示，项目基本建设总支出为479256.13万元，其中建筑安装工程投资393152.92万元、设备投资2798.42万元、待摊投资82671.93万元、其他投资632.86万元。已完成投资形成交付使用资产475735.51万元，其中：固定资产433579.23万元、流动资产539.95万元、无形资产41536.76万元、递延资产79.57万元。与批复概算投资相比，超支22687万元。

经审计，项目基本建设总支出470448.52万元，其中：建安工程投资375261.83万元（含尾工在建工程320.16万元），设备投资7261.07万元，待摊投资82020.63万元，其他投资5904.98万元。完成投资形成交付使用资产470448.52万元，其中：流动资产539.95万元，固定资产428420.09万元，无形资产41088.76万元，递延资产79.57万元，在建工程320.16万元。与岭南公司编制的竣工财务决算报告反映数相比，审计核减投资8807.61万元，与批复概算投资相比，项目超支13879.64万元。

二、审计评价

审计结果表明，该项目基本能履行基本建设程序，较好地实施了项目法人、招投标、工程监理制和合同管理等制度。在建设管理中，以工程质量为中心，以建设“精品路、景观路、环保路”为目标，建立了三级质量保证体系，制定了较完善的合同管理和资金管理制度，实行了计量支付三级审查制度，并通过奖罚机制激励各参建单位建设积极性，对工程质量、控制投资规模，合理利用建设资金起到较好作用，促进了项目的有序实施。项目中的蒲山特大桥工程被评为“国家优质工程奖”。

岭南公司的财务管理和会计核算基本符合国家相关财经法律法规的规定，内控制度基本健全有效，编制的竣工决算报告基本能反映项目建设的实际情况。

但是，通过审计，也发现项目在财务管理、会计核算、工程价款结算、工程管理和概预算执行等方面存在一些问题，需加以纠正和改进。

三、审计中发现的主要问题和处理意见

（一）财务管理与会计核算方面的问题

1. 挪用项目建设资金10248.56万元

（1）截至2011年5月31日，岭南高速项目垫付通车后应由项目运营管理单位承担的利息及

费用9831.22万元。其中:垫付应由岭南高速项目管理公司承担的贷款利息及经营费用9278.87万元、南阳北服务区经营费用421.59万元、南召停车区经营费用130.76万元。

(2)用于批复概算外项目支出417.34万元。根据南阳市政府《关于岭南高速公路与城区连接线工程建设的会议纪要》(宛政纪〔2006〕27号)意见,南阳市政府为补偿岭南公司承担市区连接线建设与征迁费用,拟划拨170亩土地,用于岭南高速项目批复概算内容以外的岭南等三条高速公路项目建设监控通信管理中心项目。之后,南阳市政府以筹建农运会场馆为由将拟划拨土地予以收回。截至审计日,岭南公司为此支付的城乡规划费等前期费用(合计417.34万元)仍未收回。

上述行为违反了《交通基本建设资金监督管理办法》(交财发〔2000〕195号)第五条第(一)项"专款专用原则。交通基本建设资金必须用于经批准的交通基本建设项目。交通基本建设资金按规定实行专户储存,专款专用,任何单位或个人不得截留、挤占和挪用"的规定。根据《中华人民共和国审计法》第四十五条第(五)项"其他处理措施"及上述文件的规定,责令岭南公司及时追回上述被挪用的建设资金10248.56万元。

2.多计未完工程投资和费用4156.18万元

(1)多计尾工工程款3200.46万元。项目决算报告中计列尾工工程5项,预留相关工程价款共计3520.62万元。经审计核实,决算报告中应预留尾工工程价款320.16万元,多计尾工工程款3200.46万元。其中:白河引道工程759.09万元;缺陷责任期内病害处理费用985.46万元;环保措施预留费用492.84万元;绿化延期养护费504万元;桥涵通道积水专项治理费用459.07万元。

(2)多计提奖励基金955.72万元。岭南公司在建设期间计提施工单位奖励基金及罚款合计13205.66万元,合计已支出11639.94万元,剩余1565.72万元在"其他应付款"科目贷方反映。经审核,剩余1565.72万元尚需支付610万元,其中:郑州铁路工程管理所和漯河电业有限公司奖107.5万元;岭南公司《后期工作节点安排及奖罚规定的通知》(岭南高司〔2009〕21号)需支付502.5万元。决算报告由此多计955.72万元。

以上行为违反了《基本建设财务管理规定》(财建〔2002〕394号)第三十六条关于"各编制单位要认真执行有关的财务核算办法,严肃财经纪律,实事求是地编制基本建设项目竣工财务决算,做到编报及时,数字准确,内容完整"的规定。根据《中华人民共和国审计法》第四十五条第四项"责令按照国家统一的会计制度的有关规定进行处理"与上述文件的规定,责令岭南公司调减决算投资4156.18万元,并调整相应会计账项。

3.决算多计待摊投资621.59万元

(1)多计预留费用662万元。项目决算报告中计列预留各项费用共计2853万元。经审计核实,应支付及预留各项费用共计2191万元,决算报告中多计各项预留费用662万元。其中:后期管理费204万元、土地拆迁补偿费448万元、研究试验费10万元。

(2)投标违规罚金未作收入50万元。3家投标单位在该项目投标过程中违规,岭南公司将没收的投标保证金共计50万元,在"其他应付款"中反映,未作收入处理。

(3)决算报告中漏计合同内监理费90.41万元。岭南公司与河南省高等级公路建设监理部、河南省宏力工程咨询有限公司签订的工程监理合同价款为4419.26万元,决算报告中实际列支4328.85万元,漏计90.41万元。

以上行为违反了《基本建设财务管理规定》(财建〔2002〕394号)第三十六条关于"各编制单位要认真执行有关的财务核算办法,严肃财经纪律,实事求是地编制基本建设项目竣工财务决算,做到编报及时,数字准确,内容完整"的规定。根据《中华人民共和国审计法》第四十五条第四项“责令按照国家统一的会计制度的有关规定进行处理”与上述文件的规定，责令岭南公司调减决算投资621.59万元，并调整相应会计账项。

4.固定资产管理不规范

南阳北服务区2台加油机被加油站租赁方挪作他用，涉及资金14.15万元。

以上行为违反了《基本建设财务管理规定》第三十九条“在编制基本建设项目竣工财务决算前，建设单位要认真做好各项清理工作。清理工作主要包括基本建设项目档案资料的归集整理、账务处理、财产物资的盘点核实及债权债务的清偿，做到账账、账证、账实、账表相符。各种材料、设备、工具、器具等，要逐项盘点核实，填列清单，妥善保管，或按照国家规定进行处理，不准任意侵占、挪用”的规定。根据《中华人民共和国审计法》第四十五条第五项“其他处理措施”及上述文件的规定，责令岭南公司根据项目实际情况，及时收回上述挪用、借用资产，或按规定办理相关调拨车辆的资产移交手续。

5.往来账项687.73万元未及时清理

“应付其他单位款项”贷方反映686.93万元，其中：投标保证金25万元，履约保证金661.93万元。“其他应收款”借方反映0.8万元。

该行为不符合《基本建设财务管理规定》（财政部财建〔2002〕394号）第十四条“建设项目在编制竣工财务决算前要认真清理结余资金，应变价处理的库存设备、材料以及应处理的自用固定资产要公开变价处理，应收、应付款项要及时清理”的规定。根据《中华人民共和国审计法》第四十五条第五项“其他处理措施”与上述文件的规定，责令岭南公司尽快清理。

（二）未据实结算工程价款

经审核岭南高速项目建安工程，发现建设单位存在多结算、少结算工程价款现象。

1.路基工程多计工程价款2445万元（不包括路基21标内蒲山特大桥主跨及路基22标）

（1）路基1标建设单位送审结算造价10183.8万元，审定10109.62万元，多结算74.18万元。主要为：违反计价规范计量桥涵工程钢筋、钢管、钢板等，多计工程价款45.17万元；多计弃土场占地及防护费用25.77万元；多计保险费用3.24万元。

（2）路基2标建设单位送审结算11034.83万元，审定10993.07万元，多结算41.76万元。主要为：违反计价规范计量桥涵工程钢筋、钢管、钢板等，多计工程价款9.23万元；多计弃土场占地及防护费用31.85万元；多计保险费用0.68万元。

（3）路基3标建设单位送审结算13064.33万元，审定12999.42万元，多结算64.91万元。主要为：违反计价规范计量桥涵工程、隧道工程钢筋、钢管、支撑连接钢板等，多计工程价款35.57万元；多计弃土场占地及防护费用28.07万元，多计保险费用1.27万元。

（4）路基4标建设单位送审结算9947.86万元，审定9572.41万元，多结算375.45万元。主要为：违反计价规范计量桥涵工程和隧道工程钢筋、钢管、支撑连接钢板等，多计工程价款22.06万元；多计弃土场占地及防护费用21.44万元；多计保险费用11.3万元；多计索赔费用320.65万元。

（5）路基5标建设单位送审结算7483.65万元，审定7302.34万元，多结算181.31万元。主要为：违反计价规范计量桥涵工程钢筋、钢管等，多计工程价款14.47万元；多计弃土场占地及防护费用41.49万元；多计路基填方数量，多计工程价款1.7万元；多计保险费用0.84万元；多计索赔费用122.81万元。

（6）路基6标建设单位送审结算8886.91万元，审定8823.65万元，多结算63.25万元。主要为：违反计价规范计量桥涵工程钢筋、钢管等，多计工程价款10.78万元；多计路基填方工程价款1.09万元；多计保险费用6.25万元；多计索赔费用45.13万元。

(7)路基7标建设单位送审结算7992.68万元,审定7757.59万元,多结算235.09万元。主要为:违反计价规范计量桥涵工程钢筋、钢管等,多计工程价款21.06万元;多计弃土场占地及防护费用11.83万元;多计路基填方工程价款6.89万元;多计索赔费用195.32万元。

(8)路基8标建设单位送审结算9478.96万元,审定9425.37万元,多结算53.59万元。主要为:违反计价规范计量桥涵工程钢筋、钢管等,多计工程价款27.95万元;多计路基填方工程价款1.68万元;多计保险费用0.65万元;多计索赔费用23.31万元。

(9)路基9标建设单位送审结算3728.61万元,审定3717.63万元,多结算10.98万元。主要为:违反计价规范计量桥涵工程钢筋、钢管等,多计工程价款9.83万元;多计路基填方工程价款1.15万元。

(10)路基10标建设单位送审结算10422.87万元,审定10376.61万元,多结算46.26万元。主要为:违反计价规范计量桥涵工程钢筋、钢管等,多计工程价款43.76万元;多计路基填方工程价款2.23万元;多计保险费用0.27万元。

(11)路基11标建设单位送审结算8761.87万元,审定8649.77万元,多结算112.09万元。主要为:违反计价规范计量桥涵工程钢筋、钢管等,多计工程价款20.15万元;多计路基填方工程价款0.44万元;多计索赔费用91.51万元。

(12)路基12标建设单位送审结算8166.15万元,审定8054.28万元,多结算111.87万元。主要为:违反计价规范计量桥涵工程钢筋、钢管等,多计工程价款26.05万元;多计弃土场占地及防护费用82.72万元;多计路基填方工程价款3.1万元。

(13)路基13标建设单位送审结算7146.43万元,审定6985.12万元,多结算161.31万元。主要为:违反计价规范计量桥涵工程钢筋等,多计工程价款4.65万元;多计弃土场防护费用121.25万元;多计路基填方工程 价款4.03万元;多计索赔费用31.37万元。

(14)路基14标建设单位送审结算5066.58万元,审定4992.81万元,多结算73.76万元。主要为:违反计价规范计量桥涵工程钢筋、钢管等,多计工程价款7.66万元;多计弃土场占地及防护费用33.94万元;多计路基填方工程价款22.75万元;多计索赔费用9.41万元。

(15)路基15标建设单位送审结算5402.94万元,审定5335.51万元,多结算67.43万元。主要为:违反计价规范计量桥涵工程钢筋、钢管等,多计工程价款18.12万元;多计路基填方工程价款49.31万元。

(16)路基16标建设单位送审结算7805.33万元,审定7648.38万元,多结算156.95万元。主要为:违反计价规范计量桥涵工程钢筋、钢管等,多计工程价款25.08万元;多计路基填方工程价款62.97万元,多计台背回填及水泥稳定土价款12.42万元;错套填方单价,多计工程价款4.51万元;多计索赔费用51.97万元。

(17)路基17标建设单位送审结算10621.62万元,审定10495.37万元,多结算126.25万元。主要为:违反计价规范计量桥涵工程钢筋、钢管等,多计工程价款29.19万元;多计路基填方工程价款43.94万元;多计钻孔灌注桩及水泥稳定砂工程价款13.27万元;多计索赔费用39.83万元。

(18)路基18标建设单位送审结算13592.39万元,审定13519.11万元,多结算73.28万元。主要为:违反计价规范计量桥涵工程钢筋、钢管等,多计工程价款32.17万元;多计路基填方工程价款20.06万元;多计索赔费用21.05万元。

(19)路基19标建设单位送审结算7063.32万元,审定6938.1万元,多结算125.22万元。主要为:违反计价规范计量桥涵工程钢筋、钢管等,多计工程价款14.86万元;多计弃土场占地及防护费用11.52万元;多计路基填方工程价款41.05万元;多计索赔费用57.78万元。

(20)路基20标建设单位送审结算7147.67万元,审定7117.75万元,多结算29.92万元。主要为:违反计价规范计量桥涵工程钢筋、钢管等,多计工程价款22.99万元;多计索赔费用6.93万元。

(21)路基21标由中铁七局集团有限公司承建。建设单位送审结算10520.62万元,审定10417.39万元,多结算103.23万元(不含蒲山特大桥主跨工程结算造价15571.72万元)。主要为:违反计价规范计量桥涵工程钢筋、钢管等,多计工程价款36.59万元;多计路基填方工程价款24.01万元;多计索赔费用42.63万元。

(22)路基22标签订合同金额14977.15万元。施工期间,由于施工单位与岭南公司就变更项目单价、施工延期索赔等问题存在矛盾,导致该标段未完成工程计量,本次审计未进行审核。

(23)路基23标(预制标)建设单位送审结算4650.48万元,审定4630.15万元,多结算20.33万元,主要为:预制构件多计架立钢筋2.73万元;多计索赔费用17.6万元。

(24)路基24标(预制标)建设单位送审结算2485.61万元,审定2459.4万元,多结算26.21万元。主要为预制构件多计架立钢筋所致。

(25)路基25标(预制标)建设单位送审结算11683.02万元,审定11594.77万元,多结算88.25万元。主要为:预制构件多计架立钢筋50.86万元;多计索赔费用37.39万元。

(26)路基26标(连接线)因地方征迁协调问题造成阻工,承包人中途撤场,由此岭南公司支付中标单位索赔费用80.17万元。之后又直接委托南阳市地方单位实施,签订包干协议价1457万元,该标段无核减。

(27)路基27标(连接线)建设单位送审结算1450.74万元,审定1428.66万元,多结算22.08万元。主要为:虚计索赔费用21.46万元;多计路基填方工程价款0.62万元。

2.路面工程多计工程价款412.4万元

(1)路面1标建设单位送审结算12844.32万元,审定12767.42万元,多结算76.9万元。主要为:多计异常天气停工索赔费用58.86万元;多计沥青差价11.72万元;多计桥面伸缩缝临时处理施工措施费6.33万元。

(2)路面2标建设单位送审结算9067.84万元,审定9011.06万元,多结算56.78万元。主要为:多计异常天气停工索赔费用37.58万元;多计桥面伸缩缝临时处理施工措施费6.03万元;多计施工面清扫费用13.17万元。

(3)路面3标建设单位送审结算14958.5万元,审定14913.68万元,多结算44.82万元。主要为:多计异常天气停工索赔费用38.2万元;多计施工面清扫费用6.62万元。

(4)路面4标建设单位送审结算13310万元,审定13220.14万元,多结算89.87万元。主要为:多计异常天气停工索赔费用86.12万元;多计桥面伸缩缝临时处理施工措施费3.74万元。

(5)路面5标建设单位送审结算11190.85万元,审定11134.97万元,多结算55.88万元,主要为多计异常天气停工索赔费用所致。

(6)路面6标建设单位送审结算9328.9万元,审定9288.77万元,多结算40.13万元。主要为:多计异常天气停工索赔费用所致。

(7)路面7标建设单位送审结算9411.68万元,审定9363.67万元,多结算48.01万元。主要为:多计沥青差价34.43万元;多计异常天气停工索赔费用5.59万元;多计施工面清扫费用7.98万元。

3.房建工程多计工程价款817.5万元

(1)房建1标建设单位送审结算734.4万元,审定707.83万元,多结算26.57万元。主要为:南召收费站综合楼项目多计钢筋11.24t、多计屋面及防水153m^2、场区挖方2740m^3,合计多计工程价款 16.53 万元；地砖型号变更未按合同约定调整单价，多计工程价款 1.31 万元；内墙粉刷工程错套单价，多计工程价款 8.73 万元。

（2）房建 2 标建设单位送审结算 2202.57 万元，审定2147.4万元，多结算 55.17 万元。主要为：南召停车区综合楼项目多计钢筋 17.26t、多计屋面 301m^2、挑檐天沟 26m^3，合计多计工程价款 18.55 万元；地砖型号变更未按合同约定调整单价，多计工程价款 11.65 万元；南召停车东、西区道路硬化面积计量不实，多计工程价款 24.98 万元。

（3）房建 3 标建设单位送审结算 638.7 万元，审定 614.68 万元，多结算 24.02 万元。主要为：瓦趸收费站综合楼及车库项目多计钢筋 21.65t、多计挑檐、电缆等工程数量，合计多计工程价款 20.77 万元；室外场区挖方多计 1166m^3，多计工程价款 3.25 万元。

（4）房建 4 标建设单位送审结算 1558.02 万元，审定 1490.81 万元，多结算 67.21 万元。主要为：南阳北服务区东区多计土石方换填 5309m^3，多计围墙基础钢筋、污水管道、石方开挖、清表等工程量，合计多计工程价款 42.63 万元；服务区综合楼项目多计屋面保温、屋面钢檩条及预埋件、基础回填中粗砂、地下室挡墙等工程量，合计多计工程价款 18.27 万元；违规调整钢筋与塑钢窗差价 4.95 万元；违反计价规定计取垂直运输费 1.36 万元。

（5）房建 5 标建设单位送审结算 2278.23 万元，审定 2203.5 万元，多结算 74.73 万元。主要为：南阳北服务区西场区多计铁艺围墙、散水工程、室外地坪、排水沟、检查井、场区路面结构层等工程量不实，合计多计工程价款 23.44 万元；综合楼多计珍珠岩保温层、装饰线、屋面钢檩条及铁件等工程量，多计工程价款 27.94 万元；违规调整钢筋差价 6.92 万元；场区土方回填错套单价，多计工程价款 16.42 万元。

（6）房建 6 标建设单位送审结算 1085.63 万元，审定 1056.42 万元，多结算 29.21 万元。主要为：现场勘查发现结算多计场区道路、广场砖，综合楼工程多计淋浴器等工程量，合计多计工程价款 3.17 万元；综合楼项目多计钢筋 33.41t，多计基础梁 70m^3，场区工程多计电缆及电缆沟、排水管道等数量，合计多计工程价款 26.04 万元。

（7）房建 7 标建设单位送审结算 1773.37 万元，审定 1682.5 万元，多结算 90.87 万元。主要为：独山收费站场区工程多计雨污水管道、铁艺围墙、道路挖方及回填、场地平整等工程量不实，合计多计工程价款 8.63 万元；综合楼工程多计钢筋57.24t，多计避雷带、内墙抹灰、线槽等工程量，合计多计工程价款 52.06 万元；违规计取垂直运输措施费、现场二次倒运费合计 17.23 万元；未落实施工损坏责任违规计取二次防水费用 12.95 万元。

（8）房建 8 标建设单位送审结算 178.47 万元，审定 178.47 万元。

（9）房建 9 标建设单位送审结算 217.46 万元，审定 207.15 万元，多结算 10.31 万元。主要为：瓦趸收费站综合楼地砖型号变更未按合同约定调整单价，多计价差 1.51 万元；未按规定编制竣工图资料 8.8 万元。

（10）房建 10 标建设单位送审结算 3736.36 万元，审定 3401.69 万元，多结算 334.67 万元。具体为：经现场勘查并对比施工图设计资料，发现独山综合楼门头铝塑板装饰，南阳服务区加油站、综合楼连廊铝塑板装饰，独山、南召、南阳、五朵山收费站大棚铝塑板装饰未按设计要求施工，虚计工程价款合计 201.81 万元；虚报独山收费站通道回填土方、广场路面、反光漆及玻璃幕墙数量，多计工程价款 44.53 万元；南阳服务区虚报连廊玻璃、塑钢窗、广场花岗岩、加油站大棚镀锌管等数量不实，多计工程价款 76.64 万元；南阳收费站多计混凝凝土路面及垫层面积，多计工程价款 10.69 万元；独山收费站综合楼多计窗帘盒、干挂石材工程量，多计工程价款 0.99 万元。

（11）房建 11 标建设单位送审结算 496.28 万元，审定 487.81 万元，多结算 8.47 万元。主要为：南阳北服务区综合楼多计干挂花岗岩工程量，多计工程价款 2.69 万元；地砖型号变更未按合同约定调整单价，多计工程价款 5.78 万元。

（12）房建 12 标（空调安装）另行计量空调基础制作及吊顶安拆费用，不符合合同规定，多计工程价款 5.35 万元。

（13）房建 13 标建设单位送审结算 822.11 万元，审定 766.85 万元，多结算 55.26 万元。主要为：南召停车区东、西区加油站装饰多计钢结构网架及吊顶、网架檐口、加油站柱面铝塑板、围墙涂料等，装饰面积不实，合计多计工程价款 37.04 万元；加油站钢结构网架及吊顶装饰工程未按设计施工，经现场勘查，发现吊顶无龙骨基层、檐口以铁方管代替铝方管，以次充好、偷工减料，由此多计工程价款 18.22 万元。

（14）房建 14 标建设单位送审结算 1170.06 万元，审定 1140.08 万元，多结算 29.98 万元。主要为：南召收费站，南阳东、西服务区多计给水管道工程量，多计工程价款 8.46 万元；多计室外电缆数量，多计工程价款 21.52 万元。

（15）房建 15 标（污水设备标）多计设备挖方 1141m^3，多计工程价款 5.68 万元。

4. 机电、供配电照明工程多计价款 41.27 万元

（1）机电标段建设单位送审结算 4071.01 万元，审定 4052.67 万元，多计工程价款 18.34 万元。主要为：虚计网络远程网络管理费 10 万元；硅芯管安装长度计量不实，多计工程价款 8.34 万元。

（2）供配电 1 标由建设单位送审结算 1096.34 万元，审定 1091.34 万元，多计工程价款 5 万元。系镀锌管安装多计长度 3.5km、隧道配电房多计外墙瓷砖 1623m^3 所致。

（3）供配电 2 标建设单位送审结算 1015.94 万元，审定 1009.97 万元，多计 5.97 万元。系多计电缆 1080m 所致。

（4）供配电 3 标建设单位送审结算 541.06 万元，审定 537.51 万元，多计 3.55 万元。系重复计量变电站基础 5 座所致。

（5）供配电 4 标建设单位送审结算 708.45 万元，审定 700.05 万元，多计 8.4 万元。系多计镀锌钢管埋设及管道挖填费用所致。

5. 交安工程多计工程价款 92.91 万元

（1）交安 1 标建设单位送审结算 380.86 万元，审定 372.17 万元，多计 8.69 万元。系虚计标志牌、保险费用所致。

（2）交安 2 标建设单位送审结算 640.72 万元，审定 638.17 万元，多计 2.55 万元。系多计标志牌所致。

（3）交安 3 标建设单位送审结算 451.11 万元，审定 450.73 万元，多计 0.38 万元。系多计标志牌所致。

（4）交安 4 标建设单位送审结算 349.45 万元，审定 334.96 万元，多计 14.49 万元，其中：震荡标线变更单价不实多计 14.23 万元，导流标线多计 0.26 万元。

（5）交安 5 标建设单位送审结算 472.67 万元，审定 454.04 万元，多计 18.63 万元。系震荡标线变更单价不实、多计导流标线所致。

（6）交安 6 标建设单位送审结算 531.51 万元，审计核定 506.46 万元，多计 25.05 万元。系震荡标线变更单价不实所致。

（7）交安 7 标建设单位送审结算 261.33 万元，审定 259.24 万元，多计 2.09 万元。系未按设计要求施工隔离栅所致。

（8）交安 8 标建设单位送审结算 423.33 万元，审定 422.6 万元，多计 0.73 万元。系未按设计要求施工隔离栅所致。

(9)交安9标建设单位送审结算284.76万元,审定284.14万元,多计0.63万元。系多计隔离栅修复费用所致。

(10)交安10标建设单位送审结算1245.1万元,审定1244.61万元,多计0.49万元。系多计桥梁防眩板所致。

(11)交安11标建设单位送审结算2884.94万元,审定2868.74万元,多计16.2万元。系防撞护栏立柱安装不合格,后期增加加固费用所致。

(12)交安12标建设单位送审结算1873.19万元,审定1870.21万元,多计2.98万元。系变更多计紧迫器价款所致。

6.绿化工程多计工程价款206.8万元

(1)绿化1标建设单位送审结算746.34万元,审定709.12万元,多计37.32万元。系中央分隔带填土未执行合同单价所致。

(2)绿化2标建设单位送审结算322.16万元,审定306.06万元,多计16.11万元。系中央分隔带填土违规调整价格所致。

(3)绿化3标建设单位送审结算501.56万元,审定456万元,多计45.56万元。主要为:中央分隔带填土违规调整价格,多计工程价款25.08万元;紫叶小檗、金叶女贞等灌木多计工程价款20.48万元。

(4)绿化4标建设单位送审结算455.83万元,审定433.04万元,多计工程价款22.79万元。系中央分隔带填土违规调整价格所致。

(5)绿化5标建设单位送审结算1074.19万元,审定1065.91万元,多计工程价款8.28万元。系中央分隔带填土违规调整价格所致。

(6)绿化6标建设单位送审结算314.9万元,审定304.11万元,多计工程价款10.76万元。系绿化填土违规调整价格所致。

(7)绿化7标建设单位送审结算379.19万元,审定375.82万元,多计工程价款3.37万元。主要为:绿化填土违规调整价格,多计工程价款1.86万元;违规调整部分苗木价格,多计工程价款1.51万元。

(8)绿化8标建设单位送审结算879.36万元,审定859.26万元,多计工程价款20.1万元。主要为:绿化填土违规调整价格,多计工程价款17.79万元;违规调整部分苗木价格,多计工程价款2.31万元。

(9)绿化9标建设单位送审结算678万元,审定671.43万元,多计工程价款6.57万元。系绿化填土违规调整价格所致。

(10)绿化10标建设单位送审结算1211.93万元,审定1196.98万元,多计工程价款14.95万元。系绿化填土违规调整价格所致。

(11)绿化11标建设单位送审结算169.8万元,无审计核减。

(12)绿化12标建设单位送审结算321.39万元,审定300.37万元,多计工程价款21.02万元。主要为:绿化土违规调整价格,多计工程价款16.07万元;违规调整部分苗木价格,多计工程价款4.95万元。

7.少计工程价款15.75万元

10kV电力设施改造工程签订合同金额1087万元,决算计列903万元,少计工程价款15.75万元。系工程计量不完整,漏计变更工程价款15.75万元。

上述第1~7项结算多计、少计工程价款的行为,违反了财政部《建设项目财务管理规定》(财建〔2002〕394号)第三十四条关于"建设单位应当严格执行工程价款结算的制度规定,坚持按照规范的工程价款结算程序支付资金”的规定。根据《河南省政府投资建设项目审计条例》（河南省第十一届人民代表大会常务委员会公告第22号）第三十六条关于“审计机关对审计发现的多计工程价款等问题，应当责令建设单位与施工单位依法据实结算”与上述文件的规定，责令岭南公司应据实结算工程价款。

（三）其他需要关注的问题

1. 关于该项目桥梁工程桩基础声测钢管审核事项的说明

项目结算资料显示，除路基13标外，其他20个土建施工标段均单独计量桥梁桩基声测钢管121.6t，支付工程价款664.95万元。该行为不符合《技术规范》405.13.1.(2)“混凝土桩无破损检测及所预埋的钢管等材料，均作为混凝土桩的附属工作，不另行计量”的规定。

经调查，另行计量桩基础声测管原因：一是业主未严格依据《技术规范》要求编制招标工程量清单，单列“403-1-c：钢管”细目；二是除路基13标外其他标段未按《技术规范》及《工程量清单说明》要求合理填报单价。由于项目招标单位未交付岭南公司各土建标段投标组价资料，审计难以对标段是否存在重复计取桩基声测钢管费用问题作出客观判断。审计期间，针对另行计量桩基础声测管问题，岭南公司与各标段承包人协商确定，对桥梁工程占比较大的路基18、21标段，由业主承担70%费用，其他标段各承担50%。

2. 项目征地中需关注的问题

预留项目经营性用地办证费用999.45万元。截至审计日，岭南公司已办理9682.09亩土地使用权证，剩余南阳服务区23.8亩土地未办理使用证。因项目所在地国土部门对高速公路项目补办经营性用地费用无明确计价标准，岭南公司参考省内其他高速公路项目经营性用地办理手续费用支出情况，按每亩40万元标准估算征地及办证费用，预计支出约999.45万元，计入项目决算。

（四）延伸审计调查施工单位发现的主要问题

1.4家施工单位存在违规转包、分包行为

(1)土建3标施工单位违规分包工程7534.6万元。

土建3标段合同金额10350.05万元，结算金额13064.33万元。标段施工单位中标后由其全资子公司负责施工。施工期间，该公司未经业主和监理工程师许可，自行以劳务分包的名义向15家单位及自然人分包工程，分包金额合计7534.6万元，占标段结算金额的57.67%。其中：4家单位金额较大，合计支付6624.27万元，另外支付11家单位及自然人工程款563.32万元，质保金挂账347.01万元。

审计期间，该标段未提供下属参与是施工的15家单位及自然人公路建设劳务承包的相关资质。

(2)土建5标施工单位分包工程3197.82万元。

土建5标段合同金额6704.57万元，结算金额7482.65万元。标段施工单位未经业主和监理工程师许可，自行将3197.82万元工程分包给10家单位及自然人，分包金额占结算金额的42.74%。其中：以包工包料形式将路基工程、桥梁箱梁预制安装等主体及关键部位工程分包给9家单位及自然人；以收取14%管理费形式将坡面挂网喷播工程分包给1家单位。

除1家施工单位提供试二级资质外，其他9家单位及自然人未提供公路建设相关劳务承包资质。

(3)土建16标施工单位以收取管理费形式分包工程1933.96万元。

土建16标段合同金额6105.3万元，计量结算金额7805.33万元。2005~2008年，该标段施工单位未经业主和监理工程师许可，以收取13%~20%不等的管理费的形式，签订协议将桥梁工程等主体工程1933.96万元分包给王某某等6名不具备相应资质的自然人。

(4)土建11标段中标单位分包工程4143.32万元。

土建11标段合同金额6181.24万元,计量结算金额8761.87万元。标段施工单位未经业主和监理工程师许可,自行将4143.32万元工程分包给23家单位及自然人,分包金额占合同金额的47.29%。

审计期间,该标段未提供下属参与施工的23家单位与自然人公路建设相关劳务承包资质。

上述行为违反了《公路建设市场管理办法》(中华人民共和国交通部令2004年第14号)第三十八条“施工单位可以将非关键性工程或者适合专业化队伍施工的分部工程分包给具有相应资质的单位,并对分包工程负连带责任。允许分包的工程范围应当在招标文件中规定,分包的工程不得超过总工程量的30%。分包工程不得再次分包,严禁转包。项目法人和监理单位应当加强对施工单位工程分包的管理,工程分包计划和所有分包协议须报监理工程师审查,并报项目法人同意”的规定。

2.房建6、7标违规借用资质承揽工程

审计调查发现,房建7标中标单位、房建6标中标单位在施工期使用同一个账号与岭南公司进行工程结算业务往来,并同一套账目核算。上述情况反映两个标段实际由同一单位承建,存在借用资质承揽工程的违规行为,按结算价款计涉及金额2859万元,其中房建6标1086万元、房建7标1773万元。

该行为违反了《中华人民共和国招投标法实施方案》第四十二条“使用通过受让或者租借等方式获取的资格、资质证书投标的,属于招标投标法第三十三条规定的以他人名义投标”的规定。

3.33家施工单位拒绝向审计组提供与项目直接相关的证明材料

延伸审计调查期间,土建4标、土建7标、土建12标等33家施工单位拒绝向审计组提供与项目直接相关的证明材料,涉及合同金额48948万元,结算金额52485万元。该行为违反了《中华人民共和国审计法》第三十三条“审计机关进行审计时,有权就审计事项的有关问题向有关单位和个人进行调查,并取得有关证明材料。有关单位和个人应当支持、协助审计机关工作,如实向审计机关反映情况,提供有关证明材料”的规定。

4.施工单位不合规票据列支费用15572.38万元

经延伸审计调查,发现岭南高速公路36家参建施工单位,使用不合规票据列支费用合计15572.38万元。该行为违反了《中华人民共和国发票管理办法》(财政部令1993年第6号)第二十二条“不符合规定的发票,不得作为财务报销凭证,任何单位和个人有权拒收”的规定。

审计期间,岭南公司积极配合审计工作,督促施工单位整改。截至2013年9月底,有27家施工单位补开正规票据金额6571.32万元,9家施工单位尚未纠正。根据《中华人民共和国审计法实施条例》第四十条第三项,将上述第1~4项问题,移送河南省交通运输厅进一步查处。

四、绩效分析评价

项目运营效益分析:

(1)项目预期效益情况。岭南高速项目工程可行性研究报告显示:项目动态投资回收期为17.17年;分别选择建设投资和运营收益进行敏感性分析(-10%~10%),对项目内部收益率的影响范围为5%~9%,对净现值的影响范围为74144.98万元~299146.85万元。

(2)项目建设及运营情况。审计调查岭南高速项目自2005年至2012年基建投资与运营管理资料,相关数据显示:2005~2011年基建投资额分别为31074万元、103177万元、141314万元、89421万元、42403万元、21415万元、51029万元。项目于2007年开始部分投入通行使用,自

2007 年至 2012 年累计通行交通量分别为 3.91 万辆、102 万辆、121 万辆、161 万辆、172 万辆、216 万辆；现金流入（通行费收入及回收资产余值）分别为 34.9 万元、1340.26 万元、5396.62 万元、12269.64 万元、11129.17 万元、8778.2 万元。项目 2007 ~ 2012 年总成本分别为 51.88 万元、11490.12 万元、16816.61 万元、21970.63 万元、34647.57 万元、156425.92 万元。反映项目自 2007 年至 2012 年通行期间，项目每年亏损额分别为 35.67 万元、10063.62 万元、11199.62 万元、9179.37 万元、22925 万元、147647.7 万元。根据上述 2005 ~ 2012 年项目建设投资及运营情况，项目年净现金流量分别为 -31074 万元、-103177 万元、-141330.98 万元、-99570.86 万元、-53822.99万元、-31115.99 万元、-74547.4 万元、-147647.71 万元。

（3）项目运营效益较预期差异较大，无能按期收回建设投资。

审计以项目自 2005 年至 2012 年净现金流量数据为基础，采用线性回归法估算项目净现金流量，并通过编制计算机审计方法计算动态投资回收期、内部收益率，并按项目可行性研究报告指标测算分析岭南高速项目运营效益情况。

分析结果显示，岭南高速项目动态投资回收期为 30.89 年，较可行性研究报告 17.17 年增加 13 年。当建设投资和运营收益在 -10% ~ 10% 变动时，项目内部收益率的区间范围为 2% ~ 4%，经济效益净现值的区间范围为 -410199 万元 ~ -324149 万元，与项目可行性研究报告影响内部收益率区间范围为 5% ~ 9%，影响经济效益净现值的区间范围为 74144.98 万元 ~ 299146.85 万元相比，存在较大差异。由此反映，岭南高速项目可研报告存在高估项目运营效益情况，与项目实际运营效果相差甚远，项目在运营期间不能收回建设投资。

五、审计建议

（1）建议省交通管理部门根据审计结果，对违规性质严重、提供虚假资料及拒不配合政府审计的参建单位在企业诚信档案、招标资格审核、项目结算支付等方面建立约束机制，完善行业管理制度，促进交通行业的规范建设与健康发展。

（2）规范管理机制，完善相关制度，进一步提高项目建设管理水平。审计发现的问题暴露出我省高速公路项目管理还存在薄弱环节，应在以下五个方面进一步规范与完善。

一是规范专业工程的勘察设计的招标委托。高速公路工程涉及行业较多，专业性较强的附属工程应分项实施招标委托，确保专业设计深度符合招标与施工要求，杜绝部分附属工程项目边深化设计、边施工建设，及随之产生的投资增加等问题。

二是科学组织项目招标，严格执行招投标法规。项目前期准备阶段应统筹考虑招标事项，有序组织各项招标工作，杜绝因招标缺项、工期紧张导致的违规委托发包行为。

三是加强招标文件编制工作。根据设计深度符合要求的设计文件规范编制招标工程量清单，细化工程计价办法，明确审计制约条款，避免因招标不完善而弱化对工程投资的控制，从招标与合同约束计价及结算行为，从源头规范计价行为、堵塞结算漏洞、避免价款超付超支等隐患。

四是以合同为依据，加强建设管理。严格执行合同约定条款，科学组织安排工程建设，避免因管理不善造成的突击赶工、分割标段等不符合建设规律行为的发生。

五是加强项目竣工决算及资产移交管理。项目工程完工后应同步安排项目的竣工决算编制及资产移交等工作，确保足够人力资源及时完成工程结算与财务决算，规范实施资产管理，节约项目建设管理费用支出，提高建设项目投资效益。

（3）加强对参建施工、监理、设计单位管理，建立并完善建设单位对支付资金使用的监督管理办法，避免参建单位违规使用资金及不合规票据列支等违规行为。

（4）认真做好项目的收尾工作，切实做好审计报告中披露的需关注问题的处理，确保工程项目的顺利安全验收并移交。

对本次审计发现的问题，请河南岭南公司自收到本报告之日起30日内，将整改情况书面报告河南省审计厅。

本报告及有关整改情况随后将以适当方式公告。

河南省审计厅

2014年3月7日

河 南 省 审 计 厅

审计决定书

豫审投决〔2014〕17 号

河南省审计厅关于岭南高速公路建设项目竣工财务决算的审计决定

河南岭南高速公路有限公司：

自 2013 年 6 月 3 日至 7 月 25 日，我厅对你单位负责建设的二连浩特至广州高速公路分水岭至南阳段建设项目(以下简称岭南高速项目)竣工财务决算进行了审计。现根据《中华人民共和国审计法》第四十一条和其他有关法律法规，作出如下审计决定：

一、关于挪用项目建设资金 10248.56 万元问题的处理

(1)截至 2011 年 5 月 31 日，岭南高速项目垫付通车后应由项目运营管理单位承担的利息及费用 9831.22 万元。其中：垫付应由岭南高速项目管理公司承担的贷款利息及经营费用 9278.87 万元、南阳北服务区经营费用 421.59 万元、南召停车区经营费用 130.76 万元。

(2)用于批复概算外项目支出 417.34 万元。根据南阳市政府《关于岭南高速公路与城区连接线工程建设的会议纪要》(宛政纪〔2006〕27 号)意见，南阳市政府为补偿岭南公司承担市区连接线建设与征迁费用，拟划拨 170 亩土地，用于岭南高速项目批复概算内容以外的岭南等三条高速公路项目建设监控通信管理中心项目。之后，南阳市政府以筹建农运会场馆为由将拟划拨土地予以收回。截至审计日，岭南公司为此支付城乡规划费等前期费用合计 417.34 万元仍未收回。

上述第(1)、(2)项行为违反了《交通基本建设资金监督管理办法》(交财发〔2000〕195 号)第五条第(1)项“专款专用原则。交通基本建设资金必须用于经批准的交通基本建设项目。交通基本建设资金按规定实行专户储存，专款专用，任何单位或个人不得截留、挤占和挪用”的规定。

根据《中华人民共和国审计法》第四十五条第(五)项“其他处理措施”及上述文件的规定，你单位应及时追回上述被挪用的建设资金 10248.56 万元。

二、关于决算多计未完工程投资和费用 4156.18 万元问题的处理

(1)多计尾工工程款3200.46万元。项目决算报告中计列尾工工程5项,预留相关工程价款共计3520.62万元。经审计核实,应计列尾工工程价款320.46万元,决算报告中多计尾工工程款3200.46万元。

(2)多计提奖励基金955.72万元。岭南公司在建设期间计提施工单位奖励基金及罚款合计13205.66万元,合计已支出11639.94万元,剩余1565.72万元在“其他应付款”科目贷方反映。经审核,剩余1565.72万元尚需支付610万元,其中:郑州铁路工程管理所和漯河电业有限公司奖107.5万元;岭南公司《后期工作节点安排及奖罚规定的通知》(岭南高司〔2009〕21号)需支付的502.5万元。其余955.72万元系决算多计。

上述第(1)、(2)项行为违反了《基本建设财务管理规定》(财建〔2002〕394号)第三十六条关于“各编制单位要认真执行有关的财务核算办法,严肃财经纪律,实事求是地编制基本建设项目竣工财务决算,做到编报及时,数字准确,内容完整”的规定。

根据《中华人民共和国审计法》第四十五条第(四)项“责令按照国家统一的会计制度的有关规定进行处理”与上述文件的规定,你单位应调减决算投资4156.18万元,并调整相应会计账项。

三、关于决算多计待摊投资 621.59 万元问题的处理

(1)多计预留费用662万元。项目决算报告中计列预留各项费用共计2853万元。经审计核实,应支付及预留各项费用共计2191万元,决算报告中多计各项预留费用662万元。其中:后期管理费204万元、土地拆迁补偿费448万元、研究试验费10万元。

(2)投标违规罚金未作收入50万元。3家投标单位在该项目投标过程中违规,决算将因此没收的投标保证金共计50万元在“其他应付款”中反映,未作收入处理。

(3)决算报告中漏计合同内监理费90.41万元。岭南公司与河南省高等级公路建设监理部、河南省宏力工程咨询有限公司签订的工程监理合同价款为4419.26万元,决算报告中实际列支4328.85万元,漏计90.41万元。

以上第(1)~(3)项行为违反了《基本建设财务管理规定》(财建〔2002〕394号)第三十六条关于“各编制单位要认真执行有关的财务核算办法,严肃财经纪律,实事求是地编制基本建设项目竣工财务决算,做到编报及时,数字准确,内容完整”的规定。

根据《中华人民共和国审计法》第四十五条第四项“责令按照国家统一的会计制度的有关规定进行处理”与上述文件的规定,你单位应调减决算投资621.59万元,并调整相应会计账项。

四、固定资产管理不规范

南阳北服务区2台加油机被加油站租赁方挪作他用,涉及金额14.15万元。

以上行为违反了《基本建设财务管理规定》第三十九条“在编制基本建设项目竣工财务决算前,建设单位要认真做好各项清理工作。清理工作主要包括基本建设项目档案资料的归集整理、账务处理、财产物资的盘点核实及债权债务的清偿,做到账账、账证、账实、账表相符。各种材料、设备、工具、器具等,要逐项盘点核实,填列清单,妥善保管,或按照国家规定进行处理,不准任意侵占、挪用”的规定。

根据《中华人民共和国审计法》第四十五条第五项“其他处理措施”及上述文件的规定,你单位应根据项目实际情况,及时收回上述挪用、借用资产,或按规定办理相关调拨车辆的资产移交手续。

五、关于往来账项 686.93 万元未及时清理问题的处理

决算反映“应付其他单位款项”贷方反映 686.93 万元，其中：投标保证金 25 万元，履约保证金 661.93 万元。

该行为违反了《基本建设财务管理规定》（财政部财建〔2002〕394 号）第十四条“建设项目在编制竣工财务决算前要认真清理结余资金。应变价处理的库存设备；材料以及应处理的自用固定资产要公开变价处理，应收、应付款项要及时清理”的规定。

根据《中华人民共和国审计法》第四十五条第五项“其他处理措施”与上述文件的规定，你单位应尽快对该往来款项予以清理。

六、关于多计工程结算价款问题的处理

经审核岭南高速项目建安工程，发现结算多计工程价款合计 4015.89 万元，其中：路基工程多计工程价款 2445 万元、路面工程多计工程价款 412.4 万元、房建工程多计工程价款 817.5 万元、机电、供配电照明工程多计价款 41.27 万元、交安工程多计工程价款 92.91 万元、绿化工程多计工程价款 206.8 万元（各标段审计情况详见附件，此处略）。

该行为违反了财政部《建设项目财务管理规定》（财建〔2002〕394 号）第三十四条关于“建设单位应当严格执行工程价款结算的制度规定，坚持按照规范的工程价款结算程序支付资金”的规定。

根据《河南省政府投资建设项目审计条例》（河南省第十一届人民代表大会常务委员会公告第 22 号）第三十六条关于“审计机关对审计发现的多计工程价款等问题，应当责令建设单位与施工单位依法据实结算”与上述文件的规定，你单位应据实结算工程价款。

本决定自送达之日起生效。你单位应当自收到本决定之日起 60 日内将本决定执行完毕，并将执行结果书面报告我厅。

如果对本决定不服，可以在本决定送达之日起 60 日内，提请河南省人民政府或审计署申请行政复议；或者在本决定送达之日起 3 个月内，向郑州市金水区人民法院提起行政诉讼。复议或者诉讼期间本决定照常执行。

河南省审计厅
2014年3月7日

抄送：河南省交通运输厅，河南省交通投资集团有限公司，河南省高速公路发展有限公司，河南省收费还贷管理中心

河南省审计厅办公室　　　　2014 年 3 月 14 日印发

第四部分　工程竣工数量表

竣工数量表编制说明

一、工程项目前期工作

洛阳至南阳高速公路分水岭至南阳段工程是内蒙古自治区二连浩特市至广东省广州市国家重点公路的重要组成部分，是河南省规划的公路网骨架“五纵、四横、六通道”高速公路主骨架规划中的“第四纵”。河南省规划的干线公路重要组成部分路线全长98.546km，其中主线长74.299km，断链长0.392km，联络线全长24.247km。

本项目主线起于平顶山和南阳市交界处的分水岭，北接同期规划的洛阳至南阳高速公路寄料至分水岭段。路线顺回龙沟沿国道G207布线，至下河东后向南，从米家庄西、靳家庄东经过，至南召县城东与省道S331相交，设南召互通立交。然后，跨越黄鸭河，在三亩湾西侧跨越白河，至瓦菦村与省道S333相交，设瓦菦互通立交。然后向南在车家庄西跨越群英水库，经过黄庵、瓦房沟、四棵树、上杜沟、下闫沟、寨沟等村，从小刘庄西、谢庄乡东、康庄东、大庙村东通过，至龚河西设枢纽互通立交做联络线接口。再向南从后洼村西通过，穿过羊嘴头村东侧，过兰营村后跨越西潦河，在罗庄和马营街之间与宁西铁路交叉，设下穿铁路的分离式立交。在王村乡西与国道G312相交，设南阳互通立交，然后向南从杨庄村中的空档穿过，至张华岗西与上海至武威国家重点公路南阳至内乡高速公路相接，即为本项目终点。

联络线起于龚河枢纽互通（主线桩号K60+381.964），向东经塔子山南、周后庄北，至槐树湾乡北与焦枝铁路交叉，设高架桥上跨铁路，在小陈庄设独山互通，通过连接线与南阳市相连。继续向东在黄山和新店乡南跨越白河，至祝庄与许平南高速公路相接，即为联络线终点。

工程项目于2005年9月16日开工建设，主线其中55km（土建7~18标，路面2~5标）于2007年12月9日通车进入试运营；主线剩余18.856km（土建1~6标、路面1标）于联络线24.25km（土建19~22标、路面6~7标，扣除蒲山特大桥）于2008年11月26日通车进入试运营；联络线蒲山特大桥于2009年9月30日建成通车进入试运营阶段。

全路均按照高速标准设计，分别编制国内和国际招标文件，实行竞争性招标和施工监理制度，严格遵循国际咨询工程师联合会（FIDIC）制定的合同条款，组织、管理施工。

岭南高速公里的建设显示了高速公路在我省综合交通运输网中的作用和地位，并带动和促进了我省高等级公路的发展，它是我省公路建设的新起点，标志着我省的公路建设已进入现代化的时期。

岭南高速公路由于路线穿越平原、微丘区和山岭重丘区，设计车速、路基宽度分别按微丘和重丘区两种标准进行设计，双向四车道，双向六车道，全封闭、全立交、完全控制出入，设有完善的交通安全设施、服务设施、管理设施及收费系统。

二、设计标准、工程规模

1.设计标准

（1）设计行车速度：100km/h、120km/h。

（2）路基宽度：26m、28m，全线路基采用整体式断面及部分路段采用分离式路基断面。

主线LK0+849.907（RK0+854.646）~K33+850段四车道整体路基宽26.0m，其中行车道

宽 2×2×3.75m，中间分隔带宽 2m，左侧路缘带宽 2×0.75m，硬路肩宽 2×3.0m，土路肩宽 2×0.75m；四车道分离路基宽 2×13.0m，其中行车道宽 2×2×3.75m，左侧路缘带宽 2×0. 5m，硬路肩宽 2×3.0m，土路肩 4×0.75m。

主线 K33+850～K74+756.555 及联络线 JK0+000～JK24+247.172 六车道路基宽 28.0m，其中行车道宽 2×3×3.75m，中间分隔带宽 2m，左侧路缘带宽 2×0.75m，硬路肩宽 2×0.5m，土路肩宽 2×0.5m。一般路段路拱坡度，路面行车道为 2%，土路肩宽为 3%，超高段外侧土路肩保持向外 3% 不变；填方路基边坡高度小于 8m 时，边坡坡率采用 1∶1.5，高度大于 8m 时，在 8m 处设变坡，不设平台，8m 以下边坡采用 1∶1.75。

(3)路面：岭南高速路面采用沥青混凝土路面，收费站采用水泥混凝土路面，4cm 细粒式沥青混凝土+6cm 中粒式沥青混凝土+7cm 粗粒式沥青混凝凝土+7cm 沥青碎石+32cm 水泥稳定碎石基层+18cm 水泥稳定砂砾底基层。设计标准轴载为 100kN。

(4)桥梁设计车辆荷载：汽车—超 20 级，挂车—120。设计洪水频率，除特大桥为 1/300 外，其他桥涵均为 1/100。

(5)连接线采用二级公路技术标准设计：

南召互通立交连接线 3.734km：按山岭重丘区二级路标准设计，设计速度 60km/h，路基宽 12m，分为行车道宽 2×3.75m、硬路肩宽 2×1.5m 和土路肩宽 2×0.75m 三部分。路面结构自下而下依次为：底基层 20cm 厚级配砂砾，基层 30cm 厚 5% 水泥稳定碎石，上面层 4cm 厚细粒式沥青混凝土(AC—13C)，下面层 6cm 厚中粒式沥青混凝土(AC—20C)。

独山互通立交连接线 5.402km：按平原微丘二级路标准设计，设计速度采用 80km/h，路基宽 17.0m，分为行车道宽 2×3.5m，硬路肩宽 2×3.5m 和土路肩宽 2×1.5m 三部分。路面结构自下而下依次为：底基层 20cm 厚级配砂砾，基层 30cm 厚 5% 水泥稳定碎石，上面层 4cm 厚细粒式沥青混凝土(AC—13C)，下面层 6cm 厚中粒式沥青混凝土(AC—20C)。

2. 工程规模

(1)主体工程

全线路基土方 2121.79 万 m^3，沥青混凝土路面 260.33 万 m^2；水泥稳定碎石基层 216.08 万 m^2；水泥稳定砂砾底基层 218.08 万 m^2，互通式立交 7 处，分离式立交 10 处，特大桥为 4 座，共长 5316.4m；大、中、小桥 101 座，总长度 16729.5m，通道 89 处，天桥 28 座，涵洞 154 道，隧道为 3665.4m/9 道。交通标志 1113 块，道路标线 147677m^2，隔离栅 187142m，收费雨棚、广场、收费岛 4 处，综合功能服务区 1 处、停车区 1 处、隔音墙 30 处共 3479m。分别在南召设 1 处停车区，南阳设 1 处服务区，在南召、五朵山、遮山、独山互通立交设置 4 处匝道收费站。分别在分水岭、柴家庄、上河东、雪家庄隧道口设置 4 处隧道供电管理站。全线共分布两个路政大队保证行车安全和路况畅通。监控中心随时了解路况信息。

(2)交通安全设施

全线设置标志、标线、护栏、轮廓标、防护网、隔离栅等。

①环境保护。对公路路基边坡进行植草绿化，公路两侧种树，中央分隔带内种植灌木或花草，根据需要采用浆砌片石护坡，适当设置浆砌片石边沟、截水沟、排水沟、急流槽等，防止水土流失。

②监控、通信及收费系统。具有较为完善的监控、通信及收费系统设计及管理中心。

二广高速公路分水岭至南阳段各标段工程数量表

主要技术指标表　　表1

序　号	指标名称	指标内容	备　注
1	竣工里程	LK0 +849.907 ~ K74 +756.555, JK0 +000 ~ JK24 +247.172,实长98.546km	
2	路线等级	高速公路	
3	计算行车速度	100km/h,120km/h	
4	远景交通量	32100辆/昼夜(主线),26128辆/昼夜(联络线)	
5	转角数	全段55个,平均每1km0.557个	
6	平曲线最小半径	640m,全段共1处	
7	竖曲线最小半径	8052.154m,全段共1处	
8	最大纵坡	4%连续坡长620m	
9	路基宽度	26m,28m	
10	路面结构(一)	沥青路面,宽22.5m,全段共长98.546km	
11	设计车辆荷载	公路—Ⅰ级×1.3	
12	桥面净宽	2×11.5m,2×12.5m	
13	涵洞数量	5611.16m/154道,平均36.43m/道	
14	中、小桥数量	1989.1m/38座,平均52.34m/座	
15	大桥数量	20056.8m/67座,平均299.35m/座	
16	通道数量	89道,平均每1km0.92道	
17	分离式立交	10处,平均每1km0.1处	
18	互通式立交	7处,平均每1km0.07处	
19	服务区	1处,平均每1km0.01处	
20	停车区	1处,平均每1km0.01处	
21	收费设施	4处,平均每1km0.041处	
22	管理设施	2处,平均每1km0.02处	

负责人:　　　　填表人:

工 程 数 量 比 较 表

表 2

项	目	工程或费用名称	单 位	批准的概(预)算	工 程 合 同	项 目 决 算	工程合同与批准的概(预)算比较	项目决算与批准的概(预)算比较	项目决算与工程合同比较
				1	2	3	4	5	6
		第一部分 建筑安装工程费	公路公里	98.106	98.106	98.546	0	0	0
一		路基工程	公路公里	98.106	98.106	99.546	12.00%	1.00%	1.00%
	1	计价土方	m^3	6931109.00	7738391.00	11802867.260	12.00%	70.00%	53.00%
	2	计价石方	m^3	7317446.00	6343428.00	9415093.630	-13.00%	29.00%	48.00%
	3	排水工程	m^3	232447.96		417682.850		80.00%	
	4	防护工程	m^3	715155.16		2075017.810		190.00%	
	5	特殊路基处理	km	98.11	98.106	98.546	0.00%	0.00%	
二		路面工程	m^2	98.106	98.11	98.546	0.00%	0.00%	0.00%
	1	面层	m^2	2157458.00	1809960.00	9404831.000	-16.00%	336.00%	420.00%
	2	基层	m^2	2273298.00	1988373.00	2160831.890	-13.00%	-5.00%	9.00%
	3	底基层	m^2	2337398.00	1809014.00	2180825.470	-23.00%	-7.00%	21.00%
	4	排水工程	m^2			468430.250			
	5	路缘石	m^3	10572.00	10572.00	272581.170	0.00%	2478.00%	2478.00%
三		桥梁、涵洞工程	公路公里	98.106	98.106	98.546	0.00%	0.00%	0.00%
	1	涵洞	m/道	4656.8/130	4656.8/130	5611.16/154		48.00%	
	2	桥梁	m/座	18983.5/92	18983.5/92	22045.9/105		14.13%%	
五		隧道工程	公路公里	98.106	98.106	98.546	0.00%	0.00%	0.00%
	1	洞门	座	3780/8	3665.4/9	3665.4/9			
	2	明洞	m/座	275/8	3665.4/9	7127.90			
	3	洞身	m^2			237970.17			

续上表

项	目	工程或费用名称	单　位	批准的概(预)算	工 程 合 同	项 目 决 算	工程合同与批准的概(预)算比较	项目决算与批准的概(预)算比较	项目决算与工程合同比较
				1	2	3.000	4	56	
六		其他工程及沿线设施	公路公里	98.106	98.106	98.546	0.00%	0.00%	0.00%
	1	清除场地	公路公里	98.106	98.106	98.546	0.00%	0.00%	0.00%
	2	拆除建筑物、构筑物	公路公里	98.106	98.106	98.546	0.00%	0.00%	0.00%
	3	管理与养护设施	公路公里	98.106	98.106	98.546	0.00%	0.00%	0.00%
	4	安全设施	公路公里	98.11	98.106	98.546	0.00%	0.00%	0.00%
	5	服务设施	公路公里	98.106	98.106	98.546	0.00%	0.00%	0.00%
	6	环境保护工程	处	98.106		98.546	0.00%	0.00%	0.00%
七		临时工程	公路公里	98.106	98.106	98.546	0.00%	0.00%	0.00%
八		管理、养护及服务房屋	公路公里	550.29	98.106	98.546	-82.00%	-82.00%	0.00%
	1	管理房屋	m^2	550.29	7653.07	11679.790	0.00%	2022.00%	53.00%
	2	养护房屋	m^2			0.000	0.00%	0.00%	0.00%
	3	服务房屋	m^2	13708.730	9555.93	11516.940	-30.00%	-16.00%	21.00%
十二		建安费预留费用	公路公里	98.106					
	2	预留工程(白河引道)	km	1.7			0.00%	0.00%	
十		其他费用及预留费用	公路公里	98.106	98.11	98.546	0.00%	0.00%	0.00%
	1	绿色通道植树费	公路公里	65.133	65.133	65.133	0.00%	0.00%	0.00%
	2	回龙电站加固及发电损失费用	元	32645500	24040800	24040800.000	-26.00%	-26.00%	-26.00%
	3	路线交叉保通协调费用	元	5600000.00	230000	230000.00	-96.00%	-96.00%	-96.00%
	4	独山互通连接线	km	7.22	5.4	5.40	-25.00%	-25.00%	0.00%
	5	南召互通连接线	km	4.1	3.73	3.73	-9.00%	-9.00%	0.00%
	6	其他费用预留费用	公路公里	98.106	2792300.00	0.00	2846107.00%	-100.00%	-100.00%

编制：　　　　　　　　　　　　复核：

软土地基处理一览表

表3

序号	统一里程		施工桩号		工程名称及数量					备注
	起	讫	起	讫	砂垫层(m^3)	土工格栅(m^3)	碎石桩(延米)	粉喷桩(延米)	碎石垫层(m^3)	
1	RK8 +130	RK8 +160	RK8 +130	RK8 +160					1890	冲沟
2	LK11 +650	LK11 +720	LK11 +650	LK11 +720					1050	冲沟
3	RK11 +780	RK11 +820	RK11 +780	RK11 +820					1800	冲沟
4	RK12 +400	RK12 +566	RK12 +400	RK12 +566					4648.0	冲沟
5	LK12 +460	LK12 +730	LK12 +460	LK12 +730					19440.0	冲沟
6	RK10 +345	RK10 +454	RK10 +345	RK10 +454					817.7	冲沟
7	LK12 +305	LK12 +465	LK12 +305	LK12 +465					1257.4	冲沟
8	LK12 +590	LK12 +675	LK12 +590	LK12 +675					6120.0	水塘
9	K13 +490	K13 +680	K13 +490	K13 +680					4940.0	冲沟
10	K14 +500	K14 +625	K14 +500	K14 +625					19969.0	冲沟
11	K13 +732	K13 +785	K13 +732	K13 +785					4749	水塘
12	K13 +680	K13 +732	K13 +680	K13 +732					3755	水塘
13	K15 +170	K15 +208	K15 +170	K15 +208					3827	水塘
14	K25 +197	K25 +200	K25 +197	K25 +200					63.8385	抛石
15	K25 +200	K25 +220	K25 +200	K25 +220					493.425	抛石
16	K25 +220	K25 +240	K25 +220	K25 +240					480.558	抛石
17	K25 +240	K25 +260	K25 +240	K25 +260					411.018	抛石
18	K25 +260	K25 +300	K25 +260	K25 +300					735.66	抛石
19	K25 +300	K25 +320	K25 +300	K25 +320					327.936	抛石
20	K25 +320	K25 +340	K25 +320	K25 +340					330.076	抛石
21	K25 +340	K25 +345	K25 +340	K25 +345					79.45	抛石
22	K25 +278 盖板涵		K25 +278 盖板涵						-178.044048	抛石
23	K25 +760	K25 +810	K25 +760	K25 +810					3525	水塘

续上表

序号	统一里程		施工桩号		工程名称及数量					备注
	起	讫	起	讫	砂垫层(m^3)	土工格栅(m^3)	碎石桩(延米)	粉喷桩(延米)	碎石垫层(m^3)	
24	K26+844	K26+948	K26+844	K26+948					5252	水塘
25	K27+042	K27+085	K27+042	K27+085					1534	水塘
26	K27+250	K27+305	K27+250	K27+305					1232	水塘
27	K27+310	K27+365	K27+310	K27+365					7180.25	水塘
28	K27+500	K27+578	K27+500	K27+578					3685.5	水塘
29	K32+435	K32+465	K32+435	K32+465					900	水塘
30	K25+840	K25+945	K25+840	K25+945					2373	水稻田
31	K27+365	K27+385	K27+365	K27+385					[illegible]70	水稻田
32	K27+570	K27+605	K27+570	K27+605					367.5	水稻田
33	K28+251	K28+310	K28+251	K28+310					1165.25	水稻田
34	K27+970	K28+050	K27+970	K28+050					1300	水稻田
35	K28+050	K28+186	K28+050	K28+186					2686	水稻田
36	K28+480	K28+550	K28+480	K28+550					1568	水稻田
37	K28+550	K28+675	K28+550	K28+675					2187.5	水稻田
38	K26+320	K26+470	K26+320	K26+470					347.95	挖淤
39	K27+500	K27+579	K27+500	K27+579					458.5	挖淤
40	K28+675	K28+718	K28+675	K28+718					913.75	水稻田
41	K30+300	K30+401	K30+300	K30+401					2499.75	水稻田
42	K30+460	K30+516	K30+460	K30+516					1204	水稻田
43	K30+816	K30+900	K30+816	K30+900					1743	水稻田
44	K32+320	K32+400	K32+320	K32+400					1720	水稻田
45	K33+010	K33+074	K33+010	K33+074					4234.4	水塘
46	K32+435	K32+465	K32+435	K32+465					310	水塘

续上表

序号	统一里程		施工桩号		工程名称及数量					备注
	起	讫	起	讫	砂垫层(m^3)	土工格栅(m^3)	碎石桩(延米)	粉喷桩(延米)	碎石垫层(m^3)	
47	K33 +710	K33 +755	K33 +710	K33 +755					5973.75	水塘
48	EK0 +112	EK0 +145	EK0 +112	EK0 +145					1617	水塘
49	EK0 +112	EK0 +145	EK0 +112	EK0 +145					3.14	水塘
50	EK0 +500	EK0 +535	EK0 +500	EK0 +535					875	水塘
51	AK0 +292	AK0 +320	AK0 +292	AK0 +320					756	水塘
52	K32 +400	K32 +430	K32 +400	K32 +430					322.5	水稻田
53	K33 +845	K33 +930	K33 +845	K33 +930					977.5	水稻田
54	K34 +484	K34 +550	K34 +484	K34 +550					1897.5	水稻田
55	CK0 +450	EK0 +150	CK0 +450	EK0 +150					4000	水稻田
56	CKO +450 涵洞		CKO +450 涵洞						43.61	水塘
57	EKO +060 涵洞		EKO +060 涵洞						70.89	水塘
58	K36 +995 涵洞		K36 +995 涵洞						0	水塘
59	K35 +813 涵洞		K35 +813 涵洞						79.8	水塘
60	K34 +481 涵洞		K34 +481 涵洞						385.2	水塘
61	K33 +922 涵洞		K33 +922 涵洞						142.77	水塘
62	K37 +100	K37 +125	K37 +100	K37 +125					1267.5	水塘
63	K39 +835	K39 +880	K39 +835	K39 +880					2175	水塘
64	K41 +700	K41 +825	K41 +700	K41 +825					6340	水塘
65	K39 +698.8	K39 +835	K39 +698.8	K39 +835					7953	水塘
66	K37 +100	K37 +126	K37 +100	K37 +126					416	水稻田
67	K40 +020	K40 +110	K40 +020	K40 +110					1980	水稻田
68	K43 +337	K43 +390	K43 +337	K43 +390					3042.2	水塘
69	K43 +215	K43 +810	K43 +215	K43 +810					1785	水塘

续上表

序号	统一里程		施工桩号		工程名称及数量					备注
	起	讫	起	讫	砂垫层(m^3)	土工格栅(m^3)	碎石桩(延米)	粉喷桩(延米)	碎石垫层(m^3)	
70	K47 +240	K47 +270	K47 +240	K47 +270					1680	水塘
71	K44 +618	K44 +710	K44 +618	K44 +710					2852	水稻田
72	K48 +187	K48 +237	K48 +187	K48 +237					9252.675	水塘
73	K48 +934	K48 +974	K48 +934	K48 +974					1477	水塘
74	K49 +800	K50 +000	K49 +800	K50 +000					1240.8	水塘
75	K51 +755	K51 +800	K51 +755	K51 +800					3347.7525	水塘
76	K49 +210	K49 +300	K49 +210	K49 +300					6486.12	水稻田
77	K49 +300	K49 +430	K49 +300	K49 +430					2784.6	水稻田
78	K51 +310	K51 +400	K51 +310	K51 +400					2873	水稻田
79	K55 +150	K55 +180	K55 +150	K55 +180					1035	水稻田
80	K55 +332	K55 +415	K55 +332	K55 +415					5433.042	水稻田
81	K55 +720	K55 +860	K55 +720	K55 +860					5152	水稻田
82	K57 +925	K57 +980	K57 +925	K57 +980					3542	水稻田
83	K54 +475	K54 +487	K54 +475	K54 +487					931.5	水稻田
84	K58 +370	K58 +479	K58 +370	K58 +479					2560	水稻田
85	K60 +525	K60 +560	K60 +525	K60 +560					1260	水塘
86	K63 +610	K63 +645	K63 +610	K63 +645					350	水塘
87	K58 +800	K58 +875	K58 +800	K58 +875					4662.6	水塘
88	K64 +740	K64 +815	K64 +740	K64 +816					760	水稻田
89	K65 +950	K65 +975	K65 +950	K65 +975					462.5	软土路基
90	K65 +975	K65 +989	K65 +975	K65 +989					128.25	软土路基

续上表

序号	统一里程		施工桩号		工程名称及数量					备注
	起	讫	起	讫	砂垫层(m^3)	土工格栅(m^3)	碎石桩(延米)	粉喷桩(延米)	碎石垫层(m^3)	
91	K66 +050	K66 +100	K66 +050	K66 +100					831.25	软土路基
92	K66 +090	K66 +100	K66 +090	K66 +100					128.25	软土路基
93	K64 +685	K64 +740	K64 +685	K64 +740					3047.2	水塘
94	K64 +816	K64 +841	K64 +816	K64 +841					750	水塘
95	K64 +841	K65 +060	K64 +841	K65 +060					5348.9	水塘
96	K65 +950	K65 +975	K65 +950	K65 +975					9146.1	水塘
97	K64 +860		K64 +860						106.31	电缆沟
98	K69 +885		K69 +885						524.48	电缆沟
99	K69 +890		K69 +890						877.2	电缆沟
100	EK0 +720		EK0 +720						136	电缆沟
101	K74 +035	K74 +107	K74 +035	K74 +107					2880	水塘
102	JK0 +825	JK0 +835	JK0 +825	JK0 +835					100	坟坑换填
103	JK0 +953.33	JK1 +003.33	JK0 +953.33	JK1 +003.33					1133.58	沟渠换填
104	JK1 +060	JK1 +110	JK1 +060	JK1 +110					2508.65	坟坑换填
105	JK1 +530	JK1 +543.71	JK1 +530	JK1 +543.71					321.16	沟渠换填
106	JK1 +558	JK1 +580	JK1 +558	JK1 +580					54.93	沟渠换填
107	JK1 +895	JK1 +925.21	JK1 +895	JK1 +925.21					579.96	沟渠换填
108	JK2 +677	JK2 +700	JK2 +677	JK2 +700					575.69	坟坑换填

续上表

序号	统一里程		施工桩号		工程名称及数量					备注
	起	讫	起	讫	砂垫层(m^3)	土工格栅(m^3)	碎石桩(延米)	粉喷桩(延米)	碎石垫层(m^3)	
109	JK2 +740	JK2 +750	JK2 +740	JK2 +750					351.26	坟坑换填
110	JK2 +750	JK2 +775	JK2 +750	JK2 +775					1002.9	坟坑换填
111	JK3 +315	JK3 +448	JK3 +315	JK3 +448					1675.8	路槽软基换填
112	JK4 +445	JK4 +465	JK4 +445	JK4 +465					282	坟坑换填
113	JK6 +750	JK6 +800	JK6 +750	JK6 +800					1813.4	坟坑换填
114	JK6 +250	JK6 +450	JK6 +250	JK6 +450					2400	路槽软基换填
115	JK6 +588.52	JK6 +618.52	JK6 +588.52	JK6 +618.52					444.96	芦庄中桥 CFG 桩软基换填
116	JK6 +661.48	JK6 +750	JK6 +661.48	JK6 +750					1382.33	芦庄中桥 CFG 桩软基换填
117	JK10 +225	JK10 +325	JK10 +225	JK10 +325					15600	水塘
118	JK12 +600	JK12 +650	JK12 +600	JK12 +650					3125	水塘
119	JK12 +735	JK12 +880	JK12 +735	JK12 +880					1044	水塘
120	JK13 +400	JK13 +510	JK13 +400	JK13 +510					15840	水塘
121	JK17 +070	JK17 +100	JK17 +070	JK17 +100					2315	水塘
122	JK21 +670	JK21 +750	JK21 +670	JK21 +750					28800	水塘
123	JK21 +900	JK21 +955	JK21 +900	JK21 +955					16500	水塘
124	JK21 +100	JK21 +146	JK21 +100	JK21 +146					1289.68	水塘
125	JK21 +235	JK21 +305	JK21 +235	JK21 +305					2494.1	水塘

负责人：　　　　　　　　　　填表人：

劳动力、主要材料、机械台班汇总一览表

表4

项目			单位	设计	竣工	与设计比较		备注
						增加	减少	
路线长度			km	98.106	98.546			
劳动力	生产		工日	24523803				
	非生产		工日	3489973.2				
	合计		工日	28013776.2	28447182			
主要机械	推土机		台班	102294	131101.2	28807.2		
	平地机		台班	580249.8	86590.8			
	压路机		台班	362979	441635.4	78656.4		
	摊铺机		台班	5535	5535	0		
	拌和机		台班	105890.4	105890.4	0		
	沥青拌和机		台班	6118.2	6265.8	147.6		
						0		
主要材料	钢材	普通钢筋	t	95002.2	112362.9	17360.7		
		高强钢筋	t			0		
		型钢	t		0			
	水泥	325 水泥	t		141395	141395		
		425 水泥	t		219568	219568		
		强度等级水泥	t		360963	360963		
	木材	圆木	m^3	21474	21808.8	334.8		
		锯材	m^3	21470	22107.6	637.6		
						0		
	沥青		t	82427.4	71676		10751.4	
	炸药		t	2248.56				
	汽油		t	2581.2				
	柴油		t	119358				
	砂石料		t	5245639				
	粉煤灰		t	3210733.8	1188520.2			
	石灰		t					

用 地 情 况 一 览 表

表5

序号	土地使用权证编号	地理位置(座落)	取 得 日 期	实 际 用 途	使用面积（m^3）	使用面积（亩）	竣工决算值（元）	备 注
1	宛龙国用(10)字第11048号	南阳市卧龙区安皋镇谢庄乡龙兴乡	2010年12月	公路用地	1545654.00	2318.48	93756241.25	
1	召国用(2010)第00273号	南召县翟庄乡回龙沟村	2010年9月	公路用地	319997.36	480.00	13410391.77	
2	召国用(2010)第00274号	南召县翟庄乡回龙沟村、曹村	2010年9月	公路用地	152132.96	228.20	9228077.24	
3	召国用(2010)第00275号	南召县翟庄乡曹村	2010年9月	公路用地	136943.13	205.41	8306692.92	
4	召国用(2010)第00276号	南召县翟庄、城郊、城关、南河店等6乡镇	2010年9月	公路用地	1828373.79	2742.56	110905451.13	
5	召国用(2010)第00277号	南召县石门乡玉皇阁村	2010年9月	公路用地	2059.17	3.09	124905.08	
6	召国用(2010)第00278号	南召县南河店镇申沟村	2010年9月	商服用地	3874.10	5.81	234995.06	
7	召国用(2010)第00279号	南召县南河店镇申沟村、白土岗镇河南村	2010年9月	商服用地	3899.50	5.85	236535.77	
8	宛市土国用(2011)第00019号	镇平县遮山镇、彭营乡	2011年1月	公路用地	884594.00	1326.89	53657680.49	
9	宛市土国用(2011)第00062号	卧龙区谢庄乡、蒲山镇、安皋镇、七里园乡	2011年3月	公路用地	1130910.00	1696.37	68598710.19	
10	宛市土国用(2011)第00106号	宛城区新店乡、汉冶街道办事处	2011年3月	公路用地	446291.00	669.44	27071108.19	
11	未办理	南阳北服务区		商服用地	15866.67	23.80	962439.87	
12	未办理			公路用地	136280.07	204.42	3266468.79	
合计					6606875.75	9910.31	400759697.75	

交付单位 盖 章　　2014年11月13日　　　　接收单位 盖 章　　年　月　日

统一里程与施工桩号对照及断链一览表

表 6

序号	统一里程	施工桩号	断链桩号	长度（m）	断链（m）		备注
					长	短	
No. 1	LK0 +849.907 ~ LK2 +197.597	LK0 +849.907 ~ LK2 +197.597	0	1347.69			
No. 1	RK0 +854.646 ~ RK2 +195.978	RK0 +854.646 ~ RK2 +195.978	0	1341.332			
No. 1	K2 +197.597 ~ K3 +950	K2 +197.597 ~ K3 +950	0	1752.403			
No. 2	K3 +950 ~ K5 +920	K3 +950 ~ K5 +920	0	1970			
No. 2	LK5 +920 ~ LK7 +035	LK5 +920 ~ LK7 +035	0	1115			
No. 2	RK5 +920 ~ RK6 +965	RK5 +920 ~ RK6 +965	0	1045			
No. 3	LK7 +035 ~ LK9 +900	LK7 +035 ~ LK9 +900	0	2865			
No. 3	RK6 +965 ~ RK9 +900	RK6 +965 ~ RK9 +900	0	2935			
No. 4	LK9 +900 ~ LK13 +100	LK9 +900 ~ LK13 +100	0	3200			
No. 4	RK9 +900 ~ RK13 +130	RK9 +900 ~ RK13 +130	0	3230			
No. 5	LK13 +100 ~ LK13 +600	LK13 +100 ~ LK13 +600	0	500			
No. 5	RK13 +130 ~ RK13 +611.988	RK13 +130 ~ RK13 +611.988	0	481.988			
No. 5	K13 +600 ~ K16 +340	K13 +600 ~ K16 +340	0	2740			
No. 6	K16 +340 ~ K19 +000	K16 +340 ~ K19 +000	0	2660			
No. 7	K19 +000 ~ K22 +400	K19 +000 ~ K22 +400	0	3400			
No. 8	K22 +400 ~ K25 +390	K22 +400 ~ K25 +390	0	2990			
No. 9	K25 +390 ~ K28 +675	K25 +390 ~ K28 +675	0	3285			
No. 10	K28 +675 ~ K32 +400	K28 +675 ~ K32 +400	0	3725			

续上表

序　号	统一里程	施工桩号	断链桩号	长　度（m）	断　链　（m）		备　注
					长	短	
No. 11	K32 +400 ~ K37 +100	K32 +400 ~ K37 +100	K37 +028.299 = K36 +635.956	5092.343	392.343		
No. 12	K37 +100 ~ K42 +400	K37 +100 ~ K42 +400	0	5300			
No. 13	K42 +400 ~ K47 +900	K42 +400 ~ K47 +900	0	5500			
No. 14	K47 +900 ~ K53 +200	K47 +900 ~ K53 +200	0	5300			
No. 15	K53 +200 ~ K58 +700	K53 +200 ~ K58 +700	0	5500			
No. 16	K58 +700 ~ K64 +400	K58 +700 ~ K64 +400	0	5700			
No. 17	K64 +400 ~ K70 +135	K64 +400 ~ K70 +135	0	5735			
No. 18	K70 +135 ~ K74 +756.555	K70 +135 ~ K74 +756.555	0	4621.555			
No. 19	JK0 +702 ~ JK6 +900	JK0 +702 ~ JK6 +900	0	6198			
No. 20	JK6 +900 ~ JK13 +400	JK6 +900 ~ JK13 +400	0	6500			
No. 21	JK13 +400 ~ JK18 +400	JK13 +400 ~ JK18 +400	0	5000			
No. 22	JK18 +400 ~ JK24 +247.172	JK18 +400 ~ JK24 +247.172	0	5847.172			

直线、曲线及转角点一览表

表 7

序 号	交点(JD) 编号 No.	交点(JD) 统一里程	转角 a 左 Z	转角 a 右 Y	曲线 半径 R (m)	缓和曲线长度 L (m)	切线长 T (m)	曲线长 L (m)	外距 E (m)	第一缓和曲线起点 ZH	园曲线起点或第一缓和曲线终点 HY(ZY)	曲线中点 QZ	园曲线终点或第二缓和曲线终点 ZY(HY)	第二缓和曲线起点 HZ	直线长度 (m)	备 注
起点	1	LK0 + 082. 244													39. 518	
交点 1	2	LK0 + 512. 115	35°46′50. 9″		950	324. 676	776. 377	755. 607	49. 486	LK0 + 121. 762	LK0 + 288. 851	LK0 + 504. 317	LK0 + 719. 782	LK0 + 877. 368	0	
交点 2	3	LK1 + 236. 853		34°58′25. 1″	950	240	718. 968	699. 884	46. 692	LK0 + 877. 368	LK0 + 997. 368	LK1 + 227. 311	LK1 + 457. 253	LK1 + 577. 253	0	
交点 3	4	LK1 + 799. 458	22°37′16. 6″		760	280	444. 410	440. 060	16. 148	LK1 + 577. 253	LK1 + 717. 253	LK1 + 797. 283	LK1 + 877. 313	LK2 + 017. 313	0	
交点 4	5	LK2 + 157. 939		13°35′29. 5″	760	200	281. 252	280. 285	5. 929	LK2 + 017. 313	LK2 + 117. 313	LK2 + 157. 455	LK2 + 197. 598	K2 + 297. 598	0	LK2 + 197. 597 = K2 + 197. 597
交点 5	6	K2 + 510. 285	23°55′17. 2″		720	240	425. 376	420. 606	16. 83	K2 + 297. 598	K2 + 417. 598	K2 + 507. 901	K2 + 598. 204	K2 + 718. 204	0	
交点 6	7	K2 + 887. 235		15°30′33. 0″	800	240	338. 062	336. 549	8. 14	K2 + 718. 204	K2 + 838. 204	K2 + 886. 478	K2 + 934. 753	K3 + 054. 753	0	
交点 7	8	K3 + 300. 351	21°17′19. 3″		880	320	491. 196	486. 971	16. 641	K3 + 054. 753	K3 + 214. 753	K3 + 298. 239	K3 + 381. 724	K3 + 541. 724	0	
交点 8	9	K3 + 808. 934		30°35′34. 3″	720	280	534. 200	524. 441	27. 619	K3 + 541. 724	K3 + 681. 724	K3 + 803. 945	K3 + 926. 165	K4 + 066. 165	0	LK5 + 920 = K5 + 920
交点 9	10	K4 + 370. 763	24°16′07. 0″		950	400. 000	609. 194	602. 388	23. 504	K4 + 066. 165	K4 + 266. 165	K4 + 367. 360	K4 + 468. 554	K4 + 668. 554	0	
交点 10	11	K4 + 921. 776		30°0′47. 7″	720	240. 000	506. 444	497. 157	26. 284	K4 + 668. 554	K4 + 788. 554	K4 + 917. 132	K5 + 045. 711	K5 + 165. 711	0	
交点 11	12	K5 + 348. 797	19°22′56. 3″		720	240. 000	366. 172	363. 565	11. 269	K5 + 165. 711	K5 + 285. 711	K5 + 347. 494	K5 + 409. 276	K5 + 529. 276	0	
交点 12	13	K5 + 783. 340		26°31′25. 1″	780	280. 000	508. 126	501. 081	22. 446	K5 + 529. 276	K5 + 669. 276	K5 + 779. 817	K5 + 890. 358	LK6 + 030. 358	212. 991	
交点 13	14	LK6 + 688. 283	56°12′26. 0″		720	240. 000	889. 868	826. 321	97. 181	LK6 + 243. 349	LK6 + 363. 349	LK6 + 656. 509	LK6 + 949. 670	LK7 + 069. 670	732. 98	
交点 14	15	LK8 + 132. 119		32°21′54. 5″	900	272. 222	658. 938	644. 502	38. 023	LK7 + 802. 650	LK7 + 938. 761	LK8 + 124. 901	LK8 + 311. 041	LK8 + 447. 152	156. 836	
交点 15	16	LK8 + 977. 752	50°7′41. 3″		650	276. 924	747. 528	707. 147	68. 926	LK8 + 603. 988	LK8 + 742. 449	LK8 + 957. 561	LK9 + 172. 673	LK9 + 311. 135	918. 319	
交点 16	17	LK10 + 937. 144		43°24′59. 6″	1500	440. 000	1415. 378	1356. 644	115. 949	LK10 + 229. 454	LK10 + 449. 454	LK10 + 907. 776	LK11 + 366. 098	LK11 + 586. 098	0	
交点 17	18	LK11 + 876. 195	10°0′07. 4″		2000	460. 000	580. 196	579. 138	8. 749	LK11 + 586. 098	LK11 + 816. 098	LK11 + 875. 667	LK11 + 935. 236	LK12 + 165. 236	790. 057	
交点 18	19	LK13 + 270. 720	21°46′50. 9″		1200	337. 500	630. 854	624. 927	23. 015	LK12 + 955. 293	LK13 + 124. 043	LK13 + 267. 757	LK13 + 411. 470	LK13 + 580. 220	1100. 519	
交点 19	20	K15 + 468. 783		36°55′15. 6″	2000	480. 000	1576. 088	1528. 786	109. 764	K14 + 680. 739	K14 + 920. 739	K15 + 445. 132	K15 + 969. 524	K16 + 209. 524	0	LK13 + 600 = K13 + 600
交点 20	21	K16 + 850. 653	29°11′34. 8″		1984. 447	496. 112	1282. 258	1259. 16	67. 52	K16 + 209. 524	K16 + 457. 580	K16 + 839. 105	K17 + 220. 629	K17 + 468. 685	0	
交点 21	22	K18 + 140. 877		21°3′27. 1″	2783. 361	618. 524	1344. 384	1332. 212	49. 121	K17 + 468. 685	K17 + 777. 947	K18 + 134. 791	K18 + 491. 634	K18 + 800. 897	1097. 814	
交点 22	23	K20 + 428. 241	18°39′41. 1″		2400	540	1059. 060	1051. 687	33. 463	K19 + 898. 711	K20 + 168. 711	K20 + 424. 555	K20 + 680. 399	K20 + 950. 399	0	

续上表

序号	交点(JD)		转角 a		曲线										直线长度(m)	备注
	编号 No.	统一里程	左 Z	右 Y	半径 R (m)	缓和曲线长度 L (m)	切线长 T (m)	曲线长 L (m)	外距 E (m)	第一缓和曲线起点 ZH	园曲线起点或第一缓和曲线终点 HY(ZY)	曲线中点 QZ	园曲线终点或第二缓和曲线终点 ZY(HY)	第二缓和曲线起点 HZ		
交点 23	24	K21 +783.350		29°38′43.7″	23[illegible]8.009	822.226	1665.904	1636.347	84.591	K20 +950.399	K21 +361.511	K21 +768.572	K22 +175.633	K22 +586.745	0	
交点 24	25	K25 +271.748	21°1′41.9″		4500	0	1670.348	1651.556	76.846		K24 +436.574	K25 +262.352	K26 +088.131		1849.829	
交点 25	26	K27 +935.859	9°51′40.6″		5400	0	931.708	929.406	20.057		K27 +470.006	K27 +934.709	K28 +399.412		1381.875	
交点 26	27	K30 +029.541	25°16′20.7″		4000	0	1793.522	1764.349	99.29		K29 +132.780	K30 +014.955	K30 +897.129		733.368	
交点 27	28	K33 +402.582		9°55′53.1″	5000	0	1042.630	1040.019	22.605		K32 +881.266	K33 +401.276	K33 +921.285		1984.138	
交点 28	29	K36 +269.876		15°16′04.4″	5726.405	0	1535.036	1525.941	51.207		K35 +502.359	K36 +265.329	K36 +635.9572		1581.073	长链 K37 +028.299 = K36 +635.956
交点 29	30	K37 +489.9002	23°29′12.7″		3570.543	446.318	1707.888	1686.807	76.927	K36 +635.9572	K36 +859.1162	K37 +479.3602	K38 +099.6042	K38 +322.7632	0	
交点 30	31	K39 +365.2502		21°20′38.4″	5582.023	0	2084.974	2060.806	97.369		K38 +322.7632	K39 +353.1662	K40 +383.5692		0	
交点 31	32	K41 +634.0522		12°41′58.4″	5500	0	1224.082	1219.067	33.949		K41 +022.0112	K41 +631.5442	K42 +241.0782		638.441	
交点 32	33	K43 +494.4752	16°6′01.4″		5500	0	1555.780	1545.53	54.738		K42 +716.5842	K43 +489.3492	K44 +262.1142		475.507	
交点 33	34	K45 +615.5852		22°30′08.2″	4000	600	1891.824	1870.956	79.337	K44 +669.6732	K44 +969.6732	K45 +605.1512	K46 +240.6292	K46 +540.6292	407.559	
交点 34	35	K47 +380.1732	20°13′04.0″		3856.675	600	1679.088	1664.421	61.958	K46 +540.6292	K46 +840.6292	K47 +372.8392	K47 +905.0502	K48 +205.0502	0	
交点 35	36	K49 +386.8932		14°13′50.4″	5500	0	1373.114	1366.047	42.685		K48 +700.3362	K49 +383.3602	K50 +066.3832		495.286	
交点 36	37	K51 +406.9802	12°33′57.0″		5500	0	1211.094	1206.235	33.235		K50 +801.4342	K51 +404.5512	K52 +007.6682		735.05	
交点 37	38	K54 +760.3762		21°59′06.3″	6500	0	2525.184	2494.125	121.491		K53 +497.7832	K54 +744.8462	K55 +991.9092		1490.115	
交点 38	39	K58 +113.5992		19°15′19.8″	6096.733	0	2068.444	2048.94	87.098		K57 +079.3762	K58 +103.8462	K59 +128.3162		1087.468	
交点 39	40	K60 +004.6462	16°37′09.0″		6000	0	1752.660	1740.354	63.658		K59 +128.3162	K59 +998.4932	K60 +868.6702		0	
交点 40	41	K62 +464.9372	14°23′26.3″		6100	0	1540.206	1532.101	48.419		K61 +694.8332	K62 +460.8842	K63 +226.9352		826.163	
交点 41	42	K65 +250.3612		9°34′08.1″	8600	0	1439.624	1436.276	30.071		K64 +530.5492	K65 +248.6882	K65 +966.8262		1303.615	
交点 42	43	K69 +309.6562	29°25′38.0″		6000	0	3151.188	3081.611	203.426		K67 +734.0622	K69 +274.8682	K70 +815.6732		1767.237	
交点 43	44	K72 +800.2142		21°12′10.6″	5700	0	2133.756	2109.349	98.985		K71 +733.3362	K72 +788.0112	K73 +842.6852		917.663	
终点	45	K74 +756.5552													913.870	

每公里土石方数量一览表

表8

序号	统一里程		施工桩号		长度(m)	土石方数量(m^3)		备注
	起	讫	起	讫		挖方	填方	
1	LK1+295	LK2+100.5	LK1+295	LK2+100.5	806	24184	1100	
2	LK2+100.5	K3+008	LK2+100.5	K3+008	908	120211	116445	
3	K3+008	K3+950	K3+008	K3+950	942	151865	23880	
4	RK1+285	RK2+003	RK1+285	RK2+003	718	24489	18198	
5	RK2+003	RK2+196	RK2+003	RK2+196	193	29196	6047	
6	LK7+035	LK8+086	LK7+035	LK8+086	1051	6079	2266	
7	LK8+086	LK9+224.2	LK8+086	LK9+224.2	1138	105151	6902	
8	LK9+224.2	LK10+008	LK9+224.2	LK10+008	784	136165	778	
9	RK6+971	RK7+595	RK6+971	RK7+595	624	651		
10	RK7+595	RK8+095	RK7+595	RK8+095	500	3676	2198	
11	RK8+095	RK9+279	RK8+095	RK9+279	1184	48442	1065	
12	RK9+279	RK9+900	RK9+279	RK9+900	721	50549	2714	
13	LK10+008	LK11+000	LK10+008	LK11+000	992	35785	56196	
14	LK11+000	LK12+305	LK11+000	LK12+305	1305	53854	18393	
15	LK12+305	LK13+100	LK12+305	LK13+100	795.5	59388	112745	
16	RK10+000	RK11+000	RK10+000	RK11+000	1000	39492	51294	
17	RK11+000	RK12+315	RK11+000	RK12+315	1315	35910	51358	
18	RK12+315	RK13+130	RK12+315	RK13+130	815	6950	19712	
19	K13+100	K14+000	K13+100	K14+000	900	241585	95205	
20	K14+000	K15+000	K14+000	K15+000	1000	209737	49046	
21	K15+000	K16+000	K15+000	K16+000	1000	299541	48649	
22	K16+000	K17+000	K16+000	K17+000	1000	163654	94823	
23	K17+000	K18+413.5	K17+000	K18+413.5	1414	100329	2611	
24	K18+413.5	K19+000	K18+413.5	K19+000	587	301004	25079	
25	K19+000	K20+655.9	K19+000	K20+655.9	1656	6369	56405	
26	K20+655.9	K21+000	K20+655.9	K21+000	344	52963	16	
27	K21+000	K22+000	K21+000	K22+000	1000	95926	119616	
28	K22+000	K22+400	K22+000	K22+400	400	112167	1044	
29	K22+400	K23+682	K22+400	K23+682	1282	44172	338	
30	K23+682	K24+000	K23+682	K24+000	318	101061	883	
31	K24+000	K25+000	K24+000	K25+000	1000	186619	6054	
32	K25+000	K25+390	K25+000	K25+390	390	27521	20801	
33	K25+390	K27+000	K25+390	K27+000	1574	128741	9319	
34	南召停车区		南召停车区			83845	102796	
35	K27+000	K28+000	K27+000	K28+000	1000	90468	21421	
36	K28+000	K28+675	K28+000	K28+675	675	19195	30698	
37	K28+675	K29+338.2	K28+675	K29+338.2	663		5837	

续上表

序号	统一里程		施工桩号		长度(m)	土石方数量(m³)		备注
	起	讫	起	讫		挖方	填方	
38	K29 +338.2	K30 +000	K29 +338.2	K30 +000	662	176162	44241	
39	K30 +000	K31 +765.5	K30 +000	K31 +765.5	1766	152767	95057	
40	K31 +765.5	K32 +000	K31 +765.5	K32 +000	235	159744	79	
41	K32 +000	K32 +400	K32 +000	K32 +400	400	95109	12336	
42	K37 +100	K38 +009	K37 +100	K38 +009	909	138516	22622	
43	K38 +009	K39 +262	K38 +009	K39 +262	1253	289716	38236	
44	K39 +262	K40 +000	K39 +262	K40 +000	738	87012	22725	
45	K40 +000	K41 +111	K40 +000	K41 +111	1111	54201	83035	
46	K41 +111	K42 +000	K41 +111	K42 +000	889	89582	30249	
47	K42 +000	K43 +000	K42 +000	K43 +000	1000	145732	39713	
48	K43 +000	K44 +149.5	K43 +000	K44 +149.5	1150	5627	129887	
49	K44 +149.5	K45 +000	K44 +149.5	K45 +000	851	131268	99300	
50	K45 +000	K46 +000	K45 +000	K46 +000	1000	109712	64025	
51	K46 +000	K47 +007	K46 +000	K47 +007	1007	81606	52369	
52	K47 +007	K48 +001	K47 +007	K48 +001	994	77074	81090	
53	K49 +000	K48 +001	K49 +000	K48 +001	999	85060	43970	
54	K49 +000	K50 +000	K49 +000	K50 +000	1000	56354	82071	
55	K50 +000	K51 +000	K50 +000	K51 +000	1000	64459	23189	
56	K51 +000	K52 +705	K51 +000	K52 +705	1705	29529	46129	
57	K53 +000	K52 +705	K53 +000	K52 +705	295	528	24241	
58	K53 +000	K54 +000	K53 +000	K54 +000	1000	3189	80471	
59	K54 +000	K55 +000	K54 +000	K55 +000	1000	2992	155918	
60	K55 +000	K56 +000	K55 +000	K56 +000	1000	3625	136013	
61	K56 +000	K57 +000	K56 +000	K57 +000	1000	2948	97451	
62	K57 +000	K58 +000	K57 +000	K58 +000	1000	27866	52744	
63	K58 +000	K58 +700	K58 +000	K58 +700	700	2382	100590	
64	K58 +700	K61 +760	K58 +700	K61 +760	3060	239	25687	
65	K61 +760	K62 +000	K61 +760	K62 +000	240	1364	5783	
66	K62 +000	K63 +000	K62 +000	K63 +000	1000	1239	119071	
67	K63 +000	K64 +000	K63 +000	K64 +000	1000	2020	129397	
68	K64 +000	K65 +001.7	K64 +000	K65 +001.7	1001.7	926	100064	
69	K65 +001.7	K66 +001.158	K65 +001.7	K66 +001.158	999.458	2881	108923	
70	K66 +001.158	K67 +001.158	K66 +001.158	K67 +001.158	1000	4626	71683	
71	K67 +001.158	K68 +001.158	K67 +001.158	K68 +001.158	1000	135481	9158	
72	K68 +001.158	K70 +135	K68 +001.158	K70 +135	2133.842	175511	12710	
73	K70 +135	K71 +001.158	K70 +135	K71 +001.158	866.158	130799	51325	
74	K71 +001.158	K72 +023.521	K71 +001.158	K72 +023.521	1022	54996	72934	

续上表

序号	统一里程		施工桩号		长度(m)	土石方数量(m^3)		备注
	起	讫	起	讫		挖方	填方	
75	K72+023.521	K73+023.521	K72+023.521	K73+023.521	1000	56723	19640	
76	K73+023.521	K73+680	K73+023.521	K73+680	656	66113	17876	
77	JK0+702	JK1+000	JK0+702	JK1+000	298	1727	27234	
78	JK1+000	JK2+000	JK1+000	JK2+000	1000	31503	114113	
79	JK2+000	JK3+000	JK2+000	JK3+000	1000	22801	33464	
80	JK3+000	JK4+000	JK3+000	JK4+000	1000	124626	46490	
81	JK4+000	JK5+000	JK4+000	JK5+000	1000	15441	83291	
82	JK5+000	JK6+000	JK5+000	JK6+000	1000	82230	46306	
83	JK6+000	JK7+000	JK6+000	JK7+000	1000	43152	58479	
84	JK7+000	JK8+000	JK7+000	JK8+000	1000	31503	53410	
85	JK8+000	JK9+001.5	JK8+000	JK9+001.5	1001.5	79170	35386	
86	JK9+001.5	JK10+000	JK9+001.5	JK10+000	998.5	100514	45604	
87	JK10+000	JK11+020.3	JK10+000	JK11+020.3	1020.3	54575	58346	
88	JK11+020.3	JK12+001.2	JK11+020.3	JK12+001.2	980.9	5759	133996	
89	JK12+001.2	JK13+000	JK12+001.2	JK13+000	998.8	3179	156617	
90	JK13+000	JK13+400	JK13+000	JK13+400	1000	2560	53716	
91	JK13+400	JK15+360	JK13+400	JK15+360	1960	970	41193	
92	JK15+360	JK16+000	JK15+360	JK16+000	640	2765	88614	
93	JK16+000	JK17+000	JK16+000	JK17+000	1000	4799	130417	
94	JK17+000	JK18+300	JK17+000	JK18+300	1300	129	18568	
95	JK18+300	JK18+400	JK18+300	JK18+400	100	433	17037	
96	JK20+000	JK21+000	JK20+000	JK21+000	1000	6253	192945	
97	JK21+000	JK22+000	JK21+000	JK22+000	1000	3734	215698	
98	JK22+000	JK23+000	JK22+000	JK23+000	1000	4703	137060	
99	JK23+000	JK23+565.1	JK23+000	JK23+565.102	565.102	2916	63931	

负责人：　　　　　　　　　　填表人：

表9

路基边坡加固工程一览表

序号	统一里程		施工桩号		位置	加固类型	单位	数量	备注
	起	讫	起	讫					
1	LK7 +505	LK7 +510	LK7 +505	LK7 +510	左侧	窗口式护面墙	m	5	
2	LK8 +100	LK8 +112	LK8 +100	LK8 +112	左侧	窗口式护面墙	m	12	
3	LK8 +130	LK8 +160	LK8 +130	LK8 +160	左侧	窗口式护面墙	m	30	
4	LK8 +180	LK8 +195	LK8 +180	LK8 +195	左侧	窗口式护面墙	m	15	
5	LK8 +535	LK8 +575	LK8 +535	LK8 +575	左侧	窗口式护面墙	m	40	
6	LK8 +620	LK8 +630	LK8 +620	LK8 +630	左侧	窗口式护面墙	m	10	
7	LK8 +630	LK8 +660	LK8 +630	LK8 +660	左侧	锚杆框架支护	m	30	
8	LK8 +660	LK8 +680	LK8 +660	LK8 +680	左侧	锚杆框架支护	m	20	
9	LK8 +680	LK8 +730	LK8 +680	LK8 +730	左侧	锚杆框架支护	m	50	
10	LK8 +730	LK8 +850	LK8 +730	LK8 +850	左侧	锚杆框架支护	m	120	
11	LK7 +505	LK7 +550	LK7 +505	LK7 +550	右侧	锚杆框架支护	m	45	
12	RK6 +965	RK6 +975	RK6 +965	RK6 +975	左侧	窗口式护面墙	m	10	
13	RK7 +595	RK7 +603	RK7 +595	RK7 +603	左侧	窗口式护面墙	m	8	
14	RK8 +105	RK8 +120	RK8 +105	RK8 +120	左侧	窗口式护面墙	m	15	
15	RK8 +160	RK8 +180	RK8 +160	RK8 +180	左侧	窗口式护面墙	m	20	
16	RK8 +620	RK8 +870	RK8 +620	RK8 +870	左侧	窗口式护面墙	m	250	
17	RK6 +965	RK6 +975	RK6 +965	RK6 +975	右侧	窗口式护面墙	m	10	
18	RK7 +595	RK7 +603	RK7 +595	RK7 +603	右侧	窗口式护面墙	m	8	
19	RK7 +823	RK7 +875	RK7 +823	RK7 +875	右侧	窗口式护面墙	m	52	
20	RK8 +105	RK8 +125	RK8 +105	RK8 +125	右侧	窗口式护面墙	m	20	
21	RK8 +630	RK8 +660	RK8 +630	RK8 +660	右侧	窗口式护面墙	m	30	
22	RK8 +680	RK8 +705	RK8 +680	RK8 +705	右侧	窗口式护面墙	m	25	
23	RK8 +740	RK8 +785	RK8 +740	RK8 +785	右侧	窗口式护面墙	m	45	

续上表

序号	统一里程		施工桩号		位置	加固类型	单位	数量	备注
	起	讫	起	讫					
24	RK10 +616	RK10 +672	RK10 +616	RK10 +672	右侧	人字形骨架防护	m	56	
25	LK10 +800	LK10 +821	LK10 +800	LK10 +821	右侧	人字形骨架防护	m	21	
26	RK10 +830	RK10 +845	RK10 +830	RK10 +845	右侧	人字形骨架防护	m	15	
27	RK12 +410	RK12 +450	RK12 +410	RK12 +450	右侧	人字形骨架防护	m	40	
28	RK12 +610	RK12 +635	RK12 +610	RK12 +635	右侧	人字形骨架防护	m	25	
29	LK12 +670	LK12 +730	LK12 +670	LK12 +730	左侧	人字形骨架防护	m	60	
30	LK12 +460	LK12 +700	LK12 +460	LK12 +700	左侧	人字形骨架防护	m	240	
31	LK12 +650	LK12 +760	LK12 +650	LK12 +760	右侧	人字形骨架防护	m	110	
32	K16 +580	K16 +810	K16 +580	K16 +810	左侧	拱形骨架防护	m	230	
33	K16 +900	K16 +950	K16 +900	K16 +950	左侧	拱形骨架防护	m	50	
34	K17 +030	K17 +051	K17 +030	K17 +051	左侧	拱形骨架防护	m	21	
35	K18 +505	K18 +550	K18 +505	K18 +550	左侧	拱形骨架防护	m	45	
36	K16 +560	K16 +585	K16 +560	K16 +585	右侧	拱形骨架防护	m	25	
37	K16 +585	K16 +690	K16 +585	K16 +690	右侧	拱形骨架防护	m	105	
38	K16 +690	K16 +735	K16 +690	K16 +735	右侧	拱形骨架防护	m	45	
39	K18 +419	K18 +435	K18 +419	K18 +435	右侧	拱形骨架防护	m	16	
40	K18 +530	K18 +555	K18 +530	K18 +555	右侧	拱形骨架防护	m	25	
41	K18 +930	K18 +945	K18 +930	K18 +945	右侧	拱形骨架防护	m	15	
42	K18 +945	K19 +000	K18 +945	K19 +000	右侧	拱形骨架防护	m	55	
43	K16 +340	K16 +500	K16 +340	K16 +500	左侧	挂网喷混	m	160	
44	K16 +340	K16 +527	K16 +340	K16 +527	右侧	挂网喷混	m	187	
45	K16 +953	K17 +035	K16 +953	K17 +035	左侧	挂网喷混	m	82	
46	K16 +906	K16 +936	K16 +906	K16 +936	右侧	挂网喷混	m	30	

续上表

序号	统一里程		施工桩号		位置	加固类型	单位	数量	备注
	起	讫	起	讫					
47	K16 +975	K17 +086	K16 +975	K17 +086	右侧	挂网喷混	m	111	
48	K17 +123	K17 +190	K17 +123	K17 +190	左侧	挂网喷混	m	67	
49	K18 +440	K18 +483	K18 +440	K18 +483	右侧	挂网喷混	m	43	
50	K18 +740	K18 +760	K18 +740	K18 +760	右侧	挂网喷混	m	20	
51	K16 +340	K16 +480	K16 +340	K16 +480	左侧	挂网喷混	m	140	
52	K17 +086	K17 +250	K17 +086	K17 +250	左侧	挂网喷混	m	164	
53	K18 +700	K18 +920	K18 +700	K18 +920	左侧	挂网喷混	m	220	
54	K18 +590	K18 +920	K18 +590	K18 +920	右侧	挂网喷混	m	330	
55	K20 +880	K20 +980	K20 +880	K20 +980	右侧	浅锚杆	m	100	
56	K20 +900	K21 +020	K20 +900	K21 +020	右侧	浅锚杆	m	120	
57	K21 +870	K22 +130	K21 +870	K22 +130	右侧	浅锚杆	m	260	
58	K21 +900	K22 +080	K21 +900	K22 +080	右侧	浅锚杆	m	180	
59	K22 +330	K22 +400	K22 +330	K22 +400	右侧	浅锚杆	m	70	
60	K22 +330	K22 +400	K22 +330	K22 +400	右侧	浅锚杆	m	70	
61	K22 +340	K22 +400	K22 +340	K22 +400	右侧	浅锚杆	m	60	
62	K20 +460	K20 +660	K20 +460	K20 +660	左侧	浅锚杆	m	200	
63	K20 +470	K20 +650	K20 +470	K20 +650	左侧	浅锚杆	m	180	
64	K20 +900	K20 +960	K20 +900	K20 +960	左侧	浅锚杆	m	60	
65	K21 +900	K22 +020	K21 +900	K22 +020	左侧	浅锚杆	m	120	
66	K22 +340	K22 +400	K22 +340	K22 +400	左侧	浅锚杆	m	60	
67	K22 +350	K22 +400	K22 +350	K22 +400	左侧	浅锚杆	m	50	
68	K19 +000	K19 +070	K19 +000	K19 +070	左侧	人字形骨架防护	m	70	
69	K19 +000	K19 +070	K19 +000	K19 +070	右侧	人字形骨架防护	m	70	

续上表

序号	统一里程		施工桩号		位置	加固类型	单位	数量	备注
	起	讫	起	讫					
70	K20 +630	K20 +646	K20 +630	K20 +646	右侧	人字形骨架防护	m	16	
71	K21 +020	K21 +103	K21 +020	K21 +103	左侧	人字形骨架防护	m	83	
72	K21 +138	K21 +417	K21 +138	K21 +417	左侧	人字形骨架防护	m	279	
73	K21 +590	K21 +648	K21 +590	K21 +648	左侧	人字形骨架防护	m	58	
74	K24 +010	K24 +026	K24 +010	K24 +026	右侧	挂三维网喷混植草	m	16	
75	K24 +715	K24 +740	K24 +715	K24 +740	右侧	挂三维网喷混植草	m	25	
76	K24 +800	K24 +834	K24 +800	K24 +834	左侧	挂三维网喷混植草	m	34	
77	K24 +775	K24 +834	K24 +775	K24 +834	右侧	挂三维网喷混植草	m	59	
78	K24 +979	K24 +990	K24 +979	K24 +990	左侧	挂三维网喷混植草	m	11	
79	K25 +080	K25 +120	K25 +080	K25 +120	左侧	挂三维网喷混植草	m	40	
80	K25 +180	K25 +350	K25 +180	K25 +350	左侧	挂三维网喷混植草	m	170	
81	K25 +080	K25 +145	K25 +080	K25 +145	右侧	挂三维网喷混植草	m	65	
82	K25 +145	K25 +165	K25 +145	K25 +165	右侧	挂三维网喷混植草	m	20	
83	K25 +188	K25 +270	K25 +188	K25 +270	右侧	挂三维网喷混植草	m	82	
84	K25 +270	K25 +350	K25 +270	K25 +350	右侧	挂三维网喷混植草	m	80	
85	K23 +682	K23 +760	K23 +682	K23 +760	左侧	锚杆防护	m	78	
86	K23 +682	K23 +760	K23 +682	K23 +760	左侧	锚杆防护	m	78	
87	K23 +682	K23 +760	K23 +682	K23 +760	右侧	锚杆防护	m	78	
88	K23 +682	K23 +760	K23 +682	K23 +760	右侧	锚杆防护	m	78	
89	K23 +815	K23 +870	K23 +815	K23 +870	右侧	锚杆防护	m	55	
90	K23 +880	K24 +030	K23 +880	K24 +030	左侧	锚杆防护	m	150	
91	K23 +880	K24 +030	K23 +880	K24 +030	左侧	锚杆防护	m	150	
92	K23 +880	K24 +030	K23 +880	K24 +030	右侧	锚杆防护	m	150	

续上表

序号	统一里程		施工桩号		位置	加固类型	单位	数量	备注
	起	讫	起	讫					
93	K23 +880	K24 +030	K23 +880	K24 +030	右侧	锚杆防护	m	150	
94	K24 +400	K24 +535	K24 +400	K24 +535	左侧	锚杆防护	m	135	
95	K24 +520	K24 +680	K24 +520	K24 +680	左侧	锚杆防护	m	160	
96	K24 +414	K24 +530	K24 +414	K24 +530	左侧	锚杆防护	m	116	
97	K24 +500	K24 +650	K24 +500	K24 +650	左侧	锚杆防护	m	150	
98	K24 +420	K24 +510	K24 +420	K24 +510	左侧	锚杆防护	m	90	
99	K24 +436	K24 +500	K24 +436	K24 +500	右侧	锚杆防护	m	64	
100	K24 +436	K24 +500	K24 +436	K24 +500	右侧	锚杆防护	m	64	
101	南召停车区		南召停车区			拱形骨架防护	m	1108	
102	K28 +675	K28 +691	K28 +675	K28 +691	左侧	挂三维网植草	m	16	
103	K29 +345	K29 +370	K29 +345	K29 +370	左侧	挂三维网植草	m	25	
104	K29 +370	K29 +388	K29 +370	K29 +388	左侧	挂三维网植草	m	18	
105	K29 +450	K29 +475	K29 +450	K29 +475	左侧	挂三维网植草	m	25	
106	K29 +475	K29 +496	K29 +475	K29 +496	左侧	挂三维网植草	m	21	
107	K29 +514	K29 +542	K29 +514	K29 +542	左侧	挂三维网植草	m	28	
108	K29 +542	K29 +550	K29 +542	K29 +550	左侧	挂三维网植草	m	8	
109	K29 +730	K29 +743	K29 +730	K29 +743	左侧	挂三维网植草	m	13	
110	K29 +743	K29 +755	K29 +743	K29 +755	左侧	挂三维网植草	m	12	
111	K29 +755	K29 +783	K29 +755	K29 +783	左侧	挂三维网植草	m	28	
112	K29 +990	K30 +010	K29 +990	K30 +010	左侧	挂三维网植草	m	20	
113	K30 +010	K30 +025	K30 +010	K30 +025	左侧	挂三维网植草	m	15	
114	K30 +025	K30 +060	K30 +025	K30 +060	左侧	挂三维网植草	m	35	
115	K30 +060	K30 +092	K30 +060	K30 +092	左侧	挂三维网植草	m	32	

续上表

序号	统一里程		施工桩号		位置	加固类型	单位	数量	备注
	起	讫	起	讫					
116	K30 +290	K30 +325	K30 +290	K30 +325	左侧	挂三维网植草	m	35	
117	K30 +339	K30 +431	K30 +339	K30 +431	左侧	挂三维网植草	m	92	
118	K30 +445	K30 +504	K30 +445	K30 +504	左侧	挂三维网植草	m	59	
119	K30 +504	K30 +510	K30 +504	K30 +510	左侧	挂三维网植草	m	6	
120	K30 +780	K30 +790	K30 +780	K30 +790	左侧	挂三维网植草	m	10	
121	K30 +790	K30 +820	K30 +790	K30 +820	左侧	挂三维网植草	m	30	
122	K30 +820	K30 +879	K30 +820	K30 +879	左侧	挂三维网植草	m	59	
123	K32 +310	K32 +366	K32 +310	K32 +366	左侧	挂三维网植草	m	56	
124	K32 +366	K32 +400	K32 +366	K32 +400	左侧	挂三维网植草	m	34	
125	K28 +675	K28 +717	K28 +675	K28 +717	右侧	挂三维网植草	m	42	
126	K29 +345	K29 +370	K29 +345	K29 +370	右侧	挂三维网植草	m	25	
127	K29 +370	K29 +388	K29 +370	K29 +388	右侧	挂三维网植草	m	18	
128	K29 +455	K29 +475	K29 +455	K29 +475	右侧	挂三维网植草	m	20	
129	K29 +475	K29 +496	K29 +475	K29 +496	右侧	挂三维网植草	m	21	
130	K29 +514	K29 +542	K29 +514	K29 +542	右侧	挂三维网植草	m	28	
131	K29 +585	K29 +608	K29 +585	K29 +608	右侧	挂三维网植草	m	23	
132	K29 +608	K29 +625	K29 +608	K29 +625	右侧	挂三维网植草	m	17	
133	K29 +743	K29 +775	K29 +743	K29 +775	右侧	挂三维网植草	m	32	
134	K30 +110	K30 +125	K30 +110	K30 +125	右侧	挂三维网植草	m	15	
135	K30 +175	K30 +230	K30 +175	K30 +230	右侧	挂三维网植草	m	55	
136	K30 +230	K30 +262	K30 +230	K30 +262	右侧	挂三维网植草	m	32	
137	K30 +262	K30 +276	K30 +262	K30 +276	右侧	挂三维网植草	m	14	
138	K30 +290	K30 +390	K30 +290	K30 +390	右侧	挂三维网植草	m	100	

续上表

序号	统一里程		施工桩号		位置	加固类型	单位	数量	备注
	起	讫	起	讫					
139	K30 +430	K30 +550	K30 +430	K30 +550	右侧	挂三维网植草	m	120	
140	K30 +780	K30 +785	K30 +780	K30 +785	右侧	挂三维网植草	m	5	
141	K30 +785	K30 +820	K30 +785	K30 +820	右侧	挂三维网植草	m	35	
142	K30 +820	K30 +879	K30 +820	K30 +879	右侧	挂三维网植草	m	59	
143	K32 +290	K32 +400	K32 +290	K32 +400	右侧	挂三维网植草	m	110	
144	K29 +814	K29 +978	K29 +814	K29 +978	右侧	浅锚杆	m	164	
145	K29 +805	K29 +894	K29 +805	K29 +894	左侧	浅锚杆	m	89	
146	K30 +580	K30 +640	K30 +580	K30 +640	左侧	浅锚杆	m	60	
147	K30 +580	K30 +712	K30 +580	K30 +712	右侧	浅锚杆	m	132	
148	K31 +770	K31 +980	K31 +770	K31 +980	右侧	浅锚杆	m	210	
149	K29 +496	K29 +514	K29 +496	K29 +514	左侧	人字形骨架植草	m	18	
150	K29 +496	K29 +514	K29 +496	K29 +514	右侧	人字形骨架植草	m	18	
151	K30 +092	K30 +108	K30 +092	K30 +108	左侧	人字形骨架植草	m	16	
152	K30 +047	K30 +110	K30 +047	K30 +110	右侧	人字形骨架植草	m	63	
153	K30 +276	K30 +290	K30 +276	K30 +290	右侧	人字形骨架植草	m	14	
154	K30 +325	K30 +339	K30 +325	K30 +339	左侧	人字形骨架植草	m	14	
155	K30 +431	K30 +445	K30 +431	K30 +445	左侧	人字形骨架植草	m	14	
156	瓦踅互通式立交		瓦踅互通式立交			拱形骨架防护	m	1741	
157	K37 +100	K37 +106	K37 +100	K37 +106	左侧	人字形骨架防护	m	6	
158	K37 +106	K37 +140	K37 +106	K37 +140	左侧	人字形骨架防护	m	34	
159	K37 +140	K37 +150	K37 +140	K37 +150	左侧	人字形骨架防护	m	10	
160	K37 +248	K37 +283	K37 +248	K37 +283	左侧	拱形骨架防护	m	35	
161	K37 +283	K37 +295	K37 +283	K37 +295	左侧	拱形骨架防护	m	12	

续上表

序号	统一里程		施工桩号		位置	加固类型	单位	数量	备注
	起	讫	起	讫					
162	K38 +409	K38 +450	K38 +409	K38 +450	左侧	拱形骨架防护	m	41	
163	K39 +840	K39 +865	K39 +840	K39 +865	左侧	拱形骨架防护	m	25	
164	K40 +060	K40 +265	K40 +060	K40 +265	左侧	拱形骨架防护	m	205	
165	K40 +790	K40 +873	K40 +790	K40 +873	左侧	拱形骨架防护	m	83	
166	K41 +270	K41 +322	K41 +270	K41 +322	左侧	拱形骨架防护	m	52	
167	K42 +055	K42 +069	K42 +055	K42 +069	左侧	拱形骨架防护	m	14	
168	K42 +314	K42 +400	K42 +314	K42 +400	左侧	拱形骨架防护	m	86	
169	K37 +100	K37 +110	K37 +100	K37 +110	右侧	人字形骨架防护	m	10	
170	K38 +370	K38 +460	K38 +370	K38 +460	右侧	人字形骨架防护	m	90	
171	K38 +400	K38 +445	K38 +400	K38 +445	右侧	人字形骨架防护	m	45	
172	K38 +582	K38 +592	K38 +582	K38 +592	右侧	拱形骨架防护	m	10	
173	K38 +600	K38 +630	K38 +600	K38 +630	右侧	人字形骨架防护	m	30	
174	K39 +932	K40 +265	K39 +932	K40 +265	右侧	拱形骨架防护	m	333	
175	K41 +760	K41 +910	K41 +760	K41 +910	右侧	拱形骨架防护	m	150	
176	K42 +030	K42 +069	K42 +030	K42 +069	右侧	拱形骨架防护	m	39	
177	K42 +360	K42 +400	K42 +360	K42 +400	右侧	拱形骨架防护	m	40	
178	K37 +158	K37 +216	K37 +158	K37 +216	左侧	挂网喷混植草	m	58	
179	K37 +313	K37 +345	K37 +313	K37 +345	左侧	挂网喷混植草	m	32	
180	K37 +398	K37 +447	K37 +398	K37 +447	左侧	挂网喷混植草	m	49	
181	K37 +934	K37 +965	K37 +934	K37 +965	左侧	锚杆骨架 + 挂网喷混植草	m	31	
182	K37 +965	K38 +030	K37 +965	K38 +030	左侧	锚杆骨架 + 挂网喷混植草	m	65	
183	K38 +030	K38 +165	K38 +030	K38 +165	左侧	锚杆骨架 + 挂网喷混植草	m	135	
184	K38 +165	K38 +225	K38 +165	K38 +225	左侧	锚杆骨架 + 挂网喷混植草	m	60	

续上表

序号	统一里程		施工桩号		位置	加固类型	单位	数量	备注
	起	讫	起	讫					
185	K38 +225	K38 +250	K38 +225	K38 +250	左侧	挂网喷混植草	m	25	
186	K38 +354	K38 +388	K38 +354	K38 +388	左侧	挂网喷混植草	m	34	
187	K38 +464	K38 +474	K38 +464	K38 +474	左侧	挂网喷混植草	m	10	
188	K38 +474	K38 +506	K38 +474	K38 +506	左侧	挂网喷混植草	m	32	
189	K38 +506	K38 +537	K38 +506	K38 +537	左侧	挂网喷混植草	m	31	
190	K38 +638	K38 +703	K38 +638	K38 +703	左侧	挂网喷混植草	m	65	
191	K39 +310	K39 +397	K39 +310	K39 +397	左侧	挂网喷混植草	m	87	
192	K39 +471	K39 +555	K39 +471	K39 +555	左侧	挂网喷混植草	m	84	
193	K39 +555	K39 +628	K39 +555	K39 +628	左侧	挂网喷混植草	m	73	
194	K39 +628	K39 +687	K39 +628	K39 +687	左侧	挂网喷混植草	m	59	
195	K40 +453	K40 +531	K40 +453	K40 +531	左侧	挂网喷混植草	m	78	
196	K40 +531	K40 +600	K40 +531	K40 +600	左侧	挂网喷混植草	m	69	
197	K40 +683	K40 +739	K40 +683	K40 +739	左侧	挂网喷混植草	m	56	
198	K41 +150	K41 +220	K41 +150	K41 +220	左侧	挂网喷混植草	m	70	
199	K41 +339	K41 +402	K41 +339	K41 +402	左侧	挂网喷混植草	m	63	
200	K41 +527	K41 +577	K41 +527	K41 +577	左侧	挂网喷混植草	m	50	
201	K41 +930	K42 +010	K41 +930	K42 +010	左侧	挂网喷混植草	m	80	
202	K37 +158	K37 +241	K37 +158	K37 +241	右侧	挂网喷混植草	m	83	
203	K37 +289	K37 +331	K37 +289	K37 +331	右侧	挂网喷混植草	m	42	
204	K37 +934	K37 +955	K37 +934	K37 +955	右侧	锚杆骨架 + 挂网喷混植草	m	21	
205	K37 +955	K38 +035	K37 +955	K38 +035	右侧	锚杆骨架 + 挂网喷混植草	m	80	
206	K38 +035	K38 +053	K38 +035	K38 +053	右侧	锚杆骨架 + 挂网喷混植草	m	18	
207	K38 +053	K38 +140	K38 +053	K38 +140	右侧	锚杆骨架 + 挂网喷混植草	m	87	

续上表

序号	统一里程		施工桩号		位置	加固类型	单位	数量	备注
	起	讫	起	讫					
208	K38 +140	K38 +188	K38 +140	K38 +188	右侧	锚杆骨架 + 挂网喷混植草	m	48	
209	K38 +188	K38 +202	K38 +188	K38 +202	右侧	锚杆骨架 + 挂网喷混植草	m	14	
210	K38 +202	K38 +258	K38 +202	K38 +258	右侧	锚杆骨架 + 挂网喷混植草	m	56	
211	K38 +258	K38 +285	K38 +258	K38 +285	右侧	挂网喷混植草	m	27	
212	K38 +464	K38 +474	K38 +464	K38 +474	右侧	挂网喷混植草	m	10	
213	K38 +474	K38 +506	K38 +474	K38 +506	右侧	挂网喷混植草	m	32	
214	K38 +506	K38 +537	K38 +506	K38 +537	右侧	挂网喷混植草	m	31	
215	K38 +659	K38 +703	K38 +659	K38 +703	右侧	挂网喷混植草	m	44	
216	K39 +347	K39 +388	K39 +347	K39 +388	右侧	挂网喷混植草	m	41	
217	K39 +522	K39 +566	K39 +522	K39 +566	右侧	挂网喷混植草	m	44	
218	K39 +566	K39 +628	K39 +566	K39 +628	右侧	挂网喷混植草	m	62	
219	K40 +492	K40 +525	K40 +492	K40 +525	右侧	挂网喷混植草	m	33	
220	K40 +525	K40 +565	K40 +525	K40 +565	右侧	挂网喷混植草	m	40	
221	K40 +565	K40 +590	K40 +565	K40 +590	右侧	挂网喷混植草	m	25	
222	K40 +683	K40 +783	K40 +683	K40 +783	右侧	挂网喷混植草	m	100	
223	K41 +150	K41 +257	K41 +150	K41 +257	右侧	挂网喷混植草	m	107	
224	K41 +350	K41 +380	K41 +350	K41 +380	右侧	挂网喷混植草	m	30	
225	K41 +527	K41 +688	K41 +527	K41 +688	右侧	挂网喷混植草	m	161	
226	K48 +180	K48 +353	K48 +180	K48 +353	左侧	拱形骨架防护	m	173	
227	K48 +180	K48 +275	K48 +180	K48 +275	右侧	拱形骨架防护	m	95	
228	K49 +320	K49 +423	K49 +320	K49 +423	右侧	拱形骨架防护	m	103	
229	K49 +700	K49 +883	K49 +700	K49 +883	右侧	拱形骨架防护	m	183	
230	K49 +888	K50 +040	K49 +888	K50 +040	右侧	拱形骨架防护	m	152	

续上表

序号	统一里程		施工桩号		位置	加固类型	单位	数量	备注
	起	讫	起	讫					
231	K49+889	K49+960	K49+889	K49+960	左侧	拱形骨架防护	m	71	
232	K50+213	K50+330	K50+213	K50+330	右侧	拱形骨架防护	m	117	
233	K51+210	K51+280	K51+210	K51+280	左侧	拱形骨架防护	m	70	
234	K51+210	K51+290	K51+210	K51+290	右侧	拱形骨架防护	m	80	
235	K51+303	K51+410	K51+303	K51+410	左侧	拱形骨架防护	m	107	
236	K51+303	K51+410	K51+303	K51+410	右侧	拱形骨架防护	m	107	
237	K52+771	K53+050	K52+771.5	K53+050	左侧	拱形骨架防护	m	278.5	
238	K52+248	K52+330	K52+248	K52+330	右侧	拱形骨架防护	m	82	
239	K52+400	K52+486.3	K52+400	K52+486.3	右侧	拱形骨架防护	m	86.3	
240	K48+853 天桥引道		K48+853 天桥引道			拱形骨架防护	m		
241	K52+510 天桥引道		K52+510 天桥引道			拱形骨架防护	m		
242	K53+200	K53+270	K53+200	K53+270	左侧	三维网植草	m	70	
243	K53+270	K53+284	K53+270	K53+284	左侧	三维网植草	m	14	
244	K53+284	K53+311	K53+284	K53+311	左侧	三维网植草	m	27	
245	K53+311	K53+324	K53+311	K53+324	左侧	三维网植草	m	13	
246	K53+344	K53+675	K53+344	K53+675	左侧	三维网植草	m	331	
247	K53+700	K53+747	K53+700	K53+747	左侧	植草	m	47	
248	K53+769	K54+126	K53+769	K54+126	左侧	三维网植草	m	357	
249	K54+126	K54+250	K54+126	K54+250	左侧	三维网植草	m	124	
250	K54+250	K54+359	K54+250	K54+359	左侧	人字形骨架	m	109	
251	K54+469	K54+583	K54+469	K54+583	左侧	人字形骨架	m	114	
252	K54+583	K54+750	K54+583	K54+750	左侧	人字形骨架	m	167	
253	K54+750	K55+175	K54+750	K55+175	左侧	三维网植草	m	425	

续上表

序号	统一里程		施工桩号		位置	加固类型	单位	数量	备注
	起	讫	起	讫					
254	K55 +197	K55 +508	K55 +197	K55 +508	左侧	三维网植草	m	311	
255	K55 +533	K55 +764	K55 +533	K55 +764	左侧	三维网植草	m	231	
256	K55 +786	K55 +808	K55 +786	K55 +808	左侧	三维网植草	m	22	
257	K55 +808	K55 +848	K55 +808	K55 +848	左侧	三维网植草	m	40	
258	K55 +848	K56 +268	K55 +848	K56 +268	左侧	三维网植草	m	420	
259	K56 +268	K56 +320	K56 +268	K56 +320	左侧	三维网植草	m	52	
260	K56 +320	K56 +400	K56 +320	K56 +400	左侧	三维网植草	m	80	
261	K56 +495	K56 +563	K56 +495	K56 +563	左侧	三维网植草	m	68	
262	K56 +563	K56 +805	K56 +563	K56 +805	左侧	三维网植草	m	242	
263	K56 +825	K56 +932	K56 +825	K56 +932	右侧	三维网植草	m	107	
264	K56 +932	K56 +985	K56 +932	K56 +985	左侧	三维网植草	m	53	
265	K57 +296	K57 +347	K57 +296	K57 +347	左侧	三维网植草	m	51	
266	K57 +347	K57 +403	K57 +347	K57 +403	左侧	三维网植草	m	56	
267	K57 +611	K57 +768	K57 +611	K57 +768	左侧	三维网植草	m	157	
268	K57 +793	K57 +907	K57 +793	K57 +907	左侧	三维网植草	m	114	
269	K57 +907	K57 +981	K57 +907	K57 +981	左侧	三维网植草	m	74	
270	K58 +006	K58 +254	K58 +006	K58 +254	左侧	三维网植草	m	248	
271	K58 +254	K58 +265	K58 +254	K58 +265	左侧	三维网植草	m	11	
272	K58 +265	K58 +278	K58 +265	K58 +278	左侧	三维网植草	m	13	
273	K58 +303	K58 +572	K58 +303	K58 +572	左侧	三维网植草	m	269	
274	K58 +594	K58 +700	K58 +594	K58 +700	左侧	三维网植草	m	106	
275	K53 +200	K53 +284	K53 +200	K53 +284	右侧	三维网植草	m	84	
276	K53 +284	K53 +311	K53 +284	K53 +311	右侧	三维网植草	m	27	

续上表

序号	统一里程		施工桩号		位置	加固类型	单位	数量	备注
	起	讫	起	讫					
277	K53 +311	K53 +324	K53 +311	K53 +324	右侧	三维网植草	m	13	
278	K53 +344	K53 +400	K53 +344	K53 +400	右侧	三维网植草	m	56	
279	K53 +400	K53 +675	K53 +400	K53 +675	右侧	三维网植草	m	275	
280	K53 +769	K54 +000	K53 +769	K54 +000	右侧	植草	m	231	
281	K54 +000	K54 +100	K54 +000	K54 +100	右侧	三维网植草	m	100	
282	K54 +100	K54 +359	K54 +100	K54 +359	右侧	人字形骨架	m	259	
283	K54 +469	K54 +493	K54 +469	K54 +493	右侧	人字形骨架	m	24	
284	K54 +493	K54 +640	K54 +493	K54 +640	右侧	人字形骨架	m	147	
285	K54 +640	K54 +775	K54 +640	K54 +775	右侧	人字形骨架	m	135	
286	K54 +775	K55 +175	K54 +775	K55 +175	右侧	三维网植草	m	400	
287	K55 +197	K55 +508	K55 +197	K55 +508	右侧	三维网植草	m	311	
288	K55 +533	K55 +764	K55 +533	K55 +764	右侧	三维网植草	m	231	
289	K55 +786	K56 +067	K55 +786	K56 +067	右侧	三维网植草	m	281	
290	K56 +067	K56 +225	K56 +067	K56 +225	右侧	三维网植草	m	158	
291	K56 +225	K56 +270	K56 +225	K56 +270	右侧	三维网植草	m	45	
292	K56 +270	K56 +400	K56 +270	K56 +400	右侧	三维网植草	m	130	
293	K56 +495	K56 +563	K56 +495	K56 +563	右侧	三维网植草	m	68	
294	K56 +563	K56 +805	K56 +563	K56 +805	右侧	三维网植草	m	242	
295	K56 +825	K56 +932	K56 +825	K56 +932	右侧	三维网植草	m	107	
296	K56 +932	K56 +985	K56 +932	K56 +985	右侧	三维网植草	m	53	
297	K57 +316	K57 +331	K57 +316	K57 +331	右侧	植草	m	15	
298	K57 +343	K57 +403	K57 +343	K57 +403	右侧	三维网植草	m	60	
299	K57 +619	K57 +768	K57 +619	K57 +768	右侧	三维网植草	m	149	

续上表

序号	统一里程		施工桩号		位置	加固类型	单位	数量	备注
	起	讫	起	讫					
300	K57 +793	K57 +981	K57 +793	K57 +981	右侧	三维网植草	m	188	
301	K58 +006	K58 +177	K58 +006	K58 +177	右侧	三维网植草	m	171	
302	K58 +177	K58 +224	K58 +177	K58 +224	右侧	三维网植草	m	47	
303	K58 +224	K58 +278	K58 +224	K58 +278	右侧	三维网植草	m	54	
304	K58 +303	K58 +572	K58 +303	K58 +572	右侧	三维网植草	m	269	
305	K58 +594	K58 +700	K58 +594	K58 +700	右侧	三维网植草	m	106	
306	K57 +097	K57 +175	K57 +097	K57 +175	左侧	植草	m	78	
307	K57 +200	K57 +250	K57 +200	K57 +250	左侧	植草	m	50	
308	K57 +027	K57 +082	K57 +027	K57 +082	右侧	三维网植草	m	55	
309	K57 +097	K57 +175	K57 +097	K57 +175	右侧	三维网植草	m	78	
310	K57 +175	K57 +250	K57 +175	K57 +250	右侧	三维网植草	m	75	
311	K58 +700	K58 +788	K58 +700	K58 +788	左侧	拱形骨架防护	m	88	
312	K58 +788	K58 +875	K58 +788	K58 +875	左侧	拱形骨架防护	m	87	
313	K61 +760	K61 +841	K61 +760	K61 +841	左侧	草灌混植	m	81	
314	K62 +025	K62 +044	K62 +025	K62 +044	左侧	草灌混植	m	19	
315	K62 +044	K62 +064	K62 +044	K62 +064	左侧	拱形骨架防护	m	20	
316	K62 +070	K62 +208	K62 +070	K62 +208	左侧	草灌混植	m	138	
317	K62 +208	K62 +343	K62 +208	K62 +343	左侧	拱形骨架防护	m	135	
318	K62 +365	K62 +550	K62 +365	K62 +550	左侧	拱形骨架防护	m	185	
319	K62 +550	K62 +636	K62 +550	K62 +636	左侧	拱形骨架防护	m	86	
320	K62 +658	K62 +700	K62 +658	K62 +700	左侧	拱形骨架防护	m	42	
321	K62 +700	K63 +325	K62 +700	K63 +325	左侧	草灌混植	m	625	
322	K63 +325	K63 +385	K63 +325	K63 +385	左侧	拱形骨架防护	m	60	

续上表

序号	统一里程		施工桩号		位置	加固类型	单位	数量	备注
	起	讫	起	讫					
323	K63 +555	K63 +779	K63 +555	K63 +779	左侧	拱形骨架防护	m	224	
324	K63 +889	K64 +030	K63 +889	K64 +030	左侧	拱形骨架防护	m	141	
325	K64 +030	K64 +080	K64 +030	K64 +080	左侧	拱形骨架防护	m	50	
326	K64 +080	K64 +140	K64 +080	K64 +140	左侧	拱形骨架防护	m	60	
327	K64 +140	K64 +210	K64 +140	K64 +210	左侧	草灌混植	m	70	
328	K64 +210	K64 +400	K64 +210	K64 +400	左侧	草灌混植	m	190	
329	K58 +700	K58 +875	K58 +700	K58 +875	右侧	拱形骨架防护	m	175	
330	K61 +760	K61 +841	K61 +760	K61 +841	右侧	草灌混植	m	81	
331	K62 +044	K62 +064	K62 +044	K62 +064	右侧	草灌混植	m	20	
332	K62 +078	K62 +208	K62 +078	K62 +208	右侧	草灌混植	m	130	
333	K62 +208	K62 +325	K62 +208	K62 +325	右侧	拱形骨架防护	m	117	
334	K62 +325	K62 +343	K62 +325	K62 +343	右侧	草灌混植	m	18	
335	K62 +365	K62 +550	K62 +365	K62 +550	右侧	草灌混植	m	185	
336	K62 +550	K62 +636	K62 +550	K62 +636	右侧	拱形骨架防护	m	86	
337	K62 +658	K62 +700	K62 +658	K62 +700	右侧	拱形骨架防护	m	42	
338	K62 +700	K63 +325	K62 +700	K63 +325	右侧	草灌混植	m	525	
339	K63 +325	K63 +385	K63 +325	K63 +385	右侧	拱形骨架防护	m	60	
340	K63 +555	K63 +779	K63 +555	K63 +779	右侧	拱形骨架防护	m	224	
341	K63 +889	K64 +040	K63 +889	K64 +040	右侧	拱形骨架防护	m	151	
342	K64 +040	K64 +100	K64 +040	K64 +100	右侧	拱形骨架防护	m	60	
343	K64 +100	K64 +190	K64 +100	K64 +190	右侧	草灌混植	m	90	
344	K64 +190	K64 +400	K64 +190	K64 +400	右侧	草灌混植	m	210	
345	K64 +400	K64 +685	K64 +400	K64 +685	左侧	草灌混植	m	285	

续上表

序号	统一里程		施工桩号		位置	加固类型	单位	数量	备注
	起	讫	起	讫					
346	K64 +690	K64 +996	K64 +690	K64 +996	左侧	草灌混植	m	306	
347	K65 +292	K65 +482	K65 +292	K65 +482	左侧	草灌混植	m	190	
348	K65 +500	K65 +859	K65 +500	K65 +859	左侧	草灌混植	m	359.2	
349	K66 +926	K67 +520	K66 +926	K67 +520	左侧	草灌混植	m	594.44	
350	K67 +545	K68 +041	K67 +545	K68 +041	左侧	草灌混植	m	496.6	
351	K68 +047	K68 +950	K68 +047	K68 +950	左侧	草灌混植	m	903.24	
352	K64 +400	K64 +685	K64 +400	K64 +685	右侧	草灌混植	m	285	
353	K64 +690	K64 +996	K64 +690	K64 +996	右侧	草灌混植	m	306	
354	K65 +001	K65 +280	K65 +001	K65 +280	右侧	草灌混植	m	279	
355	K65 +292	K65 +482	K65 +292	K65 +482	右侧	草灌混植	m	190	
356	K65 +500	K65 +859	K65 +500	K65 +859	右侧	草灌混植	m	359.2	
357	K66 +551	K66 +596	K66 +551	K66 +596	右侧	草灌混植	m	44.84	
358	K66 +611	K66 +921	K66 +611	K66 +921	右侧	草灌混植	m	310	
359	K66 +925	K67 +520	K66 +925	K67 +520	右侧	草灌混植	m	595	
360	K67 +545	K68 +041	K67 +545	K68 +041	右侧	草灌混植	m	496.6	
361	K68 +047	K68 +950	K68 +047	K68 +950	右侧	草灌混植	m	903.24	
362	K65 +007	K65 +185	K65 +007	K65 +185	左侧	人形骨架内嵌空心块防护	m	178	
363	K65 +185	K65 +275	K65 +185	K65 +275	左侧	人形骨架内嵌空心块防护	m	90	
364	K65 +479	K65 +490	K65 +479	K65 +490	左侧	人形骨架内嵌空心块防护	m	11	
365	K65 +872	K66 +137	K65 +872	K66 +137	左侧	人形骨架内嵌空心块防护	m	265	
366	K66 +357	K66 +570	K66 +357	K66 +570	左侧	人形骨架内嵌空心块防护	m	213	
367	K65 +052	K65 +165	K65 +052	K65 +165	左侧	人形骨架内嵌空心块防护	m	113	
368	K65 +850	K66 +137	K65 +850	K66 +137	左侧	人形骨架内嵌空心块防护	m	287	

续上表

序号	统一里程		施工桩号		位置	加固类型	单位	数量	备注
	起	讫	起	讫					
369	K66 +357	K66 +390	K66 +357	K66 +390	左侧	人形骨架内嵌空心块防护	m	33	
370	K66 +390	K66 +490	K66 +390	K66 +490	左侧	人形骨架内嵌空心块防护	m	100	
371	南阳互通式立交		南阳互通式立交		左侧	拱形骨架防护	m	785	
372	K70 +135	K70 +251	K70 +135	K70 +251	左侧	拱形骨架内嵌空心块防护	m	116	
373	K70 +251	K70 +454	K70 +251	K70 +454	左侧	拱形骨架内嵌空心块防护	m	203	
374	K70 +454	K70 +501	K70 +454	K70 +501	左侧	草灌混植	m	47	
375	K70 +501	K70 +586	K70 +501	K70 +586	左侧	草灌混植	m	85	
376	K70 +605	K70 +692	K70 +605	K70 +692	左侧	草灌混植	m	87	
377	K70 +787	K70 +940	K70 +787	K70 +940	左侧	拱形骨架防护	m	153	
378	K70 +940	K71 +051	K70 +940	K71 +051	左侧	草灌混植	m	111	
379	K71 +101	K71 +133	K71 +101	K71 +133	左侧	草灌混植	m	32	
380	K71 +244	K71 +282	K71 +244	K71 +282	左侧	草灌混植	m	38	
381	K71 +650	K71 +734	K71 +650	K71 +734	左侧	拱形骨架内嵌空心块防护	m	84	
382	K71 +734	K71 +772	K71 +734	K71 +772	左侧	草灌混植	m	38	
383	K71 +791	K71 +815	K71 +791	K71 +815	左侧	草灌混植	m	24	
384	K71 +815	K71 +828	K71 +815	K71 +828	左侧	拱形骨架防护	m	13	
385	K71 +925	K72 +124	K71 +925	K72 +124	左侧	拱形骨架内嵌空心块防护	m	199	
386	K72 +124	K72 +213	K72 +124	K72 +213	左侧	草灌混植	m	89	
387	K72 +294	K72 +399	K72 +294	K72 +399	左侧	草灌混植	m	105	
388	K72 +399	K72 +415	K72 +399	K72 +415	左侧	拱形骨架防护	m	16	
389	K72 +483	K72 +509	K72 +483	K72 +509	左侧	拱形骨架防护	m	26	
390	K72 +509	K72 +537	K72 +509	K72 +537	左侧	草灌混植	m	28	
391	K72 +545	K72 +599	K72 +545	K72 +599	左侧	草灌混植	m	54	

续上表

序号	统一里程		施工桩号		位置	加固类型	单位	数量	备注
	起	讫	起	讫					
392	K72 +749	K72 +781	K72 +749	K72 +781	左侧	拱形骨架内嵌空心块防护	m	32	
393	K72 +888	K72 +916	K72 +888	K72 +916	左侧	草灌混植	m	28	
394	K73 +071	K73 +124	K73 +071	K73 +124	左侧	草灌混植	m	53	
395	K73 +124	K73 +164	K73 +124	K73 +164	左侧	拱形骨架防护	m	40	
396	K73 +232	K73 +271	K73 +232	K73 +271	左侧	草灌混植	m	39	
397	K73 +330	K73 +369	K73 +330	K73 +369	左侧	草灌混植	m	39	
398	K73 +369	K73 +606	K73 +369	K73 +606	左侧	拱形骨架内嵌空心块防护	m	237	
399	K73 +606	K73 +680	K73 +606	K73 +680	右侧	草灌混植	m	74	
400	K70 +135	K70 +251	K70 +135	K70 +251	右侧	拱形骨架内嵌空心块防护	m	116	
401	K70 +251	K70 +426	K70 +251	K70 +426	右侧	拱形骨架内嵌空心块防护	m	175	
402	K70 +426	K70 +477	K70 +426	K70 +477	右侧	草灌混植	m	51	
403	K70 +501	K70 +692	K70 +501	K70 +692	右侧	草灌混植	m	191	
404	K70 +787	K70 +940	K70 +787	K70 +940	右侧	拱形骨架防护	m	153	
405	K70 +940	K71 +001	K70 +940	K71 +001	右侧	草灌混植	m	61	
406	K71 +101	K71 +133	K71 +101	K71 +133	右侧	草灌混植	m	32	
407	K71 +244	K71 +282	K71 +244	K71 +282	右侧	草灌混植	m	38	
408	K71 +319	K71 +328	K71 +319	K71 +328	右侧	草灌混植	m	9	
409	K71 +643	K71 +645	K71 +643	K71 +645	右侧	草灌混植	m	2	
410	K71 +645	K71 +772	K71 +645	K71 +772	右侧	拱形骨架内嵌空心块防护	m	127	
411	K71 +807	K71 +815	K71 +807	K71 +815	右侧	草灌混植	m	8	
412	K71 +815	K71 +828	K71 +815	K71 +828	右侧	拱形骨架防护	m	13	
413	K71 +919	K71 +931	K71 +919	K71 +931	右侧	草灌混植	m	12	
414	K71 +931	K72 +124	K71 +931	K72 +124	右侧	拱形骨架内嵌空心块防护	m	193	

续上表

序号	统一里程		施工桩号		位置	加固类型	单位	数量	备注
	起	讫	起	讫					
415	K72 +124	K72 +176	K72 +124	K72 +176	右侧	草灌混植	m	52	
416	K72 +274	K72 +399	K72 +274	K72 +399	右侧	草灌混植	m	25	
417	K72 +399	K72 +415	K72 +399	K72 +415	右侧	拱形骨架防护	m	16	
418	K72 +483	K72 +509	K72 +483	K72 +509	右侧	拱形骨架防护	m	26	
419	K72 +509	K72 +537	K72 +509	K72 +537	右侧	草灌混植	m	28	
420	K72 +545	K72 +600	K72 +545	K72 +600	右侧	草灌混植	m	55	
421	K73 +039	K73 +062	K73 +039	K73 +062	右侧	草灌混植	m	23	
422	K73 +071	K73 +149	K73 +071	K73 +149	右侧	草灌混植	m	78	
423	K73 +149	K73 +164	K73 +149	K73 +164	右侧	拱形骨架防护	m	15	
424	K73 +232	K73 +271	K73 +232	K73 +271	右侧	草灌混植	m	39	
425	K73 +330	K73 +369	K73 +330	K73 +369	右侧	草灌混植	m	39	
426	K73 +369	K73 +609	K73 +369	K73 +609	右侧	拱形骨架内嵌空心块防护	m	240	
427	K73 +609	K73 +680	K73 +609	K73 +680		草灌混植	m	71	
428	张华岗互通式立交		张华岗互通式立交			拱形骨架防护	m	679	
429	JK0 +724	JK0 +823	JK0 +724	JK0 +823	两侧	三维植被网喷播植草	m	99	
430	JK0 +823	JK0 +883	JK0 +823	JK0 +883	两侧	三维植被网喷播植草	m	60	
431	JK0 +963	JK0 +977	JK0 +963	JK0 +977	左侧	三维植被网喷播植草	m	14	
432	JK0 +963	JK0 +977	JK0 +963	JK0 +977	右侧	喷播植草	m	14	
433	JK0 +977	JK1 +000	JK0 +977	JK1 +000	左侧	三维植被网喷播植草	m	23	
434	JK0 +977	JK1 +000	JK0 +977	JK1 +000	右侧	喷播植草	m	23	
435	JK1 +000	JK1 +500	JK1 +000	JK1 +500	左侧	三维植被网喷播植草	m	500	
436	JK1 +000	JK1 +500	JK1 +000	JK1 +500	右侧	喷播植草	m	500	
437	JK1 +500	JK1 +538	JK1 +500	JK1 +538	左侧	三维植被网喷播植草	m	38	

续上表

序号	统一里程		施工桩号		位置	加固类型	单位	数量	备注
	起	讫	起	讫					
438	JK1 +563	JK1 +650	JK1 +563	JK1 +650	左侧	骨架防护 + 喷播植草	m	87	
439	JK1 +500	JK1 +538	JK1 +500	JK1 +538	右侧	喷播植草	m	38	
440	JK1 +563	JK1 +650	JK1 +563	JK1 +650	右侧	骨架防护 + 喷播植草	m	87	
441	JK1 +650	JK1 +750	JK1 +650	JK1 +750	两侧	骨架防护 + 喷播植草	m	100	
442	JK1 +750	JK1 +922	JK1 +750	JK1 +922	两侧	骨架防护 + 喷播植草	m	172	
443	JK1 +943	JK2 +000	JK1 +943	JK2 +000	两侧	三维植被网喷播植草	m	57	
444	JK2 +000	JK2 +060	JK2 +000	JK2 +060	两侧	三维植被网喷播植草	m	60	
445	JK2 +060	JK2 +225	JK2 +060	JK2 +225	两侧	三维植被网喷播植草	m	165	
446	JK2 +225	JK2 +250	JK2 +225	JK2 +250	左侧	喷播植草	m	25	
447	JK2 +225	JK2 +250	JK2 +225	JK2 +250	右侧	喷播植草	m	25	
448	JK2 +283	JK2 +332	JK2 +283	JK2 +332	两侧	喷播植草	m	49	
449	JK2 +332	JK2 +410	JK2 +332	JK2 +410	左侧	三维植被网喷播植草	m	78	
450	JK2 +332	JK2 +410	JK2 +332	JK2 +410	右侧	喷播植草	m	78	
451	JK2 +684	JK2 +889	JK2 +684	JK2 +889	左侧	三维植被网喷播植草	m	205	
452	JK2 +684	JK2 +889	JK2 +684	JK2 +889	右侧	喷播植草	m	205	
453	JK2 +911	JK3 +000	JK2 +911	JK3 +000	左侧	三维植被网喷播植草	m	89	
454	JK2 +911	JK3 +000	JK2 +911	JK3 +000	右侧	喷播植草	m	89	
455	JK3 +100	JK3 +152	JK3 +100	JK3 +152	两侧	三维植被网喷播植草	m	52	
456	JK3 +174	JK3 +257	JK3 +174	JK3 +257	两侧	三维植被网喷播植草	m	83	
457	JK3 +257	JK3 +316	JK3 +257	JK3 +316	两侧	三维植被网喷播植草	m	59	
458	JK3 +316	JK3 +346	JK3 +316	JK3 +346	两侧	喷播植草	m	30	
459	JK3 +346	JK3 +400	JK3 +346	JK3 +400	两侧	三维植被网喷播植草	m	54	
460	JK3 +400	JK3 +420	JK3 +400	JK3 +420	两侧	三维植被网喷播植草	m	20	

续上表

序号	统一里程		施工桩号		位置	加固类型	单位	数量	备注
	起	讫	起	讫					
461	JK3 +420	JK3 +495	JK3 +420	JK3 +495	两侧	三维植被网喷播植草	m	75	
462	JK3 +495	JK3 +552	JK3 +495	JK3 +552	左侧	三维植被网喷播植草	m	57	
463	JK3 +552	JK3 +598	JK3 +552	JK3 +598	左侧	三维植被网喷播植草	m	46	
464	JK3 +598	JK3 +678	JK3 +598	JK3 +678	左侧	三维植被网喷播植草	m	30	
465	JK3 +495	JK3 +552	JK3 +495	JK3 +552	右侧	三维植被网喷播植草	m	57	
466	JK3 +552	JK3 +598	JK3 +552	JK3 +598	右侧	三维植被网喷播植草	m	46	
467	JK3 +598	JK3 +678	JK3 +598	JK3 +678	右侧	三维植被网喷播植草	m	30	
468	JK3 +678	JK3 +690	JK3 +678	JK3 +690	两侧	三维植被网喷播植草	m	12	
469	JK3 +690	JK3 +715	JK3 +690	JK3 +715	两侧	三维植被网喷播植草	m	25	
470	JK3 +715	JK3 +764	JK3 +715	JK3 +764	两侧	三维植被网喷播植草	m	49	
471	JK3 +764	JK3 +806	JK3 +764	JK3 +806	两侧	喷播植草	m	42	
472	JK3 +806	JK3 +835	JK3 +806	JK3 +835	左侧	三维植被网喷播植草	m	29	
473	JK3 +835	JK3 +862	JK3 +835	JK3 +862	左侧	三维植被网喷播植草	m	27	
474	JK3 +862	JK3 +950	JK3 +862	JK3 +950	左侧	三维植被网喷播植草	m	88	
475	JK3 +806	JK3 +835	JK3 +806	JK3 +835	右侧	三维植被网喷播植草	m	29	
476	JK3 +835	JK3 +862	JK3 +835	JK3 +862	右侧	三维植被网喷播植草	m	27	
477	JK3 +862	JK3 +950	JK3 +862	JK3 +950	右侧	三维植被网喷播植草	m	88	
478	JK3 +950	JK3 +995	JK3 +950	JK3 +995	两侧	三维植被网喷播植草	m	45	
479	JK3 +995	JK4 +025	JK3 +995	JK4 +025	左侧	三维植被网喷播植草	m	30	
480	JK4 +025	JK4 +075	JK4 +025	JK4 +075	左侧	喷播植草	m	50	
481	JK4 +108	JK4 +247	JK4 +108	JK4 +247	左侧	三维植被网喷播植草	m	139	
482	JK3 +995	JK4 +025	JK3 +995	JK4 +025	右侧	三维植被网喷播植草	m	30	
483	JK4 +025	JK4 +075	JK4 +025	JK4 +075	右侧	三维植被网喷播植草	m	50	

续上表

序号	统一里程		施工桩号		位置	加固类型	单位	数量	备注
	起	讫	起	讫					
484	JK4 +287	JK4 +398	JK4 +287	JK4 +398	两侧	三维植被网喷播植草	m	111	
485	JK4 +418	JK4 +633	JK4 +418	JK4 +633	两侧	三维植被网喷播植草	m	215	
486	JK4 +653	JK4 +767	JK4 +653	JK4 +767	两侧	骨架防护 + 喷播植草	m	114	
487	JK4 +847	JK4 +937	JK4 +847	JK4 +937	左侧	骨架防护 + 喷播植草	m	90	
488	JK4 +937	JK5 +043	JK4 +937	JK5 +043	左侧	喷播植草	m	106	
489	JK4 +847	JK4 +937	JK4 +847	JK4 +937	右侧	骨架防护 + 喷播植草	m	90	
490	JK4 +937	JK5 +043	JK4 +937	JK5 +043	右侧	三维植被网喷播植草	m	106	
491	JK5 +043	JK5 +125	JK5 +043	JK5 +125	两侧	喷播植草	m	82	
492	JK5 +125	JK5 +225	JK5 +125	JK5 +225	两侧	三维植被网喷播植草	m	100	
493	JK5 +225	JK5 +315	JK5 +225	JK5 +315	左侧	三维植被网喷播植草	m	90	
494	JK5 +225	JK5 +315	JK5 +225	JK5 +315	右侧	三维植被网喷播植草	m	90	
495	JK5 +315	JK5 +405	JK5 +315	JK5 +405	两侧	三维植被网喷播植草	m	90	
496	JK5 +405	JK5 +458	JK5 +405	JK5 +458	两侧	三维植被网喷播植草	m	53	
497	JK5 +458	JK5 +531	JK5 +458	JK5 +531	左侧	三维植被网喷播植草	m	73	
498	JK5 +611	JK5 +693	JK5 +611	JK5 +693	左侧	三维植被网喷播植草	m	82	
499	JK5 +693	JK5 +775	JK5 +693	JK5 +775	左侧	喷播植草	m	82	
500	JK5 +775	JK5 +796	JK5 +775	JK5 +796	左侧	三维植被网喷播植草	m	21	
501	JK5 +816	JK5 +950	JK5 +816	JK5 +950	左侧	三维植被网喷播植草	m	134	
502	JK5 +950	JK6 +188	JK5 +950	JK6 +188	左侧	三维植被网喷播植草	m	238	
503	JK6 +188	JK6 +240	JK6 +188	JK6 +240	左侧	喷播植草	m	52	
504	JK5 +458	JK5 +531	JK5 +458	JK5 +531	右侧	三维植被网喷播植草	m	73	
505	JK5 +611	JK5 +693	JK5 +611	JK5 +693	右侧	三维植被网喷播植草	m	82	
506	JK5 +693	JK5 +775	JK5 +693	JK5 +775	右侧	三维植被网喷播植草	m	82	

续上表

序号	统一里程		施工桩号		位置	加固类型	单位	数量	备注
	起	讫	起	讫					
507	JK5 +775	JK5 +796	JK5 +775	JK5 +796	右侧	三维植被网喷播植草	m	21	
508	JK5 +816	JK5 +950	JK5 +816	JK5 +950	右侧	三维植被网喷播植草	m	134	
509	JK5 +950	JK6 +188	JK5 +950	JK6 +188	右侧	三维植被网喷播植草	m	238	
510	JK6 +188	JK6 +240	JK6 +188	JK6 +240	右侧	喷播植草	m	52	
511	JK6 +240	JK6 +456	JK6 +240	JK6 +456	两侧	三维植被网喷播植草	m	216	
512	JK6 +456	JK6 +568	JK6 +456	JK6 +568	左侧	三维植被网喷播植草	m	112	
513	JK6 +568	JK6 +610	JK6 +568	JK6 +610	左侧	喷播植草	m	42	
514	JK6 +456	JK6 +568	JK6 +456	JK6 +568	右侧	三维植被网喷播植草	m	112	
515	JK6 +568	JK6 +610	JK6 +568	JK6 +610	右侧	喷播植草	m	42	
516	JK6 +670	JK6 +900	JK6 +670	JK6 +900	两侧	三维植被网喷播植草	m	230	
517	JK9 +935	JK10 +051	JK9 +935	JK10 +051	左侧	骨架护坡 + 喷播植草	m	116	
518	JK9 +935	JK10 +051	JK9 +935	JK10 +051	右侧	骨架护坡 + 喷播植草	m	116	
519	JK11 +280	JK11 +375	JK11 +280	JK11 +375	左侧	骨架护坡 + 喷播植草	m	95	
520	JK11 +280	JK11 +375	JK11 +280	JK11 +375	右侧	骨架护坡 + 喷播植草	m	95	
521	JK11 +375	JK11 +412	JK11 +375	JK11 +412	两侧	骨架护坡 + 喷播植草	m	37	
522	JK11 +375	JK11 +995	JK11 +375	JK11 +995	右侧	骨架护坡 + 喷播植草	m	520	
523	JK13 +400	JK13 +448	JK13 +400	JK13 +448	左侧	拱形骨架防护	m	48	
524	JK13 +448	JK13 +509	JK13 +448	JK13 +509	左侧	拱形骨架防护	m	61	
525	JK13 +531	JK13 +600	JK13 +531	JK13 +600	左侧	拱形骨架防护	m	69	
526	JK13 +400	JK13 +448	JK13 +400	JK13 +448	右侧	拱形骨架防护	m	48	
527	JK13 +448	JK13 +509	JK13 +448	JK13 +509	右侧	拱形骨架防护	m	61	
528	JK13 +531	JK13 +600	JK13 +531	JK13 +600	右侧	拱形骨架防护	m	69	
529	JK13 +600	JK13 +655	JK13 +600	JK13 +655	两侧	拱形骨架防护	m	55	

续上表

序号	统一里程		施工桩号		位置	加固类型	单位	数量	备注
	起	讫	起	讫					
530	JK15 +370	JK15 +400	JK15 +370	JK15 +400	两侧	三维网植草	m	30	
531	JK15 +400	JK15 +500	JK15 +400	JK15 +500	两侧	三维网植草	m	100	
532	JK15 +500	JK15 +519	JK15 +500	JK15 +519	两侧	三维网植草	m	19	
533	JK15 +539	JK15 +575	JK15 +539	JK15 +575	两侧	三维网植草	m	36	
534	JK15 +575	JK15 +684	JK15 +575	JK15 +684	两侧	三维网植草	m	109	
535	JK15 +684	JK15 +775	JK15 +684	JK15 +775	两侧	三维网植草	m	91	
536	JK15 +775	JK15 +908	JK15 +775	JK15 +908	两侧	三维网植草	m	133	
537	JK15 +908	JK16 +000	JK15 +908	JK16 +000	两侧	三维网植草	m	92	
538	JK16 +000	JK16 +117	JK16 +000	JK16 +117	两侧	三维网植草	m	117	
539	JK16 +117	JK16 +192	JK16 +117	JK16 +192	两侧	三维网植草	m	75	
540	JK16 +192	JK16 +279	JK16 +192	JK16 +279	两侧	三维网植草	m	87	
541	JK16 +279	JK16 +354	JK16 +279	JK16 +354	两侧	三维网植草	m	75	
542	JK16 +422	JK16 +460	JK16 +422	JK16 +460	两侧	三维网植草	m	38	
543	JK16 +460	JK16 +650	JK16 +460	JK16 +650	两侧	三维网植草	m	190	
544	JK16 +650	JK16 +831	JK16 +650	JK16 +831	两侧	三维网植草	m	181	
545	JK16 +851	JK17 +000	JK16 +851	JK17 +000	两侧	三维网植草	m	149	
546	JK17 +000	JK17 +032	JK17 +000	JK17 +032	左侧	三维网植草	m	32	
547	JK17 +032	JK17 +041	JK17 +032	JK17 +041	左侧	拱形骨架防护	m	9	
548	JK17 +063	JK17 +085	JK17 +063	JK17 +085	左侧	拱形骨架防护	m	22	
549	JK17 +085	JK17 +100	JK17 +085	JK17 +100	左侧	拱形骨架防护	m	15	
550	JK17 +000	JK17 +032	JK17 +000	JK17 +032	右侧	拱形骨架防护	m	32	
551	JK17 +032	JK17 +041	JK17 +032	JK17 +041	右侧	拱形骨架防护	m	9	
552	JK17 +063	JK17 +085	JK17 +063	JK17 +085	右侧	拱形骨架防护	m	22	

续上表

序号	统一里程		施工桩号		位置	加固类型	单位	数量	备注
	起	讫	起	讫					
553	JK17 +085	JK17 +100	JK17 +085	JK17 +100	右侧	拱形骨架防护	m	15	
554	JK18 +300	JK18 +369	JK18 +300	JK18 +369	两侧	拱形骨架防护	m	69	
555	JK18 +389	JK18 +400	JK18 +389	JK18 +400	两侧	拱形骨架防护	m	11	
556	JK13 +400	JK13 +510	JK13 +400	JK13 +510	左侧	水塘路基防护	m	110	
557	独山互通式立交		独山互通式立交			拱形骨架防护	m	2059	
558	独山互通连接线		独山互通连接线			植草防护	m	5300	
559	JK18 +400	JK18 +500	JK18 +400	JK18 +500	左侧	拱形骨架防护	m	100	
560	JK18 +400	JK18 +500	JK18 +400	JK18 +500	右侧	拱形骨架防护	m	100	
561	JK18 +500	JK18 +600	JK18 +500	JK18 +600	两侧	拱形骨架防护	m	100	
562	JK19 +850	JK19 +900	JK19 +850	JK19 +900	两侧	拱形骨架防护	m	50	
563	JK19 +900	JK19 +975	JK19 +900	JK19 +975	两侧	拱形骨架防护	m	75	
564	JK19 +975	JK20 +105	JK19 +975	JK20 +105	两侧	拱形骨架防护	m	130	
565	JK20 +125	JK20 +225	JK20 +125	JK20 +225	两侧	拱形骨架防护	m	100	
566	JK20 +225	JK20 +271	JK20 +225	JK20 +271	两侧	拱形骨架防护	m	46	
567	JK20 +291	JK20 +461	JK20 +291	JK20 +461	左侧	拱形骨架防护	m	170	
568	JK20 +291	JK20 +461	JK20 +291	JK20 +461	右侧	拱形骨架防护	m	170	
569	JK20 +461	JK20 +563	JK20 +461	JK20 +563	两侧	拱形骨架防护	m	102	
570	JK20 +631	JK20 +725	JK20 +631	JK20 +725	两侧	拱形骨架防护	m	94	
571	JK20 +725	JK20 +775	JK20 +725	JK20 +775	两侧	拱形骨架防护	m	50	
572	JK20 +775	JK20 +925	JK20 +775	JK20 +925	左侧	拱形骨架防护	m	150	
573	JK20 +775	JK20 +925	JK20 +775	JK20 +925	右侧	拱形骨架防护	m	150	
574	JK20 +925	JK21 +060	JK20 +925	JK21 +060	两侧	拱形骨架防护	m	135	
575	JK21 +060	JK21 +130	JK21 +060	JK21 +130	两侧	拱形骨架防护	m	70	

续上表

序号	统一里程		施工桩号		位置	加固类型	单位	数量	备注
	起	讫	起	讫					
576	JK21 +130	JK21 +161	JK21 +130	JK21 +161	左侧	拱形骨架防护	m	31	
577	JK21 +161	JK21 +310	JK21 +161	JK21 +310	左侧	拱形骨架防护	m	149	
578	JK21 +130	JK21 +161	JK21 +130	JK21 +161	右侧	拱形骨架防护	m	31	
579	JK21 +161	JK21 +310	JK21 +161	JK21 +310	右侧	拱形骨架防护	m	149	
580	JK21 +405	JK21 +419	JK21 +405	JK21 +419	两侧	拱形骨架防护	m	14	
581	JK21 +419	JK21 +600	JK21 +419	JK21 +600	左侧	拱形骨架防护	m	181	
582	JK21 +419	JK21 +600	JK21 +419	JK21 +600	右侧	拱形骨架防护	m	181	
583	JK21 +600	JK21 +672	JK21 +600	JK21 +672	两侧	拱形骨架防护	m	72	
584	JK21 +672	JK21 +705	JK21 +672	JK21 +705	左侧	拱形骨架防护	m	33	
585	JK21 +705	JK21 +723	JK21 +705	JK21 +723	左侧	拱形骨架防护	m	18	
586	JK21 +672	JK21 +705	JK21 +672	JK21 +705	右侧	拱形骨架防护	m	33	
587	JK21 +705	JK21 +723	JK21 +705	JK21 +723	右侧	拱形骨架防护	m	18	
588	JK21 +723	JK21 +763	JK21 +723	JK21 +763	两侧	拱形骨架防护	m	40	
589	JK21 +763	JK21 +848	JK21 +763	JK21 +848	两侧	草灌混植	m	85	
590	JK21 +848	JK21 +955	JK21 +848	JK21 +955	两侧	拱形骨架防护	m	107	
591	JK21 +955	JK21 +984	JK21 +955	JK21 +984	左侧	草灌混植	m	29	
592	JK21 +955	JK21 +984	JK21 +955	JK21 +984	右侧	拱形骨架防护	m	29	
593	JK21 +984	JK22 +042	JK21 +984	JK22 +042	两侧	草灌混植	m	58	
594	JK22 +042	JK22 +125	JK22 +042	JK22 +125	左侧	草灌混植	m	83	
595	JK22 +125	JK22 +175	JK22 +125	JK22 +175	左侧	拱形骨架防护	m	50	
596	JK22 +042	JK22 +125	JK22 +042	JK22 +125	右侧	草灌混植	m	83	
597	JK22 +125	JK22 +175	JK22 +125	JK22 +175	右侧	拱形骨架防护	m	50	
598	JK22 +175	JK22 +244	JK22 +175	JK22 +244	两侧	拱形骨架防护	m	69	

续上表

序号	统一里程		施工桩号		位置	加固类型	单位	数量	备注
	起	讫	起	讫					
599	JK22+264	JK22+300	JK22+264	JK22+300	两侧	拱形骨架防护	m	36	
600	JK22+300	JK22+375	JK22+300	JK22+375	左侧	拱形骨架防护	m	75	
601	JK22+375	JK22+420	JK22+375	JK22+420	左侧	拱形骨架防护	m	45	
602	JK22+300	JK22+375	JK22+300	JK22+375	右侧	拱形骨架防护	m	75	
603	JK22+375	JK22+420	JK22+375	JK22+420	右侧	拱形骨架防护	m	45	
604	JK22+515	JK22+785	JK22+515	JK22+785	两侧	拱形骨架防护	m	270	
605	JK22+805	JK23+067	JK22+805	JK23+067	两侧	拱形骨架防护	m	262	
606	JK23+087	JK23+150	JK23+087	JK23+150	两侧	拱形骨架防护	m	53	
607	JK23+150	JK23+305	JK23+150	JK23+305	两侧	草灌混植	m	155	
608	JK23+305	JK23+500	JK23+305	JK23+500	两侧	草灌混植	m	195	
609	JK23+500	JK23+519	JK23+500	JK23+519	两侧	拱形骨架防护	m	19	
610	JK23+539	JK23+565	JK23+539	JK23+565	两侧	拱形骨架防护	m	26	
611	JK21+670	JK21+750	JK21+670	JK21+750	右侧	水塘路基防护	m	80	
612	祝庄枢纽互通式立交		祝庄枢纽互通式立交			拱形骨架防护	m	1599	

路面宽度一览表

表10

序号	统一里程		施工桩号		宽度 (m)			备注
	起	讫	起	讫	左半幅	中央分隔带	右半幅	
1	LK0 +849.9	LK1 +295	LK0 +849.9	LK1 +295	8.75			分水岭隧道
2	LK1 +295	LK2 +197.6	LK1 +295	LK2 +197.6	11.5			
3	RK0 +854.6	RK1 +285	RK0 +854.6	RK1 +285			8.75	分水岭隧道
4	RK1 +285	RK2 +196	RK1 +285	RK2 +196			11.5	
5	K2 +197.6	K5 +920	K2 +197.6	K5 +920	11.25	2	11.25	
6	LK5 +920	LK13 +600	LK5 +920	LK13 +600	11.5			
7	RK5 +920	RK13 +612	RK5 +920	RK13 +612			11.5	
8	K13 +600	K33 +850	K13 +600	K33 +850	11.25	2	11.25	
9	K33 +850	K74 +757	K33 +850	K74 +757	12.5	2	12.5	
10	JK0 +702	JK24 +247	JK0 +702	JK24 +247	12.5	2	12.5	

注:1. 施工时如采用两种以上的不同宽度,可分段填列,困难特殊地段达不到宽度时,应说明;

2. 本表不包括桥面和明涵跃面;

3. 路面宽度系指沥青面层宽度

负责人: 填表人:

路面工程一览表

表11

序号	统一里程		施工桩号		长度（m）	上面层（m^2）	中面层（m^2）		下面层（m^2）			基层（m^2）	底基层（m^2）			路缘石（m^3）	备注
	起	讫	起	讫		细粒式AC	黏层	中粒式AC	粗粒式AC	热拌沥青碎石	水泥混凝土	水泥稳定碎石	水泥稳定砂砾	水泥混凝土	级配砂砾		
						cm	cm	cm	cm	cm	cm	36cm	18cm	10cm		30cm	
1	LK0+849.9	LK18+540	LK0+849.9	LK18+540	17690.1	201532	449629	203974	119052	110340		120454	113840			192	路面1标
2	RK0+854.6	RK18+540	RK0+854.6	RK18+540	17685.4	197242	438161	200506	110960	106142		219122	109827	4605		157	路面1标
3	K18+409	K32+400	K18+409	K32+400	13991.0	341458	944613	350053	253102	252927		257571	261643			963	路面2标
4	K32+400	K47+900	K32+400	K47+900	15500.0	416412	1098730	419729	349641	349641	1854	348104	355253			1213	路面3标
5	K47+900	K61+760	K47+900	K61+760	13860.0	248576	727989	249930	239030	239030		245514	249453			946	路面4标
6	龚河互通区		龚河互通区		6696.0	126292	362119	127181	119959	115979		118436	120467			288	路面4标
7	南阳服务区		南阳服务区		2022.0	42467	127400	42467	42467	42467		43616	44347			129	路面4标
8	K61+760	K74+756	K61+760	K74+756	12996.0	274339	790261	276287	256987	256987		263617	267065			1003	路面5标
9	南阳互通区		南阳互通区		3262.0	58820	155410	58820	48295	48295		49573	50494			172	路面5标
10	张华岗互通区		张华岗互通区		3887.0	63943	128037	63943	32047	32047		32845	33660			49	路面5标
11	南阳互通区被交道路		南阳互通区被交道路		880.0	18480	18480	18480			17675				180[illegible]6		路面5标
12	JK0+702	JK13+400	JK0+702	JK13+400	12698.0	324892	945781	327627	309077	309077		316752	320777			1214	路面6标
13	独山互通区		独山互通区		2970	55623	111245	55623	55623		58707	57136	58425			137	路面7标
14	独山互通区连接线		独山互通区连接线		5283	74540	74540	74540			76921				793[illegible]1		路面7标
15	JK13+400	JK24+247	JK13+400	JK24+247	10847.2	245904	538471	245904	146284	146284		150833	153106			576	路面7标
16	祝庄互通区		祝庄互通区		3349	40453	105023	40453	32285	32285		32793	33556				路面7标

负责人：　　　　　　　　　　填表人：

排水工程一览表

表12

序号	统一里程		施工桩号		长度(m)	构造物形式(m^3/m)							备注
	起	讫	起	讫		边沟	排水沟	截水沟	平台沟	中分带排水	集水井	急流槽	
1	K2 +197	K3 +246	K2 +197	K3 +246	1049.0		339.7						
2	K3 +396	K3 +552	K3 +396	K3 +552	156.0		50.5						
3	K2 +197	K3 +541	K2 +197	K3 +541	1344.0						74.7	92.8	
4	K2 +198	K2 +254	K2 +198	K2 +254	56.4					7.5			右侧
5	K2 +254	K2 +304	K2 +254	K2 +304	50.0					6.8			左侧
6	K2 +304	K2 +354	K2 +304	K2 +354	50.0					6.8			右侧
7	K2 +354	K2 +404	K2 +354	K2 +404	50.0					6.8			左侧
8	K2 +404	K2 +454	K2 +404	K2 +454	50.0					6.8			右侧
9	K2 +454	K2 +530	K2 +454	K2 +530	76.0					9.9			左侧
10	K2 +530	K2 +560	K2 +530	K2 +560	30.0					4.4			右侧
11	K2 +560	K2 +610	K2 +560	K2 +610	50.0					6.8			左侧
12	K2 +610	K2 +650	K2 +610	K2 +650	40.0					5.6			左侧
13	K2 +650	K2 +690	K2 +650	K2 +690	40.0					5.6			右侧
14	K2 +690	K2 +740	K2 +690	K2 +740	50.0					6.8			左侧
15	K2 +740	K2 +795	K2 +740	K2 +795	55.0					7.4			左侧
16	K2 +795	K2 +890	K2 +795	K2 +890	95.0					12.2			左侧
17	K2 +890	K2 +968	K2 +890	K2 +968	78.0					10.1			左侧
18	K2 +968	K3 +042	K2 +968	K3 +042	74.0					9.6			左侧
19	K3 +042	K3 +082	K3 +042	K3 +082	40.0					5.6			左侧
20	K3 +082	K3 +155	K3 +082	K3 +155	73.0					9.5			左侧

续上表

序号	统一里程		施工桩号		长度(m)	构造物形式(m^3/m)							备注
	起	讫	起	讫		边沟	排水沟	截水沟	平台沟	中分带排水	集水井	急流槽	
21	K3 +155	K3 +205	K3 + 55	K3 +205	50.0					6.8			右侧
22	K3 +205	K3 +236	K3 +205	K3 +236	31.0					4.5			右侧
23	K3 +400	K3 +444	K3 +[illegible]00	K3 +444	44.0					6.0			右侧
24	K3 +444	K3 +499	K3 +444	K3 +499	55.0					7.4			右侧
25	K3 +499	K3 +542	K3 +499	K3 +542	43.0					5.9			右侧
26	LK1 +440	LK1 +471	LK1 +440	LK1 +471	31.0		36.3						右侧
27	RK1 +410	RK1 +469	RK1 +410	RK1 +469	59.0		69.0						左侧
28	RK1 +418	RK1 +469	RK1 +418	RK1 +469	51.0		59.7						右侧
29	RK1 +958	RK1 +993	RK1 +958	RK1 +993	35.0		41.0						右侧
30	RK2 +012	RK2 +026	RK2 +012	RK2 +026	14.0		16.4						右侧
31	K2 +326	K2 +356	K2 +326	K2 +356	30.0		35.1						右侧
32	K2 +523	K2 +548	K2 +523	K2 +548	25.0		29.3						右侧
33	K2 +548	K2 +557	K2 +548	K2 +557	9.0		10.5						右侧
34	K2 +708	K2 +760	K2 +708	K2 +760	52.0		60.8						右侧
35	K2 +874	K2 +890	K2 +374	K2 +890	16.0		18.7						左侧
36	K2 +890	K2 +910	K2 +390	K2 +910	20.0		23.4						左侧
37	K3 +640	K3 +669	K3 +540	K3 +669	29.0		33.9						左侧
38	K3 +672	K3 +690	K3 +572	K3 +690	18.0		21.1						左侧
39	LK1 +295	LK1 +400	LK1 +295	LK1 +400	105.0	89.9							左侧

续上表

序号	统一里程		施工桩号		长度(m)	构造物形式(m^3/m)							备注
	起	讫	起	讫		边沟	排水沟	截水沟	平台沟	中分带排水	集水井	急流槽	
40	LK1 +295	LK1 +440	LK1 +295	LK1 +440	145.0	124.1							右侧
41	RK1 +285	RK1 +410	RK1 +285	RK1 +410	125.0	107.0							左侧
42	RK1 +285	RK1 +418	RK1 +285	RK1 +418	133.0	113.8							右侧
43	RK1 +800	RK1 +958	RK1 +800	RK1 +958	158.0	135.2							右侧
44	RK2 +026	RK2 +196	RK2 +026	RK2 +196	170.0	145.5							右侧
45	K2 +198	K2 +326	K2 +198	K2 +326	128.4	109.9							右侧
46	K2 +400	K2 +435	K2 +400	K2 +435	35.0	30.0							右侧
47	K2 +480	K2 +523	K2 +480	K2 +523	43.0	36.8							右侧
48	K2 +573	K2 +690	K2 +573	K2 +690	117.0	100.2							右侧
49	K2 +760	K3 +220	K2 +760	K3 +220	460.0	393.8							右侧
50	K2 +800	K2 +874	K2 +800	K2 +874	74.0	63.3							左侧
51	K3 +085	K3 +110	K3 +085	K3 +110	25.0	21.4							左侧
52	K3 +120	K3 +246	K3 +120	K3 +246	126.0	107.9							左侧
53	K3 +390	K3 +640	K3 +390	K3 +640	250.0	214.0							左侧
54	K3 +700	K3 +790	K3 +700	K3 +790	90.0	77.0							左侧
55	K3 +846	K3 +915	K3 +846	K3 +915	69.0	59.1							左侧
56	K3 +931	K3 +950	K3 +931	K3 +950	19.0	16.3							左侧
57	RK1 +790	RK1 +950	RK1 +790	RK1 +950	160.0			211.2					右侧
58	LK1 +365		LK1 +365		35.0							79.8	左侧
59	LK1 +325		LK1 +325		115.0							477.5	右侧

续上表

序号	统一里程		施工桩号		长度(m)	构造物形式(m^3/m)							备注
	起	讫	起	讫		边沟	排水沟	截水沟	平台沟	中分带排水	集水井	急流槽	
60	LK1 +400		LK1 +400		20.0							46.3	左侧
61	RK1 +310		RK1 +310		50.0							95.3	左侧
62	RK1 +380		RK1 +380		15.0							15.6	右侧
63	RK2 +012		RK2 +012		20.0							44.1	右侧
64	K2 +285		K2 +285		50.0							129.9	右侧
65	K2 +356		K2 +356		20.0							37.3	右侧
66	K2 +435		K2 +435		22.0							34.6	右侧
67	K2 +557	K2 +573	K2 +557	K2 +573	16.0							37.6	右侧
68	K2 +690		K2 +690		20.0							32.8	右侧
69	K2 +835		K2 +835		60.0							187.2	右侧
70	K3 +220		K3 +220		22.0							32.7	右侧
71	K3 +110		K3 +110		20.0							34.4	左侧
72	K3 +170		K3 +170		15.0							21.9	右侧
73	K3 +246		K3 +246		35.0							52.6	左侧
74	K3 +520		K3 +520		35.0							42.4	左侧
75	K3 +610		K3 +610		35.0							69.0	左侧
76	K3 +690	K3 +700	K3 +690	K3 +700	10.0							13.1	左侧
77	K3 +790	K3 +805	K3 +790	K3 +805	15.0							21.6	左侧
78	K3 +808	K3 +846	K3 +808	K3 +846	38.0							155.3	左侧
79	K3 +917	K3 +931	K3 +917	K3 +931	14.0							23.1	左侧

续上表

序号	统一里程		施工桩号		长度(m)	构造物形式(m^3/m)							备注
	起	讫	起	讫		边沟	排水沟	截水沟	平台沟	中分带排水	集水井	急流槽	
80	LK1 +295	LK1 +365	LK1 +295	LK1 +365	70.0				37.8				左侧
81	LK1 +295	LK1 +325	LK1 +295	LK1 +325	30.0				16.2				右侧
82	LK1 +295	LK1 +345	LK1 +295	LK1 +345	50.0				27.0				右侧
83	RK1 +285	RK1 +310	RK1 +285	RK1 +310	25.0				13.5				左侧
84	RK1 +285	RK1 +340	RK1 +285	RK1 +340	55.0				29.7				左侧
85	RK1 +352	RK1 +380	RK1 +352	RK1 +380	28.0				15.1				右侧
86	RK2 +100	RK2 +196	RK2 +100	RK2 +196	96.0				51.8				右侧
87	K2 +198	K2 +285	K2 +198	K2 +285	87.4				47.2				右侧
88	K2 +790	K2 +835	K2 +790	K2 +835	45.0				24.3				右侧
89	K3 +090	K3 +170	K3 +090	K3 +170	80.0				43.2				右侧
90	K3 +469	K3 +520	K3 +469	K3 +520	51.0				27.5				左侧
91	K3 +430	K3 +530	K3 +430	K3 +530	100.0				54.0				左侧
92	K3 +406	K3 +610	K3 +406	K3 +610	204.0				110.2				左侧
93	K3 +935	K3 +950	K3 +935	K3 +950	15.0				8.1				左侧
94	K3 +950	K4 +517	K3 +950	K4 +517	567.0		183.6						
95	K4 +907	K5 +645	K4 +907	K5 +645	738.0		239.0						
96	K5 +745	K5 +920	K5 +745	K5 +920	175.0		56.7						
97	K3 +955	K5 +890	K3 +955	K5 +890	1935.0						117.8	114.4	
98	K3 +950	K3 +994	K3 +950	K3 +994	44.0					6.0			右侧
99	K3 +994	K4 +028	K3 +994	K4 +028	34.0					4.8			左侧

续上表

序号	统一里程		施工桩号		长度(m)	构造物形式(m^3/m)							备注
	起	讫	起	讫		边沟	排水沟	截水沟	平台沟	中分带排水	集水井	急流槽	
100	K4 +028	K4 +117	K4 +028	K4 +117	89.0					11.4			右侧
101	K4 +117	K4 +146	K4 +117	K4 +146	29.0					4.2			左侧
102	K4 +146	K4 +255	K4 +146	K4 +255	109.0					13.8			右侧
103	K4 +255	K4 +295	K4 +255	K4 +295	40.0					5.6			左侧
104	K4 +295	K4 +330	K4 +295	K4 +330	35.0					5.0			右侧
105	K4 +330	K4 +480	K4 +330	K4 +480	150.0					18.8			左侧
106	K4 +910	K4 +955	K4 +910	K4 +955	45.0					6.2			右侧
107	K4 +955	K5 +025	K4 +955	K5 +025	70.0					9.2			左侧
108	K5 +025	K5 +099	K5 +025	K5 +099	74.0					9.6			右侧
109	K5 +099	K5 +142	K5 +099	K5 +142	43.0					5.9			左侧
110	K5 +142	K5 +182	K5 +142	K5 +182	40.0					5.6			右侧
111	K5 +182	K5 +225	K5 +182	K5 +225	43.0					5.9			左侧
112	K5 +225	K5 +265	K5 +225	K5 +265	40.0					5.6			右侧
113	K5 +265	K5 +300	K5 +265	K5 +300	35.0					5.0			左侧
114	K5 +300	K5 +340	K5 +300	K5 +340	40.0					5.6			右侧
115	K5 +340	K5 +390	K5 +340	K5 +390	50.0					6.8			左侧
116	K5 +390	K5 +440	K5 +390	K5 +440	50.0					6.8			右侧
117	K5 +440	K5 +490	K5 +440	K5 +490	50.0					6.8			左侧
118	K5 +490	K5 +520	K5 +490	K5 +520	30.0					4.4			右侧
119	K5 +520	K5 +640	K5 +520	K5 +640	120.0					15.2			左侧

续上表

序号	统一里程		施工桩号		长度(m)	构造物形式(m^3/m)							备注
	起	讫	起	讫		边沟	排水沟	截水沟	平台沟	中分带排水	集水井	急流槽	
120	K5 +640	K5 +690	K5 +640	K5 +690	50.0					6.8			右侧
121	K5 +690	K5 +730	K5 +690	K5 +730	40.0					5.6			左侧
122	K5 +730	K5 +765	K5 +730	K5 +765	35.0					5.0			右侧
123	K5 +765	K5 +825	K5 +765	K5 +825	60.0					8.0			左侧
124	K5 +825	K5 +870	K5 +825	K5 +870	45.0					6.2			右侧
125	K5 +870	K5 +910	K5 +870	K5 +910	40.0					5.6			左侧
126	K4 +100	K4 +117	K4 +100	K4 +117	17.0		19.9						右侧
127	K4 +245	K4 +265	K4 +245	K4 +265	20.0		23.4						右侧
128	K4 +496	K4 +516	K4 +496	K4 +516	20.0		23.4						右侧
129	K5 +206	K5 +212	K5 +206	K5 +212	6.0		7.0						右侧
130	K5 +212	K5 +223	K5 +212	K5 +223	11.0		12.9						右侧
131	K5 +640	K5 +651	K5 +640	K5 +651	11.0		12.9						右侧
132	K5 +640	K5 +651	K5 +640	K5 +651	11.0		12.9						左侧
133	LK6 +710	LK6 +724	LK6 +710	LK6 +724	14.0		16.4						右侧
134	LK6 +885	LK6 +920	LK6 +885	LK6 +920	35.0		41.0						右侧
135	LK6 +905	LK6 +919	LK6 +905	LK6 +919	14.0		16.4						左侧
136	LK7 +010	LK7 +030	LK7 +010	LK7 +030	20.0		23.4						右侧
137	RK5 +975	RK6 +000	RK5 +975	RK6 +000	25.0		29.3						右侧
138	RK6 +000	RK6 +060	RK6 +000	RK6 +060	60.0		70.2						右侧
139	RK6 +346	RK6 +358	RK6 +346	RK6 +358	12.0		14.0						右侧

续上表

序号	统一里程		施工桩号		长度(m)	构造物形式(m^3/m)							备注
	起	讫	起	讫		边沟	排水沟	截水沟	平台沟	中分带排水	集水井	急流槽	
140	RK6 +915	RK6 +927	RK6 +915	RK6 +927	12.0		14.0						左侧
141	RK6 +920	RK6 +938	RK6 +920	RK6 +938	18.0		21.1						右侧
142	K4 +104	K4 +268	K4 +[illegible]04	K4 +268	164.0	140.4							左侧
143	K4 +000	K4 +100	K4 +000	K4 +100	100.0	85.6							右侧
144	K4 +150	K4 +245	K4 +150	K4 +245	95.0	81.3							右侧
145	K4 +272	K4 +482	K4 +272	K4 +482	210.0	179.8							左侧
146	K4 +380	K4 +496	K4 +380	K4 +496	116.0	99.3							右侧
147	K4 +880	K5 +206	K4 +[illegible]80	K5 +206	326.0	279.1							右侧
148	K4 +960	K5 +022	K4 +[illegible]60	K5 +022	62.0	53.1							左侧
149	K5 +030	K5 +099	K5 +[illegible]30	K5 +099	69.0	59.1							左侧
150	K5 +223	K5 +510	K5 +223	K5 +510	287.0	245.7							右侧
151	K5 +510	K5 +640	K5 +510	K5 +640	130.0	111.3							右侧
152	K5 +524	K5 +640	K5 +524	K5 +640	116.0	99.3							左侧
153	K5 +745	K5 +855	K5 +745	K5 +855	110.0	94.2							右侧
154	K5 +770	K5 +815	K5 +770	K5 +815	45.0	38.5							左侧
155	K5 +855	K5 +920	K5 +855	K5 +920	65.0	55.6							右侧
156	LK6 +490	LK6 +710	LK6 +490	LK6 +710	220.0	188.3							右侧
157	LK6 +850	LK6 +885	LK6 +850	LK6 +885	35.0	30.0							右侧
158	LK6 +860	LK6 +905	LK6 +860	LK6 +905	45.0	38.5							左侧
159	RK5 +920	RK5 +975	RK5 +920	RK5 +975	55.0	47.1							右侧

续上表

序号	统一里程		施工桩号		长度(m)	构造物形式(m^3/m)							备注
	起	讫	起	讫		边沟	排水沟	截水沟	平台沟	中分带排水	集水井	急流槽	
160	RK6 +060	RK6 +345	RK6 +060	RK6 +345	285.0	244.0							右侧
161	RK6 +313	RK6 +345	RK6 +313	RK6 +345	32.0	27.4							左侧
162	RK6 +346	RK6 +458	RK6 +346	RK6 +458	112.0	95.9							左侧
163	RK6 +358	RK6 +458	RK6 +358	RK6 +458	100.0	85.6							右侧
164	RK6 +730	RK6 +748	RK6 +730	RK6 +748	18.0	15.4							左侧
165	RK6 +730	RK6 +748	RK6 +730	RK6 +748	18.0	15.4							右侧
166	RK6 +800	RK6 +920	RK6 +800	RK6 +920	120.0	102.7							右侧
167	RK6 +826	RK6 +915	RK6 +826	RK6 +915	89.0	76.2							左侧
168	RK6 +960	RK6 +965	RK6 +960	RK6 +965	5.0	6.9							左侧
169	RK6 +960	RK6 +965	RK6 +960	RK6 +965	5.0	6.9							右侧
170	K4 +195	K4 +269	K4 +195	K4 +269	94.0			90.2					左侧
171	K5 +145	K5 +206	K5 +145	K5 +206	81.0			77.8					右侧
172	K5 +800	K5 +920	K5 +800	K5 +920	170.0			163.2					右侧
173	RK5 +920	RK6 +000	RK5 +920	RK6 +000	100.0			96.0					右侧
174	K4 +057		K4 +057		15.0							28.4	左侧
175	K4 +460		K4 +460		15.0							18.5	左侧
176	K4 +482		K4 +482		20.0							43.8	左侧
177	K5 +080		K5 +080		70.0							155.4	右侧
178	K5 +022		K5 +022		15.0							26.0	左侧
179	K5 +099		K5 +099		22.0							34.4	左侧

续上表

序号	统一里程		施工桩号		长度(m)	构造物形式(m^3/m)							备注
	起	讫	起	讫		边沟	排水沟	截水沟	平台沟	中分带排水	集水井	急流槽	
180	K5 +475		K5 +475		25.0							36.5	右侧
181	K5 +575		K5 +575		65.0							98.6	右侧
182	K5 +810		K5 +810		20.0							24.6	右侧
183	K5 +815		K5 +815		20.0							39.2	左侧
184	LK6 +595		LK6 +595		25.0							35.9	右侧
185	LK6 +724		LK6 +724		20.0							47.8	右侧
186	RK6 +195		RK6 +195		50.0							80.0	右侧
187	RK6 +320		RK6 +320		20.0							23.9	右侧
188	RK6 +433		RK6 +433		15.0							15.9	右侧
189	RK6 +458		RK6 +458		35.0							38.8	右侧
190	RK6 +748		RK6 +748		20.0							38.1	左侧
191	RK6 +748		RK6 +748		20.0							44.4	右侧
192	RK6 +800		RK6 +800		15.0							30.5	右侧
193	RK6 +890		RK6 +890		25.0							35.7	左侧
194	RK6 +880		RK6 +880		45.0							65.2	右侧
195	RK6 +960		RK6 +960		10.0							13.4	左侧
196	RK6 +960		RK6 +960		10.0							13.4	右侧
197	K3 +950	K4 +057	K3 +950	K4 +057	107.0				57.8				左侧
198	K4 +125	K4 +195	K4 +125	K4 +195	70.0				37.8				左侧
199	K4 +400	K4 +460	K4 +400	K4 +460	60.0				32.4				左侧

续上表

序号	统一里程		施工桩号		长度(m)	构造物形式(m^3/m)							备注
	起	讫	起	讫		边沟	排水沟	截水沟	平台沟	中分带排水	集水井	急流槽	
200	K4 +895	K5 +145	K4 +895	K5 +145	250.0				135.0				右侧
201	K4 +910	K5 +100	K4 +910	K5 +100	190.0				102.6				右侧
202	K4 +988	K5 +080	K4 +988	K5 +080	92.0				49.7				右侧
203	K5 +390	K5 +605	K5 +390	K5 +605	215.0				116.1				右侧
204	K5 +415	K5 +605	K5 +415	K5 +605	190.0				102.6				右侧
205	K5 +415	K5 +475	K5 +415	K5 +475	60.0				32.4				右侧
206	K5 +540	K5 +575	K5 +540	K5 +575	35.0				18.9				右侧
207	K5 +762	K5 +810	K5 +762	K5 +810	48.0				25.9				右侧
208	LK6 +480	LK6 +595	LK6 +480	LK6 +595	115.0				62.1				右侧
209	RK6 +105	RK6 +320	RK6 +105	RK6 +320	215.0				116.1				右侧
210	RK6 +125	RK6 +205	RK6 +125	RK6 +205	80.0				43.2				右侧
211	RK6 +150	RK6 +195	RK6 +150	RK6 +195	45.0				24.3				右侧
212	RK6 +360	RK6 +458	RK6 +360	RK6 +458	98.0				52.9				右侧
213	RK6 +370	RK6 +458	RK6 +370	RK6 +458	88.0				47.5				右侧
214	RK6 +385	RK6 +458	RK6 +385	RK6 +458	73.0				39.4				右侧
215	RK6 +400	RK6 +433	RK6 +400	RK6 +433	33.0				17.8				右侧
216	RK6 +860	RK6 +890	RK6 +860	RK6 +890	30.0				16.2				左侧
217	RK6 +836	RK6 +900	RK6 +836	RK6 +900	64.0				34.6				右侧
218	RK6 +855	RK6 +880	RK6 +855	RK6 +880	25.0				13.5				右侧
219	LK7 +055	LK7 +072	LK7 +055	LK7 +072	17.0		19.9						左侧

续上表

序号	统一里程		施工桩号		长度(m)	构造物形式(m^3/m)							备注
	起	讫	起	讫		边沟	排水沟	截水沟	平台沟	中分带排水	集水井	急流槽	
220	LK7 +510	LK7 +520	LK7 +510	LK7 +520	10.0		11.7						左侧
221	LK7 +555	LK7 +565	LK7 +555	LK7 +565	10.0		11.7						右侧
222	LK8 +224	LK8 +257	LK8 +224	LK8 +257	33.0		38.6						左侧
223	LK8 +515	LK8 +525	LK8 +515	LK8 +525	10.0		11.7						左侧
224	LK8 +850	LK8 +875	LK8 +350	LK8 +875	25.0		29.3						左侧
225	LK8 +875	LK8 +890	LK8 +375	LK8 +890	15.0		17.6						左侧
226	RK8 +850	RK8 +875	RK8 +850	RK8 +875	25.0		29.3						右侧
227	RK8 +875	RK8 +890	RK8 +875	RK8 +890	15.0		17.6						右侧
228	RK7 +865	RK7 +890	RK7 +865	RK7 +890	25.0		29.3						左侧
229	RK7 +865	RK7 +890	RK7 +865	RK7 +890	25.0		29.3						右侧
230	RK8 +133	RK8 +148	RK8 +133	RK8 +148	15.0		17.6						右侧
231	RK8 +197	RK8 +207	RK8 +197	RK8 +207	10.0		11.7						右侧
232	RK8 +197	RK8 +217	RK8 +197	RK8 +217	20.0		23.4						左侧
233	RK8 +590	RK8 +620	RK8 +590	RK8 +620	30.0		35.1						左侧
234	RK9 +335	RK9 +350	RK9 +335	RK9 +350	15.0		17.6						左侧
235	RK9 +720	RK9 +740	RK9 +720	RK9 +740	20.0		23.4						左侧
236	LK7 +035	LK7 +080	LK7 +035	LK7 +080	45.0	75.2							右侧
237	LK7 +072	LK7 +080	LK7 +072	LK7 +080	8.0	9.5							左侧
238	LK7 +505	LK7 +510	LK7 +505	LK7 +510	5.0	4.3							左侧
239	LK7 +505	LK7 +555	LK7 +505	LK7 +555	50.0	42.8							右侧

续上表

序号	统一里程		施工桩号		长度(m)	构造物形式(m^3/m)							备注
	起	讫	起	讫		边沟	排水沟	截水沟	平台沟	中分带排水	集水井	急流槽	
240	LK8 +080	LK8 +224	LK8 +080	LK8 +224	144.0	123.3							左侧
241	LK8 +525	LK8 +850	LK8 +525	LK8 +850	325.0	278.2							左侧
242	LK8 +680	LK8 +850	LK8 +680	LK8 +850	170.0	145.5							右侧
243	LK9 +215	LK9 +316	LK9 +215	LK9 +316	101.0	86.5							左侧
244	LK9 +430	LK9 +705	LK9 +430	LK9 +705	275.0	235.4							左侧
245	LK9 +845	LK9 +900	LK9 +845	LK9 +900	55.0	47.1							左侧
246	RK6 +965	RK6 +975	RK6 +965	RK6 +975	10.0	13.7							左侧
247	RK6 +965	RK6 +975	RK6 +965	RK6 +975	10.0	13.7							右侧
248	RK7 +595	RK7 +600	RK7 +595	RK7 +600	5.0	4.3							左侧
249	RK7 +595	RK7 +600	RK7 +595	RK7 +600	5.0	4.3							右侧
250	RK7 +813	RK7 +865	RK7 +813	RK7 +865	52.0	44.5							右侧
251	RK7 +840	RK7 +865	RK7 +840	RK7 +865	25.0	21.4							左侧
252	RK8 +095	RK8 +197	RK8 +095	RK8 +197	102.0	87.3							左侧
253	RK8 +095	RK8 +133	RK8 +095	RK8 +133	38.0	32.5							右侧
254	RK8 +170	RK8 +197	RK8 +170	RK8 +197	27.0	23.1							右侧
255	RK8 +620	RK8 +881	RK8 +620	RK8 +881	261.0	223.4							左侧
256	RK8 +620	RK8 +665	RK8 +620	RK8 +665	45.0	38.5							右侧
257	RK8 +677	RK8 +785	RK8 +677	RK8 +785	108.0	92.4							右侧
258	RK9 +275	RK9 +335	RK9 +275	RK9 +335	60.0	51.4							左侧
259	RK9 +449	RK9 +720	RK9 +449	RK9 +720	271.0	232.0							左侧

续上表

序号	统一里程		施工桩号		长度(m)	构造物形式(m^3/m)							备注
	起	讫	起	讫		边沟	排水沟	截水沟	平台沟	中分带排水	集水井	急流槽	
260	RK9 + 505	RK9 + 605	RK9 + 505	RK9 + 605	100.0	85.6							右侧
261	RK9 + 700	RK9 + 728	RK9 + 700	RK9 + 728	28.0	24.0							右侧
262	RK9 + 860	RK9 + 900	RK9 + 860	RK9 + 900	40.0	34.2							左侧
263	RK9 + 880	RK9 + 900	RK9 + 880	RK9 + 900	20.0	17.1							右侧
264	LK8 + 520	LK8 + 760	LK8 + 520	LK8 + 760	240.0			326.4					左侧
265	LK8 + 760	LK8 + 890	LK8 + 760	LK8 + 890	130.0			153.6					左侧
266	LK9 + 420	LK9 + 680	LK9 + 420	LK9 + 680	260.0			307.2					左侧
267	LK9 + 880	LK9 + 900	LK9 + 880	LK9 + 900	20.0			19.2					左侧
268	LK7 + 055		LK7 + 055		20.0							86.6	左侧
269	LK7 + 550		LK7 + 550		15.0							15.4	右侧
270	LK8 + 810		LK8 + 810		55.0							68.3	左侧
271	LK9 + 295		LK9 + 295		20.0							47.1	左侧
272	LK9 + 316		LK9 + 316		20.0							48.6	左侧
273	LK9 + 585		LK9 + 585		30.0							38.2	左侧
274	LK9 + 690		LK9 + 690		20.0							28.1	左侧
275	LK9 + 705		LK9 + 705		22.0							35.4	左侧
276	RK7 + 600		RK7 + 600		40.0							60.6	左侧
277	RK7 + 600		RK7 + 600		60.0							126.8	左侧
278	RK8 + 620		RK8 + 620		30.0							59.0	右侧
279	RK8 + 677		RK8 + 677		15.0							30.0	右侧

续上表

序号	统一里程		施工桩号		长度(m)	构造物形式(m^3/m)							备注
	起	讫	起	讫		边沟	排水沟	截水沟	平台沟	中分带排水	集水井	急流槽	
280	RK9 +728		RK9 +728		15.0							27.1	右侧
281	LK7 +520	LK7 +550	LK7 +520	LK7 +550	30.0				16.2				右侧
282	LK8 +690	LK8 +850	LK8 +690	LK8 +850	160.0				86.4				左侧
283	LK8 +690	LK8 +840	LK8 +690	LK8 +840	150.0				81.0				左侧
284	LK8 +750	LK8 +820	LK8 +750	LK8 +820	70.0				37.8				左侧
285	LK8 +770	LK8 +810	LK8 +770	LK8 +810	40.0				21.6				左侧
286	LK9 +255	LK9 +295	LK9 +255	LK9 +295	40.0				21.6				左侧
287	LK9 +455	LK9 +690	LK9 +455	LK9 +690	235.0				126.9				左侧
288	LK9 +485	LK9 +610	LK9 +485	LK9 +610	125.0				67.5				左侧
289	LK9 +505	LK9 +585	LK9 +505	LK9 +585	80.0				43.2				左侧
290	LK9 +855	LK9 +900	LK9 +855	LK9 +900	45.0				24.3				左侧
291	LK10 +030	LK10 +048	LK10 +030	LK10 +048	18.0		21.1						右侧
292	LK10 +048	LK10 +054	LK10 +048	LK10 +054	6.0		7.0						右侧
293	LK10 +465	LK10 +646	LK10 +465	LK10 +646	181.0		211.8						左侧
294	LK10 +660	LK10 +677	LK10 +660	LK10 +677	17.0		19.9						左侧
295	LK10 +700	LK10 +720	LK10 +700	LK10 +720	20.0		23.4						左侧
296	LK10 +790	LK10 +800	LK10 +790	LK10 +800	10.0		11.7						左侧
297	LK10 +780	LK10 +800	LK10 +780	LK10 +800	20.0		23.4						右侧
298	LK10 +800	LK10 +810	LK10 +800	LK10 +810	10.0		11.7						右侧
299	LK10 +810	LK10 +825	LK10 +810	LK10 +825	15.0		17.6						左侧

续上表

序号	统一里程		施工桩号		长度(m)	构造物形式(m^3/m)							备注
	起	讫	起	讫		边沟	排水沟	截水沟	平台沟	中分带排水	集水井	急流槽	
300	LK10 +940	LK11 +036	LK10 +940	LK11 +036	96.0		112.3						左侧
301	LK10 +940	LK10 +985	LK10 +940	LK10 +985	45.0		52.7						右侧
302	LK10 +985	LK11 +070	LK10 +985	LK11 +070	85.0		99.5						右侧
303	LK11 +275	LK11 +285	LK11 +275	LK11 +285	10.0		11.7						左侧
304	LK11 +400	LK11 +488	LK11 +400	LK11 +488	88.0		103.0						右侧
305	LK11 +725	LK11 +760	LK11 +725	LK11 +760	35.0		41.0						左侧
306	LK11 +650	LK11 +745	LK11 +650	LK11 +745	95.0		111.2						右侧
307	LK12 +800	LK12 +900	LK12 +800	LK12 +900	100.0		117.0						左侧
308	LK12 +424	LK12 +580	LK12 +424	LK12 +580	156.5		183.1						右侧
309	LK9 +931	LK9 +941	LK9 +931	LK9 +941	10.0		11.7						右侧
310	RK10 +015	RK10 +025	RK10 +015	RK10 +025	10.0		11.7						右侧
311	RK10 +023	RK10 +043	RK10 +023	RK10 +043	20.0		23.4						左侧
312	RK10 +410	RK10 +430	RK10 -410	RK10 +430	20.0		23.4						左侧
313	RK10 +410	RK10 +423	RK10 -410	RK10 +423	13.0		15.2						右侧
314	RK10 +423	RK10 +443	RK10 -423	RK10 +443	20.0		23.4						右侧
315	RK10 +410	RK10 +677	RK10 -410	RK10 +677	267.0		312.4						左侧
316	RK10 +678	RK10 +715	RK10 -678	RK10 +715	37.0		43.3						左侧
317	RK10 +805	RK10 +828	RK10 -805	RK10 +828	23.0		26.9						左侧
318	RK10 +805	RK10 +828	RK10 -805	RK10 +828	23.0		26.9						右侧
319	RK10 +829	RK10 +855	RK10 +829	RK10 +855	26.0		30.4						左侧

续上表

序号	统一里程		施工桩号		长度(m)	构造物形式(m^3/m)							备注
	起	讫	起	讫		边沟	排水沟	截水沟	平台沟	中分带排水	集水井	急流槽	
320	RK11 +000	RK11 +080	RK11 +000	RK11 +080	80.0		93.6						右侧
321	RK11 +280	RK11 +300	RK11 +280	RK11 +300	20.0		23.4						左侧
322	RK11 +410	RK11 +455	RK11 +410	RK11 +455	45.0		52.7						右侧
323	RK11 +644	RK11 +695	RK11 +644	RK11 +695	51.0		59.7						左侧
324	RK11 +695	RK11 +715	RK11 +695	RK11 +715	20.0		23.4						左侧
325	RK11 +815	RK11 +830	RK11 +815	RK11 +830	15.0		17.6						右侧
326	RK11 +815	RK11 +825	RK11 +815	RK11 +825	10.0		11.7						右侧
327	RK12 +440	RK12 +460	RK12 +440	RK12 +460	20.0		23.4						左侧
328	RK12 +390	RK12 +670	RK12 +390	RK12 +670	280.0		660.2						右侧
329	RK12 +680	RK12 +720	RK12 +680	RK12 +720	40.0		46.8						右侧
330	RK12 +720	RK12 +730	RK12 +720	RK12 +730	10.0		11.7						右侧
331	LK9 +900	LK10 +026	LK9 +900	LK10 +026	126.0	107.9							左侧
332	LK10 +030	LK10 +070	LK10 +030	LK10 +070	40.0	58.5							左侧
333	LK10 +054	LK10 +070	LK10 +054	LK10 +070	16.0	21.3							右侧
334	LK10 +335	LK10 +405	LK10 +335	LK10 +405	70.0	59.9							左侧
335	LK10 +409	LK10 +465	LK10 +409	LK10 +465	56.0	47.9							左侧
336	LK10 +720	LK10 +780	LK10 +720	LK10 +780	60.0	51.4							左侧
337	LK10 +700	LK10 +780	LK10 +700	LK10 +780	80.0	68.5							右侧
338	LK10 +825	LK10 +940	LK10 +825	LK10 +940	115.0	98.4							左侧
339	LK10 +840	LK10 +940	LK10 +840	LK10 +940	100.0	85.6							右侧

续上表

序号	统一里程		施工桩号		长度(m)	构造物形式(m^3/m)							备注
	起	讫	起	讫		边沟	排水沟	截水沟	平台沟	中分带排水	集水井	急流槽	
340	LK11 +275	LK11 +465	LK11 +275	LK11 +465	190.0	162.6							左侧
341	LK11 +275	LK11 +400	LK11 +275	LK11 +400	125.0	591.9							右侧
342	LK11 +760	LK11 +850	LK11 +760	LK11 +850	90.0	77.0							左侧
343	LK11 +745	LK11 +850	LK11 +745	LK11 +850	105.0	89.9							右侧
344	LK12 +305	LK12 +800	LK12 +305	LK12 +800	495.0	423.7							左侧
345	LK12 +305	LK12 +424	LK12 +305	LK12 +424	118.5	101.4							右侧
346	LK13 +071	LK13 +100	LK13 +071	LK13 +100	29.0	24.8							左侧
347	LK13 +071	LK13 +100	LK13 +071	LK13 +100	29.0	24.8							右侧
348	RK9 +900	RK10 +023	RK9 -900	RK10 +023	123.0	105.3							左侧
349	RK9 +900	RK9 +931	RK9 +900	RK9 +931	31.0	26.5							右侧
350	RK9 +950	RK10 +015	RK9 +950	RK10 +015	65.0	55.6							右侧
351	RK10 +060	RK10 +070	RK10 +060	RK10 +070	10.0	12.1							左侧
352	RK10 +060	RK10 +070	RK10 -060	RK10 +070	10.0	12.1							右侧
353	RK10 +345	RK10 +410	RK10 -345	RK10 +410	65.0	55.6							左侧
354	RK10 +345	RK10 +410	RK10 -345	RK10 +410	65.0	55.6							右侧
355	RK10 +715	RK10 +805	RK10 -715	RK10 +805	90.0	77.0							左侧
356	RK10 +715	RK10 +805	RK10 -715	RK10 +805	90.0	77.0							右侧
357	RK10 +855	RK11 +000	RK10 -855	RK11 +000	145.0	124.1							左侧
358	RK10 +855	RK11 +000	RK10 -855	RK11 +000	145.0	124.1							右侧
359	RK11 +300	RK11 +410	RK11 -300	RK11 +410	110.0	94.2							左侧

续上表

序号	统一里程		施工桩号		长度(m)	构造物形式(m^3/m)							备注
	起	讫	起	讫		边沟	排水沟	截水沟	平台沟	中分带排水	集水井	急流槽	
360	RK11 +320	RK11 +410	RK11 +320	RK11 +410	90.0	77.0							右侧
361	RK11 +715	RK11 +845	RK11 +715	RK11 +845	130.0	111.3							左侧
362	RK11 +695	RK11 +755	RK11 +695	RK11 +755	60.0	51.4							右侧
363	RK11 +830	RK11 +845	RK11 +830	RK11 +845	15.0	12.8							右侧
364	RK12 +315	RK12 +440	RK12 +315	RK12 +440	125.0	107.0							左侧
365	RK12 +315	RK12 +390	RK12 +315	RK12 +390	75.0	64.2							右侧
366	RK13 +106	RK13 +130	RK13 +106	RK13 +130	24.0	20.5							左侧
367	LK9 +900	LK10 +028	LK9 +900	LK10 +028	128.0			190.1					左侧
368	LK10 +028	LK10 +070	LK10 +028	LK10 +070	42.0			49.9					左侧
369	LK10 +120	LK10 +200	LK10 +120	LK10 +200	80.0			96.0					左侧
370	LK10 +815	LK10 +860	LK10 +815	LK10 +860	45.0			62.4					左侧
371	LK10 +860	LK11 +010	LK10 +860	LK11 +010	150.0			172.8					左侧
372	LK11 +790	LK11 +880	LK11 +790	LK11 +880	90.0			105.6					左侧
373	LK12 +270	LK12 +900	LK12 +270	LK12 +900	630.0			796.8					左侧
374	LK10 +000		LK10 +000		25.0							40.8	左侧
375	LK10 +070	LK10 +120	LK10 +070	LK10 +120	60.0							105.4	左侧
376	LK10 +646	LK10 +660	LK10 +646	LK10 +660	20.0							41.1	左侧
377	LK10 +700		LK10 +700		21.0							40.9	左侧
378	LK10 +780	LK10 +790	LK10 +780	LK10 +790	10.0							12.8	左侧
379	LK10 +800	LK10 +810	LK10 +800	LK10 +810	10.0							15.2	左侧

续上表

序号	统一里程		施工桩号		长度(m)	构造物形式(m^3/m)							备注
	起	讫	起	讫		边沟	排水沟	截水沟	平台沟	中分带排水	集水井	急流槽	
380	LK11 +036		LK11 +036		30.0							58.6	左侧
381	LK11 +275		LK11 +275		20.0							34.1	右侧
382	LK11 +286		LK11 +286		15.0							16.3	左侧
383	LK11 +390		LK11 +390		15.0							16.3	右侧
384	LK12 +380		LK12 +380		45.0							58.7	左侧
385	LK12 +780		LK12 +780		25.0							44.2	左侧
386	LK13 +071		LK13 +071		20.0							42.3	左侧
387	LK13 +071		LK13 +071		20.0							30.8	右侧
388	RK10 +060		RK10 +060		15.0							27.5	右侧
389	RK11 +320		RK11 +320		20.0							48.6	右侧
390	RK11 +385		RK11 +385		15.0							23.8	右侧
391	RK11 +390		RK11 +390		15.0							16.3	左侧
392	RK11 +455		RK11 +455		25.0							58.9	右侧
393	RK11 +695		RK11 −695		15.0							23.4	右侧
394	RK12 +670	RK12 +680	RK12 −670	RK12 +680	10.0							15.5	右侧
395	LK9 +900	LK10 +000	LK9 +900	LK10 +000	100.0				54.0				左侧
396	LK11 +286	LK11 +370	LK11 −286	LK11 +370	84.0				45.4				左侧
397	LK11 +310	LK11 +390	LK11 −310	LK11 +390	80.0				43.2				右侧
398	LK12 +308	LK12 +415	LK12 +308	LK12 +415	107.0				57.8				左侧
399	LK12 +330	LK12 +390	LK12 +330	LK12 +390	60.0				32.4				左侧

续上表

序号	统一里程		施工桩号		长度(m)	构造物形式(m^3/m)							备注
	起	讫	起	讫		边沟	排水沟	截水沟	平台沟	中分带排水	集水井	急流槽	
400	LK12 + 350	LK12 + 380	LK12 + 350	LK12 + 380	30.0				16.2				左侧
401	LK12 + 750	LK12 + 780	LK12 + 750	LK12 + 780	30.0				16.2				左侧
402	RK11 + 330	RK11 + 390	RK11 + 330	RK11 + 390	60.0				32.4				左侧
403	RK11 + 355	RK11 + 385	RK11 + 355	RK11 + 385	30.0				16.2				右侧
404	LK13 + 090	LK13 + 100	LK13 + 090	LK13 + 100	10.0				5.4				左侧
405	LK13 + 483	LK13 + 488	LK13 + 483	LK13 + 488	5.0		5.9						左侧
406	LK13 + 483	LK13 + 489	LK13 + 483	LK13 + 489	6.0		7.0						右侧
407	LK13 + 488	LK13 + 600	LK13 + 488	LK13 + 600	112.0		131.0						左侧
408	K13 + 600	K13 + 773	K13 + 600	K13 + 773	173.0		434.2						两侧
409	K13 + 791	K13 + 825	K13 + 791	K13 + 825	34.0		39.8						左侧
410	K14 + 160	K14 + 175	K14 + 160	K14 + 175	15.0		17.6						左侧
411	K16 + 083	K16 + 100	K16 + 083	K16 + 100	17.0		19.9						左侧
412	LK13 + 100	LK13 + 483	LK13 + 100	LK13 + 483	383.0	327.8							左侧
413	LK13 + 100	LK13 + 483	LK13 + 100	LK13 + 483	383.0	327.8							右侧
414	RK13 + 130	RK13 + 493	RK13 + 130	RK13 + 493	363.0	310.7							左侧
415	RK13 + 169	RK13 + 612	RK13 + 169	RK13 + 612	443.0	352.7							右侧
416	K13 + 825	K14 + 160	K13 + 825	K14 + 160	335.0	303.9							左侧
417	K13 + 940	K14 + 175	K13 + 940	K14 + 175	235.0	201.2							右侧
418	K14 + 279	K14 + 562	K14 + 279	K14 + 562	283.0	296.2							左侧
419	K14 + 279	K14 + 625	K14 + 279	K14 + 625	346.0	296.2							右侧

续上表

序号	统一里程		施工桩号		长度(m)	构造物形式(m^3/m)							备注
	起	讫	起	讫		边沟	排水沟	截水沟	平台沟	中分带排水	集水井	急流槽	
420	K14 +900	K15 +000	K14 +900	K15 +000	100.0	85.6							左侧
421	K15 +035	K15 +260	K15 +035	K15 +260	225.0	225.1							左侧
422	K15 +411	K15 +580	K15 +411	K15 +580	169.0	144.7							右侧
423	K15 +661	K15 +875	K15 -661	K15 +875	214.0	622.5							左侧
424	K15 +900	K16 +020	K15 -900	K16 +020	120.0	341.5							左侧
425	K16 +020	K16 +083	K16 -020	K16 +083	63.0	98.2							左侧
426	LK13 +220	LK13 +600	LK13 +220	LK13 +600	40.0			38.4					左侧
427	RK13 +500	RK13 +612	RK13 +500	RK13 +612	121.0			116.2					右侧
428	K13 +600	K13 +773	K13 -600	K13 +773	91.0			87.4					左侧
429	K15 +825	K16 +000	K15 -825	K16 +000	177.0			191.2					右侧
430	K16 +556	K16 +625	K16 -556	K16 +625	69.0		80.7						左侧
431	K16 +556	K16 +606	K16 +556	K16 +606	50.0		58.5						右侧
432	K16 +610	K16 +750	K16 +610	K16 +750	140.0		163.8						右侧
433	K16 +750	K16 +818	K16 +750	K16 +818	68.0		79.6						左侧
434	K16 +875	K16 +886	K16 +875	K16 +886	11.0		12.9						右侧
435	K16 +888	K16 +910	K16 +888	K16 +910	22.0		25.7						左侧
436	K16 +888	K16 +896	K16 +888	K16 +896	8.0		9.4						右侧
437	K17 +075	K17 +088	K17 +075	K17 +088	13.0		15.2						左侧
438	K17 +250	K17 +275	K17 +250	K17 +275	25.0		29.3						左侧
439	K18 +520	K18 +540	K18 +520	K18 +540	20.0		23.4						右侧

续上表

序号	统一里程		施工桩号		长度(m)	构造物形式(m^3/m)							备注
	起	讫	起	讫		边沟	排水沟	截水沟	平台沟	中分带排水	集水井	急流槽	
440	K18+920	K19+000	K18+920	K19+000	80.0		93.6						右侧
441	K18+980	K19+000	K18+980	K19+000	20.0		23.4						左侧
442	K16+340	K16+556	K16+340	K16+556	216.0	184.9							右侧
443	K16+340	K16+450	K16+340	K16+450	110.0	94.2							左侧
444	K16+450	K16+556	K16+450	K16+556	106.0	144.8							左侧
445	K16+750	K16+875	K16+750	K16+875	125.0	107.0							右侧
446	K16+818	K16+888	K16+818	K16+888	70.0	59.9							左侧
447	K16+896	K17+145	K16+896	K17+145	249.0	213.1							右侧
448	K17+145	K17+205	K17+145	K17+205	60.0	104.0							右侧
449	K16+953	K17+025	K16+953	K17+025	72.0	61.6							左侧
450	K17+088	K17+250	K17+088	K17+250	162.0	138.7							左侧
451	K18+400	K18+500	K18+400	K18+500	100.0	85.6							右侧
452	K18+500	K18+520	K18+500	K18+520	20.0	22.2							右侧
453	K18+570	K18+980	K18+570	K18+980	410.0	351.0							左侧
454	K18+565	K18+920	K18+565	K18+920	355.0	303.9							右侧
455	K16+420	K16+600	K16+420	K16+600	180.0			270.0					右侧
456	K16+470	K16+620	K16+470	K16+620	150.0			237.6					左侧
457	K16+620	K16+770	K16+620	K16+770	150.0			226.8					右侧
458	K16+770	K16+886	K16+770	K16+886	116.0			179.3					右侧
459	K16+886	K17+010	K16+886	K17+010	124.0			204.1					右侧
460	K17+010	K17+163	K17+010	K17+163	153.0			251.6					右侧

续上表

序号	统一里程		施工桩号		长度(m)	构造物形式(m^3/m)							备注
	起	讫	起	讫		边沟	排水沟	截水沟	平台沟	中分带排水	集水井	急流槽	
461	K18 +800	K19 +000	K18 +800	K19 +000	200.0			259.2					左侧
462	K16 +445		K16 +445		15.0							16.3	右侧
463	K16 +475		K16 +475		30.0							64.6	左侧
464	K16 +490		K16 +490		15.0							16.3	右侧
465	K16 +870		K16 +870		15.0							16.3	左侧
466	K17 +025		K17 +025		15.0							26.7	左侧
467	K17 +060		K17 +060		15.0							16.3	右侧
468	K17 +185		K17 +185		15.0							16.3	左侧
469	K17 +205		K17 +205		20.0							55.1	右侧
470	K17 +210		K17 +210		15.0							16.3	左侧
471	K18 +565		K18 +565		15.0							27.2	右侧
472	K18 +570		K18 +570		15.0							32.3	左侧
473	K18 +665		K18 +665		25.0							40.4	右侧
474	K18 +750		K18 +750		15.0							16.3	右侧
475	K16 +340	K16 +475	K16 +340	K16 +475	135.0				72.9				左侧
476	K16 +365	K16 +490	K16 +365	K16 +490	125.0				67.5				右侧
477	K16 +393	K16 +445	K16 +393	K16 +445	52.0				28.1				右侧
478	K16 +833	K16 +870	K16 +833	K16 +870	37.0				20.0				左侧
479	K16 +985	K17 +060	K16 +985	K17 +060	75.0				40.5				右侧
480	K17 +101	K17 +210	K17 +101	K17 +210	109.0				58.9				左侧
481	K17 +120	K17 +185	K17 +120	K17 +185	65.0				35.1				左侧
482	K17 +084	K17 +185	K17 +084	K17 +185	101.0				59.9				右侧
483	K18 +590	K18 +710	K18 +590	K18 +710	120.0				70.2				左侧
484	K18 +730	K18 +870	K18 +730	K18 +870	140.0				81.0				左侧

续上表

序号	统一里程		施工桩号		长度(m)	构造物形式(m^3/m)							备注
	起	讫	起	讫		边沟	排水沟	截水沟	平台沟	中分带排水	集水井	急流槽	
485	K18 +765	K18 +870	K18 +765	K18 +870	105.0				62.1				左侧
486	K18 +790	K18 +830	K18 +790	K18 +830	40.0				27.0				左侧
487	K18 +590	K18 +890	K18 +590	K18 +890	300.0				167.4				右侧
488	K18 +655	K18 +865	K18 +655	K18 +865	210.0				118.8				右侧
489	K18 +665	K18 +735	K18 +665	K18 +735	70.0				37.8				右侧
490	K18 +750	K18 +790	K18 +750	K18 +790	40.0				21.6				右侧
491	K19 +051	K19 +080	K19 +051	K19 +080	40.0		34.2						右侧
492	K19 +080	K19 +220	K19 +080	K19 +220	140.0		119.8						右侧
493	K19 +540	K19 +880	K19 +540	K19 +880	340.0		291.0						右侧
494	K19 +540	K19 +820	K19 +540	K19 +820	280.0		239.7						左侧
495	K19 +880	K19 +977	K19 +880	K19 +977	97.0		83.0						右侧
496	K20 +006	K20 +150	K20 +006	K20 +150	144.0		123.3						右侧
497	K20 +058	K20 +170	K20 +058	K20 +170	155.0		132.7						左侧
498	K20 +220	K20 +380	K20 +220	K20 +380	160.0		137.0						左侧
499	K20 +380	K20 +410	K20 +380	K20 +410	30.0		25.7						左侧
500	K20 +440	K20 +660	K20 +440	K20 +660	220.0		188.3						左侧
501	K20 +900	K21 +030	K20 +900	K21 +030	130.0		111.3						右侧
502	K20 +900	K21 +020	K20 +900	K21 +020	120.0		102.7						左侧
503	K21 +700	K21 +760	K21 +700	K21 +760	60.0		51.4						右侧
504	K21 +820	K22 +150	K21 +820	K22 +150	330.0		282.5						右侧
505	K21 +860	K22 +200	K21 +860	K22 +200	340.0		291.0						左侧
506	K22 +320	K22 +400	K22 +320	K22 +400	80.0		68.5						右侧

续上表

序号	统一里程		施工桩号		长度(m)	构造物形式(m^3/m)							备注
	起	讫	起	讫		边沟	排水沟	截水沟	平台沟	中分带排水	集水井	急流槽	
507	K22 +330	K22 +400	K22 +330	K22 +400	70.0		59.9						左侧
508	K19 +000	K19 +050	K19 +000	K19 +050	50.0	58.5							左侧
509	K19 +000	K19 +060	K19 +000	K19 +060	60.0	70.2							右侧
510	K21 +030	K21 +053	K21 +030	K21 +053	23.0	26.9							右侧
511	K21 +020	K21 +053	K21 +020	K21 +053	33.0	38.6							左侧
512	K21 +057	K21 +336	K21 +057	K21 +336	279.0	326.4							右侧
513	K21 +340	K21 +660	K21 +340	K21 +660	320.0	374.4							右侧
514	K21 +660	K21 +700	K21 +660	K21 +700	40.0	46.8							右侧
515	K21 +760	K21 +777	K21 +760	K21 +777	17.0	19.9							右侧
516	K21 +777	K21 +820	K21 +777	K21 +820	43.0	50.3							右侧
517	K22 +150	K22 +202	K22 +150	K22 +202	52.0	60.8							右侧
518	南召互通		南召互通		1424.0	1219.0							
519	K25 +103	K25 +160	K25 +103	K25 +160	57.0					7.8			右侧
520	K25 +160	K25 +210	K25 +160	K25 +210	50.0					6.9			左侧
521	K25 +210	K25 +260	K25 +210	K25 +260	50.0					6.9			右侧
522	K25 +260	K25 +310	K25 +260	K25 +310	50.0					6.9			左侧
523	K25 +310	K25 +345	K25 +310	K25 +345	35.0					5.1			右侧
524	K23 +828	K23 +838	K23 +828	K23 +838	10.0		72.5						右侧
525	K23 +876	K23 +890	K23 +876	K23 +890	14.0		117.0						右侧
526	K24 +705	K24 +724	K24 +705	K24 +724	19.0		117.0						左侧
527	K24 +724	K24 +734	K24 +724	K24 +734	10.0		72.5						左侧
528	K24 +795	K24 +858	K24 +795	K24 +858	63.0		311.2						右侧

续上表

序号	统一里程		施工桩号		长度(m)	构造物形式(m^3/m)							备注
	起	讫	起	讫		边沟	排水沟	截水沟	平台沟	中分带排水	集水井	急流槽	
529	K22 +400	K22 +482	K22 +400	K22 +482	82.0	70.2							左侧
530	K22 +400	K22 +471	K22 +400	K22 +471	71.0	60.8							右侧
531	K23 +682	K23 +875	K23 +682	K23 +875	193.0	165.2							左侧
532	K23 +881	K24 +036	K23 +881	K24 +036	155.0	132.7							左侧
533	K23 +682	K24 +004	K23 +682	K24 +004	322.0	275.6							右侧
534	K24 +385	K24 +818	K24 +385	K24 +818	432.5	370.2							左侧
535	K24 +386	K24 +742	K24 +386	K24 +742	356.0	304.7							右侧
536	K24 +990	K25 +100	K24 +990	K25 +100	110.0	94.2							左侧
537	K25 +100	K25 +190	K25 +100	K25 +190	90.0	77.0							左侧
538	K24 +977	K25 +094	K24 +977	K25 +094	117.0	100.2							右侧
539	K25 +362	K25 +391	K25 +362	K25 +391	28.5	24.4							左侧
540	K25 +360	K25 +391	K25 +360	K25 +391	30.5	26.1							右侧
541	K22 +471		K22 +471		9.0							15.6	左侧
542	K22 +482		K22 +482		30.0							24.7	右侧
543	K23 +682		K23 +682		90.0							106.5	左侧
544	K23 +780		K23 +780		15.0							25.3	右侧
545	K23 +875		K23 +875		6.0							11.2	左侧
546	K23 +879		K23 +879		10.7							20.6	左侧
547	K24 +386		K24 +386		46.0							43.3	左侧
548	K24 +386		K24 +386		68.0							76.0	右侧
549	K24 +545		K24 +545		24.0							51.3	左侧
550	K24 +560		K24 +560		15.0							32.6	左侧

续上表

序号	统一里程		施工桩号		长度(m)	构造物形式(m^3/m)							备注
	起	讫	起	讫		边沟	排水沟	截水沟	平台沟	中分带排水	集水井	急流槽	
551	K24 +680		K24 +680		14.5							31.6	左侧
552	K24 +690		K24 +690		11.0							26.7	左侧
553	K24 +720		K24 +720		15.6							33.2	左侧
554	K24 +560		K24 +560		21.0							56.7	右侧
555	K24 +818		K24 +818		35.5							41.1	左侧
556	K24 +990		K24 +990		42.0							48.8	左侧
557	K25 +390	K25 +714	K25 +390	K25 +714	324.0					31.1			
558	K25 +714	K25 +770	K25 +714	K25 +770	56.0					7.6			右侧
559	K25 +770	K25 +820	K25 +770	K25 +820	50.0					6.9			左侧
560	K25 +820	K26 +964	K25 +820	K26 +964	1144.0					0.0			
561	K26 +964	K27 +037	K26 +964	K27 +037	73.0					9.7			右侧
562	K27 +037	K27 +083	K27 +037	K27 +083	46.0					6.4			左侧
563	K27 +083	K27 +305	K27 +083	K27 +305	222.0					21.3			
564	K27 +305	K27 +348	K27 +305	K27 +348	43.0					6.1			左侧
565	K27 +348	K27 +398	K27 +348	K27 +398	50.0					6.9			左侧
566	K27 +398	K27 +473	K27 +398	K27 +473	75.0					9.9			右侧
567	K27 +473	K27 +520	K27 +473	K27 +520	47.0					6.6			左侧
568	K27 +520	K27 +555	K27 +520	K27 +555	35.0					5.1			右侧
569	K27 +555	K27 +590	K27 +555	K27 +590	35.0					5.1			左侧
570	K27 +590	K27 +619	K27 +590	K27 +619	29.0					4.4			右侧
571	K27 +619	K28 +000	K27 +619	K28 +000	381.0					36.6			
572	K28 +000	K28 +049	K28 +000	K28 +049	49.0					6.8			右侧

续上表

序号	统一里程		施工桩号		长度(m)	构造物形式(m^3/m)							备注
	起	讫	起	讫		边沟	排水沟	截水沟	平台沟	中分带排水	集水井	急流槽	
573	K28+049	K28+099	K28+049	K28+099	50.0					6.9			左侧
574	K28+099	K28+150	K28+099	K28+150	51.0					7.0			右侧
575	K28+150	K28+175	K28+150	K28+175	25.0					3.9			左侧
576	K28+253	K28+320	K28+253	K28+320	67.0					9.0			右侧
577	K28+320	K28+370	K28+320	K28+370	50.0					6.9			左侧
578	K28+370	K28+480	K28+370	K28+480	110.0					14.1			右侧
579	K28+480	K28+530	K28+480	K28+530	50.0					6.9			左侧
580	K28+530	K28+580	K28+530	K28+580	50.0					6.9			右侧
581	K28+580	K28+630	K28+580	K28+630	50.0					6.9			左侧
582	K28+630	K28+675	K28+630	K28+675	45.0					6.3			右侧
583	K25+702	K25+844	K25+702	K25+844	142.0		166.1						左侧
584	K25+714	K25+820	K25+714	K25+820	106.0		124.0						右侧
585	K26+141	K26+160	K26+141	K26+160	19.0		22.2						右侧
586	K26+150	K26+170	K26+150	K26+170	20.0		23.4						左侧
587	K26+160	K26+247	K26+160	K26+247	87.0		101.8						右侧
588	K26+358	K26+440	K26+358	K26+440	82.0		95.9						左侧
589	K26+550	K26+560	K26+550	K26+560	10.0		11.7						右侧
590	K26+560	K26+570	K26+560	K26+570	10.0		11.7						右侧
591	K26+660	K26+670	K26+660	K26+670	10.0		11.7						右侧
592	K27+020	K27+040	K27+020	K27+040	20.0		23.4						左侧
593	K27+020	K27+040	K27+020	K27+040	20.0		23.4						右侧
594	K27+040	K27+102	K27+040	K27+102	62.0		72.5						右侧

续上表

序号	统一里程		施工桩号		长度(m)	构造物形式(m^3/m)							备注
	起	讫	起	讫		边沟	排水沟	截水沟	平台沟	中分带排水	集水井	急流槽	
595	K27 +260	K27 +306	K27 +260	K27 +306	46.0		53.8						左侧
596	K27 +306	K27 +316	K27 +306	K27 +316	10.0		11.7						左侧
597	K27 +450	K27 +470	K27 +450	K27 +470	20.0		23.4						右侧
598	K27 +472	K27 +605	K27 +472	K27 +605	133.0		155.6						右侧
599	K27 +616	K27 +640	K27 +616	K27 +640	24.0		28.1						右侧
600	K27 +680	K27 +700	K27 +680	K27 +700	20.0		23.4						左侧
601	K27 +700	K27 +710	K27 +700	K27 +710	10.0		11.7						左侧
602	K27 +952	K28 +180	K27 +952	K28 +180	228.0		266.8						右侧
603	K27 +980	K28 +180	K27 +980	K28 +180	200.0		234.0						左侧
604	K28 +240	K28 +287	K28 +240	K28 +287	47.0		55.0						右侧
605	K28 +500	K28 +660	K28 +500	K28 +660	160.0		187.2						右侧
606	K28 +660	K28 +675	K28 +660	K28 +675	15.0		17.6						右侧
607	K28 +580	K28 +660	K28 +580	K28 +660	80.0		93.6						左侧
608	K28 +660	K28 +675	K28 +660	K28 +675	15.0		17.6						左侧
609	K25 +390	K25 +714	K25 +390	K25 +714	324.0	277.3							右侧
610	K25 +390	K25 +702	K25 +390	K25 +702	312.0	267.1							左侧
611	K26 +010	K26 +141	K26 +010	K26 +141	131.0	112.1							右侧
612	K26 +050	K26 +150	K26 +050	K26 +150	100.0	85.6							左侧
613	K26 +247	K26 +432	K26 +247	K26 +432	185.0	158.4							右侧
614	K26 +283	K26 +358	K26 +283	K26 +358	75.0	64.2							左侧
615	K26 +432	K26 +550	K26 +432	K26 +550	118.0	101.0							右侧
616	K26 +485	K26 +763	K26 +485	K26 +763	278.0	238.0							左侧

续上表

序号	统一里程		施工桩号		长度(m)	构造物形式(m^3/m)							备注
	起	讫	起	讫		边沟	排水沟	截水沟	平台沟	中分带排水	集水井	急流槽	
617	K26 +605	K26 +660	K26 +605	K26 +660	55.0	47.1							右侧
618	K26 +960	K27 +020	K26 +960	K27 +020	60.0	51.4							左侧
619	K26 +960	K27 +020	K26 +960	K27 +020	60.0	51.4							右侧
620	K27 +102	K27 +260	K27 +102	K27 +260	158.0	135.2							左侧
621	K27 +102	K27 +310	K27 +102	K27 +310	208.0	178.0							右侧
622	K27 +310	K27 +450	K27 +310	K27 +450	140.0	119.8							右侧
623	K27 +450	K27 +483	K27 +450	K27 +483	33.0	28.2							左侧
624	K27 +626	K27 +680	K27 +626	K27 +680	54.0	46.2							左侧
625	K27 +640	K27 +952	K27 +640	K27 +952	312.0	267.1							右侧
626	K27 +730	K27 +980	K27 +730	K27 +980	250.0	214.0							左侧
627	K28 +287	K28 +500	K28 +287	K28 +500	213.0	182.3							右侧
628	K28 +400	K28 +580	K28 +400	K28 +580	180.0	154.1							左侧
629	K26 +280	K26 +420	K26 +280	K26 +420	140.0			183.6					右侧
630	K27 +180	K27 +310	K27 +180	K27 +310	130.0			205.2					右侧
631	K27 +310	K27 +390	K27 +310	K27 +390	80.0			118.8					右侧
632	K28 +450	K28 +675	K28 +450	K28 +675	225.0			297.0					左侧
633	K26 +420		K26 +420		15.0							28.7	右侧
634	K26 +763		K26 +763		20.0							57.2	左侧
635	K25 +390	K25 +630	K25 +390	K25 +630	240.0				137.7				左侧
636	K25 +390	K25 +420	K25 +390	K25 +420	30.0				21.6				右侧
637	K25 +445	K25 +525	K25 +445	K25 +525	80.0				48.6				右侧
638	K27 +110	K27 +170	K27 +110	K27 +170	60.0				37.8				右侧

续上表

序号	统一里程		施工桩号		长度(m)	构造物形式(m^3/m)							备注
	起	讫	起	讫		边沟	排水沟	截水沟	平台沟	中分带排水	集水井	急流槽	
639	南召停车区		南召停车区			1679.3	716.0			143.0		205.1	
640	K28 +675	K28 +722	K28 +675	K28 +722	47.0		55.0						右侧
641	K28 +675	K28 +722	K28 +675	K28 +722	47.0		55.0						左侧
642	K29 +297	K29 +389	K29 +297	K29 +389	100.0		117.0						左侧
643	K29 +297	K29 +365	K29 +297	K29 +365	68.0		79.6						右侧
644	K29 +507	K29 +564	K29 +507	K29 +564	57.0		66.7						左侧
645	K29 +730	K29 +767	K29 +730	K29 +767	38.3		44.8						左侧
646	K29 +738	K29 +779	K29 +738	K29 +779	42.0		49.1						右侧
647	K29 +975	K30 +000	K29 +975	K30 +000	25.0		29.3						左侧
648	K30 +040	K30 +098	K30 +040	K30 +098	64.0		74.9						右侧
649	K30 +280	K30 +316	K30 +280	K30 +316	48.7		57.0						左侧
650	K30 +170	K30 +300	K30 +170	K30 +300	130.0		152.1						右侧
651	K30 +450	K30 +515	K30 +450	K30 +515	76.0		88.9						左侧
652	K30 +430	K30 +470	K30 +430	K30 +470	47.0		55.0						右侧
653	K30 +474	K30 +551	K30 +474	K30 +551	77.0		90.1						右侧
654	K30 +780	K30 +940	K30 +780	K30 +940	160.0		187.2						右侧
655	K30 +775	K30 +920	K30 +775	K30 +920	159.0		186.0						左侧
656	K32 +280	K32 +326	K32 +280	K32 +326	46.0		53.8						右侧
657	K32 +330	K32 +400	K32 +330	K32 +400	70.0		81.9						右侧
658	K31 +306	K32 +346	K31 +306	K32 +346	40.0		46.8						左侧
659	K29 +500		K29 +500									18.5	右侧
660	K29 +500		K29 +500									15.1	左侧

续上表

序号	统一里程		施工桩号		长度(m)	构造物形式(m^3/m)							备注
	起	讫	起	讫		边沟	排水沟	截水沟	平台沟	中分带排水	集水井	急流槽	
661	K29 +530		K29 +530									8.2	右侧
662	K29 +530		K29 +530									13.5	左侧
663	K30 +040		K30 +040									11.3	左侧
664	K30 +080		K30 +080									16.2	左侧
665	K30 +119		K30 +119									27.7	左侧
666	K30 +119		K30 +119									32.5	右侧
667	K30 +230		K30 +230									8.3	右侧
668	K30 +260		K30 +260									8.6	右侧
669	K30 +290		K30 +290									12.3	右侧
670	K30 +320		K30 +320									11.8	右侧
671	K30 +320		K30 +320									9.1	左侧
672	K30 +350		K30 +350									10.4	右侧
673	K30 +350		K30 +350									10.6	左侧
674	K30 +420		K30 +420									28.4	左侧
675	K31 +770		K31 +770									50.8	左侧
676	K31 +770		K31 +770									55.5	右侧
677	K29 +389	K29 +470	K29 +389	K29 +470	81.0	69.3							左侧
678	K29 +564	K29 +730	K29 +564	K29 +730	166.0	142.1							左侧
679	K29 +365	K29 +440	K29 +365	K29 +440	75.0	64.2							右侧
680	K29 +539	K29 +580	K29 +539	K29 +580	41.0	35.1							右侧
681	K29 +627	K29 +738	K29 +627	K29 +738	111.0	95.0							右侧
682	K29 +767	K29 +975	K29 +767	K29 +975	208.0	178.1							左侧

续上表

序号	统一里程		施工桩号		长度(m)	构造物形式(m^3/m)							备注
	起	讫	起	讫		边沟	排水沟	截水沟	平台沟	中分带排水	集水井	急流槽	
683	K29 + 779	K30 + 040	K29 + 779	K30 + 040	261.0	223.4							右侧
684	K30 + 130	K30 + 280	K30 + 130	K30 + 280	150.0	128.4							左侧
685	K30 + 120	K30 + 170	K30 + 120	K30 + 170	50.0	42.8							右侧
686	K30 + 392	K30 + 430	K30 + 392	K30 + 430	38.0	32.5							右侧
687	K30 + 515	K30 + 775	K30 + 515	K30 + 775	260.0	222.6							左侧
688	K30 + 551	K30 + 780	K30 + 551	K30 + 780	229.0	196.0							右侧
689	K31 + 765.5	K31 + 800	K31 + 755.5	K31 + 800	34.5	29.5							左侧
690	K31 + 765.5	K31 + 800	K31 + 765.5	K31 + 800	34.5	29.5							右侧
691	K31 + 800	K32 + 314	K31 + 800	K32 + 314	514.0	440.0							左侧
692	K31 + 800	K32 + 280	K31 + 800	K32 + 280	480.0	410.9							右侧
693	K31 + 765.5	K32 + 320	K31 + 765.5	K32 + 320	554.5	0.0							左侧
694	K31 + 765.5	K32 + 260	K31 + 765.5	K32 + 260	494.5	0.0							右侧
695	K29 + 389	K29 + 470	K29 + 389	K29 + 470	81.0	0.7							左侧
696	K29 + 564	K29 + 730	K29 + 564	K29 + 730	166.0	1.4							左侧
697	K29 + 365	K29 + 440	K29 + 365	K29 + 440	75.0	0.6							右侧
698	K29 + 539	K29 + 580	K29 + 539	K29 + 580	41.0	0.3							右侧
699	K29 + 627	K29 + 738	K29 + 627	K29 + 738	111.0	1.0							右侧
700	K29 + 767	K29 + 975	K29 + 767	K29 + 975	208.0	1.8							左侧
701	K29 + 779	K30 + 040	K29 + 779	K30 + 040	261.0	2.4							右侧
702	K30 + 130	K30 + 280	K30 + 130	K30 + 280	150.0	0.7							左侧
703	K30 + 120	K30 + 170	K30 + 120	K30 + 170	50.0	0.4							右侧
704	K30 + 392	K30 + 430	K30 + 392	K30 + 430	38.0	0.3							右侧

续上表

序号	统一里程		施工桩号		长度(m)	构造物形式(m^3/m)							备注
	起	讫	起	讫		边沟	排水沟	截水沟	平台沟	中分带排水	集水井	急流槽	
705	K30+515	K30+775	K30+515	K30+775	260.0	2.4							左侧
706	K30+551	K30+780	K30+551	K30+780	229.0	2.4							右侧
707	K31+765.5	K31+800	K31+765.5	K31+800	34.5	0.3							左侧
708	K31+765.5	K31+800	K31+765.5	K31+800	34.5	0.3							右侧
709	K31+800	K32+314	K31+800	K32+314	514.0	4.7							左侧
710	K31+800	K32+280	K31+800	K32+280	480.0	4.3							右侧
711	K36+793	K37+100	K36+793	K37+100	307.0		99.4						
712	K36+815	K37+050	K36+815	K37+050	235.0						17.8	3.1	
713	K32+400	K32+450	K32+400	K32+450	50.0					3.0			左侧
714	K32+450	K32+518	K32+450	K32+518	68.0					3.8			左侧
715	K32+528	K32+590	K32+528	K32+590	62.0					3.5			右侧
716	K32+590	K32+633	K32+590	K32+633	43.0					2.8			左侧
717	K32+859	K32+900	K32+859	K32+900	41.0					2.7			右侧
718	K32+900	K32+960	K32+900	K32+960	60.0					3.4			左侧
719	K32+960	K33+010	K32+960	K33+010	50.0					3.0			左侧
720	K33+010	K33+060	K33+010	K33+060	50.0					3.0			右侧
721	K33+060	K33+090	K33+060	K33+090	30.0					2.2			左侧
722	K33+090	K33+700	K33+090	K33+700	610.0					58.6			
723	K33+700	K33+733	K33+700	K33+733	33.0					2.4			右侧
724	K33+733	K33+789	K33+733	K33+789	56.0					3.3			左侧
725	K33+803	K33+853	K33+803	K33+853	50.0					3.1			右侧
726	K33+853	K33+900	K33+853	K33+900	47.0					3.0			左侧

续上表

序号	统一里程		施工桩号		长度(m)	构造物形式(m^3/m)							备注
	起	讫	起	讫		边沟	排水沟	截水沟	平台沟	中分带排水	集水井	急流槽	
727	K33 +900	K33 +950	K33 +900	K33 +950	50.0					3.1			右侧
728	K33 +950	K34 +000	K33 +950	K34 +000	50.0					3.1			左侧
729	K34 +000	K34 +050	K34 +000	K34 +050	50.0					3.1			右侧
730	K34 +050	K34 +100	K34 +050	K34 +100	50.0					3.1			左侧
731	K34 +100	K34 +150	K34 +100	K34 +150	50.0					3.1			右侧
732	K34 +150	K34 +220	K34 +150	K34 +220	70.0					3.9			左侧
733	K35 +500	K35 +553	K35 +500	K35 +553	53.0					3.2			右侧
734	K35 +553	K35 +603	K35 +553	K35 +603	50.0					3.1			左侧
735	K35 +603	K35 +653	K35 +503	K35 +653	50.0					3.1			右侧
736	K35 +653	K35 +690	K35 +553	K35 +690	37.0					2.6			左侧
737	K35 +690	K35 +740	K35 +590	K35 +740	50.0					3.1			右侧
738	K35 +740	K35 +790	K35 +740	K35 +790	50.0					3.1			左侧
739	K35 +790	K35 +840	K35 +790	K35 +840	50.0					3.1			右侧
740	K35 +840	K35 +890	K35 +840	K35 +890	50.0					3.1			左侧
741	K35 +890	K35 +975	K35 +890	K35 +975	85.0					4.5			右侧
742	K36 +207	K36 +410	K36 +207	K36 +410	203.0					19.5			
743	K36 +410	K36 +459	K36 +410	K36 +459	49.0					3.1			左侧
744	K36 +459	K36 +595	K36 +459	K36 +595	136.0					6.6			左侧
745	K36 +595	K36 +649	K36 +595	K36 +649	54.0					3.3			左侧
746	K36 +649	K36 +960	K36 +649	K36 +960	311.0					67.5			
747	K36 +960	K37 +000	K36 +960	K37 +000	40.0					2.7			左侧
748	K37 +000	K37 +036	K37 +000	K37 +036	36.0					2.6			左侧

续上表

序号	统一里程		施工桩号		长度(m)	构造物形式(m^3/m)							备注
	起	讫	起	讫		边沟	排水沟	截水沟	平台沟	中分带排水	集水井	急流槽	
749	K37 +036	K37 +100	K37 +036	K37 +100	64.0					3.7			右侧
750	K32 +400	K32 +428	K32 +400	K32 +428	28.0		32.8						右侧
751	K32 +500	K32 +519	K32 +500	K32 +519	19.0		22.2						右侧
752	K32 +527	K32 +544	K32 +527	K32 +544	17.0		19.9						右侧
753	K32 +890	K32 +900	K32 +890	K32 +900	10.0		11.7						右侧
754	K32 +950	K33 +000	K32 +950	K33 +000	50.0		58.5						左侧
755	K33 +000	K33 +112	K33 +000	K33 +112	112.0		131.0						左侧
756	K33 +000	K33 +100	K33 +000	K33 +100	100.0		117.0						右侧
757	K33 +377	K33 +507	K33 +377	K33 +507	130.0		152.1						左侧
758	K33 +445	K33 +505	K33 +445	K33 +505	60.0		70.2						右侧
759	K33 +509	K33 +515	K33 +509	K33 +515	6.0		7.0						右侧
760	K33 +680	K33 +804	K33 +680	K33 +804	124.0		145.1						右侧
761	K33 +683	K33 +770	K33 +683	K33 +770	87.0		101.8						左侧
762	K33 +814	K33 +850	K33 +814	K33 +850	36.0		42.1						右侧
763	K33 +790	K33 +850	K33 +790	K33 +850	60.0		70.2						左侧
764	K33 +850	K33 +922	K33 +850	K33 +922	72.0		84.2						左侧
765	K33 +850	K33 +920	K33 +850	K33 +920	70.0		81.9						右侧
766	K33 +926	K34 +050	K33 +926	K34 +050	124.0		145.1						左侧
767	K33 +924	K34 +054	K33 +924	K34 +054	130.0		152.1						右侧
768	K34 +055	K34 +140	K34 +055	K34 +140	85.0		99.5						左侧
769	K34 +140	K34 +220	K34 +140	K34 +220	80.0		93.6						左侧
770	K34 +058	K34 +170	K34 +058	K34 +170	112.0		131.0						右侧

续上表

序号	统一里程		施工桩号		长度(m)	构造物形式(m^3/m)							备注
	起	讫	起	讫		边沟	排水沟	截水沟	平台沟	中分带排水	集水井	急流槽	
771	K34 + 170	K34 + 220	K34 - 170	K34 + 220	50.0		58.5						右侧
772	K35 + 440	K35 + 460	K35 - 440	K35 + 460	20.0		23.4						右侧
773	K35 + 470	K35 + 508	K35 - 470	K35 + 508	38.0		44.5						右侧
774	K35 + 508	K35 + 557	K35 - 508	K35 + 557	49.0		57.3						右侧
775	K35 + 567	K35 + 617	K35 - 567	K35 + 617	50.0		58.5						右侧
776	K35 + 617	K35 + 792	K35 - 617	K35 + 792	175.0		204.8						左侧
777	K35 + 792	K35 + 811	K35 - 792	K35 + 811	19.0		22.2						左侧
778	K35 + 815	K35 + 889	K35 - 815	K35 + 889	74.0		86.6						左侧
779	K35 + 912	K35 + 922	K35 - 912	K35 + 922	10.0		11.7						右侧
780	K36 + 235	K36 + 247	K36 - 235	K36 + 247	12.0		14.0						左侧
781	K36 + 473	K36 + 493	K36 + 473	K36 + 493	20.0		23.4						左侧
782	K36 + 234	K36 + 254	K36 + 234	K36 + 254	20.0		23.4						右侧
783	K36 + 600	K36 + 619	K36 + 600	K36 + 619	19.0		22.2						右侧
784	K36 + 619	K36 + 640	K36 + 619	K36 + 640	21.0		24.6						左侧
785	K36 + 619	K36 + 640	K36 + 619	K36 + 640	21.0		24.6						右侧
786	K36 + 785	K36 + 800	K36 + 785	K36 + 800	15.0		17.6						左侧
787	K36 + 785	K36 + 800	K36 + 785	K36 + 800	15.0		17.6						右侧
788	K36 + 940	K36 + 960	K36 + 940	K36 + 960	20.0		23.4						右侧
789	K36 + 958	K36 + 978	K36 + 958	K36 + 978	20.0		23.4						左侧
790	K36 + 995	K37 + 007	K36 + 995	K37 + 007	12.0		14.0						右侧
791	K37 + 070	K37 + 100	K37 + 070	K37 + 100	30.0		35.1						右侧
792	K32 + 428	K32 + 490	K32 + 428	K32 + 490	62.0	53.1							右侧

续上表

序号	统一里程		施工桩号		长度(m)	构造物形式(m^3/m)							备注
	起	讫	起	讫		边沟	排水沟	截水沟	平台沟	中分带排水	集水井	急流槽	
793	K32 +544	K32 +620	K32 +544	K32 +620	76.0	65.1							右侧
794	K32 +890	K32 +960	K32 +890	K32 +960	70.0	59.9							右侧
795	K32 +920	K32 +950	K32 +920	K32 +950	30.0	25.7							左侧
796	K33 +112	K33 +377	K33 +112	K33 +377	265.0	226.8							左侧
797	K33 +100	K33 +445	K33 +100	K33 +445	345.0	295.3							右侧
798	K33 +515	K33 +680	K33 +515	K33 +680	165.0	141.2							右侧
799	K33 +538	K33 +683	K33 +538	K33 +683	145.0	124.1							左侧
800	K35 +889	K35 +953	K35 +889	K35 +953	64.0	54.8							左侧
801	K35 +912	K35 +933	K35 +912	K35 +933	21.0	18.0							右侧
802	K36 +235	K36 +395	K36 +235	K36 +395	160.0	137.0							左侧
803	K36 +473	K36 +580	K36 +473	K36 +580	107.0	91.6							左侧
804	K36 +234	K36 +600	K36 +234	K36 +600	366.0	313.3							右侧
805	K36 +640	K36 +770	K36 +640	K36 +770	130.0	111.3							左侧
806	K36 +640	K36 +770	K36 +640	K36 +770	130.0	111.3							右侧
807	K36 +800	K37 +028	K36 +800	K37 +028	228.3	195.4							左侧
808	K36 +800	K37 +028	K36 +800	K37 +028	228.3	195.4							右侧
809	K36 +636	K36 +810	K36 +636	K36 +810	174.0	149.0							左侧
810	K36 +636	K36 +790	K36 +636	K36 +790	154.0	131.9							右侧
811	K36 +810	K36 +958	K36 +810	K36 +958	148.0	126.7							左侧
812	K36 +790	K36 +895	K36 +790	K36 +895	105.0	89.9							右侧
813	K36 +895	K36 +940	K36 +895	K36 +940	45.0	79.1							右侧
814	K37 +007	K37 +070	K37 +007	K37 +070	63.0	53.9							右侧

续上表

序号	统一里程		施工桩号		长度(m)	构造物形式(m^3/m)							备注
	起	讫	起	讫		边沟	排水沟	截水沟	平台沟	中分带排水	集水井	急流槽	
815	K36 +660	K36 +790	K36 -660	K36 +790	130.0			270.0					右侧
816	K36 +790	K36 +860	K36 -790	K36 +860	70.0			108.0					右侧
817	K32 +490	K32 +500	K32 -490	K32 +500	10.0							13.8	右侧
818	K32 +920		K32 -920		20.0							46.7	左侧
819	K35 +470	K35 +440	K35 -470	K35 +440	30.0							89.3	右侧
820	K35 +557	K35 +567	K35 -557	K35 +567	10.0							15.2	右侧
821	K36 +493		K36 +493		65.0							330.9	右侧
822	K36 +670		K36 +670		15.0							16.3	右侧
823	K36 +995		K36 +995		10.0							15.4	右侧
824	K33 +145	K33 +300	K33 +145	K33 +300	155.0				89.1				左侧
825	K33 +538	K33 +590	K33 +538	K33 +590	52.0				33.5				右侧
826	K36 +510	K36 +550	K36 +510	K36 +550	40.0				27.0				左侧
827	K36 +493	K36 +565	K36 +493	K36 +565	72.0				38.9				右侧
828	K36 +670	K36 +742	K36 +570	K36 +742	72.0				44.3				右侧
829	K36 +819	K37 +028	K36 +319	K37 +028	209.3				118.4				左侧
830	K36 +636	K36 +683	K36 +536	K36 +683	47.0				30.8				左侧
831	K36 +820	K37 +028	K36 +320	K37 +028	208.3				117.9				右侧
832	K36 +884	K36 +950	K36 +384	K36 +950	66.0				41.0				右侧
833	K36 +636	K36 +670	K36 +636	K36 +670	34.0				18.4				右侧
834	K36 +718	K36 +760	K36 +718	K36 +760	42.0				28.1				右侧
835	K36 +820	K36 +900	K36 +820	K36 +900	80.0				48.6				右侧
836	瓦踶互通式立交		瓦踶互通式立交			1790.2	1941.6	793.8				113.7	

续上表

序号	统一里程		施工桩号		长度(m)	构造物形式(m^3/m)							备注
	起	讫	起	讫		边沟	排水沟	截水沟	平台沟	中分带排水	集水井	急流槽	
837	K37 +100	K37 +474	K37 +100	K37 +474	374.0		121.1						
838	K37 +894	K38 +165	K37 +894	K38 +165	271.0		87.7						
839	K37 +100	K38 +144	K37 +100	K38 +144	1044.0						35.0	29.3	
840	K37 +100	K37 +141	K37 +100	K37 +141	41.0					5.7			左侧
841	K37 +141	K37 +241	K37 +141	K37 +241	100.0					12.8			左侧
842	K37 +241	K37 +290	K37 +241	K37 +290	49.0					6.7			左侧
843	K37 +290	K37 +345	K37 +290	K37 +345	55.0					7.5			右侧
844	K37 +345	K37 +400	K37 +345	K37 +400	55.0					7.4			右侧
845	K37 +400	K37 +473	K37 +400	K37 +473	73.0					9.5			右侧
846	K37 +895	K38 +264	K37 +895	K38 +264	369.0					35.4			
847	K38 +264	K38 +314	K38 +264	K38 +314	50.0					6.8			右侧
848	K38 +314	K38 +364	K38 +314	K38 +364	50.0					6.8			右侧
849	K38 +364	K38 +414	K38 +364	K38 +414	50.0					6.8			左侧
850	K38 +414	K38 +458	K38 +414	K38 +458	44.0					6.0			右侧
851	K38 +458	K38 +554	K38 +458	K38 +554	96.0					12.3			右侧
852	K38 +554	K38 +600	K38 +554	K38 +600	46.0					6.3			右侧
853	K38 +600	K38 +644	K38 +600	K38 +644	44.0					6.0			右侧
854	K38 +644	K38 +742	K38 +644	K38 +742	98.0					12.5			左侧
855	K38 +742	K38 +780	K38 +742	K38 +780	38.0					5.3			左侧
856	K39 +255	K39 +270	K39 +255	K39 +270	15.0					2.6			右侧
857	K39 +270	K39 +310	K39 +270	K39 +310	40.0					5.6			左侧
858	K39 +310	K39 +412	K39 +310	K39 +412	102.0					13.0			右侧

续上表

序号	统一里程		施工桩号		长度(m)	构造物形式(m^3/m)							备注
	起	讫	起	讫		边沟	排水沟	截水沟	平台沟	中分带排水	集水井	急流槽	
859	K39 +412	K39 +445	K39 –412	K39 +445	33.0					4.7			右侧
860	K39 +445	K39 +475	K39 –445	K39 +475	30.0					4.4			左侧
861	K39 +475	K39 +775	K39 –475	K39 +775	300.0					28.8			
862	K39 +775	K39 +815	K39 –775	K39 +815	40.0					5.6			左侧
863	K39 +815	K39 +860	K39 –815	K39 +860	45.0					6.2			右侧
864	K39 +860	K39 +900	K39 –860	K39 +900	40.0					5.6			左侧
865	K39 +900	K39 +942	K39 +900	K39 +942	42.0					5.8			右侧
866	K39 +942	K39 +992	K39 +942	K39 +992	50.0					6.8			左侧
867	K39 +992	K40 +042	K39 +992	K40 +042	50.0					6.8			右侧
868	K40 +042	K40 +092	K40 +042	K40 +092	50.0					6.8			左侧
869	K40 +092	K40 +142	K40 +092	K40 +142	50.0					6.8			右侧
870	K40 +142	K40 +192	K40 +142	K40 +192	50.0					6.8			左侧
871	K40 +192	K40 +250	K40 +192	K40 +250	58.0					7.7			右侧
872	K40 +250	K40 +274	K40 +250	K40 +274	24.0					3.6			左侧
873	K40 +350	K40 +400	K40 +350	K40 +400	50.0					6.8			右侧
874	K40 +400	K40 +423	K40 +400	K40 +423	23.0					3.7			右侧
875	K40 +423	K40 +473	K40 +423	K40 +473	50.0					6.9			右侧
876	K40 +473	K40 +621	K40 +473	K40 +621	148.0					18.5			右侧
877	K40 +621	K40 +666	K40 +621	K40 +666	45.0					6.2			右侧
878	K40 +666	K40 +790	K40 +666	K40 +790	124.0					15.6			左侧
879	K40 +790	K40 +840	K40 +790	K40 +840	50.0					6.8			左侧
880	K40 +840	K40 +882	K40 +840	K40 +882	42.0					5.8			左侧

续上表

序号	统一里程		施工桩号		长度(m)	构造物形式(m^3/m)							备注
	起	讫	起	讫		边沟	排水沟	截水沟	平台沟	中分带排水	集水井	急流槽	
881	K41 +111	K41 +700	K41 +111	K41 +700	589.0					56.5			
882	K41 +700	K41 +753	K41 +700	K41 +753	53.0					7.3			左侧
883	K41 +753	K41 +808	K41 +753	K41 +808	55.0					7.5			右侧
884	K41 +808	K41 +846	K41 +808	K41 +846	38.0					5.3			右侧
885	K41 +846	K41 +888	K41 +846	K41 +888	42.0					5.8			右侧
886	K41 +888	K41 +938	K41 +888	K41 +938	50.0					6.8			右侧
887	K41 +938	K42 +022	K41 +938	K42 +022	84.0					10.8			右侧
888	K42 +022	K42 +077	K42 +022	K42 +077	55.0					7.4			右侧
889	K42 +303	K42 +353	K42 +303	K42 +353	50.0					6.8			右侧
890	K42 +353	K42 +400	K42 +353	K42 +400	47.0					6.4			右侧
891	K37 +125	K37 +141	K37 +125	K37 +141	16.0		18.7						右侧
892	K37 +894	K37 +900	K37 +894	K37 +900	6.0		17.6						左侧
893	K37 +894	K37 +910	K37 +894	K37 +910	16.0		29.3						右侧
894	K38 +309	K38 +406	K38 +309	K38 +406	97.0		147.4						右侧
895	K38 +390	K38 +406	K38 +390	K38 +406	16.0		18.7						左侧
896	K38 +726	K38 +767	K38 +726	K38 +767	41.0		48.0						左侧
897	K38 +554	K38 +574	K38 +554	K38 +574	20.0		23.4						右侧
898	K39 +251	K39 +305	K39 +251	K39 +305	54.0		42.1						左侧
899	K39 +251	K39 +323	K39 +251	K39 +323	72.0		65.5						右侧
900	K39 +411	K39 +440	K39 +411	K39 +440	29.0		33.9						左侧
901	K39 +405	K39 +440	K39 +405	K39 +440	35.0		41.0						右侧
902	K39 +440	K39 +463	K39 +440	K39 +463	23.0		26.9						左侧

续上表

序号	统一里程		施工桩号		长度(m)	构造物形式(m^3/m)							备注
	起	讫	起	讫		边沟	排水沟	截水沟	平台沟	中分带排水	集水井	急流槽	
903	K39 + 440	K39 + 500	K39 + 440	K39 + 500	60.0		70.2						右侧
904	K39 + 797	K39 + 837	K39 + 797	K39 + 837	40.0		46.8						左侧
905	K39 + 705	K39 + 845	K39 + 705	K39 + 845	140.0		163.8						右侧
906	K39 + 970	K40 + 024	K39 + 970	K40 + 024	54.0		63.2						左侧
907	K39 + 915	K40 + 000	K39 + 915	K40 + 000	85.0		99.5						右侧
908	K40 + 028	K40 + 270	K40 + 028	K40 + 270	242.0		283.1						左侧
909	K40 + 010	K40 + 284	K40 + 010	K40 + 284	274.0		320.6						右侧
910	K40 + 401	K40 + 434	K40 + 401	K40 + 434	33.0		38.6						右侧
911	K40 + 610	K40 + 638	K40 + 610	K40 + 638	28.0		32.8						左侧
912	K40 + 601	K40 + 638	K40 + 601	K40 + 638	37.0		43.3						右侧
913	K40 + 638	K40 + 680	K40 + 638	K40 + 680	42.0		49.1						左侧
914	K40 + 638	K40 + 660	K40 + 638	K40 + 660	22.0		25.7						右侧
915	K40 + 820	K40 + 865	K40 + 820	K40 + 865	45.0		52.7						右侧
916	K41 + 109	K41 + 127	K41 + 109	K41 + 127	18.0		21.1						右侧
917	K41 + 402	K41 + 445	K41 + 402	K41 + 445	43.0		50.3						右侧
918	K41 + 415	K41 + 445	K41 + 415	K41 + 445	30.0		35.1						左侧
919	K41 + 445	K41 + 507	K41 + 445	K41 + 507	62.0		72.5						左侧
920	K41 + 445	K41 + 507	K41 + 445	K41 + 507	62.0		72.5						右侧
921	K41 + 705	K41 + 753	K41 + 705	K41 + 753	48.0		56.2						右侧
922	K42 + 314	K42 + 400	K42 + 314	K42 + 400	86.0		100.6						右侧
923	K37 + 141	K37 + 251	K37 + 141	K37 + 251	110.0	138.8							右侧
924	K37 + 158	K37 + 230	K37 + 158	K37 + 230	72.0	87.4							左侧

续上表

序号	统一里程		施工桩号		长度(m)	构造物形式(m^3/m)							备注
	起	讫	起	讫		边沟	排水沟	截水沟	平台沟	中分带排水	集水井	急流槽	
925	K37 +251	K37 +340	K37 +251	K37 +340	89.0	76.2							右侧
926	K37 +302	K37 +470	K37 +302	K37 +470	168.0	205.4							左侧
927	K37 +900	K38 +390	K37 +900	K38 +390	490.0	419.4							左侧
928	K37 +910	K38 +271	K37 +910	K38 +271	361.0	562.4							右侧
929	K38 +271	K38 +295	K38 +271	K38 +295	24.0	32.6							右侧
930	K38 +295	K38 +309	K38 +295	K38 +309	14.0	19.0							右侧
931	K38 +455	K38 +726	K38 +455	K38 +726	271.0	232.0							左侧
932	K38 +460	K38 +554	K38 +460	K38 +554	94.0	80.5							右侧
933	K38 +646	K38 +747	K38 +646	K38 +747	101.0	86.5							右侧
934	K39 +305	K39 +366	K39 +305	K39 +366	61.0	77.0							左侧
935	K39 +323	K39 +366	K39 +323	K39 +366	43.0	59.9							右侧
936	K39 +366	K39 +411	K39 +366	K39 +411	45.0	53.6							左侧
937	K39 +366	K39 +405	K39 +366	K39 +405	39.0	46.7							右侧
938	K38 +240	K38 +435	K38 +240	K38 +435	195.0			318.6					右侧
939	K38 +500	K38 +750	K38 +500	K38 +750	250.0			378.0					左侧
940	K37 +125		K37 +125									30.9	右侧
941	K37 +158		K37 +158									47.3	左侧
942	K37 +216		K37 +216									16.3	右侧
943	K37 +302		K37 +302									33.6	左侧
944	K37 +920		K37 +920									16.3	右侧
945	K37 +925		K37 +925									16.3	左侧
946	K38 +165		K38 +165									154.8	左侧

续上表

序号	统一里程		施工桩号		长度(m)	构造物形式(m^3/m)							备注
	起	讫	起	讫		边沟	排水沟	截水沟	平台沟	中分带排水	集水井	急流槽	
947	K38 +258		K38 +258									16.3	右侧
948	K38 +406		K38 +406									42.3	左侧
949	K38 +520		K38 +520									118.7	左侧
950	K38 +747		K38 +747									33.8	右侧
951	K39 +630		K39 +630									119.6	左侧
952	K39 +900	K39 +915	K39 +900	K39 +915								31.7	右侧
953	K40 +360		K40 +360									26.1	左侧
954	K41 +324		K41 +324									28.4	左侧
955	K41 +540		K41 +540									118.7	右侧
956	K37 +170	K37 +216	K37 +170	K37 +216	46.0				24.8				右侧
957	K37 +920	K37 +955	K37 +920	K37 +955	35.0				18.9				右侧
958	K37 +925	K37 +955	K37 +925	K37 +955	30.0				16.2				左侧
959	K37 +955	K38 +225	K37 +955	K38 +225	270.0				145.8				左侧
960	K37 +955	K38 +165	K37 +955	K38 +165	210.0				113.4				左侧
961	K37 +965	K38 +030	K37 +965	K38 +030	65.0				40.5				左侧
962	K37 +955	K38 +258	K37 +955	K38 +258	303.0				163.6				右侧
963	K37 +955	K38 +035	K37 +955	K38 +035	80.0				48.6				右侧
964	K38 +053	K38 +140	K38 +053	K38 +140	87.0				55.1				右侧
965	K38 +480	K38 +520	K38 +480	K38 +520	40.0				21.6				左侧
966	K39 +555	K39 +576	K39 +555	K39 +576	21.0				16.7				左侧
967	K39 +576	K39 +630	K39 +576	K39 +630	54.0				29.2				左侧
968	K41 +540	K41 +570	K41 +540	K41 +570	30.0				16.2				右侧

续上表

序号	统一里程		施工桩号		长度(m)	构造物形式(m^3/m)							备注
	起	讫	起	讫		边沟	排水沟	截水沟	平台沟	中分带排水	集水井	急流槽	
969	K44+905	K45+102	K44+905	K45+102	197.0		63.8						
970	K45+302	K46+300	K45+302	K46+300	998.0		323.2						
971	K46+775	K47+545	K46+775	K47+545	770.0		249.3						
972	K47+695	K47+900	K47+695	K47+900	205.0		66.4						
973	K45+092	K47+867	K45+092	K47+867	2775.0						129.0	177.9	
974	K42+400	K42+435	K42+400	K42+435	35.0					5.0			右侧
975	K42+435	K42+475	K42+435	K42+475	40.0					5.6			左侧
976	K42+475	K42+986	K42+475	K42+986	511.0					49.1			
977	K42+986	K43+020	K42+986	K43+020	34.0					4.8			左侧
978	K43+020	K43+070	K43+020	K43+070	50.0					6.8			左侧
979	K43+070	K43+120	K43+070	K43+120	50.0					6.8			左侧
980	K43+120	K43+170	K43+120	K43+170	50.0					6.8			左侧
981	K43+170	K43+220	K43+170	K43+220	50.0					6.8			右侧
982	K43+220	K43+270	K43+220	K43+270	50.0					6.8			左侧
983	K43+270	K43+320	K43+270	K43+320	50.0					6.8			右侧
984	K43+320	K43+370	K43+320	K43+370	50.0					6.8			左侧
985	K43+370	K43+420	K43+370	K43+420	50.0					6.8			右侧
986	K43+420	K43+475	K43+420	K43+475	55.0					7.5			左侧
987	K43+475	K43+562	K43+475	K43+562	87.0					11.4			右侧
988	K43+562	K43+603	K43+562	K43+603	41.0					5.7			左侧
989	K43+603	K43+660	K43+603	K43+660	57.0					7.6			右侧
990	K43+660	K43+710	K43+660	K43+710	50.0					6.8			左侧

续上表

序号	统一里程		施工桩号		长度(m)	构造物形式(m^3/m)							备注
	起	讫	起	讫		边沟	排水沟	截水沟	平台沟	中分带排水	集水井	急流槽	
991	K43 +710	K43 +760	K43 +710	K43 +760	50.0					6.8			右侧
992	K43 +760	K43 +823	K43 +760	K43 +823	63.0					8.3			左侧
993	K44 +150	K44 +525	K44 +150	K44 +525	375.0					36.0			
994	K44 +525	K44 +575	K44 +525	K44 +575	50.0					2.8			右侧
995	K44 +575	K44 +625	K44 +575	K44 +625	50.0					2.8			左侧
996	K44 +625	K44 +675	K44 +625	K44 +675	50.0					2.8			右侧
997	K44 +675	K44 +728	K44 +675	K44 +728	53.0					2.9			左侧
998	K44 +728	K44 +847	K44 +728	K44 +847	119.0					5.7			右侧
999	K44 +847	K44 +897	K44 +847	K44 +897	50.0					2.8			左侧
1000	K44 +897	K44 +958	K44 +897	K44 +958	61.0					3.2			右侧
1001	K44 +958	K45 +050	K44 +958	K45 +050	92.0					4.4			左侧
1002	K45 +050	K45 +098	K45 +050	K45 +098	48.0					2.7			左侧
1003	K45 +307	K45 +610	K45 +307	K45 +610	303.0					29.1			
1004	K45 +610	K45 +640	K45 +610	K45 +640	30.0					2.0			左侧
1005	K45 +640	K45 +680	K45 +640	K45 +680	40.0					2.4			右侧
1006	K45 +680	K45 +720	K45 +680	K45 +720	40.0					2.4			左侧
1007	K45 +720	K45 +853	K45 +720	K45 +853	133.0					6.1			右侧
1008	K45 +853	K45 +903	K45 +853	K45 +903	50.0					2.9			左侧
1009	K45 +903	K45 +953	K45 +903	K45 +953	50.0					2.8			右侧
1010	K45 +953	K45 +988	K45 +953	K45 +988	35.0					2.2			左侧
1011	K45 +988	K46 +059	K45 +988	K46 +059	71.0					3.6			右侧
1012	K46 +059	K46 +120	K46 +059	K46 +120	61.0					3.2			左侧

续上表

序号	统一里程		施工桩号		长度(m)	构造物形式(m^3/m)							备注
	起	讫	起	讫		边沟	排水沟	截水沟	平台沟	中分带排水	集水井	急流槽	
1013	K46 + 120	K46 + 234	K46 + 120	K46 + 234	114.0					5.3			右侧
1014	K46 + 234	K46 + 254	K46 + 234	K46 + 254	20.0					1.6			左侧
1015	K46 + 254	K46 + 360	K46 + 254	K46 + 360	106.0					5.0			左侧
1016	K46 + 360	K46 + 396	K46 + 360	K46 + 396	36.0					2.2			左侧
1017	K46 + 396	K46 + 429	K46 + 396	K46 + 429	33.0					2.1			左侧
1018	K46 + 429	K46 + 506	K46 + 429	K46 + 506	77.0					3.8			左侧
1019	K46 + 506	K46 + 539	K46 + 506	K46 + 539	33.0					2.1			左侧
1020	K46 + 539	K46 + 677	K46 + 539	K46 + 677	138.0					6.3			左侧
1021	K46 + 677	K46 + 833	K46 + 677	K46 + 833	155.8					7.0			左侧
1022	K46 + 833	K46 + 900	K46 + 833	K46 + 900	67.2					3.4			左侧
1023	K46 + 900	K46 + 950	K46 + 900	K46 + 950	50.0					2.8			左侧
1024	K46 + 950	K47 + 000	K46 + 950	K47 + 000	50.0					2.8			左侧
1025	K47 + 000	K47 + 145	K47 + 000	K47 + 145	145.0					6.6			右侧
1026	K47 + 145	K47 + 195	K47 + 145	K47 + 195	50.0					2.8			左侧
1027	K47 + 195	K47 + 245	K47 + 195	K47 + 245	50.0					2.8			右侧
1028	K47 + 245	K47 + 295	K47 + 245	K47 + 295	50.0					2.8			左侧
1029	K47 + 295	K47 + 345	K47 + 295	K47 + 345	50.0					2.8			右侧
1030	K47 + 345	K47 + 395	K47 + 345	K47 + 395	50.0					2.8			左侧
1031	K47 + 395	K47 + 445	K47 + 395	K47 + 445	50.0					2.9			右侧
1032	K47 + 445	K47 + 462	K47 + 445	K47 + 462	17.0					1.6			右侧
1033	K47 + 462	K47 + 520	K47 + 462	K47 + 520	58.0					3.1			左侧
1034	K47 + 520	K47 + 545	K47 + 520	K47 + 545	25.0					1.8			左侧

续上表

序号	统一里程		施工桩号		长度(m)	构造物形式(m^3/m)							备注
	起	讫	起	讫		边沟	排水沟	截水沟	平台沟	中分带排水	集水井	急流槽	
1035	K47+696	K47+784	K47-696	K47+784	88.0					4.3			右侧
1036	K47+784	K47+834	K47-784	K47+834	50.0					2.8			左侧
1037	K47+834	K47+852	K47+834	K47+852	18.0					1.5			右侧
1038	K47+852	K47+900	K47+852	K47+900	48.0					2.7			右侧
1039	K42+314	K42+430	K42+314	K42+430	116.0		135.7						右侧
1040	K42+400	K42+464	K42+400	K42+464	64.0		74.9						左侧
1041	K42+945	K42+955	K42+945	K42+955	10.0		11.7						左侧
1042	K42+825	K42+855	K42+825	K42+855	30.0		35.1						右侧
1043	K43+020	K43+030	K43+020	K43+030	10.0		11.7						左侧
1044	K43+138	K43+198	K43+138	K43+198	60.0		70.2						右侧
1045	K43+198	K43+358	K43+198	K43+358	160.0		187.2						右侧
1046	K43+216	K43+320	K43+216	K43+320	104.0		121.7						右侧
1047	K43+320	K43+457	K43+320	K43+457	137.0		160.3						右侧
1048	K43+550	K43+840	K43+550	K43+840	290.0		339.3						右侧
1049	K43+854	K43+894	K43+354	K43+894	40.0		46.8						右侧
1050	K44+133	K44+144	K44+133	K44+144	11.0		12.9						右侧
1051	K44+208	K44+223	K44+208	K44+223	15.0		17.6						右侧
1052	K44+520	K44+535	K44+520	K44+535	15.0		17.6						右侧
1053	K44+564	K44+662	K44+564	K44+662	98.0		114.7						左侧
1054	K44+662	K44+741	K44+562	K44+741	79.0		92.4						右侧
1055	K44+840	K44+879	K44+340	K44+879	39.0		45.6						左侧
1056	K44+840	K44+900	K44+340	K44+900	60.0		70.2						右侧

续上表

序号	统一里程		施工桩号		长度(m)	构造物形式(m^3/m)							备注
	起	讫	起	讫		边沟	排水沟	截水沟	平台沟	中分带排水	集水井	急流槽	
1057	K45 +005	K45 +015	K45 +005	K45 +015	10.0		11.7						左侧
1058	K45 +068	K45 +109	K45 +068	K45 +109	41.0		48.0						右侧
1059	K45 +295	K45 +320	K45 +295	K45 +320	25.0		29.3						右侧
1060	K45 +342	K45 +352	K45 +342	K45 +352	10.0		11.7						左侧
1061	K45 +560	K45 +660	K45 +560	K45 +660	100.0		117.0						右侧
1062	K45 +575	K45 +613	K45 +575	K45 +613	38.0		44.5						左侧
1063	K45 +665	K45 +730	K45 +665	K45 +730	65.0		76.1						右侧
1064	K45 +671	K45 +716	K45 +671	K45 +716	45.0		52.7						左侧
1065	K45 +850	K45 +908	K45 +850	K45 +908	58.0		67.9						左侧
1066	K45 +874	K45 +923	K45 +874	K45 +923	49.0		57.3						右侧
1067	K45 +927	K46 +010	K45 +927	K46 +010	83.0		97.1						右侧
1068	K45 +960	K45 +970	K45 +960	K45 +970	10.0		11.7						左侧
1069	K45 +960	K45 +988	K45 +960	K45 +988	28.0		32.8						左侧
1070	K46 +050	K46 +077	K46 +050	K46 +077	27.0		31.6						左侧
1071	K46 +103	K46 +133	K46 +103	K46 +133	30.0		35.1						右侧
1072	K46 +130	K46 +143	K46 +130	K46 +143	13.0		15.2						左侧
1073	K46 +133	K46 +156	K46 +133	K46 +156	23.0		26.9						右侧
1074	K46 +278	K46 +288	K46 +278	K46 +288	10.0		11.7						左侧
1075	K46 +278	K46 +293	K46 +278	K46 +293	15.0		17.6						左侧
1076	K46 +435	K46 +445	K46 +435	K46 +445	10.0		11.7						左侧
1077	K46 +435	K46 +440	K46 +435	K46 +440	5.0		5.9						左侧
1078	K46 +539	K46 +546	K46 +539	K46 +546	7.0		8.2						左侧

续上表

序号	统一里程		施工桩号		长度(m)	构造物形式(m^3/m)							备注
	起	讫	起	讫		边沟	排水沟	截水沟	平台沟	中分带排水	集水井	急流槽	
1079	K46 + 712	K46 + 720	K46 + 712	K46 + 720	8.0		9.4						左侧
1080	K46 + 820	K46 + 827	K46 − 820	K46 + 827	7.0		8.2						左侧
1081	K46 + 904	K46 + 929	K46 − 904	K46 + 929	25.0		29.3						左侧
1082	K46 + 904	K46 + 930	K46 − 904	K46 + 930	26.0		30.4						右侧
1083	K47 + 132	K47 + 190	K47 − 132	K47 + 190	58.0		67.9						右侧
1084	K47 + 170	K47 + 206	K47 − 170	K47 + 206	36.0		42.1						左侧
1085	K47 + 196	K47 + 289	K47 + 196	K47 + 289	93.0		108.8						右侧
1086	K47 + 289	K47 + 407	K47 + 289	K47 + 407	118.0		138.1						右侧
1087	K47 + 409	K47 + 479	K47 + 409	K47 + 479	70.0		81.9						右侧
1088	K47 + 520	K47 + 540	K47 + 520	K47 + 540	20.0		23.4						右侧
1089	K47 + 540	K47 + 550	K47 + 540	K47 + 550	10.0		11.7						右侧
1090	K47 + 784	K47 + 830	K47 + 784	K47 + 830	46.0		53.8						右侧
1091	K42 + 464	K42 + 945	K42 + 464	K42 + 945	481.0	411.7							左侧
1092	K42 + 492	K42 + 825	K42 + 492	K42 + 825	333.0	285.0							右侧
1093	K43 + 000	K43 + 020	K43 + 000	K43 + 020	20.0	17.1							左侧
1094	K42 + 825	K43 + 138	K42 + 825	K43 + 138	313.0	267.9							右侧
1095	K43 + 457	K43 + 550	K43 + 457	K43 + 550	93.0	79.6							右侧
1096	K43 + 484	K43 + 550	K43 + 484	K43 + 550	66.0	56.5							左侧
1097	K44 + 152	K44 + 330	K44 + 152	K44 + 330	178.0	152.4							左侧
1098	K44 + 144	K44 + 190	K44 + 144	K44 + 190	46.0	39.4							右侧
1099	K44 + 208	K44 + 361	K44 + 208	K44 + 361	153.0	131.0							右侧
1100	K44 + 413	K44 + 564	K44 + 413	K44 + 564	151.0	129.3							左侧

续上表

序号	统一里程		施工桩号		长度(m)	构造物形式(m^3/m)							备注
	起	讫	起	讫		边沟	排水沟	截水沟	平台沟	中分带排水	集水井	急流槽	
1101	K44+361	K44+520	K44+361	K44+520	159.0	136.1							右侧
1102	K44+750	K44+840	K44+750	K44+840	90.0	77.0							左侧
1103	K44+741	K44+840	K44+741	K44+840	99.0	84.7							右侧
1104	K44+970	K45+068	K44+970	K45+068	98.0	83.9							右侧
1105	K44+977	K45+005	K44+977	K45+005	28.0	24.0							左侧
1106	K45+320	K45+560	K45+320	K45+560	240.0	205.4							右侧
1107	K45+342	K45+507	K45+342	K45+507	165.0	290.1							左侧
1108	K45+507	K45+575	K45+507	K45+575	68.0	58.2							左侧
1109	K45+716	K45+812	K45+716	K45+812	96.0	168.8							左侧
1110	K45+812	K45+850	K45+812	K45+850	38.0	32.5							左侧
1111	K45+730	K45+874	K45+730	K45+874	144.0	123.3							右侧
1112	K45+988	K46+050	K45+988	K46+050	62.0	53.1							左侧
1113	K46+010	K46+103	K46+010	K46+103	93.0	79.6							右侧
1114	K46+172	K46+216	K46+172	K46+216	44.0	37.7							左侧
1115	K46+172	K46+500	K46+172	K46+500	328.0	280.8							右侧
1116	K46+293	K46+350	K46+293	K46+350	57.0	48.8							左侧
1117	K46+440	K46+493	K46+440	K46+493	53.0	45.4							左侧
1118	K46+518	K46+904	K46+518	K46+904	386.0	330.4							右侧
1119	K46+546	K46+660	K46+546	K46+660	114.0	97.6							左侧
1120	K46+720	K46+820	K46+720	K46+820	100.0	85.6							左侧
1121	K46+860	K46+904	K46+860	K46+904	44.0	37.7							左侧
1122	K46+950	K47+113	K46+950	K47+113	163.0	139.5							右侧

续上表

序号	统一里程		施工桩号		长度(m)	构造物形式(m^3/m)							备注
	起	讫	起	讫		边沟	排水沟	截水沟	平台沟	中分带排水	集水井	急流槽	
1123	K47 + 113	K47 + 132	K47 – 113	K47 + 132	19.0	33.4							右侧
1124	K47 + 066	K47 + 170	K47 – 066	K47 + 170	104.0	89.0							左侧
1125	K47 + 479	K47 + 520	K47 – 479	K47 + 520	41.0	35.1							右侧
1126	K47 + 708	K47 + 765	K47 - 708	K47 + 765	57.0	48.8							左侧
1127	K47 + 720	K47 + 784	K47 + 720	K47 + 784	64.0	112.5							右侧
1128	K47 + 852	K47 + 900	K47 + 852	K47 + 900	48.0	41.1							左侧
1129	K47 + 867	K47 + 900	K47 + 867	K47 + 900	33.0	58.0							右侧
1130	K44 + 800	K44 + 920	K44 + 800	K44 + 920	120.0			216.0					右侧
1131	K45 + 320	K45 + 500	K45 + 320	K45 + 500	180.0			237.6					右侧
1132	K45 + 520	K45 + 660	K45 + 520	K45 + 660	140.0			237.6					右侧
1133	K46 + 030	K46 + 133	K46 + 030	K46 + 133	103.0			176.0					右侧
1134	K46 + 133	K46 + 480	K46 + 133	K46 + 480	347.0			547.6					右侧
1135	K46 + 520	K46 + 930	K46 + 520	K46 + 930	410.0			550.8					右侧
1136	K42 + 720		K42 + 720		70.0							612.2	右侧
1137	K43 + 550		K43 + 550		15.0							27.4	左侧
1138	K44 + 152		K44 + 152		20.0							48.2	左侧
1139	K44 + 208		K44 + 208		60.0							279.6	左侧
1140	K44 + 215		K44 + 215		30.0							64.6	右侧
1141	K44 + 500		K44 + 500		30.0							82.8	左侧
1142	K44 + 900	K44 + 920	K44 + 900	K44 + 920	20.0							44.0	右侧
1143	K46 + 143	K46 + 172	K46 + 143	K46 + 172	29.0							71.0	左侧
1144	K46 + 156	K46 + 172	K46 + 156	K46 + 172	16.0							27.8	右侧

续上表

序号	统一里程		施工桩号		长度(m)	构造物形式(m^3/m)							备注
	起	讫	起	讫		边沟	排水沟	截水沟	平台沟	中分带排水	集水井	急流槽	
1145	K46 +508	K46 +518	K46 +508	K46 +518	10.0							13.7	右侧
1146	K47 +708		K47 +708		20.0							48.2	左侧
1147	K47 +720		K47 +720		15.0							30.0	右侧
1148	K47 +852		K47 +852		15.0							30.0	左侧
1149	K47 +867		K47 +867		15.0							24.2	右侧
1150	K47 +900		K47 +900		40.0							118.7	左侧
1151	K47 +900		K47 +900		40.0							118.7	右侧
1152	K42 +550	K42 +650	K42 +550	K42 +650	100.0				59.4				左侧
1153	K42 +610	K42 +720	K42 +610	K42 +720	110.0				59.4				右侧
1154	K44 +208	K44 +295	K44 +208	K44 +295	87.0				47.0				左侧
1155	K44 +215	K44 +310	K44 +215	K44 +310	95.0				51.3				右侧
1156	K44 +420	K44 +480	K44 +420	K44 +480	60.0				37.8				右侧
1157	K44 +445	K44 +500	K44 +445	K44 +500	55.0				29.7				左侧
1158	K45 +370	K45 +400	K45 +370	K45 +400	30.0				21.6				右侧
1159	K45 +460	K45 +510	K45 +460	K45 +510	50.0				32.4				左侧
1160	K45 +768	K45 +840	K45 +768	K45 +840	72.0				44.3				右侧
1161	K47 +900	K47 +970	K47 +900	K47 +970	70.0		20.7						
1162	K47 +957		K47 +957								3.1		
1163	K47 +900	K48 +126	K47 +900	K48 +126	226.0					21.7			
1164	K48 +126	K48 +156	K48 +126	K48 +156	30.0					4.5			右侧
1165	K48 +156	K48 +192	K48 +156	K48 +192	36.0					5.1			左侧
1166	K48 +192	K48 +242	K48 +192	K48 +242	50.0					6.8			右侧

续上表

序号	统一里程		施工桩号		长度(m)	构造物形式(m^3/m)							备注
	起	讫	起	讫		边沟	排水沟	截水沟	平台沟	中分带排水	集水井	急流槽	
1167	K48 +242	K48 +292	K48 +242	K48 +292	50.0					6.8			左侧
1168	K48 +292	K48 +342	K48 +292	K48 +342	50.0					6.8			右侧
1169	K48 +342	K48 +400	K48 −342	K48 +400	58.0					7.7			左侧
1170	K48 +400	K48 +950	K48 −400	K48 +950	550.0					52.8			
1171	K48 +950	K49 +000	K48 −950	K49 +000	50.0					6.8			右侧
1172	K49 +000	K49 +050	K49 −000	K49 +050	50.0					6.8			左侧
1173	K49 +050	K49 +100	K49 +050	K49 +100	50.0					6.8			右侧
1174	K49 +100	K49 +150	K49 +100	K49 +150	50.0					6.8			左侧
1175	K49 +150	K49 +200	K49 +150	K49 +200	50.0					6.8			右侧
1176	K49 +200	K49 +250	K49 +200	K49 +250	50.0					6.8			左侧
1177	K49 +250	K49 +300	K49 +250	K49 +300	50.0					6.8			右侧
1178	K49 +300	K49 +350	K49 +300	K49 +350	50.0					6.8			右侧
1179	K49 +350	K49 +420	K49 +350	K49 +420	70.0					9.2			右侧
1180	K49 +420	K49 +660	K49 +420	K49 +660	240.0					23.0			
1181	K49 +660	K49 +700	K49 +560	K49 +700	40.0					5.6			左侧
1182	K49 +700	K49 +750	K49 +700	K49 +750	50.0					6.9			左侧
1183	K49 +750	K49 +800	K49 +750	K49 +800	50.0					6.9			右侧
1184	K49 +800	K49 +850	K49 +300	K49 +850	50.0					6.8			左侧
1185	K49 +850	K49 +885	K49 +850	K49 +885	35.0					5.0			右侧
1186	K49 +885	K49 +935	K49 +885	K49 +935	50.0					6.8			左侧
1187	K49 +935	K49 +985	K49 +935	K49 +985	50.0					6.8			右侧
1188	K49 +985	K50 +035	K49 +985	K50 +035	50.0					6.8			左侧

续上表

序号	统一里程		施工桩号		长度(m)	构造物形式(m^3/m)							备注
	起	讫	起	讫		边沟	排水沟	截水沟	平台沟	中分带排水	集水井	急流槽	
1189	K50 +035	K50 +060	K50 +035	K50 +060	25.0					3.8			右侧
1190	K50 +210	K50 +260	K50 +210	K50 +260	50.0					6.8			右侧
1191	K50 +260	K50 +310	K50 +260	K50 +310	50.0					6.8			右侧
1192	K50 +310	K50 +340	K50 +310	K50 +340	30.0					4.4			右侧
1193	K50 +340	K51 +200	K50 +340	K51 +200	860.0					82.6			
1194	K51 +200	K51 +250	K51 +200	K51 +250	50.0					6.8			右侧
1195	K51 +250	K51 +300	K51 +250	K51 +300	50.0					6.8			左侧
1196	K51 +300	K51 +350	K51 +300	K51 +350	50.0					6.8			右侧
1197	K51 +350	K51 +400	K51 +350	K51 +400	50.0					6.8			左侧
1198	K51 +400	K51 +455	K51 +400	K51 +455	55.0					7.4			左侧
1199	K51 +455	K52 +705	K51 +455	K52 +705	1250.0					0.0			
1200	K52 +705	K52 +770	K52 +705	K52 +770	65.0					8.6			右侧
1201	K52 +770	K52 +820	K52 +770	K52 +820	50.0					6.8			左侧
1202	K52 +820	K52 +870	K52 +820	K52 +870	50.0					6.8			右侧
1203	K52 +870	K52 +920	K52 +870	K52 +920	50.0					6.8			左侧
1204	K52 +920	K52 +970	K52 +920	K52 +970	50.0					6.9			右侧
1205	K52 +970	K53 +020	K52 +970	K53 +020	50.0					6.9			左侧
1206	K53 +020	K53 +070	K53 +020	K53 +070	50.0					6.8			右侧
1207	K53 +070	K53 +120	K53 +070	K53 +120	50.0					6.8			左侧
1208	K53 +120	K53 +170	K53 +120	K53 +170	50.0					6.8			右侧
1209	K53 +170	K53 +200	K53 +170	K53 +200	30.0					4.4			左侧
1210	K48 +869	K48 +934	K48 +869	K48 +934	65.0					19.8			左侧

续上表

序号	统一里程		施工桩号		长度(m)	构造物形式(m^3/m)							备注
	起	讫	起	讫		边沟	排水沟	截水沟	平台沟	中分带排水	集水井	急流槽	
1211	K48 +869	K48 +934	K48 -869	K48 +934	65.0					19.8			右侧
1212	南阳服务区		南阳服务区			2536.4	701.2			445.9			
1213	K53 +210	K53 +260	K53 -210	K53 +260	50.0					6.8			右侧
1214	K53 +260	K53 +310	K53 +260	K53 +310	50.0					6.8			左侧
1215	K53 +310	K53 +360	K53 +310	K53 +360	50.0					6.8			右侧
1216	K53 +360	K53 +410	K53 +360	K53 +410	50.0					6.8			左侧
1217	K53 +410	K53 +460	K53 +410	K53 +460	50.0					6.8			右侧
1218	K53 +460	K53 +510	K53 +460	K53 +510	50.0					6.8			左侧
1219	K53 +510	K53 +560	K53 +510	K53 +560	50.0					6.8			右侧
1220	K53 +560	K53 +610	K53 +560	K53 +610	50.0					6.8			左侧
1221	K53 +610	K53 +660	K53 +610	K53 +660	50.0					6.8			右侧
1222	K53 +660	K53 +710	K53 +660	K53 +710	50.0					6.8			左侧
1223	K53 +710	K53 +751	K53 +710	K53 +751	41.0					5.7			右侧
1224	K53 +761	K53 +780	K53 +761	K53 +780	19.0					3.0			左侧
1225	K53 +780	K53 +830	K53 +780	K53 +830	50.0					6.8			右侧
1226	K53 +830	K53 +880	K53 +330	K53 +880	50.0					6.8			左侧
1227	K53 +880	K53 +930	K53 +380	K53 +930	50.0					6.9			右侧
1228	K53 +930	K53 +980	K53 +930	K53 +980	50.0					6.9			左侧
1229	K53 +980	K54 +030	K53 +980	K54 +030	50.0					6.8			右侧
1230	K54 +030	K54 +080	K54 +030	K54 +080	50.0					6.8			左侧
1231	K54 +080	K54 +130	K54 +080	K54 +130	50.0					6.8			右侧
1232	K54 +130	K54 +180	K54 +130	K54 +180	50.0					6.8			左侧

续上表

序号	统一里程		施工桩号		长度(m)	构造物形式(m^3/m)							备注
	起	讫	起	讫		边沟	排水沟	截水沟	平台沟	中分带排水	集水井	急流槽	
1233	K54 +180	K54 +230	K54 +180	K54 +230	50.0					6.8			右侧
1234	K54 +230	K54 +280	K54 +230	K54 +280	50.0					6.8			左侧
1235	K54 +280	K54 +330	K54 +280	K54 +330	50.0					6.8			右侧
1236	K54 +330	K54 +368	K54 +330	K54 +368	38.0					5.3			左侧
1237	K54 +460	K54 +510	K54 +460	K54 +510	50.0					6.8			右侧
1238	K54 +510	K54 +560	K54 +510	K54 +560	50.0					6.8			左侧
1239	K54 +560	K54 +610	K54 +560	K54 +610	50.0					6.8			右侧
1240	K54 +610	K54 +660	K54 +610	K54 +660	50.0					6.8			左侧
1241	K54 +660	K54 +710	K54 +660	K54 +710	50.0					6.8			右侧
1242	K54 +710	K54 +760	K54 +710	K54 +760	50.0					6.8			左侧
1243	K54 +760	K54 +810	K54 +760	K54 +810	50.0					6.9			右侧
1244	K54 +810	K54 +860	K54 +810	K54 +860	50.0					6.9			左侧
1245	K54 +860	K54 +910	K54 +860	K54 +910	50.0					6.8			右侧
1246	K54 +910	K54 +950	K54 +910	K54 +950	40.0					5.6			左侧
1247	K54 +950	K55 +000	K54 +950	K55 +000	50.0					6.8			右侧
1248	K55 +000	K55 +050	K55 +000	K55 +050	50.0					6.8			左侧
1249	K55 +050	K55 +100	K55 +050	K55 +100	50.0					6.8			右侧
1250	K55 +100	K55 +150	K55 +100	K55 +150	50.0					6.8			左侧
1251	K55 +150	K55 +180	K55 +150	K55 +180	30.0					4.4			右侧
1252	K55 +191	K55 +241	K55 +191	K55 +241	50.0					6.8			左侧
1253	K55 +241	K55 +291	K55 +241	K55 +291	50.0					6.8			右侧
1254	K55 +291	K55 +341	K55 +291	K55 +341	50.0					6.8			左侧

续上表

序号	统一里程		施工桩号		长度(m)	构造物形式(m^3/m)							备注
	起	讫	起	讫		边沟	排水沟	截水沟	平台沟	中分带排水	集水井	急流槽	
1255	K55 +341	K55 +391	K55 +341	K55 +391	50.0					6.8			右侧
1256	K55 +391	K55 +441	K55 +391	K55 +441	50.0					6.8			左侧
1257	K55 +441	K55 +500	K55 +441	K55 +500	59.0					7.8			右侧
1258	K55 +500	K55 +550	K55 +500	K55 +550	50.0					6.9			左侧
1259	K55 +550	K55 +600	K55 +550	K55 +600	50.0					6.9			右侧
1260	K55 +600	K55 +650	K55 +600	K55 +650	50.0					6.8			左侧
1261	K55 +650	K55 +700	K55 +650	K55 +700	50.0					6.8			右侧
1262	K55 +700	K55 +768	K55 +700	K55 +768	68.0					8.9			左侧
1263	K55 +779	K55 +829	K55 +779	K55 +829	50.0					6.8			右侧
1264	K55 +829	K55 +879	K55 +829	K55 +879	50.0					6.8			左侧
1265	K55 +879	K55 +929	K55 +879	K55 +929	50.0					6.8			右侧
1266	K55 +929	K55 +979	K55 +929	K55 +979	50.0					6.8			左侧
1267	K55 +979	K56 +029	K55 +979	K56 +029	50.0					6.8			右侧
1268	K56 +029	K56 +079	K56 +029	K56 +079	50.0					6.8			左侧
1269	K56 +079	K56 +129	K56 +079	K56 +129	50.0					6.8			右侧
1270	K56 +129	K56 +179	K56 +129	K56 +179	50.0					6.8			左侧
1271	K56 +179	K56 +229	K56 +179	K56 +229	50.0					6.8			右侧
1272	K56 +229	K56 +300	K56 +229	K56 +300	71.0					9.3			左侧
1273	K56 +300	K56 +350	K56 +300	K56 +350	50.0					6.8			右侧
1274	K56 +350	K56 +410	K56 +350	K56 +410	60.0					8.0			左侧
1275	K56 +465	K56 +515	K56 +465	K56 +515	50.0					6.8			右侧
1276	K56 +515	K56 +565	K56 +515	K56 +565	50.0					6.8			左侧

续上表

序号	统一里程		施工桩号		长度(m)	构造物形式(m^3/m)							备注
	起	讫	起	讫		边沟	排水沟	截水沟	平台沟	中分带排水	集水井	急流槽	
1277	K56 +565	K56 +615	K56 +565	K56 +615	50.0					6.8			右侧
1278	K56 +615	K56 +665	K56 +615	K56 +665	50.0					6.9			左侧
1279	K56 +665	K56 +715	K56 +665	K56 +715	50.0					6.9			右侧
1280	K56 +715	K56 +765	K56 +715	K56 +765	50.0					6.8			左侧
1281	K56 +765	K56 +810	K56 +765	K56 +810	45.0					6.2			右侧
1282	K56 +820	K56 +870	K56 +820	K56 +870	50.0					6.8			左侧
1283	K56 +870	K56 +900	K56 +870	K56 +900	30.0					4.4			右侧
1284	K56 +900	K56 +950	K56 +900	K56 +950	50.0					6.8			左侧
1285	K56 +950	K57 +000	K56 +950	K57 +000	50.0					6.8			右侧
1286	K57 +000	K57 +313	K57 +000	K57 +313	313.0					30.0			
1287	K57 +313	K57 +380	K57 +313	K57 +380	67.0					8.8			左侧
1288	K57 +380	K57 +430	K57 +380	K57 +430	50.0					6.8			右侧
1289	K57 +430	K57 +575	K57 +430	K57 +575	145.0					18.2			右侧
1290	K57 +575	K57 +630	K57 +575	K57 +630	55.0					7.4			右侧
1291	K57 +630	K57 +680	K57 +630	K57 +680	50.0					6.8			右侧
1292	K57 +680	K57 +730	K57 +680	K57 +730	50.0					6.8			左侧
1293	K57 +730	K57 +772	K57 +730	K57 +772	42.0					5.8			右侧
1294	K57 +787	K57 +837	K57 +787	K57 +837	50.0					6.8			左侧
1295	K57 +837	K57 +887	K57 +837	K57 +887	50.0					6.8			右侧
1296	K57 +887	K57 +937	K57 +887	K57 +937	50.0					6.8			左侧
1297	K57 +937	K57 +987	K57 +937	K57 +987	50.0					6.8			右侧
1298	K57 +987	K58 +037	K57 +987	K58 +037	50.0					6.8			左侧

续上表

序号	统一里程		施工桩号		长度(m)	构造物形式(m^3/m)							备注
	起	讫	起	讫		边沟	排水沟	截水沟	平台沟	中分带排水	集水井	急流槽	
1299	K58 +037	K58 +087	K58 -037	K58 +087	50.0					6.8			右侧
1300	K58 +087	K58 +137	K58 -087	K58 +137	50.0					6.9			左侧
1301	K58 +137	K58 +187	K58 -137	K58 +187	50.0					6.9			右侧
1302	K58 +187	K58 +237	K58 -187	K58 +237	50.0					6.8			左侧
1303	K58 +237	K58 +283	K58 -237	K58 +283	46.0					6.3			右侧
1304	K58 +298	K58 +320	K58 -298	K58 +320	22.0					3.4			左侧
1305	K58 +320	K58 +370	K58 -320	K58 +370	50.0					6.8			右侧
1306	K58 +370	K58 +420	K58 +370	K58 +420	50.0					6.8			左侧
1307	K58 +420	K58 +470	K58 +420	K58 +470	50.0					6.8			右侧
1308	K58 +470	K58 +520	K58 +470	K58 +520	50.0					6.8			左侧
1309	K58 +520	K58 +578	K58 +520	K58 +578	58.0					7.7			右侧
1310	K58 +588	K58 +638	K58 +588	K58 +638	50.0					6.8			左侧
1311	K58 +638	K58 +700	K58 +638	K58 +700	62.0					8.2			右侧
1312	K53 +200	K53 +322	K53 +200	K53 +322	122.0		196.0						左侧
1313	K53 +348	K53 +700	K53 +348	K53 +700	352.0		733.6						左侧
1314	K53 +700	K53 +744	K53 +700	K53 +744	44.0		315.9						左侧
1315	K53 +334	K53 +700	K53 +334	K53 +700	366.0		365.0						左侧
1316	K53 +700	K53 +760	K53 +700	K53 +760	60.0		138.1						左侧
1317	K53 +756	K54 +134	K53 +756	K54 +134	378.0		414.2						左侧
1318	K53 +770	K54 +112	K53 +770	K54 +112	342.0		252.7						左侧
1319	K54 +140	K54 +398	K54 + 40	K54 +398	258.0		340.5						左侧
1320	K54 +118	K54 +375	K54 + 18	K54 +375	257.0		296.0						左侧

续上表

序号	统一里程		施工桩号		长度(m)	构造物形式(m^3/m)							备注
	起	讫	起	讫		边沟	排水沟	截水沟	平台沟	中分带排水	集水井	急流槽	
1321	K54 +550	K54 +744	K54 +550	K54 +744	194.0		35.0						左侧
1322	K54 +553	K54 +744	K54 +553	K54 +744	191.0		146.3						左侧
1323	K54 +750	K54 +775	K54 +750	K54 +775	25.0		175.5						左侧
1324	K54 +750	K54 +800	K54 +750	K54 +800	50.0		133.4						左侧
1325	K54 +775	K55 +062	K54 +775	K55 +062	287.0		300.1						左侧
1326	K54 +800	K55 +062	K54 +800	K55 +062	262.0		154.4						左侧
1327	K55 +068	K55 +170	K55 +068	K55 +170	102.0		171.8						左侧
1328	K55 +068	K55 +180	K55 +068	K55 +180	112.0		163.8						左侧
1329	K55 +186	K55 +520	K55 +186	K55 +520	334.0		421.2						左侧
1330	K55 +200	K55 +510	K55 +200	K55 +510	310.0		333.5						左侧
1331	K55 +540	K55 +756	K55 +540	K55 +756	216.0		117.0						左侧
1332	K55 +520	K55 +718	K55 +520	K55 +718	198.0		45.5						右侧
1333	K55 +771	K55 +808	K55 +771	K55 +808	37.0		421.2						右侧
1334	K55 +808	K56 +047	K55 +808	K56 +047	239.0		224.6						右侧
1335	K55 +872	K56 +080	K55 +872	K56 +080	208.0		360.1						右侧
1336	K56 +064	K56 +300	K56 +064	K56 +300	236.0		337.0						右侧
1337	K56 +490	K56 +810	K56 +490	K56 +810	320.0		379.1						右侧
1338	K56 +480	K56 +810	K56 +480	K56 +810	330.0		131.0						右侧
1339	K56 +820	K56 +928	K56 +820	K56 +928	108.0		397.8						右侧
1340	K56 +820	K56 +928	K56 +820	K56 +928	108.0		411.8						右侧
1341	K56 +930	K57 +038	K56 +930	K57 +038	108.0		243.4						右侧
1342	K56 +930	K57 +024	K56 +930	K57 +024	94.0		101.5						右侧

续上表

序号	统一里程		施工桩号		长度(m)	构造物形式(m^3/m)							备注
	起	讫	起	讫		边沟	排水沟	截水沟	平台沟	中分带排水	集水井	急流槽	
1343	K57 +275	K57 +385	K57 -275	K57 +385	110.0		421.2						右侧
1344	K57 +296	K57 +385	K57 -296	K57 +385	89.0		136.9						右侧
1345	K57 +385	K57 +456	K57 -385	K57 +456	71.0		36.9						右侧
1346	K57 +385	K57 +456	K57 -385	K57 +456	71.0		300.1						右侧
1347	K57 +525	K57 +786	K57 +525	K57 +786	261.0		48.4						右侧
1348	K57 +525	K57 +766	K57 +525	K57 +766	241.0		171.8						右侧
1349	K57 +800	K57 +920	K57 +800	K57 +920	120.0		71.8						右侧
1350	K57 +780	K57 +990	K57 +780	K57 +990	210.0		263.3						右侧
1351	K57 +990	K58 +265	K57 +990	K58 +265	275.0		222.3						右侧
1352	K58 +010	K58 +200	K58 +010	K58 +200	190.0		421.2						右侧
1353	K58 +200	K58 +210	K58 +200	K58 +210	10.0		163.8						右侧
1354	K57 +024	K57 +296	K57 +024	K57 +296	272.0	232.8							右侧
1355	K57 +038	K57 +275	K57 +038	K57 +275	237.0	202.9							左侧
1356	K57 +456	K57 +525	K57 +456	K57 +525	69.0	59.1							左侧
1357	K57 +456	K57 +525	K57 +456	K57 +525	69.0	59.1							右侧
1358	K58 +700	K58 +750	K58 +700	K58 +750	50.0					6.8			右侧
1359	K58 +750	K58 +810	K58 +750	K58 +810	60.0					8.0			左侧
1360	K58 +810	K58 +875	K58 +810	K58 +875	65.0					8.6			右侧
1361	K58 +875	K61 +760	K58 +875	K61 +760	2885.0					0.0			
1362	K61 +760	K61 +810	K61 +760	K61 +810	50.0					6.8			左侧
1363	K61 +810	K61 +860	K61 +810	K61 +860	50.0					6.8			右侧
1364	K61 +860	K61 +910	K61 +860	K61 +910	50.0					6.8			右侧

续上表

序号	统一里程		施工桩号		长度(m)	构造物形式(m^3/m)							备注
	起	讫	起	讫		边沟	排水沟	截水沟	平台沟	中分带排水	集水井	急流槽	
1365	K61 +910	K61 +960	K61 +910	K61 +960	50.0					6.8			左侧
1366	K61 +960	K62 +010	K61 +960	K62 +010	50.0					6.8			左侧
1367	K62 +010	K62 +060	K62 +010	K62 +060	50.0					6.8			右侧
1368	K62 +060	K62 +110	K62 +060	K62 +110	50.0					6.9			左侧
1369	K62 +110	K62 +160	K62 +110	K62 +160	50.0					6.9			右侧
1370	K62 +160	K62 +210	K62 +160	K62 +210	50.0					6.8			左侧
1371	K62 +210	K62 +260	K62 +210	K62 +260	50.0					6.8			右侧
1372	K62 +260	K62 +310	K62 +260	K62 +310	50.0					6.8			左侧
1373	K62 +310	K62 +360	K62 +310	K62 +360	50.0					6.8			右侧
1374	K62 +360	K62 +410	K62 +360	K62 +410	50.0					6.8			左侧
1375	K62 +410	K62 +460	K62 +410	K62 +460	50.0					6.8			右侧
1376	K62 +460	K62 +510	K62 +460	K62 +510	50.0					6.8			左侧
1377	K62 +510	K62 +577	K62 +510	K62 +577	67.0					8.8			右侧
1378	K62 +577	K62 +642	K62 +577	K62 +642	65.0					8.6			左侧
1379	K62 +652	K62 +702	K62 +652	K62 +702	50.0					6.8			右侧
1380	K62 +702	K62 +752	K62 +702	K62 +752	50.0					6.8			左侧
1381	K62 +752	K62 +802	K62 +752	K62 +802	50.0					6.8			右侧
1382	K62 +802	K62 +852	K62 +802	K62 +852	50.0					6.8			左侧
1383	K62 +852	K62 +902	K62 +852	K62 +902	50.0					6.8			右侧
1384	K62 +902	K62 +952	K62 +902	K62 +952	50.0					6.8			左侧
1385	K62 +952	K62 +990	K62 +952	K62 +990	38.0					5.3			右侧
1386	K62 +990	K63 +040	K62 +990	K63 +040	50.0					6.8			左侧

续上表

序号	统一里程		施工桩号		长度(m)	构造物形式(m^3/m)							备注
	起	讫	起	讫		边沟	排水沟	截水沟	平台沟	中分带排水	集水井	急流槽	
1387	K63 +040	K63 +090	K63 −040	K63 +090	50.0					6.8			右侧
1388	K63 +090	K63 +140	K63 −090	K63 +140	50.0					6.8			左侧
1389	K63 +140	K63 +190	K63 −140	K63 +190	50.0					6.8			右侧
1390	K63 +190	K63 +240	K63 −190	K63 +240	50.0					6.8			左侧
1391	K63 +240	K63 +290	K63 −240	K63 +290	50.0					6.9			右侧
1392	K63 +290	K63 +340	K63 −290	K63 +340	50.0					6.9			左侧
1393	K63 +340	K63 +395	K63 +340	K63 +395	55.0					7.4			右侧
1394	K63 +545	K63 +595	K63 +545	K63 +595	50.0					6.8			左侧
1395	K63 +595	K63 +645	K63 +595	K63 +645	50.0					6.8			右侧
1396	K63 +645	K63 +695	K63 +645	K63 +695	50.0					6.8			左侧
1397	K63 +695	K63 +745	K63 +695	K63 +745	50.0					6.8			右侧
1398	K63 +745	K63 +788	K63 +745	K63 +788	43.0					5.9			左侧
1399	K63 +878	K63 +928	K63 +878	K63 +928	50.0					6.8			右侧
1400	K63 +928	K63 +978	K63 +928	K63 +978	50.0					6.8			左侧
1401	K63 +978	K64 +028	K63 +978	K64 +028	50.0					6.8			右侧
1402	K64 +028	K64 +078	K64 +028	K64 +078	50.0					6.8			左侧
1403	K64 +078	K64 +128	K64 +078	K64 +128	50.0					6.8			右侧
1404	K64 +128	K64 +178	K64 +128	K64 +178	50.0					6.8			左侧
1405	K64 +178	K64 +228	K64 +178	K64 +228	50.0					6.9			右侧
1406	K64 +228	K64 +278	K64 +228	K64 +278	50.0					6.9			左侧
1407	K64 +278	K64 +325	K64 +278	K64 +325	47.0					6.4			右侧
1408	K64 +325	K64 +360	K64 +325	K64 +360	35.0					5.0			左侧

续上表

序号	统一里程		施工桩号		长度(m)	构造物形式(m^3/m)							备注
	起	讫	起	讫		边沟	排水沟	截水沟	平台沟	中分带排水	集水井	急流槽	
1409	K64 +360	K64 +400	K64 +360	K64 +400	40.0					5.6			右侧
1410	K58 +670	K58 +875	K58 +670	K58 +875	205.0		239.9						左侧
1411	K58 +700	K58 +875	K58 +700	K58 +875	175.0		255.5						右侧
1412	K61 +760	K61 +838	K61 +760	K61 +838	78.0		99.1						左侧
1413	K61 +760	K61 +838	K61 +760	K61 +838	78.0		99.1						右侧
1414	K61 +838	K61 +925	K61 +838	K61 +925	87.0		110.5						左侧
1415	K61 +838	K61 +975	K61 +838	K61 +975	137.0		174.0						右侧
1416	K61 +925	K62 +063	K61 +925	K62 +063	138.0		175.3						左侧
1417	K61 +975	K62 +050	K61 +975	K62 +050	75.0		95.3						右侧
1418	K62 +063	K62 +078	K62 +063	K62 +078	15.0		19.1						右侧
1419	K62 +078	K62 +225	K62 +078	K62 +225	147.0		172.0						左侧
1420	K62 +078	K62 +225	K62 +078	K62 +225	147.0		172.0						右侧
1421	K62 +231	K62 +350	K62 +231	K62 +350	119.0		139.2						左侧
1422	K62 +231	K62 +330	K62 +231	K62 +330	99.0		115.8						右侧
1423	K62 +370	K62 +576	K62 +370	K62 +576	206.0		241.0						左侧
1424	K62 +350	K62 +576	K62 +350	K62 +576	226.0		264.4						右侧
1425	K62 +579	K62 +634	K62 +579	K62 +634	55.0		64.4						左侧
1426	K62 +579	K62 +634	K62 +579	K62 +634	55.0		64.4						右侧
1427	K62 +651	K62 +800	K62 +651	K62 +800	149.0		189.2						左侧
1428	K62 +800	K63 +111	K62 +800	K63 +111	311.0		395.0						左侧
1429	K62 +651	K62 +800	K62 +651	K62 +800	149.0		174.3						右侧
1430	K62 +800	K63 +111	K62 +800	K63 +111	311.0		363.9						右侧

续上表

序号	统一里程		施工桩号		长度(m)	构造物形式(m^3/m)							备注
	起	讫	起	讫		边沟	排水沟	截水沟	平台沟	中分带排水	集水井	急流槽	
1431	K63 + 117	K63 + 419	K63 − 117	K63 + 419	302.0		383.5						左侧
1432	K63 + 117	K63 + 400	K63 − 117	K63 + 400	283.0		359.4						右侧
1433	K63 + 538	K63 + 780	K63 − 538	K63 + 780	242.0		307.3						左侧
1434	K63 + 538	K63 + 780	K63 − 538	K63 + 780	242.0		307.3						右侧
1435	K63 + 780	K63 + 844	K63 − 780	K63 + 844	64.0		81.3						左侧
1436	K63 + 900	K64 + 034	K63 − 900	K64 + 034	134.0		156.8						左侧
1437	K63 + 870	K64 + 040	K63 + 870	K64 + 040	170.0		198.9						右侧
1438	K64 + 040	K64 + 162	K64 + 040	K64 + 162	122.0		142.7						左侧
1439	K64 + 046	K64 + 162	K64 + 046	K64 + 162	116.0		135.7						右侧
1440	K64 + 162	K64 + 400	K64 + 162	K64 + 400	238.0		302.3						左侧
1441	K64 + 162	K64 + 400	K64 + 162	K64 + 400	238.0		278.5						右侧
1442	K63 + 400		K63 + 400									43.7	右侧
1443	K58 + 875	K58 + 926	K58 + 875	K58 + 926	51.0					6.9			右侧
1444	K58 + 940	K58 + 990	K58 + 940	K58 + 990	50.0					6.8			左侧
1445	K58 + 990	K59 + 040	K58 + 990	K59 + 040	50.0					6.8			右侧
1446	K59 + 040	K59 + 090	K59 + 040	K59 + 090	50.0					6.8			左侧
1447	K59 + 090	K59 + 140	K59 + 090	K59 + 140	50.0					6.8			右侧
1448	K59 + 140	K59 + 190	K59 + 140	K59 + 190	50.0					6.8			左侧
1449	K59 + 190	K59 + 240	K59 + 190	K59 + 240	50.0					6.8			右侧
1450	K59 + 240	K59 + 290	K59 + 240	K59 + 290	50.0					6.9			左侧
1451	K59 + 290	K59 + 347	K59 + 290	K59 + 347	57.0					7.7			右侧
1452	K59 + 409	K59 + 459	K59 + 409	K59 + 459	50.0					6.9			左侧

续上表

序号	统一里程		施工桩号		长度(m)	构造物形式(m^3/m)							备注
	起	讫	起	讫		边沟	排水沟	截水沟	平台沟	中分带排水	集水井	急流槽	
1453	K59 +459	K59 +500	K59 +459	K59 +500	41.0					5.9			右侧
1454	K59 +500	K59 +550	K59 +500	K59 +550	50.0					7.0			左侧
1455	K59 +550	K59 +600	K59 +550	K59 +600	50.0					6.9			右侧
1456	K59 +600	K59 +650	K59 +600	K59 +650	50.0					7.0			左侧
1457	K59 +650	K59 +700	K59 +650	K59 +700	50.0					7.1			左侧
1458	K59 +700	K60 +575	K59 +700	K60 +575	875.0					84.0			
1459	K60 +575	K60 +610	K60 +575	K60 +610	35.0					5.0			左侧
1460	K60 +610	K60 +660	K60 +610	K60 +660	50.0					6.8			右侧
1461	K60 +660	K60 +710	K60 +660	K60 +710	50.0					6.8			左侧
1462	K60 +710	K60 +760	K60 +710	K60 +760	50.0					7.2			右侧
1463	K60 +760	K60 +795	K60 +760	K60 +795	35.0					5.4			左侧
1464	K60 +795	K60 +826	K60 +795	K60 +826	31.0					4.6			右侧
1465	K60 +836	K60 +873	K60 +836	K60 +873	37.0					5.4			右侧
1466	K60 +873	K60 +910	K60 +873	K60 +910	37.0					5.8			左侧
1467	K60 +910	K60 +990	K60 +910	K60 +990	80.0					10.7			右侧
1468	K60 +990	K61 +040	K60 +990	K61 +040	50.0					7.1			左侧
1469	K61 +040	K61 +090	K61 +040	K61 +090	50.0					7.0			右侧
1470	K61 +090	K61 +140	K61 +090	K61 +140	50.0					6.9			左侧
1471	K61 +140	K61 +190	K61 +140	K61 +190	50.0					6.9			右侧
1472	K61 +190	K61 +240	K61 +190	K61 +240	50.0					6.9			左侧
1473	K61 +240	K61 +290	K61 +240	K61 +290	50.0					6.9			右侧
1474	K61 +290	K61 +361	K61 +290	K61 +361	71.0					9.4			左侧

续上表

序号	统一里程		施工桩号		长度(m)	构造物形式(m^3/m)							备注
	起	讫	起	讫		边沟	排水沟	截水沟	平台沟	中分带排水	集水井	急流槽	
1475	K61 +423	K61 +473	K61 –423	K61 +473	50.0					6.8			右侧
1476	K61 +473	K61 +523	K61 –473	K61 +523	50.0					6.8			左侧
1477	K61 +523	K61 +573	K61 –523	K61 +573	50.0					6.8			右侧
1478	K61 +573	K61 +623	K61 – 573	K61 +623	50.0					6.8			左侧
1479	K61 +623	K61 +673	K61 – 623	K61 +673	50.0					6.8			右侧
1480	K61 +673	K61 +725	K61 +673	K61 +725	51.5					6.9			左侧
1481	K61 +725	K61 +760	K61 +725	K61 +760	35.5					5.0			右侧
1482	龚河互通区		龚河互通区			5547.2	6856.5				147.1		
1483	K64 +400	K64 +450	K64 +400	K64 +450	50.0					6.8			右侧
1484	K64 +450	K64 +500	K64 +450	K64 +500	50.0					6.8			左侧
1485	K64 +500	K64 +550	K64 +500	K64 +550	50.0					6.8			右侧
1486	K64 +550	K64 +600	K64 +550	K64 +600	50.0					6.8			左侧
1487	K64 +600	K64 +650	K64 +500	K64 +650	50.0					6.8			右侧
1488	K64 +650	K64 +700	K64 +550	K64 +700	50.0					6.8			左侧
1489	K64 +700	K64 +750	K64 +700	K64 +750	50.0					6.8			右侧
1490	K64 +750	K64 +800	K64 +750	K64 +800	50.0					6.8			左侧
1491	K64 +800	K64 +850	K64 +300	K64 +850	50.0					6.8			右侧
1492	K64 +850	K64 +900	K64 +350	K64 +900	50.0					6.9			左侧
1493	K64 +900	K64 +950	K64 +900	K64 +950	50.0					6.9			右侧
1494	K64 +950	K64 +992	K64 +950	K64 +992	42.0					5.8			左侧
1495	K65 +002	K65 +052	K65 +002	K65 +052	50.0					6.8			右侧
1496	K65 +052	K65 +102	K65 +052	K65 +102	50.0					6.8			左侧

续上表

序号	统一里程		施工桩号		长度(m)	构造物形式(m^3/m)							备注
	起	讫	起	讫		边沟	排水沟	截水沟	平台沟	中分带排水	集水井	急流槽	
1497	K65 +102	K65 +152	K65 +102	K65 +152	50.0					6.8			右侧
1498	K65 +152	K65 +202	K65 +152	K65 +202	50.0					6.8			左侧
1499	K65 +202	K65 +252	K65 +202	K65 +252	50.0					6.8			右侧
1500	K65 +252	K65 +286	K65 +252	K65 +286	34.0					4.8			左侧
1501	K65 +286	K65 +336	K65 +286	K65 +336	50.0					6.8			右侧
1502	K65 +336	K65 +386	K65 +336	K65 +386	50.0					6.8			左侧
1503	K65 +386	K65 +436	K65 +386	K65 +436	50.0					6.8			右侧
1504	K65 +436	K65 +486	K65 +436	K65 +486	50.0					6.8			左侧
1505	K65 +486	K65 +536	K65 +486	K65 +536	50.0					6.8			右侧
1506	K65 +536	K65 +586	K65 +536	K65 +586	50.0					6.8			左侧
1507	K65 +586	K65 +636	K65 +586	K65 +636	50.0					6.8			右侧
1508	K65 +636	K65 +690	K65 +636	K65 +690	54.0					7.2			左侧
1509	K65 +690	K65 +740	K65 +690	K65 +740	50.0					6.8			右侧
1510	K65 +740	K65 +790	K65 +740	K65 +790	50.0					6.9			左侧
1511	K65 +790	K65 +840	K65 +790	K65 +840	50.0					6.9			右侧
1512	K65 +840	K65 +890	K65 +840	K65 +890	50.0					6.8			左侧
1513	K65 +890	K65 +940	K65 +890	K65 +940	50.0					6.8			右侧
1514	K65 +940	K65 +990	K65 +940	K65 +990	50.0					6.8			左侧
1515	K65 +990	K66 +040	K65 +990	K66 +040	50.0					6.8			右侧
1516	K66 +040	K66 +090	K66 +040	K66 +090	50.0					6.8			左侧
1517	K66 +090	K66 +147	K66 +090	K66 +147	57.0					7.6			右侧
1518	K66 +347	K66 +397	K66 +347	K66 +397	50.0					6.8			左侧

续上表

序号	统一里程		施工桩号		长度(m)	构造物形式(m^3/m)							备注
	起	讫	起	讫		边沟	排水沟	截水沟	平台沟	中分带排水	集水井	急流槽	
1519	K66 +397	K66 +447	K66 -397	K66 +447	50.0					6.8			右侧
1520	K66 +447	K66 +497	K66 -447	K66 +497	50.0					6.8			左侧
1521	K66 +497	K66 +547	K66 -497	K66 +547	50.0					6.8			右侧
1522	K66 +547	K66 +597	K66 -547	K66 +597	50.0					6.8			左侧
1523	K66 +597	K66 +647	K66 -597	K66 +647	50.0					6.9			右侧
1524	K66 +647	K66 +697	K66 -647	K66 +697	50.0					6.8			左侧
1525	K66 +697	K66 +747	K66 +697	K66 +747	50.0					6.8			右侧
1526	K66 +747	K66 +770	K66 +747	K66 +770	23.0					3.5			左侧
1527	K66 +770	K66 +820	K66 +770	K66 +820	50.0					6.8			右侧
1528	K66 +820	K66 +870	K66 +820	K66 +870	50.0					6.8			左侧
1529	K66 +870	K66 +920	K66 +870	K66 +920	50.0					6.8			右侧
1530	K66 +920	K67 +520	K66 +920	K67 +520	600.0					57.6			
1531	K67 +550	K67 +820	K67 +550	K67 +820	270.0					25.9			
1532	K67 +820	K67 +850	K67 +820	K67 +850	30.0					4.4			左侧
1533	K67 +850	K67 +900	K67 +850	K67 +900	50.0					6.8			左侧
1534	K67 +900	K67 +950	K67 +900	K67 +950	50.0					6.8			左侧
1535	K67 +950	K68 +000	K67 +950	K68 +000	50.0					6.8			右侧
1536	K68 +000	K68 +050	K68 +000	K68 +050	50.0					6.8			左侧
1537	K68 +050	K68 +100	K68 +050	K68 +100	50.0					6.8			右侧
1538	K68 +100	K68 +150	K68 + 00	K68 +150	50.0					6.8			左侧
1539	K68 +150	K68 +200	K68 + 50	K68 +200	50.0					6.8			右侧
1540	K68 +200	K68 +240	K68 +200	K68 +240	40.0					5.6			右侧

续上表

序号	统一里程		施工桩号		长度(m)	构造物形式(m^3/m)							备注
	起	讫	起	讫		边沟	排水沟	截水沟	平台沟	中分带排水	集水井	急流槽	
1541	K68 +240	K68 +950	K68 +240	K68 +950	710.0					68.2			
1542	K68 +950	K70 +135	K68 +950	K70 +135	1185.0					0.0			
1543	K64 +400	K64 +685	K64 +400	K64 +685	285.0		333.5						左侧
1544	K64 +685	K64 +695	K64 +685	K64 +695	10.0		11.7						左侧
1545	K64 +685	K64 +890	K64 +685	K64 +890	205.0		239.9						左侧
1546	K64 +939	K64 +991	K64 +939	K64 +991	52.0		60.8						左侧
1547	K64 +400	K64 +991	K64 +400	K64 +991	591.0		691.5						右侧
1548	K65 +029	K65 +261	K65 +029	K65 +261	232.0		321.8						右侧
1549	K64 +999	K65 +274	K64 +999	K65 +274	275.0		169.7						左侧
1550	K65 +280	K65 +425	K65 +280	K65 +425	145.0		52.7						左侧
1551	K65 +425	K65 +470	K65 +425	K65 +470	45.0		198.9						右侧
1552	K65 +280	K65 +450	K65 +280	K65 +450	170.0		42.1						右侧
1553	K65 +450	K65 +486	K65 +450	K65 +486	36.0		439.9						左侧
1554	K65 +474	K65 +850	K65 +474	K65 +850	376.0		418.9						右侧
1555	K65 +492	K65 +850	K65 +492	K65 +850	358.0		310.1						左侧
1556	K65 +860	K66 +125	K65 +860	K66 +125	265.0		310.1						右侧
1557	K65 +860	K66 +125	K65 +860	K66 +125	265.0		11.7						左侧
1558	K66 +350	K66 +360	K66 +350	K66 +360	10.0		279.6						左侧
1559	K66 +350	K66 +589	K66 +350	K66 +589	239.0		11.7						右侧
1560	K66 +340	K66 +350	K66 +340	K66 +350	10.0		291.3						右侧
1561	K66 +340	K66 +589	K66 +340	K66 +589	249.0		368.6						左侧
1562	K66 +595	K66 +910	K66 +595	K66 +910	315.0		324.1						右侧

续上表

序号	统一里程		施工桩号		长度(m)	构造物形式(m^3/m)							备注
	起	讫	起	讫		边沟	排水沟	截水沟	平台沟	中分带排水	集水井	急流槽	
1563	K66+595	K66+872	K66-595	K66+872	277.0		442.3						左侧
1564	K66+920	K67+100	K66-920	K67+100	180.0		291.3						左侧
1565	K66+350	K66+589	K66-350	K66+589	239.0		175.5						东侧
1566	K66+350	K66+589	K66-350	K66+589	239.0		113.8						引线
1567	K66+350	K66+589	K66-350	K66+589	239.0		11.7						左侧
1568	K67+100	K67+520	K67+100	K67+520	420.0	729.3							左侧
1569	K67+026	K67+520	K67+026	K67+520	494.0	898.8							右侧
1570	K67+540	K67+762	K67+540	K67+762	222.0	693.4							左侧
1571	K67+540	K67+762	K67+540	K67+762	222.0	642.0							右侧
1572	K66+880	K67+530	K66+880	K67+530	650.0			194.4					右侧
1573	K67+100	K68+950	K67+100	K68+950	1850.0							5524.0	
1574	南阳互通式立交		南阳互通式立交			3463.0	1676.3	194.4		94.4		341.0	
1575	K70+135	K70+586	K70+135	K70+586	451.0					43.3			
1576	K70+586	K70+626	K70+586	K70+626	40.0					5.6			右侧
1577	K70+626	K70+663	K70+626	K70+663	37.0					5.2			左侧
1578	K70+663	K70+703	K70+663	K70+703	40.0					5.6			右侧
1579	K70+703	K70+743	K70+703	K70+743	40.0					5.6			左侧
1580	K70+743	K70+777	K70+743	K70+777	34.0					4.8			右侧
1581	K70+777	K70+827	K70+777	K70+827	50.0					6.8			左侧
1582	K70+827	K70+877	K70+827	K70+877	50.0					6.8			右侧
1583	K70+877	K70+927	K70+877	K70+927	50.0					6.8			左侧
1584	K70+927	K70+977	K70+927	K70+977	50.0					6.8			右侧

续上表

序号	统一里程		施工桩号		长度(m)	构造物形式(m^3/m)							备注
	起	讫	起	讫		边沟	排水沟	截水沟	平台沟	中分带排水	集水井	急流槽	
1585	K70 +977	K71 +027	K70 +977	K71 +027	50.0					6.8			左侧
1586	K71 +027	K71 +077	K71 +027	K71 +077	50.0					6.9			右侧
1587	K71 +077	K71 +151	K71 +077	K71 +151	74.0					9.8			左侧
1588	K71 +151	K71 +201	K71 +151	K71 +201	50.0					6.8			右侧
1589	K71 +201	K71 +240	K71 +201	K71 +240	39.0					5.4			左侧
1590	K71 +240	K71 +279	K71 +240	K71 +279	39.0					5.4			右侧
1591	K71 +279	K71 +310	K71 +279	K71 +310	31.0					4.5			左侧
1592	K71 +310	K71 +355	K71 +310	K71 +355	45.0					6.2			右侧
1593	K71 +395	K71 +445	K71 +395	K71 +445	50.0					6.8			左侧
1594	K71 +445	K71 +495	K71 +445	K71 +495	50.0					6.8			右侧
1595	K71 +495	K71 +545	K71 +495	K71 +545	50.0					6.8			左侧
1596	K71 +545	K71 +595	K71 +545	K71 +595	50.0					6.8			右侧
1597	K71 +595	K71 +801	K71 +595	K71 +801	206.0					19.8			
1598	K71 +801	K71 +840	K71 +801	K71 +840	39.0					5.4			左侧
1599	K71 +840	K71 +888	K71 +840	K71 +888	48.0					6.5			左侧
1600	K71 +888	K72 +310	K71 +888	K72 +310	422.0					40.5			
1601	K72 +310	K72 +360	K72 +310	K72 +360	50.0					6.8			右侧
1602	K72 +360	K72 +400	K72 +360	K72 +400	40.0					5.6			左侧
1603	K72 +400	K72 +425	K72 +400	K72 +425	25.0					3.8			右侧
1604	K72 +473	K72 +500	K72 +473	K72 +500	27.0					4.0			左侧
1605	K72 +500	K72 +530	K72 +500	K72 +530	30.0					4.4			右侧
1606	K72 +539	K73 +064	K72 +539	K73 +064	525.0					50.4			

续上表

序号	统一里程		施工桩号		长度(m)	构造物形式(m^3/m)							备注
	起	讫	起	讫		边沟	排水沟	截水沟	平台沟	中分带排水	集水井	急流槽	
1607	K73 +064	K73 +110	K73 +064	K73 +110	46.0					6.3			右侧
1608	K73 +110	K73 +155	K73 +110	K73 +155	45.0					6.2			左侧
1609	K73 +155	K73 +195	K73 +155	K73 +195	40.0					5.6			右侧
1610	K73 +195	K73 +235	K73 +195	K73 +235	40.0					5.6			左侧
1611	K73 +235	K73 +271	K73 +235	K73 +271	36.0					5.1			右侧
1612	K73 +271	K73 +680	K73 +271	K73 +680	409.0					39.3			
1613	K70 +520	K70 +704	K70 +520	K70 +704	184.0		215.3						左侧
1614	K70 +520	K70 +704	K70 +520	K70 +704	184.0		193.1						左侧
1615	K70 +780	K70 +795	K70 +780	K70 +795	15.0		17.6						左侧
1616	K70 +780	K70 +930	K70 +780	K70 +930	150.0		175.5						左侧
1617	K70 +756	K70 +766	K70 +756	K70 +766	10.0		11.7						右侧
1618	K70 +778	K70 +935	K70 +778	K70 +935	157.0		183.7						右侧
1619	K70 +936	K71 +076	K70 +936	K71 +076	140.0		163.8						左侧
1620	K70 +941	K71 +031	K70 +941	K71 +031	90.0		105.3						右侧
1621	K71 +076	K71 +151	K71 +076	K71 +151	75.0		87.8						左侧
1622	K71 +031	K71 +151	K71 +031	K71 +151	120.0		140.4						右侧
1623	K71 +160	K71 +277	K71 +160	K71 +277	117.0		136.9						左侧
1624	K71 +160	K71 +280	K71 +160	K71 +280	120.0		140.4						右侧
1625	K71 +280	K71 +369	K71 +280	K71 +369	89.0		104.1						右侧
1626	K71 +277	K71 +370	K71 +277	K71 +370	93.0		108.8						左侧
1627	K71 +398	K71 +653	K71 +398	K71 +653	255.0		298.4						左侧
1628	K71 +382	K71 +647	K71 +382	K71 +647	265.0		310.1						右侧

续上表

序号	统一里程		施工桩号		长度(m)	构造物形式(m^3/m)							备注
	起	讫	起	讫		边沟	排水沟	截水沟	平台沟	中分带排水	集水井	急流槽	
1629	K71 +789	K71 +827	K71 +789	K71 +827	38.0		44.5						左侧
1630	K71 +807	K71 +860	K71 +807	K71 +860	53.0		62.0						右侧
1631	K72 +206	K72 +432	K72 +206	K72 +432	226.0		264.4						右侧
1632	K72 +214	K72 +432	K72 +214	K72 +432	218.0		255.1						左侧
1633	K72 +473	K72 +545	K72 +473	K72 +545	72.0		84.2						左侧
1634	K72 +473	K72 +545	K72 +473	K72 +545	72.0		84.2						右侧
1635	K72 +622	K72 +770	K72 +622	K72 +770	148.0		173.2						左侧
1636	K72 +649	K72 +790	K72 +649	K72 +790	141.0		165.0						右侧
1637	K72 +770	K72 +823	K72 +770	K72 +823	53.0		62.0						左侧
1638	K72 +790	K72 +823	K72 +790	K72 +823	33.0		38.6						右侧
1639	K73 +064	K73 +175	K73 +064	K73 +175	111.0		129.9						左侧
1640	K73 +185	K73 +195	K73 +185	K73 +195	10.0		11.7						左侧
1641	K73 +040	K73 +175	K73 +040	K73 +175	135.0		158.0						右侧
1642	K73 +185	K73 +195	K73 +185	K73 +195	10.0		11.7						右侧
1643	K73 +222	K73 +301	K73 +222	K73 +301	79.0		92.4						左侧
1644	K73 +222	K73 +328	K73 +222	K73 +328	106.0		124.0						右侧
1645	K70 +135	K70 +520	K70 +135	K70 +520	385.0	329.6							左侧
1646	K70 +135	K70 +520	K70 +135	K70 +520	385.0	329.6							右侧
1647	K71 +653	K71 +789	K71 +653	K71 +789	136.0	59.9							左侧
1648	K71 +647	K71 +807	K71 +647	K71 +807	160.0	85.6							右侧
1649	K71 +623	K71 +789	K71 +623	K71 +789	166.0	142.1							左侧
1650	K71 +628	K71 +807	K71 +628	K71 +807	179.0	186.6							右侧

续上表

序号	统一里程		施工桩号		长度(m)	构造物形式(m^3/m)							备注
	起	讫	起	讫		边沟	排水沟	截水沟	平台沟	中分带排水	集水井	急流槽	
1651	K71 +913	K72 +214	K71 +913	K72 +214	301.0	314.2							左侧
1652	K71 +913	K72 +206	K71 +913	K72 +206	293.0	250.8							右侧
1653	K72 +545	K72 +622	K72 +545	K72 +622	77.0	98.4							左侧
1654	K72 +545	K72 +649	K72 +545	K72 +649	104.0	89.0							右侧
1655	K72 +823	K73 +064	K72 +823	K73 +064	241.0	226.0							左侧
1656	K72 +823	K73 +040	K72 +823	K73 +040	217.0	185.8							右侧
1657	K73 +301	K73 +680	K73 +301	K73 +680	379.0	417.7							左侧
1658	K73 +328	K73 +680	K73 +328	K73 +680	352.0	394.6							右侧
1659	K70 +160	K70 +326	K70 +160	K70 +326	166.0			233.3					右侧
1660	K71 +556	K71 +720	K71 +556	K71 +720	164.0			220.3					右侧
1661	K72 +800	K72 +910	K72 +300	K72 +910	110.0			140.4					右侧
1662	K72 +910	K73 +170	K72 +910	K73 +170	260.0			313.2					右侧
1663	K73 +220	K73 +550	K73 +220	K73 +550	330.0			399.6					右侧
1664	K73 +550	K73 +680	K73 +550	K73 +680	130.0			151.2					右侧
1665	K71 +913		K71 +913									118.6	左侧
1666	K71 +913		K71 +913									100.8	右侧
1667	张华岗互通区		张华岗互通区			3619.5	2304.3	1067.0		54.5		59.2	
1668	JK0 +702	JK0 +706	JK0 +702	JK0 +706	4.0		4.7						左侧
1669	JK0 +702	JK0 +720	JK0 +702	JK0 +720	18.0		21.1						右侧
1670	JK0 +715	JK0 +883	JK0 +715	JK0 +883	168.3		196.9						左侧
1671	JK0 +883	JK0 +898	JK0 +883	JK0 +898	15.0		17.6						左侧
1672	JK0 +730	JK0 +824	JK0 +730	JK0 +824	94.2		110.2						右侧

续上表

序号	统一里程		施工桩号		长度(m)	构造物形式(m^3/m)							备注
	起	讫	起	讫		边沟	排水沟	截水沟	平台沟	中分带排水	集水井	急流槽	
1673	JK0 +824	JK0 +883	JK0 +824	JK0 +883	59.1		69.1						右侧
1674	JK0 +883	JK0 +898	JK0 +883	JK0 +898	15.0		17.6						右侧
1675	JK0 +915	JK0 +954	JK0 +915	JK0 +954	39.0		0.0						左侧
1676	JK0 +954	JK0 +993	JK0 +954	JK0 +993	39.2		45.9						左侧
1677	JK0 +993	JK1 +247	JK0 +993	JK1 +247	253.8		296.9						左侧
1678	JK1 +253	JK1 +500	JK1 +253	JK1 +500	247.0		289.0						左侧
1679	JK0 +981	JK0 +991	JK0 +981	JK0 +991	10.0		11.7						右侧
1680	JK0 +981	JK0 +992	JK0 +981	JK0 +992	10.7		12.5						右侧
1681	JK0 +992	JK1 +247	JK0 +992	JK1 +247	255.3		298.7						右侧
1682	JK1 +253	JK1 +529	JK1 +253	JK1 +529	276.0		322.9						右侧
1683	JK1 +500	JK1 +538	JK1 +500	JK1 +538	38.0		44.5						左侧
1684	JK1 +529	JK1 +547	JK1 +529	JK1 +547	18.0		21.1						右侧
1685	JK1 +551	JK1 +700	JK1 +551	JK1 +700	149.0		174.3						左侧
1686	JK1 +704	JK1 +912	JK1 +704	JK1 +912	208.0		243.4						左侧
1687	JK1 +560	JK1 +600	JK1 +560	JK1 +600	40.0		0.0						右侧
1688	JK1 +600	JK1 +722	JK1 +600	JK1 +722	122.0		142.7						右侧
1689	JK1 +726	JK1 +937	JK1 +726	JK1 +937	211.0		246.9						右侧
1690	JK1 +925	JK2 +100	JK1 +925	JK2 +100	175.0		204.8						左侧
1691	JK2 +106	JK2 +280	JK2 +106	JK2 +280	174.0		203.6						左侧
1692	JK1 +955	JK2 +146	JK1 +955	JK2 +146	191.0		223.5						右侧
1693	JK2 +152	JK2 +280	JK2 +152	JK2 +280	128.0		149.8						右侧
1694	JK2 +475	JK2 +500	JK2 +475	JK2 +500	25.0		0.0						左侧

续上表

序号	统一里程		施工桩号		长度(m)	构造物形式(m^3/m)							备注
	起	讫	起	讫		边沟	排水沟	截水沟	平台沟	中分带排水	集水井	急流槽	
1695	JK2 +475	JK2 +500	JK2 +475	JK2 +500	25.0		0.0						右侧
1696	JK2 +500	JK2 +800	JK2 +500	JK2 +800	300.0		0.0						左侧
1697	JK2 +800	JK2 +895	JK2 +800	JK2 +895	95.0		0.0						左侧
1698	JK2 +500	JK2 +895	JK2 +500	JK2 +895	395.0		0.0						右侧
1699	JK2 +906	JK3 +050	JK2 +906	JK3 +050	144.0		0.0						左侧
1700	JK3 +050	JK3 +144	JK3 +050	JK3 +144	94.0		0.0						左侧
1701	JK2 +906	JK3 +050	JK2 +906	JK3 +050	144.0		0.0						右侧
1702	JK3 +050	JK3 +133	JK3 +050	JK3 +133	83.0		0.0						右侧
1703	JK3 +133	JK3 +171	JK3 +133	JK3 +171	38.0		0.0						右侧
1704	JK3 +171	JK3 +180	JK3 +171	JK3 +180	9.0		0.0						右侧
1705	JK3 +156	JK3 +315	JK3 +156	JK3 +315	159.0		186.0						左侧
1706	JK3 +192	JK3 +313	JK3 +192	JK3 +313	121.0		141.6						右侧
1707	JK3 +770	JK3 +958	JK3 +770	JK3 +958	188.0		220.0						左侧
1708	JK3 +770	JK3 +990	JK3 +770	JK3 +990	220.0		257.4						右侧
1709	JK3 +962	JK4 +090	JK3 +962	JK4 +090	128.0		149.8						左侧
1710	JK3 +994	JK4 +120	JK3 +994	JK4 +120	126.0		0.0						右侧
1711	JK4 +287	JK4 +400	JK4 +287	JK4 +400	113.0		132.2						左侧
1712	JK4 +231	JK4 +405	JK4 +231	JK4 +405	174.0		0.0						右侧
1713	JK4 +407	JK4 +475	JK4 +407	JK4 +475	68.0		79.6						左侧
1714	JK4 +412	JK4 +475	JK4 +412	JK4 +475	63.0		73.7						右侧
1715	JK4 +475	JK4 +634	JK4 +475	JK4 +634	159.0		186.0						左侧
1716	JK4 +475	JK4 +637	JK4 +475	JK4 +637	162.0		189.5						右侧

续上表

序号	统一里程		施工桩号		长度(m)	构造物形式(m^3/m)							备注
	起	讫	起	讫		边沟	排水沟	截水沟	平台沟	中分带排水	集水井	急流槽	
1717	JK4 +642	JK4 +791	JK4 +642	JK4 +791	149.0		174.3						左侧
1718	JK4 +645	JK4 +800	JK4 +645	JK4 +800	155.0		181.4						右侧
1719	JK4 +850	JK4 +920	JK4 +850	JK4 +920	70.0		81.9						左侧
1720	JK4 +830	JK4 +850	JK4 +830	JK4 +850	20.0		23.4						右侧
1721	JK4 +850	JK4 +932	JK4 +850	JK4 +932	82.0		95.9						右侧
1722	JK4 +926	JK5 +041	JK4 +926	JK5 +041	115.0		134.6						左侧
1723	JK4 +938	JK5 +045	JK4 +938	JK5 +045	107.0		125.2						右侧
1724	JK5 +450	JK5 +558	JK5 +450	JK5 +558	108.0		126.4						左侧
1725	JK5 +450	JK5 +539	JK5 +450	JK5 +539	89.0		104.1						右侧
1726	JK5 +590	JK5 +802	JK5 +590	JK5 +802	212.0		248.0						右侧
1727	JK5 +804	JK5 +817	JK5 +804	JK5 +817	13.0		15.2						左侧
1728	JK5 +817	JK6 +040	JK5 +817	JK6 +040	223.0		260.9						左侧
1729	JK6 +040	JK6 +060	JK6 +040	JK6 +060	20.0		0.0						左侧
1730	JK5 +810	JK5 +820	JK5 +810	JK5 +820	10.0		11.7						右侧
1731	JK5 +820	JK6 +025	JK5 +820	JK6 +025	205.0		239.9						右侧
1732	JK6 +025	JK6 +040	JK6 +025	JK6 +040	15.0		17.6						右侧
1733	JK6 +064	JK6 +200	JK6 +064	JK6 +200	136.0		0.0						左侧
1734	JK6 +044	JK6 +180	JK6 +044	JK6 +180	136.0		159.1						右侧
1735	JK6 +201	JK6 +240	JK6 +201	JK6 +240	39.0		0.0						左侧
1736	JK6 +181	JK6 +240	JK6 +181	JK6 +240	59.0		69.0						右侧
1737	JK6 +573	JK6 +631	JK6 +573	JK6 +631	58.0		0.0						左侧
1738	JK6 +560	JK6 +631	JK6 +560	JK6 +631	71.0		0.0						右侧

续上表

序号	统一里程		施工桩号		长度(m)	构造物形式(m^3/m)							备注
	起	讫	起	讫		边沟	排水沟	截水沟	平台沟	中分带排水	集水井	急流槽	
1739	JK6 +649	JK6 +700	JK6 +649	JK6 +700	51.0		0.0						左侧
1740	JK6 +700	JK6 +816	JK6 +700	JK6 +816	116.0		0.0						左侧
1741	JK6 +649	JK6 +700	JK6 +649	JK6 +700	51.0		0.0						右侧
1742	JK6 +700	JK6 +840	JK6 +700	JK6 +840	140.0		0.0						右侧
1743	JK6 +820	JK6 +900	JK6 +820	JK6 +900	80.0		0.0						左侧
1744	JK6 +844	JK6 +900	JK6 +844	JK6 +900	56.0		0.0						右侧
1745	JK2 +280	JK2 +475	JK2 +280	JK2 +475	195.0		204.6						左侧
1746	JK2 +280	JK2 +475	JK2 +280	JK2 +475	195.0		221.7						右侧
1747	JK3 +315	JK3 +770	JK3 +315	JK3 +770	455.0		389.5						左侧
1748	JK3 +313	JK3 +770	JK3 +313	JK3 +770	457.0		391.2						右侧
1749	JK4 +090	JK4 +287	JK4 +090	JK4 +287	197.0		220.0						左侧
1750	JK4 +120	JK4 +231	JK4 +120	JK4 +231	111.0		126.7						右侧
1751	JK5 +041	JK5 +450	JK5 +041	JK5 +450	409.0		375.8						左侧
1752	JK5 +045	JK5 +450	JK5 +045	JK5 +450	405.0		372.4						右侧
1753	JK6 +240	JK6 +573	JK6 +240	JK6 +573	333.0		319.3						左侧
1754	JK6 +240	JK6 +560	JK6 +240	JK6 +560	320.0		308.2						右侧
1755	JK3 +770	JK3 +800	JK3 +770	JK3 +800	30.0		25.7						左侧
1756	JK3 +770	JK3 +800	JK3 +770	JK3 +800	30.0		25.7						右侧
1757	JK5 +539		JK5 +539									17.3	左侧
1758	JK5 +590		JK5 +590									16.3	右侧
1759	JK6 +900	JK6 +950	JK6 +900	JK6 +950	50.0					3.1			右侧
1760	JK6 +950	JK7 +000	JK6 +950	JK7 +000	50.0					3.1			左侧

续上表

序号	统一里程		施工桩号		长度(m)	构造物形式(m^3/m)							备注
	起	讫	起	讫		边沟	排水沟	截水沟	平台沟	中分带排水	集水井	急流槽	
1761	JK7 +000	JK7 +050	JK7 +000	JK7 +050	50.0					3.1			右侧
1762	JK7 +050	JK7 +100	JK7 +050	JK7 +100	50.0					3.1			左侧
1763	JK7 +100	JK7 +150	JK7 +100	JK7 +150	50.0					3.1			右侧
1764	JK7 +150	JK7 +210	JK7 +150	JK7 +210	60.0					3.5			左侧
1765	JK7 +210	JK7 +260	JK7 +210	JK7 +260	50.0					3.1			右侧
1766	JK7 +260	JK7 +300	JK7 +260	JK7 +300	40.0					2.9			左侧
1767	JK7 +300	JK7 +825	JK7 +300	JK7 +825	525.0					50.4			
1768	JK7 +825	JK7 +880	JK7 +825	JK7 +880	55.0					3.3			右侧
1769	JK7 +880	JK7 +930	JK7 +880	JK7 +930	50.0					3.1			左侧
1770	JK7 +930	JK7 +976	JK7 +930	JK7 +976	46.0					3.0			右侧
1771	JK8 +019	JK8 +050	JK8 +019	JK8 +050	31.0					2.4			左侧
1772	JK8 +050	JK8 +080	JK8 +050	JK8 +080	30.0					2.3			右侧
1773	JK8 +080	JK8 +300	JK8 +080	JK8 +300	220.0					21.1			
1774	JK8 +300	JK8 +330	JK8 +300	JK8 +330	30.0					2.3			左侧
1775	JK8 +330	JK8 +392	JK8 +330	JK8 +392	62.0					3.6			右侧
1776	JK8 +452	JK8 +502	JK8 +452	JK8 +502	50.0					3.1			左侧
1777	JK8 +502	JK8 +552	JK8 +502	JK8 +552	50.0					3.1			右侧
1778	JK8 +552	JK8 +600	JK8 +552	JK8 +600	48.0					3.0			左侧
1779	JK8 +600	JK8 +655	JK8 +600	JK8 +655	55.0					3.3			右侧
1780	JK8 +655	JK9 +500	JK8 +655	JK9 +500	845.0					81.1			
1781	JK9 +500	JK9 +522	JK9 +500	JK9 +522	22.0					2.0			左侧
1782	JK9 +522	JK9 +570	JK9 +522	JK9 +570	48.0					3.0			右侧

续上表

序号	统一里程		施工桩号		长度(m)	构造物形式(m^3/m)							备注
	起	讫	起	讫		边沟	排水沟	截水沟	平台沟	中分带排水	集水井	急流槽	
1783	JK9 +570	JK9 +620	JK9 +570	JK9 +620	50.0					3.1			左侧
1784	JK9 +620	JK9 +660	JK9 +620	JK9 +660	40.0					2.7			右侧
1785	JK9 +660	JK9 +700	JK9 +660	JK9 +700	40.0					2.7			左侧
1786	JK9 +700	JK9 +750	JK9 +700	JK9 +750	50.0					3.1			右侧
1787	JK9 +750	JK9 +770	JK9 +750	JK9 +770	20.0					1.9			左侧
1788	JK9 +770	JK9 +850	JK9 +770	JK9 +850	80.0					4.3			右侧
1789	JK9 +850	JK9 +900	JK9 +850	JK9 +900	50.0					3.1			左侧
1790	JK9 +900	JK9 +950	JK9 +900	JK9 +950	50.0					3.1			右侧
1791	JK9 +950	JK10 +000	JK9 +950	JK10 +000	50.0					3.1			左侧
1792	JK10 +000	JK10 +061	JK10 +000	JK10 +061	61.0					3.6			右侧
1793	JK10 +122	JK10 +172	JK10 +122	JK10 +172	50.0					3.3			左侧
1794	JK10 +172	JK10 +200	JK10 +172	JK10 +200	28.0					2.4			右侧
1795	JK10 +200	JK10 +250	JK10 +200	JK10 +250	50.0					3.1			左侧
1796	JK10 +250	JK10 +290	JK10 +250	JK10 +290	40.0					2.7			右侧
1797	JK10 +290	JK10 +326	JK10 +290	JK10 +326	36.0					2.6			左侧
1798	JK10 +336	JK10 +386	JK10 +336	JK10 +386	50.0					3.1			右侧
1799	JK10 +386	JK10 +420	JK10 +386	JK10 +420	34.0					2.5			左侧
1800	JK10 +420	JK10 +860	JK10 +420	JK10 +860	440.0					42.2			
1801	JK10 +860	JK10 +900	JK10 +860	JK10 +900	40.0					2.9			右侧
1802	JK10 +900	JK10 +950	JK10 +900	JK10 +950	50.0					3.1			左侧
1803	JK10 +950	JK11 +000	JK10 +950	JK11 +000	50.0					3.1			右侧
1804	JK11 +000	JK11 +050	JK11 +000	JK11 +050	50.0					3.1			左侧

续上表

序号	统一里程		施工桩号		长度(m)	构造物形式(m^3/m)							备注
	起	讫	起	讫		边沟	排水沟	截水沟	平台沟	中分带排水	集水井	急流槽	
1805	JK11 +050	JK11 +100	JK11 +050	JK11 +100	50.0					3.1			右侧
1806	JK11 +100	JK11 +150	JK11 +100	JK11 +150	50.0					3.1			左侧
1807	JK11 +150	JK11 +200	JK11 +150	JK11 +200	50.0					3.1			右侧
1808	JK11 +200	JK11 +250	JK11 +200	JK11 +250	50.0					3.1			左侧
1809	JK11 +250	JK11 +300	JK11 +250	JK11 +300	50.0					3.1			右侧
1810	JK11 +300	JK11 +350	JK11 +300	JK11 +350	50.0					3.1			左侧
1811	JK11 +350	JK11 +386	JK11 +350	JK11 +386	36.0					2.6			右侧
1812	JK11 +386	JK11 +422	JK11 +386	JK11 +422	36.0					2.6			左侧
1813	JK11 +482	JK11 +510	JK11 +482	JK11 +510	28.0					2.2			右侧
1814	JK11 +510	JK11 +560	JK11 +510	JK11 +560	50.0					3.1			左侧
1815	JK11 +560	JK11 +610	JK11 +560	JK11 +610	50.0					3.1			右侧
1816	JK11 +610	JK11 +660	JK11 +610	JK11 +660	50.0					3.3			左侧
1817	JK11 +660	JK11 +725	JK11 +660	JK11 +725	65.0					3.9			右侧
1818	JK11 +768	JK11 +818	JK11 +768	JK11 +818	50.0					3.1			左侧
1819	JK11 +818	JK11 +868	JK11 +818	JK11 +868	50.0					3.1			右侧
1820	JK11 +868	JK11 +918	JK11 +868	JK11 +918	50.0					3.1			左侧
1821	JK11 +918	JK11 +980	JK11 +918	JK11 +980	62.0					3.6			右侧
1822	JK11 +980	JK12 +030	JK11 +980	JK12 +030	50.0					3.1			左侧
1823	JK12 +030	JK12 +080	JK12 +030	JK12 +080	50.0					3.1			右侧
1824	JK12 +080	JK12 +130	JK12 +080	JK12 +130	50.0					3.1			左侧
1825	JK12 +130	JK12 +180	JK12 +130	JK12 +180	50.0					3.1			右侧
1826	JK12 +180	JK12 +230	JK12 +180	JK12 +230	50.0					3.1			左侧

续上表

序号	统一里程		施工桩号		长度(m)	构造物形式(m^3/m)							备注
	起	讫	起	讫		边沟	排水沟	截水沟	平台沟	中分带排水	集水井	急流槽	
1827	JK12 +230	JK12 +280	JK12 +230	JK12 +280	50.0					3.3			右侧
1828	JK12 +280	JK12 +330	JK12 +280	JK12 +330	50.0					3.3			左侧
1829	JK12 +330	JK12 +380	JK12 +330	JK12 +380	50.0					3.1			右侧
1830	JK12 +380	JK12 +423	JK12 +380	JK12 +423	43.0					2.8			左侧
1831	JK12 +433	JK12 +483	JK12 +433	JK12 +483	50.0					3.1			右侧
1832	JK12 +483	JK12 +533	JK12 +483	JK12 +533	50.0					3.1			左侧
1833	JK12 +533	JK12 +583	JK12 +533	JK12 +583	50.0					3.1			右侧
1834	JK12 +583	JK12 +633	JK12 +583	JK12 +633	50.0					3.1			左侧
1835	JK12 +633	JK12 +683	JK12 +633	JK12 +683	50.0					3.1			右侧
1836	JK12 +683	JK12 +733	JK12 +683	JK12 +733	50.0					3.1			左侧
1837	JK12 +733	JK12 +783	JK12 +733	JK12 +783	50.0					3.1			右侧
1838	JK12 +783	JK12 +833	JK12 +783	JK12 +833	50.0					3.1			左侧
1839	JK12 +833	JK12 +883	JK12 +833	JK12 +883	50.0					3.1			右侧
1840	JK12 +883	JK12 +925	JK12 +883	JK12 +925	42.0					2.8			右侧
1841	JK12 +987	JK13 +030	JK12 +987	JK13 +030	43.0					2.8			左侧
1842	JK13 +030	JK13 +080	JK13 +030	JK13 +080	50.0					3.1			右侧
1843	JK13 +080	JK13 +130	JK13 +080	JK13 +130	50.0					3.3			左侧
1844	JK13 +130	JK13 +180	JK13 +130	JK13 +180	50.0					3.3			右侧
1845	JK13 +180	JK13 +230	JK13 +180	JK13 +230	50.0					3.1			左侧
1846	JK13 +230	JK13 +280	JK13 +230	JK13 +280	50.0					3.1			右侧
1847	JK13 +280	JK13 +330	JK13 +280	JK13 +330	50.0					3.1			左侧
1848	JK13 +330	JK13 +365	JK13 +330	JK13 +365	35.0					2.5			右侧

续上表

序号	统一里程		施工桩号		长度(m)	构造物形式(m^3/m)							备注
	起	讫	起	讫		边沟	排水沟	截水沟	平台沟	中分带排水	集水井	急流槽	
1849	JK13 +365	JK13 +400	JK13 +365	JK13 +400	35.0					2.5			左侧
1850	JK13 +400	JK13 +450	JK13 +400	JK13 +450	50.0					6.8			右侧
1851	JK13 +450	JK13 +500	JK13 +450	JK13 +500	50.0					6.8			左侧
1852	JK13 +500	JK13 +550	JK13 +500	JK13 +550	50.0					6.8			右侧
1853	JK13 +550	JK13 +600	JK13 +550	JK13 +600	50.0					6.8			左侧
1854	JK13 +600	JK13 +664	JK13 +600	JK13 +664	64.0					8.4			右侧
1855	JK15 +360	JK15 +410	JK15 +360	JK15 +410	50.0					6.8			左侧
1856	JK15 +410	JK15 +450	JK15 +410	JK15 +450	40.0					5.6			右侧
1857	JK15 +450	JK15 +500	JK15 +450	JK15 +500	50.0					6.8			左侧
1858	JK15 +500	JK15 +550	JK15 +500	JK15 +550	50.0					6.8			右侧
1859	JK15 +550	JK15 +600	JK15 +550	JK15 +600	50.0					6.9			左侧
1860	JK15 +600	JK15 +650	JK15 +600	JK15 +650	50.0					6.9			右侧
1861	JK15 +650	JK15 +700	JK15 +650	JK15 +700	50.0					6.8			左侧
1862	JK15 +700	JK15 +750	JK15 +700	JK15 +750	50.0					6.8			右侧
1863	JK15 +750	JK15 +800	JK15 +750	JK15 +800	50.0					6.8			左侧
1864	JK15 +800	JK15 +850	JK15 +800	JK15 +850	50.0					6.8			右侧
1865	JK15 +850	JK15 +900	JK15 +850	JK15 +900	50.0					6.8			左侧
1866	JK15 +900	JK15 +950	JK15 +900	JK15 +950	50.0					6.8			右侧
1867	JK15 +950	JK16 +000	JK15 +950	JK16 +000	50.0					6.8			左侧
1868	JK16 +000	JK16 +050	JK16 +000	JK16 +050	50.0					6.8			右侧
1869	JK16 +050	JK16 +100	JK16 +050	JK16 +100	50.0					6.8			左侧
1870	JK16 +100	JK16 +150	JK16 +100	JK16 +150	50.0					6.8			右侧

续上表

序号	统一里程		施工桩号		长度(m)	构造物形式(m^3/m)							备注
	起	讫	起	讫		边沟	排水沟	截水沟	平台沟	中分带排水	集水井	急流槽	
1871	JK16 +150	JK16 +200	JK16 +150	JK16 +200	50.0					6.8			左侧
1872	JK16 +200	JK16 +250	JK16 +200	JK16 +250	50.0					6.9			右侧
1873	JK16 +250	JK16 +300	JK16 +250	JK16 +300	50.0					6.9			左侧
1874	JK16 +300	JK16 +364	JK16 +300	JK16 +364	64.0					8.4			右侧
1875	JK16 +413	JK16 +463	JK16 +413	JK16 +463	50.0					6.8			左侧
1876	JK16 +463	JK16 +500	JK16 +463	JK16 +500	37.0					5.2			右侧
1877	JK16 +500	JK16 +550	JK16 +500	JK16 +550	50.0					6.8			左侧
1878	JK16 +550	JK16 +600	JK16 +550	JK16 +600	50.0					6.8			右侧
1879	JK16 +600	JK16 +650	JK16 +600	JK16 +650	50.0					6.8			左侧
1880	JK16 +650	JK16 +700	JK16 +650	JK16 +700	50.0					6.8			右侧
1881	JK16 +700	JK16 +750	JK16 +700	JK16 +750	50.0					6.8			左侧
1882	JK16 +750	JK16 +800	JK16 +750	JK16 +800	50.0					6.8			右侧
1883	JK16 +800	JK16 +850	JK16 +800	JK16 +850	50.0					6.8			左侧
1884	JK16 +850	JK16 +900	JK16 +850	JK16 +900	50.0					6.9			右侧
1885	JK16 +900	JK16 +950	JK16 +900	JK16 +950	50.0					6.9			左侧
1886	JK16 +950	JK17 +000	JK16 +950	JK17 +000	50.0					6.9			右侧
1887	JK17 +000	JK17 +050	JK17 +000	JK17 +050	50.0					6.8			左侧
1888	JK17 +050	JK17 +100	JK17 +050	JK17 +100	50.0					6.8			右侧
1889	JK17 +100	JK18 +300	JK17 +100	JK18 +300	1200.0					0.0			
1890	JK18 +300	JK18 +337	JK18 +300	JK18 +337	37.0					5.2			左侧
1891	JK18 +337	JK18 +374	JK18 +337	JK18 +374	37.0					5.2			右侧
1892	JK18 +382	JK18 +400	JK18 +382	JK18 +400	18.0					2.9			左侧

续上表

序号	统一里程		施工桩号		长度(m)	构造物形式(m^3/m)							备注
	起	讫	起	讫		边沟	排水沟	截水沟	平台沟	中分带排水	集水井	急流槽	
1893	JK13 +400	JK13 +516	JK13 +400	JK13 +516	116.0		135.7						右侧
1894	JK13 +526	JK13 +670	JK13 +526	JK13 +670	144.0		168.5						左侧
1895	JK13 +530	JK13 +670	JK13 +530	JK13 +670	140.0		163.8						右侧
1896	JK15 +362	JK15 +524	JK15 +362	JK15 +524	162.0		189.5						左侧
1897	JK15 +362	JK15 +524	JK15 +362	JK15 +524	162.0		189.5						右侧
1898	JK15 +536	JK15 +718	JK15 +536	JK15 +718	182.0		212.9						左侧
1899	JK15 +724	JK15 +860	JK15 +724	JK15 +860	136.0		159.1						左侧
1900	JK15 +534	JK15 +718	JK15 +534	JK15 +718	184.0		215.3						右侧
1901	JK15 +724	JK15 +860	JK15 +724	JK15 +860	136.0		159.1						右侧
1902	JK15 +865	JK16 +110	JK15 +865	JK16 +110	245.0		286.7						左侧
1903	JK15 +865	JK16 +110	JK15 +865	JK16 +110	245.0		286.7						右侧
1904	JK16 +115	JK16 +350	JK16 +115	JK16 +350	235.0		275.0						左侧
1905	JK16 +360	JK16 +370	JK16 +360	JK16 +370	10.0		11.7						左侧
1906	JK16 +115	JK16 +370	JK16 +115	JK16 +370	255.0		298.4						右侧
1907	JK16 +380	JK16 +390	JK16 +380	JK16 +390	10.0		11.7						右侧
1908	JK16 +388	JK16 +394	JK16 +388	JK16 +394	6.0		7.0						左侧
1909	JK16 +404	JK16 +575	JK16 +404	JK16 +575	171.0		200.1						左侧
1910	JK16 +398	JK16 +408	JK16 +398	JK16 +408	10.0		11.7						右侧
1911	JK16 +418	JK16 +575	JK16 +418	JK16 +575	157.0		183.7						右侧
1912	JK16 +575	JK16 +832	JK16 +575	JK16 +832	257.0		300.7						左侧
1913	JK16 +842	JK17 +026	JK16 +842	JK17 +026	184.0		215.3						左侧
1914	JK16 +575	JK16 +840	JK16 +575	JK16 +840	265.0		310.1						右侧

续上表

序号	统一里程		施工桩号		长度(m)	构造物形式(m^3/m)							备注
	起	讫	起	讫		边沟	排水沟	截水沟	平台沟	中分带排水	集水井	急流槽	
1915	JK16 + 850	JK17 + 025	JK16 + 850	JK17 + 025	175.0		204.8						右侧
1916	JK18 + 300	JK18 + 373	JK18 + 300	JK18 + 373	73.0		85.4						左侧
1917	JK18 + 300	JK18 + 373	JK18 + 300	JK18 + 373	73.0		85.4						右侧
1918	JK18 + 384	JK18 + 400	JK18 + 384	JK18 + 400	16.0		18.7						左侧
1919	JK18 + 384	JK18 + 400	JK18 + 384	JK18 + 400	16.0		18.7						右侧
1920	独山互通区		独山互通区			1487.0	3930.2			139.1			
1921	独山互通连接线		独山互通连接线			634.7							
1922	JK18 + 400	JK18 + 476	JK18 + 400	JK18 + 476	76.0		88.9						左侧
1923	JK18 + 400	JK18 + 476	JK18 + 400	JK18 + 476	76.0		88.9						右侧
1924	JK19 + 962	JK20 + 100	JK19 + 962	JK20 + 100	138.0		161.5						左侧
1925	JK19 + 962	JK20 + 101	JK19 + 962	JK20 + 101	139.0		162.6						右侧
1926	JK20 + 110	JK20 + 200	JK20 + 110	JK20 + 200	90.0		105.3						左侧
1927	JK20 + 200	JK20 + 270	JK20 + 200	JK20 + 270	70.0		81.9						左侧
1928	JK20 + 106	JK20 + 200	JK20 + 106	JK20 + 200	94.0		110.0						右侧
1929	JK20 + 200	JK20 + 260	JK20 + 200	JK20 + 260	60.0		70.2						右侧
1930	JK20 + 310	JK20 + 459	JK20 + 310	JK20 + 459	149.0		174.3						左侧
1931	JK20 + 459	JK20 + 584	JK20 + 459	JK20 + 584	125.0		146.3						左侧
1932	JK20 + 598	JK20 + 754	JK20 + 598	JK20 + 754	156.0		182.5						左侧
1933	JK20 + 285	JK20 + 459	JK20 + 285	JK20 + 459	174.0		203.6						右侧
1934	JK20 + 459	JK20 + 584	JK20 + 459	JK20 + 584	125.0		146.3						右侧
1935	JK20 + 598	JK20 + 714	JK20 + 598	JK20 + 714	116.0		135.7						右侧
1936	JK20 + 764	JK20 + 800	JK20 + 764	JK20 + 800	36.0		42.1						左侧

续上表

序号	统一里程		施工桩号		长度(m)	构造物形式(m^3/m)							备注
	起	讫	起	讫		边沟	排水沟	截水沟	平台沟	中分带排水	集水井	急流槽	
1937	JK20 +800	JK20 +950	JK20 +800	JK20 +950	150.0		175.5						左侧
1938	JK20 +950	JK21 +032	JK20 +950	JK21 +032	82.0		95.9						左侧
1939	JK21 +038	JK21 +310	JK21 +038	JK21 +310	272.0		318.2						左侧
1940	JK20 +750	JK20 +800	JK20 +750	JK20 +800	50.0		58.5						右侧
1941	JK20 +800	JK20 +828	JK20 +800	JK20 +828	28.0		32.8						右侧
1942	JK20 +828	JK21 +042	JK20 +828	JK21 +042	214.0		250.4						右侧
1943	JK21 +048	JK21 +310	JK21 +048	JK21 +310	262.0		306.5						右侧
1944	JK21 +400	JK21 +678	JK21 +400	JK21 +678	278.0		325.3						左侧
1945	JK21 +400	JK21 +660	JK21 +400	JK21 +660	260.0		304.2						右侧
1946	JK22 +040	JK22 +246	JK22 +040	JK22 +246	206.0		241.0						左侧
1947	JK22 +256	JK22 +432	JK22 +256	JK22 +432	176.0		205.9						左侧
1948	JK22 +040	JK22 +080	JK22 +040	JK22 +080	40.0		46.8						右侧
1949	JK22 +080	JK22 +246	JK22 +080	JK22 +246	166.0		194.2						右侧
1950	JK22 +256	JK22 +436	JK22 +256	JK22 +436	180.0		210.6						右侧
1951	JK22 +510	JK22 +780	JK22 +510	JK22 +780	270.0		315.9						左侧
1952	JK22 +512	JK22 +786	JK22 +512	JK22 +786	274.0		320.6						右侧
1953	JK22 +800	JK23 +060	JK22 +800	JK23 +060	260.0		304.2						左侧
1954	JK22 +800	JK23 +070	JK22 +800	JK23 +070	270.0		315.9						右侧
1955	JK23 +080	JK23 +275	JK23 +080	JK23 +275	195.0		228.2						左侧
1956	JK23 +275	JK23 +292	JK23 +275	JK23 +292	17.0		19.9						左侧
1957	JK23 +298	JK23 +522	JK23 +298	JK23 +522	224.0		262.1						左侧
1958	JK23 +088	JK23 +275	JK23 +088	JK23 +275	187.0		218.8						右侧

续上表

序号	统一里程		施工桩号		长度(m)	构造物形式(m^3/m)							备注
	起	讫	起	讫		边沟	排水沟	截水沟	平台沟	中分带排水	集水井	急流槽	
1959	JK23 +275	JK23 +298	JK23 +275	JK23 +298	23.0		26.9						右侧
1960	JK23 +536	JK23 +600	JK23 +536	JK23 +600	64.0		74.9						左侧
1961	JK23 +538	JK23 +600	JK23 +538	JK23 +600	62.0		72.5						右侧
1962	JK21 +693	JK22 +028	JK21 +693	JK22 +028	335.0		392.0						左侧
1963	JK21 +693	JK22 +028	JK21 +693	JK22 +028	335.0		428.2						右侧
1964	JK18 +400	JK18 +440	JK18 +400	JK18 +440	40.0					5.7			右侧
1965	JK18 +440	JK18 +480	JK18 +440	JK18 +480	40.0					5.7			左侧
1966	JK18 +480	JK18 +520	JK18 +480	JK18 +520	40.0					5.6			右侧
1967	JK18 +520	JK18 +560	JK18 +520	JK18 +560	40.0					5.6			左侧
1968	JK18 +560	JK18 +610	JK18 +560	JK18 +610	50.0					6.8			右侧
1969	JK19 +840	JK19 +890	JK19 +840	JK19 +890	50.0					6.8			左侧
1970	JK19 +890	JK19 +940	JK19 +890	JK19 +940	50.0					6.8			右侧
1971	JK19 +940	JK19 +990	JK19 +940	JK19 +990	50.0					6.8			左侧
1972	JK19 +990	JK20 +040	JK19 +990	JK20 +040	50.0					6.9			右侧
1973	JK20 +040	JK20 +080	JK20 +040	JK20 +080	40.0					5.7			左侧
1974	JK20 +080	JK20 +110	JK20 +080	JK20 +110	30.0					4.4			右侧
1975	JK20 +120	JK20 +160	JK20 +120	JK20 +160	40.0					5.6			左侧
1976	JK20 +160	JK20 +210	JK20 +160	JK20 +210	50.0					6.8			右侧
1977	JK20 +210	JK20 +275	JK20 +210	JK20 +275	65.0					8.6			左侧
1978	JK20 +287	JK20 +337	JK20 +287	JK20 +337	50.0					6.8			右侧
1979	JK20 +337	JK20 +387	JK20 +337	JK20 +387	50.0					6.8			左侧
1980	JK20 +387	JK20 +437	JK20 +387	JK20 +437	50.0					6.8			右侧

续上表

序号	统一里程		施工桩号		长度(m)	构造物形式(m^3/m)							备注
	起	讫	起	讫		边沟	排水沟	截水沟	平台沟	中分带排水	集水井	急流槽	
1981	JK20 +437	JK20 +487	JK20 +437	JK20 +487	50.0					6.8			左侧
1982	JK20 +487	JK20 +566	JK20 +487	JK20 +566	79.0					10.2			右侧
1983	JK20 +617	JK20 +667	JK20 +617	JK20 +667	50.0					6.8			左侧
1984	JK20 +667	JK20 +717	JK20 +667	JK20 +717	50.0					6.8			右侧
1985	JK20 +717	JK20 +767	JK20 +717	JK20 +767	50.0					6.8			左侧
1986	JK20 +767	JK20 +817	JK20 +767	JK20 +817	50.0					6.8			右侧
1987	JK20 +817	JK20 +867	JK20 +817	JK20 +867	50.0					6.8			左侧
1988	JK20 +867	JK20 +917	JK20 +867	JK20 +917	50.0					6.9			右侧
1989	JK20 +917	JK20 +960	JK20 +917	JK20 +960	43.0					6.1			左侧
1990	JK20 +960	JK21 +010	JK20 +960	JK21 +010	50.0					6.9			右侧
1991	JK21 +010	JK21 +060	JK21 +010	JK21 +060	50.0					6.8			左侧
1992	JK21 +060	JK21 +110	JK21 +060	JK21 +110	50.0					6.8			右侧
1993	JK21 +110	JK21 +160	JK21 +110	JK21 +160	50.0					6.8			左侧
1994	JK21 +160	JK21 +210	JK21 +160	JK21 +210	50.0					6.8			右侧
1995	JK21 +210	JK21 +260	JK21 +210	JK21 +260	50.0					6.8			左侧
1996	JK21 +260	JK21 +319	JK21 +260	JK21 +319	59.0					7.8			右侧
1997	JK21 +397	JK21 +447	JK21 +397	JK21 +447	50.0					6.8			左侧
1998	JK21 +447	JK21 +497	JK21 +447	JK21 +497	50.0					6.9			右侧
1999	JK21 +497	JK21 +547	JK21 +497	JK21 +547	50.0					6.9			左侧
2000	JK21 +547	JK21 +597	JK21 +547	JK21 +597	50.0					6.8			右侧
2001	JK21 +597	JK21 +647	JK21 +597	JK21 +647	50.0					6.8			左侧
2002	JK21 +647	JK21 +697	JK21 +647	JK21 +697	50.0					6.8			右侧

续上表

序号	统一里程		施工桩号		长度(m)	构造物形式(m^3/m)							备注
	起	讫	起	讫		边沟	排水沟	截水沟	平台沟	中分带排水	集水井	急流槽	
2003	JK21+697	JK21+747	JK21+697	JK21+747	50.0					6.8			左侧
2004	JK21+747	JK21+800	JK21+747	JK21+800	53.0					7.1			右侧
2005	JK21+800	JK21+850	JK21+800	JK21+850	50.0					6.8			左侧
2006	JK21+850	JK21+900	JK21+850	JK21+900	50.0					6.8			右侧
2007	JK21+900	JK21+950	JK21+900	JK21+950	50.0					6.8			左侧
2008	JK21+950	JK22+000	JK21+950	JK22+000	50.0					6.8			右侧
2009	JK22+000	JK22+050	JK22+000	JK22+050	50.0					6.8			左侧
2010	JK22+050	JK22+100	JK22+050	JK22+100	50.0					6.8			右侧
2011	JK22+100	JK22+150	JK22+100	JK22+150	50.0					6.9			左侧
2012	JK22+150	JK22+200	JK22+150	JK22+200	50.0					6.9			右侧
2013	JK22+200	JK22+250	JK22+200	JK22+250	50.0					6.8			左侧
2014	JK22+250	JK22+300	JK22+250	JK22+300	50.0					6.8			右侧
2015	JK22+300	JK22+350	JK22+300	JK22+350	50.0					6.8			左侧
2016	JK22+350	JK22+400	JK22+350	JK22+400	50.0					6.8			右侧
2017	JK22+400	JK22+429	JK22+400	JK22+429	29.0					4.2			左侧
2018	JK22+504	JK22+554	JK22+504	JK22+554	50.0					6.8			右侧
2019	JK22+554	JK22+604	JK22+554	JK22+604	50.0					6.8			左侧
2020	JK22+604	JK22+654	JK22+604	JK22+654	50.0					6.8			右侧
2021	JK22+654	JK22+704	JK22+654	JK22+704	50.0					6.9			左侧
2022	JK22+704	JK22+754	JK22+704	JK22+754	50.0					6.8			右侧
2023	JK22+754	JK22+804	JK22+754	JK22+804	50.0					6.8			左侧
2024	JK22+804	JK22+860	JK22+804	JK22+860	56.0					7.5			右侧

续上表

序号	统一里程		施工桩号		长度(m)	构造物形式(m^3/m)							备注
	起	讫	起	讫		边沟	排水沟	截水沟	平台沟	中分带排水	集水井	急流槽	
2025	JK22 +860	JK22 +910	JK22 +860	JK22 +910	50.0					6.8			左侧
2026	JK22 +910	JK22 +960	JK22 +910	JK22 +960	50.0					6.8			右侧
2027	JK22 +960	JK23 +010	JK22 +960	JK23 +010	50.0					6.8			左侧
2028	JK23 +010	JK23 +060	JK23 +010	JK23 +060	50.0					6.8			右侧
2029	JK23 +060	JK23 +110	JK23 +060	JK23 +110	50.0					6.8			左侧
2030	JK23 +110	JK23 +160	JK23 +110	JK23 +160	50.0					6.8			右侧
2031	JK23 +160	JK23 +210	JK23 +160	JK23 +210	50.0					6.8			左侧
2032	JK23 +210	JK23 +260	JK23 +210	JK23 +260	50.0					6.8			右侧
2033	JK23 +260	JK23 +320	JK23 +260	JK23 +320	60.0					8.0			左侧
2034	JK23 +320	JK23 +370	JK23 +320	JK23 +370	50.0					6.9			右侧
2035	JK23 +370	JK23 +420	JK23 +370	JK23 +420	50.0					6.9			左侧
2036	JK23 +420	JK23 +470	JK23 +420	JK23 +470	50.0					6.8			右侧
2037	JK23 +470	JK23 +520	JK23 +470	JK23 +520	50.0					6.8			左侧
2038	JK23 +520	JK23 +565	JK23 +520	JK23 +565	45.0					6.2			右侧
2039	祝庄枢纽互通式立交		祝庄枢纽互通式立交			1346.0	5675.7			4.1		165.9	

注:1. 按工程类型(路基、路面的纵横向排水工程)分别填表。

2. 按左、右侧分别在备注栏中说明。

负责人:　　　　填表人:

表 13-1

大桥技术指标表

指标名称		说明
起讫桩号		K3 +542 ~ K3 +950
孔数及跨度(孔 × m)		13 × 30
交角		90
全长(m)		408
荷载标准		(公路—Ⅰ级) ×1.3
桥面净宽(m)		11.5
桥下净空(m)		
墩台高度(m)		6.1
结构类型	基础	桩基,扩大基
	桥墩	下部桥墩均采用柱式墩
	桥台	桥台均采用重力式台
	支座及伸缩缝	GYZ400 ×77(CR)、GYZF4400 ×77(CR)和 GYZF4300 ×65(CR),D80 型钢缝,D160 型模数式伸缩装置
	上部构造	装配式预应力混凝土连续箱梁
航道等级		
设计洪水频率		1/100
设计流量		
河床地质情况		桥址地区地震动峰值加速度为 0.05g
总造价		

注:1. 大桥竣工时才填写此表。
2. 墩台类型不同时逐个填写。

负责人: 填表人:

大桥技术指标表 表 13-2

指 标 名 称		说 明
起讫桩号		RK1 +459.9 ~ RK1 +807.5
孔数及跨度(孔 × m)		6 × 30 + 5 × 30
交角		90
全长(m)		347.6
荷载标准		(公路—Ⅰ级) ×1.3
桥面净宽(m)		12
桥下净空(m)		5
墩台高度(m)		9.6
结构类型	基础	桩基,扩大基
	桥墩	下部桥墩均采用柱式墩
	桥台	0 号台采用柱式台,桩基础;11 号台采用重力式台,扩大基础
	支座及伸缩缝	GYZF4400 × 77(CR)、GYZ400 × 77(CR)和 GYZF4300 × 65(CR),桥台处设置 D80 型钢缝,6 号桥墩处设置 D160 型模数式伸缩装置
	上部构造	装配式预应力混凝土连续箱梁
航道等级		
设计洪水频率		1/100
设计流量(m^3/s)		169.3
河床地质情况		桥址地区地震动峰值加速度为 0.05g
总造价		

注:1. 大桥竣工时才填写此表。

2. 墩台类型不同时逐个填写。

负责人: 填表人:

大桥技术指标表　　表 13-3

指标名称		说明
起讫桩号		LK1 +459.4 ~ LK2 +102
孔数及跨度(孔 × m)		1 × 29.5 + 6 × 30 + 7 × 30 + 6 × 30 + 1 × 29.5
交角		90
全长(m)		642.6
荷载标准		(公路—Ⅰ级) × 1.3
桥面净宽(m)		12
桥下净空(m)		5
墩台高度(m)		6.1
结构类型	基础	桩基,扩大基
	桥墩	下部桥墩均采用柱式墩
	桥台	0 号台采用柱式台,桩基础;21 号台采用重力式台,扩大基础
	支座及伸缩缝	GYZ400 × 77(CR)、GYZF4400 × 77(CR)和 GYZF4300 × 65(CR),桥台处设置 D80 型钢缝,7 号、14 号桥墩处设置 D160 型模数式伸缩装置
	上部构造	装配式预应力混凝土连续箱梁
航道等级		
设计洪水频率		1/100
设计流量(m^3/s)		169.3
河床地质情况		桥址地区地震动峰值加速度为 0.05g
总造价		

注:1. 大桥竣工时才填写此表。

2. 墩台类型不同时逐个填写。

负责人:　　　　填表人:

大桥技术指标表 表 13-4

指标名称		说明
起讫桩号		K3 +236 ~ K3 +400.5
孔数及跨度(孔 ×m)		5 ×30
交角		55
全长(m)		164.5
荷载标准		(公路—Ⅰ级)×1.3
桥面净宽(m)		2 ×11.5
桥下净空(m)		5.5
墩台高度(m)		12.17
结构类型	基础	桩基,扩大基
	桥墩	下部桥墩均采用柱式墩
	桥台	桥台采用重力式 U 形台和简易式台
	支座及伸缩缝	GYZ400 ×77(CR)、GYZF4400 ×77(CR)和 GYZF4300 ×65(CR),D80 型钢缝
	上部构造	装配式预应力混凝土连续箱梁
航道等级		
设计洪水频率		1/100
设计流量(m^3/s)		397.21
河床地质情况		桥址地区地震动峰值加速度为 0.05g
总造价		

注:1. 大桥竣工时才填写此表。

2. 墩台类型不同时逐个填写。

负责人: 填表人:

大桥技术指标表 表 13-5

指标名称		说明
起讫桩号		K4 +483 ~ K4 +911
孔数及跨度(孔×m)		7×30 + 7×30
交角		135
全长(m)		428
荷载标准		(公路—Ⅰ级)×1.3
桥面净宽(m)		2×11.5
桥下净空(m)		4.5
墩台高度(m)		5.4
结构类型	基础	桩基,扩大基
	桥墩	下部桥墩均采用柱式墩
	桥台	桥台均采用重力式台
	支座及伸缩缝	GYZ400×77(CR)、GYZF400×77(CR)和 GYZF300×65(CR),D80 型钢缝,D160 型模数式伸缩装置
	上部构造	装配式预应力混凝土连续箱梁
航道等级		
设计洪水频率		1/100
设计流量(m^3/s)		444.2
河床地质情况		桥址地区地震动峰值加速度为 0.05g
总造价		

注:1. 大桥竣工时才填写此表。
2. 墩台类型不同时逐个填写。

负责人: 填表人:

大桥技术指标表 表 13-6

<table>
<tr><td colspan="2">指 标 名 称</td><td>说 明</td></tr>
<tr><td colspan="2">起讫桩号</td><td>K4 +512.9 ~ K4 +887</td></tr>
<tr><td colspan="2">孔数及跨度(孔×m)</td><td>6×30 +6×30</td></tr>
<tr><td colspan="2">交角</td><td>135</td></tr>
<tr><td colspan="2">全长(m)</td><td>374.1</td></tr>
<tr><td colspan="2">荷载标准</td><td>(公路—Ⅰ级)×1.3</td></tr>
<tr><td colspan="2">桥面净宽(m)</td><td>2×11.5</td></tr>
<tr><td colspan="2">桥下净空(m)</td><td>4.5</td></tr>
<tr><td colspan="2">墩台高度(m)</td><td>13.31</td></tr>
<tr><td rowspan="5">结构类型</td><td>基础</td><td>桩基,扩大基</td></tr>
<tr><td>桥墩</td><td>下部桥墩均采用柱式墩</td></tr>
<tr><td>桥台</td><td>桥台均采用重力式台</td></tr>
<tr><td>支座及伸缩缝</td><td>GYZ400×77(CR)、GYZF4400×77(CR)和 GYZF4300×65(CR),D80 型钢缝,D160 型模数式伸缩装置</td></tr>
<tr><td>上部构造</td><td>装配式预应力混凝土连续箱梁</td></tr>
<tr><td colspan="2">航道等级</td><td></td></tr>
<tr><td colspan="2">设计洪水频率</td><td>1/100</td></tr>
<tr><td colspan="2">设计流量(m^3/s)</td><td>444.2</td></tr>
<tr><td colspan="2">河床地质情况</td><td>桥址地区地震动峰值加速度为 0.05g</td></tr>
<tr><td colspan="2">总造价</td><td></td></tr>
</table>

注:1. 大桥竣工时才填写此表。

2. 墩台类型不同时逐个填写。

负责人: 填表人:

大桥技术指标表

表 13-7

指标名称		说明
起讫桩号		K5+644.5~K5+750
孔数及跨度(孔×m)		4×25
交角		90
全长(m)		105.5
荷载标准		(公路—Ⅰ级)×1.3
桥面净宽(m)		2×11.5
桥下净空(m)		
墩台高度(m)		6.05
结构类型	基础	桩基,扩大基
	桥墩	下部桥墩均采用柱式墩
	桥台	桥台采用重力式台及简易台
	支座及伸缩缝	GYZ375×66(CR)和GYZF4275×65(CR),D80型钢缝
	上部构造	装配式预应力混凝土连续箱梁
航道等级		
设计洪水频率		1/100
设计流量(m^3/s)		106.44
河床地质情况		桥址地区地震动峰值加速度为0.05g
总造价		

注:1. 大桥竣工时才填写此表。

2. 墩台类型不同时逐个填写。

负责人:　　　　　　　　　　填表人:

大桥技术指标表 表 13-8

指标名称		说明
起讫桩号		LK6 + 715.5 ~ LK6 + 849.3
孔数及跨度(孔 × m)		5 × 25
交角		120
全长(m)		133.8
荷载标准		(公路—Ⅰ级) × 1.3
桥面净宽(m)		12
桥下净空(m)		
墩台高度(m)		6.61
结构类型	基础	桩基,扩大基
	桥墩	下部桥墩均采用柱式墩
	桥台	桥台均采用重力式台
	支座及伸缩缝	GYZ375 × 66(CR)、GYZF4275 × 65(CR),D80 型钢缝
	上部构造	装配式预应力混凝土连续箱梁
航道等级		
设计洪水频率		1/100
设计流量		66.84
河床地质情况		桥址地区地震动峰值加速度为 0.05g
总造价		

注:1. 大桥竣工时才填写此表。

2. 墩台类型不同时逐个填写。

负责人: 填表人:

大桥技术指标表

表 13-9

指标名称		说明
起讫桩号		LK6+892~LK7+022.02
孔数及跨度(孔×m)		4×25+1×8
交角		120
全长(m)		130.2
荷载标准		(公路—Ⅰ级)×1.3
桥面净宽(m)		11.5
桥下净空(m)		
墩台高度(m)		15.02
结构类型	基础	桩基,扩大基
	桥墩	下部桥墩均采用柱式墩
	桥台	桥台均采用重力式台
	支座及伸缩缝	GYZ375×66(CR)、GYZF4275×65(CR)和GYZ150×28 板式橡胶支座,0 号桥台和 4 号墩处设置 D80 型钢缝,5 号桥台背墙与桥面连续
	上部构造	装配式预应力混凝土连续箱梁
航道等级		
设计洪水频率		1/100
设计流量(m^3/s)		87.21
河床地质情况		桥址地区地震动峰值加速度为 $0.05g$
总造价		

注:1. 大桥竣工时才填写此表。
2. 墩台类型不同时逐个填写。

负责人:　　　　　　　　　　填表人:

大桥技术指标表 表 13-10

指标名称		说明
起讫桩号		LK7+550~LK8+086
孔数及跨度(孔×m)		5×35+5×35+5×35
交角		90
全长(m)		536
荷载标准		(公路—Ⅰ级)×1.3
桥面净宽(m)		12
桥下净空(m)		5
墩台高度(m)		5
结构类型	基础	桩基,扩大基
	桥墩	下部桥墩均采用柱式墩
	桥台	桥台均采用重力式台
	支座及伸缩缝	采用GYZ及GYZF4滑板式橡胶支座,两桥台台口处设置D80型毛勒式伸缩缝,预留宽度为8cm;5号、10号桥墩顶设置D160型毛勒式伸缩缝,预留宽度为16cm
	上部构造	装配式预应力混凝土连续箱梁
航道等级		
设计洪水频率		1/100
设计流量		
河床地质情况		桥址地区地震动峰值加速度为0.05g
总造价		

注:1.大桥竣工时才填写此表。

2.墩台类型不同时逐个填写。

负责人: 填表人:

大桥技术指标表 表 13-11

指标名称		说明
起讫桩号		RK7 +597 ~ RK7 +824
孔数及跨度(孔×m)		6×35
交角		90
全长(m)		227
荷载标准		（公路—Ⅰ级）×1.3
桥面净宽(m)		12
桥下净空(m)		5
墩台高度(m)		9.5
结构类型	基础	桩基,扩大基
	桥墩	下部桥墩均采用柱式墩
	桥台	桥台均采用 U 形台
	支座及伸缩缝	GYZ 及 GYZF4 滑板式橡胶支座,D80 型钢缝
	上部构造	装配式预应力混凝土连续箱梁
航道等级		
设计洪水频率		1/100
设计流量		
河床地质情况		桥址地区地震动峰值加速度为 0.05g
总造价		

注:1. 大桥竣工时才填写此表。

2. 墩台类型不同时逐个填写。

负责人: 填表人:

大桥技术指标表　　表 13-12

指标名称		说　明
起讫桩号		RK7 +878.5 ~ RK8 +095
孔数及跨度(孔×m)		6×35
交角		90
全长(m)		216.5
荷载标准		(公路—Ⅰ级)×1.3
桥面净宽(m)		12
桥下净空(m)		5
墩台高度(m)		7.5
结构类型	基础	桩基,扩大基
	桥墩	下部桥墩均采用柱式墩
	桥台	桥台均采用U形台
	支座及伸缩缝	GYZ 及 GYZF4 滑板式橡胶支座,D80 型钢缝
	上部构造	装配式预应力混凝土连续箱梁
航道等级		
设计洪水频率		1/100
设计流量		
河床地质情况		桥址地区地震动峰值加速度为 0.05g
总造价		

注:1. 大桥竣工时才填写此表。

2. 墩台类型不同时逐个填写。

负责人:　　　　填表人:

大桥技术指标表 表13-13

指标名称		说明
起讫桩号		LK8 +239.5 ~ LK8 +530
孔数及跨度(孔×m)		8×35
交角		90
全长(m)		290.5
荷载标准		(公路—Ⅰ级)×1.3
桥面净宽(m)		12
桥下净空(m)		
墩台高度(m)		4.17
结构类型	基础	桩基,扩大基
	桥墩	下部桥墩均采用柱式墩
	桥台	桥台均采用重力式台
	支座及伸缩缝	GYZ425×88(CR)及GYZF4325×77(CR)橡胶支座,本桥在0号、8号台处分别设置一道D80型钢缝,4号墩处设置D160模数式伸缩装置
	上部构造	装配式预应力混凝土连续箱梁
航道等级		
设计洪水频率		1/100
设计流量		579.8
河床地质情况		桥址地区地震动峰值加速度为0.05g
总造价		

注:1. 大桥竣工时才填写此表。
2. 墩台类型不同时逐个填写。

负责人: 填表人:

大桥技术指标表 表 13-14

指标名称		说明
起讫桩号		RK8 +204.5 ~ RK8 +607.5
孔数及跨度(孔×m)		11×35
交角		90
全长(m)		403
荷载标准		(公路—Ⅰ级)×1.3
桥面净宽(m)		12
桥下净空(m)		
墩台高度(m)		4.17
结构类型	基础	桩基,扩大基
	桥墩	下部桥墩均采用柱式墩
	桥台	桥台均采用重力式台
	支座及伸缩缝	GYZ425×88(CR)及 GYZF4325×77(CR)橡胶支座,本桥在 0 号、11 号台处分别设置一道 D80 型钢缝,5 号墩设置 D160 模数式伸缩装置
	上部构造	装配式预应力混凝土连续箱梁
航道等级		
设计洪水频率		1/100
设计流量(m^3/s)		579.8
河床地质情况		桥址地区地震动峰值加速度为 0.05g
总造价		

注:1. 大桥竣工时才填写此表。
2. 墩台类型不同时逐个填写。

负责人: 填表人:

大桥技术指标表 表13-15

指标名称		说明
起讫桩号		LK8 +857 ~ LK9 +224.5
孔数及跨度(孔×m)		12×30
交角		90
全长(m)		367.5
荷载标准		(公路—Ⅰ级)×1.3
桥面净宽(m)		12
桥下净空(m)		
墩台高度(m)		3.3
结构类型	基础	桩基,扩大基
	桥墩	下部桥墩均采用柱式墩
	桥台	桥台均采用重力式台
	支座及伸缩缝	本桥1号、5号、7号、11号桥墩采用GYZF4400×77(CR)滑板式橡胶支座,6号桥墩及桥台采用GYZF4300×65(CR)滑板式橡胶支座,其余各桥墩采用GYZ400×77(CR)板式橡胶支座,D80型钢缝,D160型模数式伸缩装置
	上部构造	装配式预应力混凝土连续箱梁
航道等级		
设计洪水频率		1/100
设计流量		
河床地质情况		桥址地区地震动峰值加速度为0.05g
总造价		

注:1.大桥竣工时才填写此表。
2.墩台类型不同时逐个填写。

负责人: 填表人:

大桥技术指标表 表 13-16

<table>
<tr><th colspan="2">指 标 名 称</th><th>说 明</th></tr>
<tr><td colspan="2">起讫桩号</td><td>RK8 +870 ~ RK9 +279</td></tr>
<tr><td colspan="2">孔数及跨度(孔×m)</td><td>13×30</td></tr>
<tr><td colspan="2">交 角</td><td>90</td></tr>
<tr><td colspan="2">全长(m)</td><td>409</td></tr>
<tr><td colspan="2">荷载标准</td><td>(公路—Ⅰ级)×1.3</td></tr>
<tr><td colspan="2">桥面净宽(m)</td><td>12</td></tr>
<tr><td colspan="2">桥下净空(m)</td><td></td></tr>
<tr><td colspan="2">墩台高度(m)</td><td>11.56</td></tr>
<tr><td rowspan="5">结构类型</td><td>基础</td><td>桩基,扩大基</td></tr>
<tr><td>桥墩</td><td>墩台除 10 号、11 号、12 号桥墩采用柱式墩外,其他桥墩均采用方墩</td></tr>
<tr><td>桥台</td><td>桥台均采用 U 形台</td></tr>
<tr><td>支座及伸缩缝</td><td>本桥 1 号、5 号、7 号、12 号桥墩采用 GYZF4400×77(CR)滑板式橡胶支座,6 号桥墩及桥台采用 GYZF4300×65(CR)滑板式橡胶支座其余各桥墩采用 GYZ400×77(CR)板式橡胶支座,D80 型钢缝,D160 型模数式伸缩装置</td></tr>
<tr><td>上部构造</td><td>装配式预应力混凝土连续箱梁</td></tr>
<tr><td colspan="2">航道等级</td><td></td></tr>
<tr><td colspan="2">设计洪水频率</td><td>1/100</td></tr>
<tr><td colspan="2">设计流量</td><td></td></tr>
<tr><td colspan="2">河床地质情况</td><td>桥址地区地震动峰值加速度为 0.05g</td></tr>
<tr><td colspan="2">总造价</td><td></td></tr>
</table>

注:1. 大桥竣工时才填写此表。

2. 墩台类型不同时逐个填写。

负责人: 填表人:

大桥技术指标表 表 13-17

指标名称		说明
起讫桩号		LK9 +711 ~ LK9 +847
孔数及跨度(孔×m)		4×40
交角		90
全长(m)		136
荷载标准		(公路—Ⅰ级)×1.3
桥面净宽(m)		12
桥下净空(m)		2.5
墩台高度(m)		10
结构类型	基础	桩基,扩大基
	桥墩	下部桥墩均采用柱式墩
	桥台	桥台均采用 U 形台
	支座及伸缩缝	GYZ 及 GYZF4 滑板式橡胶支座,D80 型钢缝
	上部构造	装配式预应力混凝土连续箱梁
航道等级		
设计洪水频率		1/100
设计流量(m^3/s)		41.2
河床地质情况		桥址地区地震动峰值加速度为 0.05g
总造价		

注:1. 大桥竣工时才填写此表。

2. 墩台类型不同时逐个填写。

负责人: 填表人:

大桥技术指标表 表 13-18

指 标 名 称		说 明
起讫桩号		RK9 +729 ~ RK9 +858
孔数及跨度(孔×m)		4×30
交 角		90
全长(m)		136
荷载标准		(公路—Ⅰ级) ×1.3
桥面净宽(m)		12
桥下净空(m)		2.5
墩台高度(m)		5
结构类型	基础	桩基,扩大基
	桥墩	下部桥墩均采用柱式墩
	桥台	桥台均采用 U 形台
	支座及伸缩缝	GYZ 及 GYZF4 滑板式橡胶支座,D80 型钢缝
	上部构造	装配式预应力混凝土连续箱梁
航道等级		
设计洪水频率		1/100
设计流量		34.4
河床地质情况		桥址地区地震动峰值加速度为 0.05g
总造价		

注:1. 大桥竣工时才填写此表。

2. 墩台类型不同时逐个填写。

负责人: 填表人:

大桥技术指标表

表 13-19

<table>
<tr><td colspan="2">指 标 名 称</td><td>说　　明</td></tr>
<tr><td colspan="2">起讫桩号</td><td>LK11 +055 ~ LK11 +276.5</td></tr>
<tr><td colspan="2">孔数及跨度(孔×m)</td><td>7×30</td></tr>
<tr><td colspan="2">交 角</td><td>90</td></tr>
<tr><td colspan="2">全长(m)</td><td>221.5</td></tr>
<tr><td colspan="2">荷载标准</td><td>（公路—Ⅰ级）×1.3</td></tr>
<tr><td colspan="2">桥面净宽(m)</td><td>12</td></tr>
<tr><td colspan="2">桥下净空(m)</td><td>4.5</td></tr>
<tr><td colspan="2">墩台高度(m)</td><td>9.195</td></tr>
<tr><td rowspan="5">结构类型</td><td>基础</td><td>桩基,扩大基</td></tr>
<tr><td>桥墩</td><td>下部桥墩均采用柱式墩</td></tr>
<tr><td>桥台</td><td>桥台采用重力式台及简易台</td></tr>
<tr><td>支座及伸缩缝</td><td>GYZ400×77(CR)、GYZF4400×77(CR)和 GYZF4300×65(CR),D80 型钢缝</td></tr>
<tr><td>上部构造</td><td>装配式预应力混凝土连续箱梁</td></tr>
<tr><td colspan="2">航道等级</td><td></td></tr>
<tr><td colspan="2">设计洪水频率</td><td>1/100</td></tr>
<tr><td colspan="2">设计流量(m^3/s)</td><td>460</td></tr>
<tr><td colspan="2">河床地质情况</td><td>桥址地区地震动峰值加速度为 0.05g</td></tr>
<tr><td colspan="2">总造价</td><td></td></tr>
</table>

注:1. 大桥竣工时才填写此表。

2. 墩台类型不同时逐个填写。

负责人:　　　　　　　　　　填表人:

大桥技术指标表 表 13-20

指 标 名 称		说 明
起讫桩号		RK11 +067.083 ~ RK11 +284.417
孔数及跨度(孔×m)		7×30
交 角		90
全长(m)		217.334
荷载标准		(公路—Ⅰ级) ×1.3
桥面净宽(m)		12
桥下净空(m)		4.5
墩台高度(m)		2.8
结构类型	基础	桩基,扩大基
	桥墩	下部桥墩均采用柱式墩
	桥台	桥台采用重力式台及简易台
	支座及伸缩缝	GYZ400×77(CR)、GYZF4400×77(CR)和 GYZF4300×65(CR),D80 型钢缝
	上部构造	装配式预应力混凝土连续箱梁
航道等级		
设计洪水频率		1/100
设计流量		
河床地质情况		桥址地区地震动峰值加速度为 0.05g
总造价		

注:1. 大桥竣工时才填写此表。

2. 墩台类型不同时逐个填写。

负责人: 填表人:

大桥技术指标表

表 13-21

<table>
<tr><th colspan="2">指 标 名 称</th><th>说 明</th></tr>
<tr><td colspan="2">起讫桩号</td><td>LK11 +472.4 ~ LK11 +660.6</td></tr>
<tr><td colspan="2">孔数及跨度(孔×m)</td><td>6×30</td></tr>
<tr><td colspan="2">交 角</td><td>90</td></tr>
<tr><td colspan="2">全长(m)</td><td>188.2</td></tr>
<tr><td colspan="2">荷载标准</td><td>(公路—Ⅰ级)×1.3</td></tr>
<tr><td colspan="2">桥面净宽(m)</td><td>12</td></tr>
<tr><td colspan="2">桥下净空(m)</td><td>4.5</td></tr>
<tr><td colspan="2">墩台高度(m)</td><td>6.5</td></tr>
<tr><td rowspan="5">结构类型</td><td>基础</td><td>桩基,扩大基</td></tr>
<tr><td>桥墩</td><td>下部桥墩均采用柱式墩</td></tr>
<tr><td>桥台</td><td>桥台采用柱式台及肋板台</td></tr>
<tr><td>支座及伸缩缝</td><td>GYZ400×77(CR)、GYZF4400×77(CR)和 GYZF4300×65(CR),D80 型钢缝</td></tr>
<tr><td>上部构造</td><td>装配式预应力混凝土连续箱梁</td></tr>
<tr><td colspan="2">航道等级</td><td></td></tr>
<tr><td colspan="2">设计洪水频率</td><td>1/100</td></tr>
<tr><td colspan="2">设计流量(m^3/s)</td><td>62.3</td></tr>
<tr><td colspan="2">河床地质情况</td><td>桥址地区地震动峰值加速度为 0.05g</td></tr>
<tr><td colspan="2">总造价</td><td></td></tr>
</table>

注:1. 大桥竣工时才填写此表。

2. 墩台类型不同时逐个填写。

负责人: 填表人:

大桥技术指标表

表 13-22

指标名称		说明
起讫桩号		RK11 +472.4 ~ RK11 +600.6
孔数及跨度(孔 × m)		4 ×30
交角		90
全长(m)		128.2
荷载标准		(公路—Ⅰ级) ×1.3
桥面净宽(m)		12
桥下净空(m)		4.5
墩台高度(m)		6.5
结构类型	基础	桩基,扩大基
	桥墩	下部桥墩均采用柱式墩
	桥台	桥台采用柱式台及肋板台
	支座及伸缩缝	GYZ400 ×77(CR)、GYZF4400 ×77(CR)和 GYZF4300 ×65(CR),D80 型钢缝
	上部构造	装配式预应力混凝土连续箱梁
航道等级		
设计洪水频率		1/100
设计流量(m^3/s)		62.3
河床地质情况		桥址地区地震动峰值加速度为 0.05g
总造价		

注:1. 大桥竣工时才填写此表。

2. 墩台类型不同时逐个填写。

负责人: 填表人:

大桥技术指标表

表 13-23

指标名称		说明
起讫桩号		LK12 +885.5 ~ LK13 +071.5
孔数及跨度(孔×m)		6×30
交角		90
全长(m)		186
荷载标准		(公路—Ⅰ级) ×1.3
桥面净宽(m)		12
桥下净空(m)		4.5
墩台高度(m)		4.97
结构类型	基础	桩基,扩大基
	桥墩	下部桥墩均采用柱式墩
	桥台	重力式台及简易台
	支座及伸缩缝	GYZ400×77(CR)、GYZF4400×77(CR)和 GYZF4300×65(CR),D80 型钢缝
	上部构造	装配式预应力混凝土连续箱梁
航道等级		
设计洪水频率		1/100
设计流量(m^3/s)		136.5
河床地质情况		桥址地区地震动峰值加速度为 0.05g
总造价		

注:1. 大桥竣工时才填写此表。

2. 墩台类型不同时逐个填写。

负责人:　　　　　　　　　　填表人:

大桥技术指标表　　表 13-24

指 标 名 称		说　明
起讫桩号		RK12 +561.9 ~ RK13 +115
孔数及跨度(孔×m)		18×30
交 角		90
全长(m)		553.1
荷载标准		（公路—Ⅰ级）×1.3
桥面净宽(m)		12
桥下净空(m)		4.5
墩台高度(m)		7.76
结构类型	基础	桩基,扩大基
	桥墩	下部桥墩均采用柱式墩
	桥台	桥台均采用肋板台及重力式台
	支座及伸缩缝	GYZ400×77(CR)、GYZF4400×77(CR)和 GYZF4300×65(CR),D80 型钢缝,D160 型模数式伸缩装置
	上部构造	装配式预应力混凝土连续箱梁
航道等级		
设计洪水频率		1/100
设计流量(m^3/s)		136.5
河床地质情况		桥址地区地震动峰值加速度为 0.05g
总造价		

注:1. 大桥竣工时才填写此表。
2. 墩台类型不同时逐个填写。

负责人:　　　　填表人:

大桥技术指标表 表 13-25

指标名称		说明
起讫桩号		K14+175～K14+282.5
孔数及跨度(孔×m)		4×25
交角		90
全长(m)		107.5
荷载标准		（公路—Ⅰ级）×1.3
桥面净宽(m)		2×11.5
桥下净空(m)		3.2
墩台高度(m)		4.63
结构类型	基础	桩基,扩大基
	桥墩	下部桥墩均采用柱式墩
	桥台	桥台均采用重力式台
	支座及伸缩缝	GYZ375×66(CR)及GYZF4275×65(CR)橡胶支座,D80型钢缝
	上部构造	装配式预应力混凝土连续箱梁
航道等级		
设计洪水频率		1/100
设计流量(m^3/s)		43.4
河床地质情况		桥址地区地震动峰值加速度为0.05g
总造价		

注:1. 大桥竣工时才填写此表。

2. 墩台类型不同时逐个填写。

负责人: 填表人:

大桥技术指标表 表 13-26

指标名称		说明
起讫桩号		K14 +620.5 ~ K14 +905.5
孔数及跨度(孔×m)		11×25
交角		90
全长(m)		285
荷载标准		(公路—Ⅰ级)×1.3
桥面净宽(m)		2×11.5
桥下净空(m)		4.5
墩台高度(m)		4.87
结构类型	基础	桩基,扩大基
	桥墩	下部桥墩均采用柱式墩
	桥台	桥台均采用重力式台
	支座及伸缩缝	GYZ375×66(CR)及GYZF4275×65(CR)橡胶支座,D80型钢缝,D160型模数式伸缩装置
	上部构造	装配式预应力混凝土连续箱梁
航道等级		
设计洪水频率		1/100
设计流量(m^3/s)		74.4
河床地质情况		桥址地区地震动峰值加速度为0.05*g*
总造价		

注:1. 大桥竣工时才填写此表。

2. 墩台类型不同时逐个填写。

负责人: 填表人:

大桥技术指标表 表 13-27

指标名称		说明
起讫桩号		K15+257.3~K15+673
孔数及跨度(孔×m)		16×25
交角		90
全长(m)		415.7
荷载标准		(公路—Ⅰ级)×1.3
桥面净宽(m)		2×11.5
桥下净空(m)		3.5
墩台高度(m)		10.05
结构类型	基础	桩基,扩大基
	桥墩	下部桥墩均采用柱式墩
	桥台	桥台采用柱式台、肋板台、U形台
	支座及伸缩缝	GYZ及GYZF4滑板式橡胶支座,D80型钢缝,D160型模数式伸缩装置
	上部构造	装配式预应力混凝土连续箱梁
航道等级		
设计洪水频率		1/100
设计流量		
河床地质情况		桥址地区地震动峰值加速度为0.05g
总造价		

注:1.大桥竣工时才填写此表。
2.墩台类型不同时逐个填写。

负责人: 填表人:

大桥技术指标表 表 13-28

指 标 名 称		说 明
起讫桩号		K16 +091.8 ~ K16 +324.2
孔数及跨度(孔 × m)		9 ×25
交 角		135
全长(m)		232.4
荷载标准		(公路—Ⅰ级) ×1.3
桥面净宽(m)		2 ×11.5
桥下净空(m)		
墩台高度(m)		6
结构类型	基础	桩基,扩大基
	桥墩	下部桥墩均采用柱式墩
	桥台	桥台 0 号台为肋板台、柱式台,9 号台为柱式台
	支座及伸缩缝	GYZ 及 GYZF4 滑板式橡胶支座,D80 型钢缝
	上部构造	装配式预应力混凝土连续箱梁
航道等级		
设计洪水频率		1/100
设计流量(m^3/s)		18.99
河床地质情况		桥址地区地震动峰值加速度为 0.05g
总造价		

注:1. 大桥竣工时才填写此表。

2. 墩台类型不同时逐个填写。

负责人: 填表人:

大桥技术指标表 表 13-29

指 标 名 称		说 明
起讫桩号		K17 +249.5 ~ K18 +413.5
孔数及跨度(孔 × m)		33 × 35
交 角		90
全长(m)		1164
荷载标准		(公路—Ⅰ级)×1.3
桥面净宽(m)		2 × 11.5
桥下净空(m)		5
墩台高度(m)		6
结构类型	基础	桩基,扩大基
	桥墩	下部桥墩均采用柱式墩
	桥台	桥台 0 号、33 号台右幅为肋板台,左幅为柱式台
	支座及伸缩缝	本桥均采用 GYZ 及 GYZF4 系列橡胶支座,D80 型钢缝,D160 型模数式伸缩装置
	上部构造	装配式预应力混凝土连续箱梁
航道等级		
设计洪水频率		1/100
设计流量		
河床地质情况		桥址地区地震动峰值加速度为 0.05g
总造价		

注:1. 大桥竣工时才填写此表。

2. 墩台类型不同时逐个填写。

负责人: 填表人:

大桥技术指标表 表 13-30

指标名称		说明
起讫桩号		K19 +248.9 ~ K19 +557.1
孔数及跨度(孔×m)		10×30
交角		90
全长(m)		308.2
荷载标准		(公路—Ⅰ级)×1.3
桥面净宽(m)		2×11.5
桥下净空(m)		3.5
墩台高度(m)		6
结构类型	基础	桩基,扩大基
	桥墩	下部桥墩均采用柱式墩
	桥台	0 号台为肋板台,10 号台为柱式台
	支座及伸缩缝	GYZ 及 GYZF4 滑板式橡胶支座,D80 型钢缝,D160 型模数式伸缩装置
	上部构造	装配式预应力混凝土连续箱梁
航道等级		
设计洪水频率		1/100
设计流量(m^3/s)		246.2
河床地质情况		桥址地区地震动峰值加速度为 0.05g
总造价		

注:1. 大桥竣工时才填写此表。

2. 墩台类型不同时逐个填写。

负责人: 填表人:

大桥技术指标表 表 13-31

指标名称		说明
起讫桩号		K20 +655.9 ~ K20 +874.1
孔数及跨度(孔×m)		7×30
交角		90
全长(m)		218.2
荷载标准		(公路—Ⅰ级)×1.3
桥面净宽(m)		2×11.5
桥下净空(m)		4.5
墩台高度(m)		6
结构类型	基础	桩基,扩大基
	桥墩	下部桥墩均采用柱式墩
	桥台	0 号台右幅为肋板台,0 号台左幅以及 7 号台为柱式台
	支座及伸缩缝	GYZ 及 GYZF4 滑板式橡胶支座,D80 型钢缝
	上部构造	装配式预应力混凝土连续箱梁
航道等级		
设计洪水频率		1/100
设计流量(m^3/s)		112.9
河床地质情况		桥址地区地震动峰值加速度为 0.05g
总造价		

注:1. 大桥竣工时才填写此表。

2. 墩台类型不同时逐个填写。

负责人: 填表人:

大桥技术指标表 表 13-32

指 标 名 称		说 明
起讫桩号		K22 + 195 ~ K22 + 326
孔数及跨度(孔 × m)		4 × 30
交 角		90
全长(m)		131
荷载标准		(公路—Ⅰ级) ×1.3
桥面净宽(m)		2 × 11.5
桥下净空(m)		2.5
墩台高度(m)		6
结构类型	基础	桩基,扩大基
	桥墩	下部桥墩均采用柱式墩
	桥台	桥台均采用重力式台
	支座及伸缩缝	GYZ 及 GYZF4 滑板式橡胶支座,D80 型钢缝
	上部构造	装配式预应力混凝土连续箱梁
航道等级		
设计洪水频率		1/100
设计流量(m^3/s)		60.86
河床地质情况		桥址地区地震动峰值加速度为 0.05g
总造价		

注:1. 大桥竣工时才填写此表。
2. 墩台类型不同时逐个填写。

负责人: 填表人:

大桥技术指标表 表13-33

指标名称		说明
起讫桩号		K22+471~K23+682
孔数及跨度(孔×m)		40×30
交角		90
全长(m)		1211
荷载标准		(公路—Ⅰ级)×1.3
桥面净宽(m)		2×11.5
桥下净空(m)		3.2
墩台高度(m)		8.9
结构类型	基础	桩基,扩大基
	桥墩	下部桥墩均采用柱式墩
	桥台	桥台均采用U形台
	支座及伸缩缝	GYZ及GYZF4滑板式橡胶支座,本桥桥台处采用D80型钢缝,6号、12号、19号、26号、33号桥墩处设D160型模数伸缩装置
	上部构造	装配式预应力混凝土连续箱梁
航道等级		
设计洪水频率		1/300
设计流量(m^3/s)		5134
河床地质情况		桥址地区地震动峰值加速度为0.05g
总造价		

注:1.大桥竣工时才填写此表。
2.墩台类型不同时逐个填写。

负责人: 填表人:

大桥技术指标表 表 13-34

指标名称		说明
起讫桩号		K24 +032.3 ~ K24 +393.5
孔数及跨度(孔×m)		14×25
交角		90
全长(m)		361.2
荷载标准		(公路—Ⅰ级)×1.3
桥面净宽(m)		2×11.5
桥下净空(m)		
墩台高度(m)		6.1
结构类型	基础	桩基,扩大基
	桥墩	下部桥墩均采用柱式墩
	桥台	0 号台为柱式台,14 号台为 U 形台
	支座及伸缩缝	GYZ 及 GYZF4 滑板式橡胶支座,两桥台台口处设置 D80 型钢缝,在 7 号墩顶设置 D160 型伸缩装置
	上部构造	装配式预应力混凝土连续箱梁
航道等级		
设计洪水频率		1/100
设计流量(m^3/s)		36.9
河床地质情况		桥址地区地震动峰值加速度为 0.05g
总造价		

注:1. 大桥竣工时才填写此表。

2. 墩台类型不同时逐个填写。

负责人: 填表人:

大桥技术指标表 表 13-35

指 标 名 称		说 明
起讫桩号		K24 +837.5 ~ K24 +974.5
孔数及跨度(孔×m)		[illegible]
交 角		90
全长(m)		137
荷载标准		(公路—Ⅰ级)×1.3
桥面净宽(m)		2×11.5
桥下净空(m)		3.5
墩台高度(m)		6
结构类型	基础	桩基,扩大基
	桥墩	下部桥墩均采用柱式墩
	桥台	桥台均采用 U 形台
	支座及伸缩缝	GYZ 及 GYZF4 滑板式橡胶支座,D80 型钢缝
	上部构造	装配式预应力混凝土连续箱梁
航道等级		
设计洪水频率		1/100
设计流量(m^3/s)		25.8
河床地质情况		桥址地区地震动峰值加速度为 0.05g
总造价		

注:1. 大桥竣工时才填写此表。

2. 墩台类型不同时逐个填写。

负责人: 填表人:

大桥技术指标表 表 13-36

<table>
<tr><th colspan="2">指 标 名 称</th><th>说　　明</th></tr>
<tr><td colspan="2">起讫桩号</td><td>K28 +705.8 ~ K29 +338.2</td></tr>
<tr><td colspan="2">孔数及跨度(孔 × m)</td><td>25 × 25</td></tr>
<tr><td colspan="2">交 角</td><td>45</td></tr>
<tr><td colspan="2">全长(m)</td><td>632.4</td></tr>
<tr><td colspan="2">荷载标准</td><td>(公路—Ⅰ级) ×1.3</td></tr>
<tr><td colspan="2">桥面净宽(m)</td><td>2 ×11.5</td></tr>
<tr><td colspan="2">桥下净空(m)</td><td>3.2</td></tr>
<tr><td colspan="2">墩台高度(m)</td><td>7</td></tr>
<tr><td rowspan="5">结构类型</td><td>基础</td><td>桩基,扩大基</td></tr>
<tr><td>桥墩</td><td>下部桥墩均采用柱式墩</td></tr>
<tr><td>桥台</td><td>桥台均采用肋式台及简易台</td></tr>
<tr><td>支座及伸缩缝</td><td>GYZ 及 GYZF4 滑板式橡胶支座,本桥在 0 号、25 号桥台处分别设置一道 D80 型钢缝,6 号、12 号、18 号桥墩处分别设 D160 型模数伸缩装置</td></tr>
<tr><td>上部构造</td><td>装配式预应力混凝土连续箱梁</td></tr>
<tr><td colspan="2">航道等级</td><td></td></tr>
<tr><td colspan="2">设计洪水频率</td><td>1/100</td></tr>
<tr><td colspan="2">设计流量(m^3/s)</td><td>508</td></tr>
<tr><td colspan="2">河床地质情况</td><td>桥址地区地震动峰值加速度为 0.05g</td></tr>
<tr><td colspan="2">总造价</td><td></td></tr>
</table>

注:1. 大桥竣工时才填写此表。

2. 墩台类型不同时逐个填写。

负责人: 填表人:

大桥技术指标表 表 13-37

指 标 名 称		说 明
起讫桩号		K30 +886.8 ~ K31 +765.5
孔数及跨度(孔 ×m)		35 ×25
交 角		90
全长(m)		878.7
荷载标准		(公路—Ⅰ级) ×1.3
桥面净宽(m)		2 ×11.5
桥下净空(m)		3.5
墩台高度(m)		6
结构类型	基础	桩基,扩大基
	桥墩	下部桥墩均采用柱式墩
	桥台	桥台采用肋式台及简易台
	支座及伸缩缝	GYZ 及 GYZF4 滑板式橡胶支座,D80 型钢缝,D160 型模数式伸缩装置
	上部构造	装配式预应力混凝土连续箱梁
航道等级		
设计洪水频率		1/100
设计流量(m^3/s)		4324
河床地质情况		桥址地区地震动峰值加速度为 0.05g
总造价		

注:1. 大桥竣工时才填写此表。

2. 墩台类型不同时逐个填写。

负责人: 填表人:

大桥技术指标表 表 13-38

指标名称		说明
起讫桩号		K32+629.8~K32+862.2
孔数及跨度(孔×m)		9×25
交角		45
全长(m)		232.4
荷载标准		(公路—Ⅰ级)×1.3
桥面净宽(m)		2×11.5
桥下净空(m)		
墩台高度(m)		7
结构类型	基础	桩基,扩大基
	桥墩	下部桥墩均采用柱式墩
	桥台	桥台采用柱式台、肋板台
	支座及伸缩缝	GYZ 及 GYZF4 滑板式橡胶支座,D80 型钢缝
	上部构造	装配式预应力混凝土连续箱梁
航道等级		
设计洪水频率		1/100
设计流量(m^3/s)		486.7
河床地质情况		桥址地区地震动峰值加速度为 0.05g
总造价		

注:1. 大桥竣工时才填写此表。
2. 墩台类型不同时逐个填写。

负责人: 填表人:

大桥技术指标表 表 13-39

指标名称		说明
起讫桩号		K35 +975.5 ~ K36 +213.5
孔数及跨度(孔 × m)		9 × 25
交角		90
全长(m)		234.5
荷载标准		(公路—Ⅰ级) ×1.3
桥面净宽(m)		2 × 12.5
桥下净空(m)		
墩台高度(m)		5.9
结构类型	基础	桩基,扩大基
	桥墩	下部桥墩均采用柱式墩
	桥台	桥台采用重力式 U 形台
	支座及伸缩缝	GYZ 及 GYZF4 滑板式橡胶支座,D80 型钢缝
	上部构造	装配式预应力混凝土连续箱梁
航道等级		
设计洪水频率		1/100
设计流量(m^3/s)		259.6
河床地质情况		桥址地区地震动峰值加速度为 0.05g
总造价		

注:1. 大桥竣工时才填写此表。
2. 墩台类型不同时逐个填写。

负责人: 填表人:

大桥技术指标表 表 13-40

<table>
<tr><td colspan="2">指 标 名 称</td><td>说　　明</td></tr>
<tr><td colspan="2">起讫桩号</td><td>K37 +471 ~ K37 +897</td></tr>
<tr><td colspan="2">孔数及跨度(孔×m)</td><td>7×30 +7×30</td></tr>
<tr><td colspan="2">交 角</td><td>90</td></tr>
<tr><td colspan="2">全长(m)</td><td>426</td></tr>
<tr><td colspan="2">荷载标准</td><td>(公路—Ⅰ级)×1.3</td></tr>
<tr><td colspan="2">桥面净宽(m)</td><td>2×12.5</td></tr>
<tr><td colspan="2">桥下净空(m)</td><td></td></tr>
<tr><td colspan="2">墩台高度(m)</td><td>3.4</td></tr>
<tr><td rowspan="5">结构类型</td><td>基础</td><td>桩基,扩大基</td></tr>
<tr><td>桥墩</td><td>下部桥墩均采用柱式墩</td></tr>
<tr><td>桥台</td><td>桥台采用U形台</td></tr>
<tr><td>支座及伸缩缝</td><td>GYZ及GYZF4滑板式橡胶支座,桥台处设置D80型钢缝,7号桥墩处设置D160型模数式伸缩装置</td></tr>
<tr><td>上部构造</td><td>装配式预应力混凝土连续箱梁</td></tr>
<tr><td colspan="2">航道等级</td><td></td></tr>
<tr><td colspan="2">设计洪水频率</td><td>1/100</td></tr>
<tr><td colspan="2">设计流量</td><td></td></tr>
<tr><td colspan="2">河床地质情况</td><td>桥址地区地震动峰值加速度为0.05g</td></tr>
<tr><td colspan="2">总造价</td><td></td></tr>
</table>

注:1. 大桥竣工时才填写此表。
2. 墩台类型不同时逐个填写。

负责人: 填表人:

大桥技术指标表

表 13-41

指 标 名 称		说　明
起讫桩号		K38 +766 ~ K39 +264.5
孔数及跨度(孔×m)		6×25 +6×25 +7×25
交 角		90
全长(m)		498.5
荷载标准		（公路—Ⅰ级）×1.3
桥面净宽(m)		2×12.5
桥下净空(m)		3.5
墩台高度(m)		9.5
结构类型	基础	桩基,扩大基
	桥墩	下部桥墩均采用柱式墩
	桥台	桥台均采用 U 形台
	支座及伸缩缝	GYZ375×66(CR)、GYZF4375×66(CR)及 GYZF4275×65(CR)橡胶支座,本桥在 0 号、19 号台处分别设置一道 D80 型钢缝,6 号、12 号墩处设置 D160 型模数式伸缩装置
	上部构造	装配式预应力混凝土连续箱梁
航道等级		
设计洪水频率		1/100
设计流量(m^3/s)		280.4
河床地质情况		桥址地区地震动峰值加速度为 0.05g
总造价		

注:1. 大桥竣工时才填写此表。
　2. 墩台类型不同时逐个填写。

负责人:　　　　　　　　　　填表人:

大桥技术指标表 表13-42

指标名称		说明
起讫桩号		K40 +879.3 ~ K41 +111
孔数及跨度(孔×m)		9×25
交角		90
全长(m)		231.7
荷载标准		(公路—Ⅰ级)×1.3
桥面净宽(m)		2×12.5
桥下净空(m)		3.5
墩台高度(m)		7
结构类型	基础	桩基,扩大基
	桥墩	下部桥墩均采用柱式墩
	桥台	桥台采用重力式U形台、扩基及肋板台
	支座及伸缩缝	GYZ400×77(CR)、GYZF4400×77(CR)和GYZF4300×65(CR)橡胶支座,D80型钢缝
	上部构造	装配式预应力混凝土连续箱梁
航道等级		
设计洪水频率		1/100
设计流量		
河床地质情况		桥址地区地震动峰值加速度为0.05g
总造价		

注:1. 大桥竣工时才填写此表。
2. 墩台类型不同时逐个填写。

负责人: 填表人:

大桥技术指标表

表 13-43

<table>
<tr><td colspan="2">指 标 名 称</td><td>说　　明</td></tr>
<tr><td colspan="2">起讫桩号</td><td>K42 +074.8 ~ K42 +307.2</td></tr>
<tr><td colspan="2">孔数及跨度(孔×m)</td><td>9×25</td></tr>
<tr><td colspan="2">交 角</td><td>90</td></tr>
<tr><td colspan="2">全长(m)</td><td>232.4</td></tr>
<tr><td colspan="2">荷载标准</td><td>(公路—Ⅰ级)×1.3</td></tr>
<tr><td colspan="2">桥面净宽(m)</td><td>2×12.5</td></tr>
<tr><td colspan="2">桥下净空(m)</td><td></td></tr>
<tr><td colspan="2">墩台高度(m)</td><td>5</td></tr>
<tr><td rowspan="5">结构类型</td><td>基础</td><td>桩基,扩大基</td></tr>
<tr><td>桥墩</td><td>下部桥墩均采用柱式墩</td></tr>
<tr><td>桥台</td><td>0 号桥台采用肋板台,9 号桥台采用柱式台</td></tr>
<tr><td>支座及伸缩缝</td><td>GYZ400×77(CR)、GYZF4400×77(CR)和 GYZF4300×65(CR)橡胶支座,D80 型钢缝</td></tr>
<tr><td>上部构造</td><td>装配式预应力混凝土连续箱梁</td></tr>
<tr><td colspan="2">航道等级</td><td></td></tr>
<tr><td colspan="2">设计洪水频率</td><td>1/100</td></tr>
<tr><td colspan="2">设计流量</td><td></td></tr>
<tr><td colspan="2">河床地质情况</td><td>桥址地区地震动峰值加速度为 0.05g</td></tr>
<tr><td colspan="2">总造价</td><td></td></tr>
</table>

注:1. 大桥竣工时才填写此表。
　　2. 墩台类型不同时逐个填写。

负责人:　　　　　　　　　　　　　　填表人:

大桥技术指标表 表 13-44

<table>
<tr><th colspan="2">指 标 名 称</th><th>说 明</th></tr>
<tr><td colspan="2">起讫桩号</td><td>K43 + 820.8 ~ K44 + 149.5</td></tr>
<tr><td colspan="2">孔数及跨度(孔 × m)</td><td>13 × 25</td></tr>
<tr><td colspan="2">交 角</td><td>90</td></tr>
<tr><td colspan="2">全长(m)</td><td>328.7</td></tr>
<tr><td colspan="2">荷载标准</td><td>(公路—Ⅰ级) ×1.3</td></tr>
<tr><td colspan="2">桥面净宽(m)</td><td>2 × 12.5</td></tr>
<tr><td colspan="2">桥下净空(m)</td><td>3.5</td></tr>
<tr><td colspan="2">墩台高度(m)</td><td>5</td></tr>
<tr><td rowspan="5">结构类型</td><td>基础</td><td>桩基,扩大基</td></tr>
<tr><td>桥墩</td><td>下部桥墩均采用柱式墩</td></tr>
<tr><td>桥台</td><td>桥台采用重力式 U 形台及肋板台</td></tr>
<tr><td>支座及伸缩缝</td><td>GYZ400 × 77(CR)、GYZF4400 × 77(CR)和 GYZF4300 × 65(CR)橡胶支座,桥台处设置 D80 型钢缝,6 号墩处设置 D160 型模数式伸缩装置</td></tr>
<tr><td>上部构造</td><td>装配式预应力混凝土连续箱梁</td></tr>
<tr><td colspan="2">航道等级</td><td></td></tr>
<tr><td colspan="2">设计洪水频率</td><td>1/100</td></tr>
<tr><td colspan="2">设计流量(m^3/s)</td><td>605.3</td></tr>
<tr><td colspan="2">河床地质情况</td><td>桥址地区地震动峰值加速度为 0.05g</td></tr>
<tr><td colspan="2">总造价</td><td></td></tr>
</table>

注:1. 大桥竣工时才填写此表。
2. 墩台类型不同时逐个填写。

负责人: 填表人:

大桥技术指标表

表 13-45

指标名称		说明
起讫桩号		K45 +098.3 ~ K45 +307
孔数及跨度(孔×m)		8×25
交角		90
全长(m)		208.7
荷载标准		(公路—Ⅰ级)×1.3
桥面净宽(m)		2×12.5
桥下净空(m)		4.5
墩台高度(m)		8
结构类型	基础	桩基,扩大基
	桥墩	下部桥墩均采用柱式墩
	桥台	0 号桥台采用肋板台,8 号桥台采用重力式台
	支座及伸缩缝	GYZ400×77(CR)、GYZF4400×77(CR)和 GYZF4300×65(CR)橡胶支座,D80 型钢缝
	上部构造	装配式预应力混凝土连续箱梁
航道等级		
设计洪水频率		1/100
设计流量(m^3/s)		257.4
河床地质情况		桥址地区地震动峰值加速度为 0.10g
总造价		

注:1. 大桥竣工时才填写此表。
2. 墩台类型不同时逐个填写。

负责人: 填表人:

大桥技术指标表 表 13-46

指标名称		说明
起讫桩号		K47 +540 ~ K47 +698
孔数及跨度(孔×m)		6×25
交角		90
全长(m)		158
荷载标准		(公路—Ⅰ级)×1.3
桥面净宽(m)		2×12.5
桥下净空(m)		
墩台高度(m)		5.5
结构类型	基础	桩基,扩大基
	桥墩	下部桥墩均采用柱式墩
	桥台	桥台均采用重力式台
	支座及伸缩缝	本桥桥墩采用 GYZ375×66(CR)板式橡胶支座和 GYZF4375×66(CR)滑板式橡胶支座,桥台采用 GYZF4275×65(CR)滑板式橡胶支座,D80 型钢缝
	上部构造	装配式预应力混凝土连续箱梁
航道等级		
设计洪水频率		1/100
设计流量(m^3/s)		152.5
河床地质情况		桥址地区地震动峰值加速度为 0.10g
总造价		

注:1. 大桥竣工时才填写此表。

2. 墩台类型不同时逐个填写。

负责人: 填表人:

大桥技术指标表

表 13-47

<table>
<tr><th colspan="2">指 标 名 称</th><th>说　　明</th></tr>
<tr><td colspan="2">起讫桩号</td><td>K50 + 055 ~ K50 + 213</td></tr>
<tr><td colspan="2">孔数及跨度(孔×m)</td><td>6×25</td></tr>
<tr><td colspan="2">交 角</td><td>60</td></tr>
<tr><td colspan="2">全长(m)</td><td>158</td></tr>
<tr><td colspan="2">荷载标准</td><td>(公路—Ⅰ级)×1.3</td></tr>
<tr><td colspan="2">桥面净宽(m)</td><td>2×12.5</td></tr>
<tr><td colspan="2">桥下净空(m)</td><td></td></tr>
<tr><td colspan="2">墩台高度(m)</td><td>4</td></tr>
<tr><td rowspan="5">结构类型</td><td>基础</td><td>桩基,扩大基</td></tr>
<tr><td>桥墩</td><td>下部桥墩均采用柱式墩</td></tr>
<tr><td>桥台</td><td>桥台均采用重力式台</td></tr>
<tr><td>支座及伸缩缝</td><td>本桥桥墩采用 GYZ375×66(CR)板式橡胶支座和 GYZF4375×66(CR)滑板式橡胶支座,桥台采用 GYZF4275×65(CR)滑板式橡胶支座,D80 型钢缝</td></tr>
<tr><td>上部构造</td><td>装配式预应力混凝土连续箱梁</td></tr>
<tr><td colspan="2">航道等级</td><td></td></tr>
<tr><td colspan="2">设计洪水频率</td><td>1/100</td></tr>
<tr><td colspan="2">设计流量(m^3/s)</td><td>155.2</td></tr>
<tr><td colspan="2">河床地质情况</td><td>桥址地区地震动峰值加速度为 0.10g</td></tr>
<tr><td colspan="2">总造价</td><td></td></tr>
</table>

注:1. 大桥竣工时才填写此表。

2. 墩台类型不同时逐个填写。

负责人:　　　　　　　　　　　　填表人:

大桥技术指标表　　表 13-48

指标名称		说　明
起讫桩号		K63 +391.3 ~ K63 +548.7
孔数及跨度(孔×m)		6×25
交角		115
全长(m)		157.4
荷载标准		(公路—Ⅰ级)×1.3
桥面净宽(m)		2×12.5
桥下净空(m)		3.2
墩台高度(m)		5.5
结构类型	基础	桩基,扩大基
	桥墩	下部桥墩均采用柱式墩
	桥台	桥台采用肋板台
	支座及伸缩缝	本桥桥墩采用 GYZ375×66(CR)板式橡胶支座和 GYZF4375×66(CR)滑板式橡胶支座,桥台采用 GYZF4275×65(CR)滑板式橡胶支座,D80 型钢缝
	上部构造	装配式预应力混凝土连续箱梁
航道等级		
设计洪水频率		1/100
设计流量(m^3/s)		1204.1
河床地质情况		桥址地区地震动峰值加速度为 0.10g
总造价		

注:1. 大桥竣工时才填写此表。
2. 墩台类型不同时逐个填写。

负责人:　　填表人:

大桥技术指标表

表 13-49

指标名称		说明
起讫桩号		K66 + 118.3 ~ K66 + 350.7
孔数孔跨径(孔×m)		[illegible]
交角		90
全长(m)		232.4
荷载标准		(公路—Ⅰ级)×1.3
桥面净宽(m)		2×12.5
桥下净空(m)		2.7
墩台高度(m)		5
结构类型	基础	桩基,扩大基
	桥墩	下部桥墩均采用柱式墩
	桥台	桥台均采用肋板台
	支座及伸缩缝	本桥桥墩采用GYZ375×66(CR)板式橡胶支座和GYZF4375×66(CR)滑板式橡胶支座,桥台采用GYZF4275×65(CR)滑板式橡胶支座,D80型钢缝
	上部构造	装配式预应力混凝土连续箱梁
航道等级		
设计洪水频率		1/100
设计流量		2734
河床地质情况		桥址地区地震动峰值加速度为0.10g
总造价		

注:1. 大桥竣工时才填写此表。

2. 墩台类型不同时逐个填写。

负责人: 填表人:

大桥技术指标表 表 13-50

指标名称		说明
起讫桩号		JK18 +605.9 ~ JK19 +844.1
孔数及跨度(孔×m)		41×30
交角		90
全长(m)		1238.2
荷载标准		(公路—Ⅰ级)×1.3
桥面净宽(m)		2×(12.5+7)
桥下净空(m)		4.5
墩台高度(m)		5.5
结构类型	基础	桩基,扩大基
	桥墩	下部桥墩均采用柱式墩
	桥台	桥台采用肋板台
	支座及伸缩缝	GYZ 及 GYZF4 滑板式橡胶支座,两桥台处分别设置一道 D80 型钢缝,7 号、14 号、21 号、27 号、34 号桥墩处设置 D160 模数式伸缩装置
	上部构造	装配式预应力混凝土连续箱梁
航道等级		
设计洪水频率		1/300
设计流量(m^3/s)		8950
河床地质情况		桥址地区地震动峰值加速度为 0.05g
总造价		

注:1. 大桥竣工时才填写此表。
2. 墩台类型不同时逐个填写。

负责人: 填表人:

大桥技术指标表 表13-51

<table>
<tr><td colspan="2">指 标 名 称</td><td>说　明</td></tr>
<tr><td colspan="2">起讫桩号</td><td>K3 +542 ~ K3 +950</td></tr>
<tr><td colspan="2">孔数及跨度(孔 × m)</td><td>13 × 30</td></tr>
<tr><td colspan="2">交 角</td><td>90</td></tr>
<tr><td colspan="2">全长(m)</td><td>408</td></tr>
<tr><td colspan="2">荷载标准</td><td>(公路—Ⅰ级) ×1.3</td></tr>
<tr><td colspan="2">桥面净宽(m)</td><td>11.5</td></tr>
<tr><td colspan="2">桥下净空(m)</td><td></td></tr>
<tr><td colspan="2">墩台高度(m)</td><td>6.1</td></tr>
<tr><td rowspan="5">结构类型</td><td>基础</td><td>桩基,扩大基</td></tr>
<tr><td>桥墩</td><td>下部桥墩均采用柱式墩</td></tr>
<tr><td>桥台</td><td>桥台均采用重力式台</td></tr>
<tr><td>支座及伸缩缝</td><td>GYZ400 ×77(CR)、GYZF 400 ×77(CR)和 GYZF 300 ×65(CR)橡胶支座,D80 型钢缝,D160 型模数式伸缩装置</td></tr>
<tr><td>上部构造</td><td>装配式预应力混凝土连续箱梁</td></tr>
<tr><td colspan="2">航道等级</td><td></td></tr>
<tr><td colspan="2">设计洪水频率</td><td>1/100</td></tr>
<tr><td colspan="2">设计流量</td><td></td></tr>
<tr><td colspan="2">河床地质情况</td><td>桥址地区地震动峰值加速度为 0.05g</td></tr>
<tr><td colspan="2">总造价</td><td></td></tr>
</table>

注:1. 大桥竣工时才填写此表。

2. 墩台类型不同时逐个填写。

负责人:　　　　　　　　　　　　填表人:

大桥工程一览表

表 14

序号	中心桩号		河流或桥名	结构类型	上部结构类别	主要尺寸				墩台类型	基础深度（m）	伸缩缝	支座	地质及防护	备注
	统一里程	施工桩号				孔数	标准跨径（m）	全桥宽度（m）	桥面宽度（m）						
1		LK1 + 778	左线回龙沟Ⅰ号大桥	21×30	装配式预应力混凝土连续箱梁	21	30	13	净 12	U 形台/柱式台，柱式墩	11.5	D80 型钢缝，D160 型模数式伸缩装置	GYZF 400×77（CR）、GYZ400×77（CR）和 GYZF 300×65（CR）		
2		RK1 + 629	右线回龙沟Ⅰ号大桥	11×30	装配式预应力混凝土连续箱梁	11	30	13	净 12	U 形台/柱式台，柱式墩	10.5	D80 型钢缝，D160 型模数式伸缩装置	GYZF 400×77（CR）、GYZ400×77（CR）和 GYZF 300×65（CR）		
3		K3 + 321	回龙沟Ⅱ号大桥	5×30	装配式预应力混凝土连续箱梁	5	30	2×12.75	2×净 11.5	U 形台/简易台，柱式墩	11.05	D80 型钢缝	GYZ400×77（CR）、GYZF 300×65（CR）和 GYZF 400×77（CR）		兼跨 G207
4		K3 + 747	白龙庙大桥右幅	13×30	装配式预应力混凝土连续箱梁	13	30	12.75	净 11.5	U 形台，柱式墩	10.41	D80 型钢缝，D160 型模数式伸缩装置	GYZ400×77（CR）、GYZF 400×77（CR）和 GYZF 300×65（CR）		右幅桥，左幅设涵洞
5		K4 + 697	回龙沟Ⅲ号大桥左幅	14×30	装配式预应力混凝土连续箱梁	14	30	12.75	净 11.5	U 形台，柱式墩	7.8	D80 型钢缝，D160 型模数式伸缩装置	GYZ400×77（CR）、GYZF 300×65（CR）和 GYZF 400×77（CR）		兼跨 G207
6		K4 + 697	回龙沟Ⅲ号大桥右幅	12×30	装配式预应力混凝土连续箱梁	12	30	12.75	净 11.5	U 形台/肋式台，柱式墩	5.7	D80 型钢缝，D160 型模数式伸缩装置	GYZ400×77（CR）、GYZF 300×65（CR）和 GYZF 400×77（CR）		兼跨 G207

续上表

序号	中心桩号		河流或桥名	结构类型	上部结构类别	主要尺寸				墩台类型	基础深度（m）	伸缩缝	支座	地质及防护	备注
	统一里程	施工桩号				孔数	标准跨径（m）	全桥宽度（m）	桥面宽度（m）						
7		K5 + 695	王庄大桥	4×25	装配式预应力混凝土连续箱梁	4	25	2×12.75	2×净11.5	U形台/简易台，柱式墩	8.5	D80型钢缝	GYZ375×66（CR）和GYZF 275×65（CR）		
8		LK6 + 786	左线柴家庄Ⅰ号大桥	4×25	装配式预应力混凝土连续箱梁	4	25	13	12	U形台，柱式墩	7.1	D80型钢缝	GYZ375×66（CR）、GYZF 275×65（CR）		
9		LK6 + 961	左线柴家庄Ⅱ号大桥	4×25+8	“装配式预应力混凝土连续箱梁及钢筋混凝土空心板”	5	25	13	12	U形台，柱式墩	8	D80型钢缝	GYZ375×66（CR）、GYZF 275×65（CR）和GYZ150×28		
10		LK7 + 817.5	左线回龙沟Ⅳ号大桥	15×35	装配式预应力混凝土连续箱梁	15	35	13	12	U形台，柱式墩	3.5	D80型钢缝，D160型模数式伸缩装置	GYZ及GYZF4滑板式橡胶支座		
11		RK7 + 708	右线回龙沟Ⅳ号大桥	6×35	装配式预应力混凝土连续箱梁	6	35	13	12	U形台，柱式墩	2.3	D80型钢缝	GYZ及GYZF4滑板式橡胶支座		
12		RK7 + 990	右线回龙沟Ⅳ号大桥	6×35	装配式预应力混凝土连续箱梁	6	35	13	12	U形台/简易台，柱式墩	2	D80型钢缝	GYZ及GYZF4滑板式橡胶支座		

续上表

序号	中心桩号		河流或桥名	结构类型	上部结构类别	主要尺寸				墩台类型	基础深度（m）	伸缩缝	支座	地质及防护	备注
	统一里程	施工桩号				孔数	标准跨径（m）	全桥宽度（m）	桥面宽度（m）						
13		LK8 + 385	左线黄土岭大桥	8×35	装配式预应力混凝土连续箱梁	8	35	13	12	U 形台，柱式墩	3.8	D80 型钢缝，D160 型模数式伸缩装置	GYZ425×88（CR）及 GYZF4 325×77（CR）		
14		RK8 + 403	右线黄土岭大桥	11×35	装配式预应力混凝土连续箱梁	11	35	13	12	U 形台，柱式墩	7.3	D80 型钢缝，D160 型模数式伸缩装置	GYZ425 × 88（CR）、GYZF4 325×77（CR）及 GYZF4 425×88（CR）		
15		LK9 + 040	左线回龙沟V号大桥	12×30	装配式预应力混凝土连续箱梁	12	30	13	12	U 形台，柱式墩	3.1	D80 型钢缝，D160 型模数式伸缩装置	GYZF4 400×77（CR）和 GYZ400×77（CR）		
16		RK9 + 071	右线回龙沟V号大桥	13×30	装配式预应力混凝土连续箱梁	13	30	13	12	U 形台，柱式墩	11.5	D80 型钢缝，D160 型模数式伸缩装置	GYZF4 400×77（CR）和 GYZ400×77（CR）		
17		LK9 + 777	左线上河东大桥	4×30	装配式预应力混凝土连续箱梁	4	30	13	12	U 形台/简易台，柱式墩	1.8	D80 型钢缝	GYZ 及 GYZF4 滑板式橡胶支座		兼人行
18		RK9 + 794	右线上河东大桥	4×30	装配式预应力混凝土连续箱梁	4	30	13	12	U 形台/简易台，柱式墩	2	D80 型钢缝	GYZ 及 GYZF4 滑板式橡胶支座		兼人行

续上表

序号	中心桩号		河流或桥名	结构类型	上部结构类别	主要尺寸				墩台类型	基础深度（m）	伸缩缝	支座	地质及防护	备注
	统一里程	施工桩号				孔数	标准跨径（m）	全桥宽度（m）	桥面宽度（m）						
19		LK11 + 171	左线米家庄大桥	7×30	装配式预应力混凝土连续箱梁	7	30	13	12	U形台/简易台，柱式墩	5.2	D80型钢缝	GYZ400×77（CR）、GYZF 300×65（CR）及GYZF4 400×77（CR）		兼汽车
20		RK11 + 175.5	右线米家庄大桥	7×30	装配式预应力混凝土连续箱梁	7	30	13	12	U形台，柱式墩	5	D80型钢缝	GYZ400×77（CR）、GYZF 300×65（CR）及GYZF4 400×78（CR）		兼汽车
21		LK11 + 566.5	左线雪家庄大桥	6×30	装配式预应力混凝土连续箱梁	6	30	13	12	柱式台/肋式台，柱式墩	2.5	D80型钢缝	GYZ400×77（CR）、GYZF 300×65（CR）及GYZF4 400×78（CR）		兼汽车
22		RK11 + 536.5	右线雪家庄大桥	4×30	装配式预应力混凝土连续箱梁	4	30	13	12	肋式台，柱式墩	3.2	D80型钢缝	GYZ400×77（CR）、GYZF 300×65（CR）及GYZF4 400×78（CR）		兼汽车
23		LK12 + 981	左线庵上大桥	6×30	装配式预应力混凝土连续箱梁	6	30	13	12	U形台/简易台，柱式墩	2.5	D80型钢缝	GYZ400×77（CR）、GYZF4 300×65（CR）及GYZF4 400×77（CR）		兼汽车
24		RK12 + 836	右线庵上大桥	18×30	装配式预应力混凝土连续箱梁	18	30	13	12	U形台/肋式台，柱式墩	3.5	D80型钢缝，D160型模数式伸缩装置	GYZ400×77（CR）、GYZF 300×65（CR）及GYZF 400×77（CR）		兼汽车

续上表

序号	中心桩号		河流或桥名	结构类型	上部结构类别	主要尺寸				墩台类型	基础深度(m)	伸缩缝	支座	地质及防护	备注
	统一里程	施工桩号				孔数	标准跨径(m)	全桥宽度(m)	桥面宽度(m)						
25		K14 + 229	靳家庄大桥	4 ×25	装配式预应力混凝土连续箱梁	4	25	2 × 12.75	2 × 净11.5	U形台/简易台,柱式墩	7.3	D80型钢缝	GYZ375 ×66(CR)及GYZF4 275 ×65(CR)		兼机耕
26		K14 + 763	朱家庄大桥	11 ×25	装配式预应力混凝土连续箱梁	11	25	2 × 12.75	2 × 净11.5	U形台/简易台,柱式墩	6.8	D80型钢缝,D160型模数式伸缩装置	GYZ375 ×66(CR)及GYZF4 275 ×65(CR)		兼汽车
27		K15 + 461	铁匠炉大桥(左幅)	16 ×25	装配式预应力混凝土连续箱梁	16	25	12.75	2 × 净11.5	U形台,柱式墩	10.5	D80型钢缝,D160型模数式伸缩装置	GYZ及GYZF4滑板式橡胶支座		兼汽车
28		K15 + 336	铁匠炉大桥(右幅Ⅰ号大桥)	6 ×25	装配式预应力混凝土连续箱梁	6	25	12.75	净11.5	U形台,柱式墩	10.5	D80型钢缝,D160型模数式伸缩装置	GYZ及GYZF4滑板式橡胶支座		兼汽车
29		K15 + 623.5	铁匠炉大桥(右幅Ⅱ号大桥)	3 ×25	装配式预应力混凝土连续箱梁	3	25	12.75	净11.5	U形台,柱式墩	10.5	D80型钢缝,D160型模数式伸缩装置	GYZ及GYZF4滑板式橡胶支座		
30		K16 + 208	北沟庄大桥	9 ×25	装配式预应力混凝土连续箱梁	9	25	2 × 12.75	2 × 净11.5	柱式台/肋板台,柱式墩	4.6	D80型钢缝	GYZ及GYZF4滑板式橡胶支座		

续上表

序号	中心桩号		河流或桥名	结构类型	上部结构类别	主要尺寸				墩台类型	基础深度(m)	伸缩缝	支座	地质及防护	备注
	统一里程	施工桩号				孔数	标准跨径(m)	全桥宽度(m)	桥面宽度(m)						
31		K17 + 831.5	黄鸭河特大桥	33×35	装配式预应力混凝土连续箱梁	33	35	2×12.75	2×净11.5	柱式台/肋板台,柱式墩	7.5	D80 型钢缝,D160 型模数式伸缩装置	GYZ 及 GYZF4 滑板式橡胶支座		跨 S331
32		K19 + 403	龙排沟大桥	10×30	装配式预应力混凝土连续箱梁	10	30	2×12.75	2×净11.5	柱式台/肋板台,柱式墩	3.5	D80 型钢缝,D160 型模数式伸缩装置	GYZ 及 GYZF4 滑板式橡胶支座		兼汽车
33		K20 + 765	沙锅窑大桥	7×30	装配式预应力混凝土连续箱梁	7	30	2×12.75	2×净11.5	柱式台/肋板台,柱式墩	4.8	D80 型钢缝	GYZ 及 GYZF4 滑板式橡胶支座		
34		K22 + 261	上黄土岭大桥	4×30	装配式预应力混凝土连续箱梁	4	30	2×12.75	2×净11.5	U 形台,柱式墩	6.8	D80 型钢缝	GYZ 及 GYZF4 滑板式橡胶支座		兼人行
35		K23 + 082	白河特大桥	40×30	装配式预应力混凝土连续箱梁	40	30	2×12.75	2×净11.5	U 形台,柱式墩	12.8	D80 型钢缝,D160 型模数式伸缩装置	GYZ 及 GYZF4 滑板式橡胶支座		兼汽通
36		K24 + 211	巩家庄大桥	14×25	装配式预应力混凝土连续箱梁	14	25	2×12.75	2×净11.5	柱式台/U 形台,柱式墩	2.8	D80 型钢缝,D160 型模数式伸缩装置	GYZ 及 GYZF4 滑板式橡胶支座		

续上表

序号	中心桩号		河流或桥名	结构类型	上部结构类别	主要尺寸				墩台类型	基础深度（m）	伸缩缝	支座	地质及防护	备注
	统一里程	施工桩号				孔数	标准跨径（m）	全桥宽度（m）	桥面宽度（m）						
37		K24 + 906	老磨沟大桥	5 × 25	装配式预应力混凝土连续箱梁	5	25	2 × 12.75	2 × 净 11.5	U 形台，柱式墩	3.9	D80 型钢缝	GYZ 及 GYZF4 滑板式橡胶支座		
38		K29 + 022	铁河大桥	25 × 25	装配式预应力混凝土连续箱梁	25	25	2 × 12.75	2 × 净 11.5	柱式台/肋板台，柱式墩	4.3	D80 型钢缝，D160 型模数式伸缩装置	GYZ 及 GYZF4 滑板式橡胶支座		
39		K31 + 328	灌河大桥	35 × 25	装配式预应力混凝土连续箱梁	35	25	2 × 12.75	2 × 净 11.5	肋板台/简易台，柱式墩	2.5	D80 型钢缝，D160 型模数式伸缩装置	GYZ 及 GYZF4 滑板式橡胶支座		
40		K32 + 746	渭林河大桥	9 × 25	装配式预应力混凝土连续箱梁	9	25	2 × 12.75	2 × 净 11.5	柱式台/肋板台，柱式墩	4.3	D80 型钢缝，D160 型模数式伸缩装置	GYZ 及 GYZF4 滑板式橡胶支座		
41		K36 + 094	裴老庄大桥	9 × 25	装配式预应力混凝土连续箱梁	9	25	2 × 13.75	2 × 净 12.5	U 形台，柱式墩	4.2	D80 型钢缝，D160 型模数式伸缩装置	GYZ 及 GYZF4 滑板式橡胶支座		
42		K37 + 684	群英水库大桥	14 × 30	装配式预应力混凝土连续箱梁	14	30	2 × 13.75	2 × 净 12.5	U 形台，柱式墩	4.4	D80 型钢缝，D160 型模数式伸缩装置	GYZ 及 GYZF4 滑板式橡胶支座		

续上表

序号	中心桩号		河流或桥名	结构类型	上部结构类别	主要尺寸				墩台类型	基础深度(m)	伸缩缝	支座	地质及防护	备注
	统一里程	施工桩号				孔数	标准跨径(m)	全桥宽度(m)	桥面宽度(m)						
43		K39 + 017.5	黄庵大桥	19×25	装配式预应力混凝土连续箱梁	19	25	2×13.75	2×净12.5	U形台，柱式墩	7.3	D80型钢缝	GYZ及GYZF4盆板式橡胶支座		
44		K40 + 995.5	瓦房沟Ⅰ号大桥	9×25	装配式预应力混凝土连续箱梁	9	25	2×13.75	2×净12.5	肋板台/U形台，柱式墩	4.2	D80型钢缝	GYZ及GYZF4盆板式橡胶支座		
45		K42 + 191	瓦房沟Ⅱ号大桥	9×25	装配式预应力混凝土连续箱梁	9	25	2×13.75	2×净12.5	肋板台/柱式台，柱式墩	1.6	D80型钢缝	GYZ及GYZF4盆板式橡胶支座		
46		K43 + 987	竹园大桥	13×25	装配式预应力混凝土连续箱梁	13	25	2×13.75	2×净12.5	肋板台/简易台，柱式墩	8	D80型钢缝，D160型模数式伸缩装置	GYZ及GYZF4盆板式橡胶支座		
47		K45 + 202	高家岈脖大桥	8×25	装配式预应力混凝土连续箱梁	8	25	2×13.75	2×净12.5	肋板台/U形台，柱式墩	7.4	D80型钢缝	GYZ及GYZF4盆板式橡胶支座		
48		K47 + 620	上杜沟大桥	6×25	装配式预应力混凝土连续箱梁	6	25	2×13.75	2×净12.5	U形台，柱式墩	5.5	D80型钢缝	GYZ及GYZF4盆板式橡胶支座		

续上表

序号	中心桩号		河流或桥名	结构类型	上部结构类别	主要尺寸				墩台类型	基础深度(m)	伸缩缝	支座	地质及防护	备注
	统一里程	施工桩号				孔数	标准跨径(m)	全桥宽度(m)	桥面宽度(m)						
49		K50 + 135	下闫沟大桥	6×25	装配式预应力混凝土连续箱梁	6	25	2×13.75	2×净12.5	柱式台/肋式台,柱式墩	4.4	D80型钢缝	GYZ及GYZF4滑板式橡胶支座		
50		K63 + 470	东潦河大桥	6×25	装配式预应力混凝土连续箱梁	6	25	2×13.75	2×净12.5	肋板台,柱式墩	2	D80型钢缝	GYZ及GYZF4滑板式橡胶支座		
51		K66 + 234.5	潦河大桥	9×25	装配式预应力混凝土连续箱梁	9	25	2×13.75	2×净12.5	肋板台/柱式台,柱式墩	1.6	D80型钢缝	GYZ及GYZF4滑板式橡胶支座		兼通行
52		K69 + 239.63	南阳互通式立交主线桥	18×22	装配式预应力混凝土连续箱梁	18	22.4		17.75～24.875	肋板台,柱式墩	1.6	D60、D80型钢缝	GYZ及GYZF4滑板式橡胶支座		
53		JK14 + 512.5	跨南水北调及焦枝铁路特大桥	18×30 + 225 + 31×30	系杆拱及装配式预应力混凝土连续箱梁	50	30	2×13.75	2×净12.5	肋板台,柱式墩	1.9	D80型钢缝,D160型模数式伸缩装置	GYZ及GYZF4滑板式橡胶支座		兼跨南水北调与S231
54		JK19 + 225	白河特大桥	41×30	装配式预应力混凝土连续箱梁	41	30	2×净(14.25+7)	2×净(12.5+7)	肋式台,柱式墩	1.5	D80型钢缝,D160型模数式伸缩装置	GYZ及GYZF4滑板式橡胶支座		兼跨南水北调与S231

注:“桥面宽度”一栏,填写时应包括桥面净宽加两侧护栏座宽度及中央隔带宽度。

负责人: 填表人:

中小桥工程一览表

表15

序号	中心桩号		河流或桥名	结构类型	上部结构类别	主要尺寸				墩台类型	基础深度(m)	伸缩缝	支座	地质及防护	备注
	统一里程	施工桩号				孔数	标准跨径(m)	全桥宽度(m)	桥面宽度(m)						
1		RK6 + 780	右线柴家庄Ⅰ号中桥	1 × 20	预应力钢筋混凝土空心板	1	20	13	12	U形台	4.8	D80型	GYZ板式橡胶		
2		RK6 + 947	右线柴家庄Ⅱ号中桥	1 × 20	预应力钢筋混凝土空心板	1	20	13	12	U形台	5.4	D80型	GYZ板式橡胶		
3		LK9 + 375	左线北地中桥	3 × 30	装配式预应力混凝土连续箱梁	3	30	13	12	U形台，柱式墩	2.5	D80型	GYZ400 × 77(CR)，GYZF4300 × 65(CR)		
4		RK9 + 391.5	右线北地中桥	3 × 30	装配式预应力混凝土连续箱梁	3	30	13	12	U形台，柱式墩	6.5	D80型	GYZ400 × 77(CR)，GYZF4300 × 65(CR)		
5		K28 + 214	申沟中桥	3 × 25	装配式预应力混凝土连续箱梁	3	25	2 × 12.75	2 × 净11.5	柱式台，柱式墩		D80型	GYZ及GYZF4滑板式橡胶支座		
6		K40 + 312	苇园沟中桥	3 × 25	装配式预应力混凝土连续箱梁	3	25	2 × 13.75	2 × 净12.5	柱式台，柱式墩		D80型	GYZ及GYZF4滑板式橡胶支座		
7		K56 + 447	清水河中桥	3 × 25	装配式预应力混凝土连续箱梁	3	25	2 × 13.75	2 × 净12.5	柱式台/肋式台，柱式墩	2.5	D80型	GYZ及GYZF4滑板式橡胶支座		
8		K58 + 940	大庙小桥	1 × 13	预应力混凝土空心板	1	13	13	13.50 + 12.50	薄壁桥台，薄壁桥墩	4.8	D60型	GYZ板式橡胶		
9		K59 + 378	蔺桥中桥	3 × 20	装配式预应力混凝土空心板	3	20	13	16.25 + 12.50	柱式台，柱式墩	5.4	D60型	GYZ200 × 42圆板式橡胶支座		

续上表

序号	中心桩号		河流或桥名	结构类型	上部结构类别	主要尺寸				墩台类型	基础深度（m）	伸缩缝	支座	地质及防护	备注
	统一里程	施工桩号				孔数	标准跨径（m）	全桥宽度（m）	桥面宽度（m）						
10		K61 +392	后洼中桥	3×20	装配式预应力混凝土空心板	3	20	13	2×净16.25	柱式台，柱式墩	2.5	D60 型	GYZ200 ×42 圆板式橡胶支座		
11		K70 +739	杨庄中桥	3×25	装配式预应力混凝土连续箱梁	3	25	2×13.75	2×净12.5	柱式台/肋板台，柱式墩	1.8	D80 型	GYZ 及 GYZF4 滑板式橡胶支座		兼通行
12		K71 +158	高沟小桥	1×13	预应力混凝土空心板	1	13	2×13.75	2×净12.5	薄壁台，柱式墩	2.8	D60 型	GYZ 及 GYZF4 滑板式橡胶支座		
13		K71 +375	李官岗中桥	3×13	预应力混凝土空心板	3	13	2×13.75	2×净12.5	柱式台，柱式墩		D60 型	GYZ200 ×35 圆板式橡胶支座		兼通行
14		K71 +862 、	马岗中桥	3×16	预应力混凝土空心板	3	16	2×13.75	2×净12.5	柱式台，柱式墩		D60 型	GYZ200 ×35 圆板式橡胶支座		
15		K72 +449	赵营中桥	3×16	预应力混凝土空心板	3	16	2×13.75	2×净12.5	柱式台，柱式墩		D60 型	GYZ200 ×35 圆板式橡胶支座		兼通行
16		K73 +198	魏营中桥	3×16	预应力混凝土空心板	3	16	2×13.75	2×净12.5	柱式台，柱式墩		D60 型	GYZ200 ×35 圆板式橡胶支座		兼通行
17		JK0 +923	兰庄中桥	3×20	预应力混凝土空心板	3	20	2×13.75	2×净12.5	柱式台，柱式墩		D60 型	GYZ200 ×42 型板式橡胶支座		兼机耕
18		JK4 +807	老于沟中桥	3×20	预应力混凝土空心板	3	20	2×13.75	2×净12.5	柱式台，柱式墩		D60 型	GYZ200 ×42 型板式橡胶支座		

续上表

序号	中心桩号		河流或桥名	结构类型	上部结构类别	主要尺寸				墩台类型	基础深度（m）	伸缩缝	支座	地质及防护	备注
	统一里程	施工桩号				孔数	标准跨径（m）	全桥宽度（m）	桥面宽度（m）						
19		JK5 +571	夏庄中桥	3×20	预应力混凝土空心板	3	20	2×13.75	2×净12.5	柱式台，柱式墩		D60 型	GYZ200×42 型板式橡胶支座		兼人行
20		JK6 +640	芦庄中桥	3×20	预应力混凝土空心板	3	20	2×13.75	2×净12.5	柱式台，柱式墩		D60 型	GYZ200×42 型板式橡胶支座		兼人行
21		JK7 +998	草庙岗中桥	3×13	预应力混凝土空心板	3	13	2×13.75	2×净12.5	柱式台，柱式墩		D60 型	GYZ 及 GYZF4 滑板式橡胶支座		兼机耕
22		JK8 +422	周后王中桥	3×20	预应力混凝土空心板	3	20	2×13.75	2×净12.5	柱式台，柱式墩		D60 型	GYZ200×35 圆板式橡胶支座		兼机耕
23		JK10 +091	梅溪河中桥	3×20	预应力混凝土空心板	3	20	2×13.75	2×净12.5	柱式台，柱式墩		D60 型	GYZ200×35 圆板式橡胶支座		
24		JK11 +747	朱庄中桥	2×20	预应力混凝土空心板	2	20	2×13.75	2×净12.5	柱式台，柱式墩		D60 型	GYZ200×35 圆板式橡胶支座		兼汽通
25		JK12 +956	刘岗中桥	3×20	预应力混凝土空心板	3	20	2×13.75	2×净12.5	柱式台，柱式墩		D60 型	GYZ200×35 圆板式橡胶支座		兼机耕
26		JK16 +388	王庄中桥	3×16	预应力混凝土空心板	3	16	2×13.75	2×净12.5	柱式台，柱式墩		D60 型	GYZ200×35 圆板式橡胶支座		
27		JK22 +467	白桐干渠中桥	3×25	预应力混凝土空心板	3	25	2×13.75	2×净12.5	柱式台，柱式墩		D60 型	GYZ200×35 圆板式橡胶支座		兼汽通

注："桥面宽度"一栏，填写时应包括桥面净宽加两侧护栏座宽度及中央隔带宽度。

负责人：　　　　　　　　　　填表人：

涵洞工程一览表

表16

序号	中心桩号		结构类型	主要尺寸				墩台类型	基础深度（m）	洞口形式		地质及防护	备注
	统一里程	施工桩号		孔数	标准跨径（m）	净高（m）	长度（m）			进口	出口		
1		RK1 +993.5	钢筋混凝土盖板涵	1	2	2	27.25	直墙	1	八字墙	八字墙		No.1
2		K2 +372	钢筋混凝土盖板涵	1	4	3.5	50.75	直墙	1	八字墙	八字墙		
3		K2 +456	钢筋混凝土盖板涵	1	2	2	45.50	直墙	1	八字墙	八字墙		
4		K2 +548	钢筋混凝土盖板涵	1	4	2.3	33	直墙	1	八字墙	八字墙		
5		K2 +716	钢筋混凝土盖板涵	1	4	2.4	52.20	直墙	1	八字墙	八字墙		
6		K3 +670	钢筋混凝土盖板涵	1	4	3.5	22	直墙	1	八字墙	八字墙		
7		K3 +806.5	钢筋混凝土盖板涵	1	4	3.5	18.50	直墙	1	八字墙	八字墙		
8		K3 +916	钢筋混凝土盖板涵	1	2	2	18	直墙	1	八字墙	八字墙		
9		GK0 +355	钢筋混凝土盖板涵	1	4	4	13.94	直墙	1	八字墙	八字墙		
10		K4 +108	钢筋混凝土盖板涵	1	4	3.5	40.08	直墙	1.4	踏步	八字墙		No.2
11		K5 +219	钢筋混凝土盖板涵	1	2	2	34.96	直墙	1.4	跌水井	急流槽		
12		LK6 +000	钢筋混凝土盖板涵	1	2	2	45.25	直墙	1.4	跌水井	急流槽		
13		LK6 +345	钢筋混凝土盖板涵	1	4	4	43.75	直墙	1.4	跌水井	急流槽		
14		LK6 +457.5	钢筋混凝土盖板涵	1	2	2	44.6	直墙	1.4	跌水井	急流槽		
15		LK10 +028	钢筋混凝土盖板涵	1	3	2.5	46	直墙	1	跌水井	八字墙		No.4
16		LK10 +410	钢筋混凝土盖板涵	1	4	3.5	65.58	直墙	1.5	跌水井	八字墙		
17		LK10 +677	钢筋混凝土盖板涵	1	3	2.5	70.947	直墙	1.2	八字墙	八字墙		

续上表

序号	中心桩号		结构类型	主 要 尺 寸				墩台类型	基础深度（m）	洞口形式		地质及防护	备注
	统一里程	施工桩号		孔数	标准跨径（m）	净高（m）	长度（m）			进口	出口		
18		LK10 +809	钢筋混凝土盖板涵	1	3	2.5	24.09	直墙	1.2	跌水井	一字墙		
19		RK10 +829	钢筋混凝土盖板涵	1	3	2.5	30.59	直墙	1.2	一字墙	一字墙		
20		LK12 +681	钢筋混凝土盖板涵	1	4	3.5	79.1	直墙	1.5	八字墙	八字墙		
21		LK13 +488	钢筋混凝土盖板涵	1	2	1.5	27.65	直墙	1	跌水井	八字墙		No.5
22		K13 +775	钢筋混凝土盖板涵	1	4	3.5	45	直墙	1	八字墙	接挡墙		
23		K16 +900	钢筋混凝土盖板涵	1	4	3.5	47.2	直墙	1	跌水井	八字墙		No.6
24		K18 +539	钢筋混凝土盖板涵	1	4	3.5	43.02	直墙	1.5	八字墙	八字墙		
25		K19 +051	钢筋混凝土盖板涵	1	4	4.5	56.55	直墙	1.4	八字墙	八字墙		No.7
26		K19 +880	钢筋混凝土盖板涵	1	2	2	54.70	直墙	1.4	跌水井	接挡墙		
27		K20 +006	钢筋混凝土盖板涵	1	2	2	31.75	直墙	1.4	跌水井	接挡墙		
28		K20 +185	钢筋混凝土盖板涵	1	4	4	60.02	直墙	1.4	八字墙	八字墙		
29		K20 +380	钢筋混凝土盖板涵	1	2	2	32	直墙	1	跌水井	接挡墙		
30		K21 +055	钢筋混凝土盖板涵	1	4	2.5	35.75	直墙	1	八字墙	八字墙		
31		K21 +338	钢筋混凝土盖板涵	1	4	3.5	48.08	直墙	1	八字墙	八字墙		
32		K21 +660	钢筋混凝土盖板涵	1	2	2	53	直墙	1.55	八字墙	八字墙		
33		K21 +777	钢筋混凝土盖板涵	1	2	2	37.22	直墙	1	八字墙	八字墙		
34		AK0 +325	钢筋混凝土盖板涵	1	4	4	58.91	直墙	1.7	八字墙	八字墙		

续上表

序号	中心桩号		结构类型	主要尺寸				墩台类型	基础深度（m）	洞口形式		地质及防护	备注
	统一里程	施工桩号		孔数	标准跨径（m）	净高（m）	长度（m）			进口	出口		
35		BK0 + 160	钢筋混凝土盖板涵	1	2	2	48.46	直墙	1	八字墙	八字墙		
36		DK0 + 418	钢筋混凝土盖板涵	1	4	4	53.29	直墙	1	八字墙	八字墙		
37		K23 + 878	钢筋混凝土盖板涵	1	2	1.5	28.03	直墙	1	跌水井	八字墙		No. 8
38		K25 + 103	钢筋混凝土盖板涵	1	2	2	39.86	直墙	1	八字墙	八字墙		
39		K25 + 278	钢筋混凝土盖板涵	1	4	2.5	41.43	直墙	1	八字墙	八字墙		
40		K27 + 040	钢筋混凝土盖板涵	1	3	2.5	30.47	直墙	1	八字墙	八字墙		No. 9
41		K27 + 310	钢筋混凝土盖板涵	1	4	3.5	33.5	直墙	1	八字墙	八字墙		
42		K27 + 479	钢筋混凝土盖板涵	1	2	1.5	39.92	直墙	1	八字墙	八字墙		
43		K25 + 833	钢筋混凝土盖板涵	1	4	3.5	42.18	直墙	1	八字墙	八字墙		
44		K26 + 164	钢筋混凝土盖板涵	1	4	3	68.14	直墙	1	八字墙	八字墙		
45		K26 + 943	钢筋混凝土盖板涵	1	4	3.5	35.91	直墙	1.4	八字墙	八字墙		
46		CK0 + 152	钢筋混凝土盖板涵	1	2	1	8.5	直墙	1	跌水井	跌水井		
47		DK0 + 149	钢筋混凝土盖板涵	1	2	1	8.5	直墙	1	跌水井	跌水井		
48		K29 + 505	钢筋混凝土盖板涵	1	4	3.5	49.25	直墙	1	八字墙	八字墙		No. 10
49		K29 + 751	钢筋混凝土盖板涵	1	4	3	31	直墙	1.6	八字墙	八字墙		
50		K30 + 100	钢筋混凝土盖板涵	1	4	3	45	直墙	1.5	八字墙	八字墙		
51		K30 + 308	钢筋混凝土盖板涵	1	4	3	55.47	直墙	1.5	八字墙	八字墙		

续上表

序号	中心桩号		结构类型	主要尺寸				墩台类型	基础深度（m）	洞口形式		地质及防护	备注
	统一里程	施工桩号		孔数	标准跨径（m）	净高（m）	长度（m）			进口	出口		
52		K30 +459.5	钢筋混凝土盖板涵	1	4	3.5	43.93	直墙	1	八字墙	八字墙		
53		K32 +339	钢筋混凝土盖板涵	1	4	2.5	36.98	直墙	1	八字墙	八字墙		
54		K33 +000	钢筋混凝土盖板涵	1	2	2	43.08	直墙	1	八字墙	八字墙		No. 11
55		K33 +507	钢筋混凝土盖板涵	1	4	2.5	29.2	直墙	1	八字墙	八字墙		
56		K33 +922	钢筋混凝土盖板涵	1	4	3	36.57	直墙	1.4	八字墙	八字墙		
57		K34 +180	钢筋混凝土盖板涵	1	4	3	35	直墙	1	八字墙	八字墙		
58		K35 +813	钢筋混凝土盖板涵	1	4	3.5	37.25	直墙	1.45	八字墙	八字墙		
59		K36 +619	钢筋混凝土盖板涵	1	2	2	48.86	直墙	1	八字墙	八字墙		
60		K36 +785	钢筋混凝土盖板涵	1	2	1.5	32.97	直墙	1	八字墙	八字墙		
61		K36 +800	钢筋混凝土盖板涵	1	2	1.5	31.9	直墙	1	跌水井	八字墙		
62		K36 +995	钢筋混凝土盖板涵	1	4	3	53.77	直墙	1.65	八字墙	八字墙		
63		K34 +481	钢筋混凝土盖板涵	1	4	4	52.5	直墙	1.6	八字墙	八字墙		
64		CK0 +450	钢筋混凝土盖板涵	1	3	3	39.12	直墙	1.4	八字墙	八字墙		
65		EK0 +060	钢筋混凝土盖板涵	1	2	2	33.75	直墙	1	八字墙	八字墙		
66		EK0 +420	钢筋混凝土盖板涵	1	3	2.5	28.75	直墙	1	八字墙	八字墙		
67		K37 +110	钢筋混凝土盖板涵	1	4	3.5	49.83	直墙	1.6	八字墙	八字墙		No. 12
68		K38 +435	钢筋混凝土盖板涵	1	2	2	46.75	直墙	1	八字墙	八字墙		

续上表

序号	中心桩号		结构类型	主要尺寸				墩台类型	基础深度（m）	洞口形式		地质及防护	备注
	统一里程	施工桩号		孔数	标准跨径（m）	净高（m）	长度（m）			进口	出口		
69		K39 +437	钢筋混凝土盖板涵	1	2	1.5	36.5	直墙	1	跌水井	八字墙		
70		K39 +856	钢筋混凝土盖板涵	1	2	1.5	36.46	直墙	1	八字墙	八字墙		
71		K40 +638	钢筋混凝土盖板涵	1	2	2	31	直墙	1	八字墙	八字墙		
72		K41 +445	钢筋混凝土盖板涵	1	3	2.5	33.22	直墙	1	八字墙	八字墙		
73		K42 +415	钢筋混凝土盖板涵	1	3	2.5	62.88	直墙	1.2	八字墙	八字墙		No. 13
74		K44 +361	钢筋混凝土盖板涵	1	2	2	30.75	直墙	1	八字墙	八字墙		
75		K44 +703	钢筋混凝土盖板涵	1	4	4	56.77	直墙	1.6	八字墙	八字墙		
76		K45 +652	钢筋混凝土盖板涵	1	4	3.5	47.33	直墙	1.4	八字墙	八字墙		
77		K45 +925	钢筋混凝土盖板涵	1	4	3.5	44.16	直墙	1.6	八字墙	八字墙		
78		K46 +132.5	钢筋混凝土盖板涵	1	2	2	45.83	直墙	1	八字墙	八字墙		
79		K46 +937	钢筋混凝土盖板涵	1	4	2.5	33.72	直墙	1	八字墙	八字墙		
80		K47 +200	钢筋混凝土盖板涵	1	4	3.5	51.47	直墙	1.4	八字墙	八字墙		
81		K47 +408	钢筋混凝土盖板涵	1	3	2.5	45.75	直墙	1.25	八字墙	八字墙		
82		K47 +825	钢筋混凝土盖板涵	1	3	2.5	45.84	直墙	1.2	八字墙	八字墙		
83		K48 +180	钢筋混凝土盖板涵	1	4	2.5	35.75	直墙	1	八字墙	八字墙		No. 14
84		K48 +275	钢筋混凝土盖板涵	1	3	2.5	39.25	直墙	1.1	八字墙	八字墙		
85		K49 +684	钢筋混凝土盖板涵	1	4	2.5	43.68	直墙	1	八字墙	八字墙		

续上表

序号	中心桩号		结构类型	主要尺寸				墩台类型	基础深度（m）	洞口形式		地质及防护	备注
	统一里程	施工桩号		孔数	标准跨径（m）	净高（m）	长度（m）			进口	出口		
86		K49 +885	钢筋混凝土盖板涵	1	4	3	35.97	直墙	1	八字墙	八字墙		
87		K50 +815	钢筋混凝土盖板涵	1	2	2	30.75	直墙	1	八字墙	八字墙		
88		K53 +050	钢筋混凝土盖板涵	1	2	1.5	37.75	直墙	1	八字墙	八字墙		
89		K51 +789	钢筋混凝土盖板涵	1	2	2	59.75	直墙	1	跌水井	八字墙		
90		AK0 +305	钢筋混凝土盖板涵	1	2	1	8.5	直墙	1	跌水井	跌水井		
91		BK0 +091	钢筋混凝土盖板涵	1	2	2	11	直墙	1	跌水井	八字墙		
92		K54 +512	钢筋混凝土盖板涵	1	2	2	67.71	直墙	1	八字墙	八字墙		No. 15
93		K56 +068	钢筋混凝土盖板涵	1	4	3.5	39.43	直墙	1	八字墙	八字墙		
94		K56 +296	钢筋混凝土盖板涵	1	3	2.5	52.23	直墙	1	八字墙	八字墙		
95		K56 +929	钢筋混凝土盖板涵	1	3	2.5	37.75	直墙	1	八字墙	八字墙		
96		K57 +385	钢筋混凝土盖板涵	1	3	2.5	34	直墙	1	八字墙	八字墙		
97		K58 +683	钢筋混凝土盖板涵	1	3	2.5	47.11	直墙	1	八字墙	八字墙		
98		K59 +674	钢筋混凝土盖板涵	1	2	1	42.85	直墙	1	八字墙	八字墙		No. 16
99		K61 +839	钢筋混凝土盖板涵	1	2	1.5	32.65	直墙	1	八字墙	八字墙		
100		K62 +058	钢筋混凝土盖板涵	1	4	3	37.43	直墙	1	八字墙	八字墙		
101		K62 +577.5	钢筋混凝土盖板涵	1	3	2.5	36	直墙	1	八字墙	八字墙		
102		K64 +162	钢筋混凝土盖板涵	1	2	1.5	35.53	直墙	1	八字墙	八字墙		

续上表

序号	中心桩号		结构类型	主要尺寸				墩台类型	基础深度（m）	洞口形式		地质及防护	备注
	统一里程	施工桩号		孔数	标准跨径（m）	净高（m）	长度（m）			进口	出口		
103		AK0 +220	钢筋混凝土盖板涵	1	2	2	30	直墙	1	八字墙	八字墙		
104		AK0 +659	钢筋混凝土盖板涵	1	2	1	10.5	直墙	1	跌水井	跌水井		
105		BK1 +145.5	钢筋混凝土盖板涵	1	2	2	15.5	直墙	1	八字墙	八字墙		
106		CK0 +240	钢筋混凝土盖板涵	1	2	1	10.5	直墙	1	跌水井	跌水井		
107		CK0 +855	钢筋混凝土盖板涵	1	3	2.5	53.5	直墙	1	八字墙	八字墙		
108		DK0 +570	钢筋混凝土盖板涵	1	2	2	27.25	直墙	1	八字墙	八字墙		
109		K65 +278.5	钢筋混凝土盖板涵	1	4	3.5	33.75	直墙	1	八字墙	八字墙		No. 17
110		K65 +483	钢筋混凝土盖板涵	1	4	3.5	31.97	直墙	1	八字墙	八字墙		
111		K66 +900	钢筋混凝土盖板涵	1	2	1.5	42.17	直墙	1	八字墙	八字墙		
112		K67 +762	钢筋混凝土盖板涵	1	2	1.5	30	直墙	1	跌水井	跌水井		
113		K68 +044.5	钢筋混凝土盖板涵	1	4	2.5	43.43	直墙	1	八字墙	八字墙		
114		K69 +930	钢筋混凝土盖板涵	1	2	2	43.21	直墙	1	八字墙	八字墙		
115		CK0 +270.5	钢筋混凝土盖板涵	1	2	1	8.5	直墙	1	跌水井	八字墙		
116		DK0 +190	钢筋混凝土盖板涵	1	4	4	33.52	直墙	1	八字墙	八字墙		
117		EK0 +710	钢筋混凝土盖板涵	1	4	3.5	32.25	直墙	1	八字墙	八字墙		
118		EK0 +780	钢筋混凝土盖板涵	1	2	2	36	直墙	1	八字墙	八字墙		
119		DK0 +399.5	圆管涵	1	1	1	14		0.3	八字墙	八字墙		

续上表

序号	中心桩号		结构类型	主 要 尺 寸				墩台类型	基础深度（m）	洞口形式		地质及防护	备注
	统一里程	施工桩号		孔数	标准跨径（m）	净高（m）	长度（m）			进口	出口		
120		EK0 +876	圆管涵	1	1	1	32.3		0.3	八字墙	八字墙		
121		K72 +784	钢筋混凝土盖板涵	1	2	1.5	34.96	直墙	1	八字墙	八字墙		No. 18
122		GK0 +328	钢筋混凝土盖板涵	1	2	1	9.25	直墙	1	跌水井	跌水井		
123		HK1 +234	钢筋混凝土盖板涵	1	4	3	13.25	直墙	1	八字墙	八字墙		
124		HK1 +815	钢筋混凝土盖板涵	1	2	1	12	直墙	1	跌水井	跌水井		
125		SWK6 +000	钢筋混凝土盖板涵	1	4	4.5	4	直墙	1	八字墙	八字墙		加长
126		SWK7 +664	钢筋混凝土盖板涵	1	4	4.5	4.75	直墙	1.35	八字墙	八字墙		加长
127		JK1 +712	钢筋混凝土盖板涵	1	2	2	43.21	直墙	1	八字墙	八字墙		No. 19
128		JK2 +500	钢筋混凝土盖板涵	1	2	1.5	30.25	直墙	1	跌水井	八字墙		
129		JK3 +980	钢筋混凝土盖板涵	1	4	3	50.08	直墙	1	八字墙	八字墙		
130		JK4 +924	钢筋混凝土盖板涵	1	4	3	36.72	直墙	1	八字墙	八字墙		
131		JK5 +035	钢筋混凝土盖板涵	1	2	1.5	30.5	直墙	1	八字墙	八字墙		
132		JK6 +051	钢筋混凝土盖板涵	1	4	3.5	35.5	直墙	1	八字墙	八字墙		
133		JK6 +194	钢筋混凝土盖板涵	1	2	2	33.9	直墙	1	八字墙	八字墙		
134		JK6 +954	钢筋混凝土盖板涵	1	3	2.5	51.7	直墙	1	八字墙	八字墙		No. 20
135		JK7 +650	钢筋混凝土盖板涵	1	2	1.5	30.75	直墙	1	跌水井	八字墙		
136		JK9 +653	钢筋混凝土盖板涵	1	4	3.5	33.27	直墙	1	八字墙	八字墙		

续上表

序号	中心桩号		结构类型	主要尺寸				墩台类型	基础深度(m)	洞口形式		地质及防护	备注
	统一里程	施工桩号		孔数	标准跨径(m)	净高(m)	长度(m)			进口	出口		
137		JK11 +997	钢筋混凝土盖板涵	1	3	2.5	36.75	直墙	1	八字墙	八字墙		
138		JK15 +860	钢筋混凝土盖板涵	1	2	1.5	30.75	直墙	1	八字墙	八字墙		No. 21
139		JK16 +111	钢筋混凝土盖板涵	1	2	2	35.5	直墙	1	八字墙	八字墙		
140		JK17 +908	钢筋混凝土盖板涵	1	4	4	41.19	直墙	1	一字墙	八字墙		
141		BK0 +150	钢筋混凝土盖板涵	1	2	2	17.25	直墙	1	八字墙	八字墙		
142		DK0 +350	钢筋混凝土盖板涵	1	4	4	13.75	直墙	1	八字墙	一字墙		
143		EK0 +480	钢筋混凝土盖板涵	1	2	2	18.25	直墙	1	八字墙	八字墙		
144		JK20 +751	钢筋混凝土盖板涵	1	4	3.5	43.83	直墙	1.55	八字墙	八字墙		No. 22
145		JK21 +672	钢筋混凝土盖板涵	1	4	3	49.77	直墙	1.6	八字墙	八字墙		
146		JK22 +034	钢筋混凝土盖板涵	1	4	3	30.75	直墙	1	八字墙	八字墙		
147		BK0 +250	钢筋混凝土盖板涵	1	2	2	25.5	直墙	1	八字墙	八字墙		
148		DK0 +537	钢筋混凝土盖板涵	1	4	4	42.58	直墙	1.6	八字墙	八字墙		
149		XPNK159 +408	钢筋混凝土盖板涵	1	4	3	3.88	直墙	1	八字墙	八字墙		加长
150		XPNK160 +835.5	钢筋混凝土盖板涵	1	2.5	2	30.62	直墙	1	八字墙	八字墙		加长
151		LK0 +618	钢筋混凝土拱涵	1	2	1.5	47.28	重力式	1.2	跌水井	八字墙		南召互通
152		LK0 +694	钢筋混凝土拱涵	1	2	1	43.8	重力式	1.2	跌水井	八字墙		连接线
153		LK0 +818	钢筋混凝土拱涵	1	2	1.5	37.5	重力式	1.2	八字墙	八字墙		

续上表

序号	中心桩号		结构类型	主要尺寸				墩台类型	基础深度（m）	洞口形式		地质及防护	备注
	统一里程	施工桩号		孔数	标准跨径（m）	净高（m）	长度（m）			进口	出口		
154		LK1 +037	钢筋混凝土拱涵	1	2	1.5	28.52	重力式	1.2	八字墙	八字墙		
155		LK1 +178	钢筋混凝土拱涵	1	3	1.5	48	重力式	1.2	八字墙	八字墙		
156		LK1 +516	钢筋混凝土拱涵	1	3	2	69.83	重力式	1.2	八字墙	八字墙		
157		LK1 +712	钢筋混凝土拱涵	1	4	2.5	65.12	重力式	1.5	八字墙	八字墙		

注:1.“主要尺寸”栏按涵洞最小断面填写。

2.“涵洞填土高”按路肩边缘至涵洞的最小高度填列。

负责人:　　　　填表人:

立体交叉工程一览表

表 17

序号	统一里程	施工桩号	地名	被交叉设施名称及等级	交叉方式	交角(°)	结构类型			孔数×孔径(孔×m)	净宽×净高(m×m)	长度(m)	附属工程		被交叉设施改建长度(m)	备注
							上部	中部	基础				进口	出口		
1		K16 +634		山中小路	上跨	115	盖板	直墙	扩基	1 ×4	4 ×3.5	50.02	八字墙	八字墙		兼排水
2		K27 +612			上跨	90	空心板	薄壁台	桩基	1 ×13	13 ×3.5	20.56	锥坡	锥坡		兼排水
3		K33 +796			上跨	45	空心板	薄壁台	桩基	1 ×13	13 ×3.5	20.56	锥坡	锥坡		兼排水
4		K34 +420		山中小路	上跨	90	盖板	直墙	扩基	1 ×4	4 ×4	40	八字墙	八字墙		
5		K35 +573		山中小路	上跨	45	盖板	直墙	扩基	1 ×4	4 ×3.5	62.72	八字墙	八字墙		
6		AK0 +435			上跨	90	空心板	薄壁台	桩基	1 ×10	10 ×3.5	17.56	锥坡	锥坡		
7		K38 +230			主线下穿	90	箱梁	盖梁	桩基	2 ×28	7.5 ×5.5	61.16	锥坡	锥坡	130	路线右侧改路
8		K39 +566			主线下穿	120	箱梁	盖梁	桩基	1 ×19 +1 ×37 +1 ×19	7.5 ×5.5	81	锥坡	锥坡		
9		K40 +713			主线下穿	100	下承式系杆	盖梁	桩基	1 ×50	7.5 ×5.5	55.16	锥坡	锥坡		
10		K41 +670			主线下穿	90	箱梁	盖梁	桩基	2 ×20 +2 ×28	7.5 ×5.5	101.16	锥坡	锥坡		两侧改路

续上表

序号	统一里程	施工桩号	地名	被交叉设施名称及等级	交叉方式	交角(°)	结构类型			孔数×孔径(孔×m)	净宽×净高(m×m)	长度(m)	附属工程		被交叉设施改建长度(m)	备注
							上部	中部	基础				进口	出口		
11		K40 +017.5		山中小路	上跨	135	盖板	直墙	扩基	1×4	4×3.5	46.18	八字墙	八字墙		
12		K42 +508		车行	主线下穿	100	箱梁	盖梁	桩基	2×28 +3×20	7.5×5.5	121.16	锥坡	锥坡		
13		K46 +747		车行	主线下穿	120	箱梁	盖梁	桩基	2×30	7.5×5.5	65.16	锥坡	锥坡		
14		K45 +505		车行	主线下穿	90	中承式钢管混凝土	组合式桥台	桩基	1×45	7.5×5.5	53.16	锥坡	锥坡		
15		K43 +300		山中小路	上跨	45	盖板	直墙	扩基	1×4	4×3.5	49.47	八字墙	八字墙		改路,兼排水
16		K44 +919		田间小路	上跨	70	盖板	直墙	扩基	1×4	4×3	46.08	八字墙	八字墙		兼排水
17		K46 +506		山中小路	上跨	90	盖板	直墙	扩基	1×4	4×2.5	30.75	一字墙	八字墙		兼排水
18		K47 +940		车行天桥	主线下穿	90							锥坡	锥坡		
19		K48 +853		车行天桥	主线下穿	85	箱梁	盖梁	桩基	2×28	7.5×5.5	61.16	锥坡	锥坡		
20		K50 +695		车行天桥	主线下穿	90							锥坡	锥坡		

续上表

序号	统一里程	施工桩号	地名	被交叉设施名称及等级	交叉方式	交角(°)	结构类型			孔数×孔径(孔×m)	净宽×净高(m×m)	长度(m)	附属工程		被交叉设施改建长度(m)	备注
							上部	中部	基础				进口	出口		
21		K49 +207.5		田间小路	上跨	90	盖板	直墙	扩基	1×4	4×2.5	31.75	八字墙	八字墙		兼排水
22		K51 +292			上跨	60	空心板	薄壁台	桩基	1×13	13×3.3	22.56	锥坡	锥坡		大桩号兼排水
23		K51 +470			上跨	60	空心板	薄壁台	桩基	1×8	8×3.5	15.56	锥坡	锥坡		农汽通道
24		K52 +066			上跨	90	盖板	直墙	扩基	1×4	4×3	30.5	八字墙	八字墙		服务区
25		K52 +510		车行天桥	主线下穿	74	箱梁	盖梁	桩基	1×20 +2×25 +1×20	7.5×5.5	95.2	锥坡	锥坡		服务区
26		K52 +771.5		田间小路	上跨	90	盖板	直墙	扩基	1×4	4×2.5	30	八字墙	八字墙		兼排水
27		K54 +414		X015	主线上跨	135	连续箱梁	盖梁	桩基	3×30	2×净12.5×4.5	98.2	锥坡	锥坡		路面6m
28		K54 +127		田间小路			盖板	直墙	扩基	1×4	4×2.5	39.93	八字墙	八字墙		
29		K54 +746.5		田间小路			盖板	直墙	扩基	1×4	4×2.5	34.97	八字墙	八字墙		改路兼排水
30		K55 +065					盖板	直墙	扩基	1×4	4×2.5	30.25	八字墙	八字墙		

续上表

序号	统一里程	施工桩号	地名	被交叉设施名称及等级	交叉方式	交角（°）	结构类型			孔数×孔径（孔×m）	净宽×净高（m×m）	长度（m）	附属工程		被交叉设施改建长度(m)	备注
							上部	中部	基础				进口	出口		
31		K53+334			上跨	120	空心板	盖梁	桩基	1×10	2×净12.5×3.5	17.56	锥坡	锥坡	20	
32		K53+757.5			上跨	60	空心板	盖梁	桩基	1×10	2×净12.5×3.5	17.56	锥坡	锥坡	20	
33		K55+185.5			上跨	70	空心板	盖梁	桩基	1×10	2×净12.5×3.5	17.56	锥坡	锥坡	20	
34		K55+520			上跨	120	空心板	盖梁	桩基	1×10	2×净12.5×3.5	20.56	锥坡	锥坡	20	
35		K55+774.5			上跨	60	空心板	盖梁	桩基	1×10	2×净12.5×3.5	17.56	锥坡	锥坡	20	
36		K56+815			上跨	95	空心板	盖梁	桩基	1×8	2×净12.5×3.3	15.56	锥坡	锥坡	20	
37		K57+780			上跨	120	空心板	盖梁	桩基	1×13	2×净12.5×3.5	20.56	锥坡	锥坡	20	
38		K57+993			上跨	60	空心板	盖梁	桩基	1×13	2×净12.5×3.5	20.56	锥坡	锥坡	20	
39		K58+290.5			上跨	55	空心板	盖梁	桩基	1×13	2×净12.5×3.5	20.56	锥坡	锥坡	20	
40		K58+583			上跨	55	空心板	盖梁	桩基	1×10	2×净12.5×3.5	17.56	锥坡	锥坡	20	

续上表

序号	统一里程	施工桩号	地名	被交叉设施名称及等级	交叉方式	交角（°）	结构类型			孔数×孔径（孔×m）	净宽×净高（m×m）	长度（m）	附属工程		被交叉设施改建长度(m)	备注
							上部	中部	基础				进口	出口		
41		K63 +833.5	X022	三级路	主线上跨	135	连续箱梁	盖梁	桩基	3×30	2×净12.5×4.5	98.2	锥坡	锥坡		
42		K62 +354			上跨	120	空心板	盖梁	桩基	1×10	2×净12.5×3.5	17.56	锥坡	锥坡	20	
43		K62 +647			上跨	85	空心板	盖梁	桩基	1×10	2×净12.5×3.5	17.56	锥坡	锥坡	20	两侧兼排水
44		K60 +831			上跨	80	空心板	盖梁	桩基	1×10	2×净12.5×3.5	17.56	锥坡	锥坡	20	两侧兼排水
45		BK0 +232			上跨	90	空心板	盖梁	桩基	1×10	2×净12.5×3.5	17.56	锥坡	锥坡	20	改路，小桩号兼排水
46		CK1 +160			上跨	90	空心板	盖梁	桩基	1×10	2×净12.5×3.5	17.56	锥坡	锥坡	20	改路，大桩号兼排水
47		DK0 +278.5			上跨	80	空心板	盖梁	桩基	1×10	2×净12.5×3.5	17.56	锥坡	锥坡	20	两侧兼排水
48		K61 +724.5		田间小路	上跨	65	盖板	直墙	扩基	1×4	4×2.5	34.02	八字墙	八字墙		
49		K60 +001.5		车行天桥	主线上跨	114	连续箱梁	盖梁	桩基	2×20 +1×25 +1×30 +1×20	（净7.5 +2×0.5）×5.5	120.2	锥坡	锥坡		互通区
50		AK0 +318.963				90	连续箱梁		桩基	5×20	8.5	103.3	锥坡	锥坡		南阳互通

续上表

序号	统一里程	施工桩号	地名	被交叉设施名称及等级	交叉方式	交角(°)	结构类型			孔数×孔径(孔×m)	净宽×净高(m×m)	长度(m)	附属工程		被交叉设施改建长度(m)	备注
							上部	中部	基础				进口	出口		
51		EK0+207.99				75	连续箱梁		桩基	1×15+2×22+3×20	15.5	125.6	锥坡	锥坡		跨岭南高速
52		K64+995			上跨	80	空心板	盖梁	桩基	1×8	2×净12.5×3.3	15.56	锥坡	锥坡	20	两侧兼排水
53		K65+861.5			上跨	110	空心板	盖梁	桩基	1×8	2×净12.5×3.3	15.56	锥坡	锥坡	20	
54		K64+683		田间小路	上跨	90	盖板	直墙	扩基	1×4	4×2.5	30	八字墙	八字墙		兼排水
55		K66+592		田间小路	上跨	90	盖板	直墙	扩基	1×4	4×2.5	30	八字墙	八字墙		
56		K66+920		车行天桥	主线下穿	138	连续箱梁	盖梁	桩基	1×20+2×35+1×20	(净7.5+2×0.5)×5.5	115.36	锥坡	锥坡	20	
57		K67+808		车行天桥	主线下穿	90	下承式系杆,空心板		桩基	3×20+1×50+1×20	7.5×5.5	135.24	锥坡	锥坡	20	
58		K68+341		车行天桥	主线下穿	65	连续箱梁	盖梁	桩基	2×30	(净7.5+2×0.5)×5.5	65.16	锥坡	锥坡	20	
59		SWK7+474			上跨	120	空心板	盖梁	桩基	1×8	2×净12.5×3.2	15.56	锥坡	锥坡	20	下挖,改路
60		K70+158.131	G312	二级	主线下穿	72	连续箱梁		桩基	2×28	25×5.5	61.36	锥坡	锥坡		路面21m

续上表

序号	统一里程	施工桩号	地名	被交叉设施名称及等级	交叉方式	交角(°)	结构类型			孔数×孔径(孔×m)	净宽×净高(m×m)	长度(m)	附属工程		被交叉设施改建长度(m)	备注
							上部	中部	基础				进口	出口		
61		K70 +936		田间小路	上跨	75	盖板	直墙	扩基	1 ×4	4 ×4	32.69	八字墙	八字墙		
62		K71 +733		车行	主线下穿	90	连续箱梁		桩基	2 ×28	7.5 ×5.5	61.16	锥坡	锥坡	20	
63		K72 +075		车行	主线下穿	75	连续箱梁		桩基	2 ×30	7.5 ×5.5	65.16	锥坡	锥坡	20	
64		K72 +913.5		车行	主线下穿	90	连续箱梁		桩基	3 ×20 +1 ×50 +1 ×20	7.5 ×5.5	135.24	锥坡	锥坡	20	
65		K73 +470		车行	主线下穿	64	连续箱梁		桩基	2 ×30	7.5 ×5.5	65.16	锥坡	锥坡	20	
66		JK5 +324	X020	三级	主线下穿	73	连续箱梁		桩基	2 ×28	11 ×5.5	61.36	锥坡	锥坡		
67		JK2 +408.5		车行	主线下穿	119	连续箱梁		桩基	2 ×30	7.5 ×5.5	65.16	锥坡	锥坡	20	
68		JK3 +464		车行	主线下穿	90	中承式		桩基	1 ×45	7.5 ×5.5	53.16				
69		JK6 +463.5	C002		主线下穿	81	下承式系杆		桩基	1 ×50	7.5 ×5.5	55.16				
70		JK0 +714			上跨	75	空心板	盖梁	桩基	1 ×8	2 ×净 12.5 ×3.3	15.56	锥坡	锥坡	20	兼排水

续上表

序号	统一里程	施工桩号	地名	被交叉设施名称及等级	交叉方式	交角(°)	结构类型			孔数×孔径(孔×m)	净宽×净高(m×m)	长度(m)	附属工程		被交叉设施改建长度(m)	备注
							上部	中部	基础				进口	出口		
71		JK1 +550.5			上跨	75	空心板	盖梁	桩基	1×13	2×净12.5×3.5	20.56	锥坡	锥坡	20	兼排水,改路
72		JK1 +932			上跨	50	空心板	盖梁	桩基	1×13	2×净12.5×3.5	22.56	锥坡	锥坡	20	兼排水
73		JK2 +900			上跨	90	空心板	盖梁	桩基	1×10	2×净12.5×4.5	17.56	锥坡	锥坡	20	兼排水,改路
74		JK3 +163			上跨	60	空心板	盖梁	桩基	1×13	2×净12.5×3.3	20.56	锥坡	锥坡	20	兼排水
75		JK4 +407.5			上跨	80	空心板	盖梁	桩基	1×8	2×净12.5×3.3	15.56	锥坡	锥坡	20	兼排水,改路
76		JK4 +643			上跨	80	空心板	盖梁	桩基	1×8	2×净12.5×3.5	15.56	锥坡	锥坡	20	兼排水
77		JK5 +806			上跨	80	空心板	盖梁	桩基	1×10	2×净12.5×3.3	17.56	锥坡	锥坡	20	兼排水,改路
78		JK1 +250		田间小路	上跨	90	盖板	直墙	扩基	1×4	4×2.5	30	八字墙	八字墙	20	改路
79		JK2 +129.5		田间小路	上跨	50	盖板	直墙	扩基	1×4	4×2.5	39.06	八字墙	八字墙	20	改路
80		JK3 +860		田间小路	上跨	90	盖板	直墙	扩基	1×4	4×2.5	31	八字墙	八字墙	20	改路

续上表

序号	统一里程	施工桩号	地名	被交叉设施名称及等级	交叉方式	交角(°)	结构类型			孔数×孔径(孔×m)	净宽×净高(m×m)	长度(m)	附属工程		被交叉设施改建长度(m)	备注
							上部	中部	基础				进口	出口		
81		JK6 +833.5		田间小路	上跨	50	盖板	直墙	扩基	1×4	4×2.5	39.81	八字墙	八字墙	20	改路
82		JK10 +664	Y002	三级	主线下穿	96	连续箱梁		桩基	2×28	11×5.5	61.36	锥坡	锥坡	20	路面宽 8m
83		JK7 +472		车行	主线下穿	90	连续箱梁		桩基	2×28	7.5×5.5	61.16	锥坡	锥坡	20	
84		JK8 +655		车行	主线下穿	90	飞鸟式系杆		桩基	1×21.95 +1×62.9 +1×21.95	9.5×5.5	113.38	锥坡	锥坡	20	
85		JK9 +225		车行	主线下穿	71	连续箱梁		桩基	1×20 +1×40 +1×20	7.5×5.5	86.16	锥坡	锥坡	20	
86		JK7 +202			上跨	90	空心板	盖梁	桩基	1×10	2×净 12.5×3.3	17.56	锥坡	锥坡	20	兼排水
87		JK9 +888			上跨	100	空心板	盖梁	桩基	1×8	2×净 12.5×3.3	15.56	锥坡	锥坡	20	改路
88		JK10 +331			上跨	90	空心板	盖梁	桩基	1×8	2×净 12.5×3.3	15.56	锥坡	锥坡	20	兼排水,改路
89		JK11 +209			上跨	95	空心板	盖梁	桩基	1×10	2×净 12.5×3.5	17.56	锥坡	锥坡	20	兼排水,改路
90		JK12 +168			上跨	80	空心板	盖梁	桩基	1×8	2×净 12.5×3.3	15.56	锥坡	锥坡	20	兼排水

续上表

序号	统一里程	施工桩号	地名	被交叉设施名称及等级	交叉方式	交角(°)	结构类型			孔数×孔径(孔×m)	净宽×净高(m×m)	长度(m)	附属工程		被交叉设施改建长度(m)	备注
							上部	中部	基础				进口	出口		
91		JK12+428.5			上跨	70	空心板	盖梁	桩基	1×8	2×净12.5×3.3	15.56	锥坡	锥坡	20	
92		JK11+000			上跨	90	盖板	直墙	扩基	1×4	4×2.5	30	八字墙	八字墙	20	改路
93		JK12+570.5		田间小路	上跨	75	盖板	直墙	扩基	1×4	4×3.5	31.94	八字墙	八字墙	20	
94		JK12+796			上跨	90	盖板	直墙	扩基	1×4	4×3.5	33.5	八字墙	八字墙	20	改渠
95		JK13+297.5		田间小路	上跨	80	盖板	直墙	扩基	1×4	4×3	31.2	八字墙	八字墙	20	
96		JK17+634.5	独山互通立交		上跨	80	空心板	盖梁	桩基	3×20		64.46	锥坡	锥坡		
97		AK0+555	独山互通立交		上跨	90	空心板	盖梁	桩基	3×13		42.96	锥坡	锥坡		
98		JK18+100	独山互通立交		上跨	95	空心板	盖梁	桩基	1×13	2×16.5×3.5	20.56	锥坡	锥坡		
99		GK0+130	独山互通立交		上跨	110	空心板	盖梁	桩基	2×13		31	锥坡	锥坡		
100		JK15+721		田间小路	上跨	85	盖板	直墙	扩基	1×4	4×2.5	29.88	八字墙	八字墙	20	

续上表

序号	统一里程	施工桩号	地名	被交叉设施名称及等级	交叉方式	交角（°）	结构类型			孔数×孔径（孔×m）	净宽×净高（m×m）	长度（m）	附属工程		被交叉设施改建长度(m)	备注
							上部	中部	基础				进口	出口		
101		JK16 +018		田间小路	上跨	85	盖板	直墙	扩基	1×4	4×3	30.13	八字墙	八字墙	20	
102		JK13 +519.5			上跨	85	空心板	盖梁	桩基	1×10	2×净12.5×3.5	17.56	锥坡	锥坡	20	兼排水
103		JK15 +528.5			上跨	85	空心板	盖梁	桩基	1×8	2×净12.5×3.3	15.56	锥坡	锥坡	20	兼排水
104		JK16 +841			上跨	80	空心板	盖梁	桩基	1×8	2×净12.5×3.3	15.56	锥坡	锥坡	20	改路
105		JK17 +047			上跨	70	空心板	盖梁	桩基	3×13	2×净12.5×3.5	42.96	锥坡	锥坡	20	
106		JK18 +378.5			上跨	90	空心板	盖梁	桩基	1×8	2×净12.5×3.3	15.56	锥坡	锥坡	20	
107		JK21 +041		田间小路	上跨	75	盖板	直墙	扩基	1×4	4×3.5	33.94	八字墙	八字墙	20	
108		JK23 +299.5		田间小路	上跨	80	盖板	直墙	扩基	1×4	4×2.5	30.7	八字墙	八字墙	20	
109		JK20 +592.5	Y010	三级	主线上跨	90	空心板	盖梁	扩基	3×16	2×净12.5×4.5	51.96	锥坡	锥坡		
110		JK21 +358	X014	三级	主线上跨	110	连续箱梁		扩基	3×25	2×净12.5×4.5	82.4	锥坡	锥坡		

续上表

序号	统一里程	施工桩号	地名	被交叉设施名称及等级	交叉方式	交角(°)	结构类型			孔数×孔径(孔×m)	净宽×净高(m×m)	长度(m)	附属工程		被交叉设施改建长度(m)	备注
							上部	中部	基础				进口	出口		
111		XPNK159 +583		田间小路	上跨	75	盖板	直墙	扩基	1×6	6×3	7.76	八字墙	八字墙		加长
112		XPNK159 +743		田间小路	上跨	80	盖板	直墙	扩基	1×4	4×3	7.62	八字墙	八字墙		加长
113		XPNK161 +120.5		田间小路	上跨	85	盖板	直墙	扩基	1×6	6×3	5.02	八字墙	八字墙		加长
114		JK20+115		田间小路	上跨	65	空心板	盖梁	桩基	1×8	2×净12.5×3.3	15.56	锥坡	锥坡	20	
115		JK20+281		田间小路	上跨	120	空心板	盖梁	桩基	1×10	2×净12.5×3.5	19.56	锥坡	锥坡	20	兼排水
116		JK22+254		田间小路	上跨	85	空心板	盖梁	桩基	1×8	2×净12.5×3.5	15.56	锥坡	锥坡	20	兼排水
117		JK22+794.5		田间小路	上跨	80	空心板	盖梁	桩基	1×10	2×净12.5×3.3	17.56	锥坡	锥坡	20	兼排水
118		JK23+076.5		田间小路	上跨	80	空心板	盖梁	桩基	1×8	2×净12.5×3.5	15.56	锥坡	锥坡	20	兼排水
119		JK23+529.0		田间小路	上跨	85	空心板	盖梁	桩基	1×8	2×净12.5×3.3	15.56	锥坡	锥坡	20	兼排水
120																

负责人：　　　　填表人：

挡土墙及其他防护工程一览表

表 18

序号	统一里程		施工桩号		位置	建筑类型	长度(m)	高度(m)		数量(m^3)				被交叉设施改建长度	备注
	起	讫	起	讫				最大	最小	水泥混凝土	浆砌片块石	挂网喷混	六角空心砖		
1			LK7 +505	LK7 +510	左侧	窗口式护面墙	5				30				
2			LK8 +100	LK8 +112	左侧	窗口式护面墙	12				31				
3			LK8 +130	LK8 +160	左侧	窗口式护面墙	30				74				
4			LK8 +180	LK8 +195	左侧	窗口式护面墙	15				39				
5			LK8 +535	LK8 +575	左侧	窗口式护面墙	40				104				
6			LK8 +620	LK8 +630	左侧	窗口式护面墙	10				25				
7			LK8 +630	LK8 +660	左侧	锚杆框架支护	30			41.4					
8			LK8 +660	LK8 +680	左侧	锚杆框架支护	20			19.1					
9			LK8 +680	LK8 +730	左侧	锚杆框架支护	50			133					
10			LK8 +730	LK8 +850	左侧	锚杆框架支护	120			459					
11			LK7 +505	LK7 +550	右侧	锚杆框架支护	45			92					
12			RK6 +965	RK6 +975	左侧	窗口式护面墙	10				60				
13			RK7 +595	RK7 +603	左侧	窗口式护面墙	8				21				
14			RK8 +105	RK8 +120	左侧	窗口式护面墙	15				39				
15			RK8 +160	RK8 +180	左侧	窗口式护面墙	20				49				
16			RK8 +620	RK8 +870	左侧	窗口式护面墙	250				818				
17			RK6 +965	RK6 +975	右侧	窗口式护面墙	10				40				
18			RK7 +595	RK7 +603	右侧	窗口式护面墙	8				21				
19			RK7 +823	RK7 +875	右侧	窗口式护面墙	52				170				
20			RK8 +105	RK8 +125	右侧	窗口式护面墙	20				49				
21			RK8 +630	RK8 +660	右侧	窗口式护面墙	30				181				
22			RK8 +680	RK8 +705	右侧	窗口式护面墙	25				82				

续上表

序号	统一里程		施工桩号		位置	建筑类型	长度（m）	高度（m）		数量（m^3）				被交叉设施改建长度	备注
	起	讫	起	讫				最大	最小	水泥混凝土	浆砌片块石	挂网喷混	六角空心砖		
23			RK8 +740	RK8 +785	右侧	窗口式护面墙	45				271				
24			LK8 +530	LK8 +538	右侧	挡土墙	8			3.2	41				
25			LK8 +538	LK8 +547	右侧	挡土墙	9			5.4	7.2				
26			LK8 +575	LK8 +577	右侧	挡土墙	2			1.2	2.4				
27			LK8 +577	LK8 +610	右侧	挡土墙	33			16.4	658.3				
28			LK8 +610	LK8 +615	右侧	挡土墙	5			3	5				
29			LK9 +225	LK9 +240	右侧	挡土墙	15.5			5.9	62.9				
30			LK9 +240	LK9 +262	右侧	挡土墙	22			13.2	19.8				
31			RK7 +824	RK7 +831	左侧	挡土墙	7			2.5	41.3				
32			RK7 +831	RK7 +834	左侧	挡土墙	3			1.8	2.1				
33			RK8 +785	RK8 +792	右侧	挡土墙	7			4.2	4.9				
34			RK8 +840	RK8 +870	右侧	挡土墙	30			18	442.6				
35			RK9 +279	RK9 +337	右侧	挡土墙	57.5			25.9	471.7				
36			RK9 +449	RK9 +495	右侧	挡土墙	46.5			23.1	348.8				
37			RK9 +495	RK9 +500	右侧	挡土墙	5			3	2.5				
38			RK9 +611	RK9 +620	右侧	挡土墙	9			5.4	8.1				
39			RK9 +620	RK9 +688	右侧	挡土墙	68			33.5	977.3				
40			RK9 +688	RK9 +695	右侧	挡土墙	7			4.2	5.6				
41			RK10 +616	RK10 +672	右侧	人字形骨架防护	56				164.2				
42			LK10 +800	LK10 +821	右侧	人字形骨架防护	21				47.2				
43			RK10 +830	RK10 +845	右侧	人字形骨架防护	15				23.3				
44			RK11 +410	RK11 +450	右侧	人字形骨架防护	40				66.2				

续上表

序号	统一里程		施工桩号		位置	建筑类型	长度(m)	高度(m)		数量(m^3)				被交叉设施改建长度	备注
	起	讫	起	讫				最大	最小	水泥混凝土	浆砌片块石	挂网喷混	六角空心砖		
45			RK11+610	RK11+635	右侧	人字形骨架防护	25				53.8				
46			LK11+670	LK11+730	左侧	人字形骨架防护	60				121.7				
47			LK12+460	LK12+700	左侧	人字形骨架防护	240				799				
48			LK12+650	LK12+760	右侧	人字形骨架防护	110				127				
49			K13+681	K13+900	右侧	挡土墙	218.6			119	12613				
50			K15+421	K15+581	右侧	挡土墙	159.5			83	2691				
51			K16+580	K16+810	左侧	拱形骨架防护	230			59	475.4				
52			K16+900	K16+950	左侧	拱形骨架防护	50			9.5	78.7				
53			K17+030	K17+051	左侧	拱形骨架防护	21			3.7	31.5				
54			K18+505	K18+550	左侧	拱形骨架防护	45			9.3	75.9				
55			K16+560	K16+585	右侧	拱形骨架防护	25			3.7	31				
56			K16+585	K16+690	右侧	拱形骨架防护	105			27.3	219.2				
57			K16+690	K16+735	右侧	拱形骨架防护	45			6	51.6				
58			K18+419	K18+435	右侧	拱形骨架防护	16			2.4	20.7				
59			K18+530	K18+555	右侧	拱形骨架防护	25			5	40.7				
60			K18+930	K18+945	右侧	拱形骨架防护	15			2.3	19.4				
61			K18+945	K19+000	右侧	拱形骨架防护	55			16.8	133.1				
62			K16+340	K16+500	左侧	挂网喷混	160					2693.1			
63			K16+340	K16+527	右侧	挂网喷混	187					3136.4			
64			K16+953	K17+035	左侧	挂网喷混	82					394.6			
65			K16+906	K16+936	右侧	挂网喷混	30					119.3			
66			K16+975	K17+086	右侧	挂网喷混	111					1270.7			

续上表

序号	统一里程		施工桩号		位置	建筑类型	长度(m)	高度(m)		数量(m^3)				被交叉设施改建长度	备注
	起	讫	起	讫				最大	最小	水泥混凝土	浆砌片块石	挂网喷混	六角空心砖		
67			K17 +123	K17 +190	左侧	挂网喷混	67					457.4			
68			K18 +440	K18 +483	右侧	挂网喷混	43					357.8			
69			K18 +740	K18 +760	右侧	挂网喷混	20					200			
70			K17 +215	K17 +220	右侧	挡土墙	5			3	5				
71			K17 +220	K17 +254	右侧	挡土墙	34			16.6	414				
72			K19 +000	K19 +070	左侧	人字形骨架防护	70			8	54.6				
73			K19 +000	K19 +070	右侧	人字形骨架防护	70			3	49.9				
74			K20 +630	K20 +646	右侧	人字形骨架防护	16			2.3	10.1				
75			K21 +020	K21 +103	左侧	人字形骨架防护	83			13.6	62.4				
76			K21 +138	K21 +417	左侧	人字形骨架防护	279			51.4	214.5				
77			K21 +590	K21 +648	左侧	人字形骨架防护	58			13	45.2				
78			K23 +682	K23 +760	左侧	锚杆防护	78								
79			K23 +682	K23 +760	左侧	锚杆防护	78								
80			K23 +682	K23 +760	右侧	锚杆防护	78								
81			K23 +682	K23 +760	右侧	锚杆防护	78								
82			K23 +815	K23 +870	右侧	锚杆防护	55								
83			K23 +880	K24 +030	左侧	锚杆防护	150								
84			K23 +880	K24 +030	左侧	锚杆防护	150								
85			K23 +880	K24 +030	右侧	锚杆防护	150								
86			K23 +880	K24 +030	右侧	锚杆防护	150								
87			K24 +400	K24 +535	左侧	锚杆防护	135					1222			
88			K24 +520	K24 +680	左侧	锚杆防护	160								

续上表

序号	统一里程		施工桩号		位置	建筑类型	长度(m)	高度(m)		数量(m^3)				被交叉设施改建长度	备注
	起	讫	起	讫				最大	最小	水泥混凝土	浆砌片块石	挂网喷混	六角空心砖		
89			K24 +414	K24 +530	左侧	锚杆防护	116					1431			
90			K24 +500	K24 +650	左侧	锚杆防护	150								
91			K24 +420	K24 +510	左侧	锚杆防护	90					1177			
92			K24 +436	K24 +500	右侧	锚杆防护	64								
93			K24 +436	K24 +500	右侧	锚杆防护	64								
94			南召停车区			拱形骨架防护	1108			151.4	1706.8				
95			K29 +496	K29 +514	左侧	人字形骨架植草	18			6	30.5				
96			K29 +496	K29 +514	右侧	人字形骨架植草	18			7.1	34.5				
97			K30 +092	K30 +108	左侧	人字形骨架植草	16			5.1	26.4				
98			K30 +047	K30 +110	右侧	人字形骨架植草	63			13.8	77.3				
99			K30 +276	K30 +290	右侧	人字形骨架植草	14			2.4	15.9				
100			K30 +325	K30 +339	左侧	人字形骨架植草	14			2.4	15.9				
101			K30 +431	K30 +445	左侧	人字形骨架植草	14			1.5	12.5				
102			瓦趋互通式立交			拱形骨架防护	1741			339	3170				
103			K37 +100	K37 +106	左侧	人字形骨架防护	6			0.7	12.9				
104			K37 +106	K37 +140	左侧	人字形骨架防护	34			9.4	124.8				
105			K37 +140	K37 +150	左侧	人字形骨架防护	10			1.2	21.4				
106			K37 +248	K37 +283	左侧	拱形骨架防护	35			8	65.5				
107			K37 +283	K37 +295	左侧	拱形骨架防护	12			1.5	13.1				
108			K38 +409	K38 +450	左侧	拱形骨架防护	41			7.8	64.5				
109			K39 +840	K39 +865	左侧	拱形骨架防护	25			3.2	27.7				
110			K40 +060	K40 +265	左侧	拱形骨架防护	205			36.8	307.5				

续上表

序号	统一里程		施工桩号		位置	建筑类型	长度(m)	高度(m)		数量(m^3)				被交叉设施改建长度	备注
	起	讫	起	讫				最大	最小	水泥混凝土	浆砌片块石	挂网喷混	六角空心砖		
111			K40 +790	K40 +873	左侧	拱形骨架防护	83			16.2	133.7				
112			K41 +270	K41 +322	左侧	拱形骨架防护	52			7.1	61.6				
113			K42 +055	K42 +069	左侧	拱形骨架防护	14			2.2	18.9				
114			K42 +314	K42 +400	左侧	拱形骨架防护	86			19.1	156.1				
115			K37 +100	K37 +110	右侧	人字形骨架防护	10			1.8	26.8				
116			K38 +370	K38 +460	右侧	人字形骨架防护	90			14.4	232.6				
117			K38 +400	K38 +445	右侧	人字形骨架防护	45			6.7	101				
118			K38 +582	K38 +592	右侧	拱形骨架防护	10			1.6	13.7				
119			K38 +600	K38 +630	右侧	人字形骨架防护	30			3.7	64.3				
120			K39 +932	K40 +265	右侧	拱形骨架防护	333			48.8	419.1				
121			K41 +760	K41 +910	右侧	拱形骨架防护	150			24.7	208.3				
122			K42 +030	K42 +069	右侧	拱形骨架防护	39			5.3	46.2				
123			K42 +360	K42 +400	右侧	拱形骨架防护	40			5.3	45.9				
124			K37 +158	K37 +216	左侧	挂网喷混植草	58					275.5			
125			K37 +313	K37 +345	左侧	挂网喷混植草	32					244			
126			K37 +398	K37 +447	左侧	挂网喷混植草	49					275.6			
127			K37 +934	K37 +965	左侧	锚杆骨架 + 挂网喷混植草	31			40.2		569.2			
128			K37 +965	K38 +030	左侧	锚杆骨架 + 挂网喷混植草	65			105.7		1497.3			
129			K38 +030	K38 +165	左侧	锚杆骨架 + 挂网喷混植草	135			170.1		2409.8			

续上表

序号	统一里程		施工桩号		位置	建筑类型	长度(m)	高度(m)		数量(m^3)				被交叉设施改建长度	备注
	起	讫	起	讫				最大	最小	水泥混凝土	浆砌片块石	挂网喷混	六角空心砖		
130			K38+165	K38+225	左侧	锚杆骨架+挂网喷混植草	60			51.1		724.2			
131			K38+225	K38+250	左侧	挂网喷混植草	25					221.9			
132			K38+354	K38+388	左侧	挂网喷混植草	34					191.3			
133			K38+464	K38+474	左侧	挂网喷混植草	10					67.5			
134			K38+474	K38+506	左侧	挂网喷混植草	32					508			
135			K38+506	K38+537	左侧	挂网喷混植草	31					310			
136			K38+638	K38+703	左侧	挂网喷混植草	65					528.1			
137			K39+310	K39+397	左侧	挂网喷混植草	87					652.5			
138			K39+471	K39+555	左侧	挂网喷混植草	84					661.5			
139			K39+555	K39+628	左侧	挂网喷混植草	73					1049.4			
140			K39+628	K39+687	左侧	挂网喷混植草	59					405.6			
141			K40+453	K40+531	左侧	挂网喷混植草	78					448.5			
142			K40+531	K40+600	左侧	挂网喷混植草	69					224.3			
143			K40+683	K40+739	左侧	挂网喷混植草	56					280			
144			K41+150	K41+220	左侧	挂网喷混植草	70					306.3			
145			K41+339	K41+402	左侧	挂网喷混植草	63					496.1			
146			K41+527	K41+577	左侧	挂网喷混植草	50					550			
147			K41+930	K42+010	左侧	挂网喷混植草	80					600			
148			K37+158	K37+241	右侧	挂网喷混植草	83					31.1			
149			K37+289	K37+331	右侧	挂网喷混植草	42					262.5			

续上表

序号	统一里程		施工桩号		位置	建筑类型	长度(m)	高度(m)		数量(m^3)				被交叉设施改建长度	备注
	起	讫	起	讫				最大	最小	水泥混凝土	浆砌片块石	挂网喷混	六角空心砖		
150			K37+934	K37+955	右侧	锚杆骨架+挂网喷混植草	21			17.1		242.8			
151			K37+955	K38+035	右侧	锚杆骨架+挂网喷混植草	80			97.4		1380.4			
152			K38+035	K38+053	右侧	锚杆骨架+挂网喷混植草	18			16.2		229.5			
153			K38+053	K38+140	右侧	锚杆骨架+挂网喷混植草	87			101.8		1442			
154			K38+140	K38+188	右侧	锚杆骨架+挂网喷混植草	48			43.8		620.2			
155			K38+188	K38+202	右侧	锚杆骨架+挂网喷混植草	14			14.4		203.5			
156			K38+202	K38+258	右侧	锚杆骨架+挂网喷混植草	56			40.7		576			
157			K38+258	K38+285	右侧	挂网喷混植草	27					185.6			
158			K38+464	K38+474	右侧	挂网喷混植草	10					32.5			
159			K38+474	K38+506	右侧	挂网喷混植草	32					372			
160			K38+506	K38+537	右侧	挂网喷混植草	31					255.8			
161			K38+659	K38+703	右侧	挂网喷混植草	44					253			
162			K39+347	K39+388	右侧	挂网喷混植草	41					348.5			
163			K39+522	K39+566	右侧	挂网喷混植草	44					517			
164			K39+566	K39+628	右侧	挂网喷混植草	62					387.5			

续上表

序号	统一里程		施工桩号		位置	建筑类型	长度(m)	高度(m)		数量(m^3)				被交叉设施改建长度	备注
	起	讫	起	讫				最大	最小	水泥混凝土	浆砌片块石	挂网喷混	六角空心砖		
165			K40 +492	K40 +525	右侧	挂网喷混植草	33					251.6			
166			K40 +525	K40 +565	右侧	挂网喷混植草	40					480			
167			K40 +565	K40 +590	右侧	挂网喷混植草	25					231.3			
168			K40 +683	K40 +783	右侧	挂网喷混植草	100					1000			
169			K41 +150	K41 +257	右侧	挂网喷混植草	107					1003.1			
170			K41 +350	K41 +380	右侧	挂网喷混植草	30					206.3			
171			K41 +527	K41 +688	右侧	挂网喷混植草	161					1308.1			
172			K37 +350	K37 +450	右侧	挡土墙	100			46.5	1186.8				
173			K37 +450	K37 +460	右侧	挡土墙	10			7.1	15.4				
174			K37 +460	K37 +471	右侧	挡土墙	11			5	77.5				
175			K38 +730	K38 +740	左侧	挡土墙	10			6	10				
176			K38 +740	K38 +766	左侧	挡土墙	26			11.8	229.3				
177			K39 +895	K39 +902	右侧	挡土墙	7			4.2	5.6				
178			K39 +902	K39 +932	右侧	挡土墙	30			15.1	262.4				
179			K48 +180	K48 +353	左侧	拱形骨架防护	173			31.5	375.8				
180			K48 +180	K48 +275	右侧	拱形骨架防护	95			10.9	123.5				
181			K49 +320	K49 +423	右侧	拱形骨架防护	103			14.7	184.7				
182			K49 +700	K49 +883	右侧	拱形骨架防护	183			23	175.1				
183			K49 +888	K50 +040	右侧	拱形骨架防护	152			25.5	262.1				
184			K49 +889	K49 +960	左侧	拱形骨架防护	71			9.2	104.1				
185			K50 +213	K50 +330	右侧	拱形骨架防护	117			18.1	220.5				
186			K51 +210	K51 +280	左侧	拱形骨架防护	70			10	113.2				

续上表

序号	统一里程		施工桩号		位置	建筑类型	长度(m)	高度(m)		数量(m^3)				被交叉设施改建长度	备注
	起	讫	起	讫				最大	最小	水泥混凝土	浆砌片块石	挂网喷混	六角空心砖		
187			K51 +210	K51 +290	右侧	拱形骨架防护	80			9.4	107.2				
188			K51 +303	K51 +410	左侧	拱形骨架防护	107			23.2	226				
189			K51 +303	K51 +410	右侧	拱形骨架防护	107			18.2	171.4				
190			K52 +771.5	K53 +050	左侧	拱形骨架防护	278.5			11.1	111.4				
191			K52 +248	K52 +330	右侧	拱形骨架防护	82			0	73				
192			K52 +400	K52 +486.3	右侧	拱形骨架防护	86.3			0	76.8				
193			K48 +853 天桥引道			拱形骨架防护				92.9	1177.3				
194			K52 +510 天桥引道			拱形骨架防护				25.9	324.3				
195			K54 +250	K54 +359	左侧	人字形骨架	109			16.2	196.6				
196			K54 +469	K54 +583	左侧	人字形骨架	114			24.2	300.5				
197			K54 +583	K54 +750	左侧	人字形骨架	167			27.4	358				
198			K54 +100	K54 +359	右侧	人字形骨架	259			42.5	555.2				
199			K54 +469	K54 +493	右侧	人字形骨架	24			4	51.4				
200			K54 +493	K54 +640	右侧	人字形骨架	147			32.9	394.6				
201			K54 +640	K54 +775	右侧	人字形骨架	135			22.1	289.4				
202			K58 +700	K58 +788	左侧	拱形骨架防护	88			11.4	99.3				
203			K58 +788	K58 +875	左侧	拱形骨架防护	87			11.2	98.2				
204			K62 +044	K62 +064	左侧	拱形骨架防护	20			2.6	22.6				
205			K62 +208	K62 +343	左侧	拱形骨架防护	135			17.4	152.4				
206			K62 +365	K62 +550	左侧	拱形骨架防护	185			23.9	208.8				
207			K62 +550	K62 +636	左侧	拱形骨架防护	86			11.1	97.1				
208			K62 +658	K62 +700	左侧	拱形骨架防护	42			5.4	47.4				

续上表

序号	统一里程		施工桩号		位置	建筑类型	长度(m)	高度(m)		数量(m^3)				被交叉设施改建长度	备注
	起	讫	起	讫				最大	最小	水泥混凝土	浆砌片块石	挂网喷混	六角空心砖		
209			K63+325	K63+385	左侧	拱形骨架防护	60			7.7	67.7				
210			K63+555	K63+779	左侧	拱形骨架防护	224			42.5	352.6				
211			K63+889	K64+030	左侧	拱形骨架防护	141			25.3	211.5				
212			K64+030	K64+080	左侧	拱形骨架防护	50			7.6	64.8				
213			K64+080	K64+140	左侧	拱形骨架防护	60			7.4	65.5				
214			K58+700	K58+875	右侧	拱形骨架防护	175			22.6	197.5				
215			K62+208	K62+325	右侧	拱形骨架防护	117			14.8	129.9				
216			K62+550	K62+636	右侧	拱形骨架防护	86			11.3	98.7				
217			K62+658	K62+700	右侧	拱形骨架防护	42			5.2	45.8				
218			K63+325	K63+385	右侧	拱形骨架防护	60			8	69.9				
219			K63+555	K63+779	右侧	拱形骨架防护	224			39.1	327.7				
220			K63+889	K64+040	右侧	拱形骨架防护	151			26	218.1				
221			K64+040	K64+100	右侧	拱形骨架防护	60			8.2	71.1				
222			K65+007	K65+185	左侧	人形骨架内嵌空心块防护	178			29.6	383.5				
223			K65+185	K65+275	左侧	人形骨架内嵌空心块防护	90			13	160.6				
224			K65+479	K65+490	左侧	人形骨架内嵌空心块防护	11			1.6	19.4				
225			K65+872	K66+137	左侧	人形骨架内嵌空心块防护	265			43.5	570.9				

续上表

序号	统一里程		施工桩号		位置	建筑类型	长度(m)	高度(m)		数量(m^3)				被交叉设施改建长度	备注
	起	讫	起	讫				最大	最小	水泥混凝土	浆砌片块石	挂网喷混	六角空心砖		
226			K66 +357	K66 +570	左侧	人形骨架内嵌空心块防护	213			30.5	378.1				
227			K65 +052	K65 +165	左侧	人形骨架内嵌空心块防护	113			14.4	167.3				
228			K65 +850	K66 +137	左侧	人形骨架内嵌空心块防护	287			47.3	627.3				
229			K66 +357	K66 +390	左侧	人形骨架内嵌空心块防护	33			4.9	64				
230			K66 +390	K66 +490	左侧	人形骨架内嵌空心块防护	100			13.4	161.8				
231			南阳互通式立交		左侧	拱形骨架防护	785			33.4	402.2				
232			K70 +135	K70 +251	左侧	拱形骨架内嵌空心块防护	116			97.3	353.4				
233			K70 +251	K70 +454	左侧	拱形骨架内嵌空心块防护	203			143.7	570.8				
234			K70 +787	K70 +940	左侧	拱形骨架防护	153			23.2	198.2				
235			K71 +650	K71 +734	左侧	拱形骨架内嵌空心块防护	84			32.5	187.7				
236			K71 +815	K71 +828	左侧	拱形骨架防护	13			2	16.8				
237			K71 +925	K72 +124	左侧	拱形骨架内嵌空心块防护	199			112.5	508.5				

续上表

序号	统一里程		施工桩号		位置	建筑类型	长度(m)	高度(m)		数量(m^3)				被交叉设施改建长度	备注
	起	讫	起	讫				最大	最小	水泥混凝土	浆砌片块石	挂网喷混	六角空心砖		
238			K72 +399	K72 +415	左侧	拱形骨架防护	16			2.1	18.7				
239			K72 +483	K72 +509	左侧	拱形骨架防护	26			3.7	32.2				
240			K72 +749	K72 +781	左侧	拱形骨架内嵌空心块防护	32			14.3	74.9				
241			K73 +124	K73 +164	左侧	拱形骨架防护	40			5.3	45.9				
242			K73 +369	K73 +606	右侧	拱形骨架内嵌空心块防护	237			105.7	555				
243			K70 +135	K70 +251	右侧	拱形骨架内嵌空心块防护	116			101.4	360.8				
244			K70 +251	K70 +426	右侧	拱形骨架内嵌空心块防护	175			105.1	458.4				
245			K70 +787	K70 +940	右侧	拱形骨架防护	153			22.8	195.4				
246			K71 +645	K71 +772	右侧	拱形骨架内嵌空心块防护	127			56.7	297.4				
247			K71 +815	K71 +828	右侧	拱形骨架防护	13			1.6	14.2				
248			K71 +931	K72 +124	右侧	拱形骨架内嵌空心块防护	193			116	505.5				
249			K72 +399	K72 +415	右侧	拱形骨架防护	16			2	17.5				
250			K72 +483	K72 +509	右侧	拱形骨架防护	26			3.7	32.2				
251			K73 +149	K73 +164	右侧	拱形骨架防护	15			2	17.5				
252			K73 +369	K73 +609	右侧	拱形骨架内嵌空心块防护	240			95.7	541.5				

续上表

序号	统一里程		施工桩号		位置	建筑类型	长度(m)	高度(m)		数量(m^3)				被交叉设施改建长度	备注
	起	讫	起	讫				最大	最小	水泥混凝土	浆砌片块石	挂网喷混	六角空心砖		
253			张华岗互通式立交			拱形骨架防护	1679			404.5	3631.9				
254			JK1 +563	JK1 +650	左侧	骨架防护 + 喷播植草	87			12.2	152.8				
255			JK1 +563	JK1 +650	右侧	骨架防护 + 喷播植草	87			10.8	122.8				
256			JK1 +650	JK1 +750	两侧	骨架防护 + 喷播植草	100			29.6	360.8				
257			JK1 +750	JK1 +922	两侧	骨架防护 + 喷播植草	172			56.4	737.5				
258			JK4 +653	JK4 +767	两侧	骨架防护 + 喷播植草	114			31.9	400.4				
259			JK4 +847	JK4 +937	左侧	骨架防护 + 喷播植草	90			13.3	162.4				
260			JK4 +847	JK4 +937	右侧	骨架防护 + 喷播植草	90			15.8	197.6				
261			JK9 +935	JK10 +051	左侧	骨架护坡 + 喷播植草	116			19	248.7				
262			JK9 +935	JK10 +051	右侧	骨架护坡 + 喷播植草	116			19	248.7				
263			JK11 +280	JK11 +375	左侧	骨架护坡 + 喷播植草	95			15.6	203.7				
264			JK11 +280	JK11 +375	右侧	骨架护坡 + 喷播植草	95			15.6	203.7				
265			JK11 +375	JK11 +412	两侧	骨架护坡 + 喷播植草	37			12.1	158.7				
266			JK11 +375	JK11 +995	右侧	骨架护坡 + 喷播植草	620			27.3	310.6				
267			JK13 +400	JK13 +448	左侧	拱形骨架防护	48			5.2	47				
268			JK13 +448	JK13 +509	左侧	拱形骨架防护	61			7.9	68.8				
269			JK13 +531	JK13 +600	左侧	拱形骨架防护	69			8.9	77.9				
270			JK13 +400	JK13 +448	右侧	拱形骨架防护	48			7.9	66.6				
271			JK13 +448	JK13 +509	右侧	拱形骨架防护	61			8.2	71.1				
272			JK13 +531	JK13 +600	右侧	拱形骨架防护	69			9.3	80.4				
273			JK13 +600	JK13 +655	两侧	拱形骨架防护	55			20	167				
274			JK17 +032	JK17 +041	左侧	拱形骨架防护	9			1.1	9.8				

续上表

序号	统一里程		施工桩号		位置	建筑类型	长度(m)	高度(m)		数量(m^3)				被交叉设施改建长度	备注
	起	讫	起	讫				最大	最小	水泥混凝土	浆砌片块石	挂网喷混	六角空心砖		
275			JK17 +063	JK17 +085	左侧	拱形骨架防护	22			4	33.4				
276			JK17 +085	JK17 +100	左侧	拱形骨架防护	15			2.3	19.4				
277			JK17 +000	JK17 +032	右侧	拱形骨架防护	32			7	57.5				
278			JK17 +032	JK17 +041	右侧	拱形骨架防护	9			1.4	12.2				
279			JK17 +063	JK17 +085	右侧	拱形骨架防护	22			2.9	25.2				
280			JK17 +085	JK17 +100	右侧	拱形骨架防护	15			2.8	26.1				
281			JK18 +300	JK18 +369	两侧	拱形骨架防护	69			20.6	176.2				
282			JK18 +389	JK18 +400	两侧	拱形骨架防护	11			3.3	28.1				
283			JK13 +400	JK13 +510	左侧	水塘路基防护	110				391				
284			独山互通式立交			拱形骨架防护	2059			324.3	2755.3				
285			JK18 +400	JK18 +500	左侧	拱形骨架防护	100			16.9	142.6				
286			JK18 +400	JK18 +500	右侧	拱形骨架防护	100			17.2	144.4				
287			JK18 +500	JK18 +600	两侧	拱形骨架防护	100			41.5	340.8				
288			JK19 +850	JK19 +900	两侧	拱形骨架防护	50			19	157.4				
289			JK19 +900	JK19 +975	两侧	拱形骨架防护	75			20.9	180.4				
290			JK19 +975	JK20 +105	两侧	拱形骨架防护	130			30.9	274.1				
291			JK20 +125	JK20 +225	两侧	拱形骨架防护	100			23.8	210.9				
292			JK20 +225	JK20 +271	两侧	拱形骨架防护	46			12.3	107.2				
293			JK20 +291	JK20 +461	左侧	拱形骨架防护	170			26.2	223.4				
294			JK20 +291	JK20 +461	右侧	拱形骨架防护	170			24.5	210.8				
295			JK20 +461	JK20 +563	两侧	拱形骨架防护	102			34.6	290.8				
296			JK20 +631	JK20 +725	两侧	拱形骨架防护	94			36.6	302.9				

续上表

序号	统一里程		施工桩号		位置	建筑类型	长度(m)	高度(m)		数量(m^3)				被交叉设施改建长度	备注
	起	讫	起	讫				最大	最小	水泥混凝土	浆砌片块石	挂网喷混	六角空心砖		
297			JK20 +725	JK20 +775	两侧	拱形骨架防护	50			18.5	153.7				
298			JK20 +775	JK20 +925	左侧	拱形骨架防护	150			25.4	213.9				
299			JK20 +775	JK20 +925	右侧	拱形骨架防护	150			23.5	199.9				
300			JK20 +925	JK21 +060	两侧	拱形骨架防护	135			41.7	354.8				
301			JK21 +060	JK21 +130	两侧	拱形骨架防护	70			23.7	199.6				
302			JK21 +130	JK21 +161	左侧	拱形骨架防护	31			4.9	41.9				
303			JK21 +161	JK21 +310	左侧	拱形骨架防护	149			31.6	259.5				
304			JK21 +130	JK21 +161	右侧	拱形骨架防护	31			5.7	47.7				
305			JK21 +161	JK21 +310	右侧	拱形骨架防护	149			29.8	245.6				
306			JK21 +405	JK21 +419	两侧	拱形骨架防护	14			4.8	40.4				
307			JK21 +419	JK21 +600	左侧	拱形骨架防护	181			37.5	308.5				
308			JK21 +419	JK21 +600	右侧	拱形骨架防护	181			27	231.2				
309			JK21 +600	JK21 +672	两侧	拱形骨架防护	72			28	232				
310			JK21 +672	JK21 +705	左侧	拱形骨架防护	33			5.6	47				
311			JK21 +705	JK21 +723	左侧	拱形骨架防护	18			4.4	35.7				
312			JK21 +672	JK21 +705	右侧	拱形骨架防护	33			8.9	71.6				
313			JK21 +705	JK21 +723	右侧	拱形骨架防护	18			3.8	31				
314			JK21 +723	JK21 +763	两侧	拱形骨架防护	40			15	124.5				
315			JK21 +848	JK21 +955	两侧	拱形骨架防护	107			36.3	305.1				
316			JK21 +955	JK21 +984	右侧	拱形骨架防护	29			3.7	32.7				
317			JK22 +125	JK22 +175	左侧	拱形骨架防护	50			6.6	57.4				
318			JK22 +125	JK22 +175	右侧	拱形骨架防护	50			5.9	52.7				

续上表

序号	统一里程		施工桩号		位置	建筑类型	长度(m)	高度(m)		数量(m^3)				被交叉设施改建长度	备注
	起	讫	起	讫				最大	最小	水泥混凝土	浆砌片块石	挂网喷混	六角空心砖		
319			JK22 +175	JK22 +244	两侧	拱形骨架防护	69			21.3	181.4				
320			JK22 +264	JK22 +300	两侧	拱形骨架防护	36			11.1	94.6				
321			JK22 +300	JK22 +375	左侧	拱形骨架防护	75			13.3	111.1				
322			JK22 +375	JK22 +420	左侧	拱形骨架防护	45			7.4	62.5				
323			JK22 +300	JK22 +375	右侧	拱形骨架防护	75			12.9	108.3				
324			JK22 +375	JK22 +420	右侧	拱形骨架防护	45			6.8	58.3				
325			JK22 +515	JK22 +785	两侧	拱形骨架防护	270			66.9	589.4				
326			JK22 +805	JK23 +067	两侧	拱形骨架防护	262			66.3	581.6				
327			JK23 +087	JK23 +150	两侧	拱形骨架防护	63			15.6	137.5				
328			JK23 +500	JK23 +519	两侧	拱形骨架防护	19			4.5	40.1				
329			JK23 +539	JK23 +565	两侧	拱形骨架防护	26			6.2	54.8				
330			JK21 +670	JK21 +750	右侧	水塘路基防护	80			356					
331			祝庄枢纽互通式立交			拱形骨架防护	1599			268.5	2262.2				

注:1. 如系护岸,其“高度”一栏按其斜向长度尺寸填列。
2. 路基边坡加固工程不在此表填列。

负责人: 填表人:

交通安全设施一览表

表 19

序号	统一里程		施工桩号		工程名称及数量							备注
	起	讫	起	讫	停车场（处）	加油站（m^2）	修理站（m^2）	标志（块）	标线（m^2）	建筑面积（m^2）	占地面积（m^2）	
1			南召收费站（K20 +100）							1605.8	3213.3	
2			南召停车区（K26 +065）		6	198.75	306.24			2330.5	33166.5	
3			瓦趄收费站、交警路政养护管路所（K34 +372）				102.08			2627.5	7098	
4			南阳服务区东侧（K51 +400）		2	66.25	102.08			4107.3	49920	
5			南阳服务区西侧（K51 +400）		3	66.25	102.08			2522.6	49700	
6			南阳收费站、监控所（K69 +343）		1					3284.4	6640	
7			独山收费站（JK17 +627）		1					3613.6	5920	
8			主线					1064	10157			
9			联络线					326	34573			

负责人：　　　　　　　　　　填表人：

交通服务设施一览表

表 20

序号	统一里程		施工桩号		工程名称及数量					备 注
	起	讫	起	讫	停靠站（处）	停车场（处）	加油站（m^2）	修理站（m^2）	变电站（处）	
1			南召收费站（K20 +100）							
2			南召停车区（K26 +065）			6	198.75	306.24		
3			瓦鸷收费站、交警路政养护管路所（K34 +372）					102.08		
4			南阳服务区东侧（K51 +400）			2	66.25	102.08		
5			南阳服务区西侧（K51 +400）			3	66.25	102.08		
6			南阳收费站、监控所（K69 +343）			1				
7			独山收费站（JK17 +627）			1				

负责人：　　　　　　　　填表人：

交通管理设施一览表

表 21

序号	统一里程		施工桩号		交通标志(块)						道路标线(m^2)				里程碑(个)	百米桩(个)	界碑(个)	紧急电话(个)	可变情况报板(个)	备注
	起	讫	起	讫	单柱式	双柱式	门架式	单悬臂	双悬臂	附着式	热熔型标线	减速标线	立面标记	停车位标线						
1			主线		131	129	21	83	12	638	100934	205.2		432	150	1332	500		14	
2			联络线		33	40	7	23	2	221	34492.6	80.1			48	846	160		4	

负责人：　　　　填表人：

房屋建筑工程一览表

表 22

序号	统一里程		施工桩号		地名	房屋名称	建筑面积（m^2）	占地面积（m^2）	备　注
	起	讫	起	讫					
1			南召收费站（K20+100）		南召	洛南高速南召道收费站	1605.8	3213.3	
2			南召停车区（K26+065）		南召	洛南高速南召停车区	2330.5	33166.6	
3			瓦踸收费站、交警路政养护管路所（K34+372）		瓦踸	洛南高速瓦踸收费站	2627.5	7098	
4			南阳服务区东侧（K51+400）		南阳	洛南高速南阳服务区东侧	4107.3	49920	
5			南阳服务区西侧（K51+400）		南阳	洛南高速南阳服务区西侧	2522.6	49700	
6			南阳收费站、监控所（K69+343）		南阳	洛南高速南阳收费站	3284.4	6640	
7			独山收费站（JK17+627）		独山	洛南高速独山互通收费站	3613.6	5920	

负责人：　　　　　　　　　　填表人：

表23

隧道工程一览表

序号	中心桩号		结构形式（cm×cm）	长度（m）	净宽（m）	高度（m）		地质情况	备注
	统一里程	施工桩号				边缘	中心		
1		LK0+849.907~LK1+295	1075×500	445.093	10.75		5	围岩为强~弱风化粗粒花岗岩，岩石为粗粒结构，块状构造	
2		RK0+854.647~RK1+285		430.353					
3		RK6+460~RK6+730	1075×500	275	10.75		5	岩性质地坚硬，强度高，抗风化能力较弱，地表多风化呈碎块状、砾砂状，偶见孤石	
4		LK7+080~LK7+505	1075×500	425	10.75		5	岩性质地坚硬，强度高，抗风化能力较弱，地表多风化呈碎块状、砾砂状，偶见孤石	
5		RK6+975~RK7+595		620					
6		LK10+060~LK10+335	1075×500	275	10.75		5	隧址位于中山区，隧道穿越围岩为二长花岗岩，岩石为粗粒结构，块状构造，地表弱风化	
7		RK10+070~RK10+345		275					
8		LK11+850~LK12+305	1075×500	455	10.75		5	隧址位于低山区，隧道穿越围岩为元古界黑云斜长片岩和大理岩，均为硬质岩石	
9		RK11+845~RK12+315		470					

负责人：　　　　填表人：

绿化工程一览表

表 24-1

序号	部位	苗木量		地被植物面积		
		单位	数量	地被		备注
1	K0+850~K16+500，长15.65km，主线中分带及路侧、路肩、隔离栅处	株	63400	m^2	55827	
2	K16+500~K32+400，长15.9km，主线中分带及路侧、路肩、隔离栅处	株	12000	m^2	50148.2	
3	K32+400~K53+200，长20.8km，主线中分带及路侧、路肩、隔离栅处	株	21000	m^2	28819	
4	K53+200~K74+756，长21.556km，主线中分带及路侧、路肩、隔离栅处	株	22000	m^2	63483	
5	JK0+520~JK24+247，长23.736km，联络线中分带及路侧、路肩、隔离栅处	株	23000	m^2	59702	
6	南召互通立交区、南召收费站区	株	85384	m^2	12836	
7	瓦翫互通立交区、南召停车区、五朵山收费站	株	46000	m^2	80305	
8	南阳北服务区、龚河互通区	株	157850	m^2	157345	
9	南阳互通区、收费站、监控所	株	57500	m^2	134851	
10	张华岗互通区	株	67000	m^2	148855	
11	独山互通区及收费站区	株	7480	m^2	35471	
12	祝庄互通区	株	20800	m^2	85352.5	
13	隧道口及黄鸭河大桥桥头	株	16039	m^2	1642	
14	分离式路基	株	86863	m^2	0	60784
	合计	株	686316	m^2	0	60784

绿化工程一览表

表 24-2

序号	部位	苗木量		新增园林小品			备注
		单位	数量	数量			
				块	长(m)	面积(m^2)	
1	K0+850~K16+500,长 15.65km,主线中分带及路侧、路肩、隔离栅处	株	632842	0		0	
2	K16+500~K32+400,长 15.9km,主线中分带及路侧、路肩、隔离栅处	株	294026	0	0	0	
3	K32+400~K53+200,长 20.8km,主线中分带及路侧、路肩、隔离栅处	株	563354	0	0	0	
4	K53+200~K74+756,长 21.556km,主线中分带及路侧、路肩、隔离栅处	株	478846	0	0	0	
5	JK0+520~JK24+247,长 23.736km,联络线中分带及路侧、路肩、隔离栅处	株	932720	0	0	0	
6	南召互通立交区、南召收费站区	株	17227	0	0	0	
7	瓦踅互通立交区、南召停车区、五朵山收费站	株	92780	景石 30t	喷灌系统 5 套	片石园路 1150	
8	南阳北服务区、龚河互通区	株	223498	景石 13 块	0	0	
9	南阳互通区、收费站、监控所	株	198193	景石 2 块	PVC 管 257m	砖砌井 1 个	
10	张华岗互通区	株	507141	0	0	0	
11	独山互通区及收费站区	株	169415	0	0	0	
12	祝庄互通区	株	81430	0	0	0	
13	隧道口及黄鸭河大桥桥头	株	17212	舒布洛克砖 5550 块	0	0	
14	分离式路基	株	14423	0	0	0	
	合计	株	4223107				

机电工程监控系统工程数量一览表

表 25

序号	项目（ITEM）	型号/系列号	主要技术指标	单位	数量	货源国	产地/生产厂	单价（美元）	合计（美元）	安装地点	数量
1	监控系统软件		上级管理机构监控室升级	套	1					监控室	
2	车辆检测器		外形尺寸：32cm×23cm×7.6cm（高×宽×深）；功率消耗：6W@9～36V DC；工作频率：10.5～10.55GHz（X 波段）；调制类型：FM/CW，50% 执行循环，锯齿；LMF 信号的线性：97%；LMF 信号的带宽：49±1MHz；雷达波发射周期：2.5ms；脉冲波振动频率：400Hz～20MHz；传输功率标准：109dBuV/m±2dB@3m，281mV/m（rms）；最大传输功率标准（由 FCC 规定）：127.9dBuV/m@3m，2500mV/m（rms）；检测范围：60m（真正八车道，不受防眩板、栅栏及隔离带的树丛影响）；通信接口：RS-485，RS-232，选装的内置 CDPDModem 调制解调器，支持外接的 RS-232 调制解调器，可编址的 TCP/IP；数据处理周期：10s、30s、1m、5m、15m、30m、1h；数据上传周期：10s、30s、1m、5m、15m、30m、1h	套	13					外场设备	
3	大型可变情报板		显示 10 个字符，一个全彩色模块，其余为双基色；单汉字尺寸不小于 80×80cm；一行可显示 10 个汉字；汉字点阵至少 24×24；显示亮度≥8000cd/m^2；可抵御 40m/s 的风速；电源电压：380±10%，50Hz；阳光下静态视认距离≥250m，动态≥210m，并能根据环境亮度自动调节；能存储多种显示方案，可显示图形、汉字等，并可根据控制系统下发的信息显示不同的内容；显示内容更换时间≤1s；安装方式：门架式	套	5					外场设备	
4	小型可变情报板		小型可变情报板选用超高亮度发光二极管型，可显示两位数字和四字段汉字，个位和十位由 16×16 或 24×24 点阵组成。主要技术指标如下：显示内容更换时间≤1s；显示亮度≥8000cd/m^2；可显示数字和四字段汉字，显示板为方形，显示面积为 1.5m×1.5m；阳光下静态视认距离≥250m，动态≥210m，亮度能根据环境自动调节；安装方式：立柱式；具有 16 种灰度可调；手动、自动两种亮度调节方式，可按需求确定调节级数	套	8					外场设备	

续上表

序号	项目（ITEM）	型号/系列号	主要技术指标	单位	数量	货源国	产地/生产厂	单价（美元）	合计（美元）	安装地点	数量
5	F型可变情报板		F型可变情报板选用超高亮度发光二极管型，可显示八字段汉字，个位和十位由16×16或24×24点阵组成。主要技术指标如下：显示内容更换时间≤1s；显示亮度≥8000cd/m^2；显示板为长方形，显示面积为3.36m×1.76m；阳光下静态视认距离≥250m，动态≥210m，亮度能根据环境自动调节；安装方式：悬臂式；具有16种灰度可调；手动、自动两种亮度调节方式，可按需求确定调节级数	套	5					外场设备	
6	全方位摄像机		智能一体化枪式摄像机；彩色/黑白快速枪式摄像机；1/2″彩色CCD摄像机；清晰度：>470线；照度彩色为1lx；手动云台速度：0～80°/s，预置速度400°/s；具有背景光自动补偿和强光抑制功能；球型防护罩应密封、防尘、防雨、带加热器预空气循环系统；解码器具有云台旋转、变焦、聚焦功能，带预置点定位功能，可编程不少于32个预置点	套	63					外场设备	
7	气象检测器		检测对象：雨量、风速、风向、温湿度和能见度	套	2					外场设备	
8	数据光端机		1路RS232或RS422接口	对	33					外场设备	
9	节点式数字非压缩光端机（远端）		1路视频－1路数据＋2路开关量，1芯单模光纤接口；采用盒式结构便于安装在室外设备箱内。视频参数：采样频率16MHz；采样编码8bit；视频输入输出阻抗75Ω；回传损耗30dB；输入输出信号电压1Vp-p；输入过载电压1.5Vp-p；插入增益1±5%；输入带宽5Hz～8MHz；微分增益1.5%；微分相位0.5°；信噪比>67dB（加权）；视频端子BNC。数据参数：通道最大数（远端）2路点对点＋2路共享式；数据格式RS－232/422/485（2线或4线）；误码率10-9；总采样频率2MHz；数据端子凤凰端子	个	63					外场设备	

续上表

序号	项目（ITEM）	型号/系列号	主要技术指标	单位	数量	货源国	产地/生产厂	单价（美元）	合计（美元）	安装地点	数量
10	节点式数字非压缩光端机（中心端）		8路视频+2路数据+16路开关量，采用标准19英寸1U机箱，安装在标准19英寸机柜内。视频参数：采样频率16MHz；采样编码8bit；视频输入输出阻抗75Ω；回传损耗30dB；输入输出信号电压1Vp-p；输入过载电压1.5Vp-p；插入增益1±5%；输入带宽5Hz~8MHz；微分增益1.5%；微分相位0.5°；信噪比>67dB（加权）；视频端子BNC。数据参数：通大数2路点对点+2路共享式；数据格式RS-232/422/485（2线或4线）；误码率10-9；总采样频率2MHz；数据端子凤凰端子	个	8					外场设备	
11	数据保护器		最大放电电流：单线10kA；静态门槛电压：1.5Un（额定工作电压）；动态电压（1Kv/μs）：2Un（额定工作电压）；频宽：2MHz；安装方式：模块化结构，标准导轨安装	个	33					外场设备	
12	视频保护器		最大放电电流：单模块40kA/20kA；最大持续耐压：单模块440V/385Vrms（有效值）；保护电压：1.8kV/1.2kV；响应时间：25ns；安装方式：模块化结构，标准导轨安装；告警方式：有变色窗口或指示灯，可视告警	个	63					外场设备	
13	电源保护器		额定电压：5V；静态门槛电压：9V；动态电压（1Kv/μs）：16V；最大放电电流：10kA；频宽：40MHz；结构：屏蔽金属铝，BNC接口，阻抗75Ω	个	96					外场设备	
14	控制操作台		1200×800×700，含座椅	套	2					服务区、停车区监视设备	
15	室内信息发布屏		显示屏像素由红绿双基色LED点阵模块组成，点间距<5mm。显示16×16点阵汉字，横向48列，纵向20列，共计960个汉字。黄色时显示亮度≥1000cd/m^2，灰度256级，水平视角>60°，垂直视角>45°。连续工作时间>24h，MTBF>7000h，包括屏体、支架或基座	套	4					服务区、停车区监视设备	
16	21″监视器		21″纯平彩色监视器	台	4					服务区、停车区监视设备	
17	视频分配器		1入/2出	个	4						

续上表

序号	项目（ITEM）	型号/系列号	主要技术指标	单位	数量	货源国	产地/生产厂	单价（美元）	合计（美元）	安装地点	数量
18	摄像机立柱		与安装设备配套	个	63						
19	小型可变情报板立柱		与安装设备配套	个	8						
20	F 型可变情报板立柱		与安装设备配套	个	5						
21	大型可变情报板门架		与安装设备配套	个	5						
22	气象检测器立柱		与安装设备配套	个	2						
23	视频缆		SYV75-5	m	1260						
24	电力电缆		VV22-2 ×16	m	13810						
25	电力电缆		VV22-4 ×25	m	38200						
26	电力电缆		VV22-4 ×35	m	40050						
27	电力电缆		VV22-4 ×50	m	8650						
28	控制缆		HYAT5 ×2 ×0.7	m	1650						
29	室外配电箱		定制	套	74						
30	接地系统		接地极为 ϕ20 钢管	处	96						
31	监控系统安装辅材			项	1						

负责人：　　　　　　　　填表人：

机电工程通信系统工程数量一览表

表 26

序号	项目(ITEM)名称	型号/系列号	主要技术指标	单位	数量	货源国	产地/生产厂	单价(美元)	合计(美元)	安装地点及数量	数量
1	光纤传输系统	REG	STM-4 等级,配置寄料至分水岭段高速公路通信分中心方向、上海至武威高速公路通信分中心、许平南高速公路通信分中心方向 STM-4 光接口(1+1)	套	1					主线通信系统	
		ONU	含 STM-4 等级光接口板、模拟电话接口板;G. 7032Mb/s 接口板、RS232/485 接口板、2/4W 接口板等	套	5						
		ODF 配线单元	容量为 120 芯	单元	5						
		DDF 配线单元	容量为 10 个系统	单元	5						
		MDF 配线单元	容量 80 回线	单元	5						
2	程控交换系统	按键式电话	DTMF/FSK 双制式兼容来电显示,三行 LCD 显示,双音频/脉冲兼容拨号方式,LCD 亮度调节	部	190						
		传真机	中英文双语切换液晶显示,电话/传真自动切换,15s 快速传送,精细分辨率,3 个单触键,10 个缩位键,分机接口,32 级半色调,调制速度 9600/2400bps,传送速度 15s/页,记录方式:热敏纸,纸张尺寸 A4	部	8						
3	指令电话系统	按键式电话		部	8						
4	通信电源	高频开关组合电源	-48V/45A	套	5						
		蓄电池(48V/100Ah)	容量为 100Ah	组	5						

续上表

序号	项目（ITEM）名称	型号/系列号	主要技术指标	单位	数量	货源国	产地/生产厂	单价（美元）	合计（美元）	安装地点及数量	数量
5	光缆	4 芯单模光缆	采用常规单模、长波长、层胶式金属加强件内填充聚乙烯护套室外管道光缆，光纤工作波长 1310nm 和 1551nm 双窗口	km	20.13						
		6 芯单模光缆	同上	km	74.13						
		8 芯单模光缆	同上	km	28.08						
		14 芯单模光缆	同上	km	11.54						
		24 芯单模光缆	同上	km	26.10						
		26 芯单模光缆	同上	km	36.39						
		28 芯单模光缆	同上	km	16.57						
		光缆终端盒	单进出，总接续量为 12 芯	个	24						
		光缆接头盒	坚固、可靠、密封性能和绝缘性能好，装拆方便，环境条件、电气性能指标符合 YD/T 814—1996 标准	个	30						
		光纤尾纤	10m/条	根	20						
6	电缆	HYAT 10×2×0.5		m	400						
		HYAT 30×2×0.5		m	12400						
		同轴电缆	SYB-75-2-1	m	900						
		屏蔽双绞线	UTP-5	m	50						
		局用电缆	HPW10×2×0.5	m	100						
		局用电缆	HPW32×2×0.5	m	160						
		电缆安装辅材及器件	含接头盒等	项	5						
7	备件、专用工具和测试仪器	单模跳纤		根	5						
		光终端盒		个	2						
		622M 光线路板		块	2						

续上表

序号	项目（ITEM）名称	型号/系列号	主要技术指标	单位	数量	货源国	产地/生产厂	单价（美元）	合计（美元）	安装地点及数量	数量
7	备件、专用工具和测试仪器	模拟用户板		块	1						
		子速率板		块	1						
		二次电源板		块	1						
8	光纤传输系统	ONU	含 STM-4 等级光接口板、模拟电话接口板；G. 7032Mb/s 接口板、RS232/485 接口板、2/4W 接口板等	套	1					联络线通信系统	
		ODF 配线单元	容量为 120 芯	单元	1						
		DDF 配线单元	容量为 10 个系统	单元	1						
		MDF 配线单元	容量 80 回线	单元	1						
9	程控交换系统	按键式电话	DTMF/FSK 双制式兼容来电显示，三行 LCD 显示，双音频/脉冲兼容拨号方式，LCD 亮度调节	部	30						
		传真机	中英文双语切换液晶显示，电话/传真自动切换，15s 快速传送，精细分辨率，3 个单触键，10 个缩位键，分机接口，32 级半色调，调制速度 9600/2400bps，传送速度 15s/页，记录方式：热敏纸，纸张尺寸 A4	部	1						
10	指令电话系统	按键式电话		部	1						
11	通信电源	高频开关组合电源	-48V/45A	套	1						
		蓄电池（48V/100Ah）	容量为 100Ah	组	1						
12	光缆	4 芯单模光缆	采用常规单模、长波长、层胶式金属加强件内填充聚乙烯护套室外管道光缆，光纤工作波长 1310nm 和 1551nm 双窗口	km	1. 15						

续上表

序号	项目（ITEM）名称	型号/系列号	主要技术指标	单位	数量	货源国	产地/生产厂	单价（美元）	合计（美元）	安装地点及数量	数量
12	光缆	6芯单模光缆		km	50.04						
		8芯单模光缆	同上	km	6.69						
		26芯单模光缆	同上	km	37						
		30芯单模光缆	同上	km	8.51						
		光缆终端盒	单进出，总接续量为12芯	个	14						
		光缆接头盒	坚固、可靠、密封性能和绝缘性能好，装拆方便，环境条件、电气性能指标符合YD/T 814—1996标准	个	8						
		光纤尾纤	10m/条	根	12						
13	电缆	HYAT 10×2×0.5		m	50						
		HYAT 30×2×0.5		m	50+1500						
		同轴电缆	SYB-75-2-1	m	180						
		屏蔽双绞线	UTP-5	m	10						
		局用电缆	HPW10×2×0.5	m	20						
		局用电缆	HPW32×2×0.5	m	20						
		电缆安装辅材及器件	含接头盒等	项	1						
14	备件、专用工具和测试仪器	单模跳纤		根	1						
		光终端盒		个	1						
		622M光线路板		块	1						
		模拟用户板		块	1						
		子速率板		块	1						
		二次电源板		块	1						

二广高速公路分水岭至南阳段
工程竣工验收

第二册　批复文件、质量鉴定、交工验收、单项验收

主编　房益林　侯建军　周根峰

人民交通出版社股份有限公司

内 容 提 要

本书收录了二广高速公路分水岭至南阳段工程在建设过程中工程立项、工程建设用地、工程设计、变更设计批复等批复文件和质量鉴定、交工验收、单项验收等情况，真实地记录了该项目从立项到竣工验收的建设概况。从管理和技术角度作了详尽的分析，对提高我国高速公路工程项目竣工验收的水平有重要意义。

本书可供从事高速公路建设、设计、施工、监理、质检等方面的工程技术人员使用参考。

图书在版编目(CIP)数据

二广高速公路分水岭至南阳段工程竣工验收. 2，批复文件、质量鉴定、交工验收、单项验收 / 房益林，侯建军，周根峰主编. — 北京 ：人民交通出版社股份有限公司，2014.12

ISBN 978-7-114-11023-8

Ⅰ. ①二… Ⅱ. ①房… ②侯… ③周… Ⅲ. ①高速公路—道路工程—工程验收—中国 Ⅳ. ①U415.12

中国版本图书馆 CIP 数据核字(2014)第 282514 号

书　　名：二广高速公路分水岭至南阳段工程竣工验收(第二册)
著 作 者：房益林　侯建军　周根峰
责任编辑：杜　琛　卢　珊
出版发行：人民交通出版社股份有限公司
地　　址：(100011)北京市朝阳区安定门外外馆斜街3号
网　　址：http://www.ccpress.com.cn
销售电话：(010)59757973
总 经 销：人民交通出版社股份有限公司发行部
经　　销：各地新华书店
印　　刷：化学工业出版社印刷厂
开　　本：787×1092　1/16
印　　张：29.75
字　　数：793千
版　　次：2014年12月　第1版
印　　次：2014年12月　第1次印刷
书　　号：ISBN 978-7-114-11023-8
全册定价：198.00元

二广高速公路分水岭至南阳段
工程竣工验收(第二册)

编　委　会

目　　录

第一部分　批 复 文 件

一、工程立项

三、工程设计

第二部分 质量鉴定

第三部分 交工验收

第四部分 单项验收

第一部分　批复文件

河南省发展和改革委员会文件

豫发改办〔2004〕230号

1. 关于太原至澳门国家重点公路分水岭至南阳段高速公路项目建议书的批复

南阳市计委：

你委《关于呈报太原至澳门国家重点干线分水岭至南阳段工程可行性研究报告的请示》(宛计工业〔2003〕742号)收悉。结合咨询机构的评估报告和省交通厅的审查意见，经研究，同意新建分水岭至南阳高速公路。现批复如下：

一、路线走向及建设规模

主线起自南阳、平顶山两市交界的分水岭，向南经南召东，于高庄附近跨黄鸭河，在三亩湾西侧跨白河，经鸭河口水库上游，在许田附近跨S333线，在秦庄附近跨宁西铁路，在王村附近跨G312线，止于南阳市西侧大井附近，与规划建设的上海至武威国家重点公路相接，路线全长73.2km。南阳连接线起自龚河互通立交，向东经赵庄南、塔子山北，于乔庄附近跨焦枝铁路与S231线，继续向东于施庄南跨白河，经下王庄北，止于大叶岗西，与在建的许平南高速公路相交，路线全长约23.4km。

二、主要技术标准

该项目采用双向四车道高速公路技术标准，平原微丘区(21.8km)计算行车速度120km/h，路基宽28m；山岭重丘区(51.4km)计算行车速度100km/h，路基宽26m，其中，部分路段采用分离式路基；南阳连接线采用计算行车速度120km/h，路基宽28m。路面面层采用沥青混凝土结构。桥涵设计荷载采用汽车—超20级、挂车—120。独山连接线采用二级公路技术标准。其他技术标准应符合《公路工程技术标准》(JTJ 001—1997)中的规定。

三、投资估算及资金来源

该项目估算总投资约40.7亿元，其中，35%为项目资本金由项目法人负责筹措；65%申请国内银行贷款。

四、项目法人组建方案随项目可行性研究报告报我委审批。

五、招标初步方案随项目可行性研究报告报我委核准。

请据此编制项目可行性研究报告。

二〇〇四年二月二十四日

南阳市发展计划委员会文件

宛计工业〔2003〕742 号

---

2. 关于呈报太原至澳门重点干线分水岭至南阳段工程预可行性研究报告的请示

河南省发展和改革委员会：

太澳高速南召分水岭至南阳段高速公路（以下简称岭南高速公路），北接拟建的洛阳至平顶山高速公路，南接拟建的上海至武威高速公路，是国家规划的太原至澳门国家重点公路的重要路段之一，是河南省规划的“五纵、四横、六通道”高速公路主骨架中的第四纵，是西部地区南北运输的主要通道。该路的建设是充分发挥干线公路网络功能的需要，是完善河南省骨架公路网的需要，该路的建成必将对我省旅游业的开发和河南西部落后山区经济的发展起到巨大的促进作用。同时，太澳高速公路在河南境内济源至洛阳、洛阳至大安、南阳至邓州已相继开工建设，现仅剩下大安至南阳段未开工，因此，相关的洛阳、平顶山、南阳三地市同时适时启动该公路的建设发挥该路的整体效益是十分必要的。

一、建设标准与规模

根据沿线地形地貌和该项目在路网中的地位和作用，岭南高速公路在 K135 +000 ~ K156 +788 和连接线 LK0 +000 ~ LK23 +488 路段拟采用平原微丘区建设标准，计算行车速度 120km/h，路基宽 28m。在 K83 +600 ~ K135 +000 路段拟采用山岭重丘区高速公路标准，计算行车速度 100km/h，路基宽 26m。

推荐方案建设里程为 96.7km（含连接线 23.5km）。全线需新建特大桥 2 座、大桥 7 座、中桥 43 座、隧道 6 道、互通立交 7 处。其中，主线需新建特大桥 1 座、大桥 6 座、中桥 26 座、隧道 6 道、互通立交 5 处；连接线需建特大桥 1 座、大桥 1 座、中桥 17 座、互通立交 2 处。

二、公路的走向及主要控制点

考虑到太澳高速公路的总体走向和南阳市现有高速公路布局及发展状况，经比较选择推荐方案主要控制点为：起点位于平顶山与南阳交界的分水岭，经南召县城东交 S331，设互通立交 1 座；向南跨黄鸭河、白河，经石门乡西于许田交 S333，设互通立交 1 座；经谢庄乡东，在龚河北设连接线枢纽互通立交 1 座；与王庄东交 G312，设互通立交 1 座；向南止于上武高速公路，在张华岗设枢纽互通立交 1 座。

同时，为了更好地发挥南阳市周边高速公路网络整体效益，达到宛坪、信南、南邓、岭南及许平南五条高速公路交通量快速转换。经研究，拟于南阳市北部紧靠独山北在岭南与许平南高速公路之间设一条连接线。连接线西接龚河北枢纽互通立交，向东跨 S231 及焦枝铁路，设互通立交 1 座。跨白河，连许平南袁庄互通立交。

三、投资估算及资金筹措

岭南高速公路投资估算按照 1996 年交通部颁发的《公路工程估算编制办法》和《公路工程估算指标》进行编制。推荐方案估算投资为 42.1 亿元(含连接线投资 9.7 亿元)。

资金来源采用国内银行贷款与地方筹措的方法解决，拟利用国内银行贷款 27.4 亿元，自筹资本金 14.7 亿元。

四、经济效益分析

依照国家计委颁发的《建设项目经济评价与参数》计算，本项目经济内部收益率为 15.18%，投资回收期为 17.23 年(含建设期)，财务收益率为 7.28%。

当否，请批示。

附件：太原至澳门国家重点干线分水岭至南阳段高速公路工程预可行性研究报告(略)

二〇〇三年十二月十六日

南阳市交通局文件

宛交公〔2003〕314 号

3. 关于呈报太原至澳门国家重点干线分水岭至南阳段高速公路工程预可行性研究报告的请示

河南省交通厅：

分水岭至南阳段高速公路（以下简称岭南高速公路），该路北接拟建的洛阳至平顶山高速公路，南接拟建的上海至武威高速公路，是国家规划的太原至澳门国家重点公路的重要路段之一。

一、项目建设的必要性

岭南高速公路太原至澳门国家重点公路的重要组成部分，是河南省规划的“五纵、四横、六通道”高速公路主骨架中的第四纵，是西部地区南北运输的主要通道。该路的建设是充分发挥干线公路网络功能的需要，是完善河南省骨架公路网的需要，该路的建成必将对我省旅游业的开发和河南西部落后山区经济的发展起到巨大的促进作用。同时，太澳高速公路在河南境内济源至洛阳、洛阳至大安、南阳至邓州已相继开工建设，现仅剩下大安至南阳段未开工，因此，相关的洛阳、平顶山、南阳三地市同时适时启动该公路的建设发挥该路的整体效益是十分必要的。

二、公路的走向及主要控制点

考虑到太澳高速公路的总体走向和南阳市现有高速公路布局及发展状况，经比较选择推荐方案主要控制点为：起点位于平顶山与南阳交界的分水岭，经南召县城东交 S331，设互通立交 1 座；向南跨黄鸭河、白河，经石门乡西于许田交 S333，设互通立交 1 座；经谢庄乡东，在龚河北设连接线枢纽互通立交 1 座；与王庄东交 G312，设互通立交 1 座；向南止于上武高速公路，在张华岗设枢纽互通立交 1 座。

同时，为了更好地发挥南阳市周边高速公路网络整体效益，达到宛坪、信南、南邓、岭南及许平南五条高速公路交通量快速转换。经研究，拟于南阳市北部紧靠独山北在岭南与许平南高速公路之间设一条连接线。连接线西接龚河北枢纽互通立交，向东跨 S231 及焦枝铁路，设互通立交/座。跨白河，连许平南袁庄互通立交。

三、建设标准与规模

根据沿线地形地貌和该项目在路网中的地位和作用，岭南高速公路在 K135 + 000 ~ K156 + 788 和连接线 LK0 + 000 ~ LK23 + 488 路段拟采用平原微丘区建设标准，计算行车速度 120km/h，路基宽 28m。在 K83 + 600 ~ K135 + 000 路段拟采用山岭重丘区高速公路标准,计算行车速度 100km/h,路基宽 26m。

推荐方案建设里程为 96.7km(含连接线 23.5km)。全线需新建特大桥 2 座、大桥 7 座、中桥 43 座、隧道 6 道、互通立交 7 处。其中,主线需新建特大桥 1 座、大桥 6 座、中桥 26 座、隧道 6 道、互通立交 5 处。连接线需建特大桥 1 座、大桥 1 座、中桥 17 座、互通立交 2 处。

四、投资估算及资金筹措

岭南高速公路投资估算按照 1996 年交通部颁发的《公路工程估算编制办法》和《公路工程估算指标》进行编制。推荐方案估算投资为 42.1 亿元(含连接线投资 9.7 亿元)。

资金来源采用国内银行贷款与地方筹措的方法解决,拟利用国内银行贷款 27.4 亿元,自筹资本金 14.7 亿元。

五、经济评价及财务分析

依照国家计委颁发的《建设项目经济评价与参数》计算,本项目经济内部收益率为 15.18%,投资回收期为 17.23 年(含建设期);财务收益率为 7.28%,投资回收期 17.24 年。

六、工程管理

按照现代企业制度的要求和政府推动、行业主管、企业运作的原则,组建项目法人,实行项目法人制、招投标制、工程监理制和合同管理制,加强组织管理,确保工程质量。

岭南高速公路工程预工可行研究报告也已编妥,现随文呈报,请及早组织审查论证。

当否,请批示。

附件:太原至澳门国家重点干线分水岭至南阳段高速公路工程预可行性研究报告(略)

二○○三年十二月十六日

河南省工程咨询公司文件

豫咨字〔2004〕14 号

签发人：董治堂

4. 关于《太原至澳门国家重点公路分水岭至南阳段高速公路预可行性研究报告》的评估报告

[摘要]

拟建项目起于南阳与平顶山交界分水岭，北接同期规划的太澳国家重点公路寄料至分水岭段，终点接规划的上海至武威国家重点公路。该项目为太原至澳门国家重点公路及豫西北区域干线公路网主骨架的重要组成部分，它的建成加快了国家重点公路、河南省高速公路网络建设，完善了项目区域的高速公路网络，也将对沿线区域经济发展产生巨大的影响。

拟建项目主线起于平顶山和南阳分界处分水岭，路线经南召东，于高庄附近跨黄鸭河，在三亩湾西侧跨白河，经鸭河口水库上游，在许田附近跨 S333，在秦庄附近跨宁西铁路，在王村附近跨 G312，终于南阳市西侧大井附近接上武高速，路线全长 73.19km。

路线在南阳北路设南阳连接线，该线起于本项目的龚河互通，向东经赵庄南、塔子山北，于乔庄附近设分离式立交跨焦枝铁路与 S231，路线继续向东于施庄南约 1km 跨白河，经下王庄北，于大叶岗西 0.5km 处设复合式互通与在建日南高速公路相连接，路线全长 23.45km。

在独山互通，设独山连接线，该线长 3km。

经评估，拟建项目交通量预测结果：使用初年(2008 年)的年平均日交通量为 11461 辆/日(小客车)；远景设计年限(2027 年)的年平均日交通量为 35127 辆/日(小客车)。该项目采用双向四车道高速公路技术标准，K83 +600 ~ K135 +000 段路线长 51.3km，计算行车速度 100km/h，路基宽 26m；K135 +000 ~ K156 + 788 段采用计算行车速度 120km/h，路基宽 28m；南阳连接线采用计算行车速度 100km/h，路基宽 26m；独山连接线采用二级公路标准，路基宽 12m；路面采用沥青混凝土结构。桥涵设计荷载：汽车—超 20 级，挂车—120。主线设特大桥 1 座，大、中桥 32 座，隧道 6 座，互通式立交 5 处，公路分离式立交 3 处，铁路分离式立交 1 处，服务区 1 处；南阳连接线设特大桥 1 座，大、中桥 18 座，互通立交 2 处，公路分离式立交 2 处，铁路分离式立交 1 处。

评估后主线项目总投资为31.52亿元(平均每公里4307万元),比评估前核减3800万元;南阳段连接线总投资为9.13亿元(平均每公里3892万元),比评估前核减6136万元。项目建设工期42个月,评估认为该项目国民经济评价指标较好,具有一定抗风险能力,项目可行。

省发改委:

受你委托,我公司组织专家组(名单见附见2)于2003年12月25日至27日,在南阳市对《太澳国家重点公路分水岭至南阳段高速公路预可行性研究报告》(以下简称《预可报告》)进行了评估。

专家组认真研究了《预可报告》文件,听取了报告编制单位(江苏伟信工程咨询有限公司)的汇报;现场踏勘了项目的起点、终点、互通立交位置等主要控制点;听取了省交通厅、省水利厅、省环保局和南阳市、平顶山市、南召县的政府、计委、交通局等有关部门领导,以及许平南高速公路公司、上武高速公路公司等单位代表对该项目的意见。

专家组本着"客观、公正、科学、可靠"的精神,对该项目建设的必要性、交通量预测以及工程方案等重要问题进行了研究。专家组一致认为,《预可报告》收集分析了大量资料,方法正确,结论基本可靠,基本符合交通部《水运、公路建设项目可行性研究报告编制办法》的要求。《预可报告》编制单位根据专家组评估意见于2004年1月13日提交了本项目的《补充报告》,我公司在此基础上提出评估意见如下。

一、项目建设的必要性

1.是完善国家干线公路网和河南省骨架公路网,提高路网整体效益和服务水平的需要

拟建项目是国家重点公路建设规划的"十三纵、十五横"中的第七纵太原到澳门公路的组成路段,也是河南省规划的高速公路主骨架的组成路段。太澳公路北起山西太原市,经河南、湖北、湖南、广东,止于澳门特区,全长约2327km。目前该公路在山西、湖北境内路段已开始建设,在河南境内济源至洛阳段正在施工,洛阳至大安段已建成通车,南阳至邓州段已开工建设,仅有其间的大安至南阳段还没有开始实施。与其大致平行的国道207线,现虽已达到或接近一级公路标准,但部分路段技术标准低,街道化严重,通行不畅,制约了沿线地方经济的发展,拟建项目的实施将加快太澳国家重点公路全线贯通,对促进全国干线公路网建设和完善河南公路网、提高路网通行能力和服务水平有着重要的意义。

同时,拟建项目与在建的上海至洛阳、日照至南阳、上海至武威高速公路相交,并与G207、G311、G312及S103、S231等12条国、省道相交叉,形成了区域内公路网络,有利于各个方向交通流的相互转换,对发挥公路网整体效益起着重要的作用。

2.是促进沿线地区经济发展的需要

太澳公路河南境的济源、洛阳、平顶山和南阳,具有丰富的矿产、农村土特产和土地资源,随着该公路全线贯通将缩短它们与外界的时空距离,对外交流方便必将促进区域经济的快速发展,对汝阳、鲁山和南召三个国家级贫困县脱贫致富创造了有利的条件,同时区域经济的快速发展加快了河南省建设小康社会的步伐。

3.是开发旅游资源、促进旅游业发展的需要

项目沿线旅游资源十分丰富。洛阳市是十三朝古都、国家级历史文化名城,有世界文化遗产龙门石窟、千年名刹白马寺、历史文化遗址关林、白居易墓等,以及每年一度的"洛阳牡丹节"盛会。平顶山和南阳市有国家级自然风景保护区石人山、石漫滩森林公园、宝天曼自然保护区、鲁山、汝州温泉、白龟山、昭平台、鸭河和丹江水库、省级森林公园大虎岭、西泰山原始生态旅游区等自然风光,还有百里溪故址、张衡墓、汉代宛城遗址、内乡清代县衙及大面积恐龙蛋化石等众多历

史文化和文物古迹，以上风景名胜和文物古迹吸引着国内外千万游客前来旅游观光。随着太澳公路全线开通，将促进旅游景点更好的开发，吸引更多的游客，会进一步加速旅游业的飞快发展。

综上所述，评估认为该项目的建设是十分必要的，同时也是十分迫切的。

二、交通量预测

《预可报告》及《补充报告》依据交通部《水运、公路建设项目可行性研究报告编制办法》，结合项目区域的社会经济发展计划，采用以 OD 资料为基础的四阶段法预测交通量，其方法正确，采用的参数合理，结果基本可信。但该项目转移交通量分配结果显示，2008 年即项目通车第一年为 11461 辆/日（小客车），占通道总量的 74% 左右，应进一步核实。

《补充报告》根据评估意见对交通量预测进行了补充、修改，经预测分析，项目远景年 2027 年，主线预测交通量为 35127 辆/日（小客车）。评估认为：其预测结果在本阶段基本可信。关于《补充报告》对南阳连接线的交通量预测，评估认为 OD 分区不明细，采用“3.17”全省 OD 资料不尽合理。建议下步工作对南阳北部过境交通与南阳市城市出入口交通做专项 OD 调查，并结合本项目龚河互通（与本项目交叉）和大叶岗互通（与日南高速交叉）的转弯交通量，以作为准确定位连接线的功能和技术等级的依据。

三、技术标准

根据《预可报告》及《补充报告》交通量预测结果，根据《公路工程技术标准》（JTJ 001—1997）和通行能力分析，结合本项目在全省路网中的地位和使用功能，考虑沿线地形、地貌推荐本项目按四车道高速公路修建。其中：K83 + 600 ~ K135 + 000 段路线长 51.3km，采用计算行车速度 100km/h，路基宽 26m；K135 + 000 ~ K156 + 788 段路线长 21.79km，采用计算行车速度 120km/h，路基宽 28m；桥涵设计荷载采用汽车—超 20 级，挂车—120。

评估认为：太澳公路是国家重点公路建设规划“十三纵、十五横”中的第七纵，是贯穿我国南北的大通道，也是河南省骨架公路网中西北部地区的南北向公路运输主通道，拟建项目是太澳公路中的组成部分，采用双向四车道高速公路技术标准是合适的。建议下阶段，根据交通量预测结果，结合沿线地形、地貌进一步分析分路段采用不同的计算行车速度的可行性，对路线进行工程数量比较，对工程艰巨的路段可采用较低的行车速度，以减少工程数量，节省投资并保证通行能力。计算行车速度变化路段的长度应符合有关规范的规定。速度变化点宜选在互通立交处。

关于南阳连接线，《补充报告》推荐采用计算行车速度 100km/h，路基宽 26m 的四车道高速公路标准。评估认为：依据现阶段交通量分析结果，根据《公路工程技术标准》（JTJ 001—1997），采用四车道高速公路或一级公路都可适应。由于该连接线两端连接了两条高速公路（日南高速公路及太澳高速公路），采用高速公路标准可与南部上武高速一起形成南阳市周围的高速公路环道，有利于过境交通量及市区内部交通量的快速转换。但由于现阶段交通量分析较粗，对于该段连接线作为城市环城高速或城市快速路的定位分析并不明确，建议在下阶段对城市出入口做专项 OD 调查，进一步分析其交通量，以确定其技术标准。

四、建设规模

《预可报告》推荐路线的主要建设规模如下。

分水岭至南阳段：路线全长 73.19km，特大桥 1 座，大、中桥 32 座、隧道 6 座，互通式立交 5 处，公路分离式立交 3 处，铁路分离式立交 1 处，服务区 1 处。

南阳段连接线：路线长 23.45km，特大桥 1 座，大、中桥 18 座，互通立交 2 处，公路分离式立交 2 处，铁路分离式立交 1 处。

评估认为：《预可报告》提出的工程建设规模基本适宜。

五、路线走向和主要控制点

《预可报告》提出两个路线方案，即K线（西线）方案和BK线（东线）方案。K线方案起点为平顶山市与南阳市的交界处分水岭，向南经南召东，在8331线上设互通式立交，作为南召县出入口，于高庄附近跨黄鸭河，于三亩湾西跨白河，经鸭河水库上游，在许田东设互通式立交，连接S333线，继续向南经观音堂、大张庵、谢庄东，于大王庄附近跨宁西铁路，于王村乡东设王村互通式立交，连接G312线，终止于南阳市大井附近，在张华岗南设互通式立交与上（海）武（威）高速公路相接，路线全长73.19km。

BK线方案起于平顶山与南阳交界大凹，向南在云阳镇西设互通式立交于S331线连接，经三里店东跨鸭河，在广店镇西设互通式立交与X007相连，经杜岗、周庄于刘家荒西跨焦枝铁路，路线继续南行于刘岗东北设互通式立交，与在建的日南线相接。路线全长57.778km。

《预可报告》推荐K线（西线）为本项目推荐方案。主要控制点为：起点分水岭、回龙沟抽水蓄能电站、白河特大桥及终点。

评估认为：

（1）鉴于两段路线方案比较不在同一起、终点，K线方案在南阳境较BK方案长，但在平顶山境较BK方案短，且更符合太澳国家重点公路总体走向，本阶段原则同意推荐K线方案的路线走向。

（2）对于南阳境内路线起点（K线）分水岭，因与回龙沟抽水蓄能电站相干扰，建议在下阶段应作避让回龙沟电站的方案论证，如必须在此通过，应对电站及隧道进行安全性评价。

（3）《补充报告》对路线南延方案作了补充，认为沿线地势平坦，无不良的地质条件及不可逾越的控制物，南延在技术上是可行的。但结合目前路网及交通量的现状，认为此段南延线虽使整个太澳高速公路路线顺畅，减少了运营里程，但目前由于交通量较低，考虑到筹资、收益等多方面因素，此段路暂缓修建，东行车辆可暂时通过南阳连接线和上武高速公路进行转换，待今后交通量增加，对上武或南阳连接线造成较大交通压力时，再修建南延线。评估基本同意《补充报告》意见。

六、投资估算及资金筹措

本项目投资估算的编制依据、方法和费率的计算，符合交通部颁发的《公路基本建设工程投资估算编制办法》、《公路工程估算指标》以及河南省人民政府、省交通厅有关文件的规定；所附估算表格齐全、数据清晰、运算无误；所列费用能较好地反映初步确定的建设规模和内容。但还存在一些问题：原列的钢筋、宕渣等一些材料单价偏高；一座长3.9km隧道的人工、机械使用费估算分项指标应乘的调整系数偏小；白河特大桥估算用的其他工程费率不宜取用一般大桥的费率；主线上跨宁西铁路的分离式立交桥所用的估算指标表号与所选的桥型方案不一致等，需对原投资估算作适当的调整。

《补充报告》根据评估意见进行了修改，修改后主线部分（路线长73.19km）的投资估算调整为31.52亿元（平均每公里4307万元），比评估前核减3800万元。评估认为该项目投资估算基本合适。连接线长23.45km，投资估算总金额调整为9.13亿元（平均每公里3892万元），比评估前核减6136万元。评估认为路线跨白河桥的桥长与桥宽在下阶段应作进一步论证，以节约投资。

资金筹措：该项目资金筹措方式为总投资的35%，由项目业主自筹作为投入的资本金，其余65%由项目业主申请国内银行贷款。评估认为资金筹措方案应进一步落实，按照国家计委颁布的《建设项目经济评价方法与参数（第二版）》的规定及交通行业的有关要求，资金筹措方案应有出资方或贷款银行出具相关文件。

七、经济评价和财务分析

《预可报告》依据交通部和国家计委的有关规定，结合项目具体情况进行了国民经济评价和财务分析。其方法正确，采用参数基本合理，评价结论基本可信，按照估算调整后的结果，《补充报告》经济评价结果为：

内部收益率　$E_{IRR}=15.23\%$　　　　$(I_0=12\%)$

净现值　$E_{NPV}=83203.8$ 万元

效益费用比　$E_{BCR}=1.33$

投资回收期　$N=17.14$ 年

《补充报告》财务评价结果为：

全部投资（所得税后/所得税前）：

内部收益率　$F_{IRR}=728\%/9.08\%$　　　$(I_0=3.74\%)$

净现值　$F_{NPV}=137819.68$ 万元/239887.51 万元

效益费用比　$F_{BCR}=1.27/1.60$

投资回收期　$N=17.24$ 年/15.77 年

自有资金（所得税后/所得税前）：

内部收益率　$F_{IRR}=8.72\%/11.46\%$　　　$(I_0=3.74\%)$

经济净现值　$F_{NPV}=122542.40$ 万元/224610.22 万元

效益费用比　$F_{BCR}=1.24/1.54$

投资回收期　$N=17.85$ 年/16.24 年

项目贷款偿还期 = 13.34 年（含建设期）

评估认为：项目建成后将为沿线带来较好的经济效益，项目投资在经济上是可行的。

八、工程管理

本项目应严格按照项目法人制、招投标制、质量责任终身制进行管理。

九、工期安排

《预可报告》计划本项目 2004 年底开工建设，2007 年底建成通车，工期 36 个月。评估认为：考虑到本项目工程艰巨并有较多隧道，建设工期按 42 个月计划较为适宜，并应视项目前期工作进度，调整开工日期。

十、环境保护

《预可报告》对施工和营运期间的污染问题提出了控制和治理方案，评估建议按有关程序进行建没项目的环境影响评价与水土保持方面的工作。

十一、结论与建议

综上所述，评估认为该项目建设是必要的，《预可报告》及《补充报告》提出的方案是可行的，项目具有较好的社会效益和经济效益。

建议：

（1）本项目推荐路线起点在伏牛山区，中间经过鸭河口水库上游，路线土石方工程量大，隧道、桥涵数量多，应特别重视环境保护和水土保持工作。应按照国家规定，进行有关国土资源、环境保护、水土保持、地震、林业等方面的评估申报工作，以推动项目顺利实施。

（2）太澳公路河南境尚未开工建设的有洛阳段、平顶山段和本项目，建议洛阳、平顶山、南阳三市加强协调沟通,做好路线统一规划,同时开工,同时建成,以尽早发挥项目效益。

(3)路线跨越白河、鸭河口水库上游以及水利设施等,跨越位置、桥梁设置方案以及有关设计参数应征求水利主管部门意见。

(4)路线在起点附近设置的隧道经过在建的回龙沟抽水蓄能水电站管道,下阶段应对路线隧道位置以及安全性进行深入的研究论证,确保高速公路和水电站的安全。

(5)路线跨越宁西铁路,跨越位置、方案以及有关设计标准应征询铁路主管部门意见。

(6)路线终点与上海至武威高速公路相接并设立互通立交,结点位置及互通立交方案,应与上武公路公司相协商。南阳连接线与日南路交叉,其结点位置及互通立交方案应与许平南高速公路公司协商。

(7)下阶段应对路线平、纵面线形进行深入比选优化,利用地质遥感等先进技术和资料,确保工程安全,减少工程数量,节约投资。

附件:1. 总估算调整对照表

2. 太澳国家重点公路分水岭至南阳段预可行性研究报告专家组成员名单

主题词:高速公路　预可　评估报告

抄送:省交通厅、南阳市计委、南阳市交通局,江苏伟信工程咨询有限公司

附件 1

总估算调整对照表

建设项目名称：太澳高速公路分水岭至南阳段预可行性研究报告（主线部分）

编制范围：K83 +600 ~ K156 +788

项次	工程或费用名称	单位	数量		估算金额（元）			备注
			编报	调整后	编报	调整后	增减情况	
	第一部分　建筑安装工程	公路公里	73.188	73.188	2375024431	2350828656	–24195775	
一	路基工程	公路公里	73.188	73.188	609086789	597655792	–11430997	
二	路面工程	公路公里	73.188	73.188	325343125	319459307	–5883818	
三	桥梁涵洞	公路公里	73.188	73.188	265525681	255764160	–9761521	
四	隧道工程	公路公里	51.400	51.400	574257341	590646382	16389041	
五	交叉工程及沿线设施	公路公里	73.188	73.188	395066603	381094021	–13972582	
六	施工技术装备费	公路公里	73.188	73.188	55394511	55943111	548600	
七	计划利润	公路公里	73.188	73.188	73859348	74590807	731459	
八	税金	公路公里	73.188	73.188	76491033	75675076	–815957	
	第二部分　设备及工具、器具购置费	公路公里	73.188	73.188	74114638	69757038	–4357600	
一	设备购置、工具、器具购置	公路公里	73.188	73.188	73126600	68769000	–4357600	
三	办公及生活用家具购置	公路公里	73.188	73.188	988038	988038	0	
	第三部分　工程建设其他费用	公路公里	73.188	73.188	437830218	431946195	–5884023	
一	土地、青苗等补偿和安置补助费	公路公里	73.188	73.188	137514300	137514300	0	
1	土地、青苗等补偿	公路公里	73.188	73.188	137514300	137514300	0	
二	建设单位管理费	公路公里	73.188	73.188	47596141	49246662	1650521	
1	建设单位管理费	公路公里	73.188	73.188	7167237	8448371	1281134	
2	工程质量监督费	公路公里	73.188	73.188	3078343	3106469	28126	
3	工程监理费	公路公里	73.188	73.188	32835658	33135668	300010	

续上表

项次	工程或费用名称	单位	数量		估算金额(元)			备注
			编报	调整后	编报	调整后	增减情况	
4	定额编制管理费	公路公里	73.188	73.188	3488788	3520664	31876	
5	设计文件审查费	公路公里	73.188	73.188	1026115	1035490	9375	
三	研究试验费	公路公里	73.188	73.188	17290177	17114033	-176144	
四	勘察设计费	公路公里	73.188	73.188	72940000	67540000	-5400000	
九	建设期贷款利息	公路公里	73.188	73.188	162489600	160531200	-1958400	
	第一、二、三部分费用合计	公路公里	73.188	73.188	2886969287	2852531889	-34437398	
	预留费用	公路公里	73.188	73.188	299692766	296120076	-3572690	
2	预备费	公路公里	73.188	73.188	299692766	296120076	-3572690	
	绿色通道植树费	公路公里	21.788	21.788	261456	261456	0	
	文物勘探费	公路公里	73.188	73.188	580000	580000	0	
	水土保持报告编制费	公路公里	73.188	73.188	440000	440000	0	
	地质灾害性评估费	公路公里	73.188	73.188	880000	880000	0	
	环境影响评价费	公路公里	73.188	73.188	580000	580000	0	
	矿产资源评估费	公路公里	73.188	73.188	470000	470000	0	
	独山互通连接线工程	公里	0.000	0.000	0		0	
	投资估算总金额	公路公里	73.188	73.188	3189873509	3151863421	-38010088	
	平均每公路公里造价	元	0.000	0.000	43584652	43065301	-519351	

编制：　　　　　　　　　　复核：

总估算调整对照表

建设项目名称:太澳高速公路分水岭至南阳段预可行性研究报告(连接线部分)

项	目	节	工程或费用名称	单位	数量		估算金额(元)			备注
					编报	调整后	编报	调整后	增减情况	
			第一部分　建筑安装工程	公路公里	23.448	23.448	702994037	657608173	-45335864	
一			路基工程	公路公里	23.448	23.448	107539982	105963303	-1576679	
	1		土方	m^3	2191161	2191161	43676157	40528032	-3148125	
	2		石方	m^3	573641	573641	16537630	20271650	3734020	
	3		排水与防护工程	m^3	139933	139933	41241804	39892740	-1349064	
	4		特殊路基处理	km	2	2	6084391	5270881	-813510	
二			路面工程	公路公里	23.448	23.448	102088367	93266838	-8821529	
	1		主线路面	m^2	451882	451882	102088367	93266838	-8821529	
		1	水泥石灰稳定土底基层	m^2	524183	524183	8460213	5149923	-3310290	
		2	水泥稳定碎石基层	m^2	481302	481302	31442330	29138281	-2304049	
		3	沥青混凝土面层	m^2	451882	451882	61042089	57859376	-182713	
		4	路缘石	m	76916	76916	1143735	1119258	-24477	
三			桥梁涵洞	公路公里	23.448	23.448	243735848	224866529	-18869319	
	1		涵洞	道	39	39	5293082	5022339	-270743	
	2		小桥及跨径<20m 的中桥	m/座	1168/18	1168/18	45856299	41300991	-4555308	
	3		白河特大桥	m/座	1837/1	1837/1	192586467	178543199	-14043268	
五			交叉工程及沿线设施	公路公里	23.448	23.448	189180377	176350279	-12830098	
	1		交叉工程	处	37	37	146875471	134530203	-12345268	
		1	独山互通式立体交叉(连接线)	处	1	1	32544237	28569044	-3975193	
		2	大叶岗互通式立体交叉(许南襄高速)	处	1	1	44535639	43329040	-1206-599	
		3	公路分离式立体交叉	处	2	2	6584246	5904589	-679657	

续上表

项	目	节	工程或费用名称	单位	数量		估算金额(元)			备注
					编报	调整后	编报	调整后	增减情况	
		4	与铁路分离式立体交叉	处	1	1	52413242	46717493	-5695749	
		5	通道	道	26	26	8608952	7885019	-723933	
		6	天桥	座	6	6	2189155	2125018	-64137	
	2		安全设施	公路公里	23.448	23.448	22167323	21919852	-247471	
	3		服务设施	公路公里	23.448	23.448	20137583	19900224	-237359	
六			施工技术装备费	公路公里	23.448	23.448	16179877	1542055	-757822	
七			计划利润	公路公里	23.448	23.448	21573170	20562739	-1010431	
八			税金	公路公里	23.448	23.448	22646416	21176430	-1469986	
			第二部分　设备及工具、器具购置费	公路公里	23.448	23.448	22592148	22592148	0	
一			设备购置、工具、器具购置	公路公里	23.448	23.448	22275600	22275600	0	
三			办公及生活用家具购置	公路公里	23.448	23.448	316548	316548	0	
			第三部分　工程建设其他费用	公路公里	23.448	23.448	141686402	131448802	-10237600	
一			土地、青苗等补偿和安置补助费	公路公里	23.448	23.448	62037411	54370347	-7667064	
	1		土地、青苗等补偿	公路公里	23.448	23.448	62037411	54370347	-7667064	
二			建设单位管理费	公路公里	23.448	23.448	13909158	14894267	985109	
	1		建设单位管理费	公路公里	23.448	23.448	2094503	3641042	1546539	
	2		工程质量监督费	公路公里	23.448	23.448	899593	856845	-42748	
	3		工程监理费	公路公里	23.448	23.448	9595659	9136675	-455984	
	4		定额编制管理费	公路公里	23.448	23.448	1019539	971090	-48449	
	5		设计文件审查费	公路公里	23.448	23.448	299864	285615	-14249	
三			研究试验费	公路公里	23.448	23.448	5117433	4787388	-330045	

续上表

项	目	节	工程或费用名称	单位	数量		估算金额(元)			备注
					编报	调整后	编报	调整后	增减情况	
四			勘察设计费	公路公里	23.448	23.448	11000000	11000000	0	
九			建设期贷款利息	公路公里	23.448	23.448	49622400	46396800	-3225600	
			第一、二、三部分费用合计	公路公里	23.448	23.448	867222587	811649123	-55573464	
			预留费用	公路公里	23.448	23.448	89936021	84177756	-5758265	
2			预备费	公路公里	23.448	23.448	89936021	84177756	-5758265	
			绿色通道植树费	公路公里	23.448	23.448	306720	281376	-25344	
			文物勘探费	公路公里	23.448	23.448	190000	190000	0	
			水土保持报告编制费	公路公里	23.448	23.448	140000	140000	0	
			地质灾害性评估费	公路公里	23.448	23.448	280000	280000	0	
			环境影响评价费	公路公里	23.448	23.448	190000	190000	0	
			矿产资源评估费	公路公里	23.448	23.448	150000	150000	0	
			独山互通连接线工程	km	3	3	15600000	15600000	0	
			投资估算总金额	公路公里	23.448	23.448	974015328	912658255	-61357073	
			平均每公路公里造价	元			41539378	38922648	-2616729	

编制：　　　　　　　　　　　　　　复核：

附件 2

太澳国家重点公路分水岭至南阳段预可行性研究报告专家组成员名单

专　家　组	姓　　名	单　　位	职　　务	专　　业
组长	洪德昌	中交二院	原副院长、教授级高工	公路桥梁
成员	张世霖	河南省交通厅专家委员会	副主任、教授级高工	公路桥梁
成员	周玉利	长安大学	总工、高级工程师	公路桥梁
成员	王鸿烈	河南省交通规划勘察设计院	原副总工、教授级高工	交通工程
成员	王家林	河南新开元路桥工程咨询公司	总工、教授级高工	公路工程
成员	王世杰	河南省交通规划勘察设计院	主任、教授级高工	交通量、经济评价
成员	余德正	河南省交通规划勘察设计院	原副总工、高级工程师	估算

河南省发展和改革委员会文件

豫发改交通〔2005〕705号

5.关于洛阳至南阳高速公路分水岭至南阳段工程可行性研究报告核准的批复

南阳市发展改革委：

你市《关于呈报洛阳至南阳高速公路分水岭至南阳段工程可行性研究报告的请示》（宛发改交通〔2005〕235号）收悉。结合咨询机构的评估报告和省交通厅的审查意见，经研究，现核准如下：

一、路线走向及建设规模

该项目主线起自平顶山、南阳两市交界处的分水岭，北接寄料至分水岭段高速公路，向南经南召东，于高庄附近跨黄鸭河，于三亩湾北侧跨白河，经鸭河口水库上游，于瓦踅附近跨S333在大王桩与小王桩之间跨宁西铁路，于王庄乡附近跨G312止于张华岗村西侧，与上海至西安高速公路相连，全长约73.6km。联络线起自龚河互通，止于祝庄附近，与许平南高速公路相连，全长约23.2km。该项目线路总长约96.8km。

主线设互通式立交5处，分水岭立交11处，特大桥2座、大桥23座，服务区1处；联络线设互通式立交2处，分离式立交7处，大桥2座，连接线5.2km。

二、主要技术标准

该项目采用双向四车道高速公路技术标准，平原区设计速度120km/h，路基宽28m；山岭区设计速度100km/h，路基宽26m，部分路段采用分离式路基；路面面层采用沥青混凝土结构；桥涵设计汽车荷载采用公路—I级；独山连接线采用二级公路技术标准；其他技术指标应符合《公路工程技术标准》（JTG B01—2003）中的规定。

三、投资估算及资金来源

该项目估算投资约39.6亿元，其中资金本金13.9亿元，由项目法人负责筹措，申请国内银行贷款25.7亿元。

四、项目法人由河南高速公路发展有限责任公司负责组建。

五、项目按两个阶段进行设计，初步设计报我委审批。

六、项目建设工期为36个月。

七、同意项目法人委托有资质的招标代理机构组织项目勘察、设计、施工、监理和设备、重要材料采购的招标。招标公告在国家制定的媒介上发布。在确定中标人之日起15日内,向我委及有关行政监督部门提交招投标情况的书面报告。

请据此抓紧开展项目前期工作。

附件:项目招标方案核准意见(略)

二〇〇五年六月[illegible]日

南阳市发展计划委员会
南　阳　市　交　通　局　文件

宛计交通〔2004〕149 号

6. 关于呈报太原至澳门重点干线分水岭至南阳段工程可行性研究报告的请示

河南省发展和改革委员会、河南省交通厅：

分水岭至南阳段高速公路（以下简称岭南高速公路），北接拟建的洛阳至平顶山高速公路，南接拟建的上海至武威高速公路，是国家规划的太原至澳门国家重点公路的重要路段之一；也是国家规划的太原至澳门国家重点公路的重要路段之一；也是我省“十五”规划建设的重点公路项目；是河南省规划的“五纵、四横、六通道”高速公路主骨架中的第四纵；是西部地区南北运输的主要通道。该路的建设对于充分发挥干线公路网络功能，完善河南省骨架公路网，开发我省旅游业和发展河南西部落后山区经济都将起到巨大的促进作用。同时，太澳高速公路在河南境内济源至洛阳、洛阳至大安、南阳至邓州已相继开工建设，现仅剩下大安至南阳段未开工，成为断头路。该公路的建设，有利于加快中原运输大通道建设步伐，发挥高速公路的规模效益。因此，岭南高速公路的建设十分必要的。

一、路线的走向及主要控制点

推荐方案主要控制点为：起点位于平顶山与南阳交界的分水岭，经南召县城东交 S331，设互通立交 1 座；向南跨黄鸭河、白河，经石门乡西于许田交 S333，设互通立交 1 座；经谢庄乡东，在龚河北设连接线枢纽互通立交 1 座；与王庄东交 G312，设互通立交 1 座；向南止于上武高速公路，在张华岗设枢纽互通立交 1 座。

同时，为了更好地发挥南阳市周边高速公路网络整体效益，达到宛坪、信南、南邓、岭南及许平南五条高速公路交通量快速转换。经研究，拟于南阳市北部紧靠独山北在岭南与许平南高速公路之间设 1 条连接线。连接线西接龚河北枢纽互通立交，向东跨 S231 及焦枝铁路，设互通立交 1 座。跨白河，连许平南袁庄互通立交。

二、建设标准与规模

根据岭南高速公路沿线地形地貌和该项目在路网中的地位和作用，拟采用不同的技术标准。在 K32 +000 ~ K73 +636 和联络线 LK0 +000 ~ LK23 +188 路段拟采用平原微丘区建设标准，计算行车速度 120km/h，路基宽 28m。在 K0 +000 ~ K32 +000 路段拟采用山岭重丘区高速公路标准,计算行车速度100km/h,路基宽26m。桥梁设计标准为:汽车—超20级,挂车—120。

推荐方案建设里程为96.8km(含连接线23.2km)。全线需新建特大桥4048m/4座,大桥5065m/23座,中桥1512m/24座,隧道4640m/7道,互通立交7处。其中:主线需新建特大桥3141m/2座,大桥4940m/22座,中桥676m/11座。隧道4640m/7道,互通立交5处。连接线需建特大桥907m/2座,大桥125m/1座,中桥836m/13座,互通立交2处。

三、投资估算及资金筹措

岭南高速公路投资估算按照1996年交通部颁发的《公路工程估算编制办法》和《公路工程估算指标》进行编制。推荐方案估算投资为41.58亿元(含连接线投资9.7亿元)。

资金来源采用国内银行贷款与地方筹措的方法解决,拟利用中国工商银行贷款27.02亿元,占65%;自筹资本金14.56亿元,占35%。

四、建设工期及项目实施

本项目建设工期为3年,计划2004年年底开工,2007年年底建成通车。项目将按照现代企业制度的要求和政府推动、行业主管、企业运作的原则,组建项目法人,实行项目法人制、招投标制、工程监理制和合同管理制,加强组织管理,确保工程质量。

根据省政府指示,南阳市政府以《关于确定南阳境内三段高速公路投资主体问题的通知》宛政〔2003〕53号文明确南阳市高速公路发展有限公司为岭南高速公路投资主体,负责筹集资金、建设和管理。

五、经济评价及财务分析

依照国家计委颁发的《建设项目经济评价与参数》计算,本项目经济内部收益率为15.16%,投资回收期为17.17年(含建设期);财务收益率为7.3%,投资回收期17.21年。该项目投资在国民经济上是可行的,并具有较高的抗风险能力。

六、招标方案

勘察设计、施工、监理和主要设备、材料按国家规定的标准实行国内公开招标,在国家和省发改委指定的信息媒体上发布招标公告。招标具体事宜由项目法人委托有资质的招标中介机构负责办理。

岭南高速公路工程可行研究报告也已编妥,现随文呈报,请及早组织审查论证。

当否,请批示。

附件:太原至澳门国家重点干线分水岭至南阳段高速公路工程可行性研究报告(略)

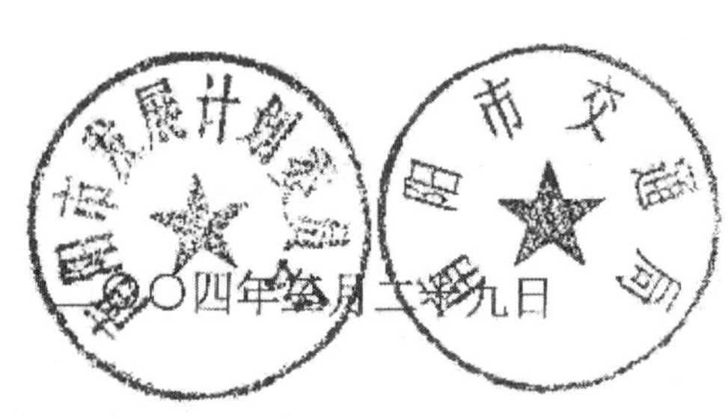

二○○四年六月二十九日

河南高速公路发展有限责任公司文件

豫高司〔2005〕299 号

7. 关于报送《太澳高速公路分水岭至南阳段项目工程可行性研究报告》的请示

河南省交通厅：

分水岭至南阳段高速公路是国家重点公路太澳高速公路的重要组成部分，路线起于平顶山与南阳两市交界处的分水岭，北接同期规划的太澳国家重点公路寄料至分水岭段高速公路，路线经南召东于高庄附近跨黄鸭河，于三亩湾北侧跨白河，经鸭河水库上游，于瓦趸附近跨 S333，在大王庄与小王庄之间跨宁西铁路，于王村乡附近跨 S312，止于张华岗村西侧，与上海至西安高速公路相连，全长 73.636km。联络线起自龚河（史岗附近）互通，在南阳市东北祝庄附近与在建日南高速公路相连，全长 23.188km。双向四车道，路基宽度平原微丘区为 28m，山岭重丘区为 26m，全线路基土石方约 1700 万 m^3，特大桥 4 座，中桥 24 座，涵洞 160 道，通道 99 道，隧道 7 座，互通立交 7 处，分离立交 18 处；沿线设 1 处服务区及管养机构。全线共占用土地 10246 亩。路线（含连接线）估算投资 41.577 亿元，平均每公里造价 4294 万元。

根据〔2005〕66 号省长办公会会议纪要精神，该项目由河南高速公路发展有限责任公司出资承建。项目初步设计申请银行贷款 27.02 亿元，占总投资的 65%，剩余 14.557 亿元通过自筹解决。建成通车后，以通行费收入作为投资回报，逐年偿还贷款。

妥否，请批示。

附件：太澳高速公路分水岭至南阳段项目工程可行性研究报告（略）

河南高速公路发展有限责任公司

二〇〇五年五月二十四日

北京华协交通咨询公司文件

华咨估字〔2004〕4 号

签发人:王德荣

8. 关于《太原至澳门国家重点公路分水岭至南阳段高速公路工程可行性研究报告》的评估报告

[摘要]

太原至澳门国家重点公路分水岭至南阳段高速公路(以下简称“本项目”)起于河南省南阳市与平顶山市交界处的分水岭,北接同期规划的太澳公路寄料至分水岭段高速公路,南止于南阳市张华岗村西侧,与规划的上海至武威国家重点公路相接,路线全长 73.636km;本项目与日照至南阳国家重点公路许(昌)平(顶山)南(阳)高速公路间的联络线起于粪河(史岗附近)互通,止于南阳市东北祝庄附近,全长 23.188km。

本项目是太澳公路及豫西北区域干线公路网主骨架的重要组成部分,它的建设对促进地区经济发展,缓解区域内现有公路交通的紧张状况进一步完善我国南北公路运输大通道和河南省西部地区公路网布局,加强区域间的经济交流与合作,发挥高等级公路网络的整体效益具有重要作用。

根据远景设计年度的交通量预测,本项目按双向四车道高速公路标准建设。建设总投资估算为 395949.11 万元。经济内部收益率 14.71%,经济净现值 86241.3 万元;全部投资的税后财务内部收益率 6.91%,财务净现值 153331.05 万元。

评估认为,推荐方案的技术标准适宜,路线走向基本合理。本项目的建设是必要的,在技术经济上是可行的。

河南省发展和改革委员会:

中国交通运输协会北京华协交通咨询公司接受委托,组织评估专家组(名单见附件 1)于 2004 年 4 月 4 日至 6 日在南阳市召开了评估会议,对《太原至澳门国家重点公路分水岭至南阳段高速公路工程可行性研究报告》(以下简称《可研报告》)进行评估。会议期间,评估专家组对本项目进行了现场踏勘,听取了《可研报告》编制单位对本项目的介绍和河南省国土资源厅、地震局及南阳市计委、交通局、国土局、规划局、水利局、环保局、文物局、地震局和林业局等部门的意见,就本项目建设的必要性、交通量预测、技术标准和建设规模、路线走向、投资估算和经济评价等内容进行了认真的讨论和研究,提出了评估意见。编制单位据此对《可研报告》的相关内容进行了修改和补充,编报了《太原至澳门国家重点公路分水岭至南阳段高速公路工程可行性研究报告(补充报告)》。

现将评估意见报告如下。

一、项目所在地的基本概况

河南省是我国东、西两大经济区域的结合部,具有承东启西、连贯南北的区位优势。全省面积16.7万km^2,2002年人口9613万。改革开放以来,河南省的经济快速发展,"八五"、"九五"期间,国内生产总值增长速度分别达到130%和100%,均高于全国平均水平,2002年达到6168.7亿元,比上年增长9.5%。近年来,河南省大力加强交通基础设施的建设,目前已初步形成了以铁路、公路运输为主的综合交通运输体系。公路运输发展尤为迅速,已成为现阶段河南省主要运输方式之一。据统计,近十年来全省公路客、货运输量的年均增长速度均高于本省全社会客、货运输量的增长水平,2002年公路客、货运量分别占全省总运量的94%和82%。

本项目位于河南省南阳市境内,为洛阳大安至南阳段的南阳境内部分,北接同期规划的太澳公路寄料至分水岭段高速公路,南止于南阳市西部张华岗村西侧,路线全长73.636km;本项目与日照至南阳国家重点公路许(昌)平(顶山)南(阳)高速公路间的联络线起于龚河(史岗附近)互通,止于南阳市东北祝庄附近,全长23.188km。本项目直接影响区域为南阳市及其境内的镇平县和南召县。

南阳市位于河南省西南部,辖1市2区10县,国土总面积2.66万km^2,2002年人口1060.32万人。改革开放特别是撤地设市以来,南阳市进入新的发展阶段,经济增长速度高于全省平均水平、综合实力不断增强。2002年全市完成国内生产总值625亿元,同比增长9.7%。南阳市是传统的农业大市,素有"中州粮仓"之称,是粮棉油烟的重要产地,2002年农业总产值达到200.75亿元;南阳市工业基础虽相对薄弱,但改革开放以来发展较快,已初步形成了机械电子、石油、化工、冶金建材、纺织、医药和轻工食品等行业构成的工业体系拥有各种经济类型工业企业13万多家,2002年工业总产值达到813.51亿元。随着国民经济的快速发展,南阳市三次产业结构发生巨大变化,已从"一、二、三"结构调整为"二、一、三"结构,2002年三次产业结构为29:2:45.7:25.1。

镇平县位于南阳市中部,辖23个乡(镇)、432个行政村,国土面积1500km^2,2002年人口94.66万人;南召县位于南阳盆地边缘辖16个乡(镇)、346个行政村,国土面积2933km^2,2002年人口93.65万人。两县矿藏资源丰富,位居全国之首,储量达5万多吨;岩等储量也较大,开发前景广阔。已探明的矿种数有十余种,其中钼的品磁铁矿、大理石、花岗岩和水泥灰改革开放以来,两县国民经济稳定发展,经济建设和各项社会事业均取得了巨大成就,综合经济实力进一步增强,2002年国内生产总值分别达到51.71亿元和17.99亿元,人民生活水平不断提高。

南阳市交通运输以铁路和公路为主。焦(作)柳(州)铁路纵贯南阳全境,并在市区与建设中的宁(南京)西(安)铁路交会,形成十字形的铁路运输主骨架。经过多年的建设,南阳市境内已初步形成了一个以国道为主沟通境外区域、以省道连接境内及境外临近县市、以县乡道路通达各乡镇村落的较为便利的公路运输网络。但与全省平均水平相比,南阳市公路网密度低近10%,且高等级公路质量偏低,大部分年久失修,疲于养护,影响了交通服务水平。因此,南阳市公路在路网密度和路网结构方面均需进一步改善。

二、建设的必要性

(一)本项目的建设是促进沿线地区经济发展的需要

太原至澳门国家重点公路是国家规划的公路主骨架之一,也是河南省规划的"五纵、四横、六通道"高速公路主骨架中的"第四纵",是河南省西部地区南北向公路运输主通道,它的贯通将广大中西部欠发达地区与东南部经济发达地区紧密联系起来,有助于沿线经济的协调发展。南阳市地处河南西部地区,是联系东、西部地区经济的桥头堡,介于长江经济带和亚欧大陆桥两廊中间带,是关中平原与江汉平原连接的交通要道,处于郑州、西安、武汉三大都市之间的中心地区,该地区矿藏资源和农产品富足,自古素有"豫楚雄藩,中原要冲"之称。本项目的建设,将为南阳市及豫西地区提供一条大容量的快速通道,增强其与经济发达地区间的交流,化资源优势为经济优势,加快地区经济的发展,并有助于促进沿线贫困落后地区的社会经济进步和脱贫致富。

(二)本项目的建设是完善国家干线公路网和河南省骨架公路网,提高路网整体效益和服务水平的需要

本项目是太澳公路在河南省南阳市境内的一段,也是河南省高速公路网布局"五纵、四横、六通道"中的一纵济源至南阳公路的组成部分,符合国家公路建设总体布局规划和河南省高速公路网规划。本项目所在通道内,贯穿南北的干线公路主要有国道 207 和省道 231,近年来虽然不断改建,但交通服务水平仍然偏低,两条公路街道化比重分别为 22% 和 25%,且混合交通量大,通行能力小,不能满足经济发展对交通运输的需求。本项目的建设,将有助于加快太澳公路全线贯通的进程,有利于在河南省西部地区尽快形成南北向的公路运输通道,改善干线公路布局,促进交通流的合理分配,缓解河南省南北交通运输的压力。

本项目路段北接太澳公路寄料至分水岭段,南与规划建设的上海至武威国家重点公路相交,并通过上武公路与在建的至邓州高速公路相连;通过联络线与日照至南阳国家重点公路许平南高速公路相接;本项目路段还将与国道 312,省道 331、333 等多条干线公路相交,共同组成区域的干线公路网络,发挥公路网络的整体效应。本项目的建设可有效地改善南阳地区的公路等级结构,增强南北向的通道能力,有利于加强地区之间工农业产品和其他物资的相互交流,促进地区经济的进一步发展。

(三)本项目的建设是进一步改善旅游环境,促进旅游事业发展的需要

本项目沿线旅游资源丰富。平顶山旅游事业发展前景广阔,已开发景点四十余处,有国家级自然风景保护区石人山、石漫滩国家森林公园、千年古刹汝州风穴寺等。南阳市历史悠久,人杰地灵,是中华文明发源地之一,东汉光武帝刘秀发迹于此,且是"商圣"范蠡、"医圣"张仲景、著名科学家张衡的故乡,三国时诸葛亮亦曾"躬耕于南阳"。该地山川秀丽,名胜众多,是全国著名的汉文化旅游区,也是中国首批开放的 62 个历史文化名城之一。本项目建成后,可把沿线众多著名景点和自然景观连接在一起,形成旅游带,大大缩短各旅游景点之间的时空距离,有效地改善旅游环境,有利于进一步地开发旅游资源,发展旅游经济。

综上所述,建设分水岭至南阳段高速公路是必要的。

三、交通量预测

《可研报告》依据本项目所承担的交通流的流向,确定了影响区,分析了影响区域内的国民经济及交通运输发展的现状和趋势,收集了相关道路的交通量观测数据,根据 2001 年 3 月 7 日的全省机动车出行 OD 调查的资料和相关的补充调查资料,采用四阶段法预测出趋势型交通量,并计算了部分诱增和转移效果量,得到评估期内各特征年的年平均日交通量。

评估认为,《可研报告》交通量预测所采用的方法基本正确,但全省机动车出行 OD 调查数据

的取舍不尽合理,诱增交通量和通道内高速公路分配量偏高。另外,鉴于交通部新发布的《公路工程技术标准》(JTG B01—2003)已于2004年3月1日开始实施,原标准同时废止,故应按新标准的规定计算出预测交通量的折算值。编制单位根据专家评估意见进行了相应的调整,调整后的本项目通道交通量预测结果见表1,本项目交通量预测结果见表2。

项目通道交通量预测结果(单位:小客车辆/日)　　表1

道路名称	2008年	2010年	2015年	2020年	2027年
项目线路	12709	14465	19204	24560	32100
国道207	2357	2558	3370	4279	5119
省道231	2126	2317	3065	3905	4691

本项目通交通量预测结果(单位:小客车辆/日)　　表2

路段	2008年	2010年	2015年	2020年	2027年
主　　线					
起点~董店互通	12587	14326	19016	24317	31776
董店互通~许田互通	12881	14663	19471	24906	32558
许田互通~龚河互通	13065	14874	19755	25274	33047
龚河互通~王村互通	12271	13964	18528	23683	30935
王村互通~张华岗互通	11691	13299	17632	22521	29392
平均交通量	12709	14465	19204	24560	32100
联　络　线					
龚河互通~独山互通	9130	10469	14105	18293	24289
独山互通~祝庄互通	10526	12069	16262	21089	28002
平均交通量	9858	11303	15229	19751	26225

评估认为,调整后的交通预测结果基本可信,可作为确定本项目技术标准和建设规模的主要依据。

四、路线走向

《可研报告》确定影响本项目路线方案的主要控制因素为:穿越伏牛山系的地形,黄鸭河、白河、昭平台水库、鸭河口水库等大、中型水库,回龙抽水蓄能电站,以及沿线重要城镇规划等。

《可研报告》提出了一个路线方案(K线)和约21km的局部路段比较方案(BK线)。比较后认为,K线方案符合太澳公路的总体走向,距南召、南阳等城市距离适中,可带动沿线地方经济发展,并与交通主干道的衔接较好,有利于吸引交通量,但地势较复杂,工程量较大;BK线地势相对较为平坦,但与太澳公路总体走向有所偏离,在南阳境内,距日照至南阳国家重点公路、省道231及焦枝铁路太近,运输结构不合理,与省道333交角太小,建设里程及运营里程较K线方案略长。综合工程、交通、经济等因素认为,K线方案线形流畅、布局合理,路线长度较短,在路线走向、技术指标、运营效益等诸多方面,均优于BK线,故推荐K线方案为本项目路线走向方案。

《可研报告》对本项目路线起终点位置进行了论证。根据太澳公路寄料至分水岭段及分水岭至南阳段的《预可研报告》所确定的路线方案,选定在平顶山与南阳市分界处的分水岭作为本项目路线起点,其位置处于垭口部(位于隧道中)。上武公路在可研阶段为太澳公路与其相交预留了互通立交,本项目路线终点位置就设在与上武公路相交处,位于南阳市西侧张华岗附近。

本项目路线起自平顶山市和南阳市交界处分水岭,与同期规划的太澳公路寄料至分水岭段相接,经南召东、于高庄附近跨黄鸭河,在三亩湾跨白河,经鸭河口水库上游,在大王庄与小王庄之间跨宁西铁路,在王村乡跨国道312,止于张华岗村西侧与上武公路相交处。

评估认为,《可研报告》路线走向推荐方案符合太澳公路的规划走向,能够满足国家重点公路通道功能的要求。该方案考虑了沿线的经济发展、城镇规划和区域路网布局的合理性,有利于吸引交通量,比 BK 线方案减少用地 182 亩,沿线工程地质条件较好,主要控制点适宜。

《可研报告》的路线走向推荐方案为本项目的路线走向方案是可行的。

本项目主线南下交通需与上武公路共线约 20km,增加了该路段的交通压力。评估认为,应补充研究共用段的交通量和通行能力,以确定共用段的适用年限;在该路段交通量趋于饱和时,应考虑本项目主线终点向南延伸,与太澳公路南阳至邓州段相接;与国道 312 相交的互通立交,宜布置在西北象限,避免与部队驻地的干扰。

五、建设规模和技术标准

(一)建设规模

《可研报告》推荐方案主线全长 73.636km。全线设互通立交 5 座,分离式立交 11 座,隧道 7 座,特大桥 3 座,大桥 22 座,中桥 11 座,涵洞 126 道,天桥 33 座,通道 72 道,服务区 1 处以及相应交通工程设施等。

《可研报告》中的连接线(现为联络线)全长 23.188km,特大桥 1 座,大桥 1 座,中桥 13 座,互通立交 2 处,分离式立交 7 座,通道 27 道,天桥 14 座,涵洞 34 道,独山互通立交与市区连接线 5.2km 以及交通工程设施等。

评估认为,建设规模基本适宜。按新标准统计,现方案的主线含特大桥 2 座,大桥 23 座;联络线无特大桥,大桥 2 座。

(二)主要技术标准

根据本项目的性质、功能和预测交通量,《可研报告》推荐主线采用四车道高速公路标准,其中 K0 +000 ~ K32 +000 计算行车速度采用 100km/h,路基宽 26m;K32 +000 ~ K73 +636 计算行车速度采用 120km/h,路基宽度 28m。车辆荷载采用汽车—超 20 级、挂车—120。联络线采用四车道高速公路标准,计算行车速度 120km/h,路基宽度 28m,车辆荷载标准采用汽车—超 20 级、挂车—120。

评估认为,本项目按新公路工程技术标准调整后的主线预测远景交通量为 32100 辆/日(小客车),该交通量介于四车道高速公路与六车道一级公路之间,由于本项目为国家的重要干线公路,应采用高速公路标准,双向四车道,山岭区路段建议设计速度采用 80km/h,其他路段采用 120km/h,汽车荷载采用公路—I 级。经调整后的联络线预测远景交通量为 26225 辆/日(小客车),该交通量介于四车道高速公路与一级公路之间,按预测的远景交通量,采用四车道一级公路已能满足要求,但考虑到南阳市东、南、西绕城公路均为高速公路,采用双向四车道高速公路标准较适宜,设计速度 120km/h,汽车荷载采用公路—I 级,联络线的连接线采用二级公路标准。其他技术指标按交通部发布的《公路工程技术标准》(JTG B01—2003)执行。

隧道净宽与新标准规定不一致,应核实后按新标准执行。

本项目处于地震峰值加速度系数等于或小于 0.05 的区域,构造物除有特殊要求外可采用简易设防;处于地震峰值加速度系数为 0.10 的区域,构造物应按相应规范进行抗震设计。

六、建设工期

评估认为,本项目建设工期 3 年是可行的。

七、投资估算和资金筹措

评估认为,《可研报告》投资估算的编制依据、方法和费率的计算,符合交通部颁发的《公路基本建设投资估算编制办法》、《公路工程估算指标》以及河南省交通厅的有关文件规定,应附资

料基本齐全,数据计算基本正确,指标套用较恰当,所列费用基本能反映本项目工程的实际内容,但部分项目需要调整:

(1)主线路基土、石方数量表中,土、石方数量不平衡,应对土、石方数量调配平衡后,重新计算土、石方数量。

(2)互通式立交匝道土、石方已包含在相应指标内,在土、石方数量中应相应扣减重复计算的立交土、石方工程量。

(3)高速、一级公路填石路堤指标适用于购买或采集宕渣填筑路堤;本项目路基填料为路基挖方,应在指标套用时抽减宕渣消耗量或套用二级公路指标。

(4)路基非圬工防护、排水工程已包含在其他防护、排水指标中,应核减重复计算的三维营养草垫防护工程费用。

(5)K0 +000 ~ K32 +000 段,通道、涵洞工程套用重丘区指标,根据沿线地形条件,应套用山岭区指标,并按山岭区路基宽度调整指标。

(6)长度在 1000 ~2000m 之间的隧道峒门、装饰、照明及通风工程在指标套用时宜调整为1.05系数。

(7)K32 +000 ~ K73 +636 段天桥技术经济指标为 58122.48 元/m 过高,李岗天桥工程数量计算有误,均应作相应调整。

(8)LK0 +000 ~ LK23 +188 段漏计收费站路面工程费用。

(9)设备、工具、器具购置费 K0 +000 ~ K32 +000 段列 102 万元/km,LK0 +000 ~ LK23 +188 段列 95 万元/km,应参照河南省已竣工高速公路项目 K0 +000 ~ K32 +000 段按 85 万元/km 计列,LK0 +000 ~ LK23 +188 段按 75 万元/km 计列。

(10)Ⅰ级钢筋单价 4000 元/t,Ⅱ级钢筋 4050 元/t 偏高,应调整为 3900 元/t,石油沥青单价原价 2650 元/t 偏低,使用进口石油沥青时应调整为 2800 元/t。

《可研报告》编制单位根据上述意见,结合对工程标准及建设规模的意见中影响到投资需要变动的部分,对推荐方案的投资估算进行了调整,由原 415771.57 万元调整为 395949.11 万元(详见附件 2)。

评估认为,《可研报告》提出投资估算总金额的 35% 由项目业主自筹作为项目资本金,其余65% 申请国内银行贷款的资金筹措方案是可行的,应进一步落实资金来源。

八、经济评价

(一)国民经济评价

本项目的经济内部收益率大于社会折现率(12%),经济净现值大于零,具有较好的国民经济效益。具体评价指标如下:

经济内部收益率 $E_{IRR} = 14.71\%$

经济净现值 $E_{NPV}(i = 12\%) = 86241.3$ 万元

经济效益费用比 $E_{BCR} = 1.28$

投资回收期 $N = 17.93$ 年(含建设期)

根据敏感性分析,在效益减少 10% 且费用增加 10% 的不利情况下,其国民经济内部收益率为 12.46%,大于 12% 的社会折现率,说明本项目具有一定的国民经济抗风险能力。故国民经济评价可行。

(二)财务评价

本项目财务内部收益率大于设定的财务基准收益率(3.74%),财务净现值大于零,财务效益较好。全部投资税后财务评价指标如下:

财务内部收益率　$F_{IRR}=6.91\%$

财务净现值　$F_{NPV}(i=3.74\%)=153331.05$ 万元

财务效益费用比　$F_{BCR}=1.25$

投资回收期　$N=17.66$ 年(含建设期)

敏感性分析结果表明,在收费额减少10%且项目建设费用增加10%的不利情况下,其财务内部收益率为4.80%,仍大于3.74%的财务基准收益率,说明本项目具有一定的财务抗风险能力。财务评价可行(详细的经济评价报告参见附件3)。

九、结论和建议

(一)结论

本项目的建设,符合国家和河南省及南阳市的公路网发展规划,有利于太澳公路的全线贯通,并可改善该地区公路网结构和加强交通联系。本项目建成后,将缓解本地区公路交通的紧张状况,加强不同发展水平地区间的经济联系,促进地区经济发展。评估认为,本项目推荐的技术标准和建设规模适宜,路线走向基本合理,国民经济效益与财务效益均较好。本项目的建设是必要的,在技术经济上是可行的。

(二)对下阶段工作的建议

(1)对主线及联络线平纵指标的应用和局部路段线位应进一步优化。

(2)在起点附近设置的隧道需通过在建的回龙沟抽水蓄能水电站管道的下方,应对隧道及相关工程的安全性作深入的研究论证。

(3)应做好本项目相邻路段的协调工作。

(4)主线终点及联络线终点的互通立交位置及形式应尽早与有关高速公路公司商定。

(5)路线(含联络线)在南阳市附近的桥梁,其桥型应适当考虑美观。

(6)与铁路、公路、规划、环保、南水北调工程管理部门、水利、国土、地震等单位做好协调工作,并按规定编报有关评价报告。

附件:1. 评估人员名单

2. 总投资估算调整对照表

3. 经济评价报告

4. 项目地理位置图(略)

5. 项目路线走向图(略)

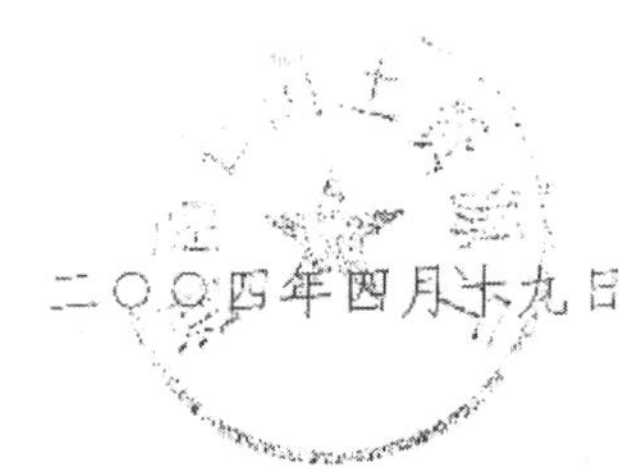

二〇〇四年四月十九日

主题词:分水岭至南阳　高速公路　可行性研究　评估报告

抄报:河南省交通厅

附件1

评估人员名单

中国交通运输协会

北京华协交通咨询公司

何增荣　　总经理、研究员

傅　荧　　副总经理、副研究员

赵文竹　　助理研究员

李　锐　　助理研究员

专家组

组长:鲍钟岳　　交通部公路司原巡视员、高级工程师

成员:蔡一鸣　　原国家计委交能司巡视员、高级工程师

顾敏浩　　中交公路规划设计院原院长、教授级高工

李　勇　　深圳市市政工程设计院、教授级高工

王岳平　　中交公路规划设计院、高级工程师

李　强　　郑州西南环高速公司、高级工程师

杨志勇　　河南省交通工程定额站、注册造价师

附件 2

总投资估算调整对照表

项次	工程或费用名称	单位	总数量		估算金额(元)		增减情况		备注
			编报	调整后	编报	调整后	总数量	估算金额(元)	
	第一部分　建筑安装工程	公路公里	96.824	96.824	3138185984	2965078432	0	-173107552	
一	路基工程	公路公里	96.824	96.824	770354677	682551697	0	-87802980	
1	土方	m^3	8411179	6271753	159858508	117477393	-2139426	-42381115	
2	石方	m^3	8592404	789960	333905186	291349534	-602444	-42555652	
3	排水与防护工程	m^3	778457.7	77845.7	177211507	177219999	0	8492	
4	三维营养草垫	m^2	191647	0	2874705	0	-191647	-2847705	
5	特殊路基处理	km	26.783	26.783	96504771	96504771	0	0	
二	路面工程	公路公里	96.824	96.824	418601093	428955876	0	10354783	
1	主线路面	m^2	1860691	1860691	407952540	416788089	0	8835549	
(1)	水泥石灰稳定土底基层	m^2	1943184	1943184	31654137	31654137	0	0	
(2)	水泥稳定碎石基层	m^2	1911819	1911819	119168233	1191682332	0	0	
(3)	沥青混凝土面层	m^2	1860691	1860691	252383192	261218741	0	8835549	
(4)	路缘石	m	313656	313656	4746978	4746978	0	0	
2	服务区、停车区、收费站路面	m^2	73000	83000	10648553	12167787	10000	1519234	
三	桥梁涵洞	公路公里	96.824	96.824	680016910	677501446	0	-2515464	
1	涵洞	道	160	160	16790058	16877747	0	87689	
2	小桥及跨径 <20m 的中桥	m/座	1512/24	1512/24	60630808	60428601	0	-202207	

续上表

项次	工程或费用名称	单位	总数量		估算金额(元)		增减情况		备注
			编报	调整后	编报	调整后	总数量	估算金额(元)	
3	跨径>20m 的中桥及大桥	m/座	5065/23	5065/23	312670932	311430923	0	-1240009	
(1)	预应力混凝土箱梁桥	m/座	2972/14	2972/14	179140462	178428248	0	-712214	
(2)	连续T梁	m/座	1843/7	1843/7	120155323	119679022	0	-476301	
(3)	预应力混凝土空心板桥	m/座	125/1	125/1	6496875	6471864	0	-2501[illegible]	
(4)	预应力混凝土空心板桥	m/座	125/1	125/1	6878272	6851789	0	-26483	
4	白河特大桥(连接线)	m/座	907/1	907/1	89406960	89048997	0	-357963	
5	南庄特大桥	m/座	697/1	697/1	42789152	42618063	0	-171089	
6	黄鸭河大桥	m/座	1327/1	1327/1	85641085	85297995	0	-343090	
7	白河特大桥	m/座	1117	1117	72087915	71799120	0	-288795	
四	隧道工程	公路公里	32	32	335537841	335428652	0	-109189	
1	石质隧道($L<1000$m)	m/座	3110/6	3110/6	227908494	227626932	0	-281562	
2	石质隧道(1000m$<L<$2000m)	m/座	1530/1	1530/1	107629347	107801720	0	172373	
五	交叉工程及沿线设施	公路公里	96.824	96.824	664145302	587137688	0	-77007614	
1	交叉工程	处	159	159	494709289	417819955	0	-76889334	
(1)	憧店互通式立体交叉	处	1	1	32069651	31995627	0	-74024	
(2)	独山互通式立体交叉	处	1	1	13328417	13387947	0	59530	
(3)	祝庄互通式立体交叉	处	1	1	22477101	22547482	0	70381	
(4)	瓦趧互通式立体交叉	处	1	1	26179443	26159962	0	-19481	

续上表

项次	工程或费用名称	单位	总数量		估算金额(元)		增减情况		备注
			编报	调整后	编报	调整后	总数量	估算金额(元)	
(5)	龚河互通式立体交叉	处	1	1	22063366	22129634	0	66268	
(6)	王村互通式立体交叉	处	1	1	28340802	28477224	0	136422	
(7)	张华岗互通式立体交叉(上武国家重点公路)	处	1	1	24163815	24250962	0	87147	
(8)	公路分离式立体交	处	16	16	49201237	48967354	0	-233883	
(9)	与铁路分离式立体交	处	2	2	109268268	108405999	0	-862269	
(10)	通道	处	100	100	32981423	32755012	0	-226411	
(11)	天桥	m/座	4059/47	4059/47	134635766	58742752	0	-75893014	
2	安全设施	公路公里	96.824	96.824	85531034	85419544	0	-111490	
3	服务设施	公路公里	96.824	96.824	83904979	83898189	0	-6790	
六	施工技术装备费	公路公里	96.824	96.824	72183635	67697307	0	-4485728	
七	计划利润	公路公里	96.824	96.824	96244037	90263068	0	-5980969	
八	税金	公路公里	96.824	96.824	101103089	95542698	0	-5560391	
	第二部分　设备及工具、器具购置费	公路公里	96.824	96.824	87202724	77125124	0	-10077600	
一	设备购置、工具、器具购置	公路公里	96.824	96.824	85895600	75818000	0	-10077600	
三	办公及生活用家具购置	公路公里	96.824	96.824	1307124	1307124	0	0	
	第三部分　工程建设其他费用	公路公里	96.824	96.824	577677359	563853682	0	-13823677	
一	土地、青苗等补偿和安置补助费	公路公里	96.824	96.824	216602550	217698630	0	1096080	
1	土地、青苗等补偿和安置补助费	公路公里	96.824	96.824	216602550	217698630	0	1096080	

续上表

项次	工程或费用名称	单位	总数量		估算金额(元)		增减情况		备注
			编报	调整后	编报	调整后	总数量	估算金额(元)	
二	建设单位管理费	公路公里	96.824	96.824	62004816	58511682	0	-3493134	
1	建设单位管理费	公路公里	96.824	96.824	9294884	9063112	0	-231772	
2	工程质量监督费	公路公里	96.824	96.824	4513446	3765119	0	-248372	
3	工程监理费	公路公里	96.824	96.824	42810098	40161276	0	-2648822	
4	定额编制管理费	公路公里	96.824	96.824	4548573	4267135	0	-281438	
5	设计文件审查费	公路公里	96.824	96.824	1337815	1255040	0	-82775	
三	研究试验费	公路公里	96.824	96.824	22845993	21585770	0	-1260223	
四	勘察设计费	公路公里	96.824	96.824	64400000	64400000	0	0	
九	建设期贷款利息	公路公里	96.824	96.824	211824000	201657600	0	-10166400	
	第一、二、三部分费用合计	公路公里	96.824	96.824	3803066067	3606057238	0	-197008829	
	预留费用	公路公里	96.824	96.824	323211786	306395967	0	-16815819	
2	预备费	公路公里	96.824	96.824	323211786	306395967	0	-16815819	
	绿色通道植树费	公路公里	64.824	64.824	777888	777888	0	0	
	文物勘探费	公路公里	96.824	96.824	1120000	1120000	0	0	
	水土保持报告编制费	公路公里	96.824	96.824	490000	490000	0	0	
	地质灾害危险性评估费	公路公里	96.824	96.824	390000	390000	0	0	
	工程环境影响评价费	公路公里	96.824	96.824	490000	490000	0	0	
	压覆矿产资源评估费	公路公里	96.824	96.824	1130000	1130000	0	0	
	独山互通连接线	km	5.2	8.2	27040000	42640000	0	15600000	
	投资估算总金额	公路公里	96.824	96.824	4157715741	3959491093	0	-198224648	
	平均每公路公里造价	元	0	96.824	42940963	40893696	0	-2047268	

附件3

经济评价报告

经济评价针对本项目推荐方案进行，包括国民经济评价、财务评价两方面内容。

一、评价依据

（1）《建设项目经济评价方法与参数（第二版）》，国家计委1993年颁布。

（2）《公路建设项目可行性研究报告编制办法》，交通部1988年颁布。

（3）《公路建设项目经济评价方法（讨论稿）》，交通部公路规划设计院1996年12月组织编制。

二、基础数据

（1）评价期：包括建设期和运营期。建设期3年（2005～2007年），运营期20年（2008～2027年）。评价基年为开工第一年2005年。

（2）本项目交通量预测结果：

交通量预测［单位：辆/日（小客车）］

年份	2008年	2010年	2015年	2020年	2027年
本项目	12709	14465	19204	24560	32100

（3）投资估算：评估后，本项目工程估算总投资调整为395949.11万元。

（4）资金筹措方案：推荐方案国内银行贷款257000.00万元，资本金138949.11万元。

（5）参考河南省现有高速公路的养护管理费标准，及省内现有收费公路项目的人员安排和管理费用情况，确定项目通车第一年（2007年）日常养护费取10万元/km，管理费用取12万元/km，以后年均增长率为3%。大修费用为当年正常养护费的13倍，计划在通车后第10年（2015年）和第18年（2023年）进行。大修年日常养护费减半，其他费用每年发生。

三、国民经济评价

（1）评价原则：遵循公路建设项目经济评价办法中关于国民经济效益计算的有关原则，对主要投入物按影子价格进行调整，按照有无项目对比分析方法，进行评价。

（2）项目效益流量计算：公路项目经济效益是指公路使用者的费用节约。本项目确定的效益共有以下4项：

①节约运输成本效益；②节约旅客时间效益；③节约货物时间效益；④减少交通事故效益。

（3）项目费用流量计算。

①经济费用：在工程估算总投资395949.11万元的基础上，剔除转移支付，并按影子价格调整得出的费用，国348840.55万元。

②运营期经济费用：在财务费用的基础上，作相应调整。

③项目残值：按经济费用的50%计，以负值在评价期末计入费用。

（4）本项目国民经济效益费用流量表参见附表1。

（5）国民经济效益指标：

经济内部收益率　$E_{IRR} = 14.71\%$

经济净现值　$E_{NPV}(i = 12\%) = 86241.33$ 万元

经济效益费用比　$E_{BCR} = 1.28$

投资回收期　$N = 17.93$ 年

(6)敏感性分析。为了预测项目可能承受的风险,对建设费用、效益两项指标变化对国民经济指标的影响作了分析,结果如下表。

国民经济评价指标敏感性分析表

效益变动 \ 建设费用变动		-10%	-5%	0	5%	10%
-10%	E_{IRR}(%)	14.71	14.08	13.50	12.96	12.46
	E_{NPV}(万元)	77617.20	62029.72	46442.24	30854.76	15267.27
	E_{BCR}	1.28	1.21	1.15	1.09	1.04
	N(年)	17.93	19.01	20.24	21.75	22.46
-5%	E_{IRR}(%)	15.25	14.71	14.11	13.56	13.04
	E_{NPV}(万元)	97516.75	81929.27	66341.78	50754.30	35166.82
	E_{BCR}	1.358	1.28	1.21	1.16	1.10
	N(年)	16.95	17.93	18.95	20.04	21.55
0	E_{IRR}(%)	15.98	15.32	14.71	14.14	13.61
	E_{NPV}(万元)	117416.29	101828.81	86241.33	70653.85	55066.37
	E_{BCR}	1.42	1.34	1.28	1.22	1.16
	N(年)	16.11	17.00	17.93	18.90	19.92
5%	E_{IRR}(%)	16.59	15.91	15.29	14.71	14.17
	E_{NPV}(万元)	13731.84	121728.36	106140.88	90553.40	74965.92
	E_{BCR}	1.49	1.41	1.34	1.28	1.22
	N(年)	15.39	16.20	17.04	17.93	18.85
10%	E_{IRR}(%)	17.19	16.49	15.85	15.26	14.71
	E_{NPV}(万元)	157215.39	141627.91	126040.43	110452.95	94865.47
	E_{BCR}	1.56	1.48	1.40	1.34	1.28
	N(年)	14.74	15.50	16.27	17.08	17.93

由分析结果可见,项目在效益下降10%、建设费用上升10%的不利情况下,国民经济收率为12.46%,仍大于社会折现率,说明本项目具有一定的抗风险能力。

四、财务评价

(1)本项目费用包括建设投资、运营期费用。

(2)收费收入:本项目收入是指建成后对通告车辆收取的过路费。根据2003年8月河南省境内高速公路通行费标准及其未来变动趋势,确定评价年度项目分车型收费标准如下表。

分车型收费标准(单位:元/车公里)

车型 \ 年份	2003	2008~2012	2013~2017	2018~2022	2023~2027
小客、小货车	0.45	0.52	0.60	0.68	0.79
大客、中货车	1.00	1.15	1.32	1.52	1.75
大货车	1.80	2.07	2.38	2.74	3.15
拖挂车	2.70	3.11	3.57	4.11	4.72

(3)折旧:采用直线法提取折旧,残值率为5%。

(4)税率:营业税及附加税率为项目营业额的5.5%;所得税税率按33%征收。

(5)财务基准收益率采用本项目的综合贷款利率3.74%。

(6)本项目全部投资和自有资金财务现金流量参见附表2和附表3。

(7)财务效益指标如下：

财务评价指示表

指标	单位	全部投资		自有资金	
		所得税后	所得税前	所得税后	所得税前
		6.91	8.60	8.15	10.74
		153331.05	269528.29	133093.33	249290.57
F_{IRR}	%	1.25	1.54	1.21	1.48
F_{NPV}	万元	17.66	16.24	18.32	16.72

(8)财务指标敏感性分析。为了预测项目承受风险的能力，对建设费用、效益两项指标的变化对财务指标的影响做了分析，结果见下表。

全部投资财务评价指标敏感性分析表

效益变动 \ 建设费用变动		-10%	-5%	0	5%	10%
-10%	E_{IRR}(%)	7.49	6.77	6.09	5.43	4.80
	E_{NPV}(万元)	168595.42	139368.99	110142.57	9016.14	51689.72
	E_{BCR}	1.32	1.25	1.19	1.13	1.08
	N(年)	16.97	17.81	18.71	19.67	21.16
-5%	E_{IRR}(%)	7.95	7.21	6.51	5.84	5.20
	E_{NPV}(万元)	192054.26	162014.30	131974.35	101934.40	71894.45
	E_{BCR}	1.36	1.28	1.22	1.16	1.11
	N(年)	16.48	17.29	17.15	19.07	20.07
0	E_{IRR}(%)	8.38	7.63	6.91	6.23	5.57
	E_{NPV}(万元)	215085.52	184208.29	153331.05	122453.82	91576.59
	E_{BCR}	1.39	1.31	1.25	1.19	1.13
	N(年)	16.05	16.83	17.66	18.53	19.47
5%	E_{IRR}(%)	8.79	8.02	7.29	6.59	5.92
	E_{NPV}(万元)	237588.07	205844.19	174100.30	142356.41	110612.52
	E_{BCR}	1.42	1.34	1.27	1.21	1.16
	N(年)	15.64	16.43	17.22	18.07	18.97
10%	E_{IRR}(%)	9.19	8.40	7.66	6.94	6.26
	E_{NPV}(万元)	260065.56	227453.63	194841.69	162229.76	129617.82
	E_{BCR}	1.44	1.37	1.30	1.24	1.18
	N(年)	15.25	16.06	16.83	17.66	18.51

由分析结果可见，项目在效益下降10%、建设费用上升10%的不利情况下，财务内部收益率为4.8%，仍大于设定的财务基准收益率，说明本项目具有一定的财务抗风险能力。

(9)贷款能力分析。本项目供求偿还期为13.67年(含建设期)；营运期内能够偿还供求(详见附表4)。

五、经济评论结论

（1）国民经济评价：本项目的经济内部收益率大于社会折现率（12%），经济净现值大于零，该项目具有良好的国民经济效益，对本地区有较好的投资效益。

根据敏感性分析，在效益减少10%、投资上升10%的不利情况下，各项评价指标仍高于基准值，该项目具有一定的国民经济抗风险能力。

（2）财务评价：本项目财务内部收益率大于设定的财务基准收益率（综合贷款利率3.74%），财务净现值大于零，财务效益可行。

根据敏感性分析，在效益减少10%、投资上升10%的不利情况下，各项评价指标仍高于基准值，该项目具有一定的财务抗风险能力。

（3）贷款偿还能力评价：贷款偿还期为13.67年（含建设期）；营运期内能够偿还贷款。

附表 1

国民经济效益费用流量表(单位:万元)

序号	项目 \ 年份	建设期			运营期								
		2005	2006	2007	2008	2009	2010	2011	2012	2013	2014	2015	2016
1	费用流量	81017.44	138831.40	128991.71	1886.72	1943.32	2001.62	2061.67	2123.52	2187.22	2252.84	2320.43	2390.04
1.1	建设费	81017.44	138831.40	128991.71									
1.2	运营管理费				1132.03	1165.99	1200.97	1237.00	1274.11	1312.33	1351.71	1392.26	1434.02
1.3	日常养护费				754.69	777.33	800.65	824.67	849.41	874.89	901.14	928.17	956.02
1.4	大修费												
1.5	残值												
2	效益流量				36916.97	40060.75	43636.67	47331.69	51528.76	56320.24	61816.15	68147.09	74275.11
2.1	节约运输成本效益				34357.68	37139.43	40290.43	43520.88	47175.04	51329.58	56075.21	61518.61	66730.97
2.2	节约旅客时间效益				2232.94	2571.55	2971.04	3410.65	3926.56	4534.27	5252.82	6105.85	6989.58
2.3	节约货物时间效益				81.72	89.34	97.93	106.57	116.26	127.13	139.39	153.26	166.38
2.4	减少事故损失效益				244.63	260.43	277.27	293.59	310.90	329.25	348.72	369.37	388.17
3	净效益流量	-81017.44	-138831.4	-128991.71	35030.25	38117.43	41635.04	45270.02	49405.24	54133.01	59563.30	65826.66	71885.07
4	净效益流量现值	-81017.44	-123956.610	-102831.40	24933.84	24224.31	23624.84	22935.20	-22348.42	21863.42	21479.12	21194.42	20665.24
5	累计净效益流量现值	-81017.44	-204974.05	-307805.45	-282871.61	-258647.30	-235022.45	212087.25	-189738.83	-167875.42	-146396.29	-125201.87	-104536.63

经济内部收益率　$E_{IRR}=14.71\%$　　经济效益费用比　$E_{BCR}=1.28$

经济净现值($I_c=23\%$)　$E_{NPV}=86241.3$ 万元　　投资回收期　$N=17.93$ 年(年)

续上表

序号	年份 项目	运营期											合计
		2017	2018	2019	2020	2021	2022	2023	2024	2025	2026	2027	
1	费用流量	14770.45	2535.59	2611.66	2690.01	2770.741	2853.83	2939.45	3027.63	18710.76	3212.01	-171111.90	253018.14
1.1	建设费												348840.55
1.2	运营管理费	1477.04	1521.36	1567.00	1614.01	1662.43	1712.30	1763.67	1816.58	1871.08	1927.21	1985.02	30418.12
1.3	日常养护费	492.35	1014.24	1044.66	1076.00	1108.28	1141.53	1175.78	1211.05	623.69	1284.81	1323.35	19162.702
1.4	大修费	12801.05								16215.99			29017.04
1.5	残值											-174420.28	174420.28
2	效益流量	60909.29	89082.28	97851.89	107170.32	114304.82	122048.76	130460.38	139550.03	112049.92	160117.18	171785.60	1785363.89
2.1	节约运输成本效益	54451.26	79225.21	86556.54	94349.91	100177.56	106466.19	113255.37	120646.91	96498.08	137357.16	146788.17	1573910.20
2.2	节约旅客时间效益	6016.30	9230.92	10629.34	12111.22	13384.67	14804.62	16389.58	18046.38	14875.92	218411.20	23997.54	199292.96
2.3	节约货物时间效益	135.75	197.33	215.26	235.35	250.58	267.05	284.89	305.76	246.72	354.46	382.53	3953.67
2.4	减少事故损失效益	305.98	428.81	450.75	473.85	492.01	510.90	530.55	550.98	429.18	594.36	617.37	8207.06
3	净效益流量	46138.84	86546.69	95240.23	104480.31	111534.11	119194.93	127520.94	136522.40	93339.16	156905.17	342897.50	1532345.75
4	净效益流量现值	11842.69	19834.27	19488.04	19088.16	18193.63	17360.07	16582.77	15851.18	9676.17	14523.08	28337.91	86241.33
5	累计净效益流量现值	-92693.94	-72859.67	-53371.63	-34283.47	16089.84	1270.23	17853.00	33704.17	43380.34	57903.42	86241.33	

附表 2

全部投资财务现金流量表(单位:万元)

序号	项目 \ 年份	建设期			运营期								
		2005	2006	2007	2008	2009	2010	2011	2012	2013	2014	2015	2016
1	现金流入				28563.4	30379.1	32313.1	39309.5	41586.8	43999.8	46556.6	49266.0	59488.4
1.1	收费收入				28563.4	30379.1	32313.1	39309.5	41586.8	43999.8	46556.6	49266.0	59488.4
1.2	回收资产余值												
2	现金流出	91958.3	157579.6	146411.2	3701.0	3864.8	4037.0	4489.6	4684.7	5334.6	10813.1	12653.0	17782.2
2.1	建设投资	91958.3	157579.6	146411.2									
2.2	经营成本				2130.0	2193.9	2259.8	2327.6	2397.4	2469.3	2543.4	2619.7	2698.3
2.2.1	运营管理费				1161.8	1196.7	1232.6	1269.6	1307.7	1346.9	1387.3	1428.9	1471.8
2.2.2	养护费				968.2	997.2	1027.2	1058.0	1089.7	1122.4	1156.1	1190.8	1226.5
2.2.3	大修费												
2.3	营业税金及附加				571.0	1670.9	1777.2	2162.0	2287.3	2420.0	2560.6	2709.6	3271.9
2.4	所得税									370.2	4745.6	6087.7	9818.6
2.5	计提公积金									75.2	963.5	1236.0	1993.5
3	净现金流量	-91958.3	-157579.6	-146411.2	24862.4	26414.3	28276.1	34819.9	36902.2	68665.1	35743.5	36613.0	41706.3
4	净现金流量现值	-91958.3	-151900.6	-136048.2	22270.1	22893.8	23535.1	27937.3	28540.9	28826.7	25688.0	25364.6	27851.9
5	累计净现金流量现值	-91958.3	-243858.9	-379907.1	-357637.1	-334743.2	-311208.2	-283270.9	-254730.0	-225903.4	-200215.3	-144850.7	-146998.8
6	所得税前净现金流量	-91958.3	-157579.6	-146411.2	24862.4	26514.3	28276.1	34819.9	36902.2	39035.3	40489.1	42700.7	51524.8
7	所得税前净现金流量现值	-91958.3	-151900.6	-136048.2	22270.1	22893.8	23535.1	27937.3	28540.9	29102.6	29098.6	29582.1	34408.8
8	所得税前累计净现金流量现值	-91958.3	-243858.9	-379907.1	-357637.1	-334743.2	-311208.2	-283270.9	-254730.0	-225627.4	-196528.8	-166946.7	-132537.9

税后		税前	
财务内部收益率	$F_{IRR}=6.91\%$	财务内部收益率	$F_{IRR}=8.60\%$
财务净现值($I_c=3.74\%$)	$F_{NPV}=153331.05$(万元)	财务净现值($I_c=3.74\%$)	$F_{NPV}=269528.29$(万元)
财务效益费用比	$F_{BCR}=1.25$	财务效益费用比	$F_{BCR}=1.54$
投资回收期	$N=17.66$(年)	投资回收期	$N=16.24$(年)

续上表

序号	项目 \ 年份	运营期											合计
		2017	2018	2019	2020	2021	2022	2023	2024	2025	2026	2027	
1	现金流入	46850.9	65601.9	688898.8	72367.2	86441.8	89792.0	93278.2	96906.1	75511.3	104611.0	128497.9	1300219.6
1.1	收费收入	46850.9	65601.9	688898.8	72367.2	86441.8	89792.0	93278.2	96906.1	75511.3	104611.0	108700.4	1280422.2
1.2	回收资产余值											19797.5	19797.5
2	现金流出	22757.1	21837.4	23949.2	25494.5	31603.8	33101.5	34659.5	36280.1	39200.8	39720.0	50060.9	821973.8
2.1	建设投资												395949.1
2.2	经营成本	18570.2	2862.6	2948.5	3036.9	3128.0	3221.9	3318.5	3418.1	23524.4	3626.3	3735.0	93029.6
2.2.1	运营管理费	1515.9	1561.4	1608.3	1656.5	1706.2	1757.4	1810.1	1864.4	1920.3	1978.0	2037.3	31219.1
2.2.2	养护费	631.6	1301.2	1340.2	1380.4	1421.8	1464.5	1508.4	1553.7	800.1	1648.3	1697.7	24584.1
2.2.3	大修费	16422.7								20803.7			37226.4
2.3	营业税金及附加	2576.8	3608.1	3789.4	3980.2	4754.3	4938.6	5130.3	5329.8	4153.1	5753.6	7067.4	71512.1
2.4	所得税	1338.3	12773.3	14306.6	15359.0	19718.1	20731.9	21787.2	2285.7	9578.7	25219.8	32633.0	217353.7
2.5	计提公积金	271.7	2593.4	2904.7	3118.3	4003.4	4209.1	4423.5	4646.5	1944.8	5120.4	6625.5	44129.4
3	净现金流量	24093.8	43764.5	44949.6	46872.7	54838.0	56690.4	58618.7	60626.0	36310.5	64891.0	78437.0	478245.8
4	净现金流量现值	15510.2	27157.8	26887.9	27027.8	30481.1	30375.2	30276.4	30184.7	17426.9	30021.4	34980.6	153331.1
5	累计净现金流量现值	−131488.6	−104330.9	−77442.9	−50415.2	−19934.0	10441.1	40717.6	70902.3	88329.1	118350.5	153331.1	
6	所得税前净现金流量	25432.1	56537.8	59256.2	62231.7	74556.1	77422.3	80405.9	83511.7	4588.92	90110.7	111070.0	695599.5
7	所得税前净现金流量现值	16371.7	35084.1	35445.8	35884.1	41441.2	41483.5	41529.5	41579.1	22024.1	41689.2	49533.9	269528.3
8	所得税前累计净现金流量现值	−116166.2	−81082.1	−45636.2	−9752.1	31689.1	73172.6	114702.1	156281.2	178305.2	219994.4	269528.3	

附表3

自有资金财务现金流量表(单位:万元)

序号	项目 \ 年份	建设期			运营期								
		2005	2006	2007	2008	2009	2010	2011	2012	2013	2014	2015	2016
1	现金流入				28563.45	30379.14	32313.05	39309.47	41586.80	43999.75	46556.56	49265.97	59488.42
1.1	收费收入				28563.45	30379.14	32313.05	39309.47	41586.80	43999.75	46556.56	49265.97	59488.42
1.2	回收资产余值												
2	现金流出	31958.30	55579.64	51711.17	28563.45	30379.14	32315.05	39309.47	41586.80	43999.75	46556.56	49265.97	59488.42
2.1	建设投资	31958.30	55579.64	51411.17									
2.2	经营成本				16933.24	16417.73	15775.61	14993.22	13786.96	12389.36	10807.72	9301.22	7655.76
2.2.1	运营管理费				1161.84	1196.70	1232.60	1269.57	1307.66	1346.89	1387.30	1428.92	1471.78
2.2.2	养护费				968.20	997.25	1027.16	1057.98	1089.72	1122.41	1156.08	1190.76	1226.49
2.2.3	大修费												
2.2.4	偿还贷款利息				14803.20	14223.79	13515.85	12665.66	11389.5850	9920.06	8264.34	6681.54	4957.49
2.3	营业税金及附加				1570.99	1670.85	1777.22	2162.02	2287.27	2419.99	2560.61	2709.63	3271.86
2.4	所得税									370.17	4745.61	6087.69	9818.56
2.5	计提公积金									75.15	963.50	1235.99	1993.47
2.6	偿还贷款本金				10059.22	12290.55	14760.22	22154.24	25512.57	28745.09	27479.12	29931.45	36748.77
3	净现金流量	31958.30	−55579.64	−51411.17									
4	净现金流量现值	31958.30	−53576.60	−47772.31									
5	累计净现金流量现值	31958.30	−85534.89	−133307.20	−133307.20	−133307.20	−133307.20	−133307.20	−133307.20	−133307.20	−133307.20	−133307.2	−133307.2
6	所得税前净现金流量	31958.30	−55579.64	−51411.17						370.17	4745.61	6087.69	9818.56
7	所得税前净现金流量现值	31958.30	−53576.60	−47772.31						275.98	3410.57	4217.41	6556.93
8	所得税前累计净现金流量现值	31958.30	−85534.89	−133307.20	−133307.20	−133307.20	−133307.20	−133307.20	−133307.20	−133031.22	−129620.65	−125403.24	−118846.31

续上表

序号	项目 \ 年份	运营期											合计
		2017	2018	2019	2020	2021	2022	2023	2024	2025	2026	2027	
1	现金流入	46850.89	65601.92	68898.82	72367.20	86441.80	89791.96	93278.19	96906.13	75511.26	104610.9	128497.87	1300219.64
1.1	收费收入	46850.89	65601.92	68898.82	72367.20	86441.80	89791.96	93278.19	96906.13	7511.26	104610.9	108700.42	1280422.18
1.2	回收资产余值											19797.46	19797.46
2	现金流出	46850.89	51519.71	23949.18	25494.49	31603.83	33101.54	34659.48	36280.12	39200.79	39720.0C	50060.91	922852.67
2.1	建设投资												138949.11
2.2	经营成本	21411.00	4479.18	2948.47	3036.93	3128.04	3221.88	3318.53	3418.09	23524.22	3626.25	3735.04	193908.44
2.2.1	运营管理费	1515.94	1561.42	1608.26	1656.51	1706.20	1757.39	1810.11	1864.41	1920.34	1977.95	2037.29	31219.08
2.2.2	养护费	631.64	1301.18	1340.225	1380.42	1421.83	1464.49	1508.42	1553.68	800.14	1648.30	1697.74	24584.11
2.2.3	大修费	16422.66								20803.73			37226.39
2.2.4	偿还贷款利息	2840.76	1616.59										100878.86
2.3	营业税金及附加	2576.80	3608.11	3789.44	3980.20	4754.30	4938.56	5130.30	5329.84	4153.12	5753.60	7067.38	71512.08
2.4	所得税	1338.32	12773.33	14306.60	15359.02	19718.12	20731.90	21787.19	22885.70	9578.69	25219.77	32633.00	217353.66
2.5	计提公积金	271.72	2593.37	2904.67	3118.35	4003.38	4209.20	4423.46	4646.49	1944.76	5120.38	6625.49	44129.38
2.6	偿还贷款本金	21253.05	28065.72										257000.00
	2－2.4	45512.57	38746.38	9642.58	10135.47	11885.71	12369.64	12872.29	13394.42	29622.10	14500.23	17427.91	705499.01
3	净现金流量		14082.21	44949.64	46872.71	54837.97	56690.42	58618.71	60626.01	3610.46	64890.98	78436.97	377366.97
4	净现金流量现值		8738.61	26887.92	27027.78	30481.13	30375.17	30276.43	30184.69	17426.85	30021.39	34980.55	133093.33
5	累计净现金流量现值	－133307.2	－124568.6	－97680.66	－70652.88	－40171.75	－9796.58	20479.85	50664.54	68091.39	98112.78	133093.33	
6	所得税前净现金流量	1338.32	26855.54	59256.24	62231.73	74556.09	77422.32	80405.90	83511.71	45889.15	90110.74	111069.97	594720.63
7	所得税前净现金流量现值	861.53	16665.01	35445.83	35884.11	41441.25	41483.49	41529.46	41579.11	22024.05	41689.15	49533.90	249290.57
8	所得税前累计净现金流量现值	－117984.78	－101319.77	－65873.95	－29989.83	11451.41	52934.90	94464.37	136043.47	158067.52	199756.68	249290.57	

附表 4

贷 款 偿 还 表(单位:万元)

序号	年份／项目	建设期			运营期								
		2005	2006	2007	2008	2009	2010	2011	2012	2013	2014	2015	2016
1	长期投资借款												
1.1	年初借款累计		60000.00	162000.00	257000.00	246940.78	234650.23	219890.01	197735.77	172223.20	143478.11	115998.99	86067.55
1.2	本年借款	60000.00	102000.00	95000.00									
1.3	本年应付利息	1728.00	6393.60	12067.20	14803.20	14223.79	13515.85	12665.66	11389.58	9920.06	8264.34	6681.54	4957.49
1.4	本年偿还	1728.00	6393.60	12067.20	24862.42	26514.34	28276.07	34819.90	36902.15	38665.15	35743.45	36612.99	41706.26
1.4.1	偿还本金				10059.22	12290.55	14760.22	22154.24	25512.57	28745.09	27479.12	29931.45	36748.77
1.4.2	付息	1728.00	6393.60	12067.20	14803.20	14223.79	13515.85	12665.66	11389.58	9920.06	8264.34	6681.54	4957.49
1.5	年末借款累计	60000.00	162000.00	257000.00	246940.78	234650.23	219890.01	197735.77	172223.20	143478.11	115998.99	86067.55	49318.78
2	偿还贷款本金的资金来源				10059.22	12290.55	14760.22	22154.24	25512.57	28745.09	27479.12	29931.45	36748.77
2.1	可用于偿还的利润									676.39	8671.53	11123.87	17941.19
2.2	可用于偿还的折旧				10059.22	12290.55	14760.22	18807.58	18807.58	18807.58	18807.58	18807.58	18807.58
2.3	可用于偿还的弥补亏损							3346.65	6704.99	9261.12			
2.4	用于偿还的自有资金	1728.00	6393.60	12067.20									

国内贷款偿还期 = 13.67 年(含建设期)

续上表

序号	项目 \ 年份	运营期											合计
		2017	2018	2019	2020	2021	2022	2023	2024	2025	2026	2027	
1	长期投资借款												
1.1	年初借款累计	29318.78	28065.72										1973369.14
1.2	本年借款												257000.00
1.3	本年应付利息	2840.76	1616.59										121067.66
1.4	本年偿还	24093.81	29682.31										378067.66
1.4.1	偿还本金	21253.05	28065.72										257000.00
1.4.2	付息	28401.76	1616.59										121067.66
1.5	年末借款累计	28065.72											1973369.14
2	偿还贷款本金的资金来源	21253.05	42147.93	44949.64	46872.71	54837.97	56690.42	58618.71	60626.01	36310.46	64891.0	78437.0	773316.08
2.1	可用于偿还的利润	2445.47	23340.35	26142.06	28065.12	36030.39	37882.84	39811.13	41818.42	17502.88	46083.39	59629.39	397164.42
2.2	可用于偿还的折旧	18807.58	18807.58	18807.58	18807.58	18807.58	18807.58	18807.58	18807.58	18807.58	18807.58	18807.58	356838.90
2.3	可用于偿还的弥补亏损												19312.76
2.4	用于偿还的自有资金												20188.80

河南省地震安全性评定委员会文件

豫震评〔2005〕66号

9. 关于太原至澳门国家重点公路分水岭至南阳段高速公路工程场地安全性评价工作报告的评审意见

河南省地震局：

由河南省地震局地震工程勘察研究院承担的《太原至澳门国家重点公路分水岭至南阳段高速公路工程场地地震安全性评价工作报告》，经河南省地震安全性评定委员会有关专家评审，认为该报告符合中华人民共和国国家标准《工程场地地震安全性评价技术规范》（GB 17741—1999），符合中国地震局《工程场地地震安全性评价工作报告编写要求》，结论合理，同意报告中提出的结论意见[（1）场地类别：Ⅱ类；（2）50年超越概率10%地面水平加速度峰值（g_{a1}）：石庙互通立交桥86.9，张华岗互通立交桥89.6，连接线白河特大桥88.0；（3）线路设计基本地震动水平加速度：K00～K40段小于0.05g，K43至石庙互通立交桥、连接线百河特大桥至祝庄互通立交桥两段0.05g，主线石庙互通立交桥以南、连接线石庙互通立交至白河特大桥两段0.10g]。

河南省地震安全性评定委员会

二〇〇五年七月十五日

河南省地震局文件

---

10. 关于太原至澳门国家重点公路分水岭至南阳段高速公路工程场地抗震设防标准审批意见的函

河南岭南高速公路有限公司：

由河南省地震局地震工程勘察研究院完成的《太原至澳门国家重点公路分水岭至南阳段高速公路工程场地地震安全性评价工作报告》，已经通过“河南省地震安全性评定委员会”有关专家评审，本工程应采用的地震动参数如下：

(1)场地类别：Ⅱ类。

(2)50年超越概率10%地面水平加速度峰值(g_{a1})：石庙互通立交桥86.9，张华岗互通立交桥89.6，连接线白河特大桥88.0。

(3)线路设计基本地震动水平加速度：K00～K40段小于0.05g；

K43至石庙互通立交桥、连接线百河特大桥至祝庄互通立交桥两段0.05g；

主线石庙互通立交桥以南、连接线石庙互通立交至白河特大桥两段0.10g。

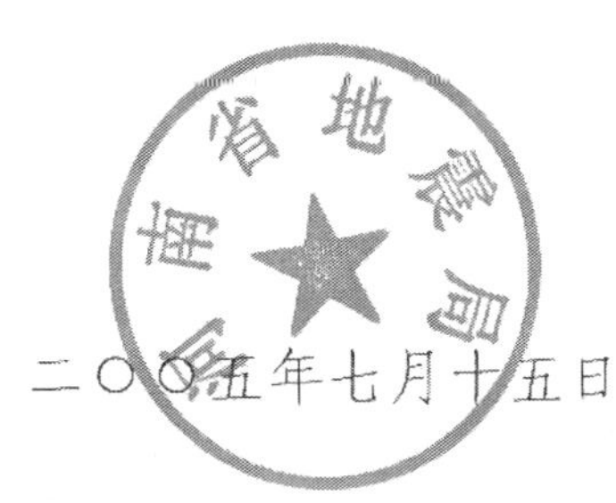

二〇〇五年七月十五日

11. 分水岭至南阳段高速公路建设用地地质灾害危险性评估报告评审意见

受南阳市高速公路有限公司的委托，河南省地质环境监测总站进行了南召分水岭至南阳段高速公路建设用地地质灾害危险性评估。评估工作自 2004 年 3 月 8 日开始，在完成野外调查区面积 148 平方公里、调查点 101 个、村庄访问 70 处、照片 36 张和收集资料 5 份的基础上，于 2004 年 3 月 20 日提交了《南召分水岭至南阳段高速公路建设用地地质灾害危险性评估报告》。

2004 年 4 月 5 日，河南省地质灾害调查评估评审认定中心在郑州组织有关专家，对河南省地质环境监测总站提交的该评估报告进行了评审，形成评审意见如下。

一、拟建南召分水岭至南阳段高速公路，全长 73.188km，全线特大桥 1 座，大中桥 32 座，隧道 6 道，分离式立交桥 4 座，互通式立交桥 5 处，通道 114 道，天桥 22 座，涵洞 167 个，属重要建设项目。公路沿线南部为平原，北部为低山，地貌类型较复杂，地质构造较简单，工程水文地质条件良好，人类工程活动影响强度较强烈，地质环境条件复杂程度为中等。报告由此确定地质灾害危险性评估级别为一级评估正确。

二、评估报告结合已有资料分析和现场地质调查，对评估区地质环境条件进行了分析论述，为地质灾害危险性评估奠定了较好基础。

三、报告在对评估区地质环境条件分析论证的基础上，进行了现状估认和预测评估。认为现状条件下，评估区地质灾害类型主要为崩塌、膨胀土和泥石流等灾害，其中崩塌、滑坡、泥石流、地裂缝、地面塌陷和膨胀土的危害，其中地裂缝和膨胀土灾害危险性小，崩塌、滑坡灾害危险性中等，泥石流和地面塌陷危险性大。

四、综合评估认为，评估区沟口—雪家庄段、靳家庄—庵上段地质灾害危险性大，拟建工程所征土地适宜性差；分水岭—沟口段、雪家庄—靳家庄段、庵上—黄沟段、磨山沟—山坡段地质灾害危险性中等，拟建工程所征土地基本适宜；黄沟—磨山沟段、山坡—张华岗段地质灾害危险性小，拟建工程所征土地基本适宜。结论清楚。

五、报告提出的地质灾害防治措施及建议，工程建设单位可参考使用，尤其是工程建设可能诱发的地质灾害和工程建设本身可能遭受的地质灾害，建设单位应采取有效措施进行防治。

六、该评估报告仅作为审批建设用地适宜性的依据。由于该报告完成在可研论证阶段，在工程建设时，有可能产生报告中尚未发现的问题，对此建设单位应引起足够的重视加以预防。

综上所述，南召分水岭至南阳段高速公路建设用地地质灾害危险性评估报告，评估级别确定正确，综合评估结论清楚，评估内容较全，基本符合国土资源部《建设用地地质灾害危险性评估技术要求（试行）》和河南省国土资源厅《〈建设用地地质灾害危险性评估技术要求（试行）〉实施意见》的有关规定，报告按专家组提出的意见修改、补充完善后，同意报国土资源厅确认。

评审专家组

二〇〇四年四月五日

河南省国土资源厅文件

豫国土资函〔2004〕101号

12. 关于太澳高速公路分水岭至南阳段及南阳连接线工程压覆矿产资源情况的审查意见

南阳市高速公路有限公司：

你单位《关于对岭南高速公路压覆矿产资源核查评估报告审批的请示》（宛高速〔2004〕30号）收悉。

拟建的太澳高速公路分水岭至南阳段北起鲁山县四棵树乡，与大安至分水岭高速公路相连，向南经南召县城东，止于南阳市卧龙区与镇平县交界附近的大井，与规划的上海至武威国家重点公路相连，全长73.188km。拟建的南阳段连接线西起于分水岭至南阳段公路K141+160处龚河互通，东至于南阳市东北大叶岗附近，路线长23.448km。

经审查，太澳高速公路分水岭至南阳段及南阳连接线工程项目未压覆查明资源储量的矿床。

二〇〇四年四月二日

南阳市高速公路有限公司文件

宛高速〔2004〕30号

---

13. 关于对岭南高速公路压覆矿产资源核查评估报告审批的请示

河南省国土资源厅：

根据有关规定，南阳市高速公路有限公司委托河南省地矿建设工程（集团）有限公司实施的太原至澳门高速公路分水岭至南阳段及连接线（简称岭南高速公路）工程压覆矿产资源核查评估报告已编妥，现予呈报，请审批。

附件：太澳高速公路分水岭至南阳段及南阳连接线工程压覆矿产资源核查评估报告（略）

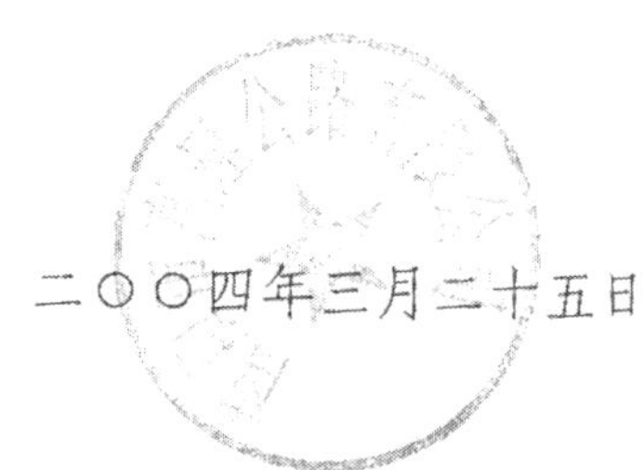

二〇〇四年三月二十五日

河南省环境保护局文件

豫环监〔2005〕116 号

---

14. 关于《河南省洛阳至南阳高速公路分水岭至南阳段环境影响报告书》的批复

河南省高速公路发展有限公司：

你公司上报的由交通部天津水运工程科学研究所编制的《河南省洛阳至南阳高速公路分水岭至南阳段工程环境影响报告书(报批稿)》(以下简称《报告书》)、南阳环保局宛环管〔2005〕65号文和省环境工程评估中心豫环评估书〔2005〕109 号技术评估文件均收悉,经研究,批复如下。

一、同意南阳市环保局的审查意见,原则批准《报告书》。建设单位和设计单位应根据报告书所提要求,落实各项环境保护措施和环保投资。

二、项目在建过程中应重点做好以下工作:

(一)鉴于本公路线路距离保护区较近,且穿越鸭河口饮用水源二级保护区,建设单位应加强各个时期的环境保护工作,建立环境管理制度,落实各项环境保护措施及环保投资,将环保措施纳入招标、施工承包合同与施工监理中。

(二)严禁在与南阳市饮用水源一级保护区和二级保护区距离 1km 范围内及与黄鸭河、白河、铁河、大石河水体距离 1km 范围以内设置搅拌站、施工生活区等临时施工场地。施工废水禁止排入饮用水源保护区。

(三)公路以桥梁的形式跨越黄鸭河、白河、铁河、大石河等沿线水体。工程设计单位应针对以上桥梁的护栏进行加高、加厚,并对上述跨河桥梁排水系统做出特殊设计,路面径流汇集至边沟后不得直接排入沿线河流,同时还要求桥梁跨越饮用水源二级保护区主河槽的部分加装防落网或采取其他有效的工程措施,避免运输危险品的车辆经过桥梁时车上的货物翻落到河流中,造成水体污染。

(四)由于本项目北段山区和中部丘陵区地势起伏较大,弃渣场主要集中于这段区域内,容易形成严重水土流失。况且路线的北部和中部位于鸭河口水库的上游,项目建设需加强水保工作,避免对鸭河口水库产生影响。

(五)施工营地附近设化粪池处理施工废水,施工结束后将其覆土掩埋;施工中的废油、废沥青和其他其固定废物应及时转运至专门的仓库或堆放场所,并设篷盖,防止雨水冲刷如水体;Ⅱ、Ⅲ类水体建桥施工应修建防渗水泥蒸发池,经沉淀后的固体废物定期清理用于肥田,施工结束后将防渗蒸发池覆土掩埋，并进行绿化。

（六）合理设计取弃土场，控制取料场的坡度和深度，提高土石的利用率，减少弃方数量，充分利用民房和闲散荒地作为施工营地、临时物料场。

（七）严格控制并降低施工噪声及振动，对沿线环境敏感点根据不同情况分别采取设置声屏障、隔音窗、环保搬迁等措施，保证噪声环境达标。在公路运行后对近距离村庄等敏感点进行声环境跟踪监测，若出现超标必须采取相应措施，尽量减轻交通噪声对沿线居民的影响。主线据中心线两侧300m范围内，连接线据中心线250m范围内，设置公路沿线噪声防护距离，在此距离内不宜建设大型集中居民区、医院、学校等环境敏感点。

（八）综合管理中心和收费站生活污水通过小型污水处理设备处理达标后用于农灌，公路服务区和停车区污水通过本身配备的污水处理设施进行处理达标后回用于绿化等，不得排入沿线水体。

（九）沿线服务区等管理单位，应配备具有一定专业知识的人员，负责风险事故处理并备有必要的应急处理设施，一旦发生污染事故，应严格执行制定的应急预案。

三、建设单位应成立专门机构，指定专人负责环保工作。

在项目建设过程中严格执行环保“三同时”制度。项目完成后按规定程序及时向我局申请验收。验收合格后，方可正式运营。建设单位要建立有效地施工期环境监控机制。委托有资质的环境工程监理单位。负责督促工程施工期各项环保措施的实施。在工程初步设计阶段要确立环境工程监理的实施方案，并把此项工作费用纳入工程总体预算；施工期环境监理报告应作为该项目环境保护验收的必备条件。

四、自觉接受南阳市环保局、交通部门对该项目建设的环境保护检查。施工期有关环境保护事项及时报告我局。

二〇〇五年八月十日

南阳市环保局文件

宛环管〔2005〕65号

---

15. 关于对河南省洛阳至南阳高速公路分水岭至南阳段工程环境影响报告书的审查意见

河南省环保局：

由交通部天津水运工程科学研究所编制的《河南省洛阳至南阳高速公路分水岭至南阳段工程环境影响报告书(报批稿)》收悉，经研究，现对《河南省洛阳至南阳高速公路分水岭至南阳段工程环境影响报告书》(报批版)提出审查意见如下。

一、该报告书编制规范，目的明确、内容全面、重点突出，工程内容介绍清楚，所提污染防治及生态保护和恢复措施原则可行，符合工程特点和环境要求，评价结论可信，同意该项目上报省局审批。

二、项目建设应重点做好以下工作：

(一)落实环评审批后的内部环境保护工作。建设单位应加强各个时期的环境保护工作，建立环境管理制度，落实各项环境保护措施及环保投资，并在机构人员身上予以保证；将环保措施纳入招标、施工承包合同与施工监理中，并委托第三方环境监理公司进行施工期的环境监理，定期向省局及我局报告开工前后各阶段环境保护措施的落实情况。

(二)做好施工组织环保设计工作。合理设计取、弃土场，控制取料场的坡度和深度，提高土石的利用率，减少弃方数量，充分利用民房和闲散荒地作为施工营地、临时物料场；施工机械必须在规定区域作业，不得随意扩大施工活动区域；及时采取水土保持措施，有针对性地修整并恢复取弃土场、施工便道等临时占地。

(三)加强河流水体水质的保护。工程所跨越的黄鸭河、白河、铁河、大石河均为地表水水源二级保护区，因此，施工过程中应在1km之外设立料场、废弃物堆放场、施工营地等。营运期应严格落实报告书提出的各项污染防治措施，杜绝污染事故的发生，保证水体的水质不受污染。

(四)加强交通噪声控制措施。确定合理的施工地点和时间，减少机械和运输车辆对声敏感点的影响。道路两侧200m范围内禁止新建住宅、医院、学校等河南敏感点。

(五)防止施工和运输过程中产生的废气、扬尘对居民区、学校等环境敏感点，并落实具体措施。对施工现场、储料场、施工材料运输公路以及便道应采取定时洒水降尘措施。

三、项目建设必须严格执行环境保护与主体工程同时设计、同时施工、同时投入使用的环保

“三同时”制度,落实各项污染防止措施和生态恢复措施。工程竣工后,经验收合格方可投入正式使用。

南阳市环境保护局

2005年7月26日

河南省水利厅文件

豫水土〔2005〕60 号

16. 关于《洛阳至南阳高速公路分水岭至南阳段工程水土保持方案报告书》的复函

河南省交通厅：

你厅《关于洛阳至南阳高速公路分水岭至南阳段工程水土保持方案报告书审查意见的函》（豫交计〔2005〕234 号）收悉。依据水土保持法规及技术规范的有关要求，批复如下：

一、洛阳至南阳高速公路是河南省规划的一条高速通道，分水岭至南阳段高速公路项目主线北段起于平顶山与南阳交界处的分水岭，接同期规划洛阳至南阳高速公路寄料至分水岭段，路线经南阳市南召县、卧龙区、宛城区、镇平县，南接上海至武威国家重点公路，主线路全长 74.726km，联络线起自龚河枢纽互通，与许平南高速公路相连，全长 24.25km，工程概算总投资 41.37 亿元（含联络线）。计划 2005 年开工，2008 年建成通车。

该工程主要位于中山区和低山丘陵区，沿线土壤以黄棕壤土为主，地处北亚热带向暖温带过渡地带，属大陆性季风气候，年平均气温 14.0 ~ 15.7℃，年均降雨量为 717 ~ 852mm，年平均风速 1.5 ~ 3.1m/s，土壤侵蚀以水力侵蚀为主，属河南省“三区”划分中的重点预防保护区和重点治理区。建设单位编报水土保持方案，符合我国水土保持法律法规要求，对防治工程建设可能造成的水土流失，保护项目区生态环境有重要意义。

二、基本同意你厅的预审意见，报告书编制依据充分，防治目标明确，水土保持分区及分区防治措施基本合理，可作为下一步水土保持工作的依据。

三、同意方案确定的设计水平年为 2009 年，水保方案服务年限为 2005 ~ 2008 年。

四、基本同意水土保持预测内容、方法和结果，预测项目建设新增水土流失量 5.56 万吨，损失水土保持设施面积 290.46hm^2。

五、基本同意方案确定的防治目标为：扰动土地治理率达到 95% 以上；拦渣率施工期大于 95%，试运行期大于 99%；土壤侵蚀模数控制比降低到 1.5 以下，水土流失治理度达到 90% 以上，植被恢复系数达到 95%，林草植被覆盖率达到 20% 以上。

六、基本同意方案界定的项目建设防治责任范围 1089.52hm^2，其中项目建设区 897.32hm^2，包括主体工程占地 744.05hm^2，弃渣场占地 96.99hm^2，取土场占地 37.69hm^2，临时工程区占地 18.59hm^2；直接影响区 192.20hm^2。

七、水土流失防治分区基本合理,采取工程措施与植被措施相结合的防治方案基本可行。公路沿线设置10个取土场和21个弃渣场,应本着少占地的原则,优化取土方式,并采取积极防护措施,防止人为水土流失的发生。新增主要工程量:浆砌石3.78万m^3,开挖土方2.49万m^3,填筑土方5.49万m^3,渣场覆土14.55万m^3,灌木80.54万株,乔木4.85万株,渣场种草74.08hm^2。

八、同意水土保持方案实施进度安排,要严格按照批复的水土保持方案所确定的进度组织实施水土保持工程。

九、同意水土保持投资概算编制的原则、依据和方法,该工程新建水土保持投资2524.8万元,其中水土保持补偿费435万元,监测费60.05万元,监理费72万元。

十、建设单位在工程建设中重点做好以下工作:

(1)认真实施水土保持方案,将新增水土保持措施施工成量、投资纳入施工招标文件或合同管理,落实"三同时"制度。

(2)根据本方案的布设,弃渣场采取先拦后弃的原则,做好拦挡排水措施,确保弃渣场稳定。

(3)定期向当地水行政主管部门。

南阳市环境保护局

2005年7月26日

河南省交通厅文件

豫交计〔2005〕234 号

17. 关于《洛阳至南阳高速公路分水岭至南阳段工程水土保持方案报告书审查意见》的函

河南省水利厅：

洛阳至南阳高速公路分水岭至南阳段工程水土保持方案已由河南省农田水利水土保持技术推广站编制完成，现提出我厅审查意见：

一、水土保持方案（报批稿）编制依据充分，防治目标明确，防治分区及分区防治措施基本合理，可作为水土保持工程设计及管理的依据。

二、在主体工程设计中，设计单位从路线走向、公路边坡防护、取、弃土场选址及取土方式等进行了优化设计，并采取了积极防护措施。主体工程水保工程措施及植物措施费用已安排14172 万元，最大限度地减少水土流失对生态环境的破坏。

三、该路段穿越中山区，地形复杂，水土保持方案报告书应将弃渣场的设置作为编制重点，从水保角度对主体工程提出的弃渣场进行优化设计，因地制宜、科学合理地确定弃渣场数量和水保措施。

四、在项目实施过程中，要严格执行水土保持设施与主体工程"三同时"制度，认真落实各项水土保持措施，成立专门机构加强监督管理，以保证水土保持方案的顺利实施。

五、同意对洛阳至南阳高速公路分水岭至南阳段工程水土保持方案报告书的进一步完善，新增水土保持方案工程费 2525 万元。其中：工程措施费 1397 万元，植物措施费 166 万元，临时工程费 244 万元，独立费用 220 万元，预备费 62 万元，水土保持设施补偿费 435 万元。

六、增加费用列入工程总概算，从项目工程预备费中调剂解决。

附件：洛阳至南阳高速公路分水岭至南阳段工程水土保持方案报告书（略）

二〇〇五年九月二十八日

河南高速公路发展有限责任公司文件

豫高司函〔2005〕53号

签发人：王金山

18. 关于确认河南省洛阳至南阳高速公路分水岭至南阳段工程水土保持防治责任范围及损坏水土保持设施面积的函

南阳市水利局：

为贯彻执行《中华人民共和国水土保持法》，搞好开发建设项目水土保持工作，我公司委托河南省农田水利水土保持技术推广站承担编制的《河南省洛阳至南阳高速公路分水岭至南阳段工程水土保持方案报告书(送审稿)》于2005年7月10日通过了由河南省水利厅组织的技术评审，经完善修改后已形成报批稿。该高速公路占地范围全部在贵市境内，涉及南召县、卧龙区、宛城区、镇平县。

根据《中华人民共和国水土保持法》、《河南省实施〈中华人民共和国水土保持法〉办法》、《河南省人民政府关于划分水土流失重点防治区的通告》等法律法规及国家行业标准《开发建设项目水土保持方案技术规范》的规定，我公司和方案编制单位在专家组评审意见基础上，参考主体工程设计资料并结合详细的外业勘查，初步确认洛阳至南阳高速公路分水岭至南阳段工程水土流失防治责任范围和损坏水土保持设施面积如下。

1. 水土流失防治责任范围

洛阳至南阳高速公路分水岭至南阳段工程水土流失防治责任范围面积为1089.52hm^2，包括项目建设区面积897.32hm^2，直接影响区面积192.20hm^2，详见附表1(略)。

2. 损坏水土保持设施的面积和数量

根据对项目工程占地类型的统计分析，在工程建设过程中占用损坏的水土保持设施类型主要为梯田、林草地等，总面积为241.64hm^2，见附表2(略)。

以上面积恳请贵局予以确认，以便尽快落实“三同时”制度，共同搞好该建设项目的水土保持工作。

2005 年 8 月 3 日

19. 河南省洛阳至南阳高速公路分水岭至南阳段工程施工许可申请书

河南岭南高速有限公司

2010 年 4 月 10 日

<table>
<tr><td>申请人(项目法人)名称</td><td colspan="5">河南岭南高速公路有限公司</td></tr>
<tr><td>申请人(项目法人)地址及邮政编码</td><td colspan="5">河南省南阳市滨河路东段市总工会大楼　邮编:473000</td></tr>
<tr><td rowspan="5">法定代表人姓名及联系方式</td><td>姓名</td><td>侯建军</td><td rowspan="5">委托代理人姓名及联系方式</td><td>姓名</td><td></td></tr>
<tr><td>电话</td><td>0377-63507500</td><td>电话</td><td></td></tr>
<tr><td>手机</td><td>13333662200</td><td>手机</td><td></td></tr>
<tr><td>传真</td><td>0377-63020006</td><td>传真</td><td></td></tr>
<tr><td>E-mail</td><td></td><td>E-mail</td><td></td></tr>
<tr><td></td><td colspan="5">(1)交通厅对施工图设计文件的批复豫交计〔2006〕332 号;
(2)省发改委对工程初步设计的批复豫发改设计〔2005〕359 号;
(3)省发改委对可行性研究报告的批复豫发改交通〔2005〕705 号;
(4)河南省国土资源厅建设用地的审核预审意见豫国土资〔2004〕124 号;河南省国土资源厅对建设用地的意见豫国土资〔2006〕186 号;国土资源部关于洛阳至南阳高速公路分水岭至南阳段工程建设用地的批复国土资函〔2009〕147 号;
(5)建设项目各合同段施工、监理单位名单,合同价情况;
(6)施工、监理、设计资格预审报告、招标文件、评标报告上报文件;
(7)已办理的质量监督手续;
(8)工程质量和安全措施</td></tr>
<tr><td>申请日期</td><td colspan="2">2010 年 4 月 10 日</td><td>法定代表人(委托代理人)签字或盖章</td><td colspan="2">侯建军印</td></tr>
</table>

注:1. 本申请书由交通行政许可的实施机关负责免费提供;

2. 申请人应当如实向实施机关提交有关材料和反映情况,并对申请材料实质内容的真实性负责。

<table>
<tr><td rowspan="3">项目基本情况</td><td>项目名称:河南省洛阳至南阳高速公路分水岭至南阳段工程</td></tr>
<tr><td>路线起讫点:该工程主线起自平顶山南阳两市交界处分水岭,止于张华岗村西侧与上海至西安高速公路相连</td></tr>
<tr><td>建设规模及主要技术指标:
路线全长98.106km,连接线9.136km,路基宽度山岭区:26m;平原区:28m,路面为沥青混凝土,桥涵设计荷载:公路—I级的1.3倍,设计洪水频率特大桥1/300,中小桥涵洞1/100,连接线为二级工路标准,其他按《河南高速公路设计技术要求》</td></tr>
<tr><td rowspan="4">建设依据</td><td>工可报告批准机关:河南省发展和改革委员会　文号:豫发改交通〔2005〕705号
日期:2005.6.9
项目申请报告核准机关:</td></tr>
<tr><td>初步设计批准机关:河南省发展和改革委员会　文号:〔2006〕359号
日期:2006.4.6</td></tr>
<tr><td>施工图设计批准机关:河南省交通厅　文号:豫交计〔2006〕332号
日期:2006.12.25</td></tr>
<tr><td>批准总概算:456569万元　　　　其中部投资:　　　　万元</td></tr>
<tr><td>土地征用办理情况</td><td>建设用地批准机关:河南省政府国土资源厅,文号:〔2004〕124号,日期:2004.4.19;豫国土资〔2006〕186号,日期:2006.4.25;国土资源部国土资〔2009〕147号,日期:2009.2.6</td></tr>
<tr><td>交通主管部门对建设资金的审计意见</td><td>经审计该项目属河南高速公路发展有限责任公司独立投资项目,批准概算456569万元,其中35%为资本金由河南高速公路发展有限责任公司自筹资本金159800万元,其余65%由项目法人河南岭南高速公路有限公司负责申请国内工商和建设银行贷款,目前资本金和银行贷款都已到位

河南省交通运输厅财务处
2010年6月2日</td></tr>
</table>

<table>
<tr><td rowspan="2">项目法人
基本情况</td><td>项目法人名称(章):河南岭南高速公路有限公司　法定代表人:侯建军</td></tr>
<tr><td>委托的项目建设管理单位(如有):</td></tr>
<tr><td colspan="2">质量监督单位:河南省交通基本建设质量检测监督站</td></tr>
<tr><td colspan="2">设计单位:交通部第一公路勘察设计研究院　　资质等级:甲级</td></tr>
<tr><td colspan="2">申请开工日期:2005 年 9 月　计划竣工日期:2008 年 9 月　计划工期:36 个月</td></tr>
<tr><td colspan="2">该项目施工许可实施机关的下一级地方人民政府交通主管部门初审意见(如有):

该项目提早开工,施工许可申请属于补办目前已具备批准条件。项目主管单位督促项目法人严格遵守基本建设程序,加强施工过程管理,保证工程质量和安全。

豫交施工许可〔2010〕7 号　　2010 年 6 月 8 日</td></tr>
</table>

<table>
<tr><th rowspan="2">合同段</th><th rowspan="2">里程桩号</th><th colspan="4">施 工 单 位</th><th colspan="4">监 理 单 位</th></tr>
<tr><th>单位名称</th><th>资质等级</th><th>合同价（万元）</th><th>承建内容</th><th>单位名称</th><th>资质等级</th><th>合同价（万元）</th><th>监理人员数量</th></tr>
<tr><td>No. 1</td><td>K0 +877 ~ K3 +900</td><td>路桥集团第一公路工程局</td><td>壹级</td><td>90,31</td><td>土建</td><td rowspan="10">河南省高等级公路建设监理部</td><td rowspan="10">甲级</td><td rowspan="10">1446</td><td rowspan="10">60</td></tr>
<tr><td>No. 2</td><td>K3 +900 ~ K7 +000</td><td>中铁十九局集团第三工程有限公司</td><td>壹级</td><td>53,35</td><td>土建</td></tr>
<tr><td>No. 3</td><td>K7 +000 ~ K9 +900</td><td>中铁二局股份有限公司</td><td>壹级</td><td>103,50</td><td>土建</td></tr>
<tr><td>No. 4</td><td>K9 +900 ~ K13 +100</td><td>中铁一局集团第四工程公司</td><td>壹级</td><td>127,45</td><td>土建</td></tr>
<tr><td>No. 5</td><td>K13 +100 ~ K16 +25</td><td>江西省公路桥梁工程局</td><td>壹级</td><td>67,05</td><td>土建</td></tr>
<tr><td>No. 6</td><td>K16 +250 ~ K19 +000</td><td>中铁大桥局集团</td><td>壹级</td><td>109,94</td><td>土建</td></tr>
<tr><td>No. 7</td><td>K19 +000 ~ K22 +400</td><td>长庆石油勘探局筑路工程总公司</td><td>壹级</td><td>72,15</td><td>土建</td></tr>
<tr><td>No. 8</td><td>K22 +400 ~ K25 +360</td><td>中铁十八局集团第一工程有限公司</td><td>壹级</td><td>76,40</td><td>土建</td></tr>
<tr><td>No. 9</td><td>K25 +360 ~ K28 +700</td><td>路桥集团第一公路工程局第三公司</td><td>壹级</td><td>25,26</td><td>土建</td></tr>
<tr><td>No. 10</td><td>K28 +700 ~ K32 +00</td><td>中铁十局集团第二工程有限公司</td><td>壹级</td><td>69,29</td><td>土建</td></tr>
<tr><td>No. 11</td><td>K32 +000 ~ K37 +100</td><td>中铁十三局集团第五工程有限公司</td><td>壹级</td><td>61,81</td><td>土建</td><td rowspan="2">河南宏力工程咨询公司</td><td rowspan="2">甲级</td><td rowspan="2">1918</td><td rowspan="2">104</td></tr>
<tr><td>No. 12</td><td>K37 +100 ~ K42 +400</td><td>中铁九局集团公司</td><td>壹级</td><td>83,10</td><td>土建</td></tr>
</table>

续上表

合同段	里程桩号	施工单位				监理单位			
		单位名称	资质等级	合同价（万元）	承建内容	单位名称	资质等级	合同价（万元）	监理人员数量
No. 13	K42 +400 ~ K47 +900	中铁十七局集团第三工程有限公司	壹级	63,54	土建	河南宏力工程咨询公司	甲级	1918	104
No. 14	K47 +900 ~ K53 +200	长沙市路桥公司有限公司	壹级	39,98	土建				
No. 15	K53 +200 ~ K58 +700	南通路桥工程有限公司	壹级	67,13	土建				
No. 16	K58 +700 ~ K64 +400	湖南湘潭公路桥梁工程有限公司	壹级	61,05	土建				
No. 17	K64 +400 ~ K69 +860	中铁十一局集团第一工程有限公司	壹级	76,09	土建				
No. 18	K69 +860 ~ JK0 +516	路桥集团厦门工程处	壹级	103,56	土建				
No. 19	JK0 +516 ~ JK6 +900	路桥华详工程有限公司	壹级	69,15	土建				
No. 20	JK6 +900 ~ JK13 +400	中铁四局集团有限公司	壹级	57,61	土建				
No. 21	JK13 +400 ~ JK18 +400	中铁七局集团	壹级	95,20	土建				
No. 22	JK18 +400 ~ JK24 +250	路桥华南工程有限公司	壹级	149,77	土建				
No. 23	No. 11 ~ No. 14	中铁五局集团三公司	壹级	67,96	预制	河南宏力工程咨询公司	甲级	19,18	104
No. 24	No. 15 ~ No. 17	中铁二十二局哈尔滨铁路建设集团	壹级	42,53	预制				
No. 25	No. 19 ~ No. 22	中铁大桥局集团湖北第六工程公司	壹级	91,97	预制				

河南岭南高速公路有限公司文件

岭南高司〔2010〕10号

签发人：侯建军

20. 关于报送洛阳至南阳高速公路分水岭至南阳段工程施工许可的报告

河南高速公路发展有限责任公司：

洛阳至南阳高速公路分水岭至南阳段是国家高速公路规划建设“7918”路网中二连浩特至广州高速公路的重要组成路段，是国家重点工程。

河南省发展和改革委员会以豫发改交通〔2005〕705号“关于洛阳至南阳高速公路分水岭至南阳段工程可行性研究报告核准的批复”批准立项、以豫发改设计〔2006〕359号“关于洛阳至南阳高速公路分水岭至南阳段工程初步设计的批复”批复工程初步设计、河南省交通厅以豫交计〔2006〕332号“关于洛阳至南阳高速公路分水岭至南阳段工程施工图设计的批复”批准施工图设计。

该项目由河南高速公路发展有限责任公司投资建设。项目批准总概算456569万元，其中35%为资本金，由河南高速公路发展有限责任公司自筹资本金159800万元，其余65%由项目法人河南岭南高速公路有限公司在国内工商银行、建设银行贷款296769万元。目前资本金和银行贷款都已到位。

该项目已完成各项招标，于2005年9月开工、2009年9月全部建成通车。2005年6月省政府为拉动国家经济内需，要求该项目2005年9月必须开工，虽然当时我公司已对国土资源部上报了岭南高速建设用地土地报件，但国土资源部未对建设用地手续进行批复，因此省交通运输厅一直未对我公司申报的岭南项目施工许可给予批复。现国土资源部以国土资函〔2009〕147号批复了该项目建设用地手续，我公司根据交通运输厅基建程序要求，申请补办工程施工许可。

特此报告。

附件：洛阳至南阳高速公路分水岭至南阳段高速公路施工许可申请书（略）

二〇一〇年四月十一日

主题词:报送　工程　施工　许可　报告

河南岭南高速公路有限公司　　2010年4月11日印发

河南省文物管理局文件

豫文物基〔2006〕32号

21. 关于岭南高速公路工程文物保护工作的函

河南岭南高速公路有限公司：

受你公司委托，经报请国家文物局批准，河南省文物考古研究所会同南阳市文物考古研究所，于2006年3月15日~6月25日，对岭（分水岭）南（南阳）高速公路设计线路涉及文物分布点进行了文物勘探和考古发掘，发掘遗址4处，揭露面积$1000m^2$，发掘墓地2处，清理墓葬37座，取得了一些较为重要的考古收获。目前，有关文物保护工作已经完成，经研究，我局意见如下：

一、鉴于岭南高速公路沿线调查发现文物分布点的文物已得到抢救保护，无特别重要的文物发现，我局原则同意你公司在其控制范围内进行工程施工。

二、在施工过程中，文物分布点控制范围以外区域如发现零星文物，请及时通知文物部门进行抢救清理。

三、高速公路建设中确定工程取土区时，需避开各级文物保护单位。在其他区域的取土过程中如发现文物，需及时通知文物部门，以便开展文物保护工作。

二〇〇六年七月十一日

南阳市人民政府文件

宛政函〔2005〕22号

22. 关于太原至澳门高速公路岭南段项目法人变更的函

省交通厅:

根据5月13日省政府召开的2005年全省部分计划新开工高速公路项目汇报会议精神,南阳市政府就太原至澳门高速公路岭南段项目法人问题召开了专题会议。会议认为,为加快太澳岭南段高速公路的建设,确保2007年底建成通车,市政府决定调整岭南段高速公路(含北环城高速公路连接线)项目法人,同意由河南省高速公路发展有限公司作为该项目法人。请省交通厅对该项目的工程可行性研究报告尽快予以审查。

特此致函。

二〇〇五年五月二十四日

河南省交通厅文件

豫交计〔2005〕117号

23. 关于洛阳至南阳高速公路分水岭至南阳段工程可行性研究报告补充意见的函

省发改委：

根据南阳市发改委、交通局《关于呈报太原至澳门国家重点干线分水岭至南阳段高速公路项目业主的报告》（宛政文〔2005〕62号）和该项目的专家评估意见。2005年2月23日，省交通厅向省发改委报送了“关于洛阳至南阳高速公路分水岭至南阳段工程可行性研究报告审查意见的函”（豫交计〔2005〕34号）。2005年5月24日，南阳市政府向省交通厅报送了“关于太原至澳门高速公路岭南段项目法人变更的函”，决定项目法人调整为河南高速公路发展有限公司。根据2005年5月13日省长办公会会议精神，我厅同意洛阳至南阳高速公路分水岭至南阳段项目法人为河南高速公路发展有限公司。

二〇〇五年五月三十一日

河南省人民政府国有独资公司文件

豫独批〔2005〕6号

24. 关于成立河南岭南高速公路有限公司的请示的批复

河南省交通厅：

你单位《关于成立河南岭南高速公路有限公司的请示》（豫交人劳〔2005〕13号）收悉。经研究，现批复如下：

一、为贯彻落实省政府会议精神和有关省领导要求，切实提高高速公路建设工程质量与项目管理水平，同意成立河南岭南高速公路有限公司（以下简称“岭南公司”）。

二、岭南公司属与国有独资有限公司。

三、河南省人民政府为该公司的出资者，以出资额为限对该公司承担有限责任，岭南公司以其全部资产对公司的债务承担责任。省交通厅、河南高速公路发展有限责任公司依据国家和我省有关规定，对岭南公司承担国有资产保值增值责任和行使监督管理职能。

四、岭南公司要按照《中华人民共和国公司法》的要求，建立规范的法人治理结构和科学的组织管理制度。经审核，同意岭南公司章程。岭南公司要依据国家有关法律法规和公司章程开展经营活动。

五、请持此批复到工商行政管理部门，依据《公司登记管理条例》进行登记注册，依法取得企业法人资格。登记注册后，持企业法人营业执照（副本）复印件到省国资委、财政厅备案。

此复。

二〇〇五年六月十六日

河南高速公路发展有限责任公司文件

豫高司〔2005〕973号

签发人：王金山

26.关于岭南高速上跨焦枝铁路立交工可方案审批问题的请示

河南省交通厅：

我公司所属项目公司岭南公司日前已经完成了初步设计和施工图设计送审稿，并下发各施工单位。各标段逐渐展开全面施工，但还存在着一些急待解决的问题，尤其是岭南高速公路联络线上跨焦枝铁路立交桥设计工可方案的审批问题较为突出，现将有关情况报告如下。

根据工作计划，岭南公司于今年8月委托中铁郑州勘察设计咨询有限公司对洛南高速公路下穿宁西铁路、上跨焦枝铁路交叉方案进行了可行性研究，于9月初形成报告。随即，岭南公司向郑州铁路局报送了申请审查洛南高速公路与宁西铁路和焦枝铁路交叉可行性方案的函。其后，岭南公司多次派专人沟通协商至今仍未批复。经了解主要原因在于：高速公路上跨铁路位置与南水北调工程交叉，必须首先确定跨南水北调铁路桥方案，才能确定上跨铁路的高速公路桥梁设计方案和控制指标。而目前南水北调工程尚未启动，没有建设管理机构，跨渠道铁路大桥工可方案没有形成，郑州铁路局和我公司均无法直接协调。根据省政府目标要求，洛阳至南阳高速公路分水岭至南阳段建设任务十分繁重，其中上跨焦枝铁路立交桥结构较为复杂，加之施工条件的局限，该工程必然成为制约全线工期的难点工程。跨铁路立交桥设计工可方案如不尽快确定，总体目标将难以实现，恳请省厅予以协调解决。

以上请示妥否，请批示。

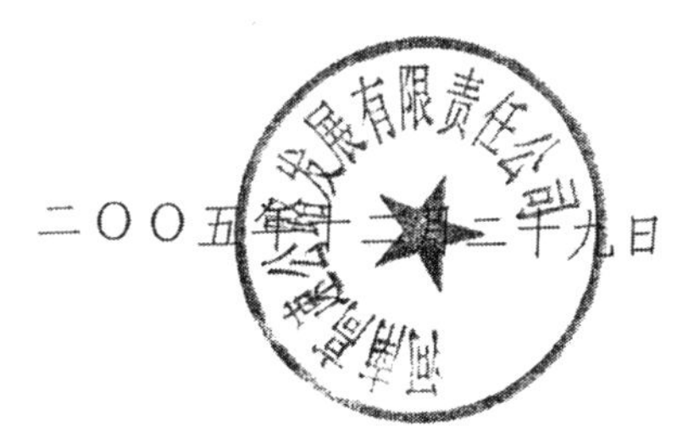

二○○五年十二月二十九日

河南岭南高速公路有限公司文件

岭南高司〔2005〕35号

签发人：侯建军

27. 关于岭南高速公路上跨焦枝铁路立交桥工可方案审批有关问题的请示

河南高速公路发展有限责任公司：

目前，我公司已经完成了初步设计和施工图设计送审稿，并下发各施工单位。各标段逐渐展开全面施工，但还存在着一些急待解决的问题，尤其是岭南高速公路联络线上跨焦枝铁路立交桥设计工可方案的审批问题最为突出，现将有关情况报告如下。

为方便业务的开展，我公司于今年8月委托中铁郑州勘察设计咨询有限公司对洛南高速公路下穿宁西铁路、上跨焦枝铁路交叉方案进行了可行性研究，于9月初形成报告。随即，我公司向郑州铁路局报送了申请审查洛南高速公路与宁西铁路和焦枝铁路交叉可行性方案的函。随后，我公司派专人多次沟通协商至今仍未批复。经了解主要原因在于：高速公路上跨铁路位置与南水北调工程交叉，必须首先确定跨南水北调铁路桥方案，才能确定上跨铁路的高速公路桥梁设计方案和控制指标。而目前南水北调工程尚未启动，没有建设管理机构，跨渠道铁路大桥工可方案没有形成，郑州铁路局和我公司均无法直接协调。根据省政府目标要求，洛阳至南阳高速公路分水岭至南阳段建设任务十分繁重，其中上跨焦枝铁路立交桥结构较为复杂，加之施工条件的局限，该工程必然成为全线制约工期的难点工程。跨铁路立交桥设计工可方案如不尽快确定，总体目标将难以实现，请上级予以协调解决。

妥否，请批示。

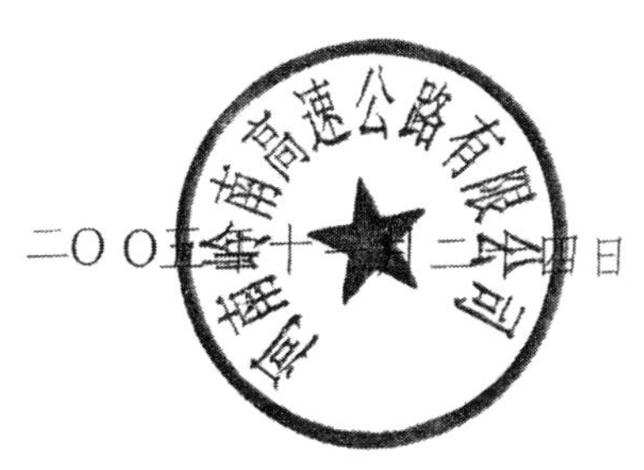

二〇〇五年十一月二十四日

河南岭南高速公路有限公司文件

---

28. 关于洛阳至南阳段高速公路上跨焦枝铁路，下穿宁西铁路部分可研审查的函

郑州铁路局：

河南岭南高速公路拟建的洛阳至南阳段高速公路联络线在焦枝 K351 + 353.00 处上跨(225m)焦枝铁路，主线在宁西铁路 K402 + 840.00 处下穿(2 ~ 15m)宁西铁路，该部分工程的可研报告已由中铁郑州勘测世纪咨询院完成，请安排进行可研报告的审定。

河南岭南高速公路有限公司

2005 年 10 月 9 日

郑州铁路局文件

郑铁总函〔2006〕61号

29. 关于河南岭南高速有限公司申请修建岭南高速公路下穿宁西铁路立交工程的复函

河南岭南高速公路有限公司：

你公司关于《岭南高速公路下穿宁西铁路的申请函》(岭南高司函字〔2006〕2号)收悉，经研究复函如下：

一、原则同意河南岭南高速公路在宁西线K402+840.3处以设计推荐Ⅰ方案，即2孔15m分离式箱桥穿越铁路，桥下净空不小于5.5m。下阶段设计应在Ⅰ方案基础上进一步优化和完善，主要内容为：

(1)立交修建应结合遮山站改扩建规划一次预留宁西铁路复线建设及提速改造条件，同时应预留机械化养路通道条件。

(2)立交路面设计荷载按公路Ⅰ级规定的1.3倍考虑。

(3)补充立交修建处铁路有关资料，并考虑线路纵坡在慢行顶进施工期间对行车的影响。

(4)进一步核实地质资料及对立交工程的影响。

(5)应充分考虑新建立交对既有盖板涵的影响，必要时应有加固防护措施。

(6)新建一孔2.5m排水涵应考虑地基加固，与既有排水沟、公路排水系统应合理顺接，不得恶化既有排水条件。

(7)路桥过渡段设置方案应有利于既有线施工。立交两侧路基边坡应采用浆砌片石进行防护，防护长度不小于30m，并设置检查台阶。

(8)桥上应设置挡碴墙、防护栏杆及防抛设施，确保高速公路运行安全。

(9)进一步核实光电缆数量，不得割接信号电缆。

(10)路内设施迁改不得低于现有技术标准，并综合考虑施工、检修、维修等因素。

(11)下阶段设计应编制切实可行的指导性施工组织方案。为提高营业线施工安全可靠性，线路架空设备结构强度应按行车速度60km/h进行检算。

(12)路外设备(含铁通光电缆设备)的迁改应充分征求产权部门的意见。

二、立交设计应执行国家有关规程、规范和规定，满足铁路有关技术规范和规定的要求，确保铁路运输安全。

三、立交修建迁改铁路设施不得低于现有技术标准，损坏铁路设施应及时恢复。

四、铁道部、铁路局规定的有关费用应纳入概算。

五、立交建设如占用铁路土地、损坏铁路林木，建设单位应按规定与铁路有关管理部门办理有关手续。

六、如因铁路改扩建，道路产权或管理部门应无偿配合拆迁。

七、如因道路原因造成铁路损失，由道路产权或管理部门承担赔偿。

八、为确保铁路运输安全，修建立交的设计、施工、监理应由具有铁路相应专业资质的单位承担，并按国家有关规定办理。

九、下阶段设计文件及施工组织设计需经铁路局审查。施工单位编制的线路架空加固方案报铁路局审查前需经设计、施工、监理三方共同签认。

十、为确保施工安全和行车安全，施工单位应在铁路局办理《施工许可证》并与铁路有关部门签订安全协议后方可开工建设。

十一、未尽事宜按郑州铁路局有关规定办理。

二〇〇六年三月二日

河南岭南高速公路有限公司文件

岭南高司函字〔2006〕2号

30. 关于岭南高速公路下穿宁西铁路的申请函

郑州铁路局：

我公司所承建的河南洛阳至南阳高速公路分水岭至南阳段（岭南高速公路）属于国家规划的二连浩特至广州重点公路的组成部分，是河南省西部南北向交通主干道。2005年6月9日省发改委以“发改交通字〔2005〕705号文”批准项目工程可行性报告。7月，初步设计通过省交通厅审批。我公司已委托中铁郑州勘察设计咨询院有限公司完成了岭南高速公路下穿宁西铁路立交工程可行性研究。

此立交桥基本情况如下：岭南高速公路在罗庄和马营街之间与宁西铁路交叉，交点公路里程K67+533.42，铁路里程K402+840.3，位于宁西铁路遮山站东头预告信号机内，公路与铁路斜交6.3°。立交处为既有电气化单线铁路、直线，钢筋混凝土轨枕，无缝线路；铁路中心以北7.5m，有铁路信号电缆1根；铁路中心以北7~9m有铁路通信电缆1条，光缆1根；铁路中心以北30m有10kV铁路贯通线路；接触网支柱立在铁路北侧；桥位于铁路路堑与路基的衔接处，路堑深2~3m，路基高2~3m，两侧有铁路排水沟，岭南高速公路设计为双向6车道路基宽28m，中央分隔带2m。结合道路横断面下穿铁路立交设计主要方案为2~15m分离箱桥。

我公司于2005年8月完成施工招标工作，宁西铁路立交桥位于No.17标段，由中铁十一局集团第一工程有限公司中标。经审查该公司具备铁路施工相应资质。公司继续委托中铁郑州勘察设计咨询院有限公司进行施工图设计，拟由具有铁路施工监理资质的公司监理此项工程。计划今年3月开始施工，11月完工。

我公司拟按工可方案组织设计和施工，并作如下承诺；

一、立交设计执行国家有关规程、规范和规定，满足铁路有关技术规范和规定的要求，确保铁路运输安全。

二、立交修建迁改铁路设施不低于现有技术标准，对损坏的铁路设施及时恢复。

三、将铁道部、铁路局规定的有关费用纳入概算。

四、立交桥建设如占用铁路土地、损坏铁路林木，按规定与铁路有关管理部门办理手续。

五、如宁西铁路改扩建，我公司无偿配合相关拆迁。

六、如因高速公路原因造成宁西铁路损失，由我公司承担赔偿。

七、修建此铁路立交桥的设计、施工、监理单位由具有铁路相应专业资质的单位承担，并按国家有关规定办理手续。

八、施工图设计和施工组织方案按程序报贵局审查批准。施工单位在开工前向有关铁路主管部门办理施工许可手续。

以上申请，请予审核，尽早回复为盼。

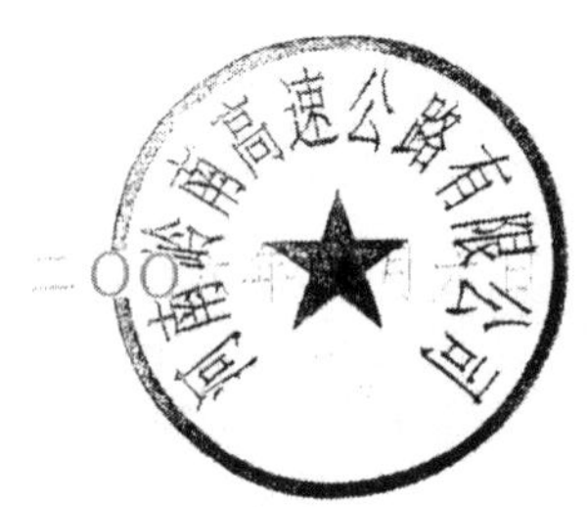

郑州铁路局文件

郑铁总函〔2006〕220 号

31. 关于河南岭南高速有限公司申请修建岭南高速公路上跨焦枝铁路立交工程的复函

河南岭南高速公路有限公司：

你公司关于《岭南高速公路上跨焦枝铁路的申请函》（岭南高司函字〔2006〕11 号）收悉，经研究复函如下。

一、原则同意河南岭南高速公路在焦枝线 K351 +353 处以设计推荐钢管混凝土系杆拱桥方案跨越铁路，主跨跨度 225m。下阶段施工图设计应在此方案基础上进一步优化和完善，主要内容为：

（1）设计应对南水北调工程、高速公路和铁路三者交叉关系表述清楚，桥下净空高度按南水北调工程下穿焦枝铁路抬道量最困难条件进行预留，同时考虑预留焦枝铁路电气化改造条件。综合考虑后的桥下铁路净空不应小于 8.5m。

（2）桥梁结构设计荷载应执行河南省交通厅有关规定，按公路—Ⅰ级 ×1.3 进行设计。桥梁结构设计部分由建设单位委托具有相应资质的设计或咨询单位审查，审查结果函告郑州铁路局备案。

（3）主跨以外桥墩布置应考虑南水北调工程实施过程中的焦枝铁路便线位置。

（4）该立交工程主跨跨度大，施工难度高，下阶段设计应编制切实可行的指导性安全施工组织方案，尽量减少对运输的干扰，确保行车和施工安全。

二、立交设计应执行国家有关规程、规范和规定，满足铁路有关技术规范和规定的要求，确保铁路运输安全。

三、立交修建迁改铁路设施不得低于现有技术标准，损坏铁路设施应及时恢复。

四、立交桥上应设置坚固可靠的防撞设施；铁路上方桥面应设置防护栅网，长度应满足要求，其维护由公路管理部门负责。桥两侧和桥下不得有任何悬挂物，并考虑安全接地措施。

五、立交桥主跨不得设置泄水孔，立交桥应单独设置排水系统。

六、铁道部、铁路局规定的有关费用应纳入概算。

七、立交建设如占用铁路土地、损坏铁路林木，建设单位应按规定与铁路有关管理部门办理有关手续。

八、如因铁路改扩建，公路产权或管理部门应无偿配合拆迁。

九、如因公路原因造成铁路损失，由公路产权或管理部门承担赔偿。

十、为确保铁路运输安全，修建立交的设计、施工、监理应由具有铁路相应专业资质的单位承担，并按国家有关规定办理。

十一、下阶段设计文件及施工组织设计需报送铁路局审查。

十二、为确保施工安全和行车安全，施工单位应在铁路局办理《施工许可证》并与铁路有关部门签订安全协议后方可开工建设。

十三、未尽事宜按铁道部和郑州铁路局有关规定办理。

二○○六年六月十四日

河南岭南高速公路有限公司文件

岭南高司函字〔2006〕11号

32. 关于岭南高速公路上跨焦枝铁路的申请函

郑州铁路局:

我公司所承建的河南洛阳至南阳高速公路分水岭至南阳段(岭南高速公路)属于国家规划的二连浩特至广州重点公路的组成部分,是河南省西部南北向交通主干道。2005年6月9日省发改委以“发改交通字〔2005〕705号文”批准项目工程可行性报告。7月,初步设计通过省交通厅审批。我公司已委托中铁郑州勘察设计咨询院有限公司完成了岭南高速公路上跨焦枝铁路立交工程可行性研究。

此立交桥基本情况如下:岭南高速公路与许平南高速公路联络线在槐树乡东侧与焦枝铁路、南水北调工程主干渠相交叉,设高架桥同时跨越以上工程。交点公路里程JK14+085.00~550.00,铁路里程K351+353。在桥位处,南水北调总干渠下穿焦枝铁路,与焦枝铁路夹角约22°,高速公路与铁路斜交71.69°。南水北调总干渠设计水面高程与铁路现状轨面基本接近,现状铁路需抬高约6.8m,按照上跨铁路净空不小于8.5m的要求,高速公路高出现状地面22m。为保证总干渠的过水断面,桥型设计为钢管混凝土系杆拱桥,桥梁主跨跨度为225m。

我公司于2005年8月完成施工招标工作,焦枝铁路立交桥位于No.21标段,由中铁七局集团有限公司中标。经审查该公司具备铁路施工相应资质。公司继续委托中铁郑州勘察设计咨询院有限公司进行施工图设计,拟由具有铁路施工监理资质的公司监理此项工程。计划今年6月开始施工,明年5月完工。

我公司拟按工可方案组织设计和施工,并作如下承诺:

一、立交设计执行国家有关规程、规范和规定,满足铁路有关技术规范和规定的要求,确保铁路运输安全。

二、立交修建迁改铁路设施不低于现有技术标准,对损坏的铁路设施及时恢复。

三、将铁道部、铁路局规定的有关费用纳入概算。

四、立交桥建设如占用铁路土地、损坏铁路林木,按规定与铁路有关管理部门办理手续。

五、如焦枝铁路改扩建,我公司无偿配合相关拆迁。

六、如因高速公路原因造成焦枝铁路损失,由我公司承担赔偿。

七、修建此铁路立交桥的设计、施工、监理单位由具有铁路相应专业资质的单位承担,并按国家有关规定办理手续。

八、施工图设计和施工组织方案按程序报贵局审查批准。施工单位在开工前向有关铁路主管部门办理施工许可手续。

以上申请,请予审核,尽早回复为盼。

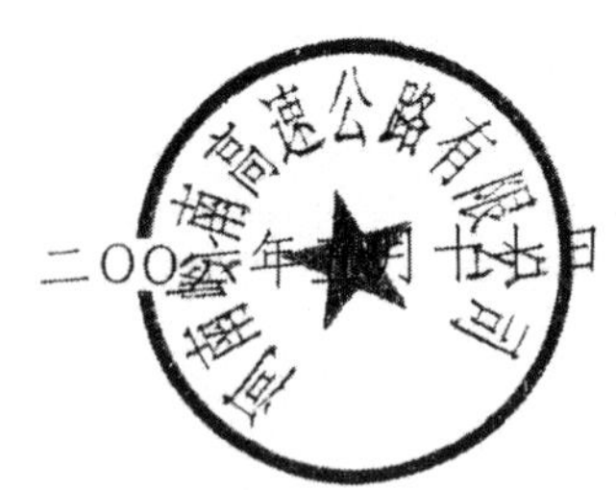

河南省国土资源厅文件

豫国土资函〔2004〕124 号

---

33. 关于太原至澳门国家重点公路分水岭至南阳段高速公路建设项目用地的预审意见

南阳市高速公路有限公司：

你公司《关于申请对岭南高速公路项目用地进行预审的函》(宛高速〔2004〕24 号)收悉。根据《建设项目用地预审管理办法》(国土资源部第 7 号令)的规定，我厅对报送预审的有关材料进行了审查，现提出如下预审意见：

一、该项目是河南省发展和改革委员会以豫发改办〔2004〕230 号文批准的交通建设项目，符合国家土地供应政策。

二、该建设项目主线起自南阳、平顶山两市交界的分水岭，途径南召县、镇平县、南阳市卧龙区、宛城区，线路总长 96.6km，总占地面积约 851hm^2，其中农用地约 544hm^2，耕地约 280hm^2，基本农田 238hm^2，建设用地约 6hm^2，未利用地约 301hm^2。该项目用地不符合南阳市土地利用总体规划，根据《土地管理法》第 26 条的规定，同意对规划进行调整，报批用地时，规划调整方案需随用地报批材料一同报批。

三、按照建设占用耕地"占补平衡"原则的要求，该项目已将耕地开垦费列入项目总投资概算，同意委托南阳市国土资源局负责具体补充耕地任务的落实。

四、该项目已由河南省地质环境总站进行了地质灾害危险性评估。评估认为评估区沟口—雪家庄段、靳家庄—庵上段地质灾害危险性大，拟建工程所征土地适宜性差；分水岭—沟口段、雪家庄—靳家庄段、庵上—黄沟段、磨山沟—山坡段地质灾害危险性中等，拟建工程所征土地基本适宜；黄沟—磨山沟段、山坡—张华岗段地质灾害危险性小，拟建工程所征土地适宜；评估报告所提出的地质灾害防治措施及建议，你单位在工程建设中可参考使用，尤其是对工程建设可能诱发的地质灾害和工程本身可能遭受的地质灾害，你单位应采取有效的措施进行防治。经压覆矿产资源情况核查，该建设项目用地未压覆查明资源储量的矿床。

综上，原则同意该建设项目用地通过预审。你单位在该建设项目初步设计阶段应进一步优化设计，节约用地，尽可能少占耕地特别是基本农田，按照法定程序抓紧办理项目建设用地报批手续。

二〇〇四年四月十九日

主题词:国土资源　建设用地　预审　意见

抄送:南阳市国土资源局

河南省国土资源厅办公室　　2004 年 4 月 19 日印发

河南省国土资源厅文件

豫国土资函〔2006〕186号

签发人：张启生

34. 关于洛阳至南阳高速公路分水岭至南阳段工程建设用地的审查意见

省人民政府：

洛阳至南阳高速公路分水岭至南阳段工程建设用地报件已备好，现将我厅的审查意见报告如下：

该工程可行性研究报告和初步设计已经河南省发展和改革委员会批准。按设计，该工程高速公路主线全长73.856km（另设联络线24.25km，共计98.106km），采用双向四车道高速公路技术标准设计，平原区路基宽度28m，山岭区路基宽度26m；连接线长11.3km，采用二级公路技术标准设计；核定工程总投资45.6569亿元。该工程申请总用地面积为660.6867hm²，按工程用途分，高速公路（及联络线）路基工程用地486.6016hm²、连接线路基工程用地159629hm²、立体交叉工程（7个）用地143.9421hm²、服务设施（2个）用地14.1801hm²。

根据《土地管理法》、《基本农田保护条例》和《报国务院批准的建设用地审查办法》的有关规定，该项目涉及农用地（含基本农田）转为建设用地，应报国务院批准。南阳市、镇平县、南召县人民政府就该项目用地依据土地管理法律、法规的有关规定呈报了农用地转用、补充耕地、征收土地和供地方案。

经审查复核，该工程是我省重点交通建设项目，符合法律规定的在城市建设用地范围外单独选址用地的条件，我厅已对该项目用地进行了预审。工程用地位于南阳市及其所辖镇平、南召县，因占用基本农田，需调整当地土地利用总体规划并补划基本农田。申请用地660.6867hm² 中农村集体农用地552.8134hm²（其中耕地355.6407hm²，其中基本农田298.0983hm²）、建设用地31.0807hm²、未利用地75.4565hm²，国有农用地0.1217hm²、国有建设用地1.2144hm²。农用地552.9351hm²需转为建设用地，用地指标在2006年度土地利用计划中安排。为补充该工程建设占用的355.6407hm² 耕地，当地人民政府国土资源管理部门已按土地利用总体规划的要求，计划补充368.0924hm² 的耕地，2006年度实施，安排资金4236.4614万元。所占基本农田也已补划，并落实在土地利用现状图上。

该工程建设需征收农村集体土地659.3506hm^2（其中旱地311.5743hm^2、菜地1.8006hm^2、水浇地23.1493hm^2、灌溉水田14.8559hm^2、望天田4.2606hm^2、果园5.0685hm^2、桑园4.3217hm^2，其他园地2.1107hm^2，有林地21.9797hm^2、灌木林地137.15881hm^2、疏林地10.2565hm^2、未成林造林地1.3030hm^2、农村道路4.0797hm^2、坑塘水面4.2126hm^2、农田水利5.0963hm^2、晒谷场1.5859hm^2、工矿仓储用地6.9235hm^2、住宅用地22.3415hm^2、交通用地0.8861hm^2、水利设施0.6724hm^2、特殊用地0.2572hm^2、未利用地75.4565hm^2）。征收土地范围、界址清楚，地类、面积准确，权属无争议，有关市县国土资源行政主管部门已按《国土资源听证规定》的要求组织了征地方案和占用基本农田方案的听证，征收土地补偿标准符合国家法律有关规定；涉及安置农业人口5924人，劳动力4150人，通过调整承包地和发放安置补助费等途径进行安置的方案基本可行。该工程申请建设用地面积基本合理，以划拨（其中服务设施中经营性用地以出让方式）方式提供建设用地符合法律有关规定。

我厅建设用地会审认为，洛阳至南阳高速公路分水岭至南阳段工程建设用地的农用地转用、补充耕地、征收土地和供地方案符合土地管理法律、法规的有关规定，请省政府转报国务院按经我厅复核的用地面积660.6867hm^{2}予以批准，划拨给河南岭南高速公路有限公司，作为该工程建设用地。

二〇〇六年四月二十五日

河南省人民政府文件

豫政文〔2006〕98号

签发人：李　克

35. 关于洛阳至南阳高速公路分水岭至南阳段项目建设用地的请示

国务院：

洛阳至南阳高速公路分水岭至南阳段项目可行性研究报告和初步设计已经河南省发展和改革委员会批准。该项目需转用并征收南阳市、镇平县、南召县农村集体农用地552.8134hm^2（其中耕地355.6407hm^2），征收农村集体建设用地31.0807hm^2、未利用地75.4565hm^2，转用国有农用地0.1217hm^2，使用国有建设用地1.2144hm^2，共计660.6867hm^2，拟划拨给河南岭南高速公路有限公司，作为洛阳至南阳高速公路分水岭至南阳段项目建设用地。经审查，南阳市、镇平县、南召县国土资源局拟订的农用地转用方案、补充耕地方案、征收土地方案和供地方案符合土地管理法律、法规的规定，现呈报审批。

妥否，请批示。

附件：洛阳至南阳高速公路分水岭至南阳段建设用地明细表

二〇〇六年五月二十三日

主题词：城乡建设　土地　请示

抄送：国土资源部

河南省人民政府办公厅　　2006年5月24日印发

洛阳至南阳高速公路分水岭至南阳段建设用地明细表（单位：hm^2）

名称		合计	农用地																建设用地					未利用地
			耕地					园地			林地				其他农用地									
			旱地	菜地	水浇地	灌溉水田	望天田	果园	桑园	其他园地	有林地	灌木林地	疏林地	未成林造地	农村道路	坑塘水面	农田水利	晒谷场	工矿仓储	住宅用地	交通运输	水利设施	特殊用地	
总计		660.6867	311.5743	1.8006	23.1493	14.8559	4.2606	5.0685	4.3217	2.1107	21.9797	137.2798	10.2565	1.3030	4.0797	4.2126	5.0963	1.5859	6.9235	22.3415	2.1005	0.6724	0.2572	75.4565
南阳市国有共计		1.3361										0.1217									1.2144			
国有土地（主线）	南阳市（主线）共计	0.6053										0.1217									0.4836			
	南召县共计	0.6053										0.1217									0.4836			
	207国道	0.4836																			0.4836			
	蚕场	0.1217										0.1217												
	南阳市（联络线）共计	0.7308																			0.7308			
	地方铁路局	0.7308																			0.7308			

续上表

名称		合计	农用地																	建设用地					未利用地
			耕地					园地			林地				其他农用地				工矿仓储	住宅用地	交通运输	水利设施	特殊用地	
			旱地	菜地	水浇地	灌溉水田	望天田	果园	桑园	其他园地	有林地	灌木林地	疏林地	未成林造地	农村道路	坑塘水面	农田水利	晒谷场						
南阳市集体共计		659.3506	311.5743	1.8006	23.1493	14.8559	4.2606	5.0685	4.3217	2.1107	21.9797	137.1581	10.2565	1.3030	4.0797	4.2126	5.0963	1.5859	6.9235	22.3415	[illegible].8861	0.6724	0.2572	75.4565
集体土地（主线）	南阳市（主线）共计	488.7364	182.9788	0.4079	9.1532	14.8559	4.2606	4.7644	4.3217	2.1107	20.5743	132.5199	9.7736	0.4629	2.8215	2.4624	3.4622	0.1543	1.7569	19.3617	[illegible].4823	0.3117		71.7395
	镇平县合计	88.4594	62.2108		0.0349				0.4259		7.3415				1.3554		0.6137		1.5743	2.5257				12.3772
	彭营乡小计	5.5314	5.3945												0.0820		0.0549							
	范庄村	5.4615	5.3246												0.082		0.0549							
	田岗村	0.0011	0.0011																					
	李和庄村	0.0688	0.0688																					
	遮山镇小计	82.928	56.8163		0.0349				0.4259		7.3415				1.2734		0.5588		1.5743	2.5257				12.3772
	马营村	5.2271	4.8229												0.1021									0.3021
	罗庄村	2.3606	2.1186						0.242															

续上表

名称		合计	农用地																建设用地					未利用地
			耕地					园地			林地				其他农用地									
			旱地	菜地	水浇地	灌溉水田	望天田	果园	桑园	其他园地	有林地	灌木林地	疏林地	未成林造地	农村道路	坑塘水面	农田水利	晒谷场	工矿仓储	住宅用地	交通运输	水利设施	特殊用地	
集体土地（主线）	张湾地	14.4268	7.6214								2.4637				0.4169					0.5978				3.327
	杨庄村	20.5711	8.3615		0.0349				0.1839		4.8659				0.1106		0.0154		1.5743	0.737				4.5876
	陈善岗村	26.4307	22.4526												0.5002		0.2689			1.0909				2.1181
	魏营村	9.008	8.1825												0.1224		0.2745							0.4286
	王沟村	4.9037	3.2568								0.0119				0.0212									1.6138
	南召县合计	244.1227	33.8547	0.4079		10.6467	4.2606	3.8242	0.8945	2.1107	12.6778	112.2124	7.5256	0.4629	0.3188	0.7773	0.3723	0.0459	0.1826	12.254		0.3117		40.9721
	石门乡小计	29.7137	3.5623			2.5757		1.4015	0.0217		4.4529	4.2762	3.119		0.053	0.1749	0.0894			1.3475		0.3117		8.3279
	玉皇村	9.0271	2.1282			0.3356		0.1379			3.2485	1.6036			0.0421									1.5312
	裴庄村	6.725	1.1823			1.152		0.7138				1.5822	1.2815			0.063				0.4617				0.2876
	黑龙村	13.9616	0.2518			1.0872		0.5498	0.0217		1.2044	1.0904	1.8375		0.0109	0.1119	0.0894			0.8858		0.3117		6.5091
	南河店镇小计	88.7706	14.7932			7.6074	3.3537	2.0406		2.1107	4.5143	28.4999	0.1871		0.1237	0.4938	0.0591	0.0459		8.5688				16.3721

续上表

名称		合计	农用地																建设用地					未利用地
			耕地					园地			林地				其他农用地				工矿仓储	住宅用地	交通运输	水利设施	特殊用地	
			旱地	菜地	水浇地	灌溉水田	望天田	果园	桑园	其他园地	有林地	灌木林地	疏林地	未成林造地	农村道路	坑塘水面	农田水利	晒谷场						
集体土地（主线）	韩店村	15.5778	0.1436				0.7426	41.3505		0.4205		5.3127	0.1871							1.7852				5.6356
	马沟村	26.9385	5.9807			6.7762					3.4314	2.2774				0.0877	0.0591			4.3891				3.9369
	延岭沟村	3.9446	0.3342				0.2086					2.6376								0.7047				0.0595
	渭林河村	0.4412				0.077					0.2988													0.0654
	漆树园村	11.8251	2.65				0.3707			0.0743	0.7841	5.5174			0.0201			0.0459		0.069				2.2936
	龙泉寺村	5.0031	1.7983									1.7157			0.023									1.4661
	申沟村	16.9653	1.353			0.7542	2.0318	0.6901		1.6159		8.4665			0.0619	0.4061				1.5858				
	韦湾村	8.075	2.5334									2.5726			0.0187					0.035				2.9153
	白土岗镇小计	6.9126	1.2231									5.6895												
	河南村	6.9126	1.2231									5.6895												
	城郊乡小计	47.5258	4.0522	0.4079			0.6088	0.3821	0.8728		0.781	34.2245		0.4629	0.0959	0.1086	0.1065		0.1826	1.0963				4.1437
	庙坡村	16.4333	0.8812					0.2414			0.3934	13.8998		0.4629	0.0171		0.0462			0.4462				0.0451

续上表

名称		合计	农用地																建设用地					未利用地
			耕地					园地			林地				其他农用地									
			旱地	菜地	水浇地	灌溉水田	望天田	果园	桑园	其他园地	有林地	灌木林地	疏林地	未成林造地	农村道路	坑塘水面	农田水利	晒谷场	工矿仓储	住宅用地	交通运输	水利设施	特殊用地	
集体土地（主线）	史庄地	1.7999										1.7999												
	宋楼村	7.3446	0.6425				0.1534	0.0609				6.0721			0.0111	0.1086	0.035							0.261
	董店村	5.7861	0.7187	0.2977					0.8728		0.2689	0.6651			0.0579		0.0253			0.3657				2.514
	北沟村	16.1619	1.8098	0.1102			0.4554	0.0798			0.1187	11.7876			0.0098				0.1826	0.2844				1.3236
	城关镇小计	0.9111										0.9111												
	南外村	0.9111										0.9111												
	崔庄乡小计	70.2889	10.2239			0.4636	0.2981				2.9296	38.6112	4.2295		0.0462		0.1173			1.2414				12.1281
	曹村	31.9452	6.4283			0.4636					1.0155	15.0107			0.0462		0.1173			0.6419				8.2217
	回龙沟村	38.3437	3.7956				0.2981				1.9111	23.6005	4.2295							0.5995				3.9064
	卧龙区合计	156.1543	86.9133		9.1183	4.2092		0.9102	3.0013		0.555	20.3075	2.238		1.1473	1.6851	2.4762	0.1084		4.582	0.4823			18.3902
	溱河以乡小计	40.2678	3.5797		2.5055	2.288		0.2588				20.3075	2.238			0.7799	0.5742			0.2408	0.0586			7.4368
	李庄村	21.44	1.6653			1.5535						12.2802				0.2856	0.2798			0.1245				5.2511
	周沟村	2.7127	0.4653			0.3943		0.2588				0.9695								0.1163	0.0228			0.4857

续上表

名称		合计	农用地																建设用地					未利用地
			耕地				园地			林地				其他农用地									
			旱地	菜地	水浇地	灌溉水田	望天田	果园	桑园	其他园地	有林地	灌木林地	疏林地	未成林造地	农村道路	坑塘水面	农田水利	晒谷场	工矿仓储	住宅用地	交通运输	水利设施	特殊用地	
集体土地（主线）	闫沟村	16.1151	1.4491		2.5055	0.3402						7.0578	2.238			0.4913	0.2941				[illegible].0358			1.7
	谢庄乡小计	71.1523	52.4975		4.3842	0.0283									0.896	0.08402	0.9685	0.1084		0.7705	[illegible].3614			10.2973
	小王沟村	27.2431	17.0739			0.0283									0.1877	0.1841	0.0667						9.7024	
	康营村	5.0216	4.2247												0.1269						[illegible]0751		0.5949	
	谢庄村	12.7058	6.4738		4.3842										0.2346	0.3129	0.3704			0.7418	[illegible]1881			
	董营村	3.2913	3.1708														0.1205							
	司庄村	1.8048	1.8048																					
	大庙村	13.453	12.2328												0.3151	0.3432	0.365	0.07		0.0287	[illegible]0982			
	龚河村	7.6327	7.5167												0.0317		0.0459	0.0384						
	安皋镇小计	44.7342	30.8361		2.2286	1.8929		0.6814	3.0013		0.555				0.2513	0.065	0.9335			3.5707	[illegible]623		0.6561	
	和庄村	17.8558	15.3088					0.0712							0.0721	0.065	0.6029			1.7358				
	连庄村	11.7435	9.0362		2.2286										0.0668		0.3017						0.1102	
	姜园村	4.3806	2.1343			0.2616					0.555									1.1362	0[illegible]623		0.2312	
	兰营村	10.7543	4.3568			1.6313		0.6102	3.0013						0.1124		0.0289			0.6987			0.3147	

续上表

名称		合计	农用地																建设用地					未利用地
			耕地					园地			林地				其他农用地				工矿仓储	住宅用地	交通运输	水利设施	特殊用地	
			旱地	菜地	水浇地	灌溉水田	望天田	果园	桑园	其他园地	有林地	灌木林地	疏林地	未成林造地	农村道路	坑塘水面	农田水利	晒谷场						
集体土地（联络线）	南阳市（联络线）共计	154.6513	125.4382	0.1297	4.0825			0.2627			1.4054	4.6382	0.4829	0.8401	1.0829	1.4732	1.4289	1.4316	5.0577	2.2406	0.3218	0.3607	0.2572	3.7170
	宛城区合计	44.0914	36.3309		2.9287			0.2627	0				0.4829	0.8401			0.1742		2.7507	0.0640			0.2572	
	新店乡小计	44.0857	35.3252		2.9287			0.2627					0.4829	0.8401			0.1742		2.7507	0.0640			0.2572	
	乡集体	0.6273						0.2627						0.1901			0.1742							
	英北村	8.6445	8.6046											0.0399										
	新店村	8.9634	4.1945		1.2475								0.4829	0.0306					2.7507				0.2572	
	惠庄村	22.0033	19.7629		1.6812									0.4952						0.0640				
	陈岗村	3.8472	3.7632											0.081										
	红泥湾镇小计	0.0057	0.0057																					
	栗科村	0.0057	0.0057																					
	卧龙区合计	110.5599	89.1073	0.1297	1.1538						1.4054	4.6382			1.0829	1.4732	1.2547	1.4316	2.3070	2.3070	0.3218	0.3607		3.7170

续上表

名称		合计	农用地																建设用地					未利用地
			耕地					园地			林地				其他农用地				工矿仓储	住宅用地	交通运输	水利设施	特殊用地	
			旱地	菜地	水浇地	灌溉水田	望天田	果园	桑园	其他园地	有林地	灌木林地	疏林地	未成林造地	农村道路	坑塘水面	农田水利	晒谷场						
集体土地（联络线）	谢庄乡小计	35.9243	28.8179		1.1538						0.5065				0.3956		0.4615	0.7152	2.3070	2.3070	0.2001	0.0600		1.0458
	龚河村	1.2870	0.8823														0.1265	0.1374						0.1408
	叶湾地	10.6622	10.125												0.1896			0.2352						0.1124
	毛田村	4.8741	2.2791								0.0216				0.0689			0.3426	1.4937	0.2144				0.4538
	刘庄地	7.8026	4.9266		1.1538						0.4849				0.0573		0.0271		0.8133	0.0465	0.1464			0.1467
	孙庄村	11.2984	10.6049												0.0798		0.3079				0.0537	0.0600		0.1921
	蒲山镇小计	74.6356	60.2891	0.1297							0.8989	4.6382			0.6873	1.4732	0.7932	0.7161		1.9157	0.1217	0.3007		2.6712
	周后王村	6.7954	5.6719												0.0821									1.0414
	赵庄村	0.0137	0.0137																					
	丁庄村	10.312	9.6479								0.0598				0.01	0.5696	0.0622				0.0931			0.0886
	高庄村	3.5421	3.3658												0.0317		0.1446							
	火星庙村	10.2617	8.8884												0.1557	0.8084	0.1086					0.3007		
	槐树湾村	8.1672	7.0631	0.1297											0.0481	0.0952	0.2365	0.0708		0.5238				

续上表

名称		合计	农用地																建设用地					未利用地
			耕地					园地			林地				其他农用地									
			旱地	菜地	水浇地	灌溉水田	望天田	果园	桑园	其他园地	有林地	灌木林地	疏林地	未成林造地	农村道路	坑塘水面	农田水利	晒谷场	工矿仓储	住宅用地	交通运输	水利设施	特殊用地	
集体土地(联络线)	张营村	3.8257	3.8452												0.0211		0.0561							
	马营村	5.2126	4.2423												0.0728		0.0366	0.6456		0.2153				
集体土地(连接线)	黄山村	26.2859	17.6511								0.8391	4.6382			0.2628		0.1483			1.1766	0.0286			1.5412
	南阳市(连接线)共计	15.9629	3.1573	1.263	9.9136			0.0414							0.1753	0.277	0.2052		0.1089	0.7392	0.082			
	宛城区合计	5.5406		1.263	3.8921			0.0414							0.1098		0.0836		0.1089		0.0418			
	环城乡小计	5.5406		1.263	3.8921			0.0414							0.1098		0.0836		0.1089		0.0418			
	钓鱼台村	3.342			3.0951										0.0885		0.0752				0.0418			
	袁庄村	2.0897		1.263	0.797										0.0213		0.0084							
	酱菜厂	0.1089																	0.1089					
	卧龙区合计	10.4223	3.1573		6.0215										0.0655	0.277	0.1216			0.7392	0.0402			
	蒲山镇小计	1.2371	1.2371																					

续上表

名称		合计	农用地																建设用地					未利用地
			耕地					园地			林地				其他农用地									
			旱地	菜地	水浇地	灌溉水田	望天田	果园	桑园	其他园地	有林地	灌木林地	疏林地	未成林造地	农村道路	坑塘水面	农田水利	晒谷场	工矿仓储	住宅用地	交通运输	水利设施	特殊用地	
集体土地（连接线）	黄山村	1.2371	1.2371																					
	七里园乡小计	9.1852	1.9202		6.0215										0.0655	0.277	0.1216			0.7392	0.0402			
	达士营村	4.9025	1.9202		2.7668										0.0655		0.1216				0.0284			
	白塔村	4.2827			3.2547											0.277				0.7392	0.0118			

河南省国土资源厅文件

豫国土资函〔2009〕197 号

---

36. 关于洛阳至南阳高速公路分水岭至南阳段工程建设用地的函

南阳市人民政府：

洛阳至南阳高速公路分水岭至南阳段工程建设用地已经省政府上报国务院批准，国土资源部以国土资函〔2009〕147 号文件下达批复，同意南阳市及所辖镇平县、南召县人民政府转用并征收农村集体农用地 540.3871hm^2（其中耕地 345.6173hm^2），征收集体建设用地 30.7479hm^2、未利用地 75.3215hm^2，转用国有农用地 0.1217hm^2，使用国有建设用地 1.1288hm^2，共计批准建设用地0.1217hm^2，使用国有建设用地 1.1288hm^2，共计批准建设用地 647.7070hm^2，其中服务设施用地 14.1801hm^2 范围内的经营性用地由当地政府按有偿方式提供，其余建设用地划拨给河南岭南高速公路有限公司，作为洛阳至南阳高速公路分水岭至南阳段工程建设用地。同时，核减申请用地 12.9797hm^2。

望接函后，你市和镇平县、南召县人民政府及有关部门按照国土资源部的要求，认真抓好补充耕地方案和征地补偿安置工作的落实，并将落实结果报省国土资源厅。土地征收实施情况，列入今年全省跟踪检查内容。

附件：1. 洛阳至南阳高速公路分水岭至南阳段工程建设用地明细表

2. 国土资源部关于洛阳至南阳高速公路分水岭至南阳段工程建设用地的批复（国土资函〔2009〕147 号）（略）

附件 1

洛阳至南阳高速公路分水岭至南阳段工程建设用地明细表（单位：hm^2）

名称		合计	农用地																		建设用地						未利用地
			合计	耕地						园地			林地				其他农用地				合计	工矿仓库	住宅用地	交通运输	水利设施	特殊用地	
				小计	旱地	菜地	水浇地	灌溉水田	望天田	果园	桑园	其他园地	有林地	灌木林地	疏林地	未成林造林地	农村道路	坑塘水面	农田水利	晒谷场							
总计		647.7070	540.5088	345.6173	301.7804	1.8006	22.9198	14.8559	4.2606	5.0685	4.3217	2.1107	21.9310	135.4941	9.7736	0.9166	4.7574	3.9675	4.9883	1.5621	31.8767	6.7393	22.2[illegible]46	2.0080	0.6480	0.2468	75.3215
国有共计		1.2505	0.1217											0.1217							1.1288			1.1288			
国有土地	南召县共计	0.6035	0.217											0.11217							0.4836			0.4836			
	207 国道	0.4836																			0.4836			0.4836			
	蚕场	0.1217	0.1217											0.1217													
	地方铁路局	0.6452																			0.6452			0.6452			
集体共计		646.4565	540.3871	345.6173	301.7804	1.8006	22.9198	14.8559	4.2606	5.0685	4.3217	2.1107	21.9310	135.4941	9.7736	0.9166	4.7574	3.9675	4.9883	1.5621	30.7479	6.7393	22.23[illegible]	2.0080	0.6480	0.2468	75.3215
集体土地	镇平县共计	88.4594	71.9822	62.2457	62.2108		0.0349				0.4259		0.7342				1.3554		0.6137		4.1000	1.5743	2.525[illegible]				12.3772
	彭营乡共计	5.5314	5.5314	5.3945	5.3945												0.0820		0.0549								
	范庄村	5.4615	5.4615	5.3246	5.3246												0.0820		0.0549								
	田岗村	0.0011	0.0011	0.0011	0.0010																						
	李和庄村	0.0688	0.0688	0.0688	0.0688																						

续上表

名称		合计	农用地																		建设用地						未利用地
			合计	耕地						园地			林地				其他农用地				合计	工矿仓库	住宅用地	交通运输	水利设施	特殊用地	
				小计	旱地	菜地	水浇地	灌溉水田	望天田	果园	桑园	其他园地	有林地	灌木林地	疏林地	未成林造林地	农村道路	坑塘水面	农田水利	晒谷场							
集体土地	遮山镇小计	82.9280	66.4508	56.8512	56.8163		0.0349				0.4259		7.3415				1.2734		0.5588		4.1000	1.5743	2.5257				12.3772
	马营村	5.2271	4.9250	4.8229	4.8229												0.1021										0.3021
	罗庄村	2.3606	2.3606	2.1186	2.1186						0.2420																
	张湾村	14.4268	10.5020	7.6214	7.6214								2.4637				0.4169				0.5978		0.5978				3.3270
	杨庄村	20.5711	13.5722	8.3964	8.3615		0.0349				0.1839		4.8659				0.1106		0.0154		2.4113	1.5743	0.8370				4.5876
	陈善岗村	26.4307	23.2217	22.4526	22.4526												0.5002		0.2689		1.0900		1.0909				2.1181
	魏营村	9.0080	8.5794	8.1825	8.1825												0.1224		0.2745								0.4286
	王沟村	4.9037	3.2899	3.2568	3.2568								0.0119				0.0212										1.6138
	南召县合计	244.1227	190.4023	49.1699	33.8547	0.4079		10.6467	4.2606	3.8242	0.8945	2.1107	12.6778	112.2124	7.5356	0.4629	0.3188		0.3723	0.0459	12.7483	0.1826	12.2540		0.3117		40.9721
	石门乡小计	29.7137	19.7266	6.1380	3.5623			2.5757		1.4015	0.0217		4.4529	4.2762	3.1190		0.0530		0.0894		1.6592		1.3475		0.3117		8.3279
	玉皇村	9.0271	7.4959	2.4638	2.1282			0.3356		0.1379			3.2485	1.6036			0.0421										1.5312
	裴庄村	6.7250	5.9757	2.3382	1.1823			1.1529		0.7138				1.5822	1.2815						0.4617		0.4617				0.2876
	黑龙村	13.9616	6.2550	1.3390	0.2518			1.0872		0.5498	0.0217		1.2044	1.0904	1.8375		0.0109		0.0894		1.1975		0.8858		0.3117		6.5091

续上表

名称		合计	农用地																		建设用地						未利用地
			合计	耕地						园地			林地				其他农用地				合计	工矿仓库	住宅用地	交通运输	水利设施	特殊用地	
				小计	旱地	菜地	水浇地	灌溉水田	望天田	果园	桑园	其他园地	有林地	灌木林地	疏林地	未成林造林地	农村道路	坑塘水面	农田水利	晒谷场							
集体土地	南河店镇村小计	88.7706	63.8294	25.7543	14.7932			7.6074	3.3537	2.0406		2.1107	4.5143	28.4999	0.1871		0.1237		0.0591	0.0459	8.5688		8.5[illegible]				16.3724
	韩店村	15.5778	8.1570	0.8862	0.1436				0.7426	1.3505		0.4205		5.3127	0.1871						1.7852		1.78[illegible]				5.6356
	马沟村	26.9385	18.6125	12.7569	5.9807			6.7762					3.4314	2.2774					0.0591		4.3891		4.38[illegible]				3.9369
	延岭沟村	3.9446	3.1804	0.5428	0.3342				0.2086					2.6376							0.7047		0.704[illegible]				0.0595
	渭林河村	0.4412	0.3758	0.0770				0.0770	0.3707				0.2988														0.0654
	漆树园村	11.8251	9.4625	3.0207	2.6500							0.0743	0.7841	5.5174			0.0201			0.0459	0.0690		0.069[illegible]				2.2936
	龙泉寺村	5.0031	3.5370	1.7983	1.7983				2.0318					1.7157			0.0230				1.5858						1.4661
	申沟村	16.9653	15.3795	4.1390	1.3530			0.7542		0.6901		1.6159		8.4665			0.0619				0.0350		13.585[illegible]				
	韦湾村	8.0750	5.1247	2.5334	2.5334									2.5726			0.0187						0.0350				2.9153
	白土岗镇村小计	6.9126	6.9126	1.2231	1.2231									5.6895													

续上表

名称		合计	农用地																		建设用地						未利用地
			合计	耕地						园地			林地				其他农用地				合计	工矿仓库	住宅用地	交通运输	水利设施	特殊用地	
				小计	旱地	菜地	水浇地	灌溉水田	望天田	果园	桑园	其他园地	有林地	灌木林地	疏林地	未成林造林地	农村道路	坑塘水面	农田水利	晒谷场							
集体土地	河南村	6.9126	6.9126	1.2231	1.2231									5.6895													
	城郊乡小计	47.5258	42.1032	5.0689	4.0522	0.4079			0.6088	0.3821	0.8728		0.7810	34.2245			0.0959		0.1065		1.2789	0.1826	1.0963				4.1437
	庙坡村	16.4333	15.9420	0.8812	0.8812					0.2414			0.3934	13.8998		0.4629	0.0171		0.0462		0.4462		0.4462				0.0451
	史庄村	1.7999	1.7999											1.7999													
	宋楼村	7.3446	7.0836	0.7959	0.6425				0.1534	0.0609				6.0721			0.0111	0.1086	0.0350								0.2610
	董店村	5.7861	2.9064	1.0164	0.7187	0.2977					0.0873		0.2689	0.6651			0.0579		0.0253		0.3657		0.3657				2.8170
	北沟村	16.1619	14.3713	2.3754	1.8098	0.1102			0.4554	0.0798			0.1187	11.7876			0.0098				0.4670	0.1826	0.2844				1.3236
	城关镇村小计	0.9111	0.9111											0.9111													
	南外村	0.9111	0.9111											0.9111													
	崔庄乡小计	70.2889	56.9194	10.9856	10.2239			0.4636	0.2981				2.9296	38.6112	4.2295		0.0462		0.1173		1.2414		1.2414				12.1281
	曹村	31.9452	23.0816	6.8919	6.4283			0.4636					1.0155	15.0107			0.0462		0.1173		0.6419		0.6419				8.2217
	回龙沟村	38.3437	33.8378	4.0937	3.7956				0.2981				1.9141	23.6005	4.2295						0.5995		0.5995				3.9064

续上表

名称		合计	农用地																	建设用地						未利用地
			合计	耕地						园地			林地				其他农用地				合计	工矿仓库	住宅用地	交通运输	水利设施	特殊用地	
				小计	旱地	菜地	水浇地	灌溉水田	望天田	果园	桑园	其他园地	有林地	灌木林地	疏林地	未成林造林地	农村道路	坑塘水面	农田水利	晒谷场							
集体土地	卧龙区合计	15.1543	132.6998	100.2408	86.9133		9.1183	4.2092		0.9402	3.0013		0.5550	20.3075	2.2380		1.4373	1.6851	2.4762	0.1084	5.0643		4.5[illegible]	0.4823			18.3902
	潦河坡乡小计	40.2678	32.5316	8.3732	3.5797		2.5055	2.2880		0.2588				20.3075	2.2380			0.7799	0.5742		0.2994		0.24[illegible]	0.0586			7.4368
	李庄村	21.4400	16.0644	3.2188	1.6653			1.5535						12.2802				0.2856	0.2798		0.1245		0.12[illegible]				5.2511
	周沟村	2.7127	2.0879	0.8596	0.4653			0.3943		0.2588				0.9695							0.1391		0.11[illegible]	0.0228			0.4857
	闫沟村	16.1151	14.3793	4.2948	1.4491		2.5055	0.3402						7.0578	2.2380			0.4943	0.2944		.0.58			0.0358			17.0000
	谢庄乡小计	71.1523	59.7231	56.9100	52.4975		4.3842	0.0283									0.8960	0.8402	0.9685	0.1084	1.1319		0.77[illegible]	0.3614			10.2973
	小王沟村	27.2431	17.5407	17.1022	17.0739			0.0283									0.1877	0.1841	0.0667								9.7024
	康营村	5.0216	4.3516	4.2247	4.2247												0.1269				0.0751			0.0754			0.5949
	谢庄村	12.7058	11.7759	10.8580	6.4738		4.3842										0.2346	0.3129	0.3704		0.9299		0.741[illegible]	0.1881			
	董营村	3.2913	3.2913	3.1708	3.1708														0.1205								
	司庄村	1.8048	1.8048	1.8048	1.8048																						
	大庙村	13.4530	13.3261	12.2328	12.2328												0.3151	0.3432	0.3650	0.0700	0.1269		0.0287	[illegible].0982			
	龚河村	7.6327	7.6327	7.5167	7.5167												0.0317		0.0459	0.0384							
	字皋镇小计	44.7342	40.4451	34.9576	30.8361		2.2286	1.8929		0.6814	3.0013		0.5550				0.2513	0.0650	0.9335		3.6330		3.5707	[illegible].0623			0.6561

续上表

名称		合计	农用地																		建设用地						未利用地
			合计	耕地						园地			林地				其他农用地				合计	工矿仓库	住宅用地	交通运输	水利设施	特殊用地	
				小计	旱地	菜地	水浇地	灌溉水田	望天田	果园	桑园	其他园地	有林地	灌木林地	疏林地	未成林造林地	农村道路	坑塘水面	农田水利	晒谷场							
集体土地	和庄村	17.8558	16.1200	15.3088	15.3088					0.0712							0.0721	0.0650	0.6029		1.7358		1.7358				
	连庄村	11.7435	11.6333	11.2648	9.0362		2.2286										0.0668		0.3017								0.1102
	姜园村	4.3806	2.9509	2.3959	2.1343			0.2616					0.5550								1.1985		1.1362	0.0623			0.2312
	兰营村	10.7543	9.7409	5.9881	4.3568			1.6313		0.6102	3.0013						0.1124		0.0289		0.6987		0.6987				0.3147
	宛城区合计	39.0885	36.2234	34.5499	31.8507		2.6992			0.2627						0.4537	0.7829		0.1742		2.8651	2.5666	0.0517			0.2468	
	新店乡小计	39.0828	36.2177	34.5442	31.8450		2.6992			0.2627						0.4537	0.7829		0.1742		2.8651	2.5666	0.0517			0.2468	
	乡集体	0.5964	0.5964							0.2627							0.1595		0.1742								
	英北村	5.1763	5.1763	5.1396	5.1396												0.0367										
	新店村	8.3598	5.5464	5.0631	3.9153		1.1478									0.4537	0.0296				2.8134	2.5666				0.2468	
	惠庄村	21.1031	21.0514	20.5783	19.0269		1.5514										0.4713				0.0517		0.0517				
	陈岗村	3.8472	3.8472	3.7632	3.7632												0.0840										
	红泥湾镇小计	0.0057	0.0057	0.0057	0.0057																						
	栗科村	0.0057	0.0057	0.0057	0.0057																						
	卧龙区合计	102.6687	94.0466	85.0771	83.7936	0.1297	1.1538						1.3567	2.8525			0.9777	1.2281	1.1467	1.4078	5.0401	2.3069	2.0820	0.3149	0.3363		3.5820

续上表

名称		合计	农用地																		建设用地						未利用地
			合计	耕地						园地			林地				其他农用地				合计	工矿仓库	住宅用地	交通运输	水利设施	特殊用地	
				小计	旱地	菜地	水浇地	灌溉水田	望天田	果园	桑园	其他园地	有林地	灌木林地	疏林地	未成林造林地	农村道路	坑塘水面	农田水利	晒谷场							
集体土地	谢庄乡小计	34.2268	30.3931	28.4179	27.2641		1.1538						0.4680				0.3564		0.4381	0.7127	2.8257	2.3069	0.260[illegible]	0.1979	0.0600		1.0080
	龚河村	1.1373	1.0215	0.7655	0.7655														0.1211	0.1349							0.1158
	叶湾村	10.0483	9.9413	9.5322	9.5322												0.1739			0.2352							0.1070
	毛田村	4.8741	2.7123	2.2792	2.2792								0.0216				0.0689			0.3426	1.7080	1.4936	0.2144				0.4538
	刘庄村	7.5510	6.3981	5.8782	4.7244		1.1538						0.4464				0.0481		0.0254		1.0062	0.8133	0.0465	0.1464			0.1467
	孙庄村	10.6161	10.3199	9.9628	9.9628												0.0655		0.2916		0.1115			0.0515	0.0600		0.1847
	蒲山镇小计	68.4419	63.6535	56.6592	56.5295	0.1297							0.8887	2.8525			0.6213	1.2281	0.7086	0.6951	2.2144		1.8211	0.1170	0.2763		2.5740
	周后王村	6.5517	5.6075	5.5313	5.5313												0.0762										0.9442
	赵庄村	0.0030	0.0030	0.0030	0.0030																						
	丁庄村	10.3600	10.1803	9.5890	9.5890								0.0496				0.0100	0.4695	0.0622		0.0911			0.0911			0.0886
	高庄村	3.1955	3.1955	3.0417	3.0417												0.0275		0.1263								
	火星庙村	9.4263	9.1500	8.2495	8.2495												0.1439	0.6634	0.0932		0.2763				0.2763		
	槐树湾村	7.6059	7.0821	6.6586	6.5289	0.1297											0.0443	0.0952	0.2132	0.0708	0.5238		0.5238				
	张营村	3.5066	3.5066	3.4361	3.4361												0.0213		0.0492								

续上表

名称		合计	农用地																		建设用地						未利用地
			合计	耕地						园地			林地				其他农用地				合计	工矿仓库	住宅用地	交通运输	水利设施	特殊用地	
				小计	旱地	菜地	水浇地	灌溉水田	望天田	果园	桑园	其他园地	有林地	灌木林地	疏林地	未成林造林地	农村道路	坑塘水面	农田水利	晒谷场							
集体土地	马营村	4.9013	4.7345	4.0086	4.0086												0.0728		0.0288	0.6243	0.1668		0.1668				
	黄山村	22.8916	20.1940	16.1414	16.1414								0.8391	2.8525			0.2253		0.1357		1.1564		1.1305	0.0259			1.5412
	宛城区合计	5.5406	5.3899	5.1551		1.2630	3.8921			0.0414							0.1098		0.0836		0.1507	0.1089		0.0418			
	环城乡小计	5.5406	5.3899	5.1551		1.2630	3.8921			0.0414							0.1098		0.0836		0.1507	0.1089		0.0418			
	钓鱼台村	3.3420	3.3002	3.0951			3.0951			0.0414							0.0885		0.0752		0.0418			0.0418			
	袁庄村	2.0897	2.0897	2.0600		1.2630	0.7970										0.0213		0.0084								
	酱菜厂	0.1089																			0.1089	0.1089					
	卧龙区合计	10.4223	9.6429	9.1788	3.1573		6.0215										0.0655	0.2770	0.1216		0.7794		0.7392	0.0402			
	蒲山镇小计	1.2371	1.2371	1.2371	1.2371																						
	黄山村	1.2371	1.2371	1.2371	1.2371																						
	七里园乡小计	9.1852	8.4058	7.9417	1.9202		6.0215										0.0655	0.2770	0.1216		0.7794		0.7392	0.0402			
	达士营村	4.9025	4.8741	4.6870	1.9202		2.7668										0.0655		0.1216		0.0284			0.0284			
	白塔村	4.2827	3.5317	3.2547			3.2547											0.2770			0.7510		0.7392	0.0118			

中华人民共和国国土资源部文件

国土资函〔2009〕147 号

37. 关于洛阳至南阳高速公路分水岭至南阳段工程建设用地的批复

河南省人民政府：

你省《关于洛阳至南阳高速公路分水岭至南阳段项目建设用地的请示》（豫政文〔2006〕98号）业经国务院批准，现批复如下：

一、同意南阳市卧龙区、宛城区、南召县、镇平县将农民集体所有农用地 540.3871hm^2（其中耕地 345.6173hm^2，含基本农田 288.9663hm^2）转为建设用地并办理征地手续，另征收农民集体所有建设用地 30.7479hm^2、未利用地 75.3215hm^2；同意将国有农用地 0.1217hm^2 转为建设用地，同时使用国有建设用地 1.1288hm^2。

以上共计批准建设用地 647.707hm^2，由当地人民政府按照有关规定提供，作为洛阳至南阳高速公路分水岭至南阳段工程及服务区用地。其中服务区用地 14.1801hm^2 中的经营性用地以有偿使用方式供地，其余建设用地以划拨方式供地。

二、督促当地人民政府和用地单位切实落实核减的用地（共计核减 12.9797hm^2，其中路基用地 6.2591hm^2、互通立交用地 6.7206hm^2），进一步完善有关用地方案，集约节约用地。

三、你省人民政府负责落实补充耕地和补划基本农田。督促补充耕地责任单位认真落实补充耕地方案，补充数量相等、质量相当的耕地；督促有关市县人民政府落实补划基本农田方案，将基本农田落到地块。

四、督促有关市县人民政府按照经批准的征收土地方案及时足额支付补偿费用，安排被征地农民的社会保障费用，落实安置措施，妥善解决好被征地农民的生产和生活，保证原有生活水平不降低，长远生计有保障。按照国务院批准征收土地反馈制度的有关规定，征地批后实施情况报国土资源部。

五、严格按照国家有关规定征收、使用新建建设用地土地有偿使用费，确保专项用于耕地开发。

六、切实落实对该工程用地未批先用的查处意见，加强土地执法和建设用地的监督管理，确保各类建设依法依规用地。

主题词：国土资源　土地　公路　河南　批复

抄送：国务院办公厅、发展改革委、财政部、交通运输部、农业部、人民银行，国资委，国家林业局，国家土地督察济南局

南阳市人民政府文件

宛政〔2005〕102 号

38. 关于岭南高速公路建设用地及附着物拆迁有关问题的通知

宛城区、卧龙区、镇平县、南召县人民政府，市政府有关部门：

岭南高速公路工程是国家重点基础设施项目，该工程建设对促进我市经济社会发展具有重要意义。为了保障该工程征地拆迁工作的顺利进行，根据《中华人民共和国土地管理法》和《河南省实施〈土地管理法〉办法》的有关规定，现就岭南高速公路工程建设征地拆迁及地上附着物补偿等有关问题通知如下：

一、永久用地补偿

根据《河南省实施〈土地管理法〉办法》的有关规定，参照相关地市和其他高速公路补偿标准，岭南高速公路建设用地青苗补偿费、土地补偿费、安置补助费的标准为：耕地 16500 元/亩，菜地 19000 元/亩，征用其他土地参照耕地的标准补偿。永久性用地面积计算，特别是山坡地丘陵地面积的计算都要以省土地勘测部门专业人员实地科学计算出的面积为准，由村组干部签字，国土资源主管部门予以认定。

二、临时用地补偿

临时性用了是指因工程建设而必须使用的堆料场、停车场和修建工棚、简易道路等占用的土地和取、弃土用地。

（一）临时用地补偿。临时用地青苗补偿按年产值进行补偿，每季 500 元/亩。临时用地地面附着物按高速用地拆迁补偿标准执行。

（二）临时用地复耕保证金。属工程占压用地，复耕保证金按 1000 元/亩的标准，属取土或硬化等破坏耕作层的用地复耕保证金按 3000 元/亩的标准，由施工单位交当地县级国土部门代管，由国土部门办理临时用地手续，施工单位负责复耕。南阳市国土资源局统一制定复耕验收标准，县、区国土资源部门成立复耕验收领导小组，经验收达标的，保证金如数退还，否则，由施工单位再次复耕或另行组织复耕。

（三）地力损失费。由于临时被使用的土地破坏严重，地力恢复周期长，按规定应根据不同地类每亩支付地力损失费250元。

（四）取土用地。在按临时用地补偿的基础上，取土按2元/m^3标准收取费用。利用耕地取土的，取土前应当把耕作层土壤剥离，择地堆放，以便于复耕，剥离后取土深度不得超过2m，集中取土超过2m的按照永久性用地规定办理。

（五）施工临时用地。应按前款之规定办理有关补偿和临时用地审批手续，并向县、区国土部门支付每亩100元的协调管理费用，乡镇土地所要按照县、区国土部门批准规定的位置、面积、数量、深度，进行监督检查，特别要对取弃土用地应与造地、改渠、挖塘和生态保护等结合起来。

任何施工单位未经批准不得擅自与当地有关村、组协调使用村组土地。

三、地上附着物拆迁补偿

在用地范围内，涉及附着物拆迁补偿，可分为以下几个方面：

（一）房屋拆迁按房屋结构现状依照《河南省国家建设征用土地上附着物的补偿标准（修订本）》（豫政〔1989〕113号）的规定执行，砖混结构房屋按上限上浮90%进行补偿，其他房屋按下限上浮80%进行补偿。

（二）坟墓按一墓一棺500元的标准进行补偿，一墓双棺的按600元标准进行补偿。

（三）关于林木补偿问题。林木全部按照砍伐补偿标准执行。对成片经济林（果林）补偿按照《河南省林业厅关于修订（河南省国家建设征用土地上经济林补偿标准）的通知》（豫林政〔1998〕32号）文件规定的价格上限执行。对其他用材林和灌木类仍按照《河南省国家建设用地征用土地上附着物的补偿标准（修订本）》（豫政〔1989〕113号）文件规定的下限上浮80%进行补偿。

（四）其他附着物拆迁补偿，按照《河南省国家建设征用土地上附着物的补偿标准（修订本）》（豫政〔1989〕113号）规定的下限上浮80%进行补偿（见附件1），附件1中未包括的其他建（构）筑物补偿标准按附件2执行，特殊情况可以根据具体实际进行处理。

（五）涉及"三杆"（电力杆、通信网络杆、广播电视杆）和文物勘探等附着物的拆迁补偿，由市政府高速公路建设指挥部办公室组织协调，产权单位和岭南高速公路有限公司根据有关法规和具体情况签订动迁协议，实施运迁。

（六）拆迁户搬家补助费。4口人以下的（含4口人），每户搬家补助费为350元；4人以上的，每增加一人补助费增加100元。

（七）对文件中未包括的个别问题，可由岭南高速公路有限公司和有关县区、乡镇、村组及国土资源部门三方清查核准后，参照其他高速公路补偿标准协商解决。

四、耕地开垦及有关费用

各个县、区要切实做好项目用地与当地土地利用总体规划的衔接工作。项目建设用地要尽量避开基本农田，确需战胜的，必须及时做好调整和补划工作。基本农田调整和补划所需费用由岭南高速公路有限公司全部承担。项目建设占用耕地要保证占一补一，实现耕地占补平衡。耕地开垦费用应按照有关规定标准缴纳。

征地相关费用按征地拆迁总费用的2.8%计取；不可预见费按征地拆迁总费用的3%计取；协调费按征地拆迁总费用的3.7%计取。以上费用全部用于征地过程中的协调服务和特殊情况的处置。具体使用办法另行规定。

五、征地拆迁补偿费用管理使用办法

本工程征地及拆迁费用由河南岭南高速公路有限公司一次全额拨付给南阳市高速公路建设指挥部，南阳市高速公路建设指挥部会同市国土资源局再根据涉及县、区段实际征地拆迁数量一次性拨付,全部用于征地拆迁补偿。县、区应设立征地拆迁专用账户、专户储存、专款专用。对农村集体和个人补偿的费用应全部支付给农村集体和个人,任何单位和个人不得截留、挪用征地及拆迁费用。各乡镇人民政府及国土资源管理部门要在县(区)政府的领导下,按照国家有关法律法规,认真做好项目征地及拆迁补偿安置的前期工作,特别要做好拆迁户的过渡安置工作,对拆迁户拆迁后确实无处居住的,可提前支付部分补偿费用安置主要拆迁户。各级政府及国土资源部门和岭南高速公司要认真贯彻国土资源部颁发的听证制度,严格依法办事,切实维护被征地农民的合法权益。各级监察、审计等部门要对征地拆迁费用使用情况进行审计和监督,确保征地拆迁费用依法落实。

六、征地拆迁组织协调

岭南高速公路建设征地拆迁工作由市政府高速公路建设指挥部统一负责,市国土资源局、河南岭南高速公路有限公司具体组织实施。沿线各县、区境段征地拆迁工作由各县、区人民政府负责。市公安局、电业局、广播电视局、水利局、文化局、林业局、通讯网通等有关部门要顾全大局,通力合作,及时解决征地拆迁工作中遇到的问题,确保岭南高速公路征地拆迁工作顺利进行。

附件:1. 河南省国家建设征用土地上附着物的补偿标准(修订本)

2. 豫政〔1989〕113 号文件未包括的其他建(构)筑物的补偿标准

二〇〇五年十一月八日

附件 1

河南省国家建设征用土地上附着物的补偿标准(修订本)

(豫政〔1989〕113 号)

建(构)筑物名称	现状结构特征和范围	单　位	补偿标准(元)	备　注
平房	土木结构	m^2	80~100	土坯或夯土墙、瓦顶
	砖木结构	m^2	110~130	全砖墙、瓦顶
	砖混结构	m^2	120~150	砖墙、预制或现浇混凝土板顶
二层以上楼房	砖木结构	m^2	120~140	
	砖混结构	m^2	130~160	
简易房	石棉瓦、油毡顶	m^2	40~60	土坯墙草项可参照此标准
窑洞	平地砖石砌筑	m^2	120~140	洞高 2.5m 以上
	土洞砖石全衬砌筑	m^2	110~130	
	土洞内粉刷常年住人	m^2	80~100	
	土洞破旧不能住人	m^2	30~50	
	土洞未住过人,放杂物	m^2	10~30	洞高 2m 以上
砖围墙	二四墙	m^2	10~15	高 2m
土围墙		m^2	5~10	高 2m
砖瓦窑	轮窑 20 门	座	50000	每增减一门增减 3000 元
	老式窑容量 30000 块	座	5000	容量每增减一万块增减 1000 元
石灰窑	容量	m^3	100	
水井	机井深 40m 混凝土井筒(山区、丘陵区)	眼	10000	深度每增加一米增 150 元
	机井深 40m 混凝土井筒(平原地区)	眼	3000~7000	深度每增加一米增加 120 元
	井深 10 米砖砌井筒	眼	1500	深度每增加一米增加 150 元
	压水井	眼	150	包括压机
蓄水(沼气)池	砖石砌、水泥抹面	m^3	60~85	
红薯窑	深 3~5m,窖容 2000~4000 斤	个	200~300	山区
	深 3~5m,窖容 2000~4000 斤	个	100~150	平原地区
温室	钢、混凝土骨架、玻璃顶	m^2	30~40	有供热设施
	钢、混凝土骨架、玻璃顶	m^2	30~35	无供热设施
	钢、混凝土骨架、塑料薄膜顶	m^2	20~30	无供热设施
	简易塑料薄膜棚	m^2	8~10	

续上表

建(构)筑物名称	现状结构特征和范围	单　　位	补偿标准(元)	备　　注
坟墓	一墓一棺	座	100	每增加一棺,增加50元
水渠	横断面1m² 以上	米	20~40	砖、石砌
	横断面0.5~1m²	米	15~30	
	横断面0.5 m² 以下	米	10~15	
	土渠	米		按实际工程量计算补偿费
供电通信线路	水泥杆高度8~10m	根	100~120	包括线路拆迁
	水泥杆高度11~15m	根	120~150	
	木杆	根	40~60	

项　　目	规格		保留补偿(元/株)	移植、砍伐补偿	备　　注
	胸径(cm)	主干高(m)			
乔木	5以下	1.5以上	2~4	1~4	1. 松、柏、国槐、楸等稀有树种补偿费增加30% 2. 按保留补偿的树木,归用地单位所有 3. 国家、省级重点保护植物及珍稀树木,一般采取保留补偿。确需移植砍伐的,价格另议
	6~10	2.5以上	5~10	4~6	
	11~15	3.5以上	10~30	6~15	
	16~20	4.5以上	30~60	15~20	
	21~25	5.5以上	60~100	20~25	
	26~30	6.5以上	100~150	25~30	
	31以上	7.5以上	200	40	
灌木类	白蜡条墩		3~5		每墩出条数按10~20根(包括柳、荆、杨等灌木丛)
	紫槐墩		3~5		
	桑叉墩		10~30		
零星果树	1年以下幼树		3~5	0.5~0.8	包括苹果、梨、杏、枣、石榴、核桃、柿、桃。其他树种按实际结果量酌情补偿
	2~3年未结果树		10~15	1~3	
	4~7年初果期		50~100		
	8~18年盛果期		150~200		

附件 2

豫政〔1989〕113 号文件未包括的其他建(构)筑物补偿标准

建(构)筑物名称	现状结构特征的范围	单　　位	补偿标准(元)
楼梯		m^3	224
前檐		m^2	225
水泥莲池		m^2	30
养殖水面		m^2	按菜地青苗补偿
管涵		m	60
水　渠	土渠	m	8
过路函	混凝土结构	m^2	400
	石砌结构	m^2	200
护坡		m^2	50
渡槽		m^3	100
水闸		m^3	90
真空井		眼	300
地埋管		m	10
苗圃		m^2	10
苗木	珍稀风景苗木等	株	按现行市场价格补偿
地坪	砖铺	m^2	10
预制厂场地	水泥地坪厚 10 ~ 15cm	m^2	33
葡萄	一年以上幼苗	株	2
	2 ~ 3 年未结果	墩	19
	4 年以上盛果期	墩	54
多年生药材	板蓝根、黄洋、留兰香、芦笋、白芍等	亩	1000

注:1. 此标准系按照省政府豫政〔1989〕113 号文件和豫政〔1993〕152 号文件的规定制定计算标准保留到元;

2. 拆迁户搬家补助费,以四口人为准,每户 350 元,每增加一口增加 100 元。

南阳市人民政府土地管理文件

宛政土〔2005〕92 号

签发人：黄兴维

---

39. 关于岭南高速公路有限公司洛阳至南阳高速公路分水岭至南阳段建设用地的请示

河南省人民政府：

洛阳至南阳高速公路分水岭至南阳段建设用地项目，符合国家土地供应政策，南阳市、镇平县、南召县国土资源局已拟定了农用地转用方案、补充耕地方案、征收方案、供地方案并编制建设用地呈报说明书。需转用并征收我市卧龙区谢庄乡等 5 个乡镇龚河村等 29 个行政村农用地 244.0195hm^2（其中：基本农田 151.6061hm^2、耕地 199.8104hm^2、林地 29.1441hm^2、园地 3.9415hm^2、其他农用地 11.1235hm^2），征收建设用地 11.0098hm^2，未利用地 22.1072hm^2，划拨并使用国有建设用地 0.7308hm^2；宛城区新店乡等 3 个乡镇英北村、钓鱼台村等 6 个行政村农用地 46.4094hm^2（其中：耕地 44.4147hm^2、基本农田 37.2474hm^2、林地 0.4829hm^2、园地 0.3041hm^2、其他农用地 1.2077hm^2），建设用地 3.2226hm^2；镇平县彭营乡、遮山镇 2 个乡镇范庄村、马营村等 10 个行政村农用地 71.9822hm^2（其中：基本农田 60.3336hm^2、耕地 62.2457hm^2、园地.4259hm^2、林地 7.3415hm^2、其他农用地 1.9691hm^2），建设用地 4.1hm^2，未利用地 2.3772hm^2；南召县石门乡、南河店镇等 6 个乡镇，庙坡村、南外村等 20 个行政村农用地 190.524hm^2（其中基本农田 48.9112hm^2、耕地 49.1699hm^2、园地 6.8294hm^2、林地 132.8887hm^2、其他农用地 1.5143hm^2、国有林地 0.1217hm^2），建设用地 12.7483hm^2，未利用地 40.9721hm^2，划拨并使用国有建设用地 0.4836hm^2。共计 660.6867hm^2（详见附件）。

按照《土地管理法》及有关政策规定，市政府拟同意南阳市、镇平县、南召县国土资源管理局制定的上述方案和呈报说明书。

此请示，请批复。

附件：1. 洛阳至南阳高速公路分水岭至南阳段（主线）建设用地明细表、洛阳至南阳高速公路分水岭至南阳段联络线建设用地明细表、洛阳至南阳高速公路连接线

（卧龙区段）建设用地明细表、洛阳至南阳高速公路连接线（宛城区段）建设用地明细表

2. 洛阳至南阳高速公路分水岭至南阳段南阳市区部分用地征收及补偿安置情况说明

二〇〇五年十一月二十五日

附件 1

洛阳至南阳高速公路分水岭至南阳段(主线)建设用地明细表(单位:hm^2)

名称		合计	农用地																建设用地				未利用地
			耕地					园地			林地				其他农用地								
			旱地	菜地	水浇地	灌溉水田	望天田	果园	桑园	其他园地	有林地	灌木林地	疏林地	未成林造地	农村道路	坑塘水面	农田水利	晒谷场	工矿仓储	住宅用地	交通运输	水利设施	
总计		489.3417	182.9788	0.4079	9.1532	14.8559	4.2606	4.7644	4.3217	2.1107	20.5743	132.6416	9.7736	0.4629	2.8215	2.4621	3.4622	0.1543	1.7569	1[illegible]3617	0.9659	0.3117	71.7395
集体土地(主线)	南阳市共计	488.7364	182.9788	0.4079	9.1532	14.8559	4.2606	4.7644	4.3217	2.1107	20.5743	132.6416	9.7736	0.4629	2.8215	2.4621	3.4622	0.1543	1.7569	1[illegible].3617	0.4823	0.3117	71.7395
	镇平县合计	88.4594	62.2108		0.0349				0.4259		7.3115				1.3554		0.6137		1.5743	2[illegible]5257			12.3772
	彭营乡小计	5.5314	5.3945												0.0820		0.0549						
	范庄村	5.4615	5.3246												0.082		0.0549						
	山岗村	0.0011	0.0011																				
	李和庄村	0.0688	0.0688																				
	遮山镇小计	82.928	56.8163		0.0349				0.1259	0	7.3115				1.2734		0.5588		1.5743	2.[illegible]257			12.3772
	马营村	5.2274	4.8229												0.1021								0.3021
	罗庄村	2.3606	2.1186						0.242														
	张湾村	14.4268	7.6214								2.4637				0.4169					0.[illegible]78			3.327
	杨庄村	20.5711	8.3615		0.0349				0.1839		4.8659				0.4106		0.0454		1.5743	0.337			4.5876

续上表

名称		合计	农用地																建设用地				未利用地
			耕地					园地			林地				其他农用地				工矿仓储	住宅用地	交通运输	水利设施	
			旱地	菜地	水浇地	灌溉水田	望天田	果园	桑园	其他园地	有林地	灌木林地	疏林地	未成林造地	农村道路	坑塘水面	农田水利	晒谷场					
集体土地（主线）	陈善岗村	26.4307	22.4526												0.5002		0.2689			1.0909			2.1181
	魏营村	9.008	8.1825												0.1224		0.2745						0.4286
	王沟村	4.9037	3.2568								0.0119				0.0212								14.6138
	南召县合计	244.1227	33.8547	0.4079		10.6467	4.2606	3.8242	0.8945	2.1107	12.6778	12.2124	7.5356	0.4629	0.3188	0.7773	0.3723	0.0459	0.1826	12.254		0.3117	40.9721
	石门乡小计	29.7137	3.5623			2.5757		1.4015	0.0217		4.4529	4.2762	3.119		0.053	0.7149	0.0894			1.3475		0.3117	8.3279
	玉皇村	9.0271	2.1282			0.3356		0.1379			3.2485	1.6036			0.0421								1.5312
	裴庄村	6.725	1.1823			1.152		0.7138				1.5822	1.2815			0.063				0.4617			0.2876
	黑龙村	13.9616	0.2518			1.0872		0.5498	0.0217		1.2044	1.0904	1.8375		0.0109	0.1119	0.0894			0.8858		0.3117	6.5091
	南河店镇小计	88.7706	14.7932			7.6074	3.3537	2.0406		2.1107	4.5143	28.4999	0.1871		0.1237	0.4938	0.0591	0.0459		8.5688			16.3721
	韩店村	15.5778	0.1436				0.7426	41.3505		0.4205		5.3127	0.1871							1.7852			5.6356
	马沟村	26.9385	5.9807			6.7762					3.4314	2.2774				0.0877	0.0591			4.3891			3.9369
	延岭沟村	3.9446	0.3342				0.2086					2.6376								0.7047			0.0595

续上表

名称		合计	农用地																建设用地				未利用地
			耕地					园地			林地				其他农用地								
			旱地	菜地	水浇地	灌溉水田	望天田	果园	桑园	其他园地	有林地	灌木林地	疏林地	未成林造地	农村道路	坑塘水面	农田水利	晒谷场	工矿仓储	住宅用地	交通运输	水利设施	
集体土地（主线）	渭林河村	0.4412				0.077					0.2988									[illegible]			0.0654
	漆树园村	11.8251	2.65				0.3707			0.0743	0.7841	5.5174			0.0201			0.0459		[illegible].069			2.2936
	龙泉寺村	5.0031	1.7983									1.7157			0.023								1.4661
	申沟村	16.9653	1.353			0.7542	2.0318	0.6901		1.6159		8.4665			0.0619	0.4061				[illegible]5858			
	韦湾村	8.075	2.5334									2.5726			0.0187					[illegible].035			2.9153
	白土岗镇小计	6.9126	1.2231									5.6895											
	河南村	6.9126	1.2231									5.6895											
	城郊乡小计	47.5258	4.0522	0.4079			0.6088	0.3821	0.8728		0.781	34.2245		0.4629	0.0959	0.1086	0.1065		0.1826	1.[illegible]63			4.1437
	庙坡村	16.4333	0.8812					0.2414			0.3934	13.8998		0.4629	0.0171		0.0462			0.[illegible]62			0.0451
	史庄地	1.7999										1.7999											
	宋楼村	7.3446	0.6425				0.1534	0.0609				6.0721			0.0111	0.1086	0.035						0.261
	董店村	5.7861	0.7187	0.2977					0.8728		0.2689	0.6651			0.0579		0.0253			0.[illegible]57			2.514
	北沟村	16.1619	1.8098	0.1102			0.4554	0.0798			0.1187	11.7876			0.0098				0.1826	0.[illegible]44			1.3236

续上表

名称		合计	农用地																建设用地				未利用地
			耕地					园地			林地				其他农用地				工矿仓储	住宅用地	交通运输	水利设施	
			旱地	菜地	水浇地	灌溉水田	望天田	果园	桑园	其他园地	有林地	灌木林地	疏林地	未成林造地	农村道路	坑塘水面	农田水利	晒谷场					
集体土地（主线）	城关镇小计	0.9111										0.9111											
	南外村	0.9111										0.9111											
	崔庄乡小计	70.2889	10.2239			0.4636	0.2981				2.9296	38.6112	4.2295		0.0462		0.1173			1.2414			12.1281
	曹村	31.9452	6.4283			0.4636					1.0155	15.0107			0.0462		0.1173			0.6419			8.2217
	同龙沟村	38.3437	3.7956				0.2981				1.9111	23.6005	4.2295							0.5995			3.9064
	卧龙区合计	156.1543	86.9133		9.1183	4.2092		0.9102	3.0013		0.555	20.3075	2.238		1.1473	1.6851	2.4762	0.1084		4.582	0.4823		18.3902
	潦河以乡小计	40.2678	3.5797		2.5055	2.288		0.2588				20.3075	2.238			0.7799	0.5742			0.2408	0.0586		7.4368
	李庄村	21.44	1.6653			1.5535						12.2802				0.2856	0.2798			0.1245			5.2511
	周沟村	2.7127	0.4653			0.3943		0.2588				0.9695								0.1163	0.0228		0.4857
	闫沟村	16.1151	1.4491		2.5055	0.3402						7.0578	2.238			0.4913	0.2941				0.0358		1.7
	谢庄乡小计	71.1523	52.4975		4.3842	0.0283									0.896	0.08402	0.9685	0.1084		0.7705	0.3614		10.2973
	小王沟村	27.2431	17.0739			0.0283									0.1877	0.1841	0.0667						9.7024

续上表

名称		合计	农用地																建设用地				未利用地
			耕地					园地			林地				其他农用地								
			旱地	菜地	水浇地	灌溉水田	望天田	果园	桑园	其他园地	有林地	灌木林地	疏林地	未成林造地	农村道路	坑塘水面	农田水利	晒谷场	工矿仓储	住宅用地	交通运输	水利设施	
集体土地（主线）	康营村	5.0216	4.2247												0.1269						0.0751		0.5949
	谢庄村	12.7058	6.4738		4.3842										0.2346	0.3129	0.3704			[illegible].7418	0.1881		
	董营村	3.2913	3.1708														0.1205						
	司庄村	1.8048	1.8048																				
	大庙村	13.453	12.2328												0.3151	0.3432	0.365	0.07		0.[illegible]287	0.0982		
	龚河村	7.6327	7.5167												0.0317		0.0459	0.0384					
	安皋镇小计	44.7342	30.8361		2.2286	1.8929		0.6814	3.0013		0.555				0.2513	0.065	0.9335			3.[illegible]707	0.0623		0.6561
	和庄村	17.8558	15.3088					0.0712							0.0721	0.065	0.6029			1.[illegible]58			
	连庄村	11.7435	9.0362		2.2286										0.0668		0.3017						0.1102
	姜园村	4.3806	2.1343			0.2616					0.555									1.[illegible]62	0.0623		0.2312
	兰营村	10.7543	4.3568			1.6313		0.6102	3.0013						0.1124		0.0289			0.[illegible]87			0.3147

续上表

名称		合计	农用地																	建设用地				未利用地
			耕地					园地			林地				其他农用地				工矿仓储	住宅用地	交通运输	水利设施	
			旱地	菜地	水浇地	灌溉水田	望天田	果园	桑园	其他园地	有林地	灌木林地	疏林地	未成林造地	农村道路	坑塘水面	农田水利	晒谷场					
国有土地（主线）	南召县共计	0.6053										0.1217									0.4836		
	207 国道	0.4836																			0.4836		
	蚕场	0.1217										0.1217											

洛阳至南阳高速公路分水岭至南阳段联络线建设用地明细表（单位：hm²）

名称		合计	农用地											建设用地					未利用地
			耕地			园地	林地			其他农用地									
			旱地	水浇地	菜地	果园	有林地	灌木林地	未成林造林地	农村道路	坑塘水面	农田水利	晒谷场	工矿仓储	住宅用地	交通运输	水利设施	特殊用地	
总计		155.3821	125.4382	4.0825	0.1297	0.2627	1.4054	4.6382	0.4829	1.9230	1.4732	1.4289	1.4316	5.0577	2.2406	1.0526	0.3607	0.2572	3.7170
集体土地（联络线）	南阳市共计	154.6513	125.4382	4.0825	0.1297	0.2627	1.4054	4.6382	0.4829	1.9230	1.4732	1.4289	1.4316	5.0577	2.2406	0.3218	0.3607	0.2572	3.7170
	宛城区合计	44.0914	36.3309	2.9287		0.2627			0.4829	0.8401		0.1742		2.7507	0.0640			0.2572	
	新店乡小计	44.0857	35.3252	2.9287		0.2627			0.4829	0.8401		0.1742		2.7507	0.0640			0.2572	
	乡集体	0.6273				0.2627				0.1901		0.1742							
	英北村	8.6445	8.6046							0.0399									
	新店村	8.9634	4.1945	1.2475					0.4829	0.0306				2.7507				0.2572	
	惠庄村	22.0033	19.7629	1.6812						0.4952					0.0640				
	陈岗村	3.8472	3.7632							0.081									
	红泥湾镇小计	0.0057	0.0057																
	栗科村	0.0057	0.0057																
	卧龙区合计	110.5599	89.1073	1.1538	0.1297		1.4054	4.6382		1.0829	1.4732	1.2547	1.4316	2.3070	2.3070	0.3218	0.3607		3.7170
	谢庄乡小计	35.9243	28.8179	1.1538			0.5065			0.3956		0.4615	0.7152	2.3070	2.3070	0.2001	0.0600		1.0458
	龚河村	1.2870	0.8823									0.1265	0.1374						0.1408
	叶湾地	10.6622	10.125							0.1896			0.2352						0.1124

续上表

名称		合计	农用地											建设用地					未利用地
			耕地			园地	林地			其他农用地									
			旱地	水浇地	菜地	果园	有林地	灌木林地	未成林造林地	农村道路	坑塘水面	农田水利	晒谷场	工矿仓储	住宅用地	交通运输	水利设施	特殊用地	
集体土地（联络线）	毛田村	4.8741	2.2791				0.0216			0.0689			0.3426	1.4937	0.2144				0.4538
	刘庄地	7.8026	4.9266	1.1538			0.4849			0.0573		0.0271		0.8133	0.0465	0.1464			0.1467
	孙庄村	11.2984	10.6049							0.0798		0.3079				0.0537	0.0600		0.1921
	蒲山镇小计	74.6356	60.2891		0.1297		0.8989	4.6382		0.6873	1.4732	0.7932	0.7161		1.9157	0.1217	0.3007		2.6712
	周后王村	6.7954	5.6719							0.0821									1.0414
	赵庄村	0.0137	0.0137																
	丁庄村	10.312	9.6479				0.0598			0.01	0.5696	0.0622				0.0931			0.0886
	高庄村	3.5421	3.3658							0.0317		0.1446							
	火星庙村	10.2617	8.8884							0.1557	0.8084	0.1086					0.3007		
	槐树湾村	8.1672	7.0631		0.1297					0.0481	0.0952	0.2365	0.0708		0.5238				
	张营村	3.8257	3.8452							0.0211		0.0561							
	马营村	5.2126	4.2423							0.0728		0.0366	0.6456		0.2153				
	黄山村	26.2859	17.6511				0.8391	4.6382		0.2628		0.1483			1.1766	0.0286			1.5412

续上表

名称		合计	农用地											建设用地					未利用地
			耕地			园地	林地			其他农用地									
			旱地	水浇地	菜地	果园	有林地	灌木林地	未成林造林地	农村道路	坑塘水面	农田水利	晒谷场	工矿仓储	住宅用地	交通运输	水利设施	特殊用地	
国有土地（联络线）	南阳市共计	0.7308														0.7308			
	地方铁路局	0.7308														0.7308			

洛阳至南阳高速公路连接线(卧龙区段)建设用地明细表(单位:hm^2)

名称		合计	农用地								建设用地				未利用地	
			耕地			园地	林地	其他农用地			工矿仓储	住宅	交通运输	特殊用地	未利用土地	其他土地
			菜地	旱地	水浇地			农村道路	坑塘水面	农田水利						
总计		10.4223		3.1573	6.0215			0.0655	0.2770	0.1216		0.7392	0.0402			
集体土地(连接线)	南阳市共计	10.4223		3.1573	6.0215			0.0655	0.2770	0.1216		0.7392	0.0402			
	卧龙区合计	10.4223		3.1573	6.0215			0.0655	0.2770	0.1216		0.7392	0.0402			
	蒲山镇小计	1.2371		1.2371												
	黄山村	1.2371		1.2371												
	七里园乡小计	9.1852		1.9202	6.0215			0.0655	0.2770	0.1216		0.7392	0.0402			
	达士营村	4.9025		1.9202	2.7668			0.0655		0.1216			0.0284			
	白塔村	4.2827			3.2547				0.277			0.7392	0.0118			

洛阳至南阳高速公路连接线(宛城区段)建设用地明细表(单位:hm^2)

名称		合计	农用地								建设用地				未利用地	
			耕地			园地	林地	其他农用地			工矿仓储	住宅	交通运输	特殊用地	未利用土地	其他土地
			菜地	旱地	水浇地			农村道路	坑塘水面	农田水利						
总计		5.5406	1.2630		3.8921	0.0414		0.1098		0.0836	0.1089		0.0418			
集体土地(连接线)	南阳市共计	5.5406	1.2630		3.8921	0.0414		0.1098		0.0836	0.1089		0.0418			
	宛城区合计	5.5406	1.2630		3.8921	0.0414		0.1098		0.0836	0.1089		0.0418			
	环城乡小计	5.5406	1.2630		3.8921	0.0414		0.1098		0.0836	0.1089		0.0418			
	钓鱼台村	3.3420			3.0951	0.0414		0.0885		0.0752			0.0418			
	袁庄村	2.0897	1.263		0.797			0.0213		0.0084						
	酱菜厂	0.1089									0.1089					

附件 2

洛阳至南阳高速公路分水岭至南阳段南阳市区部分用地征收及补偿安置情况说明

根据国土资源部国土资发〔2002〕233 号和豫国发〔2003〕26 号文件的有关要求，现将洛阳至南阳高速公路分水岭至南阳段南阳市区部分建设用地征地及征地补偿有关情况说明如下：

一、征地情况概述

该项目建设用地总计征收我市卧龙区谢庄乡等 5 个乡镇龚河村等 29 个行政村农用地 244.0195hm²（其中：基本农田 151.6061hm²、耕地 199.8104hm²、林地 29.1441hm²、园地 3.9415hm²、其他农用地 11.1235hm²），征收建设用地 11.0098hm²，未利用地 22.1072hm²，划拨并使用国有建设用地0.7308hm²；宛城区新店乡等 3 个乡镇英北村、钓鱼台村等 6 个行政村农用地 46.4094hm²（其中：耕地 44.4147hm²、基本农田 37.2427hm²、林地 0.4829hm²、园地 0.3041hm²、其他农用地 1.2077hm²），建设用地 3.2226hm²。征地前两个区 35 个行政村人均耕地在 0.8～0.9 亩之间，本次建设用地征收土地共需安置农业人口 4003 人，安置劳动力 2919 人。

二、征地补偿及安置途径

本次建设用地征地，我市主要采取以货币安置为主，其他安置途径为辅的办法，对被征地单位进行补偿安置。按照《河南省实施〈土地管理法〉办法》第三十四条规定，该批次建设用地的补偿安置按照该耕地前三年平均年产值的 8～10 倍补偿，安置补助费按该耕地前三年的 6～8 倍补偿。经实地调查和综合平衡，我市该项目用地拟征收耕地前三年平均年产值为 1.5 万元/hm²，菜地 1.7813 万元/hm²，每个需要安置的农业人口的安置费用为 0.6395 万元。

为确保被征地单位农民失地后的生产、生活有可靠保障，我们还采取以下途径进行安置：

(1)协调用地单位在同等条件下，由被征地单位优先承担工程建设中的用工、料物运输及附属工程的施工任务。

(2)引导被征地单位将土地补偿费集中用于兴建市场等项目，最大限度地安置剩余人员。

(3)引导被征地单位为需要安置的农业人口购买失业、养老、医疗等保险。

(4)对需要安置的农业人口进行职业培训，增强其自主择业能力。

三、承诺

南阳市岭南高速公路有限公司洛阳至南阳高速公路分水岭至南阳段南阳市区部分建设用地，符合土地法律法规的规定和国家土地供应政策，经勘测定界，权属清楚，四至明确，无权属争议，安置途径形式多样，能较好地保护被征地农业集体的合法权益，能保证被征地农民集体失地后群众的生产、生活水平不受损失，符合本市实际。

特此说明。

主题词：城乡建设　公路　土地　请示

抄送：省国土资源厅

南阳市人民政府办公室　　　　　　2005 年 11 月 25 日印发

河南省发展和改革委员会文件

豫发改设计〔2006〕359 号

40. 关于洛阳至南阳高速公路分水岭至南阳段工程初步设计的批复

南阳市发展改革委：

你委《关于呈报洛阳至南阳高速公路分水岭至南阳段初步设计的请示》（宛发改设计〔2005〕373 号）及省交通厅《关于洛阳至南阳高速公路分水岭至南阳段工程初步设计审查意见的函》（豫交计〔2005〕186 号）均收悉。经组织审查，现批复如下：

一、原则同意中交第一公路勘察设计研究院编制的工程初步设计和依据专家组审查意见补充的修改设计。

二、路线走向及建设规模

该项目（K0 +877 ~ K74 +733）起点位于平顶山和南阳市交界处的分水岭，北接同期建设的洛阳至南阳高速公路寄料至分水岭段。路线顺回龙沟沿国道 G207 布线，至下河东后向南，从米家庄西靳家庄东经过，至南召县城东与省道 S331 相交，然后跨过黄鸭河，设南召互通立交（K20 +160）；在三亩湾西侧跨越白河，在 K25 +963 处设停车区；继续向南从王西庄西侧穿过，至瓦趄村与省道 S333 线相交，设瓦趄互通立交（K34 +372）；然后向南在车家庄西跨越群英水库，经过黄庵、瓦房沟、四颗树、上杜沟、下闫沟、寨沟等村，在小刘庄西（K51 +369）处设服务区一处；经谢庄乡东、康庄东、大庙村东，至龚河西设龚河枢纽互通立交（K60 +382）作为联络线接口；再向南从后洼村西通过，穿过羊嘴头村东侧，过兰营村后跨越西潦河，在罗庄和马营街之间与宁西铁路交叉，在王村乡西与国道 G312 线相交，设南阳互通立交（K69 +343）；向南经杨庄村，至张华岗西与设张华岗姆纽互通立交（K74 +733）与上海至武威国家重点公路南阳至内乡高速公路相接，即为本项目终点。路线全长为 73.856km。

联络线起于主线龚河枢纽互通立交（主线桩号 K60 +382），向东经塔子山南、周后庄北，至槐树湾乡北跨焦枝铁路、南水北调工程和省道 S321，在小陈设独山互通立交（JK17 +627）；继续向东在黄山和新店乡跨越白河，至祝庄设祝庄枢纽互通（JK24 +254）与许平南高速相接，即为联络线终点。路线全长 24.25km。

独山互通立交联络线长 7.2km，南召互通立交联络线长 4.1km。

三、主要工程技术标准

本项目采用双向四车道高速公路技术标准设计，其中：山岭区段（K.0 + 000 ~ K33 + 850）设计速度为 100km/h，路基宽 26m，其中行车道宽 2 ×2 ×3.75m，中央分隔带宽 2.0m，左侧路缘带宽 2 ×0.75m，硬路肩宽 2 ×3.0m（含右侧路缘带宽 2 ×0.5m），土路肩宽 2 ×0.75m；部分路段采用分离式路基，单幅路基宽 13m，其中单向行车道 2 ×3.75m，左、右侧硬路肩宽分别为 1.0m 和 3.0m（含路缘带 0.5m），土路肩宽 2 ×0.75m。平原区段（K33 + 850 ~ 项目终点和联络线）设计速度为 120km/h，路基宽 28m，其中行车道宽 2 ×2 ×3.75m，中央分隔带宽 3.0m，左侧路缘带宽 2 ×0.175m，右侧硬路肩宽 2 ×3.5m（含右侧路缘带宽 2 ×0.5m），土路肩宽 2 ×0.75m。

路面结构：采用 4cm 沥青玛蹄脂碎石混合料（SMA—13）+ 6cm 中粒式改性沥青混凝土（AC—20I）+ 8cm 粗粒式沥青混凝土（AC—25I）+ 热喷改性沥青封层 + 36cm 水泥稳定碎石 + 20cm水泥石灰稳定砂砾；岩石挖方路段采用 4cm 沥青玛琋脂碎石混合料（SMA—13）+ 6cm 中粒式改性沥青混凝土（AC—20I）+ 8cm 粗粒式沥青混凝土（AC—25I）+ 热喷改性沥青封层 + 20cm水泥稳定碎石 + 15cmC15 贫混凝土。

桥涵设计荷载：公路—I 级；桥面净宽：山区 2 ×115m，分离式桥梁宽 12m；平原区 2 ×12m。

设计洪水频率：特大桥 1/300，大中小桥及涵洞 1/100。

连接线采用二级公路技术标准设计，其他技术指标应符合《公路工程技术标准》（JTG B01—2003）中的规定。

四、主要工程数量

土方 395 万 m^3，石方 534 万 m^3，特大桥 5343.60m/4 座，大桥 13456m/50 座，中桥 1623m/23 座，涵洞 104 道（不含互通区），隧道 3780m（折算为单洞长度）/4 道，分离式立交 10 座，通道 92 处（不含互通区），天桥 29 座，服务区、停车区各 1 处。

五、施工图设计时应依据专家审查意见和《公路工程技术标准》（JTG B01—2003）进一步优化，提高平、纵断面指标。

六、施工图设计前应在充分调查沿途实际情况后拟定切实可行的取、弃土方案，通道、涵洞和天桥的数量及位置应以方便沿线群众的生产生活为前提，分离式立交应符合省公路网的规划。

七、原则同意初步设计中推荐的桥型方案，施工图设计时应结合专家意见及水利主管部门的意见合理确定桥高、桥长及布孔方案，确保桥梁结构设计安全。应充分考虑线路对沿线水利排灌体系的影响，落实相关措施，保证排水畅通。

八、根据环保部门对《环境影响评价》的批复，进一步修改完善环保设计，并做好对水源地的保护。

九、跨铁路立交设计方案应依据铁路主管部门的批复进一步修改、完善。

十、路线起终点应做好和洛阳至南阳高速公路寄料至分水岭段、上武高速、许平南的连接。起点路段应采取适当的工程措施消除本工程与回龙电站输水洞之间的影响。

十一、本着节约用地的原则，进一步核实互通立交、服务区的占地面积，总用地面积控制在 698.66hm^2 以内。

十二、总概算核定金额为 456569 万元。

附件：总概算审核对比表

二〇〇六年四月六日

主题词:高速公路　工程　设计　批复

抄送:国土资源部,省政府办公厅、交通厅、水利厅、国土资源厅、环保局,郑州铁路局,南水北调中线办公室,南阳市政府、交通局、水利局、国土局、林业局、文物局,南召、镇平县政府,中交第一公路勘察设计研究院

河南省发展和改革委员会办公室　　2006年4月6日印发

附件

总概算审核对比表

建设项目名称:河南省洛阳至南阳高速公路分水岭—南阳

项次	工程或费用名称	单位	审定概算	
			工程数量	金额(元)
	第一部分　建筑安装工程	公路公里	98.106	3274535741
一	路基工程	公路公里	98.106	575782787
1	土方	m^3	3949213.000	46933576
(1)	机械土方	m^3	3949213.000	12333284
(2)	自卸车配合挖掘机运输土方	m^3	3641290.000	34600292
2	石方	m^3	5342028.000	215651250
(1)	机械石方	m^3	5342028.000	148180127
(2)	自卸车配合装载机运输石方	m^3	5089632.000	67471123
3	填方压实	m^3	3789178.000	22531215
4	路基填筑砂砾	m^3	1001400.000	44367250
5	路基路面排水工程	公路公里	98.106	65459641
(1)	排水沟	m^3/m	86614.500/95180.800	20630172
(2)	边沟	m^3/m	34663.240/36720.000	13085374
(3)	堑坡平台截水沟	m^3/m	32811.800/32632.000	10821804
(4)	截水沟	m^3/m	15558.000/15485.000	3712246
(5)	急流槽	m^3/m	1343.650/824.500	332255
(6)	中央分隔带排水工程	m	74012.000	7302.274
(7)	超高段排水工程	m	13214.300	6278860
(8)	边沟涵	m/道	172.000/24.000	296656
6	防护工程	公路公里	98.106	117291354
7	特殊路基处理	公路公里	98.106	64896841
(1)	掺石灰处理膨胀路基段	m^3	2641539.000	57159552
(2)	强夯	m^2	88682.000	2261008
(3)	填挖交界处理	m^2	100970.000	1608444
(4)	水塘路基处理	m^3	65051.000	3867837
8	不良地质处理	m^3	6155.00	1651660
二	路面工程	公路公里	98.106	416986086
1	水石灰稳定砂砾底基层	m^2	1809000.000	48957874
2	贫混凝土底基层	m^2	63900.000	3085651
3	水泥稳定碎石基层	m^2	1808800.000	111041559
4	沥青混凝土路面面层	m^2	1691700.000	234527041
(1)	沥青马琋脂碎石混合料(4cm)	m^2	1691700.000	67564582
(2)	中粒式改性沥青混凝土	m^2	1698700.000	78685065
(3)	粗粒式沥青混凝土	m^2	1701600.000	88277394

续上表

项次	工程或费用名称	单位	审定概算	
			工程数量	金额(元)
5	拌和设备安装拆装卸	m^2	14.000	5779620
6	中央分隔带培土	m^2	118260.000	3927168
7	土路肩	m^2	115673.000	5179866
8	路缘石	m^2	10572.000	4487307
三	桥梁、涵洞工程	公路公里	98.106	993473111
1	涵洞	m/道	4027.740/104.000	31628736
(1)	拱涵	m/道	288.910/6.000	4130967
(2)	钢筋混凝土盖板涵	m/道	3738.830/98.000	27497769
2	中桥	m/座	1622.660/23.000	83422434
3	LK1 +777 左线回龙沟Ⅰ号大桥	m/座	579.600/1.000	15163078
4	RK1 +650 右线回龙沟Ⅰ号大桥	m/座	282.500/1.000	7251557
5	K3 +320 回龙沟Ⅱ号大桥	m/座	130.900/1.000	8013598
6	K3 + 745 白龙庙大桥(左幅)	m/座	60.000/1.000	1185226
7	K3 + 745 白龙庙大桥(右幅)	m/座	406..000/1.000	10167626
8	K4 +713.5 回龙沟Ⅲ号大桥	m/座	396.400/1.000	22322893
9	K5 +700 王庄大桥	m/座	100.800/1.000	5445406
10	LK7 +814 左线回龙沟Ⅳ号大桥	m/座	516.200/1.000	13720208
11	RK8 +000 右线回龙沟Ⅴ号大桥	m/座	186.000/1.000	5168940
12	LK8 +380 左线黄土岭大桥	m/座	289.000/1.000	10975434
13	RK8 +399.5 右线黄土岭大桥	m/座	324.000/1.000	8883545
14	LK9 +051 左线回龙沟Ⅵ号大桥	m/座	347.000/1.000	8163803
15	RK9 +086 右线回龙沟Ⅵ号大桥	m/座	368.200/1.000	9260146
16	LK9 +370 左线北地大桥	m/座	125.800/1.000	2985643
17	LK9 +770 左线上河东大桥	m/座	132.400/1.000	3108293
18	RK9 +790 右线上河东大桥	m/座	132.400/1.000	3340.270

续上表

项次	工程或费用名称	单位	审定概算	
			工程数量	金额(元)
19	LK10 +539 左线河西大桥	m/座	340.000/1.000	8201077
20	RK10 +560 右线河西大桥	m/座	311.000/1.000	7567894
21	LK11 +163 左线米家庄大桥	m/座	207.400/1.000	5628437
22	RK11 +179.5 右线米家庄大桥	m/座	207.400/1.000	5353856
23	LK11 +569.5 左线雪家庄大桥	m/座	182.400/1.000	4766714
24	RK11 +545 右线雪家庄大桥	m/座	134.500/1.000	3228048
25	LK12 +617 左线王家庄大桥	m/座	285.000/1.000	6891265
26	LK12 +937 左线庵上大桥	m/座	278.200/1.000	7323174
27	RK12 +840 右线庵上大桥	m/座	488.200/1.000	12156748
28	K14 +230 靳家庄大桥	m/座	107.400/1.000	5898578
29	K15 +410 铁匠炉大桥	m/座	518.200/1.000	20714923
30	K16 +165 北沟庄大桥	m/座	158.200/1.000	7745238
31	K19 +275 龙排沟大桥	m/座	548.200/1.000	26580011
32	K20 +760 沙锅沟大桥	m/座	214.400/1.000	9718350
33	K22 +262 上黄土岭大桥	m/座	132.600/1.000	6267683
34	K24 +257 巩家庄大桥	m/座	254.100/1.000	13622846
35	K29 +390 灌河大桥	m/座	711.000/1.000	33412019
36	K31 +094 月西大桥	m/座	181.000/1.000	7893271
37	K32 +282 渭淋河大桥	m/座	338.200/1.000	16876770
38	K35 +700 裴李庄大桥	m/座	257.400/1.000	12343939
39	K37 +684 群英水库大桥	m/座	428.200/1.000	22450288
40	K39 +018 黄庵大桥	m/座	488.200/1.000	23231665
41	K40 +978 瓦房沟Ⅰ号大桥	m/座	257.400/1.000	12158015
42	K42 +183 瓦房沟Ⅱ号大桥	m/座	232.400/1.000	11531167
43	K43 +985 南岗Ⅰ号大桥	m/座	307.400/1.000	14558705
44	K43 +985 南岗Ⅱ号大桥	m/座	132.400/1.000	8303967
45	K44 +200 高家峁脖大桥	m/座	218.200/1.000	10649567
46	K47 +613 上杜沟大桥	m/座	157.400/1.000	8332999
47	K50 +137.5 下闫沟大桥	m/座	157.400/1.000	7382558
48	K63 +488 羊嘴头大桥	m/座	132.400/1.000	6122511
49	K66 +270 潦河大桥	m/座	207.400/1.000	10384492
50	RK7 +716 右线回龙沟Ⅳ号大桥	m/座	215.900/1.000	5684473
51	JK0 +945 兰庄大桥	m/座	157.400/1.000	7570380
52	JK11 +490 涌河大桥	m/座	132.400/1.000	6199738

续上表

项次	工程或费用名称	单位	审定概算	
			工程数量	金额(元)
53	K17 +832.5 黄鸭河特大桥	m/座	1164.000/1.000	76437386
54	K23 +068 白河特大桥	m/座	1178.200/1.000	67277010
55	JK14 +411 跨焦枝铁路高架特大桥	m/座	1703.2/1.000	137777142
56	JK19 +195 白河特大桥	m/座	1298.200/1.000	94923133
四	交叉工程	公路公里	98.106	588643979
1	南召互通式立体交叉	处	1.000	46586996
2	瓦互通式立体交叉	处	1.000	38820803
3	龚河互通式立体交叉	处	1.000	30749271
4	南阳互通式立体交叉	处	1.000	47529475
5	张华岗互通式立体交叉	处	1.000	108815802
6	独山互通式立体交叉	处	1.000	45949270
7	祝庄互通式立体交叉	处	1.000	34224379
8	分离式立体交叉	m/座	1369.000/10.000	56100649
9	通道	m/处	2329.440/92.000	104930524
10	天桥	m/处	4546.740/29.000	74936810
五	隧道工程	公路公里	98.106	154833204
1	分水岭隧道	单洞米	909.791	39271703
2	柴家庄隧道	单洞米	1125.000	41227222
3	上河东隧道	单洞米	480.000	23458618
4	雪家庄隧道	单洞米	1265.000	47038667
5	隧道监控系统工程	单洞米	3780.000	83590
6	隧道供电照明系统工程	单洞米	3780.000	1602800
7	隧道通风系统工程	单洞米	3780.000	37378
8	隧道消防系统工程	单洞米	3780.000	324249
9	监控系统设备安装	km	1.000	680860
10	供电系统安装工程	km	1.000	199053
11	照明系统安装工程	km	1.000	843937
12	通风系统安装工程	km	1.000	60582
13	消防系统安装工程	km	1.000	4545
六	其他工程及沿线设施	公路公里	98.106	196453940

续上表

项次	工程或费用名称	单位	审定概算	
			工程数量	金额(元)
8	独山互通连接线	km	7.220	33459631
9	四车道改六车道增计费用	公路公里	65.133	97699500
10	改线增加费用	km	0.390	19305000
11	回龙电站加固及发电损失费用	元		32645500
12	路线交叉保通协调费用	元		5600000
13	南召互通连接线	km	4.100	16400000
	概算总金额	元		4565688780
	公路基本造价	公路公里	98.106	4565688780

河南省交通厅文件

豫交计〔2005〕186 号

41. 关于洛阳至南阳高速公路分水岭至南阳段工程初步设计审查意见的函

省发展和改革委员会：

根据豫发改交通〔2005〕715 号文“关于洛阳至南阳高速公路分水岭至南阳段工程可行性研究报告的批复”精神，分水岭至南阳段高速公路初步设计已由中交第一公路勘察设计研究院编制完成，经审查，现将意见函告如下。

一、路线走向及建设规模

该项目（K0 + 877 ~ K74 + 733）起点位于平顶山和南阳市交界处的分水岭，北接同期建设的洛阳至南阳高速公路寄料至分水岭段。路线顺回龙沟沿国道 G207 布线，至下河东后向南，从米家庄西、靳家庄东经过，到南召县城东与省道 S331 相交，设南召互通立交（K16 + 656）然后跨过黄鸭河，在三亩湾西侧跨越白河，在 K25 + 963 处设停车区；继续向南从王西庄西侧穿过，至瓦莛村与省道 S333 线相交，设瓦莛互通立交（K34 + 372）；然后向南在车家庄西跨越群英水库，经过黄庵、瓦房沟、西棵树、上杜沟、下闫沟、寨沟等村，在小刘庄西（K51 + 369）处设服务区 1 处，经谢庄乡东、康庄东、大庙村东，至龚河西设龚河枢纽互通立交（K60 + 382）作为联络线接口；再向南从后洼村西通过，穿过羊嘴头村东侧，过兰营村后跨越西潦河，在罗庄和马营街之间与宁西铁路交叉，在王村乡西与国道 G312 线相交，设南阳互通立交（K69 + 343）；向南经杨庄村，至张华岗西与设张华岗枢纽互通立交（K74 + 733）与上海至武威国家重点公路南阳至内乡高速公路相接，即为本项目终点。路线全长为 3.856km。

联络线起于主线龚河枢纽互通立交（主线桩号 K60 + 382），向东经塔子山南、周后庄北，至槐树湾乡北跨焦枝铁路、南水北调工程和省道 S321，在小陈设独山互通立交（JK17 + 627）；继续向东在黄山和新店乡跨越白河，到祝庄设祝庄枢纽互通（JK24 + 254）与许平南高速相接，即为联络线终点。路线全长 24.25km。

二、沿线地形、地貌

分水岭至南召县黄鸭河以北地段主要为中—低山区，河谷狭窄谷坡陡峭；黄鸭河以南地段主要为丘岭区，地形起伏较小。拟建线路区包括中山区、低山区、丘陵区和平原区四大地貌单元。

三、工程地质和水文地质

项目主线区山岭区断位于伏牛山加里东造山带核部地带，山系或褶皱带总体北西—南东向发展。区内出露的地层主要为元古界、三叠系、第四系和燕山区侵入的花岗岩。地基土主要为黏土、砂和砂砾石、全风化花岗岩等。

项目区域属于汉江流域白河小流域。经过的河流主要有白河、黄鸭河、潦河等。区内地下水主要受大气降水和地表径流补给，排向就近河谷。

四、地震基本烈度

根据《中国地震动参数区划图》(GB 18306—2001)，项目区南阳市以北(分水岭 ~ K42 + 000)段地震烈度为Ⅵ度；南阳市境内(K42 +000 ~ 路线终点)和联络线的地震烈度为Ⅶ度。

五、主要工程技术标准

本项目采用双向四车道高速公路技术标准设计，其中：山岭区段(K0 +000 ~ K33 +850)设计速度为 100km/h，路基宽 26m，其中行车道宽 2 ×2 ×3.75m，中央分隔带宽 2.0m，左侧路缘带宽 2 ×0.75m，硬路肩宽 2 ×3.0m(含右侧路缘带宽 2 ×0.5m)，土路肩宽 2 ×0.75m；部分路段采用分离式路基，单幅路基宽 13m，其中单向行车道 2 ×3.75m，左、右侧硬路肩宽分别为 1.0m 和 3.0m(含路缘带 0.5m)，土路肩宽 2 ×0.75m。平原区段(K33 +850 ~ 项目终点和联络)设计速度为 120km/h，路基宽 28m，其中行车道宽 2 ×2 ×3.75m，中央分隔带宽 3.0m，左侧路缘带宽 2 ×0.75m，右侧硬路肩宽 2 ×3.5m(含右侧路缘带宽 2 ×0.5m)，土路肩宽 2 ×0.75m。

路面结构：采用 4cm 沥青玛蹄脂碎石混合料(SMA—13) +6cm 中粒式改性沥青混凝土(AC—20I) +8cm 粗粒式沥青混凝土(AC—25I) + 热喷改性沥青封层 +36cm 水泥稳定碎石 + 20cm 水泥石灰稳定砂砾；岩石挖方路段采用 4cm 沥青玛𤨒脂碎石混合料(SMA—13) +6cm 中粒式改性沥青混凝土(AC—25I) +8cm 粗粒式沥青混凝土(AC—25I) + 热喷改性沥青封层 + 20cm 水泥稳定碎石 +15cmC15 贫混凝土。

桥涵设计荷载：公路—Ⅰ级；桥面净宽：山区 2 ×11.5m，分离式桥梁宽 12m；平原区 2 ×12m。

设计洪水频率：特大桥 1/300，大中小桥及涵洞 1/100。

独山互通连接线采用二级公路技术标准设计，其他技术指标应符合《公路工程技术标准》(JTG B01—2003)中的规定。

六、建议按省政府 2004 年 4 月 28 日召开的高速公路现场会议精神及我厅豫交计〔2004〕194 号“关于印发‘高速公路 28m 路基上布设六车道的设计指导原则’和‘降低高速公路路基设计高度设计指导原则’的通知”要求，考虑在平原区路段 28m 路基上布设六车道。

七、主要工程数量

土 395 万 m^3，石方 534 万 m^3，特大桥 4787.60m/4 座，大桥 13456m/50 座，中桥 1623m/23 座，涵洞 104 道(不含互通区)，隧道 3780m(折算为单洞长度)/4 道，互通立交 7 座，分离式立交 10 座，通道 92 处(不含互通区)，天桥 29 座，服务区、停车区各 1 处。

八、工程概算

按照交通部《公路基本建设工程概算、预算编制办法》及河南省有关文件规定，经审查，该项目工程总概算控制在 428691 万元以内较为合适，请鉴核批复。

附件：总概算审核对比表

二〇〇五年八月四日

总概算审核对比表

建设项目名称:河南省洛阳至南阳高速公路分水岭至南阳段

项次	工程或费用名称	单位	原报概算		审定概算		增(+)减(-)	
			工程数量	金额(元)	工程数量	金额(元)	工程数量	金额(元)
	第一部分　建筑安装工程	公路公里	98.106	3287129584	98.106	3182883442		-104246142
一	路基工程	公路公里	98.106	592436330	98.106	575782787		-16653543
1	土方	m^3	3949213	46933576	3949213.000	46933576		0
(1)	机械土方	m^3	3949213000	12333284.00	3949213.000	12333284		0
(2)	自卸车配合挖掘机运输土方	m^3	3641290000	34600292	3641290.000	34600292		0
2	石方	m^3	5342028000	214521360	5342028.000	215651250		1129890
(1)	机械石方	m^3	5342028000	148180127	5342028.000	148180127		0
(2)	自卸车配合挖掘机运输石方	m^3	5089632000	66341233	5089632.000	67471123		1129890
3	填方压实	m^3	3789178000	23682282	3789178.000	22531215		-1161067
4	路基填筑沙砾	m^3	1001400000	44367250	1001400.000	44367250		0
5	路基路面排水工程	公路公里	98.106	631178451	98.106	67459641		-657810
6	防护工程	公路公里	98.106	116173859	98.106	117291354		1117495
7	特殊路基处理	公路公里	98.106	71407883	98.106	64896841		-6511042
8	不良地质处理	m^3	286300000	12222669	6155.000	1651660	-280145	-10571009
二	路面工程	公路公里	98.106	422805940	98.106	416986086		-25819854
1	水泥石灰稳定沙砾底基层	m^2	1809000000	48957874	1809000.000	48957874		0
2	贫混凝土底基层	m^2	63900000	3085651	63900.000	3085651		0
3	水泥稳定碎石基层	m^2	1808800000	111856004	1808800.000	111041559		-814445
4	沥青混凝土路面面层	m^2	1691700000	240624050	1691700.000	234527041		-6097009
5	拌和设备安装、拆卸	座	8.000	3319343	14.000	5779620	6.00	2460227

续上表

项次	工程或费用名称	单位	原报概算		审定概算		增(+)减(-)	
			工程数量	金额(元)	工程数量	金额(元)	工程数量	金额(元)
6	中央分隔代培土	m^3	118260000	3852488	118260.000	3927168		74680
7	土路肩	m^2	115673000	26623223	115673.000	5179866		-21443357
8	路缘石	m^3	10572000	4487307	10572.000	4487307		0
三	桥梁、涵洞工程	公路公里	98.106	946242088	98.106	915615500		-30626588
1	涵洞	m/道	4027.740/104.000	32814903	4027.740/104.000	31628736		-1186167
(1)	拱洞	m/道	288.910/6.000	4130967	288.910/6.000	4130967		0
(2)	钢筋混凝土盖板涵	m/道	3738.830/98.000	28683936	3738.830/98.000	27497769		-1186167
2	中桥	m/座	1622.660/23.000	95764423	1622.660/23.000	83422434		-12341989
3	大桥	m/座	13456/50	521766679	269.120	511907032		-9859647
4	特大桥	m/座	4787.6/4	295896083	4787.6/4	288657298		-7238785
53	K17+832.5 黄鸭河特大桥	m/座	1164.000/1.000	75386064	1164.000/1.000	76437386		1051322
54	K23+068 白河特大桥	m/座	1178.200/1.000	60709016	1178.200/1.000	57377248		-3331768
55	JK14+411 跨焦枝铁路高架特大桥	m/座	1147.200/1.000	59189669	1147.200/1.000	59919531		729862
56	JK19+195 白河特大桥	m/座	1298.200/1.000	100611334	1298.200/1.000	94923133		-5688201
四	交叉工程	公路公里	98.106	608639167	98.106	574849291		-33789876
1	南召互通式立体交叉	处	1.000	47080351	1.000	46586996		-493355
2	瓦莛互通式立体交叉	处	1.000	38971499	1.000	38820803		-150696
3	龚河互通式立体交叉	处	1.000	31876457.00	1.000	30749271		-1127186
4	南阳互通式立体交叉	处	1.000	48170542	1.000	47529475		-651067
5	张华岗互通式立体交叉	处	1.000	79439104	1.000	108815802		29376698

续上表

项次	工程或费用名称	单位	原报概算		审定概算		增(+)减(-)	
			工程数量	金额(元)	工程数量	金额(元)	工程数量	金额(元)
6	独山互通式立体交叉	处	1.000	75115412	1.000	45949270		-29166142
7	祝庄互通式立体交叉	处	1.000	56036212	1.000	20429691		-35606521
8	分离式立体交叉	m/座	1639.000/10.000	57456362	1639.000/10.000	56100649		-1355713
9	通道	m/处	2329.440/92.000	98835896	2329.440/92.000	104930524		6094628
10	天桥	m/处	4546.740/29.000	75647332	4546.740/29.000	74936810		-710522
五	隧道工程	公路公里	98.106	154942278	98.106	154933204		-109076
1	分水岭隧道	单洞米	909.791	39295070	909.791	39271703		-23367
2	柴家庄隧道	单洞米	1125.000	41256119	1125.000	41227222		-28897
3	上河东隧道	单洞米	480.000	23470950	480.000	23458618		-12332
4	雪家庄隧道	单洞米	1265.000	47071161	1265.000	47038667		-32494
5	隧道监控系统工程	单洞米	3780.000	85019	3780.000	83590		-1429
6	隧道供电照明系统工程	单洞米	3780.000	1606621	3780.000	1602800		-3821
7	隧道通风系统工程	单洞米	3780.000	37837	3780.000	37378		-459
8	隧道消防系统工程	单洞米	3780.000	330525	3780.000	324249		-6276
9	监控系统设备工程	km	1.000	680860	1.000	680860		0
10	供电系统安装工程	km	1.000	199053	1.000	199053		0
11	照明系统安装工程	km	1.000	843937	1.000	843937		0
12	痛风系统安装工程	km	1.000	60582	1.000	60582		0
13	消防系统安装工程	km	1.000	4545	1.000	4545		0
六	其他工程及沿线设施	公路公里	98.106	191549147	98.106	4130967		4904793
1	清除场地	公路公里	98.106	271874	98.106	271874		0
(1)	伐树、挖跟、除草	公路公里	98.106	39624	98.106	39624		0

续上表

项次	工程或费用名称	单位	原报概算		审定概算		增(+)减(-)	
			工程数量	金额(元)	工程数量	金额(元)	工程数量	金额(元)
(2)	平整场地	m^2	203300.000	232250	203300.000	232250		0
2	拆除建筑物	公路公里	98.106	6811173	98.106	6811173		0
(1)	改移水渠	m	2522.000	97941	2522.000	97941		0
(2)	改移水渠	m^2	42207.000	3920951	42207.000	3920951		0
(3)	白河特大桥引道	km	1975.000	2792281	1975.000	2792281		0
3	管理与养护设施	公路公里	98.106	0.00	98.106	51487737		51487737
(1)	收费系统土建	km	98.106	1913008	98.106	1827437		-85571
(2)	监控系统土建	km	98.106	1828241	98.106	6163270		4335029
(3)	通信系统土建	km	98.106	23449589	98.106	26236744		2787155
(4)	供电照明工程土建	km	98.106	797053	98.106	858065		61012
(5)	收费系统设备安装	km	98.106	1439904	98.106	1266887		-173017
(6)	监控系统安装工程	km	98.106	2110015	98.106	5350238		3240223
(7)	通信系统安装工程(一期)	km	98.106	8188250	98.106	8024093		-164157
(8)	通信系统安装工程(二期)	km	98.106	718329	98.106	718329		0
(9)	供电系统安装工程	km	98.106	470929	98.106	639133		168204
(10)	照明系统安装工程	km	98.106	403541	98.106	403541		0
4	安全设施	公路公里	98.106	78417850	98.106	78218196		-199654
5	南召停车区	处	1.000	32220352	1.000	31558559		-661793
6	南阳服务区	处	1.000	20200259	1.000	19575492		-624767
7	环境保护工程	公路公里	98.106	11976051	98.106	8198177		-3777874
8	公路交工前养护费	公路公里	98.106	332732	98.106	332732		0

续上表

项次	工程或费用名称	单位	原报概算		审定概算		增(+)减(-)	
			工程数量	金额(元)	工程数量	金额(元)	工程数量	金额(元)
七	临时工程	公路公里	98.106	29952146	98.106	29902569		-49577
1	便道	km	187.180	6171034	187.180	6121457	-1.500	-49577
2	便桥	m/座	16271.000/77.000	20865946	16271.000/77.000	20865946		0
3	临时管涵	m	780.000	1067943	780.000	1067943		0
4	临时电力线路	km	60.600	1599194	60.600	1599194		0
5	临时电讯线路	km	60.600	248029	60.600	248029		0
八	管理、养护及服务房屋	公路公里	98.106	39961440	98.106	48192543		8231103
1	分水岭隧道供电站	m^2	183.430	240310	183.430	256285		15975
2	梁庄隧道供电站	m^2	183.430	240310	183.430	256285		15975
3	雪家庄隧道供电站	m^2	183.430	240310	183.430	256285		15975
4	房屋建筑	m^2	13708.730	39240510	13708.730	47423688		8183178
九	施工技术装备费	公路公里	98.106	74862971	98.106	72024637		-2838334
十	计划利润	公路公里	98.106	99817300	98.106	95704927		-4112373
十一	税金	公路公里	98.106	105920775	98.106	102537958		-3382817
	第二部分　设备及工具、七局购置费	公路公里	98.106	72048832.00	98.106	78331019		6282187
一	设备购置费	公路公里	98.106	66713386	98.106	72995573		6282187
二	工具、器具购置	公路公里	98.106	4011000	98.106	4011000		0
三	办公及生活用家具购置	公路公里	98.106	1324446	98.106	1324446		0
	第三部分　工程建设其他费用	公路公里	98.106	685729994	98.106	688822987		3092993

续上表

项次	工程或费用名称	单位	原报概算		审定概算		增(+)减(-)	
			工程数量	金额(元)	工程数量	金额(元)	工程数量	金额(元)
一	土地、青苗等补偿和安置补助费	公路公里	98.106	258225754	98.106	256120515		-2105239
1	土地、青苗等补偿	公路公里	98.106	194070213	98.106	190941246		-3128967
2	安置补助费	公路公里	98.106	64155541	98.106	64077269		-78272
二	建设单位管理费	公路公里	98.106	70894777	98.106	99324848		28430071
1	建设单位管理费	公路公里	98.106	16206912	98.106	23890510		7683598
2	工程质量监督费	公路公里	98.106	4164051	98.106	4774325		610274
3	工程监理非	公路公里	98.106	42016540	98.106	63657669		21641129
4	定额编制管理费	公路公里	98.106	4719257	98.106	3819460		-899797
5	设计文件审查费	公路公里	98.106	1388017	98.106	3182883		1794866
三	建设项目前期工作费	公路公里	0.000	0	98.106	78218771	98.106	78218771
1	勘察设计费(含预工可编制费)	公路公里	0.000	0	98.106	74598771	98.106	74598771
2	文物勘探费	公路公里	0.000	0	98.106	1120000	98.106	1120000
3	水土保持报告编制费	公路公里	0.000	0	98.106	490000	98.106	490000
4	地质灾害危险性评估费	公路公里	0.000	0	98.106	390000	98.106	390000
5	工程环境影响评价费	公路公里	0.000	0	98.106	490000	98.106	490000
6	压覆矿产资源评估费	公路公里	0.000	0	98.106	1130000	98.106	1130000
四	研究实验费	公路公里	98.106	21700000	98.106	15000000		-6700000

续上表

项次	工程或费用名称	单位	原报概算		审定概算		增(+)减(-)	
			工程数量	金额(元)	工程数量	金额(元)	工程数量	金额(元)
五	勘察设计费	公路公里	98.106	74598771	0.000	0	-98.106	-74598771
九	建设期贷款利息	公路公里	98.106	260310692	98.106	240158854		-20151838
	第一、二、三、部分费用合计	公路公里	98.106	4044908410	98.106	3950037448		-94870962
	预留费用	元		189229886		185493930		-3735956
2	预备费	元		189229886		185493930		-3735956
	新增加费用项目(不作预备费基数)	公路公里	98.106	7047818	98.106	151375597		144327779
1	绿色通道植树费	公路公里	98.106	781596	65.133	781596		0
2	文物勘探费	公路公里	98.106	1120000	0.000	0	-98.106	-1120000
3	水土保持报告编制费	公路公里	98.106	490000.00	0.000	0	-98.106	-490000
4	地质灾害危险性评估费	公路公里	98.106	390000	0.000	0	-98.106	-390000
5	工程环境影响评价费	公路公里	98.106	490000	0.000	0	-98.106	-490000
6	压覆矿产资源评估费	公路公里	98.106	1130000	0.000	0	-98.106	-1130000
7	绿化养护费用	公路公里	98.106	2646222	0.000	0	-98.106	-2646222
8	独山互通连接线	km	0.000	0	7.220	33459631	7.220	33459631
9	四车道改六车道增计费用	公路公里	0.000	0	65.133	97699500		97699500
10	改线增加费用	km	0.000	0	0.390	19434870	65.133	19434870
	概算总金额	元		4241186114		4286906975	0.390	45720861
	每公里造价	公路公里	98.106	43230650	98.496	43523666		293016

河南高速公路发展有限责任公司文件

豫高司〔2005〕383 号

签发人：王金山

42. 关于报送河南省洛阳至南阳高速公路分水岭至南阳段初步设计的请示

河南省交通厅：

洛阳至南阳高速公路分水岭至南阳段项目已经河南省发展与改革委员以豫发交通〔2005〕705 号文批复立项，根据项目前期进展情况，设计单位已编制完成《初步设计》，经我公司审核后认为符合国家及行业有关规范的约定，现报省厅审核。

妥否，请批示。

附件：河南省洛阳至南阳高速公路分水岭至南阳段初步设计（略）

河南岭南高速公路有限公司文件

岭南高司〔2005〕1号

签发人：侯建军

43. 关于报送河南省洛阳至南阳高速公路分水岭至南阳段初步设计请示

南阳市发展和改革委员会：

洛阳至南阳高速公路分水岭至南阳段项目已经河南省发展与改革委员会以豫发改交通〔2005〕705号文批复立项，根据项目前期进展情况，设计单位已编制完成《初步设计》，经我公司审核后认为符合国家及行业有关规范的约定，现报贵委审核并请上报河南省发展和改革委员会审批。

妥否，请批示。

附件：河南省洛阳至南阳高速公路分水岭至南阳段初步设计（略）

2005年7月27日

河南高速公路发展有限责任公司文件

豫高司工〔2006〕423 号

44. 关于洛南高速公路南阳段 10kV 供电线路工程施工图设计及预算的批复

河南岭南高速公路有限公司:

你公司《关于架设 10kV 专板电力线路的请示》(岭南高司〔2005〕23 号)收悉。经审核并报省厅批准,现批复如下:

一、根据《河南省高速公路设计技术要求》,同意该路段实施 10kV 供电线路工程。

二、原则同意南阳电力勘测设计院完成的该路段 10kV 供电线路工程施工图设计。

三、鉴于该路段穿越山区,地形复杂,临时供电困难,同意结合后期交通机电工程,提前架设 10kV 专板专线,保证岭南高速公路项目的顺利实施。

四、本设计共架设 5 条专线,其中独山收费站、南阳服务区、南阳收费站各架设一条专线;瓦踅、南召收费站及南召停车区共用一条专线;分水岭隧道、柴家庄Ⅰ号隧道、柴家庄Ⅱ号隧道、上河东隧道、雪家庄隧道共用一条专线。

五、依据本设计走径平面图,核减瓦踅、南召收费站及南召停车区 10kV 线路长度 4.333km,并核减此部分预算。

六、核定本项目工程预算 1575 万元(详见工程预算审核表),其中:线路本体工程费 1003 万元;工程建设其他费 526 万元;预备费 46 万元。

七、以上工程费用按概预算编制办法的规定,从相应的工程概预算费用中支出。

此复。

二〇〇六年五月十九日

河南岭南高速公路有限公司文件

岭南高司〔2005〕23号

签发人:侯建军

45. 关于架设10kV专用设备版电力线路的请示

河南高速公路发展有限公司:

洛阳至南阳高速公路南阳段项目,施工前期准备工作已准备完毕。各施工单位已经完成驻地建设,将于近日开始全面施工。根据施工单位请示,我公司经过实际调查核实,沿线部分路段特别是山岭区没有可供临时使用的供电线路,明显制约大型结构物施工。为保证岭南高速公路项目顺利实施,结合后期交通工程施工和运营管理供电需要,我公司拟提前架设10kV专版电力线路,以方便沿线工程施工。工程总造价17126727.58元,设计方案及工程概算已由设计单位编制完成,随文呈报。

妥否,请批示。

附件:1. 施工设计图(略)

2. 概算书(略)

2005年10月9日

河南省交通厅文件

豫交计〔2006〕332 号

---

46. 关于洛阳至南阳高速公路分水岭至南阳段工程施工图设计的批复

河南高速公路发展有限责任公司：

你公司"关于报送二广高速公路分水岭至南阳段两阶段施工图设计的请示"(豫高司〔2006〕745 号文)收悉,根据省发改委豫发改设计〔2006〕359 号文"关于洛阳至南阳高速公路分水岭至南阳段工程初步设计的批复"精神,洛阳至南阳高速公路分水岭至南阳段施工图设计已由中交第一公路勘察设计研究院编制完成。经审查,现批复如下。

一、路线走向及建设规模

该项目起点为平顶山和南阳市交界处的分水岭,北接同期建设的洛阳至南阳高速公路寄料至分水岭段。路线顺回龙沟沿国道 G207 布线,至下河东后向南,经米家庄西、靳家庄东、跨省道 S331 线,过高庄,跨黄鸭河,至南召县城东南吴家沟处设南召互通立交(K20 +079);在三亩湾西侧跨越白河,在 K26 +392 处设南召停车区;继续向南经寺道沟东、王西庄西,至瓦踅村与省道 S333 线相交,设瓦踅互通立交(K34 +778);过铁匠庄西后跨越群英水库,经黄庵、堰潭沟西、四颗树、上杜沟、下阎沟东、寨沟西,在小刘庄西 K52 +080 处设服务区一处;经谢庄乡东、康庄东、小崔庄西,至龚河西兰庄处设龚河枢纽互通立交(K60 +382)作为联络线接口,再向南过小李庄、羊咀头、兰营村,跨西潦河,在罗庄西北与宁西铁路交叉,于王村乡西与国道 G312 线相交,设南阳互通立交(K69 +594);向南经杨庄村、李国岗,至张华岗西与上海至武威国家重点公路南阳至内乡高速公路相接,设张华岗枢纽互通立交(K74 +756),达到本项目终点。路线全长为 74.299km。

联络线起于主线龚河枢纽互通立交(主线桩号 K60 +382),向东经塔子山南、周后王北,穿朱庄和草场之间,过刘岗,至槐树湾乡北跨焦枝铁路、南水北调工程和省道 S321 线,至小陈庄设独山互通立交(JK17 +637);继续向东在黄山和新店乡跨越白河,过曹岗,至祝庄设祝庄枢纽互通(JK24 +254)与许平南高速相接,到达联络线终点。路线全工 24.247km。

独山互通立交连接线长 5.402km,南召互通立交连接线长 3.734km。

二、沿线地形、地貌

分水岭至南召县黄鸭河以北地段主要为中—低山区。河谷狭窄谷坡陡峭;黄鸭河以南地段主要为丘岭区,地形起伏较小。拟建线路区包括中山区、低山区、丘陵区和平原区四大地貌单元。

三、工程地质和水文地质

项目区内出露的地层主要为元古界、三叠系、第四系和燕山区侵入的花岗岩。地基土主要为黏土、砂和砂砾石、全风化花岗岩等。

项目区域汉江流域白河小流域。路线跨越的河流主要有白河、黄鸭河、潦河等。区内地下水主要受大气降水和地表径流补给,排向就近河谷。

四、地震基本烈度

根据《中国地震动参数区划图》(GB 18306—2001),项目区地震动反应谱特征周期为0.35s,其中:南阳市以北(分水岭~K42+000段)地震动峰值加速度为0.05g,属地震基本烈度Ⅵ度区;南阳市境内(K42+000~路线终点)和联络线的地震动峰值加速度速度为0.1g,属地震基本烈度Ⅶ度区。

五、主要工程技术标准

本项目采用高速公路技术标准设计,其中:K0+000~K33+850段(山岭区)设计速度为100km/h,整体式路基宽26m,其中:行车道宽2×2×3.75m,中央分隔带宽2.0m,左侧路缘带宽2×0.75m,硬路肩宽2×3.0m(含右侧路缘带宽2×0.5m),土路肩宽2×0.75m;分离式路基宽13m,其中:行车道宽2×3.75m,左侧硬路肩宽1.0m,右侧硬路肩宽3.0m(含路缘带0.5m),土路肩宽2×0.75m。

K33+850~项目终点和联络线段(平原区)设计速度为120km/h,路基宽28m,其中:行车道宽2×3×3.75m,中央分隔带宽2.0m,左侧路缘带宽2×0.75m,右侧路缘带宽2×0.5m,土路肩宽2×0.5m。

路面结构采用:4cm沥青玛𤩽脂碎石混合料(AC—13I)+6cm中粒式改性沥青混凝土(AC—20I)+7cm粗粒式沥青混凝土(AC—25I)+7cm沥青碎石(AC—25)+32cm水泥稳定碎石+18cm水泥稳定砂砾;岩石挖方路段采用4cm沥青玛𤩽脂碎石混合料(SMA—13)+6cm中粒式改性沥青混凝土(AC—20I)+7cm粗粒式沥青混凝土(AC—25I)+20cm水泥稳定碎石+15cmC15贫混凝土。

桥涵设计荷载:公路—Ⅰ级的1.3倍。桥面净宽:山岭区整体式路基段2×11.5m,分离式路基段12m;平原区2×12.5m。

设计洪水频率:特大桥1/300,大中小桥及涵洞1/100。

连接线均采用二级公路技术标准设计。

其他有关标准按《公路工程技术标准》(JTG B01—2003)和《河南省高速公路设计技术要求》规定执行。

六、主要工程数量

全线土、石方944万m^3,特大桥5316.4m/4座,大桥10444.73m(双幅长)/46座,中桥1453.54m/24座,小桥2座,分离式立交7座,天桥28座,涵洞105道(不含互通区),通道73处(不含互通区),隧道3665.446m(单洞长度)/5道,互通立交7处,服务区、停车区各1处。

七、工程预算

根据交通部颁发的《公路基本建设工程概算、预算编制办法》及河南省有关文件规定,经审查,核定该项目主体工程预算为 421104 万元(附预算审核对比表)。

八、其他

房建工程、机电工程、绿化工程、跨焦枝铁路高架特大桥主桥部分、回龙电站加固及发电损失费、下穿宁西铁路立交桥等,应根据有关规定完善程序,其施工图设计另行报批。

二〇〇六年十二月二十五日

预 算 审 核 对 比 表

建设项目名称:洛阳至南阳高速公路分水岭至南阳段

项　　目	工程或费用名称	单　　位	原报预算		审定预算		增减	
			工程数量	金额(元)	工程数量	金额(元)	工程数量	金额(元)
	第一部分　建筑安装工程	公路公里	98.546	3391352908	98546	3320730695		-7022213
一	路基工程	公路公里	98.546	569129190	98546	574913990		5784800
1	土方	m^3	281820	28123263	2818520	28123263		0
2	石方	m^3	6621687	214028742	6621687	214028742		0
3	填方压实	m^3	4281527	34385139	47486735	33799397	467147	-585742
4	路基填筑中粗砂	m^3	355474	12858553	355474	12858553		0
5	路基填筑碎石土	m^3	298069	10149178	289499	10149178	-8570	0
6	路基填筑砂砾	m^3	477943	17743803	477943	17743803		0
7	纵向排水工程	公路公里	98.546	50425068	98546	50305825		-119243
8	防护工程	公路公里	98.546	110010435	98546	114275441		4265006
9	特殊路基处理	公路公里	98.546	91405009	98546	93629788		2224779
二	路面工程	公路公里	98.546	538004646	98546	484142316		-53862330
1	水泥稳定砂砾底基层	m^2	1689596	32860690	1689596	36237754		3377064
2	15 号贫水泥混凝土底基层	m^2	57397	1998322	56310	2089806	-1087	91484
3	水泥稳定碎石基层	m^2	1722967	89803667	1722311	100674923	-656	10871256
4	沥青混凝土路面	m^2	1688341	398741928	1664810	331202245	-23531	-67539683
5	拌和设备安装拆除	座	14	3997043	14002	3997043		0
6	中央分隔带培土	m^3	74131.8	1349750	74131 .8	1349750		0
7	土路肩	m^3	96364.8	5931528	96364.3	5933958		2430
8	路缘石	m^3	6299.8	3321718	5038.8	2656837	-1261	-664881
三	桥梁、涵洞工程	公路公里	98546	964630248	9546	971308135		6677887
1	涵洞	m/道	4159.77/103	35160220	4243.0/105	32225641	83.23/2.0	65421
2	小桥	m/道	22.560/1	1508325	43120/2	3246663	20.56/1.0	1740338

续上表

项目	工程或费用名称	单位	原报预算		审定预算		增减	
			工程数量	金额（元）	工程数量	金额（元）	工程数量	金额（元）
3	中桥	m/座	1453540/24	86587087	1452540/24	86587087		0
4	大桥	m/座	1044473/46	563057953	1044473/46	563057953		0
5	JK23 +831.5 黄鸭河特大桥	m/座	1164000/1	63034656	1164000/1	62034656		-45707
6	JK23 +082 白河特大桥	m/座	1211000/1	57502792	1211000/1	57502792		0
7	JK14 +411 跨焦枝铁路高架特大桥（不含主桥）	m/座	17032/1	64835702	17032/1	64835702		0
8	JK19 +195 白河特大桥	m/座	12382/1	97861348	12382/1	97861348		0
四	交叉工程	公路公里	98546	671160660	98546	647960779		-23199881
1	南召互通式立体交叉	处	1000	37751603	1000	36080529		-1671074
2	瓦踅互通式立体交叉	处	1000	67261081	1000	52470596		-14790485
3	龚河互通式立体交叉	处	1000	58671923	1000	84195927		-4475996
4	南阳互通式立体交叉	处	1000	59109893	1000	56657165		-2452728
5	张华岗互通式立体交叉	处	1000	123674686	1000	122592932		-1081754
6	独山互通式立体交叉	处	1000	58015630	1000	58051082		35452
7	祝庄互通式立体交叉	处	1000	73416141	1000	73691953		275812
8	分离式立体交叉	处	7000	25679542	7000	25679542		0
9	通道	m/道	1782650/73	72057308	1782650/73	72057308		0
10	天桥	m/处	2028680/27	65522853	2028680/27	66483745	6516/1.0	960892
五	隧道工程	公路公里	98546	142359458	98546	142359458		0
1	分水岭隧道	单洞米	875446	38232492	875446	38232492		0
2	柴家庄 1 号隧道	单洞米	270000	15184006	270000	15184006		0
3	柴家庄 2 号隧道	单洞米	1045000	36179884	1045000	36179884		0
4	上河东隧道	单洞米	550000	21547629	550000	21547629		0
5	雪家庄隧道	单洞米	925000	31215447	925000	31215447		0

续上表

项目	工程或费用名称	单位	原报预算		审定预算		增减	
			工程数量	金额(元)	工程数量	金额(元)	工程数量	金额(元)
六	其他工程及沿线设施	公路公里	98546	195298840	98546	192811548		-2487292
1	清除场地	公路公里	98546	7335395	98546	7335395		0
2	拆除建筑物、构筑物	公路公里	98546	13588868	98546	13588868		0
3	JK19 +225 白河特大桥引道	km	1690	10194792	1690	10194792		0
4	安全设施	公路公里	98546	115307497	98546	115307497		0
5	南召停车区	处	1000	25891726	1000	24411408		-1480318
6	南阳服务区	处	1000	22980562	1000	21793588		-1006974
七	临时工程	公路公里	98.546	30972074	98.546	31460670		488596
1	便道	km	206090	10496077	206090	10780031		283954
2	便桥	m/座	4880.000/50	6527942	4880.000/50	6831661		303719
3	临时管涵	m/道	702550/93	385767	702550/93	385767		0
4	临时轨道铺设	km	31070	2082978	31070	2093559		10581
5	临时电力线路	km	206500	10577086	206500	10475543		-101543
6	临时电讯线路	km	206500	902224	206500	894109		-8115
九	施工技术装备费	公路公里	98546	71824651	98546	71099894		-724757
十	计划利润	公路公里	98546	95766185	98546	94799816		-966369
十一	税金	公路公里	98546	112206957	98546	109874090		-2332867
	第二部分　设备及工具、器具购置费	公路公里	98546	1320897	98546	1320897		0
三	办公及生活用家具购置	公路公里	98546	1320897	98546	1320897		0
	第三部分　工程建设其他费用	公路公里	98546	736574330	98546	729195100		-7379230146
一	土地、青苗等补偿和安置补助费	公路公里	98546	292819389	98546	292819389		0
1	土地、青苗等补偿	公路公里	98546	218711322	98546	218711322		0
2	安置补助费	公路公里	98546	74108067	98546	74108067		0

续上表

项目	工程或费用名称	单位	原报预算		审定预算		增减	
			工程数量	金额(元)	工程数量	金额(元)	工程数量	金额(元)
二	建设单位管理费	公路公里	98546	104791147	98546	103160656		-1630491
1	建设单位管理费	公路公里	98546	24417354	98546	24459338		41984
2	工程质量监督费	公路公里	98546	5086951	98546	4981096		-105855
3	工程监理费	公路公里	98546	67825984	98546	66414614		-1411370
4	定额编制管理费	公路公里	98546	4069558	98546	3984877		-84681
5	设计文件审查费	公路公里	98546	3391300	98546	3320731		-70569
三	研究试验费	公路公里	98546	15000000	98546	15000000		0
四	建设项目前期工作费	公路公里	98546	70870000	98546	70870000		0
九	建设期贷款利息	公路公里	98546	253093794	98546	247345055		-5748739
	第一、二、三部分费用合计	公路公里	98546	4129248137	98546	4051246692		-78001445
	预费用	公路公里	98546	116284633	98546	114117049		-2167584
2	预备费	公路公里	98546	116284633	98546	114117049		-2167584
	新增加费用项目(不作预备费基数)	公路公里	98546	85386293	98546	45673277		-39713016
1	绿色通道植树费	公路公里			66146	793752	66146	793752
2	回龙电站加固及发电损失费用	元		32645500				-32645500
3	路线交叉保通协调费用	元		5600000		4600000		-1000000
4	南召互通连接线	km	3734	23797831	3734	23705972		-91859
5	独山互通连接线	km	5402	16638062	5402	16573553		-64509
6	下穿宁西铁路立交桥	元		6704900				-6704900
	预算总金额	公路公里	98546	4330919063	98546	4211037018		-119882045
	公路基本造价	公路公里	98546	4330919063	98546	4211037018		-119882045

河南岭南高速公路有限公司文件

岭南高司〔2006〕73号

签发人:侯建军

47. 关于岭南高速公路两阶段施工图设计的请示

河南高速公路发展有限责任公司:

洛阳至南阳高速公路分水岭至南阳段工程两阶段施工图设计已由中交第一公路勘察设计研究院完成,并经过设计监理单位河南省交通规划勘察设计院审查,符合设计合同要求。现将此设计方案和设计监理报告上报,请予审核。

当否,请批复。

附件:1. 洛阳至南阳高速公路分水岭至南阳段两阶段施工图设计文件(略)

2. 洛阳至南阳高速公路分水岭至南阳段施工图设计设计监理报告(略)

二〇〇六年八月十五日

河南省交通厅文件

豫交计〔2007〕136 号

48. 关于洛阳至南阳高速公路分水岭至南阳段绿化工程方案设计的批复

河南高速公路发展有限责任公司：

你公司“关于呈报岭南高速公路高速公路绿化景观设计方案的请示”（豫高司〔2006〕920 号文）和由河南三元地景工程设计有限公司完成的《岭南高速公路绿化景观设计》均收悉。经审查，批复如下：

一、该绿化设计方案基本符合《河南省高速公路景观设计指南》（以下简称“指南”）要求，同意作为下一步施工图设计的依据。

二、应进一步落实《指南》精神，对方案中仍存在的问题在下一步施工图设计中进一步修改完善。

（1）路肩部位：方案设计只在路基高 4m 以下段种植花灌木，建议全线分段种植，花灌木株间距宜控制在 5m 左右。

（2）护坡道或边沟与隔离栅之间：建议在填方路基高≤1.5m 路段种植花灌木和乔木，填方路基高 >1.5m 路段植常绿乔木，种植间不小于 6m。根据“露景、透景”原则，线外自然景观较好的路段可不种植乔木。

（3）中央分隔带绿化：主要防眩植物（如蜀桧）种植间距不宜过密，宜控制在 1.8 ~2.0m。

（4）服务区绿化：建议取消银杏等名贵树种。

（5）天桥边坡绿化：宜在天桥边坡靠近主线部位及低路基段视线看得到的地方集中种植花灌木。

三、绿化工程规模

该项目绿化区主线全长 98.55km，互通区绿化 7 处，收费站绿化 4 处，服务区绿化2 处。

四、绿化工程概算

结合《河南省高速公路设计技术要求》（河南省地方标准 DB41/T 419—2005）的有关规定，经审查，本项目绿化工程总概算为 3400 万元。

五、所采用树种应结合高速公路沿线的实际情况，严格控制相关树种规格，尽量降低造价。

六、本项目绿化工程施工图设计由项目公司审核后报厅备案，且施工图预算不得超出本项目批复概算。

河南高速公路发展有限责任公司文件

豫高司〔2006〕920号

签发人:康省桢

49. 关于呈报岭南高速公路绿化景观设计方案的请示

河南省交通厅:

按照省厅高速公路绿化设计有关文件精神和施工图设计的相关规定,分水岭至南阳高速公路绿化景观设计方案已委托中交第一公路勘察设计研究院等三家设计单位编制完成。经我公司审核同意,中交第一公路勘察设计研究院分水岭至南阳高速公路绿化景观设计方案作为推荐方案,其他方案作为备选方案,现将三套设计方案予以呈报,请审批。

附件:1. 中交第一公路勘察设计研究院分水岭至南阳高速公路绿化景观设计方案(略)

2. 西安建大城市规划设计研究院分水岭至南阳高速公路绿化景观设计方案(略)

3. 河南三元地景工程设计有限公司分水岭至南阳高速公路绿化景观设计方案(略)

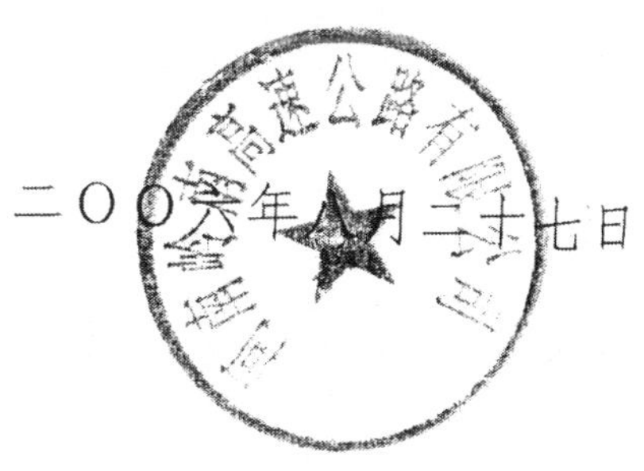

二〇〇六年十一月二十七日

河南岭南高速公路有限公司文件

岭南高司〔2006〕77 号

签发人：侯建军

50. 关于岭南高速公路景观绿化设计方案的请示

河南高速公路发展有限责任公司：

按照省厅有关高速公路绿化方案和施工图设计的有关规定，我公司已经委托中交第一公路勘测设计研究院等三家设计单位根据岭南高速公路建设总体工作安排，完成了三套景观绿化方案设计。现将设计方案文件呈报，请予审核。

附件：1. 中交第一公路勘察设计研究院岭南高速公路绿化设计方案（略）
2. 西安建大城市规划设计研究院岭南高速公路绿化设计方案（略）
3. 河南三元地景工程设计有限公司岭南高速景观绿化设计方案（略）

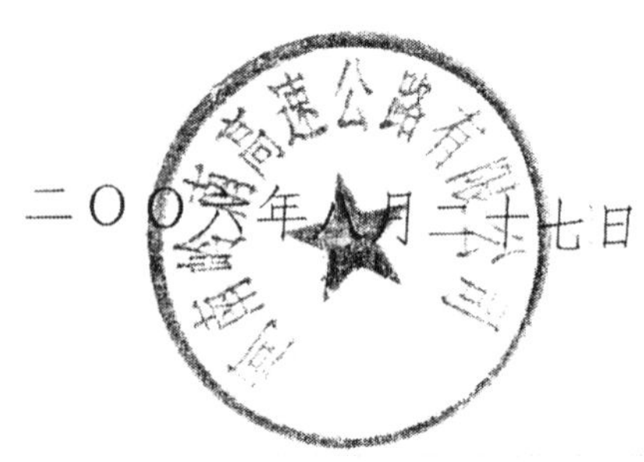

二〇〇六年八月二十七日

主题词：绿化工程　设计方案　请示

河南岭南高速公路有限公司办公室　　2006 年 8 月 27 日印发

51. 关于洛阳至南阳高速公路分水岭至南阳段房建工程施工图设计的批复

豫交计〔2007〕48 号

河南高速公路发展有限责任公司：

你公司豫高司〔2007〕33 号文报送的分水岭至南阳段高速公路房建工程施工图设计及预算收悉。根据省发改委豫发改设计〔2006〕359 号文对该项目初步设计的批复精神，结合厅豫交计〔2006〕105 号文对该项目房建工程概念设计的批复，经组织专家审查，现批复如下：

一、原则同意中交第一公路勘察设计研究院编制完成的该项目房建工程施工图设计。

二、全线设置 3 处匝道收费站、1 处管理监控所、1 处服务区、1 处停车区，1 处路政交警、养护管理所。联络线设置匝道收费站 1 处。总建筑面积核定为 18191m^2，其中：南召收费站 1195m^2，瓦趄收费站与路政交警、养护管理所 2278m^2，南阳收费站与管理监控所 2738m^2，南召停车区 2331m^2，南阳服务区 7225m^2，独山收费站 2425m^2。

三、应注意修改完善的问题

（1）各站区总平面设计要注意因地制宜，与地形、地势很好地结合，尽量避免大填大挖，保护生态环境，节约投资。各站区场地排水设计要进一步优化。南召停车区总平面布置应进行调整。南阳服务区综合楼各部分用房的面积分配、平面布置应修改完善。匝道收费站场区出入口要设在收费站站外。

（2）南阳服务区综合楼的抗震设防烈度应为 7 度，抗震设防类别应为丙类，抗震等级应为三级。各站区综合楼的疏散楼梯活荷载设计值应满足消防疏散要求。膨胀土地区的建筑工程设计应符合膨胀土地区建筑技术规范的要求。

（3）服务区、停车区公厕入口要明显，并朝向停车场；服务区、停车区公厕男女入口要独立分开设置，不要共用前室，并避免视线干扰。服务区加油站要求大小车分开加油。

（4）各站区办公、住宿、餐饮、客房、公厕等各功能用房面积要合理分配，参照所附该项目各站区建筑面积一览表修改调整。

（5）该项目房建工程施工图预算缺设备购置费等，要补充完善；对部分工程量、材料单价等进行调整。

四、核定该项目房建工程预算 5207 万元（详见该项目房建工程预算审核表）。其中：建筑安装工程费 4397 万元（含收费天棚 302 万元），设备购置费 658 万元，预备费 152 万元。

五、以上工程费用按概算编制办法的规定，从批复概算中调剂解决。

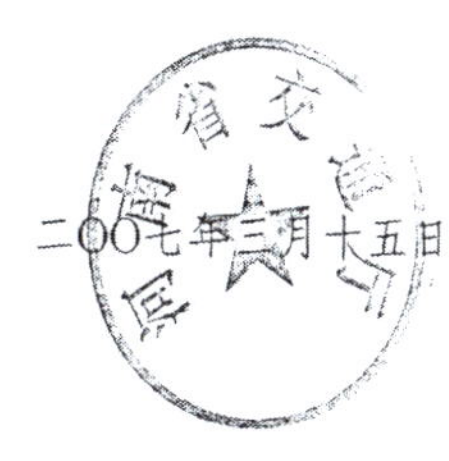

二〇〇七年三月十五日

河南高速公路发展有限责任公司文件

豫高司〔2007〕33号

签发人:王金山

52. 关于呈报分水岭至南阳高速公路房建工程施工图设计的请示

河南省交通厅:

洛阳对南阳高速公路分水岭至南阳段房建工程方案已通过审查,房建工程施工图设计已由中交第一公路勘察设计研究院完成。经我公司审核,现将该项目房建工程施工图设计予以呈报,请审批。

妥否,请批示。

附件:分水岭至南阳段房建工程施工图设计(略)

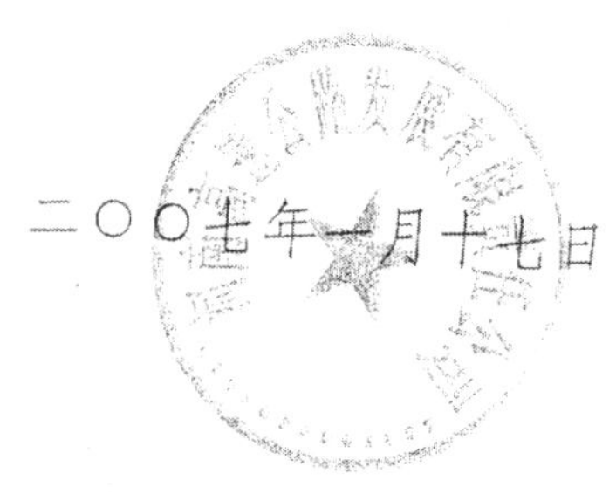

二〇〇七年一月十七日

河南岭南高速公路有限公司文件

岭南高司〔2006〕125号

签发人:侯建军

53. 关于岭南高速公路房建工程施工图设计的请示

河南高速公路发展有限责任公司:

洛阳至南阳高速公路分水岭至南阳段房建工程方案通过审查后,房建工程施工图设计已由中交第一公路勘察设计研究院完成,现将施工设计图上报,请予审批。

附件:1. 河南省洛阳至南阳高速公路分水岭至南阳段房建工程施工图设计(略)

2. 关于部分高速房建设计方案的审定意见(略)

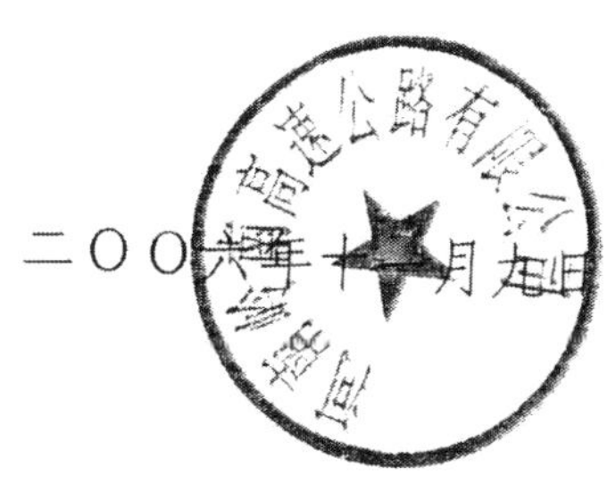

二〇〇六年十一月九日

河南省交通厅文件

豫交计〔2006〕105 号

---

54. 关于洛阳至南阳高速公路分水岭至南阳段房屋建筑工程概念设计的批复

河南高速公路发展有限责任公司：

你公司豫高司〔2006〕221 号文关于洛阳至南阳高速公路分水岭至南阳段房屋建筑工程概念设计报告收悉。根据省发改委豫发改〔2006〕359 号文批复该段高速公路初步设计精神，结合《河南省高速公路设计技术要求》，经审核批复如下：

一、分水岭至南阳高速公路全长 73.856km，同意全线设置匝道收费站 3 处、服务区 1 处、停车区 1 处，路政、养护、监控管理所 1 处；联络线全长 24.25km，设置匝道收费站 1 处。

二、按照《河南省高速公路联网收费、通信、监控总体规划》要求，该路段与信南高速公路合建一个管理、监控分中心。

三、各基地建设规模

1. 南召收费站

南召收费站为 4 车道。总占地面积 5 亩，总建筑面积为 1100m^2，其中：收费站房建筑面积 930m^2，配电房、泵房等附属设施建筑面积 170m^2。

2. 南召停车区

南召停车区总占地面积 50 亩，总建筑面积 2000m^2，其中：综合服务楼建筑面积 1520m^2，加油站、泵房等附属设计建筑面积 480m^2。

3. 瓦趆收费站、交警、路政养护管理所

瓦趆收费站与交警、路政养护管理所合建，收费站为 4 车道。总占地面积 11 亩，总建筑面积为 2500m^2，其中：综合楼建筑面积 2250m^2，配电房、泵房等附属设施建筑面积 250m^2。

4. 南阳服务区

南阳服务区双侧总占地面积 150 亩，总建筑面积 6828m^2，其中：综合楼建筑面积 5948m^2，泵房、维修车库、配电房、加油站等附属设施建筑面积 880m^2。

5. 南阳收费站、监控管理所

南阳收费站与监控管理所合建，收费站为 5 车道。总占地面积 10 亩，总建筑面积为 2880m^2，其中：综合楼建筑面积 2650m^2，配电房、泵房等附属设施建筑面积 230m^2。

6. 独山收费站

独山收费站为 12 车道，总建筑面积为 2350m^2，其中综合楼面积 2200m^2，配电房、泵房等附属设施建筑面积 150m^2。

四、该路段沿线房屋设施总建筑面积为 18430m^2，总投资估算为 5939 万元。其中：主体房屋工程估算 2597 万元；附属设施估算 2464 万元（含收费大棚）；水、暖、电及污水处理设备估算 878 万元。

五、以上工程费用按概预算编制办法的规定，从批复概算第一部分第八项管理、养护及服务房屋建安费，第二部分第一项设备购置费等项费用中列支。

六、请你局严格执行批准的建设规模，并抓紧组织房屋建筑方案的比选。施工图设计报厅审批。

附件：1. 全线各站、区投资估算汇总表

2. 南召收费站房屋设施一览表

3. 南召停车区房屋设施一览表

4. 瓦楚收费站、路政养护管理所房屋设施一览表

5. 南阳服务区房屋设施一览表

6. 南阳收费站、监控管理所房屋设施一览表

7. 独山收费站房屋设施一览表

8. 隧道供电站房屋设施一览表

9. 场区外管网工程量估算表

二〇〇六年五月十九日

抄送：厅有关处室及设计单位

附件 1

全线各站、区投资估算汇总表

项目名称:洛阳至南阳高速公路分水岭至南阳段房建工程

序号	站、区名称	1	2	3	4	5	6
		征地（亩）	建筑面积（m^2）	房屋投资估算（万元）	附属设施（万元）	水暖电污设备（万元）	3~5 小计（万元）
1	南召收费站	5	1100.00	139.60	126.49	52.80	318.89
2	南召停车区	50	2000.00	283.93	248.28	327.00	859.22
3	瓦篚收费站与交警、路政养护管理所	11	2500.00	329.38	181.33	54.20	564.61
4	南阳服务区	150	6828.00	1079.48	1337.15	314.00	2730.63
5	南阳收费站与管理监控所	10	2880.00	369.20	297.02	73.60	739.82
6	独山收费站	9	2350.00	302.50	248.05	56.70	607.25
7	隧道供电站	4	772.0	94.64	26.13	0	118.77
合计		239	18430.00	2596.73	2464.45	878.30	5939.48

附件 2

南召收费站房屋设施一览表

项目名称:洛阳至南阳高速公路分水岭至南阳段房建工程

序号	工程名称	南召收费站(5 亩,4 车道)			合　计		备　　注
		建筑面积（m^2）	投资估算（万元）	单方造价（元/m^2）	建筑面积（m^2）	投资计算（万元）	
1	综合楼	930.00	120.90	1300.00	930.00	120.90	1. 泵房设备:深井泵 1×2(个)2 万元、变频式供水设备 16 万元、消防设备 7 万元、净水设备 1×10 万元、污水泵 1×2(个)2 万元,合计 37 万元 2. 采暖设备:3p 柜机 2 台,单价 0.8 万元,共计 1.6 万元;1.5p 挂机 14 台,单价 0.3 万元,共计 4.2 万元;总计 5.8 万元
2	水泵房	55.00	6.05	1100.00	55.00	6.05	
3	配电房	115.00	12.65	1100.00	115.00	12.65	
	小计	1100.00	139.60		1100.00	139.60	
4	收费天棚	389.00	42.79	1100.00	389.00	42.79	
5	围墙、大门	265.00	5.57	210.00			
6	道路、停车场	983.91	11.81	120.00	983.91		
7	室外管网		53.32				
8	蓄水池 150m^3	1 处	4.50	4.50			
9	水井	1 处	3.00	3.00			
10	污水调节池及基础	1 处	5.50	5.50			
	小计		126.49				
11	水泵房设备		37.00				
12	污水处理设备(2t)		10.00				
13	冷暖式空调		5.80				
	小计		52.80				
	合计		318.89				

附件3

南召停车区房屋设施一览表

项目名称:洛阳至南阳高速公路分水岭至南阳段房建工程

序号	工程名称	南召停车区(50亩)			合计		备注
		建筑面积(m^2)	投资估算(万元)	单方造价(元/m^2)	建筑面积(m^2)	投资估算(万元)	
1	综合服务楼	1520.00	197.00	1300.00	1520.00	197.60	1.泵房设备:深井泵1×2(个)2万元、变频式供水设备16万元、消防设备7万元、净水设备10万元、污水泵1×2(个)2万元,合计37×2=74万元 2.采暖设备:3p柜机2台,单价0.8万元,共计2.4万元;1.5p挂机2台,单价0.3万元,共计0.6万元;总计3.0万元 3.区内绿化数量及费用计入绿化工程 4.停车区加油站设备40×2万元,管道及土建费用20×2万元,合计20万元
2	水泵房	50.00	5.50	1100.00	50.00	5.50	
3	配电房	100.00	11.00	1100.00	100.00	11.00	
4	汽车修理	208.00	23.92	1150.19	208.00	23.92	
5	加油站房屋	122.00	11.09	908.82	122.00	11.09	
6	加油站天棚	(435.24)	34.82	800.00			
	小计	2000.00	283.93		2000.00	283.93	
7	道路、停车场	6976	104.64	150.00	6976	104.64	
8	围墙、大门	385m	7.70	200.00		7.70	
9	室外管网		62.45			62.45	
10	降温池		20.00			20.00	
11	洗、检车道		30.00			30.00	
12	蓄水池$200m^3$×2	2处	11.00	5.50		11.00	
13	水井	1处	5.00	5.00		5.00	
14	污水调节池及基础	1处	7.50	7.50		7.50	
	小计		248.28			248.28	
15	水泵房设备		74.00			74.00	
16	配电房设备		100.00			100.00	
17	污水处理设备(3t)(套)	2.00	30.00			30.00	
18	冷暖式空调器		3.00			3.00	
19	加油站设备		120.00			120.00	
	小计		327.00			327.00	
	合计					859.22	

附件 4

瓦踅收费站、路政养护管理所房屋设施一览表　　附表 4

项目名称:洛阳至南阳高速公路分水岭至南阳段房建工程

序号	工程名称	瓦踅收费站、交警、路政养护管理所(11 亩,4 车道)			合计		备注
		建筑面积(m^2)	投资估算(万元)	单方造价(元/m^2)	建筑面积(m^2)	投资估算(万元)	
1	综合楼	2250	292.50	1300.00	2250	292.50	
2	泵房	50	5.50	1100.00	50	5.50	
3	配电房	100	11.00	1100.00	100	11.00	
4	车库	60	16.47	1150.14	60	16.47	
5	门房	40	3.91	977.84	40	3.91	
	小计	2500	329.38		2500	329.38	
6	收费天棚	389.00	42.79	1100.00	389.00	42.79	1. 泵房设备:深井泵 1×2(个)2 万元、变频式供水设备 16 万元、消防设备 7 万元、净水设备 1×10 万元、污水泵 1×2(个)2 万元,合计 37 万元 2. 采暖设备:3p 柜机 3 台,单价 0.8 万元,共计 2.4 万元;1.5p 挂机 16 台,单价 0.3 万元,共计 4.8 万元;总计 7.2 万元 3. 收费亭数量及费用计入交通工程投资 4. 区内绿化数量及费用计入绿化工程
7	围墙、大门	307m	6.14	200.00		6.14	
8	道路、停车场	3891.12	46.69	120.00	389.12	46.69	
9	室外管网		72.71			72.71	
10	蓄水池 150m^3	1 处	4.50	4.50		4.50	
11	水井	1 处	3.00	3.00		3.00	
12	污水调节池及基础	1 处	5.50	5.50		5.50	
	小计		181.33			181.33	
13	水泵房设备		37.00			37.00	
14	污水处理设备(套)	1.00	10.00			10.00	
15	冷暖式空调		7.20			7.20	
	小计		54.20			54.20	
	合计					564.91	

附件 5

南阳服务区房屋设施一览表

项目名称:洛阳至南阳高速公路分水岭至南阳段房建工程

序号	工程名称	南阳服务区(75 亩)(东侧)			南阳服务区(75 亩)(西侧)			合　计		备　注
		建筑面积(m^2)	投资估算(m^2)	单方造价(元/m^2)	建筑面积(m^2)	投资估算(万元)	单方造价(元/m^2)	建筑面积(m^2)	投资估算(万元)	
1	综合楼	3780.0	604.80	1600	2168.0	346.8	1600	5948	951.68	
2	维修车库	120.0	13.20	1100	120.0	13.20	1100	240	26.40	
3	配电房	100.0	11.00	1100	100.0	11.00	1100	200	22.00	
4	水泵、锅炉房	120.0	13.20	1100	120.0	13.20	1100	240	26.40	
5	加油站房屋	100.0	9.09	909	100.0	9.09	909	200	18.18	
6	加油站天棚	(217.62)	17.41	800	(217.62)	17.41	800	(435.24)	34.82	
	小计	4220.0	668.70		2608.0	410.78		6828.0	1079.48	
	南阳服务区(双侧)									1. 泵房设备:深井泵 2×2(个)4 万元、变频式供水设备 20 万元、消防设备 14 万元、净水设备 10 万元、污水泵 2×2(个)4 万元,合计 52 万元 2. 制冷设备:3p 柜机 8 台,单价 0.75 万元,共计 6 万元;1.5p 挂机 80 台,单价 0.3 万元,共计 24 万元;总计 30 万元 3. 区内绿化数量及费用计入绿化工程
7	道路、停车场	65000	975.00	150				65000	975.00	
8	围墙、大门	1057m	21.14	200					21.14	
9	室外管网		284.51						284.51	
10	降温池		20.00						20.00	
11	洗、检车道	2	10.00						10.00	
12	蓄水池 200m^3×2	2 处	9.00						9.00	
13	水井		10.00						10.00	
14	污水调节池及基础	1 处	7.50	7.50					7.50	
	小计		1337.15						133.15	
15	水泵房设备		52.00						52.00	
16	污水处理设备(套)	2	40.00					2	40.00	
17	燃油锅炉(套)	2	32.00	160000				2	32.00	
18	加油站设备		160.00						160.00	
19	制冷式空调		30.00						30.00	
	小计		314.00						314.00	
	合计								2730.63	

附件 6

南阳收费站、监控管理所房屋设施一览表

项目名称:洛阳至南阳高速公路分水岭至南阳段房建工程

序号	工程名称	南阳收费站、监控管理所(10 亩,5 车道)			合计		备　注
		建筑面积(m^2)	投资估算(万元)	单方造价(元/m^2)	建筑面积(m^2)	投资估算(万元)	
1	综合楼	2650	344.50	1300.00	2650	344.50	1. 泵房设备:深井泵 1×2(个)2 万元、变频式供水设备 16 万元、消防设备 7 万元、净水设备 1×10 万元、污水泵 1×2(个)2 万元,合计 37 万元 2. 采暖设备:3p 柜机 4 台,单价 0.8 万元,共计 3.2 万元;1.5p 挂机 78 台,单价 0.3 万元,共计 23.4 万元;总计 26.6 万元 3. 收费亭数量及费用计入交通工程投资 4. 区内绿化数量及费用计入绿化工程
2	泵房	50	5.50	1100.00	50	5.50	
3	配电房	100	11.00	1100.00	100	11.00	
4	门卫	20	2.20	1100.00	20	2.20	
5	车库	60	6.00	1000.00	60	6.00	
6	小计	2880	369.20		2880	369.20	
7	收费天棚	486.00	53.46	1100.00	486.00	53.46	
8	围墙、大门	472m	9.44	200.00		9.44	
9	道路、停车场	10178.00	122.14	120.00	10178	122.14	
10	室外管网		98.99			98.99	
11	蓄水池 150m^3	1 处	4.50	4.50		4.50	
12	水井	1 处	3.00	3.00		3.00	
13	污水调节池及基础	1 处	5.50	5.50		5.50	
	小计		297.02			297.02	
14	水泵房设备		37.00			37.00	
15	污水处理设备(套)	1.0	10.00		1.0	10.00	
16	冷暖式空调		26.60			26.60	
	小计		73.60			73.60	
	合计					739.82	

附件 7

独山收费站房屋设施一览表

项目名称:洛阳至南阳高速公路分水岭至南阳段房建工程

序号	工程名称	独山收费站(9 亩,12 车道)			合计		备注
		建筑面积(m^2)	投资估算(万元)	单方造价(元/m^2)	建筑面积(m^2)	投资估算(万元)	
1	综合楼	2200.00	286.00	1300.00	2200.00	286.00	1. 泵房设备:深井泵 1×2(个)2 万元、变频式供水设备 16 万元、消防设备 7 万元、净水设备 1×10 万元、污水泵 1×2(个)2 万元,合计 37 万元 2. 采暖设备:3p 柜机 2 台,单价 0.8 万元,共计 1.6 万元;1.5p 挂机 27 台,单价 0.3 万元,共计 8.1 万元;总计 9.7 万元
2	水泵房	50.00	5.50	1100.00	50.00	5.50	
3	配电房	100.00	11.00	1100.00	100.00	11.00	
	小计	235.00	302.50		2350.00	302.50	
4	收费天棚	1296.00	142.56	1100.00	1296.00	142.56	
5	围墙、大门	323m	6.46	200.00		6.46	
6	道路、停车场	2374	32.81	120.00	2734	32.81	
7	室外管网		48.22			48.22	
8	蓄水池 200m^3	1 处	5.50	5.50		5.50	
9	水井	1 处	5.00	5.00		5.00	
10	污水调节池及基础	1 处	7.50	7.50		7.50	
	小计		248.05			248.05	
11	水泵房设备		37.00			37.00	
12	污水处理设备(套)	1.0	10.00		1.0	10.00	
13	冷暖式空调		9.70			9.70	
	小计		56.70			56.70	
	合计					607.25	

附件 8

隧道供电站房屋设施一览表

项目名称:洛阳至南阳高速公路分水岭至南阳段房建工程

序号	工 程 名 称	隧道供电站(1 亩)			合计(4 处)		备 注
		建筑面积(m^2)	投资估算(万元)	单方造价(元/m^2)	建筑面积(m^2)	投资估算(万元)	
1	配电房	193.00	23.16	1200.00	772	92.64	
2	围墙、大门	96.4m	1.93	200.00	385.6m	7.71	
3	道路、停车场	384	4.61	120.00	384	18.42	
	合计				772	118.77	

附件 9

场区外管网工程量估算表

项目名称:洛阳至南阳高速公路分水岭至南阳段房建工程

序号	站、区名称	电缆			电缆井			给排水管道			庭院灯			草坪灯			合价
		数量(个)	单价(元/个)	合价(万元)	数量(个)	单价(元/个)	合价(万元)	数量(个)	单价(元/个)	合价(万元)	数量(个)	单价(元/个)	合价(万元)	数量(个)	单价(元/个)	合价(万元)	(万元)
1	南召收费站	805	190	15.30	9	3600	3.24	1034	230	23.78	9	1200	10.80	9	230	0.21	53.32
2	南召停车区	1220	190	23.18	12	3600	4.32	1364	230	31.37	25	1200	3.00	25	230	0.58	62.45
3	瓦篚收费站、交警路政养护管理所	1520	190	28.88	9	3600	3.24	967	230	22.24	15	1200	18.00	15	230	0.35	2.71
4	南阳服务区	6400	190	121.60	14	3600	5.04	6553	230	150.72	50	1200	6.00	50	230	1.15	284.51
5	南阳收费站、监控管理所	2060	190	39.14	7	3600	2.52	1429	230	32.87	20	1200	24.00	20	230	0.46	98.99
6	独山收费站	1050	190	19.95	7	3600	2.52	641	230	14.74	9	1200	10.80	9	230	0.21	48.22
	总计	13033		248.05	58		20.88	11988		275.72	128		72.60	128		2.94	620.19

河南岭南高速公路有限公司文件

岭南高司〔2006〕62号

签发人:侯建军

55. 关于岭南高速公路房建工程方案设计的请示

河南高速公路发展有限责任公司:

洛阳至南阳高速公路分水岭至南阳段工程房建工程方案设计已由中交第一公路勘察设计研究院、西安建筑科技大学建筑设计研究院、中国建筑科学研究院中国建筑技术集团有限公司完成(共六套方案)。根据相关程序要求,现将设计方案上报,请予审核。

当否,请批示。

附件:洛阳至南阳高速公路分水岭至南阳段房建工程方案设计文件(略)

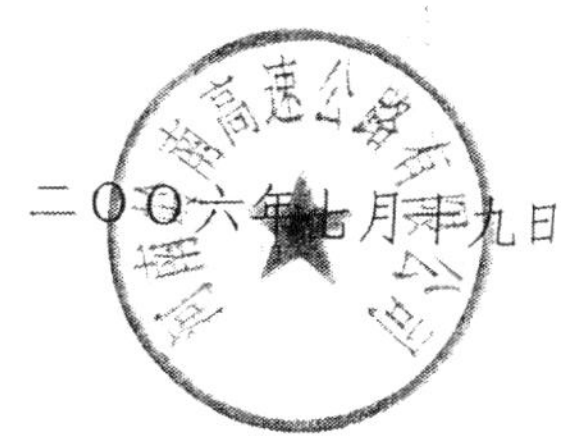

二〇〇六年七月十九日

河南岭南高速公路有限公司文件

岭南高司函字〔2008〕21号

56. 关于修改岭南高速公路独山收费站房建工程施工图设计的函

中交第一公路勘察设计研究院：

按照我公司要求，贵院已完成岭南高速公路独山收费站房建工程施工图设计工作。

但根据施工现场实际，我公司对独山收费站征地边界进行了局部调整。请贵院从速安排有关人员按照新的征地图对原设计进行修改，以保证岭南高速公路年底通车目标的实现。

二〇〇八年九月十一日

河南省交通厅文件

豫交计〔2007〕29 号

57. 关于洛南高速分水岭至南阳段机电工程详细设计通信管道供配电照明隧道附属工程施工图设计的批复

河南高速公路发展有限责任公司：

你公司豫高司〔2007〕49 号文报送的"关于报送分水岭至南阳高速公路交通机电工程（含供配电照明）详细设计的请示"已收悉，结合该路段实际情况，审核批复如下：

一、原则同意中交第一公路勘察设计研究院设计完成的《洛南高速公路分水岭至南阳段机电工程详细设计》、《洛南高速公路分水岭至南阳段隧道附属工程施工图设计》、《洛南高速公路分水岭至南阳段机电工程管道、土建施工图设计》、《洛南高速公路分水岭至南阳段供配电照明施工图设计》。

二、本路段不设监控、通信、收费分中心，与信南高速公路分中心合并建设。机电工程的实施应充分考虑与信南分中心的挂接及相邻路段的互联、搭接。

三、可变情报板设置数量过多，应缩小信息发布系统规模，并核减此部分预算。

四、由于本路段里程较短，取消一台气象检测器，仅设置一台，并核减此部分预算。

五、10kV 供电线路工程施工图设计已批复。取消供配电照明工程中该部分设计内容，并核减此部分预算。

六、预算

核定本项目机电工程预算 3369 万元，其中：安装工程费 535 万元；设备及工器具购置费 2654 万元；工程建设其他费 82 万元；预备费 98 万元。

核定本项目隧道附属工程预算 2319 万元，其中：安装工程费 381 万元；设备及工器具购置费 1788 万元；工程建设其他费 83 万元；预备费 67 万元。

核定本项目机电工程管道、土建工程预算 2381 万元，其中：安装工程费 2191 万元；工程建设其他费 121 万元；预备费 69 万元。

核定本项目供配电照明工程预算 1497 万元，其中：安装工程费 759 万元；设备及工器具购置费 635 万元；工程建设其他费 61 万元；预备费 42 万元。

七、以上工程费用按照概预算编制办法的规定，从批复概算中调剂解决。

附件：1. 洛南高速公路分水岭至南阳段隧道附属工程施工图设计预算审核表
2. 洛南高速公路分水岭至南阳段机电工程详细设计预算审核表
3. 洛南高速公路分水岭至南阳段机电工程土建施工图设计预算审核表
4. 洛南高速公路分水岭至南阳段供电照明工程施工图设计预算审核表

抄送：厅有关处室

附件 1

洛南高速公路分水岭至南阳段隧道附属工程施工图设计预算审核表

序　　号	工程或费用名称	(1)原报预算(万元)	(2)核定预算(万元)	(2)-(1)审核结果(万元)
一	建筑安装工程	809.03	534.63	-274.40
1	收费系统设备安装	93.31	67.85	-25.46
2	监控系统设备安装	67.43	35.36	-32.07
3	通信系统设备安装	571.11	381.25	-189.86
4	施工技术装备费	21.96	14.27	-7.69
5	计划利润	29.27	19.03	-10.24
6	税金	25.95	16.87	-9.08
二	设备及工器具购置费	4560.16	2654.36	-1905.80
	设备购置费	4560.16	2654.36	-1905.80
三	工程建设其他费	45.01	81.70	36.69
1	建设单位管理费	25.84	31.89	6.05
2	工程质量监督费	1.21	0.80	-0.41
3	工程监理费	16.18	47.83	31.65
4	定额编制管理费	0.97	0.64	-0.33
5	设计文件审查费	0.81	0.53	-0.28
四	预备费	162.43	98.12	-64.31
	总计	5576.63	3368.81	-2207.82

附件 2

洛南高速公路分水岭至南阳段机电工程详细设计预算审核表

序号	工程或费用名称	(1)原报预算(万元)	(2)核定预算(万元)	(2)-(1)审核结果(万元)
一	建筑安装工程费	433.01	380.85	-52.16
1	隧道工程	324.13	283.66	-40.47
(1)	隧道监控系统土建	10.62	9.35	-1.27
(2)	隧道监控系统安装	11.59	10.55	-1.04
(3)	隧道供配电系统土建	99.31	84.41	-14.90
(4)	隧道供配电系统安装	22.42	20.18	-2.24
(5)	隧道照明系统土建	74.15	66.74	-7.41
(6)	隧道照明系统安装	65.14	57.32	-7.82
(7)	隧道通风系统土建	8.20	6.64	-1.56
(8)	隧道通风系统安装	6.63	5.97	-0.66
(9)	隧道消防系统土建	17.38	14.25	-3.13
(10)	隧道消防系统安装	68.79	8.26	-0.43

续上表

序号	工程或费用名称	(1)原报预算(万元)	(2)核定预算(万元)	(2)-(1)审核结果(万元)
2	四处隧道供电站房屋建筑	11.22	61.91	-6.88
3	施工技术装备费	14.96	9.87	-1.35
4	计划利润	13.91	13.16	-1.80
5	税金	2154.16	12.24	-1.67
二	设备及工器具购置费	2154.16	1787.56	-366.60
1	需安装的设备	2154.16	1787.56	-366.60
三	工程建设其他费	25.33	82.68	2.67
1	建设单位管理费	15.07	26.02	10.95
2	工程质量监督费	0.65	0.57	-0.08
3	工程监理费	8.66	55.25	-8.09
4	工程定额测定费	0.52	0.46	-0.06
5	设计文件审查费	0.43	0.38	-0.05
四	预备费	78.38	67.53	-10.85
	总计	2690.88	2318.62	-426.94

附件3

洛南高速公路分水岭至南阳段机电工程土建施工图设计预算审核表

序号	工程或费用名称	(1)原报预算(万元)	(2)核定预算(万元)	(2)-(1)审核结果(万元)
一	建筑安装工程	3027.75	2191.15	-836.60
1	收费系统土建	174.88	155.56	-19.32
2	监控系统土建	88.51	82.12	-6.39
3	通信系统土建	2529.97	1785.29	-744.68
4	施工技术装备费	58.49	41.53	-16.96
5	计划利润	77.99	56.15	-21.84
6	税金	97.91	70.50	-27.41
二	工程建设其他费	147.02	120.57	-26.45
1	建设单位管理费	75.26	362.87	-42.39
2	工程质量监督费	4.54	4.38	-0.16
3	工程监理费	60.56	78.50	17.94
4	定额编制管理费	3.63	2.63	-1.00
5	设计文件审查费	3.03	2.19	-0.84
三	预备费	95.24	69.35	-25.89
	总计	3270.01	2381.07	-888.94

附件4

洛南高速公路分水岭至南阳段供电照明工程施工图设计预算审核表

序　　号	工程或费用名称	(1)原报预算(万元)	(2)核定预算(万元)	(2)－(1)审核结果(万元)
一	安装工程费	1357.19	759.17	－598.02
1	其他工程及沿线设施	1228.52	672.21	－556.31
(1)	供电照明工程土建	85.74	72.88	－12.86
(2)	照明系统安装工程	62.17	48.49	－13.68
(3)	供电系统安装工程	660.38	198.05	－462.33
(4)	配电房设备安装工程	346.75	294.74	－52.01
(5)	变压器设备安装工程	73.48	58.05	－15.43
2	施工技术装备费	36.48	24.81	－11.67
3	计划利润	48.64	32.10	－16.54
4	税金	43.55	30.05	－13.50
二	设备及工器具购置费	654.55	635.39	－19.16
1	需安装的设备	654.55	635.39	－19.16
三	工程建设其他费	71.01	60.45	－10.56
1	建设单位管理费	38.84	22.77	－16.07
2	工程质量监督费	2.04	1.14	－0.90
3	工程监理费	27.14	34.86	7.72
4	工程定额测定费	1.63	0.91	－0.72
5	设计文件审查费	1.36	0.76	－0.60
四	预备费	62.48	41.84	－20.64
五	合计	2145.23	1496.84	－648.39

河南高速公路发展有限责任公司文件

豫高司〔2007〕49号

签发人：王金山

58. 关于报送分水岭至南阳高速公路交通机电工程（含供配电照明）详细设计的请示

河南省交通厅：

分水岭至南阳高速公路交通机电工程（含供电、照明）详细设计文件已由中交第一公路勘察设计研究院编制完成。本路段全长74.299km，联络线长24.25km，共4个收费站、1个服务区、1个停车区、3处高接高互通立交，预算金额136827.376元（其中通信、监控、收费系统预算55766192元，隧道机电预算金额26908703元，通信管道及土建预算32700235元，供电、照明21452246元）。经我公司审核，符合国家规范及有关规定，现将详细设计图纸及预算予以呈报。

妥否，请批示。

附件：1. 岭南高速公路交通机电工程详细设计专家评审意见（略）
2. 洛阳至南阳高速公路分水岭至南阳段机电工程详细设计交通工程及沿线设施（机电工程图纸、预算共二册）（略）
3. 洛阳至南阳高速公路分水岭至南阳段机电工程详细设计隧道工程（隧道机电图纸、预算共三册）（略）
4. 洛阳至南阳高速公路分水岭至南阳段机电工程详细设计交通工程及沿线设施（管道、土建图纸、预算共二册）（略）
5. 洛阳至南阳高速公路分水岭至南阳段机电工程详细设计交通工程及沿线设施（供电、照明图纸、预算共二册）（略）

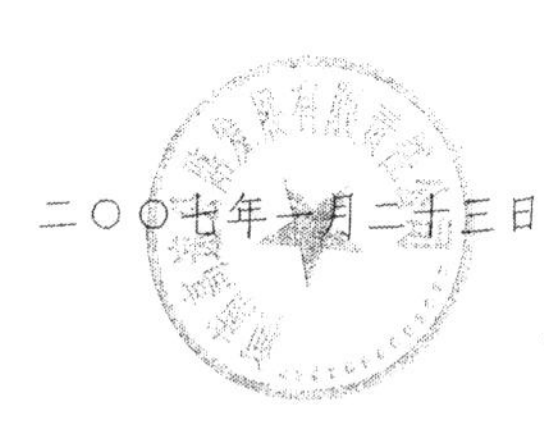

二〇〇七年一月二十三日

河南岭南高速公路有限公司文件

岭南高司〔2006〕94 号

签发人:侯建军

59. 关于岭南高速公路机电工程详细设计的请示

河南高速公路发展有限责任公司:

洛阳至南阳高速公路分水岭至南阳段工程机电工程详细设计已由中交第一公路勘察设计研究院完成,并经过设计监理单位河南省交通规划勘察设计院审查,符合设计合同要求。现将此设计方案和设计监理报告上报,请予审核。

当否,请批复。

附件:1. 洛阳至南阳高速公路分水岭至南阳段交通工程及沿线设施(管道、土建工程、预算)设计文件(略)

2. 洛阳至南阳高速公路分水岭至南阳段交通工程及沿线设施(供电、照明、预算)设计文件(略)

3. 洛阳至南阳高速公路分水岭至南阳段交通工程及沿线设施(机电工程、预算)设计文件(略)

4. 洛阳至南阳高速公路分水岭至南阳段隧道工程(机电、附属土建、预算)设计文件(略)

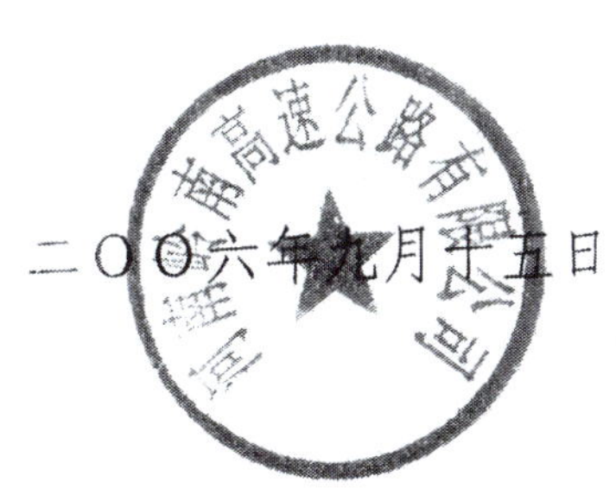

二〇〇六年九月十五日

河南高速公路发展有限责任公司文件

豫交计〔2005〕234号

60. 关于洛阳至南阳高速公路分水岭至南阳段工程水土保持方案报告书审查意见的函

河南省水利厅：

洛阳至南阳高速公路分水岭至南阳段工程水土保持方案已由河南省农田水利水土保持技术推广站编制完成，现提出我厅审查意见：

一、水土保持方案（报批稿）编制依据充分，防治目标明确，防治分区防治措施基本合理，可作为水土保持工程设计及管理的依据。

二、在主体工程设计中，设计单位从路线走向、公路边坡防护、取、弃土场选址及取土方式等进行了优化设计，并采取了积极防护措施。主体工程水保工程措施及植物措施费用已安排14172万元，最大限度地减少水土流失对生态环境的破坏。

三、该路段穿越中山区，地形复杂，水土保持方案报告书应将弃渣场的设置作为编制重点，从水保角度对主体工程提出的砌渣场进行优化设计，因地制宜、科学合理地确定弃渣场数量和水保措施。

四、在项目实施过程中，要严格执行水土保持设施与主体工程"三同时"制度，认真落实各项水土保持措施，成立专门机构加强监督管理，以保证水土保持方案的顺利实施。

五、同意对洛阳至南阳高速公路分水岭至南阳段工程水土保持方案报告书的进一步完善，新增水土保持方案工程费2525万元（详见工程概算一览表，略）。其中：工程措施费1397万元，植物措施费166万元，临时工程费244万元，独立费用220万元，预备费62万元，水土保持设施补偿费435万元。

六、增加费用列入工程总概算，从项目工程预备费中调剂解决。

附件：洛阳至南阳高速公路分水岭至南阳段工程水土保持方案报告书（略）

二〇〇五年九月二十八日

河南岭南高速公路有限公司文件

岭南高司〔2007〕95 号

签发人：侯建军

---

61. 关于机电工程联合设计评审的申请

河南高速公路发展有限责任公司：

我公司机电工程联合设计已经完成，根据承包商提供的《联合设计优化方案》，设计单位、机电监理、业主已进行初步审核，并给出相应的意见。现上报省公司申请评审。

特此申请。

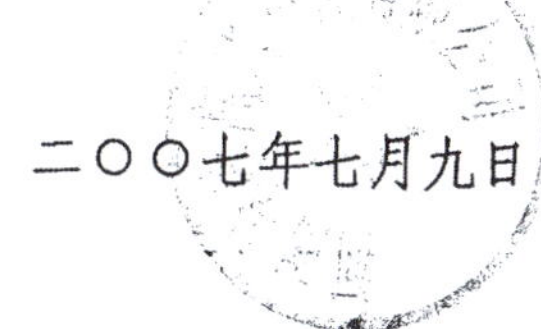

二〇〇七年七月九日

河南省交通厅文件

豫交计〔2008〕145 号

62. 关于洛阳至南阳高速公路分水岭至南阳市蒲山特大桥跨焦枝铁路及南水北调总干渠段工程施工图设计的批复

河南高速公路发展有限责任公司：

你公司豫高司〔2008〕106 号文"关于报送《洛南高速公路上跨焦枝铁路南水北调总干渠大桥工程施工图设计》的请示"和由中铁郑州勘察设计咨询院有限公司编制完成的河南岭南高速公路蒲山特大桥工程施工图设计文件均收悉。根据省发改委豫发改设计〔2006〕359 号文"关于洛阳至南阳高速公路分水岭至南阳段工程初步设计的批复"精神，经审查，批复如下：

一、桥梁位置及建设规模

该桥桥位位于洛阳至南阳高速公路分水岭至南阳段与许平南高速公路的联络线上，为蒲山特大桥跨焦枝铁路及南水北调总干渠大桥段，该段桥梁总长 465m。

二、工程地质及地震烈度

桥址区地基土主要为亚黏土、亚砂土、砂及卵石土。根据《中国地震动参数区划图》（GB 18306—2001），桥址区地震动峰值加速度为 0.10g，地震动反应谱特征周期为 0.35s，地震基本烈度为Ⅶ度。

三、桥梁结构形式及技术标准

上部结构采用：4 × 30m 预应力混凝土连续箱梁 + 225m 系杆拱 + 4 × 30m 预应力混凝土连续箱梁；下部结构：主桥采用群桩 + 承台基础；引桥采用单排桩基础；桥面净宽：2 × 12.75m。

桥梁设计荷载：公路—Ⅰ级的 1.3 倍，设计车速：120km/h；设计洪水频率：1/300；地震设防烈度：Ⅷ度。

四、工程预算

根据交通部颁发的《公路基本建设工程概算、预算编制办法》及河南省有关文件规定，经审查，核定该项目施工图总预算为 14565 万元（详见附表预算审核对比表）。

预算审核对比表

项目名称:分水岭至南阳南高速公路蒲山特大桥跨焦枝铁路及南水北调总干渠大桥段工程施工图设计

项	目	节	工程或费用名称	单位	原报预算		审核预算		增减		备注
					数量	预算金额（元）	数量	预算金额（元）	数量	金额（元）	
			第一部分建筑安装工程	桥长米	465.000	145426356	465.000	127173820	0.000	-18252536	
二			基础	桥长米	225.000	10797145	225.000	10620587	0.000	-176558	
	1		桩基础	m^3/座	8797.1/2	10797145	8767.1/2	10620587	0.000	-176558	含钻孔、钢筋等费用
三			下部构造	桥长米	225.000	6722880	225.000	6586776	0.000	-136104	
	1		桥墩	m^3/座	5283.2/2	6722880	5283.2/2	6586776	0.000	-136104	含钢筋
四			上部构造	桥长米	225.000	90510829	225.000	78705718	0.000	-11805111	
	1		行车道系	桥长米	255.000	83690090	225.000	72184846	0.000	-11505244	
		1	拱肋制作、组拼及安装	元		45859863		42367215	0.000	-3492648	含拱肋制安、拱圈混凝土
		2	横梁	m^3	2180.800	10058927	2180.800	6327905	0.000	-3731022	含钢筋、支架
		3	拱脚及系杆	m^3	5282.290	22504361	5282.290	19002109	0.000	-3502252	含钢筋、支架
		4	吊杆制作、组拼及安装	t	153.250	5266939	153.250	4487617	0.000	-779322	
	2		桥面铺装	桥长米	225.000	6820739	225.000	6520872	0.000	-299867	
		1	桥面板	m^3	2410.900	4878192	2410.900	4885795	0.000	7603	含钢筋
		2	桥面铺装及排水	m^3	1071.900	1932547	1071.900	1625077	0.000	-307470	含防水层
		3	检查设施	元		10000		10000	0.000	0	
五			沿线设施	桥长米	225.000	402381	225.000	402381	0.000	0	
	1		安全设施	桥长米	225.000	402381	225.000	402381	0.000	0	
		1	钢筋混凝土防撞护栏	m^3	290.600	402381	290.600	402381	0.000	0	含钢筋
六			混凝土搅拌、运输	m^3	28082.100	1309728	26994.800	1166872	-1087.30	-142856	
七			临时工程	桥长米	225.000	11076562	225.000	6868505	0.000	-4208057	

续上表

项	目	节	工程或费用名称	单位	原报预算		审核预算		增减		备注
					数量	预算金额（元）	数量	预算金额（元）	数量	金额（元）	
	1		栈桥	m	700.000	9898289	700.00	5498293	0.000	-4399996	
	2		铁路防护	m	17.000	751180	17.000	706408	0.000	-44772	双侧长度合计
	3		拼装场	m^2	12000.000	427093	12000.000	663804	0.000	236711	
八			施工技术装备费	桥长米	225.000	200636	225.000	1692415	0.000	-317221	
九			计划利润	桥长米	225.000	2679519	225.000	2256555	0.000	-422964	
十			税金	桥长米	225.000	4173147	225.000	3617334	0.000	-555813	
十一			通信工程	元		30408		30408	0.000	0	
十二			信号工程	元		19187		19187	0.000	0	
十三			电力工程	元		459905		459905	0.000	0	
十四			引桥	桥长米	240.000	15235029	240.000	14747177	0.000	-487852	
			第三部分工程建设其他费用	桥长米	465.000	13295029	465.000	14422646	0.000	1127617	
			建设单位管理费	桥长米	465.000	6239586	465.000	3420976	0.000	-2818610	
	1		建设单位管理费	桥长米	465.000	2792981	465.000	406956	0.000	-2386025	
	2		工程质量监督费	桥长米	465.000	218140	465.000	190761	0.000	-27379	
	3		工程监理费	桥长米	465.000	2908527	465.000	2543476	0.000	-365051	
	4		工程定额测定费	桥长米	465.000	174512	465.000	152609	0.000	-21903	
	5		设计文件审查费	元		145426		127174	0.000	-18252	
四			勘察设计费	桥长米	465.000	2058080	465.000	2058080	0.000	0	
五			施工干扰慢行费	元		398300		398300	0.000	0	
六			拱肋、吊杆、系杆监测试验费	元		1000000		1910000	0.000	910000	根据合同列
七			营业线施工配合费	元		160000		160000	0.000	0	

续上表

项	目	节	工程或费用名称	单位	原报预算		审核预算		增减		备注
					数量	预算金额（元）	数量	预算金额（元）	数量	金额（元）	
九			桩基检测费	根	72.000	115200	72.000	115200	0.000	0	
十一			建设期贷款利息	桥长米	465.000	3323863	465.000	6360090	0.000	3036227	
			第一、二、三部分费用合计	桥长米	465.000	158721385	465.000	141596466	0.000	-17124919	
			预留费用	元		4753386		4057091	0.000	-696295	
2			预备费	元		4753386		4057091	0.000	-696295	
			预算总金额	元		163474771		145653557	0.000	-17821214	
			桥梁基本造价	桥长米	465.000	351559	465.000	313233	0.000	-38325	

河南岭南高速公路有限公司文件

岭南高司函字〔2008〕2号

---

63. 关于洛（阳）南（阳）高速公路上跨焦枝铁路南水北调总干渠大桥工程施工图设计审批申请的函

河南省高速公路发展有限公司：

岭南高速公路有限公司上报河南省高速公路发展有限公司《洛（阳）南（阳）高速公路上跨焦枝铁路南水北调总干渠大桥工程施工图设计》图纸两套，请求尽快予以审批。

二〇〇八年四月十六日

河南岭南高速公路有限公司文件

岭南高司〔2008〕44 号

签发人:侯建军

64. 关于上报较大变更审批的请示

河南高速公路发展有限责任公司:

岭南高速公路有限公司根据河南高速公路发展有限公司关于设计变更申请审批有关管理办法规定,现将本项目较大变更上报河南高速公路发展有限公司,请求给予审批!

五项变更属较大变更具体为:

一、No. 1 标路基填料调配。原因是受高压线塔未拆除影响,为了工程顺利进行和降低施工企业设备的空置率,消除工程时间和空间的差异,原挖方材料无法利用,采用隧道弃渣进行路基填筑。LNBG-No. 01-032 号变更,RK1 +807. 5 ~ K2 +582 段路基填方填料由本桩利用变更更为借隧道弃渣,原设计 350362. 98 元,变更后申报金额 1882898. 98 元,增加费用 1532536. 00 元。

二、No. 3 标一处为隧道围岩变化,增设仰拱填充层。柴家庄 2 号隧道由于节理发育,山体裂隙发育,造成渗水严重,2006 年 8 月 18 日召开的隧道专题会议中制定该隧道Ⅲ级围岩段增设仰拱和填充,结构形式参照Ⅳ级围岩段设计。LNBG-TJ03-07 号变更,柴家庄 2 号隧道增设仰拱,原设计无,增加费用 1832762. 25 元。

三、No. 4 标一处隧道增设仰拱。原因是隧道围岩变化。雪家庄隧道原设计Ⅲ级围岩段由于围岩整体性差,开挖成拱后出现坍塌,因此增设仰拱和填充,结构形式参照Ⅳ级围岩段设计。LNBG-TJ04-08 号变更,雪家庄隧道增设填充层,原设计无,增加费用 1404761 元。

四、No. 11 标两处,一处为路基填料调配,原因是高压线塔未拆除,原挖方利用填料无法利用,变更为瓦踅互通区内借土填方。另一处为路基经过水稻田,基底软基处理,原设计中遗漏。(1) LNBG-TJ11-008 号变更,K34 +484 ~ K35 +557 段软基处理,原设计无,增加费用 2113178 元;(2) LNBG-TJ11-003 号变更,瓦踅互通区利用方变更为方,原设计 2865653. 00 元,变更后申报金额 5265929. 00 元,申报增加费用 2400276. 00 元。

二00八年五月二十二日

主题词：岭南公司　关于　变更　审批　申请

河南岭南高速公路有限公司办公室　　2008年5月27日印发

河南岭南高速公路有限公司文件

岭南高司〔2008〕85 号

签发人:侯建军

65. 关于报送河南省洛阳至南阳高速公路分水岭至南阳段交通标志变更设计的报告

河南高速公路发展有限责任公司:

按照河南省交通厅计划处通知要求,我公司已将洛阳至南阳高速公路分水岭至南阳段联络线 24km 交通标志设计修改完毕。

现将该变更设计图纸随文呈报,请组织审查。

附件:河南省洛阳至南阳高速公路分水岭至南阳段联络线交通标志变更设计(略)

二〇〇八年九月十八日

主题词:关于　变更　设计　报告

河南岭南高速公路有限公司　　2008 年 9 月 22 日印发

河南岭南高速公路有限公司文件

岭南高司〔2011〕13号

签发人：侯建军

66. 关于呈报洛阳至南阳高速公路分水岭至南阳段土建、绿化和房建工程设计变更的请示

河南高速公路发展有限责任公司：

洛阳至南阳高速公路分水岭至南阳段全长98.546km。由于工期要求紧，设计时间短，加上北部山区路段地形地质复杂，造成设计与实际存在不符。在施工过程中发生了部分土建、绿化、房建等设计变更。具体情况如下：

一、土建工程

（一）路基工程

1. 特殊路基软基处理变更

变更原因：原设计路线经过地区水塘、鱼塘、水稻田较多，原设计要求清除淤泥50cm，回填砂砾垫层至常水位上50cm。现场实际底部均有厚度0.5～3m不等的淤泥，腐殖质含量大，压缩性高，土质力学指标差。清表后直接碾压出现弹簧、翻浆或压路机无法进入的现象。

变更措施：为保证路基基底承载力达到要求，对于水塘、鱼塘、水稻田路段，根据实际不同情况，分别采用挖除淤泥换填砂砾石、片石或抛石挤淤的处理方案，在路基承载力达到要求后再进行路基填筑。

2. 路基填料及路床补强处理变更

变更原因：本项目山区标段的路基填料原设计图纸中要求为利用石方。但是部分标段开挖石方粒径过大达到0.5～3m，不符合路基施工规范对路基填料最大粒径的要求，而且开挖石方石质坚硬，不易分解，故不能利用。部分标段原设计中对膨胀土段路基采用掺4%～8%石灰土处理方案，该方案对膨胀土段路基处理效果不佳，且对环境污染大，工艺繁琐，施工进度慢。土建标段多采用强风化岩作为填料，但是，此材料呈颗粒状，黏结力差，导致路床表皮松散，需补强处理。

变更措施：本着“因地制宜，就近取材”的原则，山区标段利用石方变更为换填隧道石渣、借强风化岩等远运利用方案。部分标段原设计中对膨胀土段路基采用掺4%～8%石灰土处理方

案，变更为就近取材借强风化岩、碎石土、砂砾石等方案，以保证路基填筑质量和进度。对路基上路床采用掺加 3% ~5% 水泥土（砂砾）进行稳定加固处理，保证路基弯沉值和整体强度达到要求。

3. 挡土墙及加宽改扩建桥涵台背压浆补强变更

变更原因：部分山区标段高挡土墙要求先于路基施工，路基填高大于 6m 且内倾角度大，挡土墙内侧无法碾压到位。祝庄互通区有两座分离式立交桥及五道涵通进行了加宽改扩建，锥坡和八字墙拆除后，原桥涵台背处填料为砂砾石，黏聚性差，车辆行驶的冲击力可能导致坍塌。

变更措施：为减少路基沉降，在高挡墙内侧及祝庄互通区立交加宽改扩建桥涵台背处进行压浆补强，起到了稳定填料，减缓冲击的作用，保证了上述路段的施工质量和行车安全。

4. 路基冲击碾压变更

变更原因及措施：由于本项目高速公路建设周期短，路基成型后自然沉降时间短，根据省交通厅豫交工〔2005〕109 号文件精神，为了提高路基承载力，增加路基压实度，减少路基工后沉降，对全线路基进行冲击碾压。

5. 路基边坡、弃土场挡土墙变更

变更原因：土建一标、二标地处中 ~ 低山区，地形条件复杂，部分挡土墙设计与实际不符，造成挡土墙工程量变更。原设计部分弃土场无防护措施，可能造成水土流失，破坏生态环境。

变更措施：为保证挡土墙基础埋置深度，以确保挡土墙的稳定性，对原设计工程量按照现场实测予以变更修正。根据南阳市环保部门要求，在需要防护的弃土场周围增加了干砌或浆砌挡土墙，并对弃土场边坡进行了绿化，以稳定弃土场和保护生态环境。

（二）路面工程

1. 路肩变更

变更原因及措施：为了实现把岭南高速建设成生态路、景观路的目标，将原设计的路肩 18cm 无砂混凝土和 2cm 砂浆抹面取消，全部变更为土路肩，并在路肩处进行植草绿化。同时，也减少了路面工程造价。

2. 互通立交区工程数量变更

变更原因：原设计瓦莛互通区收费广场、张华岗互通区加宽段、祝庄互通区加宽段分别与国道 207、宛平高速、许平南高速衔接不顺畅，需补充路面工程设计。

变更措施：根据补充设计，按照现场实际测量，增加路面工程数量。

（三）涵洞、桥梁结构物工程变更

1. 涵洞基础分离式变更为整体式

变更原因及措施：原设计涵洞为分离式基础，鉴于当年其他项目多处分离式基础结构物出现问题，为保证涵洞基础均匀沉降和增加抗倾覆性，把涵洞基础由分离式变更为整体式。

2. 桩基工程变更

变更原因：实际施工中发现山区标段部分桩基施工图设计断面高程与现场实际出入较大。部分桩基施工时发现地下岩层均为质地坚硬的花岗岩，与施工图所示地质资料不符。

变更措施：对于部分桩基施工图设计断面高程与现场实际出入较大的桩基，进行桩顶高程调整。部分桩基施工时发现地下岩层为质地坚硬的花岗岩，调整部分摩擦桩为嵌岩桩后减短桩柱长度，减少工程造价。

3. 桥面铺装变更

变更原因及措施：根据省交通厅《关于印发河南省高速公路设计技术要求的通知》（豫交计〔2005〕191 号）文件规定，桥梁涵洞铺装层钢筋应采用Ⅱ级以上钢筋，直径不小于 12mm。而本项目桥梁桥面铺装原设计中多数为$\phi8$ Ⅰ级钢筋绑扎和D5钢筋焊接网，因此，根据要求取消桥面铺装中原设计的$\phi8$ Ⅰ级钢筋绑扎和D5钢筋焊接网，变更为$\phi12$ Ⅱ级钢筋绑扎或$\phi12$钢筋网片。

4. 天桥变更

变更原因：为了把岭南高速建设成景观路，原设计的9座天桥为等截面现浇预应力连续箱梁，存在形式单一，不能满足需要。

变更措施：原设计的9座等截面现浇预应力连续箱梁形式天桥调整为斜腿钢构、飞鸟系杆拱桥、预应力混凝土系杆拱、预应力变截面连续箱梁等结构形式，实现了一桥一景，提升项目的景观效果。

（四）隧道工程变更

围岩、初期支护变更

变更原因：地质变化明显，开挖后实际围岩状况与原设计围岩不符，开挖中形成个别坍方体，因此发生变更。

变更措施：在开挖中，对于隧道围岩岩层整体性好，光面爆破效果好的，把围岩等级从Ⅳ级调整为Ⅲ级。对于整体性差、石质强度低、开挖成拱后变形量较大的围岩，增加仰拱设计。对于坍方体处，变更初期支护形式，进行压浆处理。

以上土建工程变更后预算费用为24935.15万元，原施工图批复预算费用为14001.02万元，增加费用10934.13万元（详见附表1、附表2及附件1、附件2）。

二、绿化工程

因本项目原批复设计方案绿化面积小，裸露黄土、渣石多，存在水土流失及边坡不稳等安全隐患；植物栽植间距大，植物种类单一、数量少，绿化档次低，缺少立体景观视觉效果。为了把岭南高速建成“精品路、生态路、样板路”，达到“三季有花、四季常绿、车在路上行、人在画中游”的效果，我公司委托设计单位结合工程实际情况，对全线绿化工程设计方案进行了优化变更，主要有以下几个方面。

（一）原设计图纸中乔灌木种类单一、种植密度小、苗木规格小，对此进行了优化变更设计，对空白段进行了补充设计。具体方案如下：

（1）对中央分隔带内原设计的个别苗木进行了调换，增加了由丰花月季、紫叶小檗、金叶女贞等花灌木交替种植的绿篱，同时增加了观赏防眩植物紫薇、红叶李和大叶黄杨。

（2）挖方路段碎落台处增加丰花月季、黑麦草色块，在部分路段山坡坡脚增加爬藤植物常春藤、爬山虎和藤本卫矛进行坡面防护，同时增加由南天竹、金叶女贞、紫叶小檗交替种植的小灌木绿篱。

（3）对填方路段土路肩绿化方案进行优化。对原设计绿化段间隔进行了调整，加大了种植密度。

（4）在互通区、服务区和停车区增加了绿化面积，增加了苗木种植密度，特别是在服务区和停车区调换和增加了大规格乔木如辛夷、香樟、雪松、桂花、重阳木、白皮松、湿地松、大叶女贞等的数量和种类，配植大量色彩花灌木模块如红叶石楠、金叶女贞、紫叶小檗、丰花月季等，形成疏密有致、有层次、有色彩变化的景观效果。

（5）原设计图纸中无分离式路基及隧道口、弃土场绿化，为了增加景观效果、消除安全隐患、保护生态环境，重新进行了绿化设计。

与原设计图纸及预算对比，共增加和调整了乔灌木数量3236279株，增加费用33343166元。

（二）在全线各区裸露黄土区域撒播草种或栽植花灌木进行遮挡绿化，撒播白三叶、草花组合、满铺草坪及栽植红花草、麦冬、丛兰等，与原设计图纸预算对比，合计增加地被植物绿化面积870974m^2，增加费用7007829元。

（三）原设计图纸中未包含苗木栽植前绿化工作面整理工作，结合绿化施工前工作面地形、地貌和实地的具体情况，特别是在互通区、服务区、停车区、分离式路基及弃土场出现了大量的土、石方开挖、回填、清运和整理工作。合计换填土石方438520m^3，增加费用6717857元。

（四）为体现人性化的设计及实现人文景观和自然景观的和谐，在变更的设计方案中，在瓦菧互通区、五朵山收费站增加片石园路1150m^2。在南召停车区、遮山收费站区增加喷灌系统。在瓦菧互通区、南阳北服务区、遮山收费站增设景石。在黄鸭河大桥桥头增加景观墙舒布洛克砖5550块，以上合计增加费用986995元。

绿化工程变更后预算总金额为8230.8547万元，原批复总概算为3425.2698万元，增加费用4805.5849万元（详见附表3、附件3）。

三、房建工程

为进一步提高房屋使用功能、合理分配用房面积，满足环保需求。我公司在工程施工期间委托设计单位对房屋、场地建筑面积进行了调整，对建筑物的使用功能和建筑装饰装修作了更深一步的优化。主要变更内容如下：

（一）为了增加服务区、停车区、收费站的使用功能，体现人性化服务理念，对场区硬化面积及结构层、房屋建筑面积进行变更。包括：

（1）南召停车区、南阳北服务区、独山收费站在原设计图纸的基础上重新调整，增加场区硬化面积。各收费站增加收费广场面积，合计增加：70396.84m^2。

（2）为确保场区路面使用寿命，对路面结构层进行了变更，各收费站、停车区路面结构层由原设计强夯土方+三七灰土（450mm）+C35混凝土（260mm）变更为水泥稳定砂砾（200mm）+C15混凝土（300mm）+抗折5混凝土（260mm）。服务区路面结构层由原设计强夯土方+三七灰土（450mm）+C35混凝土（260mm）变更为水泥稳定砂砾（200mm）+水泥稳定碎石（300mm）+抗折5混凝土（260mm）。

（3）南阳北服务区东区综合楼增加一层地下室，东、西两区各增加1座加油站，同时增加原加油站房面积，合计增加建筑面积1750.44 m^2。

（4）南阳北服务区、南召停车区加油站棚原设计图纸漏项，面积2662.68 m^2，各收费站收费大棚原设计图纸漏项，面积2662.8 m^2，合计漏项面积5325.48 m^2，此漏项面积不在原设计批复预算之内。

（5）为解决管理公司办公问题，将独山收费站综合楼由原设计的三层变更为五层，满足管理公司和独山收费站合并办公需要。增加建筑面积2614.14 m^2，同时增加独立餐厅，建筑面积358.68m^2，合计增加建筑面积2972.82 m^2。增加独山收费站地下收费通道86.5m。

（6）各站区8座加压泵房均设有一层地下室，原设计批复预算不含地下室面积，合计506.16 m^2。

（7）南召停车区增加加油站房面积、发电机房面积，合计242.2m^2。

（8）各站区共取消8座深水井泵房、7座消毒间、4座锅炉房。

变更设计预算与原设计批复预算相比较，共计增加建筑面积为10020.18 m^2。

（二）地处山区的站区地形复杂，调整功能后进一步优化设计。

（1）因南召收费站、南召停车区、瓦菧收费站、南阳北服务区等处于丘陵地带，场区实际地形比较复杂，与设计高程差异较大，增加了场区开挖土石方工程，共增加土石方工程量：

606885.89 m^3。同时，为了安全考虑，在土石方开挖及回填方较高的位置设置挡土墙，对南召收费站站区高挖方边坡采用挂网植草防护。

（2）由于场区硬化面积调整，场区电缆、给排水管道等进行相应调整。

（3）各站区为安全考虑，增设场区围墙工程。

（4）因山区地质复杂，原设计水井位置及深度都无法使用，需要重新设计水井位置及增加水井深度，南召收费站、南召停车区、瓦埑收费站采用河流过滤辐射井，南阳北服务区、南阳西收费站、独山收费站增加水井深度。

（三）室内外装饰工程优化变更

（1）对部分遗漏的装饰设计补充了二次装饰设计，如加油站、收费大棚柱子及侧边等。

（2）对部分装饰设计进行了变更和增加，如对独山收费站增加外墙保温，同时，严格保证装修质量与效果，将相关主要装饰材料（如地板砖、洁具、乳胶漆等）进行调整，提高装饰档次。

（3）对各个收费站区及服务区增加中央空调设备。

（4）南阳北服务区东、西区及独山收费站污水处理设备由原设计3t变更为5t，各站区均采用先进的、成熟的污水处理设备。

（5）南阳北服务区、南召停车区加油站面积增加后，相应增加加油罐和加油设备，并对加油站棚进行精装修，采购先进的加油设备。

（6）为了确保通车，加快施工进度，南召停车区、南阳北服务区部分场区硬化，瓦埑收费站、独山收费站场区及综合楼，采用商品混凝土。

（7）由于原设计图纸预算工程量不精确，存在漏项工程量，对其进行调整。

房建工程变更后预算总金额为15502.52万元，与原施工图批复预算相比，增加费用10295.44万元（详见附表4、附件4、附件5）。

根据省厅《河南省高速公路设计变更管理办法》有关规定，现将洛阳至南阳高速公路分水岭至南阳段建设项目土建、绿化、房建工程设计变更资料上报，请予审批。

妥否，请批示。

附件：1. 洛阳至南阳高速公路分水岭至南阳段土建工程设计变更（承包人）申报表汇编（略）
2. 洛阳至南阳高速公路分水岭至南阳段土建工程变更设计图纸及预算汇编（略）
3. 洛阳至南阳高速公路分水岭至南阳段绿化工程变更设计图纸及预算（略）
4. 洛阳至南阳高速公路分水岭至南阳段房建工程变更设计图纸预算汇编（略）
5. 洛阳至南阳高速公路分水岭至南阳段房建工程变更设计图纸汇编（略）

二〇一一年十二月二十二日

主题词：上报　设计变更　请示

河南岭南高速公路有限公司　　2011年12月22日印发

附表 1

土建工程变更与批复预算对比表

项目名称:洛阳至南阳高速公路分水岭至南阳段

项	目	节	工程或费用名称	单位	变更预算		批复预算		增(减)金额(元)	备　　注
					数量	预算金额(元)	数量	预算金额(元)		
			第一部分　建筑安装工程			222827335.7		126800834.4	96026501.31	
一			路基工程			111398128		68892076	42506052.00	
	1		特殊路基处理			5282168		515604	4766564.00	
		1	水稻田路段处理 TJ11 标	m^3	20883.55	1927950	1879.50	110644	1817306.00	
		2	水稻田路段处理 TJ13 标	m^3	17244.00	1978531	4827.00	264564	1713967.00	
		3	水稻田路段处理 TJ14 标	m^3	8934.00	866543	2385.00	140396	726147.00	
		4	水稻田路段处理 TJ16 标	m^3	8649.18	509144		0	509144.00	
	2		路基填料及路床补强变更			78067975		55047243	23020732	
			路基填料			40244646		38554114	1690532.00	
		1	TJ1 标	m^3	48152.00	1252320	48152.00	859067	393253.00	
		2	TJ4 标	m^3	74950.40	2303225	74950.40	1439640	863585.00	
		3	TJ9 标	m^3	99340.00	1405561		0	1405561.00	
		4	TJ13 标	m^3	108675.90	3211752	108675.90	1978357	1233395.00	
		5	TJ14 标	m^3	126616.00	4569757	120132.00	3025537	1544220.00	
		6	TJ16 标	m^3	29799.00	1257871	26070.30	900826	357045.00	
		7	TJ17 标	m^3	73358.00	2723442	73358.00	2732658	-9216.00	
		8	TJ20 标	m^3	40163.20	1573560	40163.20	1719757	-146197.00	
		9	TJ21 标	m^3	607988.00	21947158	607781.00	25898272	-3951114.00	
			路床补强处理			37823329		16493129	21330200.00	
		1	TJ8 标	m^3	8431.80	596120	8431.80	143567	452553.00	

续上表

项	目	节	工程或费用名称	单位	变更预算		批复预算		增(减)金额(元)	备注
					数量	预算金额(元)	数量	预算金额(元)		
		2	TJ9 标	m^3	24039.80	1612462	24039.80	412974	1199488.00	
		3	TJ12 标	m^3	13075.60	780639	13075.60	59848	720791.00	
		4	TJ14 标	m^3	51798.00	4413032	51798.00	1237091	3175941.00	
		5	TJ15 标	m^3	64434.80	5177349	64434.80	1749598	3427751.00	
		6	TJ16 标	m^3	59076.40	4746800	59076.40	1492510	3254290.00	
		7	TJ17 标	m^3	76248.30	6878927	76248.30	3809853	3069074.00	
		8	TJ18 标	m^3	55725.60	5027415	55725.60	2784410	2243005.00	
		9	TJ19 标	m^3	67871.00	5205879	67871.00	3391252	1814627.00	
		10	TJ22 标	m^3	38034.00	3384706	38034.00	1412026	1972680.00	
	3		高挡墙、台背压水泥浆补强变更			3735189		0	3735189.00	
		1	TJ1 标	t	684.9	391332		0	391332.00	
		2	TJ2 标	t	3638.60	1993438		0	1993438.00	
		3	TJ5 标	t	738	408697		0	408697.00	
		4	TJ7 标	t	1163.40	649227		0	649227.00	
		5	TJ22 标	t	496.7	292495		0	292495.00	
	4		路基冲击碾压变更			4871723		0	4871723.00	
		1	TJ14 标	m^2	173520.00	596339		0	596339.00	
		2	TJ15 标	m^2	300966.00	1034334		0	1034334.00	
		3	TJ16 标	m^2	370236.00	1272394		0	1272394.00	

续上表

项	目	节	工程或费用名称	单位	变更预算		批复预算		增(减)金额(元)	备　注
					数量	预算金额(元)	数量	预算金额(元)		
		4	TJ19 标	m^2	278313.00	956482		0	956482.00	
		5	TJ20 标	m^2	294518.00	1012174		0	1012174.00	
	5		路基挡土墙防护变更			19441073		13329229	6111844.00	
		1	TJ1 标	m^3	45129.70	8692298	37070.00	7141591	1550707.00	
		2	TJ2 标	m^3	212220.30	8543520	206898.00	6187638	2355882.00	
		3	TJ5 标	m^3	9164.80	1022316		0	1022316.00	
		4	TJ14 标	m^3	2235.00	1182939		0	1182939.00	
二			路面工程			6397238		3688621	2708617.00	
	1		路肩变更			82731		3688621	-3605890.00	
		1	LM1 标	m^3	1154.40	8615	3073.80	1002093	-993478.00	
		2	LM3 标	m^3	2415.00	18025	2415.00	787317	-769292.00	
		3	LM4 标	m^3	5076.70	37889	2923.50	953094	-915205.00	
		4	LM5 标	m^3	2439.10	18202	2902.10	946117	-927915.00	
	2		互通立交区路面工程量遗漏变更			6314507		0	6314507.00	
		1	LM3 标	m^2	4221.00	1463623		0	1463623.00	
		2	LM5 标	m^2	5459.00	1658748		0	1658748.00	
		3	LM7 标	m^2	10540.00	3192136		0	3192136.00	
三			桥梁、涵洞工程			72396758		35875905	36520853.00	
	1		涵洞			2130906		0	2130906.00	

续上表

项	目	节	工程或费用名称	单位	变更预算		批复预算		增(减)金额(元)	备注
					数量	预算金额(元)	数量	预算金额(元)		
		1	涵洞分离式变整体式变更	m^3		2130906		0	2130906.00	
			TJ7 标	m^3	1286.98	461196		0	461196.00	
			TJ11 标	m^3	2669.28	910217		0	910217.00	
			TJ13 标	m^3	2369.45	759493		0	759493.00	
	2		桥梁			70265852		35875905	34389947.00	
		1	桥面铺装钢筋变更	kg	8103408.00	48648268	1586849.00	9553171	39095097.00	
		2	桥梁桩基变更			21617584		26322734	-4705150.00	
			TJ3 标			21617584		26322734	-4705150.00	
五			隧道工程			13723784		7572447	6151337.00	
	1		隧道围岩、初期支护变更			13723784		7572447	6151337.00	
		1	TJ3 标			6626934		2343362	4283572.00	
		2	TJ4 标			7096850		5229085	1867765.00	
九			施工技术装备费			5026867		2864969.806	2161897.19	
十			计划利润			6702476		3819965.408	2882510.59	
十一			税金			7182084.691		4086850.165	3095234.53	

附表 2

土建工程(天桥)变更与批复预算对比表

项目名称:洛阳至南阳高速公路分水岭至南阳段

序号	桩号	原设计结构形式	原设计长度(m)	批复预算金额(元)	变更后结构形式	变更后长度(m)	变更后预算金额(元)	变更增加费用(元)	备注
1	K38 +230	现浇预应力连续箱梁	61.16	1108533	斜腿钢构	66.62	1602885	494352	
2	K41 +670	现浇预应力连续箱梁	101.16	1833539	预应力连续箱梁	106.16	2805728	972189	
3	K42 +508	现浇预应力连续箱梁	121.16	1956489	预应力混凝土系杆拱	132.12	3826944	1870455	
4	K48 +853	现浇预应力连续箱梁	61.16	908568	预应力变截面连续箱梁	86.16	1756171	847603	
5	K52 +510	现浇预应力连续箱梁	95.16	1519928	预应力变截面连续箱梁	86.16	1961766	441838	
6	K72 +075	现浇预应力连续箱梁	65.16	910747	预应力混凝土系杆拱	72.12	2445515	1534768	
7	JK2 +408.5	现浇预应力连续箱梁	65.16	1130024	飞鸟系杆拱桥	113.38	4839814	3709790	
8	JK8 +655	现浇预应力连续箱梁	175.16	2799986	飞鸟系杆拱桥	113.38	4883895	2083909	
9	JK9 +255	现浇预应力连续箱梁	65.16	1041603	预应力变截面连续箱梁	86.16	2401521	1359918	
合计			810.44	13209416		862.26	26524239	13314823	

附表 3

绿化工程变更前后方案及费用对比表

项目名称：洛阳至南阳高速公路分水岭至南阳段　　　　第1页　共3页

序号	部位	合计增加费用（元）	土石方量（换填土、地形、开挖清运石方）变更前后对比				地被植物面积变更前后对比			
			批复方案量	实施方案量	土石方增加		复方案地被（m^2）	实施方案地被（m^2）	地被增加	
					土石方量（m^3）	合价（元）			面积（m^2）	合价（元）
1	K0+850～K16+500长15.65km主线中分带及路侧、路肩、隔离栅处	984099	21900	63400	41500	760892	10174	55827	45653	223207
2	K16+500～K32+400长15.9km主线中分带及路侧、路肩、隔离栅处	272672.8	22100	12000	－10100	－150776.2	10640	50148.2	39508.2	423449
3	K32+400～K53+200长20.8km主线中分带及路侧、路肩、隔离栅处	31485	29120	21000	－8120	－85998.3	13300	28819	15519	117483.3
4	K53+200～K74+756长21.556km主线中分带及路侧、路肩、隔离栅处	484837.5	30100	22000	－8100	－82523.5	13308	63483	50175	567361
5	JK0+520－JK24+247长23.736km联络线中分带及路侧、路肩、隔离栅处	508111.5	32600	23000	－9600	－107342.7	15082	59702	44620	615454.2
6	南召互通立交区、南召收费站区	1474101	5000	85384	80384	1357998	1542	12836	11294	116103
7	瓦蓙互通立交区、南召停车区、五朵山收费站	1359998.9	5200	46000	40800	850468.5	12070	80305	68235	509530.4
8	南阳北服务区、龚河互通区	3276629.4	8560	157850	149290	1782757.4	21638	157345	135707	1493872
9	南阳互通区、收费站、监控所	830860.4	42897	57500	14603	22082.9	4005	134851	130846	808777.5
10	张华岗互通区	911926	42839	67000	24161	107399	0	148855	148855	804527
11	独山互通区及收费站区	255645	7480	7480	0	0	2687	35471	32784	255645
12	祝庄互通区	863460	0	20800	20800	422132	0	85352.5	85352.5	441328
13	隧道口及黄鸭河大桥桥头	50827	0	16039	16039	34830	0	1642	1642	15997
14	分离式路基	2421033	0	86863	86863	1805938	0	60784	60784	615095
合计		13725686.5	247796	686316	438520	6717857.1	104446	975420.7	870974.7	7007829.4

序号	部位	合计增加费用（元）	乔灌木变更前后对比				新增园林小品			
			批复方案量	实施方案量	苗木增加		数量			合价（元）
					苗木量（株）	合价（元）	（块）	长（m）	面积（m^2）	
1	K0+850～K16+500长15.65km主线中分带及路侧、路肩、隔离栅处	1849019	145867	632842	486975	1849019	0		0	0
2	K16+500～K32+400长15.9km主线中分带及路侧、路肩、隔离栅处	-927992	150365	294026	143661	-927992	0	0	0	0
3	K32+400～K53+200长20.8km主线中分带及路侧、路肩、隔离栅处	403233	209241	563354	354113	403233	0	0	0	0
4	K53+200～K74+756长21.556km主线中分带及路侧、路肩、隔离栅处	-81896	181849	478846	296997	-81896	0	0	0	0
5	JK0+520～JK24+247长23.736km联络线中分带及路侧、路肩、隔离栅处	4850470	213814	932720	718906	4850470	0	0	0	0
6	南召互通立交区、南召收费站区	458227	5499	17227	11728	458227	0	0	0	0
7	瓦踑互通立交区、南召停车区、五朵山收费站	1831631.8	16265	92780	76515	1592820	景石30t	喷灌系统5套	片石园路1150	238811.8
8	南阳北服务区、龚河互通区	5206045	6741	223498	216757	4885465	景石13块	0	0	320580
9	南阳互通区、收费站、监控所	4880685	5984	198193	192209	4819429	景石2块	PVC管257m	砖砌井1个	61256
10	张华岗互通区	10221307	29078	507141	478063	10221307	0	0	0	0
11	独山互通区及收费站区	1372847	8436	169415	160979	1372847	0	0	0	0
12	祝庄互通区	1372962	13689	81430	67741	1372962	0	0	0	0
13	隧道口及黄鸭河大桥桥头	733092	0	17212	17212	366744	舒布洛克砖5550块	0	0	366348
14	分离式路基	2160531	0	14423	14423	2160531	0	0	0	0
合计		34330161.8	986828	4223107	3236279	33343166				986995.8

序号	项　目	位　置	概算费用(元)	变更图预算费用(元)	费用增减(元)
1	绿化一标	K0+850~K16+500长15.65km主线中分带及路侧、路肩、隔离栅处绿化	3999098.07	6832217	2833118.93
2	绿化二标	K16+500~K32+400长15.9km主线中分带及路侧、路肩、隔离栅处绿化	4261013.12	3605694	−655319.12
3	绿化三标	K32+400~K53+200长20.8km主线中分带及路侧、路肩、隔离栅处绿化	5697989.96	6132708	434718.04
4	绿化四标	K53+200~K74+756长21.556km主线中分带及路侧、路肩、隔离栅处绿化	5595201.05	5998142	402940.95
5	绿化五标	JK0+520~JK24+247长23.736km联络线中分带及路侧、路肩、隔离栅处绿化	5701812.53	11060393	5358580.47
6	绿化六标	南召互通立交区、南召收费站区绿化	382484.24	2314813	1932328.76
7	绿化七标	瓦埅互通立交区、南召停车区、五朵山收费站绿化	767953.47	3959584	3191630.53
8	绿化八标	南阳北服务区、龚河互通区绿化	1373720.02	9856394	8482673.98
9	绿化九标	南阳互通区、收费站、监控所绿化	1296138.35	7007684	5711545.65
10	绿化十标	张华岗互通区绿化	3317612.68	14450846	11133233.32
11	绿化十一标	独山互通区及收费站区绿化	601790.62	2230282	1628491.38
12	绿化十二标	祝庄互通区绿化	1257884.21	3494306	2236421.79
13	绿化十三标	隧道口及黄鸭河大桥桥头绿化	0	783920	783920
14	分离式路基绿化标	K0+850~K16+500长15.65km分离式路基景观绿化	0	4581564	4581564
合　计			34252698.32	82308547	48055848.68

附表 4

房建工程变更设计预算与原施工图预算对比表

项目名称:洛阳至南阳高速公路分水岭至南阳段

合同段		建筑面积 m²	(1)综合楼		(2)附属工程		(3)室外场区工程		(4)建安费 =(1)+(2)+(3)	(5)设备购置费		(6)=[(4)+(5)]×3% 预备费	(7)=(4)+(5)+(6) 工程总金额	备注
			原预算(元)	变更增减(元)	原预算(元)	变更增减(元)	原预算(元)	变更增减(元)		原预算(元)	变更增减(元)			
南召收费站(FJ-01)	变更前	1194.69	1340310.57	546077.45	834499.89	340767.80	494287.68	5673246.10	2669098.14	398000.00	884144.55	92012.94	3159111.08	
	变更后	1652.06	1886388.02		1175267.69		6167533.78		9229189.49	1282144.55		315340.02	10826674.06	
南召停车区(FJ-02)	变更前	2330.54	2319509.17	1482769.79	1840792.55	1419747.59	2995156.77	11447479.00	7155458.49	2230000.00	1630101.41	281563.75	9667022.24	
	变更后	3441.96	3802278.96		3260540.14		14442635.77		21505454.87	3860101.41		760966.69	26126522.97	
瓦翥收费站(FJ-03)	变更前	2277.63	2760815.10	1739543.65	945494.89	360086.48	661619.35	3735943.10	4367929.34	412000.00	1335806.84	143397.88	4923327.22	
	变更后	2711.26	4500358.75		1305581.37		4397562.45		10203502.57	1747806.84		358539.28	12309848.69	
南阳服务区东侧(FJ-04)	变更前	4260.75	5553732.15	4165211.81	984038.04	1560795.63	4002460.97	5517938.20	10540231.16	1250000.00	2366334.80	353706.93	12143938.09	
	变更后	6540.56	9718943.96		2544833.67		9520399.17		21784176.80	3616334.80		762015.35	26162526.95	
南阳服务区西侧(FJ-05)	变更前	2964.64	3724439.04	1446671.98	984038.04	1388353.21	4078519.47	23383100.22	8786996.55	1250000.00	1513470.04	301109.90	10338106.45	
	变更后	3921.34	5171111.02		2372391.25		27461619.69		35005121.96	2763470.04		1133057.76	38901649.76	
南阳收费站(FJ-06)	变更前	2737.91	3622635.39	1626794.57	941065.02	286020.41	529296.83	4281516.39	5092997.24	606000.00	941529.42	170969.92	5869967.16	
	变更后	3317.11	5249429.96		1227085.43		4810813.22		11287328.61	1547529.42		385045.74	13219903.77	
独山收费站(FJ-07)	变更前	2425.06	3117286.52	5966178.94	1704442.78	2464454.06	536727.49	10371119.18	5358456.79	437000.00	2080592.37	173863.70	5969320.49	
	变更后	6627.11	9083465.46		4168896.84		10907846.67		24160208.97	2517592.37		800334.04	27478135.38	
合计	变更前	18191.22	22438727.94	16973248.19	8234371.21	7820225.18	13298068.56	64410342.19	43971167.71	6583000.00	10751919.43	1516625.03	52070792.74	
	变更后	28211.40	39411976.13		16054596.39		77708410.75		133174983.27	17334919.43		4515298.88	155025200.02	
变更后增加		10020.18		16973248.19		7820225.18		64410342.19	89203815.56		10751919.43	4515298.88	102954407.28	

河南省交通运输厅文件

豫交计〔2012〕351 号

67. 关于洛南高速公路分水岭至南阳段设计变更的批复

你集团《关于岭南高速公路设计变更的请示》(豫交集团〔2012〕49 号)收悉。岭南高速公路全长 98.8 公里,于 2005 年 9 月开工建设,于 2007 年 12 月、2008 年 11 月、2009 年 9 月分三段建成通车。该项目在建设过程中未及时上报设计变更,建成通车后对已发生设计变更进行了整理上报。根据《河南省高速公路建设项目设计变更管理办法》、《厅属高速公路建设项目工程造价管理规定》,经审查,现同意实施以下设计变更方案。

一、土建工程

(一)路基工程

1. 软基处理方案变更

由于项目经过水塘、水稻田等软基路段较多,为保证地基承载力,将 K34 + 484 ~ K35 + 557、K43 + 200 ~ K43 + 820、K51 + 310 ~ K51 + 400 等软基路段的处理方案由原设计清淤回填砂砾垫层,变更为清淤换填砂砾石、片石或抛石挤淤的处理方案。

2. 路基填料变更

由于部分标段开挖石方粒径大,石质坚硬,不易分解,将 K2 + 336 ~ K2 + 496、K2 + 530 ~ K2 + 582、K42 + 400 ~ K47 + 878 等山区路段的路基填料由原设计利用石方,变更为填筑隧道石渣、强风化岩等。

为加快施工进度,减少环境污染,将 K51 + 800 ~ K53 + 200、JK0 + 702 ~ JK13 + 400 等膨胀土路段的路基填料由原设计填筑 4% ~8% 石灰土,变更为填筑强风化岩、碎石土或砂砾石,对 K22 + 400 ~ K25 + 390、K28 + 255.2 ~ K28 + 675、K32 + 400 ~ K74 + 756 等填筑强风化岩或砂砾路段的上路床掺加 3% ~ 5% 水泥处理。

3. 挡土墙工程量变更

为确保挡土墙稳定性,根据实际地形确定挡土墙的基础埋置深度,相应调整工程量;同时按照环保部门要求,在弃土场周围增设挡土墙。

(二)路面工程

为保证瓦趄互通区收费广场、张华岗互通区加宽段、祝庄互通区加宽段分别与 G207、宛坪高速公路及许平南高速公路顺畅衔接，根据实际情况增加衔接处路面工程数量。

（三）桥梁工程

1. 桥面铺装变更

按照《河南省高速公路设计技术要求》的规定，将桥面铺装由原设计采用 $\phi8$ Ⅰ级钢筋绑扎和 D5 钢筋焊接网，变更为采用 $\phi12$ Ⅱ级钢筋绑扎或 $\phi12$ 钢筋网片。

2. 天桥结构形式变更

为提升景观效果，将 K38 +230、K41 +670、K48 +853 等 9 座天桥由原设计全部采用等截面连续箱梁，变更为分别采用斜腿钢构、系杆拱、变截面连续箱梁等结构形式。

（四）隧道工程

根据实际情况变更隧道围岩和初期支护方案，对岩层整体性好、爆破效果好的，将围岩等级从Ⅳ级调整为Ⅲ级；对岩层整体性差、石质强度低、开挖成拱后变形量较大的，增加仰拱设计，并对坍方处采取压浆处理。

二、绿化工程

按照《河南省高速公路景观设计指南》、《关于做好高速公路项目景观绿化工程实施或改造工作的紧急通知》的精神，为提高项目景观绿化水平，在原绿化方案基础上增加了苗木种类和种植密度，对绿化空白段进行补充设计，相应增加了土石方开挖、回填、清运和整理等绿化工程量。

（一）在中央分隔带增加了由丰花月季、紫叶小檗、金叶女贞等交替种植的绿篱，增加了紫薇、红叶李、大叶黄杨等防眩植物。在挖方路段碎落台增加了丰花月季、黑麦草色块，在边坡坡脚种植了常春藤、爬山虎和藤本卫矛等进行防护。

（二）在互通区、服务区和停车区增加了辛夷、香樟、雪松、桂花、重阳木、白皮松等大规格乔木，配植了红叶石楠、金叶女贞、紫叶小檗、丰花月季等花灌木模块。

（三）在分离式路基、隧道口和弃土场等绿化空白区栽植了白三叶、红花草、麦冬、丛兰等进行遮挡绿化。

（四）在瓦趆互通区、五朵山收费站增加了片石园路，南召停车区、遮山收费站增加了喷灌系统，瓦趆互通区、南阳北服务区、遮山收费站增设景石，在黄鸭河大桥桥头增设景观墙。

三、房建工程

按照《河南省高速公路设计技术要求》的精神，为提升高速公路服务功能，满足后期运营管理要求，对房建工程设计方案进行变更和补充设计。

（一）调整场区标高

根据实际地形地貌，调整南召收费站、南召停车区、瓦趆收费站、南阳北服务区的场区标高，对部分场区的软基进行换填处理，并相应调整填挖方工程量。

（二）场区路面结构变更

为提高路面耐久性，将收费站场区路面结构由原设计：45cm 石灰土 +26cmC35 混凝土，变更为：20cm 水泥稳定砂砾 +30cmC15 混凝土 +26cmC35 混凝土；服务区路面结构由原设计：45cm 石灰土 +26cmC35 混凝土，变更为 20cm 水泥稳定砂砾 +30cm 水泥稳定碎石 +26cmC35 混凝土。

（三）站区增设围墙、挡土墙等

（1）在各站区外侧增设围墙，在土石方开挖及回填高差较大处增设挡土墙，对南召收费站高挖方边坡采用挂网植草防护。

（2）为满足运营管理要求，扩大独山收费站的场区规模，相应调整电缆、给排水管道等配套设施的工程量。

（四）建筑面积变更

（1）南阳北服务区东、西区各增设一座加油站，相应增加加油设备；扩大南阳北服务区、南召停车区加油站的规模。

（2）根据实际地形在南阳北服务区东区综合楼增设一层地下室。

（3）扩大独山收费站场区面积，将独山收费站综合楼由原设计 3 层变更为 5 层，增设独立职工餐厅和地下收费通道。

（4）全线站区取消 8 座深水井泵房、7 座消毒间，取消南召停车区、南阳北服务区锅炉房，将南召停车区配电房与发电机房合并。

（五）室内外装饰工程变更

提高加油站、收费大棚的装修水平，增加铝塑板吊顶、立柱装修、外墙保温材料等。

（六）场区水井变更

为保证水质达到饮用标准，经委托具备资质单位进行水资源论证，并进行专项设计，增加南阳收费站、独山收费站等站区的水井深度；在南召收费站、南召停车区、瓦莛收费站采用河流过滤辐射井。

（七）设备变更

南阳北服务、独山收费站采用处理能力 5t/h 的污水处理设备；各收费站、服务区、停车区采用中央空调。

本次设计变更批复后，请你集团按照有关规定，对所属在建项目进一步加强设计变更管理，做到先审批后实施。

二〇一〇年五月十五日

河南岭南高速公路有限公司文件

岭南高司〔2010〕9 号

签发人:侯建军

68. 关于上报蒲山特大桥主跨工程补充设计后工程量差异的请示

河南高速公路发展有限责任公司:

河南岭南高速公路蒲山特大桥主桥工程为郑州铁路局代建工程,该工程设计文件于 2008 年 5 月 28 日河南省交通厅审查批复(豫交计〔2008〕45 号)。在施工过程中,设计单位(中铁工程设计咨询集团有限公司郑州设计院)对原设计进行了个别勘误和图纸的补充设计,现将该项工程勘误和补充设计后属较大变更的项目工程量差异上报省公司,请审批。

附件:1. 蒲山特大桥量差说明(略)

2. 河南岭南高速公路蒲山特大桥工程施工图设计(主桥工程)(略)

3. 补充图纸汇总(略)

4. 中铁工程咨询有限公司郑州设计院关于蒲山特大桥图纸工程量勘误说明的函(略)

5. 河南省交通厅文件(豫交字〔2008〕45 号)(略)

二〇一〇年四月八日

主题词:上报　工程量　差异　请示

河南岭南高速公路有限公司　　2010 年 4 月 8 日印发

第二部分 质量鉴定

1. 二广高速公路分水岭至南阳段质量监督报告

河南省交通基本建设质量检测监督站

2010. 10

一、质量监督概况

1. 项目基本情况

二广高速公路分水岭至南阳段是河南省规划的“五纵、四横、六通道”高速公路主骨中的“第四纵”,是河南省西北部地区南北向公路运输的主通道。本工程起于南阳与平顶山交界的分水岭,止于南阳市区西部张华岗,与已建成的上海至武威国家重点公路相接,主线全长约74.299km,联络线由南阳市卧龙区的安皋乡向东,经蒲山镇止于宛城区的新店乡,与南兰高速公路相连接全长24.25km,总里程共计98.549km。

本项目于2005年9月16日正式开工建设,主线其中55km于2007年12月9日建成通车。主线剩余18.856km;联络线24.25km(除蒲山特大桥)均于2008年11月26日建成通车。联络线蒲山特大桥于2009年9月30日建成通车。批复概算45.66亿元。

“洛阳至南阳高速公路分水岭至南阳段”是国家高速公路规划建设“7918”路网中二连浩特至广州高速公路的重要组成路段,它是构成全国公路网络骨架,贯穿我国南北大通道的一部分,是国家重点工程。

2. 主要技术指标

根据本项目在路网中的地位、功能、远景交通量以及本项目工可报告及批复,结合沿线地形、地物等情况,山岭区段设计速度采用100km/h,路基宽度26m,部分路段采用分离式路基;平原区段及联络线采用六车道高速公路标准,设计速度采用120km/h,路基宽度28m,每隔1000m设一处紧急停车港湾。

设计车速、路基宽度按平原微丘区及山岭区标准进行设计,双向六车道、双向四车道,全封闭、全立交、完全控制出入,设有完善的交通安全设施,服务设施、管理设施及收费系统。

(1)设计标准

①计算行车速度:平原区段及联络线采用120km/h,山岭区段设计速度采用100km/h。

②路基宽度:平原区段路基宽度28m,其中中央分隔带宽2m,行车道宽2×3×3.75m,左侧路缘带宽2×0.75m,硬路肩宽2×0.5m,山岭区段路基宽度26m,其中中央分隔带宽2m,行车道宽2×2×3.75m,左侧路缘带宽2×0.75m(整体式路基)、2×0.5m(分离式路基),硬路肩宽2×3m,土路肩宽2×0.75m(整体式路基)、4×0.75m(分离式路基)。

③路面:全段路面结构除收费站广场外,余均为沥青混凝土路面。设计标准轴载100千牛。

④桥涵设计车辆荷载:汽车—超20级、挂车—120级。

⑤设计洪水频率:除特大桥为1/300外,其余桥涵及路基均为1/100。

(2)工程规模

①主体工程:全线路基土方1798.89万m^3,沥青混凝土路面135.99万m^2,水泥稳定碎石基层218.17万m^2,水泥稳定碎石底基层221.35万m^2,互通式立交7处,分离式立交18处,特大桥为:4座,大、中、小桥93座,通道47处,匝道桥16座,天桥32座,涵洞157道,隧道为3666.447m/5座。交通标志1113块,道路标线147677m^2,隔离栅187142m,收费雨棚、广场、收费岛4处,综合功能服务区1处、隔音墙36处。

②交通安全设施:全线设置标志、标线、护栏、轮廓标、防护网、隔离栅等设施,采用震荡标线以提高行车安全。中分带防眩以绿色植物为主,桥涵等难以实现绿化防眩的路段采用防眩板。

③环境保护:沿线两侧征地界内侧采用乔灌结合的方式,利用客土喷播或草灌混播恢复植被覆盖,增强边坡稳定性。对环境噪声敏感区进行噪声评价,在超标路段设置声屏障。

④服务与管理设施：在南阳设1处管理分中心。在南召、五朵山、遮山、独山分别设置收费站和监控室。全线共分布两个路政大队保证行车安全和路况畅通。监控中心随时了解路况信息。

⑤路面：全线采用分散式排水，除收费站广场为水泥混凝土路面外其余路面结构均为沥青混凝土路面。其路面结构为：4cm细粒式改性沥青混凝土 +6cm中粒式改性沥青混凝土 +7cm中粒式沥青混凝土 +7cm沥青碎石 +32cm水泥稳定碎石基层 +18cm水泥稳定砂砾底基层。

⑥桥梁涵洞：桥涵设计本着适用、安全、经济、美观的原则，结合地形特点，上部多采用装配式预应力混凝土组合连续箱梁、预应力混凝土空心板，下部构造主要采用单排架双柱式墩台、薄壁式桥墩和钻孔灌注桩基础、钢筋混凝土盖板涵和圆管涵；天桥设计：采用钢筋混凝土连续箱梁、钢筋混凝土斜腿刚构、飞鸟式系杆拱、预应力混凝土系杆拱、钢管拱等多种结构形式。

⑦互通式立交：岭南高速公路为全封闭式高速公路，共设7处互通式立交。

3. 监督工作情况

本项目由河南岭南高速公路有限公司向省质监站申请监督，从工程开始实施，省质监站根据规定及时下达了《岭南高速公路工程质量监督通知书》，委派了刘英嫦、杨明同志为该项目监督工程师，同时下发了监督工作计划，监督员进驻岭南高速公路，在河南岭南高速公路有限公司的配合下开展了监督工作。主要对项目建设单位的建设程序、设计单位服务情况、工程质量检查和验收、参建各方的质量管理体系、质量管理制度和质量管理人员等进行全方面监督检查，并配合省交通厅组织的各项检查工作。

从项目实施到通车试营运，监督工程师按照监督计划书对项目进行了全方位、全过程监督检查，不同施工期及时下发了《监督工程师通知书》和进行三阶段验收检查通知，积极配合省交通厅组织的建设单位大检查，组织了项目交工验收前的检测和质量鉴定工作。

二、建设程序的监督工作

本项目严格按照交通基本建设程序和工程招投标管理办法实施项目管理，省质监站对岭南高速公路各期招标活动进行了全过程监督。本工程面向全国以公开招标的形式确定了路基工程、路面工程、交通安全设施、机电工程、房建工程、绿化工程、通信管道工程的施工及监理单位，程序符合《工程招投标管理办法》的规定，在招标过程中，河南省人民政府大型项目建设办公室、省纠风办、省计委、省交通厅、省检察院、国家开发银行郑州分行、省纪律检查委员会、南阳市公证处等部门介入主要程序的监督，招标工作公平、公正、合法，按照交通部《公路工程国内招投标文件范本》中综合评估选择出中标单位并上报省交通厅备案后，发中标通知书，谈判并签订合同，并在项目实施过程中严格按照合同进行了管理。

三、工地试验室的认证情况

2005年9月，岭南高速公路工程项目开工，岭南公司按照规定于2005年9月份对土建1~22标及预制标23、24、25标、连接线27标申请了“工地试验室临时资格认证”，2006年10月对路面1~7标工地试验室申请了“工地试验室临时资格认证”。我站先后对以上单位的试验检测仪器设备逐一清点，对试验人员资格和工作环境进行检查，对试验人员考试考核，要求各工地试验室增补了必要的试验仪器设备，更换了不合格试验人员。经检查落实后，我站于2005年10月对土建标段的26家路基工程、2006年11月对路面标段的7家路面工程施工单位的工地试验室及2家监理中心试验室临时资质进行了认证，颁发了试验临时资质证书。在工程建设期间，各施工单位试验室均能按照有关规范要求进行试验操作，没有出现违规情况。

四、监理人员的检查情况

本项目主要监理单位情况见表1。

监理单位情况表 表1

监理代表处	单位名称	管辖范围(桩号)
No. A 监理代表处	河南省高等级公路建设监理部	K0 +000 ~ K32 +400
No. B 监理代表处	河南省宏力工程咨询有限公司	K32 +400 ~ K74 +756,JK0 +702 ~ JK24 +247.172
机电总监办	北京华路捷公路工程技术咨询有限公司	负责全线机电工程施工监理

我站对岭南高速公路监理单位资质、监理服务合同以及人员资质和业务素质进行了检查,认为岭南高速公路工地各监理机构设置合理,质量责任明确,有利于控制施工质量。各监理单位具有承担高等级公路监理资质,均按照有关规定严格履行合同,监理人员持证(培训)符合要求,对现场监理人员进行了上岗考试,驱逐了个别素质较低的监理人员。监理基本能够做到对工程全过程、全方位监督控制。监理人员均能够按照"严格监理、热情服务、秉公办事、一丝不苟"的监理原则开展工作,严格进行质量控制、进度控制、计量控制和开展合同管理工作,期间有相当一部分人员更换,监理单位及时进行了申请并补充了符合条件的监理人员。

五、施工过程中质量监督工作完成情况

1. 监督工作程序

开工前河南岭南高速公路有限公司向省质监站递交了《岭南高速公路质量监督申请书》,我站接到《岭南高速公路质量监督申请书》后,质监站落实并派驻了岭南高速公路监督人员,编制完成了岭南高速公路监督工作计划,并下达了岭南高速公路"监督通知书"

2. 监督的工作方法

现场派驻监督工作组,组织综合检查和专项检查,加强现场巡视相结合的方法。

3. 监督内容

(1)质量管理体系是否完善

建立健全"政府监督、社会监理、企业自检"的三级质量管理体系。监督工作的重点是对监理工作的监督管理和施工单位的项目经理是否履行合同、质量管理状况、质保体系的建立与实施、加强质量管理工作的领导与措施,专职质监人员的组成和工地试验设备和质检人员到岗及履行职责情况。

(2)质量管理制度是否建立健全

监理和施工单位的质量管理制度的建立健全,包括制定的质量管理目标、质量问题的预控措施、质量保证措施、质量奖罚办法、详细的执行方案、精心策划的施工组织设计及落实情况。复杂工程、大桥、路面试验段、地质不良地段的详细施工方案等。对路基压实度不够造成的路基不均匀沉降、桥(涵)头跳车、路面平整度差、外观质量差等质量通病的预控措施和实施方案。

(3)质量管理人员的工作情况

检查监理人员是否能够认真填写监理日志,整理和存放工程质量检查资料,尤其是隐蔽工程的质量检查资料。监理和施工单位的质检资料是否齐备和完整,监理和施工单位的质检人员的素质和数量是否满足工程质量的需要。对重要的现场试验、材料进场、使用、材料配比等重要过程,监理工程师是否有独立的抽检资料。结合工作进展和工程实际需要,组织现场质量教育,学习规范、规程、合同和质量标准,组织现场观摩,自觉提高工程质量管理的责任和水平,加强按合同、按规范施工,按监理程序、按监理规范和监理工作的十六字方针办事的自觉性。

(4)工程质量监督

监督施工条件是否齐备,尤其是工程施工的重点设备、试验设备等。工程质量抽检按照交通部有关规定和《公路工程竣工验收办法》的规定频率,对工程质量进行抽检,对施工单位、监理单位的质量检验、试验方法和试验结果进行检查,对不合格或违犯程序、规范和规程的行为进行返工或提出批评,要求提出整改措施。

4. 工程施工实施阶段提出的监督要求

(1)监理人员按合同要求到岗、到位,满足工程质量控制的要求。监理工程师应按照交通部有关规定、监理程序和监理工程师的十六字方针,确保工程质量。

(2)各施工合同段必须按照标书的承诺调入或配齐工程施工所需要的机械设备、测量仪器、试验仪器,满足工程质量控制的项目管理和质量管理的人员。

(3)施工质保体系的质检人员与监理人员要有一一对应关系,自检人员与监理人员的配备比例不少于2:1。

(4)机械设备、试验设备的完整与标定,工地试验室须经过监理代表处的验收,报请省交通厅质检站检查验收,并获得工地试验室临时资质证书后方可开展工作 ,试验人员持证(培训证)上岗。试验路段的实施方案、开工报告、配合比使用情况须经驻地监理工程师和监理代表处的认可。

(5)制定和完善质量保证体系的措施和实施方案,制定质量奖惩措施、质量管理目标和计划,雨季施工、夜间施工的质量保证措施,材料进场、存放、使用应满足施工、设计、规范和规程的要求。

(6)要求监理单位、施工单位人员持证上岗,佩戴明显标志。做到施工现场井然有序,规范施工。

(7)对已开工的桥涵工程做到测量放线准确,工艺工序衔接合理,操作规范,纠正不正确和违犯操作规程的行为,配合比使用正确,计量准确。

(8)使用统一制定印发的检查表格,认真做好检验资料的收集、整理和保存工作,未经监理工程师检验认可的工程,不准进行下道一工序施工。

5. 工程质量监督情况综述

工程质量监督工作按照交通部《公路工程质量监督暂行规定》、《河南省交通基本建设工程质量监督管理实施细则》的要求和岭南高速公路工程质量监督计划的内容进行监督,并在公司、监理代表处及各施工合同单位积极配合下顺利完成了监督任务。

(1)根据监督计划的内容,结合工程进展情况组织了各合同单位施工准备情况、资质、合同,施工组织及质保体系建立健全情况检查,工地试验室、路基施工、桥涵施工、台背回填、路面基层、防护工程、路面工程、外观质量等专项检查和质监站组织的综合检查,参加工地例会,签发工程质量监督通知书及质量监督通报。

(2)依据施工设计技术规范、施工规范及有关合同要求,纠正了工程施工的违规行为,督促监理工程师全线实施规范化、标准化施工,对不合格的以返工令或监理工程师指令的形式要求并督促施工单位进行返工处理,桥涵基础及台背回填土施工初期部分进行了返工,路基、路面基层及面层等不合格项目或段落也进行了返工处理。

(3)检查整顿了施工各合同段的试验室,督促施工项目负责人对试验设备的完善补充,强调了试验方法的统一、规范化操作,验证了试验结果的准确性,对不合格的试验设备或人员,监理工程师要求施工单位调配或购置、调换或进行培训。

(4)督促监理工程师和施工单位加强自身素质的建设,分期分批地参加监理培训,提高按照标准和规范施工的自觉性,加强工程质量管理,提高工程质量管理的水平 ,杜绝质量隐患。

(5)检查了施工单位及监理工程师的内业资料的收集、整理和保存工作,强调使用统一表格样式,对内业资料混乱、不齐全和不真实的现象提出了批评,进一步规范了内业资料的整齐、齐全、真实、可靠。

(6)实施对监理工作的监督管理。严格按照“严格监理、热情服务、秉公办事、一丝不苟”的十六字方针和监理工作程序进行监理,督促监理工程师自觉学习合同和规范,对监理工程师提出按照监理规范,必须保证规范制定的独立抽检的频率和数量。通报表扬工作认真负责的监理工程师,通报批评了不负责任的监理人员,对不能胜任监理业务的工程师进行了调换。

(7)参加了岭南高速公路工程施工的工地例会,听取监理、施工单位的质量管理情况,公布工程质量监督检查结果,根据监督工程师的现场巡视和检查情况,提出建设和要求。

六、施工过程中的质量监督情况

1. 检查项目及结果

在工程建设过程中,监督工程师重点对路基和桥梁下部工程、路面基层和桥梁上部工程、路面面层和交通安全设施等三个关键阶段进行了检查,对检查出现的质量缺陷督促建设和施工单位及时整改,并对各参建单位的质保体系、质检人员和相关制度落实情况进行了检查,并配合省厅对项目进行每年两次质量、安全检查。项目公司均能够对检查存在的问题进行整改并上报,项目上级单位还对其进行季度检查,项目公司还组织开展了质量进度检查评比活动。在监督过程中,监督工程师和项目公司能够对重大问题及时进行讨论论证,防止质量隐患和质量通病的发生。以单项抽查、专项抽查及部分三个关键阶段检查的最终结果表明,岭南高速公路工程质量满足规范要求。

2. 存在问题的处理结果

河南岭南高速公路有限公司和施工单位能够积极对省厅和监督工程师检查出的问题进行整改,施工过程中对部分段实施返工等措施,加强管理,严格保证项目建设工程质量。

3. 对各合同段工程质量的意见

各施工单位能够按照有关规定和要求,履行合同条款,采取了多种措施保证施工质量,经竣工验收前质量检测、鉴定,工程质量合格。

七、交工验收前的工程质量检测意见

通过对交工验收前工程质量检测结果的汇总、分析,认为,岭南高速公路建设项目工程平、纵线形流畅;路基压实度满足设计要求,由于大部分土建标段采用了填石路基,所测弯沉值明显小于设计弯沉值;结构物几何尺寸基本控制符合要求;桥梁经荷载试验和桩基检测,表明其承载力满足设计要求,混凝土强度符合规范要求,外观质量合格,伸缩缝伸缩有效,符合开通试运营条件,对存在的问题要求项目公司组织施工单位进行整改。详见“分水岭至南阳高速公路质量检测报告”及附件。

八、竣工验收前的工程质量鉴定意见

2010 年 8 月 19 日、20 日,我站组织对岭南高速公路进行了竣工工程质量鉴定工作。经全线检测, 22 个土建合同段,7 个沥青路面合同,6 个交通安全设施合同等单位工程质量等级均能达到优良或合格以上。认为,岭南高速公路项目经过两年的试运营,工程平、纵线形流畅;桥梁外观质量合格,伸缩缝伸缩有效;小桥、通道、涵洞、排水及砌筑工程的外观质量合格;路面弯沉值、平整度、车辙等指标经复测满足规范和标准要求,表面平整密实,无脱皮、泛油、碾压痕迹;标志、标线、防撞护栏、护栏柱外观及使用效果满足要求 。根据《公路工程质量鉴定办法》和《公路工程质量检验评定标准》的有关要求,工程质量鉴定得分为 93.6 分,岭南高速公路建设项目竣工验收工程质量鉴定等级评为优良。

岭南高速公路建设项目的机电工程、房建工程、绿化工程等也已通过验收,交工验收检测中问题及缺陷已经进行整改，个别项目实施了返工处理，处理后的工程质量满足规范要求。

九、对设计、施工、监理单位的评价

各参建单位均按照合同要求及时完成了建设任务，在建设期间，设计单位能够从大局出发，派设计代表常到工地解决实际问题，对重大设计变更能够提出建设性意见；监理单位能够充分行使业主赋予的权利，按照现行《公路工程施工监理规范》进行监理；施工单位能够按照合同要求进行施工，能够较好的贯彻业主的意图，在施工中认真组织，按照规范施工，顾全大局，充分发挥了能打硬仗的作风，为岭南高速公路保证工程质量和按期通车起了决定性作用。

设计单位：设计资质符合有关规定要求，设计文件编制基本符合有关公路工程建设的法律、法规、规章、标准、规程和合同的要求，设计资料基本齐全，结构设计符合安全要求，设计文件的深度基本符合阶段性设计的要求和相关规范的要求，线型顺畅、经济、美观、实用。

监理单位：监理单位资质符合要求，具有承担高速公路监理业务的能力，自觉接受政府质量监督部门的监督检查，能够按照现行《公路工程施工监理规范》的要求对工程实施全方位的监理，充分行使业主赋予的权利，在对工程质量、工期、投资的控制和对合同的管理方面发挥了重要作用，对保证工程质量起到了关键作用。监理日志记录，抽检资料、试验数据基本齐全，基本体现了监理工作的“严格监理，热情服务，秉公办事，一丝不苟”的十六字方针；在项目管理上起到了积极作用。

施工单位：施工资质符合要求，建立了施工自检质量保证体系，建立工地试验室，并通过了交通厅规定的临时资质认证。根据有关公路工程建设的法律、法规、规章、技术标准和规范的要求，按照设计文件、施工合同和施工工艺的要求组织施工，根据交通厅开展的质量年活动要求成立了活动组织，与业主签订了质量终身负责制责任书，各施工单位均按照合同规定的期限完成了施工任务。工程施工过程中严格施工过程控制，按照业主、监理和监督部门的要求及合同要求配备设备和人员，自觉接受质量监督部门的监督检查，发现质量问题及时解决，不符合设计和规范要求的进行了返工处理。施工资料收集、整理基本齐备。

十、对建设单位管理情况的评价

河南岭南高速公路有限公司对项目的管理体现了省厅“改革、质量、廉政、安全、效益”的方针，突出了规范、创新、务实的作风，在项目建设和施工管理过程中，按照基本建设程序和招投标办法等规定，严格管理，规范运作，始终把工程质量放在第一位，以科技保质量，以质量促进度，严格合同管理，加强文明安全生产，做好地方协调，挖掘内部潜力，在管理过程中不断总结经验，请进来走出去，联合国内有关院校和科研单位，积极采取有效措施，快速有效地推动项目建设，在工期规划范围内完成建设任务。

项目公司根据工程需要设立了工程管理部、质量监督部，负责工程技术和质量管理等工作，建立了严格的技术管理和质量管理体系，签订了《岭南高速公路工程管理安全合同》《环境保护合同》和质量监督管理办法，严格按照规范和有关规定实施技术管理和质量管理，设立了全员质量监督奖励基金，通过公司员工全员工地巡查、检查评比等方法和手段对工程质量、进度、合同履行情况等进行全面监控，对质量问题实行一票否决，有效保证了工程质量。

项目建设期间，没有出现重大质量和安全事故。

十一、监督工作体会

几年来在对岭南高速公路的质量监督工作中，体会如下：

(1)依据有关规定加强项目监管是做好监督工作的根本保证。采取多种方式进行监督检查，可以直接进行、委托有资质的检测单位进行或联合其他检查部门一同进行，检查采取宏观巡查与微观实测结合的办法进行,宏观上主要是检查建设、施工、监理单位的质量管理体系运行情况,现场组织、施工工艺、保证质量的技术措施以及工程实体的观感质量状况;微观方面主要是检查关键工程和关键部位的内在质量指标,即通过量测、试验手段来量化实测项目的质量指标。通过监督检查,可以分析施工能力和质量控制水平,督促自检力量弱的施工单位提高质量控制水平。

(2)加强业主对项目的管理是做好项目监督工作的重要保障。在监理、施工单位的共同配合下,建设单位对监督检查时发现的质量管理不力的单位加强管理,堵塞质量管理工作的漏洞,加大质量问题的整改落实力度,采取有力的措施促进其质量意识的提高,才能使质量监督工作起到应有的作用,行政干预可有效推进工程进度,但对正常程序进展有所影响。

(3)监督工作也是一个全面管理的过程,建设项目通过严格细致的管理、完善齐全的制度,始终保证良好的质量保证体系和各级领导的重视是做好项目监督工作的前提,只有各参建单位协调一致,才能做到有效保证工程的质量。

在今后的工程监督活动中,我们将进一步加强项目管理,突出政府监管作用,努力探索工程监督新方法,做好工程监督工作。

河南省交通基本建设质量检测监督站

2010年10月

2. 二广高速公路分水岭至南阳段竣工验收质量鉴定报告

河南省交通基本建设质量检测监督站

二〇一〇年八月

一、项目概述

（一）基本情况

1. 项目简介

二广高速分水岭至南阳段起于南阳与平顶山交界的分水岭，路线向南经南召县董店东、石门乡西、瓦趧村西南、谢庄乡东、龚河东南、王村西、向南止于南阳市区西部张华岗，与已建成的上海至武威国家重点公路相接，主线全长约74.299km，联络线由南阳市卧龙区的安皋乡向东，经蒲山镇止于宛城区的新店乡，与许平南高速公路相连接全长24.25km，总里程共计98.549km，征用土地654.1171hm^2。该项目采用全封闭、全立交、四车道（山区）、六车道（平原区）高速公路技术标准，工程实际投资45.66亿元。

2. 主要技术指标

（1）公路等级：山岭区四车道，平原区六车道高速公路。

（2）设计行车速度：山岭区100km/h，平原区120km/h。

（3）路基宽度：山岭区26m，平原区28m。

（4）桥梁设计荷载：（公路—Ⅰ级）×1.3。

3. 主要工程数量

全线主要工程量为：互通式立交7处，分离式立交9处、通道156处（含涵洞）、特大桥4座、大中桥71座、天桥32座、服务区1处、收费站4处、停车区1处。

（二）项目组织

本项目由河南岭南高速公路有限公司对工程建设实行全面管理，主要参建单位情况见表1。

工程合同段划分及施工、监理单位一览表 表1

合同段	起讫桩号	施工单位	监理单位	设计单位
土建一标	K1285+249~K1288+339	路桥集团第一公路工程局	河南省高等级公路建设监理部	中交第一公路勘察设计研究院
土建二标	K1288+339~K1291+424	中铁十九局三公司		
土建三标	K1291+424~K1294+289	中铁二局股份有限公司		
土建四标	K1294+289~K1297+489	中铁一局集团第四工程公司		
土建五标	K1297+489~K1300+729	江西省公路桥梁工程局		
土建六标	K1300+729~K1303+389	中铁大桥局		
土建七标	K1303+389~K1306+789	长庆石油勘探局筑路工程总公司		
土建八标	K1306+789~K1309+779	中铁十八局集团第一工程有限公司		
土建九标	K1309+779~K1313+064	路桥集团第一公路工程局第三工程公司		
土建十标	K1313+064~K1316+789	中铁十局集团第二工程有限公司		

续上表

合同段	起讫桩号	施工单位	监理单位	设计单位
土建十一标	K1316 +789 ~ K1321 +891	中铁十三局五公司	河南省宏力工程咨询有限公司	中交第一公路勘察设计研究院
土建十二标	K1321 +891 ~ K1327 +191	中铁九局集团		
土建十三标	K1327 +191 ~ K1332 +691	中铁十七局三公司		
土建十四标	K1332 +691 ~ K1337 +991	长沙公路桥梁建设有限责任公司		
土建十五标	K1337 +991 ~ K1343 +491	南通路桥有限公司		
土建十六标	K1343 +491 ~ K1349 +191	湘潭路桥有限公司		
土建十七标	K1349 +191 ~ K1354 +926	中铁十一局一公司		
土建十八标	K1354 +926 ~ K1359 +548	路桥集团一局厦门工程处		
土建十九标	JK17 +347 ~ JK24 +247	路桥华祥国际工程有限公司		
土建二十标	JK10 +847 ~ JK17 +347	中铁四局集团有限公司		
土建二十一标	JK5 +847 ~ JK10 +847	中铁七局集团有限公司		
土建二十二标	JK0 +000 ~ JK5 +847	路桥华南工程有限公司		
路面一标	K1285 +249 ~ K1303 +389	路桥集团第一公路工程局	河南省高等级公路建设监理部	
路面二标	K1303 +389 ~ K1316 +789	山西路桥第二工程有限公司		
路面三标	K1316 +789 ~ K1332 +691	河南省公路工程局集团有限公司	河南省宏力工程咨询有限公司	
路面四标	K1332 +691 ~ K1346 +551	路桥集团第一公路工程局厦门工程处		
路面五标	K1346 +551 ~ K1359 +548	贵州省公路工程总公司		
路面六标	JK10 +847 ~ JK24 +247	河南路桥建设集团有限公司		
路面七标	JK0 +000 ~ JK10 +847	江苏海通建设工程有限公司		
护栏十标	K1285 +249 ~ K1316 +789	杭州萧山金鹰交通设施有限公司	河南省高等级公路建设监理部	
护栏十一标	K1316 +789 ~ K1359 +548	福建省漳州市公路机械修配厂	河南省宏力工程咨询有限公司	
护栏十二标	JK0 +000 ~ JK24 +247	杭州神通交通设施有限公司		
标志一标	K1285 +249 ~ K1316 +789	武安市交通安全设备有限公司	河南省高等级公路建设监理部	
标志二标	K1316 +789 ~ K1359 +548	浙江交通设施有限公司	河南省宏力工程咨询有限公司	
标志三标	JK0 +000 ~ JK24 +247	河南省公路附属设施有限公司		

二、鉴定工作依据及组织情况

（一）鉴定依据

（1）《公路工程竣（交）工验收办法》（交通部令 2004 年第 3 号）

（2）《关于贯彻执行公路工程竣交工验收办法有关事宜的通知》（交公路发〔2004〕446 号）

（3）《公路工程竣工质量鉴定工作规定（试行）》

（4）《公路工程竣（交）工验收办法实施细则》（交公路发〔2010〕65 号）

（二）鉴定工作组织情况

（1）2010 年 8 月 19 日河南省交通基本建设质量检测监督站对二广高速分水岭至南阳段进行竣工验收质量鉴定工作。本次竣工质量鉴定工作包括工程实体检测、外观检查和内业资料审查。

（2）工程实体部分委托开封市天平路桥工程检测有限公司进行检测，检测项目包括路面弯沉、车辙、平整度、摩擦系数及构造深度、桥梁伸缩缝与桥面高差、路基边坡。

（3）本次鉴定对交工验收遗留问题的处理情况及效果、试运营期工程质量出现明显变异的工程实体及处理情况进行了逐一检查。

（4）对项目质量监督机构的质量鉴定资料及与之相关的施工、监理单位质量评定资料、内业资料分合同段进行了抽查。

三、复测指标，外观质量检查、内业资料审查结果

（一）复测指标

1. 复测指标的确定

复测指标按照《公路工程竣（交）工验收办法》的要求确定，包括路面弯沉、车辙、平整度、摩擦系数及构造深度，桥梁伸缩缝与桥面高差，路基边坡。

2. 复测结果（表 2）

复测项目计算结果对照表　　表 2

序号	抽测项目	抽 测 里 程	设计值/要求值	交工验收		竣工验收	
				平均值/代表值	合格率（%）	平均值/代表值	合格率（%）
1	沥青路面弯沉	K1285 +249 ~ K1359 +548、JK0 +000 ~ JK24 +247	18.7（0.01mm）	4.95	100	4.54	100
2	沥青路面车辙	K1285 +249 ~ K1359 +548、JK0 +000 ~ JK24 +247	≤10mm	—	—	2.8	99.97
3	路面平整度	K1285 +249 ~ K1359 +548、JK0 +000 ~ JK24 +247	2m/km（IRI）	—	99.6	1.03	98.88
4	路面抗滑	K1285 +249 ~ K1359 +548、JK0 +000 ~ JK24 +247	≥50	—	99.6	63.4	99.42
5	伸缩缝与桥面高差	K1285 +249 ~ K1359 +548、JK0 +000 ~ JK24 +247	≤2mm	—	76.0	2.2	58.0
6	桥面铺装平整度	K1285 +249 ~ K1359 +548、JK0 +000 ~ JK24 +247	2m/km 或 3mm	连续检测	合格	连续检测	合格
7	桥面抗滑	K1285 +249 ~ K1359 +548、JK0 +000 ~ JK24 +247	≥50	连续检测	合格	连续检测	合格
8	路基边坡	K1285 +249 ~ K1359 +548、JK0 +000 ~ JK24 +247	1:1.5	—	90.9	—	89.12

3. 简要评述

二广高速分水岭至南阳段经过两年的试运营后，其中 8 个指标经复测、统计、汇总，可以看出伸缩缝与桥面高差合格率下降外,其余各指标的复测结果和合格率变化不大。

通过两次实测结果表明,除个别伸缩缝与桥面高差的合格率较低外,其余各项实测指标的合格率较高,说明施工质量控制较好。

(二)外观质量检查情况

1. 工作过程

本次竣工检测质量鉴定外业质量检查共分路基、路面、桥隧和交通安全设施四个专业组进行,重点检查了交工检测遗留的问题,并按照《公路工程竣(交)工验收办法》的规定对需要复测的指标进行复测与对比分析。

2. 简要评述(表3)

表3

序号	检查项目	外观描述	存在问题
1	路基工程	路基边坡坡面基本平顺、稳定,曲线圆滑	边坡多处水毁
2	路面工程	表面基本平整、密实	桥头搭板部位出现横向裂缝
3	桥隧工程	桥梁线形顺滑,无明显破损	桥梁泄水孔下无泄水管
4	交通安全设施	护栏安装局部有明显凹凸起伏现象,线形基本顺畅	波形梁防护栏局部生锈、个别隔离栅立柱倒塌

通过对合同段工程外观质量进行的检查,认为各合同段施工质量总体上较好,未发现有影响公路运营安全的外观缺陷,对于各合同段外观存在的问题,项目法人能够及时、认真地修复、完善。

(三)内业资料审查情况

1. 工作过程

本次竣工检测质量鉴定内业资料检查共分路基、路面、桥隧和交通安全设施四个专业组进行,按照《公路工程竣(交)工验收办法》的规定对施工资料进行了抽查。

2. 简要评述

通过对各合同段内业资料的审查,认为各合同段施工、监理单位系统地整理、编排了内业资料,并装订整齐,资料内容填写较工整、齐全。总体上,岭南高速各合同段内业资料整理较好,但个别标段的内业资料仍需完善。对于各合同段内业资料中存在的不足,根据具体情况在合同段工程质量评分时进行扣分。

四、交工遗留问题及处理情况

(一)路面

部分路段路面侧石排水孔有堵塞现象,未处理。

(二)桥梁

(1)桥梁支座出现的严重变形及老化,已处理。

(2)其余的未处理或未改变。

(三)路基

(1)部分路段路基边坡有亏坡及水毁,已处理。

(2)涵洞存在的问题已处理。

(四)交通安全设施

根据河南省交通运输厅高管局《关于加强高速公路交通标志整改工作的通知》,二广高速公路分水岭至南阳段已完成交通标志的更换。

五、试运营期出现的问题及处理情况

在试运营期间,未出现较严重的问题。部分标段隔离栅立柱倒塌未处理。

六、鉴定评分及质量等级结论

(一)评分方法

由于按照要求对工程实体的部分指标进行了复测,外观检查以及资料审查,与交工验收时会有一些不同,因此,根据本次检测结果对工程质量鉴定得分进行了调整,得出二广高速公路分水岭至南阳段最终的工程质量鉴定得分,并因此确定工程质量等级。

(二)合同段评分(表4)

二广高速公路分水岭至南阳段工程项目竣工验收工程质量鉴定评分表 表4

合 同 段	施 工 单 位	投资额(万元)	鉴定评分	质量等级
土建一标	路桥集团第一公路工程局	6017.55	95.4	优良
土建二标	中铁十九局三公司	9075.96	95.6	优良
土建三标	中铁二局股份有限公司	7234.87	95.1	优良
土建四标	中铁一局集团第四工程公司	5719.59	92.5	优良
土建五标	江西省公路桥梁工程局	5681.34	94.8	优良
土建六标	中铁大桥局	7916.24	94.5	优良
土建七标	长庆石油勘探局筑路工程总公司	7340.34	93.4	优良
土建八标	中铁十八局集团第一工程有限公司	9346	95.1	优良
土建九标	路桥集团第一公路工程局第三工程公司	3163.36	94.6	优良
土建十标	中铁十局集团第二工程有限公司	9868.29	93.9	优良
土建十一标	中铁十三局五公司	4851.55	93.5	优良
土建十二标	中铁九局集团	9738.185	93.3	优良
土建十三标	中铁十七局三公司	6715	94.2	优良
土建十四标	长沙公路桥梁建设有限责任公司	4749.71	91.3	优良
土建十五标	南通路桥有限公司	4738.818	87.0	合格
土建十六标	湘潭路桥有限公司	4373.269	90.9	优良
土建十七标	中铁十一局一公司	6547.949	90.7	优良
土建十八标	路桥集团一局厦门工程处	12770.53	93.4	优良
土建十九标	路桥华祥国际工程有限公司	6814.28	94.0	优良
土建二十标	中铁四局集团有限公司	6328.469	93.8	优良
土建二十一标	中铁七局集团有限公司	8252.54	93.3	优良
土建二十二标	路桥华南工程有限公司	20047.4	91.7	优良
路面一标	路桥集团第一公路工程局	9555.71	94.8	优良
路面二标	山西路桥第二工程有限公司	8521.26	95.2	优良
路面三标	河南省公路工程局集团有限公司	14316.76	94.2	优良
路面四标	路桥集团第一公路工程局厦门工程处	14300.00	94.9	优良
路面五标	贵州省公路工程总公司	10425.81	95.5	优良

续上表

合同段	施工单位	投资额（万元）	鉴定评分	质量等级
路面六标	河南路桥建设集团有限公司	10446.06	94.7	优良
路面七标	江苏海通建设工程有限公司	8008.11	93.0	优良
标志一标	武安市交通安全设备有限公司	236.60	85.2	合格
标志二标	浙江交通设施有限公司	619.23	87.8	合格
标志三标	河南省公路附属设施有限公司	412.5	94.7	优良
护栏一标	杭州萧山金鹰交通设施有限公司	1166.90	88.8	合格
护栏二标	福建省漳州市公路机械修配厂	3234.90	88.7	合格
护栏三标	杭州神通交通设施有限公司	1694.32	91.0	优良
项目得分及质量等级			93.6	优良

（三）鉴定结论

经全线检测，二广高速公路分水岭至南阳段建设项目工程质量鉴定得分为 93.6 分，根据“验收办法”有关规定，二广高速公路分水岭至南阳段建设项目竣工验收工程质量鉴定等级评为优良。

七、主要问题及建议

1. 主要问题

岭南高速南召至分水岭段多为挖方，路基部分为膨胀土及石方路基，本次遇多年未见的大雨，将排水设施问题暴露出来，挖方段边坡坍方较多，同时挖方段覆盖式排水沟排水不利，水不能通过排水沟快速排走，使路面积水，给车辆正常行驶带来一定隐患。部分标段的排水沟底部冲毁；部分桥梁泄水管丢失，雨水经泄水孔直接冲刷梁板；个别标段的隔离栅倒塌。

2. 建议

（1）对挖方路段的边坡排水采用适宜的排水设施，防止由于雨水冲刷导致的边坡塌方及路面积水，确保高速公路行车安全。

（2）修复排水沟及清除淤塞，保持水流畅通，防止水流侵入路基，保持路基稳定。

（3）对桥梁丢失的泄水管重新安装，防止雨水直接冲刷梁板。

（4）在运营过程中应加强管养力度和路况调查，对出现的问题及时处理保障高速公路行车安全畅通。

河南省交通基本建设质量检测监督站

二〇一〇年八月

第三部分 交工验收

1. 岭南高速公路南召至 G40 段交工验收报告

一、交工验收工作组织情况

依据交通部《公路工程竣(交)工验收办法》的要求,设计、监理、施工等参建单位已完成相关竣工文件的编制;河南省交通基本建设质量监督检测站委托南阳市公路管理局质量检测中心已完成了项目的第一、第二阶段的验收检测工作,并形成相应的工程质量检测报告;开封市天平公司受河南省交通基本建设质量监督检测站委托已经完成了该项目的第三阶段交工质量检测,并编制完成了工程质量检测报告;该项目目前已经满足了通车试运营的要求,具备交工验收的条件。

2007 年 11 月 26 日至 27 日,河南岭南高速公路有限公司在南阳市组织开展了对岭南高速公路南召至 G40 段工程的交工验收工作。交工验收委员会由工程建设、设计、施工、监理、质量监督、管理养护等单位的代表组成,交工验收工作邀请河南省交通厅、河南高速公路发展有限责任公司代表参加(详见交工验收委员会成员名单)。

交工验收委员会下设综合组、路基路面组、桥涵组、交通安全设施与交通机电房建组、内业组。

交工验收委员会认真听取了工程参建各方的报告:

(1)建设单位关于工程项目执行情况的报告;

(2)设计单位关于工程设计情况的报告;

(3)施工单位关于工程施工情况的报告;

(4)监理单位关于工程监理(含设计变更)情况的报告。

交工验收委员会在听取报告、审查资料和实地察看的基础上,审查通过了岭南高速公路有限公司关于岭南高速公路南召至 G40 段工程执行情况的报告。

二、工程概况

本项目是国家重点公路 G55(二广线)河南境的组成部分,路线全长 98.511km,工程初步设计概算批复 45.6 亿元人民币。本次验收路段为岭南高速公路的南召至 G40(沪陕线)段,它的建成对于国家重点公路 G55 线河南境段的建设具有重要的意义,实现了南阳市北部与高速公路网的连接,与明年即将开通的 G55 河南境大安至南召段构成了河南省洛阳与南阳两个豫西经济大市的经济通道,同时也是我国南北资源交换的重要通道,实现了我国北部山西、内蒙古、宁夏、陕西东部与湖北西部、湖南、两广、重庆等南部省份之间的直接沟通。本项目同时也是河南省及豫西地区重要的主骨架公路,它的早日建成对于实现中部崛起以及豫西经济发展战略,加快区域经济的发展步伐,实现内引外联,改善中部投资环境、开发旅游资源、进行资源的转换等具有十分重要的现实意义。

本次验收项目路线全长 55.958km,沿线设南召、瓦踅、龚河、南阳西、张华岗 5 处互通立交,其中龚河枢纽互通式立交虽然建设完毕,但因 S8311(S83 与 G55 联络线)明年通车不能进行交通流的转换,张华岗互通式立交为 G55 与 G40 枢纽互通式立交,其他互通式立交分别为连接南召县、S333(瓦踅)、国道 312(南阳西)等区域的服务性互通式立交,同时设置南阳北服务区和南召停车区。根据河南省发展与改革委员会豫发改交通〔2005〕705号文，岭南高速公路项目建设工期为36个月;2005年7月，河南省发改委在郑州主持召开了岭南高速公路初步设计审查会并批复(豫发改设计〔2006〕359号)，2005年7月岭南公司进行了土建合同段招标，同时中交一院依据初步设计批复完成了岭南高速公路施工图设计任务(但由于G55平顶山段与规划中的下汤水库问题的影响，初步设计和施工图设计批复文件滞后，见豫交计〔2006〕332号文)。施工单位于2005年8月进场并于9月16日开工建设，其后相关的房建、绿化、机电工程等设计均得到交通厅的批复(分别见豫交计〔2007〕48号文、豫交计〔2007〕136号文、豫交计〔2007〕29号文)。项目公司先后完成了路面工程及房建、交安、机电等后续工作的施工招标，截至2007年11月完成南召至G40段范围内合同规定的各项工作。

(一)建设工期:36个月

(二)建设单位:河南岭南高速公路有限公司

(三)设计单位:中交第一公路勘察设计研究院

(四)监理单位:河南省高等级公路建设监理部、河南省宏力工程咨询有限公司、北京华路捷公路工程技术咨询有限公司

(五)质量监督单位:河南省交通基本建设质量监督检测站

(六)施工单位(表1~表11)

1. 土建工程

土建工程施工单位一览表 表1

合同段	起讫桩号	长度(km)	施工单位
No. 7	K19+000~K22+400	3.40	长庆石油勘探局筑路工程总公司
No. 8	K22+400~K25+390	2.99	中铁十八局集团第一工程有限公司
No. 9	K25+390~K28+675	3.285	路桥集团第一公路工程局第三工程公司
No. 10	K28+675~K32+400	3.725	中铁十局集团第二工程有限公司
No. 11	K32+400~K37+100	5.092	中铁十三局五公司
No. 12	K37+100~K42+400	5.30	中铁九局集团
No. 13	K42+400~K47+900	5.50	中铁十七局三公司
No. 14	K47+900~K53+200	5.30	长沙公路桥梁建设有限责任公司
No. 15	K53+200~K58+700	5.50	南通路桥有限公司
No. 16	K58+700~K64+400	5.70	湘潭路桥有限公司
No. 17	K64+400~K70+135	5.735	中铁十一局一公司
No. 18	K70+135~K74+756	4.621	路桥集团一局厦门工程处
No. 23	预制标		中铁五局集团三公司
No. 24	预制标		中铁二十二局哈尔滨铁路建设集团
No. 25	预制标		中铁大桥局集团湖北第六工程公司

2. 沥青路面工程

沥青路面工程施工单位一览表 表2

合同段	起讫桩号	长度(km)	施工单位
LM2	K19+000~K32+400	13.40	山西路桥第二工程有限公司
LM3	K32+400~K47+900	15.892	河南省公路工程局集团有限公司
LM4	K47+900~K61+760	13.86	路桥集团第一公路工程局厦门工程处
LM5	K61+760~K74+756.555	12.997	贵州省公路工程总公司

3. 交通安全设施

(1)防撞护栏

防撞护栏施工单位一览表

表3

合同段	起 讫 桩 号	长度(km)	施 工 单 位
JANo. 10	K19 +000 ~ K32 +400	13.40	杭州萧山金鹰交通设施有限公司
JANo. 11	K32 +400 ~ K74 +756	42.748	福建省漳州市公路机械修配厂

(2)标志

标志施工单位一览表

表4

合同段	起 讫 桩 号	长度(km)	施 工 单 位
JANo. 1	K19 +000 ~ K32 +400	13.40	武安市交通安全设备有限公司
JANo. 2	K32 +400 ~ K74 +756	42.748	浙江交通设施有限公司

(3)标线

标线施工单位一览表

表5

合同段	起 讫 桩 号	长度(km)	施 工 单 位
JANo. 4	K19 +000 ~ K32 +400	13.40	河南省新乡六通实业有限公司
JANo. 5	K32 +400 ~ K64 +400	32.392	河南鸿志实业有限公司
JANo. 6	K64 +400 ~ K74 +756	10.356	江苏中路交通工程有限公司

(4)隔离栅

隔离栅施工单位一览表

表6

合同段	起 讫 桩 号	长度(km)	施 工 单 位
JANo. 7	K19 +000 ~ K32 +400	13.40	江苏耀鑫交通设施有限公司
JANo. 8	K32 +400 ~ K74 +756	42.748	南通市兴路交通设施工程有限公司

4. 房建

房建施工单位一览表

表7

合同段	起 讫 桩 号	施 工 单 位
FJNo. 2	南召停车区	河南科兴建设有限公司
FJNo. 3	瓦堎收费站、交警路政养护管理所	河南省合立建筑工程有限公司
FJNo. 4	南阳服务区东侧	中国有色金属第六冶金建设公司洛阳公司
FJNo. 5	南阳服务区西侧	中铁十五局集团第七工程有限公司
FJNo. 6	南阳收费站、监控所	中国建设第六工程局有限公司
FJNo. 7	独山收费站	河南中森建设工程有限公司
FJNo. 8	南召、瓦堎、南阳、独山收费大棚	焦作市公路工程有限公司

5. 绿化工程

绿化工程施工单位一览表

表8

合同段	起 讫 桩 号	长度(km)	施 工 单 位
LHNo. 2	K19 +000 ~ K32 +400	13.40	潢川县博宇花卉有限责任公司
LHNo. 3	K32 +400 ~ K53 +200	21.192	许昌四季春园林绿化工程有限公司
LHNo. 4	K53 +200 ~ K74 +756	21.556	河南天图园林景观有限公司
LHNo. 6	南召停车区		郑州黄河园林绿化工程公司
LHNo. 7	南召互通立交、南召收费站		南阳市政工程总公司
LHNo. 8	龚河互通、南阳服务区		湟川县绿洲园林绿化工程有限公司
LHNo. 9	南阳收费站、南阳互通立交		河南农业大学园林艺术工程公司
LHNo. 10	张华岗互通式立交		厦门市厦生园林绿化工程公司

6. 交通机电、照明、配电

交通机电、照明、配电施工单位一览表 表9

合同段	起 讫 桩 号	长度(km)	施 工 单 位
LNGZ-3	K19 +000 ~ K74 +756	55.756	中铁建电气化局集团第一工程有限公司
LNGZ -4	K19 +000 ~ K74 +756	55.756	辽宁阳光照明工程有限公司
LNJD	K19 +000 ~ K74 +756	55.756	中铁一局集团电务工程有限公司

7. 声屏障

声屏障施工单位一览表 表10

合同段	起 讫 桩 号	长度(km)	施 工 单 位
JANo. 13	K19 +000 ~ K74 +756	55.756	北京市高速公路交通工程公司

8. 伸缩缝

伸缩缝施工单位一览表 表11

合同段	起 讫 桩 号	长度(km)	施 工 单 位
SSFNo. 2	K19 +000 ~ K32 +400	13.40	衡水市翼军桥闸工程橡胶有限公司
SSFNo. 3	K32 +400 ~ K64 +400	32.392	衡水健达工程橡胶有限公司
SSFNo. 4	K64 +400 ~ K74 +756	10.356	四川中交路桥科技有限公司

(七)建设依据

(1)河南省发展和改革委员会《关于洛阳至南阳高速公路分水岭至南阳段工程可行性研究报告核准的批复》(豫发改办〔2005〕705 号);

(2)河南省发展和改革委员会初步设计批复文件《关于洛阳至南阳高速公路分水岭至南阳段工程初步设计的批复》(豫发改设计〔2006〕359 号);

(3)河南省交通厅《关于洛阳至南阳高速公路分水岭至南阳段工程施工图设计的批复》(豫交计〔2006〕332 号)。

(八)主要技术标准

1. 山区与平原微丘区

(1)分水岭至南阳段高速公路山岭区段分水岭至瓦趏互通式立交采用设计行车速度 100km/h 双向四车道高速公路标准。

路基宽度:26m。

桥面净宽:大桥—净 2 ×11.50m;

中桥—净 2 ×11.50m;

小桥—净 2 ×11.25m。

设计荷载:公路—Ⅰ级的 1.3 倍。

设计洪水频率:特大桥为三百年一遇,大桥、中桥、小桥、涵洞均为一百年一遇。

(2)瓦趏互通式立交至 G40 段山前区与平原区段及 S8311 采用设计行车速度 120km/h 双向四车道高速公路标准,同时按照交通厅施工图设计批复,贯彻“28m 宽路基布设六车道”的理念。

路基宽度:28m。

桥面净宽:大桥—净 2 ×12.50m;

中桥—净 2 ×12.50m;

小桥—净 2 ×12.25m;

设计荷载:公路—Ⅰ级的 1.3 倍。

设计洪水频率：特大桥为三百年一遇，大桥、中桥、小桥、涵洞均为一百年一遇。

2. 地震基本烈度

南阳以北（南召县境，即分水岭至 K42 +000 段），地震动峰值加速度为 0.05g，属于地震基本烈度Ⅵ度区，桥梁抗震按Ⅶ度设防；南阳市区（K42 +000 以南及 S8311），地震动峰值加速度为 0.1g，属于地震基本烈度Ⅶ度区，桥梁抗震按Ⅷ度设防。

路面：除收费站采用水泥混凝土路面外，余均采用沥青混凝土路面。

路面结构：上面层为 4cm 细粒式改性沥青混凝土（AC—13I 型）；中面层为 6cm 中粒式改性沥青混凝土（AC—16I 型）；下面层为 7cm 中粒式普通沥青混凝土（AC—25I 型）；联结层为 7cm 沥青碎石（ATB25）；封层为热喷改性沥青同步碎石；基层为 32cm 水泥稳定碎石；底基层为 18cm 水泥稳定砂砾，路面总厚度 74cm。施工过程中，基层、底基层均采用震动击实控制，沥青碎石、沥青混凝土采用 GTB 进行标准控制。

规范规定设计使用年限：沥青混凝土路面设计使用年为 15 年，水泥混凝土路面设计使用年限为 30 年。

（九）主要工程数量

本次交工路段共有路基填方 409.69 万 m^3，挖方 585.88 万 m^3，特大桥 1 座、大桥 20 座、中桥 9 座、通道（桥）34 道、盖板涵 49 道、互通立交 5 处、其中枢纽式立交 2 处、天桥 22 座、收费站 3 处、服务区 1 处、停车区 1 处、沥青混凝土路面 504.346 万 m^2，占地 3386.94 亩（永久占地）。

本次交工路段工程项目划分为土建、路面、交通安全设施等施工标段：一期土建工程，划分 12 个施工标段和 2 个监理代表处；二期路面工程划分 4 个标段；房建工程划分 6 个标段；交通安全设施划分 3 个标段；绿化工程划分 7 个标段；配电照明划分 2 个标段；机电工程划分 1 个标段，二期工程设 1 个机电监理部。

三、工程质量检验评议

交工验收委员会在听取建设单位、设计单位、施工单位、监理单位报告、查阅档案资料和察看工程现场后，根据河南省交通基本建设质量监督检测站的质量检测意见，对工程质量检测情况进行了评议。

（1）该工程设计合理，线形、路面结构、主要结构物及沿线设施工程符合规范要求。

（2）桥梁工程各部位混凝土强度均符合要求，几何尺寸准确，外观质量良好；涵洞洞身顺直，水路畅通；路基边坡自然稳定；排水系统连接完善；防护工程合理、稳定；路面强度、压实度、平整度、抗滑等指标均符合设计和规范要求；互通式立交工程线形流畅，上下标志清晰，使用性能良好。

（3）该项目工程数量与批准的设计文件相符，与工程计量数量基本一致。

（4）承包人及监理单位对工程质量评定客观、真实，反映了该项目工程质量的真实情况。

（5）内业资料中施工文件部分，材料检验、材料配比、试验数据、检测数据、施工记录、施工自检资料等基本齐全。

（6）监理工程师能够按照《公路工程施工监理规范》的要求对工程实施全方位的监理，认真履行合同赋予的职责，监理日志记录认真，抽检资料、试验数据齐全。对工程质量、工期、投资的控制和合同的管理起到了应有的作用。

岭南项目交工验收委员会在承包商对工程质量自检，监理工程师对工程质量评定的基础上，结合建设中所掌握的情况，按照交通部颁发《公路工程竣（交）工验收办法》第十三条计算得出岭南高速公路南召至 G40 段工程质量评分值为 95.4 分，整体工程质量等级评为合格。

四、工程质量缺陷及遗留问题的处理意见及建议

(1)桥台梁端与背墙之间有少量建筑垃圾,建议及时清理。

(2)白河特大桥泄水管应进一步考虑环保的要求。

(3)路基工程路内排水系统与大地自然排水系统的连接应进一步完善,并加强缺陷责任期的养护工作

(4)机电工程设备使用和维修说明书除存档外,操控室应固定存放,以便于查阅。

(5)尽快完善办理征地拆迁、投资控制、工程索赔,设计变更等资料,为竣工验收做好准备工作。

对上述以及质量检测报告中提出的问题,由建设单位和监理部门负责督促相关施工单位逐项落实、整改和完善。

五、结论

(1)岭南高速公路南召至G40段经交工验收委员会现场查看、内业资料检查,认为建设单位、设计单位、监理单位、施工单位在工程建设中能够遵守有关基本建设法规,履行合同,相互配合,圆满完成了建设任务,工程质量合格,同意交付使用。

(2)建设单位在交工验收后向管养单位提供工程资料档案,以便养护管理使用。

(3)凡属缺陷责任期内出现的质量问题,由原施工单位负责处理,运营中非工程质量原因出现的问题由管养单位负责解决。各施工单位和管理养护部门要密切配合,做好岭南高速公路的缺陷修复和养护管理工作。

(4)交工验收委员会建议有关单位尽快完成工程决算,做好工程审计、环保验收和档案资料归档整理等工作,为竣工验收做好准备。

附件:1. 岭南高速公路南召至G40段交工验收报告表

2. 岭南高速公路南召至G40段交工验收质量评定报告

3. 岭南高速公路南召至G40段交工验收各合同段工程质量评分一览表

4. 岭南高速公路南召至G40段交工验收委员会名单

河南岭南高速公路交工验收委员会

2007年11月27日

附件 1

岭南高速公路南召至 G40 段交工验收报告表

一	工 程 名 称	岭南高速公路南召至 G40 段
二	工程地点及主要控制点	本交工路段起于南召县东侧的南召互通式立交，经瓦莛、王村，终于国家重点公路 G40 宛坪段的 K6 +836.4 处(路线长度 55.958km)，通过枢纽立交实现与上海至西安国家重点公路的交通转换和湖北西部及湖南等省份的沟通。沿线主要控制点为南召、瓦莛互通式立交、南阳北服务区、宁西铁路立交桥、南阳西、张华港互通式立交等
三	建设依据	河南省发展和改革委员会《关于洛阳至南阳高速公路分水岭至南阳段可行性研究报告的批复》(豫发改办〔2005〕705 号)； 河南省发展和改革委员会初步设计批复文件《关于洛阳至南阳高速公路分水岭至南阳段工程初步设计的批复》(豫发改设计〔2006〕359 号)
四	技术标准与主要指标	(1)技术标准： ①南召至瓦莛段采用双向四车道高速公路标准： a. 设计行车速度 100km/h； b. 路基宽度 26m； c. 桥面净宽：大桥：净 2×11.50m，中桥：净 2×11.50m，小桥：净 2×11.25m。 ②瓦莛至 G40 段采用双向四车道高速公路标准(根据河南省地方规范的要求采用“四改六”)： a. 设计行车速度 120km/h； b. 路基宽度 28m； c. 桥面净宽：大桥：净 2×12.50m，中桥：净 2×12.50m，小桥：净 2×12.25m。 (2)设计荷载：公路—Ⅰ级的 1.3 倍。 (3)设计洪水频率：特大桥采用 1/300，大桥、中桥、小桥、涵洞均为 1/100。 (4)基本烈度：K42 +000 以北，为Ⅵ度，桥梁按Ⅶ度设防；K42 +000 以南为Ⅶ度，桥梁按Ⅷ度设防。 (5)路面除收费站采用水泥混凝土路面外，余均采用沥青混凝土路面。路面结构：上面层为 4cm 细粒式沥青混凝土(改性沥青)(AC—13I 型)；中面层为 6cm 中粒式沥青混凝土(改性沥青)(AC—20I 型)；下面层为 7cm 粗粒式沥青混凝土(AC—25I 型)；联结层为沥青碎石(ATB25)；封层为热喷改性沥青同步碎石封层、基层：32cm 水泥稳定碎石、底基层：18cm 水泥稳定砂砾、路面总厚度 74cm。 (6)设计使用年限：沥青混凝土路面设计使用年限为 15 年，水泥混凝土路面设计使用年限为 30 年
五	交工段建设规模及性质	全封闭、双向四车道高速公路(全长 55.958km)
六	开工日期	2005 年 9 月
	交工日期	2007 年 11 月 27 日
七	批准概算	岭南高速公路项目总概算为 45.6569 亿元
八	工程建设主要内容	路基工程、路面工程、交通安全设施、房建工程、交通机电(收费、通信、监控三大系统)工程、环境保护工程
九	实际征用土地数(亩)	3386.94
十	工程质量验收结论	合格

续上表

十一	存在问题处理措施	存在问题: (1)桥台梁端与背墙之间有少量建筑垃圾,建议及时清理; (2)白河特大桥泄水管应进一步考虑环保的要求; (3)路基工程路内排水系统与大地排水系统连接应进一步完善,并加强缺陷责任期的养护工作; (4)机电工程设备使用和维修说明书除存档外,操控室应固定存放,以便于查阅; (5)尽快完善办理征地拆迁、投资控制、工程索赔,设计变更等资料,为竣工验收做好准备工作 处理措施:以上存在问题,已责令监理部门负责督促各施工单位逐项落实整改和完善
十二	附件	岭南高速公路南召至 G40 段交工验收质量评定报告
十三	呈报单位	河南岭南高速公路有限公司

附件 2

岭南高速公路南召至 G40 段交工验收质量评定报告

根据交通部令(2004 年第 3 号)《公路工程竣(交)工验收办法》、交公路发〔2004〕第 446 号文件的要求,2007 年 11 月 10 至 15 日,项目公司组织监理、承包人对岭南高速公路南召至 G40 段各分项工程、分部工程、单位工程进行了质量评定。

本次质量评定严格按照《公路工程质量检验评定标准》(JTG F80/1—2004)及《公路工程竣(交)工验收办法》的规定,采取实测实量,并查阅施工和监理资料,从分项工程到单位工程逐级进行评定,最终对整个建设项目进行打分。

本项目南召至 G40 段经监理单位评定,项目公司汇总,整个建设项目得分为 95.4 分。

评定结果见附件《交工验收各标段工程质量评分一览表》。

河南岭南高速公路有限公司

2007 年 11 月 15 日

附件 3

岭南高速公路南召至 G40 段交工验收各合同段工程质量评分一览表

项目名称:河南岭南高速公路南召至 G40 段

序号	标　段	施工单位评定分数	监理评定分数	备　注
1	No. 7	97.7	95.8	土建
2	No. 8	97.7	96.9	土建
3	No. 9	98.4	96.1	土建
4	No. 10	95.8	95.1	土建
5	No. 11	98.7	96.4	土建

续上表

序号	标　段	施工单位评定分数	监理评定分数	备　注
6	No. 12	98. 1	96. 6	土建
7	No. 13	98. 3	95. 7	土建
8	No. 14	98. 5	95	土建
9	No. 15	98. 5	97. 9	土建
10	No. 16	98. 6	98. 1	土建
11	No. 17	98. 5	97. 28	土建
12	No. 18	98. 8	97. 2	土建
13	No. 23	99. 4	98. 2	预制
14	No. 24	99. 7	97. 1	预制
15	LM-02	96. 8	95. 2	路面
16	LM-03	97. 7	97. 3	路面
17	LM-04	98. 2	97. 8	路面
18	LM-05	97. 8	97. 6	路面
19	JA-01	99. 0	97. 2	交安工程
20	JA-02	99. 0	98. 5	交安工程
21	JA-04	98. 0	97. 9	交安工程
22	JA-05	98. 9	98. 5	交安工程
23	JA-06	98. 0	97. 5	交安工程
24	JA-07	98. 0	97. 2	交安工程
25	JA-08	97. 34	96. 1	交安工程
26	JA-10	98. 2	97. 8	交安工程
27	JA-11	97. 76	97. 4	交安工程
28	JA-13	98. 25	97. 25	交安工程
29	SSF-03	96. 68	96. 44	桥梁伸缩缝工程
30	SSF-04	96. 8	96. 04	桥梁伸缩缝工程
鉴定得分		95. 4		

附件 4

岭南高速公路南召至 G40 段交工验收委员会名单

姓　名			单　位	职务/职称	签　名
主任委员	主任	侯建军	河南岭南高速公路有限公司	董事长	
	副主任	吕小武	河南省交通厅工程处	工程师	
	副主任	贾渝新	河南省交通基本建设质量检测监督站	总工程师	
	副主任	韩冰	河南省高速公路发展有限责任公司	教授级高工	
	副主任	陈祖敏	南阳市交通局	副局长	

续上表

姓　　名		单　　位	职务/职称	签　　名
委员会成员	刘瑛嫦	河南省交通基本建设质量检测监督站	检测处处长	
	王文东	南阳市质监站	质监站站长	
	史红斌	河南省高速公路发展有限责任公司	经营管理部经理	
	徐勇	河南省高速公路发展有限责任公司	路产管理部	
	牛永年	河南省高速公路发展有限责任公司	运维中心	
	齐明	河南省高速公路发展有限责任公司	养护管理部	
	周本涛	河南省高速公路发展有限责任公司	工程管理部	
	刘宇	河南岭南高速公路有限公司	副经理	
	张廷明	河南岭南高速公路有限公司	总工程师	
	鄢宏发	河南岭南高速公路有限公司	副书记	
	朱保军	河南岭南高速公路有限公司	财务总监	
	朱彦朝	河南岭南高速公路有限公司	质量监督处处长	
	张贵然	河南岭南高速公路有限公司	质量监督处处长	
	李明远	河南岭南高速公路有限公司	工程技术处处长	
	薛彦岭	河南岭南高速公路有限公司	计划合同处处长	
	周根峰	河南岭南高速公路有限公司	协调处处长	
	王振玺	河南岭南高速公路有限公司	办公室主任	
	徐艳玲	河南岭南高速公路有限公司	财务处处长	
	魏建斌	中交第一公路勘察设计研究院	副总工程师	
	王天全	河南省高等级公路建设监理部	总监	
	侯根拴	河南省宏力公路工程咨询有限公司	总监	
	田海滨	北京华路捷公路工程技术咨询有限公司	总监	
	边俊平	长庆石油勘探局筑路工程总公司	项目经理	
	陈　文	中铁十八局集团有限公司一公司	项目经理	
	周世斌	路桥集团第一公路工程局第三工程公司	项目经理	
	贾晓光	中铁十局集团第二工程有限公司	项目经理	
	钱世诚	中铁十三局集团公司五公司	项目经理	
	赵克忠	中铁九局集团有限公司	项目经理	
	吴传模	中铁十七局三公司	项目总工	
	唐小祝	南通路桥有限公司	项目总工	
	赵武波	湘潭路桥有限公司	项目经理	
	邓健雄	中铁十一局一公司	项目经理	
	翁玉锋	路桥集团一局厦门工程处	项目经理	
	罗雪峰	中铁五局集团三公司	项目经理	
	何志军	中铁二十二局哈尔滨铁路建设集团	项目经理	
	任红军	中铁大桥局集团湖北第六工程公司	项目经理	
	刘成海	山西路桥第二工程有限公司	项目经理	
	刘勇	河南省公路工程局集团有限公司	项目总工	

续上表

姓　名		单　位	职务/职称	签　名
委员会成员	翁玉锋	路桥集团第一公路工程局厦门工程处	项目经理	
	曹峰	贵州省公路工程总公司	项目经理	
	王达	杭州萧山金鹰交通设施有限公司	项目经理	
	许志强	福建省漳州市公路机械修配厂	项目经理	
	刑贵华	武安市交通安全设备有限公司	项目经理	
	吉祥	浙江交通设施有限公司	项目经理	
	韩平海	河南省新乡六通实业有限公司	项目经理	
	朱大志	河南鸿志实业有限公司	项目经理	
	顾健刚	江苏中路交通工程有限公司	项目总工	
	陈天贵	江苏耀鑫交通设施有限公司	项目经理	
	马志华	南通市兴路交通设施工程有限公司	项目经理	
	胡大全	河南科兴建设有限公司	项目经理	
	阎国文	河南省合立建筑工程有限公司	项目经理	
	曹守玉	中国有色金属第六冶金建设公司洛阳公司	项目经理	
	周宝海	中铁十五局集团第七工程有限公司	项目经理	
	尹立新	中国建设第六工程局有限公司	项目经理	
	车飞	河南中森建设工程有限公司	项目经理	
	刘占平	焦作市公路工程有限公司	项目经理	
	冯磊	潢川县博宇花卉有限责任公司	项目经理	
	叶炳友	许昌四季春园林绿化工程有限公司	项目经理	
	徐合忠	河南天图园林景观有限公司	项目经理	
	任睿	郑州黄河园林绿化工程公司	项目经理	

2. 河南岭南高速公路分水岭至南召段交工验收报告

一、交工验收工作组织情况

依据交通部《公路工程竣（交）工验收办法》的要求，设计、监理、施工等参建单位已完成相关竣工文件的编制；河南省交通基本建设质量检测监督站委托南阳市公路管理局试验检测中心已完成了项目的第一、第二阶段的验收检测工作，并形成相应的工程质量检测报告；开封市天平公司受河南省交通基本建设质量检测监督站委托，已经完成了该项目的第三阶段交工质量检测，并编制完成了工程质量检测报告；该项目目前已经满足了通车试运营的要求，具备交工验收的条件。

2008 年 11 月 7 日至 8 日，河南岭南高速公路有限公司在南阳市组织开展了对岭南高速公路分水岭至南召段工程的交工验收工作。交工验收委员会由工程建设、设计、施工、监理、质量监督、管理养护等单位的代表组成，交工验收工作邀请河南省交通厅、河南高速公路发展有限责任公司代表参加（详见交工验收委员会成员名单）。

交工验收委员会下设综合组、路基路面组、桥涵结构组、交通安全设施与交通机电房建组、内业组。

交工验收委员会认真听取了工程参建各方的报告：

（1）建设单位关于工程项目执行情况的报告；

（2）设计单位关于工程设计情况的报告；

（3）施工单位关于工程施工情况的报告；

（4）监理单位关于工程监理（含设计变更）情况的报告。

交工验收委员会在听取报告、审查资料和实地察看的基础上，审查通过了岭南高速公路有限公司关于岭南高速公路分水岭至南召段工程执行情况的报告。

二、工程概况

该项目是国家重点公路 G55（二广线）河南境的组成部分，路线总长 98.511km，工程初步设计概算批复 45.6 亿元人民币。本次验收路段为岭南高速公路的分水岭至南召段，它的建成对于国家重点公路 G55 线河南境段建设具有重要的意义，实现了南阳市北部与高速公路网的连接，与即将开通的 G55 河南境内大安至南召段构成了河南省洛阳与南阳两个经济大市的经济通道，同时也是我国南北资源交换的重要通道，实现了我国北部山西、内蒙古、陕西东部与湖北西部、湖南、两广、重庆等南部省份之间的直接沟通。本项目同时也是河南省及豫西地区重要的主骨架公路，它的早日建成对于实现中部崛起以及豫西经济发展战略，加快区域经济的发展步伐，实现内引外联，改善中部投资环境、开发旅游资源、进行资源的转换等具有十分重要的现实意义。

本段交工的里程为：K0 + 849.907 ~ K19 + 000，全长 18.573km。参见单位如下：土建单位 6 家，路面单位 1 家，交安单位 4 家，绿化单位 2 家，伸缩缝单位 2 家，机电单位 3 家，监理单位 1 家，共计 19 家参建单位。

根据河南省发展与改革委员会豫发改交通〔2005〕705 号文，岭南高速公路项目建设工期为

36 个月;2005 年 7 月,河南省发改委在郑州主持召开了岭南高速公路初步设计审查会并批复(豫发改设计〔2006〕359 号),2005 年 7 月岭南高速公路进行了土建合同段招标,同时中交一院依据初步设计批复完成了岭南高速公路施工图设计任务(但由于 G55 平顶山段与规划中的下汤水库问题的影响,初步设计和施工图设计批复文件滞后,见豫交计〔2006〕332 号文)。施工单位于 2005 年 8 月进场并于 9 月 16 日开工建设,其后相关的房建、绿化、机电工程等设计均得到交通厅的批复(分别见豫交计〔2007〕48 号文、豫交计〔2007〕136 号文、豫交计〔2007〕29 号文)。项目公司先后完成了路面工程及交安、机电等后续工作的施工招标,截至 2008 年 8 月完成分水岭至南召段范围内合同规定的各项工作。

(一)建设工期:36 个月

(二)建设单位:河南岭南高速公路有限公司

(三)设计单位:中交第一公路勘察设计研究院

(四)监理单位:河南省高等级公路建设监理部

(五)质量监督单位:河南省交通基本建设质量检测监督站

(六)施工单位(表 1)

施工单位一览表 表 1

类别	合同号	单 位 名 称	起 止 桩 号
土建	No. 1	路桥集团第一公路工程局	LK0 +849.907(RK0 + 854.646) ~ K3 +950
	No. 2	中铁十九局集团第三工程有限公司	K3 +950 ~ LK7 +035(RK6 +965)
	No. 3	中铁二局股份有限公司	LK7 +035(RK6 +965) ~ K9 +900
	No. 4	中铁一局集团第四工程有限公司	K9 +900 ~ LK13 +100(RK13 +130)
	No. 5	江西省公路桥梁工程局	LK13 +100(RK13 + 130) ~ K16 +340
	No. 6	中铁大桥股份有限公司	K16 +340 ~ K19 +000
路面	LM-1	路桥集团第一公路工程局	LK0 +849.907(RK0 + 854.646) ~ K18 +417
绿化	LH-1	河南新封园林绿化工程有限公司	LK0 + 849.907(RK0 + 854.646) ~ K16 +500
	LH-2	潢川县博宇花卉有限责任公司	K16 +500 ~ K19 +000
伸缩缝	SSF-1	衡水市橡胶总厂有限公司	LK0 + 849.907(RK0 + 854.646) ~ K17 +254
	SSF-2	衡水冀军桥闸工程橡胶有限公司	K17 +254 ~ K19 +000
交安	JA-1	武安市交通安全设备有限公司	LK0 + 849.907(RK0 + 854.646) ~ K19 +000
	JA-4	河南省新乡六通实业有限公司	LK0 + 849.907(RK0 + 854.646) ~ K19 +000
	JA-7	江苏耀鑫交通设施有限公司	LK0 + 849.907(RK0 + 854.646) ~ K19 +000
	JA-10	杭州萧山金鹰交通设施有限公司	LK0 + 849.907(RK0 + 854.646) ~ K19 +000
机电	LNGZ-1	郑州市祥龙电力安装有限公司	K0 +525 ~ K12 +318
	LNDZ-2	郑州市亚通照明工程有限责任公司	K0 +525 ~ K12 +318
	LNJD-1	中铁建电气化集团第一工程有限公司	K0 +525 ~ K19 +000

(七)建设依据

(1)河南省发展与改革委员会《关于洛阳至南阳高速公路分水岭至南阳段工程可行性研究报告核准的批复》(豫发改办〔2005〕705 号);

(2)河南省发展与改革委员会初步设计批复文件《关于洛阳至南阳高速公路分水岭至南阳段工程初步设计的批复》(豫发改设计〔2006〕359 号);

(3)河南省交通厅《关于洛阳至南阳高速公路分水岭至南阳段工程施工图设计的批复》(豫

交计〔2006〕332 号)。

(八)主要技术标准

(1)设计行车速度:山岭区 100km/h。

(2)路基宽度:山岭区 26m。

(3)平曲线一般最小半径:山岭区 700m。

(4)平曲线极限最小半径:山岭区 400m。

(5)最大纵坡:山岭区 4%。

(6)桥梁设计荷载:(公路—Ⅰ级)的 1.3 倍。

(7)设计洪水频率:特大桥为 1/300、其他桥梁和路基 1/100。

(8)地震基本烈度:本段地震动峰值加速度为 0.05g,属于地震基本烈度Ⅵ度区,桥梁抗震按Ⅶ度设防。

(9)路面:采用沥青混凝土路面。

(10)路面结构:上面层为 4cm 细粒式改性沥青混凝土(AC—13I 型);中面层为 6cm 中粒式改性沥青混凝土(AC—16I 型)下面层为 7cm 中粒式普通沥青混凝土(AC—25I 型);联结层为 7cm 沥青碎石(ATB25);封层为热喷改性沥青同步碎石;基层为 32cm 水泥稳定碎石;底基层为 18cm 水泥稳定砂砾,路面总厚度 74cm。施工过程中,基层、底基层均采用震动击实控制,沥青碎石、沥青混凝土采用 GTM 旋转击实进行标准控制。

规范规定设计使用年限:沥青混凝土路面设计使用年限为 15 年。

(九)主要工程量

特大桥 1 座,1164.0m;大中桥 21 座,全长 5675.3m;桥梁上部梁板 1519 片,桥梁下部基桩 725 根,立柱 662 根,盖梁 340 片,桥面铺装 132.6km^2;涵洞通道 24 道;隧道:3666.47m/5 处 9 座;路基挖、填方:439.1 万 m^3,特殊路基:11 万 m^3;路面底基层:284.7 km^2,基层:283.9 km^2,沥青混凝土路面联结层:216.491 km^2,下面层:230.021km^2,中面层:405.685km^2,上面层:399.453 km^2;土路肩:12216m^3,路缘石:466.6m^3;防护工程:14.69 万 m^3;波形护栏安装:23.204km。合同价 5.94 亿元。

三、工程质量检验评议

交工验收委员会在听取建设单位、设计单位、施工单位、监理单位报告、查阅档案资料和察看工程现场后,根据河南省交通基本建设质量检测监督站的质量检测意见,对工程质量检测情况进行了评议:

(1)该工程设计合理,线形、路面结构、主要结构物及沿线设施工程符合规范要求。

(2)桥梁及隧道工程各部位混凝土强度均符合要求,几何尺寸准确,外观质量良好;涵洞墙身顺直,水路畅通;路基边坡自然稳定;排水系统连接完善;防护工程合理、稳定;路面强度、压实度、平整度、抗滑等指标均符合设计和规范要求。

(3)该项目工程数量与批准的设计文件相符,与工程计量数量基本一致。

(4)承包人及监理单位对工程质量评定客观、真实,反映了该项目工程质量的真实情况。

(5)内业资料中施工文件部分,材料检验、材料配比、试验数据、检测数据、施工记录、施工自检资料等基本齐全。

(6)监理工程师能够按照《公路工程施工监理规范》的要求对工程实施全方位的监理,认真履行合同赋予的职责,监理日志记录认真,抽检资料、试验数据齐全。对工程质量、工期、投资的控制和合同的管理起到了应有的作用。

交工验收委员会在承包人对工程质量自检、监理工程师对工程质量评定的基础上,结合建设中所掌握的情况，按照交通部颁发《公路工程竣（交）工验收办法》第十三条计算得出岭南高速公路分水岭至南召段工程质量评分值为96.4分，整体工程质量等级评为合格。

四、工程质量缺陷及遗留问题的处理意见及建议

（1）柴家庄Ⅰ号隧道进口明洞与暗洞交接处有渗水迹象，建议查明原因，进行处理。

（2）黄鸭河特大桥泄水管应进一步考虑环保的要求。

（3）路内排水系统与大地排水系统连接应进一步完善，并加强缺陷责任期的养护工作。

（4）设备使用和维修说明书除存档外，操控室应固定存放，以便于查阅。

（5）沿线及隧道洞口局部隐蔽处存在建筑垃圾。

（6）进一步收集完善工程前期审批手续。

（7）个别施工资料原始施工记录签字不齐全。

（8）建议进一步做好资料的分类、整理和归档工作，为以后的竣工交验做好准备。

对上述意见以及质量检测报告中提出的问题，由建设单位和监理部门负责督促相关施工单位逐项落实、整改和完善。

五、结论

（1）河南岭南高速公路分水岭至南召段经交工验收委员会现场查看、内业资料检查，认为建设单位、设计单位、监理单位、施工单位在工程建设中能够遵守有关基本建设法规，履行合同，相互配合，圆满完成了建设任务，工程质量合格，同意交付使用。

（2）建设单位在交工验收后向管养单位提供工程资料档案，以便养护管理使用。

（3）凡属缺陷责任期内出现的质量问题，由原施工单位负责处理，运营中非工程质量原因出现的问题由管养单位负责解决。各施工单位和管理养护部门要密切配合，做好岭南高速公路的缺陷修复和养护管理工作。

（4）交工验收委员会建议有关单位尽快完成工程决算，做好工程审计、环保验收和档案资料归档整理等工作，为竣工验收做好准备。

附件：1. 岭南高速公路分水岭至南召段交工验收报告表

2. 岭南高速公路分水岭至南召段交工验收质量评定报告

3. 岭南高速公路分水岭至南召段交工验收各合同段工程质量评分一览表

4. 岭南高速公路分水岭至南召段交工验收委员会名单

河南岭南高速公路分水岭至南召段交工验收委员会

二〇〇八年十一月八日附件一

附件 1

岭南高速公路分水岭至南召段交工验收报告表

一	工 程 名 称	河南岭南高速公路分水岭至南召段
二	工程地点及主要控点	本段交工的里程为:K0 +849.907 ~ K19 +000,全长 18.573km,分水岭隧道至黄鸭河特大桥结束
三	建设依据	河南省发展和改革委员会《关于洛阳至南阳高速公路分水岭至南阳段可行性研究报告的批复》(豫发改办〔2005〕705 号); 河南省发展和改革委员会初步设计批复文件《关于洛阳至南阳高速公路分水岭至南阳段工程初步设计的批复》(豫发改设计〔2006〕359 号)
四	技术标准与主要指标	(1)技术标准: 采用双向四车道高速公路标准: ①设计行车速度 100km/h; ②路基宽度 26m; ③桥面净宽:大桥:净 2 ×11.50m,中桥:净 2 ×11.50m,小桥:净 2 ×11.25m。 (2)设计洪水频率:特大桥采用 1/300,大桥、中桥、小桥、涵洞均为 1/100。 (3)基本烈度:本段为Ⅵ度,桥梁按Ⅶ度设防。 (4)路面采用沥青混凝土路面。路面结构:上面层为 4cm 细粒式沥青混凝土(改性沥青)(AC—13I 型)、中面层为 6cm 中粒式沥青混凝土(改性沥青)(AC—20I 型);下面层为 7cm 粗粒式沥青混凝土(AC—25I 型);联结层为沥青碎石(ATB25);封层为热喷改性沥青同步碎石;基层为 32cm 水泥稳定碎石;底基层为 18cm 水泥稳定砂砾,路面总厚度 74cm。 (5)设计使用年限:沥青混凝土路面设计使用年限 15 年
五	交工段建设规模及性质	全封闭、双向四车道高速公路(全长 18.573km)
六	开工日期	2005 年 9 月
	交工日期	2008 年 11 月 8 日
七	批准概算	岭南高速公路项目总概算为 45.6569 亿元
八	工程建设主要内容	路基工程、路面工程、桥涵隧结构工程、交通安全设施、房建工程、交通机电(收费、通信、监控三大系统)工程、环境保护工程
九	实际征用土地数(亩)	3386.94
十	工程质量验收结论	合格
十一	存在问题处理措施	存在问题: (1)柴家庄Ⅰ号隧道进口明洞与暗洞交接处有渗水迹象,建议查明原因,进行处理; (2)黄鸭河特大桥泄水管应进一步考虑环保的要求; (3)路内排水系统与大地排水系统连接应进一步完善,并加强缺陷责任期的养护工作; (4)设备使用和维修说明书除存档外,操控室应固定存放,以便于查阅; (5)沿线及隧道洞口局部隐蔽处存在建筑垃圾; (6)进一步收集完善工程前期审批手续; (7)个别施工资料原始施工记录签字不齐全; (8)建议进一步做好资料的分类、整理和归档工作,为以后的竣工交验做好准备; 对上述以及质量检测报告中提出的问题,由建设单位和监理部门负责督促相关施工单位逐项落实、整改和完善
十二	附件	岭南高速公路分水岭至南召段交工验收质量评定报告
十三	呈报单位	河南岭南高速公路有限公司

附件 2

岭南高速公路分水岭至南召段交工验收质量评定报告

根据交通部令(2004 年第 3 号)《公路工程竣(交)工验收办法》、交公路发〔2004〕第 446 号文件的要求,2008 年 7 月 10 日至 20 日,项目公司组织监理、承包人对岭南高速公路分水岭至南召段各分项工程、分部工程、单位工程进行了质量评定。

本次质量评定严格按照《公路工程质量检验评定标准》(JTG F80/1—2004)及《公路工程竣(交)工验收办法》的规定,采取实测实量,并查阅施工和监理资料,从分项工程到单位工程逐级进行评定,最终对整个建设项目进行打分。

本项目分水岭至南召段经监理单位评定,项目公司汇总,整个建设项目得分为 96.4 分。

评定结果见附件《交工验收各标段工程质量评分一览表》。

河南岭南高速公路有限公司

二〇〇八年十一月八日

附件 3

岭南高速公路分水岭至南召段交工验收各合同段工程质量评分一览表

项目名称:岭南高速公路分水岭至南召段

序　　号	标　　段	监理评定分数	备　　注
1	No. 1	96.6	
2	No. 2	96.7	
3	No. 3	95.4	
4	No. 4	95.8	
5	No. 5	94.9	
6	No. 6	94.0	
7	LM-01	95.3	
8	JA-1	98.2	
9	JA-4	97.7	
10	JA-7	97.2	
11	JA-10	97.8	
12	LH-01	98.2	
13	LH-02	98.3	
14	SSF-1	92.0	
15	SSF-2	94.6	
16	LNGZ-1	98.1	
17	LNGZ-2	96.4	
鉴定得分		$\Sigma/17=96.4$	

注:监控单位全线统一评定。

附件 4

岭南高速公路分水岭至南召段交工验收委员会名单

姓名			单位	职务/职称	签名
主任委员	主任	侯建军	河南岭南高速公路有限公司	董事长	
	副主任	李林	河南省高速公路发展有限责任公司	副总经理	
	副主任	贾渝新	河南省交通基本建设质量检测监督站	总工程师	
	副主任	韩冰	河南省高速公路发展有限责任公司	教授级高工	
	副主任	付中玉	南阳市交通局	副局长	
委员会成员	刘瑛嫦		河南省交通基本建设质量检测监督站	检测处处长	
	王文东		南阳市交通局（南阳市质检站）	总工程师(站长)	
	史红斌		河南省高速公路发展有限责任公司	经营管理部	
	芦玉江		河南省高速公路发展有限责任公司	养护管理部	
	徐珂		河南省高速公路发展有限责任公司	工程管理部	
	周本涛		河南省高速公路发展有限责任公司	工程管理部	
	刘宇		河南岭南高速公路有限公司	副经理	
	张廷明		河南岭南高速公路有限公司	总工程师	
	鄢宏发		河南岭南高速公路有限公司	副书记	
	朱保军		河南岭南高速公路有限公司	财务总监	
	朱彦朝		河南岭南高速公路有限公司	质量监督处长	
	李明远		河南岭南高速公路有限公司	工程技术处长	
	薛彦岭		河南岭南高速公路有限公司	计划合同处长	
	周根峰		河南岭南高速公路有限公司	协调处处长	
	王振玺		河南岭南高速公路有限公司	办公室主任	
	徐艳玲		河南岭南高速公路有限公司	财务处处长	
	张贵然		河南岭南高速公路有限公司	质监处工程师	
	刘学东		河南岭南高速公路有限公司	高级工程师	
	郭伟中		河南岭南高速公路有限公司	工程师	
	张晔		河南岭南高速公路有限公司	工程师	
	马华敏		河南岭南高速公路有限公司	工程师	
	刘平		河南岭南高速公路有限公司	工程师	
	金锐		河南岭南高速公路有限公司	工程师	
	樊忠坤		河南岭南高速公路有限公司	工程师	
	魏建斌		中交第一公路勘察设计研究院	副总工程师	
	任伟		河南省高等级公路建设监理部	总监代表	
	徐景文		潢川县博宇花卉有限责任公司	项目总工	
	任伟		郑州黄河园林绿化工程公司	项目经理	
	刘辉		河南省新乡六通实业有限公司	项目经理	
	陈天贵		江苏耀鑫交通设施有限公司	项目经理	
	王达		杭州萧山金鹰交通设施有限公司	项目经理	

续上表

姓名		单位	职务/职称	签名
委员会成员	付铁成	衡水市橡胶总厂有限公司	项目经理	
	陈国征	衡水冀军桥闸工程橡胶有限公司	项目经理	
	刘占龙	路桥集团第一公路工程局	项目经理	
	吕凤飞	中铁十九局三公司	项目经理	
	杨烈洪	中铁二局股份有限公司	项目经理	
	王智	中铁一局集团第四工程公司	项目经理	
	陈勇	江西省公路桥梁工程局	项目经理	
	汤步洲	中铁大桥局	项目经理	
	郝秋生	路桥集团第一公路工程局	项目经理	
	张永强	河南新封园林绿化工程有限公司	项目经理	

3. 河南岭南高速公路联络线 24.25km（蒲山特大桥除外）交工验收报告

一、交工验收工作组织情况

依据交通部《公路工程竣（交）工验收办法》的要求，设计、监理、施工等参建单位已完成相关竣工文件的编制；河南省交通基本建设质量检测监督站委托南阳市公路管理局试验检测中心已完成了项目的第一、第二阶段的验收检测工作，并形成相应的工程质量检测报告；开封市天平公司受河南省交通基本建设质量检测监督站委托，已经完成了该项目的第三阶段交工质量检测，并编制完成了工程质量检测报告；该项目目前已经满足了通车试运营的要求，具备交工验收的条件。

2008 年 11 月 24 日、25 日，河南岭南高速公路有限公司在南阳市组织开展了对岭南高速公路分水岭至南召段工程的交工验收工作。交工验收委员会由工程建设、设计、施工、监理、质量监督、管理养护等单位的代表组成，交工验收工作邀请河南省交通厅、河南高速公路发展有限责任公司代表参加（详见交工验收委员会成员名单）。

交工验收委员会下设综合组、路基路面组、桥涵结构组、交通安全设施与交通机电房建组、内业组。

交工验收委员会认真听取了工程参建各方的报告：

（1）建设单位关于工程项目执行情况的报告；

（2）设计单位关于工程设计情况的报告；

（3）施工单位关于工程施工情况的报告；

（4）监理单位关于工程监理（含设计变更）情况的报告。

交工验收委员会在听取报告、审查资料和实地察看的基础上，审查通过了岭南高速公路有限公司关于岭南高速公路联络线（蒲山特大桥除外）工程执行情况的报告。

二、工程概况

该项目是国家重点公路 G55（二广线）河南境的组成部分，路线总长 98.549km，工程初步设计概算批复 45.6 亿元人民币。本次验收路段为岭南高速公路的联络线项目，长 24.25km（蒲山特大桥除外），它的建成对于国家重点公路 G55 线河南境段建设具有重要的意义，实现了南阳市环城高速公路的全部封闭连接，使得南阳市的东部“兰南”高速公路与北部 G55 高速公路联通，从而也与 G40 高速公路形成顺利相连，构成了南阳市重要交通枢纽的中心地位，同时也是我国南北与东西两个方向资源交换的重要通道，实现了我国北部山西、内蒙、陕西东部与湖北西部、湖南、两广、重庆等南部省份之间的直接沟通。本项目同时也是河南省及豫西地区重要的主骨架公路，它的早日建成对于实现中部崛起以及豫西经济发展战略，加快区域经济的发展步伐，实现内引外联，改善中部投资环境、开发旅游资源、进行资源的转换等具有十分重要的现实意义。

本段交工的里程为：起点位于 JK0 + 702，止于 JK24 + 247.172。参建单位如下：土建单位 5 家，路面单位 2 家，交安单位 5 家，绿化单位 3 家，伸缩缝单位 1 家，机电单位 3 家，监理单位 2 家，共计 21 家参建单位。

根据河南省发展与改革委员会"豫发改交通〔2005〕705号"文，岭南高速公路项目建设工期为36个月；2005年7月，省发改委在郑州主持召开了岭南高速公路初步设计审查会并批复(豫发改设计〔2006〕359号)，2005年7月岭南高速公路进行了土建合同段招标，同时中交一院依据初步设计批复完成了岭南高速公路施工图设计任务(但由于G55平顶山段与规划中的下汤水库问题的影响，初步设计和施工图设计批复文件滞后，见豫交计〔2006〕332号文)。施工单位于2005年8月进场并于9月16日开工建设，其后相关的房建、绿化、机电工程等设计均得到交通厅的批复(分别见豫交计〔2007〕48号文、豫交计〔2007〕136号文、豫交计〔2007〕29号文)。项目公司先后完成了路面工程及交安、机电等后续工作的施工招标，截至2008年11月完成联络线24.25km(蒲山特大桥除外)范围内合同规定的各项工作。

(一)建设工期：36个月

(二)建设单位：河南岭南高速公路有限公司

(三)设计单位：中交第一公路勘察设计研究院

(四)监理单位：河南省宏力工程咨询有限公司(除机电项目外)，北京华路捷公路工程技术咨询有限公司(机电项目)

(五)质量监督单位：河南省交通基本建设质量检测监督站；

(六)施工单位(表1)

施工单位一览表

表1

类　别	合　同　号	单位名称	起止桩号
土建	No.19	路桥华祥国际工程有限公司	JK0+702~JK6+900
	No.20	中铁四局集团有限公司	JK6+900~JK13+400
	No.21	中铁七局集团有限公司	JK13+400~JK18+400
	No.22	路桥华南工程有限公司	JK18+400~JK24+247.172
	No.25	中铁大桥局第六工程有限公司	JK0+702~JK24+247.172
路面	LM-6	河南路桥建设集团有限公司	JK0+702~JK13+400
	LM-7	江苏海通建设工程有限公司	JK13+400~JK24+247.172
绿化	LH-5	潢川县佳美园林工程有限公司	JK0+702~JK24+247.172
	LH-11	河南省通行实业园林工程有限公司	独山互通区及收费广场
	LH-12	河南省豫建园林工程有限公司	祝庄互通枢纽立交
伸缩缝	SSF-5	衡水桥闸工程橡胶股份有限公司	JK0+702~JK24+247.172
交安	JA-3	河南省公路附属设施有限公司	JK0+702~JK24+247.172
	JA-6	江苏中路交通工程有限公司	JK0+702~JK24+247.172
	JA-9	郑州彩达交通设施工程有限公司	JK0+702~JK24+247.172
	JA-12	杭州神通交通设施有限公司	JK0+702~JK24+247.172
	JA-13	北京市高速公路交通工程公司	JK0+702~JK24+247.172
机电	LNGZ-3	中铁电气化一局第一工程有限公司	JK0+702~JK24+247.172
	LNDZ-4	辽宁阳光照明有限公司	JK0+702~JK24+247.172
	LNJD-1	中铁一局集团电务工程有限公司	JK0+702~JK24+247.172

(七)建设依据

(1)河南省发展与改革委员会《关于洛阳至南阳高速公路分水岭至南阳段工程可行性研究报告核准的批复》(豫发改办〔2005〕705号)；

(2)河南省发展与改革委员会初步设计批复文件《关于洛阳至南阳高速公路分水岭至南阳段工程初步设计的批复》(豫发改设计〔2006〕359 号);

(3)河南省交通厅《关于洛阳至南阳高速公路分水岭至南阳段工程施工图设计的批复》(豫交计〔2006〕332 号)。

(八)主要技术标准

(1)设计行车速度:120km/h。

(2)路基宽度:28m。

(3)平曲线一般最小半径:1000m。

(4)平曲线极限最小半径:650m。

(5)最大纵坡:3%。

(6)桥梁设计荷载:(公路—Ⅰ级)×1.3。

桥面净宽:大、中桥:净 2×12.50m。

设计洪水频率:特大桥为 1/300、其他桥梁和路基 1/100。

(7)地震基本烈度:本段地震动峰值加速度为 0.05g,属于地震基本烈度Ⅶ度区,桥梁抗震按Ⅷ度设防。

(8)路面:联络线和匝道采用沥青混凝土路面,收费广场采用水泥混凝土路面。

(9)路面结构:上面层为 4cm 细粒式改性沥青混凝土(AC—13I 型);中面层为 6cm 中粒式改性沥青混凝土(AC—16I 型)下面层为 7cm 中粒式普通沥青混凝土(AC—25I 型);联结层为 7cm 沥青碎石(ATB25);封层为热喷改性沥青同步碎石;基层为 32cm 水泥稳定碎石;底基层为 18cm 水泥稳定砂砾,路面总厚度 74cm。施工过程中,基层、底基层均采用震动击实控制,沥青碎石、沥青混凝土采用 GTM 旋转击实进行标准控制;水泥混凝土路面结构形式:底基层为 20cmC25 混凝土,基层为 30cmC25 混凝土,面层为 24cm 钢筋混凝土(弯拉强度≥5MPa)。

规范规定设计使用年限:沥青混凝土路面设计使用年限为 15 年,混凝土路面设计使用年限为 30 年。

9. 主要工程量

特大桥 1 座,1238.20m;中桥 14 座,全长 1949.135m;分离式立交 6 座,全长 352.44m;涵洞通道 55 道;天桥 6 座;路基挖、填方:339.01 万 m^3,特殊路基:23.97 万 m^3;路面底基层:553.26 km^2,基层:545.558km^2,沥青混凝土路面层:609.017km^2;防护工程:6.29 万 m^3;波形护栏安装:23.204km。合同价 7.22 亿元。

三、工程质量检验评议

交工验收委员会在听取建设单位、设计单位、施工单位、监理单位报告、查阅档案资料和察看工程现场后,根据河南省交通基本建设质量检测监督站的质量检测意见,对工程质量检测情况进行了评议:

(1)该工程设计合理,线形、路面结构、主要结构物及沿线设施工程符合规范要求。

(2)桥梁及隧道工程各部位混凝土强度均符合要求,几何尺寸准确,外观质量良好;涵洞墙身顺直,水路畅通;路基边坡自然稳定;排水系统连接完善;防护工程合理、稳定;路面强度、压实度、平整度、抗滑等指标均符合设计和规范要求;互通立交工程线形流畅,上下标志清晰,使用性能良好。

(3)该项目工程数量与批准的设计文件相符,与工程计量数量基本一致。

(4)承包人及监理单位对工程质量评定客观、真实,反映了该项目工程质量的真实情况。

(5)内业资料中施工文件部分,材料检验、材料配比、试验数据、检测数据、施工记录、施工自检资料等基本齐全。

(6)监理工程师能够按照《公路工程施工监理规范》的要求对工程实施全方位的监理,认真履行合同赋予的职责,监理日志记录认真,抽检资料、试验数据齐全。对工程质量、工期、投资的控制和合同的管理起到了应有的作用。

项目公司在施工单位工程质量自检、监理工程师对工程质量评定基础上,对工程质量综合评分为96.8分。

岭南项目交工验收委员会按照交通部颁发《公路工程竣(交)工验收办法》,经现场查看和验收,认定整体工程质量等级为合格,具备通车试运营条件。

四、工程质量缺陷及遗留问题的处理意见及建议

(1)部分桥梁下和互通区内有工程遗留物,请及时清理。

(2)祝庄互通内排水系统与许平南高速公路排水系统连接应进一步完善。

(3)机电设备使用和维修说明书除存档外,操控室应固定存放,以便于查阅

(4)独山收费站个别房间内未装饰结束,应尽快配套完成。

(5)进一步收集完善工程前期审批手续。

(6)建议进一步做好资料的分类、整理和归档工作,为以后的竣工交验做好准备。

(7)部分路段新培土路肩应做好防护措施,防止路肩水毁。

对上述意见以及质量检测报告中提出的问题,由建设单位和监理部门负责督促相关施工单位逐项落实、整改和完善。

五、结论

(1)河南岭南高速公路联络线24.25km(蒲山特大桥除外)段经交工验收委员会现场查看、内业资料检查,认为建设单位、设计单位、监理单位、施工单位在工程建设中能够遵守有关基本建设法规,履行合同,相互配合,圆满完成了建设任务,工程质量合格,同意交付使用。

(2)建设单位在交工验收后向管养单位提供工程资料档案,以便养护管理使用。

(3)凡属缺陷责任期内出现的质量问题,由原施工单位负责处理,运营中非工程质量原因出现的问题由管养单位负责解决。各施工单位和管理养护部门要密切配合,做好联络线的缺陷修复和养护管理工作。

(4)交工验收委员会建议有关单位尽快完成工程决算,做好工程审计、环保验收和档案资料归档整理等工作,为竣工验收做好准备。

附件:1. 河南岭南高速公路联络线24.25km(蒲山特大桥除外)段交工验收报告表
2. 河南岭南高速公路联络线24.25km(蒲山特大桥除外)段交工验收质量评定报告
3. 河南岭南高速公路联络线24.25km(蒲山特大桥除外)段交工验收各合同段工程质量评分一览表
4. 河南岭南高速公路联络线24.25km(蒲山特大桥除外)段交工验收委员会名单

河南岭南高速公路联络线段交工验收委员会

二〇〇八年十一月二十五日

附件 1

河南岭南高速公路联络线 24.25km 段(蒲山特大桥除外)段交工验收报告表

一	工 程 名 称	岭南高速公路联络线 24.25km(蒲山特大桥除外)
二	工程地点及主要控点	本段交工的里程:JK0 +702 ~ JK24 +247.172,线路全长 24.25km,自龚河互通立交起至祝庄互通立交止(蒲山特大桥除外)
三	建设依据	河南省发展和改革委员会《关于洛阳至南阳高速公路分水岭至南阳段可行性研究报告的批复》(豫发改办〔2005〕705 号); 河南省发展和改革委员会初步设计批复文件《关于洛阳至南阳高速公路分水岭至南阳段工程初步设计的批复》(豫发改设计〔2006〕359 号)
四	技术标准与主要指标	(1)技术标准: 采用双向六车道高速公路标准: ①设计行车速度 120km/h; ②路基宽度 28m; ③桥面净宽:大桥:净 2 × 12.50m,中桥:净 2 × 12.50m,小桥:净 2 × 12.25m。 (2)设计洪水频率:特大桥采用 1/300,大桥、中桥、小桥、涵洞均为 1/100。 (3)基本烈度:本段为Ⅶ度,桥梁按Ⅷ度设防。 (4)路面采用沥青混凝土路面。路面结构:上面层为 4cm 细粒式沥青混凝土(改性沥青)(AC—13I 型)、中面层为 6cm 中粒式沥青混凝土(改性沥青)(AC—20I 型)、下面层为 7cm 粗粒式沥青混凝土(AC—25I 型)、联结层为沥青碎石(ATB25);封层为热喷改性沥青同步碎石;基层为 32cm 水泥稳定碎石;底基层为 18cm 水泥稳定砂砾,路面总厚度 74cm。 (5)水泥混凝土路面结构形式:底基层为 20cmC25 混凝土,基层为 30cmC25 混凝土,面层为 24cm 钢筋混凝土(弯拉强度≥5MPa)。 规范规定设计使用年限:沥青混凝土路面设计使用年限为 15 年,混凝土路面设计使用年限为 30 年
五	交工段建设规模及性质	全封闭、双向六车道高速公路(全长 24.25km)
六	开工日期	2005 年 9 月
	交工日期	2008 年 11 月 25 日
七	批准概算	河南岭南高速公路项目总概算为 45.6569 亿元
八	工程建设主要内容	路基工程、路面工程、桥涵隧结构工程、交通安全设施、房建工程、交通机电(收费、通信、监控三大系统)工程、环境保护工程
九	实际征用土地数(亩)	3386.94
十	工程质量验收结论	合格
十一	存在问题处理措施	存在问题: (1)部分桥梁下和互通区内有工程遗留物,请及时清理; (2)祝庄互通内排水系统与许平南高速公路排水系统连接应进一步完善; (3)机电设备使用和维修说明书除存档外,操控室应固定存放,以便于查阅; (4)独山收费站个别房间内未装饰结束,应尽快配套完成; (5)进一步收集完善工程前期审批手续; (6)建议进一步做好资料的分类、整理和归档工作,为以后的竣工交验做好准备; (7)部分路段新培土路肩应做好防护措施,防止路肩水毁; 对上述意见以及质量检测报告中提出的问题,由建设单位和监理部门负责督促相关施工单位逐项落实、整改和完善
十二	附件	河南岭南高速公路联络线 24.25km(蒲山特大桥除外)交工验收质量评定报告
十三	呈报单位	河南岭南高速公路有限公司

附件2

河南岭南高速公路联络线24.25km(蒲山特大桥除外)段交工验收质量评定报告

根据交通部令(2004年第3号)《公路工程竣(交)工验收办法》、交公路发[2004]第446号文件的要求,2008年11月14日、15日,项目公司组织监理、承包人对岭南高速公路联络线24.25km(蒲山特大桥除外)段各分项工程、分部工程、单位工程进行了质量评定。

本次质量评定严格按照《公路工程质量检验评定标准》(JTG F80/1—2004)及《公路工程竣(交)工验收办法》的规定,采取实测实量,并查阅施工和监理资料,从分项工程到单位工程逐级进行评定,最终对整个建设项目进行打分。

本项目联络线24.25km(蒲山特大桥除外)段经监理单位评定,项目公司汇总,整个建设项目得分为96.8分。

评定结果见附件《交工验收各标段工程质量评分一览表》。

河南岭南高速公路有限公司

二〇〇八年十一月二十五日

附件3

河南岭南高速公路联络线24.25km(蒲山特大桥队外)段交工验收各合同段工程质量评分一览表

项目名称:河南岭南高速公路联络线24.25km(蒲山特大桥除外)

序号	标段	实得分	备注
1	No.19	95.3	监理评定
2	No.20	96.9	
3	No.21	96.3	
4	No.22	96.5	
5	No.25	98.8	
6	LM.06	97.5	
7	LM.07	97.1	
8	JA-3	95.7	
9	JA-6	97.5	
10	JA-9	97.2	
11	JA-12	97.1	
12	JA-13	97.8	
13	LH-05	97.6	
14	LH-11	97.5	
15	LH-12	97.9	
16	SSF-5	96.1	
合计			
鉴定得分		合格	

注:机电项目不参与本次质量评定。

附件 4

河南岭南高速公路联络线 24.25km(蒲山特大桥除外)段交工验收委员会名单

姓　名			单　位	职务/职称	签　名
主任委员	主　任	侯建军	河南岭南高速公路有限公司	董事长	
	副主任	李　林	河南省高速公路发展有限责任公司	副总经理	
	副主任	韩　冰	河南省高速公路发展有限责任公司	教授级高工	
	副主任	付中玉	南阳市交通局	副局长	
委员会成员	刘瑛嫦		河南省交通基本建设质量检测监督站	检测处处长	
	王文东		南阳市交通局（南阳市质检站）	总工程师(站长)	
	王银虎		河南省高速公路发展有限责任公司	工程管理部(副部长)	
	周本涛		河南省高速公路发展有限责任公司	工程管理部	
	刘宇		河南岭南高速公路有限公司	副经理	
	张廷明		河南岭南高速公路有限公司	总工程师	
	鄢宏发		河南岭南高速公路有限公司	副书记	
	朱保军		河南岭南高速公路有限公司	财务总监	
	朱彦朝		河南岭南高速公路有限公司	质量监督处长	
	李明远		河南岭南高速公路有限公司	工程技术处长	
	薛彦岭		河南岭南高速公路有限公司	计划合同处长	
	周根峰		河南岭南高速公路有限公司	协调处处长	
	王振玺		河南岭南高速公路有限公司	办公室主任	
	徐艳玲		河南岭南高速公路有限公司	财务处处长	
	张贵然		河南岭南高速公路有限公司	工程师	
	刘学东		河南岭南高速公路有限公司	高级工程师	
	郭伟中		河南岭南高速公路有限公司	工程师	
	张晔		河南岭南高速公路有限公司	工程师	
	马华敏		河南岭南高速公路有限公司	工程师	
	刘平		河南岭南高速公路有限公司	工程师	
	金锐		河南岭南高速公路有限公司	工程师	
	樊忠坤		河南岭南高速公路有限公司	工程师	
	魏建斌		中交第一公路勘察设计研究院	副总工程师	
	马松贞		河南省宏力工程咨询有限公司	总监代表	
	田海宾		北京华路捷公路工程技术咨询有限公司	总监代表	
	姚春杰		路桥华祥国际工程有限公司	项目经理	
	房保华		中铁四局集团有限公司	项目经理	
	富国洪		中铁七局集团有限公司	项目经理	
	董红伟		路桥华南工程有限公司	项目经理	
	任红军		中铁大桥局集团第六工程有限公司	项目经理	
	张建华		河南路桥建设集团有限公司	项目经理	
	杨道忠		江苏海通建设工程有限公司	项目经理	

续上表

姓名		单位	职务/职称	签名
委员会成员	黄克兵	潢川县佳美园林工程有限公司	项目经理	
	何彦召	河南省通行实业园林工程有限公司	项目经理	
	薛胜利	河南省豫建园林工程有限公司	项目经理	
	孙金勇	衡水桥闸工程橡胶股份有限公司	项目经理	
	王光仁	河南省公路附属设施有限公司	项目经理	
	顾剑刚	江苏中路交通工程有限公司	项目经理	
	牛智民	郑州彩达交通设施工程有限公司	项目经理	
	张国根	杭州神通交通设施有限公司	项目经理	
	周顺文	北京市高速公路交通工程公司	项目经理	
	苗长江	中铁建电气化一局第一工程有限公司	项目经理	
	崔守贵	辽宁阳光照明有限公司	项目经理	
	翟仁枝	中铁一局集团电务工程有限公司	项目经理	

4. 南阳市北绕城高速公路(联络线)蒲山特大桥工程交工验收报告

一、工程概况

(一)蒲山特大桥工程建设规模

蒲山特大桥全长1703m(JK13+660.9~JK15+364.10)位于连接二广高速公路与兰南高速公路的联络线上,分为引桥及主跨两部分,其中引桥为1478m,上部结构采用30m装配式预应力混凝土连续箱梁,下部采用桩柱式桥墩,桥台采用肋板式,小桩号方向引桥18孔,大桩号方向引桥31孔;主跨为225m刚性系杆拱结构,桥位上跨南水北调总干渠及焦柳铁路,桥面高出地面约22.6m。本桥采用双向四车道高速公路技术标准;设计荷载:公路—Ⅰ级×1.3;设计车速:120km/h;主桥横断面布置:标准桥梁横断面宽38.8m;桥梁上部采用三肋拱刚性混凝土系杆和整体混凝土桥面结构,桥梁由拱肋、风撑、系杆、吊杆、横梁和桥面板及桥墩、承台、钻孔桩等组成。

(二)建设依据

(1)河南省发展与改革委员会以豫发改交通〔2005〕705号文批准立项文件;

(2)河南省发展与改革委员会以豫发改设计〔2006〕359号文批准工程初步设计;

(3)河南省交通厅以豫交计〔2006〕332号文批准工程施工图设计;

(4)河南省交通厅文件关于印发《河南省高速公路设计技术要求》的通知(豫交计〔2005〕191号);

(5)河南省交通厅文件《关于洛阳至南阳高速公路分水岭至南阳段蒲山特大桥跨焦枝铁路及南水北调总干渠段工程施工图设计的批复》(豫交计〔2008〕145号)。

(三)参建单位

(1)建设单位:河南岭南高速公路有限公司;

(2)代建单位:郑州铁路局工程管理所;

(3)监理单位:河南省宏力工程咨询有限公司、郑州中原铁道建设工程监理有限公司;

(4)设计单位:中交第一公路勘察设计研究院、中铁郑州勘察设计咨询院有限公司;

(5)监控单位:河南省交院工程测试咨询有限公司;

(6)第三方无破损检测单位:武汉三联特种设备工程郑州分公司;

(7)桥梁施工单位:中铁七局集团有限公司;

(8)沥青路面施工单位:河南省中原路桥建设(集团)有限公司、江苏海通建设工程有限公司。

(四)项目建设情况

二广高速公路分水岭至南阳段工程分别于2007年12月9日、2008年11月26日建成通车试运营。联络线工程除蒲山特大桥已于2008年11月14日经河南省交通基本建设质量检测监督站质量检测合格,剩余工程蒲山特大桥已于2009年9月1日按照设计图纸及合同要求全部完成。

二、交工验收组织情况

根据交通部颁布的《公路工程竣(交)工验收办法》(2004年第3号令)及《关于贯彻执行公

路工程竣(交)工验收办法有关事宜的通知》(交工路发〔2004〕446 号)等文件、通知及国家、地方相关规范的要求,设计、施工、监理单位已编制完成工程竣工文件,河南省交通基本建设质量检测监督站于 2009 年 9 月 11 日对该项目进行了质量检测,并出具了工程质量检测意见。设计单位、施工单位、监理单位已完成本合同段的工作总结,蒲山特大桥已具备交工验收条件。

河南岭南高速公路有限公司于 2009 年 9 月 16 日、17 日组织工程设计、监理和施工单位,并邀请河南高速公路发展有限责任公司、质量监督机构、接养管理单位参加了交工验收会议。成立了二广高速公路分水岭至南阳段蒲山特大桥工程交工验收委员会。

交工验收委员会认真听取了以下报告:

(1)建设单位关于工程项目执行报告;

(2)设计单位关于设计工作报告;

(3)监理单位关于工程监理工作报告;

(4)施工单位关于工程施工总结报告。

交工验收委员会在听取报告、审查资料和实地察看的基础上,审查通过了河南岭南高速公路有限公司关于二广高速公路分水岭至南阳段蒲山特大桥执行报告。

三、工程检验评议

交工验收委员会听取了建设单位、设计单位、施工单位、监理单位的报告后,审查了有关资料,检查了实体工程现场,根据河南省交通基本建设质量检测监督站的质量检测意见,对工程整体情况进行了评议:

(1)各项目工程数量与批准的设计文件相符,与工程计量数量基本一致。

(2)内业资料中施工文件部分:材料检验、材料配比、试验数据、检测数据、施工记录、施工自检资料等基本齐全和准确,竣工文件的编制基本符合要求。

(3)监理工程师能够按照《公路工程施工监理规范》的要求对工程实施全方位的监理,履行合同赋予的职责。

(4)施工单位工程质量自检、抽检评定客观真实。

交工验收委员会在施工单位对工程质量自检、监理工程师对工程质量评定的基础上,按照交通部颁发《公路工程竣(交)工验收办法》、《公路工程质量检验评定标准》(JTG F80—2004),评定二广高速分水岭至南阳段蒲山特大桥工程质量等级为合格。

四、存在问题及处理意见

(1)桥梁支座范围工程遗留物清理不彻底,建议及时清理。

(2)泄水管未安装,建议尽快安装泄水管。

(3)建议限期做好资料的整理、归档和移交工作。

(4)个别施工原始记录签字不齐,填写内容不全。

五、结论

(1)二广高速公路分水岭至南阳段蒲山特大桥经交工验收委员会现场查看,内业资料检查,认为建设单位、设计单位、监理单位、施工单位在工程建设中能够遵守有关基本建设法规,履行合同,相互配合,圆满完成了建设任务,工程质量合格,同意交付使用。

(2)建设单位在交工验收后向管养单位提供工程资料档案,以便养护管理使用。

(3)凡属缺陷责任期中出现的质量问题,由原施工单位负责处理,运营中非工程质量原因出现的问题由接养单位负责解决,各施工单位和管理养护部门要密切配合,做好二广高速公路分水岭至南阳段蒲山特大桥工程的缺陷修复和养护管理工作。

(4)交工验收委员会建议有关单位尽快完成工程决算,做好项目最终审计和竣工验收前的准备工作。

附件:1. 二广高速公路分水岭至南阳段蒲山特大桥工程交工验收报告表
2. 二广高速公路分水岭至南阳段蒲山特大桥工程交工验收质量评定报告
3. 二广高速公路分水岭至南阳段蒲山特大桥工程交工验收各合同段工程质量评分一览表
4. 二广高速公路分水岭至南阳段蒲山特大桥暨房建、绿化、机电工程交工验收委员会名单

河南岭南高速公路有限公司

二〇〇九年九月十七日

附件 1

二广高速公路分水岭至南阳段蒲山特大桥工程交工验收报告表

一	工 程 名 称	二广高速公路分水岭至南阳段蒲山特大桥工程
二	工程地点及主要控制点	JK13 + 660.9 ~ JK15 + 364.10
三	建设依据	(1)河南省发展与改革委员会以豫发改交通〔2005〕705 号文批准立项文件; (2)河南省发展与改革委员会以豫发改设计〔2006〕359 号文批准工程初步设计; (3)河南省交通厅以豫交计〔2006〕332 号文批准工程施工图设计; (4)河南省交通厅文件关于印发《河南省高速公路设计技术要求》的通知(豫交计〔2005〕191 号); (5)河南省交通厅文件《关于洛阳至南阳高速公路分水岭至南阳段蒲山特大桥跨焦枝铁路及南水北调总干渠段工程施工图设计的批复》(豫交计〔2008〕145 号)
四	技术标准与主要指标	1. 引桥主要技术指标: (1)设计行车速度:120km/h; (2)路基宽度:28m; (3)平曲线一般最小半径:1000m; (4)平曲线极限最小半径:650m; (5)最大纵坡:≤3%; (6)桥梁设计荷载:公路—Ⅰ级 ×1.3; (7)设计洪水频率:特大桥为 1/300、其他和路基 1/100; (8)地震动峰值加速度系数:0.05g、0.10g。 2. 主跨主要技术指标: (1)该项目采用双向四车道高速公路技术标准; (2)桥梁设计荷载:公路—Ⅰ级 ×1.3; (3)设计车速:120km/h; (4)主桥横断面布置:标准桥梁横断面宽 38.8m,3.0m(边拱肋、系梁) +0.55m(护栏) +12.75m(行车道) +0.55m(护栏) +5.1m(中拱肋、系梁) +0.55m(护栏) +12.75m(行车道) +0.55m(护栏) +3.0m(边拱肋、系梁); (5)抗震等级:按照基本烈度Ⅶ度进行抗震验算,按照基本烈度Ⅷ度设防; (6)桥下净空:≥8.5m
五	交工段建设规模及性质	新建蒲山特大桥工程
六	开工日期	2005 年 9 月 16 日
	交工日期	2009 年 9 月 17 日
七	工程费用	1.98 亿
八	工程建设主要内容	引桥为 1478m,上部结构采用 30m 装配式预应力混凝土连续箱梁,下部采用桩柱式桥墩,桥台采用肋板式桥台,小桩号方向引桥 18 孔,大桩号方向引桥 31 孔; 主跨为 225m 刚性系杆拱结构,桥梁上部采用三拱肋混凝土刚性系杆和整体混凝土桥面结构,桥梁由拱肋、风撑、系杆、吊杆、横梁和桥面板及桥墩、承台、钻孔桩等组成; 桥面铺装:4cm 细粒式沥青混凝土 +6cm 中料式沥青混凝土厚,42944.5m^2
九	实际征用土地数(亩)	102
十	工程质量验收结论	合格

续上表

十一	存在问题处理措施	存在问题： (1)桥梁支座范围工程遗留物清理不彻底； (2)泄水管未安装； (3)限期做好资料的整理、归档和移交工作； (4)个别施工原始记录签字不齐，填写内容不全。 对上述以及质量检测报告中提出的问题，由建设单位和监理单位负责督促相关施工单位逐项落实、整改和完善
十二	附件	二广高速公路分水岭至南阳段蒲山特大桥工程交工验收质量评定报告
十三	呈报单位	河南岭南高速公路有限公司

附件2

二广高速公路分水岭至南阳段蒲山特大桥工程交工验收质量评定报告

根据交通部令(2004年第3号)《公路工程竣(交)工验收办法》、交公路发〔2004〕第446号文件的要求，2009年9月1日，项目公司组织监理、承包人对二广高速公路分水岭至南阳段蒲山特大桥工程各分项工程、分部工程、单位工程进行了质量评定。

本次质量评定严格按照《公路工程质量检验评定标准》(JTG F80—2004)及《公路工程竣(交)工验收办法》的规定，采取实测实量，并查阅施工和监理资料，从分项工程到单位工程逐级进行评定，最终对整个建设项目进行打分。

本项目二广高速公路分水岭至南阳段蒲山特大桥工程经监理单位评定，项目公司汇总，整个建设项目得分为97.0分。

评定结果见附件《交工验收各标段工程质量评分一览表》。

河南岭南高速公路有限公司

二〇〇九年九月十七日

附件3

二广高速公路分水岭至南阳段蒲山特大桥工程交工验收各合同段工程质量评分一览表

项目名称：二广高速公路分水岭至南阳段蒲山特大桥工程

序　号	标　段	实得分数	备　注
1	土建21标	96.8	监理评定
2	沥青路面标	97.1	监理评定
评定得分		97.0	

附件 4

二广高速公路分水岭至南阳段蒲山特大桥暨房建、绿化、机电工程交工验收委员会名单

姓　　名			单　　位	职务/职称	签　　名
主任委员	主　任	侯建军	河南岭南高速公路有限公司	董事长/教高	
	副主任	王春江	河南省交通基本建设质量检测监督站	站长/教高	
	副主任	李　林	河南高速公路发展有限责任公司	副总/教高	
	副主任	韩　冰	河南省高速公路发展有限责任公司	助调/教高	
		刘英嫦	河南省交通基本建设质量检测监督站	副处长	
		张廷明	河南岭南高速公路有限公司	副总、总工	
		周根峰	河南岭南高速公路有限公司	副总经理	
		史红斌	河南省高速公路发展有限责任公司	部长	
		韩永红	河南高发服务区改扩建项目	经理/教高	
		韩利	河南高发试验检测公司	经理/高工	
		付立军	河南高发监理咨询公司	副经理/高工	
		陈玉梅	河南省高速公路发展有限责任公司	高工	
		张贵然	河南岭南高速公路有限公司	质监处负责人	
		李明远	河南岭南高速公路有限公司	工程处负责人	
		薛彦岭	河南岭南高速公路有限公司	计划合同处长	
		徐艳玲	河南岭南高速公路有限公司	财务处处长	
		郭伟中	河南岭南高速公路有限公司	协调处副处长	
		张晔	河南岭南高速公路有限公司	工程师	
		刘平	河南岭南高速公路有限公司	高级工程师	
		樊忠坤	河南岭南高速公路有限公司	高级工程师	
		李耀民	郑州铁路局工程管理所	所长	
		程庆伟	郑州铁路局工程管理所	副所长	
		何伟强	郑州铁路局工程管理所	科长	

续上表

姓　　名		单　　位	职务/职称	签　　名
主任委员	梁宪昌	郑州铁路局工程管理所	高级工程师	
	魏建斌	中交第一公路勘察设计研究院	副总工程师	
	岳春明	中铁郑州勘察设计咨询院有限公司	副院长	
	梁占旭	中铁郑州勘察设计咨询院有限公司	副院长	
	马松贞	河南宏力工程咨询有限公司	总监代表	
	王永森	郑州中原铁道建设工程监理有限公司	总监代表	
	郭金山	河南省交院工程测试咨询有限公司	监控组经理	
	段红新	武汉三联特种设备工程郑州分公司	检测组经理	
	富国红	中铁七局集团有限公司	项目经理	
	刘典恩	河南省中原路桥建设(集团)有限公司	项目经理	

5. 二广高速公路分水岭至南阳段交通机电和配电照明工程交工验收报告

一、工程概况

二广高速公路分水岭至南阳段是国道主干线二连浩特至广州的重要一段，向北与平顶山段相连，向南和沪陕高速相连，桩号 K0 + 849.907 ~ K74 + 756，连接线 JK0 + 000 ~ JK24 + 247，总长 98.549km，它的建成对于实现交通流在国道主干线、国家重点公路间的快速转移将起到非常重要的作用。

二广高速公路分水岭至南阳段交通机电及供配电照明工程主要包括如下内容。

1. 监控系统

由外场设备及传输系统两大部分组成，本路段不设分中心，并入沪陕南阳分中心统一管理。

(1)外场设备

监控外场设备提供各类交通信息，执行控制命令。为了对区域内的交通、气象状况进行实时的监视，并对报警、事故等进行确认，分水岭至南阳段高速公路实施全路段监控；在主线收费站出入口、高接高互通立交、隧道入口设置信息发布屏，向驾驶员提供交通信息，对车辆进行诱导和控制。主要设备见表 1。

监控外场设备主要信息表 表 1

序　号	名　称	单　位	数　量	备　注
1	微波车辆检测器	套	13	
2	大型可变情报板	套	3	
3	F 形可变情报板	套	4	收费前方信息发布
4	F 形可变情报板	套	5	主线
5	道路监视摄像机	套	63	
6	隧道摄像机	套	8	
7	气象检测器	套	1	

(2)信息传输

本路段的微波车辆检测器、F 形可变情报板、大型可变情报板、气象检测器等外场终端设备通过数据光端机传输到就近通信站，再通过综合业务接入网传输至监控分中心，通信系统为监控数据上传提供 10M/100M 以太网接口。

(3)图像信息传输

视频监控系统包括收费系统视频监控(收费车道出入口图像、收费广场图像、收费亭图像、收费监控室图像、财务室图像)和路段视频监控(含隧道)。道路摄像机通过视频数字复用光端机直接上传监控分中心，枢纽互通监控图像通过视频数据光端机直接上传监控分中心，收费系统视频监控图像上传收费站监控室，经视频切换矩阵切换出 3 路图像后，通过视频数据复用光端机上传监控分中心，通信系统提供单模光缆。

2. 通信系统

通信系统是为高速公路运营管理及监控、收费系统实施提供必要的话音业务及数据、图像传输通道。本工程通信系统采用干线 SDH 光同步数字传输系统和基层综合业务接入网系统以及程控数字交换系统形成一套全数字综合业务通信系统。

本工程光纤干线传输系统采用中兴通讯的 ZXMPS380 型 SDH 传输设备。在南阳监控分中心设置一套 STM-4 等级的 ADM-622 分插复用设备 ZXSM2500E(ZXMPS380)。设备配置采用 1 +1 保护方式。

(1)本工程综合业务接入网系统

在沪陕高速南阳分中心设置 OLT 光线路终端设备,全线在南召、五朵山、独山、南阳西遮山 4 处匝道收费站和南阳北服务区和南召停车区设置 ONU 光网络单元设备。岭南高速公路各收费站的综合业务接入网设备用 4 芯光纤采用隔站相接的方式构成一个自愈保护环,服务区和停车区的综合业务接入网设备利用 2 芯光纤,就近分别接入五朵山、南召收费站网设备上,形成支路。

(2)程控数字交换系统

在沪陕高速南阳分中心设置一台中兴通讯 ZXJ10 型数字程控交换机(不在本路段),通过 ZXA10 光纤用户接入网的 V5.2 接口延伸到各站点。为岭南高速公路沿线各管理部门提供业务电话(BT)、传真机(FAX)、指令电话(CT)和 ISDN2B + D 通信业务。在综合通信系统中所提供的业务电话,满足管理和运营要求。

(3)会议电视系统

会议电视系统构成包括三部分:MCU 设备、终端设备、传输通道。安装在南召、五朵山、独山、南阳西遮山收费站,共设置 4 台终端设备。

(4)光缆工程

光缆线路采用主干光缆与监控视频光缆分缆布设的方式。

主干光缆采用 40 芯,从路线起点敷设至路线终点。其中:1 ~4 芯为干线预留,5 ~8 芯为综合业务接入网传输用,9 ~24 芯预留,25 ~32 芯为收费图像传输用,32 ~40 芯为服务区通信站接入就近收费站用(局部),17 ~18 芯为监控摄像机图像传输使用,19 ~36 芯备用。

(5)通信电源系统

本工程通信系统中所有通信站配置 ZXDU580-S302、ZXDU45100A、ZXDU580-S301、ZXDU4530A型高频开关电源及蓄电池组作为通信网络专用的 -48V 直流电源。

3. 收费系统

(1)收费制式

本路段采用“封闭式”收费制式。

(2)收费方式

为人工判别车型,入口发放通行卡,出口回收、验卡、计算通行费,人工收费,计算机管理,车辆检测器校核,闭路电视监视的半自动收费方式。按照车型和行驶里程并结合计重收费的方式收取通行费,通行卡采用非接触式 IC 卡通行券,在系统中封闭运行,重复、循环使用。

(3)收费管理体制

二广高速公路分水岭至南阳段收费系统的管理体制分为三级,即省高速公路收费中心(拆账中心)、路段收费分中心、收费站。本路段沿线站点由南阳收费分中心统一管理。收费站为基层收费管理单位,直接从事收费业务。

(4)收费站点布设

分别设为驻马店南收费站、确山收费站、竹沟收费站、高邑收费站,见表 2。

收费站点布设表 表2

收费站名称	开通车道数	土建车道数
南召收费站	2入2出	2入2出
五朵山收费站	2入2出	2入2出
南阳西遮山收费站	2入3出	2入3出
独山收费站	4入8出	4入8出
合计	10入15出	10入15出

(5)收费系统构成

由计算机系统、闭路电视监视系统、内部对讲系统和安全报警系统以及称重系统构成。

(6)通行券

采用非接触式IC卡作为通行券,符合交通行业标准《公路收费非接触IC卡》(JT/T 452)的要求。

(7)联网收费软件

收费系统软件采用全省统一软件。

4. 供配电、照明系统(含隧道)

供电与照明工程主要安装干式变压器10台,箱变5台,高压开关柜8面,低压开关柜72面,柴油发电机12台,30m高杆灯26基,25m高杆灯4基,12m低杆灯36基,隧道灯2992盏等。

二、建设依据

(1)河南省发展和改革委员会《关于洛阳至南阳高速公路分水岭至南阳段可行性研究报告的批复》(豫发改办〔2005〕705号);

(2)河南省发展和改革委员会初步设计批复文件《关于洛阳至南阳高速公路分水岭至南阳段工程初步设计的批复》(豫发改设计〔2006〕359号);

(3)河南省交通厅豫交计〔2007〕29号文《关于洛南高速分水岭至南阳段机电工程详细设计通信管道供配电照明隧道附属工程施工图设计的批复》批准工程施工图设计;

(4)河南高速公路发展有限责任公司与中交第一公路勘察设计院签署的《洛阳至南阳高速公路分水岭至南阳段勘察设计合同书》。

三、项目参建单位

(1)建设单位:河南岭南高速公路有限公司;

(2)设计单位:中交第一公路勘察设计研究院;

(3)监理单位:北京华路捷公路工程技术咨询有限公司;

(4)质量监督单位:河南省交通基本建设质量检测监督站;

(5)施工单位:见表3。

施工单位一览表 表3

类别	合同号	单位名称	合同金额(元)
供电照明	LNGZ-1	郑州市祥龙电力安装工程有限公司	8845539.07
供电照明	LNGZ-2	郑州市亚通照明工程有限责任公司	10346188.90
供电照明	LNGZ-3	中铁建电气化局集团第一工程有限公司	5186002.28
供电照明	LNGZ-4	辽宁阳光照明工程有限公司	6633730.09
机电	LNJD	中铁一局集团电务工程有限公司	51245099.09

四、交工验收组织情况

二广高速公路分水岭至南阳段交通机电和配电照明工程各参建单位已完成合同约定的各项工作;各施工、监理单位已对工程质量进行自检,经检测质量合格;河南省交通基本建设质量检测监督站委托河南省公路工程试验检测中心于 2009 年 5 月 20 日至 23 日对该项目进行了质量检测,并出具了工程质量检测报告;各参建单位编制完成竣工文件和相关工作总结,按照交通部《公路工程竣(交)工验收办法》(交通部令 2004 年第 3 号)的要求,河南岭南高速公路有限公司于 2009 年 9 月 17 日成立交工验收委员会,组织本项目交通机电和配电照明工程的交工验收。

五、存在问题及建议

(1)五朵山收费站电视墙距墙体较近,不满足维护通道距离要求,建议整改。

(2)局部存在设备叠加摆放,不利于散热,影响设备使用寿命,建议分层摆放。

(3)建议限期做好资料的整理、归档和移交工作。

(4)个别施工原始记录签字不齐,填写内容不全。

六、工程验收结论

(1)二广高速公路分水岭至南阳段交通机电和配电照明工程经交工验收委员会现场查看,内业资料检查,认为建设单位、设计单位、监理单位、施工单位在工程建设中能够遵守有关基本建设法规,履行合同,相互配合,圆满完成了建设任务,工程质量合格,同意交付使用。

(2)建设单位在交工验收后向接养单位提供工程资料档案,以便养护管理使用。

(3)凡属缺陷责任期中出现的质量问题,由原施工单位负责处理,运营中非工程质量原因出现的问题由接养单位负责解决,各施工单位和接养单位要密切配合,做好二广高速公路分水岭至南阳段交通机电和配电照明工程的缺陷修复和养护管理工作。

(4)交工验收委员会建议有关单位尽快完成工程决算,做好项目最终审计和竣工验收前的准备工作。

附件:1. 二广高速公路分水岭至南阳段交通机电工程交工验收报告表
2. 二广高速公路分水岭至南阳段交通机电工程交工验收质量评定报告
3. 二广高速公路分水岭至南阳段交通机电工程交工验收各合同段工程质量评分一览表
4. 二广高速公路分水岭至南阳段蒲山特大桥工程交工验收委员会名单

河南岭南高速公路有限公司

二〇〇九年九月十七日

附件 1

二广高速公路分水岭至南阳段交通机电工程交工验收报告表

一	工程名称	二广高速公路分水岭至南阳段
二	工程地点及主要控制点	主线 K0 +849.907 ~ K74 +756; 主要控点:北段 K0 +849.907 ~ K12 +313 隧道群供配电照明工程、南召收费站、五朵山收费站、南阳西遮山收费站等; 联络线 JK +000 ~ JK24 +247.172,主要控点独山收费站
三	建设依据	(1)河南高速公路发展有限责任公司与中交第一公路勘察设计院签署的《洛阳至南阳高速公路分水岭至南阳段勘察设计合同书》; (2)河南省发展和改革委员会《关于洛阳至南阳高速公路分水岭至南阳段可行性研究报告的批复》(豫发改办〔2005〕705 号); (3)河南省发展和改革委员会初步设计批复文件《关于洛阳至南阳高速公路分水岭至南阳段工程初步设计的批复》(豫发改设计〔2006〕359 号); (4)河南省交通厅以豫交计〔2007〕29 号文《关于洛南高速分水岭至南阳段机电工程详细设计 通信管道 供配电照明 隧道附属工程 施工图设计的批复》批准工程施工图设计
四	技术标准与主要指标	监控系统:本路段不设路段监控分中心,扩建信南(翟庄)分中心,全路段监控,监控系统外场设备主要包括道路摄像机、微波车辆检测器、F 形情报板、大型情报板、气象检测器。监控系统数据传输方式为:各互通及服务区外场设施通过数据光端机上传就近通信站,在通信站再接入通信系统低速数据通道后上传分中心。全线所有视频信号采用数字非压缩级联方式直接传输至分中心,根据视频信号,共组成 8 个链路,视频信号采用隔点跳接方式连接,每个级联链路传输 7 ~ 8 路视频信号。隧道监控信息通过光端机上传。 通信系统:采用 SDH 光同步数字干线传输系统实现通信系统全省联网;采用三级管理模式即河南省通信中心(不在本工程范围)—南阳通信分中心(不在本工程范围)—无人通信站。各无人通信站设置 STM-4 等级的 ONU 设备,跳站连接,形成环状保护。南阳(翟庄)分中心提供本项目所有用户电话。全线在整体式路段沿中分带敷设 12 根 $\phi40/33$ 的高密度聚乙烯硅芯管,在分离式路段分别铺设于左右行车方向的右侧土路肩或碎落台下,分别敷设 8 根 $\phi40/33$ 硅芯管。 收费系统:全线共设置南召、五朵山、独山、南阳西遮山 4 处匝道收费站,其中独山收费站位于本项目与许平南高速公路的连接线上,实现封闭式下的联网收费功能。采用人工识别车型、人工收费、电视监控、计算机管理、检测器核对的半自动化收费方式,通行卡采用符合河南省联网收费规范要求的非接触式 IC 卡。 供电照明系统:供电负荷等级,一级负荷监控、通信、收费系统、消防水泵设备;二级负荷,办公、立交照明
五	交工段建设规模及性质	全封闭、双向四/六车道高速公路(全长 98.549km)
六	开工日期	2007 年 6 月
	交工日期	2009 年 9 月 17 日
七	批准概算	机电项目总概算为 9566 万元

八	工程建设主要内容	(1)隧道供配电:分水岭隧道、柴家庄隧道、上河东隧道、雪家庄隧道配电房、高压柜、变压器、EPS、节电器、低压柜、柴油发电机组和隧道消防箱工程。 (2)隧道照明:分水岭隧道、柴家庄隧道、上河东隧道、雪家庄隧道照明灯具、桥架、洞口重复接地、分水岭隧道洞外照明设备安装调试。 (3)路段供配电:南召收费站、遮山收费站、五朵山收费站、独山收费站、南阳北服务区配电房内高低压配电设备、发电机组安装及调试工作。张华岗枢纽、龚河枢纽、祝庄枢纽、南召停车区箱式变电站的安装及调试工作。 (4)路段照明:30m 高杆灯 26 基、25m 高杆灯 4 基、12m 低杆灯 36 基,电缆转接手孔浇筑,电力电缆敷设,智能节电照明控制器安装,镀锌钢管预埋。 (5)机电工程:监控系统设备主要包括监控外场设备,包括 63 套遥控摄像机、13 套车辆检测器、3 套门架式可变情报板、9 套 F 形可变情报板、2 套服务区室外信息发布屏。 (6)通信系统:包括南召收费站、遮山收费站、五朵山收费站、独山收费站、南阳北服务区、南召停车区无人通信站 6 处以及全线硅芯管、光缆敷设。 (7)收费系统:包括南召收费站、南阳西遮山收费站、五朵山收费站、独山收费站 4 处,包括收费车道设施、收费监控设施。 (8)隧道监控系统:统包括分水岭隧道、柴家庄隧道、上河东隧道、雪家庄隧道车道控制灯、本地控制器等设施安装调试
九	实际征用土地数(亩)	9910.3
十	工程质量验收结论	合格
十一	存在问题处理措施	存在问题及建议: (1)五朵山收费站电视墙距墙体较近,不满足维护通道距离要求; (2)局部存在设备叠加摆放,不利于散热,影响设备使用寿命,建议分层摆放; (3)建议限期做好资料的整理、归档和移交工作; (4)个别施工原始记录签字不齐,填写内容不全; 对上述以及质量检测报告中提出的问题,由建设单位和监理单位负责督促相关施工单位逐项落实、整改和完善
十二	附件	二广高速公路分水岭至南阳段交通机电工程交工验收质量评定报告
十三	呈报单位	河南岭南高速公路有限公司

附件 2

二广高速公路分水岭至南阳段交通机电工程交工验收质量评定报告

根据交通部令(2004 年第 3 号)《公路工程竣(交)工验收办法》、交公路发〔2004〕第 446 号文件的要求,2009 年 8 月 30 日、31 日,项目公司组织监理、承包人对二广高速公路分水岭至南阳段交通机电工程各分项工程、分部工程、单位工程进行了质量评定。

本次质量评定严格按照《公路工程质量检验评定标准》(JTG F80/2—2004)及《公路工程竣(交)工验收办法》的规定,采取实测实量,并查阅施工和监理资料,从分项工程到单位工程逐级进行评定,最终对整个建设项目进行打分。

本项目二广高速公路分水岭至南阳段经监理单位评定,项目公司汇总,整个建设项目得分为 96.7 分。

评定结果见附件《交工验收各标段工程质量评分一览表》。

河南岭南高速公路有限公司

二〇〇九年九月十七日

附件 3

二广高速公路分水岭至南阳段交通机电工程交工验收各合同段工程质量评分一览表

项目名称:二广高速公路分水岭至南阳段

序　号	标　段	监理评定分数	备　注
1	LNCZ-01	96.9	
2	LNGZ-02	96.4	
3	LNGZ-03	97.2	
4	LNGZ-04	96.6	
5	LNJD	96.6	
评定得分		$\sum/5=96.7$	

附件 4

二广高速公路分水岭至南阳段蒲山特大桥工程交工验收委员会名单

姓　名			单　位	职务/职称	签　名
主任委员	主　任	侯建军	河南岭南高速公路有限公司	董事长/教高	
	副主任	王春江	河南省交通基本建设质量检测监督站	站长/教高	
	副主任	李林	河南高速公路发展有限责任公司	副总/教高	
	副主任	韩冰	河南高速公路发展有限责任公司	助调/教高	
	刘英嫦		河南省交通基本建设质量检测监督站	副处长	
	张廷明		河南岭南高速公路有限公司	副总、总工	
	周根峰		河南岭南高速公路有限公司	副总经理	
	史红斌		河南省高速公路发展有限责任公司	部长	
	韩永红		河南省高速公路发展有限责任公司	经理/教高	
	韩利		河南高发试验检测公司	经理/高工	
	付立军		河南高发监理咨询公司	副经理/高工	
	陈玉梅		河南省高速公路发展有限责任公司	高工	
	张贵然		河南岭南高速公路有限公司	质监处负责人	
	李明远		河南岭南高速公路有限公司	工程处负责人	
	薛彦岭		河南岭南高速公路有限公司	计划合同处长	
	徐艳玲		河南岭南高速公路有限公司	财务处处长	
	郭伟中		河南岭南高速公路有限公司	协调处副处长	
	张晔		河南岭南高速公路有限公司	工程师	
	刘平		河南岭南高速公路有限公司	高级工程师	
	樊忠坤		河南岭南高速公路有限公司	高级工程师	
	魏建斌		中交第一公路勘察设计研究院	副总工程师	
	田海宾		北京华路捷公路工程技术咨询有限公司	总监理工程师	
	姚鹏飞		郑州市祥龙电力安装工程有限公司	项目经理	
	罗永		郑州市亚通照明工程有限责任公司	项目经理	
	林宗武		中铁建电气化局集团第一工程有限公司	项目经理	
	段玉忠		辽宁阳光照明工程有限公司	项目经理	
	朱海明		中铁一局集团电务工程有限公司	项目经理	

6. 二广高速公路分水岭至南阳段房建工程交工验收报告

一、工程概况

（一）房建工程建设规模

本项目房建工程主线设置三处匝道收费站、一处监控管理所、一处服务区、一处停车区和一处交警路政养护管理所，联络线设置匝道收费站 1 处，工程总建筑面积 18191m^2，其中：南召收费站 1195m^2，五朵山收费站与路政交警养护管理所 2278m^2，遮山收费站与管理监控所 2738m^2，南召停车区 2331m^2，南阳北服务区 7225m^2，独山收费站 2425m^2。

（二）建设依据

（1）河南省发展与改革委员会豫发改交通〔2005〕705 号文批准项目立项；

（2）河南省发展与改革委员会豫发改设计〔2006〕359 号文批准项目初步设计；

（3）河南省交通厅以豫交计〔2007〕48 号文批准工程施工图设计。

（三）参建单位

（1）建设单位：河南岭南高速公路有限公司；

（2）设计单位：中交第一公路勘察设计研究院；

（3）监理单位：河南省宏力工程咨询有限公司、河南省高等级公路建设监理部；

（4）质量监督单位：河南省交通基本建设质量检测监督站；

（5）施工单位：见表 1。

表 1

合 同 号	施 工 单 位	合同金额（元）
FJ-1	河南六建建筑集团有限公司	3865929.76
FJ-2	河南科兴建设有限公司	7580243.10
FJ-3	河南省合立建筑工程有限公司	4873753.01
FJ-4	中国有色金属第六冶金建设公司洛阳公司	5023897.81
FJ-5	中铁十五局集团第七工程局有限公司	4795580.48
FJ-6	林州市建筑工程九公司	6517353.01
FJ-7	江苏省第一建筑安装有限公司	5660793.07
FJ-8	焦作市海宇公路工程有限公司	2163924.39
FJ-9	郑州市第一建筑工程有限责任公司	2232604.91
FJ-10	深圳市文业装饰设计工程有限公司	1218886.84
FJ-11	河南省豫美装饰工程有限公司	2158103.19
FJ-13	河南省合立建筑工程有限公司	5825762.61
FJ-14	河南锦业实业有限公司	5464116.13

（四）项目建设情况

二广高速公路分水岭至南阳段项目分别于 2007 年 12 月 9 日和 2008 年 11 月 26 日建成通车试运营。项目收费站、服务区及沿线附属设施工程于 2007 年 12 月和 2008 年 11 月分期建设完成。

二、交工验收组织情况

根据交通部《公路工程竣(交)工验收办法》、国家《建筑安装工程质量检验评定标准》及部颁规范的要求,设计、施工和监理单位已编制完成工程竣工文件,河南省交通基本建设质量检测监督站于2009年5月13日、14日对本工程进行了质量检测,并出具了工程质量检测意见。设计单位、施工单位和监理单位已完成本合同段的工作总结,本项目房建工程已具备交工验收条件。

项目建设单位河南岭南高速公路有限公司于2009年9月16日、17日组织工程设计、监理和施工单位,邀请河南高速公路发展有限责任公司、质量监督和接养管理单位成立了本项目房建工程交工验收委员会,交工验收委员会认真听取了以下报告:

(1)建设单位工程项目执行报告;

(2)设计单位设计工作报告;

(3)监理单位工程监理工作报告;

(4)施工单位工程施工总结报告。

交工验收委员会在听取报告、审查资料和实地察看的基础上,审查通过了本项目房建工程执行报告。

三、工程交工检测评议

交工验收委员会听取了建设单位、设计单位、施工单位和监理单位的报告后,审查了有关资料并检查了实体工程现场,根据河南省交通建设质量检测监督站的质量检测意见,对工程整体情况进行了评议:

(1)各项目工程数量与批准的设计文件相符,与工程计量数量基本一致。

(2)内业资料中的材料检验、材料配比、试验数据、检测数据、施工记录、施工自检资料等基本齐全和准确,竣工文件的编制符合要求。

(3)监理工程师能够按照《公路工程施工监理规范》的要求对工程实施全方位的监理,履行合同赋予的职责。

(4)施工单位工程质量自检、抽检评定客观真实。

交工验收委员会在施工单位对工程质量自检、监理工程师对工程质量评定的基础上,按照交通部颁《公路工程竣(交)工验收办法》和国家《建筑安装工程质量检验评定标准》,评定本项目房建工程质量等级为合格。

四、存在问题及处理意见

(1)装饰工程:个别墙面有裂纹;个别地板砖错台且缝宽不一致;个别地板砖有破损。

(2)场区工程:南阳西遮山收费站路面有局部沉陷。

(3)建议限期做好资料的整理、归档和移交工作。

(4)个别施工原始记录签字不齐,填写内容不全。

五、结论

(1)本项目房建工程经交工验收委员会现场查看和内业资料检查,认为建设单位、设计单位、监理单位和施工单位在工程建设中能够遵守有关基本建设法规,履行合同,相互配合,圆满完成了建设任务,工程质量合格,同意交付使用。

(2)建设单位在交工验收后向管养单位提供工程资料档案,以便养护管理使用。

(3)凡属缺陷责任期中出现的质量问题,由原施工单位负责处理,运营中非工程质量原因出现的问题,由接养单位负责解决,各施工单位和管理养护部门要密切配合,做好本项目房建工程的缺陷修复和养护管理工作。

(4)交工验收委员会建议有关单位尽快完成工程决算,做好项目最终审计和竣工验收前的准备工作。

附件:1. 二广高速公路分水岭至南阳段房建工程交工验收报告表

2. 二广高速公路分水岭至南阳段房建工程交工验收质量评定报告

3. 二广高速公路分水岭至南阳段房建工程交工验收各合同段工程质量评分一览表

4. 二广高速公路分水岭至南阳段蒲山特大桥暨房建、绿化、机电工程交工验收委员会名单

河南岭南高速公路有限公司

二〇〇九年九月十六日

附件 1

二广高速公路分水岭至南阳段房建工程交工验收报告表

一	工 程 名 称	二广高速公路分水岭至南阳段
二	工程地点及主要控制点	(1)南召收费站 k20 +160。 (2)南召停车区 K25 +963。 (3)瓦篚(五朵山收费站)收费站 K34 +372。 (4)南阳北服务区 K69 +343。 (5)南阳西遮山收费站 K74 +733。 (6)独山收费站 JK17 +627
三	建设依据	(1)河南省发展与改革委员会豫发改交通〔2005〕705 号文批准项目立项; (2)河南省发展与改革委员会豫发改设计〔2006〕359 号文批准项目初步设计; (3)河南省交通厅豫交计〔2007〕48 号文批准工程施工图设计
四	技术标准与主要指标	1. 技术标准: (1)使用年限 50 年; (2)抗震烈度Ⅵ; (3)防火二级; (4)防水Ⅲ级; (5)电负荷容量 286.59kW; (6)生活用水 $18m^3/h$,消防用水量 10L/s。 2. 主要指标: (1)用地面积 283 亩($188959.10m^2$); (2)总建筑面积 $19157m^2$,其中建筑物面积 $18191m^2$,构筑物占地面积 $966m^2$; (3)绿化面积 $41000m^2$; (4)建筑系数 10.1%; (5)建筑容积率 10%; (6)绿化系数 22%
五	交工段建设规模及性质	全线房建新建工程
六	开工日期	2007 年 4 月
	交工日期	2009 年 9 月 17 日
七	批准概算	5207 万元
八	工程建设主要内容	(1)南召收费站; (2)南召停车区; (3)瓦篚(五朵山收费站)收费站; (4)南阳北服务区; (5)南阳西遮山收费站; (6)独山收费站
九	实际征用土地数(亩)	283
十	工程质量验收结论	合格

续上表

十一	存在问题及处理措施	存在问题: (1)装饰工程:个别墙面有裂纹;个别地板砖错台且缝宽不一致;个别地板砖有破损; (2)场区工程:南阳西遮山收费站路面有局部沉陷; (3)限期做好资料的整理、归档和移交工作; (4)个别施工原始记录签字不齐,填写内容不全 对上述以及质量检测报告中提出的问题,由建设单位和监理部门负责督促相关施工单位逐项落实、整改和完善
十二	附件	二广高速公路分水岭至南阳段交工验收质量评定报告
十三	呈报单位	河南岭南高速公路有限公司

附件 2

二广高速公路分水岭至南阳段房建工程
交工验收质量评定报告

根据交通部令(2004 年第 3 号)《公路工程竣(交)工验收办法》和交公路发〔2004〕第 446 号文件的要求,2009 年 3 月 22 日至 28 日,建设单位组织监理、承包人对二广高速公路分水岭至南阳段房建工程各分项工程、分部工程、单位工程进行了质量评定。

本次质量评定严格按照《建筑工程施工质量验收统一标准》(GB 50300—2001)及《公路工程竣(交)工验收办法》的规定,采取实测实量,并查阅施工和监理资料,从分项工程到单位工程逐级进行评定,最终对本房建工程进行打分,监理单位评定,建设单位汇总,整个工程项目评定为合格。

评定结果见附件《交工验收各合同工程质量评分一览表》。

河南岭南高速公路有限公司

二〇〇九年九月十七日

附件 3

二广高速公路分水岭至南阳段房建工程交工验收各合同段工程质量评分一览表

项目名称:二广高速公路分水岭至南阳段

序　　号	标　　段	评 定 结 果	备　　注
1	FJ-01	合格	监理评定
2	FJ-02	合格	监理评定
3	FJ-03	合格	监理评定
4	FJ-04	合格	监理评定
5	FJ-05	合格	监理评定
6	FJ-06	合格	监理评定
7	FJ-07	合格	监理评定

续上表

序　号	标　段	评定结果	备　注
8	FJ-08	合格	监理评定
9	FJ-09	合格	监理评定
10	FJ-10	合格	监理评定
11	FJ-11	合格	监理评定
12	FJ-13	合格	监理评定
13	FJ-14	合格	监理评定
评定结果		合格	

附件4

二广高速公路分水岭至南阳段蒲山特大桥暨房建、绿化、机电工程交工验收委员会名单

姓　名			单　位	职务/职称	签　名
主任委员	主　任	侯建军	河南岭南高速公路有限公司	董事长/教高	
	副主任	王春江	河南省交通基本建设质量检测监督站	站长/教高	
	副主任	李林	河南高速公路发展有限责任公司	副总/教高	
	副主任	韩冰	河南省高速公路发展有限责任公司	助调/教高	
	刘英嫦		河南省交通基本建设质量检测监督站	副处长	
	张廷明		河南岭南高速公路有限公司	副总、总工	
	周根峰		河南岭南高速公路有限公司	副总经理	
	史红斌		河南省高速公路发展有限责任公司	部长	
	韩永红		河南高发服务区改扩建项目	经理/教高	
	韩　利		河南高发试验检测公司	经理/高工	
	付立军		河南高发监理咨询公司	副经理/高工	
	陈玉梅		河南省高速公路发展有限责任公司	高工	
	张贵然		河南岭南高速公路有限公司	质监处负责人	
	李明远		河南岭南高速公路有限公司	工程处负责人	
	薛彦岭		河南岭南高速公路有限公司	计划合同处长	
	徐艳玲		河南岭南高速公路有限公司	财务处处长	
	郭伟中		河南岭南高速公路有限公司	协调处副处长	
	张　晔		河南岭南高速公路有限公司	工程师	
	刘　平		河南岭南高速公路有限公司	高级工程师	
	樊忠坤		河南岭南高速公路有限公司	高级工程师	
	魏建斌		中交第一公路勘察设计研究院	副总工程师	
	马松贞		河南省宏力工程咨询有限公司	总监代表	
	任伟		河南省高等级公路建设监理部	总监代表	
	乔志邦		河南六建建筑集团有限公司	项目经理	
	胡大权		河南科兴建设有限公司	项目经理	
	陆学良		河南省合立建筑工程有限公司	项目经理	
	曹守玉		中国有色金属第六冶金建设公司洛阳公司	项目经理	

续上表

姓 名		单 位	职务/职称	签 名
主任委员	王忠全	中铁十五局集团第七工程局有限公司	项目经理	
	林玉生	林州市建筑工程九公司	项目经理	
	郭全林	江苏省第一建筑安装有限公司	项目经理	
	牛继鹏	焦作市海宇公路工程有限公司	项目经理	
	沈家学	郑州市第一建筑工程有限责任公司	项目经理	
	姜健	深圳市文业装饰设计工程有限公司	项目经理	
	陈永芳	河南省豫美装饰工程有限公司	项目经理	
	皇甫仰海	河南省合立建筑工程有限公司	项目经理	
	董玉林	河南锦业实业有限公司	项目经理	

7. 二广高速公路分水岭至南阳段绿化工程交工验收报告

一、工程概况

(一)绿化工程建设规模

二广高速公路分水岭至南阳段绿化工程全长98.55km,包括中央分隔带及路侧边沟绿化、7处互通区绿化、4处收费站绿化、2处服务区绿化。

(二)建设依据

(1)河南省发展与改革委员会豫发改交通〔2005〕705号文批准立项文件

(2)河南省发展与改革委员会豫发改设计〔2006〕359号文批准工程初步设计;

(3)河南省交通厅豫交计〔2007〕136号文批准工程施工图设计;

(4)《河南省高速公路景观设计指南》。

(三)参建单位

(1)建设单位:河南岭南高速公路有限公司;

(2)设计单位:中交第一公路勘察设计研究院;

(3)监理单位:河南省宏力工程咨询有限公司、河南省高等级公路建设监理部;

(4)质量监督单位:河南省交通基本建设质量检测监督站;

(5)施工单位:见表1。

表1

合 同 号	单 位 名 称	合同金额(元)
LH-1	河南新封园林绿化工程有限公司	1982061.00
LH-2	潢川县博宇花卉有限责任公司	1883676.22
LH-3	许昌四季春园林绿化工程有限公司	2791969.08
LH-4	河南天图园林景观有限公司	2305118.87
LH-5	潢川县佳美园林绿化工程有限公司	3223855.39
LH-6	郑州黄河园林绿化工程公司	388885.65
LH-7	南阳市政工程总公司	607033.28
LH-8	潢川县绿洲园林绿化工程有限公司	1019021.87
LH-9	河南农业大学园林艺术工程公司	483675.72
LH-10	厦门市厦生园林绿化工程有限公司	2546785.26
LH-11	河南省通行实业园林工程有限公司	573035.63
LH-12	河南省豫建园林工程有限公司	849208.38

(四)项目建设情况

二广高速公路分水岭至南阳段工程分别于2007年12月9日和2008年11月26日建成通车试运营。本项目沿线绿化工程及景观设施于2007年12月和2008年11月分期完成。

二、交工验收组织情况

根据交通部颁布的《公路工程竣(交)工验收办法》及部颁规范的要求,设计、施工和监理单位已编制完成工程竣工文件,河南省交通基本建设质量检测监督站于2009年5月13日、14日对该项目进行了质量检测,并出具了工程质量检测意见。设计单位、施工单位和监理单位已完成本合同段的工作总结,本项目绿化工程已具备交工验收条件。

河南岭南高速公路有限公司于2009年9月16日、17日组织设计、监理和施工单位,并邀请河南高速公路发展有限责任公司、质量监督机构、接养管理单位参加了交工验收会议,成立了二广高速公路分水岭至南阳段绿化工程交工验收委员会。

交工验收委员会认真听取了以下报告:

(1)建设单位工程项目执行报告;

(2)设计单位设计工作报告;

(3)监理单位工程监理工作报告;

(4)施工单位工程施工总结报告。

交工验收委员会在听取报告、审查资料和实地察看的基础上,审查通过了建设单位关于本项目绿化工程项目执行情况的报告。

三、工程交工检验评议

交工验收委员会听取了建设单位、设计单位、施工单位和监理单位的报告,审查了有关资料,检查了实体工程现场,根据河南省交通基本建设质量检测监督站的质量检测意见,对工程整体情况进行了评议:

(1)各项目工程数量与批准的设计文件基本相符,与工程计量数量基本一致。

(2)内业资料中苗木规格、检测数据、施工记录、施工自检资料等基本齐全和准确,竣工文件的编制符合要求。

(3)监理工程师能够按照《公路工程施工监理规范》的要求对工程实施全方位的监理,履行合同赋予的职责。

(4)施工单位及监理单位对工程质量自检、抽检评定客观真实。

建设单位在施工单位对工程质量自检、监理工程师对工程质量评定的基础上,对本项目绿化工程评定分数为97.6分,按照交通部颁发《公路工程竣(交)工验收办法》第十三条之规定交工验收委员会经现场查看和验收,认定整体工程质量等级为合格。

四、存在问题及处理意见

(1)南召互通区绿化种植土局部含砂量大,树木生长不茂盛,五朵山收费站淡竹长势不好。

(2)南阳互通区F区部分地段未进行绿化,现场验收时正在施工。

(3)建议限期做好资料的整理、归档和移交工作。

(4)个别施工原始记录签字不齐,填写内容不全。

建议:限定时间完成提出问题的整改。

五、结论

(1)本绿化工程经交工验收委员会现场查看,内业资料检查,认为建设单位、设计单位、监理单位、施工单位在工程建设中能够遵守有关基本建设法规,履行合同,相互配合,圆满完成了建设任务,工程质量合格,同意交付使用。

(2)建设单位在交工验收后向接养单位提供工程资料档案,以便养护管理使用。

(3)凡属缺陷责任期中出现的质量问题,由原施工单位负责处理,运营中非工程质量原因出现的问题由接养单位负责解决，各施工单位和接养单位要密切配合，做好本项目绿化工程的缺陷修复和养护管理工作。

4. 交工验收委员会建议有关单位尽快完成工程决算，做好项目最终审计和竣工验收前的准备工作。

附件：1. 二广高速公路分水岭至南阳段绿化工程交工验收报告表
2. 二广高速公路分水岭至南阳段绿化工程交工验收质量评定报告
3. 二广高速公路分水岭至南阳段绿化工程交工验收各合同段工程质量评分一览表
4. 二广高速公路分水岭至南阳段房建、绿化、机电工程交工验收委员会名单

河南岭南高速公路有限公司
二〇〇九年九月十七日

附件 1

二广高速公路分水岭至南阳段绿化工程交工验收报告表

一	工 程 名 称	二广高速分水岭至南阳段
二	工程地点及主要控制点	主线 K0 +849.907 ~ K74 +756，联络线 JK0 +000 ~ JK24 +247.172 中央分隔带、路侧边沟绿化；K60 +400 龚河互通立交、K51 +400 南阳服务区；K74 +756.555 张华岗互通式立交区；JK17 +634.5 独山收费站、独山互通立交区；JK24 +628.54 祝庄互通立交区
三	建设依据	(1)河南省发展与改革委员会豫发改交通〔2005〕705 号文批准立项文件； (2)河南省发展与改革委员会豫发改设计〔2006〕359 号文批准工程初步设计； (3)河南省交通厅豫交计〔2007〕136 号文批准工程施工图设计； (4)《河南省高速公路景观设计指南》
四	技术标准与主要指标	(1)土壤 pH 值在 7.0 ~ 8.5，含盐量低于 0.12%，土壤营养均衡； (2)种植穴的大小依土球规格及根系情况而定； (3)严格按苗木表规格购苗，购苗时应选择植株健壮、主侧枝分布均匀形体优美的苗木； (4)苗木土球完整，包扎牢固，规格符合规范要求； (5)苗木栽植的位置要符合设计图纸的要求
五	交工段建设规模及性质	全线长 98.55km 绿化，互通区 7 处绿化，收费站 4 处绿化，服务区 2 处绿化
六	开工日期	2007 年 3 月
	交工日期	2009 年 9 月 17 日
七	批准概算	绿化项目总概算为 3400 万元
八	工程建设主要内容	全长 98.549km 中央分隔带、路两侧绿化；龚河互通、张华岗互通、独山互通、祝庄互通绿化
九	实际占用土地数(亩)	1390
十	工程质量验收结论	合格
十一	存在问题及处理措施	存在问题： (1)南召互通区绿化种植土局部含砂量大，树木生长不茂盛，五朵山收费站淡竹长势不好； (2)南阳互通区 F 区部分地段未进行绿化，现场验收时正在施工； (3)限期做好资料的整理、归档和移交工作； (4)个别施工原始记录签字不齐，填写内容不全； 对上述以及质量检测报告中提出的问题，由建设单位和监理部门负责督促相关施工单位逐项落实、整改和完善
十二	附件	二广高速公路分水岭至南阳段绿化工程交工验收质量评定报告
十三	呈报单位	河南岭南高速公路有限公司

附件 2

二广高速公路分水岭至南阳段绿化工程交工验收质量评定报告

根据交通部令(2004 年第 3 号)《公路工程竣(交)工验收办法》和交公路发[2004]第 446 号文件的要求,2009 年 3 月 22 日至 28 日,建设单位组织监理、承包人对二广高速分水岭至南阳段绿化工程各分项工程、分部工程、单位工程进行了质量评定。

本次质量评定严格按照《公路工程质量检验评定标准》(JTG F80/1—2004)及《公路工程竣(交)工验收办法》的规定,采取实测实量,并查阅施工和监理资料,从分项工程到单位工程逐级进行评定,最终对整个建设项目进行打分。

本项目绿化工程经监理单位评定,建设单位汇总,整个绿化工程得分为 97.6 分。

评定结果见附件《交工验收各标段工程质量评分一览表》。

河南岭南高速公路有限公司

二〇〇九年九月十七日

附件 3

二广高速公路分水岭至南阳段绿化工程交工验收各合同段工程质量评分一览表

项目名称:二广高速公路分水岭至南阳段

序　　号	标　　段	实 得 分 数	备　　注
1	LH-01	98.2	监理评定
2	LH-02	98.3	监理评定
3	LH-03	97.3	监理评定
4	LH-04	97.4	监理评定
5	LH-05	97.6	监理评定
6	LH-06	98.1	监理评定
7	LH-07	98.4	监理评定
8	LH-08	97.5	监理评定
9	LH-09	95.5	监理评定
10	LH-10	97.7	监理评定
11	LH-11	97.5	监理评定
12	LH-12	97.9	监理评定
13	分离式路基绿化标	96.9	监理评定
评定得分		97.6	

附件4

二广高速公路分水岭至南阳段房建、绿化、机电工程交工验收委员会名单

姓名			单位	职务/职称	签名
主任委员	主任	侯建军	河南岭南高速公路有限公司	董事长/教高	
	副主任	王春江	河南省交通基本建设质量检测监督站	站长/教高	
	副主任	李林	河南高速公路发展有限责任公司	副总/教高	
	副主任	韩冰	河南省高速公路发展有限责任公司	助调/教高	
	刘英嫦		河南省交通基本建设质量检测监督站	副处长	
	张廷明		河南岭南高速公路有限公司	副总、总工	
	周根峰		河南岭南高速公路有限公司	副总经理	
	史红斌		河南省高速公路发展有限责任公司	部长	
	韩永红		河南高发服务区改扩建项目	经理/教高	
	韩利		河南高发试验检测公司	经理/高工	
	付立军		河南高发监理咨询公司	副经理/高工	
	陈玉梅		河南省高速公路发展有限责任公司	高工	
	张贵然		河南岭南高速公路有限公司	质监处负责人	
	李明远		河南岭南高速公路有限公司	工程处负责人	
	薛彦岭		河南岭南高速公路有限公司	计划合同处长	
	徐艳玲		河南岭南高速公路有限公司	财务处处长	
	郭伟中		河南岭南高速公路有限公司	协调处副处长	
	张晔		河南岭南高速公路有限公司	工程师	
	刘平		河南岭南高速公路有限公司	高级工程师	
	樊忠坤		河南岭南高速公路有限公司	高级工程师	
	魏建斌		中交第一公路勘察设计研究院	副总工程师	
	马松贞		河南宏力工程咨询有限公司	总监代表	
	任伟		河南省高等级公路建设监理部	总监代表	
	张永强		河南新封园林绿化工程有限公司	项目经理	
	冯磊		潢川县博宇花卉有限责任公司	项目经理	
	叶炳友		许昌四季春园林绿化工程有限公司	项目经理	
	徐合忠		河南天图园林景观有限公司	项目经理	
	黄克彬		潢川县佳美园林绿化工程有限公司	项目经理	
	任伟		郑州黄河园林绿化工程公司	项目经理	
	马明举		南阳市政工程总公司	项目经理	
	吴中国		潢川县绿洲园林绿化工程有限公司	项目经理	
	牛新明		河南农业大学园林艺术工程公司	项目经理	
	古长星		厦门市厦生园林绿化工程有限公司	项目经理	
	何彦召		河南省通行实业园林工程有限公司	项目经理	
	宋书民		河南省豫建园林工程有限公司	项目经理	

8. 河南省洛阳至南阳高速公路南召至 G40 段工程交工检测报告

一、项目概况

1. 项目简介

本项目路线主线全长 74.299km，断链长 392.343m。全线共设互通式立交 5 处，分别为南召互通立交、瓦埠互通立交、龚河枢纽互通立交、南阳互通立交、张华岗枢纽互通立交。分离式立交 3 处，其中下穿铁路分离式立交 1 处，与规划路及等级公路分离立交 2 处。通道 36 道，天桥 30 座（不含互通区）。特大桥 2373m/2 座，为黄鸭河特大桥和白河特大桥；大、中桥分离式 5748.334m/21 座，整体式 7999.7m/36 座，涵洞 86 道（不含互通区）。隧道 3666.447m/5 座（单洞长）。

本项目联络线全长 24.25km。全线共设互通式立交 2 处，分别为独山互通立交、祝庄枢纽互通立交。分离式立交 5 处，其中与规划路及等级公路分离立交 2 处（1 处上跨，1 处下穿），与乡村公路（乡村干道）分离立交 2 处（一处下穿，一处上跨）。焦枝铁路由高架特大桥跨越。通道 35 道（不含互通区），天桥 6 座。特大桥 2941.4m/2 座，为白河特大桥和跨焦枝铁路特大桥，大、中桥 590.6m/11 座，涵洞 17 道（不含互通区）。连接线长 7.1km，归入独山互通立交内。

本项目和寄料至分水岭段统一研究，本段路线在南召设 1 处停车区，南阳设 1 处服务区，在南召、瓦埠、南阳、独山互通立交设置 4 处匝道收费站，在南阳设 1 处管理分中心，与南阳互通收费站合建，在瓦埠设 1 处养护工区，与瓦埠互通收费站合建。分别在分水岭、柴家庄、雪家庄隧道口设置 3 处隧道供电管理站。

2. 技术指标

岭南高速公路主要技术指标（表 1）

岭南高速公路主要技术指标 表 1

序号	名　称	单位	山　岭　区		平　原　区	备　注
1	建设里程	km	主线 LK0 + 849.907（RK0 + 854.646）~ K33 + 850		主线 K33 + 850 ~ K74 + 756.555 联络线 JK0 + 000 ~ JK24 + 247.172	主线长链 K37 + 028.299 = K36 + 635.056
2	地形		山岭重丘		平原微丘	
3	公路等级		四车道		六车道高速公路	
4	路基形式		整体式路基	分离式路基	整体式路基	
5	计算行车速度	km/h	100	100	120	
6	路基宽度	m	26	2 × 13	28	
7	行车道宽度	m	2 × 2 × 3.75	2 × 2 × 3.75	2 × 3 × 3.75	
8	中央分隔带宽度	m	2		2	
9	左侧路缘带宽度	m	2 × 0.75	2 × 0.5	2 × 0.75	
10	硬路肩宽度	m	2 × 3.0	2 × 3.0	2 × 0.5	
11	土路肩宽度	m	2 × 0.75	4 × 0.75	2 × 0.5	

续上表

单位工程	分部工程	检测项目	No. 7			No. 8			No. 9			No. 10			No. 11		
			抽检点数	合格点数	合格率（%）	抽检点数	合格点数	合格率（%）	抽检点数	合格点数	合格率（%）	抽检点数	合格点数	合格率（%）	抽检点数	合格点数	合格率（%）
路基工程	排水工程	断面尺寸	36	32	88.9	12	12	100	36	28	77.8	36	33	91.7	48	41	85.4
		铺砌厚度	6	5	83.3	2	2	100	4	4	100	6	6	100	10	9	90
	小桥	混凝土强度															
		主要结构尺寸															
	涵洞	结构尺寸	10	9	90	10	10	100	10	10	100	10	10	100	20	20	100
		流水面高程	2	2	100	2	2	100	2	2	100	2	1	50	4	3	75
	支挡工程	混凝土强度 断面尺寸															
		表面平整度															

单位工程	分部工程	检测项目	No. 12			No. 13			No. 14			No. 15		
			抽检点数	合格点数	合格率（%）	抽检点数	合格点数	合格率（%）	抽检点数	合格点数	合格率（%）	抽检点数	合格点数	合格率（%）
路基工程	路基土石方	压实度	23	23	100	17	17	100	24	24	100	17	17	100
		弯沉	617	617	100	394	394	100	421	421	100	413	413	100
		边坡	24	23	95.8	24	24	100	28	26	92.9	30	29	96.7
	排水工程	断面尺寸	72	59	81.9	72	61	84.7	36	32	88.9	132	94	71.2
		铺砌厚度	12	10	83.3	10	10	100	6	5	83.3	18	17	94.4
	小桥	混凝土强度												
		主要结构尺寸							12	10	83.3	14	10	71.4
	涵洞	结构尺寸	10	10	100	20	19	95.0	10	10	100.0	10	6	60
		流水面高程	2	2	100				2	2	100	2	2	100
	支挡工程	混凝土强度												
		断面尺寸												
		表面平整度												

续上表

单位工程	分部工程	检测项目	No. 16			No. 17			No. 18			合 计		
			抽检点数	合格点数	合格率（%）	抽检点数	合格点数	合格率（%）	抽检点数	合格点数	合格率（%）	抽检点数	合格点数	合格率（%）
路基工程	路基土石方	压实度	35	35	100	36	36	100	25	25	100	342	342	100
		弯沉	859	859	100	903	903	100	545	545	100	5438	5438	100
		边坡	20	16	80	28	28	100	24	22	91.7	258	232	89.9
	排水工程	断面尺寸	76	56	73.7	80	65	81.3	60	47	78.3	696	560	80.5
		铺砌厚度	12	10	83.3	12	10	83.3	12	12	100	110	100	90.9
	小桥	混凝土强度												
		主要结构尺寸	17	14	82.4				12	11	91.7	55	45	81.8
	涵洞	结构尺寸	10	9	90	19	17	89.5	10	10	100	149	140	94.0
		流水面高程				2	1	50.0				20	17	85.0
	支挡工程	混凝土强度												
		断面尺寸												
		表面平整度												

洛南高速公路分水岭至南阳段路面工程检查结果汇总表 表5

单位工程	分部工程	检测项目	LM-2			LM-3			LM-4			LM-5			合计		
			抽检点数	合格点数	合格率（%）	抽检点数	合格点数	合格率（%）	抽检点数	合格点数	合格率（%）	抽检点数	合格点数	合格率（%）	抽检点数	合格点数	合格率（%）
路面工程	路面面层	沥青路面压实度	60	59	98.3	88	87	98.9	84	81	96.4	76	76	100	308	303	98.4
		沥青路面弯沉	111	111	100	156	156	100	138	138	100	124	124	100	529	529	100
		平整度	254	254	100	318	318	100	274	274	100	247	247	100	1093	1093	100
		抗滑	251	251	100	312	312	100	270	270	100	245	245	100	1078	1078	100
		取芯厚度（总厚度）	15	15	100	22	22	100	21	21	100	19	19	100	77	77	100
		雷达测厚	1774	1761	99.3	2542	2532	99.6	2606	2581	99.0	2240	2236	99.8	9162	9110	99.4
		宽度	20	18	90	36	30	83.3	30	28	93.3	26	25	96.2	112	101	90.2
		横坡	24	23	95.8	32	22	68.8	28	27	96.4	24	23	95.8	108	95	88

洛南高速公路分水岭至南阳段桥梁工程检查结果汇总表

表6

单位工程	分部工程	检测项目	No. 7			No. 8			No. 9			No. 10			No. 11		
			抽检点数	合格点数	合格率（%）	抽检点数	合格点数	合格率（%）	抽检点数	合格点数	合格率（%）	抽检点数	合格点数	合格率（%）	抽检点数	合格点数	合格率（%）
桥梁工程	下部	墩台混凝土强度	96	96	100	248	248	100	22	22	100	246	246	100	166	166	100
		主要结构尺寸	72	69	95.8	191	184	96.3	20	20	100	182	182	100	130	128	98.5
		墩台竖直度	96	96	100	248	248	100	22	22	100	246	245	99.6	166	166	100
	上部	混凝土强度	60	60	100	56	56	100	20	20	100	40	40	100	95	95	100
		主要结构尺寸	36	32	88.9	36	31	86.1	12	12	100	22	22	100	59	52	88.1
		伸缩缝与桥面高差	30	23	76.7	75	62	82.7	12	7	58.3	57	48	84.2	45	41	91.1
		桥面铺装平整度	72	49	68.1	180	163	90.6	18	8	44.4	93	68	73.1	75	75	100
		桥面宽度	25	23	92.0	38	35	92.1	8	5	62.5	30	27	90.0	30	28	93.3
		横坡	16	16	100	72	71	98.6	4	4	100	72	72	100	40	40	100
		桥面抗滑			合格				合格		合格			合格			合格

单位工程	分部工程	检测项目	No. 12			No. 13			No. 14			No. 15		
			抽检点数	合格点数	合格率（%）	抽检点数	合格点数	合格率（%）	抽检点数	合格点数	合格率（%）	抽检点数	合格点数	合格率（%）
桥梁工程	下部	墩台混凝土强度	200	200	100.0	136	136	100	40	40	100	16	16	100
		主要结构尺寸	150	148	98.7	103	102	99.0	30	30	100	12	12	100
		墩台竖直度	200	200	100	136	136	100	40	40	100	16	16	100
	上部	混凝土强度	110	110	100	60	60	100	20	20	100	20	20	100
		主要结构尺寸	105	85	81.0	65	59	90.8	22	21	95.5	22	21	95.5

续上表

单位工程	分部工程	检测项目	No. 12			No. 13			No. 14			No. 15		
			抽检点数	合格点数	合格率（%）	抽检点数	合格点数	合格率（%）	抽检点数	合格点数	合格率（%）	抽检点数	合格点数	合格率（%）
桥梁工程	上部	伸缩缝与桥面高差	76	63	82.9	54	37	68.5	9	5	55.6	12	9	75.0
		桥面铺装平整度	90	90	100	54	54	100	18	18	100	20	20	100
		桥面宽度	49	41	83.7	28	22	78.6	10	7	70.0	10	6	60.0
		横坡	76	75	98.7	40	40	100	8	8	100	4	4	100
		桥面抗滑			合格			合格			合格			合格

单位工程	分部工程	检测项目	No. 16			No. 17			No. 18			合计		
			抽检点数	合格点数	合格率（%）	抽检点数	合格点数	合格率（%）	抽检点数	合格点数	合格率（%）	抽检点数	合格点数	合格率（%）
桥梁工程	下部	墩台混凝土强度	88	88	100.0	114	114	100	294	294	100	1666	1666	100
		主要结构尺寸	68	65	95.6	86	85	98.8	231	228	98.7	1275	1253	98.3
		墩台竖直度	88	88	100	114	114	100	294	294	100	1666	1665	99.9
	上部	混凝土强度	80	80	100.0	60	60	100	160	160	100	781	781	100
		主要结构尺寸	87	83	95.4	35	35	100	171	166	97.1	717	619	86.3
		伸缩缝与桥面高差	26	19	73.1	26	20	76.9	70	65	92.9	492	399	81.1
		桥面铺装平整度	66	66	100	45	43	95.6	123	117	95.1	854	771	90.3
		桥面宽度	20	18	90.0	15	12	80.0	40	28	70.0	303	252	83.2
		横坡	18	18	100	24	24	100	46	46	100	420	418	99.5
		桥面抗滑			合格			合格			合格			合格

洛南高速公路分水岭至南阳段交通安全设施工程检查结果汇总表 表7

单位工程	分部工程	检测项目	JA-1			JA-2			合　计		
			抽检点数	合格点数	合格率(%)	抽检点数	合格点数	合格率(%)	抽检点数	合格点数	合格率(%)
交通安全设施	标志	立柱竖直度	28	25	89.3	64	54	84.4	92	79	85.9
		标志板净空	9	8	88.9	23	21	91.3	32	29	90.6
		标志板尺寸	26	25	96.2	52	50	96.2	78	75	96.2
		标志板厚度	22	22	100	52	46	88.5	74	68	91.9

单位工程	分部工程	检测项目	JA-10			JA-11			JA-12		
			抽检点数	合格点数	合格率(%)	抽检点数	合格点数	合格率(%)	抽检点数	合格点数	合格率(%)
交通安全设施	波形梁护栏	波形板厚度	260	235	90.4	840	738	87.9	1100	973	88.5
		立柱壁厚度	124	114	91.9	470	426	90.6	594	540	90.9
		横梁中心高度	260	258	99.2	700	697	99.6	960	955	99.5

洛南高速公路分水岭至南阳段路基工程检查结果汇总表 表8

单位工程	分部工程	检测项目	检测项目合计			单位工程小计		
			抽检点数	合格点数	合格率(%)	抽检点数	合格点数	合格率(%)
路基工程	路基土石方	压实度	342	342	100	7068	6874	97.3
		弯沉	5438	5438	100			
		边坡	258	232	89.9			
	排水工程	断面尺寸	696	560	80.5			
		铺砌厚度	110	100	90.9			
	小桥	混凝土强度						
		主要结构尺寸	55	45	81.8			
	涵洞	结构尺寸	149	140	94.0			
		流水面高程	20	17	85.0			
路面工程	路面面层	沥青路面压实度	308	303	98.4	12467	12386	99.4
		沥青路面弯沉	529	529	100			
		平整度	1093	1093	100			
		抗滑	1078	1078	100			
		取芯厚度(总厚度)	77	77	100			
		雷达测厚	9162	9110	99.4			
		宽度	112	101	90.2			
		横坡	108	95	88.0			
桥梁工程	下部	墩台混凝土强度	1666	1666	100			
		主要结构尺寸	1275	1253	98.3			
		墩台竖直度	1666	1665	99.9			

续上表

单位工程	分部工程	检测项目	检测项目合计			单位工程小计		
			抽检点数	合格点数	合格率（%）	抽检点数	合格点数	合格率（%）
桥梁工程	上部	混凝土强度	781	781	100	8174	7824	95.7
		主要结构尺寸	717	619	86.3			
		伸缩缝与桥面高差	492	399	81.1			
		桥面铺装平整度	854	771	90.3			
		桥面宽度	303	252	83.2			
		横坡	420	418	99.5			
		桥面抗滑			合格			
交通安全设施	标志	立柱竖直度	92	79	85.9	276	251	90.9
		标志板净空	32	29	90.6			
		标志板尺寸	78	75	96.2			
		标志板厚度	74	68	91.9			
	混凝土护栏	回弹强度						
		顶宽						
		底宽						
		高度						
	波形梁护栏	波形板厚度	1100	973	88.5	2654	2468	93.0
		立柱壁厚度	594	540	90.9			
		横梁中心高度	960	955	99.5			
合计						30639	29803	97.3

五、检测结果分析

（一）路基工程

1. 路基土石方

抽查了路基边坡坡度，进行了外观检查，认为边坡坡度基本符合设计要求，边坡坡体稳定、大部分路段坡面平顺，总体情况较好，但个别路段存在亏坡、水毁现象。

2. 小桥

抽查项目有结构尺寸及流水面高程。实测了台身的断面尺寸、台帽的断面尺寸、桥宽、桥长及外观检查，认为小桥跨径、桥长等控制较好，小桥内外轮廓线条清晰顺滑，绝大多数混凝土构件表面密实，施工质量总体较好。

3. 排水工程

排水工程抽查项目有断面尺寸和铺砌厚度。实测了断面尺寸、开挖检查了铺砌厚度及外观检查，认为大部分路段排水工程断面尺寸控制较好；铺砌厚度经开挖检查基本满足设计要求；排水沟内侧及沟底平顺，总体施工质量良好，但个别地段的排水工程需进行修整、清理。

（二）路面工程

路面工程包括沥青路面压实度、路面弯沉、平整度、抗滑（摩擦系数）、厚度、宽度、横坡等抽查项目。

1. 沥青路面压实度和厚度

本次检测,路面厚度采用取芯抽查和路用地质雷达普查两种方式进行。

上面层厚度:全线路面取芯77处,上面层厚度变化范围在36~57mm(设计40mm),LM-2上面层厚度代表值为40mm,LM-3标上面层厚度代表值为42mm,LM-4上面层厚度代表值为40mm,LM-5上面层厚度代表值为39mm。全线合格率为100%。

面层总厚度(取芯试件):全线路面取芯77处,全线面层总厚度变化范围在216~265mm(设计240mm),LM-2标面层总厚度代表值为244mm,LM-3标面层总厚度代表值为242mm,LM-4标面层总厚度代表值为238mm,LM-5标面层总厚度代表值为236mm,全线合格率为100%。

面层总厚度(地质雷达数据):路面总厚度设计值240mm。雷达测厚连续检测总计9162点,合格率99.4%;各合同段检测数据汇总见表9。

实测数据分析结果显示厚度、压实度代表值符合设计要求,合格率高。

路面面层厚度地质雷达检查结果汇总表 表9

合同段	检测幅面	检测点数	最小值(cm)	最大值(cm)	平均值(cm)	代表值(cm)	合格点数	合格率(%)
LM-2标	左幅	887	21.2	27.8	24.72	24.66	882	99.4
	右幅	887	20.7	27.7	24.45	24.39	879	99.1
LM-3标	左幅	1271	20.8	28.7	23.99	23.93	1263	99.3
	右幅	1271	20.9	28.5	24.30	24.24	1269	99.8
LM-4标	左幅	1303	20.5	26.7	23.40	23.35	1287	98.8
	右幅	1303	21.0	28.0	23.84	23.79	1294	99.3
LM-5标	左幅	1120	20.6	27.6	23.67	23.62	1118	99.8
	右幅	1120	21.0	27.6	23.80	23.75	1118	99.8
合　　计		9162					9110	99.4

压实度:全线路面取芯308处,压实度检测以标准密度为标准进行统计整理,压实度规定值为96%,LM-2标压实度代表值为100.3%,LM-3标压实度代表值为100.1%,LM-4标压实度代表值为99.8%,LM-5标压实度代表值为100.7%,全线合格率为98.4%。实测数据分析结果显示厚度、压实度代表值均符合质量标准,合格率高(表10)。

路面面层厚度及压实度检查结果汇总表 表10

合同段	芯样数	检查项目	层位	各点实测值范围	标段代表值	要求值(代表值)	不合格数	合格率(%)
LM-2标	15	厚度(mm)	上面层	37~44	40	≥36	0	100
			总厚度	225~265	244	≥228	0	100
		压实度(%)	上中下及联结层	92.4~105.7	100.3	≥96%	1	98.3
LM-3标	22	厚度(mm)	上面层	36~57	42	≥36	0	100
			总厚度	236~265	242	≥228	0	100
		压实度(%)	上中下及联结层	93.4~104.4	100.1	≥96%	1	98.9
LM-4标	21	厚度(mm)	上面层	37~55	40	≥36	0	100
			总厚度	220~257	238	≥228	0	100
		压实度(%)	上中下及联结层	94.1~104.0	99.8	≥96%	3	96.4

续上表

合同段	芯样数	检查项目	层位	各点实测值范围	标段代表值	要求值（代表值）	不合格数	合格率（%）
LM-5 标	19	厚度(mm)	上面层	36～245	39	≥36	0	100
			总厚度	216～252	236	≥228	0	100
		压实度(%)	上中下及联结层	95.0～105.9	100.7	≥96%	0	100
全线	77	厚度(mm)	上面层	36～57	—	≥36	0	100
			总厚度	216～265	—	≥228	0	100
		压实度(%)	上中下及联结层	92.4～105.9			5	98.4

2. 路面弯沉

本次全线弯沉检测共得到 529 个评定点，全线的路面弯沉代表值均符合要求(表 11)。

路面弯沉检查结果汇总表 表 11

路面合同段	评定点数	标段弯沉代表值（0.001mm）	设计值（0.001mm）	合格点数	合格率（%）
LM-2 标	111	38.8	200	111	100
LM-3 标	156	47.4	200	156	100
LM-4 标	138	52.8	200	138	100
LM-5 标	124	44.7	200	124	100
全线	529	—	200	529	100

3. 路面平整度

全线实测平整度 1093 个评定数据，合格数 1093 个，项目平整度总合格率为 100.0%，平整度评定单元 IRI 范围在 0.40～1.79m/km，标准差 σ 范围在 0.24～1.07，表明全线路面平整度总体控制良好(表 12)。

平整度标准差汇总表 表 12

路面合同段	评定点数	各评定单元 IRI 范围	标段平均值 IRI（σ）	要求值	合格点数	合格率（%）
LM-2 标	254	0.44－1.79	0.76(0.46)	≤2.0m/km（≤1.2）	254	100.0
LM-3 标	318	0.41～1.41	0.64(0.39)		318	100.0
LM-4 标	274	0.48～1.63	0.83(0.50)		274	100.0
LM-5 标	247	0.40～1.36	0.65(0.39)		247	100.0
全线	1093	0.40～1.79			1093	100.0

4. 路面抗滑

全线路面摩擦系数实测 1078 点，合格点数为 1078，合格率为 100%，全线路面摩擦系数合格率较高，表明路面抗滑性能良好(表 13)。

抗滑指标汇总表 表 13

路面合同段	实测点数	各点实测值范围（SFC）	平均值（SFC）	要求值（SFC）	合格点数	合格率（%）
LM-2 标	251	52.7～92.4	77.7	≥50	251	100
LM-3 标	312	62.3～92.7	81.2		312	100

9. 二广高速公路分水岭至南阳段工程分水岭至南召段交工验收检测报告

一、项目概况

1. 项目简介

分水岭至南阳高速公路起于南阳与平顶山交界的分水岭，路线向南经南召县董店东、石门乡西、瓦翅村西南、谢庄乡东、龚河东南、王村西、向南止于南阳市区西部张华岗，与已建成的上海至武威国家重点公路相接，主线全长约74.299km，联络线由南阳市卧龙区的安皋乡向东，经蒲山镇止于宛城区的新店乡，与许平南高速公路相连接，全长24.25km，总里程共计98.549km，征用土地654.1171hm^2。该项目采用全封闭、全立交、四车道（山区）、六车道（平原区）高速公路技术标准。

本项目路线主线全长74.299km，断链长392.343m。全线共设互通式立交5处，分别为南召互通立交、瓦翅互通立交、龚河枢纽互通立交、南阳互通立交、张华岗枢纽互通立交。分离式立交3处，其中下穿铁路分离式立交1处，与规划路及等级公路分离立交2处。通道36道，天桥30座（不含互通区）。特大桥2373m/2座，为黄鸭河特大桥和白河特大桥；大、中桥分离式5748.334m/21座，整体式7999.7m/36座，涵洞86道（不含互通区）。隧道3666.447m/5处，9道（单洞长）。本项目路线在南召设1处停车区，南阳设1处服务区，在南召、瓦翅、南阳、独山互通立交设置4处匝道收费站，在南阳设1处管理分中心，与南阳互通收费站合建，在瓦翅设1处养护工区，与瓦翅互通收费站合建。分别在分水岭、柴家庄、雪家庄隧道口设置3处隧道供电管理站。2007年12月9日已经交工55.726km（K19+000~K74+726）。

本次交工路段：起点位于K0+849.907，止于K19+000，全长18.573km；土石方406.9万m^3，特大桥1211m/1座，大中桥21座，全长5675.3m，涵通24道，隧道3666.47m/5处，9道，路基挖、填方为439.1万方，特殊路基：11万m^2，路面底基层：284.7km^2，基层：283.9km^2，沥青混凝土路面联结层：183.1km^2，下面层：238.7km^2，中面层：406.0km^2，上面层：475.7km^2，土路肩：12216m^3，路缘石：466.6m^3，防护工程：14.69万m^3，服务区、停车区各一处，合同价5.94亿元。

2. 技术指标（表1）

岭南高速公路主要技术指标 表1

序号	名称	单位	山岭区		平原区	备注
1	建设里程	km	主线LK0+849.907（RK0+854.646）~K33+850		主线K33+850~K74+756.555联络线JK0+000~JK24+247.172	主线长链K37+028.299=K36+635.956
2	地形		山岭重丘		平原微丘	
3	公路等级		四车道		六车道高速公路	
4	路基形式		整体式路基	分离式路基	整体式路基	

续上表

序号	名称	单位	山岭区		平原区	备注
5	计算行车速度	km/h	100	100	120	
6	路基宽度	m	26	2×13	28	
7	行车道宽度	m	2×2×3.75	2×2×3.75	2×3×3.75	
8	中央分隔带宽度	m	2		2	
9	左侧路缘带宽度	m	2×0.75	2×0.5	2×0.75	
10	硬路肩宽度	m	2×3.0	2×3.0	2×0.5	
11	土路肩宽度	m	2×0.75	4×0.75	2×0.5	
12	路面类型		沥青混凝土	沥青混凝土	沥青混凝土	
13	桥面净宽	m	2×11.5	2×12.0	2×12.5	
14	隧道净宽	m		2×10.50		
15	不设超高的平曲线最小半径	m	4000		5500	
16	平曲线一般最小半径	m	700		1000	
17	平曲线极限最小半径	m	400		650	
18	平曲线最小长度	m	170		200	
19	缓和曲线最小长度	m	85		100	
20	最大纵坡	%	4		3	
21	最大坡长	m	800		900	
22	最小坡长	m	250		300	
23	竖曲线最小半径 凸形 一般值	m	10000		17000	
24	竖曲线最小半径 凸形 最小值	m	6500		11000	
25	竖曲线最小半径 凹形 一般值	m	4500		6000	
26	竖曲线最小半径 凹形 最小值	m	3000		4000	
27	竖曲线最小长度	m	85		100	
28	停车视距	m	160		210	
29	桥梁设计车辆荷载		公路—Ⅰ级			
30	设计洪水频率		特大桥为1/300、其他和路基1/100			
31	地震动峰值加速度系数	g	0.05、0.10(相当于地震基本烈度:Ⅵ度、Ⅶ度)			

3. 参建单位

建设单位:河南岭南高速公路有限公司;

设计单位:中文第一公路勘察设计研究院;

No. A 代监理单位:河南省高等级公路建设监理部;

施工单位:见表2。

全线合同段基本情况一览表 表2

工程项目	标段	施工单位名称	起讫桩号
土建工程	No.1	路桥集团第一公路工程局	LK0+849.907(RK0+854.646)~K3+950
	No.2	中铁十九局集团第三工程有限公司	K3+950~LK7+035(RK6+965)
	No.3	中铁二局股份有限公司	LK7+035(RK6+965)~K9+000
	No.4	中铁一局集团第四工程有限公司	K9+000~LK13+100(RK13+130)
	No.5	江西省公路桥梁工程局	LK13+100(RK13+130)~K16+340
	No.6	中铁大桥股份有限公司	K16+340~K19+000

续上表

工程项目	标段	施工单位名称	起讫桩号
路面工程	路面1标	路桥集团第一公路工程局	LK0 +849.907(RK0 +854.646)~K19 +000
交安	波形梁护栏	杭州萧山金鹰交通设施有限公司	LK0 +849.907(RK0 +854.646)~K19 +000
	标志标牌	武安市交通安全设备有限公司	LK0 +849.907(RK0 +854.646)~K19 +000

二、检测依据及组织情况

1. 检测依据

(1)交通部:《公路工程竣(交)工验收办法》(2004年第3号);

(2)交通部:《公路工程质量检验评定标准》(JTG F80/1—2004)、《公路路基路面现场测试规程》;

(3)交通部:相关标准、规范、规程;

(4)本项目设计及相关文件。

2. 外业检测组织情况

根据河南岭南高速公路有限公司的申请,依据交通部《公路工程竣(交)工验收办法》,按照《公路工程质量检验评定标准》(JTG F80/1—2004)与《公路路基路面现场测试规程》,河南省交通基本建设质量检测监督站、开封市天平路桥工程检测有限公司于2008年9月4日至2008年9月7日对二广高速公路分水岭至南召段进行了工程交工检测。本次交工质量检测分路面组、桥隧组、测量组、路基涵洞防排组及交通安全设施组。质监站参加此次检测的人员有:张四伟、刘英嫦、李玮、刘玮峰。

根据本项目的特点,各检测工作组分别对能够检测的工程项目进行了实际量测和全面检查。

路基组主要负责路基边坡、排水工程几何尺寸、小桥工程的检测;路面组负责路面项目指标、宽度等指标的检测;桥隧组负责混凝土强度、主要结构几何尺寸等指标的检测;交安组负责标志、波形梁护栏等项目的几何尺寸检测;测量组负责路面横坡、桥面横坡及涵底流水面高程的检测;同时各组负责相关项目的外观检查。

外业组分别配备了相应的检测仪器设备。仪器设备配备见表3。

检测设备一览表 表3

序号	检测项目	检测仪器、设备名称	规格型号	单位	数量	产地
1	路基边坡	坡度尺	—	把	1	
2	结构、标志尺寸,路面、桥梁宽度等	钢卷尺	3m、5m、30m、50m	把	若干	
		钢板尺	30cm、50cm、100cm	把	若干	
3	混凝土强度	回弹仪	2000ND	台	2	瑞士
			HT225W	台	2	北京
4	涵洞流水面高程,桥面、路面横坡等	水准仪、钢卷尺	天津2200	台	2	天津
5	伸缩缝与桥面高差、桥面平整度	3m直尺、塞尺	—	把	1	北京
6	结构物检测	桥梁检测车	WDATHCAA96L087132	台	1	德国
7	大面平整度	2m靠尺、塞尺	—	把	3	北京
8	净宽、净空	红外线测距仪	DISTO	台	3	德国

续上表

序号	检测项目	检测仪器、设备名称	规格型号	单位	数量	产地
9	路面厚度、压实度	取芯机	OMA-HZ-15	台	2	台湾
		静水天平	WT51001S	台	1	常州
10	路面弯沉	落锤式弯沉仪	Dynatest8000	台	1	丹麦
11	路面平整度	13 激光车辙测试仪	RP-06(13L)	台	1	北京中科盈恒
12	路面厚度	路面雷达测试仪	RAMAC/CU Ⅱ	台	1	瑞典
13	路面摩擦系数	摩擦系数检测车	GriptesterMK2D	台	1	英国
14	墩柱、立柱垂直度	磁性垂线	—	套	1	
15	交通安全设施厚度	数字式覆层测厚仪	TT260	台	1	北京
		数字式覆层测厚仪	TT220	台	1	北京
		螺旋测微计	—	个	2	杭州
		游标卡尺	—	个	2	上海

三、抽查项目、检测方法及检测频率

按照竣交工验收办法的要求，交工验收检测主要集中在工程实体质量检查和外观质量检查。

(一)抽查项目

(1)路基工程:包括路基土石方、排水、小桥、涵洞及支挡工程等分部工程，抽查项目有路基压实度、路基弯沉、边坡坡度、排水工程断面尺寸、铺砌厚度、小桥混凝土强度、主要结构尺寸、涵洞结构尺寸、流水面高程、支挡工程断面尺寸及表面平整度等。

(2)路面工程:含路面面层一个分部工程，抽查项目有路面压实度、弯沉、车辙、平整度、抗滑、厚度、宽度及横坡等。

(3)桥梁工程:包括下部、上部两个分部工程，抽查项目有下部墩台混凝土强度、主要结构尺寸、墩台垂直度、上部结构混凝土强度、主要结构尺寸、伸缩缝与桥面高差、桥面铺装平整度、桥面宽度、厚度、横坡及桥面抗滑等。

(4)隧道工程:包括衬砌、总体两个分部工程，抽查项目有衬砌强度、衬砌厚度、大面积平整度、宽度、净空及路面。

(5)交通安全设施:包括标志、防护栏，抽查项目有标志立柱竖直度、标志板净空和尺寸、防护栏波形板厚度、立柱壁厚度及横梁中心高度等。

(二)检测方法

抽查项目均采用交通部部颁检测、试验方法进行，其中混凝土强度采用回弹仪，路面平整度采用激光平整度测试车，路面厚度采用路面雷达测厚仪，路面弯沉采用落锤式弯沉仪，路面抗滑采用摩擦系数检测车。检测数据按照交通部有关规程规定的方法处理。

应说明的是:第一，路面平整度采用车载激光平整度测试仪进行测试，其检测结果为国际平整度指数。与八轮仪相比，该仪器对路面的大范围平整度情况反映良好，其检测结果更能反映行车舒适性。第二，路面厚度分别用取芯和地质雷达进行检测。为减少路面破坏，实际检测为每1km 取芯 1 处，采用地质雷达连续检测。第三，隧道工程本次检测参照河南省道路检测工程技术研究中心第三方专项检测资料。

(三)检测频率

检测时主要依据“验收办法”，根据工程的实际情况，确定合同段检测频率。

1. 路基工程

(1)路基工程压实度、边坡每公里抽查1~2处。路基弯沉逐车道连续检测。

(2)排水工程的断面尺寸每公里抽查2~3处，铺砌厚度每合同段抽查不少于5~10处。

(3)小桥抽查频率20%，涵洞抽查频率10%。

2. 路面工程

路面工程的弯沉、平整度、厚度、摩擦系数等逐车道连续检测，其他抽查项目每公里不少于1处。

3. 桥梁工程

特大桥、大桥逐座检查；中桥抽查不少于总数的50%。

桥梁下部工程，特大桥、大桥少于5个墩台的逐个检查，多于5个墩台的抽查总数的50%；中桥抽查墩台总数的50%。

4. 隧道工程

隧道逐座检查。

5. 交通安全设施

交通安全设施中防护栏每公里抽查1处；标志抽查不少于总数的10%。

四、检测结果(单点合格率)

(一)单位工程检测结果汇总

1. 路基工程

各标段抽检项目及单点合格率见表4。

2. 路面工程

各标段抽检项目及单点合格率见表5。

3. 桥梁工程

各标段抽检项目及单点合格率见表6。

4. 隧道工程

各标段抽检项目及单点合格率见表7。

5. 交通安全设施

各标段抽检项目及单点合格率见表8。

(二)建设项目检查结果汇总(表9)

二广高速公路分水岭至南召段路基工程检查结果汇总表 表4

单位工程	分部工程	检测项目	No.1			No.2			No.3		
			抽检点数	合格点数	合格率(%)	抽检点数	合格点数	合格率(%)	抽检点数	合格点数	合格率(%)
路基工程	路基土石方	沉降	43	43	100	40	40	100	18	18	100
		弯沉	176	176	100	308	308	100	266	266	100
		边坡	2	2	100						
	排水工程	断面尺寸	30	28	93.3	24	22	91.7	24	23	95.8
		铺砌厚度	5	5	100	5	5	100	5	5	100
	小桥	混凝土强度									
		主要结构尺寸									

续上表

单位工程	分部工程	检测项目	No. 1			No. 2			No. 3		
			抽检点数	合格点数	合格率（%）	抽检点数	合格点数	合格率（%）	抽检点数	合格点数	合格率（%）
路基工程	涵洞	结构尺寸	8	8	100	8	8	100			
		流水面高程	2	2	100	2	2	100			
	支挡工程	混凝土强度									
		断面尺寸									
		表面平整度									

单位工程	分部工程	检测项目	No. 4			No. 5			No. 6			合计		
			抽检点数	合格点数	合格率（%）	抽检点数	合格点数	合格率（%）	抽检点数	合格点数	合格率（%）	抽检点数	合格点数	合格率（%）
路基工程	路基土石方	沉降	40	40	100	43	43	100	30	30	100	214	214	100
		弯沉	339	339	100	414	414	100	107	107	100	1610	1610	100
		边坡	2	2	100	2	2	100	6	6	100	12	12	100
	排水工程	断面尺寸	12	10	83.3	36	34	94.4	30	27	90.0	156	144	92.3
		铺砌厚度	5	4	80.0	6	6	100	5	5	100	31	30	96.8
	小桥	混凝土强度												
		主要结构尺寸												
	涵洞	结构尺寸	8	8	100	8	8	100	8	8	100	40	40	100
		流水面高程	2	1	50.0	2	2	100	2	2	100	10	9	90.0
	支挡工程	混凝土强度												
		断面尺寸												
		表面平整度												

二广高速公路分水岭至南召段路面工程检查结果汇总表 表 5

单位工程	分部工程	检测项目	路面 1 标			合　计		
			抽检点数	合格点数	合格率（%）	抽检点数	合格点数	合格率（%）
路面工程	路面面层	沥青路面压实度	69	69	100	69	69	100
		沥青路面弯沉	157	157	100	157	157	100
		平整度	342	341	99.7	342	341	99.7
		抗滑	342	337	98.5	342	337	98.5
		取芯厚度（总厚度）	18	18	100	18	18	100
		雷达测厚	1957	1954	99.8	1957	1954	99.8
		宽度	36	35	97.2	36	35	97.2
		横坡	35	30	85.7	35	30	85.7

二广高速公路分水岭至南召段公路桥梁工程检查结果汇总表　　表6

单位工程	分部工程	检测项目	No. 1			No. 2			No. 3		
			抽检点数	合格点数	合格率（%）	抽检点数	合格点数	合格率（%）	抽检点数	合格点数	合格率（%）
桥梁工程	下部	墩台混凝土强度	124	124	100	126	126	100	146	146	100
		主要结构尺寸	87	86	98.9	82	82	100	100	99	99.0
		墩台竖直度	116	116	100	110	110	100	132	132	100
	上部	混凝土强度	90	90	100	100	100	100	200	200	100
		主要结构尺寸	54	41	75.9	66	58	87.9	111	96	86.5
		伸缩缝与桥面高差	42	32	76.2	42	40	95.2	81	60	74.1
		桥面铺装平整度									
		桥面宽度	40	39	97.5	55	55	100	100	99	99.0
		横坡	52	51	98.1	39	36	92.3	86	82	95.3
		桥面抗滑			合格			合格			合格

单位工程	分部工程	检测项目	No. 4			No. 5			No. 6			合计		
			抽检点数	合格点数	合格率（%）	抽检点数	合格点数	合格率（%）	抽检点数	合格点数	合格率（%）	抽检点数	合格点数	合格率（%）
桥梁工程	下部	墩台混凝土强度	142	142	100	182	182	100	136	136	100	856	856	100
		主要结构尺寸	93	93	100	129	127	98.4	102	100	98.0	593	587	99.0
		墩台竖直度	124	124	100	172	172	100	136	136	100	790	790	100
	上部	混凝土强度	120	120	100	130	130	100	30	30	100	670	670	100
		主要结构尺寸	66	63	95.5	84	60	71.4	21	19	90.5	402	337	83.8
		伸缩缝与桥面高差	42	31	73.8	51	33	64.7	36	28	77.8	294	224	76.2
		桥面铺装平整度												
		桥面宽度	60	54	90.0	80	80	100	20	20	100	355	347	97.7
		横坡	44	44	100	55	55	100	76	72	94.7	352	340	96.6
		桥面抗滑			合格			合格			合格			合格

二广高速公路分水岭至南召段公路隧道工程检查结果汇总表　　表7

单位工程	分部工程	检测项目	No. 1			No. 2			No. 3		
			抽检点数	合格点数	合格率（%）	抽检点数	合格点数	合格率（%）	抽检点数	合格点数	合格率（%）
隧道工程	衬砌	衬砌强度				10	10	100	20	20	100
		衬砌厚度				88	88	100	404	404	100
		大面积平整度				18	18	100	60	60	100
	总体	宽度				5	5	100	20	20	100
		净空				5	5	100	20	20	100
		隧道路面						参见路面			参见路面

续上表

单位工程	分部工程	检测项目	No. 4			No. 5			No. 6			合　计		
			抽检点数	合格点数	合格率（%）	抽检点数	合格点数	合格率（%）	抽检点数	合格点数	合格率（%）	抽检点数	合格点数	合格率（%）
隧道工程	衬砌	衬砌强度	40	40	100							70	70	100
		衬砌厚度	449	449	100							941	941	100
		大面积平整度	66	66	100							144	144	100
	总体	宽度	30	30	100							55	55	100
		净空	30	30	100							55	55	100
		隧道路面			参见路面									参见路面

二广高速公路分水岭至南召段交通安全设施工程检查结果汇总表 表 8

单位工程	分部工程	检测项目	标志 1 标			护栏 1 标			合　计		
			抽检点数	合格点数	合格率（%）	抽检点数	合格点数	合格率（%）	抽检点数	合格点数	合格率（%）
交通安全设施	标志	立柱竖直度	20	17	85.0				20	17	85.0
		标志板净空	9	7	77.8				9	7	77.8
		标志板尺寸	26	23	88.5				26	23	88.5
		标志板厚度	26	21	80.8				26	21	80.8
	波形梁护栏	波形板厚度				900	847	94.1	900	847	94.1
		立柱壁厚度				300	241	80.3	300	241	80.3
		横梁中心高度				300	260	86.7	300	260	86.7

二广高速公路分水岭至南召段建设项目检查结果汇总表 表 9

单位工程	分部工程	检测项目	检测项目合计			单位工程小计		
			抽检点数	合格点数	合格率（%）	抽检点数	合格点数	合格率（%）
路基工程	路基土石方	沉降	214	214	100	2073	2059	99.3
		弯沉	1610	1610	100			
		边坡	12	12	100			
	排水工程	断面尺寸	156	144	92.3			
		铺砌厚度	31	30	96.8			
	小桥	混凝土强度						
		主要结构尺寸						
	涵洞	结构尺寸	40	40	100			
		流水面高程	10	9	90.0			
路面工程	路面面层	沥青路面压实度	69	69	100	2956	2941	99.5
		沥青路面弯沉	157	157	100			
		平整度	342	341	99.7			
		抗滑	342	337	98.5			
		取芯厚度（总厚度）	18	18	100			

续上表

单位工程	分部工程	检测项目	检测项目合计			单位工程小计		
			抽检点数	合格点数	合格率(%)	抽检点数	合格点数	合格率(%)
路面工程	路面面层	雷达测厚	1957	1954	99.8			
		宽度	36	35	97.2			
		横坡	35	30	85.7			
桥梁工程	下部	墩台混凝土强度	856	856	100			
		主要结构尺寸	593	587	99.0			
		墩台竖直度	790	790	100			
	下部	混凝土强度	670	670	100			
		主要结构尺寸	402	337	83.8			
		伸缩缝与桥面高差	294	224	76.2			
		桥面铺装平整度			连续检测			
		桥面宽度	355	347	97.7			
		横坡	352	340	96.6			
		桥面抗滑			合格			
隧道工程	衬砌	衬砌强度	70	70	100	1265	1265	100
		衬砌厚度	941	941	100			
		大面积平整度	144	144	100			
	总体	宽度	55	55	100			
		净空	55	55	100			
		隧道路面			参见路面			
交通安全设施	标志	立柱竖直度	20	17	85.0	81	68	84.0
		标志板净空	9	7	77.8			
		标志板尺寸	26	23	88.5			
		标志板厚度	26	21	80.8			
	波形梁护栏	波形板厚度	900	847	94.1	1500	1348	89.9
		立柱壁厚度	300	241	80.3			
		横梁中心高度	300	260	86.7			
合计						12187	11838	97.1

五、检测结果分析

(一)路基工程

1. 路基土石方

抽查了路基边坡坡度,进行了外观检查,认为边坡坡度基本符合设计要求,边坡坡体稳定、大部分路段坡面平顺,总体情况较好,但个别路段存在亏坡现象。

2. 排水工程

排水工程抽查项目有断面尺寸和铺砌厚度。实测了断面尺寸、开挖检查了铺砌厚度及外观检查,认为大部分路段排水工程断面尺寸控制较好;铺砌厚度经开挖检查基本满足设计要求;排水沟内侧及沟底平顺,总体施工质量良好,但个别地段的排水工程需进行修整、清理。

3. 涵洞

抽查项目有结构尺寸及流水面高程。实测了台身的断面尺寸、台帽的断面尺寸、涵宽、涵长及外观检查,认为涵洞净跨等控制较好,内外轮廓线条清晰顺滑,绝大多数混凝土构件表面密实,施工质量总体较好。

(二)路面工程

路面工程包括沥青路面压实度、路面弯沉、平整度、抗滑(摩擦系数)、厚度、宽度、横坡等抽查项目。

1. 沥青路面压实度和厚度

本次检测,路面厚度采用取芯抽查和路用地质雷达普查两种方式进行。

上面层厚度:全线路面取芯 18 处,上面层厚度变化范围在 36 ~ 45mm(设计 40mm),上面层厚度代表值为 39mm,合格率为 100%。

面层总厚度(取芯试件):全线路面取芯 18 处,面层总厚度设计 240mm 路段的变化范围在 223 ~ 264mm;面层总厚度设计为 170mm 路段取芯厚度分别为 160 ~ 173mm,面层总厚度代表值为 237mm(设计为 170mm 的测点未参与评定),合格率为 100%。

面层总厚度(地质雷达数据):路面总厚度设计值 240mm,其中左幅 K13 + 070 ~ 13 + 470、K9 + 430 ~ K9 + 710 和右幅 K13 + 120 ~ K13 + 500 路面总厚度设计值为 170mm。雷达测厚连续检测总计 1957 点,合格率 99.8%;各合同段检测数据汇总见表 10。

实测数据分析结果显示厚度、压实度代表值符合设计要求,合格率高。

路面面层厚度地质雷达检查结果汇总表 表 10

合同段	检测幅面	设计总厚度(cm)	检测点数	最小值(cm)	最大值(cm)	平均值(cm)	代表值(cm)	合格点数
LM-1 标	左幅	24.0	940	21.3	27.1	24.2	24.1	939
		17.0	70	15.5	18.5	16.9	16.6	70
	右幅	24.0	908	21.4	26.3	23.7	23.7	906
		17.0	39	16.1	18.6	17.6	17.4	39
合计			1957					1954

压实度:全线路面取芯 18 处,压实度检测以标准密度为标准进行统计整理,压实度规定值为 96%,压实度代表值为 99.9%,合格率为 100%。实测数据分析结果显示厚度、压实度代表值均符合质量标准,合格率高(表 11)。

路面面层厚度及压实度检查结果汇总表 表 11

合同段	芯样数	检查项目	层位	各点实测值范围	标段代表值	要求值(代表值)	不合格数	合格率(%)
LM-1 标(全线)	18	厚度(mm)	上面层	36 ~ 45	39	≥36	0	100
			总厚度	223 ~ 264	237	≥228	0	100
		压实度(%)	上中下及联结层	96.7 ~ 103.8	99.9	≥96	0	100

2. 路面弯沉

本次全线弯沉检测共得到 157 个评定点,全线的路面弯沉代表值均符合要求(表 12)。

路面弯沉检查结果汇总表

路面合同段	评定点数	标段弯沉代表值（0.01mm）	设计值（0.01mm）	合格点数	合格率（%）
LM-1 标(全线)	157	8.22	20.1	157	100

3. 路面平整度

全线实测平整度342个评定数据,合格数341个,项目平整度总合格率为99.7%,平整度评定单元IRI范围在0.54~2.01m/km,标准差σ范围在0.32~1.21,表明全线路面平整度总体控制良好(表13)。

平整度标准差汇总表 表13

路面合同段	评定点数	各评定单元 IRI 范围	标段平均值 IRI（σ）	要求值	合格点数	合格率（%）
LM-1 标(全线)	342	0.54~2.01	1.04(0.62)	IRI≤2.0m/km（σ≤1.2）	341	99.7

4. 路面抗滑

全线路面摩擦系数实测342点,合格点数为337,合格率为98.5%,全线路面摩擦系数合格率较高,表明路面抗滑性能良好(表14)。

抗滑指标汇总表 表14

路面合同段	实测点数	各点实测值范围(SFC)	平均值（SFC）	要求值（SFC）	合格点数	合格率（%）
LM-1 标(全线)	342	43.9~106.8	89.3	≥50	337	98.5

5. 路面宽度、横坡及外观检查

全线路面宽度检测36个断面,合格率97.2%;横坡检测35个断面,合格率85.7%。面层表面绝大部分平整密实,无松散、裂缝等缺陷,接茬处紧密平顺,与构造物连接基本直顺。检测认为横坡合格率较好,施工控制较好(表15)。

宽度、横坡检测结果汇总表 表15

路面合同段	检测项目	检测点数	合格点数	合格率(%)
路面1标(全线)	宽度	36	35	97.2
	横坡	35	30	85.7

(三)桥梁工程

1. 下部构造

主要实测了混凝土强度(回弹法)、墩台直径和竖直度。各抽查桥梁结构混凝土强度符合要求,墩台的断面尺寸和竖直度控制较好。

2. 上部构造

主要实测了混凝土强度、主要结构尺寸、伸缩缝与桥面高差、桥面铺装平整度、抗滑及宽度、厚度和横坡。各抽查桥梁结构混凝土强度符合要求,结构尺寸、伸缩缝与桥面高差、桥面铺装平整度、抗滑及宽度、厚度和横坡控制较好。

3. 桥梁外观检查

经检查认为:桥梁内外轮廓较为顺滑,各部位尺寸控制较好,混凝土强度符合设计及规范要求。桥面铺装平顺,伸缩缝性能良好,大部分桥梁护栏牢固、直顺,桥头无跳车现象;盖梁、墩柱等构件尺寸控制较好,混凝土表面质量良好。

(四)隧道工程

1. 衬砌

主要实测了衬砌强度、厚度、大面积平整度等项目。经抽查隧道衬砌强度符合要求,衬砌厚度、大面积平整度控制较好。

2. 总体

经检查认为:隧道各部位尺寸及隧道路面各项指标均控制较好,衬砌强度符合设计及规范要求。

(五)交通安全设施

交通安全设施主要检测了标志和波形护栏,实测了标志的立柱竖直度、标志板净空、标志板尺寸及标志板厚度,波形护栏的波形板厚度、立柱壁厚度、横梁中心高度。在进行外观检查后认为:抽查的各项指标控制较好。已完成的隔离网(栅)外形顺适,安装牢固。截止交工检测时个别波形梁护栏尚未安装调整完成,在通车前应安装调整顺适。

(六)总体评价

路面表面平整、密实、均匀,未见泛油、松散、裂缝、离析现象;原材料质量得到了较好控制;施工配比符合规范;路面厚度均匀,厚度满足设计要求;路面抗滑性能符合要求;路面横坡及宽度控制较好。路基边坡坡体稳定,大部分路段未见亏坡及不均匀沉降现象;大部分路段排水工程断面尺寸控制较好;铺砌厚度经开挖检查基本满足设计要求;排水沟内侧及沟底平顺,总体施工质量良好。桥面平整,伸缩缝安装质量较好,桥面宽度、横坡控制较好;受力构件制作较规范,尺寸控制较好,混凝土强度符合设计要求;墩柱尺寸控制良好,混凝土强度满足设计要求,表面平整、密实。

六、工程存在的主要问题及建议

(1)部分路段路基边坡有亏坡和水毁现象,建议尽快修整。

(2)部分桥涵盖板接缝处有渗水现象,如 K13 +775 盖板涵。

(3)RK1 +629 右中部伸缩缝中部混凝土有 10 道纵向裂缝,缝宽小于 1mm,RK7 +718 0 号、1 号、2 号伸缩缝有 5 道裂缝;K15 +623 前进方向右幅第一道伸缩缝有 11 道纵向裂缝,缝宽小于 1mm;K17 +831.5 前进方向左幅第 5、6 道伸缩缝混凝土分别有 13 条裂缝和 4 条纵向裂缝,缝宽小于 1mm。

(4)K3 +747 盖梁上杂物未清理。

(5)LK6 +786 4-3 梁板底露钢筋约 5cm 长,箱梁底部有局部蜂窝、麻面。

(6)K4 +497 左侧 3 号、4 号墩的支座有轻微变形,左 1 号墩的支座垫石裂缝,大于 1mm。

(7)LK6 +961 2-3 至 2-2 中横梁有裂缝,RK9 +391.5 1-3 至 1-2、1-3 至 1-4 中横梁有裂缝。

(8)RK8 +385 护栏上局部有裂缝。

(9)RK9 +794 护栏局部有裂缝,1 号墩右 1-2 立柱顶部与盖梁处有混凝土修补现象,2-3 至 2-2、2-2 至 2-1 中横梁有裂缝,泄水管长度不够。

(10)RK9 +071 第六跨多个支座严重变形,7-1 支座老化,8-1 至 8-2 湿接缝底面不平整,9 号墩支座底面不平整、支座变形。

(11)部分标志牌版面不清晰,有污染现象;个别标志牌有气泡,边缘有毛刺(如 K12 +240 右侧、K13 +880 右侧)。

(12)部分路段波形梁板有擦伤,个别板块有毛刺、脱塑现象。

(13)个别波形板喷塑有溜挂、气泡现象(如 K8 +200 左侧)。

(14)个别路段横梁中心高度不满足设计要求(如 K4 +910 右侧)。

七、结论性意见

二广高速公路分水岭至南召段工程建设项目设计完善、合理;质量控制体系完备、有效,运转良好;施工质量控制良好。经对已完成项目检测和质量状况分析,未发现有影响交工验收的质量问题,建议线内主体工程通过验收。

河南省交通基本建设质量检测监督站

二〇〇八年九月八日

10. 二广高速公路分水岭至南阳段联络线工程交工验收检测报告

一、项目概况

1. 项目简介

分水岭至南阳高速公路起于南阳与平顶山交界的分水岭，路线向南经南召县董店东、石门乡西、瓦踅村西南、谢庄乡东、龚河东南、王村西、向南止于南阳市区西部张华岗，与已建成的上海至武威国家重点公路相接，主线全长约 74.299km，联络线由南阳市卧龙区的安皋乡向东，经蒲山镇止于宛城区的新店乡，与许平南高速公路相连接，全长 24.25km，总里程共计 98.549km，征用土地 654.1171hm^2。该项目采用全封闭、全立交、四车道（山区）、六车道（平原区）高速公路技术标准。

本项目路线主线全长 74.299km，断链长 392.343m。全线共设互通式立交 5 处，分别为南召互通立交、瓦踅互通立交、龚河枢纽互通立交、南阳互通立交、张华岗枢纽互通立交。分离式立交 3 处，其中下穿铁路分离式立交 1 处，与规划路及等级公路分离立交 2 处。通道 36 道，天桥 30 座（不含互通区）。特大桥 2373m/2 座，为黄鸭河特大桥和白河特大桥；大、中桥分离式 5748.334m/21 座，整体式 7999.7m/36 座，涵洞 86 道（不含互通区）。隧道 3666.447m/5 处 9 道（单洞长）。本项目路线在南召设 1 处停车区，南阳设 1 处服务区，在南召、瓦踅、南阳、独山互通立交设置 4 处匝道收费站，在南阳设 1 处管理分中心，与南阳互通收费站合建，在瓦踅设 1 处养护工区，与瓦踅互通收费站合建。分别在分水岭、柴家庄、雪家庄隧道口设置 3 处隧道供电管理站。2007 年 12 月 9 日已经交工 55.726km（K19 + 000 ~ K74 + 726）；K0 + 849.907 ~ K19 + 000，全长 18.573km 已于 2008 年 9 月交工检测完毕。

本次交工路段：联络线长 24.25km，由南阳市卧龙区的安皋乡向东，经蒲山镇止于宛城区的新店乡，与许平南高速公路相连接，起点位于 JK0 + 702 ~ JK24 + 247.172（不含蒲山特大桥），设互通式立交 2 处，分别为独山互通立交、祝庄枢纽互通立交；分离式立交 6 处，其中与规划路及等级公路分离立交 3 处，与乡村公路（乡村干道）分离立交 3 处，；天桥 6 座；特大桥 1238.2m/1 座，为白河特大桥（跨焦枝铁路特大桥本次暂不交验）；大、中桥 1949.135m/19 座；涵洞通道 55 道，收费站一处，投资 6.82 亿元。

2. 技术指标（表 1）

岭南高速公路主要技术指标 表 1

序号	名　称	单位	山　岭　区		平原区	备注
1	建设里程	km			联络线 JK0 + 702 ~ JK24 + 247.172	
2	地形		山岭重丘		平原微丘	
3	公路等级		四车道		六车道高速公路	
4	路基形式		整体式路基	分离式路基	整体式路基	

续上表

序号	名称			单位	山岭区		平原区	备注
5	计算行车速度			km/h	100	100	120	
6	路基宽度			m	26	2×13	28	
7	行车道宽度			m	2×2×3.75	2×2×3.75	2×3×3.75	
8	中央分隔带宽度			m	2		2	
9	左侧路缘带宽度			m	2×0.75	2×0.5	2×0.75	
10	硬路肩宽度			m	2×3.0	2×3.0	2×0.5	
11	土路肩宽度			m	2×0.75	4×0.75	2×0.5	
12	路面类型				沥青混凝土	沥青混凝土	沥青混凝土	
13	桥面净宽			m	2×11.5	2×12.0	2×12.5	
14	隧道净宽			m	—	—	—	
15	不设超高的平曲线最小半径			m	4000		5500	
16	平曲线一般最小半径			m	700		1000	
17	平曲线极限最小半径			m	400		650	
18	平曲线最小长度			m	170		200	
19	缓和曲线最小长度			m	85		100	
20	最大纵坡			%	4		3	
21	最大坡长			m	800		900	
22	最小坡长			m	250		300	
23	竖曲线最小半径	凸形	一般值	m	10000		17000	
24			最小值	m	6500		11000	
25		凹形	一般值	m	4500		6000	
26			最小值	m	3000		4000	
27	竖曲线最小长度			m	85		100	
28	停车视距			m	160		210	
29	桥梁设计车辆荷载				公路—Ⅰ级			
30	设计洪水频率				特大桥为1/300、其他和路基1/100			
31	地震动峰值加速度系数			g	0.05、0.10（相当于地震基本烈度：Ⅵ度、Ⅶ度）			

3. 参建单位

建设单位：河南岭南高速公路有限公司；

设计单位：中交第一公路勘察设计研究院；

No. B代监理单位：河南省宏力工程咨询有限公司；

施工单位：见表2。

全线合同段基本情况一览表 表2

工程项目	标段	施工单位名称	起讫桩号
土建工程	No. 19	路桥华祥国际工程有限公司	JK0+702～JK6+900
	No. 20	中铁四局集团有限公司	JK6+900～JK13+400
	No. 21	中铁七局集团有限公司	JK13+400～JK18+400
	No. 22	路桥华南工程有限公司	JK18+400～JK24+247.172
路面工程	LM-6	河南路桥建设集团有限公司	JK0+702～JK13+400
	LM-7	江苏海通建设工程有限公司	JK13+400～JK24+247.172
交安	波形梁护栏	杭州神通交通设施有限公司	JK0+702～JK24+247.172
	标志标牌	河南省公路附属设施有限公司	JK0+702～JK24+247.172

二、检测依据及组织情况

1. 检测依据

(1)交通部:《公路工程竣(交)工验收办法》(2004 年第 3 号);

(2)交通部:《公路工程质量检验评定标准》(JTG F80/1—2004)、《公路路基路面现场测试规程》;

(3)交通部:相关标准、规范、规程;

(4)本项目设计及相关文件。

2. 外业检测组织情况

根据河南岭南高速公路有限公司的申请,依据交通部《公路工程竣(交)工验收办法》,按照《公路工程质量检验评定标准》(JTG F80/1—2004)与《公路路基路面现场测试规程》,河南省交通基本建设质量检测监督站于 2008 年 11 月 17 日对二广高速分水岭至南阳段联络线进行了工程交工检测。本次交工质量检测分路面组、桥梁组、测量组、路基涵洞防排组及交通安全设施组。

根据本项目的特点,各检测工作组分别对能够检测的工程项目进行了实际量测和全面检查。

路基组主要负责路基边坡、排水工程几何尺寸、小桥、涵洞工程的检测;路面组负责路面项目指标、宽度等指标的检测;桥梁组负责混凝土强度、主要结构几何尺寸等指标的检测;交安组负责标志、波形梁护栏等项目的几何尺寸检测;测量组负责路面横坡、桥面横坡及涵底流水面高程的检测;同时各组负责相关项目的外观检查。

外业组分别配备了相应的检测仪器设备。仪器设备配备见表 3。

检测设备一览表

表 3

序号	检 测 项 目	检测仪器、设备名称	规 格 型 号	单位	数量	产地
1	路基边坡	坡度尺	—	把	1	
2	结构、标志尺寸,路面、桥梁宽度等	钢卷尺	3m、5m、30m、50m	把	若干	
		钢板尺	30cm、50cm、100cm	把	若干	
3	混凝土强度	回弹仪	2000ND	台	2	瑞士
			HT225W	台	2	北京
4	涵洞流水面高程,桥面、路面横坡等	水准仪、钢卷尺	天津 2200	台	2	天津
5	伸缩缝与桥面高差、桥面平整度	3m 直尺、塞尺	—	把	1	北京
6	结构物检测	桥梁检测车	WDATHCAA96L087132	台	1	德国
7	大面平整度	2m 靠尺、塞尺	—	把	3	北京
8	净宽、净空	红外线测距仪	DISTO	台	3	德国
9	路面厚度、压实度	取芯机	OMA-HZ-15	台	2	台湾
		静水天平	WT51001S	台	1	常州
10	路面弯沉	落锤式弯沉仪	Dynatest VMD8002	台	1	丹麦
11	路面平整度	激光平整度测试仪	Profilograph	台	1	丹麦
12	路面厚度	路面雷达测试车	PENETRADAR	台	1	美国
13	路面摩擦系数	摩擦系数检测车	Safegate	台	1	英国
14	交通安全设施厚度	数字式覆层测厚仪	TT260	台	1	北京
		数字式覆层测厚仪	TT220	台	1	北京
		螺旋测微计	—	个	2	杭州
		游标卡尺	—	个	2	上海

三、抽查项目、检测方法及检测频率

按照竣交工验收办法的要求,交工验收检测主要集中在工程实体质量检查和外观质量检查。

(一)抽查项目

(1)路基工程:包括路基土石方、排水、小桥、涵洞及支挡工程等分部工程,抽查项目有:路基压实度、路基弯沉、边坡坡度、排水工程断面尺寸、铺砌厚度、小桥混凝土强度、主要结构尺寸、涵洞结构尺寸、流水面高程、支挡工程断面尺寸及表面平整度等。

(2)路面工程:含路面面层一个分部工程,抽查项目有路面压实度、弯沉、车辙、平整度、抗滑、厚度、宽度及横坡等。

(3)桥梁工程:包括下部、上部两个分部工程,抽查项目有下部墩台混凝土强度、主要结构尺寸、墩台垂直度、上部结构混凝土强度、主要结构尺寸、伸缩缝与桥面高差、桥面铺装平整度、桥面宽度、厚度、横坡及桥面抗滑等。

(4)交通安全设施:包括标志、防护栏,抽查项目有标志立柱竖直度、标志板净空和尺寸、防护栏波形板厚度、立柱壁厚度及横梁中心高度等。

(二)检测方法

抽查项目均采用交通部部颁检测、试验方法进行,其中混凝土强度采用回弹仪,路面平整度采用激光平整度测试车,路面厚度采用路面雷达测厚仪,路面弯沉采用落锤式弯沉仪,路面抗滑采用摩擦系数检测车。检测数据按照交通部有关规程规定的方法处理。

应说明的是:第一,路面平整度采用车载激光平整度测试仪进行测试,其检测结果为国际平整度指数。与八轮仪相比,该仪器对路面的大范围平整度情况反映良好,其检测结果更能反映行车舒适性。第二,路面厚度分别用取芯和地质雷达进行检测。为减少路面破坏,实际检测为每1km 取芯 1 处,采用地质雷达连续检测。

(三)检测频率

检测时主要依据“验收办法”,根据工程的实际情况,确定合同段检测频率。

1. 路基工程

(1)路基工程压实度、边坡每公里抽查 1 ~2 处。路基弯沉逐车道连续检测。

(2)排水工程的断面尺寸每公里抽查 2 ~3 处,铺砌厚度每合同段抽查不少于 5 ~10 处。

(3)小桥抽查频率 20%,涵洞抽查频率 10%。

2. 路面工程

路面工程的弯沉、平整度、厚度、摩擦系数等逐车道连续检测,其他抽查项目每公里不少于 1 处。

3. 桥梁工程

特大桥、大桥逐座检查;中桥抽查不少于总数的 50%。

桥梁下部工程,特大桥、大桥少于 5 个墩台的逐个检查,多于 5 个墩台的抽查总数的 50%;中桥抽查墩台总数的 50%。

4. 交通安全设施

交通安全设施中防护栏每公里抽查 1 处;标志抽查不少于总数的 10%。

四、检测结果(单点合格率)

(一)单位工程检测结果汇总

1. 路基工程

各标段抽检项目及单点合格率见表 4。

2. 路面工程

各标段抽检项目及单点合格率见表5。

3. 桥梁工程

各标段抽检项目及单点合格率见表6。

4. 交通安全设施

各标段抽检项目及单点合格率见表7。

(二)建设项目检查结果汇总(表8)

二广高速公路分水岭至南阳段联络线路基工程检查结果汇总表 表4

单位工程	分部工程	检测项目	No. 19			No. 20			No. 21			No. 22			合计		
			抽检点数	合格点数	合格率(%)	抽检点数	合格点数	合格率(%)	抽检点数	合格点数	合格率(%)	抽检点数	合格点数	合格率(%)	抽检点数	合格点数	合格率(%)
路基工程	路基土石方	压实度	18	18	100.0	27	27	100.0	25	25	100.0	29	29	100.0	99	99	100
		弯沉	414	414	100.0	619	619	100.0	545	545	100.0	531	531	100.0	2109	2109	100
		边坡	13	12	92.3	8	7	87.5	10	10	100	6	6	100	37	35	94.6
	排水工程	断面尺寸	15	13	86.7							12	11	91.7	27	24	88.9
		铺砌厚度	5	5	100	1	1	100				4	4	100	10	10	100
	小桥	混凝土强度	10	10	100	10	10	100	10	10	100	10	10	100	40	40	100
		主要结构尺寸	16	14	87.5	8	6	75	8	7	87.5	8	7	87.5	40	34	85.0
	涵洞	结构尺寸	8	8	100	8	8	100	8	8	100	8	8	100	32	32	100
		流水面高程	2	2	100	2	2	100	4	4	100	4	2	50.0	12	10	83.3

二广高速公路分水岭至南阳段联络线路面工程检查结果汇总表 表5

单位工程	分部工程	检测项目	LM-6			LM-7			合计		
			抽检点数	合格点数	合格率(%)	抽检点数	合格点数	合格率(%)	抽检点数	合格点数	合格率(%)
路面工程	路面面层	沥青路面压实度	12	12	100	11	11	100	23	23	100
		沥青路面弯沉	192	192	100	80	80	100	272	272	100
		平整度	1128	1126	99.8	708	696	98.3	1836	1822	99.2
		抗滑	54	54	100	76	76	100	130	130	100
		取芯厚度(总厚度)	12	12	100	12	12	100	24	24	100
		雷达测厚	8426	8055	95.6	4295	4254	99.0	12721	12309	96.7
		宽度	24	24	100	22	21	95.5	46	45	97.8
		横坡	26	22	84.6	12	12	100	38	34	89.5

二广高速公路分水岭至南阳段联络线公路桥梁工程检查结果汇总表 表6

单位工程	分部工程	检测项目	No. 19			No. 20			No. 21			No. 22			合　计		
			抽检点数	合格点数	合格率（%）	抽检点数	合格点数	合格率（%）	抽检点数	合格点数	合格率（%）	抽检点数	合格点数	合格率（%）	抽检点数	合格点数	合格率（%）
桥梁工程	下部	墩台混凝土强度	42	42	100.0	140	140	100.0	143	143	100.0	187	187	100.0	512	512	100.0
		主要结构尺寸	33	33	100.0	57	57	100.0	230	230	100.0	303	293	96.7	623	613	98.4
		墩台竖直度	40	39	97.5	48	48	100.0	93	89	95.7	332	325	97.9	513	501	97.7
	上部	混凝土强度	28	28	100.0	64	64	100.0	72	72	100.0	126	126	100.0	290	290	100.0
		主要结构尺寸	32	28	87.5	44	37	84.1	52	44	84.6	70	57	198	166	125	83.3
		伸缩缝与桥面高差	36	29	80.5	42	30	71.4	—	—		42	30	71.4	120	89	74.2
		桥面铺装平整度															
		桥面宽度	16	14	87.5	20	15	75.0	24	18	75.0	50	42	84.0	110	89	80.9
		横坡	12	12	100	12	12	100				62	62	100	86	86	100
		桥面抗滑	6	6	100	14	14	100				15	13	86.7	35	33	94.3

二广高速公路分水岭至南阳段联络线交通安全设施工程检查结果汇总表 表7

单位工程	分部工程	检测项目	标志1标			护栏1标			合　计		
			抽检点数	合格点数	合格率（%）	抽检点数	合格点数	合格率（%）	抽检点数	合格点数	合格率（%）
交通安全设施	标志	立柱竖直度	14	11	78.6				14	11	78.6
		标志板净空	7	7	100				7	7	100
	波形梁护栏	标志板尺寸	7	7	100				7	7	100
		标志板厚度	14	14	100				14	14	100
		波形板厚度				440	407	92.5	440	407	92.5
		立柱壁厚度				440	397	90.2	440	397	90.2
		横梁中心高度				440	410	93.2	440	410	93.2

二广高速公路分水岭至南阳段联络线路基工程检查结果汇总表 表 8

<table>
<tr><th rowspan="2">单位工程</th><th rowspan="2">分部工程</th><th rowspan="2">检测项目</th><th colspan="3">检测项目合计</th><th colspan="3">单位工程小计</th></tr>
<tr><th>抽检点数</th><th>合格点数</th><th>合格率（%）</th><th>抽检点数</th><th>合格点数</th><th>合格率（%）</th></tr>
<tr><td rowspan="9">路基工程</td><td rowspan="3">路基土石方</td><td>压实度</td><td>99</td><td>99</td><td>100</td><td rowspan="9">2362</td><td rowspan="9">2351</td><td rowspan="9">99.5</td></tr>
<tr><td>弯沉</td><td>2109</td><td>2109</td><td>100</td></tr>
<tr><td>边坡</td><td>37</td><td>35</td><td>94.6</td></tr>
<tr><td rowspan="2">排水工程</td><td>断面尺寸</td><td>27</td><td>24</td><td>88.9</td></tr>
<tr><td>铺砌厚度</td><td>10</td><td>10</td><td>100</td></tr>
<tr><td rowspan="2">小桥</td><td>混凝土强度</td><td>40</td><td>40</td><td>100</td></tr>
<tr><td>主要结构尺寸</td><td>40</td><td>34</td><td>85.0</td></tr>
<tr><td rowspan="2">涵洞</td><td>结构尺寸</td><td>32</td><td>32</td><td>100</td></tr>
<tr><td>流水面高程</td><td>12</td><td>10</td><td>83.3</td></tr>
<tr><td rowspan="8">路面工程</td><td rowspan="8">路面面层</td><td>沥青路面压实度</td><td>23</td><td>23</td><td>100</td><td rowspan="8">15090</td><td rowspan="8">14659</td><td rowspan="8">97.1</td></tr>
<tr><td>沥青路面弯沉</td><td>272</td><td>272</td><td>100</td></tr>
<tr><td>平整度</td><td>1836</td><td>1822</td><td>99.2</td></tr>
<tr><td>抗滑</td><td>130</td><td>130</td><td>100</td></tr>
<tr><td>取芯厚度(总厚度)</td><td>24</td><td>24</td><td>100</td></tr>
<tr><td>雷达测厚</td><td>12721</td><td>12309</td><td>97.3</td></tr>
<tr><td>宽度</td><td>46</td><td>45</td><td>97.8</td></tr>
<tr><td>横坡</td><td>38</td><td>34</td><td>85.7</td></tr>
<tr><td rowspan="3">桥梁工程</td><td rowspan="3">下部</td><td>墩台混凝土强度</td><td>512</td><td>512</td><td>100</td><td rowspan="3">1648</td><td rowspan="3">1626</td><td rowspan="3">98.7</td></tr>
<tr><td>主要结构尺寸</td><td>623</td><td>613</td><td>98.4</td></tr>
<tr><td>墩台竖直度</td><td>513</td><td>501</td><td>97.7</td></tr>
<tr><td rowspan="7">桥梁工程</td><td rowspan="7">上部</td><td>混凝土强度</td><td>290</td><td>290</td><td>100.0</td><td rowspan="7">807</td><td rowspan="7">712</td><td rowspan="7">88.2</td></tr>
<tr><td>主要结构尺寸</td><td>150</td><td>99</td><td>66.0</td></tr>
<tr><td>伸缩缝与桥面高差</td><td>72</td><td>37</td><td>51.4</td></tr>
<tr><td>桥面铺装平整度</td><td></td><td></td><td>连续检测</td></tr>
<tr><td>桥面宽度</td><td>34</td><td>29</td><td>53.7</td></tr>
<tr><td>横坡</td><td>86</td><td>86</td><td>100</td></tr>
<tr><td>桥面抗滑</td><td>35</td><td>33</td><td>94.3</td></tr>
<tr><td rowspan="7">交通安全设施</td><td rowspan="4">标志</td><td>立柱竖直度</td><td>14</td><td>11</td><td>78.6</td><td rowspan="4">42</td><td rowspan="4">39</td><td rowspan="4">92.9</td></tr>
<tr><td>标志板净空</td><td>7</td><td>7</td><td>100</td></tr>
<tr><td>标志板尺寸</td><td>7</td><td>7</td><td>100</td></tr>
<tr><td>标志板厚度</td><td>14</td><td>14</td><td>100</td></tr>
<tr><td rowspan="3">波形梁护栏</td><td>波形板厚度</td><td>440</td><td>407</td><td>92.5</td><td rowspan="3">1320</td><td rowspan="3">1214</td><td rowspan="3">92.0</td></tr>
<tr><td>立柱壁厚度</td><td>440</td><td>397</td><td>90.2</td></tr>
<tr><td>横梁中心高度</td><td>440</td><td>410</td><td>93.2</td></tr>
<tr><td colspan="6">合　计</td><td>21269</td><td>20601</td><td>96.9</td></tr>
</table>

五、检测结果分析

(一)路基工程

1. 路基土石方

抽查了路基边坡坡度,进行了外观检查,认为边坡坡度基本符合设计要求,边坡坡体稳定、大部分路段坡面平顺,总体情况较好。

2. 排水工程

排水工程抽查项目有断面尺寸和铺砌厚度。实测了断面尺寸、开挖检查了铺砌厚度及外观检查,认为大部分路段排水工程断面尺寸控制较好;铺砌厚度经开挖检查基本满足设计要求;排水沟内侧及沟底平顺,总体施工质量良好,但个别地段的排水工程需进行修整、清理。

3. 涵洞

抽查项目有结构尺寸及流水面高程。实测了台身的断面尺寸、台帽的断面尺寸、涵宽、涵长及外观检查,认为涵洞净跨等控制较好,内外轮廓线条清晰顺滑,绝大多数混凝土构件表面密实,施工质量总体较好。

(二)路面工程

路面工程包括沥青路面压实度、路面弯沉、平整度、抗滑(摩擦系数)、厚度、宽度、横坡等抽查项目。

1. 沥青路面压实度和厚度

本次检测,路面厚度采用取芯抽查和路用地质雷达普查两种方式进行。

上面层厚度:全线路面取芯 24 处,上面层厚度变化范围在 37 ~ 46mm(设计 40mm),上面层厚度代表值为 40mm,合格率为 100%。

面层总厚度(取芯试件):全线路面取芯 24 处,面层总厚度设计 240 mm 路段的变化范围在 221 ~ 272mm;面层总厚度设计为 240mm,合格率为 100%。

面层总厚度(地质雷达数据):路面总厚度设计值 240mm,雷达测厚连续检测总计 12721 点,合格率 97.3%;各合同段检测数据汇总见表 9。

实测数据分析结果显示厚度、压实度代表值符合设计要求,合格率高。

路面面层厚度地质雷达检查结果汇总表 表 9

合同段	设计总厚度(cm)	检测点数	最小值(cm)	最大值(cm)	平均值(cm)	合格点数	合格率(%)
LM-6	24.0	8426	19.38	27.85	23.67	8055	95.6
LM-7	24.0	4295	20.54	29.09	24.46	4254	99.0

压实度:全线路面取芯 24 处,压实度检测以标准密度为标准进行统计整理,压实度规定值为 96%,压实度代表值为 99.9%,合格率为 100%。实测数据分析结果显示厚度、压实度代表值均符合质量标准,合格率高。

2. 路面弯沉

本次全线弯沉检测共得到 272 个评定点,全线的路面弯沉代表值均符合要求(表 10)。

路面弯沉检查结果汇总表 表 10

合 同 段	起 讫 桩 号	平均代表值(0.01mm)	检测单元数	合格率(%)
LM-6	K0 +702 ~ K13 +400	3.93	192	100
LM-7	K17 +640 ~ K24 +717	4.79	80	100
汇总	K0 +702 ~ K24 +717	4.26	272	100

3. 路面平整度

全线实测平整度1128个评定数据,合格数1836个,项目平整度总合格率为99.2%,全线路面平整度总体控制良好。

4. 路面抗滑

全线路面摩擦系数实测130点,合格点数130,合格率为100%,全线路面摩擦系数合格率较高,表明路面抗滑性能良好。

5. 路面宽度、横坡及外观检查

全线路面宽度检测46个断面,合格率97.8%;横坡检测38个断面,合格率89.5%。面层表面绝大部分平整密实,无松散、裂缝等缺陷,接茬处紧密平顺,与构造物连接基本直顺。检测认为横坡合格率较好,施工控制较好(表11)。

宽度、横坡检测结果汇总表 表11

路面合同段	检测项目	检测点数	合格点数	合格率(%)
LM-6标 JK0+702~JK13+400	宽度	24	24	100
	横坡	26	22	84.6
LM-7标 JK13+400~JK24+247.172	宽度	22	21	95.5
	横坡	12	12	100

(三)桥梁工程

1. 下部构造

主要实测了混凝土强度(回弹法)、墩台直径和竖直度。各抽查桥梁结构混凝土强度符合要求,墩台的断面尺寸和竖直度控制较好。

2. 上部构造

主要实测了混凝土强度、主要结构尺寸、伸缩缝与桥面高差、桥面铺装平整度、抗滑及宽度、厚度和横坡。各抽查桥梁结构混凝土强度符合要求,结构尺寸、伸缩缝与桥面高差、桥面铺装平整度、抗滑及宽度、厚度和横坡控制较好。

3. 桥梁外观检查

经检查认为:桥梁内外轮廓较为顺滑,各部位尺寸控制较好,混凝土强度符合设计及规范要求。桥面铺装平顺,伸缩缝性能良好,大部分桥梁护栏牢固、直顺,桥头无跳车现象;盖梁、墩柱等构件尺寸控制较好,混凝土表面质量良好。

(四)交通安全设施

交通安全设施主要检测了标志和波形护栏,实测了标志的立柱竖直度、标志板净空、标志板尺寸及标志板厚度,波形护栏的波形板厚度、立柱壁厚度、横梁中心高度。在进行外观检查后认为:抽查的各项指标控制较好。已完成的隔离网(栅)外形顺适,安装牢固。

(五)总体评价

路面表面平整、密实、均匀,未见泛油、松散、裂缝、离析现象;原材料质量得到了较好控制;施工配比符合规范;路面厚度均匀,厚度满足设计要求;路面抗滑性能符合要求;路面横坡及宽度控制较好。路基边坡坡体稳定,大部分路段未见亏坡及不均匀沉降现象;大部分路段排水工程断面尺寸控制较好;铺砌厚度经开挖检查基本满足设计要求;排水沟内侧及沟底平顺,总体施工质量良好。桥面平整,伸缩缝安装质量较好,桥面宽度、横坡控制较好;受力构件制作较规范,尺寸控制较好,混凝土强度符合设计要求;墩柱尺寸控制良好,混凝土强度满足设计要求,表面平整、密实。

六、工程存在的主要问题及建议

1.桥梁部分

(1)JK5 +571 中桥 2 号墩左幅盖梁防震挡块开裂;泄水管管周漏水(19 标)。

(2)JK4 +807 中桥防震挡块与空心板梁间隙抵死,硬杂木未去掉;泄水管管周漏水;4 条企口缝局部漏水(19 标)。

(3)JK8 +422 中桥空心板梁与防震挡块之间的硬杂木未去除;第 3 跨右幅边梁企口缝过宽(20 标)。

(4)K8 +655 桥台盆式支座定位钢板未拆除,支座处硬杂木未拆除(20 标)。

(5)JK10 +091 中桥缺泄水管(20 标)。

(6)JK12 +956 中桥第 3 跨 4 片空心板梁出现碱骨料反应,混凝土遇水出现崩落(20 标)。

(7)JK17 +343 中桥 5 号桥台锥坡填方高程、路肩高程低于设计约 1m(21 标)。

(8)JK17 +634.5 中桥 3 号台 4 个橡胶支座剪切变形大;锥坡局部被冲空(21 标)。

(9)JK19 +225 大桥 34 号墩不锈钢板尺寸太小,滑动支座局部与普通钢板接触,支座不能滑动(22 标)。

(10)许平南互通 B、C 匝道桥桥面构造深度太小,桥梁合成坡度太大,会影响行车安全,应增加措施(22 标)。

(11)C 匝道桥桥塔顶部及墩身应设置顶盖和门,墩身内应用防滑钢板盖住墩身孔以策安全;墩身内积水要排除(22 标)。

2.路基防排部分

(1)个别路段路肩宽度不够,挖方段边坡有水毁现象;排水沟沟底个别路段未清除杂物;个别地段砂浆砌筑不饱满并有孔洞存在。

(2)建议加大高填方深挖路段的路基边坡观测。

七、结论性意见

二广高速公路分水岭至南阳段联络线 工程建设项目设计完善、合理;质量控制体系完备、有效,运转良好;施工质量控制良好。经对已完成项目检测和质量状况分析,未发现有影响交工验收的质量问题,建议线内主体工程通过验收。

河南省交通基本建设质量检测监督站

二〇〇八年十一月二十二日

11. 二广高速公路分水岭至南阳段联络线工程蒲山特大桥交工验收检测报告

一、项目概况

1. 项目简介

蒲山特大桥全长1703m(JK13+660.9~JK15+364.1),位于连接二广高速公路与许平南高速公路的联络线上,分为引桥及主跨两部分。引桥长1478m,上部结构采用30m装配式预应力混凝土连续箱梁,下部采用柱式墩、桩基础,其中桥台采用肋板台、桩基础,小桩号方向引桥18孔,大桩号方向引桥31孔;主跨长225m,桥位上跨南水北调总干渠及焦柳铁路,桥面高出现状地面约22.6m。本桥采用双向六车道高速公路技术标准;设计车辆荷载:公路—Ⅰ级×1.3;设计车速120km/h;主桥横断面布置:标准桥梁横断面宽38.8m;桥梁上部采用钢管混凝土拱肋、3道钢筋混凝土刚性系杆和整体混凝土桥面结构,桥梁由拱肋、风撑、系杆、吊杆、横梁和桥面板及桥墩、承台、钻孔桩组成。沥青面层结构:上面层AC—13细粒式沥青混凝土,厚40mm;中面层AC—20中粒式沥青混凝土,厚60mm。

2. 参建单位

建设单位:河南岭南高速公路有限公司

设计单位:中交第一公路勘察设计研究院

中铁郑州勘察设计咨询有限公司

监理单位:河南宏力工程咨询有限公司

郑州中原铁道建设工程监理有限公司

施工单位:中铁七局集团有限公司(桥梁施工)

河南省中原路桥建设(集团)有限公司(沥青路面施工)

二广高速公路分水岭至南阳段工程分别于2007年12月9日、2008年11月26日建成通车试运营。联络线工程(除蒲山特大桥)于2008年11月14日经河南省交通基本建设质量检测监督站质量检测鉴定合格,剩余工程蒲山特大桥已于2009年9月1日全部完工。

二、检测依据及组织情况

1. 检测依据

(1)交通部:《公路工程竣(交)工验收办法》(2004年第3号);

(2)交通部:《公路工程质量检验评定标准》(JTG F80/1—2004)、《公路路基路面现场测试规程》;

(3)交通部:相关标准、规范、规程;

(4)本项目设计及相关文件。

2. 外业检测组织情况

根据河南岭南高速公路有限公司的申请,依据交通部《公路工程竣(交)工验收办法》,按照《公路工程质量检验评定标准》(JTG F80/1—2004)与《公路路基路面现场测试规程》,河南省交通基本建设质量检测监督站、开封市天平路桥工程检测有限公司于2009年9月10日至2009年

9 月 11 日对二广高速公路分水岭至南召段联络线工程蒲山特大桥进行了工程交工检测。本次交工质量检测分路面组、桥梁下部组、桥梁上部组。

根据本项目的特点，各检测工作组分别对能够检测的工程项目进行了实际量测和全面检查。

路面组负责沥青路面各项指标检测；桥梁下部组负责下部结构混凝土强度、主要结构几何尺寸等指标的检测；桥梁上部组负责上部结构混凝土强度、主要结构几何尺寸、桥面各项指标的检测；同时各组负责相关项目的外观检查。

检测组分别配备了相应的检测仪器设备。仪器设备配备见表 1。

检测设备一览表 表 1

序号	检 测 项 目	检测仪器、设备名称	规 格 型 号	单位	数量	产地
1	结构尺寸	钢卷尺	3m、5m、30m、50m	把	若干	
		钢板尺	30cm、50cm、100cm	把	若干	
2	混凝土强度	回弹仪	2000ND	台	2	瑞士
			HT225W	台	2	北京
3	桥面横坡	水准仪、钢卷尺	天津 2200	台	2	天津
4	伸缩缝与桥面高差、桥面平整度	3m 直尺、塞尺	—	把	1	北京
5	结构物检测	桥梁检测车	WDATHCAA96L087132	台	1	德国
6	净宽、净空	红外线测距仪	DISTO	台	3	德国
7	路面厚度、压实度	取芯机	OMA-HZ-15	台	2	台湾
		静水天平	WT51001S	台	1	常州
8	路面摩擦系数	摆式摩擦系数仪		台	1	

三、抽查项目、检测方法及检测频率

按照竣交工验收办法的要求，交工验收检测主要集中在工程实体质量检查和外观质量检查。

(一)抽查项目

1. 桥梁工程：包括下部、上部两个分部工程，抽查项目有下部墩台混凝土强度、主要结构尺寸、墩台垂直度、上部结构混凝土强度、主要结构尺寸、伸缩缝与桥面高差、桥面宽度、厚度、横坡等。

2. 沥青路面工程：含路面面层一个分部工程，抽查项目有路面压实度、平整度、抗滑、厚度等。

(二)检测方法

抽查项目均采用交通部部颁检测、试验方法进行，其中混凝土强度采用回弹仪，路面抗滑采用摆式摩擦系数仪。检测数据按照交通部有关规程规定的方法处理。

(三)检测频率

检测时主要依据“验收办法”，根据工程的实际情况，确定合同段检测频率。

沥青路面工程的平整度、厚度、摩擦系数、压实度每 1km 不少于 1 处。

桥梁下部工程，特大桥、大桥少于 5 个墩台的逐个检查，多于 5 个墩台的抽查总数的 50% 。

四、检测结果汇总(单点合格率)(表2)

岭南高速联络线蒲山特大桥建设项目检查结果汇总表 表2

单位工程	分部工程	检测项目	检测项目合计			单位工程小计		
			抽检点数	合格点数	合格率(%)	抽检点数	合格点数	合格率(%)
路面工程	沥青混凝土面层	沥青路面压实度	8	8	100	99	99	100
		平整度	69	69	100			
		抗滑	18	18	100			
		取芯厚度(总厚度)	4	4	100			
桥梁工程	下部	墩台混凝土强度	200	200	100	536	536	100
		主要结构尺寸	148	148	100			
		墩台竖直度	188	188	100			
桥梁工程	上部	混凝土强度	35	35	100	210	181	86.2
		主要结构尺寸	20	17	85.0			
		伸缩缝与桥面高差	66	42	63.6			
		桥面宽度	23	22	95.7			
		横坡	66	65	98.5			
合计						845	816	96.6

五、检测结果分析

(一)桥梁工程

1. 下部构造

主要实测了混凝土强度(回弹法)、墩台直径和竖直度。各抽查桥梁结构混凝土强度符合要求,墩台的断面尺寸和竖直度控制较好。

2. 上部构造

主要实测了混凝土强度、主要结构尺寸、伸缩缝与桥面高差、桥面铺装平整度、抗滑及宽度、厚度和横坡。各抽查桥梁结构混凝土强度符合要求,结构尺寸、伸缩缝与桥面高差、桥面铺装平整度、抗滑及宽度、厚度和横坡控制较好。

3. 桥梁外观检查

经检查认为:桥梁内外轮廓较为顺滑,各部位尺寸控制较好,混凝土强度符合设计及规范要求。桥面铺装平顺,伸缩缝性能良好,大部分桥梁护栏牢固、直顺,桥头无跳车现象;盖梁、墩柱等构件尺寸控制较好,混凝土表面质量良好。

(二)沥青混凝土面层

沥青混凝土面层包括压实度、平整度、抗滑、厚度等抽查项目。

1. 沥青混凝土面层压实度和厚度

本次检测,面层厚度采用取芯抽查的方式进行。

上面层厚度:全桥沥青混凝土面层取芯4处,上面层厚度变化范围在41~44mm(设计40mm),上面层厚度代表值为41mm,合格率为100%。

面层总厚度(取芯试件):全桥沥青混凝土面层取芯4处,面层总厚度设计为100mm,变化范围在103~105mm;面层总厚度代表值为103mm,合格率为100%。

压实度：全桥沥青混凝土面层取芯4处，压实度检测以标准密度为标准进行统计整理，压实度规定值为96.0%，压实度代表值为98.0%，合格率为100%。

实测数据分析结果显示厚度、压实度代表值均符合质量标准，合格率高（表3）。

路面面层厚度及压实度检查结果汇总表 表3

合同段	芯样数	检查项目	层位	各点实测值范围	标段代表值	要求值（代表值）	不合格数	合格率（%）
沥青路面	4	厚度（m）	上面层	41～44	41	≥36	0	100
			总厚度	103～105	103	≥95	0	100
		压实度（%）	中下面层	97.4～99.2	98.0	≥96	0	100

2. 沥青混凝土面层平整度

全桥实测平整度69个数据，合格数69个，项目平整度总合格率为100%，平整度数据范围在0.2～2.8（mm），表明全桥沥青混凝土面层平整度总体控制良好（见表4）。

平整度标准差汇总表 表4

路面合同段	实测点数	实测数据范围	平均值	要求值	合格点数	合格率（%）
沥青混凝土面层	69	0.2～2.8	0.9	3mm	69	100

3. 沥青混凝土面层抗滑

全桥沥青混凝土面层摩擦系数实测18点，合格点数为18点，合格率为100%，全桥沥青混凝土面层摩擦系数合格率较高，表明路面抗滑性能良好（见表5）。

抗滑指标汇总表 表5

路面合同段	实测点数	各点实测值范围（BPN）	平均值（BPN）	要求值（BPN）	合格点数	合格率（%）
沥青混凝土面层	18	67.6～95.0	82.0	≥45	18	100

4. 路面宽度、横坡及外观检查

全桥路面宽度检测23个断面，合格率95.7%；横坡检测66个断面，合格率98.5%。面层表面绝大部分平整密实，无松散、裂缝等缺陷，接茬处紧密平顺，与构造物连接基本直顺。检测认为横坡合格率较好，施工控制较好（表6）。

宽度、横坡检测结果汇总表 表6

路面合同段	检测项目	检测点数	合格点数	合格率（%）
沥青混凝土面层	宽度	23	22	95.7
	横坡	66	65	98.5

（三）总体评价

桥面伸缩缝安装质量较好，桥面宽度、横坡控制较好；受力构件制作较规范，尺寸控制较好，混凝土强度符合设计要求；墩柱尺寸控制良好，混凝土强度满足设计要求，表面平整、密实。沥青混凝土路面表面平整、密实、均匀，未见泛油、松散、裂缝、离析现象；原材料质量得到了较好控制；施工配比符合规范；路面抗滑性能符合要求。

六、存在的主要问题及建议

（1）5号、27号盖梁上部有垃圾、杂物未清理，建议清理盖梁上杂物。

（2）27-2号盖梁有一处破损，建议尽快修补。

(3)14 跨右侧伸缩缝混凝土表面不平整、局部麻面。

(4)14 号右幅盖梁上支座垫石有露筋现象,且钢筋有锈蚀;个别支座变形较大、部分有脱空现象,建议整改。

(5)右侧 13-2 号梁湿接缝跑模,接缝混凝土与支座垫石相连,建议尽快凿除多余的混凝土。

(6)个别内业资料有涂改现象,质量评定个别存在计算错误,个别资料盖章签字不齐,建议进一步完善内业资料。

七、结论性意见

二广高速公路分水岭至南召段联络线工程蒲山特大桥项目设计完善、合理;质量控制体系完备、有效,运转良好;施工质量控制良好。经对已完成项目检测和质量状况分析,未发现有影响交工验收的质量问题,建议通过验收。

河南省交通基本建设质量检测监督站

二〇〇九年九月十二日

12. 岭南高速公路机电工程交工验收检测报告

一、检测意见

报告编号:J2009-01

工程名称	河南省分水岭至南阳高速公路机电工程	工程地点	分水岭至南阳段
建设单位	河南岭南高速公路有限公司	施工单位	中铁一局集团电务工程有限公司、郑州市祥龙电力安装工程有限公司、郑州亚通照明工程有限公司、中铁建电气化局集团第一工程有限公司、辽宁阳光照明工程有限公司
施工时间	2007 年 5 月 ~ 12 月	合同编号	—
监理单位	北京华路捷公路工程技术咨询有限公司	设计单位	中交第一公路勘察设计研究院
检测内容	根据建设单位的委托,河南省公路工程试验检测中心对河南省境内的分水岭至南阳段高速公路机电工程进行了交工检测,检测项目包括:监控设施、通信设施、收费设施、低压配电设施、照明设施、隧道机电设施,抽样和检测严格按照交通部标准和相关文件的要求进行		
检测时间	2009 年 5 月 20 日 ~ 2009 年 5 月 23 日		
检测环境	温度:23 ~ 28℃　　湿度:40% R. H ~ 58%　R. H		
检测依据	1.《公路工程质量检验评定标准　第二册　机电工程》(JTG　F80/2—2004); 2. 河南省分水岭至南阳段高速公路机电工程招标、投标文件、合同文件及设计文件		
检测结论	河南省分水岭至南阳段高速公路机电工程分别由中铁一局集团电务工程有限公司承包施工的监控设施、通信设施、收费设施、隧道机电设施分部工程,由郑州市祥龙电力安装工程有限公司、郑州亚通照明工程有限公司承包施工的山区隧道照明分项工程、中铁建电气化局集团第一工程有限公司承包施工的站区配电分部工程、辽宁阳光照明工程有限公司承包施工的站区照明分部工程,经我中心按照交通部的标准和相关文件的要求进行抽样和检测,各分项工程基本要求、实测项目和外观鉴定符合相关标准和设计文件的要求,质量保证资料真实、基本齐全,监控设施、通信设施、收费设施、低压配电设施、照明设施、隧道机电设施分部工程符合相关标准和设计文件的要求,机电工程运行正常,单位工程合格 检测单位公章 批准日期:2009 年 5 月 29 日		

检测:________　　审核:________　　批准:________

二、监控设施检测报告

报告编号:J2009-01

分部工程名称	监控设施	工程地点	分水岭至南阳段
施工时间	2007 年 5 月 ~ 12 月	合同编号	—
工程名称	河南省分水岭至南阳段高速公路机电工程		
建设单位	河南岭南高速公路有限公司		
施工单位	中铁一局集团电务工程有限公司		
监理单位	北京华路捷公路工程技术咨询有限公司		
设计单位	中交第一公路勘察设计研究院		
检测内容	检测内容(抽样检测):微波车辆检测器 3 套、气象监测器 1 套、闭路电视监视系统 7 套、门架式信息发布屏 1 套、F 形信息发布屏 1 套、Π 形信息发布屏 1 套		
检测时间	2009 年 5 月 20 日 ~ 2009 年 5 月 23 日		
检测环境	温度:23 ~ 28℃　　湿度:40% R. H ~ 58% R. H		
检测依据	1.《公路工程质量检验评定标准　第二册　机电工程》(JTG F80/2—2004); 2. 河南省分水岭至南阳段高速公路机电工程招标、投标文件、合同文件及设计文件。		
检测结论	中铁一局集团电务工程有限公司承包施工的河南省分水岭至南阳段高速公路机电工程监控设施分部工程,经我中心按照交通部的标准和设计文件的要求进行抽样和检测,各分项工程的基本要求、实测项目和外观鉴定符合相关标准和设计文件的要求,质量保证资料真实、基本齐全,外场监控设施数据传输可靠,视频传输图像清晰。监控设施分部工程运行正常 检测单位公章 批准日期:2009 年 5 月 29 日		

检测:　　　　审核:　　　　批准:

检测数据报表

报告编号:J2009-01

分项工程名称:微波车辆检测器			所属分部工程名称:监控设施			
项次	检查项目	技术要求	实测值或实测偏差值			单项检测结论
			1320 +220	1338 +040	1359 +680	
1	基本要求	微波车辆检测器及其配件的数量、型号规格符合要求。车辆检测器安装位置正确,机箱外部完整,门锁开闭灵活。探头安装尺寸符合设计要求。电源、通信线路按规范要求连接到位,检测器处于正常工作状态。隐蔽工程验收记录、分项工程自检和设备调试记录、有效的设备检验合格报告或证书等资料齐全	符合要求	符合要求	符合要求	合格
2	外观鉴定	机箱安装牢固、端正。机箱表面光泽一致、无划伤、无刻痕、无剥落、无锈蚀。基础混凝土表面应刮平、无损边、无掉角;联结地脚及螺栓规格符合设计要求,防腐措施得当,裸露金属基体无锈蚀;金属机箱与接地极连接可靠,接地极引出线无锈蚀。机箱的出线管与箱体连接密封良好,箱体内无积水、尘土、霉变。机箱内电力线、信号线、元器件等布线平直、整齐、固定可靠,标识正确、清楚,插头牢固	符合要求	符合要求	符合要求	合格
3	立柱竖直度(mm/m)	≤5	4	5	5	合格
4	基础尺寸(长×宽×深)(mm×mm×mm)	1600×1600×1850	1602×1600×1850	1605×1605×1850	1602×1601×1850	合格
5	立柱和地脚防腐涂层厚度(μm)	≥85	134	129	145	合格
6	△交通量计数精度(%)	允许误差±5	1.2	0	-1.6	合格

续上表

项次	检查项目	技术要求	实测值或实测偏差值			单项检测结论
			1320 +220	1338 +040	1359 +680	
7	△传输性能	24h 观察时间内失步现象不大于 1 次	0	0	0	合格
8	△绝缘电阻(MΩ)	强电端子对机壳≥50	火 >1000 零 >1000	火 >1000 零 >1000	火 >1000 零 >1000	合格
9	△安全接地电阻(Ω)	≤4	3.8	3.8	3.2	合格
10	△防雷接地电阻(Ω)	≤10	6.2	8.0	3.0	
11	△自检功能	自动检测探头的开路、短路和损坏情况	符合要求	符合要求	符合要求	合格
12	△复原功能	加电后硬件恢复和重新设置时,原存储数据保持不变	符合要求	符合要求	符合要求	合格
13	本地操作与维护功能	能够接便携机进行维护和测试	符合要求	符合要求	符合要求	合格
14	控制功能	具有可远程重新设置功能	符合要求	符合要求	符合要求	合格
15	质量保证资料	有完整的施工原始记录、试验数据、分项工程自查数据和图表	质量保证资料真实,基本齐全,符合要求			合格
分项工程检测结论		分项工程评定结论:基本要求、外观鉴定、实测项目、质量保证资料符合要求,系统运行正常可靠				

检测:______　　审核:______

检测数据报表

报告编号:J2009-01

分项工程名称:气象检测器			所属分部工程名称:监控设施	
项次	检查项目	技术要求	实测值或实测偏差值 1286 +500	单项检测结论
1	基本要求	气象检测器及其配件的数量、型号规格符合要求。气象检测器安装位置正确,机箱外部完整,门锁开闭灵活。探头安装方位、尺寸符合设计要求。电源、通信线路按规范要求连接到位,气象检测器处于正常工作状态。隐蔽工程验收记录、分项工程自检和设备调试记录、有效的设备检验合格报告或证书等资料齐全	符合要求	合格
2	外观鉴定	立柱、机箱及各探头传感器安装牢固、端正。各部件表面光泽一致、无划伤、无刻痕、无剥落、无锈蚀。基础混凝土表面应刮平,无损边、无掉角;机箱、立柱、法兰及地脚螺栓规格符合设计要求,防腐措施得当,裸露金属基体无锈蚀。防雷接地和安全接地应分开设置,接地焊接牢固,焊缝饱满并做防腐处理;金属机箱与安全保护地连接可靠,接地极引出线无锈蚀。机箱的出线管与箱体连接密封良好,箱体内无积水、尘土、霉变。机箱内电力线、信号线、元器件等布线平直、整齐、固定可靠,标识正确、清楚,插头牢固	符合要求	
3	立柱竖直度(mm/m)	≤5	4	合格
4	基础尺寸(长×宽×深)(mm×mm×mm)	1400×1300×2000	1410×1305×2000	合格
5	立柱防腐涂层厚度(μm)	≥85	176	合格

续上表

项次	检 查 项 目	技 术 要 求	实测值或实测偏差值	单项检测结论
			1286 +500	
6	△绝缘电阻(MΩ)	强电端子对机壳≥50	火>1000、零>1000	合格
7	△安全接地电阻(Ω)	≤4	3.5	合格
8	△防雷接地电阻(Ω)	≤10	5.7	合格
9	△温度误差(℃)	≤±1.0	-0.3	合格
10	湿度误差(%R.H)	≤±5	-3.5	合格
11	△能见度误差(%)	≤±10	符合要求	合格
12	风速误差(%)	±5	-2.0	合格
13	功能验证	能检测到降水天气	符合要求	合格
14	质量保证资料	有完整的施工原始记录、试验数据、分项工程自查数据和图表	质量保证资料真实，基本齐全，符合要求	合格
分项工程检测结论		分项工程评定结论：基本要求、外观鉴定、实测项目、质量保证资料符合要求，系统运行正常可靠		

检测：________　　　　审核：________

检 测 数 据 报 表

报告编号:J2009-01

分项工程名称:闭路电视监视系统			所属分部工程名称:监控设施							
项次	检查项目	技 术 要 求	实测值或实测偏差值							单项检测结论
			1293+495	1297+750	1324+800	1336+800	1345+950	1350+950	1310+970	
1	基本要求	闭路电视监视系统的设备及配件数量、型号规格符合要求,部件完整。外场摄像机基础安装位置正确,立柱安装竖直、牢固。防雷部件安装到位、连接措施符合规范要求。摄像机(云台)安装方位、高度符合设计要求。控制机箱外部完整,门锁开闭灵活。电源、控制线路以及视频传输线路按规范要求连接到位,闭路电视系统的所有设备处于正常工作状态。隐蔽工程验收记录、分项工程自检和设备调试记录、有效的设备检验合格报告或证书等资料齐全	符合要求	符合要求	符合要求	符合要求	符合要求	符合要求	符合要求	合格
2	外观鉴定	立柱、机箱及摄像机(云台)安装牢固、端正。各部件表面光泽一致、无划伤、无刻痕、无剥落、无锈蚀。基础混凝土表面应刮平,无损边、无掉角;机箱、立柱、法兰及地脚螺栓规格符合设计要求,防腐措施得当,裸露金属基体无锈蚀。防雷接地和安全接地应分开设置,接地焊接牢固,焊缝饱满并做防腐处理;防雷引下线及接地体所用材料规格、防腐与连接措施、安装位置符合设计要求;金属机箱与安全保护地连接可靠,接地极引出线无锈蚀。云台防护罩和机箱的出线管与箱体连接密封良好,箱体内无积水、尘土、霉变。机箱内电力线、信号线、元器件等布线平直、整齐、固定可靠,标识正确、清楚,插头牢固	符合要求	符合要求	符合要求	符合要求	符合要求	符合要求	符合要求	合格
3	立柱竖直度(mm/m)	≤5	5	4	4	5	5	4	5	合格
4	基础尺寸(长×宽×深)(mm×mm×mm)	1600×1600×1850	1608×1602×1850	1610×1620×1850	1605×1600×1850	1605×1600×1850	1605×1600×1850	1605×1605×1850	1610×1600×1850	合格

续上表

项次		检查项目	技术要求	实测值或实测偏差值							单项检测结论
				1293 + 495	1297 + 750	1324 + 800	1336 + 800	1345 + 950	1350 + 950	1310 + 970	
5		△立柱的防腐涂层厚度(μm)	≥85	119	88	138	100	117	185	101	合格
6		△强电端子对机壳绝缘电阻(MΩ)	≥50	>1000	>1000	>1000	>1000	>1000	>1000	>1000	合格
7		△安全保护接地电阻(Ω)	≤4	3.4	1.0	3.8	1.5	3.7	3.7	3.5	合格
8		△防雷接地电阻(Ω)	≤10	8.0	0.7	8.6	1.6	4.3	3.6	6.3	合格
9	传输通道指标	△视频电平(mV)	700 ±30	697.9	695.8	704.2	692.7	702.9	674.0	702.3	合格
		△同步脉冲幅度(mV)	300 ±20	296.4	298.3	296.8	296.8	298.6	295.5	300.7	合格
		△回波 E(%KF)	<7	0.7	1.3	1.0	0.8	1.2	0.81	0.8	合格
		亮度非线性(%)	≤5	4.4	4.6	4.8	2.2	4.7	4.4	3.6	合格
		色度/亮度增益差(%)	±5	-3.7	-2.8	-4.2	4.0	-2.0	3.9	1.7	合格
		色度/亮度时延差(ns)	≤100	83.1	86.3	85.9	86.9	89.7	84.6	85.8	合格
		微分增益(°)	≤10%	1.58	1.24	1.34	0.73	0.74	0.61	0.74	合格
		微分相位(°)	≤10	0.5	0.89	0.46	0.69	0.32	0.47	0.4	合格
		△幅频特性(dB)	5.8MHz 带宽内 ±2	1.6	1.4	1.8	1.2	1.6	1.2	1.4	合格
		△视频信杂比(dB)	≥56(加权)	69.3	56.5	56.3	66.5	64.2	58.6	68.2	合格

续上表

项次		检查项目	技术要求	实测值或实测偏差值							单项检测结论
				1293 + 495	1297 + 750	1324 + 800	1336 + 800	1345 + 950	1350 + 950	1310 + 970	
10	监视器画面指标	△随机信噪比(雪花干扰)(分)	5 人主观评分,5 人平均,要求≥4	5	5	5	5	5	5	5	合格
		△单频干扰(网纹)(分)	5 人主观评分,5 人平均,要求≥4								
		△电源干扰(黑白滚道)(分)	5 人主观评分,5 人平均,要求≥4								
		△脉冲干扰(跳动)(分)	5 人主观评分,5 人平均,要求≥4								
11		△云台水平转动角(°)	水平:≥350	360°连续转动	360°连续转动	360°连续转动	360°连续转动	360°连续转动	360°连续转动	360°连续转动	合格
12		△云台垂直转动角(°)	上仰≥15,下俯≥83	符合要求	符合要求	符合要求	符合要求	符合要求	符合要求	符合要求	合格
13		△监视范围	符合设计要求	符合要求	符合要求	符合要求	符合要求	符合要求	符合要求	符合要求	合格
14		△外场摄像机安装稳定性	受大风影响或接受变焦、转动等控制时,动作平滑、无抖动	符合要求	符合要求	符合要求	符合要求	符合要求	符合要求	符合要求	合格
15		自动光圈调节	自动调节	符合要求	符合要求	符合要求	符合要求	符合要求	符合要求	符合要求	合格
16		调焦功能	快速自动聚焦	符合要求	符合要求	符合要求	符合要求	符合要求	符合要求	符合要求	合格

续上表

项次	检查项目	技术要求	实测值或实测偏差值							单项检测结论
			1293 + 495	1297 + 750	1324 + 800	1336 + 800	1345 + 950	1350 + 950	1310 + 970	
17	变倍功能	可变倍	符合要求	符合要求	符合要求	符合要求	符合要求	符合要求	符合要求	合格
18	雨刷功能	工作正常	符合要求	符合要求	符合要求	符合要求	符合要求	符合要求	符合要求	合格
19	△切换功能	监控中心可切换任意摄像机	符合要求	符合要求	符合要求	符合要求	符合要求	符合要求	符合要求	合格
20	录像功能	可录像,且录像回放清晰	符合要求	符合要求	符合要求	符合要求	符合要求	符合要求	符合要求	合格
21	硬拷贝功能	拷贝图像清楚	符合要求	符合要求	符合要求	符合要求	符合要求	符合要求	符合要求	合格
22	报警功能	监控中心可检测外场摄像机的工作状态并在故障时报警	符合要求	符合要求	符合要求	符合要求	符合要求	符合要求	符合要求	合格
23	质量保证资料	完整的施工原始记录、试验数据、分项工程自查数据和图表	质量保证资料真实,基本齐全,符合要求							合格
分项工程检测结论		分项工程评定结论:基本要求、外观鉴定、实测项目、质量保证资料符合要求,系统运行正常可靠								

检测：______　　　　审核：______

检测数据报表

报告编号:J2009-01

分项工程名称:可变标志			所属分部工程名称:监控设施			
项次	检查项目	技术要求	实测值或实测偏差值			单项检测结论
			1359+680（门架式）	1305+750（F形）	1338+040（Π形）	
1	基本要求	可变标志设备及配件数量、型号规格符合要求,部件完整。基础安装位置正确,立柱安装竖直、牢固。防雷部件安装到位,连接措施符合规范要求。可变标志板面安装方位、角度、高度符合设计要求。控制机箱外部完整,门锁开闭灵活。电源、控制线路以及通信线路按规范要求连接到位,设备处于正常工作状态。显示屏发光单元处于受控状态,失效率符合产品标准要求。隐蔽工程验收记录、分项工程自检和设备调试记录、有效的设备检验合格报告或证书等资料齐全	符合要求	符合要求	符合要求	合格
2	外观鉴定	立柱、控制机箱及显示屏安装牢固、端正。各部件表面光泽一致、无划伤、无刻痕、无剥落、无锈蚀。基础混凝土表面应刮平,无损边、无掉角;控制机箱、立柱、法兰及地脚螺栓规格符合设计要求,防腐措施得当,裸露金属基体无锈蚀。防雷接地和安全接地应分开设置,接地焊接牢固,焊缝饱满并做防腐处理;防雷引下线及接地体所用材料规格、防腐与连接措施、安装位置符合设计要求;金属机箱与接地极连接可靠,接地极引出线无锈蚀。显示屏、控制机箱的出线管与箱体连接密封良好,箱体内无积水、尘土、霉变;显示屏、控制机箱内电力线、信号线、元器件等布线平直、整齐、固定可靠,标识正确、清楚,插头牢固	符合要求	符合要求	符合要求	合格
3	立柱竖直度(mm/m)	≤5	5	5	5	合格
4	△基础尺寸(长×宽×深)(mm×mm×mm)	门架式:2800×1500×1800,F形:1900×1900×1700,Π形:1200×1200	2800×1500×1800	1912×1920×1700	1200×1200	合格
5	△立柱镀锌厚度(μm)	≥85	123	220	154	合格

续上表

项次	检查项目	技术要求	实测值或实测偏差值			单项检测结论
			1359+680（门架式）	1305+750（F形）	1338+040（Π形）	
6	△强电端子对机壳绝缘电阻（MΩ）	≥50	火>1000 零>1000	火>1000 零>1000	火>1000 零>1000	合格
7	安全接地电阻（Ω）	≤4	2.6	2.5	1.5	合格
8	防雷接地电阻（Ω）	≤10	2.5	6.4	6.0	合格
9	△视认距离（m）	静态≥250	大于250	大于250	大于250	合格
10	显示屏平均亮度（cd/m^2）	不小于8000	8025	11040	11230	合格
11	△数据传输性能	24h观察时间内失步现象不大于1次	0	0	0	合格
12	自检功能	能够向中心计算机提供显示内容的确认信息及本机工作状态自检信息	符合要求	符合要求	符合要求	合格
13	△显示内容	及时、正确地显示中心计算机发送的内容	符合要求	符合要求	符合要求	合格
14	亮度调节功能	能自动根据环境照度自动调节显示屏的亮度	符合要求	符合要求	符合要求	合格
15	质量保证资料	有完整的施工原始记录、试验数据、分项工程自查数据和图表	质量保证资料真实，基本齐全，符合要求			合格
分项工程检测结论		分项工程评定结论：基本要求、外观鉴定、实测项目、质量保证资料符合要求，系统运行正常可靠				

检测：[签名]　　　　审核：[签名]

三、通信设施检测报告

报告编号:J2009-01

分部工程名称	通信设施	工程地点	分水岭至南阳段
施工时间	2007 年 5 月 ~12 月	合同编号	—
工程名称	河南省分水岭至南阳段高速公路机电工程		
建设单位	河南岭南高速公路有限公司		
施工单位	中铁一局集团电务工程有限公司		
监理单位	北京华路捷公路工程技术咨询有限公司		
设计单位	中交第一公路勘察设计研究院		
检测内容	检测内容:通信管道与光、电缆传输线路 3 处、光纤数字传输系统 3 处、通信电源 3 套		
检测时间	2009 年 5 月 20 日 ~2009 年 5 月 23 日		
检测环境	温度: 23 ~28℃　　湿度: 40% R. H ~58%　R. H		
检测依据	1.《公路工程质量检验评定标准　第二册　机电工程》(JTG　F80/2—2004); 2. 河南省分水岭至南阳段高速公路机电工程招标、投标文件、合同文件及设计文件。		
检测结论	中铁一局集团电务工程有限公司承包施工的河南省分水岭至南阳段高速公路机电工程通信设施分部工程,经我中心按照交通部的标准和设计文件的要求进行抽样和检测,各分项工程的基本要求、实测项目和外观鉴定符合相关标准和设计文件的要求,质量保证资料真实、基本齐全,各分项工程功能满足要求,实测项目符合要求,通信设施分部工程运行正常 检测单位公章 批准日期:2009 年 5 月 29 日		

检测:　　　　审核:　　　　批准:

检测数据报表

报告编号:J2009-01

分项工程名称:通信管道与光、电缆线路			所属分部工程名称:通信设施			
项次	检查项目	技术要求	实测值或实测偏差值			单项检测结论
			南阳西通信站	南召通信站	独山通信站	
1	基本要求	通信光电缆、塑料管道、人(手)孔圈等器材的数量、规格程式符合设计要求。塑料通信管道敷设与安装符合规范要求。管道基础及包封用原材料、型号、规格及数量应符合相关的国家和行业标准的规定。光、电缆横穿路基时应加钢管保护,钢管的型号规格和防腐措施符合设计要求。光、电缆在过桥梁或其他构造物时采用的管箱、引上和引下工程采用的保护管符合设计要求,光、电缆及保护管与接驳的保护管过渡圆滑、密封良好。光、电缆的弯曲半径应符合要求。光、电缆的敷设、接续、预留及成端等符合规范要求。直埋电缆符合相关施工规范要求。出厂时及施工前光、电缆单盘测试记录,施工后所有线对的连通性测试记录,管道及电缆接续等隐蔽工程验收记录,分项工程自检和通电调试记录,有效的光电缆、保护管(箱)及接续附件的检验合格报告或证书等资料齐全	符合要求	符合要求	符合要求	合格
2	外观鉴定	光、电缆配线箱(架)安装端正、稳固,配件齐全。在配线箱(架)或设备控制箱内光、电缆排列整齐、有序,绑扎牢固,标识正确、清楚。通信中心(局内)光电缆的进线与成端符合规范要求,进入墙壁要有保护套管,预留长度满足使用要求并且统一规整。人(手)孔位置准确、预埋件安装牢固、防水措施良好。人(手)孔内无积水,其高程符合设计要求。光电缆在人(手)孔内占用管道孔正确、排列整齐、余留长度符合规定,标志清楚、牢固;光缆接续箱安装牢固,密封良好。光、电缆在过桥梁或其他构造物时采用的保护管安装牢固、排列整齐有序;光电缆及保护管与接驳的保护管过渡圆滑、密封良好。直埋电缆两端铠装层、屏蔽层接地处理措施得当,电缆标石埋设符合设计要求	符合要求	符合要求	符合要求	合格

续上表

项次	检查项目	技术要求	实测值或实测偏差值			单项检测结论
			南阳西通信站	南召通信站	独山通信站	
3	△主管道管孔试通试验	畅通	符合要求	符合要求	符合要求	合格
4	△硅芯塑料管孔试通试验	畅通	符合要求	符合要求	符合要求	合格
5	同轴电缆内外导体绝缘电阻(MΩ)	≥500	>1000	>1000	>1000	合格
6	△音频电缆绝缘电阻(MΩ·km)	≥1000	>2000	>2000	>2000	合格
7	△信号电缆绝缘电阻(MΩ·km)	≥500	>2000	>2000	>2000	合格
8~9	单模光纤衰耗		(详见下表)			合格
10	质量保证资料	有完整的施工原始记录、试验数据、分项工程自查数据和图表	质量保证资料真实,基本齐全,符合要求			合格
	以下空白					
分项工程检测结论		分项工程评定结论:基本要求、外观鉴定、实测项目、质量保证资料符合要求,系统运行正常可靠				

检测:______　　　　审核:______

检 测 数 据 报 表

报告编号:J2009-01

分项工程名称:通信管道与光、电缆线路(上表8~9项)					所属分部工程名称:通信设施						
项次	检查项目		技术要求	范围	实测值或实测偏差值						单项检测结论
					9号	10号	11号	12号	14号	15号	
8	△单模光纤接头损耗平均值	1310nm	≤0.1dB	南阳西通讯站至翟庄通讯站 23.6km	0.072	0.065	0.067	0.073	0.045	0.087	合格
		1550nm			0.055	0.054	0.065	0.068	0.045	0.073	合格
9	△中继段单模光纤总衰耗(dB)	1310nm	≤最小发射光功率-最差接收灵敏度		8.136	8.05	8.07	8.13	7.98	8.25	合格
		1550nm	≤最小发射光功率-最差接收灵敏度		4.71	4.71	4.71	4.76	4.65	4.76	合格
8	△单模光纤接头损耗平均值	1310nm	≤0.1dB	南阳西通讯站至翟庄通讯站 27.8km	0.075	0.067	0.069	0.079	0.065	0.089	合格
		1550nm			0.052	0.054	0.066	0.068	0.055	0.067	合格
9	△中继段单模光纤总衰耗(dB)	1310nm	≤最小发射光功率-最差接收灵敏度		9.63	9.63	9.69	9.75	9.66	9.52	合格
		1550nm	≤最小发射光功率-最差接收灵敏度		5.77	5.77	5.83	5.88	5.61	5.74	合格

检测:　　　　　　审核:

检测数据报表

报告编号:J2009-01

分项工程名称:通信管道与光、电缆线路(上表8~9项)				所属分部工程名称:通信设施							
项次	检查项目		技术要求	范围	实测值或实测偏差值						单项检测结论
					9号	10号	11号	12号	23号	24号	
8	△单模光纤接头损耗平均值	1310nm	≤0.1dB	独山通信站至五朵山通信站45.2km	0.066	0.075	0.067	0.055	0.088	0.089	合格
		1550nm			0.045	0.056	0.045	0.054	0.078	0.078	合格
9	△中继段单模光纤总衰耗(dB)	1310nm	≤最小发射光功率-最差接收灵敏度		15.54	15.73	15.51	15.49	16.07	16.07	合格
		1550nm	≤最小发射光功率-最差接收灵敏度		9.63	9.51	9.41	9.32	10.05	10.03	合格

项次	检查项目		技术要求	范围	实测值或实测偏差值						单项检测结论
					10号	11号	12号	20号	21号	22号	
8	△单模光纤接头损耗平均值	1310nm	≤0.1dB	南召通信站至五朵山通信站16.4km	0.072	0.075	0.076	0.065	0.053	0.056	合格
		1550nm			0.053	0.054	0.054	0.057	0.045	0.051	合格
9	△中继段单模光纤总衰耗(dB)	1310nm	≤最小发射光功率-最差接收灵敏度		5.56	5.66	5.66	5.44	5.48	5.45	合格
		1550nm	≤最小发射光功率-最差接收灵敏度		3.20	3.45	3.50	3.32	3.32	3.27	合格

检测: 审核:

检测数据报表

报告编号:J2009-01

分项工程名称:通信管道与光、电缆线路(上表8~9项)				所属分部工程名称:通信设施							
项次	检查项目		技术要求	范围	实测值或实测偏差值						单项检测结论
					4号	5号	6号	14号	15号	16号	
8	△单模光纤接头损耗平均值	1310nm	≤0.1dB	南召通信站至分水岭方向20.9km	0.066	0.067	0.062	0.070	0.076	0.089	合格
		1550nm			0.053	0.053	0.056	0.069	0.067	0.071	合格
9	△中继段单模光纤总衰耗(dB)	1310nm	≤最小发射光功率-最差接收灵敏度		7.21	7.34	7.28	7.35	7.43	7.39	合格
		1550nm	≤最小发射光功率-最差接收灵敏度		4.32	4.74	4.46	4.51	4.75	4.57	合格

检测:

审核:

检测数据报表

报告编号:J2009-01

分项工程名称:光纤数字传输系统			所属分部工程名称:通信设施						
项次	检查项目	技术要求	实测值或实测偏差值						单项检测结论
			南阳西通信站至		独山通信站至		南召通信站至		
			翟庄通信站	五朵山通信站	翟庄通信站	南召通信站	独山通信站	五朵山通信站	
1	基本要求	光纤数字传输系统通信机房应整洁,通风、照明良好。光纤数字传输系统所有设备(包括机架、槽道、列柜及成端用光电缆)的配置、数量、型号规格符合设计要求,部件完整。通信机房的防雷、水暖、供电、通信电源、空调通风、照明等辅助设施安装调试完毕并通过相关专业的验收。光纤数字传输系统所有设备安装调试完毕,系统处于正常运转工作状态。隐蔽工程验收记录、分项工程自检和设备及系统联调记录、有效的设备检验合格报告或证书等资料齐全	符合要求		符合要求		符合要求		合格
2	外观鉴定	槽道、机架(包括子架、DDF、ODF)及设备布局合理、安装稳固;机架横竖端正、排列整齐;拼装螺栓紧固、余留长度一致。安装后无划伤、无刻痕、无剥落、无锈蚀;部件标识正确、清楚。电缆及光纤连接线路由和位置正确、布放整齐符合施工工艺要求。光纤连接线在槽道内保护措施得当;分线正确、编扎排列整洁、工艺符合要求;在光配线架上路由走向正确、标识清楚、布放工艺符合要求。数字配线架上跳线的规格程式符合要求、路由走向正确、标识清楚、布放工艺符合规范要求。同轴电缆的成端余留长度统一、芯线焊接及端头处理得当、符合工艺要求。数字配线架、光配线架内布线整齐、美观;绑扎牢固、成端符合规范要求;编号标识清楚,余留长度适当。设备连接用连接线、跳线(纤)符合设计要求,长度规整统一、标识清楚	符合要求		符合要求		符合要求		合格

续上表

项次	检查项目	技术要求	实测值或实测偏差值						单项检测结论
			南阳西通信站至		独山通信站至		南召通信站至		
			翟庄通信站	五朵山通信站	翟庄通信站	南召通信站	独山通信站	五朵山通信站	
3	△系统设备安装连接的可靠性	系统设备安装联接应可靠，经振动试验后系统无告警、无误码	符合要求		符合要求		符合要求		合格
4	接地连接的可靠性	工作地、安全地、防雷地按规范要求分别连接到汇流排上	符合要求		符合要求		符合要求		合格
5	△系统接收光功率(dBm)	$P_I \geq P_R + M_c + M_e^*$	-5.51	-28.52	-12.46	-27.03	-23.69	-6.58	合格
6	△平均发送光功率(dBm)	L4.1：-3 ~ +2；S4.1：-15 ~ +8	0.14	-2.23	0.08	0.50	-2.64	-0.99	合格
7	△光接收灵敏度(dBm)	最差 -28	-33.92	-34.05	-35.13	-34.84	-33.79	-32.74	合格
8	△误码指标(2M电口)	$BER = 1 \times 10^{-11}$	0		0		0		合格
		$ESR = 1.1 \times 10^{-5}$	0		0		0		合格
		$SESR = 5.5 \times 10^{-7}$	0		0		0		合格
		$BBER = 5.5 \times 10^{-8}$	0		0		0		合格
9	电接口允许比特容差(ppm)	最小 -50 ~ +50	-50 ~ +50	-70 ~ +80	-50 ~ +50	-60 ~ +50	-90 ~ +90	-70 ~ +80	合格
10	输入抖动容限	要求在模板图形上方	符合要求	符合要求	符合要求	符合要求	符合要求	符合要求	合格
11	输出抖动	2M电口小于1.5UI	0.12	0.12	0.12	0.14	0.18	0.16	合格

续上表

<table>
<tr><th rowspan="3">项次</th><th rowspan="3">检 查 项 目</th><th rowspan="3">技 术 要 求</th><th colspan="6">实测值或实测偏差值</th><th rowspan="3">单项检测结论</th></tr>
<tr><th colspan="2">南阳西通信站至</th><th colspan="2">独山通信站至</th><th colspan="2">南召通信站至</th></tr>
<tr><th>翟庄通信站</th><th>五朵山通信站</th><th>翟庄通信站</th><th>南召通信站</th><th>独山通信站</th><th>五朵山通信站</th></tr>
<tr><td>12</td><td>△安全管理功能</td><td>未经授权不能进入网管系统,并对试图接入的申请进行监控</td><td colspan="2">符合要求</td><td colspan="2">符合要求</td><td colspan="2">符合要求</td><td>合格</td></tr>
<tr><td>13</td><td>△自动保护倒换功能</td><td>工作环路故障或大误码时,自动倒换到备用线路</td><td colspan="2">符合要求</td><td colspan="2">符合要求</td><td colspan="2">符合要求</td><td>合格</td></tr>
<tr><td>14</td><td>△远端接入功能</td><td>能通过网管将远端模块添加或删除</td><td colspan="2">符合要求</td><td colspan="2">符合要求</td><td colspan="2">符合要求</td><td>合格</td></tr>
<tr><td>15</td><td>配置功能</td><td>能对网元部件进行增加或删除配置,并以图形方式显示当前配置</td><td colspan="2">符合要求</td><td colspan="2">符合要求</td><td colspan="2">符合要求</td><td>合格</td></tr>
<tr><td>16</td><td>公务电话功能</td><td>系统应配置公务电话,声音清楚</td><td colspan="2">符合要求</td><td colspan="2">符合要求</td><td colspan="2">符合要求</td><td>合格</td></tr>
<tr><td>17</td><td>网络性能监视功能</td><td>能实时采集分析网络误码等性能参数</td><td colspan="2">符合要求</td><td colspan="2">符合要求</td><td colspan="2">符合要求</td><td>合格</td></tr>
<tr><td>18</td><td>△激光器自动关断功能</td><td>无光输入信号时应能自动关断</td><td colspan="2">符合要求</td><td colspan="2">符合要求</td><td colspan="2">符合要求</td><td>合格</td></tr>
<tr><td>19</td><td>故障定位功能</td><td>模拟系统故障</td><td colspan="2">符合要求</td><td colspan="2">符合要求</td><td colspan="2">符合要求</td><td>合格</td></tr>
<tr><td>20</td><td>△信号丢失告警</td><td>产生告警</td><td colspan="2">符合要求</td><td colspan="2">符合要求</td><td colspan="2">符合要求</td><td>合格</td></tr>
<tr><td>21</td><td>△电源中断告警</td><td>产生告警</td><td colspan="2">符合要求</td><td colspan="2">符合要求</td><td colspan="2">符合要求</td><td>合格</td></tr>
</table>

续上表

<table>
<tr><th rowspan="3">项次</th><th rowspan="3">检 查 项 目</th><th rowspan="3">技 术 要 求</th><th colspan="6">实测值或实测偏差值</th><th rowspan="3">单项检测结论</th></tr>
<tr><th colspan="2">南阳西通信站至</th><th colspan="2">独山通信站至</th><th colspan="2">南召通信站至</th></tr>
<tr><th>翟庄通信站</th><th>五朵山通信站</th><th>翟庄通信站</th><th>南召通信站</th><th>独山通信站</th><th>五朵山通信站</th></tr>
<tr><td>22</td><td>△帧失步告警</td><td>产生告警</td><td colspan="2">符合要求</td><td colspan="2">符合要求</td><td colspan="2">符合要求</td><td>合格</td></tr>
<tr><td>23</td><td>△AIS 告警</td><td>产生告警</td><td colspan="2">符合要求</td><td colspan="2">符合要求</td><td colspan="2">符合要求</td><td>合格</td></tr>
<tr><td>24</td><td>参考时钟丢失告警</td><td>产生告警</td><td colspan="2">符合要求</td><td colspan="2">符合要求</td><td colspan="2">符合要求</td><td>合格</td></tr>
<tr><td>25</td><td>指针丢失告警</td><td>产生告警</td><td colspan="2">符合要求</td><td colspan="2">符合要求</td><td colspan="2">符合要求</td><td>合格</td></tr>
<tr><td>26</td><td>远端接收失效 FERF 告警</td><td>产生告警</td><td colspan="2">符合要求</td><td colspan="2">符合要求</td><td colspan="2">符合要求</td><td>合格</td></tr>
<tr><td>27</td><td>远端接收误码 FEBE</td><td>产生告警</td><td colspan="2">符合要求</td><td colspan="2">符合要求</td><td colspan="2">符合要求</td><td>合格</td></tr>
<tr><td>28</td><td>电接口复帧丢失(LOM)</td><td>产生告警</td><td colspan="2">符合要求</td><td colspan="2">符合要求</td><td colspan="2">符合要求</td><td>合格</td></tr>
<tr><td>29</td><td>信号劣化(BER $>1\times10^{-6}$)</td><td>产生告警</td><td colspan="2">符合要求</td><td colspan="2">符合要求</td><td colspan="2">符合要求</td><td>合格</td></tr>
<tr><td>30</td><td>信号大误码(BER $>1\times10^{-3}$)</td><td>产生告警</td><td colspan="2">符合要求</td><td colspan="2">符合要求</td><td colspan="2">符合要求</td><td>合格</td></tr>
<tr><td>31</td><td>环境检测告警</td><td>产生告警</td><td colspan="2">符合要求</td><td colspan="2">符合要求</td><td colspan="2">符合要求</td><td>合格</td></tr>
<tr><td>32</td><td>机盘失效告警</td><td>能自动倒换,产生告警</td><td colspan="2">符合要求</td><td colspan="2">符合要求</td><td colspan="2">符合要求</td><td>合格</td></tr>
<tr><td>33</td><td>质量保证资料</td><td>有完整的施工原始记录、试验数据、分项工程自查数据和图表</td><td colspan="6">质量保证资料真实,基本齐全,符合要求</td><td>合格</td></tr>
<tr><td colspan="2">分项工程检测结论</td><td colspan="8">分项工程评定结论:基本要求、外观鉴定、实测项目、质量保证资料符合要求,系统运行正常可靠</td></tr>
</table>

检测:　　　　审核:

检测数据报表

报告编号:J2009-01

<table>
<tr><td colspan="4">分项工程名称:通信电源</td><td colspan="4">所属分部工程名称:通信设施</td></tr>
<tr><td rowspan="2">项次</td><td rowspan="2">检查项目</td><td rowspan="2" colspan="2">技术要求</td><td colspan="3">实测值或实测偏差值</td><td rowspan="2">单项检测结论</td></tr>
<tr><td>南阳西通信站</td><td>独山通信站</td><td>南召通信站</td></tr>
<tr><td>1</td><td>基本要求</td><td colspan="2">通信电源设备数量、型号符合设计要求,部件及配件完整。所有设备安装到位并已连通,处于正常工作状态。配电、换流设备都做了可靠的接地连接。蓄电池的连接条、螺栓、螺母做了防腐处理,并且连接可靠。隐蔽工程验收记录、分项工程自检和设备调试记录、安装和非安装设备及附(备)件清单、有效的设备检验合格报告或证书等资料齐全</td><td>符合要求</td><td>符合要求</td><td>符合要求</td><td>合格</td></tr>
<tr><td>2</td><td>外观鉴定</td><td colspan="2">配电屏、设备、列架布局合理、安装稳固、横竖端正、排列整齐。设备安装后表面光泽一致、无划伤、无刻痕、无剥落、无锈蚀;部件标识正确、清楚。电源输出配线路由和位置正确、布放整齐,符合施工工艺要求。设备内布线整齐、美观、绑扎牢固,接线端头焊(压)结牢固、平滑;编号标识清楚,余留长度适当。设备抗震加固措施符合设计要求</td><td>符合要求</td><td>符合要求</td><td>符合要求</td><td>合格</td></tr>
<tr><td rowspan="4">3</td><td rowspan="4">设备、列架的绝缘电阻(MΩ)</td><td>交流配电屏</td><td rowspan="4">符合设计要求,无要求时应≥2MΩ</td><td>>1000</td><td>>1000</td><td>>1000</td><td>合格</td></tr>
<tr><td>直流配电屏</td><td>>1000</td><td>>1000</td><td>>1000</td><td>合格</td></tr>
<tr><td>开关电源</td><td>>1000</td><td>>1000</td><td>>1000</td><td>合格</td></tr>
<tr><td>不中断电源</td><td>>1000</td><td>>1000</td><td>>1000</td><td>合格</td></tr>
<tr><td>4</td><td>△开关电源的主输出电压(V)</td><td colspan="2">-40 ~ -57</td><td>-53.3</td><td>-53.6</td><td>-53.5</td><td>合格</td></tr>
</table>

续上表

分项工程名称:通信电源(续前表)			所属分部工程名称:通信设施			
项次	检查项目	技术要求	实测值或实测偏差值			单项检测结论
			南阳西通信站	独山通信站	南召通信站	
5	开关电源输出杂音(mV)	电话衡重杂音≤2	1.24	1.73	1.81	合格
6	电池组供电特性	放电、浮冲及免维护等符合要求	符合要求	符合要求	符合要求	合格
7	△电源系统报警功能	机房内可视、可听报警显示不正常状态	符合要求	符合要求	符合要求	合格
8	△远端维护管理功能	可实现远端的遥测、遥控和遥信集中管理	符合要求	符合要求	符合要求	合格
9	不间断电源	断开主供电线路时,UPS能正常启动,系统不掉电,不影响系统的工作	符合要求	符合要求	符合要求	合格
10	通信电源接地电阻(Ω)	符合设计要求<1	0.95	0.56	0.57	合格
11	设备安装水平度(mm/m)	≤2	1.8	1.5	2.0	合格
12	设备安装垂直度(mm/m)	≤3	2.5	2.0	2.1	合格
13	质量保证资料	有完整的施工原始记录、试验数据、分项工程自查数据和图表	质量保证资料真实,基本齐全,符合要求			合格
分项工程检测结论		分项工程评定结论:基本要求、外观鉴定、实测项目、质量保证资料符合要求,系统运行正常可靠				

检测:

审核:

四、收费设施检测报告

报告编号:J2009-01

分部工程名称	收费设施	工程地点	分水岭至南阳段
施工时间	2007 年 5 月 ~ 12 月	合同编号	—
工程名称	河南省分水岭至南阳段高速公路机电工程		
建设单位	河南岭南高速公路有限公司		
施工单位	中铁一局集团电务工程有限公司		
监理单位	北京华路捷公路工程技术咨询有限公司		
设计单位	中交第一公路勘察设计研究院		
检测内容	检测内容(抽样检测):入口车道设备 3 套、出口车道设备 3 套、收费站设备及软件 3 处、收费中心设备及软件 1 处、收费闭路电视监视系统广场摄像机 3 处、收费闭路电视车道 6 处、内部有线对讲及紧急报警系统 3 处、收费系统计算机网络 3 处		
检测时间	2009 年 5 月 20 日 ~2009 年 5 月 23 日		
检测环境	温度:23 ~28℃　　湿度:40% R. H ~58% R. H		
检测依据	1.《公路工程质量检验评定标准　第二册　机电工程》(JTG F80/2—2004); 2. 河南省分水岭至南阳段高速公路机电工程招标、投标文件、合同文件及设计文件。		
检测结论	中铁一局集团电务工程有限公司承包施工的河南省分水岭至南阳段高速公路机电工程收费设施分部工程,经我中心按照交通部的标准和设计文件的要求进行抽样和检测,各分项工程的基本要求、实测项目和外观鉴定符合相关标准和设计文件的要求,质量保证资料真实、基本齐全,各分项工程功能满足要求,实测项目符合要求,收费设施分部工程运行正常 检测单位公章 批准日期:2009 年 5 月 29 日		

检测:任明佳　　　　审核:郭少伟　　　　审核:田庆安

检测数据报表

报告编号:J2009-01

分项工程名称:入口车道设备			所属分部工程名称:收费设施			
项次	检查项目	技术要求	实测值或实测偏差值			单项检测结论
			南阳西入口002	南召入口002	独山入口002	
1	基本要求	入口车道设备数量、型号规格符合设计要求,部件及配件完整。收费亭、电动(手动)栏杆、车道控制器(车道计算机)、收费员显示终端、键盘、信号灯、车辆检测器、摄像机、发(打)卡等主要设备是符合国家或行业标准的定型产品。收费亭内操作台、设备安装符合要求。收费亭、控制器、发(打)卡机、UPS、电动栏杆等设备的接地符合规范。电动栏杆、信号灯、摄像机等安装方位和位置正确。收费亭至收费岛、天棚上安装设备的裸露的电源线进行保护处理。所有设备安装到位处于正常工作状态。隐蔽工程验收记录、分项工程自检和设备调试记录、安装和非安装设备及附(备)件清单、有效的设备检验合格报告或证书等资料齐全	符合要求	符合要求	符合要求	合格
2	外观鉴定	收费亭外设备安装稳固、端正。收费亭内操作台、座椅、设备、配线列架等整齐、有序、无明显歪斜,标志清楚、牢固。所有设备安装后,外观无划伤、刻痕,以及防护层剥落等缺陷。设备及收费亭内布线整齐美观、固定可靠、标识清楚;过墙、板、地下通道处有保护套管,并留有适当余量。设备之间连线接插头等部件连接可靠、紧密、到位准确;布线整齐、余留规整、标识清楚;固定螺丝等紧固,无松动。配电箱内信号线、动力线及其接插头要求明显区分,标识清楚,有永久性接线图。电动(手动)栏杆挡杆上反光标记完整醒目,落下时应处于水平位置	符合要求	符合要求	符合要求	合格
3	设备机壳防腐涂层及厚度(μm)	栏杆机≥85	207	163	163	合格

续上表

项次	检查项目	技术要求	实测值或实测偏差值			单项检测结论
			南阳西入口 002	南召入口 002	独山入口 002	
4	△设备强电端子对机壳绝缘(MΩ)	≥50	火 > 1000 零 > 1000	火 > 1000 零 > 1000	火 > 1000 零 > 1000	合格
5	△车道控制器安全接地电阻(Ω)	≤4	0.5	0.95	0.85	合格
6	△电动栏杆机安全接地电阻(Ω)	≤4	0.5	0.95	0.85	合格
7	收费亭防雷接地电阻(Ω)	≤10	0.5	0.95	0.85	合格
8	△车道信号灯动作	按规定的触发状态正常工作	符合要求	符合要求	符合要求	合格
9	电动栏杆起落总时间(s)	≤4.0	3.26	3.23	3.31	合格
10	△电动栏杆动作响应	按规定操作流程动作,具有防砸车和水平回转功能	符合要求	符合要求	符合要求	合格
11	△车道车检测器计数精度偏差(%)	≤0.1	0	0	0	合格
12	环形线圈电感量(落杆/抓拍)(μH)	50~1000 范围内	86.1/86.7	95.0/91.8	72.0/79.0	合格
13	读写卡设备响应及对异常卡的处理	可同时对多张卡(6 张)进行操作	符合要求	符合要求	符合要求	合格
14	△闪光报警器	按规定的触发状态正常工作	符合要求	符合要求	符合要求	合格

续上表

项次	检查项目	技术要求	实测值或实测偏差值			单项检测结论
			南阳西入口 002	南召入口 002	狴山入口 002	
15	△脚踏报警	工作正常，有报警产生	符合要求	符合要求	符合要求	合格
16	专用键盘	标记清楚、牢固，键位划分合理，操作灵活，响应准确、可靠	符合要求	符合要求	符合要求	合格
17	△初始状态动作	车道控制标志显示车道关闭，车道栏杆处于水平关闭状态，收费员显示器显示内容齐全正确	符合要求	符合要求	符合要求	合格
18	△车道打开动作	按“交班”键，识别操作员身份登录后，可打开车道，处于正常工作状态，并具有防止恶意登录功能	符合要求	符合要求	符合要求	合格
19	△入口正常处理流程	符合规定的操作流程	符合要求	符合要求	符合要求	合格
20	公务车处理流程	符合规定的操作流程	符合要求	符合要求	符合要求	合格
21	军车处理流程	符合规定的操作流程	符合要求	符合要求	符合要求	合格
22	车队处理流程	符合规定的操作流程	符合要求	符合要求	符合要求	合格
23	其他紧急车处理流程	符合规定的操作流程	符合要求	符合要求	符合要求	合格
24	△违章车报警流程	符合规定的操作流程	符合要求	符合要求	符合要求	合格

续上表

项次	检查项目	技术要求	实测值或实测偏差值			单项检测结论
			南阳西入口 002	南召入口 002	独山入口 002	
25	修改功能流程	有车型判别错误时，可按规定的流程修改。	符合要求	符合要求	符合要求	合格
26	车道维修和复位操作流程	维护菜单允许维护员进行车道维护和复位操作等	符合要求	符合要求	符合要求	合格
27	△车道关闭操作流程	按“交班”键，识别操作员身份，可关闭车道，处于关闭状态。	符合要求	符合要求	符合要求	合格
28	对车道控制设备状态监测功能	运行过程中，车道控制器（车道计算机）可对车道设备进行监测，故障时应给出报警信号，提醒收费员和站内监控人员。	符合要求	符合要求	符合要求	合格
29	△断电数据完整性测试	任意流程时关闭车道控制器（车道计算机）电源，车道工作状态正常，加电后数据无丢失	符合要求	符合要求	符合要求	合格
30	△断网测试	断开车道控制器（车道计算机）与收费站的通信链路，车道工作状态正常、加电后数据无丢失	符合要求	符合要求	符合要求	合格
31	图像抓拍	车道关闭时，抓拍检测器处于启动状态，车辆进入入口车道时，图像抓拍检测器侦获"来车"信号，触发图像抓拍，抓拍信息符合要求，能按规定格式存储转发	符合要求	符合要求	符合要求	合格
32	每辆小客车平均处理时间(s)	≤8	4.21	3.76	4.09	合格
33	质量保证资料	有完整的施工原始记录、试验数据、分项工程自查数据和图表	质量保证资料真实，基本齐全，符合要求			合格
分项工程检测结论		分项工程评定结论：基本要求、外观鉴定、实测项目、质量保证资料符合要求，系统运行正常可靠				

检测：　　　　审核：

检测数据报表

报告编号:J2009-01

分项工程名称:入口车道闭路电视监视系统			所属分部工程名称:收费设施						
项次	检查项目	技术要求	实测值或实测偏差值						单项检测结论
			南阳西入口 002		南召入口 002		狙山入口 002		
			亭内	车道	亭内	车道	亭内	车道	
1	基本要求	闭路电视监视系统的设备及配件数量、型号规格符合要求,部件完整。安装位置正确,安装牢固。连接措施符合规范要求。摄像机安装方位、高度符合设计要求。控制机箱外部完整,门锁开闭灵活。电源、控制线路以及视频传输线路按规范要求连接到位,闭路电视系统的所有设备处于正常工作状态。隐蔽工程验收记录、分项工程自检和设备调试记录、有效的设备检验合格报告或证书等资料齐全	符合要求	符合要求	符合要求	符合要求	符合要求	符合要求	合格
2	外观鉴定	机箱、摄像机安装牢固、端正。各部件表面光泽一致、无划伤、无刻痕、无剥落、无锈蚀。机箱规格符合设计要求,防腐措施得当,裸露金属基体无锈蚀。防雷接地和安全接地应分开设置,接地焊接牢固,焊缝饱满并做防腐处理;防雷引下线及接地体所用材料规格、防腐与连接措施、安装位置符合设计要求;金属机箱与安全保护地连接可靠,接地极引出线无锈蚀。防护罩和机箱的出线管与箱体连接密封良好,箱体内无尘土、霉变。机箱内电力线、信号线、元器件等布线平直、整齐、固定可靠,标识正确、清楚,插头牢固	符合要求	符合要求	符合要求	符合要求	符合要求	符合要求	合格
3	△强电端子对机壳绝缘电阻(MΩ)	≥50	火>1000 零>1000	火>1000 零>1000	火>1000 零>1000	火>1000 零>1000	火>1000 零>1000	火>1000 零>1000	合格

续上表

项次		检查项目	技术要求	实测值或实测偏差值						单项检测结论
				南阳西入口002		南召入口002		独山入口002		
				亭内	车道	亭内	车道	亭内	车道	
4		△安全保护接地电阻(Ω)	≤4	0.5		0.95		0.85		合格
5		△防雷接地电阻(Ω)	≤10	0.5		0.95		0.85		合格
6	传输通道指标	△视频电平(mV)	700±30	696.5	693.5	698.7	696.4	729.2	717.7	合格
		△同步脉冲幅度(mV)	300±20	298.7	296.6	303.4	299.1	315.1	307.0	合格
		△回波 E(%KF)	<7	1.1	1.0	1.7	1.2	0.9	0.9	合格
		亮度非线性(%)	≤5	2.7	4.5	3.4	4.6	3.9	4.5	合格
		色度/亮度增益差(%)	±5	2.5	0.4	0.3	-0.5	-1.9	-1.3	合格
		色度/亮度时延差(ns)	≤100	88.6	89.6	84.6	88.4	86.6	91.7	合格
		微分增益(%)	≤10	0.82	1.86	1.07	0.95	1.91	2.05	合格
		微分相位(°)	≤10	0.83	0.68	0.52	0.61	0.51	0.73	合格
		△幅频特性(dB)	5.8MHz 带宽内±2	1.0	0.9	1.0	0.8	1.1	1.2	合格
		△视频信杂比(dB)	≥56(加权)	58.6	76.9	56.9	60.1	58.7	59.7	合格

续上表

项次	检查项目	技术要求	实测值或实测偏差值						单项检测结论
			南阳西入口 002		南召入口 002		独山入口 002		
			亭内	车道	亭内	车道	亭内	车道	
7 监视器画面指标	△随机信噪比(雪花干扰)(分)	5 人主观评分,5 人平均,要求≥4	5	5	5	5	5	5	合格
	△单频干扰(网纹)(分)	5 人主观评分,5 人平均,要求≥4							
	△电源干扰(黑白滚道)(分)	5 人主观评分,5 人平均,要求≥4							
	△脉冲干扰(跳动)(分)	5 人主观评分,5 人平均,要求≥4							
8	△监视范围	监控室能清楚识别车型、车牌、收费额等信息	符合要求	符合要求	符合要求	符合要求	符合要求	符合要求	合格
9	△切换功能	可切换到任一车道	符合要求	符合要求	符合要求	符合要求	符合要求	符合要求	合格
10	录像功能	可录像,且录像回放效果清晰	符合要求	符合要求	符合要求	符合要求	符合要求	符合要求	合格
11	△信息叠加功能	能将时间、车道号、车型、收费额等信息叠加到图像上,且显示清楚	符合要求	符合要求	符合要求	符合要求	符合要求	符合要求	合格
12	硬拷贝功能	拷贝图像清楚	符合要求	符合要求	符合要求	符合要求	符合要求	符合要求	合格
13	质量保证资料	有完整的施工原始记录、试验数据、分项工程自查数据和图表	质量保证资料真实,基本齐全,符合要求						合格
分项工程检测结论		分项工程评定结论:基本要求、外观鉴定、实测项目、质量保证资料符合要求,系统运行正常可靠							

检测:　　　　　　　　审核:

检测数据报表

报告编号:J2009-01

分项工程名称:出口车道设备			所属分部工程名称:收费设施			
项次	检查项目	技术要求	实测值或实测偏差值			单项检测结论
			南阳西出口 102	南召出口 101	独山出口 102	
1	基本要求	出口车道设备数量、型号规格符合设计要求,部件及配件完整。收费亭、电动(手动)栏杆、车道控制器、收费员显示终端、专用键盘、费额显示器、信号灯、车辆检测器、摄像机、收(打)卡等主要设备是符合国家或行业标准的定型产品。收费亭内操作台、座椅、设备安装符合设计要求。收费亭、控制器、收(打)卡机、UPS、电动栏杆等设备接地连接正确。电动栏杆、费额显示器、信号灯、摄像机等安装方位和位置正确。车道设备电源线等进行保护处理。所有设备安装到位处于工作状态。隐蔽工程验收记录、分项工程自检和设备调试记录、安装及附件清单、设备检验合格证书等资料齐全	符合要求	符合要求	符合要求	合格
2	外观鉴定	收费亭外设备安装稳固、端正。收费亭内操作台、座椅、设备、配线列架等整齐、有序,无明显歪斜,标志清楚、牢固。所有设备安装后,无划伤、刻痕,防护层剥落等缺陷。设备及收费亭内布线整齐美观、固定可靠、标识清楚;过墙、板、地下通道处要有保护套管,并留有适当余量。设备之间连线接插头等部件要求连接可靠、紧密、到位准确;布线整齐、余留规整、标识清楚;固定螺丝等要求紧固,无松动。配电箱内信号线、动力线及其接、插头明显区分,标识清楚,有永久性接线图。电动(手动)栏杆挡杆上反光标记醒目,落下处水平位置	符合要求	符合要求	符合要求	合格
3	设备机壳防腐涂层及厚度(μm)	栏杆机机箱≥85	167	106	156	合格
4	△设备强电端子对机壳绝缘(MΩ)	≥50	火>1000 零>1000	火>1000 零>1000	火>1000 零>1000	合格
5	△车道控制器安全接地电阻(Ω)	≤4	0.5	0.95	0.85	合格

续上表

项次	检查项目	技术要求	实测值或实测偏差值			单项检测结论
			南阳西出口 102	南召出口 101	独山出口 102	
6	△电动栏杆机安全接地电阻(Ω)	≤4	0.5	0.95	0.85	合格
7	收费亭防雷接地电阻(Ω)	≤10	0.5	0.95	0.85	合格
8	△车道信号灯动作	按规定的触发状态正常工作	符合要求	符合要求	符合要求	合格
9	电动栏杆起落总时间(s)	≤4.0	3.55	2.95	3.33	合格
10	△电动栏杆动作响应	按规定操作流程动作,有防砸车和水平回转功能	符合要求	符合要求	符合要求	合格
11	△车道车检测器计数精度偏差(%)	≤0.1	0	0	0	合格
12	环形线圈电感量(落杆/抓拍)(μH)	15~2000	71.8/76.6	75.4/86.4	72.7/77.5	合格
13	读写卡设备响应及对异常卡的处理	可同时对多张卡(6张)进行操作	符合要求	符合要求	符合要求	合格
14	△费额显示器	通行卡处理后,通行费显示于费额显示器	符合要求	符合要求	符合要求	合格
15	△收据打印机	迅速正确打印收据	符合要求	符合要求	符合要求	合格
16	△脚踏报警	工作正常	符合要求	符合要求	符合要求	合格
17	△闪光报警器	按规定的触发状态正常工作	符合要求	符合要求	符合要求	合格
18	专用键盘	标记清楚、牢固,键位划分合理,操作灵活,响应准确、可靠	符合要求	符合要求	符合要求	合格

续上表

项次	检查项目	技术要求	实测值或实测偏差值			单项检测结论
			南阳西出口102	南召出口101	独山出口102	
19	△初始状态动作	车道控制标志显示车道关闭，车道栏杆处于水平关闭状态，收费员显示器显示内容齐全正确	符合要求	符合要求	符合要求	合格
20	△车道打开动作	按“交班”键，识别操作员身份登录后，可打开车道，处于正常工作状态，并具有防止恶意登录功能	符合要求	符合要求	符合要求	合格
21	△出口正常处理流程	符合规定的操作流程	符合要求	符合要求	符合要求	合格
22	△换卡车处理流程	符合规定的操作流程	符合要求	符合要求	符合要求	合格
23	△入出口车型不符处理流程	自动报警，站处理	符合要求	符合要求	符合要求	合格
24	△无支付或不足支付处理流程	符合出口“未付车”监督处理流程	符合要求	符合要求	符合要求	合格
25	△丢卡、坏卡处理流程	符合卡丢失、卡故障处理流程	符合要求	符合要求	符合要求	合格
26	△军警车处理流程	记录特殊事件	符合要求	符合要求	符合要求	合格
27	△公务车处理流程	符合公务车处理流程	符合要求	符合要求	符合要求	合格
28	△车队处理流程	符合出口“车队”处理流程	符合要求	符合要求	符合要求	合格
29	△“拖车”处理流程	符合“拖车”处理流程	符合要求	符合要求	符合要求	合格
30	△闯关车处理流程	符合“闯关车”处理流程	符合要求	符合要求	符合要求	合格
31	修改功能流程	有车型判别错误时，可按规定的流程修改	符合要求	符合要求	符合要求	合格

续上表

项次	检 查 项 目	技 术 要 求	实测值或实测偏差值			单项检测结论
			南阳西出口 102	南召出口 101	独山出口 102	
32	车道维修和复位操作流程	维护菜单允许维护员进行车道维护和复位操作等	符合要求	符合要求	符合要求	合格
33	△车道关闭操作流程	按“交班”键，识别操作员身份，可关闭车道，处于关闭状态	符合要求	符合要求	符合要求	合格
34	对车道控制设备状态监测功能	运行过程中，车道控制器（车道计算机）可对车道设备进行监测，故障时应给出报警信号，提醒收费员和站内监控人员	符合要求	符合要求	符合要求	合格
35	△断电数据完整性测试	任意流程时关闭车道控制器（车道计算机）电源，车道工作状态正常，加电后数据无丢失	符合要求	符合要求	符合要求	合格
36	△断网测试	断开车道控制器（车道计算机）与收费站的通信链路，车道工作状态正常、加电后数据无丢失	符合要求	符合要求	符合要求	合格
37	图像抓拍	车道关闭时，抓拍检测器处于启动状态，车辆进入入口车道时，图像抓拍检测器侦获“来车”信号，触发图像抓拍，抓拍信息符合要求，能按规定格式存储转发	符合要求	符合要求	符合要求	合格
38	每辆小客车平均处理时间(s)	≤14	12.6	11.8	10.7	合格
39	质量保证资料	有完整的施工原始记录、试验数据、分项工程自查数据和图表	质量保证资料真实，基本齐全，符合要求			合格
分项工程检测结论		分项工程评定结论：基本要求、外观鉴定、实测项目、质量保证资料符合要求，系统运行正常可靠				

检测：[signature]　　　　审核：[signature]

检测数据报表

报告编号:J2009-01

分项工程名称:出口车道闭路电视监视系统			所属分部工程名称:收费设施						
项次	检查项目	技术要求	实测值或实测偏差值						单项检测结论
			南阳西出口102		南召出口101		独山出口102		
			亭内	车道	亭内	车道	亭内	车道	
1	基本要求	闭路电视监视系统的设备及配件数量、型号规格符合要求,部件完整。安装位置正确,安装牢固。连接措施符合规范要求。摄像机安装方位、高度符合设计要求。控制机箱外部完整,门锁开闭灵活。电源、控制线路以及视频传输线路按规范要求连接到位,闭路电视系统的所有设备处于正常工作状态。隐蔽工程验收记录、分项工程自检和设备调试记录、有效的设备检验合格报告或证书等资料齐全	符合要求	符合要求	符合要求	符合要求	符合要求	符合要求	合格
2	外观鉴定	机箱、摄像机安装牢固、端正。各部件表面光泽一致、无划伤、无刻痕、无剥落、无锈蚀。机箱规格符合设计要求,防腐措施得当,裸露金属基体无锈蚀。防雷接地和安全接地应分开设置,接地焊接牢固,焊缝饱满并做防腐处理;防雷引下线及接地体所用材料规格、防腐与连接措施、安装位置符合设计要求;金属机箱与安全保护地连接可靠,接地极引出线无锈蚀。防护罩和机箱的出线管与箱体连接密封良好,箱体内无尘土、霉变。机箱内电力线、信号线、元器件等布线平直、整齐、固定可靠,标识正确清楚,插头牢固	符合要求	符合要求	符合要求	符合要求	符合要求	符合要求	合格
3	△强电端子对机壳绝缘电阻(MΩ)	≥50	火>1000 零>1000	火>1000 零>1000	火>1000 零>1000	火>1000 零>1000	火>1000 零>1000	火>1000 零>1000	合格

续上表

项次		检查项目	技术要求	实测值或实测偏差值						单项检测结论
				南阳西出口102		南召出口101		狌山出口102		
				亭内	车道	亭内	车道	亭内	车道	
4		△安全保护接地电阻(Ω)	≤4	0.5		0.95		0.85		合格
5		△防雷接地电阻(Ω)	≤10	0.5		0.95		0.85		合格
6	传输通道指标	△视频电平(mV)	700±30	690.4	690.1	696.4	697.2	797.5	714.6	合格
		△同步脉冲幅度(mV)	300±20	297.9	296.6	299.1	294.6	300.0	302.5	合格
		△回波E(%KF)	<7	1.6	1.2	1.2	1.2	0.8	0.8	合格
		亮度非线性(%)	≤5	3.6	4.1	4.8	4.9	4.1	4.3	合格
		色度/亮度增益差(%)	±5	1.1	1.8	0.1	-1.3	0.8	0.1	合格
		色度/亮度时延差(ns)	≤100	86.5	92.8	87.9	90.3	89.5	86.3	合格
		微分增益(%)	≤10	0.87	1.63	0.60	0.60	0.67	0.64	合格
		微分相位(°)	≤10	0.81	0.64	0.86	0.69	0.71	0.60	合格
		△幅频特性(dB)	5.8MHz带宽内±2	1.2	1.2	1.2	1.2	1.0	1.2	合格
		△视频信杂比(dB)	≥56(加权)	62.3	61.3	74.5	76.5	75.4	78.6	合格

续上表

项次	检查项目	技术要求	实测值或实测偏差值						单项检测结论
			南阳西出口102		南召出口101		独山出口102		
			亭内	车道	亭内	车道	亭内	车道	
7 监视器画面指标	△随机信噪比(雪花干扰)(分)	5人主观评分,5人平均,要求≥4	5	5	5	5	5	5	合格
	△单频干扰(网纹)(分)	5人主观评分,5人平均,要求≥4							
	△电源干扰(黑白滚道)(分)	5人主观评分,5人平均,要求≥4							
	△脉冲干扰(跳动)(分)	5人主观评分,5人平均,要求≥4							
8	△监视范围	监控室能清楚识别车型、车牌、收费额等信息	符合要求	符合要求	符合要求	符合要求	符合要求	符合要求	合格
9	△切换功能	可切换到任一车道	符合要求	符合要求	符合要求	符合要求	符合要求	符合要求	合格
10	录像功能	可录像,且录像回放效果清晰	符合要求	符合要求	符合要求	符合要求	符合要求	符合要求	合格
11	△信息叠加功能	能将时间、车道号、车型、收费额等信息叠加到图像上,且显示清楚	符合要求	符合要求	符合要求	符合要求	符合要求	符合要求	合格
12	硬拷贝功能	拷贝图像清楚	符合要求	符合要求	符合要求	符合要求	符合要求	符合要求	合格
13	质量保证资料	有完整的施工原始记录、试验数据、分项工程自查数据和图表	质量保证资料真实,基本齐全,符合要求						合格
分项工程检测结论		分项工程评定结论:基本要求、外观鉴定、实测项目、质量保证资料符合要求,系统运行正常可靠							

检测:　　　　　　　　　　　　审核:

检测数据报表

报告编号:J2009-01

分项工程名称:收费广场闭路电视监视系统			所属分部工程名称:收费设施			
项次	检查项目	技术要求	实测值或实测偏差值			单项检测结论
			南阳西入口广场	南阳西出口广场	五朵山入口广场	
1	基本要求	闭路电视监视系统的设备及配件数量、型号规格符合要求,部件完整。外场摄像机基础安装位置正确,立柱安装竖直、牢固。防雷部件安装到位、连接措施符合规范要求。摄像机(云台)安装方位、高度符合设计要求。控制机箱外部完整,门锁开闭灵活。电源、控制线路以及视频传输线路按规范要求连接到位,闭路电视系统的所有设备处于正常工作状态。隐蔽工程验收记录、分项工程自检和设备调试记录、有效的设备检验合格报告或证书等资料齐全	符合要求	符合要求	符合要求	合格
2	外观鉴定	立柱、机箱及摄像机(云台)安装牢固、端正。各部件表面光泽一致、无划伤、无刻痕、无剥落、无锈蚀。基础混凝土表面应刮平,无损边、无掉角;机箱、立柱、法兰及地脚螺栓规格符合设计要求,防腐措施得当,裸露金属基体无锈蚀。防雷接地和安全接地应分开设置,接地焊接牢固,焊缝饱满并做防腐处理;防雷引下线及接地体所用材料规格、防腐与连接措施、安装位置符合设计要求;金属机箱与安全保护地连接可靠,接地极引出线无锈蚀。云台防护罩和机箱的出线管与箱体连接密封良好,箱体内无积水、尘土、霉变。机箱内电力线、信号线、元器件等布线平直、整齐、固定可靠,标识正确、清楚,插头牢固	符合要求	符合要求	符合要求	合格
3	立柱竖直度(mm/m)	≤5	5	5	5	合格

续上表

项次		检查项目	技术要求	实测值或实测偏差值			单项检测结论
				南阳西入口广场	南阳西出口广场	独山入口广场	
4		基础尺寸(长×宽×深)(mm×mm×mm)	1000×1000×1200	1205×1200×1200	1200×1210×1200	1230×1200×1200	合格
5		△立柱的防腐涂层厚度(μm)	≥85	146	99	100	合格
6		△强电端子对机壳绝缘电阻(MΩ)	≥50	火>1000 零>1000	火>1000 零>1000	火>1000 零>1000	合格
7		△安全保护接地电阻(Ω)	≤4	0.82	0.45	0.85	合格
8		△防雷接地电阻(Ω)	≤10	0.82	0.45	0.85	合格
9	传输通道指标	△视频电平(mV)	700±30	684.1	695.9	696.3	合格
		△同步脉冲幅度(mV)	300±20	289.1	296.7	301.3	合格
		△回波 E(%KF)	<7	1.2	0.9	0.9	合格
		亮度非线性(%)	≤5	4.6	1.2	4.7	合格
		色度/亮度增益差(%)	±5	-2.6	-1.9	-0.0	合格

续上表

项次		检查项目	技术要求	实测值或实测偏差值						单项检测结论
				南阳西入口广场		南阳西出口广场		独山入口广场		
				翟庄通信站	五朵山通信站	翟庄通信站	南召通信站	独山通信站	五朵山通信站	
10	传输通道指标	色度/亮度时延差(ns)	≤100	80.8		86.9		88.2		合格
		微分增益(%)	≤10	0.81		0.75		1.15		合格
		微分相位(°)	≤10	0.57		0.57		0.38		合格
		△幅频特性(dB)	5.8MHz 带宽内 ±2	1.5		1.1		1.2		合格
		△视频信杂比(dB)	≥56(加权)	76.7		62.9		65.7		合格
11	监视器画面指标	△随机信噪比(雪花干扰)(分)	5 人主观评分,5 人平均,要求≥4	5		5		5		合格
		△单频干扰(网纹)(分)	5 人主观评分,5 人平均,要求≥4							
		△电源干扰(黑白滚道)(分)	5 人主观评分,5 人平均,要求≥4							
		△脉冲干扰(跳动)(分)	5 人主观评分,5 人平均,要求≥4							
12		△监视范围	符合设计要求	符合要求		符合要求		符合要求		合格
13		△外场摄像机安装稳定性	受大风影响或接受变焦、转动等控制时,动作平滑、无抖动	符合要求		符合要求		符合要求		合格

续上表

项次	检查项目	技术要求	实测值或实测偏差值			单项检测结论
			南阳西入口广场	南阳西出口广场	独山入口广场	
14	△切换功能	监控中心可切换任意摄像机	符合要求	符合要求	符合要求	合格
15	录像功能	可录像，且录像回放清晰	符合要求	符合要求	符合要求	合格
16	硬拷贝功能	拷贝图像清楚	符合要求	符合要求	符合要求	合格
17	报警功能	监控中心可检测外场摄像机的工作状态并在故障时报警	符合要求	符合要求	符合要求	合格
18	△云台水平转动角	水平≥350°	360°连续转动	360°连续转动	360°连续转动	合格
19	△云台垂直转动角	上仰≥15°，下俯≥90°	符合要求	符合要求	符合要求	合格
20	自动光圈调节	自动调节	符合要求	符合要求	符合要求	合格
21	调焦功能	快速自动聚焦	符合要求	符合要求	符合要求	合格
22	变倍功能	可变倍	符合要求	符合要求	符合要求	合格
23	质量保证资料	有完整的施工原始记录、试验数据、分项工程自查数据和图表	质量保证资料真实，基本齐全，符合要求			合格
分项工程检测结论		分项工程评定结论：基本要求、外观鉴定、实测项目、质量保证资料符合要求，系统运行正常可靠				

检测：[signature]　　　　审核：[signature]

检测数据报表

报告编号:J2009-01

分项工程名称:收费站设备及软件			所属分部工程名称:收费设施			
项次	检查项目	技术要求	实测值或实测偏差值			单项检测结论
			南阳西收费站	独山收费站	南召收费站	
1	基本要求	收费站内设备数量、型号符合要求,部件完整。设备安装到位并连通,处于正常工作状态,并进行严格测试和联调。提交了分项工程自检和系统联调记录、设备及附(备)件清单、有效的设备检验合格报告或证书等资料	符合要求	符合要求	符合要求	合格
2	外观鉴定	站内设备安装稳固、端正。收费站内操作台、座椅、设备、配线列架等整齐、有序、无明显歪斜,标志清楚、牢固。所有设备安装后,外观无划伤、刻痕,以及防护层剥落等缺陷。设备及收费站监控室内布线整齐美观、固定可靠、标识清楚;过墙、板、地下通道处有保护套管,并留有适当余量。设备之间连线接、插头等部件要求连接可靠、紧密、到位准确;布线整齐、余留规整、标识清楚;固定螺丝等紧固,无松动。配电箱内信号线、动力线及其接、插头要求明显区分,标识清楚,有永久性接线图	符合要求	符合要求	符合要求	合格
3	△强电端子对机壳绝缘电阻(MΩ)	≥50	火>1000 零>1000	火>1000 零>1000	火>1000 零>1000	合格
4	△收费站联合接地电阻(Ω)	≤1	0.95	0.56	0.57	合格
5	△对车道的实时监控功能	收费站管理计算机可查看车道最后一辆车处理信息及车道状态、操作员信息,监视计算机可监视、显示车道设备及操作情况	符合要求	符合要求	符合要求	合格
6	查原始数据功能	通过专用服务器和收费管理计算机可查询、统计原始数据	符合要求	符合要求	符合要求	合格
7	△图像稽查功能	可稽查所有出入口车道“有问题”车辆图像	符合要求	符合要求	符合要求	合格

续上表

项次	检查项目	技术要求	实测值或实测偏差值			单项检测结论
			南阳西收费站	独山收费站	南召收费站	
8	打印报表功能	值班员可通过收费站管理计算机打印各种报表	符合要求	符合要求	符合要求	合格
9	查看费率表功能	可通过收费管理计算机查看费率表	符合要求	符合要求	符合要求	合格
10	与车道数据通信功能	专用服务器在不同模式下可和车道控制机交换规定的信息，数据传输准确	符合要求	符合要求	符合要求	合格
11	△数据备份功能	车道控制器、收费站专用服务器、管理计算机数据保护安全、可靠	符合要求	符合要求	符合要求	合格
12	字符叠加功能	在监视器上可观察到信息	符合要求	符合要求	符合要求	合格
13	与收费中心的通信功能	可以和收费中心交换规定的数据，数据传输准确	符合要求	符合要求	符合要求	合格
14	查断网试验的数据上传	与收费中心计算机通信故障时，数据可存贮在移动存储器上并可在收费中心计算机上恢复	符合要求	符合要求	符合要求	合格
15	△报警录像功能	用于报警时显示报警图象的显示器具有报警显示功能，值班员通过键盘控制器切换该路报警视频信号进行录象，或自动进行切换	符合要求	符合要求	符合要求	合格
16	△主监视器切换显示各车道及收费亭摄像机功能	监视计算机可切换显示各车道及收费亭录像机	符合要求	符合要求	符合要求	合格
17	查看事件报表打印功能	可查看入口、出口车道特殊处理明细表并打印	符合要求	符合要求	符合要求	合格
18	数据完整性测试	系统崩溃或电源故障，重新启动时，系统能自动引导至正常工作状态，不丢失任何历史数据	符合要求	符合要求	符合要求	合格
19	质量保证资料	有完整的施工原始记录、试验数据、分项工程自查数据和图表	质量保证资料真实，基本齐全，符合要求			合格
分项工程检测结论		分项工程评定结论：基本要求、外观鉴定、实测项目、质量保证资料符合要求，系统运行正常可靠				

检测： 审核：

检测数据报表

报告编号：J2009-01

分项工程名称：收费中心设备及软件			所属分部工程名称：收费设施	
项次	检查项目	技术要求	实测值或实测偏差值 翟庄收费分中心	单项检测结论
1	基本要求	收费中心设备数量、型号符合要求，部件完整。设备安装到位并已连通，处于正常工作状态，并进行了严格测试和联调。分项工程自检和系统联调记录、设备及附（备）件清单、有效的设备检验合格报告或证书等资料齐全	符合要求	合格
2	外观鉴定	收费中心收费设备安装稳固、端正。收费中心监控室内操作台、座椅、设备、配线列架等整齐、有序、无明显歪斜，标志清楚、牢固。所有设备安装后，外观无划伤、刻痕，以及防护层剥落缺陷。设备及收费监控室内布线整齐美观、固定可靠、标识清楚；过墙、板、地下通道处要有保护套管，并留有适当余量。设备之间连线插头等布件要求连接可靠、紧密、到位准确；布线整齐，余留规整、标识清楚；固定螺丝等要求紧固，无松动。配电箱内信号线、动力线及其接插头要求明显区分，标识清楚，有永久性接线图	符合要求	合格
3	△强电端子对机壳绝缘电阻（MΩ）	≥50	火＞1000　零＞1000	合格
4	△收费中心联合接地电阻（Ω）	≤1	0.9	合格
5	△与收费站的数据传输功能	定时或实时轮询各收费站的数据	符合要求	合格
6	△费率表、车型分类参数的设置与变更	可设置、变更费率表、车型分类参数，并下传到收费站	符合要求	合格
7	△系统时间设定功能	对收费站计算机的时钟进行统一校准	符合要求	合格
8	△图像稽查功能	可稽查所有出入口车道“有问题”车辆图像	符合要求	合格

续上表

项次	检查项目	技术要求	实测值或实测偏差值	单项检测结论
			翟庄收费分中心	
9	△报表统计管理及打印功能	收费中心计算机系统可打印规定的各种报表	符合要求	合格
10	△对各站及车道 CCTV 图像切换及控制功能	可切换、可控制	符合要求	合格
11	双机热备份功能	当主机宕机时，从机能够自动接管，保证业务的连续性和正确性，切换时间符合要求	符合要求	合格
12	通行卡管理功能	通过授权正确制作通行卡、公务卡、身份卡，并能记录、统计、查询本中心发行卡的信息	符合要求	合格
13	数据完整性测试	系统崩溃或电源故障，重新启动时，系统能自动引导至正常工作状态，不丢失任何历史数据	符合要求	合格
14	质量保证资料	完整的施工原始记录、试验数据、分项工程自查数据和图表	质量保证资料真实，基本齐全，符合要求	合格
	以下空白			
分项工程检测结论		分项工程评定结论：基本要求、外观鉴定、实测项目、质量保证资料符合要求，系统运行正常可靠		

检测：　　　　审核：

检测数据报表

报告编号:J2009-01

分项工程名称:内部有线对讲及紧急报警系统			所属分部工程名称:收费设施			
项次	检查项目	技术要求	实测值或实测偏差值			单项检测结论
			南阳西收费站	独山收费站	南召收费站	
1	基本要求	内部有线对讲及紧急报警系统的设备数量、型号符合要求,完整。安装到位处于正常工作状态。分项工程自检记录、设备及附(备)件清单、设备合格报告等资料齐全	符合要求	符合要求	符合要求	合格
2	外观鉴定	主、分机安装位置正确、方便使用。设备安装后,外观无划伤、刻痕及防护层剥落等缺陷。主分机之间布线整齐美观、固定可靠、标识清楚;过墙、板、地下通道处有保护套管,并留有余量。设备之间连线接插头等部件连接可靠到位准确;布线整齐、余留规整、标识清楚	符合要求	符合要求	符合要求	合格
3	△主机全呼分机	按下主控台全呼键,值班员可向所有车道收费员广播	符合要求	符合要求	符合要求	合格
4	△主机单呼某个分机	主机可呼叫某个分机	符合要求	符合要求	符合要求	合格
5	△分机呼叫主机	分机可呼叫主机	符合要求	符合要求	符合要求	合格
6	△分机之间的串音	分机之间不能相互通信	符合要求	符合要求	符合要求	合格
7	扬声器音量调节	可调	符合要求	符合要求	符合要求	合格
8	话音质量	话音清晰,音量适中,无噪声,无断字等缺陷	符合要求	符合要求	符合要求	合格
9	按钮状态指示灯	主机上有可视信号显示呼叫的分机号	符合要求	符合要求	符合要求	合格
10	△手动/脚踏报警功能	按动报警开关可驱动报警	符合要求	符合要求	符合要求	合格
11	报警器故障监测功能	信号电缆出现断路故障时报警	符合要求	符合要求	符合要求	合格
12	报警器提供报警输出号	报警器可向闭路电视系统提供报警输出信号	符合要求	符合要求	符合要求	合格
13	报警器自检功能	报警器具有自检功能	符合要求	符合要求	符合要求	合格
14	质量保证资料	有完整的施工原始记录、试验数据、分项工程自查数据图表	质量保证资料真实,基本齐全,符合要求			合格
分项工程检测结论		分项工程评定结论:基本要求、外观鉴定、实测项目、质量保证资料符合要求,系统运行正常可靠				

检测:

审核:

检测数据报表

报告编号:J2009-01

<table>
<tr><td colspan="4">分项工程名称:收费系统计算机网络</td><td colspan="4">所属分部工程名称:收费设施</td></tr>
<tr><td rowspan="2">项次</td><td rowspan="2" colspan="2">检 查 项 目</td><td rowspan="2">技 术 要 求</td><td colspan="3">实测值或实测偏差值</td><td rowspan="2">单项检测结论</td></tr>
<tr><td>南阳西收费图像计算机</td><td>独山收费图像计算机</td><td>南召收费图像计算机</td></tr>
<tr><td>1</td><td colspan="2">基本要求</td><td>网线、插座、连接头、网卡、集线器、交换机、路由器、调制解调器、服务器等网络设备的数量、型号规格符合设计要求。插座、双铰线接头的压接形式(线对分配)符号 EIA/EIA 或 586B 的要求,且在一个系统中只能选用一种压接形式,不得混用。网络设备安装调试完毕,系统处于正常运转工作状态。隐蔽工程验收记录、分项工程自检和设备及系统联调记录、有效的设备检验合格报告证书等资料齐全</td><td>符合要求</td><td>符合要求</td><td>符合要求</td><td>合格</td></tr>
<tr><td>2</td><td colspan="2">外观鉴定</td><td>网络设备、网线线槽、信息插座布放整齐美观,安装牢固、标识清楚。线缆布放路由正确、绑扎牢固、端头连接规范、标识清楚,弯曲半径和预留长度符合设计或 GB/T 50132—2000 规范要求</td><td>符合要求</td><td>符合要求</td><td>符合要求</td><td>合格</td></tr>
<tr><td>3</td><td colspan="2">△网线接线图</td><td>线对符合 1/2,3/6,4/5,7/8</td><td>符合要求</td><td>符合要求</td><td>符合要求</td><td>合格</td></tr>
<tr><td>4</td><td colspan="2">布线长度(m)</td><td>≤90</td><td>8</td><td>10</td><td>14</td><td>合格</td></tr>
<tr><td rowspan="4">5</td><td rowspan="4">△衰减(dB)</td><td>1 (4,5)</td><td rowspan="4">5E 类≤21.6(100MHz)</td><td>1.0</td><td>0.5</td><td>2.5</td><td rowspan="4">合格</td></tr>
<tr><td>3 (3,6)</td><td>0.9</td><td>11.9</td><td>3.1</td></tr>
<tr><td>2 (1,2)</td><td>0.9</td><td>0.9</td><td>2.4</td></tr>
<tr><td>4 (7,8)</td><td>0.7</td><td>0.3</td><td>2.5</td></tr>
</table>

续上表

项次	检查项目		技术要求	实测值或实测偏差值			单项检测结论
				南阳西收费图像计算机	独山收费图像计算机	南召收费图象计算机	
6	△近端串扰(NEXT)(dB)	1(4,5),3(3,6)	5E类≥32.3(100MHz)	44.3	59.4	41.4	合格
		1(4,5),2(1,2)		78.0	54.7	43.9	
		1(4,5),4(7,8)		81.5	57.0	46.8	
		3(3,6),2(1,2)		37.8	64.8	44.5	
		3(3,6),4(7,8)		44.7	44.4	49.1	
		2(1,2),4(7,8)		80.0	53.6	49.4	
7	环路阻抗(Ω)	1 (4,5)	5E类常温下≤30	3	8	2	合格
		3 (3,6)		8	96	27	
		2 (1,2)		0	22	0	
		4 (7,8)		1	4	2	
8	远方近端串扰衰耗(RNEXT)(dB)	1(4,5),3(3,6)	5E类≥32.3(100MHz)	41.5	71.5	47.5	
		1(4,5),2(1,2)		59.4	67.0	46.3	
		1(4,5),4(7,8)		54.6	50.3	56.9	
		3(3,6),2(1,2)		39.3	50.4	54.5	
		3(3,6),4(7,8)		44.2	49.1	55.2	
		2(1,2),4(7,8)		78.1	54.0	50.7	

续上表

项次	检查项目		技术要求	实测值或实测偏差值						单项检测结论
				南阳西收费图像计算机		独山收费图像计算机		南召收费图像计算机		
				近端（WS）	远端（DR）	近端（WS）	远端（DR）	近端（WS）	远端（DR）	
9	相邻线对综合串绕(PSNEXT)(dB)	1 (4,5)	5E 类≥29.3(100MHz)	44.1	41.3	59.3	71.2	38.2	39.0	格
		3 (3,6)		34.1	40.9	67.7	69.0	39.1	38.2	
		2 (1,2)		37.6	39.1	64.7	72.5	41.7	42.1	
		4 (7,8)		44.7	44.1	45.2	50.7	40.9	41.2	
10	远端串扰与衰耗比(ELFEXT)(dB)	1(4,5),3(3,6)	5E 类≥21.0(100MHz)	77.6		44.6		33.7		合格
		1(4,5),2(1,2)		77.0		86.7		62.8		
		1(4,5),4(7,8)		72.7		85.1		49.5		
		3(3,6),2(1,2)		32.7		40.9		56.4		
		3(3,6),4(7,8)		60.7		56.0		49.9		
		2(1,2),4(7,8)		77.4		93.9		55.0		
11	串绕与衰减比(ACR)(dB)	1(4,5),3(3,6)	5E 类≥4(100MHz)	39.5	36.7	26.1	39.7	37.3	37.8	合格
		1(4,5),2(1,2)		54.7	53.7	51.7	54.7	41.4	43.9	
		1(4,5),4(7,8)		52.8	52.2	50.3	48.6	43.1	40.6	
		3(3,6),2(1,2)		37.0	38.5	28.5	35.6	41.9	40.1	
		3(3,6),4(7,8)		37.6	39.3	26.7	37.8	41.3	41.7	
		2(1,2),4(7,8)		51.7	51.6	51.3	52.5	43.1	43.0	

项次	检查项目		技术要求	实测值或实测偏差值						单项检测结论
				南阳西收费图像计算机		独山收费图像计算机		南召收费图像计算机		
				近端（WS）	远端（DR）	近端（WS）	远端（DR）	近端（WS）	远端（DR）	
12	综合远端串绕比（PSELFEXT）（dB）	1（4,5）	5E类≥18.0（100MHz）	77.2		44.6		33.6		合格
		3（3,6）		39.9		39.3		33.6		
		2（1,2）		32.7		40.9		53.7		
		4（7,8）		60.7		56.0		46.6		
13	△回波衰耗 RL（dB）	1（4,5）	5E类≥8（100MHz）	16.6	17.3	19.0	21.0	19.2	19.8	合格
		3（3,6）		31.7	25.5	12.9	16.6	16.0	15.8	
		2（1,2）		17.4	16.5	15.2	21.0	19.0	19.0	
		4（7,8）		33.0	46.8	26.1	28.5	19.5	19.6	
14	传输时延（ns）	1（4,5）	5E类≤548	37		49		87		合格
		3（3,6）		37		46		85		
		2（1,2）		37		47		86		
		4（7,8）		37		48		82		
15	线对间传输时延差（ns）		5E类≤45	0		3		5		合格
16	△网络维护性测试		网络维护性好	符合要求		符合要求		符合要求		合格
17	网络健康测试		网络健康	符合要求		符合要求		符合要求		合格
18	质量保证资料		有完整的施工原始记录、试验数据、分项工程自查数据图表	质量保证资料真实，基本齐全，符合要求						合格
分项工程检测结论			分项工程评定结论：基本要求、外观鉴定、实测项目、质量保证资料符合要求，系统运行正常可靠							

检测：　　　　审核：

五、低压配电设施检测报告

报告编号:J2009-01

分部工程名称	低压配电设施	工程地点	分水岭至南阳段
施工时间	2007 年 5 月 ~ 12 月	合同编号	—
工程名称	河南省分水岭至南阳段高速公路机电工程		
建设单位	河南岭南高速公路有限公司		
施工单位	中铁建电气化局集团第一工程有限公司		
监理单位	北京华路捷公路工程技术咨询有限公司		
设计单位	中交第一公路勘察设计研究院		
检测内容	检测内容(抽样检测):收费站低压配电设备 3 处		
检测时间	2009 年 5 月 20 日 ~2009 年 5 月 23 日		
检测环境	温度: 23 ~ 28℃　　湿度: 40% R. H ~ 58% R. H		
检测时间	2009 年 5 月 20 日 ~2009 年 5 月 23 日		
检测环境	温度: 23 ~ 28℃　　湿度: 40% R. H ~ 58% R. H		
检测依据	1.《公路工程质量检验评定标准　第二册　机电工程》(JTG F80/2—2004); 2. 河南省分水岭至南阳段高速公路机电工程招标、投标文件、合同文件及设计文件		
检测结论	中铁建电气化局集团第一工程有限公司施工的河南省分水岭至南阳段高速公路机电工程低压配电设施分部工程,经我中心按照交通部的标准和设计文件的要求进行抽样和检测检测,各分项工程的基本要求、实测项目和外观鉴定符合相关标准和设计文件的要求,质量保证资料真实、基本齐全,各分项工程功能满足要求,实测项目符合要求。低压配电设施分部工程运行正常 检测单位公章 批准日期:2009 年 5 月 29 日		

检测:　　　　审核:　　　　审核:

检测数据报表

报告编号:J2009-01

分项工程名称:中心(站)内低压配电设施			所属分部工程名称:低压配电设施			
项次	检查项目	技术要求	实测值或实测偏差值			单项检测结论
			南阳西配电室	南召配电室	五朵山站配电室	
1	基本要求	电源设备数量、型号规格符合设计要求,部件及配件完整。电源室内市电油机转换屏(柜)、交直流配电、动力开关柜、UPS、室外配电箱、发电机组、发电机组控制柜等设备安装稳固,位置、方位正确。设备、列架排列整齐、有序,标志清楚、牢固。进入配电(箱)柜的所有电缆接头按规范进行开剥、焊接、镀锡、绑扎、密封和热塑封合防潮处理。设备、列架内以及设备之间的连接布线符合规范要求。所有进出线都进行标记,并附有配电简图。蓄电池组的连接条、螺栓、螺母进行防腐处理,并且连接可靠。所有设备安装到位,工作、安全、防雷等接地连接可靠。经过通电测试,处于正常工作状态。电源室、发电机组室通过安全、消防验收。隐蔽工程验收记录、分项工程自检和设备调试记录、安装和非安装设备及附(备)件清单、有效的设备检验合格报告或证书等资料齐全	符合要求	符合要求	符合要求	合格
2	外观鉴定	配电屏、设备、列架布局合理、安装稳固、横竖端正、排列整齐。设备安装后表面光泽一致、无划伤、无刻痕、无剥落、无锈蚀;部件标识正确、清楚。电源输出配线路由和位置正确、布放整齐,符合施工工艺要求。设备内布线整齐、美观、绑扎牢固,接线端头焊(压)接牢固、平滑;编号标识清楚,预留长度适当。设备抗震加固措施符合设计要求	符合要求	符合要求	符合要求	合格

续上表

项次	检查项目	技术要求		实测值或实测偏差值			单项检测结论
				南阳西配电室	南召配电室	五朵山站配电室	
3	室内设备、列架的绝缘电阻(MΩ)	交流配电柜	符合设计要求,无要求时应≥2(设备安装后)	火>1000 零>1000	火>1000 零>1000	火>1000 零>1000	合格
		直流配电柜		火>1000 零>1000	火>1000 零>1000	火>1000 零>1000	合格
		交流稳压器		火>1000 零>1000	火>1000 零>1000	火>1000 零>1000	合格
		不中断电源		火>1000 零>1000	火>1000 零>1000	火>1000 零>1000	合格
4	△安全接地电阻(Ω)	≤4		0.35	1	0.9	合格
5	△联合接地电阻(Ω)	≤1		0.35	1	0.9	合格
6	设备安装的水平度(mm/m)	≤2		2	2	2	合格
7	设备安装的垂直度(mm/m)	≤3		3	3	3	合格
8	发电机组控制柜接地电阻(Ω)	≤4		0.4	1	0.8	合格
9	发电机组控制柜绝缘电阻(MΩ)	≥2(设备安装后)		L1>1000 L2>1000 L3>1000 N>1000	L1>1000 L2>1000 L3>1000 N>1000	L1>1000 L2>1000 L3>1000 N>1000	合格
10	发电机组启动及启动时间(s)	符合要求≤15		9	12.6	11	合格
11	发电机组相序	与机组输出标志一致		符合要求	符合要求	符合要求	合格
12	自动发电组自启动转换功能测试	市电掉电后,机组能自动启动,稳定后送入规定的线路上,可手动优先切换		符合要求	符合要求	符合要求	合格
13	△机组供电切换对机电系统的影响	机电系统所有设备不因受到机组电源切换,而工作出现异常		符合要求	符合要求	符合要求	合格
14	△电源室接地装置施工质量检查	接地体的材料和尺寸、安装位置及埋深;接地体引入线与接地体的连接及防腐处理符合设计要求		符合要求	符合要求	符合要求	合格
15	质量保证资料	有完整的施工原始记录、试验数据、分项工程自查数据和图表		质量保证资料真实,基本齐全,符合要求			合格
分项工程检测结论		分项工程评定结论:基本要求、外观鉴定、实测项目、质量保证资料符合要求,系统运行正常可靠					

检测：　　　　　　　　审核：

六、广场、外场照明设施检测报告

报告编号:J2009-01

分部工程名称	照明设施	工程地点	分水岭至南阳段
施工时间	2007 年 5 月 ~12 月	合同编号	—
工程名称	河南省分水岭至南阳段高速公路机电工程		
建设单位	河南岭南高速公路有限公司		
施工单位	辽宁阳光照明工程有限公司		
监理单位	北京华路捷公路工程技术咨询有限公司		
设计单位	中交第一公路勘察设计研究院		
检测内容	检测内容(抽样检测):广场照明设施 3 处、外场高杆照明 3 处		
检测时间	2009 年 5 月 20 日 ~2009 年 5 月 23 日		
检测环境	温度:23 ~28℃　　湿度:40% R. H ~58% R. H		
检测依据	1.《公路工程质量检验评定标准　第二册　机电工程》(JTG F80/2—2004); 2. 河南省分水岭至南阳段高速公路机电工程招标、投标文件、合同文件及设计文件		
检测结论	辽宁阳光照明工程有限公司承包施工的河南省分水岭至南阳段高速公路机电工程照明设施分部工程,经我中心按照交通部的标准和设计文件的要求进行抽样和检测检测,各分项工程的基本要求、实测项目和外观鉴定符合相关标准和设计文件的要求,质量保证资料真实、基本齐全,各分项工程功能满足要求,实测项目符合要求,照明设施分部工程运行正常 检测单位公章 批准日期:2009 年 5 月 29 日		

检测:　　　　审核:　　　　审核:

检测数据报表

报告编号:J2009-01

<table>
<tr><td colspan="3">分项工程名称:照明设施</td><td colspan="4">所属分部工程名称:照明设施</td></tr>
<tr><td rowspan="2">项次</td><td rowspan="2">检 查 项 目</td><td rowspan="2">技 术 要 求</td><td colspan="3">实测值或实测偏差值</td><td rowspan="2">单项检测结论</td></tr>
<tr><td>五朵山入口广场</td><td>南阳西入口广场</td><td>南阳西出口广场</td></tr>
<tr><td>1</td><td>基本要求</td><td>照明器和亮度传感器的类别、规格、适用场所、有效范围、数量、位置、安装间距、安装质量等符合要求。设备的电力线、信号线、接地线的类别、规格、数量、布设方式、位置、连接质量等符合要求。路面照明、建筑物(构造物)的景观照明、航空障碍灯、障碍灯等照明设施完整、协调。高杆灯由取得相应资质的单位供货,并有可靠的测试记录和报告。隐蔽工程验收记录、分项工程自检和设备调试记录、有效的设备检验合格报告或证书等资料齐全</td><td>符合要求</td><td>符合要求</td><td>符合要求</td><td>合格</td></tr>
<tr><td>2</td><td>外观鉴定</td><td>灯柱、机箱及灯具安装位置和方位正确、牢固、端正。各部件表面光泽一致、无划伤、无刻痕、无剥落、无锈蚀。基础混凝土表面应刮平,无损边、无掉角;机箱、立柱、法兰及地脚螺栓规格符合设计要求,防腐措施得当,裸露金属基本无锈蚀。高杆灯防雷接地焊接牢固,焊缝饱满并做防腐处理;防雷引下线及接地体用材料规格、防腐与连接措施、安装位置符合设计要求;金属机箱与安全保护地连接可靠,接地极引出线裸露金属基本无锈蚀。机箱的出线管与箱体连接密封良好,体内无积水、尘土、霉变。机箱内电力线、信号线、元器件等布线平直、整齐、固定可靠,标识正确、清楚,插头牢固。灯杆、灯具装配安装后,线形与道路线形在横向、纵向、高度协调一致,线形美观</td><td>符合要求</td><td>符合要求</td><td>符合要求</td><td>合格</td></tr>
</table>

续上表

项次	检查项目	技术要求	实测值或实测偏差值			单项检测结论
			五朵山入口广场	南阳西入口广场	南阳西出口广场	
3	△灯杆基础尺寸(mm×mm)	中杆:500×500	505×505	520×500	500×500	合格
4	△金属灯杆防腐涂层壁厚(μm)	镀锌:≥85,其他涂层符合设计要求	148	165	192	合格
5	灯杆垂直度(mm/m)	≤5	5	5	5	合格
6	△灯杆防雷接地电阻(Ω)	≤10	1.4	0.6	0.8	合格
7	△灯杆工作接地电阻(Ω)	≤4	1.4	0.6	0.8	合格
8	收费广场平均照度(lux)	不低于30	78.8	58.8	68.6	合格
9	收费广场照度均匀度	≥0.4	0.47	0.53	0.65	合格
10	自动、手动两种两种方式控制全部或部分照明器的开闭	可控	符合要求	符合要求	符合要求	合格
11	定时控制功能	可控	符合要求	符合要求	符合要求	合格
12	质量保证资料	有完整的施工原始记录、试验数据、分项工程自查数据和图表	质量保证资料真实,基本齐全,符合要求			合格
分项工程检测结论		分项工程评定结论:基本要求、外观鉴定、实测项目、质量保证资料符合要求,系统运行正常可靠				

检测:

审核:

检测数据报表

报告编号:J2009-01

分项工程名称:照明设施			所属分部工程名称:照明设施			
项次	检查项目	技术要求	实测值或实测偏差值			单项检测结论
			南召停车区东	南阳服务区东	南阳西站东	
1	基本要求	照明器和亮度传感器的类别、规格、适用场所、有效范围、数量、位置、安装间距、安装质量等符合要求。设备的电力线、信号线、接地线的类别、规格、数量、布设方式、位置、连接质量等符合要求。路面照明、建筑物(构造物)的景观照明、航空障碍灯、障碍灯等照明设施完整、协调。高杆灯由取得相应资质的单位供货,并有可靠的测试记录和报告。隐蔽工程验收记录、分项工程自检和设备调试记录、有效的设备检验合格报告或证书等资料齐全	符合要求	符合要求	符合要求	合格
2	外观鉴定	灯柱、机箱及灯具安装位置和方位正确、牢固、端正。各部件表面光泽一致、无划伤、无刻痕、无剥落、无锈蚀。基础混凝土表面应刮平,无损边、无掉角;机箱、立柱、法兰及地脚螺栓规格符合设计要求,防腐措施得当,裸露金属基本无锈蚀。高杆灯防雷接地焊接牢固,焊缝饱满并作防腐处理;防雷引下线及接地体用材料规格、防腐与连接措施、安装位置符合设计要求;金属机箱与安全保护地连接可靠,接地极引出线裸露金属基本无锈蚀。机箱的出线管与箱体连接密封良好,体内无积水、尘土、霉变。机箱内电力线、信号线、元器件等布线平直、整齐、固定可靠,标识正确、清楚,插头牢固。灯杆、灯具装配安装后,线形与道路线形在横向、纵向、高度协调一致,线形美观	符合要求	符合要求	符合要求	合格

续上表

项次	检查项目	技术要求	实测值或实测偏差值			单项检测结论
			南召停车区东	南阳服务区东	南阳西站东	
3	△灯杆基础尺寸(mm)	ϕ1700	ϕ1717	ϕ1709	ϕ1731	合格
4	△金属灯杆防腐涂层壁厚(μm)	镀锌:≥85,其他涂层符合设计要求	221	137	231	合格
5	灯杆垂直度(mm/m)	≤5	5	5	5	合格
6	△灯杆防雷接地电阻(Ω)	≤10	5.3	0.7	0.71	合格
7	△灯杆工作接地电阻(Ω)	≤4	3.6	0.7	0.71	合格
8	高杆灯灯盘升降功能测试	符合设计要求	符合要求	符合要求	符合要求	合格
9	高杆照明平均照度(lux)	不低于10	22.3	22.9	12.0	合格
10	自动、手动两种方式控制全部或部分照明器的开闭	可控	符合要求	符合要求	符合要求	合格
11	定时控制功能	可控	符合要求	符合要求	符合要求	合格
12	质量保证资料	有完整的施工原始记录、试验数据、分项工程自查数据和图表	质量保证资料真实,基本齐全,符合要求			合格
分项工程检测结论		基本要求、外观鉴定、实测项目、质量保证资料符合要求,系统运行正常可靠				

检测:（签名） 审核:（签名）

七、隧道照明设施检测报告

报告编号:J2009-01

分部工程名称	隧道机电设施	工程地点	分水岭至南阳段
施工时间	2007 年 5 月 ~ 12 月	合同编号	—
工程名称	河南省分水岭至南阳段高速公路机电工程		
建设单位	河南岭南高速公路有限公司		
施工单位	郑州市祥龙电力安装工程有限公司、郑州亚通照明工程有限公司		
监理单位	北京华路捷公路工程技术咨询有限公司		
设计单位	中交第一公路勘察设计研究院		
检测内容	检测内容(抽样检测):隧道闭路电视监视系统 3 处、隧道配电 3 处、隧道照明 3 处		
检测时间	2009 年 5 月 20 日 ~ 2009 年 5 月 23 日		
检测环境	温度:23 ~ 28℃　　湿度:40% R. H ~ 58% R. H		
检测依据	1.《公路工程质量检验评定标准　第二册　机电工程》(JTG F80/2—2004); 2. 河南省分水岭至南阳段高速公路机电工程招标、投标文件、合同文件及设计文件		
检测结论	郑州市祥龙电力安装工程有限公司、郑州亚通照明工程有限公司承包施工的河南省分水岭至南阳段高速公路机电工程隧道照明设施分项工程,经我中心按照交通部的标准和设计文件的要求进行抽样和检测检测,分项工程的基本要求、实测项目和外观鉴定符合相关标准和设计文件的要求,质量保证资料真实、基本齐全,分项工程功能满足要求,实测项目符合要求,隧道机电设施分部工程运行正常 检测单位公章 批准日期:2009 年 5 月 29 日		

检测:　　　　审核:　　　　审核:

检 测 数 据 报 表

报告编号:J2009-01

分项工程名称:隧道闭路电视监视系统			所属分部工程名称:隧道机电设施			
项次	检 查 项 目	技 术 要 求	实测值或实测偏差值			单项检测结论
			1285 + 760	1292 + 100	12[illegible]2 + 190	
1	基本要求	闭路电视监视系统的设备及配件数量、型号规格符合要求,部件完整。外场摄像机基础安装位置正确,立柱安装竖直、牢固。防雷部件安装到位、连接措施符合规范要求。摄像机(云台)安装方位、高度符合设计要求。控制机箱外部完整,门锁开闭灵活。电源、控制线路以及视频传输线路按规范要求连接到位,闭路电视系统的所有设备处于正常工作状态。隐蔽工程验收记录、分项工程自检和设备调试记录、有效的设备检验合格报告或证书等资料齐全	符合要求	符合要求	符合要求	合格
2	外观鉴定	机箱及摄像机(云台)安装牢固、端正。各部件表面光泽一致、无划伤、无刻痕、无剥落、无锈蚀。机箱、法兰及地脚螺栓规格符合设计要求,防腐措施得当,裸露金属基体无锈蚀。防雷接地和安全接地应分开设置,接地焊接牢固,焊缝饱满并做防腐处理;防雷引下线及接地体所用材料规格、防腐与连接措施、安装位置符合设计要求;金属机箱与安全保护地连接可靠,接地极引出线无锈蚀。云台防护罩和机箱的出线管与箱体连接密封良好,箱体内无积水、尘土、霉变。机箱内电力线、信号线、元器件等布线平直、整齐、固定可靠,标识正确、清楚,插头牢固	符合要求	符合要求	符合要求	合格

续上表

项次		检查项目	技术要求	实测值或实测偏差值			单项检测结论
				1285 + 760	1292 + 100	1292 + 190	
3	传输通道指标	△视频电平(mV)	700 ± 30	697.7	693.7	694.9	合格
		△同步脉冲幅度(mV)	300 ± 20	295.4	298.9	297.1	合格
		△回波 E(%KF)	<7	1.6	1.3	1.0	合格
		亮度非线性(%)	≤5	4.4	4.8	4.4	合格
		色度/亮度增益差(%)	±5	-0.8	-3.0	-4.0	合格
		色度/亮度时延差(ns)	≤100	90.5	84.5	88.2	合格
		微分增益(%)	≤10	1.88	1.11	2.51	合格
		微分相位(°)	≤10	1.49	0.95	2.45	合格
		△幅频特性(dB)	5.8MHz 带宽内 ±2	2.0	2.0	2.0	合格
		△视频信杂比(dB)	≥56(加权)	53.9	59.0	54.2	合格

续上表

项次		检查项目	技术要求	实测值或实测偏差值			单项检测结论
				1285 + 760	1292 + 100	1292 + 190	
4	监视器画面指标	△随机信噪比(雪花干扰)(分)	5 人主观评分,5 人平均,要求≥4	4	4	4	合格
		△单频干扰(网纹)(分)	5 人主观评分,5 人平均,要求≥4				
		△电源干扰(黑白滚道)(分)	5 人主观评分,5 人平均,要求≥4				
		△脉冲干扰(跳动)(分)	5 人主观评分,5 人平均,要求≥4				
5		△监视范围	符合设计要求	符合要求	符合要求	符合要求	合格
6		自动光圈调节	自动调节	符合要求	符合要求	符合要求	合格
7		调焦功能	快速自动聚焦	符合要求	符合要求	符合要求	合格
8		变倍功能	可变倍	符合要求	符合要求	符合要求	合格
9		△切换功能	监控中心可切换任意摄像机	符合要求	符合要求	符合要求	合格
10		录像功能	可录像,且录像回放清晰	符合要求	符合要求	符合要求	合格
11		硬拷贝功能	拷贝图像清楚	符合要求	符合要求	符合要求	合格
12		报警功能	监控中心可检测外场摄像机的工作状态并在故障时报警	符合要求	符合要求	符合要求	合格
13		质量保证资料	完整的施工原始记录、试验数据、分项工程自查数据和图表	质量保证资料真实,基本齐全,符合要求			合格
分项工程检测结论			分项工程评定结论:基本要求、外观鉴定、实测项目、质量保证资料符合要求,系统运行正常可靠				

检测:(签名) 审核:(签名)

检测数据报表

报告编号:J2009-01

分项工程名称:隧道低压配电设施			所属分部工程名称:隧道机电设施			
项次	检查项目	技术要求	实测值或实测偏差值			单项检测结论
			南阳西配电室	南召配电室	独山站配电室	
1	基本要求	电源设备数量、型号规格符合设计要求,部件及配件完整。电源室内市电油机转换屏(柜)、交直流配电、动力开关柜、UPS、室外配电箱、发电机组、发电机组控制柜等设备安装稳固,位置、方位正确。设备、列架排列整齐、有序,标志清楚、牢固。进入配电(箱)柜的所有电缆接头按规范进行开剥、焊接、镀锡、绑扎、密封和热塑封合防潮处理。设备、列架内以及设备之间的连接布线符合规范要求。所有进出线都进行标记,并附有配电简图。蓄电池组的连接条、螺栓、螺母进行防腐处理,并且连接可靠。所有设备安装到位,工作、安全、防雷等接地连接可靠。经过通电测试,处于正常工作状态。电源室、发电机组室通过安全、消防验收。隐蔽工程验收记录、分项工程自检和设备调试记录、安装和非安装设备及附(备)件清单、有效的设备检验合格报告或证书等资料齐全	符合要求	符合要求	符合要求	合格
2	外观鉴定	配电屏、设备、列架布局合理、安装稳固、横竖端正、排列整齐。设备安装后表面光泽一致、无划伤、无刻痕、无剥落、无锈蚀;部件标识正确、清楚。电源输出配线路由和位置正确、布放整齐,符合施工工艺要求。设备内布线整齐、美观、绑扎牢固,接线端头焊(压)接牢固、平滑;编号标识清楚,预留长度适当。设备抗震加固措施符合设计要求	符合要求	符合要求	符合要求	合格

续上表

项次	检查项目	技术要求		实测值或实测偏差值			单项检测结论
				南阳西配电室	南召配电室	独山站配电室	
3	室内设备、列架的绝缘电阻(MΩ)	交流配电柜	符合设计要求,无要求时应≥2(设备安装后)	火>1000 零>1000	火>1000 零>1000	火>1000 零>1000	合格
		直流配电柜		火>1000 零>1000	火>1000 零>1000	火>1000 零>1000	合格
		交流稳压器		火>1000 零>1000	火>1000 零>1000	火>1000 零>1000	合格
		不中断电源		火>1000 零>1000	火>1000 零>1000	火>1000 零>1000	合格
4	△安全接地电阻(Ω)	≤4		0.2	0.4	0.4	合格
5	△联合接地电阻(Ω)	≤1		0.2	0.4	0.4	合格
6	设备安装的水平度(mm/m)	≤2		2	2	2	合格
7	设备安装的垂直度(mm/m)	≤3		3	3	2	合格
8	发电机组控制柜接地电阻(Ω)	≤4		0.6	0.4	0.7	合格
9	发电机组控制柜绝缘电阻(MΩ)	≥2(设备安装后)		L1>1000 L2>1000 L3>1000 N>1000	L1>1000 L2>1000 L3>1000 N>1000	L1>1000 L2>1000 L3>1000 N>1000	合格
10	发电机组启动及启动时间(s)	符合要求≤15		9.33	7.21	7.53	合格
11	发电机组相序	与机组输出标志一致		符合要求	符合要求	符合要求	合格
12	自动发电组自启动转换功能测试	市电掉电后,机组能自动启动,稳定后送入规定的线路上,可手动优先切换		符合要求	符合要求	符合要求	合格
13	△机组供电切换对机电系统的影响	机电系统所有设备不因受到机组电源切换,而工作出现异常		符合要求	符合要求	符合要求	合格
14	△电源室接地装置施工质量检查	接地体的材料和尺寸、安装位置及埋深;接地体引入线与接地体的连接及防腐处理符合设计要求		符合要求	符合要求	符合要求	合格
15	质量保证资料	有完整的施工原始记录、试验数据、分项工程自查数据和图表		质量保证资料真实,基本齐全,符合要求			合格
分项工程检测结论		分项工程评定结论:基本要求、外观鉴定、实测项目、质量保证资料符合要求,系统运行正常可靠					

检测:　　　　　　　　审核:

检测数据报表

报告编号:J2009-01

分项工程名称:隧道照明设施			所属分部工程名称:隧道机电设施			
项次	检查项目	技术要求	实测值或实测偏差值			单项检测结论
			柴家庄1号隧道	上河东东线隧道	雪家庄东线隧道	
1	基本要求	照明设备及缆线的数量、型号规格、程式符合设计要求,部件及配件完整。照明灯具安装支架的结构尺寸、预埋件、安装方位、安装间距等符合设计要求。照明设备及控制柜安装牢固、方位正确。按规范要求连接照明设备的保护线、信号线、电力线,排列整齐、无交叉拧绞,经过通电测试,工作状态正常。隐蔽工程验收记录、分项工程自检和设备调试记录、安装和非安装设备及附(备)加清单、有效的设备检验合格报告或证书等资料齐全	符合要求	符合要求	符合要求	合格
2	外观鉴定	照明灯具安装稳固、位置正确,灯具轮廓线形与隧道协调、美观。照明设备的电力线、信号线、接地线端头制作规范;按设计要求采取线缆保护措施、布线排列整齐美观、安装固定符合要求、标识清楚。设备表面光泽一致、无划痕、无剥落、无锈蚀。控制柜内布线整齐、美观、绑扎牢固,接线端头焊(压)结牢固、平滑;编号标识清楚,预留长度适当;柜门开关灵活、出现孔密封措施得当,机箱内无积水、无霉变、无明显尘土,表面无锈蚀。照明灯具应发光均匀、无刺眼的眩光	符合要求	符合要求	符合要求	合格

续上表

项次	检查项目	技术要求	实测值或实测偏差值			单项检测结论
			柴家庄1号隧道	上河东东线隧道	雪家庄东线隧道	
3	灯具的安装偏差(mm)	纵向≤30,横向≤20,高度≤10	符合要求	符合要求	符合要求	合格
4	△绝缘电阻(MΩ)	强电端子对机壳≥50	>1000	>1000	>1000	合格
5	△控制柜安全保护接地电阻(Ω)	≤4	0.6	0.4	0.4	合格
6	△防雷接地电阻(Ω)	≤10	0.6	0.4	0.4	合格
7	灯具启动时间的可调性	照明回路组的启动时间间隔可调、可控	符合要求	符合要求	符合要求	合格
8	△启动、停止方式	可自动、手动两种方式控制全部和部分照明器的启动、停止	符合要求	符合要求	符合要求	合格
9	△照度(入口段、过渡段、中间段)(lux)	不低于2137.7/657.3/228.9	2686.7/771.1/386.9	2865.7/772.9/278.8	2363.3/792.2/241.1	合格
10	照度总均匀度	不低于0.4	0.78/0.87/0.72	0.92/0.92/0.75	0.84/0.93/0.85	合格
11	紧急照明	双路供电照明系统,主供电路停电时,应自动切换到备用供电线路上	符合要求	符合要求	符合要求	合格
12	质量保证资料	有完整的施工原始记录、试验数据、分项工程自查数据和图表	质量保证资料真实,基本齐全,符合要求			合格
分项工程检测结论		分项工程评定结论:基本要求、外观鉴定、实测项目、质量保证资料符合要求,系统运行正常可靠				

检测:

审核:

主要检测仪器清单

报告编号:J2009-01

序　号	仪器名称	产品型号	厂　商	出厂编号
1	数字万用表	FLUKE 115C	上海世禄	92751633
2	测速雷达	美国 VELOCITY	BUSHNELL	JJG528-2004
3	风速仪	AZ8904	台湾衡欣	9027877
4	光时域反射仪	OTDR E6000C 30dB	安捷伦	DE41304946
5	光源	JW3104	上海嘉惠	OLS0705526
6	光功率计	JW 3203R	上海嘉惠	OPM0610371
7	可变光衰减器	JW 3301	上海嘉惠	0610201
8	网络分析仪	Frame Scope 350 DualRemote 350	安捷伦	SG42301082
9	相序表	VC850	台湾 VICTOR	991587559
10	信号发生器	TEK111	泰克	CN31D50714
11	声级计	TES1350	泰仕	021205547
12	兆欧表	VC60B	深圳	991381219
13	接地电阻测试仪	MODEL-4105A	日本共立	8070559
14	通信系统分析仪	HP37717C	HP	GB00002008
15	手持电桥	LCR132	台湾 VICTOR	0750100080
16	亮度计	LM-2	杭州远方	705005
17	温湿度计	TES1360	台湾泰仕	02098854
18	数字照度计	TN1330	台湾泰仕	050604175
19	磁阻涂层测厚仪	HCC-24A	上海华阳	0703026
20	超声波测厚仪	HCC-17	上海华阳	0701013
21	视频测试仪	CJ-MVA150A	四川川嘉	07082420
22	杂音计	FZY-120	茂迪	36003060021

13. 二广高速公路分水岭至南阳段房建工程交工验收检测报告

一、工程概况

1. 项目简介

分水岭至南阳高速公路起于南阳与平顶山交界的分水岭，路线向南经南召县董店东、石门乡西、瓦踅村西南、谢庄乡东、龚河东南、王村西、向南止于南阳市区西部张华岗，与已建成的上海至武威国家重点公路相接，主线全长约74.299km，联络线由南阳市卧龙区的安皋乡向东，经蒲山镇止于宛城区的新店乡，与许平南高速公路相连接全长24.25km，总里程共计98.549km。

分水岭至南阳段高速公路房建工程包括五朵山收费站、遮山收费站、独山收费站、南阳北服务区、南召收费站、南召停车区五个点，占地面积约为18191m^2。其中收费站包括收费站、泵房、配电房、门卫室及场区道路；服务区、停车场分为东西两区，包括综合服务楼、加压泵房、配电房、维修车库、加油站、室外附属建筑物及场区道路。独山收费站综合楼为框架结构，1～5层，其余为砖混结构。

室外混凝土路面设计厚度为26cm^2，设计抗压强度为C30。

2. 参建单位

建设单位：河南岭南高速公路有限公司；

设计单位：中国公路工程咨询集团有限公司；

监理单位：河南宏力工程咨询有限公司，河南省高等级公路建设监理部；

施工单位：见表1。

房建施工单位一览表 表1

类别	合同号	施工单位	施工范围
房建	FJ-1	河南六建建筑集团有限公司	南召县收费站
	FJ-2	河南科兴建设有限公司	南召县停车区
	FJ-3	河南省合立建筑工程有限公司	五朵山收费站：综合楼、加压泵房、配电房、门卫房、厂区道路、室外附属构筑物
	FJ-4	中国有色金属第六冶金建设公司洛阳公司	南阳北服务区东区：综合楼及宿舍、加压泵房、配电房、维修车库、加油站房、室外附属构筑物
	FJ-5	中铁十五局集团第七工程局有限公司	南阳北服务区西区：综合楼及宿舍、加压泵房、配电房、维修车库、加油站房、室外附属构筑物、东西区室外厂区道路
	FJ-6	林州市建筑工程九公司	遮山收费站：综合楼、加压泵房、配电房、门卫房、厂区道路、室外附属构筑物、消毒间
	FJ-7	江苏省第一建筑安装有限公司	独山收费站：综合楼、加压泵房、配电房、门卫房、厂区道路、室外附属构筑物
	FJ-8	焦作市海宇公路工程有限公司	全线收费大棚、网架工程
	FJ-9	郑州市第一建筑工程有限责任公司	五朵山收费站：综合楼装饰工程

续上表

类别	合同号	施工单位	施工范围
房建	FJ-10	深圳市文业装饰设计工程有限公司	遮山、独山收费站装饰工程
	FJ-11	河南省豫美装饰工程有限公司	南阳北服务区:装饰工程
	FJ-13	河南省合立建筑工程有限公司	南召、南阳北服务区:加油站大棚、加油站设施
	FJ-14	河南锦业实业有限公司	供水工程

二、检测依据及分组情况

根据河南岭南高速公路有限公司的申请,依据交通部《公路工程竣(交)工验收办法》,按照《公路工程质量检验评定标准》及《建筑工程质量检验评定标准》和能够检测的项目要求,河南省交通基本建设质量检测监督站委托开封市天平路桥工程检测有限公司组成房建室内组、房建室外组、房建水电三个检测组,于2009年5月15日、16日对二广高速分水岭至南阳段房建工程进行了交工检测。

本次房建工程检测频率及方法按照《建筑工程质量检验评定标准》的规定进行。

房屋主体工程采用垂直检测尺、对角检测尺、内外直角检测尺、钢尺等测量;水电安装采用目测尺量;场区道路厚度采用取芯检测,并将芯样做抗压强度检测,平整度采用3m直尺测量。

三、检测结果(表2~表9)

二广高速分水岭至南阳段房建工程检测结果总汇总表 表2

单位工程	分部工程类别	检测项目	检测点数	合格点数	合格率(%)
服务区、收费站	门窗工程	木门窗安装	416	261	62.7
		塑钢门窗安装	80	59	73.8
		栏杆、扶手	20	20	100.0
	装饰工程	墙面抹灰工程	257	242	94.2
	建筑采暖卫生与煤气工程	室内水暖管道及管件	20	10	50.0
		卫生器具及附件	144	92	63.9
	地面与楼面工程	板块楼地面层	165	118	71.5
		楼梯踏步(台阶)	79	56	70.9
		房间空间尺寸	89	53	59.6
	屋面工程	室外大角工程	555	350	63.1
		散水、台阶、明沟	116	98	84.5
	建筑电器安装工程	配电箱(盘、板)安装	60	37	61.7
		电器开关、插座安装	454	299	65.9
	场区路面	平整度	189	140	74.1
		取芯厚度	15	13	86.7

二广高速分水岭至南阳段房建工程(独山收费站)检测结果汇总表 表3

单位工程	分部工程类别	检测项目	检测点数	合格点数	合格率(%)
独山收费站	门窗工程	木门窗安装	96	59	61.5
		塑钢门窗安装	18	12	66.7
		栏杆、扶手	5	5	100.0
	装饰工程	墙面抹灰工程	48	45	93.8

续上表

单位工程	分部工程类别	检测项目	检测点数	合格点数	合格率(%)
独山收费站	建筑采暖卫生与煤气工程	室内水暖管道及管件	4	2	50.0
		卫生器具及附件	16	8	50.0
	地面与楼面工程	房间空间尺寸	27	14	51.9
		板块楼地面层	32	21	65.6
		楼梯踏步(台阶)	9	7	77.8
	屋面工程	室外大角工程	49	12	24.5
	建筑电器安装工程	配电箱(盘、板)安装	36	23	63.9
		电器开关、插座安装	161	98	60.9
	场区路面	平整度	20	15	75.0
		取芯厚度	2	2	100.0

二广高速分水岭至南阳段房建工程(南阳北服务区)检测结果汇总表 表4

单位工程	分部工程类别	检测项目	检测点数	合格点数	合格率(%)
南阳北服务区	门窗工程	木门窗安装	102	66	64.7
		塑钢门窗安装	21	19	90.5
		栏杆、扶手	2	2	100.0
	装饰工程	墙面抹灰工程	48	45	93.8
	建筑采暖卫生与煤气工程	卫生器具及附件	45	25	55.6
	地面与楼面工程	房间空间尺寸	25	13	52.0
		板块楼地面层	28	18	64.3
		楼梯踏步(台阶)	30	21	70.0
	屋面工程	室外大角工程	175	103	58.9
		散水、台阶、明沟	29	27	93.1
	建筑电器安装工程	配电箱(盘、板)安装	4	3	75.0
		电器开关、插座安装	80	55	68.8
	场区路面	平整度	70	43	61.4
		取芯厚度	8	8	100.0

二广高速分水岭至南阳段房建工程(南召收费站)检测结果汇总表 表5

单位工程	分部工程类别	检测项目	检测点数	合格点数	合格率(%)
南召收费站	门窗工程	木门窗安装	46	27	58.7
		塑钢门窗安装	11	9	81.8
		栏杆、扶手	7	7	100.0
	装饰工程	墙面抹灰工程	37	33	89.2
	建筑采暖卫生与煤气工程	卫生器具及附件	10	9	90.0
	地面与楼面工程	房间空间尺寸	8	6	75.0
		板块楼地面层	18	15	83.3
		楼梯踏步(台阶)	16	11	68.8

续上表

单位工程	分部工程类别	检测项目	检测点数	合格点数	合格率(%)
南召收费站	屋面工程	室外大角工程	66	53	80.3
		散水、台阶、明沟	16	8	50.0
	建筑电器安装工程	配电箱(盘、板)安装	8	6	75.0
		电器开关、插座安装	45	30	66.7
	场区路面	平整度	20	15	75.0
		取芯厚度	2	1	50.0

二广高速分水岭至南阳段房建工程(南召停车区)检测结果汇总表 表6

单位工程	分部工程类别	检测项目	检测点数	合格点数	合格率(%)
南召停车区	门窗工程	木门窗安装	42	26	61.9
		塑钢门窗安装	6	2	33.3
	装饰工程	墙面抹灰工程	41	40	97.6
	建筑采暖卫生与煤气工程	室内水暖管道及管件	10	4	40.0
		卫生器具及附件	19	10	52.6
	地面与楼面工程	房间空间净尺寸	3	2	66.7
		板块楼地面层	29	23	79.3
	屋面工程	室外大角工程	142	98	69.0
		散水、台阶、明沟	19	13	68.4
	建筑电器安装工程	配电箱(盘、板)安装			
		电器开关、插座安装	19	11	57.9
	场区路面	平整度	60	50	83.3
		取芯厚度	6	6	100.0

二广高速分水岭至南阳段房建工程(五朵山收费站)检测结果汇总表 表7

单位工程	分部工程类别	检测项目	检测点数	合格点数	合格率(%)
五朵山收费站	门窗工程	木门窗安装	53	38	71.7
		塑钢门窗安装	10	6	60.0
		栏杆、扶手	3	3	100.0
	装饰工程	墙面抹灰工程	35	35	100.0
	建筑采暖卫生与煤气工程	卫生器具及附件	25	19	76.0
	地面与楼面工程	房间空间尺寸	12	7	58.3
		板块楼地面层	26	17	65.4
		楼梯踏步(台阶)	14	10	71.4
	屋面工程	室外大角工程	71	48	67.6
		散水、台阶、明沟	43	42	97.7
	建筑电器安装工程	配电箱(盘、板)安装	12	5	41.7
		电器开关、插座安装	53	38	71.7
	场区路面	平整度	20	14	70.0
		取芯厚度	2	2	100

二广高速分水岭至南阳段房建工程(遮山收费站)检测结果汇总表 表8

单位工程	分部工程类别	检测项目	检测点数	合格点数	合格率(%)
遮山收费站	门窗工程	木门窗安装	77	45	58.4
		塑钢门窗安装	14	11	78.6
		栏杆、扶手	3	3	100.0
	装饰工程	墙面抹灰工程	48	44	91.7
	建筑采暖卫生与煤气工程	内水暖管道及管件	6	4	66.7
		卫生器具及附件	29	21	72.4
	地面与楼面工程	房间空间尺寸	14	11	78.6
		板块楼地面层	32	24	75.0
		楼梯踏步(台阶)	10	7	70.0
	屋面工程	室外大角工程	52	36	69.2
		散水、台阶、明沟	9	8	88.9
	建筑电器安装工程	电器开关、插座安装	96	67	69.8
	场区路面	平整度	19	18	94.7
		取芯厚度	2	1	50.0

二广高速分水岭至南阳段场区路面混凝土取芯记录表 表9

序号	地点	芯样长度(cm^2)	设计厚度(cm^2)	抗压强度(MPa)	设计强度(MPa)	备注
1	南召收费站	27.7	26.0	30.8	C30	
		24.7	26.0	31.2	C30	
2	南召停车区西区	27.6	26.0	31.3	C30	
		25.7	26.0	30.1	C30	
		28.0	26.0	31.6	C30	
3	南召停车区东区	26.0	26.0	30.3	C30	
		26.4	26.0	35.0	C30	
		27.4	26.0	31.9	C30	
4	五朵山收费站	27.2	26.0	33.4	C30	
		25.4	26.0	30.9	C30	
5	南阳北服务区西区	28.1	26.0	32.6	C30	
		26.0	26.0	33.8	C30	
		27.5	26.0	31.2	C30	
		26.1	26.0	34.2	C30	
6	南阳北服务区东区	26.0	26.0	37.6	C30	
		27.0	26.0	31.2	C30	
		26.5	26.0	31.4	C30	
		25.5	26.0	32.0	C30	
7	独山收费站	28.0	26.0	31.7	C30	
		25.6	26.0	31.9	C30	
8	遮山收费站	26.0	26.0	30.5	C30	
		23.5	26.0	30.9	C30	

四、主要存在问题

（一）水电部分

1. 配电箱安装

南召收费站一楼配电箱、二楼配电箱内接线色标不准确，五朵山收费站一楼配电箱、二楼配电箱内开关回路标示不全、不清晰，南阳服务区（西区）配电箱内接线有绞接现象，建议整改。

2. 开关插座安装

南阳北服务区（东区）个别开关、插座安装松动，个别插座缺地线，厨房潮湿场所插座防潮盖不全，建议整改。

3. 建筑采暖卫生及煤气工程

南阳北服务区（东区）公共男卫生间个别小便器有滴漏现象，南阳北收费站个别淋浴间地面坡度不够，局部地面有积水。

（二）室内部分

（1）部分墙面不平整、起皮，有抹痕、鼓泡现象，部分墙面有纵、横向裂缝。

（2）部分室内框架梁下填充墙面有横向通缝，建议修整。

（3）部分窗框变形，窗户月牙锁损坏，窗纱破损，门吸松动，门锁损坏，建议修整。

（4）部分楼梯踢脚线切割不到位，露出墙面不美观，部分楼梯踏步地板及踢脚线有空鼓现象，部分踢脚线脱落，建议修整。

（5）个别地板砖有错台现象，且存在缝宽不一致的现象；个别地板有空鼓现象，个别地板上有划痕。

（6）独山收费站窗户泄水孔因装修堵塞影响排水。

（三）室外部分

（1）南召西停车区主体楼东南墙体有一处裂缝。

（2）五朵山收费站混凝土面板有个别裂缝，楼前有局部积水，室内玻璃采光顶渗水三处建议修整。

（3）南阳北服务区（西）主楼后散水有裂缝，加油站、维修站、配电房后散水有积水现象，泵房南侧有裂缝。

（4）南阳西收费站场区篮球场附近路面沉陷较严重，沉陷面积约 $50m^2$，混凝土面板断裂，建议查找原因，尽快处理；主体楼大门左侧雨水管下散水沉降缝填料局部脱落，建议处理。

（5）独山收费站办公楼散水未灌缝，餐厅散水损坏，水泵房外墙墙面有一道竖向裂缝；墙底散水沉降缝未灌缝，配电房外有一道横向裂缝，建议修整。

（四）内业资料

通过对内业资料的检查，认为内容填写较工整、齐全，但个别资料存在签字不齐、签字日期存在涂改现象，且资料没有进行系统归档，仍需进一步完善。

五、检测意见

（一）室内部分

1. 门窗工程

抽查了部分木门窗的安装，塑钢门窗的安装，栏杆、扶手的尺寸及外观，认为栏杆、扶手的尺寸，基本满足规范设计要求。但门窗安装的合格率偏低，并存在个别门窗扇留缝宽度较小，影响门窗的开关，建议修整。

2. 装饰工程

抽查了部分墙面抹灰工程的平整度及外观，认为墙面抹灰工程的平整度控制较好，基本满足规范要求；但部分墙面裂缝较多，建议修整。

3. 地面与楼面工程

抽查了部分板块楼地面层，楼梯踏步、房间空间尺寸及外观，认为板块楼地面层、楼梯踏步满足设计要求，但房间空间尺寸合格率偏低。

（二）室外部分

1. 屋面工程

抽查了部分室外大角工程，散水、台阶的断面尺寸及外观，认为室外大角工程、散水、台阶的尺寸较满足设计。

2. 场区路面

抽查了局部场区路面平整度，取芯检查了路面厚度及混凝土强度，进行了外观检查，认为混凝土强度满足设计要求，但个别芯样厚度不能满足路面设计要求。

（三）水电部分

1. 建筑采暖卫生及煤气工程

抽查了部分室内水暖管道、管件及卫生器具、附件的安装，认为室内水暖管道、管件及卫生器具、附件的安装较符合规范及设计要求。

2. 建筑电器安装工程

抽查了部分配电箱、电器开关、插座的安装，认为配电箱、电器开关，插座安装较符合规范要求，对于不符合规范的部位建议修整。

经检测认为，二广高速分水岭至南阳段房建工程的门窗安装、装饰工程、水电工程和场区道路工程抽查结果基本符合相关专业的质量验收要求和观感要求。建议对发现的质量问题尽快进行整改。

河南省交通基本建设质量检测监督站

二〇〇九年五月

14. 二广高速公路分水岭至南阳段绿化工程交工验收检测报告

一、工程概况

1. 项目简介

分水岭至南阳高速公路起于南阳与平顶山交界的分水岭，路线向南经南召县董店东、石门乡西、瓦踅村西南、谢庄乡东、龚河东南、王村西、向南止于南阳市区西部张华岗，与已建成的上海至武威国家重点公路相接，主线全长约74.299km，联络线由南阳市卧龙区的安皋乡向东，经蒲山镇止于宛城区的新店乡，与许平南高速公路相连接全长24.25km，总里程共计98.549km。

分水岭至南阳段高速公路绿化工程包括中央分隔带、路侧绿化，龚河互通区、南阳服务区、张华岗互通区、独山收费站、独山互通区、祝庄互通区绿化等。路基边坡防护植物种植大叶女贞、蜀桧、紫薇、辛夷、桂花、紫叶李等。服务区及互通区栽种辛夷、银杏、大叶女贞、刺槐、棕榈、剑麻、香樟、连翘、紫薇、栾树、枇杷等观花、观叶树。

2. 参建单位

建设单位：河南岭南高速公路有限公司；

设计单位：西安园林绿化总公司；

监理单位：河南宏力工程咨询有限公司，河南省高等级公路建设监理部；

施工单位：见表1。

绿化施工单位一览表　　表1

类别	合同号	施工单位	施工范围
绿化	LH-1	河南新封园林绿化工程有限公司	K0+850~K16+500中央分隔带、路侧边沟绿化
	LH-2	潢川县博宇花卉有限责任公司	K16+500~K32+400中央分隔带、路侧边沟绿化
	LH-3	许昌四季春园林绿化工程有限公司	K32+400~K53+200中央分隔带、路侧边沟绿化
	LH-4	河南天图园林景观有限公司	K53+200~K74+756中央分隔带、路侧边沟绿化
	LH-5	潢川县佳美园林绿化工程有限公司	JK0+706~JK24+247.172中央分隔带、路侧边沟绿化
	LH-6	郑州黄河园林绿化工程公司	K19+600~K20+660南召收费站及互通区绿化
	LH-7	南阳市政工程总公司	K26+400~K74+756南召停车区绿化、K34+200~K35+500五朵山收费站及互通区绿化
	LH-8	潢川县绿洲园林绿化工程有限公司	K60+400龚河互通立交、K51+400南阳服务区
	LH-9	河南农业大学园林艺术工程公司	K70+120南阳收费站、K69+239南阳互通立交
	LH-10	厦门市厦生园林绿化工程有限公司	K74+756.555张华岗互通式立交
	LH-11	河南省通行实业园林工程有限公司	JK17+634.5独山收费站、独山互通立交
	LH-12	河南省豫建园林工程有限公司	JK24+628.54祝庄互通立交

二、检测依据及分组情况

根据河南岭南高速公路有限公司的申请，依据交通部《公路绿化工程质量检验评定暂行规定》、《公路工程竣（交）工验收办法》，按照《公路工程质量检验评定标准》及《建筑工程质量检验评定标准》和能够检测的项目要求，河南省交通基本建设质量检测监督站委托开封市天平路桥工程检测有限公司组成绿化主线、绿化站区两个检测组，于2009年5月15日、16日对二广高速分水岭至南阳段绿化工程进行了交工检测。

苗木规格采用皮尺、游标卡尺、塔尺测量，苗木数量、成活率、覆盖率采用目测尺量与设计值比较，苗木间距用钢卷尺测量，土层厚度采用钢板尺、塔尺测量。

三、检测结果（表2～表14）

二广高速分水岭至南阳段绿化工程检测结果总汇总表 表2

标段	分部工程类别	检测项目	检测点数	合格点数	合格率(%)	说明
LH-1～LH-12	道路两侧绿化工程	苗木规格	6693	6403	95.7	
		土层厚度	符合要求			
		苗木成活率	6663	6457	97.0	
		草坪覆盖率	符合要求	目测		
	服务区、互通区、管理区绿化工程	苗木规格	2971	2567	86.4	
		土层厚度	77	77	100	
		苗木成活率	89662	89034	99.3	
		草坪覆盖率	符合要求	目测		

二广高速分水岭至南阳段绿化工程检测结果汇总表（LH-1） 表3

分部工程类别	检测项目			设计值（设计数量）	实测点数（实测数量）	合格点数	合格率(%)
LH-1	苗木规格	蜀桧	株高	1.6m	300	299	99.7
		紫薇	地径	3～4cm^2	149	144	96.6
		木槿	高	1.5m	76	67	88.2
		马尾松	胸径	4cm^2	50	45	90.0
		大叶女贞	胸径	5cm^2	50	50	100.0
		香樟	胸径	5cm^2	25	24	96.0
		丁香	地径	3cm^2	25	0	0.0
		紫叶李	地径	3～4cm^2	150	146	97.3
		桂花	冠径	80cm^2	99	97	98.0
		法青	冠径	100cm^2	25	20	80.0
	苗木数量				949	892	94.0
	附属设施			符合设计	无设计		
	苗木成活率			≥95%	949	917	96.6
	草坪覆盖率			符合要求	符合要求		
	土层厚度			≥50cm^2	符合设计要求		

二广高速分水岭至南阳段绿化工程检测结果汇总表（LH-2） 表4

分部工程类别	检测项目			设计值（设计数量）	实测点数（实测数量）	合格点数	合格率(%)
LH-2	苗木规格	蜀桧	株高	1.6m	423	411	97.2
		紫薇	地径	3～4cm^2	248	241	97.2

续上表

分部工程类别	检　测　项　目			设计值（设计数量）	实测点数（实测数量）	合格点数	合格率（%）
LH-2	苗木规格	木槿	高	1.5m	89	84	94.4
		马尾松	胸径	$4cm^2$	100	98	98.0
		大叶女贞	胸径	$5cm^2$	60	60	100.0
		紫叶李	地径	$3\sim4cm^2$	130	126	96.9
		桂花	冠径	$80cm^2$	50	42	84.0
		法青	冠径	$100cm^2$	25	21	84.0
		黄栌	胸径	$4cm^2$	25	23	92.0
		黄洋球	冠径	$80cm^2$	41	41	100.0
		火炬松	胸径	$4cm^2$	22	22	100.0
		辛夷	胸径	$5cm^2$	8	8	100.0
	苗木数量				1221	1177	96.4
	附属设施			符合设计	无设计		
	苗木成活率			≥95%	1191	1158	97.2
	草坪覆盖率			符合要求	符合要求		
	土层厚度			$\geq 50cm^2$	符合设计要求		

二广高速分水岭至南阳段绿化工程检测结果汇总表（LH-3）　　表5

分部工程类别	检　测　项　目			设计值（设计数量）	实测点数（实测数量）	合格点数	合格率（%）
LH-3	苗木规格	蜀桧	株高	1.6m	580	574	99.0
		紫薇	地径	$3\sim4cm^2$	200	190	95.0
		木槿	高	1.5m	25	22	88.0
		大叶女贞	胸径	$5cm^2$	25	25	100.0
		紫叶李	地径	$3\sim4cm^2$	275	268	97.5
		桂花	冠径	$80cm^2$	100	89	89.0
		法青	冠径	$100cm^2$	25	24	96.0
		黄栌	胸径	$4cm^2$	50	38	76.0
		黄洋球	冠径	$80cm^2$	50	49	98.0
		辛夷	胸径	$5cm^2$	50	48	96.0
		三角枫	胸径	$4cm^2$	25	21	84.0
		刺槐	胸径	$5cm^2$	25	25	100.0
		樱花	地径	$3cm^2$	100	51	51.0
		海桐	冠径	$80cm^2$	50	50	100.0
	苗木数量				1580	1474	93.3
	附属设施			符合设计	无设计		
	苗木成活率			≥95%	1580	1521	96.3
	草坪覆盖率			符合要求	符合要求		
	土层厚度			$\geq 50cm^2$	符合设计要求		

二广高速分水岭至南阳段绿化工程检测结果汇总表(LH-4)　　表6

分部工程类别	检测项目			设计值（设计数量）	实测点数（实测数量）	合格点数	合格率（%）
LH-4	苗木规格	蜀桧	株高	1.6m	580	564	88.6
		紫薇	地径	3～4cm²	398	396	99.5
		木槿	高	1.5m	75	66	88.0
		紫叶李	地径	3～4cm²	275	274	99.6
		桂花	冠径	80cm²	75	67	89.3
		法青	冠径	100cm²	75	60	80.0
		黄栌	胸径	4cm²	25	17	68.0
		黄洋球	冠径	80cm²	50	50	100.0
		辛夷	胸径	5cm²	50	50	100.0
		三角枫	胸径	4cm²	25	25	100.0
		碧桃	地径	3cm²	85	79	92.9
		矮黄洋	高	80cm²	450	450	100.0
		旱柳	胸径	5cm²	25	24	96.0
	苗木数量				2188	2122	97.0
	附属设施			符合设计	无设计		
	苗木成活率			≥95%	2188	2125	97.1
	草坪覆盖率			符合要求	符合要求		
	土层厚度			≥50cm²	符合设计要求		

广高速分水岭至南阳段绿化工程检测结果汇总表(LH-5)　　表7

分部工程类别	检测项目			设计值（设计数量）	实测点数（实测数量）	合格点数	合格率（%）
LH-5	苗木规格	蜀桧	株高	1.6m	210	207	98.6
		紫薇	地径	3～4cm²	125	123	98.4
		紫叶李	地径	3～4cm²	125	125	100.0
		桂花	冠径	80cm²	100	100	100.0
		黄栌	胸径	4cm²	75	74	98.7
		刺槐	胸径	5cm²	30	27	90.0
		石楠	冠径	120cm²	90	82	91.1
	苗木数量				755	738	97.7
	附属设施			符合设计	无设计		
	苗木成活率			≥95%	755	739	97.9
	草坪覆盖率			符合要求	符合要求		
	土层厚度			≥50cm²	符合设计要求		

二广高速分水岭至南阳段绿化工程检测结果汇总表(LH-6) 表8

分部工程类别	检测项目			设计值（设计数量）	实测点数（实测数量）	合格点数	合格率（%）
LH-6	苗木规格	辛夷	胸径	5～13cm^2	49	43	87.8
		棕榈	株高	2.5m	6	6	100.0
		刺槐	胸径	6cm^2	27	23	85.2
		大叶女贞	胸径	8cm^2	36	30	83.3
		龙柏	株高	0.3～2m	119	117	98.3
		百日红	地径	3cm^2	26	25	96.2
		紫叶李	地径	4cm^2	40	40	100.0
		木槿	冠径	50cm^2	40	40	100.0
	苗木数量	辛夷		235	223	211	94.9
		棕榈		6	6	6	100.0
		刺槐		86	86	86	100.0
		大叶女贞		60	60	60	100.0
		龙柏		7640	7639	7638	99.99
		百日红		152	151	150	99.3
		紫叶李		1758	1320	882	75.1
		木槿		386	386	386	100.0
	附属设施			符合设计	无设计		
	苗木成活率			≥95%	9871	9419	95.6
	草坪覆盖率			符合要求	符合要求		
	土层厚度			≥60cm^2	13	13	100.0

二广高速分水岭至南阳段绿化工程检测结果汇总表(LH-7) 表9

分部工程类别	检测项目			设计值（设计数量）	实测点数（实测数量）	合格点数	合格率（%）
LH-7	苗木规格	青铜	胸径	5cm^2	38	38	100.0
		大叶女贞		5cm^2	39	10	25.6
		白玉兰		5cm^2	33	33	100.0
		榆叶梅	冠径	80cm^2	41	37	90.2
		碧桃	地径	3cm^2	40	39	97.5
		广玉兰	胸径	5cm^2	36	36	100.0
		辛夷		5～10cm^2	84	41	48.8
		枇杷		4cm^2	30	21	70.0
		海桐	冠径	60cm^2	30	30	100.0
		棕榈	高	2.5m	15	15	100.0
		香樟	胸径	6cm^2	24	20	83.3
		银杏	胸径	5cm^2	9	9	100.0
		南天竹	高	70cm^2	38	38	100.0
		水杉	胸径	5cm^2	31	28	90.3

续上表

分部工程类别	检测项目			设计值 （设计数量）	实测点数 （实测数量）	合格点数	合格率 （%）
LH-7	苗木规格	合欢	胸径	$6cm^2$	29	22	75.9
		百日红	地径	$4cm^2$	31	29	93.5
		造型女贞	地径	$4cm^2$	8	6	75.0
			高	1.2m	8	8	100.0
		柿树	胸径	$5cm^2$	36	29	80.6
		红叶石楠	冠径	$80cm^2$	24	23	95.8
			高	1.0m	24	24	100.0
		金叶女贞球	冠径	$80cm^2$	21	20	95.2
		木槿	冠径	$80cm^2$	18	16	88.9
			高	1.5m	18	18	100.0
		紫荆	高	1.5m	22	12	54.5
		花石榴	地径	$5cm^2$	21	20	95.2
	苗木数量	青铜		712	712	712	100.0
		大叶女贞		201	201	201	100.0
		白玉兰		140	140	140	100.0
		榆叶梅		653	653	653	100.0
		碧桃		796	796	796	100.0
		广玉兰		180	180	180	100.0
		辛夷		265	265	265	100.0
		枇杷		396	396	396	100.0
		海桐		316	311	306	98.4
		棕榈		20	20	20	100.0
		香樟		37	35	33	94.6
		银杏		9	9	9	100.0
		南天竹		1350	1350	1350	100.0
		水杉		603	603	603	100.0
		合欢		651	647	643	99.4
		百日红		278	278	278	100.0
		造型女贞		33	33	33	100.0
		柿树		159	159	159	100.0
		红叶石楠		56	54	52	96.4
		金叶女贞球		89	89	89	100.0
		木槿		258	258	258	100.0
		紫荆		327	327	327	100.0
		花石榴		152	152	152	100.0
	附属设施			符合设计	无设计		
	苗木成活率			≥95%	7668	7655	99.8
	草坪覆盖率			符合要求	一个互通区不符合要求		
	土层厚度			$\geq 60cm^2$	13	0	0.0

二广高速分水岭至南阳段绿化工程检测结果汇总表（LH-8） 表10

分部工程类别	检测项目			设计值（设计数量）	实测点数（实测数量）	合格点数	合格率（%）
LH-8	苗木规格	龙柏	高	2.5m	39	38	97.4
		大叶女贞	胸径	$5cm^2$	40	39	97.5
		桂花	冠径	1.2m	30	12	40.0
			高	2.0m	30	24	80.0
		栾树	胸径	$5cm^2$	39	39	100.0
		百日红	地径	$3cm^2$	32	14	43.8
		国槐	胸径	$7cm^2$	29	29	100.0
		紫薇	地径	$5cm^2$	36	15	41.7
		雪松	高	5m	26	0	0.0
		合欢	胸径	$10cm^2$	38	18	47.4
		广玉兰	胸径	$10cm^2$	31	31	100.0
		红叶李	胸径	$5cm^2$	35	35	100.0
		高杆女贞	胸径	$7cm^2$	30	26	86.7
		垂柳	胸径	$12cm^2$	29	11	37.9
		黄杨球	冠径	$80cm^2$	31	31	100.0
			高	1.2m	30	18	60.0
		辛夷	胸径	$7cm^2$	26	12	46.2
		水杉	胸径	$7cm^2$	29	17	58.6
	苗木数量	龙柏		2806	2806	2806	100.0
		大叶女贞		2285	2285	2285	100.0
		桂花		1442	1442	1442	100.0
		栾树		1792	1792	1792	100.0
		百日红		1688	1677	1666	99.3
		国槐		45	45	45	100.0
		紫薇		620	620	620	100.0
		雪松		220	216	212	98.2
		合欢		193	193	193	100.0
		广玉兰		18	18	18	100.0
		红叶李		498	498	498	100.0
		高杆女贞		363	363	363	100.0
		垂柳		71	51	31	71.8
		黄杨球		960	958	956	99.8
		辛夷		38	38	38	100.0
		水杉		180	180	180	100.0
	附属设施			符合设计	无设计		
	苗木成活率			≥95%	13182	13145	99.7
	草坪覆盖率			符合要求	符合要求		
	土层厚度			$\geqslant 60cm^2$	9	0	0.0

二广高速分水岭至南阳段绿化工程检测结果汇总表(LH-9) 表 11

分部工程类别	检测项目			设计值(设计数量)	实测点数(实测数量)	合格点数	合格率(%)
LH-9	苗木规格	辛夷	胸径	$10cm^2$	29	26	89.7
		大叶女贞	胸径	$5,8cm^2$	59	52	88.1
		银杏	胸径	$12cm^2$	6	5	83.3
		刺槐	胸径	$6cm^2$	76	70	92.1
		棕榈	高	2.5m	11	11	100.0
		剑麻	高	$40cm^2$	38	36	94.7
		香樟	胸径	$10cm^2$	37	26	70.3
		连翘	冠径	$80cm^2$	28	28	100.0
			分枝	8	28	28	100.0
		紫薇	地径	$3cm^2$	39	39	100.0
		栾树	胸径	$6cm^2$	41	41	100.0
		枇杷	胸径	$4cm^2$	44	44	100.0
	苗木数量	辛夷		30	29	28	96.7
		大叶女贞		942	941	940	99.9
		银杏		6	6	6	100.0
		刺槐		1384	1383	1382	99.9
		棕榈		11	11	11	100.0
		剑麻		94	94	94	100.0
		香樟		818	818	818	100.0
		连翘		16400	16400	16400	100.0
		紫薇		1442	1442	1442	100.0
		栾树		220	220	220	100.0
		枇杷		335	335	335	100.0
	附属设施			符合设计	无设计		
	苗木成活率			≥95%	21679	21676	99.99
	草坪覆盖率			符合要求	符合要求		
	土层厚度			$\geq 60cm^2$	11	0	0.0

二广高速分水岭至南阳段绿化工程检测结果汇总表(LH-10) 表 12

分部工程类别	检测项目			设计值(设计数量)	实测点数(实测数量)	合格点数	合格率(%)
LH-10	苗木规格	辛夷	胸径	$5cm^2$	29	27	93.1
		大叶女贞	胸径	$5cm^2$	33	33	100.0
		枇杷	胸径	$5cm^2$	38	37	97.4
		红叶碧桃	地径	$4cm^2$	38	38	100.0
		栾树	胸径	$5cm^2$	36	36	100.0
		重阳木	胸径	$5cm^2$	36	36	100.0
		白玉兰	胸径	$5cm^2$	35	28	80.0

续上表

分部工程类别	检测项目			设计值（设计数量）	实测点数（实测数量）	合格点数	合格率（%）
LH-10	苗木规格	湿地松	胸径	5cm^2	35	21	60.0
		百日红	胸径	5cm^2	36	5	13.9
	苗木数量	辛夷		1295	1295	1295	100.0
		大叶女贞		1464	1464	1464	100.0
		枇杷		3808	3808	3808	100.0
		红叶碧桃		986	986	986	100.0
		栾树		2087	2087	2087	100.0
		重阳木		1320	1320	1320	100.0
		白玉兰		2131	2131	2131	100.0
		湿地松		4267	4267	4267	100.0
		百日红		1690	1690	1690	100.0
	附属设施			符合设计	无设计		
	苗木成活率			≥95%	19048	19048	100.00
	草坪覆盖率			符合要求	符合要求		
	土层厚度			≥60cm^2	6	0	0.0

二广高速分水岭至南阳段绿化工程检测结果汇总表（LH-11） 表13

分部工程类别	检测项目			设计值（设计数量）	实测点数（实测数量）	合格点数	合格率（%）
LH-11	苗木规格	三角枫	胸径	≥20cm^2	1	1	100.0
		法桐		≥10cm^2	12	12	100.0
		合欢		≥8cm^2	9	9	100.0
		椿树		≥6cm^2	20	20	100.0
		香樟		≥20cm^2	1	1	100.0
		柳树		≥6cm^2	20	20	100.0
				≥10cm^2	8	8	100.0
		枫杨		≥5cm^2	20	20	100.0
		大叶女贞		≥6cm^2	20	20	100.0
				≥8cm^2	21	21	100.0
		紫叶李	地径	≥5cm^2	20	20	100.0
		桂花		≥20cm^2	2	2	100.0
		海棠		≥4cm^2	20	20	100.0
		红枫		≥5cm^2	6	6	100.0
		紫薇		≥3cm^2	20	20	100.0
		石兰球	冠径	≥1.5m	12	12	100.0
		黄杨球		≥1.5m	12	12	100.0
		小桂花		≥0.8m	12	12	100.0
		雪松	株高	≥5m	10	10	100.0

续上表

分部工程类别	检测项目			设计值（设计数量）	实测点数（实测数量）	合格点数	合格率（%）
LH-11	苗木规格	小叶女贞	造型	≥3 蓬	10	10	100.0
		紫薇古桩		美观	8	8	100.0
	苗木数量	三角枫		1	1	1	100.0
		法桐		12	12	12	100.0
		合欢		9	9	9	100.0
		椿树		684	684	684	100.0
		香樟		1	1	1	100.0
		柳树		67	67	67	100.0
		枫杨		141	141	141	100.0
		大叶女贞		127	127	127	100.0
		紫叶李		952	952	952	100.0
		桂花		2	2	2	100.0
		海棠		37	37	37	100.0
		红枫		6	6	6	100.0
		紫薇		240	240	240	100.0
		石兰球		12	12	12	100.0
		黄杨球		44	44	44	100.0
		小桂花		172	172	172	100.0
		雪松		34	34	34	100.0
		小叶女贞		10	10	10	100.0
		紫薇古桩		8	8	8	100.0
	附属设施			符合设计	无设计		
	苗木成活率			≥95%	2559	2559	100.0
	草坪覆盖率			符合要求	符合要求		
	土层厚度			≥60cm^2	15	15	100.0

二广高速分水岭至南阳段绿化工程检测结果汇总表（LH-12） 表 14

分部工程类别	检测项目			设计值（设计数量）	实测点数（实测数量）	合格点数	合格率（%）
LH-12	苗木规格	栾树	胸径	≥5cm^2	20	20	100.0
		旱柳		≥5cm^2	20	20	100.0
		合欢		≥5cm^2	20	20	100.0
		千头椿		≥5cm^2	20	20	100.0
		香樟		≥5cm^2	20	20	100.0
		速生杨		≥5cm^2	20	20	100.0
		火炬树		≥5cm^2	20	20	100.0
		水杉		≥5cm^2	20	20	100.0
		湖北枫杨		≥5cm^2	20	20	100.0

续上表

分部工程类别	检 测 项 目			设计值（设计数量）	实测点数（实测数量）	合格点数	合格率（%）
LH-12	苗木规格	紫叶李	地径	≥4cm^2	20	20	100.0
		碧桃		≥4cm^2	12	12	100.0
		桂花	株高	≥2m	12	12	100.0
			冠径	≥1.2m	12	12	100.0
		夹竹桃		≥0.8m	12	11	91.7
		丛生紫薇		≥0.8m	12	12	100.0
		法青		≥1.2m	12	11	91.7
			株高	≥2m	12	11	91.7
	苗木数量	栾树		230	229	228	99.6
		旱柳		425	425	425	100.0
		合欢		601	601	601	100.0
		千头椿		391	391	391	100.0
		香樟		1250	1130	1010	90.4
		速生杨		773	773	773	100.0
		火炬树		1525	1525	1525	100.0
		水杉		73	71	69	97.3
		湖北枫杨		381	381	381	100.0
		紫叶李		1438	1438	1438	100.0
		碧桃		836	836	836	100.0
		桂花		2545	2545	2545	100.0
		夹竹桃		645	645	645	100.0
		丛生紫薇		1545	1545	1545	100.0
		法青		3120	3120	3120	100.0
	附属设施			符合设计	无设计		
	苗木成活率			≥95%	15655	15532	99.2
	草坪覆盖率			符合要求	符合要求		
	土层厚度			≥60cm^2	10	10	100.0

四、主要存在问题

(1)部分服务区、互通区草坪有杂草，未修剪。

(2)南召互通区桂花种植土层含砂石较多，长势不好，草坪有杂草。

(3)五朵山互通区南区土层施工垃圾多，百日红长势不好，草坪覆盖率不符合要求。

(4)五朵山收费站淡竹长势不好，死亡约 20%。

(5)个别服务区、互通区苗木栽植不竖直；部分绿化用地改为菜地。

(6)南阳互通区 F 区 2000m^2 未进行绿化。

(7)祝庄互通区法青有 130 株、夹竹桃有 52 株规格偏小。

(8)通过对内业资料的检查，认为内容填写较工整、齐全，但个别资料存在签字不齐、签字日期存在涂改现象，且资料没有进行系统归档，仍需进一步完善。

五、检测意见

现场抽查，苗木质量总体情况较好，草坪较平整、均匀；灌木干径大小搭配较合理；乔木干径大小搭配较合理，排列较整齐，种植的支撑材料、高度、方向及位置较整齐；孤植树木冠幅较完整；树木排列的林缘线、林冠线基本符合设计要求；花卉冠径大小基本搭配合理，排列整齐，该工程各种苗木种植数量与规格基本满足设计标准和规范要求。

经检测认为，二广高速分水岭至南阳段绿化工程抽查结果基本符合相关专业的质量验收要求和观感要求。建议对发现的质量问题尽快进行整改。

河南省交通基本建设质量检测监督站

二OO九年五月

第四部分 单项验收

设计洪水频率：特大桥为1/300，其他和路基为1/100。

地震动峰值加速度系数：0.05g、0.10g（相当于地震基本烈度：Ⅵ度、Ⅶ度）。

（三）工程进度

工程项目于2005年9月16日开工建设，主线其中55km于2007年12月9日建成通车进入试运营，主线剩余18856km及联络线24.25km分别于2008年11月26日、2009年9月30日建成通车进入试运营阶段。

二、环境影响报告书编制、审批

2005年2月，河南岭南高速公路有限公司根据我国有关环保法律、法规，委托交通部天津水运工程科学研究所承担了本项目的环境影响评价工作。2005年7月，交通部天津水运工程科学研究所完成了本项目的环境影响评价报告书。2005年8月，河南省环境保护局以豫环监〔2005〕116号文对报告书进行了批复。

本工程在建设过程中，始终贯彻执行了环境保护设施与主体工程同时设计、同时施工、同时投产使用的"三同时"制度。

根据国家建设项目环境验收管理的有关规定，河南岭南高速公路有限公司于2009年12月委托交通运输部环境保护中心承担本工程的竣工环境保护验收调查工作。

三、环境保护执行情况

河南岭南高速公路有限公司对环境保护高度重视，根据环评报告书的批复意见和相关法律法规，在工程建设及运营期间，认真开展了环保工作。

（一）设计期间情况

1. 尊重自然，充分优化路线规划方案

岭南高速公路主线全长74.299km，联络线全长24.25km。前32km位于重山区，山高谷深、山体陡峻、沟谷狭窄，地形起伏大，V形谷发育，岩体风化强烈，危岩陡壁发育；其次为低山区及向平原区过渡的丘陵区，其中部分地段为冲洪积平原区。山区段路线线位受地形、地质情况影响较大，路线线位的布设应强调地质选线，避绕不良地质地带。丘陵及平原区相对人烟稠密，农耕较为发达，路线线位的布设主要考虑利用有利地形，对沿线已有建筑物合理绕避，减少拆迁量，并与学校、医院等环境敏感点保持适当距离，以减少噪声污染，重视环保设计。沿线水系发达，路线跨越多条河流，选择了合适的桥位、合理的桥梁结构形式，注重桥涵等构造物的合理布局，桥位、桥形方案应征得水利、河道管理部门的认可。沿线存在崩塌、滑坡、泥石流和部分地段的淤泥质软土、弱膨胀土等不良地质，勘察设计阶段考虑了经济合理的处理措施。

2. 采取各种方法，充分保护当地生态

填方高度、挖方深度、挖方边坡高度及路基填挖工程量，直接关系到工程安全、工程投资和环保景观，应对其进行合理的控制。结合本项目的实际，扣除特大桥隧外，山区对填土高度大于15m的填方原则上采用了桥梁；挖方深度（路中）大于30m或挖方边坡高度大于1.6倍的路基宽度值的，改用隧道，尽量减少了对原地形的破坏；争取做到了"不破坏就是最大的保护"。对于部分路堑边坡开挖后采用了挂网喷播植草、三维网植草等植物防护，减少高大的圬工防护处理，使得公路建设与沿线的环境协调一致。

3. 坚持项目与自然相和谐，充分保护自然环境

随着经济的发展，人们越来越对环境保护提出了更高的要求，环境保护理念贯穿于整个社会经济发展的过程。作为工程建设人员，更应该树立环境保护意识，牢固树立"不破坏就是最大的保护"的理念，严格执行"预防为主、防治结合、全面规划、合理布局、综合治理"的环境保护方针，

在公路总体设计中尽可能使公路与自然景观相协调。坚持做到最大限度的保护、最小限度的破坏环境。为此在设计过程中，岭南高速公路把设计工作作为公路周边环境的促进因素，想方设法优化设计工作，在工程施工建设中，采用先进工艺技术施工作业，尽量减少对周围环境的影响，对于遭到破坏的，采取了相应的补救措施，从而保护生态平衡。

在初步设计基础上，对跨鸭河水库上游大石河段落设计方案进行了重新勘察，向外改移路线，避开了南阳市二级水源保护区，景观设计方面，我们依据南阳丰厚的文化底蕴和宜人的自然山水，突出"历代名人"、"名胜古迹"、"秀美风光"这三大主题，不同地段采取不同的景观特征，形成点线面结合的完整景观序列，营造了一个极富人文气息并与大自然和谐共生的出行环境；在施工阶段，岭南项目公司主动与设计单位配合，借鉴其他项目的经验，对路基防护方案进行了更进一步的优化，通过对公路沿线植物多样性的调查，选择适合在本地生长的乔灌木，采用多元化、多层次的绿化方案，在挖方和填方地段坡面采用客土喷播、液压喷播技术直接移植、挂网移植等不同方法进行边坡绿化，在挖方地段排水沟设置暗边沟、上植草皮进行绿化，在枢纽区植树成林，目前已初见成效。

4. 以人为本，改善视觉享受，充分优化景观设计

岭南高速公路把景观设计介入到整个主体工程设计的全过程，充分考虑景观要求，把沿路景观视线所及范围作为一个完整的景观体系，突出"以生态绿化为背景，以视觉景观为主"的主要思想，形成"点、线、面"结合的珠链状景观，注重生态环境保护、恢复、利用和开发，注重历史文化内涵的挖掘与自然资源的充分运用，注重生态环境与人文自然资源的可持续发展。

主要体现在以下两个方面。

(1)路侧绿化、中央分隔带绿化、立交绿化：充分考虑了中低山区、丘陵区、平原区不同区域路段的具体情况，使其具有美化路容、引导视线、明暗过渡、协调景观兼顾防护和水土流失等功能。全线路侧选择乡土种树，注重常绿树种与落叶树种搭配，乔、灌、草相结合，合理运用开花植物。

(2)边坡绿化：挖方边坡多采用挂网喷混当地易于生长植物，草灌混植，局部采用自然裸露方法，与自然景观融为一体。

(二)施工期间情况

在本工程施工阶段，河南岭南高速公司有限公司设立了环保管理机构，主要负责落实环境影响报告书中提出的施工期环境保护措施。要求各标段施工单位在施工中设专、兼职人员负责环保工作，各标段工程经理部具体负责本区域环境保护工作，制订施工现场文明施工和环境保护制度及措施；每个施工队安排专人负责环保和文明施工工作，保证施工过程中机械、车辆造成的尘土、噪声、振动污染降低到最小限度。

本工程设有监理单位，各驻地监理负责监督工程质量和环保措施的实施。同时，本工程根据有关法律法规的要求，委托具有相应资质的南阳市环境工程评估中心开展了施工期环境监理工作。本工程在施工期间委托河南省公路环境监测站开展了施工期环境监测工作。环评报告书中提出的各项社会环境、生态环境、声环境、水环境、环境空气影响等减缓措施均得到有效落实。

施工期的环境保护措施如下。

1. 减缓对当地交通影响的措施

施工期间，增临时道路，避开地方主公路运输高峰时间段施工。施工结束及时整修，交还当地使用。

2. 水污染防治措施

①禁止施工污水直接排入河流，桥梁施工制订具体措施。

②饮用水源:禁止排污水;禁止倾倒废渣、垃圾等;禁止车辆刷车水、油水进入水体;严禁饮用水源1km以内设置临时施工场地、施工营地、搅拌站等。

③全线所有服务区、停车区、收费站配套建设污水处理设施,均安装了地埋式污水处理设施,达到了《环评报告书》要求的标准。部分污染物执行标准也有《污水综合排放标准》二级标准提高到一级标准。

3. 空气污染防治

①施工路面每天洒水。

②运输车辆密封加蓬,防物料飞扬。

③沥青拌和站、水泥拌和站选址在村庄下风向,远离村庄300m以外,并配有防尘器。

④施工、营运期禁止使用煤等高污染原料生活取暖,一律使用液化气等清洁燃料。

⑤加强服务区、收费站及公路两侧绿化,种植能够吸附汽车尾气中污染物的乔木、灌木等数种。

4. 噪声污染防治

①施工营地、料场、材料设备场地远离环保目标。

②合理安排施工活动,减少施工噪声扰民,尽量避开夜间施工。

③以人为本增加声屏障建设,共安装了声屏障29处,合计3479m。

5. 固废污染防治

①清场物处理:施工场地清出的农作物、杂草,除部分作为肥料外,及时清运,树木采取赔偿或移栽,表层土集中堆存,用作绿化用土。

②施工弃土处理:路基开挖废土除部分回填外,统一规划处置。对弃土统一填置于洼地(弃土场),然后对弃土场进行平整、复耕或绿化。

③施工废料处理:首先考虑废料的回收利用,对钢筋、钢板、木材等下脚料分类回收,交废物收购站处理。对路面基层、面层施工采取定点拌和后运送到现场进行摊铺施工,残余废渣采取深挖埋置处理。

④生活垃圾处理:施工人员集中的地方增设垃圾筒,临时垃圾堆放点防止浸出液外流,加强垃圾处理设施的管理。

⑤对自建的施工人员宿舍,配套简易厕所或具有粪便回收装置的流动厕所。

6. 施工、营运期采取保护减缓生态环境不利影响的措施

①尽量减少临时占地、租用民房,仅此项少占地500亩。

②临时占施工营地、施工便道、拌和站等及时恢复。

③使用荒地或其他闲散地及时清理整治、恢复植被、防止土壤侵蚀。

④取土场优化,按环评报告书全线应设11处取土场,取土量450万m^3,占耕地99.1hm。实际取土场部分取消,利用河沙、和荒岗地的山坯石作填方,节约了土地资源。

⑤及时做好取土场、弃土(渣)场生态恢复,植树造田,全线弃渣场造田1800亩。

⑥结合生态保护,注意景观设计,围绕"多树种、多林种、多植物、多层次、多色彩"展开。

7. 风险应急预案

①针对黄鸭河特大桥、白河特大桥等桥的护栏进行加高加厚设计。

②委托有资质的单位对上述重点桥梁段设计风险事故应急回收系统,设置防抛网。

③对上述桥梁桥面径流统一收集,经沉淀处理后外排,防止桥面径流直接进入河水。

④成立专项应急队伍,购置专用器械,并与当地公安、消防、环保等部门一起制订了《危险应急预案》。防止施工、运营期间重大环境影响因素出现对重点区域产生严重影响。

8. 积极实施节能减排，确保南阳市饮水安全

岭南高速公路贯穿白河流域，多处于白河主河道和支流交汇，而白河中下游流经南阳市和邓州市，是两市三百多万群众的主要饮水来源，为此保护白河上游水质、做好节能减排工作十分重要。岭南高速公路全线共有4个收费站和一个服务区、一个停车区，在运营期间必将产生众多的生活废水和有害物质，根据设计文件，在上述6个生活场所全部采用污水处理设备对污水进行净化处理后再排放，使排放水质达到国家规定的三级标准。但岭南高速公路为了中下游广大群众长期饮水安全和生命健康，积极响应国家号召，采取措施，加大投入，从而使排放水质达到《污水综合排放标准》(GB 7879—1996)中规定的二级标准以内。

岭南高速公路采用地埋式生活污水处理工艺，工艺流程为：污水→沉砂沉淀池(或格栅沉淀池)→调节池→泵→生物处理→沉淀过滤池(或二沉池)→消毒池→达标外排(或中水回用)。相关技术参数：进水水质 CODcr 浓度小于 450mg/L、BOD 小于 250mg/L、SS 小于 250mg/L、NHs-H 小于 45mg/L。经治理后，出水水质浓度：COD 低于 100mg/L、BOD 低于 20mg/L、SS 低于 70mg/L、NH_3-N 低于 15mg/L，达到《污水综合排放标准》(GB 7879—1996)中规定的二级标准以内。

岭南高速公路采用的主要设备为 WSZ 埋地式污水处理设施，主体材质为圆形玻璃结构，该设施一次性投资较钢结构高，地埋表面能承重压不如钢制设备，但却具有内部填料单位表面积大，微生物量多，活性好，污水处理死角小，处理效果好的特点；还有质轻、耐腐蚀，抗老化，使用寿命长等优点。目前6个均已投入使用，效果良好。

(三)科研开发及应用情况

岭南高速公路是一条连接我国南北运输的大通道，也是二广高速公路的重要组成部分，在保证“资源节约、环境友好、以人为本”的基础上实现岭南高速公路的人与自然环境和谐统一是岭南项目公司的目标，营造一种“人在车中坐，车在画中游，凡从岭南过，安全又轻松”的悠闲和意境，创造一种安全运行、规范行车的优美环境。为此，根据工程建设需要，岭南项目公司积极与郑州大学、中南大学、长沙理工大学及天津市市政设计研究院、河南省水文水资源局、河南海威工程咨询有限公司等科研单位进行广泛的合作，根据岭南高速公路的工程地质特点，结合工程进度，根据岭南高速公路科学技术规划的总体安排，相继开展并完成了七项科研课题的研究工作，具体见表1。

岭南高速公路已完成科技攻关项目表 表1

序　　号	课 题 名 称	主要合作单位	备　　注
1	《高陡边坡稳固及生态再造综合技术研究》	长沙理工大学	科研攻关
2	《河南岭南高速公路路基沉降监测技术研究》	中南大学	科研攻关
3	《岭南高速公路跨河工程洪水影响研究》	河南省水文水资源局	科研攻关
4	《隧道围岩变形检测及工程应用研究》	郑州大学	科研攻关
5	《高速公路施工过程质量控制新技术研究》	郑州大学	科研攻关
6	《山区高速公路环境保护与建设措施研究》	河南省水文水资源局	科研攻关
7	《折线配筋预应力混凝土先张梁施工工艺研究》	河南威海工程咨询有限公司	科研攻关

特别是《高陡边坡稳固及生态再造综合技术研究》课题于2008年获得了湖南省科技进步三等奖，《岭南高速公路跨河工程洪水影响研究》及《山区高速公路环境保护与建设措施研究》两项课题获得了河南省水利厅科技进步一等奖，这些课题的研究成果直接应用到本项目中，为此项目的环境保护工作打下坚实的基础。

(四)运营期间情况

运营期环境管理工作由河南高速公路发展有限责任公司统一协调管理,河南岭南高速公路有限公司设专人负责环境管理工作,建立健全了一套完整的管理制度,编制了运营管理手册,内容包括工程养护维护、美化绿化、环保管理、环卫保洁等制度,并将环保所涉及的工作落实到人,服务区、停车区、收费站设专职人员负责生活污水处理设施日常运转维护、绿化美化等工作。这种自上而下的管理体制,保证了环保制度的执行和环保措施的落实。

沿线两侧可视范围内共设置取土场6处,河南岭南高速公路有限公司已根据施工的实际情况对占地进行了综合利用,有3处为先取后弃,施工结束后对所有场地采取了一定的恢复措施。沿线两侧可视范围内共在主线设弃土场49处,目前大部分场地恢复情况良好,部分场地可以结合自然恢复达到效果。

公路沿线边坡采取了防护工程和生态措施,对路基防护采取了以生态防护与工程防护相结合的方式,包括中央分隔带植树植草防护、护坡道植树植草防护及边坡防护。工程沿线两侧、互通立交区、边坡、中央分隔带、附属设施等均已进行了绿化,目前生长效果良好,绿化工程投资达到9752万元。

根据修建后敏感点的实际情况和环境影响评价报告及批复意见,对运营后可能受噪声影响较大的敏感点安装了声屏障,共计29处,声屏障总长3479m,并在16处村庄前种植了密集林带,共投资966.3万元,降低了工程运营后交通噪声对敏感点的影响。

河南岭南高速公路有限公司按环评批复的要求在南阳市环境保护局专家和环境监理单位的指导下,在跨越白河(主线)、灌河、铁河和黄鸭河等水体处设置的桥梁上安装了桥面径流收集系统、收集池和防护网。工程沿线设置服务区、停车区各1处,收费站4处,均安装了地埋式污水处理设施。

河南岭南高速公路有限公司

2010年3月6日

2. 建设项目竣工环境保护验收申请报告

（生态影响为主项目）

项 目 名 称 河南省洛阳至南阳高速公路分水岭至南阳段工程

建 设 单 位 河南岭南高速公路有限公司

建 设 地 点 河南省南阳市

项 目 负 责 人 侯建军

联 系 电 话 13333662200

邮 政 编 码 473000

环保部门 填　　写	收到验收报告日期	
	编　　号	

国家环境保护总局制

说　明

1. 此验收申请报告根据《建设项目竣工环境保护验收管理办法》制订。

2. 本报告为建设单位申请建设项目竣工环境保护验收的必备材料之一,需在正式申请验收前按要求由建设单位填写。

3. 表格中填不下或仍需另加说明的内容可以另加附页补充说明。

4. 封面页建设单位需加盖公章。

5. 本报告属国家级审批需一式 6 份,属省级审批需一式 5 份,属地市审批需一式 4 份。

6. 本报告主送负责建设项目竣工环保验收的环境保护行政主管部门,在正式审批后分送有关部门存档。

表1

<table>
<tr><td>建设项目名称</td><td colspan="5">河南省洛阳至南阳高速公路分水岭至南阳段工程</td></tr>
<tr><td>行业主管部门</td><td colspan="2">交通部</td><td colspan="2">行业类别</td><td>交通</td></tr>
<tr><td colspan="3">建设项目性质(新建、改扩建、技改、迁建)</td><td colspan="3">新建</td></tr>
<tr><td>环境影响报告书
审批机关及批准文号</td><td colspan="5">河南省环境保护局
豫环监〔2005〕116号(2005年8月)</td></tr>
<tr><td>初步设计审批机关
及批准文号、时间</td><td colspan="5">河南省发展和改革委员会
豫发改设计〔2006〕第359号(2006年4月)</td></tr>
<tr><td>投资总概算</td><td>396000</td><td>万元</td><td>其中环保投资</td><td>1488.9</td><td>万元</td></tr>
<tr><td>实际总投资</td><td>456600</td><td>万元</td><td>其中环保投资</td><td>2510.6</td><td>万元</td></tr>
<tr><td>废水处理投资</td><td>294.3</td><td>万元</td><td>废气处理投资</td><td>—</td><td>万元</td></tr>
<tr><td>噪声处理投资</td><td>966.3</td><td>万元</td><td>固废处置投资</td><td>—</td><td>万元</td></tr>
<tr><td>生态、绿化投资</td><td>1135</td><td>万元</td><td>其他处理投资</td><td>115</td><td>万元</td></tr>
<tr><td>环境影响报告书编制单位</td><td colspan="5">交通部天津水运工程科学研究所</td></tr>
<tr><td>环保设施设计单位</td><td colspan="5">江苏鹏鹞环境工程设计院</td></tr>
<tr><td>环保设施施工单位</td><td colspan="5">河南泰通企业发展有限公司等</td></tr>
<tr><td>环保验收调查单位</td><td colspan="5">交通运输部环境保护中心</td></tr>
<tr><td>建设项目开工日期</td><td colspan="5">2005年9月</td></tr>
<tr><td>建设项目投入试运行日期</td><td colspan="5">2009年9月</td></tr>
</table>

项目概况及生态影响特性表 表2

永久占地面积	647.7 hm²	淹没区面积	— hm²
临时占地面积	264.1 hm²	临时占地恢复面积	— hm²
永久占用耕地面积	345.6 hm²	恢复耕地面积	— hm²
永久占用林地面积	168.1 hm²	恢复林地面积	— hm²
永久占用草地面积	— hm²	恢复草地面积	— hm²
永久占用其他面积	134 hm²	恢复其他面积	— hm²
工程区绿化面积	— hm²	工程区绿化投资	9752 万元
治理水土流失面积	— hm²	水土保持投资	— 万元
迁移人口	— 户	移民环保投资	— 万元
取土石方量	— 万 m³	弃土石方量	— 万 m³

项目概况(项目主要组成内容、规模或能力及主要特性):

主线全长约74.299km,联络线全长24.25km,总里程共计98.549km。本工程路线所经地区地势变化较大,根据地形地势划分为山岭重丘、平原微丘区两种设计标准,平原微丘区按六车道布置,山岭重丘区按四车道布置。本工程全线实际建设规模为路基土石方1773.68万m^3,互通立交7处、分离式立交18处、通道162处(含涵洞)、特大桥4座、大中桥66座、天桥20座,服务区1处、收费站4处、停车区1处。工程实际总投资45.66亿元,实际环保投资2510.6万元,实际环保投资占总投资的0.55%

涉及的环境敏感目标及影响:

生态环境影响:主要是对沿线施工临时用地占地及恢复;公路沿线两侧、互通立交、边坡、服务区、停车区、收费站等的绿化;公路边坡防护、排水设施及使用效果;

声环境影响:公路沿线两侧距路中心线200m范围内的王庄、柴家庄、坡根等76处声环境敏感点,其中村庄69处、学校6处、卫生室1处。交通噪声对这些环境敏感目标造成影响;

水环境影响:南阳北服务区、南召停车区、南阳西收费站、南召收费站、五朵山收费站、独山收费站等产生的生活污水的排放情况

生态影响防护与恢复措施（设施）一览表 表3

生态影响防护与恢复措施(设施)	投资(万元)	落实情况及实施效果
1.施工过程中将耕作层土壤剥离堆放,用于取弃土场的复垦或其它耕地的土壤改良。对占用的基本农田“占一补一”,或按时按数缴纳土地复垦费;同时采取措施进行中低产田改造	1135	场地施工前,对表土层进行了剥离,用于取弃土场的恢复。对占用的耕地,按要求缴纳了土地复垦费
2.尽量减少施工期临时占地,合理安排施工进度,缩短临时占地使用外,各种临时占地在工程完成后应尽快进行植被及耕地的恢复,做到边使用、边平整、边绿化、边复耕。在施工完成后,必须进行植被的恢复工作		施工方优化了施工安排,尽可能缩短了占地使用,并根据实际情况采取了先取后弃、租用专业预制场、使用其他工程的弃土场顶部做拌和站等综合利用方式。施工结束后,基本进行了生态恢复
3.重点构造物,如养护工区、收费站、综合管理中心、互通立交区等,应与公路建设统一规划,注意景观上的协调一致		已落实。公路两侧已采取乔、灌、草相结合的种植方式,效果良好

注:生态影响防护与恢复措施(设施)主要是指物种多样性和珍稀、濒危物种的保护;植被的保护与恢复;资源保护和合理利用(包括土地、水资源);减少水土流失;土壤质量保护;控制污染的生态影响;生态监测等,应包括措施名称、保护对象、保护目标及措施内容等。

污染处理设施及排放口一览表 表4

设施名称及排放口	处理规模与方法	投资（万元）	监测结果				执行标准	排放去向	备注
			污染物名称	处理前	处理后	处理效率			
南阳北服务区	服务区左右两侧各设1套，每1套设计处理量5t/h，采用二级生化污水处理设备	294.3	pH	7.28	7.41		6~9	公路边沟	
			COD	202	62.6		150		
			SS	130	46		150		
			氨氮	46.5	17.5		25		
			石油类	1.2	0.5		10		
			动植物油	2.2	0.7		15		
南召收费站	设计处理量3t/h，采用二级生化污水处理设备		pH	7.38	7.49		6~9	公路边沟	
			COD	179	80.2		150		
			SS	148	47		150		
			氨氮	31.8	8.2		25		
			石油类	低于检出限	低于检出限		10		
			动植物油	2.0	0.8		15		
南召停车区	设计处理量3t/h，采用二级生化污水处理设备		pH	7.40	7.48		6~9	公路边沟	
			COD	113	60.2		150		
			SS	89	38		150		
			氨氮	25.6	11.2		25		
			石油类	1.2	0.4		10		
			动植物油	2.3	0.5		15		
独山收费站	设计处理量3t/h，采用二级生化污水处理设备		pH	7.25	7.42		6~9	公路边沟	
			COD	120	78.2		150		
			SS	106	31		150		
			氨氮	19.3	7.76		25		
			石油类	低于检出限	低于检出限		10		
			动植物油	2.5	0.5		15		

表 5

环保管理措施执行情况： 在本工程施工阶段，建设单位设立了环保管理机构，主要负责落实环境影响报告书中提出的施工期环境保护措施。要求各标段施工单位在施工中设专、兼职人员负责环保工作，各标段工程经理部具体负责本区域环境保护工作，制订施工现场文明施工和环境保护制度及措施；每个施工队安排专人负责环保和文明施工工作，保证施工过程中机械、车辆造成的尘土、噪声、振动污染降低到最小限度。 营运期环境管理工作由河南省高速公路发展有限公司统一协调管理，公司设专人负责环境管理工作，建立健全了一套完整的管理制度，编制了运营管理手册，内容包括工程养护维护、美化绿化、环保管理、环卫保洁等制度，并将环保所涉及的工作落实到人，服务区、停车区、收费站设专职人员负责生活污水处理设施日常运转维护、绿化美化等工作。公司这种自上而下的管理体制，保证了环保制度的执行和环保措施的落实
环境监测措施执行情况： 本工程在施工期间委托河南省公路环境监测站开展了施工期环境监测工作。结合本工程沿线环境影响的特点和潜在的环境问题，在工程营运期要加强环境跟踪监测工作，开展声环境、污水处理设施的常规监测，掌握沿线声环境污染状况、污水处理设施的处理效果，加强环保管理，为适时采取防护措施提供依据。根据本调查的情况，对环评报告书提出的营运期监测计划做出部分调整，建议营运期监测委托有资质的单位进行
环保监理措施执行情况： 本工程设有监理单位，各驻地监理负责监督工程质量等和环保措施的实施。同时，本工程根据有关法律法规的要求，委托具有相应资质的南阳市环境工程评估中心开展了施工期环境监理

调查主要结论:

(1)洛阳至南阳高速公路分水岭至南阳段是河南省规划的“五纵、四横、六通道”高速公路主骨中的“第四纵”,是河南省西北部地区南北向公路运输的主通道。本段高速公路起于南阳与平顶山交界的分水岭,路线向南经南召县董店东、石门乡西、瓦踅村西南、谢庄乡东、粪河东南、王村西、向南止于南阳市区西部张华岗,与已建成的上海至武威国家重点公路相接,主线全长约 74.299km,联络线由南阳市卧龙区的安皋乡向东,经蒲山镇止于宛城区的新店乡,与许平南高速公路相连接全长 24.25km,总里程共计 98.549km。路线采用全封闭、全立交、四车道(山区)、六车道(平原区)高速公路技术标准;设计时速山岭区为 100km/h,平原区 120km/h。

(2)本工程实际批准概算投资为 45.66 亿元,实际环保投资为 2510.6 万元,环保投资占工程总投资的 0.55%。

(3)本工程主线设置通道(含涵洞)107 道、天桥 14 处,分离式立交 12 座;连接线设置通道(含涵洞)55 道,天桥 6 处,分离式立交 6 座,基本能够满足沿线两侧居民的过往通行。本工程施工过程中高度重视对楚长城遗址的保护,从现场调查来看,分水岭隧道附近的山体及其植被保存良好,建设单位结合隧道穿越楚长城遗址所在山体这一特点,对隧道洞门在保障安全的前提下进行了独特的类似长城垛墙的设计,既优化了隧道口处的景观,又体现了区域特点。

(4)本工程实际永久征用土地 647.707hm^2,其中农用地 540.5088hm^2(耕地 341.3567hm^2)、建设用地 31.8767hm^2、未利用地 75.3215hm^2。本工程实际占地与环评阶段相比,减少了 43.163hm^2。

(5)工程临时占地主要包括取(弃)土场、预制厂、拌和站、项目部等,占用土地共计 3960.88 亩(264.06hm^2),其中:取土场占地 718 亩(47.87hm^2),弃土场占地 2480.28 亩(165.35hm^2),拌和站占地 249.9 亩(16.66hm^2),项目部占地 62.7 亩(4.18hm^2),预制厂占地 450 亩(30hm^2)。

沿线两侧可视范围内共设置取土场 6 处、弃土场 49 处,拌和站 8 处,沿线采用集中预制的方式,共设大型预制厂 3 处(不在沿线可视范围内)。本工程对临时用地采取了比较有效的恢复措施,取弃土场基本进行了恢复;预制厂采用集中预制的方式,使用完毕后根据实际情况转交地方继续使用或做它用;项目部占地一般租用民房;施工便道一般利用现有的道路,或布设在永久占地范围内,新辟施工便道很少,使用完毕后即行恢复或结合通道设置作为村路。

(6)本工程绿化工程包括中央分隔带、路侧绿化、互通区、附属设施等,均进行了绿化,效果良好。绿化投资累计 1135 万元。

(7)根据施工期声环境监测结果,施工期噪声对敏感点有一定的影响,建设单位根据监测结果对施工进行了调整后不再超标。监测期间主线日均交通量约为 2037 辆(折合标准小客车),连接线日均交通量约为 864 辆(折合标准小客车),交通量较设计营运初期预测交通量低。本工程主线和连接线在现阶段车流量条件下,昼夜均能够达到相应噪声标准限值。从主线整个 24h 曲线的变化趋势看,排除监测时受村庄周围生活噪声和车辆鸣笛等干扰,车流量与噪声值具有一定的相关关系,即噪声等效连续 A 声级随车流量的增大而升高,随车流量的减少而降低。断面衰减噪声监测结果表明,在目前的车流量下,噪声衰减量较小,随距离增加噪声值变化不大,本工程主线和连接线的敏感点距路肩 20m 外昼、夜间均能达标。

为减轻营运期公路交通噪声对沿线声环境敏感点的影响,建设单位已对可能受噪声影响较大的敏感点采取了降噪措施,共安装声屏障 29 处,长度共计 3479m,并在沿线 16 处村庄前种植了密集林带来降噪

(8)施工期监测结果表明,施工期对沿线跨越的水体产生的影响较小。从本调查的水质监测结果来看,各因子的监测值均符合相应类别标准值的要求,公路营运对所跨越河流的环境污染影响较小,对河流水质影响很小。本工程附属设施均安装了污水处理装置。监测表明,南阳北服务区、南召收费站、南召停车区和独山收费站的污水处理装置排放口污水水质满足相应排放要求,污水处理达标后排至公路边沟或附近沟渠,符合环评报告书提出的要求。

续上表

经现场调查和咨询建设单位，工程按环评批复的要求在南阳市环境保护局专家和环境监理单位的指导下，在跨越白河（主线）、灌河、铁河和黄鸭河等水体处设置的桥梁上安装有桥面径流收集系统、收集池和防护网，其中收集池设置在桥下的主河堤两侧以外，其高程高于50年一遇洪水水位线上1m。跨越白河（连接线）的白河特大桥上的防护网已安装完毕，建设单位已于2009年12月委托施工单位对该桥的桥面径流收集系统、收集池进行施工。

为了确保岭南高速的安全与畅通，防止突发性重大事故对道路交通的危害和对沿线水源保护区的污染，建设单位制订了《危险品运输管理制度》和《危险品应急预案》。

（9）在公众调查中，大部分群众认为本工程的建设改善了当地的交通状况，有利于本地区经济的发展；绝大部分被调查者对工程环保工作表示满意或者基本满意。总体来说，建设单位注重环境保护，对工程沿线的敏感点采取了防治和减缓措施，效果较好，建议在营运期加强管理，进一步做好环保工作。

经过对环保局的走访咨询，截至2009年12月，工程所占地区环境保护主管部门没有接到河南省洛阳至南阳高速公路分水岭至南阳段工程施工期和营运期有关环境问题的投诉。

（10）工程施工阶段，建设单位设立了环保管理机构，主要负责落实环境影响报告书中提出的施工期环境保护措施，并按要求委托有资质单位进行了施工期环境监测和施工期环境监理。

综上所述，河南省洛阳至南阳高速公路分水岭至南阳段工程建设过程中，基本执行了环保“三同时”的要求。工程施工期认真开展环境管理和环境监测工作，对环境产生的污染和对生态的破坏采取相应措施进行处理；试营运期公路沿线生态环境恢复良好，污染防治与控制措施效果基本满足要求，总体具备了工程竣工环境保护验收的条件，在建设单位落实了本调查报告提出的补救措施后，建议予以环保验收。

目前存在的主要环境问题及需进一步采取的措施：
建议： (1)建议加强营运期对声屏障的维护;建议本工程加强营运期跟踪监测,对营运中期监测超标的敏感点采取降噪措施。 (2)建设单位已委托施工单位在连接线的白河特大桥设置集水设施,建议尽快实施,避免路面排水直接进入白河。 (3)建议工程尽快完善应急预案,加强对环境风险的管理,预防突发性重大事故对交通和环境造成危害。

表 8

验收组(委员会)验收意见:

2010 年 3 月 6 日,河南省环境保护厅组织河南省交通运输厅、南阳市环保局、南召县环保局、镇平县环保局、卧龙区环保局、宛城区环保局对河南省洛阳至南阳高速公路分水岭至南阳段工程(以下简称该工程)竣工环境保护情况进行了检查验收(验收组名单附后),参加验收的还有河南高速公路发展有限责任公司、验收调查单位交通运输部环境保护中心、环境监理单位南阳市环境工程评估中心、环评单位交通部天津水运工程科学研究所、建设单位河南岭南高速公路有限公司等单位代表共计 30 人。验收组及代表听取了建设单位关于该项目的环境保护执行报告、调查单位关于该项目的竣工环境保护验收调查报告的汇报,并到现场进行了环境保护检查,审阅并核实了有关资料,经认真讨论,形成验收组验收意见如下:

一、工程基本情况

河南省洛阳至南阳高速公路分水岭至南阳段工程总里程 98.549km。其中,主线全长 74.299km,与许平南高速联络线全长 24.25km。本工程主线起于南阳与平顶山交界的分水岭,与已建成的上海至武威国家重点公路相接,路线总体走向为南北方向;联络线起于南阳市卧龙区的安皋乡,与许平南高速公路相连接全长 24.25km,路线总体走向为东西方向。主线起点至 K33 + 850 段为双向四车道,设计车速 100km/h;K33 + 850 至终点段及联络线全线按双向六车道高速公路建设,车速为 120km/h;主线设特大桥梁 2 座、大中桥 50 座、互通式立交 5 座、分离式立交 12 座,天桥 14 座、通道 107 处(含涵洞)、隧道 5 座、服务区 1 处、收费站 3 处、停车区 1 处;联络线设特大桥梁 1 座、大中桥 16 座、互通式立交 2 座、分离式立交 6 座、天桥 6 座、通道 55 处(含涵洞)、收费站 1 处。实际总投资 45.66 亿元,其中实际环保投资 2510.6 万元,环保投资占工程总投资的 0.55%。该工程于 2005 年 9 月开工建设,2009 年 8 月全面建成并通车,目前本工程主线日平均车流量为 2712 辆/日,约占营运期预测交通量的 22%;联络线日平均车流量为 918 辆/日,约占营运期预测交通量的 9%。

二、环境保护执行情况

该工程在建设中执行了环境影响评价和环境保护"三同时"管理制度,落实了环评报告书及其批复中提出的污染防治和生态恢复措施。施工期间采取了降噪、防尘、减少水土流失等环境保护措施,合理安排施工时间,避免夜间施工扰民。取、弃土场和临时用地在施工完毕后基本得到了平整和恢复利用。所有边坡和路堑均进行了砌石或植被等防护,有效地防止营运期公路边坡的水土流失。公路中央绿化带及两侧路界和互通式立交区等处进行了绿化。对沿线 29 个声环境敏感点设置了声屏障,并在沿线 16 处村庄前种植了密集林带降噪。服务区、收费站均安装了地埋式生活污水处理设施。公路建设和运营部门环境保护管理机构较健全,环境保护管理制度较完善。

三、调查结果

1. 生态环境

工程总占地面积 647.707hm^2,其中临时占地 264.06hm^2。工程施工结束后对临时用地采取了比较有效的恢复措施,取弃土场基本进行了恢复;预制厂使用完毕后根据实际情况转交地方继续使用或做它用;新辟施工便道使用完毕后恢复或结合通道设置作为村路。设置中央分隔带,进行了路侧绿化,互通区、附属设施均进行了绿化,效果良好;所有边坡和路堑均进行了砌石或植被等防护,有效地防止营运期公路边坡的水土流失;高速公路桥梁均按设计要求建设,路基跨过的沟渠均建有通道桥、涵洞和通道,不会影响系统排水功能。

2. 声环境

根据调查,施工期间,建设单位尽量采用低噪声施工机械设备,运送物料的车辆车况保持良好,以减轻运输车辆噪声对周围的影响,料场、拌和站等距离敏感点大于 200m,有效地缓解了料场作业噪声扰民,施工噪声基本没有对当地居民正常生活造成影响。

营运期,验收监测表明,声屏障的降噪效果较为明显,能够较好地缓解敏感点附近的噪声污染状况;经过实测和类比分析,在目前车流量情况下,104 个声环境敏感点昼间、夜间噪声均可满足相应噪声标准限值要求。

3. 水环境

施工期,工程施工期间采取了环评及其批复所提出的水环境保护措施,整个施工期并未对沿线的水体水质产生明显影响。

营运期,验收监测表明,南阳北服务区、南召收费站、南召停车区和独山收费站的生活污水经生化处理后,外排废水水质均满足《污水综合排放标准》(GB 8978—1996)二级排放标准要求。跨越的几处河流的 pH、COD、石油类等监测指标值均满足《地表水环境质量标准》(GB 3838—2002)中相应类别标准限值的要求,SS 的监测值满足《农田灌溉水质标准》(GB 5084—1992)中的一类标准要求,对跨越河流水质影响较小。

4. 环境空气和固体废物

工程沿线的收费站、服务区、停车区均使用空调采暖,服务用水均为电加热;燕子北和黄山村两处监测点的 NO_2 日均浓度均可满足《环境空气质量标准》(GB 3095—1996)二级标准限值的要求。因此本工程营运对环境空气的影响较小。

工程沿线服务设施都设有垃圾收集装置,由专人定期清运,不会对沿线环境产生大的影响。

5. 公众意见调查

公众参与对公路沿线居民发放调查表160份,收回160份;司乘人员调查表共发放40份,收回40份。94%居民对公路环保工作态度比较满意。群众反映较多的问题是噪声、扬尘和汽车尾气等问题。90%的司乘人员对该公路的沿线服务设施表示满意;80%的司乘人员对公路的绿化、景观表示满意;100%的司乘人员对公路维护维修、排除险情感到满意或基本满意。

四、验收结论

河南省洛阳至南阳高速公路分水岭至南阳段工程环保手续齐全,基本落实了环评报告书及批复的要求,在设计、施工和试运营阶段均采取了有效措施控制对环境的影响,项目建设符合环境保护验收条件,同意该工程通过环境保护验收。

五、建议和要求

(1)加强运营期噪声监测,预留噪声治理资金,一旦出现敏感点噪声超标,结合敏感点实际情况采取必要措施降低噪声,确保敏感点声环境质量不超标。

(2)加强对环境风险的管理,完善应急预案,预防突发性重大事故对环境造成的危害。

(3)加强各项环保设施的日常管理维护工作,保证其长期稳定运行。

(4)进一步加强公路沿线的绿化和日常养护。

验收组

二〇一〇年三月六日

河南省洛阳至南阳高速公路分水岭至南阳段工程竣工环境保护验收组名单　　表9

	姓　　名	单　　位	职　　务	签　　名
组长	邓人鹏	省环保厅	副处长	
副组长	张全献	南阳市环保局	总工	
成员	崔洪涛	省交通运输厅	主任科员	
	李大雄	南阳店市环保局	科长	
	徐吉勇	南阳市环保局	工程师	
	赵金剑	南召环保局	局长	
	孙晓阳	宛城区城建环保局	纪检副书记	
	鲜文浩	卧龙区城建环保局	副局长	
	仵波	镇平县环保局	副局长	
	李林	高发公司	副总	
	韩冰	高发公司	副调研员/教高	
	李小重	高发公司工程部	部长	

表 10

行业主管部门验收意见：

同意。

经办人（签字）：崔洪涛

所在地环境保护行政主管部门验收意见：

宛环保验〔2010〕58 号

根据《建设项目环境保护设施竣工验收管理规定》的有关规定，经过现场检查和审阅资料，现对河南省洛阳至南阳高速公路分水岭至南阳段工程环保设计竣工验收提出如下意见：

一、该项目前期执行了环境影响评价制度，建设过程中执行了环保“三同时”制度，配套了废气、废水、噪声、固体废物等污染防治措施，所监测的污染因子浓度达到国家规定的排放标准。取土场、弃渣场基本进行了生态恢复，企业制定了完善的环保规章制度，成立了环保管理机构，并由专人负责，符合环境保护竣工验收合格条件，经研究，同意该项目环保设施通过验收。

二、在今后的生产过程中应注意以下问题：

（一）加强营运期噪声监测，预留环保治理资金，并根据监测结果及时采取相应的降噪措施，确保环境敏感点声环境质量不超标。

（二）加强对环境风险的管理，完善应急预案。定期进行应急演练，预防各类环境污染事故的发生。

（三）进一步加强公路沿线的绿化和日常养护。

（四）加强各项环保设施的日常管理维护工作，保证其正常稳定运行，项目竣工验收后。应及时向当地环保部门进行排污申报

经办人：徐吉勇

续上表

负责验收的环境行政主管部门意见：

豫环评验〔2009〕26 号

河南岭南高速公路有限公司河南省洛阳至南阳高速公路
分水岭至南阳段工程竣工环境保护验收意见

一、河南岭南高速公路有限公司河南省洛阳至南阳高速公路分水岭至南阳段工程环保审批手续齐全，落实了环评报告及批复的要求，具备竣工环境保护验收条件，我厅同意南阳市环保局及验收组意见，同意该项目通过环境保护验收。

二、加强运营期跟踪监测，预留噪声治理资金，一旦出现敏感点噪声超标，结合敏感点实际情况采取必要措施降低噪声，确保敏感点声环境质量不超标。

三、加强对环境风险的管理，完善应急预案，预防突发性重大事故对环境造成的危害。

四、加强对环保设施的日常维护和管理，保证环保设施稳定运行，确保各项污染物长期稳定达标排放。

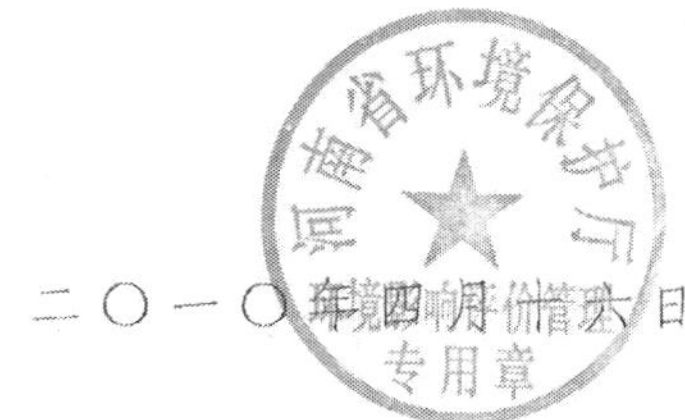

二〇一〇年四月六日

经办人：

河南岭南高速公路有限公司文件

岭南高司〔2010〕5 号

3. 关于河南省洛阳至南阳高速公路分水岭至南阳段工程竣工环境保护验收的请示

河南省环境保护厅:

洛阳至南阳高速公路分水岭至南阳段是河南省规划的“五纵、四横、六通道”高速公路主骨架规划中的“第四纵”,是河南省西北部地区南北向公路交通运输的主通道。

工程主线全长 74.299km,联络线全长 24.25km,总里程共计 98.549km。路线采用全封闭、全立交、4 车道(山区)、6 车道(平原区)高速公路技术标准;设计车速山岭区为 100km/h,平原区 120km/h。工程于 2005 年 9 月 16 日全线开工,2009 年 9 月底全面建成通车。在工程建设期间,我公司积极贯彻并落实环评报告书及其批复意见中提出的环保措施,认真执行国家建设项目“三同时”管理的有关规定。

根据国家建设项目环境验收管理的有关规定,委托交通部环境保护中心承担了该工程的竣工环境保护验收调查工作,该项工作已经进行完毕,调查结果显示该项目建设满足批复的环评要求,特申请本工程竣工环境保护验收。

附件:《河南省洛阳至南阳高速公路分水岭至南阳段工程竣工环境保护验收调查报告》(略)

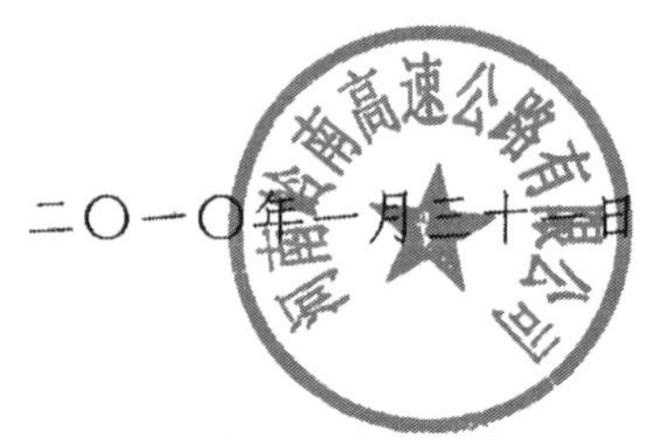

二〇一〇年一月三十一日

主题词:竣工　环境　保护　验收　请示

河南岭南高速公路有限公司　　2010 年 1 月 31 日印发　共印 7 份

4. 二广高速公路分水岭至南阳段工程项目档案专项验收执行报告

一、工程概况

二广高速公路分水岭至南阳段工程(以下简称岭南高速公路)是河南省重点工程,也是贯通我国南北公路运输的重要通道(二连浩特至广州国家重点公路,国家编号 G55)。项目路线主线起于南阳与平顶山交界的分水岭,向南经南召县董店东、石门乡西、瓦踅村西南、谢庄乡东、龚河东南、王村西、止于南阳市区西部张华岗,与国家重点公路 G40(沪陕高速公路)相接,主线全长约 74.299km;联络线起于南阳市卧龙区的安皋乡,向东经蒲山镇止于宛城区的新店乡,与南兰高速公路相连接,全长 24.25km,总里程共计 98.549km,征用土地 704.36hm^2。该项目山岭重丘区采用设计车速 100km/h、四车道高速公路技术标准,平原微丘区采用 120km/h、四车道高速公路(依据河南省地方公路标准,进行“四改六”车道布置)技术标准。

岭南高速公路于 2005 年 9 月开工建设,2009 年 9 月全部建成通车,建设规模 45.6569 亿元。全线共招标 96 个单位,划分为 27 个土建合同段(含 3 个预制合同段,其中土建 26 标因当地环境原因退场)、7 个路面合同段、5 个机电合同段、13 个房建合同段、13 个绿化合同段、13 个交安合同段、4 个监理合同标,2 个设计标,其他标 11 个,施工建设涉及沿线南召县、镇平县、卧龙区、宛城区 4 个县区 15 个乡镇。主要参建单位见表 1。

主要参建单位一览表 表 1

类别	合同号	单位名称	备注
土建	No. 1	路桥集团第一公路工程局	
	No. 2	中铁十九局集团第三工程有限公司	
	No. 3	中铁二局股份有限公司	
	No. 4	中铁一局集团第四工程有限公司	
	No. 5	江西省公路桥梁工程局	
	No. 6	中铁大桥股份有限公司	
	No. 7	长庆石油勘探局筑路工程总公司	
	No. 8	中铁十八局集团第一工程有限公司	
	No. 9	路桥集团第一公路工程局第三工程公司	
	No. 10	中铁十局集团第二工程有限公司	
	No. 11	中铁十三局集团第五工程有限公司	
	No. 12	中铁九局集团有限公司	
	No. 13	中铁十七局集团第三工程有限公司	
	No. 14	长沙市公路桥梁建设有限责任公司	
	No. 15	南通路桥工程有限公司	
	No. 16	湖南湘潭公路桥梁建设有限责任公司	
	No. 17	中铁十一局集团第一工程有限公司	

续上表

类　别	合同号	单位名称	备　注
土建	No. 18	路桥集团第一公路工程局厦门工程处	
	No. 19	路桥华祥国际工程有限公司	
	No. 20	中铁四局集团有限公司	
	No. 21	中铁七局集团有限公司	
	No. 22	路桥华南工程有限公司	
预制	No. 23	中铁五局集团第三工程有限责任公司	
	No. 24	中铁二十二局哈尔滨铁路建设集团有限公司	
	No. 25	中铁大桥局集团湖北第六工程有限公司	
连接线	No. 26	中铁大桥局股份有限公司	退场
	No. 27	中交第三公路工程局有限公司	
路面	LM-1	路桥集团第一公路工程局	
	LM-2	山西路桥第二工程有限公司	
	LM-3	河南省公路工程局集团有限公司	
	LM-4	路桥集团第一公路工程局厦门工程处	
	LM-5	贵州省公路工程总公司	
	LM-6	河南路桥建设集团有限公司	
	LM-7	江苏海通建设工程有限公司	
房建	FJ-1	河南六建建筑集团有限公司	
	FJ-2	河南科兴建设有限公司	
	FJ-3	河南省合立建筑工程有限公司	
	FJ-4	中国有色金属第六冶金建设公司洛阳公司	
	FJ-5	中铁十五局集团第七工程局有限公司	
	FJ-6	林州市建筑工程九公司	
	FJ-7	江苏省第一建筑安装有限公司	
	FJ-8	焦作市海宇公路工程有限公司	
	FJ-9	郑州市第一建筑工程有限责任公司	
	FJ-10	深圳市文业装饰设计工程有限公司	
	FJ-11	河南省豫美装饰工程有限公司	
	FJ-12	招标失败	
	FJ-13	河南省合立建筑工程有限公司	
	FJ-14	河南锦业实业有限公司	
	FJ-15	招标失败	
绿化	LH-1	河南新封园林绿化工程有限公司	
	LH-2	潢川县博宇花卉有限责任公司	
	LH-3	许昌四季春园林绿化工程有限公司	
	LH-4	河南天图园林景观有限公司	
	LH-5	潢川县佳美园林绿化工程有限公司	
	LH-6	郑州黄河园林绿化工程公司	

续上表

类　别	合同号	单位名称	备　注
绿化	LH-7	南阳市政工程总公司	
	LH-8	潢川县绿洲园林绿化工程有限公司	
	LH-9	河南农业大学园林艺术工程公司	
	LH-10	厦门市厦生园林绿化工程有限公司	
	LH-11	河南省通行实业园林工程有限公司	
	LH-12	河南省豫建园林工程有限公司	
	分离式路基绿化标	河南省春竹园林绿化有限公司	
伸缩缝	SSF-1	衡水市橡胶总厂有限公司	
	SSF-2	衡水冀军桥闸工程橡胶有限公司	
	SSF-3	衡水健达工程橡胶有限公司	
	SSF-4	四川中交路桥科技有限公司	
	SSF-5	衡水桥闸工程橡胶有限公司	
硅芯管	GXG-1	衡水宝力工程塑料有限公司	
	GXG-2	河北凯巍塑业有限公司	
交安	JA-1	武安市交通安全设备有限公司	
	JA-2	浙江交通设施有限公司	
	JA-3	河南省公路附属设施有限公司	
	JA-4	河南省新乡六通实业有限公司	
	JA-5	河南鸿志实业有限公司	
	JA-6	江苏中路交通工程有限公司	
	JA-7	江苏耀鑫交通设施有限公司	
	JA-8	南通市兴路交通工程有限公司	
	JA-9	郑州彩达交通设施工程有限公司	
	JA-10	杭州萧山金鹰交通设施有限公司	
	JA-11	福建省漳州市公路机械修配厂	
	JA-12	杭州神通交通设施有限公司	
	JA-13	北京市高速公路交通工程公司	
供电照明	LNGZ-1	郑州市祥龙电力安装工程有限公司	
	LNGZ-2	郑州市亚通照明工程有限责任公司	
	LNGZ-3	中铁建电气化局集团第一工程有限公司	
	LNGZ-4	辽宁阳光照明工程有限公司	
机电	LNJD	中铁一局集团电务工程有限公司	
办公机具	JJ-1	郑州腾坤装饰工程有限公司	
	JJ-2	郑州富昇家具有限公司	
	JJ-3	河南普美斯科技有限公司	
	JJ-4	山东省皇冠厨业有限公司	

续上表

<table>
<tr><th>类　别</th><th>合同号</th><th>单位名称</th><th>备　注</th></tr>
<tr><td rowspan="4">监理</td><td>No. A</td><td>河南省高等级公路建设监理部</td><td>监理土建 1~10 合同段</td></tr>
<tr><td rowspan="2">No. B</td><td>河南宏力工程咨询有限公司</td><td rowspan="2">蒲山特大桥主跨部分由代建单位郑州铁路局工程管理所于 2007 年 12 月与郑州中原铁道建设工程监理有限公司签订监理合同书</td></tr>
<tr><td>郑州中原铁道建设工程监理有限公司</td></tr>
<tr><td>JDJL</td><td>北京华路捷公路工程技术咨询有限公司</td><td></td></tr>
<tr><td rowspan="2">设计</td><td>设计 1</td><td>中交第一公路勘察设计研究院</td><td rowspan="2">蒲山特大桥主桥因上跨焦柳铁路，由中铁郑州勘察设计咨询院有限公司进行设计</td></tr>
<tr><td>设计 2</td><td>中铁郑州勘察设计咨询院有限公司</td></tr>
<tr><td>质量监督检测单位</td><td></td><td>河南省交通基本建设质量检测监督站</td><td></td></tr>
</table>

二、项目档案整理的文件依据

根据交通部《公路工程竣(交)工验收办法》(2004 年 3 月 31 日交通部令〔2004〕第 3 号)及《河南省公路工程建设项目档案专项验收暂行办法》的要求，岭南高速公路项目在项目竣工验收前进行档案专项验收，这充分体现了竣工资料在整个工程管理中的重要地位，也有效保证了项目档案的质量。

为全面贯彻执行交通部科技档案行业标准，确保工程建设与档案归档同步进行，交通部和河南省交通厅都下发了相关的文件，使岭南公司在规范项目档案整理上有了文件依据。岭南高速公路档案整理主要依据如下：

(1)《公路工程质量检验评定标准》(JTG F80/1—2004、JTG F80/2—2004)；

(2)《公路工程交、竣工验收办法》(交通部〔2004〕第 3 号令)；

(3)交通运输部《关于印发公路工程竣交工验收办法实施细则的通知》(交公路发〔2010〕65 号)；

(4)《公路工程竣工文件材料立卷归档管理办法》(交办发〔2001〕390 号)；

(5)《河南省公路工程竣工文件材料立卷归档整理细则》(豫交办〔2003〕1045 号)；

(6)《河南省公路工程建设项目档案专项验收暂行办法》(豫交办〔2004〕33 号)；

(7)《建筑工程质量验收规范》；

(8)河南岭南高速公路有限公司有关文件要求并结合岭南项目的工程建设实践。

三、项目档案管理的执行措施

(一)建立档案管理组织机构

我公司在岭南高速公路建设期间就十分重视竣工文件资料的整理归档工作，明确档案整理在建设后期的重要意义，多次强调竣工文件资料在工程清算、竣工决算、审计及以后养护工作中的重要作用，专门成立了岭南高速公路竣工文件资料档案整理领导小组。

组　长：侯建军

副组长：张廷明　周根峰

成　员：张贵然　李明远　薛彦岭　徐艳玲

根据土建、路面、房建、交安、绿化、机电等不同专业，明确分工，责任到人，分别督导各监理单位、施工单位档案资料整理工作，制订工作计划，定期检查。每周总经理办公会督促资料的整理、汇总、上报，各处室、各专业口全力配合，及时解决工作中遇到的困难，并下发文件，奖优罚差，确保资料及时归档。

（二）完善档案保管条件，确保档案资料的安全

（1）为了确保岭南高速公路档案资料管理工作的正常开展和长期保持的安全性，按照《河南省公路工程建设项目档案专项验收暂行办法》（豫交办〔2004〕33号）的有关规定，岭南高速公路档案库房建筑面积500m^2，符合建筑设计要求，实现了档案库房、办公阅览分开设置的要求，安装了双层防盗门、双层窗户、增设防盗窗、配置了灭火器、防火窗帘、加湿器、温控仪、空调、消毒柜等，确保防火、防盗、防光、防潮、防虫、防尘等措施落实到位。

（2）使用了专用的《DARMS2000文件档案管理系统》软件，建立了完整的档案和案卷信息数据库，配备了电脑、激光打印机、复印机等，光盘采用独立的消磁柜保存。

（3）档案柜数量、质量满足使用要求，案卷、卷盒等装具牢固、美观，卷盒脊背的档号、案卷题名粘贴整齐，符合有关验收要求。文件资料的载体和书写材料符合耐久性要求，案卷目录、卷内目录、案卷封面、卷盒脊背的文字内容使用了《DARMS2000文件档案管理系统》、激光打印机制作生成。

四、项目档案整理的执行情况

岭南高速公路项目是施工难度较大的一条高速公路，它有着路线长、地形地质复杂的特点，项目实施过程中涉及面广，工序较多。因此该建设项目的文件资料形成时间跨越长、资料涉及的范围广、资料整理工作量大，竣工验收前项目公司将所有参建单位整理的竣工文件资料进行整理、分类、统一编排，形成建设项目的档案，最后按档案管理的要求编制成建设项目档案，这是非常巨大的一项任务，给项目资料整理和归档提出了更高的要求，项目公司也围绕资料整理归档下发了相关的文件，制订了相应的要求和标准，从根本上规范了项目档案的整理、归档、验收、移交。

以前公路工程文件资料、档案管理基本上采用手工管理，存在着文件资料、档案分类和编制不统一，管理过程混乱，无法监控，甚至发生文件资料、档案丢失的现象，为了更好地解决文件资料、档案的管理、利用和信息化共享问题，该项目竣工文件资料的立卷归档全部采用《DARMS2000文件档案综合管理系统》，将计算机管理应用到资料整理工作中去，提高了资料整理的专业化、规范化、现代化和科学化。我们的资料整理和立卷归档工作共分三个阶段：

（一）初期准备和提高认识阶段

建设初期及建设过程中，我们要求各单位重视对项目文件资料的收集和整理，配备专门的档案管理人员和具体文案工作人员，建立文件保管制度，配备文件保管设备，建立文件整理台账，依据档案管理的要求，健全文件收发制度，使项目在整个建设前期、建设期、运营期所形成的文件资料有一个规范化的管理，不至于文件资料的遗失，随时收集整理在施工和管理工作中形成的档案，做到施工完毕档案整理完毕。在此期间，要求全线参加建设的各单位整理档案的工作人员认真学习交通部《公路工程竣（交）工验收办法》（2004年3月31日交通部令〔2004〕第3号）、《公路工程竣工文件材料立卷归档管理办法》以及《公路工程质量检验评定标准》（JTG F80—2004），学习省交通厅《河南省公路工程竣工文件材料立卷归档整理细则》及《河南省公路工程建设项目档案专项验收暂行办法》的相关要求和标准，为档案整理工作奠定了坚实的理论基础。

（二）组织培训学习和具体实施阶段

（1）2007年上半年，我们积极配合省交通厅档案管理部门的要求，要求各参建单位派人多次参加省交通厅举办的档案业务培训班，使档案管理人员和具体工作人员的档案业务素质有了很大的提高。2007年下半年，我们开始组建竣工资料领导小组和工作小组专职负责项目业主和其

他各参建单位竣工资料的收集、整理、归档、移交的管理工作,使档案管理工作取得了明显成效。我们不分节假日,加班加点,对自己高标准、严要求,争取做到一遍合格,不做无用功。项目公司领导也高度重视竣工资料整理工作,统一要求各单位购买《DARMS2000 文件档案综合管理系统》计算机档案管理应用软件,项目公司还统一配备了多功能复印机、计算机、激光打印机、装订机、刻录机、扫描仪等设备,形成了良好的工作局面。

(2)2008 年上半年,我们多次请档案专家和通过档案专项验收的高速公路项目档案管理人员到项目上、标段上指导工作,对我们在整理过程中遇到的问题给予讲解和更正,避免了走弯路,节省了人力和物力。2008 年下半年资料组成员集中精力接收沿线各施工单位和监理单位的竣工文件资料档案,在接收过程中,做到紧张有序,严格遵循《河南省公路工程建设项目档案专项验收暂行办法》的基本规定,在保证竣工资料完整性、准确性、系统性等内在质量达到《办法》要求的规定标准前提下,对于装订不合格、档号不规范以及卷盒脊背目录不详实的一律返工整理,不合格的资料决不上架。统一档号编排,统一案卷题名,统一打印案卷级、卷内级目录,统一脊背粘贴,统一装订标准,真正做到了"五统一"。

(3)2009 年,项目公司在组织接收施工、监理单位和设计单位资料的同时,开始组织项目公司产生的文件资料的收集、整理和归档。项目公司领导对资料整理工作非常重视,多次召开资料整理专题会议,制订项目公司资料整理工作计划,并成立资料整理小组。在 2009 年年底,基本完成了项目公司资料的收集和分类。2010 年 4 月底,项目公司资料整理归档工作基本完成,同时完成了库房建设等硬件设施,使岭南高速公路项目基本具备档案专项验收的条件。

五、目前项目档案的完成情况

岭南高速公路项目需移交竣工资料的参加单位共计 96 家,归档案卷总计原件 19433 卷,复印件 19433 卷。其中:(指原件案卷数)项目公司 991 卷,设计单位 156 卷,No. A 监理代表处 2425 卷,No. B 监理代表处 4000 卷,土建标 9991 卷,路面标 1223 卷,绿化标 93 卷,交安标 96 卷,房建标 267 卷,机电标 63 卷,其他小标段 73 卷;目录光盘 192 盒,照片档案 3735 张,竣工图纸 239 卷。所有接收的档案资料全部采用《DARMS2000 文件档案综合管理系统》制作,各单位竣工文件资料档案验收合格后,连同各单位档案编制说明、案卷及卷内目录索引等电子目录刻录成光盘一式两份一并移交给项目公司。

六、竣工图情况

项目公司所接收入库的竣工图能全面、准确反映建设项目的全貌,如竣工路线、路基、路面、桥梁、隧道、互通式立交工程、交通安全设施等的全部施工实际造型和特征,做到图物相符。

竣工图的编制符合档案专项验收标准要求,竣工图全部重新出图,并按照档案验收要求进行了立卷归档,每卷卷盒脊背上的案卷题名里有"几册共几册"的说明;竣工图逐张加盖竣工图章并签字齐全,每册竣工图附有竣工图编制说明。

七、项目档案的移交

为了使岭南高速公路的项目档案顺利通过档案专项验收,也为了更好地利用和保管好这笔宝贵的有形资产,岭南高速公路有限公司设立了专门的机构,明确由岭南高速公路管理公司具体负责档案室的工作,管理公司配备两名专职档案员负责项目档案的管理工作,并专门制订了一系列的管理制度:

《岭南高速公路档案室工作职责》;

《岭南高速公路档案室管理制度》;

《岭南高速公路档案借阅制度》;

《岭南高速公路管理公司档案管理办法》;

《岭南高速公路档案库房管理制度》。

这些制度的建立与执行确保了档案管理工作的规范化、科学化和系统化,为今后向管理公司正式移交奠定了良好的基础。

八、存在问题及采取措施

根据省交通运输厅直属高速公路建设竣工验收安排,岭南高速公路竣工验收时间为2010年下半年,目前,岭南部分土地证正在办理,财务决算还在进行中,政府审计尚未开始,会计档案需配合审计,这些文件将逐步完善归档。

岭南项目公司将针对竣工验收前环保、审计和决算资料的归档,成立岭南项目公司建设期后续档案整理归档领导小组和资料整理工作组,下一步将认真做好工程审计、决算等档案资料的收集、整理、归档及各门类后续档案的统一管理工作。

九、档案整理工作体会

在岭南高速公路竣工资料整理过程中,我们主要有如下体会:

(一)各级领导的重视支持是完成档案整理工作的前提

档案整理工作是一项重要且复杂的工程,在岭南高速公路档案整理工作期间,交通厅档案处领导对本项目的档案初验工作进行了细致、严谨的审核把关,提供了许多好的建议和意见,使档案整理工作更加规范,有力地保证了档案整理工作的质量。同时,省高发的领导始终高度重视档案整理工作,组织到通过档案专项验收的兄弟单位和中原高速的相关单位进行学习,同时在档案整理工作中做到人员到位、责任到位、检查到位、落实到位。可以说没有各级领导的高度重视和大力支持,在有限的时间内完成如此巨大的竣工资料归档任务是不可想象的。

(二)加强学习培训,是做好档案管理工作的基本要求

档案整理工作要求严格,工作繁杂,整理人员需要一定的专业技术知识和档案方面的业务知识,要加强人员的不断学习和培训,结合本专业知识并熟悉档案整理要求和专用软件操作,了解工程建设施工过程,这样对一些基本错误能够在整理过程中及时发现并纠正,保证档案整理工作质量和工作进度,使档案整理工作有条不紊,少走弯路。

(三)加强责任心是做好档案整理工作的本质

在档案整理过程中,一定要加强人员责任心,要认真、细心、耐心,档案就是数据,档案就是证据,容不得半点马虎,在档案整理的数据汇总中,工作任务量大,费时耗力,这就要求档案整理人员加强责任心,只有这样才能更好地完成档案整理工作。

(四)及时检查、不断改进是做好档案整理工作的保证

岭南高速公路建设项目参建单位多,人员素质参差不齐,在档案整理过程中必然会出现因理解不同而产生的差错,在档案整理工作的不同阶段应及时检查,合格后才能进行下一阶段的工作。如:先收集,收集后由相关责任人进行检查核对,检查是否收集齐全,有无漏项;收集齐全后,进行分类、排序、组卷;核查组卷无误后,进行页码编写、卷内和案卷目录录入;录入无误后,进行目录、封面、脊背打印;最后进行案卷装订和脊背粘贴。这样阶段性工作和阶段性验收,可以避免返工,提高工作效率,确保档案整理工作保质保量顺利进行。

十、项目档案的意义和今后努力方向

岭南高速公路竣工文件资料是一笔有形的、高价值的珍贵资料,它系统、完整地记录了高速公路建设的历史过程,也为今后道路的维护、改扩建和全线管理提供了真实、详细的文字、图表、声像资料。

通过竣工文件资料整理不仅使有关人员的工作能力和工作水平得到较大提高，而且使档案管理工作实现了科学化、系统化、规范化。如何利用、保管好项目档案，将是一件很重要的工作，对此我们的管理公司非常重视，下一步将积极探索更好的管理办法，发挥出竣工文件资料档案应有的作用：更规范地建立健全各项规章制度、档案室管理机构及体系；注重档案人员的培训，不断提高档案管理人员的素质和业务水平；与省交通厅档案网络数据库并网，达到数据共享，实现档案管理和利用的信息化。

十一、结束语

岭南高速公路竣工资料整理时间紧，工作量大，能够取得今天这样的工作业绩，是与各级领导的支持、各位档案专项验收小组专家的指导分不开的，是全体档案整理人员的汗水和辛勤劳动换来的，在该项目竣工文件资料档案整理归档方面，我们还有一定的差距，需要在今后的工作中进一步完善和提高。

在此，敬请档案专项验收组的各位领导和专家，多提宝贵意见和建议。下一步我们将把本次检查验收作为促进岭南项目公司档案管理工作新的动力，严格按照专项检查组提出的要求进行整改和完善，把各项工作做实、做细、做好，使岭南项目公司的档案管理工作更规范化、标准化。

河南岭南高速公路有限公司

2010 年 6 月 25 日

5. 河南省公路工程建设项目档案专项验收申请表

<table>
<tr><td>项目名称</td><td>二广高速公路分水岭至南阳段</td><td>公路等级标准</td><td>山岭重丘区采用设计速度 100km/h、平原微丘区采用 120km/h、4 车道高速公路(依据河南省地方公路标准,进行“四改六”车道布置)技术标准</td></tr>
<tr><td>投资规模</td><td>45.6569 亿元</td><td>建设时间</td><td>2005 年 9 月 ~ 2009 年 9 月</td></tr>
<tr><td>项目法人单位</td><td>河南岭南高速公路有限公司</td><td>设计单位</td><td>中交第一公路勘察设计研究院</td></tr>
<tr><td>监理单位</td><td>河南省高等级公路建设监理部、河南宏力工程咨询有限公司</td><td>施工单位</td><td>见附件</td></tr>
<tr><td>申请验收单位</td><td colspan="3">河南岭南高速公路有限公司</td></tr>
<tr><td>申请验收日期</td><td>2010 年 6 月 10 日</td><td>项目竣工验收日期</td><td>2010 年 12 月</td></tr>
<tr><td>联系人</td><td>张贵然</td><td>电话</td><td>13213727920</td></tr>
<tr><td>详细地址及邮编</td><td colspan="3">南阳市卧龙区蒲山镇黄山村独山收费站,邮编:473000</td></tr>
<tr><td>申请验收单位自检意见</td><td colspan="3">二广高速公路分水岭至南阳段工程按照《河南省公路工程建设项目档案专项验收暂行办法》(豫交办〔2004〕33 号)文的要求进行了自检,自检合格

单位(盖章)
2010 年 6 月 10 日</td></tr>
<tr><td>上级主管部门或有关部门审查意见</td><td colspan="3">同意河南岭南高速公路有限公司自检意见,合格

单位(盖章)
2010 年 6 月 20 日</td></tr>
<tr><td>组织验收单位意见</td><td colspan="3">经验收组对该项目工程档案实地查验,认为各项内容基本符合交通行业档案验收标准,同意通过。
后附:岭南高速公路档案验收结论;验收组名单(略)

单位(盖章)
2010 年 6 月 25 日</td></tr>
</table>

附件

施工单位一览表

类　别	合同号	单位名称
土建	No. 1	路桥集团第一公路工程局
	No. 2	中铁十九局集团第三工程有限公司
	No. 3	中铁二局股份有限公司
	No. 4	中铁一局集团第四工程有限公司
	No. 5	江西省公路桥梁工程局
	No. 6	中铁大桥股份有限公司
	No. 7	长庆石油勘探局筑路工程总公司
	No. 8	中铁十八局集团第一工程有限公司
	No. 9	路桥集团第一公路工程局第三工程公司
	No. 10	中铁十局集团第二工程有限公司
	No. 11	中铁十三局集团第五工程有限公司
	No. 12	中铁九局集团有限公司
	No. 13	中铁十七局集团第三工程有限公司
	No. 14	长沙市公路桥梁建设有限责任公司
	No. 15	南通路桥工程有限公司
	No. 16	湖南湘潭公路桥梁建设有限责任公司
	No. 17	中铁十一局集团第一工程有限公司
	No. 18	路桥集团第一公路工程局厦门工程处
	No. 19	路桥华祥国际工程有限公司
	No. 20	中铁四局集团有限公司
	No. 21	中铁七局集团有限公司
	No. 22	路桥华南工程有限公司
预制	No. 23	中铁五局集团第三工程有限责任公司
	No. 24	中铁二十二局哈尔滨铁路建设集团有限公司
	No. 25	中铁大桥局集团湖北第六工程有限公司
	No. 27	中交第三公路工程局有限公司
路面	LM-1	路桥集团第一公路工程局
	LM-2	山西路桥第二工程有限公司
	LM-3	河南省公路工程局集团有限公司
	LM-4	路桥集团第一公路工程局厦门工程处
	LM-5	贵州省公路工程总公司
	LM-6	河南路桥建设集团有限公司
	LM-7	江苏海通建设工程有限公司
房建	FJ-1	河南六建建筑集团有限公司
	FJ-2	河南科兴建设有限公司
	FJ-3	河南省合立建筑工程有限公司

续上表

类　别	合同号	单位名称
房建	FJ-4	中国有色金属第六冶金建设公司洛阳公司
	FJ-5	中铁十五局集团第七工程局有限公司
	FJ-6	林州市建筑工程九公司
	FJ-7	江苏省第一建筑安装有限公司
	FJ-8	焦作市海宇公路工程有限公司
	FJ-9	郑州市第一建筑工程有限责任公司
	FJ-10	深圳市文业装饰设计工程有限公司
	FJ-11	河南省豫美装饰工程有限公司
	FJ-12	招标失败
	FJ-13	河南省合立建筑工程有限公司
	FJ-14	河南锦业实业有限公司
	FJ-15	招标失败
绿化	LH-1	河南新封园林绿化工程有限公司
	LH-2	潢川县博宇花卉有限责任公司
	LH-3	许昌四季春园林绿化工程有限公司
	LH-4	河南天图园林景观有限公司
	LH-5	潢川县佳美园林绿化工程有限公司
	LH-6	郑州黄河园林绿化工程公司
	LH-7	南阳市政工程总公司
	LH-8	潢川县绿洲园林绿化工程有限公司
	LH-9	河南农业大学园林艺术工程公司
	LH-10	厦门市厦生园林绿化工程有限公司
	LH-11	河南省通行实业园林工程有限公司
	LH-12	河南省豫建园林工程有限公司
	分离式路基绿化标	河南省春竹园林绿化有限公司
伸缩缝	SSF-1	衡水市橡胶总厂有限公司
	SSF-2	衡水冀军桥闸工程橡胶有限公司
	SSF-3	衡水健达工程橡胶有限公司
	SSF-4	四川中交路桥科技有限公司
	SSF-5	衡水桥闸工程橡胶有限公司
硅芯管	GXG-1	衡水宝力工程塑料有限公司
	GXG-2	河北凯巍塑业有限公司
交安	JA-1	武安市交通安全设备有限公司
	JA-2	浙江交通设施有限公司
	JA-3	河南省公路附属设施有限公司
	JA-4	河南省新乡六通实业有限公司
	JA-5	河南鸿志实业有限公司
	JA-6	江苏中路交通工程有限公司
	JA-7	江苏耀鑫交通设施有限公司

续上表

类　别	合同号	单位名称
交安	JA-8	南通市兴路交通工程有限公司
	JA-9	郑州彩达交通设施工程有限公司
	JA-10	杭州萧山金鹰交通设施有限公司
	JA-11	福建省漳州市公路机械修配厂
	JA-12	杭州神通交通设施有限公司
	JA-13	北京市高速公路交通工程公司
供电照明	LNGZ-1	郑州市祥龙电力安装工程有限公司
	LNGZ-2	郑州市亚通照明工程有限责任公司
	LNGZ-3	中铁建电气化局集团第一工程有限公司
	LNGZ-4	辽宁阳光照明工程有限公司
机电	LNJD	中铁一局集团电务工程有限公司
办公机具	JJ-1	郑州腾坤装饰工程有限公司
	JJ-2	郑州富昇家具有限公司
	JJ-3	河南普美斯科技有限公司
	JJ-4	山东省皇冠厨业有限公司

河南岭南高速公路有限公司文件

岭南高司〔2010〕16号

签发人：侯建军

6. 关于二广高速公路分水岭至南阳段工程项目档案专项验收的请示

河南高速公路发展有限责任公司：

二广高速公路分水岭至南阳段工程是国家高速公路规划建设"7918"路网中二连浩特至广州高速公路的重要组成路段，是国家重点工程，全长98.546km，项目批准总概算456569万元。2005年9月开工，于2007年12月09日、2008年11月26日、2009年9月30日分三次通过交工验收建成通车，并投入试运营。

河南省发展和改革委员会以豫发改交通〔2005〕705号"关于洛阳至南阳高速公路分水岭至南阳段工程可行性研究报告核准的批复"批准立项、以豫发改设计〔2006〕359号"关于洛阳至南阳高速公路分水岭至南阳段工程初步设计的批复"批准工程初步设计、河南省交通厅以豫交计〔2006〕332号"关于洛阳至南阳高速公路分水岭至南阳段工程施工图设计的批复"批准施工图设计。

我公司对该项目档案工作非常重视，成立了专项部门，配备了专、兼职档案员，工程开工伊始聘请专家进行档案资料指导、整理工作。严格按照交通部《关于印发〈公路工程竣工文件材料立卷归档管理办法〉的通知》（交办发〔2001〕390号）、河南省交通厅《河南省公路工程竣工文件材料立卷归档整理细则》的规定，进行分类组卷、整理和归档，基本做到了文件材料收集齐全、完整，组卷科学、规范，案卷题名准确、简练，交工验收后，针对交工验收提出的建议进行整改和完善，具备档案专项验收条件。

目前，岭南高速公路竣工文件资料已经归档完毕，经自检合格，根据河南省交通运输厅直属高速公路建设项目竣工验收计划安排，为顺利进行竣工验收，特申请竣工验收前的档案专项验收。

妥否，请批示。

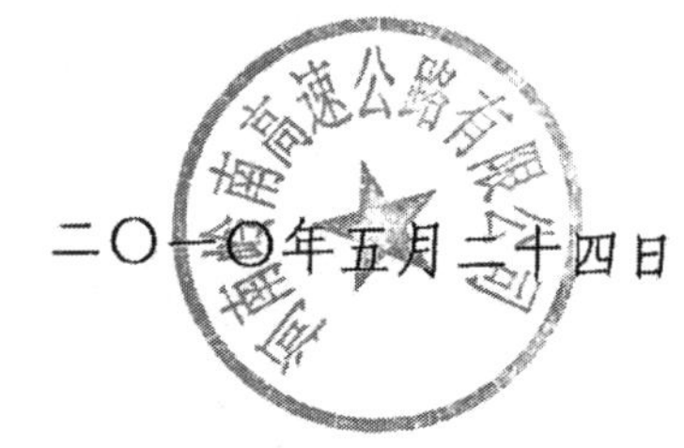

二〇一〇年五月二十四日

主题词:工程　专项　验收　请示

河南岭南高速公路有限公司　　2010 年 5 月 24 日印发　　共印 20 份

7. 二广高速公路分水岭至南阳段工程项目档案专项验收结论

二广高速公路分水岭至南阳段是我省重点建设项目，是国家新规划的太原至澳门国家重点公路的重要段落，由省发改委于2005年以豫发改交通〔2005〕705号批复立项，全长98.5km，项目由河南岭南高速公路有限公司承建。2007年12月、2008年11月、2009年9月建成通车。

根据国家发改委、国家档案局《重大建设项目档案验收办法》、交通部重大建设项目档案管理有关规定，河南省档案局、河南省交通运输厅组织并邀请专家，组成档案验收组，于2010年6月25日对二广高速公路分水岭至南阳段项目档案进行了专项验收，验收组通过听取档案情况介绍、现场检查、讨论评议，形成以下结论：

（1）在项目建设初期即将档案工作纳入议事日程，明确了档案分管领导，执行了国家和行业档案工作法律、法规，设立了工程档案机构，选派了素质较好的档案工作人员，建立了档案管理网络，开展了相关档案培训，较好协调、指导了设计、施工、监理等参建部门，开展档案工作，使档案工作与工程建设同步进行。

（2）建立健全了各项档案管理制度，创新了档案工作机制，将工程档案形成积累与整理归档列入了工程管理环节，保证了工程档案材料的及时归档，保证了档案的齐全完整和真实有效，保证了竣工图准确、清晰和完备签署，符合工程建设实际。项目档案整理依照《国家重大建设项目文件归档要求与档案整理规范》，《河南省公路竣工文件材料立卷归档整理细则》，并结合本企业实际实现了标准化、规范化，案卷质量符合国家验收要求。截至目前，共收集整理档案18172卷（册）（单一套）。

（3）档案归入档案室集中管理，为档案保管提供了较好的保管、查阅、利用条件，档案库房档案柜架充足，管理设施齐备，配置了较好档案工作设备，实现了办公、阅览与库房三分开，档案八防措施落实到位，较好地保证了档案的完整和安全，档案著录利用档案专用软件，建立了案卷级，目录级档案信息数据库，为工程建设和管理经营提供了较好的服务。

（4）根据以上情况，验收组认为二广高速公路分水岭至南阳段项目档案验收合格，同意通过验收。

同时建议公司领导继续重视支持档案工作，加强档案工作的领导和投入。加快土地证、林地使用证、项目审计的办理与档案的归档，做好档案资料竣工验收阶段收集和整理归档，实现各门类档案集中统一管理，以保证工程档案的完整管理和开发利用。

附件：二广高速公路分水岭至南阳段工程档案专项验收组成员名单

二广高速公路分水岭至南阳段项目档案专项验收组

2010年6月25日

附件

二广高速公路分水岭至南阳段工程档案专项验收组成员名单

	姓　名	单　　位	职务/职称	签　　字
组　长	吕　刚	河南省档案局	副处长/国家级评审员	
副组长	张国选	河南省交通运输厅办公室	副主任	
成员	祁丽娜	河南省交通运输厅办公室	档案科长/研究馆员	
	黄惠敏	河南省交通运输厅办公室	副研究馆员	
	崔丽华	河南省交通运输厅财务处	主任科员/高级会计师	
	杨　瑞	河南省高速公路管理局	高级工程师	
	张宏春	河南省高速公路管理局	博士/高级工程师	
	贾渝新	河南交通基本建设质量检测监督站	总工/教授级高工	
	刘英嫦	河南交通基本建设质量检测监督站	副科长/高级工程师	
	郑明伟	郑州市档案局	主任/馆员	
	齐　明	河南省交通投资集团有限公司	工程师	
	韩　冰	河南高速公路发展有限责任公司	助调/教授级高工	
	朱桂华	河南高速公路发展有限责任公司	副主任/副研究馆员	
	苏克亮	南阳市档案局	科长/馆员	

二广高速公路分水岭至南阳段
工程竣工验收

第一册　参建单位工作报告

主编　高建立　侯建军　张廷明

人民交通出版社股份有限公司

内 容 提 要

本书收录了二广高速公路分水岭至南阳段工程在项目执行、设计、质量监督、各监理代表处、各施工单位、征地拆迁及使用情况的总结报告，全面记录了该项目各个环节的建设概况。从管理和技术角度作了详尽的分析，对提高我国高速公路工程项目竣工验收的水平有重要意义。

本书可供从事高速公路建设、设计、施工、监理、质检等方面的工程技术人员使用参考。

图书在版编目(CIP)数据

二广高速公路分水岭至南阳段工程竣工验收. 1，参建单位工作报告 / 高建立，侯建军，张廷明主编. — 北京：人民交通出版社股份有限公司，2014.12

ISBN 978-7-114-11023-8

Ⅰ. ①二… Ⅱ. ①高… ②侯… ③张… Ⅲ. ①高速公路—道路工程—工程验收—中国 Ⅳ. ①U415.12

中国版本图书馆 CIP 数据核字(2014)第 282535 号

书　　名：二广高速公路分水岭至南阳段工程竣工验收(第一册)
著 作 者：高建立　侯建军　张廷明
责任编辑：杜　琛　卢　珊
出版发行：人民交通出版社股份有限公司
地　　址：(100011)北京市朝阳区安定门外外馆斜街 3 号
网　　址：http://www.ccpress.com.cn
销售电话：(010)59757973
总 经 销：人民交通出版社股份有限公司发行部
经　　销：各地新华书店
印　　刷：化学工业出版社印刷厂
开　　本：787×1092　1/16
印　　张：29.625
字　　数：1091 千
版　　次：2014 年 12 月　第 1 版
印　　次：2014 年 12 月　第 1 次印刷
书　　号：ISBN 978-7-114-11023-8
全册定价：198.00 元

二广高速公路分水岭至南阳段
工程竣工验收(第一册)

编　委　会

目　　录

第一部分　建设、设计、监理、监督

第二部分　土　　建

第三部分　路　　面

第四部分　房　　建

第五部分　绿　　化

第六部分　供配电、机电

第七部分　交通安全设施

第八部分　接管养护单位

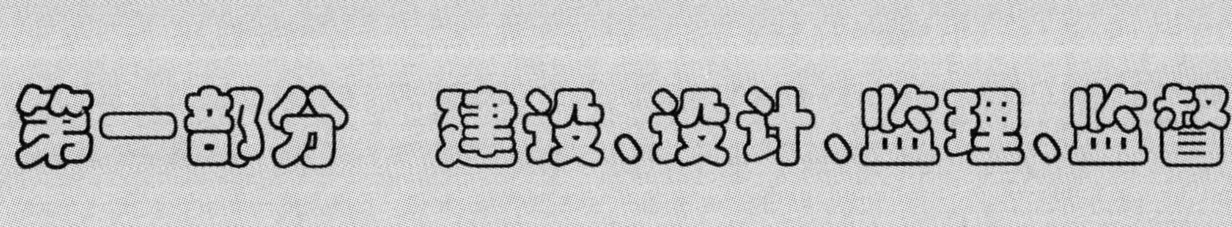

第一部分　建设、设计、监理、监督

1. 二广高速公路分水岭至南阳段工程项目执行报告

目　　录

二广高速公路分水岭至南阳段工程
项目执行报告

一、工程概况

洛阳至南阳高速公路分水岭至南阳段是河南省规划的“五纵、四横、六通道”高速公路主骨中的“第四纵”，是河南省西北部地区南北向公路运输的主通道。本工程起于南阳与平顶山交界的分水岭，止于南阳市区西部张华岗，与已建成的上海至武威国家重点公路相接，主线全长约74.299km，联络线由南阳市卧龙区的安皋乡向东，经蒲山镇止于宛城区的新店乡，与南兰高速公路相连接，全长24.25km，总里程共计98.546km。

（一）建设依据

（1）河南省发展与改革委员会以豫发改交通〔2005〕705号文批准立项文件。

（2）河南省发展与改革委员会以豫发改设计〔2006〕359号文批准工程初步设计。

（3）河南省交通厅以豫交计〔2006〕332号文批准工程施工图设计。

（4）河南省水利厅以豫水土〔2005〕60号文批复水土保持方案。

（5）河南省交通厅以豫交计〔2007〕136号文批复绿化工程方案设计。

（6）河南省交通厅文件关于印发《河南省高速公路设计技术要求》的通知（豫交计〔2005〕191号）。

（7）河南省交通厅以豫交计〔2007〕48、136、29号文批准房建、绿化、机电工程施工图设计。

（8）河南省高速公路景观设计指南。

（9）河南省交通厅文件《关于洛阳至南阳高速公路分水岭至南阳段蒲山特大桥跨焦枝铁路及南水北调总干渠段工程施工图设计的批复》（豫交计〔2008〕145号）。

（二）建设规模及主要技术指标

（1）土建工程：全线路基土方2121.79万m^3；沥青混凝土路面260.33万m^2；水泥稳定碎石基层216.08万m^2；水泥稳定碎石底基层218.08万m^2；互通式立交7处，分离式立交10处；特大桥4座，总长5316.4m；大、中、小桥101座，总长16729.5m；通道89处，天桥28座；涵洞154道；隧道3665.4m/19道。

（2）房建工程：岭南段全线设置3处匝道、1处监控管理所、总建筑1处服务区、1处停车区、1处交警路政养护管理所。联络线设置匝道收费站1处。总建筑面积18191m^2，其中：南召收费站1195m^2，瓦踅收费站与路政交警养护管理所2278m^2，南阳收费站与管理监控所2738m^2，南召停车区2331m^2，南阳服务区7225m^2，独山收费站2425m^2。

（3）绿化工程：中央分隔带绿化、路侧绿化、互通区绿化、服务区管理区绿化。

（4）机电工程：监控系统、通信系统、收费系统、供配电、照明系统。

（5）10kV供电线路工程合同价：1069万元。

主要技术指标如下。

（1）设计行车速度：山岭区100km/h，平原区120km/h。

（2）路基宽度：山岭区26m，平原区28m。

（3）平曲线一般最小半径：山岭区700m，平原区1000m。

（4）平曲线极限最小半径：山岭区400m，平原区650m。

（5）最大纵坡：山岭区4%，平原区3%。

（6）桥梁设计荷载：（公路—Ⅰ级）×1.3。

（7）设计洪水频率：特大桥为1/300，其他和路基1/100。

（8）地震动峰值加速度系数：0.05g、0.10g（相当于地震基本烈度：Ⅵ、Ⅶ度）。

（三）工程进度

工程项目于2005年9月16日开工建设，主线南召至G40段55km于2007年12月9日建成通车进入试运营阶段，主线分水岭至南召段18856km及联络线24.25km分别于2008年11月26日、2009年9月30日建成通车进入试运营阶段。

(四)项目投资及来源

岭南高速公路项目资金来源由两部分组成,35%自筹资本金以及65%银行贷款。资本金由河南省高速公路发展有限责任公司筹集,项目概算45.6亿元。

(五)主要工程数量

全线路基土方2121.79万m^3;沥青混凝土路面260.33万m^2;水泥稳定碎石基层216.08万m^2;水泥稳定砂砾底基层218.08万m^2;互通式立交7处,分离式立交10处;特大桥4座,共长5316.4m;大、中、小桥101座,总长度16729.5m;通道89处;天桥28座,涵洞154道;隧道为3663.4m/9道。交通标志1113块;道路标线147677m^2;隔离栅187142m;收费雨棚、广场、收费岛4处;综合功能服务区1处、停车区1处、隔音墙30处共3479m。分别在南召设1处停车区,南阳设1处服务区,在南召、五朵山、遮山、独山互通立交设置4处匝道收费站。分别在分水岭、柴家庄、上河东、雪家庄隧道口设置4处隧道供电管理站。

(六)主要参建单位一览表(表1~表3)

主要参建单位一览表(一)　　表1

类别	合同号	单位名称	合同金额(元)
土建	No.1	路桥集团第一公路工程局	90306233.00
	No.2	中铁十九局集团第三工程有限公司	53352437.00
	No.3	中铁二局股份有限公司	103500537.00
	No.4	中铁一局集团第四工程有限公司	127452076.00
	No.5	江西省公路桥梁工程局	67045723.00
	No.6	中铁大桥股份有限公司	109941168.00
	No.7	长庆石油勘探局筑路工程总公司	72153028.00
	No.8	中铁十八局集团第一工程有限公司	76399392.00
	No.9	路桥集团第一公路工程局第三工程公司	25258819.00
	No.10	中铁十局集团第二工程有限公司	69289280.00
	No.11	中铁十三局集团第五工程有限公司	61812431.00
	No.12	中铁九局集团有限公司	83100532.00
	No.13	中铁十七局集团第三工程有限公司	63538081.00
	No.14	长沙市公路桥梁建设有限责任公司	39978679.00
	No.15	南通路桥工程有限公司	67130170.00
	No.16	湖南湘潭公路桥梁建设有限责任公司	61053002.00
	No.17	中铁十一局集团第一工程有限公司	76093755.00
	No.18	路桥集团第一公路工程局厦门工程处	103563856.00
	No.19	路桥华祥国际工程有限公司	62004301.00
	No.20	中铁四局集团有限公司	57612893.00
	No.21	中铁七局集团有限公司	95199697.00
	No.22	路桥华南工程有限公司	149771519.00

续上表

类别	合 同 号	单 位 名 称	合 同 金 额(元)
预制	No. 23	中铁五局集团第三工程有限责任公司	67964861.00
	No. 24	中铁二十二局哈尔滨铁路建设集团有限公司	42525572.00
	No. 25	中铁大桥局集团湖北第六工程有限公司	91966494.00
连接线	No. 26	中铁大桥局股份有限公司	7365413.72
	No. 27	中交第三公路工程局有限公司	13883020.20
路面	LM-1	路桥集团第一公路工程局	107234697.00
	LM-2	山西路桥第二工程有限公司	111447222.13
	LM-3	河南省公路工程局集团有限公司	163831870.40
	LM-4	路桥集团第一公路工程局厦门工程处	142779913.40
	LM-5	贵州省公路工程总公司	118080230.62
	LM-6	河南路桥建设集团有限公司	104460618.33
	LM-7	江苏海通建设工程有限公司	107694956.00
房建	FJ-1	河南六建建筑集团有限公司	3865929.76
	FJ-2	河南科兴建设有限公司	7580243.10
	FJ-3	河南省合立建筑工程有限公司	4873753.01
	FJ-4	中国有色金属第六冶金建设公司洛阳公司	5023897.81
	FJ-5	中铁十五局集团第七工程局有限公司	4795580.48
	FJ-6	林州市建筑工程九公司	6517353.01
	FJ-7	江苏省第一建筑安装有限公司	5660793.07
	FJ-8	焦作市海宇公路工程有限公司	2163924.39
	FJ-9	郑州市第一建筑工程有限责任公司	2232604.91
	FJ-10	深圳市文业装饰设计工程有限公司	1218886.84
	FJ-11	河南省豫美装饰工程有限公司	2158103.19
	FJ-12	招标失败	
	FJ-13	河南省合立建筑工程有限公司	5825762.61
	FJ-14	河南锦业实业有限公司	5464116.13
	FJ-15	招标失败	

主要参建单位一览表(二) 表2

类别	合同号	单位名称	合同金额(元)
绿化	LH-1	河南新封园林绿化工程有限公司	1982061.00
	LH-2	潢川县博宇花卉有限责任公司	1883676.22
	LH-3	许昌四季春园林绿化工程有限公司	2791969.08
	LH-4	河南天图园林景观有限公司	2305118.87
	LH-5	潢川县佳美园林绿化工程有限公司	3223855.39
	LH-6	郑州黄河园林绿化工程公司	388885.65
	LH-7	南阳市政工程总公司	607033.28
	LH-8	潢川县绿洲园林绿化工程有限公司	1019021.87
	LH-9	河南农业大学园林艺术工程公司	483675.72
	LH-10	厦门市厦生园林绿化工程有限公司	2546785.26
	LH-11	河南省通行实业园林工程有限公司	573035.63
	LH-12	河南省豫建园林工程有限公司	849208.38
伸缩缝	SSF-1	衡水市橡胶总厂有限公司	2321620.58
	SSF-2	衡水冀军桥闸工程橡胶有限公司	2936020.35
	SSF-3	衡水健达工程橡胶有限公司	2185610.86
	SSF-4	四川中交路桥科技有限公司	2315164.72
	SSF-5	衡水桥闸工程橡胶有限公司	2464305.40
硅芯管	GXG-1	衡水宝力工程塑料有限公司	3408562.50
	GXG-2	河北凯巍塑业有限公司	3575596.50
交通安全设施	JA-1	武安市交通安全设备有限公司	2602770.00
	JA-2	浙江交通设施有限公司	6811548.00
	JA-3	河南省公路附属设施有限公司	3186666.00
	JA-4	河南省新乡六通实业有限公司	1057521.00
	JA-5	河南鸿志实业有限公司	1296603.00
	JA-6	江苏中路交通工程有限公司	2279359.00
	JA-7	江苏耀鑫交通设施有限公司	2533824.00
	JA-8	南通市兴路交通工程有限公司	4256892.00
	JA-9	郑州彩达交通设施工程有限公司	3066089.00
	JA-10	杭州萧山金鹰交通设施有限公司	12396895.00
	JA-11	福建省漳州市公路机械修配厂	34153863.00
	JA-12	杭州神通交通设施有限公司	16381110.00
	JA-13	北京市高速公路交通工程公司	4904158.00

续上表

类别	合　同　号	单 位 名 称	合 同 金 额(元)
供电照明	LNGZ-1	郑州市祥龙电力安装工程有限公司	8845539.07
	LNGZ-2	郑州市亚通照明工程有限责任公司	10346188.90
	LNGZ-3	中铁建电气化局集团第一工程有限公司	5186002.28
	LNGZ-4	辽宁阳光照明工程有限公司	6633730.09
机电	LNJD	中铁一局集团电务工程有限公司	51245099.09
办公机具	JJ-1	郑州腾坤装饰工程有限公司	803270.00
	JJ-2	郑州富昇家具有限公司	683170.00
	JJ-3	河南普美斯科技有限公司	1008600.00
	JJ-4	山东省皇冠厨业有限公司	1089909.00

主要参建单位一览表(三)　　表3

类别	合　同　号	单 位 名 称	合 同 金 额(元)
监理	No. A	河南省高等级公路建设监理部	
	No. B	河南宏力工程咨询有限公司	
	JDJL	北京华路捷公路工程技术咨询有限公司	2355048.00
设计		中交第一公路勘察设计研究院	
检测单位		河南省交通基本建设质量检测监督站	
监理		郑州中原铁道建设工程监理有限公司	主跨部分由代建单位郑州铁路局工程管理所与郑州中原铁道建设工程监理有限公司签订监理合同书
代建方 设计		郑州铁路局工程管理所 中铁郑州勘察设计咨询院有限公司	主桥因上跨焦柳铁路,由中铁郑州勘察设计咨询院有限公司进行设计
施工		中铁七局集团有限公司	主跨部分由代建单位郑州铁路局工程管理所与施工单位中铁七局集团有限公司签订施工合同书

二、建设管理情况

(一)前期工作

1.设计单位招标情况

南阳市高速公路有限公司委托中招国际招标公司于2004年4月13日在“中国采购与招标网”、“中国经济导报”等登载了招标公告,公开发售了资格预审申请文件,并组织了资格预审的评审工作。河南高速公路发展有限责任公司接受上述资格预审结果,并委托中招国际招标公司进行后续招标工作,2005年6月6日~7日向通过资格预审的单位发售了招标文件,2005年6月16日举行了开标评标工作。评标采用综合评分法,最终确定中标单位为中交第一公路勘察设计研究院,河南岭南高速公路有限公司接受上述招标结果。

2. 施工单位招标情况

(1)土建工程招标情况

河南高速公路发展有限责任公司委托中招国际招标公司于2005年6月13日~15日同时在“河南日报”、“大河报”、“中国采购与招标网”发布资审公告,并于2005年7月1日~5日进行了资格预审的评审工作。河南岭南高速公路有限公司委托中招国际招标公司于2005年7月12日向通过资格预审的单位发放投标邀请书,并与7月15日发售招标文件。在招标文件规定的开标时间内,招标人进行了开标和评标,评标工作采用有限低价评标法,现场确定中标候选人,其中No.16合同段无一家单位报价进入合理投标价范围,中标候选人空缺。2005年8月2日,招标人对No.16合同段投标单位发出了二次开标的通知,并重新进行了开评标工作,最终确定土建工程中标单位见表4。

No.1~No.25合同段土建工程中标单位 表4

合　　同	中　标　人	合　　同	中　标　人
1	路桥集团第一公路工程局	14	长沙市公路桥梁建设有限责任公司
2	中铁十九局集团第三工程有限公司	15	南通路桥工程有限公司
3	中铁二局股份有限公司	16	湖南湘潭公路桥梁建设有限责任公司
4	中铁一局集团第四工程有限公司	17	中铁十一局集团第一工程有限公司
5	江西省公路桥梁工程局	18	路桥集团第一公路工程局厦门工程处
6	中铁大桥局股份有限公司	19	路桥华祥国际工程有限公司
7	中铁十九局集团第三工程有限公司	20	中铁四局集团有限公司
8	中铁十八局集团第一工程有限公司	21	中铁七局集团有限公司
9	路桥集团第一公路工程局第三工程公司	22	路桥华南工程有限公司
10	中铁十局集团第二工程有限公司	23	中铁五局集团第三工程有限责任公司
11	中铁十三局集团第五工程有限公司	24	中铁二十二局哈尔滨铁路建设集团有限公司
12	中铁九局集团有限公司	25	中铁大桥局集团湖北第六工程有限公司
13	中铁十七局集团第三工程有限公司	—	—

(2)路面工程招标情况

河南岭南高速公路有限公司委托中招国际招标公司依据《中华人民共和国招投标法》于2006年3月8日~10日在“中国采购与招标网”、“中国交通报”、“河南日报”显著位置发布了资格预审公告,2006年4月1日~5日组织了资格预审评审工作。2006年4月25日~26日,招标人对通过资格预审的单位发放投标邀请书,并于4月28日发售招标文件,在招标文件规定的开标时间内,招标人进行了开标和评标。评标工作采用有限低价评标法,现场确定中标候选人,其中No.7合同段原中标人“洛阳路桥建设集团有限责任公司”于2006年8月30日向河南岭南高速公路有限公司提出了退出项目施工的申请(洛路建〔2006〕27号),经业主研究决定,同意其申请。根据本项目招标文件规定,最终确定土建工程中标单位见表5。

No.1~No.7合同段路面工程中标单位 表5

合　同　段	中　标　人	合　同　段	中　标　人
No.1	路桥集团第一公路工程局	No.5	贵州省公路工程总公司
No.2	山西路桥第二工程有限公司	No.6	河南路桥建设集团有限公司
No.3	河南省公路工程局集团有限公司	No.7	江苏海通建设工程有限公司
No.4	路桥集团第一公路工程局厦门工程处	—	—

(3)房建和绿化工程招标情况

河南岭南高速公路有限公司委托中招国际招标公司依据《中华人民共和国招投标法》于2006年9月12日在“中国采购与招标网”、“河南日报”显著位置发布了资格预审公告，2006年9月29日~30日组织了资格预审评审工作。2006年10月16日，招标人对通过资格预审的单位发放投标邀请书并发售招标文件，在招标文件规定的开标时间内，招标人进行了开标和评标，评标工作采用有限低价评标法，现场确定中标候选人。

其中LH-1和LH-10合同段均有唯一中标候选人，且为同一家单位，根据招标文件规定，该家单位放弃了LH-10合同段的中标资格，致使LH-10合同段中标候选人空缺，业主于2006年11月9日向LH-10合同段的原投标单位发放了重新开标的通知，并于2006年11月14日上午9点对该合同段进行了重新开评标。FJ-6合同段第一中标候选人和FJ-7合同段第一中标候选人均因投标资料虚假被取消中标资格，依据招标文件规定，招标人决定对FJ-6合同段重新招标，于2007年1月25日在“中国采购与招标网”、“河南日报”显著位置发布了FJ-6合同段资格预审公告，2007年3月1日，招标人对FJ-6合同段通过资格预审的单位发放投标邀请书，2007年3月15日上午9点对该合同进行了重新开标、评标并推荐出该合同段的中标候选人。2007年7月5日上午9点对FJ-9、FJ-10、FJ-11、FJ-13、FJ-14开标。最终确定房建工程中标单位见表6。

FJ-1~FJ-14合同段房建工程中标单位 表6

合同段	中标人	合同段	中标人
FJ-1	河南六建建筑集团有限公司	FJ-8	焦作市海宇公路工程有限公司
FJ-2	河南科兴建设有限公司	FJ-9	郑州市第一建筑工程有限责任公司
FJ-3	河南省合立建筑工程有限公司	FJ-10	深圳市文业装饰设计工程有限公司
FJ-4	中国有色金属工业六冶洛阳公司	FJ-11	河南省豫美装饰工程有限公司
FJ-5	中铁十五局集团第七工程局有限公司	FJ-13	河南省合立建筑工程有限公司
FJ-6	林州市建筑工程九公司	FJ-14	河南锦业实业有限公司
FJ-7	江苏省第一建筑安装有限公司	—	—

绿化工程中标单位见表7。

LH-1~LH-12合同段绿化工程中标单位 表7

合同段	中标人	合同段	中标人
LH-1	河南新封园林绿化工程有限公司	LH-7	南阳市市政工程总公司
LH-2	潢川县博宇花卉有限责任公司	LH-8	潢川县绿洲园林绿化有限责任公司
LH-3	许昌四季春园林绿化工程有限公司	LH-9	河南农业大学园林艺术工程公司
LH-4	河南天图园林景观有限公司	LH-10	厦门市厦生园林绿化工程有限公司
LH-5	潢川县佳美园林工程有限责任公司	LH-11	河南省通行实业园林工程有限公司
LH-6	郑州黄河园林绿化工程公司	LH-12	河南省豫建园林工程有限公司

(4)交通安全设施工程招标情况

河南岭南高速公路有限公司和中招国际招标公司依据《中华人民共和国招投标法》于2007年1月25日在“中国采购与招标网”、“河南日报”发布了资格预审公告，在公告上载明的时间内中招国际招标公司组织进行了资格预审文件的发售，并于2007年2月9日～10日组织了资格预审工作。2007年3月15日，招标人对通过资格预审的单位发放投标邀请书，并于3月16日发售招标文件，在招标文件规定的递交截止日期2007年3月30日上午9点举行了开标、评标，评标工作采用有限低价评标法，其中JA-7合同段四川金城栅栏工程有限公司放弃了中标资格，JA-13合同段因所有中标候选人投标书内容虚假，招标人对JA-13合同段举行了重新招标，最终确定中标人见表8。

JA-1～JA-12合同段交通安全设施工程中标单位 表8

合同段	中标人	合同段	中标人
JA-1	武安市交通安全设备有限公司	JA-7	江苏耀鑫交通设施有限公司
JA-2	浙江交通设施有限公司	JA-8	南通市兴路交通工程有限公司
JA-3	河南省公中附属设施有限公司	JA-9	郑州彩达交通设施工程有限公司
JA-4	河南省新乡六通实业有限公司	JA-10	杭州萧山金鹰交通设施有限公司
JA-5	河南鸿志实业有限公司	JA-11	福建省漳州市公路机械修配厂
JA-6	江苏中路交通工程有限公司	JA-12	杭州神通交通设施有限公司

(5)JA-13合同段重新招标情况

河南岭南高速公路有限公司和中招国际招标公司依据《中华人民共和国招投标法》于2007年4月3日在“中国采购与招标网”发布了JA-13合同段重新招标的资格预审公告，在公告上载明的时限内中招国际招标公司组织进行了资格预审文件的发售，并于2007年4月12日组织了资格预审评审工作。2007年4月18日，招标人通过资格预审的单位发放投标邀请书，并于4月19日发售招标文件，在招标文件规定的开标时间举行了开标评标，评标工作采用有限低价评标法，最终确定中标人见表9。

JA-13合同段交通安全设施工程中标单位 表9

合同段	中标人
JA-13	北京市高速公路交通工程公司

3. 监理单位招标情况

河南岭南高速公路有限公司和中招国际招标公司依据《中华人民共和国招投标法》于2005年6月13日～15日在“河南日报”、“大河报”、“中国采购与招标网”显著位置发布了资格预审公告，2005年6月15日～17日业主组织进行了资格预审文件的发售，河南岭南高速公路有限公司于7月1日组织了资格预审评审工作。2005年7月12日，招标人对通过资格预审的单位发放投标邀请书，并于7月15日发售招标文件，在招标文件规定的开标时间2005年7月25日上午9点举行了开标、评标，评标采用综合评分法进行，最终确定的中标单位见表10。

No. A、No. B合同段土建工程监理中标单位 表10

合同段	中标人	合同段	中标人
No. A	河南省高等级公路建设监理部	No. B	河南省宏力工程咨询有限公司

河南岭南高速公路有限公司和中招国际招标公司依据《中华人民共和国招投标法》于2006年11月28日～29日在“河南日报”、“中国采购与招标网”发布了资格预审公告，在公告规定的时间内发售了资格预审文件，并于2006年12月11日～12日组织了资格预审评审工作。2007年1月22日，招标人对通过资格预审的单位发放投标邀请书，并于1月24日发售招标文件，在招标文件规定的递交截止日期2007年2月8日上午9点举行了开标、评标，评标采用综合评分法进行，最终确定的中标单位见表11。

LNJDJL 合同段土建工程监理中标单位 表 11

合同段	中标人
LNJDJL	北京路华捷公路工程技术咨询有限公司

（二）征地拆迁情况

岭南全线共完成各类征地 11876.72 亩[1]。其中永久征地 10565.36 亩，互通区、服务区、停车区、变更新增用地 23.92 亩，改路改渠和天桥用地 656.3595 亩，协助施工单位完成临时用地 665 亩；拆迁户数共 633 户，“三杆”线路拆迁 284 处。

（三）项目管理情况

1. 项目管理机构设置和职能

岭南高速公路是国家重点公路二广线洛阳至南阳分水岭段高速公路的组成部分，此工程已经河南省发展和改革委员会以豫发改交通〔2005〕705 号文立项核准批复，于 2005 年 6 月注册成立了河南岭南高速公路有限公司（以下简称“岭南公司”）。

岭南公司领导班子共有 5 人组成，董事长、总经理侯建军对公司工作负总责，副总经理刘宇负责公司合同计划处、协调处工作，副总经理、总工程师张延明负责公司工程技术处、质量监督处工作，临时党委副书记、纪检书记、工会主席鄢宏发负责办公室工作，财务总监朱保军负责财务处工作。

按照河南省对公司机构设置和人员定编的有关要求，分设办公室、合同处、财务处、质监处、工程处、协调处共 6 个职能处室，分别负责项目的综合业务、内外环境协调、合同管理、资金管理、工程技术、质量监督等各项工程。

2. 质量控制措施与效果

质量控制措施包括：

(1)加强制度建设，落实质量责任

质量是工程建设的生命，岭南高速公路自开工以来一直把质量目标锁定为“工程质量合格率 100%，优良率 95% 以上”。为了进一步加强工程质量控制，项目公司制定了一系列严格监督质量的措施，下发了《岭南公司高速公路工程履约检查评比办法》、《关于路基、桥梁有涵洞（通道）工程施工等有关规定的通知》、《关于确保沥青路面中上面层施工质量的几项具体措施》等一系列具体细致的质量管理办法，制定奖罚制度，做到奖罚分明、毫不留情，以达到激励先进、督促后进的目的。

(2)加强质量管理，打造优质工程

质量是工程的灵魂。为进一步加强对工程质量的管理，我们采取了一系列强化过程控制、提高工程质量的措施，特别是对以下几个方面进行了重点监督和控制。

①路基施工质量控制，特别对有关石灰等级、灰土含水率、压实度等各项抽检，要求试验室增加频率，确保工程质量。路基施工过程中，严格控制每层的填筑厚度，并同时控制好平整度、横坡及其他指标。为了保证路基压实度符合设计要求，要求施工单位用进口的大吨位压路机碾压。严把原材料关，要求监理和施工单位共同考察合格的料场，不合格材料不允许进场。对从合格料场进场的原材料，施工单位、中心试验室人员及时深入一线，做到随到随检，及时报验，要求监理加大抽检频率，确保进场原材料的质量。

②结构物施工质量控制，重点包括基桩、立柱、盖梁、现浇箱梁、箱梁安装、桥面铺装及桥梁混凝土护栏等，要求严格控制桥面铺装厚度，从梁板顶高程复测开始，同时严格控制平整度要求，对防护栏进行严格检查，不但要保证内在质量，同时做到外观光滑平顺。为保证桥面净宽，要求护栏双面防线后再拉尺复核。

③路面基层、底基层施工质量控制，要从严控制原材料质量，特别是粒料含泥量和针片状材料含量，避免由于原材料质量不高而采用提高水泥剂量来保证混合料强度的现象发生。施工时原材料要求每天进行筛分试验，据结果及时调整配合比，施工中水泥用量应严格按配合比控制。底基层施工前，必须对下承层进行洒水湿润，要求提前洒水 2 ~ 3 遍，充分湿润下承层。在表面有松散时，必须把经过提前洒水湿润后，喷洒水泥浆，水泥浆配比为 1:0.5，水泥浆用量不小于 4.0kg/m^2，保证水泥浆起到各层的联结作用。同时要确保水泥稳定碎石拌和机、摊铺机、碾压等设备的数量型号，施工中还要确保各层厚度及强度满足设计要求，最后要做到各层间养生与自检工作。

[1] 1 亩≈666.7m^2，下同。

④防排工程质量控制，首先要求把控原材料质量，规范防排施工的施工工序和砂浆拌和、运输及砌筑的各项要求，严格控制砌筑实体的断面尺寸、厚度、强度、平整度。加大施工过程控制，增大施工中的自、抽检频率，承包人和监理分段管理，落实到具体人，加大监管力度，对不合格的路段做到查到一处返工一处，决不姑息迁就。

⑤沥青路面施工质量控制，首先要从原材料质量进行严格保管，特别是碎石针片状控制在15%之内。做好ATB—25、AC—25、AC—20、AC—13的生产配合比。施工过程中严控各施工阶段的施工温度，把沥青路面的厚度、密实度、平整度作为主控目标，同时做好各层间的层次连接和高程控制。对桥梁伸缩缝处、施工缝等平整度不能满足省厅平整度要求的全部用洗刨机进行洗刨处理。加强过程控制和阶段验收的检测频率，确保工程质量，创精品工程。

⑥对于内业资料方面管理，公司要求代表处每月检查各标段及驻地监理资料的归档整理情况及存在的问题。管理资料整理，代表处要经常组织承包人和驻地监理进行开地学习，做出范本，要求认真检查，规范及时填写驻地监理工程师并建立相应的台账（如材料、试验、测量、计量、工程变更等）。施工单位对开工的项目能够逐项上报开工报告，对已完成项目能够及时报检。并指定项目经理为施工单位内业资料责任人，高级驻地为监理的内业资料责任人，公司坚决杜绝施工单位和监理有虚假资料。

效果：在历年全省质量大检查中名列前三名，其中，在2007年10月交通部组织的全国质量督察检查中名列前茅，受到交通部、河南省交通厅、南阳市政府表彰。

3. 安全生产管理

岭南高速公路有限公司自成立以来就把安全生产工作当成一件大事来抓，充分认识到安全生产工作的重要性、必要性和艰巨性，树立了"安全第一、预防为主、综合治理"的安全管理理念，实行安全专项月检查制度。在全省率先实行监理单位建立质量安全部门，对施工程序实行专职安全监理制度。

首先，公司领导班子在思想上高度重视，建立了以主要领导为首的安全生产领导机构和组织机构，健全了安全生产岗位责任制，出台了《岭南高速公路有限公司安全生产管理办法》。同时，公司在监理和承包人签订监理合同和施工合同时签订了《安全生产合同》，规定了安全生产方面双方的权利和义务及安全生产目标。

其次，在不断总结经验的基础上，公司创新机制，推行"安全生产报验制度"：在安全生产的关键控制点，每道工序开工前必须严格执行安全报验制度，针对施工工程组织设计是否有安全措施、施工机械是否有安全防护装置、安全防护设施是否符合安全要求、施工人员是否经过安全教育和培训、施工方案是否进行技术交底、施工安全责任人是否到岗、施工应急预案等安全生产准备因素是否向监理工程师报验，若上述条件准备不足，不准开工。

最后，岭南公司根据省交通厅、质监站、高发公司以及其他上级机关各种安全生产文件的精神和要求，采取有效措施并及时部署各个施工单位安全生产责任制的落实，尤其是对容易引发高空坠落、坍塌、触电、爆炸等伤害的关键工序，特别强调要制定针对性的安全保障措施和应急预案。同时根据高速公司施工特点、重点对机械设备安好率、消防设施配备进行检查监督。公司下属各监理和施工单位均建立健全了对安全状况进行日常巡视检查，及时发现安全隐患并予以整改。岭南公司已经实现了"零伤亡"的安全管理目标。在2008年河南省交通厅组织的第一次质量、安全大检查中，获得全省"安全管理"第一名的好成绩。

4. 进度管理情况

岭南高速公路有限公司在项目建设期间，积极准备，精心组织，每年根据进度安排与各施工单位签订目标责任书，并要求各施工单位与外协队伍签订相应责任书，以实现层层把关，层层动员，确保各项工作齐头并进，保证建设项目按时完成通车任务。

为加快施工进度，岭南公司与施工单位形成了"工程管理中的上下级、日常生活中的知心朋友、施工项目上的同盟军"的和谐管理。大家围绕一个目标，拧成一股绳，心往一处想，劲往一处使，开展了"大干一百二十天施工高潮"活动，在全线开展了以"保安全、保优质、保廉政、讲文明、讲协作"为主要内容的"四保两讲"和"秋季百日冲刺"等劳动竞赛活动。以签订的目标责任书与岭南公司下达的年施工计划为依据，以推动工程任务的安全、优质、高效、廉政、按期完成为目标，采取督察组之间、监理单位、驻地办之间、施工单位之间展开竞赛的方式，督促施工单位全力以赴加快施工进度，抓晴天、战阴天、防雨天，科学组织，精心管理。充分挖掘公司员工、监理单位、施工单位的潜力，激发和调动全体人员的积极性和创造性。本着困难没有办法多的思想，积极为施工单位出主意、想办法，按照"高标准、想周全、做细致、管到位、管理到位"的原则，运用综合手段帮助施工单位通过完善施工网络计划、合理划分施工阶段、处理好不同工序之间的衔接配合，突出关键，控制阶段，落实规范，实现流水作业，确保工程进度连续均衡，并在每月一次的工地例会上进行总结评比，取得了较好的效果。

在2007年10月交通部组织的全国"质量、安全督察"大检查中获得好评，在2008年交通厅组织的第一次质量安全大检查中"实体质量"获得全省第三名的好成绩。

5. 工程变更情况

6. 工程造价控制情况(工程决算、工程款支付)

7. 廉政建设管理

建立健全廉政工作责任体系,层层制定党风廉政建设责任目标,保证《廉政合同》的贯彻落实。强化监督,把廉政建设贯穿于工程建设的全过程。在各监理单位、施工单位设立工作联系段,设置统一的“廉政举报公示牌”,公布奖励保护举报人办法及举报电话,动员群众反映和举报腐败行为及商业贿赂问题,接受社会各方面的监督。

公司设立财务总监和纪检书记,在资金使用和重大工程决策方面都注重积极通报情况,增进了解,彼此协商,实行领导集体决策,提高决策的科学性。

加强对工程建设项目的招投标、材料设备采购、设计变更、资金拨付、全过程监督,全面推行“阳光作业”,以制度规范权力行为,以监督制约权力,推进工程建设顺利进行,保证公司的健康发展。

三、交工验收及相关问题

岭南项目主线74.299km,其中南召至南阳段55km于2007年11月16日~19日进行了交工检测,剩余19.299km分水岭至南召段于2008年9月4日~7日进行了交工检测;联络线24.25km,于2008年11月14日~17日进行了交工检测;房建工程及绿化工程,于2009年5月15日~16日进行了交工检测;机电工程于2009年5月20日~23日进行了交工检测。

(一)各合同段交工验收情况及主要问题

1. 土建工程

(1)部分路段路基边坡有亏坡和水毁现象,部分排水沟不直顺,勾缝砂浆有脱落现象,多数排水沟沟底有积土或杂物。

(2)土建No.1标,RK1+629右中部伸缩缝中部混凝土10道纵向裂缝。

(3)土建No.2标,K3+747盖梁杂物较多;LK6+786中4-3梁板底部露筋$5cm^2$、箱梁底部有局部蜂窝、麻面。K4+497左侧3号、4号墩支座变形,左1号墩支座垫石裂缝;LK6+961中2-3至2-2中横梁有裂缝。

(4)土建No.3标,RK7+718中0号、1号、2号伸缩缝5道裂缝;RK9+391.5中1-3至1-2、1-3至1-4中横梁有裂缝;RK8+385护栏局部裂缝;RK9+071第六跨多个支座严重变形,7-1支座老化,8-1至8-2湿接缝底面不平整,9号墩支座底面不平整、支座变形。

(5)土建No.4标,RK9+794护栏局部裂缝,1号墩右1-2立柱顶部与盖梁处有混凝土修补现象,2-3至2-2、2-2至2-1中横梁有裂缝,泄水管长度不足。

(6)土建No.5标,K13+775盖板涵接缝处漏水;K15+623前进方向右幅第一道伸缩缝11道裂缝。

(7)土建No.6标,K17+831.5前进方向左幅第5、6道伸缩缝13道裂缝。

(8)土建No.7标,部分路段路基边坡有亏坡和水毁现象。

(9)土建No.8标,K23+082桥台杂物未清、梁板有破损、钢筋外漏。

(10)土建No.9标,K27+040涵洞墙身局部麻面。

(11)土建No.10标,个别路段排水沟沟底未清除杂物。

(12)土建No.11标,桥台杂物未清、梁板有破损、钢筋外漏。

(13)土建No.12标,桥台杂物未清、梁板有破损、钢筋外漏;K41+445涵洞右侧台帽断裂。

(14)土建No.13标,个别路段排水沟沟底未清除杂物。

(15)土建No.14标,K51+292涵洞墙身局部麻面。

(16)土建No.15标,个别路段砂浆砌筑不饱满并有空洞存在。

(17)土建No.16标,桥台杂物未清、梁板有破损、钢筋外漏。

(18)土建No.17标,潦河桥台出现跳车现象。

(19)土建No.18标,桥台杂物未清、梁板有破损、钢筋外漏;挖方段边坡有水毁现象;个别路段排水沟沟底未清除杂物;个别路段砂浆砌筑不饱满并有空洞存在。

(20)土建No.19标,JK5+571中桥2号墩左幅盖梁防震挡块开裂,泄水管管周漏水;JK4+807中桥防震挡块与空心板梁间隙抵死,硬杂木未去掉,泄水管管周漏水,4条企口缝局部漏水。

(21)土建No.20标,JK8+422中桥防震挡块与空心板梁间隙抵死,硬杂木未去掉;第3跨右幅边梁企口缝过宽;JK8+655桥台盆式支座定位钢板未拆除,支座处硬杂木未拆除;JK10+091中桥缺泄水管;JK12+965中桥第三跨4片空心板梁出现碱集料反映,混凝土遇水出现崩落。

(22)土建 No.21 标,JK17 +343 中桥 5 号桥台锥坡填方高程、路肩高程低于设计约 1m;JK17 +634.5 中桥 3 号台橡胶支座剪切变形大,锥坡局部被冲空。

(23)土建 No.22 标,JK19 +225 大桥 34 号墩不锈钢板尺寸太小,滑动支座局部与普通钢板接触,支座不能滑动;许平南互通 B、C 匝道桥桥面构造深度太小,桥梁合成坡度太大;C 匝道桥桥顶及墩身应设置顶盖和门,墩身内应用防滑钢板盖住墩身孔以策安全,墩身内积水要排除。

2.房建工程

(1)水电部分

①配电箱安装。南召收费站一楼配电箱、二楼配电箱内接线色标不准确,五朵山收费站一楼配电箱、二楼配电箱内开关回路标示不全、不清晰,南阳服务区(西区)配电箱内接线有绞接现象,建议整改。

②开关插座安装。南阳北服务区(东区)个别开关、插座安装松动,个别插座缺地线,厨房潮湿场所插座防潮盖不全,建议整改。

③建筑采暖卫生及煤气工程。南阳北服务区(东区)公共男卫生间个别小便器有滴漏现象,南阳北收费站个别淋浴间地面坡度不够,局部地面有积水,建议整改。

(2)室内部分

①部分墙面不平整、起皮,有抹痕、鼓泡现象,部分墙面有纵、横向裂缝,建议修整。

②部分室内框架梁下填充墙面有横向通缝,建议修整。

③部分窗框变形,窗户月牙锁损坏,窗纱破损,门吸松动,门锁损坏,建议修整。

④部分楼梯踢脚线切割不到位,露出墙面不美观,部分楼梯踏步地板及踢脚线有空鼓现象,部分踢脚线脱落,建议修整。

⑤个别地板砖有错台现象,且存在缝宽不一致的现象;个别地板有空鼓现象,个别地板上有划痕,建议修整。

⑥独山收费站窗户泄水孔因装修堵塞影响排水,建议修整。

(3)室外部分

①南召西停车区主体楼东南墙体有一处裂缝。

②五朵山收费站混凝土面板有个别裂缝,楼前有局部积水,室内玻璃采光顶渗水三处,建议修整。

③南阳北服务区(西)主楼后散水有裂缝,加油站、维修站、配电房后散水有积水现象,泵房南侧有裂缝,建议修整。

④南阳西收费站场区篮球场附近路面沉陷较严重,沉陷面积约 $50m^2$,混凝土面板断裂,建议查找原因,尽快处理;主体楼大门左侧雨水管下散水沉降缝填料局部脱落,建议处理。

⑤独山收费站办公楼散水未灌缝,餐厅散水损坏,水泵房外墙墙面有一道竖向裂缝;墙底散水沉降缝未灌缝,配电房外有一道横向裂缝,建议修整。

(4)内业资料

通过对内业资料的检查,认为内容填写较工整、齐全,但个别资料存在签字不齐、签字日期存在涂改现象,且资料没有进行系统归档,仍需进一步完善。

3.绿化工程

(1)部分服务区、互通区草坪有杂草,未修剪。

(2)南召互通区桂花种植土层含砂石较多,长势不好,草坪有杂草。

(3)五朵山互通区南区土层施工垃圾多,百日红长势不好,草坪覆盖率不符合要求。

(4)五朵山收费站淡竹长势不好,死亡约 20%。

(5)个别服务区、互通区苗木栽植不竖直;部分绿化用地改为菜地。

(6)南阳互通区 F 区 $2000m^2$ 未进行绿化。

(7)祝庄互通区法青有 130 株、夹竹桃有 52 株,规格偏小。

(8)通过对内业资料的检查,认为内容填写较工整、齐全,但个别资料存在签字不齐、签字日期存在涂改现象,且资料没有进行系统归档,仍需进一步完善。

4.机电工程

无质量缺陷。

以上交工验收中提出的存在缺陷,岭南项目公司已经下文要求施工进行整改,目前,已经全部整改完毕。

(二)交工验收、工程质量鉴定提出的缺陷责任期、试运营期间出现的质量问题及处理结果

自 2007 年 12 月 9 日、2008 年 11 月 26 日、2009 年 9 月 30 日分批次通车以来,个别路段边沟、边坡堆放建筑

垃圾未及时清理;个别路段隔离栅、隔音墙被当地老百姓人为拆除破坏;个别路段边坡有水毁现象;个别桥梁支座变形等,项目公司对缺陷责任期内出现的问题高度重视,及时分析产生原因,并对不同病害采取不同的处理办法,对缺陷责任期的施工单位下发《缺陷责任期维修通知单》,责成施工单位限期维修,无力维修单位项目公司统一组织队伍进行维修,费用从质保金中扣除。目前,所有出现的质量缺陷问题均已经整改完毕。试运营期间的养管情况:试运营期间采取了多种办法和措施,确保岭南高速公路"畅、洁、绿、美",具体如下:

(1)加强领导,完善机构,强化队伍建设。

(2)建章立制,完善各项规章制度,制定《征收管理办法》、《养护管理办法》、《路政管理办法》等。

(3)规范养护工作,提高养护效率。

(4)加强路政管理,维护路产路权,确保安全畅通。

(5)养护工作坚持"两巡视、两检查"(日常巡视、夜间巡视、定期检查、特殊检查)确保路况始终受控。

(6)做好路面保洁工作,每 2km 配置 1 名保洁员。

(三)档案、环保等单项验收及竣工决算审计

2010 年 3 月 6 日通过工程竣工环境保护专项验收,2010 年 6 月 25 日通过工程竣工档案专项验收,2014 年 10 月底完成了竣工决算审计工作。

四、科研和新技术应用情况

岭南高速公路是一条连接我国南北运输的大通道,也是二广高速公路的重要组成部分,在保证"资源节约、环境友好、以人为本"的基础上实现岭南高速公路人与自然环境和谐统一是岭南项目公司的目标,营造一种"人在车中坐,车在画中游,凡从岭南过,安全又轻松"的悠闲和意境,创造一种安全运行、规范行车的优美环境。为此,根据工程建设需要,岭南项目公司积极与郑州大学、中南大学、长沙理工大学及天津市市政设计研究院、河南省水文水资源局、河南海威工程咨询有限公司、长安大学等科研单位进行广泛的合作,进行技术研究和技术交流,运用各种国内外先进的科技成果和科技创新成果解决工程建设中的技术难题。

(一)科研

根据岭南高速公路的工程地质特点及岭南高速公路科学技术规划的总体安排,结合工程进度相继开展并完成了九项科研课题的研究工作,具体见表 12。

岭南高速公路已完成科技攻关项目表 表 12

序号	课题名称	主要合作单位	备注
1	高陡边坡稳固及生态再造综合技术研究	长沙理工大学	2008 年湖南省科技进步三等奖
2	河南岭南高速公路路基沉降监测技术研究	中南大学	2007 年通过湖南省科技厅鉴定
3	岭南高速公路跨河工程洪水影响研究	河南省水文水资源局	2007 年河南省水利厅科技进步一等奖
4	隧道围岩变形检测及工程应用研究	郑州大学	2007 年通过河南省科技厅鉴定
5	高速公路施工过程质量控制新技术研究	郑州大学	2007 年通过河南省科技厅鉴定
6	山区高速公路环境保护与建设措施研究	河南省水文水资源局	2008 年河南省水利厅科技进步一等奖
7	折线配筋预应力混凝土先张梁施工工艺研究	河南威海工程咨询有限公司	2008 年河南省交通厅科技进步一等奖
8	厚层沥青混凝土路面修筑技术研究	长安大学	2009 年通过河南省科技厅鉴定
9	大厚度水泥稳定碎石基层成型技术研究	长安大学	2009 年通过河南省科技厅鉴定

(二)新技术应用

本项目在设计时采用了先进的 GPS 卫星定位系统测量中桩,施工时又用 GPS 卫星定位系统对主要工程加设了控制点,施工单位全部配备全站仪进行测量工作。为减少路面的反射裂缝,本项目在路面结构上做了大胆

尝试,增加了 ATB—25 沥青碎石柔性连接层。对于高填方路段,设置了沉降观测点,对路基的沉降进行动态监控。在路面铺筑中,我们要求施工单位使用大型转运车和抗离析改进型摊铺机,有效控制了沥青混合料的离析,提高了抗车辙能力;施工工艺采用紧跟"模糊碾压法"提高压实质量及平整度控制效果。

运用振动击实法确定水稳碎石基层配合比、GTM 法设计沥青混合料配合比,从而使压实度提高了 3% ~ 4% 、增强了沥青路面的抗水破坏能力。

五、对各参与单位的总体评价

(一)对设计单位的总体评价

承担本项目设计任务的是中交第一公路勘察设计研究院,从总体上看,设计质量还可以,只是在涵洞方面因对当地水系调查不够详细,增加涵洞较多,后期服务在主体工程方面不错,能及时处理施工中的问题,房建方面较差。

(二)对施工单位的总体评价

二广高速分水岭至南阳段自开工以来,各参建单位精心组织、合理安排,充分发挥"一不怕苦、二不怕累"的实干精神,保质保量完成合同任务,确保了本项目顺利完工。

(三)对监理单位的总体评价

本项目共分 No. A、No. B 两个监理代表处及机电总监办,监理单位能履行合同责任、认真监理、坚持旁站、严把质量、进度、费用监理管理关。

六、对工程质量的总体评价

本项目在实施中,质量管理机构健全、制度完善、责任明确,体现出强有力的质量控制能力。施工单位的自检体系完全具有独立性,质量方面实施总质检工程师负责制。施工中所采取的一系列工程技术措施得力,对提高工程的使用质量发挥了很好的作用。对桥梁、涵洞与路基结合采取了增铺 2 层水泥稳定碎石的施工措施,使此处路基沉降达到最小值,大大减少了桥头跳车的隐患;桥梁工程从桩基开始就建立了桥梁质量台账,对桥梁上部、下部各部分质量严格按交通部质量评定标准进行控制,特别对于特大桥进行了重点监控,使各项技术要求都达到或超过设计要求;对墙式护栏从模板安装到浇筑都进行了全方位控制,特别是模板安装阶段严格按照几何尺寸进行调控,达到了整齐划一的良好效果;路面工程采用了四层油面的新工艺,使路面减轻裂缝、抗车辙、提高平整度等性能优于其他类型的沥青路面,特别是积极响应省厅的号召,严格控制面层的平整度,对达不到要求的下面层和中面层施工段坚决进行洗刨,摊铺作业时全部采用新型陕西重大摊铺机及转运车进行全路段整体摊铺,很好地解决了离析和双机联铺时中间连接性不好的问题。以上措施都大大消除了质量隐患,达到非常良好的施工效果,保证了路面行驶舒适性。

根据《公路工程竣(交)工验收办法》(交通部令〔2004〕第 3 号)、交公路法〔2004〕第 446 号文件的要求,项目公司组织监理、承包人对岭南高速公路各项分项工程、分部工程、单位工程进行了质量评定。

本次质量评定严格按照《公路工程质量检验评定标准》(JTG F80/1—2004)及《公路工程竣(交)工验收办法》(交通部令〔2004〕第 3 号)的规定,采取实测实量,并查阅施工单位和监理资料,从分项工程到单位工程逐级进行评定,最终对整个建设项目进行打分。

本项目经监理单位评定,项目公司汇总,整体建设项目评分为:93.6 分。评定结果见附件"分水岭至南阳段交工验收各标段工程质量评定一览表"(此处略)。

七、项目管理体会

(一)正确决策和领导重视,是工程项目顺利实施的前提

岭南高速公路的建设凝聚了各级领导的关怀、支持和帮助,省、市各级领导多次视察工程一线,极大地激励了广大参建人员的奋战热情,省各有关部门、地方各级党委政府的鼎力支持,加快推进了工程建设进程。

(二)科学的管理是实现质量安全和进度目标的关键

科技筑路是工程建设的最佳捷径,高速公路建设众多难题的攻克,都离不开科技创新,无论是煤矿采空区治理还是石方路堑高边坡爆破一次成型技术以及处治隧道浅埋偏压、高桥墩施工的安全和质量等等都离不开科技。实践证明,只有科技创新,科技攻关,才能保证质量、保证工期、保证安全。

(三)理念创新和科研攻关是提升工程质量水平的强大动力

先进的理念创新和认真的科研攻关是促进工程质量不断提升的重要保证,在岭南高速公路建设过程中,我们一方面充分吸收应用了水稳碎石裂缝控制、桥面防水、沥青路面抗车辙、抗水损坏能力、沥青路面压实等近几

年来的研究成果，同时还联合相关科研单位展开了一系列的科研攻关，有效提高了工程质量控制水平，为今后的高速公路建设提供了宝贵的经验。

（四）工程建设与文明创建相结合，是促进工程建设和谐健康发展的重要保证

质量、安全、廉政是工程建设的三条“高压线”，任何一个环节出了问题，都可能带来严重后果。在抓好工程质量、安全、进度控制的同时，我们还坚持将工程建设、精神文明和廉政建设有机结合起来，积极开展各种劳动竞赛活动，提倡无私奉献和顽强拼搏的精神，大大激发了广大工程建设者的斗志，实现了“工程优质、干部优秀”的目标。

河南岭南高速公路有限公司

2. 二广高速公路分水岭至南阳段工程设计工作报告

目　　录

二广高速公路分水岭至南阳段工程设计工作报告

一、概况

洛阳至南阳高速公路，是国家高速公路网规划中“二连浩特至广州高速公路”（简称“二广高速”）的重要组成部分，是二广高速河南境内的便捷路段。二广高速起于内蒙古自治区二连浩特市，经山西、河南、湖北、湖南、止于广东省广州市，路线全长2685km，是贯穿我国南北的大通道之一。本项目的建设对加快国家高速公路网建设具有重要意义。

二广高速河南境内经过焦作、济源、洛阳、平顶山和南阳5个地市，是河南省西部南北向交通主通道，为河南省“五纵、四横、六通道”高速公路主骨架规划中的“第四纵”。项目的建设对于实现河南省的经济发展战略，发挥河南省的区位优势，缩小区域间经济发展差距，促进豫西地区经济发展将起到重要作用，对缓解河南省南北交通运输压力，完善综合运输体系有着重要意义，对河南省旅游业、外向型经济的发展具有积极的促进作用。

目前，二广高速公路在河南境内济源至洛阳段、洛阳至大安段、南阳至邓州段已建成通车，与之相连的济源至晋城段、大安至寄料段、寄料至分水岭段与本项目分水岭至南阳段同期规划实施，已于2008年12月全部建成通车。项目地理位置图如图1所示。

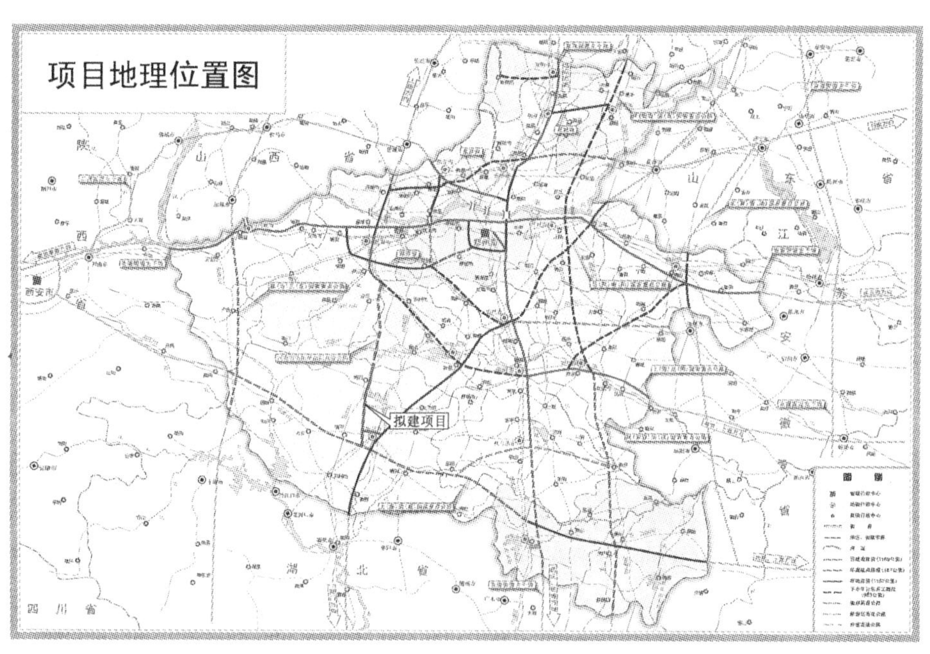

图1　项目地理位置图

本项目为洛阳至南阳高速公路分水岭至南阳段，项目包含岭南高速主线74.298km、联络线高速24.247km，路线总长98.546km。

岭南高速南阳段施工图设计主线（含联络线）主体工程共划分为25个合同段，其中No.23～No.25标段为预制标。其详细合同段划分见表1。

（一）任务来源及依据

河南省高速公路发展有限责任公司与中交第一公路勘察设计研究院签署的《洛阳至南阳高速公路分水岭至南阳段勘察设计合同书》。

河南省发展和改革委员会“关于洛阳至南阳高速公路分水岭至南阳段初步设计评审意见”。

岭南高速南阳段施工标段划分表 表1

标 段	起 讫 桩 号	长度(km)	备 注
No.1	LK0+849.907(RK0+854.646)~K3+950	3.1	
No.2	K3+950~LK7+035(RK6+965)	3.085	
No.3	LK7+035(RK6+965)~LK9+900(RK9+900)	2.865	
No.4	LK9+900(RK9+900)~LK13+100(RK13+130)	3.2	
No.5	LK13+100(RK13+130)~K16+340	3.24	
No.6	K16+340~K19+000	2.66	
No.7	K19+000~K22+400	3.4	含南召互通
No.8	K22+400~K25+390	2.99	
No.9	K25+390~K28+675	3.285	含南召停车区
No.10	K28+675~K32+400	3.725	
No.11	K32+400~K37+100	5.092	含瓦踸互通
No.12	K37+100~K42+400	5.3	
No.13	K42+400~K47+900	5.5	
No.14	K47+900~K53+200	5.3	含南阳服务区
No.15	K53+200~K58+700	5.5	
No.16	K58+700~K64+400	5.7	含龚河枢纽互通
No.17	K64+400~K70+135	5.735	含南阳互通
No.18	K70+135~K74+756.555	4.621	含张华岗枢纽互通
No.19	JK0+702~JK6+900	6.198	
No.20	JK6+900~JK13+400	6.5	
No.21	JK13+400~JK18+400	5	含独山互通
No.22	JK18+400~JK24+247.172	5.847	含祝庄枢纽互通
No.23	No.11~No.14	预制标	承担No.11~No.14标梁板预制
No.24	No.15~No.18	预制标	承担No.15~No.18标梁板预制
No.25	No.19~No.22	预制标	承担No.19~No.22标梁板预制

河南省交通厅“关于洛阳至南阳高速公路分水岭至南阳段初步设计评审意见”。

河南省交通厅文件关于印发《河南省高速公路设计技术要求》的通知(豫交计〔2005〕191号)。

河南省发展和改革委员会文件“关于洛阳至南阳高速公路分水岭至南阳段工程初步设计的批复”(豫发改设计〔2006〕359号)。

设计工作阶段

2005年6月,我院通过设计投标取得本项目勘察设计工作。

2005年6月27日,完成初步设计文件编制工作。

2005年7月4日、10日、14日,依次通过了省发改委的技术审查、交通厅技术审查、发改委综合审查。

2005年6月下旬,开始施工图定测。

2005年8月10日,外业结束,占地图提交完毕。

2005年9月16日,本项目开工,以中间资料形式陆续提交设计文件,满足施工要求。

2006年4月6日,省发改委批复初步设计文件。

2006年4月30日、5月10日、6月10日,分三批提交施工图设计文件。

2006年10月14日,交通厅组织了本项目施工图设计评审。

2006年12月25日,交通厅批复施工图设计文件。

（二）沿线自然地理概况

（1）地形、地貌

洛阳至南阳高速公路分水岭至南阳段从南召县北部的伏牛山主脊向南沿回龙沟至南召县城北，再沿丘陵地区经谢庄，于南阳市西侧与 G312 交叉，再向南与在建中的上武高速公路相接。总体地势是北高南低，路线最高点位于伏牛山主脊，高程 505m，路线最低点位于项目终点附近，高程 143m，最高点与最低点相差 362m，反映了本线路地形高差并不大。分水岭至南召县黄鸭河以北地段主要为中—低山区，河谷比较狭窄，谷坡陡峭，山顶至谷底相对高差在 100 ~ 400m 之间，谷底阶地断续分布，阶面狭窄，阶差一般为 3 ~ 15m。南召县黄鸭河以南主要为丘陵区，地形起伏较小，相对高差一般不超过 50m。河谷开阔，河谷阶地断续发育，谷坡较缓。拟建线路区包括中山区、低山区、丘陵区和平原区四大地貌单元。

中山区：分水岭 ~ 米家庄一带（起点 ~ K11 + 500）。

低山区：米家庄 ~ 南召县城东坡根村一带（K11 + 500 ~ K17 + 300）。

丘陵区：南召县坡根村 ~ 南阳市谢庄（K17 + 300 ~ K59 + 000），马营街—路线终点（K67 + 000 ~ 终点）。

平原区：谢庄 ~ 马营街一带（K59 + 000 ~ K67 + 000），联络线全线（JK0 + 000 ~ JK24 + 250.99）。

（2）气候与气象

本区属亚热带向温暖带过渡地带，属于典型的季风型大陆性半湿润气候。气候特点是阳光充足，雨量充沛，四季分明。多年平均气温 14.4℃，最热为 7 月，平均气温 27.2℃，极端最高气温 42.6℃，最冷为 1 月，平均气温 0.9℃，极端最低气温 -21.2℃，地表土体最大冰冻层厚 $50cm^2$。多年平均降水量 701.8 ~ 1158mm，最大年降水量 1542.9mm，最小 391.3mm。受山地地貌影响，气温随海拔增高而递减，降水随地势增高而增加，山地多于平原，中山多于低山。

（3）水文与河流

勘察区属于汉江流域白河小流域。白河是区内最大的河流，起源于伏牛山南坡，在本区蜿蜒向南流去，其主要支流有黄鸭河、潦河。

①白河：是汉江的一级支流，发源于洛阳市南部白河镇地区伏牛山南坡，自白河镇，经白土岗镇，于南召县城东穿越线路，再向东南流入鸭河口水库，然后向南流，进入南阳市，于湖北省境内汇入汉江。区内白河上游河谷狭窄，谷坡陡峭，水流湍急；中下游河谷开阔，水流较缓，谷坡低缓。河床冲积物上游主要为漂卵石，中下游主要为卵石、砾石和砂，冲积物厚度为 5 ~ 15m，在中游（南召县东南）局部河段两侧发育沼泽。谷底断续发育一级阶地，阶面宽窄变化较大，一级阶地高出河床 3 ~ 10m，谷坡上零星发育高阶地，阶面狭窄，多为基座阶地和侵蚀阶地，其中二级阶地多为基座阶地，陡坎上基岩裸露，堆积物主要为漂卵石和砂土，阶面高出现代河床 15 ~ 25m。三级阶地一般为侵蚀阶地，沿两侧谷坡呈低缓的山丘产出。

②黄鸭河：发源于大别山南麓，为白河一级支流，于南召县城南线路东侧汇入白河，其支流有狮子河、古路河及回龙沟。上游河床以漂石为主，且多处基岩裸露；中下游河床以卵石、砾砂为主，总体由北西流向东南。谷底一级阶地呈不对称状断续分布，阶面狭窄，发育二元结构，下部为漂卵石土，上部为砂土、亚砂土；阶面高出现代河床 5 ~ 10m。谷坡上零星发育二、三级阶地，其中二级阶地多为基座阶地，陡坎上基岩裸露，堆积物主要为漂卵石和砂土，阶面高出现代河床 15 ~ 25m。三级阶地一般为侵蚀阶地，沿两侧谷坡呈低缓的山丘产出，表层基岩全风化。

③潦河：发源于潦河坡一带丘陵地区，总体呈近南北向，由北向南流，于南阳市西侧王村附近紧邻路线东侧通过。潦河河谷宽阔，谷坡低缓，谷底较平坦，水流较缓慢，由于受水库截留和灌溉引水影响，河水量较小，平水期水面宽度不足 5m，水深不足 1m。河底冲积物主要为卵砾石和砂，谷底断续发育一级阶地，阶面较窄，高出河床 2 ~ 5m。

（4）地层岩性

区内出露的地层主要为元古界、三叠系、第四系和燕山期侵入的花岗岩。

元古界片岩（Pt）：主要分布在工程区中北部 K6 + 930 ~ K7 + 750、K11 + 500 ~ K12 + 070、K12 + 430 ~ K20 + 330、K22 + 430 ~ K24 + 270 段。

元古界大理岩组（Ptm）：主要分布在工程区中北部 K12 + 070 ~ K12 + 430 段，属于变质岩。

三叠系（T）：主要分布在南召县城南部 K20 + 330 ~ K22 + 430 段，为沉积岩。

第四系（Q）：分布在山区河谷地带、山脚地带、平缓山脊地带及冲积平原地区。

燕山期二长花岗岩（ηγ）：在本工程区北部和中南部大面积出露，是区内分布最广的岩石。

（5）地震

根据《中国地震动参数区划图》（GB 18306—2001），勘察区南阳市境内（K42 ~ 路线终点、联络线全线）地震烈度为Ⅶ度，地震动峰值加速度系数 $g=0.1$，南阳市以北（分水岭～K42）地震烈度为Ⅵ度，地震动峰值加速度系数 $g=0.05$，反应谱特征周期 $S=0.35$。

（6）不良地质及特殊性岩土

①不良地质

区内不良地质比较发育，主要为滑坡、崩塌和泥石流，集中分布在工程区北部，地形起伏较大的地段，总体不良地质规模比较小。

②特殊性岩土

主要为淤泥质亚黏土，分布在低山区人工开挖的池塘、黄鸭河、白河两岸及冲洪积平原地区河流滞流段。在南召县以北片岩分布区的个别河沟中，人工开挖的池塘较多，有些老池塘中发育淤泥质亚黏土，厚度一般为1～2m，具体地段为K13+720～K13+790、K14+730～K14+810、K14+840～K14+880、K15+300～K15+500段，这几段全部是人工拦河的池塘。K22+840～K22+650白河一级阶地的K22+400～K22+650段为湿地，发育较厚的软土，建议对该段阶地进行软基勘察。丘陵区及平原区软土不发育。在平原区局部地段发育弱膨胀土，但对工程影响不大，可以不考虑。

联络线总体呈东西向展布，线路位于白河及其支流冲洪积平原区，地形地貌条件良好。路基土主要为亚黏土、亚砂土，砂和卵砾石土。勘察期间钻探取样试验结果部分地段亚黏土具有弱～中膨胀性，但对工程影响不大。

（三）主要技术指标的运用情况

（1）设计标准

《公路工程技术标准》（JTG B01—2003）

《公路路线设计规范》（JTJ D20—2006）

《公路勘测规范》（JTG C10—2007）

《公路路基设计规范》（JTG D30—2004）

《公路沥青路面设计规范》（JTG D50—2006）

《公路沥青路面施工技术规范》（JTG F40—2004）

《公路水泥混凝土路面设计规范》（JTG D40—2011）

《公路排水设计规范》（JTJ 018—1997）

《公路桥涵设计通用规范》（JTG D60—2004）

《公路砖石及混凝土桥涵设计规范》（JTJ 022—1985）

《公路钢筋混凝土及预应力混凝土桥涵设计规范》（JTG D62—2004）

《公路桥涵地基与基础设计规范》（JTG D63—2007）

《公路桥位勘测设计规范》（JTJ 062—2002）

《公路工程水文勘测设计规范》（JTG C30—2002）

《公路工程抗震设计规范》（JTJ 004—1989）

《高速公路交通安全设施设计及施工技术规范》（JTJ 074—1994）

《公路工程基本建设项目设计文件编制办法》

《公路工程基本建设项目设计文件图表示例》

（2）技术标准

根据本项目在路网中的地位、功能、远景交通量以及本项目工可报告及批复，结合沿线地形、地物等情况，山岭区段设计速度采用100km/h，路基宽度26m，部分路段采用分离式路基；平原区段及联络线采用六车道高速公路标准，设计速度采用120km/h，路基宽度28m，每500～1000m设置一处港湾式紧急停车带。主要技术指标见表2。

（3）路线概况及工程规模

本项目主线起于平顶山和南阳市交界处的分水岭，北接同期实施的洛阳至南阳高速公路寄料至分水岭段。路线顺回龙沟沿国道G207布线，至下河东后向南，从米家庄西、靳家庄东经过，至南召县城东与省道S331相交，设南召互通立交。然后跨越黄鸭河，在三亩湾西侧跨越白河，小岗东跨越灌河。继续向南从王西庄西侧穿过，至瓦踅村与省道S333相交，设瓦踅互通立交。向南在车家庄西跨越群英水库，经过黄庵、瓦房沟、四棵树、上杜沟、下闫沟、寨沟等村，从小刘庄西、谢庄乡东、康庄东、大庙村东通过，至龚河西设枢纽互通立交做联络线接口。再向南从后洼村西通过，穿过羊嘴头村东侧，过兰营村后跨越西潦河，在罗庄和马营街之间与宁西铁路交叉，设下穿铁路的分离式立交。在王村乡西与国道 G312 相交，设南阳互通立交，然后向南从杨庄村中的空档穿过，至张华岗西与上海至武威国家重点公路南阳至内乡高速公路相接，即为本项目终点。

主 要 技 术 指 标

表2

序号	名称	单位	山岭区		平原区	备注
1	建设里程	km	主线 LK0 +849.907（RK0 +854.646）~ K33 +850		主线 K33 +850 ~ K74 +756.555 联络线 JK0 +000 ~ JK24 +247.172	主线长链 K37 +028.299 = K36 +635.956
2	地形		山岭重丘		平原微丘	
3	公路等级		四车道		六车道高速公路	
4	路基形式		整体式路基	分离式路基	整体式路基	
5	计算行车速度	km/h	100	100	120	
6	路基宽度	m	26	2 ×13	28	
7	行车道宽度	m	2 ×2 ×3.75	2 ×2 ×3.75	2 ×3 ×3.75	
8	中央分隔带宽度	m	2		2	
9	左侧路缘带宽度	m	2 ×0.75	2 ×0.5	2 ×0.75	
10	硬路肩宽度	m	2 ×3.0	2 ×3.0	2 ×0.5	
11	土路肩宽度	m	2 ×0.75	4 ×0.75	2 ×0.5	
12	路面类型		沥青混凝土	沥青混凝土	沥青混凝土	
13	桥面净宽	m	2 ×11.5	2 ×12.0	2 ×12.5	
14	隧道净宽	m		2 ×10.50		
15	不设超高的平曲线最小半径	m	4000		5500	
16	平曲线一般最小半径	m	700		1000	
17	平曲线极限最小半径	m	400		650	
18	平曲线最小长度	m	170		200	
19	缓和曲线最小长度	m	85		100	
20	最大纵坡	%	4		3	
21	最大坡长	m	800		900	
22	最小坡长	m	250		300	
23	竖曲线最小半径 凸形 一般值	m	10000		17000	
24	竖曲线最小半径 凸形 最小值	m	6500		11000	
25	竖曲线最小半径 凹形 一般值	m	4500		6000	
26	竖曲线最小半径 凹形 最小值	m	3000		4000	
27	竖曲线最小长度	m	85		100	
28	停车视距	m	160		210	
29	桥梁设计车辆荷载		公路—Ⅰ级			
30	设计洪水频率		特大桥为 1/300、其他和路基 1/100			
31	地震动峰值加速度系数	g	0.05、0.10（相当于地震基本烈度Ⅵ度、Ⅶ度）			

联络线起于龚河枢纽互通(主线桩号 K60 + 381.964),向东经塔子山南、周后庄北,至槐树湾乡北与焦枝铁路交叉,设高架桥上跨铁路,在小陈庄设独山互通,通过连接线与南阳市相连。继续向东在黄山和新店乡南跨越白河,至祝庄与许平南高速公路相接,即为联络线终点。

本项目路线主线全长 74.299km,断链长 392.343m。全线共设互通式立交 5 处,分别为南召互通立交、瓦蓮互通立交、龚河枢纽互通立交、南阳互通立交、张华岗枢纽互通立交。分离式立交 3 处,其中下穿铁路分离式立交 1 处,与规划路及等级公路分离立交 2 处。通道 36 道,天桥 30 座(不含互通区)。特大桥 2373m/2 座,为黄鸭河特大桥和白河特大桥,大、中桥分离式 5748.334m/21 座,整体式 7999.7m/36 座,涵洞 86 道(不含互通区);隧道 3666.447m/5 座(单洞长)。

本项目联络线全长 24.25km。全线共设互通式立交 2 处,分别为独山互通立交、祝庄枢纽互通立交。分离式立交 5 处,其中与规划路及等级公路分离立交 2 处(1 处上跨,1 处下穿),与乡村公路(乡村干道)分离立交 2 处(一处下穿,一处上跨)。焦枝铁路由高架特大桥跨越;通道 35 道(不含互通区),天桥 6 座;特大桥 2941.4m/2 座,为白河特大桥和跨焦枝铁路特大桥,大、中桥 590.6m/11 座,涵洞 17 道(不含互通区)。连接线长 9.136km,分别归入独山和南召互通立交内。

本项目和寄料至分水岭段统一研究,本段路线在南召设 1 处停车区,南阳设 1 处服务区,在南召、瓦蓮、南阳、独山互通立交设置 4 处匝道收费站,在南阳设 1 处管理分中心,与南阳互通收费站合建,在瓦蓮设 1 处养护工区,与瓦蓮互通收费站合建。分别在分水岭、柴家庄、雪家庄隧道口设置 3 处隧道供电管理站。

二、设计要点

(一)总体设计

1. 交通量分布状况

根据本项目工可报告,到远景设计年 2027 年,预测交通量及互通式立交转向交通量如表 3、图 2、图 3 所示。

预测交通量[单位:辆/日(标准小客车)] 表 3

特　征　年	2007 年	2010 年	2015 年	2020 年	2027 年
主　　线					
平均交通量	12709	14465	19204	24560	32100
联　络　线					
平均交通量	9858	11303	15229	19751	26225

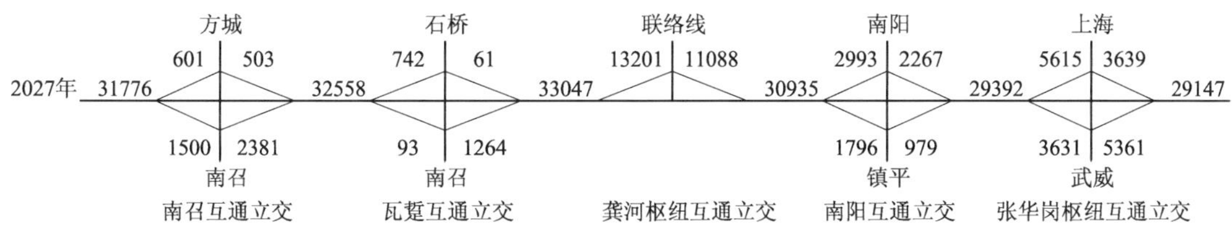

图 2　主线预测交通量

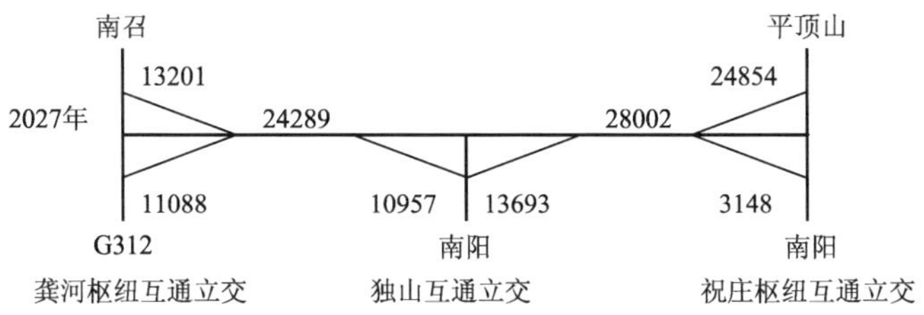

图 3　联络线预测交通量

2. 项目的特点及总体设计原则

本项目位于山区、丘陵区和平原区,地形、地质条件复杂,又从城市周边通过,未来构成南阳市高速公路环。所以,本项目的勘察设计中总体设计指导思想、设计原则的制定应以“布线适应沿线地形地质条件、重视环境保护,符合城市规划、与城市路网合理衔接,协调沿线村镇规划、合理避绕建筑物、减少拆迁量、利于当地工农业发展”为主题。设计指导思想归纳如下：

(1)坚持以人为本,坚持全面、协调、可持续的科学发展观。

(2)坚持人与自然的和谐,树立尊重自然、保护环境的理念。

(3)强调技术标准的严肃性,灵活、合理掌握和运用技术指标,深刻理解标准规范的实质,避免生搬硬套、机械地使用。

(4)不片面强调过高的技术指标,尽可能与沿线地形、地质情况相适应,与城市、村镇规划相协调,减少拆迁量,尽量减小对沿线人民群众的生产生活造成不利影响。

(5)重视大型构造物设施选址,在符合路线总体走向的前提下,合理选择桥位及跨越宁西铁路、焦枝铁路、现有公路位置,减小工程施工难度,降低工程投资。

(6)重视环境保护,严格控制填挖,在保证交通安全的前提下,减少工程量。

(7)合理选择取土坑位置及取土深度,并做好复垦工作;对于山区路段,做好弃土场的设计工作,以减少对环境的污染。

(8)坚持路线多方案比选论证的原则,多方案比选是山区高速公路设计的灵魂。

(9)重视公路景观设计,重视防护及对跨线构造物选型的研究,努力将本项目建成“景观路”、“环保路”、“生态路”。

(10)强调技术创新,广泛采用新技术、新材料、新工艺,提高勘察设计质量。

3. 沿线大型构造物设置概况

大型构造物指特大桥、大桥、隧道、互通式立交、分离式立交、服务区等,主要反映项目与沿线环境的关系。本项目大型构造物设置见表4。

沿线大型构造物设置一览表 表4

中心桩号或起讫桩号	地名、桥名或被交路名称	被交路等级	交叉形式	孔数×跨径或长度(孔×m)或(m)
主线,长度74.298km				
LK0+849.907~LK1+295	左线分水岭隧道			445.903
RK0+854.647~RK1+285	右线分水岭隧道			430.353
LK1+778	左线回龙沟Ⅰ号大桥			21×30m预应力混凝土连续箱梁
RK1+629	右线回龙沟Ⅰ号大桥			11×30m预应力混凝土连续箱梁
K3+321	回龙沟Ⅱ号大桥			5×30m预应力混凝土连续箱梁
K3+747	白龙庙大桥右幅			13×30m预应力混凝土连续箱梁
RK6+460~RK6+730	柴家庄1号隧道			270
K4+697	回龙沟Ⅲ号大桥左幅			14×30m预应力混凝土连续箱梁
K4+697	回龙沟Ⅲ号大桥右幅			12×30m预应力混凝土连续箱梁
K5+695	王庄大桥			4×25m预应力混凝土连续箱梁
LK6+789	左线柴家庄Ⅰ号大桥			5×25m预应力混凝土连续箱梁
LK6+961	左线柴家庄Ⅱ号大桥			(4×25m)+8m预应力混凝土连续箱梁+钢筋混凝土现浇板
LK7+080~LK7+505	左线柴家庄Ⅱ号隧道			425
RK6+975~RK7+595	右线柴家庄Ⅱ号隧道			620
LK7+817.50	左线柴家庄Ⅳ号大桥			15×35m预应力混凝土连续箱梁
RK7+708	左线柴家庄Ⅳ号大桥(一)			6×35m预应力混凝土连续箱梁
RK7+990	左线柴家庄Ⅳ号大桥(二)			6×35m预应力混凝土连续箱梁
LK8+385	左线黄土岭大桥			8×35m预应力混凝土连续箱梁
RK8+403	右线黄土岭大桥			11×35m预应力混凝土连续箱梁

续上表

中心桩号或起讫桩号	地名、桥名或被交路名称	被交路等级	交叉形式	孔数×跨径或长度(孔×m)或(m)
LK9 +040	左线回龙沟Ⅴ号大桥			12×30m 预应力混凝土连续箱梁
RK9 +071	右线回龙沟Ⅴ号大桥			13×30m 预应力混凝土连续箱梁
LK9 +777	左线上河东大桥			4×30m 预应力混凝土连续箱梁
RK9 +794	右线上河东大桥			4×30m 预应力混凝土连续箱梁
LK10 +060 ~ LK10 +335	左线上河东隧道			275
RK10 +070 ~ RK10 +345	右线上河东隧道			275
LK11 +171	左线米家庄大桥			7×30m 预应力混凝土连续箱梁
RK11 +175.50	右线米家庄大桥			7×30m 预应力混凝土连续箱梁
LK11 +566.50	左线雪家庄大桥			6×30m 预应力混凝土连续箱梁
RK11 +536.50	右线雪家庄大桥			4×30m 预应力混凝土连续箱梁
LK11 +850 ~ LK12 +305	左线雪家庄隧道			455
RK11 +845 ~ RK12 +315	右线雪家庄隧道			470
LK12 +981	左线庵上大桥			6×30m 预应力混凝土连续箱梁
RK12 +836	右线庵上大桥			18×30m 预应力混凝土连续箱梁
K14 +229	靳家庄大桥			4×25m 预应力混凝土连续箱梁
K14 +763	朱家庄大桥			11×25m 预应力混凝土连续箱梁
K15 +461	铁匠炉大桥(左幅)			16×25m 预应力混凝土连续箱梁
K15 +336	铁匠炉大桥(右幅Ⅰ号)			6×25m 预应力混凝土连续箱梁
K15 +623.50	铁匠炉大桥(右幅Ⅱ号)			3×25m 预应力混凝土连续箱梁
K16 +208	北沟庄大桥			9×25m 预应力混凝土连续箱梁
K17 +831.50	黄鸭河特大桥			33×35m 预应力混凝土连续箱梁
K19 +403	龙排沟大桥			10×30m 预应力混凝土连续箱梁
K20 +079.359	南召互通式立交	连接线,二级	单喇叭	
K20 +765	砂锅窑大桥			7×30m 预应力混凝土连续箱梁
K22 +261	上黄土岭大桥			4×30m 预应力混凝土连续箱梁
K23 +082	白河特大桥			40×30m 预应力混凝土连续箱梁
K24 +211	巩家庄大桥			14×25m 预应力混凝土连续箱梁
K24 +906	老磨沟大桥			5×25m 预应力混凝土连续箱梁
K26 +392	南召停车区			
K29 +022	铁河大桥			25×25m 预应力混凝土连续箱梁
K31 +328	灌河大桥			35×25m 预应力混凝土连续箱梁
K32 +746	湄淋河大桥			9×25m 预应力混凝土连续箱梁
K34 +778.255	瓦踅互通式立交	S333、二级	单喇叭	
K32 +746	湄淋河大桥			9×25m 预应力混凝土连续箱梁
K36 +094	裴老庄大桥			9×25m 预应力混凝土连续箱梁
K37 +684	群英水库大桥			14×30m 预应力混凝土连续箱梁

续上表

中心桩号或起讫桩号	地名、桥名或被交路名称	被交路等级	交叉形式	孔数×跨径或长度(孔×m)或(m)
K39 +017.50	黄庵大桥			19×25m 预应力混凝土连续箱梁
K40 +995.50	瓦房沟Ⅰ号大桥			9×25m 预应力混凝土连续箱梁
K42 +191	瓦房沟Ⅱ号大桥			9×25m 预应力混凝土连续箱梁
K43 +987	竹园大桥			13×25m 预应力混凝土连续箱梁
K45 +202	高家岈脖大桥			8×25m 预应力混凝土连续箱梁
K47 +620	上杜沟大桥			6×25m 预应力混凝土连续箱梁
K50 +135	下闫沟大桥			9×25m 预应力混凝土连续箱梁
K52 +075	南阳服务区			
K54 +414	X015 分离式立交	X015,三级	主线上跨	3×30m 预应力混凝土连续箱梁
K60 +381.963	龚河枢纽互通式立交	联络线,高速	半定向 T 形	
K63 +470	东潦河大桥			6×25m 预应力混凝土连续箱梁
K63 +833.50	X022 分离式立交	X022,三级	主线上跨	3×30m 预应力混凝土连续箱梁
K66 +234.50	潦河大桥			9×25m 预应力混凝土连续箱梁
K67 +534	宁西铁路分离式立交	宁西铁路,单股	主线下穿	2×净 15m 钢筋混凝土连续框架
K69 +594.263	南阳互通式立交	G312,二级	单喇叭	
K70 +158.131	G312 分离式立交	G312,二级	主线下穿	2×28m 预应力混凝土连续箱梁
K74 +756.555	张华岗枢纽互通式立交	沪陕高速	混合式枢纽	
联络线,长度 24.247km				
JK5 +324	X020 分离式立交	X020,三级	主线下穿	2×28m 预应力混凝土连续箱梁
JK10 +664	Y002 分离式立交	Y002,三级	主线下穿	2×28m 预应力混凝土连续箱梁
JK14 +512.50	跨南水北调及焦枝铁路特大桥	焦枝铁路,单股	主线上跨	(18×30)m 预应力混凝土连续箱梁 +225m 系杆拱 +(31×30)m 预应力混凝土连续箱梁
JK17 +637.458	独山互通式立交	连接线,二级	单喇叭	
JK19 +225	白河特大桥			41×30m 预应力混凝土连续箱梁
JK20 +592.50	Y010 分离式立交	Y010,三级	主线上跨	3×16m 预应力混凝土连续箱梁
JK21 +358	X014 分离式立交	X014,三级	主线上跨	3×25m 预应力混凝土连续箱梁
JK23 +565.102	祝庄枢纽互通式立交	兰南高速	半定向 T 形	

(二)路线设计

1. 路线走向

本项目主线起于平顶山和南阳市交界处的分水岭,北接同期实施的洛阳至南阳高速公路寄料至分水岭段。路线顺回龙沟沿国道 G207 布线,至下河东后向南,从米家庄西、靳家庄东经过,至南召县城东与省道 S331 相交,设南召互通立交。然后,跨越黄鸭河,在三亩湾西侧跨越白河,小岗东跨越灌河。继续向南从王西庄西侧穿过,至瓦踸村与省道 S333 相交,设瓦踸互通立交。然后向南在车家庄西跨越群英水库,经过黄庵、瓦房沟、四棵树、上杜沟、下闫沟、寨沟等村,从小刘庄西、谢庄乡东、康庄东、大庙村东通过,至龚河西设枢纽互通立交做联络线接口。再向南从后洼村西通过,穿过羊嘴头村东侧,过兰营村后跨越西潦河,在罗庄和马营街之间与宁西铁路交叉,设下穿铁路的分离式立交。在王村乡西与国道 G312 相交,设南阳互通立交,然后向南从杨庄村中的空档穿过,至张华岗西与上海至武威国家重点公路南阳至内乡高速公路相接,即为本项目终点。

联络线起于龚河枢纽互通(主线桩号 K60 +381.964),向东经塔子山南、周后庄北,至槐树湾乡北与焦枝铁路交叉,设高架桥上跨铁路,在小陈庄设独山互通,通过连接线与南阳市相连。继续向东在黄山和新店乡南跨越白河,至祝庄与许平南高速公路相接,即为联络线终点。

2. 平纵面设计原则

本项目起点～K33+850为山岭重丘区,设计速度为100km/h;K33+850～主线终点以及联络线为平原微丘区,设计速度为120km/h。其中山岭重丘区分离式路基左线全长9.027km,右线全长9.033km。本路段平纵面设计基本原则如下:

(1)处理好平微区和山岭区线形指标过渡关系,保证过渡自然顺畅;处理好分离式路基和整体式路基间的衔接关系。

(2)以特大桥梁、路线交叉和隧道等为控制点,使路线有利于桥梁、互通位置和隧道的布设。

(3)全线以曲线为主,极大限度的适应地形,尽量做到填挖平衡,减少山区弃方量。

(4)保证路线平、纵面指标满足设计规范,在避让沿线村镇居民点、满足交叉构造物净空的前提下,尽可能采用较高的技术指标。路线走向应顺适直捷,以缩短建设里程和减少运营成本。并保证线形指标的均衡与连续,以提高道路的通行能力和服务水平。

(5)珍惜土地资源,路线布设时尽可能不占或少占大片规整的高产良田和经济果园,确实无法避让大片高产良田时,尽量沿田地或排灌渠道边缘地带布设线位,以避免路基对大片良田的分割。

(6)重视平原区综合排水设计。路线设计时尽可能保持河流、排洪排灌渠的通畅,选择较为理想的跨越位置及交叉角度,避免过多的改移合并而影响原有沟渠的功能。对于行人行车的通道,除显而易见的地形地势条件有利于解决排水时,一般避免下挖造成通道内积水。通道的布设应方便沿线群众的生产生活。

(7)平原区纵面设计时,在保证构造物净空标准的前提下,尽量降低填土高度,节省工程量,减少取土困难。

3. 主要技术指标采用情况

本项目路线所经地区地势变化较大,根据地形地势划分为山岭重丘、平原微丘区两种设计标准,因此平面设计综合考虑了地质条件、现有河流、道路及环境保护要求等因素,灵活运用直线、圆曲线等线形要素,以曲线为主体进行平面设计,既不一味地抛开地形地物限制而追求高指标,也不轻易采用最小值,以使线形均衡、协调。本项目主要技术指标的运用情况见表5。

主要技术指标采用情况一览表 表5

序号	指标名称	单位	指标		
			主线		联络线JK0+000～JK24+247.172
			起点～K33+850	K33+850～终点	
1	公路等级	级	四车道高速公路	六车道高速公路	六车道高速公路
2	路线长度	km	33.00	41.298	24.247
3	计算行车速度	km/h	100	120	120
4	每公里交点个数	个/km	0.868	0.387	0.412
5	平曲线最小半径	m	640	3570.543	5500
6	最小缓和曲线长度	m	100	223.159	—
7	同向平曲线间最短直线	m	773.368	638.441	1860.349
8	反向平曲线间最短直线	m	156.836	407.559	580.304
9	平曲线占路线总长	%	67.93	69.4	60.01
10	变坡点个数	个	76	68	43
11	最大纵坡	%	3.938	2.56	2.5
12	最小纵坡	%	0	0	0
13	最短坡长	m	320	400	400
14	凸曲线最小半径	m	10000	17000	17000
15	凹曲线最小半径	%	8052.154	10000	11000
16	竖曲线最小长度	m	162	180	157.229

4. 平纵组合设计

本项目施工图设计,平面线形采用了较高的平曲线指标,纵断面线形竖曲线半径只有一处达不到视觉上需要的竖曲线半径值。尽管平曲线较长,竖曲线设置无法做到与平曲线一一对应,但均做到了平包竖。竖曲线均采用了较大曲线半径,平、纵面技术指标大小均衡,配合较为理想。全段采用全景透视图检验,无线形扭曲或去向不明现象,在视觉上能自然诱导驾驶员视线,保持视觉连续,线形平顺圆滑。

(三)路基、路面及防护工程设计

1. 路基

(1)一般路基

①设计原则及依据

根据沿线地形、地貌、地质、水文、气象等自然条件和环境保护的要求,依据部颁《公路工程技术标准》(JTG B01—2003)、《公路路基设计规范》(JTG D030—2004)、河南省交通厅文件(豫交计〔2005〕191 号)“关于印发《河南省高速公路设计技术要求》的通知”要求,平原微丘区 28m 宽路基上布设六车道,《河南省洛阳至南阳高速公路分水岭至南阳段初步设计》、专家审查意见及批复和其他有关规程、规范进行设计。坚持因地制宜、就地取材的原则,采取经济有效的措施,保证公路路基有足够的强度和稳定性。山岭重丘区整体式路基标准横断石、山岭重丘区分离式路基标准横断面、平原微丘区路基标准横断面依次如图 4 ~ 图 6 所示。

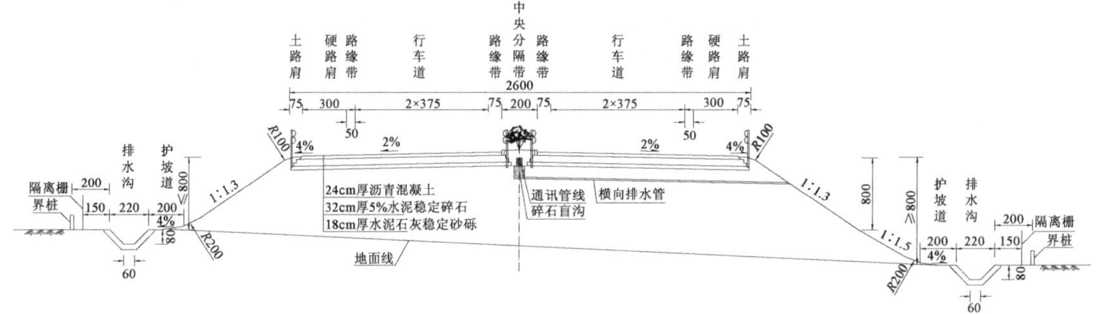

图 4　山岭重丘区整体式路基标准横断面

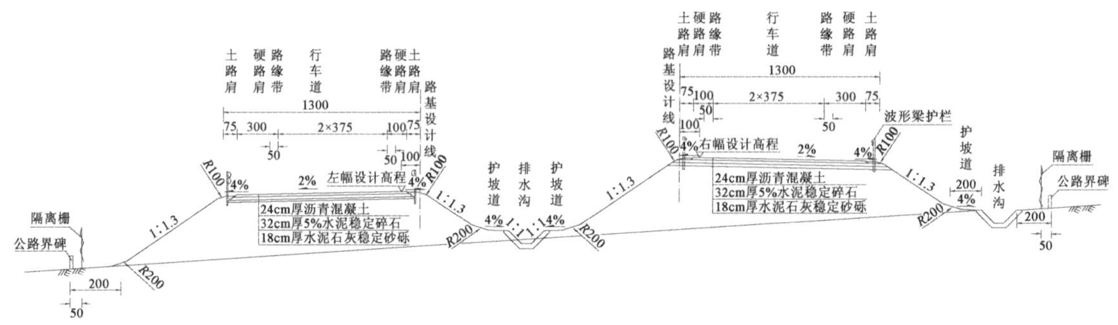

图 5　山岭重丘区分离式路基标准横断面

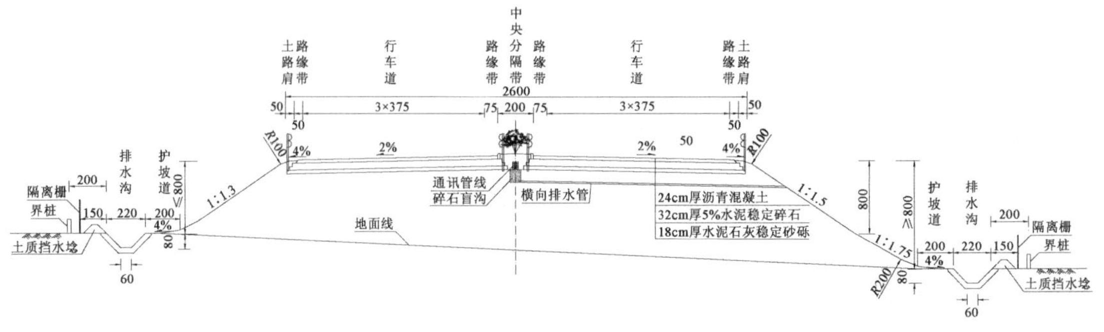

图 6　平原微丘区路基标准横断面

②路基宽度

路线起点～K33+850段，整体式路基宽度26.0m，计算行车速度采用100km/h。双向按四车道布设；其中，行车道宽2×2×3.75m，中央分隔带宽2.0m，硬路肩宽2×3.0m(含右侧路缘带宽2×0.5m)，左侧路缘带宽2×0.75m，土路肩宽2×0.75m。分离式路基单幅宽度13.0m，计算行车速度采用100km/h，单向按两车道布设；其中，单向行车道2×3.75m，左、右侧硬路肩宽分别为1.0m和3.0m(含路缘带0.5m)，土路肩宽2×0.75m。

K33+850～K33+910段为整体式26m路基向整体式28m路基过渡路段，长60m，路基宽度渐变率为1/60。

K33+910～终点和联络线为整体式路基宽度28.0m，计算行车速度采用120km/h。双向按六车道布设，减小硬路肩并增设港湾式紧急停车带(有效宽度为3.0m)，其中，行车道宽2×3×3.75m，中央分隔带宽2.0m，左侧路缘带宽2×0.75m，硬路肩宽2×0.5m(含右侧路缘带宽2×0.5m)，土路肩宽2×0.5m。

③路拱横坡

行车道、路缘带及紧急停车带路拱横坡为2%，土路肩横坡度为4%。

④路基超高

当设计速度采用120km/h时，不设超高的曲线半径为5500m；当设计速度采用100km/h时，不设超高的平曲线半径为4000m。当路线平曲线半径分别小于相应的5500m或4000m半径时，在曲线上设超高。超高采用绕中央分隔带边缘旋转的方式。

⑤中央分隔带及中央分隔带开口

中央分隔带采用凸起式，全宽2.0m，双向外倾横坡4%，表面种草绿化、植树防眩。

为抢险、急救和维修方便，中央分隔带每2km左右设开口一处，开口端部为半圆形，开口长度为30m。

⑥港湾式紧急停车带

右侧路缘带外侧每500～1000m设置一处港湾式紧急停车带，紧急停车带长度为90m(其中有效长度为30m，两端渐变段各长30m)，有效宽度为3.0m；布设于路基右侧路缘带外侧。

⑦路基边坡

为美化路容路貌，结合景观绿化设计，路基边坡的坡脚、坡顶及土路肩外侧拐角处均应采用圆弧过渡，坡脚处圆弧半径为$200cm^2$，土路肩外侧圆弧半径为$100cm^2$。

路基填土高度小于等于8m时，采用直线型边坡，坡率取1∶1.5；路基填土高度大于8m时，采用折线形边坡，上部8m边坡坡率取1∶1.5，下部坡率取1∶1.75。

一般路堑边坡高度小于8m时采用一坡到顶的形式，路堑边坡高度大于等于8m时采用台阶形式，以8m为基准，每8m设一边坡平台。边坡平台宽2.0m，并根据需要设置浆砌片石截水沟截排边坡降水，各级坡率根据岩质风化情况采用1∶0.3～1∶0.75。膨胀土路堑边坡高度小于8m时采用一坡到顶的形式，坡率采用1∶1.75；路堑边坡高度大于等于8m时采用台阶形式，以6m为基准，每6m设一边坡平台。边坡平台宽2.0m并根据需要设置浆砌片石截水沟截排边坡降水，各级坡率采用1∶1.75。

⑧碎落台及护坡道

挖方路段边沟外侧设2.0m宽碎落台，并向内倾斜4%横坡。填方路基坡脚外侧设2.0m宽护坡道，并向外倾斜4%横坡。

⑨用地范围

一般路段路基排水沟外缘2.0m、桥梁上部构造水平投影边缘外侧2.0m以及过塘路段护坡基础外侧0.5m以内的土地为公路用地范围。天桥两端引道用地界为路基边坡坡脚外2.0m处。

⑩填料要求

全～强和强～弱风化岩质路段，表层风化严重，开挖的土石混合料可直接用作路基填料。冲洪积平原区，表层为下更新统黏土、亚黏土和中更新统黏土、亚黏土等，试验表明具有弱～中等膨胀性，不宜直接作为路基填料，而沿线河滩内砂砾资源丰富，考虑到减少环境影响及保护耕地，设计采用沿线丰富的砂砾资源作为路基填料，边部采用黏土包边并进行防护绿化处理。其各部位填料强度及粒径要求见表6。

⑪路基压实标准

为使路基有足够的强度、稳定性和抵抗路面荷载下传产生的变形能力，确保路基、路面的综合服务水平，路基填筑压实采用重型击实标准。路基各部位的填料压实度应符合表7。

⑫路基填筑设计

a.一般路段填筑

全～强风化岩质路段。基底清表压实后直接填筑路基，无须特殊处理。开挖的土石混合料可直接用作路基填料，其压实质量检测按填土石路基控制。挖方路基路床部位满足设计要求后可直接铺筑路面，无须超挖处理。填筑时，要求将风化弱，强度高的岩质填料置于路基底，压实按填石路基控制；对采用风化成土及碾压后破碎的软质岩石填筑的路基按填土路基控制。

路基填料最小强度和最大粒径要求 表6

项目分类		路槽底面以下深度(cm^2)	填料最小强度(CBR)(%)	填料最大粒径(cm^2)
填方路堤	上路床	0~30	≥8	10
	下路床	30~80	≥5	10
	上路堤	80~150	≥4	15
	下路堤	150以下	≥3	15
零填及挖方路基		0~30	≥8	10
		30~80	≥5	10

路基压实标准 表7

项目分类		路槽底面以下深度(cm^2)	压实度(%)
填方路基	上路床	0~30	≥96
	下路床	30~80	≥96
	上路堤	80~150	≥94
	下路堤	150以下	≥93
零填及挖方路基		0~80	≥96

注：列表压实度以部颁《公路土工试验规程》(JTG E40—2007)重型击实试验法为准。

路堑边坡坡率采用1:0.75，边坡采用拱形骨架内植草防护。

b. 台背填方路基

为减少路基在构造物两侧产生不均匀沉降，减轻桥头跳车现象，提高公路车辆行驶的舒适性，对桥梁和涵洞两侧路基填筑需进行特殊处理。对桥梁、分离式立交、涵洞、通道台后路基处理范围见表8。

桥涵构造物台后路基处理范围 表8

构造物类型	底部处理长度(m)	顶部处理长度(m)	备注
桥梁、桥式通道	$H+4$	$2.5H+4$	含台前溜坡及锥坡，且需超长0.5m压实
涵洞、涵式通道	$2L$	$2(L+H)$	

注：H为台后路堤填高；L为涵洞、涵式通道跨径长度。

台后路基与锥坡填料要求采用砂砾等透水性材料填筑。台背路基与锥坡同时进行填筑，该范围内的路基压实度从填方基底或涵洞顶部至路床顶面均应符合规范要求，达到96%。台背路基与一般路基之间采用台阶式搭接。接时从基底至路床顶台阶宽度为1.0m。

当路桥的施工顺序要求采用先填筑路基后施工桥台时，其压实机具要求同一般路基；先施工构造物后填筑路基时，对于大型机具难以压实的地方，应采用小型震动夯或平扶振动压路机薄层夯实或碾压。对涵顶50cm^2以内填土采用轻型静载压路机压实，以达到规定的压实标准。

(2)特殊路基设计

①水塘路基

对于沿塘路基，塘底分布有一定厚度的淤泥等软弱土。设计考虑采用清淤泥换填砂砾等透水性填料至常水位以上50cm^2，换填部分采用重型机械压实。为防止路基边坡遭受流水冲刷侵蚀，常水位以上50cm^2至坡脚处采用浆砌片石护坡。浆砌片石厚30cm^2，底部设10cm^2砂垫层，坡脚处设置浆砌片石勺型扩大基础，基础底宽0.8m，厚0.6m。常水位以上50cm^2处设置2m宽的护坡平台，上部防护采用草灌混植或拱形骨架内植草防护。基底至常水位以上50cm^2坡率采用1:1.75；上部坡率采用1:1.5。

②稻田路基

对于部分路段的水稻田路基，基底分布有0.4~0.6m厚的腐殖质软土，地表土含水率较高，设计采用清除表层腐殖质土 50cm^2，换填一层 50cm^2 厚砂砾等透水性材料填筑；坡脚处设置 M7.5 浆砌片石护脚矮墙收缩坡脚；护脚矮墙顶宽 0.6m，高度按 1.5m 计，施工时根据地形情况可以适当调整墙高。

③半填半挖路基

为减小半填半挖路基的纵向、横向不均匀沉降，挖方路基部分在路槽下超挖 80cm^2 后重新回填碎砾石并符合路床填筑要求，路基纵向超挖处理渐变长度不小于 5m，横向超挖处理渐变长度不小于 2m。原地面纵（横）坡陡于 1∶5时，应在地表反向开挖台阶，台阶宽度不小于 2m，台阶内设置内倾 4% 的横坡。同时为保证路基稳定，在纵向填挖交界的路床底面和顶面各铺设一层高强土工格室，在横向填挖交界处的基底、路床底面和顶面各铺设一层高强土工格室（TGLG-PE-50-500）。土工格室的厚度不小于 1.1mm，抗拉强度大于等于 150MPa，格室间铆接强度不小于 150N/cm^2，延伸率小于 15%。土工格室铺设时应完全张拉开，并用 U 形钢筋钉固定。半填半挖路基填方部分采用填石路堤并根据需要在路堤部位采用冲击式压路机进行增强补压处理。

④膨胀土路基

表层为下更新统黏土、亚黏土和中更新统黏土、亚黏土。在地形上为平地或缓坡，地貌为冲洪积平原或岗地，土的颜色呈棕红色、褐红色或灰白色、灰绿色，地表土失水后出现网状不规则条纹、龟裂，斜坡坡脚处出现鳞片、薄片状剥落堆积；饱水后土体有侧胀、鼓出现象，手摸有滑腻感，含有大量铁锰结核和灰白色、浅黄色钙质结核。土工试验表明土的自由膨胀率为 41% ~70%，50kPa 压力下的膨胀率为 -1.8 ~0.66，收缩系数为 0.18 ~0.77，胀缩总率为 0.26 ~3.9，具有弱 ~ 中等膨胀性。膨胀土路段施工时，含水率增大时路基易出现鼓胀、鼓丘；含水率减小时路基土出现不规则网状裂纹，边坡出现剥落、掉块、崩塌现象。

基于以上因素，为确保路基稳定，填方高度大于等于 1.54m 路段，基底清表、填前压实后，回填一层 40cm^2 厚的 5% 的石灰土作为垫层，并形成不小于 3% 的横坡，以利于排水。然后在其上填筑路基，路基填料采用附近山冈的风化石，边坡部位采用 150cm^2（水平方向）厚的黏土包边处理，并于距离坡脚 30cm^2 高度范围设置排水碎石盲沟并采用反滤土工布（200g/m^2）包裹处理。分层填筑并采用大型振动压路机压实，其压实及质量检测按填土石路基进行控制并符合规范要求。

填土高度小于等于 1.54m 及挖方路段路床部位（80cm^2）采用超挖换填处理，应超挖至路面顶面以下 1.54m，下部 40cm^2 回填筑砂砾，上部 40cm^2 掺灰剂量为 8%。分层填筑并采用大型振动压路机压实，其压实及质量检测按填土（砂）路基进行控制并符合规范要求。考虑到土质特性及路基、边坡稳定，设计将高度大于 3.0m 的膨胀土路堑边坡放缓至 1∶1.75 后，碎落台外侧坡脚处设置高 1.5m（埋入土中 50cm^2），厚 40cm^2，顶宽 0.6m，坡率为 1∶0.5 的 M7.5 浆砌片石护脚矮墙。边坡采用 M7.5 浆砌片石拱形骨架内放置预制混凝土六角空心块内植草防护，边坡顶面 50cm^2 范围采用 30cm^2 厚浆砌片石全铺砌，以防降水渗入边坡。

（3）路基防护

根据路线所经区域的地形、地貌、气象及水文等特点，对路基防护采取了以生态防护与工程防护相结合的方式。包括中央分隔带植树植草防护、护坡道植树植草防护及边坡防护。

①中央分隔带防护

中央分隔带植草防护，同时单排栽植刺柏、蜀桧等中低常绿乔木，株距 0.75m，以满足防眩需要，中央分隔带绿化计入“绿化工程数量表”中。

②护坡道防护

在护坡道上栽植蜀桧、刺柏等，间距 2.0m；基于防护绿化之目的，护坡道土质裸露部分采用植草防护，种草数量计入“绿化工程数量表”中。

③路堤边坡防护

根据沿线工程地质情况和边坡形式，将路堤边坡防护分为以下几种类型。

a. 边坡裸露

填方路基为填石路基时，边坡均采用片块石码砌，无须特殊防护。考虑景观绿化需要，后期可在坡脚处设置攀缘类植物，工程量计入绿化工程。

b. 植草 + 灌木

路基填土高度小于或等于 4m 的路段，边坡采用植草 + 灌木防护；边坡高度小于 2m 时，边坡上不栽植灌木。植草采用常规的湿式喷播草籽，最终养护成型的生物防护技术。湿式喷播技术（也称液压喷播技术）是采用专门的喷播设备施工，施工时将植物种子、土壤稳定剂、肥料、覆盖料、添加剂和水等材料按一定的配比加入到喷播机内，充分搅拌后，用喷枪将混合物均匀喷射到坡面，淋水养护。草种应选用适用当地土质和气候条件、成活率高的优良品种。灌木冠径不小于 0.5m，间距为 2.0m，可选用紫穗槐等根茎发达的耐旱植物，路基填土高度小于 2.0m 时，不栽植灌木。详见图 7。

c. 拱形骨架护坡 + 植草护坡

路基填土高度大于4m 的路段,土路肩处碎石盲沟底面以下边坡至坡脚采用拱形骨架内植草防护。拱圈及拱脚采用 M7.5 浆砌片石砌筑,并采用 M10 水泥砂浆勾缝;拱圈外径为 1.5m,内径为 1.06m,拱肋宽 0.5m,厚0.3m,嵌入于坡面。拱圈内侧栽植 C20 预制混凝土镶边石,以导流坡面降水,镶边石厚 $6cm^2$,高 $25cm^2$,长度一般为每块 $50cm^2$,高出坡面为 $10cm^2$,根部填土夯实。拱圈内回填种植土并采用湿法喷播植草防护。详见图 8。

图7　边坡植草防护

图8　边坡拱形骨架 + 植草防护

d. 浆砌片石护坡

对于沿河、塘路基段,为防止路基边坡遭受河水冲刷,采用深基础浆砌片石护坡。浆砌片石厚 $30cm^2$,底部设 $10cm^2$ 砂垫层,防护高度为塘(河)底至常水位以上 $50cm^2$ 处,并设置 2m 宽的护坡平台,上部防护采用草灌混植或拱形骨架内植草防护。

e. 挡土墙防护

对于沿线的陡坡路堤,为保证路堤的稳定,收缩坡脚,或为避免与其他建筑物干扰,尽可能少占农田,根据边坡高度、地形地质条件分别设置了衡重式路肩墙及路堤墙;路堤墙墙顶以上边坡防护形式同填方路基;挡土墙高度 $H \leqslant 2m$ 时,采用护肩的形式。根据不同的填料和地基承载力要求,设计中采取了不同的截面尺寸。

挡土墙基础埋置在天然地面以下不小于 1m 的持力层中,对于岩石地基,其埋置深度不小于 0.5m。位于陡坡上的挡土墙采用台阶式基础,基础采用 M10 浆砌片石;挡土墙高度 $H < 10m$,墙身采用 M7.5 浆砌片石;$H \geqslant 10m$ 时,墙身采用 M10 浆砌片石砌筑。勾缝采用 M10 水泥砂浆。片石强度大于等于 30MPa。

挡土墙身设置的 ϕ10PVC 泄水孔应上下左右交错布置,最下面一排的泄水孔位置应高出地面 $30cm^2$,泄水孔进口处应设置反滤层。

④路堑边坡防护

项目沿线地形、地质情况复杂,根据此特点,设计中对路堑边坡的防护采用了多种形式或其组合。

山岭重丘区

a. 边坡裸露

开挖后坡面岩质完整、节理不发育,破碎面较少的岩质挖方路堑边坡采取自然裸露,不予工程防护。

b. 护面墙防护

对于隧道出口坡积及冲洪积碎石土、卵石土挖方边坡,高度 $h < 10m$ 且考虑到景观绿化需要,采用浆砌片石窗孔式护面墙防护,窗孔内放置植草袋;护面墙采用 M7.5 浆砌片石变截面一级护面墙,上部植草防护。

c. 锚杆框架 + 挂网喷混植草防护

二级以上边坡,开挖后坡面岩面破碎、节理发育的岩质挖方路堑边坡,考虑到景观绿化及生态防护的需要,采取锚杆预制混凝土框架 + 挂网喷混植草防护;锚杆打入稳定岩石持力层不小于 5m,框架采用 C25 混凝土预制并配置 ϕ8 钢筋,框架内铺设铁丝网并固定于坡面上,然后在框架格梁内喷混植草。

d. 浅层锚杆 + 菱形骨架(喷射钢筋混凝土) + 挂网喷混植草防护

开挖后边坡较高、表面破碎,边坡较陡路段,考虑到景观绿化及生态防护的需要,设计采用浅层锚杆 + 菱形喷射钢筋混凝土骨架 + 挂网喷混植草防护。浅层锚杆 + 菱形骨架(喷射钢筋混凝土) + 挂网喷混植草:锚杆长度为 3 ~ 5m,锚杆位置为菱形骨架交点处,锚杆采用 ϕ20 螺纹钢筋,端部焊接螺杆。菱形骨架采用 C25 的混凝土喷射施工,其内设置 ϕ8 光圆钢筋,从而形成钢筋混凝土菱形骨架,骨架厚度为 $15cm^2$,宽度为 $30cm^2$,骨架尺寸为

$200 \times 200cm^2$,然后进行挂网喷混植草处理,铁丝网固定于锚杆处,喷射基材厚度为 $15cm^2$。

e. 挂网喷混植草防护

一级～二级边坡,边坡较陡路段,考虑到景观绿化及生态防护的需要,设计采用挂网喷混植草防护。挂网喷混植草防护:锚杆采用 2.0m 长,间距 2m 的 $\phi20$ 螺纹钢筋,端部焊接螺杆,铁丝网距离坡面 $4cm^2$,然后喷射 $10cm^2$ 的基材混合物(基材混合物由水泥、土壤稳定剂、种植土、草种、水等混合而成)。

平原微丘区

f. 三维植被网植草＋灌木防护

边坡高度小于等于 3m 的土质路堑边坡,采用三维网垫植草＋灌木防护。植草采用常规的湿法喷播技术;灌木间距 2m,选用适合当地生长的灌木簇,路基填土高度小于 2.0m 时,不栽植灌木。三维植被网材料厚度大于等于 14mm,抗拉强度大于等于 3kN/m,层数大于等于 2 层。

g. 拱形骨架＋植草防护

非膨胀土路堑边坡高度大于 3m 路段,采用拱形骨架内植草防护,拱圈及拱脚采用 M7.5 浆砌片石砌筑,并采用 M10 水泥砂浆勾缝;拱圈外径为 1.5m,内径为 1.06m,拱肋宽 0.5m,厚 0.3m,嵌入于坡面。拱圈内侧栽植 C20 预制混凝土镶边石,以导流坡面降水,镶边石厚 $6cm^2$,高 $25cm^2$,长度一般为每块 $50cm^2$,高出坡面 $10cm^2$,根部填土夯实。拱圈内回填种植土并采用湿法喷播植草防护。

h. 拱形骨架＋预制混凝土空心六角块＋植草防护

对于膨胀土路段的挖方路堑边坡,为确保路堑边坡稳定及防止水土流失,边坡坡率采用 1∶1.75～1∶2.0;边坡采用拱形骨架内放置预制混凝土空心六角块内培土植草防护。

(4)取土和弃土

本项目路基填筑需要大量土方。根据项目区的地形特点,并结合地方政府意见和综合规划,路基填土采用沿线集中取土方案。

山岭重丘区路段,移挖作填,尽量利用挖余土方。对于多余废弃的土方,本着少占良田,尽量减少植被破坏,从而诱发新的地质病害。在不影响路基稳定,不破坏生态环境的原则下设置弃土场,弃土场一般选择在河滩荒地或山间沟谷弃土。为防止水土流失,保护生态环境,弃土场周围设置护坡防护,并做好排水设施,弃土场完成后还应对渣场进行防护绿化,绿化树种要选择当地适生树种,渣场的截排水沟要及时疏导,防止堵塞。

平原微丘区路段,沿线路基土多具有膨胀性,不宜直接用于路基填筑。同时本着少占良田,尽量减少植被破坏,在不影响路基稳定,不破坏生态环境的原则下设计考虑在路基沿线附近河滩内丰富的砂砾资源作为路基填料,并采用路基挖余土方作为边坡包边处理用土,以满足路基填方的需要。本合同段路基挖余土方用于互通区绿化等用土或弃置于弃土场内,并注意环境保护。

另外,路基施工加宽填筑刷坡存在大量弃土,应合理处置,减少废方。处置原则如下。

①根据各合同段工期的安排,尽量利用挖余土方。

②对废弃的土方本着少占良田、不破坏生态环境的原则设置弃土场。

③为防止水土流失,在弃土场周围设置护坡防护,并做好排水设施。

2. 路面

(1)设计依据

①《公路沥青路面设计规范》(JTG D50—2006)

②《公路沥青路面施工技术规范》(JTG F40—2004)

③《公路路面基层施工技术规范》(JTJ 034—2000)

④河南省《高速公路设计技术要求》(DB41/T 419—2005)

⑤《河南省洛阳至南阳高速公路分水岭至南阳段初步设计专家组审查意见》

⑥《河南省洛阳至南阳高速公路分水岭至南阳段施工图设计监理意见》

⑦“全国沥青路面技术研讨会”会议精神(2005 年 7 月 2 日)

(2)设计标准

主线及联络线全线、互通区以及匝道采用沥青混凝土路面,设计采用以双轮组单轴轴载 100kN 为标准轴载,设计使用年限为 15 年;匝道收费站广场采用水泥混凝土路面,设计采用 100kN 的单轴荷载作为标准轴载,设计使用年限 30 年。

(3)交通量组成及交通量预测结果

根据工可研究报告,本段交通组成、交通量预测分别见表 9、表 10。

交 通 组 成 表9

车 型	大 客	中 客	小 货	中 货	大 货	拖 挂
比例(%)	12.68	36.04	12.95	23.33	8.62	6.38

交通量预测表[单位:辆/日(标准小客车)] 表10

年 份	2008年	2010年	2015年	2020年	2027年
主 线					
交通量	12709	14465	19204	24560	32100
联 络 线					
交通量	9821	11261	15173	19678	26128

经分析计算,本路段沥青混凝土路面设计年限内一个车道的弯沉设计累计轴次为 2.37×10^{7} 次,设计弯沉值为20.1(1/100mm)。互通区匝道沥青混凝土路面设计同主线路面。本次设计仅在收费站广场设置水泥混凝土路面,水泥混凝土路面厚 $26cm^2$,28d龄期设计弯拉强度大于5MPa,弯拉弹性模量为3.1×104MPa。

(4)沥青混凝土路面结构组合及厚度计算

沥青混凝土路面结构计算以双圆垂直均布荷载作用下的弹性层状体系理论为基础,以路表设计弯沉作为路面整体强度的控制指标,以沥青混凝土路面面层和半刚性基层材料的容许弯拉应力进行验算。

按照《公路自然区划图》,本项目所在地区属Ⅳ2、Ⅴ1区,结合交通量、道路等级对路面结构强度的要求,考虑到路面面层应具备坚实、耐磨、抗滑、防雨水下渗等功能,路面结构组成及结构层中材料设计参数取值见表11。

材料设计参数表 表11

设计层位	材料参数 / 材料名称	抗压模量(20℃,MPa)	抗压模量(15℃,MPa)	劈裂强度(15℃,MPa)
①	$4cm^2$ 细粒式改性沥青混凝土(AC—13)	1400	2000	1.4
②	$6cm^2$ 中粒式改性沥青混凝土(AC—20)	1300	1800	1.0
③	$7cm^2$ 粗粒式沥青混凝土(AC—25)	1000	1400	0.8
④	$7cm^2$ 沥青碎石(ATB—25)	700	750	—
⑤	$32cm^2$5%水泥稳定碎石	1500	1500	0.5
⑥	$18cm^2$4%水泥稳定砂砾	1400	1400	0.5
⑦	土基	40		

①主线路面结构

主线行车道、硬路肩、路缘带、紧急停车带

上面层:$4cm^2$ 细粒式改性沥青混凝土(AC—13C)

中面层:$6cm^2$ 中粒式改性沥青混凝土(AC—20C)

下面层:$7cm^2$ 粗粒式沥青混凝土(AC—25C)

联结层:$7cm^2$ 沥青碎石混合料(ATB—25)

下封层:热喷改性沥青封层(2.4kg/m^2)

基层:$32cm^2$ 5:95水泥稳定碎石

底基层:$18cm^2$ 4:96水泥稳定砂砾

路面总厚度:$74cm^2$

②岩质挖方段路面结构

岩质长距离挖方(≥200m)路面

上面层:$4cm^2$ 细粒式改性沥青混凝土(AC—13C)

中面层:$6cm^2$ 中粒式改性沥青混凝土(AC—20C)

下面层:7cm^2 粗粒式沥青混凝土(AC—25C)

联结层:7cm^2 沥青碎石混合料(ATB—25)

封层:热喷改性沥青封层(2.4kg/m^2)

基层:15cm^2 5:95 水泥稳定碎石

底基层:14cm^2 C15 贫水泥混凝土

路面总厚度:53cm^2

③隧道路面结构

主线行车道、硬路肩、路缘带

上面层:4cm^2 细粒式改性沥青混凝土(AC—13C)

中面层:6cm^2 中粒式改性沥青混凝土(AC—20C)

基层:24cm^2 水泥混凝土

底基层:20cm^2 5:95 水泥稳定碎石

路面总厚度:54cm^2

④互通区匝道路面

根据《河南省高速公路设计技术要求》(DB41/T 419—2005),结合本地区其他公路互通匝道路面设计、建设经验,拟定互通式立交区匝道路面结构同主线。

互通区匝道收费站广场路面结构如下。

面层:26cm^2 水泥混凝土面板

封层:热喷改性沥青封层(2.4kg/m^2)

基层:30cm^2 5:95 水泥稳定碎石

底基层:20cm^2 4:96 水泥稳定砂砾

路面总厚度:76cm^2

⑤被交道路路面结构

a. 被交道路为二级公路的路面结构

面层:4cm^2 细粒式沥青混凝土(AC—13C)

6cm^2 中粒式沥青混凝土(AC—20C)

基层:30cm^2 5:95 水泥稳定碎石

底基层:20cm^2 级配砂砾

b. 被交道路为三级、四级公路的路面结构。

面层:4cm^2 细粒式沥青混凝土(AC—13C)

基层:20cm^2 水泥稳定碎石

底基层:20cm^2 级配砂砾

⑥通道路面结构

a. 农汽通道路面结构

面层:22cm^2 水泥混凝土

基层:20cm^2 级配砂砾

b. 机耕及人行通道路面结构

面层:18cm^2 水泥混凝土

基层:20cm^2 级配砂砾

⑦桥面铺装

桥面铺装层采用4cm^2 细粒式改性沥青混凝土(AC—13C)+6cm^2 中粒式改性沥青混凝土(AC—20C)+10(8)cm^2 水泥混凝土。

3. 路基、路面排水

(1)公路路基路面排水设计原则

公路修筑后,尽量做到不干扰、不改变农田原有的排灌系统,以确保农业和养殖业的正常生产。本路段排水沟排水自成体系,农田灌溉水不得进入路基排水沟。

路面排水按重现期5年,路基排水按1/15洪水频率进行计算。

(2)路面排水

路面排水包括路面表面排水、路面内部排水以及中央分隔带排水三部分。

①路面表面排水

a. 一般路段排水

为避免行车道路面范围内出现积水，采取散排漫流方式排除路面降水。当路基为路堤时，横向漫流水由路堤坡面分散排放到路基两侧的桥涵、排水沟中；当路基为路堑时，横向漫流的路面水汇集于边沟内，引出路基范围。

b. 超高段排水

为防止超高路段上半幅路面的表面水横向漫流过下半幅路面，在超高段外侧的左侧路缘带上设置现浇钢筋混凝土矩形集水槽，集水槽顶面加设预制钢筋混凝土盖板。每隔50m左右设置钢筋混凝土现浇的集水井，集水井上覆预制钢筋混凝土盖板，在集水井处设置预制钢筋混凝土横向排水管。对于填方路段，出水口与急流槽采用水泥混凝土现浇相接，将汇水引至排水沟内。对于挖方路段，边沟加深后出水口与边沟内壁衔接，横向排水管出水口距离边沟底不小于20cm^2。横向排水管内径30cm^2，外径46cm^2，超高段凹曲线底部必须设置横向出水口。对于横向排水管出口位于挡土墙上时，可根据具体情况采用大管径的塑料排水管替代急流槽，从而将路面汇水引出路基范围。

②路面内部排水

大气降水在路面形成径流，其中绝大部分通过路面分散排除，为了防止少量下渗水侵蚀路面路基和土基造成路面基层或土基强度的降低，在基层顶面铺设热喷改性沥青封层（不计厚度），并在土路肩处设置透水无砂混凝土块，以排除面层渗水。

③中央分隔带排水

中央分隔带采用凸起式，填土由中间向两侧设置4%横坡，表层水通过路面由路肩分散排出。为排除中央分隔带下渗水，在路基中央分隔带底基层底部设开级配碎石盲沟，盲沟底部设ϕ116/100mm的HDPE双壁打孔波纹管，并沿纵向每50m左右设置一处ϕ116/100mmHDPE双壁无孔横向排水管，纵横向排水管间采用三通连接。横向排水管出口尽量设置在拱形骨架的拱肋上，不能设置于拱肋的出水口处的路基边坡应夯实或加固处理，防止冲刷边坡。

为防止中央分隔带内汇水渗入路面结构层内，沿中央分隔带内壁铺设一层防渗土工布（一布一膜聚乙烯200g/m^2/0.3mm），再回填中央分隔带种植土。

对于长挖方且中央分隔带内汇水无法横向引出路段，设计采用加深边沟，使横向排水管通向边沟内，将汇水引出路基范围；对于个别长挖方路段的中央分隔带积水通过边沟加深不能实现或导致边沟加深过大时，设计采用中央分隔带，顶面采用预制混凝土块封闭，间隔开孔植树绿化，底部设置防渗土工布的方法处理，防止中央分隔带内渗水进入路面结构层内。

（3）路基排水

根据项目区地形特点，按照实地调查资料，并参考相邻高速公路的建设经验，排水沟尺寸采用底宽0.6m、深0.8m、顶宽2.2m，两侧坡比1∶1的梯形断面，排水沟设在填方路段护坡道外侧；挖方路段边沟尺寸采用底宽0.6m、深0.8m、顶宽0.6m的矩形断面，边沟设在土路肩外侧。由于当地石料丰富，排水沟采用浆砌片石加固，厚度25cm^2，下设置10cm^2厚的砂垫层。

排水沟平面线形应与主线保持一致，不允许陡坡急弯；边沟纵坡与主线保持一致。对于个别路段，必要时可在排水沟外侧设置浆砌片石挡水堰，避免农田水进入路基排水沟内。

在路基排水沟的水横向无法引出且必须通过原有道路、通道口或灌渠时，根据实际情况需设置圆管涵、矩形盖板涵等构筑物贯通。

（四）桥梁、涵洞通道设计

1. 桥涵设计标准

设计荷载：公路—Ⅰ级的1.3倍

设计洪水频率：特大桥1/300

大、中、小桥、涵洞1/100

桥面净宽：山岭重丘区整体式路基　2×净11.5m

山岭重丘区分离式路基　净12.0m

平原微丘区整体式路基　2×净12.5m

涵洞与路基同宽

地震动峰值加速度系数：0.05～0.1

2. 桥孔布置及结构形式选择

(1)大桥布孔设计

主线大桥设计以适用、安全、经济、协调和美观为原则,在选择孔径时还要根据本地区的自然条件、材料供应和地质情况以及施工要求和使用效果、与周围自然景观是否协调等进行综合考虑,做到技术可行、经济合理,并尽量做到标准化、系列化和施工机械化。

本项目山区段大桥密度很大,桥孔布置主要从墩高、桥长、水流方向及工程地质等方面统一考虑。对于一般桥梁,在满足不同功能的前提下,同一合同段内的桥梁考虑到施工预制方便,尽量采用同一跨径。设计时考虑总体经济的原则,桥台最大填土高度控制在8m左右。

在桥孔布置时,通盘考虑桥孔附近的其他构造物,防止各构造物之间相距太近,避免造成路基压实时作业面过小、近距离多处桥头跳车现象等。

(2)大桥结构形式

本项目大桥上部结构均采用跨径为25m、30m、35m的装配式部分预应力混凝土连续箱梁,先简支后连续。对于墩高大于30m的桥梁,下部结构采用渐变方墩,对于墩高小于30m的桥梁,采用柱式墩,桥台根据填土高度及地基承载力,采用U形、简易式台(无台身、侧墙的U台)以及桩柱式台。一座桥梁的桩径、柱径尺寸类型应尽量一致,以方便施工,基础形式根据桥址地质状况予以确定,分别采用桩基础或扩大基础。

(3)中、小桥的孔径布置及结构形式选择

在设计中,跨越人工沟渠的中、小桥,尽量做到不压缩其过水断面,桥墩设置尽量避开沟渠中泓线,同时尽可能利用桥孔为河道两侧群众提供通行条件。对桥梁长度小于100m的中、小桥上部采用13m、16m、20m的装配式预应力混凝土空心板,桥面连续;下部结构采用柱式墩、柱式台、肋板式台、钻孔灌注桩基础。

(4)涵洞位置确定、孔径布设及结构形式选择

根据施工图详勘地质资料。涵洞依照其使用性质、泄洪流量、路基填土高度、地基条件及材料供应情况,采用钢筋混凝土盖板涵。为避免桥头跳车,不设明涵。涵洞布设以原有沟渠为基础,以不打乱现有排灌系统为原则,排、灌渠分别设置涵洞,对于渠道过于密集,位置相距不远,具有合并条件的毛渠予以适当改移、合并,并辅以线外工程相连接,以保证排、灌功能。

3. 沿线桥梁涵洞的分布情况

本项目路段主线长74.298km,共设特大桥2375m/2座,大桥13058.1m/46座,中桥890.9m/11座,小桥20.56m/1座,涵洞86道,平均每公里过水构造物1.98道。联络线长24.247km,共设特大桥2941.4m/2座,中桥633.6m/12座,涵洞16道,平均每公里过水构造物1.27道(以上统计数据不包含互通区构造物)。

4. 特大桥

(1)K17+831.5黄鸭河特大桥

项目主线在鸭河口水库上游设特大桥跨越黄鸭河,本桥位于第六合同段内。桥位处设计流量Q0.3% = 6155m^3/s,设计水位190.179m,最大冲刷深度3.6m。

由于受两岸地形限制,路线此段较高,导致桥梁高度在20m左右,0号台岸坡下为省道S331,黄鸭河特大桥布孔主要受其控制。因此根据地形情况,黄鸭河特大桥上部结构采用33m×35m装配式部分预应力混凝土连续箱梁,全桥共分为5联,下部桥台采用柱式台、肋板台,桩基础;桥墩采用柱式墩,桩基础。

(2)K23+082白河特大桥

K23+082白河特大桥位于第八合同段,项目主线于鸭河口水库上游跨白河,前进方向位于三亩湾村西。桥址位于丘陵河谷区,山体低缓,山脊较平缓。桥台均位于低缓丘陵顶部,桥位处设计流量Q0.3% = 5134m^3/s,设计水位179.66m,最大冲刷深度3.0m。

本桥上部采用40×30m装配式预应力混凝土连续箱梁,全桥共分为六联,下部采用柱式墩、桩基础,U形台、一字台、扩大基础。

(3)JK14+512.5跨南水北调及焦枝铁路特大桥

路线在槐树湾乡东侧与焦枝铁路、省道S231和南水北调渠道工程相交叉,设跨焦枝铁路及南水北调特大桥。位于第二十一合同段,桥位处南水北调总干渠下穿焦枝铁路,与焦枝铁路夹角约22°,高速公路上跨焦枝铁路,夹角71.69°。南水北调总干渠设计水面高程与铁路现状轨面基本接近,现状铁路需抬高约6.8m,高速公路上跨铁路净空不小于8.5m,造成高速公路高出现状地面约22m。另外,由于南水北调总干渠、焦枝铁路、高速公路三线基本交于一点,且斜交角度较大,总干渠标准断面上口宽61m,且总干渠中不得设置桥墩,桥梁应采用正交布置。

特大桥引桥上部采用30m装配式预应力混凝土连续箱梁,小桩号引桥18孔,大桩号方向引桥31孔,主跨为

225m 钢管混凝土系杆拱桥，跨越焦枝铁路及南水北调总干渠，下部采用柱式墩、桩基，桥台采用肋板台、桩基。

（4）JK19 +225 白河特大桥

JK19 +225 白河特大桥位于第二十二合同段，南阳市北部黄山和新店乡南白河上，桥址地形为白河冲洪积平原，地形地貌条件良好，桥位处设计流量 Q0.3% =8950m^3/s，设计水位 130.526m，最大冲刷深度 3.4m。

白河特大桥上部结构采用 41 ×30m 装配式部分预应力混凝土连续箱梁，全桥共分为六联，下部桥台采用肋板台，桥墩采用柱式墩，钻孔灌注桩基础。

根据本项目初步设计，应南阳市政府要求，该桥考虑城市地方交通，所以桥宽采用 2 × 净（12.5 +7）m，即在满足高速公路桥宽外各加 7m 宽辅道，作为地方交通专用，桥头两端设连接匝道，与规划的滨河路相接。所以除桥宽加宽外，桥下保证滨河路 4.5m 的净空。

5. 大、中桥

全线共设大桥 13058.1m/46 座，中桥 1524.46m/23 座。大、中桥按照桥型选择原则，结合桥址水文、地质、地形条件等因素，大桥上部结构采用跨径为 25m、30m、35m 的装配式部分预应力混凝土连续箱梁，先简支后连续。中桥上部构造分别选用跨径 13m、16m、20m 的装配式预应力混凝土空心板，桥面连续，以改善行车舒适性。下部构造桥墩分别采用渐变方墩、柱式墩，桥台分别采用重力式台、肋式台或柱式台；基础采用桩基础与扩大基础。

沿线大、中桥在服从路线走向的前提下，考虑了跨越处河流、沟渠的排洪、引水要求以及路线两侧的通行需要，尽量做到一桥多用。所以桥型方案的选择除保证不压缩原河沟断面外，桥孔留有一定的富余宽度以及净空，兼作各种类型的通行。

6. 小桥

全线仅设一座小桥，为高沟小桥，桥长 20.56m。上部构造采用跨径为 10m 装配式预应力混凝土空心板，下部构造采用薄壁式桥台，钻孔灌注桩基础。

7. 涵洞

涵洞结构形式的选择，本着因地制宜、就地取材、利用地形、方便施工的原则，根据使用功能、设计流量、沿线群众生产耕作条件及地基情况，采用钢筋混凝土盖板涵。有条件时尽量采用较高的净高，以方便单纯行人通行。对于地下水位较高，地基承载力不满足要求的，采用砂砾或碎石换填处理。全线共设涵洞 102 道。

（五）隧道设计

1. 隧道设计标准

技术标准：双向四车道高速

设计速度：100km/h

建筑限界：净宽 10.75m，行车道 7.5m，限高 5.0m

设计荷载：洞内路面公路—Ⅰ级

2. 隧道结构形式

（1）结构形式及支护类型

隧道结构按新奥法原理进行设计，采用复合衬砌，以锚杆、湿喷（钢纤维）混凝土等为初期支护，并辅以钢拱架、注浆小导管等支护措施，充分调动和发挥围岩的自承能力，在监控量测信息的指导下施作初期支护和二次模筑衬砌。复合式衬砌的各项支护参数，系根据隧道埋置深度、围岩类别、结构跨度、受力条件，并考虑施工等因素，参照有关规范及国内外类似工程经验进行拟定的，并进行了安全验算。

（2）小净距隧道洞间岩柱加固设计

Ⅱ类围岩段及Ⅲ类围岩浅埋段在左右洞侧导洞开挖之前，应先对中夹岩柱部分进行小导管注浆，待注浆达到强度后，再开挖，然后对导洞初喷一层混凝土，最后进行施作预应力锚杆加固。Ⅱ类围岩段预应力锚杆采用 ϕ25 螺纹钢筋，Ⅲ类围岩浅埋段预应力锚杆采用 ϕ25 中空锚杆，锚杆一端通过 A3 钢垫板锁紧，另一端锚固在岩体内，后施加预应力，并锁定，最后注浆。Ⅲ类围岩深埋段一般不作预支护可直接开挖导洞。（施工中，若发现围岩较破碎，可适当施加超前锚杆预支护。）然后初喷混凝土一层并施作预应力锚杆加固，预应力锚杆采用 ϕ25 中空锚杆。Ⅳ类围岩段预应力锚杆采用 ϕ22 螺纹钢筋，施加预应力吨位及锚杆锁定方法同Ⅲ类围岩浅埋段。Ⅱ类围岩段及Ⅲ类围岩浅埋段在先开挖的导洞靠近待开挖侧的侧壁设置临时支护，以防止由于侧压或围岩介质不能自稳而影响施工安全、控制毛洞塑性变形。

（3）洞门设计

根据具体洞口的地形、地质条件，结合工程施工安全、环境保护要求、洞口相关工程、美观等情况考虑，采用端墙式以及削竹式的洞门形式，并对洞门墙面进行了必要的装饰。尽量保持原地形的绿色植被坡面，减少边坡开挖对自然环境的破坏。

(4)隧道路面设计

隧道内路面采用复合式路面,结构形式为:4cm^2 沥青混凝土抗滑层 +6cm^2 粗粒式沥青混凝土 +24cm^2 水泥混凝土 +20cm^2 水泥稳定碎石。

(5)隧道防排水设计

隧道防排水以防、排、截、堵结合,因地制宜、综合治理为原则,达到防水可靠、排水畅通,经济合理,施工方便的目的。二次模注衬砌采用防水混凝土;在隧道初期支护和二次衬砌之间铺设 EVA 防水板加一层无纺土工布。

(6)隧道附属设施设计

隧道的通风设计、照明设计、消防设计、配电洞室及紧急电话间等均符合相关规范要求。

(7)隧道新技术、新结构、新材料、新设备的设计

①本项目隧道均采用复合式衬砌,按新奥法原理组织施工。

②在洞口段、软弱围岩或断层破碎带等地质不良地段采用超前小导管注浆等施工技术。

③在洞口段或软弱围岩段采用中空注浆锚杆,相对于传统锚杆,具有安装方便,注浆饱满,并可加以一定吨位的预应力等特点,提高锚固强度。

④隧道纵横向排水管采用双壁波纹带孔(横向排水管不带孔)排水管(HDPE 或 U-PVC),具有质量轻,承受能力强,弯曲性能优良,便于施工等优点。

⑤设计要求喷射混凝土均采用湿喷技术,据已有施工经验,湿喷混凝土回弹率大幅度降低,边墙回弹率可控制在 15% 以内,拱部回弹率可控制在 20% 以内,湿喷技术一次喷层厚度较干喷法有较大提高,边墙可达 10 ~ 15cm^2,拱部可达 7 ~ 10cm^2。同时机旁基本无粉尘,改善了劳动条件(可选用 TK—961 型湿喷机),并可较好地控制喷射混凝土的质量。

⑥湿喷钢纤维混凝土作为一种新型的支护材料,与挂网湿喷混凝土相比具有施工简单、快速经济的优点,避免了挂网喷混凝土容易出现空洞的缺点。

3. 沿线隧道的分布情况

本项目路段共设隧道 3666.25m/5 座(单洞长),其中分离式隧道 4 座,小净距式隧道 1 座。

(1)分离式隧道

①分水岭隧道

分水岭隧道位于南阳市和平顶山市的分界线上,同时也是黄河水系与淮河水系的分界点。隧址位于中山区,隧道穿越围岩为强 ~ 弱风化粗粒花岗岩。隧址区东侧有一条回龙沟断裂破碎带,受此影响,隧道的围岩比较破碎,地下水水质较好,对混凝土无腐蚀作用。

结构形式:分水岭隧道左线洞门桩号 LK0 + 849.907 ~ LK1 + 295,长度 445.903m,右线洞门桩号 RK0 + 854.647 ~ RK1 + 285,长度 430.353m,有Ⅳ级和Ⅴ级浅埋两种围岩级别。进口端在平顶山段,出口洞门为端墙式,本隧道设人行横洞一道。照明方式为高压钠灯,采用机械通风。

②柴家庄 1 号隧道

柴家庄 1 号隧道左侧为回龙沟河,仅在右线设置隧道通过。隧址区为中度剥蚀切割的低山区,岩性为花岗岩夹灰黑色薄层闪长岩,纵向地形中间高,两侧低,中间为一冲沟。隧道进口地形陡峭,植被发育较差。

结构形式:柴家庄 1 号隧道右线洞门桩号 RK6 + 460 ~ RK6 + 730,长度 270m,有Ⅳ级和Ⅴ级浅埋两种围岩级别,明洞工程 17m。进出口洞门均为端墙式。照明方式为高压钠灯,采用机械通风。

③柴家庄 2 号隧道

柴家庄 2 号隧道隧址区为中度剥蚀切割的低山区,纵向地形中间高,两侧低,中间为一冲沟。岩性为花岗岩,植被覆盖较好。隧道左线最大埋深 85m,隧道右线最大埋深 95m,属于浅埋式短隧道。

结构形式:柴家庄 2 号隧道左线洞门桩号 LK7 + 080 ~ LK7 + 505,长度 425m,右线洞门桩号 RK6 + 975 ~ RK7 + 595,长度 620m,有Ⅲ级、Ⅳ级和Ⅴ级浅埋三种围岩级别,左线明洞工程 18m,右线明洞工程 15m。进口洞门为削竹式,出口洞门为端墙式,本隧道设人行横洞一道,照明方式为高压钠灯,采用自然通风。

④雪家庄隧道

雪家庄隧道隧址区为低山地形,洞身围岩为片岩和大理石,岩石坚硬,整体性好。隧道最大埋深 110m。隧道进口地形陡峭,表层覆盖薄层花岗岩全风化残积砾砂夹亚黏土,植被发育较差。

结构形式:雪家庄隧道左线洞门桩号 LK11 + 850 ~ LK12 + 305,长度 455m,右线洞门桩号 RK11 + 845 ~ RK12 + 315,长度 470m,有Ⅲ级、Ⅳ级和Ⅴ级浅埋三种围岩级别,左线明洞工程 15m,右线明洞工程 25m。进口洞门均为削竹式,左线出口洞门为端墙式,右线出口洞门为削竹式。照明方式为高压钠灯,采用自然通风。

(2)小净距式隧道

本项目路段设小净距式隧道1座,为上河东隧道。

上河东隧道隧址区为低山地形,隧道穿越围岩为二长花岗岩,整体性好,围岩稳定。隧道最大埋深43m,属于浅埋式短隧道。隧道进口地形陡峭,表层花岗岩全风化直接出露,植被发育较好。

结构形式:上河东隧道左线洞门桩号LK10+060~LK10+335,长度275m,右线洞门桩号RK10+070~RK10+345,长度275m,有Ⅲ级、Ⅳ级和Ⅴ级浅埋三种围岩级别,左线明洞工程30m,右线明洞工程32m。进出口洞门均为削竹式,照明方式为高压钠灯,采用自然通风。

(六)立体交叉工程设计

1. 互通式立交

(1)设置位置及选形

根据项目区域路网现状与规划、沿线主要城镇的分布情况及交通量预测结果,全线共布设7处互通式立交。沿线互通式立交布设情况及交通量分布见表12、图9、图10所示。

互通式立体交叉表 表12

序号	中心桩号	位置与名称	立交等级	被交路名称及等级	间距(km)	立交形式
1	K20+079.359	南召互通立交	三级	连接线二级		单喇叭
2	K34+778.255	瓦翫互通立交	三级	省道S333二级	14699	单喇叭
3	K60+381.963	龚河枢纽互通立交	一级	联络线高速	25604	半定向T形
4	K69+594.263	南阳互通立交	三级	国道G312二级	9212	单喇叭
5	K74+756.555	张华岗枢纽互通立交	一级	沪陕高速	5162	混合式枢纽
6	JK17+637.458	独山互通式立交	二级	连接线二级	17637	单喇叭
7	JK23+565.102	祝庄枢纽式立交	一级	兰南高速	5928	半定向T形

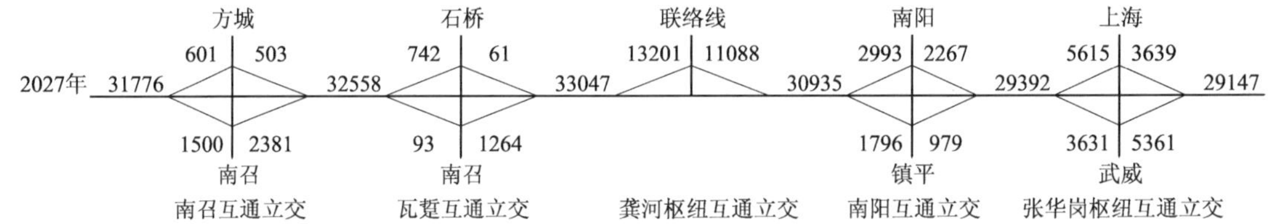

图9 主线预测交通量

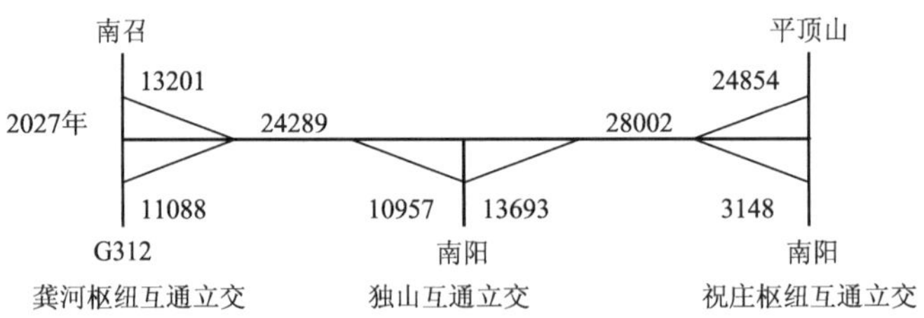

图10 联络线预测交通量

(2)南召互通式立交设计方案

①概述

南召互通式立交位于南召县城东南,设置连接线至县城。该立交的设置解决了南召县对外出口问题。立交形式为A形单喇叭,匝道上跨主线。如图11所示。

2005年7月河南省交通厅专家组和河南省发改委专家组审查并对该互通方案给予肯定。施工图设计中,业主根据南召县政府要求,结合南召县远景规划,要求对该立交位置进行调整,由南召县城东省道S331移至县城南岗地上,设置约3.7km长连接线至县城。

②主要工程规模

南召互通设计范围主线长1000m,匝道总长1477.623m,连接线总长3733.572m。桥梁1座,即A匝道上跨主线桥，桥长53.403m，上部结构为2×25m现浇箱梁；收费站1处；涵洞7道，其中主线涵洞4道，匝道涵洞3道；互通填土方为366159m^3，挖土方139728m^3 互通占地169.7亩。

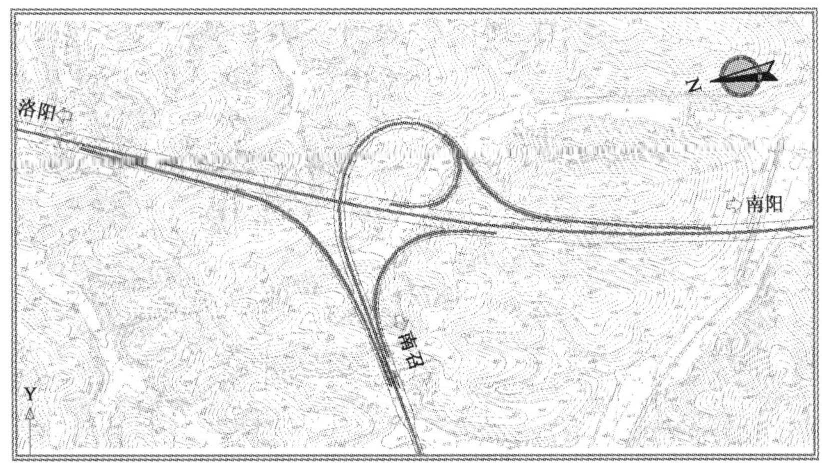

图11 南召互通式立交

连接线设涵洞7道，填方为174059.1m^3，挖方227856.6m^3，占地147.4亩。

③几何设计

a. 平面线形设计

南召互通为单喇叭形，互通位于直线和曲线范围，圆曲线半径为2400m，缓和曲线长270m。匝道采用设计速度为40km/h，匝道平面展线尽量依托地形以减少工程规模，匝道的出入口沿主线设加减速车道。加速车道采用平行式，减速车道采用直接式。匝道出入口处的平曲线指标均满足规范规定要求。

匝道的最小平曲线半径为55m，最小回旋线参数为70。

b. 纵断面线形设计

根据地形地物特征，结合构造物布设方案，采用主匝道上跨主线方式。互通范围内主线设一个凸形竖曲线，半径$R=17000$m，最大纵坡为2.0%。

匝道纵断面设计时，在满足净空要求的情况下，遵循能缓则缓，平纵组合合理的原则，设计采用最大的纵坡为3.1%，最小凸形竖曲线半径1204.025m，最小凹形竖曲线半径1537.657m。另外在主线与匝道入口处，匝道纵坡与主线纵坡平顺连接，竖曲线指标按规范规定采用较高的值。

c. 横断面设计

单向单车道8.50m；对向双车道15.50m，设中央隔离墩，匝道大部分位于曲线段，匝道按不同半径及不同计算行车速度要求设置相应的超高，超高的最大值为7%，超高过渡采用线性过渡。

一般匝道均不设加宽，对于环形匝道，由于半径较小，根据规范规定，设置加宽，加宽值为0.5m，采用内侧加宽，加宽过渡原则上在回旋线全长范围内线性过渡。

（3）瓦葚互通式立交设计方案

①概述

瓦葚互通式立交位于石门乡西北瓦葚村附近，本互通处于南召县南部，是南召县南部乡镇与南召县及南阳市连接的重要通道，且本项目能使G207的车辆较便捷出入本项目。立交区为丘陵区，工程条件较复杂。被交路为S333，S333为平原微丘区二级公路，路基宽12m，路面宽10.5m，路况较好。如图12所示。

2005年7月河南省交通厅专家组和河南省发改委专家组审查该互通方案。结合专家意见，编制施工图设计。

②主要工程规模

瓦葚互通设计范围主线长度1280m；匝道全长1792.4m。立交区内桥梁2座，主线Ⅰ号桥为3×25m装配式预应力混凝土连续箱梁，桥长82.45m。主线Ⅱ号桥为现浇预应力混凝土连续箱梁，桥长362.0m；收费站1处；涵洞4道，通道桥1道，涵式通道1道；互通填土方为325594.6m^3，挖土方83805.5m^3，互通占地242亩。

③几何设计

a. 平面线形设计

瓦踺互通为单喇叭形，互通位于直线上。匝道采用计算行车速度为40km/h，匝道的出入口沿主线设加减速车道。加速车道采用平行式，减速车道采用直接式。匝道出入口处的平曲线指标均满足规范规定要求。

匝道的最小平曲线半径为60m，最小回旋线参数为70。

图12　瓦踺互通式立交

b. 纵断面线形设计

根据地形地物特征，采用主线上跨匝道方式。互通范围内主线设一个凸形竖曲线，半径 $R=95000$m，竖曲线长229.276m；并设一个凹形竖曲线，半径 $R=100000$m，竖曲线长541.343m，最大纵坡为1.05%。

匝道纵断面设计时，在满足净空要求的情况下，遵循能缓则缓，平纵组合合理的原则，设计采用的最大纵坡为3.79%，最小凸形竖曲线半径2496.279m，最小凹形竖曲线半径931.639m。另外在主线与匝道入口处，匝道纵坡与主线纵坡平顺连接，竖曲线指标按规范规定采用较高的值。

c. 横断面设计

单向单车道8.50m；对向双车道15.50m，设中央隔离墩，匝道大部分位于曲线段，匝道按不同半径及不同计算行车速度要求设置相应的超高，超高的最大值为6%，超高过渡采用线性过渡。

一般匝道均不设加宽，对于环形匝道，由于半径较小，根据规范规定，设置加宽，加宽值为0.25m，采用内侧加宽，加宽过渡原则上在回旋线全长范围内线性过渡。

（4）龚河枢纽互通设计方案

①概述

龚河枢纽互通式立交是为了实现洛南高速公路与联络线高速交通流转换的枢纽立交，立交位于南阳市区西北的龚河村南，主线桩号为K60+381.963，立交形式为半定向T形，主线下穿匝道。如图13所示。

根据2005年7月河南省交通厅专家组审查意见和河南省发改委专家组审查意见，对该立交提出的立交平面“规模偏小，指标偏低”意见进行认真研究，施工图设计匝道半径均不小于150m，满足60km时速的要求。

②主要工程规模

龚河枢纽互通设计范围主线长2885m，匝道总长3663.824m。桥梁4座，即蔺桥中桥，上部结构为3×20m预应力空心板，桥长64.46m；后洼中桥，上部结构为3×20m预应力空心板，桥长64.46m；B匝道桥，上部结构为预应力混凝土连续箱梁，桥长164.2m；C匝道桥，上部结构为预应力混凝土连续箱梁，桥长157.2m；本互通范围内通道桥4座，人行通道1道，天桥1座，涵洞6座。互通填土方为383567.8m^3，挖土方183740.2m^3，互通占地508.1亩。

③几何设计

a. 平面线形设计

龚河互通为T形枢纽互通，互通区位于位于S形曲线和直线范围，圆曲线半径分别为 $R_1=6096.733$m 和 $R_2=6000$m。匝道采用计算行车速度为60km/h。匝道采用不设紧急停车带的双车道匝道，匝道路基宽10.5m。

加减速车道也均采用直接式，同时为保证车道数平衡，在主线上设置了辅助车道。加减速车道长度，渐变段长度，辅助车道长度均满足规范要求。

匝道的最小平曲线半径为150m，最小回旋线参数为120。

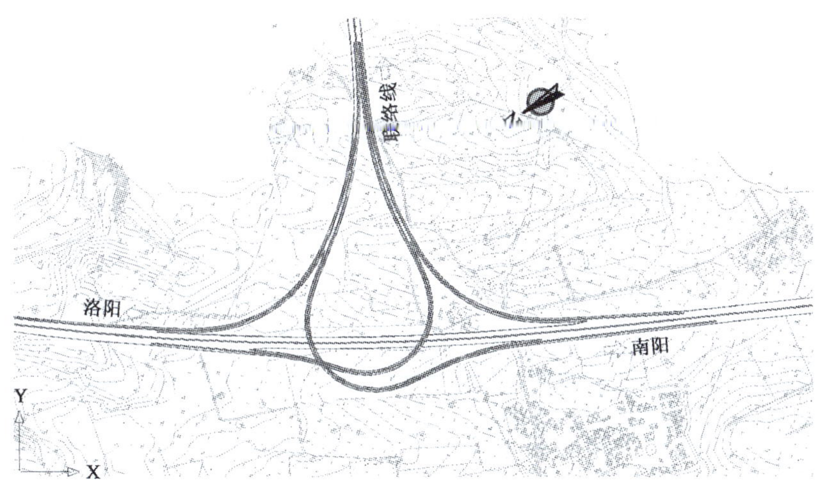

图13 龚河枢纽互通式立交

b.纵断面线形设计

根据地形地物特征，采用匝道上跨主线方式。互通范围内主线共设4个竖曲线，竖曲线半径分别为 $R=20000$m、$R=28000$m、$R=27000$m 和 $R=23718.562$m，最大纵坡为 -1.87%。

匝道纵断面设计时，在满足净空要求的情况下，遵循能缓则缓，平纵组合合理的原则，设计采用的最大纵坡为3%，最小凸形竖曲线半径3000m，最小凹形竖曲线半径3700m，在主线与匝道入口处，匝道纵坡与主线纵坡平顺连接，竖曲线指标按规范规定采用较高的值。

c.横断面设计

各匝道路基宽均为10.5m，大部分位于曲线段，匝道按不同半径及不同计算行车速度要求设置相应的超高，超高的最大值为7%，超高过渡采用线性过渡。

(5)南阳互通式立交设计方案

①概述

南阳互通式立交位于南阳市王村西，G312以北。该立交为A形单喇叭，作为南阳市区的西出口，并实现洛南高速公路与国道G312线交通转换。被交路为G312，G312为平原微丘区二级公路，路基宽24.5m，路面宽21m。如图14所示。

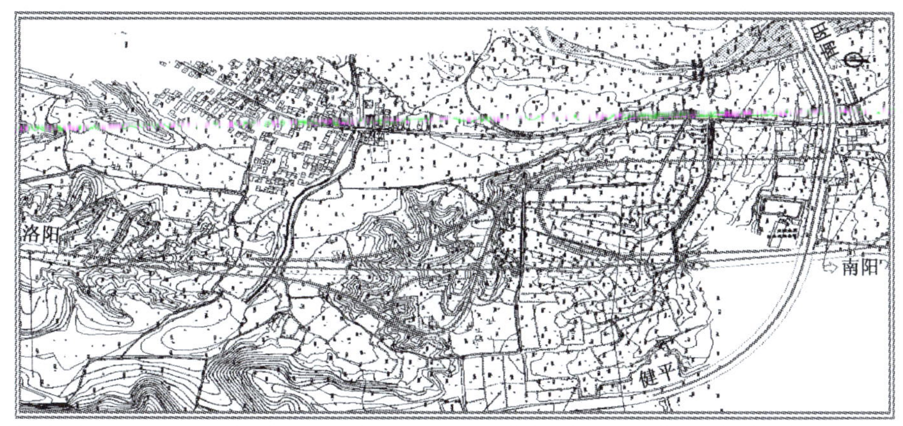

图14 南阳互通式立交

2005年7月河南省交通厅专家组和河南省发改委专家组审查该互通方案。结合专家意见，编制施工图设计。

②主要工程规模

本立交区主线长度1200m;匝道全长2075.32m;立交区内桥梁3座,即南阳互通式立交主线桥,上部结构为现浇预应力混凝土连续箱梁,桥长417.2m;A匝道桥,上部结构为预应力混凝土连续箱梁,桥长103.3m;E匝道桥,上部结构为预应力混凝土连续箱梁,桥长125.6m;涵洞5道,收费站1处。立交区占地291.9亩。

③几何设计

a.平面线形设计

南阳互通为单喇叭形,位于圆曲线上,半径为6000m。匝道采用计算行车速度为40km/h,匝道的出入口沿主线设加减速车道。加速车道采用平行式,减速车道采用直接式。匝道出入口处的平曲线指标均满足规范规定要求。

匝道的最小平曲线半径为60m,最小回旋线参数为60。

b.纵断面线形设计

根据地形地物特征,采用匝道上跨主线方式。互通范围内主线设一个凹形竖曲线,半径 $R=30000$m,竖曲线长417.72m;一个凸形竖曲线,半径 $R=100000$m,竖曲线长232.4m。最大纵坡为1.9%。

匝道纵断面设计时,在满足净空要求的情况下,遵循能缓则缓,平纵组合合理的原则,设计采用的最大纵坡为2.83%,最小凸形竖曲线半径2000m,最小凹形竖曲线半径2493.388m。另外在主线与匝道入口处,匝道纵坡与主线纵坡平顺连接,竖曲线指标按规范规定采用较高的值。

c.横断面设计

单向单车道8.50m;对向双车道15.50m,设中央隔离墩,匝道大部分位于曲线段,匝道按不同半径及不同计算行车速度要求设置相应的超高,超高的最大值为6%,超高过渡采用线性过渡。

一般匝道均不设加宽,对于环形匝道,由于半径较小,根据规范规定,设置加宽,加宽值为0.25m,采用内侧加宽,加宽过渡原则上在回旋线全长范围内线性过渡。

(6)张华岗枢纽互通设计方案

①概述

张华岗枢纽互通式立交是洛南高速公路与上(海)武(威)高速公路交通转换的大型枢纽立交,立交位置位于南阳市张华岗村西侧,交叉桩号K74+756.555,交叉角度103°51′54.1″。被交道为双向六车道高速公路,设计速度120km/h,路基宽度34.5m,目前正在实施中。立交形式采用十字交叉混合式立交,一次设计,分期实施。如图15所示。

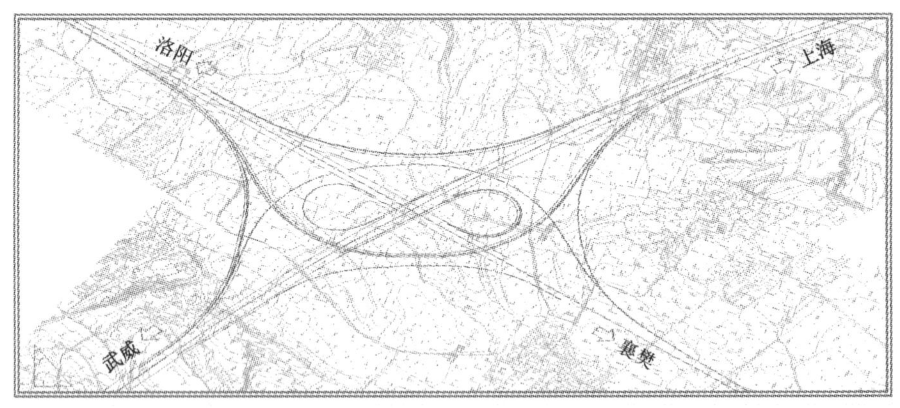

图15 张华岗枢纽互通式立交

一期工程实施立交范围洛南高速公路跨被交路主线桥、主线与被交路之间上海—洛阳和武威—洛阳方向匝道;二期工程实施立交范围上海—襄樊和武威—襄樊方向匝道。其中,被交道路上武高速所有加减速车道加宽部分,其工程数量单列,纳入本枢纽一期工程实施。

《初步设计专家咨询意见》同意张华岗枢纽式立交初步设计采用的混合式立交方案,即直连式匝道、半直连式匝道与环形匝道组合的立交形式。

②主要工程规模(一期工程)

张华岗枢纽互通设计范围主线长2150m,匝道总长5884.62m,被交道影响长度1850m。桥梁7座,即张华岗枢纽互通式立交主线桥,上部结构为现浇预应力混凝土连续箱梁,桥长842.284m;A匝道桥,上部结构为现浇预应力混凝土连续箱梁,桥长153.6m;B匝道桥,上部结构为现浇普通钢筋混凝土连续箱梁,桥长78.819m;D匝道桥，上部结构为现浇预应力混凝土连续箱梁，桥长 106.6m；G 匝道Ⅰ号桥，上部结构为装配式预应力混凝土空心板，桥长 64.46m；G 匝道Ⅱ号桥，上部结构为现浇预应力混凝土连续箱梁，桥长 103.6m；H 匝道桥，上部结构为现浇预应力混凝土连续箱梁，桥长 625.292m，加宽桥 2 座。加宽桥式通道 1 座，涵洞 5 道（含加长 2 道），互通填土方为 123856.3m^3，挖土方 112594.1m^3，互通占地 569.96 亩。

③几何设计

a. 平面线形设计

张华岗互通为混合式枢纽互通，即直连式匝道、半直连式匝道与环形匝道组合的立交形式，互通区位于主线直线范围，影响被交道段落位于直线和曲线范围，均无超高。匝道采用计算行车速度为 60km/h。匝道路基宽度为 8.5m，由于个别匝道较长，为超车所需，采用不设紧急停车带的双车道匝道，匝道路基宽 10.5m。匝道出入口减速车道均采用直接式，加速车道采用平行式，加减速车道长度，渐变段长度，辅助车道长度均满足规范要求。

匝道的最小平曲线半径为 70m，最小回旋线参数为 80。

b. 纵断面线形设计

根据地形地物特征，采用匝道上跨主线方式。互通范围内主线共设 4 个竖曲线，竖曲线半径分别为 $R=100000$m、$R=22000$m、$R=25000$m 和 $R=25000$m，最大纵坡为 -1.755%。

匝道纵断面设计时，在满足净空要求的情况下，遵循能缓则缓，平纵组合合理的原则，设计采用的最大纵坡为 3.9%，最小凸形竖曲线半径 2106.239m，最小凹形竖曲线半径 2174.212m，在主线与匝道入口处，匝道纵坡与主线纵坡平顺连接，竖曲线指标按规范规定采用较高的值。

c. 横断面设计

各匝道出入口均为单出入口，路基宽度为 8.5m，部分匝道为超车所需，路基宽度渐变为 10.5m。匝道按不同半径及不同计算行车速度要求设置相应的超高，超高的最大值为 7%，超高过渡采用线性过渡。

(7) 独山互通式立交设计方案

①概述

独山互通式立交是为了解决南阳城北车辆的交通转换问题的互通式立交，位于南阳市区北独山附近。立交形式为 A 形单喇叭，主线上跨匝道。

根据 2005 年 7 月河南省交通厅专家组审查意见和河南省发改委专家组审查意见，在施工图设计工程中，根据南阳市政府要求，结合南阳市远景规划，对该立交连接线进行调整。如图 16 所示。

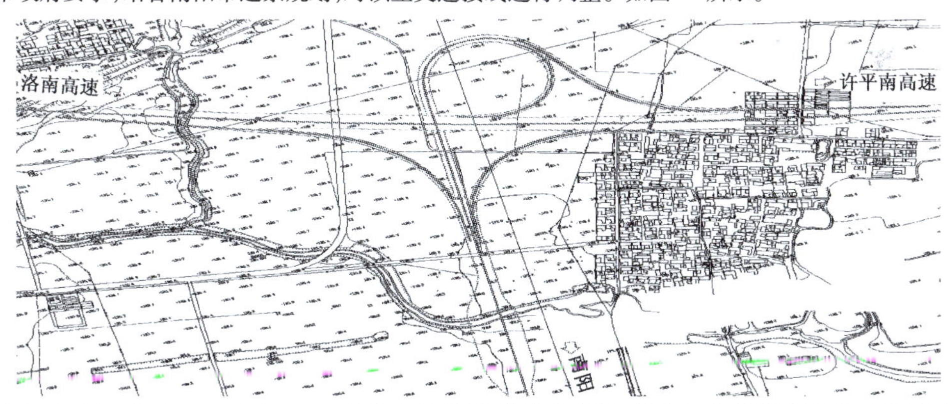

图 16　独山互通式立交

②主要工程规模

本立交区主线长度 1200m，匝道全长 2001.202m，连接线总长 5402.32m；立交区内共 3 座桥梁，即独山互通式立交主线桥，上部结构为现浇预应力混凝土连续箱梁，桥长 106.6m；主线跨 A 匝道桥，上部结构为装配式预应力混凝土空心板，桥长 64.46m；A 匝道桥，上部结构为装配式预应力混凝土空心板，桥长 42.96m，涵洞 4 道，通道桥 1 道，涵式通道 1 道，收费站 1 处。立交区占地 255.5 亩。

连接线设涵洞 7 道，填方为 47548.9m^3，挖方 9014.7m^3，占地 237.8 亩。

③几何设计

a. 平面线形设计

独山互通为单喇叭形，互通位于直线段和圆曲线上，圆曲线半径 5500m。匝道采用计算行车速度为40km/h，匝道的出入口沿主线设加减速车道。加速车道采用平行式，减速车道采用直接式。匝道出入口处的平曲线指标均满足规范规定要求。

匝道的最小平曲线半径为 80m，最小回旋线参数为 80。

b. 纵断面线形设计

根据地形地物特征，采用主线上跨匝道方式。互通范围内主线设一个凸形竖曲线，半径 $R=30000$m，竖曲线长 463.091m；一个凹形竖曲线，半径 $R=30000$m，竖曲线长 225m。最大纵坡为 0.79%。

匝道纵断面设计时，在满足净空要求的情况下，遵循能缓则缓，平纵组合合理的原则，设计采用的最大纵坡为 2.63%，最小凸形竖曲线半径 3715.944m，最小凹形竖曲线半径 1537.657m。另外在主线与匝道入口处，匝道纵坡与主线纵坡平顺连接，竖曲线指标按规范规定采用较高的值。

c. 横断面设计

单向单车道 8.50m；对向双车道 15.50m，设中央隔离墩，匝道大部分位于曲线段，匝道按不同半径及不同计算行车速度要求设置相应的超高，超高的最大值为 7%，超高过渡采用线性过渡。

(8) 祝庄枢纽互通设计方案

①概述

祝庄枢纽互通式立交是为了实现联络线高速与许平南高速公路交通流转换的枢纽立交，立交位于南阳市东北的祝庄村附近。主线桩号为 J23 +565.102，立交形式为半定向 T 形，匝道上跨被交道。如图 17 所示。

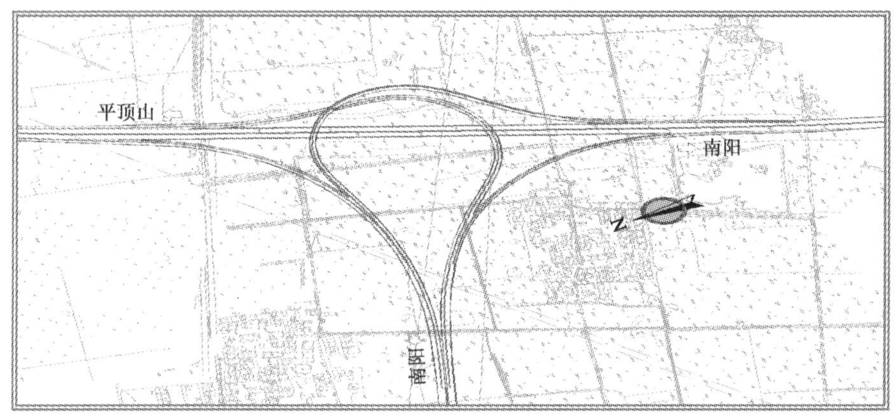

图 17　祝庄枢纽互通式立交

根据 2005 年 7 月河南省交通厅专家组审查意见和河南省发改委专家组审查意见，专家建议将初步设计单喇叭方案调整为半定向 T 形，匝道均按 60km/h 布设，施工图阶段对意见进行认真研究，进行了调整。

②主要工程规模

祝庄枢纽互通接联络线高速，匝道全长 3447.482m；被交道影响长度 2085m，立交区匝道桥 3 座，即 B 匝道桥，上部结构为连续钢箱梁与现浇预应力混凝土连续箱梁，桥长 351.16m；C 匝道桥，上部结构为斜拉桥与现浇预应力混凝土连续箱梁，桥长 376.376m；D 匝道桥，上部结构为预应力混凝土空心板，桥长 51.96m，被交道加宽桥 3 座，通道桥 2 座，通道 5 道（含被交道加长 3 道），涵洞 4 道（含被交道加长 2 道）。互通填土方为 348339.4m^3，挖土方 30289.7m^3，互通占地 427.4 亩。

③几何设计

a. 平面线形设计

祝庄枢纽互通接联络线高速直线段，被交道影响范围位于半径为 6000m 的平曲线、直线段及半径为 5500m 的另一平曲线范围内，匝道采用计算行车速度为 60km/h。根据交通量预测，南阳—平顶山方向匝道采用双车道匝道，其余两匝道采用单向单车道匝道，双车道加减速车道均采用直接式，同时为保证车道数平衡，在被交道上设置了辅助车道，单车道出口匝道采用直接式，入口匝道采用平行式。本立交加减速车道长度，渐变段长度，辅助车道长度均满足规范要求。

匝道的最小平曲线半径为 150m，最小回旋线参数为 120。

b. 纵断面线形设计

根据地形地物特征，采用匝道上跨被交道方式。互通范围被交道范围内共设 4 个竖曲线，竖曲线半径分别为 $R=20000$m、$R=20000$m、$R=30000$m 和 $R=20000$m，最大纵坡为 −1.05%。

匝道纵断面设计时，由于被交道已通车，且交叉处路基填土较高，设计采用的最大纵坡达到 3.9%，最小凸形竖曲线半径2500m,最小凹形竖曲线半径2140m,在主线与匝道入口处,匝道纵坡与主线纵坡平顺连接,竖曲线指标按规范规定采用较高的值。

c. 横断面设计

根据交通量预测,南阳—平顶山方向的双车道匝道,路基宽采用12.5m。其余两匝道采用单向单车道匝道,路基宽8.5m,其中C匝道由于绕行距离远,部分路段渐变为无紧急停车带的双车道匝道,路基宽10.5m。匝道按不同半径及不同计算行车速度要求设置相应的超高,超高的最大值为7%,超高过渡采用线性过渡。

2. 分离式立体交叉

(1)分离式立体交叉的设置情况

根据初设批复意见,在施工图设计中,根据现场勘测,与地方乡(镇)政府的协调,并与地方路网的现状及远期规划相结合,综合考虑沿线的城镇规划和老百姓的生活、耕作的方便,对通道位置进行了优化调整,使其更为合理。考虑为以后的发展创造条件,综合研究路网布局,对重要的乡村干道,根据乡村道路规划,亦设置分离式立交。

①荷载标准

高速公路上跨地方道路的立交桥:公路—Ⅰ级的1.3倍

被交路上跨高速公路的立交桥:公路—Ⅱ级

②桥面净宽

a. 主线上跨时,桥面净宽为2×净12.5m(本项目山区段无分离)。

b. 主线下穿时,桥梁宽度与被交道路同宽。

③桥下通行净空

a. 主线下穿时桥下净高≥5.0m。

b. 主线上跨一、二级公路时,桥下净高≥5.0m。

c. 主线上跨三、四级公路时,桥下净高≥4.5m。

(2)结构形式

分离式立交的布设应在对被交道路详细勘察的基础上,依据现有道路状况,结合被交道路的改建规划,经综合分析比较后,合理确定主线上跨及下穿方式。

对于跨越地方等级公路的桥梁,应征求地方交通主管部门的意见,明确公路等级及近、远期规划,以确定桥下净空标准。同时,对于现状较差的公路,除保证规定的净高外,应富余20~30cm^2,以便给地方公路改造留有余地,而对于已改造好或现状较好的公路,则严格控制净高,以减小主线桥梁的规模。

对于主线上跨的分离式立交,跨线桥一般采用三孔结构,跨径根据被交路宽度、交角确定,下部构造采用柱式墩、柱式或肋式台、钻孔灌注桩基础。

对于主线下穿的分离式立交,跨线桥采用两孔结构,桥下净空满足高速公路要求,结构形式选用美观流畅的现浇预应力混凝土连续梁,下部构造根据具体情况选用独柱墩或其他形式,基础选用钻孔灌注桩基础。全线共设分离式立交8处。

3. 通道和天桥

(1)设置原则及数量

①本次通道设置原则,即考虑方便沿线群众生产,又要最大地降低路基填土高度,因此对于乡村主要生产道路设置汽车或机耕通道(天桥),一般间距不超过800m,合理的设置跨径和净空,其余田间等小路设置了涵洞等构造物,以利行人和农机通行。

②满足沿线工农业生产发展的需要,方便主线两侧行人、车辆及农用机械的通行。

③配合沿线乡镇的发展及其道路的规划,尽量满足当地政府和群众的合理要求。

④方便通行的同时,兼顾排水。

全线共设通道72道,天桥28座。

(2)设计标准

根据河南省交通厅编《河南省高速公路设计指导性原则和技术要求》,通道和天桥采用以下标准。

①通道

汽车通道:与主线交叉的乡镇间的主要道路,以行驶各种轻型汽车和拖拉机为主,净高不小于3.5m,净宽不小于6.0。

机耕通道:田间耕作道,以通行中小型拖拉机为主,净高不小于3.2m,净宽一般不小于6.0m。

人行通道:一般田间耕作小路,以过往行人为主,净高不小于2.5m,净宽不小于4.0m。

通道根据不同的地质情况，不同性质的被交道路而采用盖板涵式通道、装配式预应力混凝土空心板桥，下部结构采用钢筋混凝土薄壁桥台，基础采用桩基础。为降低路基高度在雨水能自然排出的情况下，通道可适当下挖，但下挖深度不宜超过1m。通道附近的水应排入公路两侧边沟，为保证雨天通行，通道内应修筑混凝土路面。

②天桥

与主线交叉的乡村间的主要道路，行驶各种轻型汽车和拖拉机及行人过往，车行及机耕天桥桥面宽度采用净7.5+2×0.5m；人行天桥面宽度采用净2.5+2×0.25m。

天桥作为一种立体交叉，可突出公路的立体感、层次感。在设计中拟通过合理美观的桥型，改建被交路及相应的环境绿化以提升天桥与高速公路以及与周围景观的协调、美观需求，给道路提供更丰富的视觉空间。综合考虑公路与被交路的交叉角度、填挖高度等情况，天桥上部结构形式为系杆拱桥、中承式拱桥、斜腿刚构以及现浇预应力混凝土连续箱梁。

（七）环保、景观等工程设计

生态环境是人类赖以生存的基础，重视环境，保护环境已愈来愈得到全社会的认同，环境保护已成为我国的一项基本国策，因此本项目在设计时大力强调环境保护及景观设计，并协调与处理好两者之间的关系，使本项目建成一条生态环保绿化公路。

(1)选定有利于环境保护的路线，尽量使公路平、纵、横设计与当地自然环境相协调。在定测过程中，全面考虑了当地的自然环境和社会环境，尽量绕避城镇、居民集中区、学校等环境敏感区；在平、纵、横设计方面，尽可能顺应地形，考虑路线与水利设施、电力电讯、水产养殖水域等的位置关系，减少拆迁和占地，尽可能地降低对周围环境的影响程度。

(2)路线穿越农田时，设计上给予了高度重视，在与地方政府充分协商的基础上，设置了必要的引、排水涵洞，保证了正常的农业、养殖业生产。

(3)取土设计时，本着尽可能复耕的原则和结合规划养殖，做到节约土地资源。

(4)做好路基防护设计。为防止路基边坡受到冲刷和水土流失，在路基防护设计中采用了石砌护坡、骨架护坡、植草护坡等多种防护形式。

(5)做好路基综合排水设计。路基排水系统只与地方排涝系统沟通，路基、路面排水不进入地方灌溉系统，避免路面污水进入农田造成污染。路线穿越养殖业水塘时，在路基边坡上设置了护坡道，并通过护坡道排水沟纵向连接两端路基排水沟，避免路基水进入养殖业水塘。

(6)取土坑开挖时，一定间距保留土埂；取土充分，取土坑底开挖平整，以利进行养殖业。弃土充分利用，废方回填洼地、废塘以及作为互通场地绿化及平整用土，少占农田。

(7)沥青混合料拌和厂及基层拌和厂位置的选择，本着方便施工、并远离环境敏感点如村镇、学校、医院等的原则进行。

(8)当路线距村庄较近时，路侧均设置了声屏障，以减轻公路噪声污染。

（八）交通工程及沿线设施设计

1. 设计指导原则

从河南省高速公路总体规划出发，符合交通工程总体规划的目标，考虑全省联网的需求，注意各路段、各系统之间的界面和接口，处理好交通工程与道路主体的关系，为道路使用者提供安全、快速、经济、舒适的服务。

参照国内外有关标准、规范和技术建议，吸收国内外及河南省已建成的高速公路的经验，精心设计，满足先进性、实用性、可靠性、兼容性、扩充性、经济性的要求。

针对本项目道路沿线地理、气候、环境等特点，与路线主体工程紧密配合，采用的技术标准、实施规模与水平同道路其他部分协调一致，各子系统之间相互配合，相互协调，达到系统组成的最优化，最大限度地发挥系统总体调控功能，努力把本项目建设成为标准高、质量优、投资省、效益好的现代化高速公路。

系统应具有可扩充性和可升级性，兼容性强，满足近期使用、远期升级及系统联网要求，预留必要的接口和数据通道。

系统所采用的技术和设备应成熟、可靠、可操作性强，货源充足，备件齐全，易于维修和更换，以达到降低运营成本的目的。

2. 管理机构设置

根据设计方案按照《河南省高速公路联网收费、通信、监控总体规划》要求，本项目路段与信南高速公路合建一个管理、监控分中心。本次设计不考虑设置通信分中心，由合建的南阳地区通信分中心管理本项目内所有通信业务。

根据管理体制的要求，本项目通信系统共分三级：河南省通信中心（不在本次设计范围之内）—南阳地区通信分中心（不在本次设计范围之内）—各无人通信站。

本项目设置4处匝道收费站、1处服务区、1处停车区、1处养护工区（与瓦蓌匝道收费站合并设置）、6处无人通信站。

3.设计概况

（1）安全设施

根据河南省交通厅对本项目全线标志布设审批方案、交通安全设施的有关最新规定（标志版面规格、标线等方面要求），对已提交的安全设施施工进行相应的优化设计，并形成最终的施工图设计文件。

主要设计内容包括标志、标线、安全护栏、隔离设施、视线诱导设施、防眩设施、防落物网、防撞桶、里程牌、百米牌、公路界碑。

其中安全护栏包括波形梁护栏、钢筋水泥混凝土护栏、伸缩式活动护栏、水泥混凝土匝道分隔器。隔离设施包括热浸塑镀锌铝合金焊接卷网隔离栅和热浸塑刺铁丝网隔离栅。视线诱导设施主要包括轮廓标和分、合流诱导标。防眩设施采用植树防眩和防眩板防眩。

（2）道路监控系统

①根据本项目运营管理体制，本项目设置路段临时监控分中心。

②监控系统外场设备主要包括道路监视摄像机、微波车辆检测器、小型可变情报板、F形可变情报板、大型可变情报板、气象检测器等。

③根据管理体制，本项目设置南召互通通信站、南召停车区通信站、瓦蓌互通通信站、南阳服务区通信站、独山互通通信站和南阳互通通信站6处无人通信站，监控系统数据信息传输方式为：各互通及服务设施的外场设备通过数据光端机上传就近通信站，在通信站再接入通信系统低速数据通道后，上传管理分中心；其中龚河和祝庄枢纽互通立交外场设施上传至独山互通通信站；张华岗枢纽互通立交外场设施上传至南阳互通通信站。

全线所有视频信号采用数字非压缩级联方式直接传输至管理分中心，根据视频信号分布，本项目共组成8个链路，为了保证系统的可靠性，视频信号采用隔站跳接的方式连接；每个级联链路传输7～8路视频信号。

④外场数据信号由外场数据光端机至监控室利用光缆介质传输；视频信号由（远端）节点光式数字非压缩光端机至监控室利用光缆介质传输；由外场设备至外场光端机连接采用电缆传输。

⑤监控系统供电

外场设备供电要求在二级负荷以上。电力线缆采用直埋方式敷设，过桥、涵及通道等构造物时采用$\phi89\times3.0$镀锌焊接钢管保护，横穿路基时采用$\phi114\times4.0$；埋深0.9～1.0m；镀锌焊接钢管过桥、涵、通道构造物时可采用外挂明敷方式，且一缆一管；管道敷设中，应避开与其他专业的人井、手孔或者预埋管道等交叉设置。

电源引自收费站、服务区配电室的低压配电柜或者互通式立交处设置的箱式变电站处。监控外场设备供电保护管及电力手孔等土建工程应与路基工程同步实施完成。

⑥监控系统防雷接地

根据沿线的地形、土壤等实际情况，为保证高速公路外场监控设备的正常运行，避免外场设备遭受雷击的影响，外场设施防雷接地系统从保护地、工作地及防雷地综合考虑。

外场设备和设备机箱的防雷接地电阻要求在10Ω以下，工作接地电阻要求在4Ω以下。

外场设备的接地，在设备基础附近制作，采用50mm×50mm×5mm镀锌角钢制作，采用40mm×4mm镀锌扁钢连接，并做好防腐防锈处理。

外场设备均具有视频防雷、电源防雷和数据防雷功能。

⑦上传本项目管理分中心的信息类型及数量

道路监控向管理分中心上传的信息具体内容为：数据信号为RS232或者RS485接口，共上传35路（含二期）。

⑧全线集中监控

本项目路线起点～K33+850路段为山岭重丘区，中短隧道分布较多，监控系统从全线集中监控、统一管理的思路将道路监控和中短隧道监控作为整体考虑，合理布设监控外场设施，隧道监控信息通过光端机上传至管理分中心。

（3）通信系统

通信系统设计包括光纤数字传输系统、程控交换系统、指令电话系统、数据与图像传输系统、会议电视、通信电源及光纤缆线路等内容。

本次设计在瓦莛通信站设置一套 STM—4 等级的 REG 设备，设置寄料至分水岭段高速方向的 STM—4 光接口（1+1），设置上海至武威高速方向的 STM—4 光接口（1+1），设置许平南高速方向的 STM—4 光接口（1+1），以实现联网。

综合业务接入网系统，采用跳站连接构成自愈环网，以提高系统的可靠性。占用光纤 4 芯，解决各通信站与通信分中心之间的通信业务。

（4）收费系统

本项目全线共设互通式立交 7 座，4 处匝道收费站，车辆荷载标准采用汽车—超 20 级、挂车—120。

收费系统设置 4 处匝道收费站，采用封闭式收费制式，人工判别车型，采用"人工判别车型、人工收费、计算机管理、车辆检测器校核、闭路电视监控"的半自动收费方式，并预留不停车收费功能接口。采用非接触式 IC 卡作为通行券，付款方式采用现金支付方式为主，道路开通后，根据需要可对经常行驶的车辆采用非现金交易（如预付卡、信用卡等），从而减少收费站现金交易量，并采取一定的优惠政策吸引车流量。

设计内容主要包括以下内容。

①收费设施及收费计算机网络系统设计；

②闭路监视系统设计

③设备配置、功能及技术指标

④软件功能设计

⑤收费业务流程设计

⑥内部对讲、安全报警系统设计

⑦收费站房及低压配电系统设计

⑧收费站机房设计要求

⑨防雷接地系统设计

⑩土建工程设计

（5）供电、照明设施

①服务区、停车区、互通立交照明的设计

②供配电系统设计

根据公路沿线供电情况，以及公路设施的供电要求和负荷等级设计供电系统，并同供电部门协商拟定变电所位置及电源进线；按照用电对象和相应要求设计配电系统及线路敷设。

③变电所或箱式变电站的设计

④防雷接地系统

（6）隧道监控系统

①监控设施的设置

②监控信息传输系统设计

③监控设施安装设计

④监控设施安装所需管路预留预埋设计等

本项目隧道监控系统采用集中监控的方案，隧道监控数据信息先就近上传南召互通通信站，再利用通信系统提供的传输通道上传至上级管理机构；视频信号利用通信系统提供的光缆直接上传至上级管理机构。

（7）隧道供电照明系统

①分水岭隧道

就近引入 10kV 专线，经高压柜保护、计量后向变压器供电，供电方式采用 10kV 的 LGJ 三根架空线（具有简单、造价低、易维护、防盗等优点）。同时为保证隧道机电设施的不间断需求，在配电房内设置柴油发电机和 EPS 或 UPS 设备。

②柴家庄 1 号、2 号隧道

这两座隧道的间距较小，且柴家庄 1 号隧道仅有右线，用电负荷不大，因此从柴家庄 2 号隧道引入 10kV 专线，经高压柜后向变压器供电，供电方式采用 10kV 的 LGJ 三根架空线（具有简单、造价低、易维护、防盗等优点）。柴家庄 1 号隧道采用阻燃电缆经钢管保护后沿护坡道或碎落台敷设后从柴家庄 2 号隧道洞口配电房引来电源。同时为保证隧道机电设施的不间断需求，在柴家庄 2 号隧道洞口配电房内设置柴油发电机和 EPS 或 UPS 设备。

③上河东、雪家庄隧道

这两座隧道的距离不远，从雪家庄隧道洞口引入 10kV 专线，经高压柜保护、计量后分别向上河东、雪家庄隧道供电。采用 YJV22—10kV 电缆沿护坡道或碎落台直接埋设的方式向上河东隧道提供电源。同时为保证隧道机电设施的不间断需求，在各配电房内设置柴油发电机和 EPS 或 UPS 设备。

(8)隧道消防系统

本项目隧道属中等短隧道，根据设计行车速度、隧道长度及交通量情况将本标段的柴家庄 2 号隧道、雪家庄隧道及分水岭隧道划分为 D 级，因此确定隧道消防设备的设置标准：内设适用于 A、B、C 类火灾使用的 MFZL8 型干粉灭火器 2 具及专门用于扑灭汽油等易燃液体火灾的 MJPZ6 型水成膜泡沫灭火器 1 具。

沿隧道纵向一侧每隔 50m 设一组灭火器箱，内设置 2 具 MFZL8 型干粉灭火器及 1 具 MJPZ6 型水成膜泡沫灭火器。

(9)隧道通风工程

隧道通风方式的选择主要考虑隧道长度、交通条件、气象、环境、通风效果及设备费用等诸多方面。

通过对国内外类似隧道的通风运营情况的了解，并结合本项目地理位置、交通流、隧道的平纵线形等实际情况，本次设计在分水岭隧道布设 NSL112—4P/25kW(设计参照的标准设备)型耐高温可逆射流风机，选用最为经济、有效的射流风机全纵向通风方式，每两台为一组安装在隧道建筑限界以外的拱顶处。

(10)土建工程

①监控系统土建

监控系统土建工程主要包括监控外场设备基础、电力手孔、监控手孔的制作及电力线缆保护钢管的预埋等内容。房建场区内由房建专业设计并计列相应工程量。

为防止监控系统二期工程施工时再破坏路基路面，一、二期监控外场设备的设备基础、管线预留预埋和手孔等需与道路土建工程同步实施的工程全部放在一期实施。

②通信管道及通信系统土建

主线采用 12 根 ϕ40/33 硅芯管作为通信管道。立交区两侧最远监控外场设施用分歧人孔之间采用 14 根 ϕ40/33 硅芯管。收费站下站人孔至收费站站区之间采用 12 根 ϕ40/33 硅芯管。在过隧道时，分别沿隧道外侧电缆沟通过。每侧设置 8 根 ϕ40/33 硅芯管。

主线范围内采用混凝土人孔；管道进入收费站、服务区、停车区采用混凝土人孔。

③收费系统土建

收费系统土建工程包括收费广场、收费站房、收费阳棚、管线等。其中收费站房和收费阳棚的施工图设计由房建专业完成，收费系统提出专业设计要求。其具体要求见施工图设计图纸。

④供电、照明设施土建

供电、照明设施土建主要包括管线预留预埋、照明灯具基础、箱式变电站基础等。

(九)房建等其他工程设计

本项目房建工程主要包括南召收费站、南召停车区、瓦菮收费站及养护管理所、南阳服务区及独山收费站三个站点的设计。具体规模简列如下。

1. 南召收费站

南召收费站为 4 车道，建于南召互通附近，收费站中心桩号为 EK0 + 550，主要功能是为收费人员提供工作、生活用房，总占地面积 5 亩，总建筑面积为 1100m^2，其中综合楼面积 930m^2，附属设施建筑面积 170m^2。

2. 南召停车区

南召停车区位于主线中心桩号 K26 + 400 的两侧，主要功能是为驾乘人员提供服务场所，为车辆提供加油、检修服务。场区设降温水池，并布置洗、检车台。双侧总占地面积 50 亩，总建筑面积 1900m^2，其中综合服务楼建筑面积 1392m^2，附属设施建筑面积 508m^2。

3. 瓦菮收费站、养护管理所

瓦菮收费站与养护管理所合建，收费站为 4 车道，建于瓦菮互通附近，收费站中心桩号为 EK0 + 620，主要功能是为收费及养护管理人员提供工作、生活用房。总占地面积 11.0 亩，总建筑面积为 1850m^2，其中综合楼面积 1540m^2，附属设施建筑面积 310m^2。

4. 南阳服务区

南阳服务区位于主线桩号 K52 + 070 两侧，主要功能是为使用本路段驾乘人员提供休息、服务场所，为车辆提供加油、检修服务。场区设降温水池，并布置洗、检车台。双侧总占地面积 150 亩，总建筑面积 6800m^2，其中综合楼面积 5948m^2，附属设施建筑面积 852m^2。

5. 南阳收费站、监控管理所

南阳收费站与监控管理所合建，收费站为 5 车道。建于南阳互通附近，收费站中心桩号 EK0 + 620，主要功能是为交通管理、收费人员提供工作、生活用房。总占地面积10亩，总建筑面积为2000m²，其中综合楼建筑面积1690m²，附属设施建筑面积310m²。

6. 独山收费站

独山收费站为12车道，建于联络线独山互通附近，收费站中心桩号EK0+600，主要功能是为收费人员提供工作、生活用房。总占地面积9亩，总建筑面积为1500m²，其中综合楼面积1330m²，附属设施建筑面积170m²。

三、施工期间设计服务情况

设计单位的后续服务工作，主要以在项目工地派驻设计代表组的形式进行。设计代表组长在整个施工期内不再变动，根据项目进展情况，分阶段调整设计代表的专业设置。在项目的进展全过程中，始终保证2~3人常驻项目公司，以处理设计变更等日常事务。若遇到难度较大的技术问题时，则由我院组织有关方面的专家，进行设计回访，以解决专项技术问题。

1. 第一阶段：土地勘测定界阶段

该阶段的主要工作内容，由设计单位提交公路用地图，国土资源厅下属的土地勘察院实施土地勘察定界工作。设计代表由项目设计单位的测量人员担任，主要工作是向勘测定界单位移交控制点，配合做好放线工作，并负责解决设计文件存在的问题。

设计代表：郭斌

2. 第二阶段：交桩、控制点复测及原地面复测

承包人进场，项目开工建设，设计单位向承包人、监理移交导线点、水准点等控制桩，然后，承包人进行控制点及原地面的复测工作。

此阶段重点是路线测量工作，所以设计代表由路线设计人员及控制测量人员组成。

设计代表：白冰林（设计代表组长）、郭斌

3. 第三阶段：路基及桥涵、隧道等构造物施工

路线复测完成后，承包人施工方可全面铺开。此阶段的工作重点在桥涵、隧道等构造物及路基支挡工程方面。

本阶段设计代表主要由路基支挡工程及桥涵设计人员担任。特别是桥涵设计人员，应是工作经验丰富，对大、中桥及小桥涵均较熟悉的人。路基设计人员具备一定的不良地基处理的经验。

设计代表：白冰林（组长）、马文涛、孙矿华、史彦文等

4. 第四阶段：路面、房建工程、交通机电工程等施工

路基封顶前后，承包人即着手进行通信管道施工。所以，路基施工后期，设计单位派遣交通机电工程设计人员进场，以解决通信管道设计文件中发现的问题。

服务区、停车区、收费站房建工程也在此阶段开始实施，设计单位派房建设计人员进驻现场，解决相关问题。

设计代表：白冰林（组长）、孙矿华、马新鹏、周群

设计单位秉承“精心勘设、服务第一”的质量方针，对本项目进行了全方位的跟踪服务工作，除常驻项目公司的设计代表外，对工作量较大、较重要的问题，多次派设计组进驻项目工地集中解决。如“三改”（改路、改沟、改渠）问题、边坡处理等。项目进展至今，没发生因设计原因延误工期或影响工程质量的问题。

关于设计后续服务工作，我院专门制定了《设计后续服务工作管理办法》，明确规定了设计代表的职责与权限，一方面规范了服务工作的标准，另一方面，也限制了设计代表的行为，进而提高了服务质量。

四、设计变更情况

（一）重大设计变更理由

本项目分别通过山岭区、丘陵区和平原区，又采用了两种技术标准，具有路线里程长、地形复杂、设计周期短等特点，当地面横坡过于陡峻时，测设阶段就很难将断面量测准确，这就导致桥涵及支挡构造物的布置不合理。

地质勘探工作不可能很详细，当桥涵基坑开挖后，或桥梁桩基施工时，地质情况与设计有差异。当差异较大时，就会影响到基础埋置深度及桩长，这就需要调整基桩设计。

当路线与地方道路、灌溉渠道交叉时，勘测期间进行了适当的改移与合并，并与沿线乡镇签署了有关协议，但在项目实施过程中，很难满足沿线老百姓的愿望与要求，也需要调整设计。

由于上述种种原因，设计本身很难做到尽善尽美，在项目实施过程中，设计代表贯彻“动态设计”的理念，对设计不足之处及时进行变更设计。变更设计严格执行项目公司的管理程序，设计图纸提交项目公司后，由公司下发承包人和监理单位。

设计变更主要包括以下几个方面：

第一，文件中发生的差、错、漏、碰现象，一经发现，设计单位自行修改或勘误，提交项目公司后下发。

第二，对于承包人、监理提出的设计变更，设计代表在项目公司的领导下，与设计变更提出单位一起考察现场，共同研究设计方案，当与项目公司主管处室意见不一致时，只要不影响结构的安全性，以项目公司的意见为准。

第三，当原设置的桥涵、交叉等构造物不能满足沿线老百姓的要求时，设计代表协助项目公司与当地进行协调，共同讨论设计方案。

（二）设计中存在问题的变更

对本项目发生的设计变更进行归类，主要有以下内容。

1. 路线

本项目实施期间，路线平面、纵断面线形未进行调整，所以，未发生因路线调整而产生的工程数量变化。

2. 路基路面及支挡、防护、排水工程

（1）路基基底处理

山区路段沟谷段存在角砾、孤石等崩塌碎落坡积层，无法压实，路基填筑前需进行清理换填；路基基底存在软弱土，主要发生在地势低洼地带或水（鱼）塘路段，原设计文件中的数量与实际发生的数量有差异，需换填砂砾或抛填片石挤淤。

（2）更换路基填料

对于平原区路段，原设计沿线设取土坑掺石灰改良进行路基填筑，实施过程中，由于取土坑征地协调困难，变更为就近取河砂、风化砂、砾石土等作为路基填料，节省了占地，有利于环保。

（3）路床处理

个别挖方路段，实施过程中，发现路床含水率过高，采取了换填砂砾并在路基边沟下增加排水盲沟等措施，以减轻路面的水损坏。个别标段对原设计的掺灰反挖回填处理路床的措施，改为砂砾填筑。

（4）路基挖方段土石比例

设计文件所提供的土石比例，系根据工程地质勘察报告中沿线地质纵断面，分区段（山岭区、丘陵区）按岩石风化程度不同采用的土石比例，实施中各标段之间、标段中各挖方段落之间均存在较大差异，需根据实际开挖情况进行调整。

（5）挡土墙墙背回填

山区段设置的路肩墙、路堤墙，由于墙背空间狭窄，采用粒料填筑无法压实，改为浆砌片石或干砌片石填筑。

（6）桥台台背回填

山区段设置桥台，多采用重力式桥台，扩大基础，由于台背空间狭窄，采用粒料填筑无法压实，改为浆砌片石或干砌片石填筑。

（7）挡土墙基础变更

设计文件中，按地面线变化情况，为减少开挖量，沿路线方向将基础设置成台阶形，实施过程中，由于基坑开挖原因或原地面线测量不准确，导致发生基础悬空现象，所以对挡土墙设计进行调整。

（8）改沟、改路工程调整

原设计的改路工程不合理或不满足当地老百姓的要求而产生的变更。

（9）边坡防护工程

边坡开挖后，根据岩石风化程度和边坡稳定情况，对防护工程进行了调整。

3. 桥梁工程

（1）基桩桩顶高程调整、桩顶系梁位置调整

本项目位于山区段的桥梁，由于山坡陡峻、地形复杂，勘测期间很难保证将墩位处地面线量测准确，导致基桩顶高程、系梁位置不合理，实施期间需根据实测情况进行调整。

（2）基桩长度变更

基桩挖孔后，根据实际开挖地质情况、岩石风化程度，对基桩长度进行调整。

4. 涵洞工程

主要是涵洞位置及交角调整、地基处理等。

5. 隧道工程

（1）围岩类别调整

个别隧道开挖后,发现实际地质情况与勘设阶段存在差异,根据开挖现场情况,调整围岩类别,并相应调整支护类型和衬砌形式。

(2)隧道路面基层材料调整

将原 20cm^2 厚水泥稳定碎石基层调整为 C15 贫水泥混凝土。

(3)洞口工程调整

根据施工时洞口开挖情况,对洞口形式和防护类型进行调整。

6. 交叉工程

互通立交基本未发生变化,仅个别分离式立交和天桥引道部分进行了局部调整,另外,No. 10 标铁河大桥桥头增加了一座天桥。

(三)设计变更一览表(略)

五、设计体会

我院通过投标获得本项目勘察设计工作,从开始勘察设计到目前工程交工验收,已经近四年时间了,工程实施过程中发生了较多的设计调整,交通设计理念在四年间也发生了很大的变化,作为设计单位,在工程进展的全过程中,也在不断地总结与反思,自然会产生许多的感想与体会,主要有以下几点。

第一,在设计工作中,应正确理解标准规范的实质,对于强制性标准条款,应严格执行,而对于一些“软指标”,则应灵活掌握,以降低工程造价。

第二,要将环保理念、保持环境的可持续发展真正贯彻到设计工作过程中,选线要避开良田,取土坑的设置要尽量利用荒田。当沿线取土困难时,考虑利用河砂、毛渣碎石等作为路基填料,虽说增加了工程造价,却减少了占用良田,是有利于国计民生的事。

第三,在确定设计方案中,一方面要满足设计规范安全方面的要求,更重要的是要保证实施的可行性,要考虑到不利季节的施工难度,必要时应预先采取工程措施。

第四,勘测工程中,调查工作一定要做细,特别是对通道、天桥的设置,要充分考虑沿线老百姓的切身利益,顾及沿线居民的生产生活习惯,多与沿线地方政府反复协商,合理确定交叉工程设计方案,这样,方可减少工程实施过程中的变更。

第五,对与项目公司、承包人提出的设计变更,一定要认真考虑,配合项目公司做好方案研究,使工程方案更加合理。

第六,应对地方标准进行认真研究,找到与国家标准的合理接口,兼顾国家与地方的利益。对于地方性的标准中的不合理部分,经充分论证后可不采用。

总而言之,作为设计人员,要善于思考、善于学习,特别是从实践中学习,只有这样,才能不断地提高自己的业务水平,进而提高设计工作质量。

中交第一公路勘察设计研究院有限公司北方分院
岭南高速公路测设项目组

3. 二广高速公路分水岭至南阳段工程 No. A 监理代表处工作报告

目　　录

二广高速公路分水岭至南阳段工程 No. A 监理代表处工作报告

一、工程概况

(一)工程项目

河南省洛阳至南阳高速公路分水岭至南阳段建设项目(以下简称“岭南高速公路”)与已建成通车的日照至南阳、上海至武威高速公路相交,并与 G207、G311、G312 线及 S103、S231 等 12 条国、省道相交叉,形成了区域内公路网络。

分水岭至南阳高速公路全线长 97.583km,全线采用全封闭、全立交,共有特大桥 4 座,大桥 41 座,中桥 26 座,隧道 5 座,分离式立交 11 处,互通式立交 7 处,总投资 45.66 亿元,主线 34.64 投资亿元,连接线投资 11.02 亿元。其中 No. A 监理代表处起点位于 K0 +849.907,止于 K32 +400,特大桥 2 座,大中桥 27 座,隧道 5 座,分离式立交 2 处,互通式立交 1 处,涵洞、通道 54 道,天桥 2 座,停车区 1 处。工程总工期 27 个月,监理服务期 30 个月,缺陷责任期 24 个月。

(二)地形、地质、水文

分水岭至南阳段高速公路位于南阳市境内,处于第二级地貌台阶向第三级台阶过渡的过渡带上,属山地、丘陵、平原组成的盆地型地貌类型。跨华北和秦岭褶皱系两大地质单元,全区山脉和水系严格受燕山运动以来所形成的构造格局控制,其北靠伏牛山、东扶桐柏山、西依秦岭、南临汉江、三面环山,中间为略有起伏的广阔平原,是一个向南微斜且敞开的扇形山间盆地。平原、丘陵、山区分别占 21%、30.6% 和 48.4%,海拔高度在 72.2 ~ 2212.5m 之间。地势呈阶梯状,自西北向东南倾斜,以河流为骨架,构成向南开口与江汉平原相连接的马蹄形盆地,素称南阳盆地。盆地后缘伏牛山脉绵延起伏,山势陡峻,西峡境内鸡角尖海拔 2212.5m,为区内最高峰,山岭多由岩浆岩及变质岩组成;向东南过渡为丘陵地带,呈东西向沟梁相间,地势低缓,主要由白垩系沉积岩及第四系松散沉积物组成。盆地之内,河流众多,地势平坦开阔,地表覆盖第四系松散沉积物。

(三)气象、地质、地震

项目所处区域南阳市处于北亚热带向暖温带过渡带,属大陆性季风气候区,雨水充沛,日照充足,热量资源丰富。由于受季风影响,冬季盛吹偏北风,夏季盛行偏南风,随着冬夏季环流转换,四季分明。区域内年平均气温 14.0 ~ 15.7℃,最冷为 1 月份,极端最低气温为 -21℃,最热月为每年的 7 月份,极端最高气温 40.5 ~ 41.4℃,降雨量 665.3 ~ 1173.4mm,年降雨量多集中在 6 ~ 9 月份。

(四)受监工程概况

河南省高等级公路建设监理部负责 No. A 代表处监理工作,所辖路段为土建 No. 01 ~ No. 10、No. 27 合同段,路面 LM01、LM02 合同段,房建 FJ01、FJ02 合同段,绿化 LH01、LH02、LH06、LH07 合同段,交通安全 JA01、JA04、JA07、JA10 合同段。No. A 监理代表处起点里程桩号位于 K0 +849.907,止于 K32 +400,路线全长 31.550km,主要工程数量为特大桥 2 座(黄鸭河特大桥长 1155m,白河特大桥长 1211m),大中桥 27 座,隧道 5 座,分离式立交 2 处,互通式立交 1 处,涵洞、通道 54 道,天桥 2 座,停车区 1 处,路基土石方 676.9 万 m^3。

(五)路基

岭南高速公路土建 No. 01 ~ No. 10 标全部按照山岭重丘区设计,双向四车道,计算行车速度 100km/h。整体式路基宽度 26.0m,其中:行车道宽 2 ×2 ×3.75m,中央分隔带宽 2.0m,硬路肩宽 2 ×3.0m,(含右侧路缘带宽 2 ×0.5m),左侧路缘带宽 2 ×0.75m,土路肩宽 2 ×0.75m;分离式路基单幅宽度 13.0m,其中:单向行车道 2 × 3.75m,左、右侧硬路肩宽分别为 1.0m 和 3.0m(含路缘带 0.5m),土路肩宽 2 ×0.75m。

(六)路面

岭南高速公路主线、互通区匝道路面结构:上面层为 AC—13C 型细粒式改性沥青混凝土,厚 4cm^2;中面层为 AC—20C 型中粒式改性沥青混凝土,厚 6cm^2;下面层为 AC—25C 型粗粒式沥青混凝土,厚 7cm^2;连接层为 ATB—25 型沥青碎石,厚 7cm^2。基层为水泥稳定碎石,厚 32cm^2;底基层为水泥稳定砂砾,厚 18cm^2。

互通区连接线路面结构：上面层为 AC—13C 型细粒式沥青混凝土，厚 4cm^2；下面层为 AC—20C 型中粒式改性沥青混凝土，厚 6cm^2；基层为水泥稳定碎石，厚 30cm^2；底基层为级配砂砾，厚 20cm^2。

收费广场路面结构：底基层为 20cm^2 厚水泥稳定砂砾，基层为 30cm^2 厚水泥稳定碎石，面层为 26cm^2 厚水泥混凝土（混凝土弯拉强度≥5MPa）。

机耕及人行通道路面结构：面层为 18cm^2 厚水泥混凝土（混凝土弯拉强度≥5MPa），下面为 20cm^2 厚级配砂砾。

三级公路、车行天桥路面结构：面层为 AC—13C 型细粒式沥青混凝土，厚 4cm^2；基层为水泥稳定碎石，厚 20cm^2；底基层为级配砂砾，厚 20cm^2。

（七）桥涵工程

岭南高速公路桥梁设计荷载公路—Ⅰ级×1.3，桥面净宽 2×11.5m，涵洞与路基同宽，桥梁上部有 25～35m 不同跨径的先张法预应力空心板、后张法预应力连续箱梁等多种形式，下部有柱式墩、方型墩、肋板式等多种墩台形式，钻、挖孔灌注桩基础。涵洞形式为钢筋混凝土盖板涵。

（八）其他

岭南高速公路的路基路面、桥梁、交通安全设施设计单位是中交第一公路勘察设计研究院。工程项目建设单位（业主）是河南省高速公路发展有限公司，经批准成立了“河南岭南高速公路有限公司”，K0+849.907～K32+400 段建设监理单位是河南省高等级公路建设监理部。

1. 监理组织形式

本工程施工监理采用国内公开投标选择，经过激烈竞争，河南省高等级公路建设监理部承担 No. A 监理标段工程监理工作。

No. A 监理代表处监理 K0+849.907～K32+400 段建设项目，五个监理驻地办（详见表 1 及附图 1、2）。

监理合同段划分情况及主要工程量一览表 表 1

区　段	监理标段号	土建标段号	起 讫 桩 号	建设里程（km）	主 要 工 程 量
山岭重丘区	第一驻地办	No. 1	K0+849.9～K3+950	3.1001	隧道 1 座，大桥 3 座，分离式立交 2 座，涵洞 9 道，土石方 58.9 万 m^3
		No. 2	K3+950～K7+035	3.085	隧道 1 座，大桥 4 座，中桥 2 座，通道 1 道，涵洞 5 道，土石方 77.3 万 m^3
	第二驻地办	No. 3	K7+035～K9+900	2.865	隧道 1 座，大桥 4 座，中桥 1 座，土石方 31.8万 m^3
		No. 4	K9+900～K13+100	3.2	隧道 2 座，大桥 3 座，涵洞 5 道，土石方 64.5万 m^3
	第三驻地办	No. 5	K13+100～K16+340	3.24	大桥 4 座，涵洞 2 道，土石方 109.4 万 m^3
		No. 6	K16+340～K19+000	2.66	特大桥 1 座，涵洞 3 道，土石方 65.0 万 m^3
	第四驻地办	No. 7	K19+000～K22+400	3.4	大桥 3 座，涵洞 12 道，天桥 1 座，互通式立交 1 座，土石方 106.8 万 m^3
		No. 8	K22+400～K25+390	2.99	特大桥 1 座，大桥 2 座，涵洞 3 道，土石方 40.2 万 m^3
	第五驻地办	No. 9	K25+390～K28+675	3.285	中桥 2 座，通道 3 道，涵洞 5 道，停车区 1 处，土石方 48.6 万 m^3
		No. 10	K28+675～K32+400	3.725	大桥 2 座，涵洞 6 道，土石方 74.4 万 m^3

2. 管理机构

本项目实行总监理工程师负责制，采用项目总监代表处、各合同段高级驻地监理办公室的二级监理组织机构。

监理组织机构框图如图 1 所示。

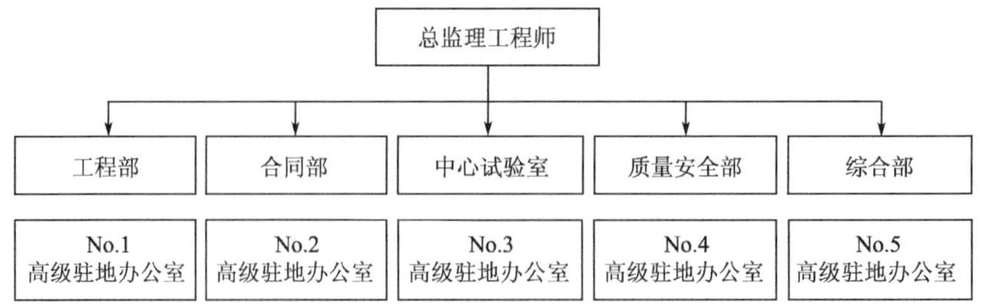

图1　No. A 标监理管理机构框图

No. A 监理代表处对所承担的岭南高速公路土建 No. 01 ~ No. 10、No. 27 合同段，路面 LM01、LM02 合同段，房建 FJ01、FJ02 合同段，绿化 LH01、LH02、LH03、LH04 合同段，交通安全 JA01、JA04、JA07、JA10 合同段项目负有工程质量、工程安全、工程进度、计量支付、设计变更、合同管理等方面的监理责任，在质量管理上推行的是承包人自检、高级驻地监理办公室抽检和监理代表处检查的质量控制体系。

3. 监理人员投入情况

目前，岭南高速公路建设项目 No. A 标监理代表处所属工作人员共 70 人，其中监理人员 60 人。详见表 2。

No. A 标监理代表处现场监理人员情况　　表 2

单　　位	总监	副总监	驻地/主任	副驻地/项目监理	项目助理	试验监理	辅助人员	合计
No. A 代表处	1	1	5	3	3	4	1	18
No. 1 驻地办			1	4	5	2	2	14
No. 2 驻地办			1	2	2	3	2	10
No. 3 驻地办			1	2	2	2	2	9
No. 4 驻地办			1	2	4	2	2	11
No. 5 驻地办			1	2	2	2	1	8
合计								70

监理代表处还根据工程进展情况，适时调整监理人员数量，以满足工程建设的阶段性需要。

(1) 监理职责及权限

①工程部职责及权限

a. 指导、协调整个工程项目的计划、工程技术、质量管理工作，制定有关的管理制度、规定和工作程序，负责组织有关工程技术、质量计划管理方面人员的业务学习和交流。

b. 负责对承包人主要管理人员和分包商的审批。

c. 负责解释、修正技术规范和设计图纸中的遗漏、错误和含糊不清的问题。

d. 协助审查承包人的总体施工计划和重要施工方案，检查和督促各项计划的实施，协助驻地监理办定期召开计划协调会议。

e. 负责解决施工中的重要技术、质量问题，参加重大质量、技术问题的处理。

f. 审查与处理工程变更报告，指导与帮助驻地监理办公室搞好一般变更；配合合同管理办公室处理工程延期、索赔及工程质量的问题。

g. 与驻地监理办公室按程序共同通报审查试验段方案、工艺和特殊技术处理措施；抽查工程质量，掌握整个工程项目的工程质量动态。

h. 监督、检查和指导各合同段驻地监理办公室的工作。

②合同部职责与权限

a. 指导、协调整个工程项目的合同管理工作，制定有关合同管理的制度和工作程序，负责组织有关人员的合同管理业务学习和交流。

b. 负责解释合同条款，处理合同文件的遗漏、错误及含糊不清等问题，协助解决合同争端。

c. 审查驻地监理办公室报送的支付报表及原始凭证等，审核中期支付证书、最终支付证书及合同终止后任何付款的支付证书。

d. 审查、处理承包人提交的延期和费用索赔报告,及时向总监报告计量支付、工程变更费用、索赔费用等合同管理情况。

e. 按合同规定协调各方利益,进行价格调整工作。

f. 提供有关计量、支付、延期、索赔等方面的表格及证书,由驻地监理办公室配合具体组织实施。

g. 对驻地监理办公室计量指导。

③质安部职责与权限

a. 负责对承包人主要质检人员、专职安全员、质量保证措施、安全保证措施的审查和审批。

b. 审批特种作业项目的安全专项施工方案。

c. 监督检查承包人质量保证体系、安全文明保证体系按程序文件运行。

d. 参与工程质量事故的调查分析与处理,参与安全事故的调查分析与处理。

e. 监督检查和指导各驻地监理办公室工作。

④中心试验室职责与权限

a. 负责审批、检查和抽查承包人检测试验频率和检测试验结果、施工前的原材料标准试验(包括土壤)和各种混合料配合比试验。

b. 在施工中,当地材发生变化致使混合料不适应时,需重新对原材料进行标准试验和新的混合料组成配合比试验。

c. 对施工质量进行随机抽检,分项工程完成后对工程质量进行检测评定。

d. 定期或不定期对承包人的试验仪器进行检查,并监督承包人定期交由政府监督部门对仪器进行标定。

e. 指导检查驻地监理办公室试验工作。

⑤综合部职责与权限

人事管理、财务管理、后勤管理。

(2)各主要监理人员的岗位职责

①总监理工程师职责

a. 统一负责和领导被委任项目的监理工作。

b. 负责组建代表处的监理机构,任免代表处各部、试验室、驻地监理工程师办公室负责人,划分各部、室职责范围;适时调整代表处监理机构分工和职责。

c. 审批承包人主要管理人员(主要指项目经理、总工程师、试验室主任)、质量管理和质量保证体系、分包人、主要施工机械、施工工艺、重要施工方案等。

d. 主持制定工程项目建设监理规划,并全面组织实施。

e. 在规定的时间内及时对工程实施的有关工作做出决策,如计划审批、工程变更、事故处理、合同争议、工程索赔、实施方案等。

f. 审核并签署开工令、停工令、复工令、付款证明、竣工资料、监理文件和报告等。

g. 及时组织阶段性检查、总结和经验交流,组织制定、修改、补充和完善有关规章制度和监理程序、图表。

h. 主持建立监理信息系统,全面负责信息沟通工作。

i. 及时向业主、监理本部提交监理报告。

j. 统一制定和掌握监理代表处及其驻地办各级、各类人员的奖惩办法。

②副总监理工程师岗位职责

副总监理工程师系经监理单位同意,由总监理工程师书面授权,代表总监理工程师行使其部分职责和权力的项目监理机构中的监理工程师。其岗位职责如下:

a. 负责总监指定或交办的监理工作。

b. 按总监的授权,行使总监的部分职责和权力。

③工程部主任岗位职责

在总监理工程师领导下:

a. 统一负责和领导工程部的工作。

b. 督促、检查、指导各合同段驻地监理工程师办公室的监理和检测试验工作。

c. 负责对承包人主要管理人员、质量保证体系和质量管理、分包人、主要施工机械、施工工艺和施工方案的审批工作。

d. 具体组织有关人员对重大工程事故的调查分析与处理。

e. 负责解释、修正、补充施工图纸。

f. 审批和办理工程变更方案。

g. 组织并实施对已完分项分部工程进行验收和质量评定。

h. 及时组织各合同段阶段性检查、总结和经验交流。

i. 负责组织制订、修改、补充和完善有关施工监理程序、图表。

j. 副主任协助主任工作，主任不在时，代行主任职责。

④合同部主任的岗位职责

在总监理工程师的领导下：

a. 统一负责和领导总监代表处合同部的工作。

b. 负责解释合同条款，处理合同文件的疏漏、错误及含糊不清的问题，协助解决合同争端。

c. 监督检查承包人合同执行情况，并及时报告总监理工程师和业主。

d. 督促、检查、指导各合同段的合同管理、计划统计和中间计量工作。

e. 审查计量支付报表，办理计量手续。

f. 审查处理承包人提交的单价变更、额外工程、索赔、延期等报告；及时向总监理工程师报告有关合同管理情况。

g. 对驻地监理工程师办公室计量工作进行指导。

⑤质安部主任职责

在总监理工程师的领导下：

a. 统一负责和领导质安部的工作。

b. 全面负责本项目合同段的质量、安全文明施工。

c. 负责各合同段承包人质检人员、专职安全员、安全文明施工领导小组、重要工序的质量安全保证体系和方案的审查或审批工作。

d. 监督、检查各合同段承包人或驻地监理办公室质量安全文明生产工作，发现较大质量安全隐患及时报告总监理工程师或业主。

e. 负责组织阶段性的质量安全文明生产检查、总结或交流；必要时负责组织质量安全生产会议或知识讲座。

f. 参与计量支付的审批工作。

g. 对存在重大安全隐患的施工工序，报由总监理工程师同意，可以下达（暂）停工令。

⑥中心试验室主任职责

在总监理工程师的领导下：

a. 统一负责和领导试验室各项工作。

b. 负责筹建、组建试验室及人员组成，任免各专业组长，明确各专业监理工程师的职责范围。

c. 负责组织建立，健全各项规章制度，确保各专业组科学准确地进行各项检测试验工作。

d. 配合驻地监理工程师负责督促、检查、指导各合同段承包人的检测试验工作，以及必要的人员培训。

e. 配合驻地监理工程师组织检查、检定和认证工地试验室各种检测仪器设备，审批检查和抽查承包人的检测试验频率和成果，并对其检测试验成果有最终认证与否决权。

f. 单项工程完成后，配合驻地监理工程师对工程质量进行检测评定。

g. 负责对施工前的原材料标准试验（包括土壤）和各种混合料组成配合比试验的复核及认可工作。

h. 配合驻地监理工程师组织对重点环节以及可疑点的检测试验结果进行检验和复验。

i. 配合驻地监理工程师组织审查承包人的检测试验资料、数据和图表。

j. 及时组织阶段性检查、总结和经验交流，组织制订、修改、补充和完善各种检测试验程序、图表。

k. 组织检测试验人员配合驻地监理工程师对工程事故进行调查分析。

l. 指导检查驻地监理工程师办公室试验工作。

⑦高级驻地监理工程师岗位职责

在总监理工程师的领导下：

a. 全面负责和领导本合同段工程的监理工作。

b. 审查承包人的主要管理人员、分包人及主要施工机械、施工工艺和施工方案。

c. 配合总监理工程师审批开工报告，发布开工、暂停和复工令。

d. 监督检查承包人按照规范进行施工。

e. 配合总监理工程师审查承包人变更设计方案。

f. 监督检查和抽查承包人的检测试验频率和成果。

g. 签发中间交工验收证书和中间计量，签发报送上级的各类文件。

h. 协调监理、承包人和业主之间的关系。

i. 组织阶段性总结检查和经验交流。

j. 副驻地协助驻地工作，驻地不在时代行驻地职责。

二、工程质量管理

公路工程监理的目标是通过对工程质量、工程进度、工程费用、工程合同、信息管理实行全方位、全过程的监督管理和评价，即“三监控、二管理、一协调”运用特定的监理手段和方法在施工准备阶段，施工阶段及缺陷责任期阶段，控制施工全过程，对工程实行全面管理，保证合同履行，确保工程建设行为的合法性、科学性、合理性和经济性。

（一）质量管理措施

1. 建立完善的质量管理体系，落实质量责任制

岭南 No. A 监理代表处质量保证体系的管理方法是建立起适用和完善的质量监督工作体系，对每一个施工环节加以管理，做到全面运行和控制，通过改善和提高工作质量来保证工程质量。

本项目开工时，代表处首先要求施工单位既要有保证和提高工程质量的总目标和综合计划，又要有分项目、分时期、分部门的分目标和具体计划，形成一套可执行的完整的质量计划体系，并要按期检查分析，确保落实，保证达到预期目标。代表处、驻地办建立起与承包人相对应的严密完整、行之有效的质量监督体系，确定各级质量管理机构和人员的职责、权限及相互关系，通过对承包人有关计划、施工、技术、试验、测量、质检等实施全过程、全方位的质量监督，全面掌握和监控承包人质保体系的运行情况，适时提出改进意见，确保各级质量保证体系能有序而高效的运作。

要保证质量体系的有效实施，必须落实质量责任制，为此，代表处从总监理工程师、各部室主任到高级驻地、项目工程师、现场旁站均制定了明确的岗位职责，保证每个工点、每道工序均有具体的施工负责人和监理责任人，并在目标、分工、时间和联系方面协调一致，保证责任范围不出现空档，施工中通过质量计划、监理工程师通知、监理日志等质量体系文件的形成，记载各质量体系要素的实施情况和工程实体的质量状态，每月执行监理工作质量考核制度和质量工作小结制度。奖罚分明，制定《关于质量控制监理奖惩办法》，工程质量的优劣直接与监理的工资、奖金等责、权、利相挂钩，并列入每位监理人员的年终考评，作为评选优秀监理的先决条件。

2. 坚持质量方针，规范办事行为

要求全体监理人员坚持“公正、规范、诚信、创新”的质量方针，采取一切有利于工程质量的监理手段，排除任何因素的干扰，坚持原则，坚持“质量第一”的中心地位不动摇，工作中我们做到了：

（1）坚持按合同办事。严格按合同约定履行监理职责和义务，监督承包人按合同要求进场人员、机械、设备、材料及相关的施工技术和管理机构，违反合同约定者，不准开工。

（2）坚持按规范办事。除非本项目有特别规定，否则，所有施工项目的检查频率、验收标准、操作程序均按照施工规范、评定标准严格执行，任何人不允许随意更改或降低技术标准。

（3）坚持按程序办事。凡施工检查、试验、交验等质量工作均先从自检人员检查后，才有监理人员检查，整个施工过程必须严格置于监理工程师的监督、检查、指导、签证认可之下。

3. 坚持审批原则，规范审批程序

严格审批控制程序，对于分项工程施工，各级监理做到了从计划审批到完工验收，执行严格的工序报验程序，坚持“四不准”审批原则，即人力、材料、机械设备准备不足不准开工；未经检验认可的材料不准使用；未经批准的施工工艺不准采用；前道工序未经验收，后道工序不准进行。保证了各个工序严格在监理工程师的控制之下，使监理工作一切按照程序化、标准化实施。

4. 强调事先监理和主动监理，防患于未然

在质量问题的防范方面我们坚持做到以预防为主，把监理的重点放在施工前的准备阶段及施工过程控制，变“事后”把关为工序控制，把管质量结果变为管质量过程和因素，把预防与检验结合起来，做到防患于未然。

代表处根据规范要求、合同文件及以往的监理经验在不同的施工阶段及时补充制定了一系列具有指导意义、实用性、操作性强的施工提示、监理实施细则等。如《冲击碾压施工工艺及监理细则》、《三阶段工程质量专项检查验收实施细则》、《关于砌石工程有关要求及验收标准》、《关于底基层、基层施工要点及验收程序》、《关于

混凝土工程施工准备工作的提示》、《关于内业资料整理的提示》、《关于桥涵混凝土施工要求的通知》、《关于桥梁上部梁板吊装施工要求的通知》《关于桥梁箱梁预制施工的提示》、《关于加强箱梁预制及桥面施工管理的通知》、《关于箱梁预制施工中顶、底、腹板厚度控制的通知》、《关于沥青路面施工的提示》、《关于桥梁伸缩缝施工的提示》等。通过这些提示和要求，不仅明确了质量标准，给承包人在施工时提供了很好的技术指导、预防了质量问题的发生，也使监理人员在具体操作时能有理有据、对分项工程的重点部位和关键工序严格把关，主动监理，保证了工程的实体质量。

5. 加大监管力度，强化工程管理

各种指令性文件是监理人员对工程施工过程实施控制和管理不可缺少的手段。本工程自开工以来，监理工程师依据合同文件、技术标准、并通过大量严格、艰辛的现场监督检查共下发工程管理文件505份。其中，施工提示、指导性文件146份，工程质量整改通知329份；不合格材料通知14份；合同管理文件16份。这些指令性文件极具针对性和说服力，能够及时有效地指出施工中存在的各种问题，并督促承包人纠正偏差、修正缺陷，确保工程质量达到建设要求。

6. 全面加强试验监理，强化监理抽检

试验检验工作是保证工程质量的重要措施，为切实加强试验监理工作，开工初，即按照合同及时完成了中心试验室的组建和认证工作。岭南高速 No. A 监理代表处对施工单位和所有监理人员各自的职责、检验项目、取样方法、取样频率、压实标准的确定和质量问题的处理以及试验资料的管理作出了明确规定，如抽样频率明确规定：驻地监理接到工程报验单后，应立即抽检，每一检查内容的抽检数量不得少于施工单位自检数量的20%，自检和抽检必须是独立的两道工序。为加快工程进度，代表处明确要求，各级监理要做到“随叫随到，不叫也到”并同时加强了监理人员的抽检力度和频率。代表处中心试验室重点对关键的施工控制指标如击实试验、集料级配试验、混合料的配合比试验等进行平行复核试验，对施工参数进行有效控制，确保施工各项指标达到规范要求。试验监理工作做到严格管理，有章可循。

在三级质量检验体系中，除强调了自检体系的重要外，全面加强了现场试验监理的抽检工作，各驻地办试验人员明确为2~4人，以此保证现场检测需要。并强调监理抽检工作要坚持“抽检频率充分，试验数据真实”的原则，以真实可靠的数据，反映工程质量真实情况。监理在工程开工前对所需原材料进行抽检试验，对配合比等标准试验进行全旁站，抽检合格后签发《材料报验单》，签发过《材料报验单》后原材料方能用于施工，每道工序结束后及时进行抽检试验和检测，监理确认合格后，承包人才能进行下道工序。

7. 加强现场质量控制，消除质量隐患

质量控制的关键在现场，采取有效措施，加强协调，主动开展监理工作，做好事先预控、事中检查、事后验收，把工程进展中的质量问题消除在萌芽状态和形成过程中是最有效的质量控制手段。

8. 采取有效措施，预防质量通病发生

(1)由于岭南高速 No. A 监理代表处所管辖的土建合同段属于山岭重丘区，填挖土方中石料所占比例约为80%，因此填石路基施工时，材料和施工控制难度相对较大。针对该问题代表处对全线填石路基下达了具体质量控制办法，要求填石路基施工时监理人员要进行全旁站监督，并由工程部、试验室负责加强对各标的巡视检查，采用“沉降观测法”控制压实效果，通过实施，既保证了工程质量又促进了工程进度。

(2)由于灌注桩是隐蔽工程，施工中未知因素较多，为保证水下灌注桩混凝土强度等级，代表处要求所有水下灌注桩混凝土必须采用强度等级不低于42.5MPa的水泥，并下发《关于钻孔灌注桩、挖孔桩施工提示》的监理工程师通知，降低了施工风险和质量风险，为桥梁下部施工奠定了坚实的基础。

(3)为保证混凝土结构物的实体质量，代表处要求结构物混凝土的成型操作从原材料选配、混凝土拌和、模板拼装、钢筋绑扎到下料方法、振捣方法、拆模、养护等全过程操作要点进行了技术指导和严格要求，并由各驻地办根据各施工单位的施工特点进一步完善细化，落实到人。施工中及时下达多方面的质量控制文件以保证混凝土的质量内实外美，如《关于混凝土工程施工准备工作的提示》、《关于内业资料整理的提示》、《关于桥涵混凝土施工要求的通知》、《关于桥梁上部梁板吊装施工要求的通知》、《关于桥梁箱梁预制施工的提示》、《关于加强箱梁预制及桥面施工管理的通知》、《关于箱梁预制施工中顶、底、腹板厚度控制的通知》、《关于沥青路面施工的提示》、《关于桥梁伸缩缝施工的提示》。

(4)路面结构层施工时厚度、压实度、平整度、强度是质量控制的关键指标，代表处在底基层、基层施工前均邀请技术专家，举办技术讲座，对施工的技术工艺、控制程序、关键环节进行了全程讲解和技术交底。施工中下达多方面的质量控制文件保证各结构层的内在质量，如《关于底基层、基层施工要点及验收程序》、《关于底基层质量指数的首次通报》。

(5)为保证台背填土的稳性定性，减少工后沉降，避免桥头跳车，代表处要求施工桥台背填土时必须严格控制压实质量。从施工工序上保证了台背填土质量,同时对台背填料进行了统一,下达了填料粒径、级配、层厚和沉降量控制标准,最大限度地避免台背填土薄弱环节工程质量。

(6)要求各标对施工的不利季节如雨季和冬季分别制定施工计划和质量控制措施,为解决雨季钢筋锈蚀问题,保证结构物质量,代表处多次发文对炸药、钢筋、钢绞线、水泥等易受潮的材料存放、使用、除锈等进行了明确提示和要求,并不定期进行巡视检查落实情况。冬季混凝土的施工养生难度较大,发文要求各标采取热水拌和、锅炉加热等措施进行保温养生,并先后多次检查混凝土养生情况。全线现场制作混凝土试件共上千组与结构物同条件养护并与标准试件对比强度结果,从多方面控制混凝土强度,以此保证混凝土结构物的强度和耐久性。

(7)发文要求各施工单位、驻地监理对质量控制的薄弱环节加强控制,如箱梁顶、底、腹板厚度控制,路基与路基衔接部位的台阶施工,路基与台背的搭接,填石路基平整度,半挖半填段的接合施工必须做到搭接直顺、平实。横坡、纵坡调整时要避免薄层贴补找平,水泥稳定土路基补强施工时做到布灰均匀,避免不均匀沉降,路面各结构层施工时避免混合料离析,交叉施工时避免互相污染等。

9. 运用工地会议制度,及时沟通交流,落实责任,相互配合

代表处每月月底召开工地例会,参加人员为各标段高级驻地和代表处各部室负责人以及各标段项目经理、总工。按照既定的例行议程,先由各标段项目经理汇报本月进度、质量和费用的执行情况、安全生产文明施工情况、环境保护、设计变更以及对下月工作的计划安排,总工补充;然后由各高级驻地对本月施工中存在的问题进行发言,提出意见和建议;接下来由各部室主任将本月进行检查时发现的问题一一指出;最后由总监进行全面汇总,共同讨论后拿出针对存在问题的处理意见和改进方法。

每月不定时召开监理例会,参加人员为各标段高级驻地和代表处各部室负责人,会议目的旨在了解各标段监理工作,发现问题,解决问题,加强管理,逐步改进和完善监理工作。

随时召开代表处各部室工作会议,通报各部室工作情况,重点在于了解施工现场质量进度等情况,为正确决策提供依据。

据不完全统计,开工至今共进行了40多次现场办公会,主要解决了土建No.1~No.10标路基软基处理、路基边坡塌方数量确认、路基边坡防护变更、路基挖方段边沟变更、挖方段路基(弯沉不够)水泥稳定处理、涵洞基底换填、桥梁桩基长度变更、立柱高程变更、挡土墙基础变更等重要问题,为变更设计掌握了第一手真实资料,保证了变更设计的客观、公正性。

10. 狠抓安全生产、力促文明施工

安全问题是重中之重,也是社会各界高度关注的事项之一。由于本项目属山岭重丘区,沿线地质大部分为石质,开挖工作机械独立不能完成,只能依靠炸药爆破。因此,代表处坚持从严加强对各施工单位安全生产和文明施工工作的检查,要求所有参建单位在工程建设过程中,必须有远离居住区的专用炸药存放仓库,并制定严格的安全生产、文明施工保障措施,配备足够的安全设备,设立专职安全员,加强安全督查。坚决克服麻痹大意思想及玩忽职守现象,从思想上高度重视、从行动上切实履行安全防范事项,采取一切有效得力措施,认真落实安全生产责任制,切实加强安全生产工作,杜绝对安全造成潜在威胁的事件发生,从而确保人民群众生命财产不受损失。

关于文明施工控制情况,代表处要求各施工单位注重施工便道的整修和维护,确保便道晴雨天均能畅通,确保工程顺利施工;加强了对原材料的堆放、各种标识牌的设立、机械设备的停放及施工人员的着装、高空作业时安全防护措施等施工现场的管理,努力创建并维护了岭南高速工程良好的建设形象。

为预防安全生产事故的发生,代表处多次对全线的桥梁、隧道等施工现场进行安全专项检查,发现存在电线乱接、配电箱裸露、爆破区未设警示标志、桥面防护措施不得力、高空作业时个别工人安全措施不到位以及隧道内通风设施不完善等现象,并及时召开由项目经理、高级驻地、专职安全员等多名安全生产责任人参加的现场安全生产会议,经现场讨论后拿出处理方案,及时进行整改,确保不留任何安全隐患。据不完全统计,本项目自开工以来,共进行了21次安全生产文明施工专项检查,下发有关安全生产、文明施工指示19份,下发《安全管理违规处罚单》2次,确保安全生产处于受控状态。开工至今,No.A监理代表处所辖标段未发生一例安全生产事故。

(二)施工过程中质量检查情况汇总

岭南高速全体监理人员为此付出了大量的心血和汗水,做了大量深入细致的工作,下达各项工程管理文件及监理指令356次,召开质量、进度分析会22次;编制工程月报23期,召开工地例会21次,40多次现场办公会;试验抽检工作统计,监理对主要试验项目共进行抽检试验28504次(见附表2、附表3),建立分项监理资料500

多册,为促进工程进度,确保工程质量做了大量扎实而艰辛的工作。

(三)质量问题和事故处理情况

代表处各部室在对工地现场的巡视过程中,发现了许多违规操作现象,砂浆拌和时不按配合比施工、浆砌工程空洞较多、隧道施工存在违规现象、钢材生锈腐蚀、钢筋焊接不规范、路基表面有积水等。上述问题影响着工程内在质量,对此代表处及时下发《质量安全巡查通知单》和《质量安全管理违规处罚单》39 份,给相应标段以5000~100000 元重罚,从经济上使各标段认清工程质量的重要性,坚决打击对待工程质量马虎的做法,并要求相应标段立即采取有效处理措施,及时将不合格工程进行返工和把不合格材料清理出场,从而确保岭南高速公路整体内在工程质量不留丝毫隐患。

(四)工程质量评定情况

本项目实施了监理工程师对工程质量的独立评定。关键项目全旁站全检测,非关键项目抽检 20% 以上。部分附属工程检验评定时采用了“监承共检、资料共享”。根据主要工程项目的检验评定,工程质量评分达到合格要求(详见附表 1)。

三、计量支付、工程进度、合同管理情况

(一)计量支付

计量支付工作是工程投资控制的重要手段,也是各项工作按程序要求进行的基本保证。施工图设计是计量支付工作的重要依据,为确保工程费用支付的合理性和准确性,使工程投资控制在预定范围之内,根据业主的有关通知和文件要求,总监办制定了计量支付工作流程框图(详见附图 3)、计量监理工程师岗位职责及相关的规章制度,采用三级管理模式,承包人计量人员一级,驻地办监理工程师二级,代表处监理工程师三级,并采用先进的计算机辅助计量支付手段,使之表格化、标准化,提高了计量支付工作的准确性和工作效率。监理工程师本着公正、公平、合理的原则,认真审核每期工程计量申报,从未发生过错支、漏支、超前支付的现象,使工程投资得到了有效的控制,得到了各方的好评。

项目单价的确认和变更是工程投资控制的重要环节,依据业主的有关文件规定,岭南高速公路工程项目单价的制定原则如下:

(1)合同清单中有单价的必须要套用。

(2)相似的项目尽量在清单单价的基础上内插、外延或抽换后套用。

(3)可以采用其他项目的单价。

(4)对无法套用清单单价的工程项目根据现行的《公路工程基本建设项目概预算编制办法》(JTG B06—2007)、《公路工程预算定额》(JTG/T B06-02—2007)、《公路工程机械台班费用定额》(JTG/T B06-03—2007)等计算建安工程费,依据承包人投标时的降价幅度,经监理工程师和业主、承包人共同协商达成一致,而确定变更项目单价,作为工程计量的依据。

(二)工程进度

公路工程的项目特点是工程费用大,建设周期长,涉及范围广,线长点多,工程进度直接影响着业主和承包人的重大利益,工程进度符合合同要求,施工速度既快又科学会有利于降低成本并保证工程质量,反之,工程进度拖延或匆忙赶工则会增加各方面费用并严重影响工程质量。因此,施工进度监理是公路工程施工监理的一个重要环节。我们采取的进度控制措施主要有以下几个方面。

(1)通过对工程进度计划的审批、检查与调整,分析协调影响施工进度的不利因素,创造良好的施工条件。

①审批

工程施工进度计划是施工项目实施阶段进行进度控制的行为标准,也是监理实施进度控制的基础条件,因此,我们对承包人进度计划主要审查内容为:工期和时间安排的合理性;施工准备的可靠性;计划目标与施工能力的适应性等,用对比法通过实际进度与计划进度的比较,从而发现偏差,及时要求和提醒承包人调整和修改计划,采取措施加快工程进度,以赶上工程进度计划中的阶段目标或总体目标。

②检查

对比检查方法有:a. 通过月报、周报、日报的跟踪,检查进度计划的执行情况。b. 要求承包人每日对单位工程、分项工程或工点的实际进度进行记录,予以检查,作为掌握工程进度和进行决策的依据。c. 绘制总体施工进度横道图、分项工程施工进度柱状图、路基、桥涵、路面施工形象进度控制图及各类统计表,随时协同承包人对工程进度进行分析和评价。

③调整和改进

当发现承包人因工程现场的组织安排、施工顺序或人力和设备影响进度计划的执行时，即要求承包人及时采取措施，加强内部管理、增强人力、物力和技术力量，当进度比原计划的进度拖延时差较大，影响到合同工期的关键线路时，及时提醒承包人延误工期将受到的处罚，要求承包人尽快调整后续进度计划，优化资源调配，抢回失去的时间，并报告业主。当发现由于设计变更、征地拆迁、群众干扰和资金问题影响施工进度时及时帮助承包人向业主递交书面报告，提请业主尽快协调解决。在保证质量的前提下主动替承包人做好提示、出主意、想办法、提高办事效率，缩短审批时间，主动监理，及时对已完工程进行抽检和验收，做好事先预控，避免程序不到位、技术措施不到位而导致返工，及时提醒承包人做好工程变更申报的准备工作和分项工程开工前的准备工作。力求最大能力地帮助承包人实现进度计划目标。

(2)主动发现和解决影响进度的有关问题。

岭南高速时间紧，任务极其繁重，前期又面临着诸多问题亟待解决，如何做好进度控制工作，是一个需要我们监理人员认清形势，结合现场情况，摸索工作思路，全面慎重地思索怎么把工作往前顺利推进的重大问题。

在进度控制方面，我们重点放在关键线路、关键工序的严格控制上，采取多与项目公司和其他参建方沟通，并寻求各方的支持；把我们监理工作的手段如口头指令、书面指示和书面报告等相结合，采取合适的方法上通下达，共同努力，力求工程进度控制取得实效。

(三)合同管理

合同管理是指监理工程师代表业主对业主与承包人所签施工合同的执行中出现的问题进行动态管理和处理，涉及处理工程变更、工程延期、费用索赔、审批分包等诸多方面。在合同实施过程中，监理工程师在全面熟悉和理解合同文件的基础上，根据合同规定制订了详细的规章制度和管理程序，努力规范监理工作，保证了合同的正常执行，维护了合同双方的合法权益。在工程实施过程中，依据合同管理的规章制度和管理程序，监理工程师认真处理了有关工程变更事宜，圆满完成了业主在合同管理方面赋予的监理工程师职责。

四、设计变更情况

工程变更也就是合同变更，是指对合同中的工作内容做出修改，或追加或取消某一项工作。工程变更处理不当，不仅会造成人、财、物的浪费，还可能造成停工、窝工、埋下质量隐患、索赔隐患，甚至会使业主对其工程投资失去控制。因此，监理工程师对工程变更的正确处理显得尤其重要。本工程项目由于地形复杂，地质情况变化较大，且沿线经过村镇、农田水渠，地方道路，机耕通道较多，与地方群众产生关系而引起的变更非常多，代表处对工程变更的管理与审批原则是：首先，应不违反合同；第二，应符合设计及验收标准；第三，工程变更后，可以正常施工；第四，应对变更费用进行严格控制；最后，应对工程进度有利或不能过多影响进度。

在工程变更的审批过程中，处理好工程变更申报并合理的确定工程变更后的估价与费率，对变更项目现场考察、测量，分析变更项目的可行性与合理性，对由变更而产生的工程量估算进行认真复核，要求变更申报中的所有工程草图和工程量计算必须有现场监理签字认可，充分尊重和考虑驻地监理的合理化建议，维护承包人和业主双方利益不受损害，公正合理地审批变更内容，下达变更指令。

五、交工验收中存在问题及处理情况

(一)存在问题

(1)挖方段边坡植草不完善。

(2)排水工程和地方沟渠连接不完善。

(二)处理情况

(1)挖方段边坡植草交工验收前全部完善。

(2)排水工程和地方沟渠连接交工验收前全部完善。

六、对建设单位、设计单位和施工单位的评价

岭南高速公路有限公司及有关领导对岭南高速公路 No. A 监理代表处的工作一直给予关心、理解、支持和厚爱，能够高度重视监理工作，为监理工作创造良好的外部环境，使监理人员能够专心地投入到具体工作中去，认真进行各项监理工作。岭南高速各参建标项目部也对监理工作积极配合，大力支持，在此一并向各级领导、同志们表示衷心的感谢。同时，对监理工作中的不周全和对岭南高速公路项目公司、各项目经理部造成的不便表示歉意，希望在今后的工作中加强改进！

岭南高速公路两阶段施工图由中交第一公路勘察设计研究院设计，并派一名设计代表常驻工地。岭南高速公路地形复杂，河谷比较狭窄，谷坡陡峭，社会干扰大，变更随时随地都可能发生，设计代表不分昼夜长期驻守工

地，及时对变更进行处理，为施工单位按期完成工程提供了有力的保障。两年合同期内，从来没有因变更影响施工进度。

岭南 No. A 监理代表处在各级领导的关怀、指导和支持下，发扬求实、严谨、吃苦耐劳、高效作业的工作作风，努力拼搏、勤奋工作，按照程序，依照合同、规范规定，坚持"数据说话、文字往来"的工作原则，在严格控制工程质量的前提下，积极督促承包人千方百计加快工程进度，通过与各参建单位的共同努力，确保了岭南高速公路建设项目顺利完工。

七、监理工作体会

代表处取得了成绩，也存在着不足。回顾这两年多，体会最深的是做好监理工作，就必须严格认真、实测实量、以数据说话，并具有较高的监理业务素质。不管多么复杂的工程，只要监理人员能够严格认真地按照规范、程序履行职责，就能很好地掌握整个工程；同时，监理人员具备了较高的业务素质，就能对每一个工序、每一环节做到事前控制，将可能出现的问题消灭在萌芽状态，并对可能造成质量隐患的环节事先防范。这两点对我们今后的监理工作大有帮助，必将有力地推进我们的工作。对此，我们会认真进行总结分析，汲取经验教训，在以后的工作中不断改进，加倍努力，勤奋工作，不断提高监理工作能力，持续提高监理服务水平，力争让业主（顾客）满意，力争将岭南高速公路建成一条"精品路、景观路、环保路"，使岭南高速公路向资源节约型、环境优良型、项目和谐型的总体目标迈进！

河南省高等级公路建设监理部
岭南高速公路 No. A 监理代表处

附图：

1. 一期工程监理机构框图
2. 二期工程监理机构框图
3. 岭南高速公路计量支付工作流程框图

附表：

1. 各合同段质量评定等级表
2. 一期工程各标段试验检测频率统计表
3. 二期工程各标段试验检测频率统计表
4. 土建 No. 1 ~ No. 10 标段划分及施工单位情况表
5. 土建 No. 1 ~ No. 10 合同工程量汇总表
6. 土建 No. 1 ~ No. 10 变更后工程量汇总表

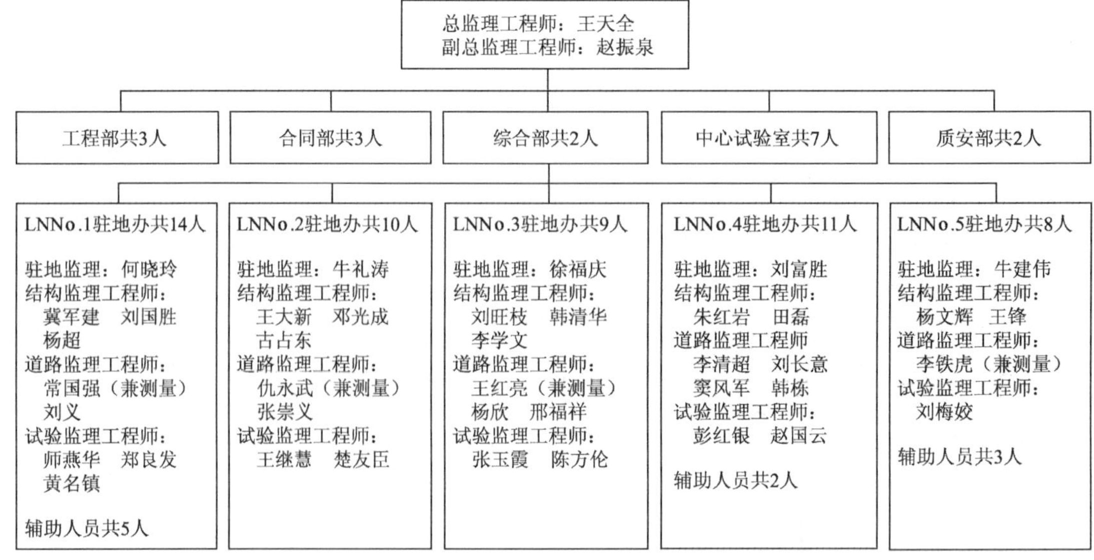

附图1　一期工程监理机构框图

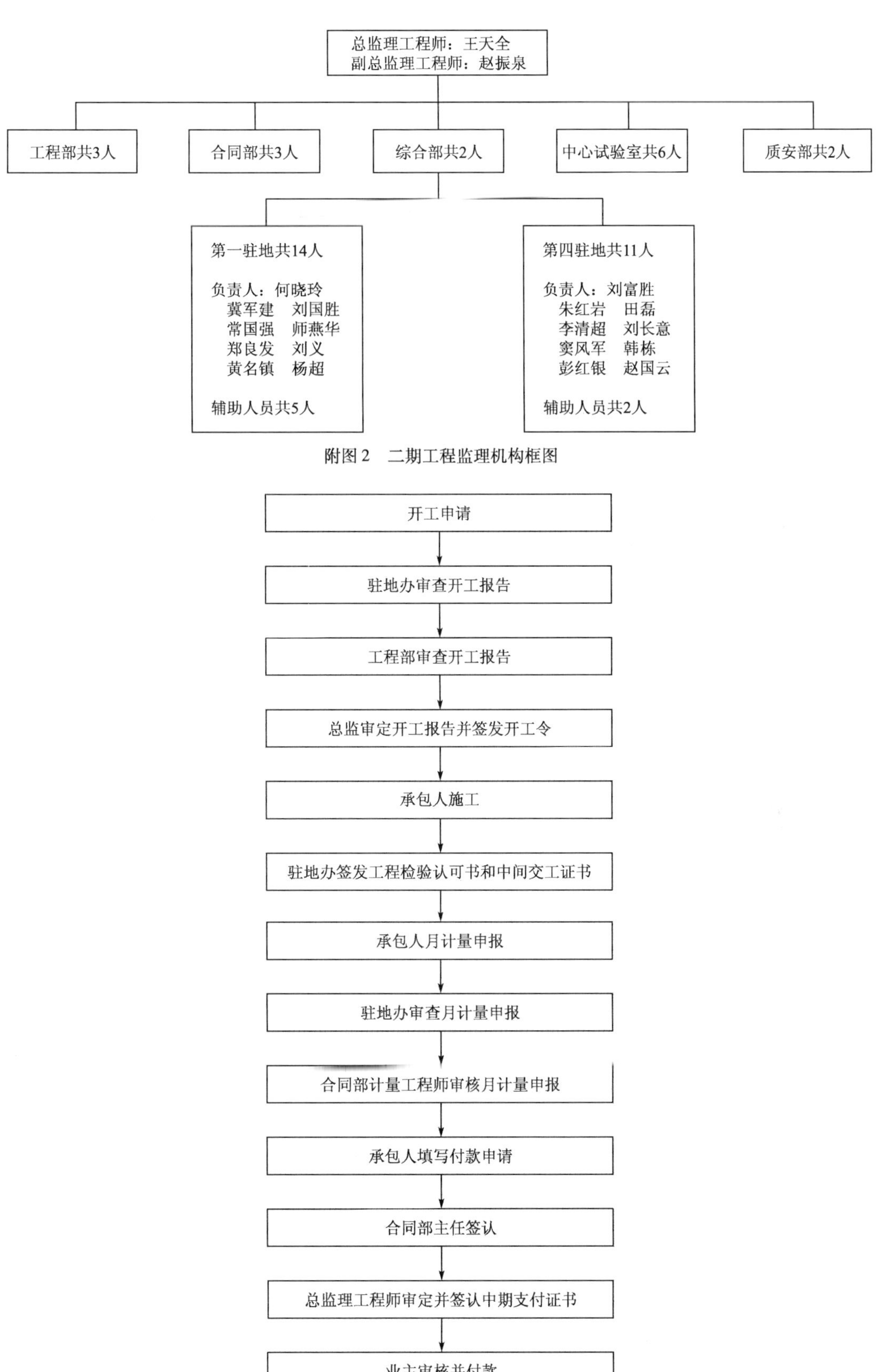

附图2 二期工程监理机构框图

附图3 岭南高速公路计量支付工作流程框图

各合同段质量评定等级表 附表1

合同段	实得分	质量等级	备注	合同段	实得分	质量等级	备注
No.1	96.6	合格		LM.01	95.3	合格	
No.2	96.7	合格		LM.02	95.2	合格	
No.3	95.4	合格		JA-1	98.2	合格	
No.4	95.8	合格		JA.4	97.7	合格	
No.5	94.9	合格		JA.7	97.2	合格	
No.6	94.0	合格		JA.10	97.8	合格	
No.7	95.8	合格		LH-01	98.2	合格	
No.8	96.9	合格		LH-02	98.3	合格	
No.9	96.1	合格		LH-06	98.1	合格	
No.10	95.1	合格		LH-07	98.4	合格	

一期工程各标段试验检测频率统计表(截止到交工日期) 附表2

项目	试验内容	No.1			No.2			No.3			合计		
		承包人自检次数	监理抽检次数	抽检频率(%)	承包人自检次数	监理抽检次数	抽检频率(%)	承包人自检次数	监理抽检次数	抽检频率(%)	承包人自检次数	监理抽检次数	抽检频率(%)
1	压实度(点)												
2	击实试验(个)							6	6	100	6	6	100
3	液塑限(个)							6	6	100	6	6	100
4	钢筋原材料试验(项)	270	78	29	215	167	78	225	69	31	710	314	44
5	钢筋接头试验(项)	77	27	35	289	95	33	176	42	24	542	164	30
6	钢绞线原材料试验(项)	6	6	100	6	6	100	6	6	100	18	18	100
7	水泥原材料试验(组)	252	65	26	157	70	45	199	45	23	608	180	30
8	孔道压浆(个)(配合比)	3	3	100	1	1	100	4	4	100	8	8	100
9	碎石原材料试验(个)	156	37	24	104	39	38	148	32	22	408	108	26
10	砂原材料试验(个)	158	33	21	189	58	31	145	77	53	492	168	34
11	混凝土配合比(个)	23	23	100	28	28	100	35	35	100	86	86	100
12	砂浆配合比(个)	4	4	100	6	6	100	5	5	100	15	15	100
13	水泥浆试件(组)	240	91	38	202	171	85	74	26	35	516	288	40
14	基桩检测(根)	104	21	20	84	84	100	148	33	22	336	138	41
15	混凝土试件(组)	3980	2109	53	2386	1193	50	980	510	52	7346	3812	52
16	砂浆试件(组)	205	112	55	500	292	58	230	129	56	935	460	49

项目	试验内容	No.4			No.5			No.6			合计		
		承包人自检次数	监理抽检次数	抽检频率(%)	承包人自检次数	监理抽检次数	抽检频率(%)	承包人自检次数	监理抽检次数	抽检频率(%)	承包人自检次数	监理抽检次数	抽检频率(%)
1	压实度(点)												
2	击实试验(个)							2	2	100	2	2	100
3	液塑限(个)												

续上表

项目	试验内容	No.4			No.5			No.6			合计		
		承包人自检次数	监理抽检次数	抽检频率(%)	承包人自检次数	监理抽检次数	抽检频率(%)	承包人自检次数	监理抽检次数	抽检频率(%)	承包人自检次数	监理抽检次数	抽检频率(%)
4	钢筋原材料试验(项)	260	74	28	228	94	41	336	102	30	824	270	33
5	钢筋接头试验(项)	67	24	36	138	56	41	85	32	38	290	112	39
6	钢绞线原材料试验(项)	6	6	100	6	6	100	9	9	100	21	21	100
7	水泥原材料试验(组)	242	61	25	156	64	41	208	66	32	606	191	32
8	孔道压浆(个)(配合比)	3	3	100	4	4	100	3	3	100	10	10	100
9	碎石原材料试验(个)	136	30	22	91	45	50	92	43	47	319	118	37
10	砂原材料试验(个)	158	33	21	108	52	48	91	24	26	357	109	31
11	混凝土配合比(个)	17	17	100	27	27	100	9	9	100	53	53	100
12	砂浆配合比(个)	4	4	100	7	7	100	7	7	100	18	18	100
13	水泥浆试件(组)	208	80	38	708	236	33	108	108	100	1024	424	41
14	基桩检测(根)	102	21	20	149	31	21	128	28	22	379	80	21
15	混凝土试件(组)	3675	1941	53	1718	859	34	1066	1045	99	6459	3845	60
16	砂浆试件(组)	180	63	55	496	229	46	119	66	56	795	358	45

项目	试验内容	No.7			No.8			No.9			No.10			合计		
		承包人自检次数	监理抽检次数	抽检频率(%)	承包人自检次数	监理抽检次数	抽检频率(%)	承包人自检次数	监理抽检次数	抽检频率(%)	承包人自检次数	监理抽检次数	抽检频率(%)	承包人自检次数	监理抽检次数	抽检频率(%)
1	压实度(点)	124	64	51.6	68	26	38.2	2574	566	21.9				2766	656	23.7
2	击实试验(个)	14	7	50	3	1	33.3	22	22	100	11	3	27.3	50	33	66
3	液塑限(个)	14	13	92.8	3	1	33.3	3	3	100	11	5	47.5	31	22	71
4	钢筋原材料试验(项)	170	130	76.5	156	100	64	47	30	63.8	275	241	87.6	648	501	77.3
5	钢筋接头试验(项)	224	143	63.8	194	145	74.7	29	20	68.9	203	98	48.3	840	406	48.3
6	钢绞线原材料试验(项)	4	1	25	9	2	22.2	2	2	100	10	10	100	25	15	60
7	水泥原材料试验(组)	262	94	37	217	98	45.1	51	29	56.8	133	55	41.4	663	278	41.9
8	孔道压浆(个)(配合比)	5	3	60	3	2	66	1	1	100	3	3	100	12	9	75
9	碎石原材料试验(个)	92	39	42.3	55	33	60	23	19	82.6	133	36	27.1	303	127	41.9
10	砂原材料试验(个)	94	32	34.7	123	44	35.7	31	22	70.9	121	34	28.1	369	132	35.8
11	混凝土配合比(个)	16	16	100	24	24	100	18	18	100	14	14	100	72	72	100
12	砂浆配合比(个)	3	3	100	3	3	100	2	2	100	2	2	100	10	10	100
13	水泥浆试件(组)	877	206	23.5	1888	502	26.5	27	9	33.3	214	64	29.9	3006	781	30
14	基桩检测(根)	102	21	20.6	228	47	20.6	105	25	25.3	258	53	20.5	693	146	21.1
15	混凝土试件(组)	4248	1359	32	6481	1663	25.6	1376	733	53.2	1802	425	23.6	13907	4180	30.1
16	砂浆试件(组)	701	298	42.5	372	119	31.9	600	306	51	134	44	32.8	1807	767	42.4

二期工程各标段试验检测频率统计表(截止到交工日期) 附表3

材料名称	试验项目	LM.1			LM.2			合计		
		承包人自检次数	监理抽检次数	抽检频率(%)	承包人自检次数	监理抽检次数	抽检频率(%)	承包人自检次数	监理抽检次数	抽检频率(%)
粗集料	级配试验	257	105	41	181	51	28.2	438	156	35.6
	小于0.075颗粒含量试验	257	105	41	181	51	28.2	438	156	35.6
	密度试验	257	105	41	181	51	28.2	438	156	35.6
	吸水率试验	185	85	46	181	42	23.2	366	127	34.7
	针片状含量试验	240	99	41	181	42	23.2	421	141	33.5
	坚固性试验				1	1	100	1	1	100.0
	压碎值试验	130	55	42	181	40	22	311	95	30.5
	黏附性				2	1	50	2	1	50.0
细集料	级配试验	87	33	38	61	12	21.3	148	45	30.4
	小于0.075颗粒含量试验	87	33	38	61	12	21.3	148	45	30.4
	密度试验	87	33	38	61	12	21.3	148	45	30.4
	砂当量	60	25	42	61	12	21.3	121	37	30.6
沥青	沥青针入度	198	99	50	194	64	33	392	163	41.6
	沥青延度	198	99	50	194	64	33	392	163	41.6
	沥青软化点	198	99	50	194	64	33	392	163	41.6
	密度试验				4	2	50	4	2	50.0
沥青混合料	马歇尔试验	197	110	56	180	111	61.7	377	221	58.6
	沥青含量试验	197	110	56	180	111	61.7	377	221	58.6
矿粉	93	44	47	196	42	21.4	289	86	29.8	
	压实度	3330	983	30	3665	1088	29.9	6995	2071	29.6
	平整度	2474	2474	100	2031	1388	68.3	4505	3862	85.7
	渗水系数	98	98	100	360	138	38.3	458	236	51.5
	构造深度	98	98	100	160	148	92.5	258	246	95.3
	摩擦系数摆值	98	98	100	160	148	92.5	258	246	95.3
	基层配合比	16	6	38	3	1	33.3	19	7	36.8
	面层配合比	6	2	33	4	1	25	10	3	30.0
	无侧限抗压强度	305	180	59	206	112	54.4	511	292	57.1

附表 4

土建 No.1 ~ No.10 标段划分及施工单位情况表

合同号	起止桩号	长度(km)	单位	合同总价(万元)	项目经理	备注
No.1	LK0 +849.907(RK0 +854.646) ~ K3 +950	3.1	路桥集团第一公路工程局	9030.6	刘占龙	
No.2	K3 +950 ~ L7 +035(RK6 +965)	3.05	中铁十九局集团第三工程有限公司	5335.2	吕凤飞	
No.3	L7 +035(RK6 +965) ~ K9 +900	2.9	中铁二局股份有限公司	10350.1	杨烈洪	
No.4	K9 +900 ~ LK13 +100(RK13 +130)	3.32	中铁一局集团第四工程有限公司	12745.2	王智	
No.5	LK13 +100(RK13 +130) ~ K16 +340	3.22	江西省公路桥梁工程局	6704.6	陈勇	
No.6	K16 +340 ~ K19 +000	2.66	中铁大桥局	10994.1	汤步州	
No.7	K19 +000 ~ K22 +400	3.4	长庆石油勘探局筑路工程总公司	7215.3	边俊平	
No.8	K22 +400 ~ K25 +390	2.99	中铁十八局集团第一工程有限公司	7639.9	白军华	
No.9	K25 +390 ~ K28 +675	3.285	路桥集团第三公路工程局	2525.9	周世斌	
No.10	K28 +675 ~ K32 +400	3.725	中铁十局二公司	6928.9	贾晓光	
LM.01	LK0 +849.9(RK0 +854.646) ~ K18 +540	17.69	路桥集团第一公路工程局	10723.5	郝秋生	
LM.02	K18 +417 ~ K32 +400	13.983	山西路桥第二工程有限公司	11144.7	刘成海	

附表 5

土建 No.1 ~ No.10 合同工程量汇总表

序号	项目	单位	No.1	No.2	No.3	No.4	No.5	No.6	No.7	No.8	No.9	No.10	LM1	LM2	合计
1	清理掘除	m^2	197834	35591		245993	187817	216727	155990	21512.7	236618	132366			1430448.7
2	浅层软基处理	m^3	6129		1890		9450								17469
3	深层软基处理	m													
4	修便道	km	2.2546	4		12						3.72			18
5	道路挖方	m^3	438861	540704	458597	287803.61	893506	966288.58	582891	359373	360879	524			1367369

续上表

序号	项目	单位	No. 1	No. 2	No. 3	No. 4	No. 5	No. 6	No. 7	No. 8	No. 9	No. 10	LM1	LM2	合计
6	路基填方	m^3	277947	130533	58872	267991.9	188140	250817.82	175633	21892	273169	240925			1885921
7	涵洞	道	9	5		7	2	2	12	3	6	2			48
8	通道	道									2				2
9	桥梁	座	4	6	11	6	4	1	4	3	4	2			45
10	基桩	根	104	82	148	114	192	140	98	282	88	154			1402
11	立柱	根	104	82	145	84	192	128	74	224	28	128			1189
12	盖梁	片	50	41	74	42	62	64	46	124	24	74			601
13	空心板	片		39							56				95
14	箱梁	片	220	172	340	188	292	264	160	472	54	280			2442
15	底基层	m^2											217973	270474.96	488448
16	基层	m^2											219112	265964.68	485078
17	连接面层	m^2											216381	259788.88	476170
18	下面层	m^2											216381	259788.88	476170
19	中面层	m^2											322594	350936.88	673531
20	上面层	m^2											316923	345423.88	662347
21	浆砌片石	m^3	3972.8		13227	2711.344	23895	6514		441	9020	9527			69308
22	植被防护	m^2	24646	43187		22407	49474		4320	19185		7155.1			170374
23	隧道	座	2	1	2	4									9

土建 No.1～No.10 变更后工程量汇总表

序号	项　　目	单位	No.1	No.2	No.3	No.4	No.5	No.6	No.7	No.8	No.9	No.10	LM1	LM2	合计
1	清理掘除	m^2	197834	35591	1890	135175	23816	33330.35	79552.8	21512.7	80341.48	43214.05			652257
2	浅层软基处理	m^3	14479.6				28018.66			2735.77		8081			53315
3	深层软基处理	m													
4	修便道	km	2.546	4		12						3.72			22
5	道路挖方	m^3	370859.03	645122	482252	1479976.24	893506	531890.62	786342.3	359373	3715981.1	1676.3			9266979
6	路基填方	m^3	68187.8	121799	56674	2058178	188140	111873.35	248857.5	19677	197628	597358			3668373
7	涵洞	道	4	5		7	2	2	12	3	6	6			47
8	通道	道						1			2				3
9	桥梁	座		6	11	6	4	1	4	3	4	2			41
10	基桩	根	104	82	148	114	192	140	102	232	88	254			1456
11	立柱	根	104	82	145	84	192	128	74	224	28	232			1293
12	盖梁	片	50	41	74	42	64	64	46	124	24	122			651
13	空心板	片		39							56				95
14	箱梁	片	220	172	340	188	292	264	160	472	54	480			2642
15	底基层	m^2											283689	261643.9	545333
16	基层	m^2											207842	257376.4	465218
17	连接面层	m^2											262319	253102.4	515421
18	下面层	m^2											220364	252926.9	473291
19	中面层	m^2											343547.5	350052.8	693600
20	上面层	m^2											351244.5	341457.8	692702
21	浆砌片石	m^3	1501.44		12967	424344	23895	434	18855.73	1481	5928	5718			495124
22	植被防护	m^2	11784.98	31912		2128665	49474	8629.26	74887.3	28789	20258.5	29702.64			2384103
23	隧道	座	2	1	2	4									9
24	工程总造价	元	116857057	102820627	117951542	101798062	71990169	80053297	76265535	84037434	32994147	100765993	124654524	85640209	

4. 二广高速公路分水岭至南阳段工程 No. B 监理代表处工作报告

目　　录

二广高速公路分水岭至南阳段工程 No. B 监理代表处工作报告

一、工程概况

河南省宏力工程咨询有限公司负责 No. B 代表处监理工作，所辖路段为土建 No. 11 ~ No. 22、No. 23 ~ No. 25 合同段，路面 LM03 ~ LM07 合同段，房建 FJ3 ~ FJ7 合同段，绿化 LH03、LH04、LH05、LH08 ~ LH12 合同段，交通安全 JA02、JA03、JA05、JA06、JA08、JA9、JA11、JA12、JA13 合同段，伸缩缝 SSF03 ~ SSF05 合同段。No. B 监理代表处监理主线起止桩号为 K32 +400 ~ K74 +756. 555，联络线起止桩号为 JK0 +702 ~ JK24 +247. 172。

（一）监理组织机构的形式

No. B 监理代表处监理 K32 +400 ~ K74 +756. 555 及联络线 JK0 +702 ~ JK24 +247. 172 段建设项目。本工程监理组织机构设置如下：监理代表处设立四部一室即工程部、安质部、合同部、中心试验室、综合部；一期工程设六个土建驻地办即第六驻地办（负责 No. 11、No. 12、No. 23）、第七驻地办（负责 No. 13、No. 14）、第八驻地办（负责 No. 15、No. 16）、第九驻地办（负责 No. 17、No. 18、No. 24）、第十驻地办（负责 No. 19、No. 20、No. 25）、第十一驻地办（负责 No. 21、No. 22）；二期工程设六个驻地办即第六驻地办（负责 LM3、JA5、SSF3）、第八驻地办（负责 LM4、JA8）、第九驻地办（负责 LM5、JA2、JA6、JA11、JA13、SSF4）、第十驻地办（负责 LM6、LM7、JA3、JA12）、第十一驻地办（负责 JA9、SSF5）、房建绿化驻地办。

（二）监理管理结构

本项目实行总监理工程师负责制，采用项目总监代表处、各合同段高级驻地监理办公室的二级监理组织机构。

1. 监理的原则、方针、目标

（1）施工监理的原则

监理代表处全体监理人员应严格按照“严格监理、热情服务、秉公办事、一丝不够”的原则，认真贯彻执行施工监理的各项方针政策、法律，制定详细的工作计划，明确岗位职责，严格检查制度，努力做好施工监理工作。

（2）监理质量方针

公正、规范、诚信、创新。

（3）质量目标

认证执行法律、法规，公正监理，信守承诺，完全履行合同，力争监理持证上岗率不低于 95% 。

力争把岭南高速公路建成河南省内一流高速公路工程——精品路、景观路、环保路。

不断提高服务质量，按期答复业土提出的建议，力争业主满意率 96% 以上。

科技创新，争创优秀，力争在每次监理评比活动中获取一项荣誉称号。

2. 工程部职责及权限

（1）指导、协调整个工程项目的计划、工程技术、质量管理工作，制定有关的管理制度、规定和工作程序，负责组织有关工程技术、质量计划管理方面人员的业务学习和交流。

（2）负责对承包人主要管理人员和分包人的审批。

（3）负责解释、修正技术规范和设计图纸中的遗漏、错误和含糊不清的问题。

（4）协助审查承包人的总体施工计划和重要施工方案，检查和督促各项计划的实施，协助驻地监理办定期召开计划协调会议。

（5）负责解决施工中的重要技术、质量问题，参加重大质量、技术问题的处理。

（6）审查与处理工程变更报告，指导与帮助驻地监理办公室搞好一般变更；配合合同管理办公室处理工程延期、索赔及工程质量的问题。

（7）与驻地监理办公室按程序共同通报审查试验段方案、工艺和特殊技术处理措施；抽查工程质量，掌握整个工程项目的工程质量动态。

(8)监督、检查和指导各合同段驻地监理办公室的工作。

3. 合同部职责与权限

(1)指导、协调整个工程项目的合同管理工作,制定有关合同管理的制度和工作程序,负责组织有关人员的合同管理业务学习和交流。

(2)负责解释合同条款,处理合同文件的遗漏、错误及含糊不清等问题,协助解决合同争端。

(3)审查驻地监理办公室报送的支付报表及原始凭证等,审核中期支付证书、最终支付证书及合同终止后任何付款的支付证书。

(4)审查、处理承包人提交的延期和费用索赔报告,及时向总监报告计量支付、工程变更费用、索赔费用等合同管理情况。

(5)按合同规定协调各方利益,进行价格调整工作。

(6)提供有关计量、支付、延期、索赔等方面的表格及证书,由驻地监理办公室配合具体组织实施。

(7)对驻地监理办公室计量指导。

4. 质安部职责与权限

(1)负责对承包人主要质检人员、专职安全员、质量保证措施、安全保证措施的审查和审批。

(2)审批特种作业项目的安全专项施工方案。

(3)监督检查承包人质量保证体系、安全文明保证体系按程序文件运行。

(4)参与工程质量事故的调查分析与处理,参与安全事故的调查分析与处理。

(5)监督检查和指导各驻地监理办公室工作。

5. 中心试验室职责与权限

(1)负责审批、检查和抽查承包人检测试验频率和检测试验结果、施工前的原材料标准试验(包括土壤)和各种混合料配合比试验。

(2)在施工中,当地材发生变化致使混合料不适应时,需重新对原材料进行标准试验和新的混合料组成配合比试验。

(3)对施工质量进行随机抽检,分项工程完成后对工程质量进行检测评定。

(4)定期或不定期对承包人的试验仪器进行检查,并监督承包人定期交由政府监督部门对仪器进行标定。

(5)指导检查驻地监理办公室试验工作。

6. 综合部职责与权限

人事管理、财务管理、后勤管理。

7. 各主要监理人员的岗位职责

(1)总监理工程师职责

①统一负责和领导被委任项目的监理工作。

②负责组建代表处的监理机构,任免代表处各部、试验室、驻地监理工程师办公室负责人,划分各部、室职责范围;适时调整代表处监理机构分工和职责。

③审批承包人主要管理人员(主要指项目经理、总工程师、试验室主任)、质量管理和质量保证体系、分包人、主要施工机械、施工工艺、重要施工方案等。

④主持制定工程项目建设监理规划,并全面组织实施。

⑤在规定的时间内及时对工程实施的有关工作作出决策,如计划审批、工程变更、事故处理、合同争议、工程索赔、实施方案等。

⑥审核并签署开工令、停工令、复工令、付款证明、竣工资料、监理文件和报告等。

⑦及时组织阶段性检查、总结和经验交流,组织制定、修改、补充和完善有关规章制度和监理程序、图表。

⑧主持建立监理信息系统,全面负责信息沟通工作。

⑨及时向业主、监理本部提交监理报告。

⑩统一制定和掌握监理代表处及其驻地办各级、各类人员的奖惩办法。

(2)总监理工程师代表岗位职责

总监理工程师代表系经监理单位同意,由总监理工程师书面授权,代表总监理工程师行使其部分职责和权力的项目监理机构中的监理工程师。其岗位职责如下:

①负责总监指定或交办的监理工作。

②按总监的授权,行使总监的部分职责和权力。

(3)工程部主任岗位职责

在总监理工程师领导下：

①统一负责和领导工程部的工作。

②督促、检查、指导各合同段驻地监理工程师办公室的监理和检测试验工作。

③负责对承包人主要管理人员、质量保证体系和质量管理、分包人、主要施工机械、施工工艺和施工方案的审批工作。

④具体组织有关人员对重大工程事故的调查分析与处理。

⑤负责解释、修正、补充施工图纸。

⑥审批和办理工程变更方案。

⑦组织并实施对已完分项分部工程进行验收和质量评定。

⑧及时组织各合同段阶段性检查、总结和经验交流。

⑨负责组织制订、修改、补充和完善有关施工监理程序、图表。

⑩副主任协助主任工作，主任不在时，代行主任职责。

(4)合同部主任的岗位职责

在总监理工程师的领导下：

①统一负责和领导总监代表处合同部的工作。

②负责解释合同条款，处理合同文件的疏漏、错误及含糊不清的问题，协助解决合同争端。

③监督检查承包人合同执行情况，并及时报告总监理工程师和业主。

④督促、检查、指导各合同段的合同管理、计划统计和中间计量工作。

⑤审查计量支付报表，办理计量手续。

⑥审查处理承包人提交的单价变更、额外工程、索赔、延期等报告；及时向总监理工程师报告有关合同管理情况。

⑦对驻地监理工程师办公室计量工作进行指导。

(5)质安部主任职责

在总监理工程师的领导下：

①统一负责和领导质安部的工作。

②全面负责本项目合同段的质量、安全文明施工。

③负责各合同段承包人质检人员、专职安全员、安全文明施工领导小组、重要工序的质量安全保证体系和方案的审查或审批工作。

④监督、检查各合同段承包人或驻地监理办公室质量安全文明生产工作，发现较大质量安全隐患及时报告总监理工程师或业主。

⑤负责组织阶段性的质量安全文明生产检查、总结或交流；必要时负责组织质量安全生产会议或知识讲座。

⑥参与计量支付的审批工作。

⑦对存在重大安全隐患的施工工序，报由总监理工程师同意，可以下达(暂)停工令。

(6)中心试验室主任职责

在总监理工程师的领导下：

①统一负责和领导试验室各项工作。

②负责筹建、组建试验室及人员组成，任免各专业组长，明确各专业监理工程师的职责范围。

③负责组织建立，健全各项规章制度，确保各专业组科学准确地进行各项检测试验工作。

④配合驻地监理工程师负责督促、检查、指导各合同段承包人的检测试验工作，以及必要的人员培训。

⑤配合驻地监理工程师组织检查、检定和认证工地试验室各种检测仪器设备，审批检查和抽查承包人的检测试验频率和成果，并对其检测试验成果有最终认证与否决权。

⑥单项工程完成后，配合驻地监理工程师对工程质量进行检测评定。

⑦负责对施工前的原材料标准试验(包括土壤)和各种混合料组成配合比试验的复核及认可工作。

⑧配合驻地监理工程师组织对重点环节以及可疑点的检测试验结果进行检验和复验。

⑨配合驻地监理工程师组织审查承包人的检测试验资料、数据和图表。

⑩及时组织阶段性检查、总结和经验交流，组织制订、修改、补充和完善各种检测试验程序、图表。

⑪组织检测试验人员配合驻地监理工程师对工程事故进行调查分析。

⑫指导检查驻地监理工程师办公室试验工作。

(7)高级驻地监理工程师岗位职责

在总监理工程师的领导下：

①全面负责和领导本合同段工程的监理工作。

②审查承包人的主要管理人员、分包人及主要施工机械、施工工艺和施工方案。

③配合总监理工程师审批开工报告，发布开工、暂停和复工令。

④监督检查承包人按照规范进行施工。

⑤配合总监理工程师审查承包人变更设计方案。

⑥监督检查和抽查承包人的检测试验频率和成果。

⑦签发中间交工验收证书和中间计量，签发报送上级的各类文件。

⑧协调监理、承包人和业主之间的关系。

⑨组织阶段性总结检查和经验交流。

⑩副驻地协助驻地工作，驻地不在时代行驻地职责。

8. 监理管理制度

为了高效、规范、有序地开展监理工作，代表处于组建之初编制了本项目的《监理规划》、《监理实施细则》、《监理工作体系管理》、《内部管理办法》等规章制度和工作程序，制定了各级监理岗位职责，并分工到人、责任到人，为后续监理工作的顺利开展奠定了扎实基础。根据项目建设特点及形势需要，在总结其他项目监理服务经验的基础上，参考行业内先进做法，在内部管理上采取了一些新举措和新办法，取得了良好的效果。

(1)为充分调动全体监理人员的工作积极性，提高监理人员的主观能动性，加强责任心，奖勤罚懒，结合监理部作业文件中监理工作考核办法及监理人员考核办法，代表处制定了《监理工作考核奖惩办法》。

(2)为加强监理工作力度，创新监理工作思路，代表处制定了本项目监理人员工作守则《附则》。《附则》与监理人员工作守则一并使用，并经过全体监理人员签认。

(3)为加强监理工作力度，严格监理控制程序，提高工作效率，严肃劳动纪律，确保质量，确保安全，代表处制定了《质量安全管理违规处罚单》。

(4)为持续不断地加强监理服务过程中的廉洁自律工作，保证监理部“公正、规范、诚信、创新”质量方针的落实，代表处签订了《廉政责任保证书》，并由各部室主任和驻地高监对总监、普通监理对各部室主任和驻地高监进行签认。同时，在醒目位置悬挂了“监督举报意见箱”和“廉政举报公示牌”。

在施工监理过程中，各级监理人员通过严格执行各项监理工作程序，采取有力措施，对工程质量、安全、进度、费用等目标进行了有效监控。同时加强了合同、信息的管理，妥善协调了各方面的关系。从原材料的进场、试验检测、巡视检查、旁站监督、下达指令到验收、计量、交工等，层层把关，严格控制，在授权范围内充分行使质量否决权和计量支付权，确保了对施工全过程的有效监督与管理，保证了工程建设的顺利进行。

监理组织机构框图如图1所示。

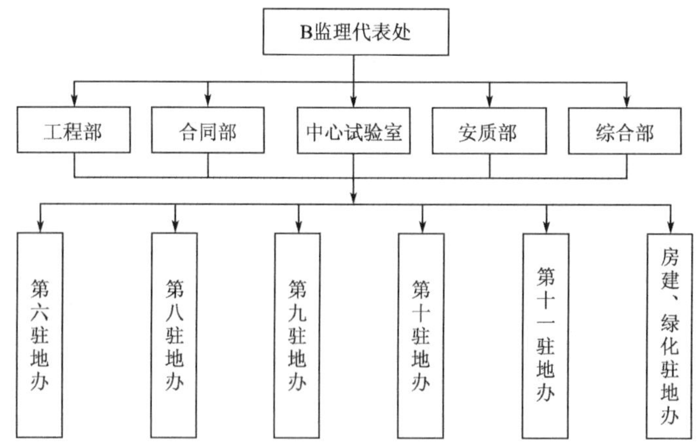

图1　监理组织机构框图

No. B 监理代表处对所承担的岭南高速公路各合同段。项目负有工程质量、工程安全、工程进度、计量支付、设计变更、合同管理等方面的监理责任，在质量管理上推行的是承包人自检、高级驻地监理办公室抽检和监理代表处检查的质量控制体系。

(三)监理人员配备

岭南高速公路建设项目 No. B 标监理代表处所属工作人员共 102 人,其中监理人员 86 人。详见表 1。

No. B 标监理代表处现场监理人员情况 表 1

单　位	总监	总监代表	驻地/主任	副驻地/项目监理	项目助理	试验监理	辅助人员	合计
No. B 代表处	1	1	5	3	7	7	4	28
No. 6 驻地办			1	4	5	2	2	14
No. 7 驻地办			1	2	2	3	2	10
No. 8 驻地办			1	4	4	4	2	9
No. 9 驻地办			1	2	4	2	2	11
No. 10 驻地办			1	2	5	3	2	13
No. 11 驻地办			1	2	2	2	1	8
房建绿化驻地办			1	2	4	1	1	9
合计								102

监理代表处还要根据工程进展情况,适时调整监理人员数量,以满足工程建设的阶段性需要。

二、工程质量管理

公路工程监理的目标是通过对工程质量、工程进度、工程费用、工程合同、信息管理实行全方位、全过程的监督管理和评价,即"三监控、二管理、一协调"运用特定的监理手段和方法在施工准备阶段,施工阶段及缺陷责任期阶段,控制施工全过程,对工程实行全面管理,保证合同履行,确保工程建设行为的合法性、科学性、合理性和经济性。两年多以来,岭南高速 No. B 监理代表处全体人员为此付出了大量的心血和汗水,做了大量深入细致的工作,代表处和驻地办累计完成了试验、抽检 29884 次;下达各项工程管理文件及监理指令 616 次,召开质量、进度分析会 19 次;编制工程月报 29 期,召开工地例会 29 次;建立分项监理资料 9000 多册,为促进工程进度,确保工程质量做了大量扎实而艰辛的工作。工程质量是公路工程建设的生命,也是监理工作的核心,对工程质量的控制贯穿于监理工作的全过程和各个环节。代表处在本项目工程质量控制方面,主要采取了以下几项措施。

(一)质量管理措施

1. 建立完善的质量管理体系,落实质量责任制

岭南 No. B 监理代表处质量保证体系的管理方法是建立起适用和完善的质量监督工作体系,对每一个施工环节加以管理,做到全面运行和控制,通过改善和提高工作质量来保证工程质量。

本项目开工时,代表处首先要求施工单位既要有保证和提高工程质量的总目标和综合计划,又要有分项目、分时期、分部门的分目标和具体计划,形成一套可执行的完整的质量计划体系,并要按期检查分析,确保落实,保证达到预期目标。代表处、驻地办建立起与承包人相对应的严密完整、行之有效的质量监督体系,确定各级质量管理机构和人员的职责、权限及相互关系,通过对承包人有关计划、施工、技术、试验、测量、质检等实施全过程、全方位的质量监督,全面掌握和监控承包人质保体系的运行情况,适时提出改进意见,确保各级质量保证体系能有序而高效的运作。

要保证质量体系的有效实施,必须落实质量责任制,为此,代表处从总监理工程师(代表)、各部室主任到高级驻地、项目工程师、现场旁站均制定了明确的岗位职责,保证每个工点、每道工序均有具体的施工负责人和监理责任人,并在目标、分工、时间和联系方面协调一致,保证责任范围不出现空档。施工中通过质量计划、监理工程师通知、监理日志等质量体系文件的形成,记载各质量体系要素的实施情况和工程实体的质量状态,每月执行监理工作质量考核制度和质量工作小结制度。奖罚分明,制定《关于质量控制监理奖惩办法》,工程质量的优劣直接与监理的工资、奖金等责、权、利相挂钩,并列入每位监理人员的年终考评,作为评选优秀监理的先决条件。

2. 坚持质量方针,规范办事行为

要求全体监理人员坚持"公正、规范、诚信、创新"的质量方针,采取一切有利于工程质量的监理手段,排除任何因素的干扰,坚持原则,坚持"质量第一"的中心地位不动摇。工作中我们做到了:

(1)坚持按合同办事。严格按合同约定履行监理职责和义务,监督承包人按合同要求进场人员、机械、设备、材料及相关的施工技术和管理机构,违反合同约定者,不准开工。

(2)坚持按规范办事。除非本项目有特别规定,否则,所有施工项目的检查频率、验收标准、操作程序均按照施工规范、评定标准严格执行,任何人不允许随意更改或降低技术标准。

(3)坚持按程序办事。凡施工检查、试验、交验等质量工作均先从自检人员检查后,才有监理人员检查,整个施工过程必须严格置于监理工程师的监督、检查、指导、签证认可之下。

3. 坚持审批原则,规范审批程序

严格审批控制程序,对于分项工程施工,各级监理做到了从计划审批到完工验收,执行严格的工序报验程序,坚持“四不准”审批原则即人力、材料、机械设备准备不足不准开工;未经检验认可的材料不准使用;未经批准的施工工艺不准采用;前道工序未经验收,后道工序不准进行。保证了各个工序严格在监理工程师的控制之下,使监理工作一切按照程序化、标准化实施。

4. 强调事先监理和主动监理,防患于未然

在质量问题的防范方面我们坚持做到以预防为主,把监理的重点放在施工前的准备及施工过程控制阶段,变“事后”把关为工序控制,把管质量结果变为管质量过程和因素,把预防与检验结合起来,做到防患于未然。

代表处根据规范要求、合同文件及以往的监理经验在不同的施工阶段及时补充制定了一系列具有指导意义、实用性、操作性强的施工提示、监理实施细则等。如《冲击碾压施工工艺及监理细则》、《三阶段工程质量专项检查验收实施细则》、《关于砌石工程有关要求及验收标准》、《关于底基层、基层施工要点及验收程序》、《关于混凝土工程施工准备工作的提示》、《关于内业资料整理的提示》、《关于桥涵混凝土施工要求的通知》、《关于桥梁上部梁板吊装施工要求的通知》、《关于桥梁箱梁预制施工的提示》、《关于加强箱梁预制及桥面施工管理的通知》、《关于箱梁预制施工中顶、底、腹板厚度控制的通知》、《关于沥青路面施工的提示》、《关于桥梁伸缩缝施工的提示》等。通过这些提示和要求,不仅明确了质量标准,给承包人在施工时提供了很好的技术指导、预防了质量问题的发生,也使监理人员在具体操作时能有理有据、对分项工程的重点部位和关键工序严格把关,主动监理,保证了工程的实体质量。

5. 加大监管力度,强化工程管理

各种指令性文件是监理人员对工程施工过程实施控制和管理不可缺少的手段。本工程自开工以来,监理工程师依据合同文件、技术标准,并通过大量严格、艰辛的现场监督检查共下发工程管理文件616份。其中,施工提示、指导性文件190份,工程质量整改通知135份;不合格材料通知28份;合同管理文件53份。这些指令性文件极具针对性和说服力,能够及时有效地指出施工中存在的各种问题,并督促承包人纠正偏差、修正缺陷,确保工程质量达到建设要求。

6. 全面加强试验监理,强化监理抽检

试验检验工作是保证工程质量的重要措施,为切实加强试验监理工作,开工初,即按照合同及时完成了中心试验室的组建和认证工作。岭南高速 No. A 监理代表处对施工单位和所有监理人员各自的职责、检验项目、取样方法、取样频率、压实标准的确定和质量问题的处理以及试验资料的管理作出了明确规定,如抽样频率明确规定:驻地监理接到工程报验单后,应立即抽检,每一检查内容的抽检数量不得少于施工单位自检数量的20%,自检和抽检必须是独立的两道工序。为加快工程进度,代表处明确要求,各级监理要做到“随叫随到,不叫也到”并同时加强了监理人员的抽检力度和频率。代表处中心试验室重点对关键的施工控制指标如击实试验、集料级配试验、混合料的配合比试验等进行平行复核试验,对施工参数进行有效控制,确保施工各项指标达到规范要求。试验监理工作做到严格管理,有章可循。

在三级质量检验体系中,除强调了自检体系的重要外,全面加强了现场试验监理的抽检工作,各驻地办试验人员明确为2~4人,以此保证现场检测需要。并强调监理抽检工作要坚持“抽检频率充分,试验数据真实”的原则,以真实可靠的数据,反映工程质量真实情况。监理在工程开工前对所需原材料进行抽检试验,对配合比等标准试验进行全旁站,抽检合格后签发《材料报验单》。签发过《材料报验单》后原材料方能用于施工,每道工序结束后及时进行抽检试验和检测,监理确认合格后,承包人才能进行下道工序。

7. 加强现场质量控制,消除质量隐患

质量控制的关键在现场,采取有效措施,加强协调,主动开展监理工作,做好事先预控、事中检查、事后验收,把工程进展中的质量问题消除在萌芽状态和形成过程中是最有效的质量控制手段。

8. 采取有效措施,预防质量通病发生

(1)灌注桩是隐蔽工程,施工中未知因素较多,为保证水下灌注桩混凝土强度等级,代表处要求所有水下灌注桩混凝土必须采用强度等级不低于42.5MPa的水泥,并下发《关于钻孔灌注桩、挖孔桩施工提示》的监理工程师通知,降低了施工风险和质量风险,为桥梁下部施工奠定了坚实的基础。

(2)为保证混凝土结构物的实体质量,代表处要求结构物混凝土的成型操作从原材料选配、混凝土拌和、模

板拼装、钢筋绑扎到下料方法、振捣方法、拆模、养护等全过程操作要点进行了技术指导和严格要求，并由各驻地办根据各施工单位的施工特点进一步完善细化，落实到人。施工中及时下达多方面的质量控制文件以保证混凝土的质量内实外美，如《关于混凝土工程施工准备工作的提示》、《关于内业资料整理的提示》、《关于桥涵混凝土施工要求的通知》、《关于桥梁上部梁板吊装施工要求的通知》、《关于桥梁箱梁预制施工的提示》、《关于加强箱梁预制及桥面施工管理的通知》、《关于箱梁预制施工中顶、底、腹板厚度控制的通知》、《关于沥青路面施工的提示》、《关于桥梁伸缩缝施工的提示》。

(3)路面结构层施工时厚度、压实度、平整度、强度是质量控制的关键指标，代表处在底基层、基层施工前均邀请技术专家，举办技术讲座，对施工的技术工艺、控制程序、关键环节进行了全程讲解和技术交底。施工中下达多方面的质量控制文件保证各结构层的内在质量，如《关于底基层、基层施工要点及验收程序》、《关于底基层质量指数的通报》。

(4)为保证台背填土的稳性定性，减少工后沉降，避免桥头跳车，代表处要求施工桥台背填土时必须严格控制压实质量。从施工工序上保证了台背填土质量，同时对台背填料进行了统一，下达了填料粒径、级配、层厚和沉降量控制标准，最大限度地避免台背填土薄弱环节工程质量。

(5)要求各标对施工的不利季节如雨季和冬季分别制定施工计划和质量控制措施。为解决雨季钢筋锈蚀问题，保证结构物质量，代表处多次发文对炸药、钢筋、钢绞线、水泥等易受潮的材料存放、使用、除锈等进行了明确提示和要求，并不定期进行巡视检查落实情况。冬季混凝土的施工养生难度较大，发文要求各标采取热水拌和、锅炉加热等措施进行保温养生，并先后多次检查混凝土养生情况。全线现场制作混凝土试件共上千组与结构物同条件养护并与标准试件对比强度结果，从多方面控制混凝土强度，以此保证混凝土结构物的强度和耐久性。

(6)发文要求各施工单位、驻地监理对质量控制的薄弱环节加强控制，如箱梁顶、底、腹板厚度控制，路基与路基衔接部位的台阶施工，路基与台背的搭接，填石路基平整度，半挖半填段的接合施工必须做到搭接直顺、平实。横坡、纵坡调整时要避免薄层贴补找平，水泥稳定土路基补强施工时做到布灰均匀，避免不均匀沉降，路面各结构层施工时避免混合料离析，交叉施工时避免互相污染等。

9. 运用工地会议制度，及时沟通交流，落实责任，相互配合。

代表处每月月底召开工地例会，参加人员为各标段高级驻地和代表处各部室负责人以及各标段项目经理、总工。按照既定的例行议程，先由各标段项目经理汇报本月进度、质量和费用的执行情况、安全生产文明施工情况、环境保护、设计变更以及对下月工作的计划安排，总工补充；然后由各高级驻地对本月施工中存在的问题进行发言，提出意见和建议；接下来由各部室主任将本月进行检查时发现的问题一一指出；最后由总监进行全面汇总，共同讨论后拿出针对存在问题的处理意见和改进方法。

每月不定时召开监理例会，参加人员为各标段高级驻地和代表处各部室负责人，会议目的旨在了解各标段监理工作，发现问题，解决问题，加强管理，逐步改进和完善监理工作。

随时召开代表处各部室工作会议，通报各部室工作情况，重点在于了解施工现场质量进度等情况，为正确决策提供依据。

代表处各部室在对工地现场的巡视过程中，发现了许多违规操作现象如砂浆拌和时不按配合比施工、浆砌工程空洞较多、隧道施工存在违规现象、钢材生锈腐蚀、钢筋焊接不规范、路基表面有积水等。上述问题影响着工程内在质量，对此代表处及时下发《质量安全巡查通知单》和《质量安全管理违规处罚单》38份，给相应标段以5000～100000元重罚，从经济上使各标段认清工程质量的重要性，坚决打击对待工程质量马虎的做法，并要求相应标段立即采取有效处理措施，及时对不合格工程进行返工和将不合格材料清理出场，从而确保岭南高速公路整体内在工程质量不留丝毫隐患。

(二)施工过程中质量检查情况汇总

经过对四年多来的抽检工作进行统计，监理共进行抽检试验29884次，主要项目有：钢筋原材料1226次，抽检频率100%，钢筋接头1220次，抽检频率100%；水泥原材料691次，抽检频率48.8%；碎石351次，抽检频率50.1%；砂子235次，抽检频率43.2%；混凝土和砂浆、水泥稳定、砂砾、水泥稳定碎石、沥青配合比398次；混凝土抗压强度试验14838次，抽检频率100%等针对不合格材料，及时下发了《不合格工程材料通知》，共28份，要求承包人立即将不合格材料清理出场，坚决不许将不合格材料用于岭南高速公路工程建设中，发现一次将从重从速处理。正是有了覆盖所有工序的监理抽检和大于20%的抽检频率，使岭南高速公路联络线的每道工序质量和每一点施工情况都处在监理的控制之中，才保证了开工以来岭南高速公路施工建设各分项工程合格率达到100%。

（三）质量问题和事故处理情况

代表处各部室在对工地现场的巡视过程中，发现了许多违规操作现象如砂浆拌和时不按配合比施工、浆砌工程空洞较多、钢材生锈腐蚀、钢筋焊接不规范、路基表面有积水等。上述问题影响着工程内在质量，对此代表处及时下发《质量安全巡查通知单》和《质量安全管理违规处罚单》38 份，给相应标段以 5000 ~ 100000 元重罚，从经济上使各标段认清工程质量的重要性，坚决打击对待工程质量马虎的做法，并要求相应标段立即采取有效处理措施，及时将不合格工程进行返工和不合格材料清理出场，从而确保岭南高速公路整体内在工程质量不留丝毫隐患。

（四）工程质量评定情况

本项目实施了监理工程师对工程质量的独立评定。关键项目全旁站全检测，非关键项目抽检 20% 以上。部分附属工程检验评定时采用了“监承共检、资料共享”。根据主要工程项目的检验评定，工程质量评分为 97.44，达到合格要求。

三、计量支付、工程进度、合同管理情况

（一）工程投资控制

工程投资控制是监理工作的重要内容，它直接关系到业主和承包人的经济利益。

计量支付工作是工程投资控制的重要手段，也是各项工作按程序要求进行的基本保证。施工图设计是计量支付工作的重要依据，为确保工程费用支付的合理性和准确性，使工程投资控制在预定范围之内，根据业主的有关通知和文件要求，代表处制定了计量支付工作流程框图、计量监理工程师岗位职责及相关的规章制度，采用三级管理模式，承包人计量人员一级，驻地办监理工程师二级，代表处监理工程师三级，并采用先进的计算机辅助计量支付手段，使之表格化、标准化，提高了计量支付工作的准确性和工作效率。监理工程师本着公正、公平、合理的原则，认真审核每期工程计量申报，从未发生过错支、漏支、超前支付的现象，使工程投资得到了有效的控制，得到了各方的好评。

项目单价的确认和变更是工程投资控制的重要环节，依据业主的有关文件规定，岭南高速公路工程项目单价的制定原则是：

（1）合同清单中有单价的必须要套用；

（2）相似的项目尽量在清单单价的基础上内插、外延或抽换后套用；

（3）可以采用其他项目的单价；

（4）对无法套用清单单价的工程项目根据现行的《公路工程基本建设项目概预算编制办法》（JTG B06—2007）、《公路工程预算定额》（JTG/T B06-02—2007）、《公路工程机械台班费用定额》（JTG/T B06-03—2007）等计算建安工程费，依据承包人投标时的降价幅度，经监理工程师和业主、承包人共同协商达成一致，而确定变更项目单价，作为工程计量的依据。

（二）工程进度控制

公路工程的项目特点是工程费用大，建设周期长，涉及范围广，线长点多，工程进度直接影响着业主和承包人的重大利益，工程进度符合合同要求，施工速度既快又科学会有利于降低成本并保证工程质量，反之，工程进度拖延或匆忙赶工则会增加各方面费用并严重影响工程质量。因此，施工进度监理是公路工程施工监理的一个重要环节。我们采取的进度控制措施主要有以下几个方面。

（1）通过对工程进度计划的审批、检查与调整，分析协调影响施工进度的不利因素，创造良好的施工条件。

①审批

工程施工进度计划是施工项目实施阶段进行进度控制的行为标准，也是监理实施进度控制的基础条件，因此，我们对承包人进度计划主要审查内容为：工期和时间安排的合理性；施工准备的可靠性；计划目标与施工能力的适应性等。用对比法通过实际进度与计划进度的比较，从而发现偏差，及时要求和提醒承包人调整和修改计划，采取措施加快工程进度，以赶上工程进度计划中的阶段目标或总体目标。

②检查

对比检查方法有：a. 通过月报、周报、日报的跟踪，检查进度计划的执行情况。b. 要求承包人每日对单位工程、分项工程或工点的实际进度进行记录，予以检查，作为掌握工程进度和进行决策的依据。c. 绘制总体施工进度横道图、分项工程施工进度柱状图、路基、桥涵、路面施工形象进度控制图及各类统计表，随时协同承包人对工程进度进行分析和评价。

③调整和改进

当发现承包人因工程现场的组织安排、施工顺序或人力和设备影响进度计划的执行时，即要求承包人及时

采取措施,加强内部管理、增强人力、物力和技术力量,当进度比原计划的进度拖延时差较大,影响到合同工期的关键线路时,及时提醒承包人延误工期将受到的处罚,要求承包人尽快调整后续进度计划,优化资源调配,抢回失去的时间,并报告业主。当发现由于设计变更、征地拆迁、群众干扰和资金问题影响施工进度时及时帮助承包人向业主递交书面报告,提请业主尽快协调解决。在保证质量的前提下主动替承包人做好提示、出主意、想办法、提高办事效率,缩短审批时间,主动监理,及时对已完工程进行抽检和验收,做好事先预控,避免程序不到位、技术措施不到位而导致返工,及时提醒承包人做好工程变更申报的准备工作和分项工程开工前的准备工作。力求最大能力地帮助承包人实现进度计划目标。

(2)主动发现和解决影响进度的有关问题。

岭南高速时间紧,任务极其繁重,前期又面临着诸多问题亟待解决,在这种情况下,如何做好进度控制工作,是一个需要我们监理人员认清形势,结合现场情况,摸索工作思路,全面慎重地思索怎么把工作往前顺利推进的重大问题。

在进度控制方面,我们重点放在关键线路、关键工序的严格控制上,采取多与项目公司和其他参建方沟通,并寻求各方的支持;把我们监理工作的手段如口头指令、书面指示和书面报告等相结合,采取合适的方法上通下达,共同努力,力求工程进度控制取得实效。

(三)合同管理

合同管理是指监理工程师代表业主对业主与承包人所签施工合同的执行中出现的问题进行动态管理和处理,涉及处理工程变更、工程延期、费用索赔、审批分包等诸多方面。在合同实施过程中,监理工程师在全面熟悉和理解合同文件的基础上,根据合同规定制订了详细的规章制度和管理程序,努力规范监理工作,保证了合同的正常执行,维护了合同双方的合法权益。在工程实施过程中,依据合同管理的规章制度和管理程序,监理工程师认真处理了有关工程变更事宜,圆满完成了业主在合同管理方面赋予的监理工程师职责。

四、设计变更情况

工程变更是指对合同中的工作内容作出修改,或追加或取消某一项工作。工程变更处理不当,不仅会造成人、财、物的浪费,还可能造成停工、窝工,埋下质量隐患、索赔隐患,甚至会使业主对其工程投资失去控制。因此,监理工程师对工程变更的正确处理显得尤其重要。本工程项目由于地形复杂,地质情况变化较大,且沿线经过村镇、农田水渠,地方道路,机耕通道较多,与地方群众产生关系而引起的变更非常多,代表处对工程变更的管理与审批原则是:首先,应不违反合同。第二,应符合设计及验收标准。第三,工程变更后,可以正常施工。第四,应对变更费用进行严格控制。最后,应对工程进度有利或不能过多影响进度。

在工程变更的审批过程中,处理好工程变更申报并合理的确定工程变更后的估价与费率,对变更项目现场考察、测量,分析变更项目的可行性与合理性,对由变更而产生的工程量估算进行认真复核,要求变更申报中的所有工程草图和工程量计算必须有现场监理签字认可,充分尊重和考虑驻地监理的合理化建议,维护承包人和业主双方利益不受损害,公正合理地审批变更内容,下达变更指令。

据统计,自开工以来,共审批上报路基、桥涵、防护、排水、路面、房建绿化等各项变更 787 份,其中工程变更 147 份,变更申报 640 份。

五、交工验收中存在问题及处理情况

1. 存在问题

(1)挖方段边坡植草不完善。

(2)排水工程和地方沟渠连接不完善。

(3)盖梁顶部施工垃圾未清理彻底。

(4)路面局部有麻面现象。

(5)施工接缝和桥梁搭板头个别存在轻微跳车现象。

(6)局部路缘石和波形梁护栏有污染现象;局部边坡植草绿化有枯萎现象。

(7)人字形骨加护坡及防护排水工程,个别段落水泥砂浆勾缝有脱落现象。

2. 处理情况

(1)挖方段边坡植草交工验收前已经全部完善。

(2)排水工程和地方沟渠连接交工验收前已经全部完善。

(3)盖梁顶部施工垃圾交工验收前已经全部清理完毕。

(4)路面局部有麻面现象交工验收前已经全部处理完毕。

(5)施工接缝和桥梁搭板头个别存在轻微跳车现象交工验收前已经全部处理完毕。

(6)路缘石和波形梁污染问题,交工验收前已经全部清理完毕;对边坡植草枯萎的部位交工验收前已经进行补种。

(7)局部砂浆勾缝脱落问题,交工验收前已经重新进行勾缝处理。

六、监理工作体会

在本项目的施工监理中我代表处取得了成绩,也存在着不足。回顾这几年的监理工作,体会最深的是做好监理工作,就必须严格认真、实测实量、以数据说话,并具有较高的监理业务素质。不管多么复杂的工程,只要监理人员能够严格认真地按照规范、程序履行职责,就能很好地掌握整个工程;同时,监理人员具备了较高的业务素质,就能对每一个工序、每一环节做到事前控制,将可能出现的问题消灭在萌芽状态,并对可能造成质量隐患的环节事先防范。这两点对我们今后的监理工作大有帮助,必将有力地推进我们的工作。对此,我们会认真进行总结分析,汲取经验教训,在以后的工作中不断改进,加倍努力,勤奋工作,不断提高监理工作能力,持续提高监理服务水平,力争让业主(顾客)满意,力争将岭南高速公路建成一条"精品路、景观路、环保路",使岭南高速公路向资源节约型,环境优良型,项目和谐型总体目标迈进!

河南省宏力工程咨询有限公司
岭南高速公路 No. B 监理代表处

附表:

1. 建设项目质量检验评定表
2. 土建 No. 11 ~ No. 22 标合同工程数量汇总表
3. 土建 No. 11 ~ No. 22 标变更后实际工程数量汇总表
4. 路面标合同工程数量汇总表
5. 路面标变更后实际工程数量汇总表

附表 1

建设项目质量检验评定表

项目名称:岭南高速公路　　　　　　　　　　路线名称:分水岭至南阳段高速公路

起止桩号:K32+400~K74+756.555

JK0+702~JK24+247.172　　　　　　　　　　完工日期:2009 年 09 月 10 日

合同段	实得分	投资额(万元)	实得分×投资额	质量等级	备注
No.11	96.0	4851.58	465751.68	合格	监理抽检评定
No.12	96.5	6379.82	616290.61	合格	监理抽检评定
No.13	95.7	6715	642625.5	合格	监理抽检评定
No.14	95.0	4749.1	451222.5	合格	监理抽检评定
No.15	97.9	4738.82	463930.5	合格	监理抽检评定
No.16	98.1	4373.27	429017.8	合格	监理抽检评定
No.17	97.3	6547.95	637115.5	合格	监理抽检评定
No.18	97.2	12770.53	1241295.52	合格	监理抽检评定
No.19	95.3	6915.323	659030.28	合格	监理抽检评定
No.20	96.9	5761.29	568063.19	合格	监理抽检评定
No.21	96.3	9519.97	931053.07	合格	监理抽检评定
No.22	96.5	14977.152	1485733.48	合格	监理抽检评定
No.23	98.2	4369.10	429045.6	合格	监理抽检评定
No.24	97.1	2299.0	223232.9	合格	监理抽检评定
No.25	98.8	9196.65	908629.02	合格	监理抽检评定
LM.03	97.3	14316.76	1393020.75	合格	监理抽检评定
LM.04	97.8	14300.0	1398540	合格	监理抽检评定
LM.05	97.5	10425.82	1017560	合格	监理抽检评定

续上表

合同段	实得分	投资额(万元)	实得分×投资额	质量等级	备注
LM.06	97.5	10446.06	1018491.05	合格	监理抽检评定
LM.07	97.1	10769.5	1045718.45	合格	监理抽检评定
SSF.03	96.4	250.02	24101.93	合格	监理抽检评定
SSF.04	96.1	139.09	13366.55	合格	监理抽检评定
SSF.05	96.1	246.43	23681.92	合格	监理抽检评定
JA.02	98.5	619.23	60994.16	合格	监理抽检评定
JA.03	95.7	318.67	30496.72	合格	监理抽检评定
JA.05	98.5	470.1	46304.85	合格	监理抽检评定
JA.06	97.5	661.6	64506.0	合格	监理抽检评定
JA.08	96.1	385.5	37046.55	合格	监理抽检评定
JA.09	97.2	306.61	29802.49	合格	监理抽检评定
JA.11	97.4	3234.9	315079.26	合格	监理抽检评定
JA.12	97.1	1638.11	159060.48	合格	监理抽检评定
JA.13	97.8	490.42	47963.08	合格	监理抽检评定
LH.03	97.3	831.9	80943.87	合格	监理抽检评定
LH.04	97.4	833.7	81202.38	合格	监理抽检评定
LH.05	97.6	322.3855	31464.82	合格	监理抽检评定
LH.08	97.5	1499.86	146236.35	合格	监理抽检评定
LH.09	95.5	1292.18	123403.19	合格	监理抽检评定
LH.10	97.7	1948.7	190387.99	合格	监理抽检评定
LH.11	97.5	57.3036	5587.10	合格	监理抽检评定
LH.12	97.9	84.9208	8313.75	合格	监理抽检评定
鉴定得分	97.44		质量等级	合格	

评定负责人:马鸿新　　计算:豆孝东　　复核:马松贞　　2009年09月10日

附表 2

土建 No. 11 ~ No. 22 标合同工程数量汇总表

序号	项　目	单位	No. 11 标	No. 12 标	No. 13 标	No. 14 标	No. 15 标	No. 16 标	No. 17 标	No. 18 标	No. 19 标	No. 20 标	No. 21 标	No. 22 标	合　计
1	清理掘除	m^2	163862.4	52936.9	281875.0	441351.0	282358.0	435462.0	561328.0	113560.8	340262.0	21383.0	243536.7	343367.3	3281283.2
2	软基处理	m^3	21368.1	39479.4	1815.0	3344.0	5040.0	2820.0	46150.0	0.0	624.0	103000.0	15840.0	0.0	239480.6
3	修便道	km	5.1	5.3	5.5	5.3	5.5	0.0	5.0	4.6	6.2	5.6	5.0	5.9	59.0
4	道路挖方	m^3	596435.4	729116.3	562632.0	383054.0	88256.4	165358.0	559534.0	494077.6	174904.0	315411.0	16549.2	67168.3	4152496.2
5	路基填方	m^3	573626.1	205043.8	307322.0	251754.0	671813.0	774416.0	55418.0	383870.0	359040.0	622557.0	745425.1	398232.1	5948517.0
6	涵洞	道	15	7	10	9	8	15	9	3	10	8	8	17	119
7	通道	道	2	0	3	3	10	6	3	5	8	6	6	8	60
8	天桥	座	1	4	3	4	0	1	3	4	3	3	0	0	26
9	桥梁	座	4	5	3	7	2	7	7	21	8	10	6	9	89
10	桩基	根	216	228	139	72	180	210	198	469	226	259	443	542	3182
11	立柱	根	135	186	107	26	16	118	111	325	81	132	275	358	1870
12	盖梁	片	60	93	71	10	16	62	40	96	32	55	158	132	825
13	浆砌片石	m^3	17708.9	6589.0	13000.0	17569.0	8882.0	7954.0	10401.0	15231.0	2741.0	7213.0	8912.6	20507.0	136708.5
14	植被防护	m^2	87118.9	0.0	0.0	67217.0	0.0	0.0	0.0	67328.0	0.0	71245.1	33081.7	25713.8	351704.5

附表 3

土建 No. 11 ~ No. 22 标变更后实际工程数量汇总表

序号	项　目	单位	No. 11 标	No. 12 标	No. 13 标	No. 14 标	No. 15 标	No. 16 标	No. 17 标	No. 18 标	No. 19 标	No. 20 标	No. 21 标	No. 22 标	合　计
1	清理掘除	m^2	163862.4	62128.7	106538.0	262597.4	214796.4	242358.7	170679.0	113560.8	151840.0	253952.0	424631.0	343367.3	2510311.6
2	软基处理	m^3	47375.3	20171.9	27414.0	25905.0	38081.4	15527.2	20403.0	664.0	15526.0	103000.0	18155.0	0.0	332222.7

续上表

序号	项　目	单位	No. 11 标	No. 12 标	No. 13 标	No. 14 标	No. 15 标	No. 16 标	No. 17 标	No. 18 标	No. 19 标	No. 20 标	No. 21 标	No. 22 标	合　计
3	修便道	km	5.1	5.3	5.5	6.3	5.5	5.7	6.0	4.6	6.2	5.6	5.0	7.5	68.3
4	道路挖方	m^3	632318.6	674262.3	510388.0	487849.7	72498.4	222891.6	888364.0	494077.6	286162.0	315411.0	16549.2	67168.3	4667940.7
5	路基填方	m^3	612005.4	196548.2	446558.0	574510.4	541773.5	721129.0	486760.0	383870.0	391886.0	622557.0	691267.0	998232.1	6667096.5
6	涵洞	道	15	7	10	9	9	16	11	3	11	8	8	17	124
7	通道	道	2	0	3	3	10	6	2	5	8	6	6	8	59
8	天桥	座	1	4	3	4	0	1	3	4	3	3	0	0	26
9	桥梁	座	4	5	3	7	2	8	8	21	8	10	6	9	91
10	桩基	根	216	228	139	90	180	224	202	469	226	259	443	542	3218
11	立柱	根	135	186	107	24	16	118	111	325	81	132	275	358	1868
12	盖梁	片	60	93	71	10	16	66	40	96	32	55	158	132	829
13	浆砌片石	m^3	20253.2	8476.6	13000.0	5278.8	8253.0	8581.0	6989.0	5770.0	2134.0	7213.0	8537.8	20507.0	114993.4
14	植被防护	m^2	102966.5	45081.1	0.0	182676.0	106328.3	83620.9	135364.0	83546.0	74220.0	71245.1	85234.0	25713.8	995995.7
工程总造价		万元	8696.2	8016.0	7347.8	5158.3	5445.5	8000.0	10242.5	12969.5	6840.2	6100.0	10284.9	18878.5	107979.4

附表 4

路面标合同工程数量汇总表

序　号	项　目	单　位	LM. 03 标	LM. 04 标	LM. 05 标	LM. 06 标	LM. 07 标	合　计
1	水泥稳定土底基层	m^2	370089.00	404194.00	355360.00	320777.00	248442.00	1698862.00
2	水泥稳定土基层	m^2	362665.00	399070.00	350089.00	316752.00	244239.00	1672815.00
3	透层	m^2	362665.00	399070.00	367289.00	316752.00	322082.00	1767858.00
4	黏层	m^2	1126808.00	699734.00	1043672.00	309077.00	897684.00	4076975.00
5	封层	m^2	362665.00	391396.00	367289.00	316752.00	322082.00	1760184.00

续上表

序号	项目	单位	LM.03 标	LM.04 标	LM.05 标	LM.06 标	LM.07 标	合计
6	粗粒式沥青混凝土,厚 70mm	m^2	353758.00	390187.00	341295.00	309077.00	237288.00	1631605.00
7	沥青碎石,厚 70mm	m^2	353793.00	390187.00	341295.00	309077.00	237288.00	1631640.00
8	细粒式沥青混凝土,厚 40mm	m^2	416899.00	416639.00	16800.00	327627.00	346886.00	1524851.00
9	中粒式沥青混凝土,厚 60mm	m^2	419292.00	421601.00	16800.00	324892.00	346886.00	1529471.00
10	培土路肩	m^3	12280.20	14203.60	15680.80	8483.30	23767.70	74415.60
11	混凝土路缘石运输安装	m^3	1512.60	1359.90	1241.70	1214.10	750.20	6078.50

附表 5

路面标变更后实际工程数量汇总表

序号	项目	单位	LM.03 标	LM.04 标	LM.05 标	LM.06 标	LM.07 标	合计
1	水泥稳定土底基层	m^2	362238.00	403753.91	357832.00	312761.00	237028.00	1673612.91
2	水泥稳定土基层	m^2	355089.00	398632.78	352560.00	308858.00	233706.00	1648845.78
3	透层	m^2	352201.00	399070.00	370235.00	308858.00	235679.00	1666043.00
4	黏层	m^2	769781.00	726851.00	1114862.00	921108.00	753932.00	4286534.00
5	封层	m^2	344985.00	726851.00	371464.00	308858.00	231887.00	1984045.00
6	粗粒式沥青混凝土,厚 70mm	m^2	343862.00	390187.00	343815.00	301428.00	229218.00	1608510.00
7	沥青碎石,厚 70mm	m^2	345954.86	391013.00	343815.00	301428.00	229026.00	1611236.86
8	细粒式沥青混凝土,厚 40mm	m^2	422676.24	416639.00	18480.00	315517.00	294414.00	1467726.24
9	中粒式沥青混凝土,厚 60mm	m^2	426344.24	421601.00	18480.00	318250.00	306257.00	1490932.24
10	培土路肩	m^3	14028.00	19280.28	11006.38	8166.10	15142.00	67622.76
11	混凝土路缘石运输安装	m^3	1213.93	1359.90	1223.90	1182.70	725.00	5705.43
12	工程总造价	万元	13435.03	12859.30	9984.96	9497.33	8638.39	54415.01

5. 二广高速公路分水岭至南阳段工程机电总监办工作报告

目　　录

二广高速公路分水岭至南阳段工程机电总监办工作报告

一、监理工作概况

监理单位:北京华路捷公路工程技术咨询有限公司

监理组织结构:一级监理结构

现场监理:岭南高速公路机电工程总监办

主要部门及监理人员

总监理工程师:田海滨

副总监理工程师:孙建国

合同部:翁文英(负责人)、高焕

质检部:王旭(负责人)、程秀合

工程部:王举森(负责人)、杨才贵、马国亮、李兴国、周玉平

财务部:王桂树

二、工程质量管理

在项目公司领导下,机电总监办严格执行国家、交通部及省厅有关交通工程的政策、规范和标准,认真依据监理服务合同,开展监理工作,对工程质量、投资、进度进行控制和合同管理。

为确保监理工作目标的实现,总监办始终把质量管理放在第一位。监理工程师做到熟悉合同文件、技术规范和隧道照明设计图,充分了解工程设备材料有关规定和技术要求,审查设备、材料生产厂家资料,对意向厂家进行考察,充分了解厂家的原材料、生产流程、生产工艺、试验和检查制度、产品的合格率以及生产能力。努力做好主动控制,事先监理,事后检查,对工程做到全过程的控制。

严格质量管理抓好承包人的自检体系和质量保证体系,督促承包人每项工程开工前要有开工报告,对承包人的人员、机械设备、施工技术方案进行仔细的审查,不合格的人员设备无进场。严格自检报验程序,做到每个部位心里有底,心中有数,上道工序不合格,坚决不允许下道工序的施工。

在工程施工过程实施质量监理的过程中要求监理人员按照“严格监理、优质服务、公正科学、廉洁自律”的监理原则认真执行各种法律法规及监理计划。在监理过程中要严把工程质量关。

(一)质量管理措施

1. 工程质量管理的依据

(1)招标文件中有关合同通用条件和专用条件

(2)监理委托合同

(3)设计文件、施工设计图

(4)技术规范和验收标准等

2. 工程质量控制的基本程序

(1)开工报告

(2)工序自检报告

(3)工序检查认可

(4)中间交工报告

(5)中间交工证书

(6)中间计量

3. 工程质量控制的主要工作

质量控制的主要工作包括产品外观及安装的检测、智能设备的检测与诊断、现场监理、中间验收、质量缺陷及事故的处理等。

4. 工程质量控制的技术方案

(1)工程质量控制常规监理工作流程图。

(2)设备外观及安装的检测,检测内容包括设备名称、型号、规格、合格证及产地的认可,主要技术指标的标定或检定,抽检关键设备作例行试验等。

(3)智能设备的检测与审批,主要包括连续72h运行考核,信息处理能力的检测,系统主要功能的考核,平均无故障工作时间与平均修复时间的考核,接地电阻的测定、绝缘性能测定。

(4)通信、监控系统的监理,在施工准备阶段开始后,重点放在通信管道的疏通上,监理员旁站以保证质量。施工过程中,通信子管和电缆、光缆的敷设是一个主要工序,首先检查承包人电缆、光缆、子管采用依据工程承包合同的品牌、质量要求进行采购,然后审查采购合同(协议)。电缆、光缆的敷设和接续、包封等工序,全过程旁站。通信子管和电缆、光缆的敷设,按要求无使用车辆进行牵引敷设,严格监督承包人。此外,通信子管和电缆、光缆的敷设,很可能出现承包人分包工程的情况,此时,依据工程承包合同的要求,首先确定此项工作允许分包,允许分包的前提下,审查分包人资质(具有邮电系统相关资质)。审查合格后,检查分包合同,要求分包人提供施工方案、施工设备情况、施工人员情况(包括上岗资质证书)。在满足上述条件后,依照原工程承包合同工期的要求,进行施工。系统设备的安装,重点放在系统集成上,着重于系统的功能要求。整个系统的施工完毕后,进行功能测试,以达到承包合同的要求。

(5)收费软件及网络产品的监理,软件产品包括平台软件和用软件、开发工具及数据库技术四个方面,网络产品包括计算机系统、路由器、交换设备及电源等子系统,上述内容是交通工程机电系统开通的灵魂及关键技术,按照合同规定的要求,检查软件开发文件的完备性、正确性、简明性、自说明性、规范性;综合检查软件及网络产品的代码和设计文件的一致性、接口规格说明之间的一致性(软件和硬件)、设计现实和功能需求的一致性、功能需求和测试描述的一致性,并以功能特性、可靠性、用户友好性、时间特性、开销特性、可维护性、可移植性或测试性为评定准则;最后为系统联调,测试整个系统硬件和软件,以验证系统满足合同规定的要求,确认合同规定的要求得到满足。

5. 质量控制措施

质量控制,分为施工前、施工过程中和工程完成后三个阶段的质量控制。

(1)施工前的质量控制措施

①对承包人驻地进行考察。施工队伍的素质是保证工程质量的关键,对施工队伍的资质进行审查,包括承包人的下属单位和分包人,了解他们近期业绩,工程指挥系统组成、工程技术人员水平、工人的数量和素质,关键工程的技术工人具有上岗合格证书,仪器仪表具有国家计量监督部门检测合格证书,了解机具、车辆设备状况能否满足施工要求。

②审核施工组织设计、承包人的质量保证体系、工程进度安排、施工现场管理措施、安全防护措施等满足工程实施要求。

③审核设备和材料订货。监理工程师检查设备的规格,型号技术指标符合合同要求,采用的产品和材料要有相关的质量证明文件,对进场的材料进行测试考查,必要时监理可协同业主去生产厂家考察。

④进行施工现场调查。专业监理工程师对已建成的通信、电力管理、人(手)孔、机房、外场设备基础、配电室等进行详细调查,将检查结果记录在案,作为监理工作的依据。

⑤审查施工设计图,图纸是否完整、正确,是否与联合设计原则一致。施工标准和操作工艺能否达到指导施工的程度。

(2)施工过程的质量控制措施

①严格工序质量验收检查。根据设计标准和工艺要求,对各道工序制定出内容详尽的"工序质量验收单"。专业监理工程师按照内容要求认真检查,对不符合质量要求的要及时提出返工。上道工序不合格不能进入下道工序施工。

②建立试验工程制度,推广样板工程。重要单项工程施工,首先选取一个施工点作为样板工程进行师范操作,通过总结,由承包人提出规范施工工艺标准,经业主、设计、监理同意后全线推广。

③坚持跟踪旁站监理。监理工程师根据每天承包人的派工单,及时去施工现场巡视,对关键工序旁站监理。

④对隐蔽工程重点监理。

(3)工程完工后的质量控制措施

①按合同要求进行竣工检验的验收。

②审核竣工资料和竣工图与施工实际相符,做到完整、准确。

③检查未完工作量和缺陷,监督承包人按期完成,直到签发缺陷责任期满证书。

(二)施工过程中质量检查情况

1. 监控系统

(1)外场设备安装

①气象检测器支撑臂标志板的内缘距路面(或路肩)的边缘大于25cm,下缘距路面的高度为180~250cm。

②门架式可变情报板的下缘距路面的高度满足规定的净空高度要求,门架立柱的内缘距路面(或路肩)的边缘大于25cm。

③摄像机的设置位置、视野范围、安装质量、镜头、防护套、支承装置、云台等安装质量与紧固情况符合设计及招投标文件的要求。

④外场设备的保护接地良好,电线管槽及箱、盒连接处的跨接地线紧密牢固,无遗漏,接地电阻地小于等于4Ω,防雷接地小于等于10Ω。

⑤外场设备机箱垂直度偏差小于15mm/m。

(2)监控中心设备安装

①控制台等金属框架,靠近带电部分的金属门等做保护接地或接零。地图屏后面的维护通道宽度小于80cm。地图屏侧面的维护通道小于1m。

②控制台的布局、尺寸和台面及座椅的高度,符合招标文件或联合设计的规定。

③计算机网络的连接严格按照设计图纸进行。

④在电缆敷设过程中,保持信号电缆与电力电缆之间的距离,以防止相互间的干扰。

(3)监控中心的设备安装符合下列要求

①设备与台架的排列、安装位置符合设计要求。

②台架安装整齐,机台边缘成一直线,相邻机台紧密靠拢,台面互相保持水平,衔接处看不出有高低不平现象。

③计算机及外围设备完整,安装到位,标志齐全。

④电源电缆、总线电缆、信号电缆分离布放。所有室内配线用整段的线料,中间没有接头。

金属台、架、箱、电缆防护层及配管等都可靠接地,接地电阻及接地线符合设计要求。

交流电源线有接地保护线。芯线和芯线间的对地的绝缘电阻小于1MΩ。

2. 收费系统

(1)收费车道设备安装

收费车道设备安装的检查情况见表1。

收费车道设备安装的检查情况表 表1

项　　次	检查项目	检　查　结　果
1	车道控制机	(1)控制台、车道控制机等放置不妨碍收费员的正常操作 (2)收费员终端与车道与车道控制机之间的连接线路便于维修和收费员正常操作,并满足规范要求 (3)电缆插头紧固,用螺钉固定,无漏接、错接现象,标志铭牌正确、完整、无误 (4)电源连接正确,通电时收费计算机正常
2	天棚信号灯	(1)安装位置符合设计要求,安装牢固且不侵入建筑限界。机箱的构造材质、防水、防尘性能均满足设计文件要求 (2)接线正确,信号灯显示“车道关闭”“车道开放”两状态的图形、尺寸、颜色均符合设计文件的规定 (3)信号灯的显示能使驾驶员在距离150m(参考值)处清楚分辨显示状态
3	车道通行信号灯	(1)安装位置符合设计要求,安装牢固,且不侵入建筑限界。灯箱及支撑件的材质(包括基础)、防尘、防水性能均满足设计文件要求 (2)接线正确,信号灯显示“停止”“通行”两状态的颜色、尺寸符合设计文件的规定 (3)信号灯的显示能使在收费亭前的驾驶员在所有环境条件下清晰可见
4	车型分类显示器	(1)安装牢固,位置正确,且不侵入建筑限界 (2)显示器的结构,显示方式、光源、视认距离等均符合设计要求 (3)显示角调整适宜,能满足设计规定的功能,内容清晰,延迟时间符合规定 (4)通信试验,受车道控制机控制,显示正确无误

续上表

项　　次	检查项目	检查结果
5	收费金额	(1)安装位置、固定方式正确、牢固,不侵入建筑限界 (2)显示金额的位数、显示形式、光源、字符高度等均符合设计要求 (3)接线正确,通电试验受车道控制,正确、无误。显示角度、视认效果能满足设计要求
6	自动栏杆	(1)机体构造、栏杆的刚度、臂长、标志等均符合设计要求 (2)安装牢固、位置正确,接线正确 (3)"关闭""开启"的栏杆定位调整适宜 (4)通电试验整机功耗、动作(起、落)时间与设计要求一致

(2)收费站、中心设备安装

收费站、中心设备安装的检查情况见表2。

收费站、中心设备安装的检查情况表　表2

项　　次	检查项目	检查结果
1	控制台	(1)控制台的结构、设置符合设计要求 (2)外围终端设备完整,安装就位,标志齐全且便于值班员操作,连接线路不外露 (3)监视器、显示器放置位置合理,屏幕不受外来光直射
2	计算机	(1)系统按设计文件要求配置。按机房平面布置图进行控制台定位和设备定位 (2)计算机、显示器的主要技术指标,符合设计文件规定 (3)电缆、线的插头紧固,螺接,无错接现象,标志铭牌正确、完整、无误 (4)电源连接正确,通电时,计算机正常
3	打印机	(1)打印机的技术指标符合设计规定 (2)通电检查无异常
4	接地	(1)所有接地极的接地电阻符合设计要求。 (2)接地线表面完整,无明显损伤和残余焊剂渣,母线光滑无毛刺,绝缘线的绝缘层无老化龟裂现象

3.通信系统

1)光纤数字传输系统

(1)进场设备的检验

①传输设备运至现场后,箱体包装完好,开箱清点核对数量后,设备外观完整无损。

②主要设备、器材的电气性能符合设计要求。

③技术资料完整齐全。

(2)施工条件的检查

①机房环境要求

机房的土建工程已全部竣工,室内墙壁已充分干燥,门的高度和宽度不妨碍设备的搬运。地面平整光洁;电源已接入机房,能满足施工安装要求;地线已按设计要求施工,接地电阻能满足设计要求;机房内采用的空气调节器安装完毕;性能良好。

②安全要求

传输室必须配备消防器材;机房内严禁存放易燃易爆等危险物品;不同用途的电源插座有明显标志。

(3)机架配线架的安装

①竖直、水平度偏差每米小于2mm,排列整齐。

②防腐层完好、标志齐全。

③安装牢固,螺旋松紧适度,地线按要求连接。

(4)布放局内电缆和跳线

①布放缆线的验收标准

a. 缆线的规格程式符合设计要求,直流电特性符合国家标准。

b. 缆线布放路由符合施工图的规定。

c. 走道缆线捆绑牢固、松紧适度、紧密、平直、端正。绑扎线扣整齐一致。

d. 电缆下弯均匀圆滑,起讫点以外部分顺直,电缆的曲率半径大于电缆直径的15倍。

e. 缆线没有中间接头。

f. 架间电缆及布线的两端有明显标志,无错接、漏接,插接部位紧密牢靠接触良好。插接端子无折断或弯曲,架间电缆及布线插接外观平直整齐。

g. 布放跳线(包括同轴跳线)松紧适度、整齐平顺。

h. 同轴电缆接头的制作符合工艺质量要求,接触良好。

i. 设备电缆与电源分道布线。

②编扎、绕接电源芯线

a. 电缆剖头平齐,无损伤芯线及绝缘。

b. 编线符合下列要求:

芯线按色谱规定的色序分线。

编扎线扣松紧适度,扣距均匀,线刺顺直。芯线保持自然扭绞,出线整齐、准确。

c. 电缆芯采用绕接方法时符合下列要求:

电缆芯线绕接时,使用绕线枪,绕6~8圈。

绕接紧密,没有叠绕。

绕接芯线从端子根部开始,不接触端子的部分无露铜,芯线无损伤。

(5)零附件安装

①零附件安装要求

a. 光端机及中继器机架,数字配线和光纤配线架的零附件安装牢固正确。

b. 光纤配线架上光纤活接头的安装牢固正确,符合工艺要求。

c. 光端机框架,机架等处的熔丝容量符合设备说明书规定。

d. 各种可视指示灯的颜色符合设备说明书规定,灯脚、灯座接触可靠。

②外导体或屏蔽的接地检查

安装同轴线对的外导体在输出口已做接地。

③设备标志检查

设备标志位置一致、整齐、清晰,设备名称用仿宋印刷体字。

(6)布线检查及通电试验

①布线的验收标准

a. 局内布线系统符合施工图的要求,各有关接触部位接触良好。

b. 电缆的规格程式符合设计要求。

c. 高频、音频回路均进行了布线绝缘测试,符合设计要求。

②通电试验检查的内容

a. 电源电压符合传输设备电源电压要求。

b. 电源盘及机架的总熔丝、分熔丝容量符合设备说明书规定。

c. 各段电压降在人工负荷条件下测试,均不超过设计规定值。

d. 切断电源检查紧急告警能正常显示,接通电源紧急告警能复原。

2)光传输系统全程联调检查

(1)在全线连通测试前,对本局系统从光端设备、多路主/备用切换设备.多路复用设备直至64kb/s通道,进行联通调测,确保本局系统正常运行后,方可进行系统测试。

(2)光纤配线架、光端机上光纤连接器等插接件符合要求。

(3)系统光纤总衰减,符合设计规定值。

(4)系统误码特性测试,符合设计指标要求。

(5)系统输出的平均光功率,符合设计要求。

(6)系统的动态范围对于1300nm波长区的系统测试结果,符合设计要求。

(7)告警功能、监测功能、转换功能的检查测试,均符合系统技术指标要求。

(8)公务操作检查测试,符合系统技术指标要求。

3)程控交换系统

(1)进场设备器材检验

主要器材的电气性能测试:

对局内电缆、接线板等主要器材的电器性能抽样测试。当相对湿度在75%以下时,用250V兆欧表测试时,电缆芯线绝缘电阻每百米大于2000MΩ;接线板等相邻端子的绝缘电阻大于500MΩ。

(2)施工条件的检查

①机房环境的检查

a. 机房及有关走廊和相关房间的土建已全部竣工,室内墙壁天花板已充分干燥。

b. 主要门、主走道的高度和宽度不妨碍设备的搬运,房门可上锁;窗有插锁,门、窗关闭严密。

c. 机房地面平整光洁,墙面洁净,照明布置符合工艺设计要求。

d. 预留暗管、地槽、壁槽和孔洞的数量、位置、尺寸符合工艺设计要求。

e. 机房交、直流电源有单独供机房用电的配电回路,空调除湿设备的供电线路与通信设备的供电线路分开设立。

f. 机房空调除湿设备安装正确,性能良好,通风管道和空调排水管道干净。

g. 防静电地板铺设严密坚固,每平方米水平误差小于2mm,地板支柱接地良好,接地电阻和防静电措施符合说明书要求。地线已按设计要求施工,接地电阻满足设计要求。

②设备安装

a. 机架

机架安装的水平、竖直度符合设计厂家规定。

机架在主走道侧对齐,误差小于5mm,相邻机架紧密靠拢;同列机面在一个平面上。

各种螺钉紧固,同一类螺钉露出螺母的长度一致。

机架及架上各种零件上的防腐层无脱落或碰坏,标志正确、清晰、齐全。

机架、列架按施工图的防震要求已做加固。

b. 话务员和外围终端设备

话务台位置安装正确,符合机房平面图要求。

外围终端设备完整,安装就位,标志齐全,便于操作。

c. 总配线架

总配线架安装位置正确,符合机房设计要求。

各直列上下两端垂直倾斜误差小于3mm,底座水平误差每平方米小于2mm。

横列接线板安装在同一层内保持水平,位置符合设计图,标志完整齐全。

总配线架已按施工图的防震要求进行加固。

d. 电缆及电源线布放

布放电缆的规格、路由、截面和位置,符合技术规范书或施工图的规定,排列整齐,无外皮损伤;电源电缆、信号电缆及通信用各类电缆分离布放。电缆转变均匀圆滑,弯弧线部保持垂直或水平,转弯的最小曲率半径大于60mm。

走道电缆绑扎后互相紧密靠拢,外观平直整齐,间距均匀,松紧适度。

插接架间电缆走向及路由,符合厂家有关规定;架间电缆及布线的两端有明确标志,无错接、漏接;插接部位紧密牢靠,接触良好,插接端子无折断或弯曲;架间电缆及布线插接外观平直整齐;电缆剖面平齐,无损伤芯线的互绞打;绕接电缆芯线使用绕线枪,每根芯线在端子上绕接的圈数为6~8圈。绕接紧密,不叠绕,芯线从端子根部开始绕,不接触端子的芯线部分无露铜,芯线无有明显损伤;压接或卡接电缆芯线使用相适规格的压接钳、卡接枪。芯线压接或卡接牢靠,接触良好,插接件、端子排没有变形或损伤。

机房直流电源线的路由、路数及布放位置,符合施工图的规定;使用导线的规格、器材绝缘强度及熔丝的容量,均符合设计要求。

电源线采用整段的线材,中间无接头。直流电源线连接牢固,接头接触良好,电压降指标及对地电位符合设计要求,不同电压用不同颜色区分。

机房的每路直流馈电线连同所接的列内直流电源线和机架引入线两端用500VMΩ表测试,正负线间和负线对地间的绝缘电阻均小于1MΩ。

交换系统使用的交流电源线有接地保护线。交流电源线两端腾空时,用500VMΩ表测试芯线间和芯线对地的绝缘电阻均小于1MΩ。

采用胶皮线作直流馈电线时，每对馈电线保持平行，正负线两端有统一的红蓝标志。安装后的电源线末端用绝缘物封头，电缆剖头处用绝缘带和护套封扎。

③系统调试检查

a. 通电测试前机房的温、湿度和电源电压符合合同技术规范的要求。

b. 硬件检查齐全正确：

设备标志齐全正确。

印制电路板数量、规格、安装位置与施工文件相适。

设备的各种选择开关置于指定的位置上。

设备的各种熔丝规格符合要求。

列架、机架接地良好。

设备内部的电源布线无接地现象。

熔丝盘有关端子上主电源电压正常。

c. 硬件测试：

各种硬件设备按厂家提供的操作程序，逐级加上电源设备通电后，所有变换器的输出电压均符合规定。

各种外围终端设备齐全，自测正常。

各种可闻可见面的告警装置工作正常。

时钟装置工作正常，精度符合要求。

装入测试程序，通过人机命令或自检，对设备进行测试检查，确认硬件系统无故障，并提供测试报告。

④交换系统功能调试

a. 系统建立功能：

系统初始化

系统自动/人工再装入

系统自动/人工再启动

b. 系统的交换功能：

本局呼叫

出、入局呼叫及转呼叫

对市话（邮电网）出、入局呼叫

特种业务呼叫

新业务性能

非话业务

计费功能

c. 系统的维护管理功能：

人机命令核实

告警系统测试

话务观察和统计

中继线和用户线的人工测试

用户数据、局数据的管理

故障诊断

冗余设备的人工/自动作换

输出、输入设备性能测试

d. 系统的信号方式及其配合：

用户的信号方式符合国家标准《电话自动交换网用户信号方式》（GB 3378—1982）的要求。局间信号方式满足技术规范要求的信令方式，并符合相关国家标准。系统的网同步测定时钟精度、滑动及抖动系数，满足技术规范的要求。

4）光缆线路工程

（1）施工准备阶段的检查

①对运到工地的光缆、器材的规格、程序进行数量清点和外观检查。

②对光缆、连接器（活接头）进行光学特性、电特性测试。

③光缆器材的产品质量的检验合格证齐备。厂方提交的产品测试记录所列项目及指标符合设计要求。

④光缆单盘检验,指标符合合同规定。

⑤光缆接头盒规格符合设计要求。

⑥管道光缆所用塑料子管的内径大于光缆外径 1.5 倍。

⑦对光缆路由已进行复测,复测后路由无大的变化。

⑧光缆配盘满足一般规定及设计中提出的特殊要求。

(2)施工阶段的检查

①光缆敷设

a. 光缆的弯曲半径大于光缆外径的 15 倍。

b. 管道光缆旁站监理的重点:

塑料子管规格符合设计要求;

占用管孔位置符合设计要求

子管在入孔中留长及标志符合规定;

子管敷设质量满足要求;

子管堵头及子管塞子处理完善;

光缆规格符合合同要求;

未使用的管口堵塞良好;

光缆敷设质量满足要求;

入孔内光缆走向、安放、托板衬垫满足要求;

按要求预留光缆长度及盘放;

对入孔内光缆采用保护措施。

②光缆连接

a. 严禁露天作业,接续过程中特别注意防尘、防潮和防震。

b. 光缆接续操作人员需持有光缆接续培训合格证。

c. 光缆接续后余留 2 ~ 3m。

d. 管道光缆接头盒在入孔内的安装位置及余留方式按设计图施工。

e. 光纤接续符合下列规定。

光纤接续全部过程全部过程采取质量监视,在每道工序完成后测量接头损耗;

光纤盘绕余纤时,其弯曲半径大于厂家规定的曲率半径,接头部位平直不受力;

光纤盘留后,用海绵等缓冲材料压住光纤形成保护套,移入接头套管

单膜光纤接头损耗小于或等于 0.12db/根;

直埋光缆接续后测试光缆护层对地绝缘电阻;

加强芯及金属护套的连接、连通按工艺及设计要求处理;

接头套管内放入袋装防潮剂及接头责任卡,接头套管的封装按工艺要求进行;

封装完毕,测试检查接头损耗合格并有测试记录。

③安装工艺检查

a. 管道光缆抽查的入孔数不少于入孔总数 10%,光缆及接头的安装质量、保护措施、预留光缆的盘放以及管口堵塞、光缆及子管标志等符合设计要求。

b. 埋式光缆全部沿线检查其路由及标石位置、规格、数量、埋深、面向。

c. 局内光缆全部检查光缆与进线室、传输室路由预留长度、盘放安装、保护措施及成端质量。

④对光缆主要传输特性的检查

a. 中继段光纤线路衰减,对每根光纤都进行测试;

b. 中继段光纤背向散射信号曲线,对每根光都进行检查;

c. 单模光纤的色散,符合设计要求;

d. 接头损耗符合设计要求;

e. 护层对地绝缘符合设计要求;

f. 接地电阻测试符合设计要求。

4. 隧道机电系统

各子系统检查情况见表 3 ~ 表 6。

报警与诱导设施测试项目 表3

项次	检查项目	检查结果
1	报警按钮的位置和高度偏差	符合设计要求
2	警报器的位置和高度偏差	符合设计要求
3	诱导设施的位置和高度偏差	符合设计要求
4	绝缘电阻	强电端子对机壳≥50MΩ
5	安全保护接地电阻	≤4Ω
6	防雷接地电阻	≤10Ω
7	数据传输性能	24小时观察时间内失步现象小于1次或BER≤10^{-8}
8	警报器音量	96~120dB(A)或设计要求
9	诱导设施的色度	符合《道路交通信号灯》(GB 14887—2003)要求
10	诱导设施的亮度	符合《道路交通信号灯》(GB 14887—2003)要求
11	报警信号输出	能将报警器位置、类型等信息传送到中心控制室计算机或本地控制器
12	报警按钮与警报器的联动功能	警报器可靠接受报警信号的控制

通风设施测试项目 表4

项次	检查项目	检查结果
1	安装误差	符合设计要求
2	净空高度	符合设计要求
3	绝缘电阻	强电端子对机壳≥50MΩ
4	控制柜安全保护接地电阻	≤4Ω
5	防雷接地电阻	≤10Ω
6	风机运转时隧道断面平均风速	符合设计要求
7	风机全速运转时隧道噪声	符合设计要求
8	响时间	发送控制命令后至风机启动带动叶轮转动时的时间≤5s,或符合设计要求
9	方向可控性	接收手动、自动控制信号改变通风方向
10	风速可控性	接收手动、自动控制信号调节通风量
11	运行方式	风机具有手动、自动两种运行方式以控制风机的启动、停止、方向和风量
12	本地控制模式	自动运行方式下,可以接收多路检测器的控制,控制风机启动、停止与方向、风量
13	远程控制模式	自动运行方式下,通过标准串口,接收本地控制器或计算机控制系统的控制,控制风机启动、停止与方向、风量

照明设施测试项目 表5

项　　次	检　查　项　目	检　查　结　果
1	灯具的安装偏差	符合设计要求。无要求时:纵向≤30mm,横向≤20mm,高度≤10mm
2	绝缘电阻	强电端子对机壳≥50MΩ
3	控制柜安全保护接地电阻	≤4Ω
4	防雷接地电阻	≤10Ω
5	灯具启动时间的可调性	照明回路组的启动时间间隔可调、可控
6	启动、停止方式	可自动、手动两种方式控制全部或部分照明器的启动、停止
7	照度(入口段、过渡段、中间段)	符合设计要求
8	照度总均匀度、纵向均匀度	符合设计要求
9	紧急照明	双路供电照明系统,主供电路停电时,自动切换到备用供电线路上

消防设施测试项目 表6

项　　次	检　查　项　目	检　查　结　果
1	火灾探测器安装位置	符合设计要求
2	消防控制器安装位置	符合设计要求
3	火灾报警器、消火栓安装位置	符合设计要求
4	灭火器安装位置	符合设计要求
5	消防控制器安装位置	符合设计要求
6	加压设施气压	符合设计要求
7	供水设施水压	符合设计要求
8	绝缘电阻	强电端子对机壳≥50MΩ
9	控制器安全保护接地电阻	≤4Ω
10	防雷接地电阻	≤10Ω
11	火灾探测器灵敏度	可靠探测火灾,不漏报、不误报。并将探测数据传送到火灾控制器和上端计算机
12	火灾报警器灵敏度	按下报警器时,触发警报器,并把信号传送到火灾控制器和上端计算机
13	消火栓的功能	打开阀门后在规定的时间内达到规定的射程
14	其他灭火器材的功能	按使用说明书
15	火灾探测器与自动灭火设施的联合测试	设计要求

5. 配电照明系统

(1)盘、柜安装检查

①基础型钢安装后,其顶部高出抹地平面10mm,基础型钢有明显的可靠接地。

②盘、柜安装有防震措施。

③盘、柜及盘、柜内设备与各构件间的连接牢固。

盘、柜安装的允许偏差和检查结果见表7。

盘、柜安装的允许偏差和检查结果 表7

项次	项目			允许偏差(mm)	检查结果
1	基础型钢	顶部平直度	每米	1	用拉线尺量检查,合格
			全长	5	
2		侧面平直度	每米	1	
			全长	5	
3	柜(盘)安装	每米垂直度		1.5	用吊线、尺量检查,合格
4		柜(盘)顶平直度	相邻两柜	2	用直尺、塞尺检查,合格
			成排柜顶部	5	用拉线、尺量检查,合格
5		柜(盘)面平整度	相邻两柜	1	用拉线、尺量检查,合格
			成排柜面	5	用拉线、尺量检查,合格
6		柜(盘)间接缝		2	用塞尺检查,合格

④盘、柜、台、箱的接地牢固良好。装有电器的可开启的门,以裸铜软线与接地的金属构架可靠地连接;成套柜装有供检修用的接地装置。

⑤抽屉式配电柜安装符合下列要求:

a. 抽屉推拉灵活轻便,无卡阻、碰撞现象,抽屉能互换。

b. 抽屉的机械联锁或电气联锁装置动作正确可靠,断路器分闸后,隔离触头才能分开。

c. 抽屉与柜体间的二次回路连接插件接触良好。

d. 抽屉与柜体间的接触及柜体、框架的接地良好。

⑥盘、柜的漆层完整,无损伤。固定电器的支架等刷漆。安装于同一室内且经常监视的盘、柜,其盘面颜色和谐一致。

(2)电缆线路工程

①施工准备阶段的检查

a. 施工前对工程所用的电缆及分线设备的规格、程式、数量进行核对,并进行电气性能测试,均符合标准。

b. 对有出厂证明的器材,核对其证书所列内容,符合现行国家、部颁质量标准或设计文件规定。

②施工阶段的检查

a. 电缆敷设的一般要求

核实盘长及布入段长,而放时先放长段后放短段。

电缆以车运为主,滚动方向与电缆上的电缆缠绕方向相反。

电缆从电缆盘上的上方放出,且电缆盘放在布放电缆的同侧。

电缆从高位向低位布放,弯曲地段从远离弯曲点布放,且不出现凸凹折痕。引上电缆从地下端先放。

b. 直埋电缆敷设

直埋电缆的路由根据设计图纸进行了复测定线。

电缆沟的中心线与设计路由中心线吻合。

电缆沟的深度及沟底、沟上口的尺寸符合设计要求、电缆沟底平整。

电缆曲率半径大于电缆外径的15倍。

二条及以上电缆同沟敷设,平行排列,无交叉或重叠。

与其他地下设施平行或交越时,其间距不小于"直埋电缆及其他设施平行、交越最小间距"的规定。

穿过保护管的管口处,用沥青麻布条或油麻絮等封堵严密。

进入人(手)孔处设置保护管、电缆敷设完毕将保护管两端管口封堵严密。电缆外装保护层延伸至人(手)孔内,使电缆裸露部分不超过10cm。

遇有腐蚀性土壤,按设计规定的措施处理。

③灯具安装

a. 灯具安装位置及工艺符合设计要求。

b. 所有接地设备安装完后,进行接地电阻测量,所有接地电阻测试值都符合相管规范及施工要求。

④防雷与接地系统安装测试

防雷与接地装置的安装及测试,符合设计图及相关技术规范的要求。

(三)质量问题和事故处理情况总结

无

(四)工程质量评定情况

各标段工程质量检验评定依次见表8~表12。

1. 机电标评定

工程质量检验评定一览表 表8

建设项目:岭南高速公路　　合同号:LNJD　　施工单位:中铁一局集团电务工程有限公司

编　　号	单位工程名称	得　　分	承包责任人	监理责任人
1	监控设施	96.7		
2	通信设施	96.5		
3	收费设施	96.4		
4	隧道机电设施	96.6		

检验负责人:　　　　　　　　　　填表人:

2. LNGZ-1 标评定表

工程质量检验评定一览表 表9

建设项目:岭南高速公路　　合同号:LNGZ-1　　施工单位:郑州市祥龙电力安装有限公司

编　　号	单位工程名称	得　　分	承包责任人	监理责任人
1	隧道机电工程(供配电)	96.9		

检验负责人:　　　　　　　　　　填表人:

3. LNGZ-2 标评定表

工程质量检验评定一览表 表 10

建设项目:岭南高速公路　合同号:LNGZ-2　施工单位:郑州亚明工程有限公司

编　　号	单位工程名称	得　　分	承包责任人	监理责任人
1	隧道机电工程(照明)	96.4		

检验负责人:　　　　填表人:

4. LNGZ-3 标评定表

工程质量检验评定一览表 表 11

建设项目:岭南高速公路　合同号:LNGZ-3　施工单位:中铁建电气化局集团第一工程有限公司

编　　号	单位工程名称	得　　分	承包责任人	监理责任人
1	道路供配电工程	97.2		

检验负责人:　　　　填表人:

5. LNGZ-4 标评定表

工程质量检验评定一览表　　　　表 12

建设项目:岭南高速公路　　合同号:LNGZ-4　　施工单位:辽宁阳光照明有限公司

编　号	单位工程名称	得　分	承包责任人	监理责任人
1	道路照明工程	96.6		

检验负责人:　　　　填表人:

三、计量支付、工程进度和合同管理情况

(一)工程计量支付

工程投资控制是监理工作的重要内容,它直接关系到业主和承包人的经济利益。

计量支付工作是工程投资控制的重要手段,也是各项工作按程序要求进行的基本保证。施工图设计是计量支付工作的重要依据,为确保工程费用支付的合理性和准确性,使工程投资控制在预定范围之内,根据业主的有关通知和文件要求,代表处制定了计量支付工作流程框图、计量监理工程师岗位职责及相关的规章制度,采用三级管理模式,承包人计量人员一级,驻地办监理工程师二级,代表处监理工程师三级,并采用先进的计算机辅助计量支付手段,使之表格化、标准化,提高了计量支付工作的准确性和工作效率。监理工程师本着公正、公平、合理的原则,认真审核每期工程计量申报,从未发生过错支、漏支、超前支付的现象,使工程投资得到了有效的控制,得到了各方的好评。

项目单价的确认和变更是工程投资控制的重要环节,依据业主的有关文件规定,岭南高速公路工程项目单价的制定原则是:(1)合同清单中有单价的必须要套用;(2)相似的项目尽量在清单单价的基础上内插、外延或抽换后套用;(3)可以采用其他项目的单价;(4)对无法套用清单单价的工程项目根据现行的《公路工程基本建设项目概预算编制办法》(JTG B06—2007)、《公路工程预算定额》(JTG/T B06-02—2007)、《公路工程机械台班费用定额》(JTG/T B06-03—2007)等计算建安工程费,依据承包人投标时的降价幅度,经监理工程师和业主、承包人共同协商达成一致,而确定变更项目单价,作为工程计量的依据。具体计量支付见表 13。

岭南高速公路机电工程计量支付汇总表　　表13

序　号	标 段 号	承　包　人	合同价(元)	清算后总价(元)	计量总价(元)
1	LNJD	中铁一局集团电务工程有限公司	51733269.38	40648695	40648695
2	LNGZ-01	郑州祥龙电力安装工程有限公司	8845542	10944433	10944433
3	LNGZ-02	郑州市亚通照明工程有限公司	10346188.90	10157549	10157549
4	LNGZ-03	中铁建电气化局集团第一工程有限公司	5186004	5426087	5426087
5	LNGZ-04	辽宁阳光照明工程有限公司			

(二)工程进度控制

公路工程的项目特点是工程费用大,建设周期长,涉及范围广,线长点多,工程进度直接影响着业主和承包人的重大利益,工程进度符合合同要求,施工速度既快又科学会有利于降低成本并保证工程质量,反之,工程进度拖延或匆忙赶工则会增加各方面费用并严重影响工程质量。因此,施工进度监理是公路工程施工监理的一个重要环节。我们采取的进度控制措施主要有以下几个方面。

(1)通过对工程进度计划的审批、检查与调整,分析协调影响施工进度的不利因素,创造良好的施工条件

①审批

工程施工进度计划是施工项目实施阶段进行进度控制的行为标准,也是监理实施进度控制的基础条件,因此,我们对承包人进度计划主要审查内容为:工期和时间安排的合理性;施工准备的可靠性;计划目标与施工能力的适应性等,用对比法通过实际进度与计划进度的比较,从而发现偏差,及时要求和提醒承包人调整和修改计划,采取措施加快工程进度,以赶上工程进度计划中的阶段目标或总体目标。

②检查

对比检查方法有:a. 通过月报、周报、日报的跟踪,检查进度计划的执行情况。b. 要求承包人每日对单位工程、分项工程或工点的实际进度进行记录,予以检查,作为掌握工程进度和进行决策的依据。c. 绘制总体施工进度横道图、分项工程施工进度柱状图、路基、桥涵、路面施工形象进度控制图及各类统计表,随时协同承包人对工程进度进行分析和评价。

③调整和改进

当发现承包人因工程现场的组织安排、施工顺序或人力和设备影响进度计划的执行时,即要求承包人及时采取措施,加强内部管理、增强人力、物力和技术力量,当进度比原计划的进度拖延时差较大,影响到合同工期的关键线路时,及时提醒承包人延误工期将受到的处罚,要求承包人尽快调整后续进度计划,优化资源调配,抢回失去的时间,并报告业主。当发现由于设计变更、征地拆迁、群众干扰和资金问题影响施工进度时及时帮助承包人向业主递交书面报告,提请业主尽快协调解决。在保证质量的前提下主动替承包人做好提示、出主意、想办法、提高办事效率,缩短审批时间,主动监理,及时对已完工程进行抽检和验收,做好事先预控,避免程序不到位、技术措施不到位而导致返工,及时提醒承包人做好工程变更申报的准备工作和分项工程开工前的准备工作。力求最大能力地帮助承包人实现进度计划目标。

(2)主动发现和解决影响进度的有关问题

岭南高速机电工程时间紧,任务极其繁重,前期又面临着诸多问题亟待解决,在这种情况下,如何做好进度控制工作,是一个需要我们监理人员认清形势,结合现场情况,摸索工作思路,全面慎重地思索怎么把工作往前顺利推进的重大问题。

在进度控制方面,我们重点放在关键线路、关键工序的严格控制上,多与项目公司和其他参建方沟通,并寻求各方的支持;把我们监理工作的手段如口头指令、书面指示和书面报告等相结合,采取合适的方法上通下达,共同努力,力求工程进度控制取得实效。

(三)合同管理

合同管理是指监理工程师代表业主对业主与承包人所签施工合同的执行中出现的问题进行动态管理和处理,涉及处理工程变更、工程延期、费用索赔、审批分包等诸多方面。在合同实施过程中,监理工程师在全面熟悉和理解合同文件的基础上,根据合同规定制订了详细的规章制度和管理程序,努力规范监理工作,保证了合同的正常执行,维护了合同双方的合法权益。在工程实施过程中,依据合同管理的规章制度和管理程序,监理工程师认真处理了有关工程变更事宜,圆满完成了业主在合同管理方面赋予的监理工程师职责。

四、设计变更情况

工程变更是指对合同中的工作内容作出修改,或追加或取消某一项工作。工程变更处理不当,不仅会造成

人、财、物的浪费，还可能造成停工、窝工、埋下质量隐患、索赔隐患，甚至会使业主对其工程投资失去控制，因此，监理工程师对工程变更的正确处理显得尤其重要。本工程项目由于地形复杂，地质情况变化较大，且沿线经过村镇、农田水渠，地方道路、机耕通道较多，与地方群众产生关系而引起的变更非常多，代表处对工程变更的管理与审批原则是，首先，应不违反合同；第二，应符合设计及验收标准；第三，工程变更后，可以正常施工；第四，应对变更费用进行严格控制；最后，应对工程进度有利或不能过多影响进度。

在工程变更的审批过程中，处理好工程变更申报并合理确定工程变更后的估价与费率，对变更项目现场考察、测量，分析变更项目的可行性与合理性，对由变更而产生的工程量估算进行认真复核。要求变更申报中的所有工程草图和工程量计算必须有现场监理签字认可，充分尊重和考虑驻地监理的合理化建议，维护承包人和业主双方利益不受损害，公正合理地审批变更内容，下达变更指令。具体变更情况见表14。

设计变更一览表 表14

序　　号	变　更　令　号	变　更　内　容	变更工程造价增减(元)
一、承包人：中铁一局集团电务工程有限公司(LNJD)			
1	LNJD-LNBG001	V2110矩阵键盘、网络机柜(通信)、路由器、泛光灯、联网费率表	57100
2	LNJD-LNBG002	隧道车到控制标志VV2×2.5控制电缆	248922
3	LNJD-LNBG003	增加网络8口网络交换机4台	1200
4	LNJD-LNBG004	视频事件监测系统软件开发包	80000
5	LNJD-LNBG005	电脑桌、空调、网络机柜、监视器、隧道摄像机	38713
6	LNJD-LNBG006	时间事故检测分析仪	240000
合计			1036930
二、郑州祥龙电力安装工程有限公司(LNGZ-01)			
7	LNGZ-01-1	电缆、通信管道、场区照明等	1309341
8	LNGZ-01-2	隧道口钢管预埋、过路钢管预埋	289909
9	LNGZ-01-3	隧道配电房建设等	1269473
10	LNGZ-01-4	隧道电缆变更	113217
11	LNGZ-BG-01	配电柜、EPS、进线柜胡出线柜互锁装置、高压配电柜工具、断路器等	-471195
12	LNGZ-BG-02	高低压柜减小及增加配件	62613
13	LNGZ-BG-03	照明节电器	192645
14	LNGZ-BG-04	柴油发电机组容量、品牌变更	403994
15	LNGZ-BG-05	取消隧道通风系统	-844823
16	LNGZ-BG-06	增加隧道配电室监控系统	135810
17	LNGZ-BG-07	增加隧道太阳能爆闪灯	29255
18	LNGZ-BG-08	增加配电室基本电工工具	4685
合计			2494887
三、郑州市亚通照明工程有限公司(LNGZ-02)			
19	GZ.02-LNGZ001	隧道电缆变更(ZR-VV-1kV-1×25、ZR-VV-1kV-1×16)	600320
20	GZ.02-LNGZ002	隧道电缆变更(ZR-VV-1kV-4×25、ZR-VV-1kV-4×16、ZR-VV-1kV-4×35)	313266

续上表

序　　号	变　更　令　号	变　更　内　容	变更工程造价增减(元)
21	GZ. 02-LNGZ003	隧道电缆变更(增加 RVV-1 ×16)	145757
22	GZ. 02-LNGZ004	ø114 镀锌钢管	8003
23	GZ. 02-LNGZ005	收费大棚照明、服务区广播系统等供电电缆施工	519781
合计			1587127
四、中铁建电气化局集团第一工程有限公司(LNGZ-03)			
变更合计			214658
五、辽宁阳光照明工程有限公司(LNGZ-04)			
变更合计			156991.2

五、交工验收中存在问题及处理情况

本工程在交工验收之前由业主、监理组织各个施工单位对实体工程进行了严格的检查、排查,因此在交工验收过程中存在的问题很少。当时比较突出的问题是隧道照明标段灯具照度不达标,该问题在交工验收完成后该标段已将所有不达标灯具全部更换并已通过二次验收。

六、监理工作体会

在工程监理工作过程中,必须妥善处理好业主、设备生产制造单位、施工单位、运行管理单位等之间的关系。在监理工作中,我们深深地感到,与参建各方建立信任和友谊是十分重要的。正确处理好与业主、施工方的关系,工程建设及监理工作就能顺利进行。同时,要利用业余时间不断地学习新工艺新技术、法律和现代化管理手段,学习综合评价的技巧和原理,提高综合分析和解决问题的能力,拓宽和更新知识面。只有不断提高自己,坚持实事求是的精神和认真负责的态度,才能有效地为业主服务、为工程项目建设服务。

岭南高速公路机电工程如期完工,是在项目公司的精心组织领导下,业主、承包人、监理共同努力的结果。衷心感谢业主在工作中给予我们的关心和指导,感谢各承包人对总监办工作的理解和支持。本项目工程中,我们的工作还有许多不足,诚心希望业主、各施工单位提出批评和帮助。

北京华路捷公路工程技术咨询有限公司
岭南高速公路机电工程总监办

6. 二广高速公路分水岭至南阳段工程质量监督工作报告

目　　录

二广高速公路分水岭至南阳段工程质量监督工作报告

一、质量监督概况

1. 项目基本情况

二广高速公路分水岭至南阳段是河南省规划的“五纵、四横、六通道”高速公路主骨中的“第四纵”，是河南省西北部地区南北向公路运输的主通道。本工程起于南阳与平顶山交界的分水岭，止于南阳市区西部张华岗，与已建成的上海至武威国家重点公路相接，主线全长约 74.299km，联络线由南阳市卧龙区的安皋乡向东，经蒲山镇止于宛城区的新店乡，与南兰高速公路相连接全长 24.25km，总里程共计 98.549km。

本项目于 2005 年 9 月 16 日正式开工建设，主线其中 55km 于 2007 年 12 月 9 日建成通车。主线剩余 18.856km；联络线 24.25km（除蒲山特大桥）均于 2008 年 11 月 26 日建成通车。联络线蒲山特大桥于 2009 年 9 月 30 日建成通车。批复概算 45.66 亿元。

“洛阳至南阳高速公路分水岭至南阳段”是国家高速公路规划建设“7918”路网中二连浩特至广州高速公路的重要组成路段，它是构成全国公路网络骨架，贯穿我国南北大通道的一部分，是国家重点工程。

2. 主要技术指标

根据本项目在路网中的地位、功能、远景交通量以及本项目工可报告及批复，结合沿线地形、地物等情况，山岭区段设计速度采用 100km/h，路基宽度 26m，部分路段采用分离式路基；平原区段及联络线采用六车道高速公路标准，设计速度采用 120km/h，路基宽度 28m，每隔 1000m 设一处紧急停车港湾。

设计车速、路基宽度按平原微丘区及山岭区标准进行设计，双向六车道、双向四车道，全封闭、全立交、完全控制出入，设有完善的交通安全设施，服务设施、管理设施及收费系统。

（1）设计标准

①计算行车速度，平原区段及联络线采用 120km/h，山岭区段设计速度采用 100km/h。

②路基宽度，平原区段路基宽度 28m，其中中央分隔带宽 2m，行车道宽 2×3×3.75m，左侧路缘带宽 2×0.75m，硬路肩宽 2×0.5m，山岭区段路基宽度 26m，其中中央分隔带宽 2m，行车道宽 2×2×3.75m，左侧路缘带宽 2×0.75m（整体式路基）、2×0.5m（分离式路基）硬路肩宽 2×3m，土路肩宽 2×0.75m（整体式路基）、4×0.75m（分离式路基）。

③路面，全段路面结构除收费站广场外，余均为沥青混凝土路面。设计标准轴载 100kN。

④桥涵设计车辆荷载，汽车—超 20 级、挂车—120 级。

⑤设计洪水频率，除特大桥为 1/300 外，其余桥涵及路基均为 1/100。

（2）工程规模

①主体工程

全线路基土方 1798.89 万 m^3，沥青混凝土路面 135.99 万 m^2，水泥稳定碎石基层 218.17 万 m^2，水泥稳定碎石底基层 221.35 万 m^2，互通式立交 7 处，分离式立交 18 处，特大桥为 4 座，大、中、小桥 93 座，通道 47 处，匝道桥 16 座，天桥 32 座，涵洞 157 道，隧道为 3666.447m/5 座。交通标志 1113 块，道路标线 147677m^2，隔离栅 187142m，收费雨棚、广场、收费岛 4 处，综合功能服务区 1 处、隔音墙 36 处。

②交通安全设施

全线设置标志、标线、护栏、轮廓标、防护网、隔离栅等设施，采用震荡标线以提高行车安全。中分带防眩以绿色植物为主，桥涵等难以实现绿化防眩的路段采用防眩板。

③环境保护

沿线两侧征地界内侧采用乔灌结合的方式，利用客土喷播或草灌混播恢复植被覆盖，增强边坡稳定性。对环境噪声敏感区进行噪声评价，在超标路段设置声屏障。

④服务与管理设施

在南阳设1处管理分中心。在南召、五朵山、遮山、独山分别设置收费站和监控室。全线共分布二个路政大队保证行车安全和路况畅通。监控中心随时了解路况信息。

⑤路面

全线采用分散式排水，除收费站广场为水泥混凝土路面外其余路面结构均为沥青混凝土路面。其路面结构为:4cm 细粒式改性沥青混凝土 +6cm 中粒式改性沥青混凝土 +7cm 中粒式沥青混凝土 +7cm 沥青碎石 +32cm 水泥稳定碎石基层 +18cm 水泥稳定砂砾底基层。

⑥桥梁涵洞

桥涵设计本着适用、安全、经济、美观的原则，结合地形特点，上部多采用装配式预应力混凝土组合连续箱梁、预应力混凝土空心板，下部构造主要采用单排架双柱式墩台、薄壁式桥墩和钻孔灌注桩基础、钢筋混凝土盖板涵和圆管涵;天桥设计采用钢筋混凝土连续箱梁、钢筋混凝土斜腿刚构、飞鸟式系杆拱、预应力混凝土系杆拱、钢管拱等多种结构形式。

⑦互通式立交

岭南高速公路为全封闭式高速公路，共设7处互通式立交。

3. 监督工作情况

本项目由河南岭南高速公路有限公司向省质监站申请监督，从工程开始实施，省质监站根据规定及时下达了《岭南高速公路工程质量监督通知书》，委派了刘英嫦、杨明同志为该项目监督工程师，同时下发了监督工作计划，监督员进驻岭南高速公路，在河南岭南高速公路有限公司的配合下开展了监督工作。主要对项目建设单位的建设程序、设计单位服务情况、工程质量检查和验收、参建各方的质量管理体系、质量管理制度和质量管理人员等进行全方面监督检查，并配合省交通厅组织的各项检查工作。

从项目实施到通车试营运，监督工程师按照监督计划书对项目进行了全方位、全过程监督检查，不同施工期及时下发了《监督工程师通知书》和进行三阶段验收检查通知，积极配合省交通厅组织的建设单位大检查，组织了项目交工验收前的检测和质量鉴定工作。

二、建设程序的监督工作

本项目严格按照交通基本建设程序和工程招投标管理办法实施项目管理，省质监站对岭南高速公路各期招标活动进行了全过程监督。本工程面向全国以公开招标的形式确定了路基工程、路面工程、交通安全设施、机电工程、房建工程、绿化工程、通信管道工程的施工及监理单位，程序符合《工程招投标管理办法》的规定，在招标过程中，河南省人民政府大型项目建设办公室、省纠风办、省计委、省交通厅、省检察院、国家开发银行郑州分行、省纪律检查委员会、南阳市公证处等部门介入主要程序的监督，招标工作公平、公正、合法，按照交通部《公路工程国内招投标文件范本》中综合评估选择出中标单位并上报省交通厅备案后，发中标通知书，谈判并签订合同，并在项目实施过程中严格按照合同进行了管理。

三、工地试验室的认证情况

2005年9月，岭南高速公路工程项目开工，岭南公司按照规定于2005年9月份对土建No.1~No.22标及预制标No.23~No.25标、连接线27标申请了“工地试验室临时资格认证”，2006年10月对路面No.1~No.7标工地试验室申请了“工地试验室临时资格认证”。我站先后对以上单位的试验检测仪器设备逐一清点，对试验人员资格和工作环境进行检查，对试验人员考试考核，要求各工地试验室增补了必要的试验仪器设备，更换了不合格试验人员。经检查落实后，我站于2005年10月对土建标段的26家路基工程、2006年11月对路面标段的7家路面工程施工单位的工地试验室及2家监理中心试验室临时资质进行了认证，颁发了试验临时资质证书。在工程建设期间，各施工单位试验室均能按照有关规范要求进行试验操作，没有出现违规情况。

四、监理人员的检查情况

本项目主要监理单位见表1。

主要监理单位 表1

监理代表处	单位名称	管辖范围(桩号)
No. A 监理代表处	河南省高等级公路建设监理部	K0 +000 ~ k32 +400
No. B 监理代表处	河南省宏力工程咨询有限公司	k32 +400 ~ k74 +756, JK0 +702 ~ JK24 +247.172
机电总监办	北京华路捷公路工程技术咨询有限公司	负责全线机电工程施工监理

我站对岭南高速公路监理单位资质、监理服务合同以及人员资质和业务素质进行了检查，认为岭南高速公路工地各监理机构设置合理，质量责任明确，有利于控制施工质量。各监理单位具有承担高等级公路监理资质，均按照有关规定严格履行合同，监理人员持证（培训）符合要求，对现场监理人员进行了上岗考试，驱逐了个别素质较低的监理人员。监理基本能够做到对工程全过程、全方位监督控制。监理人员均能够按照“严格监理、热情服务、秉公办事、一丝不苟”的监理原则开展工作，严格进行质量控制、进度控制、计量控制和开展合同管理工作，期间有相当一部分人员更换，监理单位及时进行了申请并补充了符合条件的监理人员。

五、施工过程中质量监督工作完成情况

1. 监督工作程序

开工前河南岭南高速公路有限公司向省质监站递交了《岭南高速公路质量监督申请书》，我站接到《岭南高速公路质量监督申请书》后，质监站落实并派驻了岭南高速公路监督人员，编制完成了岭南高速公路监督工作计划，并下达了岭南高速公路《监督通知书》。

2. 监督的工作方法

现场派驻监督工作组，组织综合检查和专项检查，加强现场巡视相结合的方法。

3. 监督内容

（1）质量管理体系是否完善

建立健全“政府监督、社会监理、企业自检”的三级质量管理体系。监督工作的重点是对监理工作的监督管理和施工单位的项目经理是否履行合同、质量管理状况、质保体系的建立与实施、加强质量管理工作的领导与措施，专职质监人员的组成和工地试验设备和质检人员到岗及履行职责情况。

（2）质量管理制度是否建立健全

监理和施工单位的质量管理制度的建立健全，包括制定的质量管理目标、质量问题的预控措施、质量保证措施、质量奖罚办法、详细的执行方案、精心策划的施工组织设计及落实情况。复杂工程、大桥、路面试验段、地质不良地段的详细施工方案等。对路基压实度不够造成的路基不均匀沉降、桥（涵）头跳车、路面平整度差、外观质量差等质量通病的预控措施和实施方案。

（3）质量管理人员的工作情况

检查监理人员是否能够认真填写监理日志，整理和存放工程质量检查资料，尤其是隐蔽工程的质量检查资料。监理和施工单位的质检资料是否齐备和完整，监理和施工单位的质检人员的素质和数量是否满足工程质量的需要。对重要的现场试验、材料进场、使用、材料配比等重要过程，监理工程师是否有独立的抽检资料。结合工作进展和工程实际需要，组织现场质量教育，学习规范、规程、合同和质量标准，组织现场观摩，自觉提高工程质量管理的责任和水平，加强按合同、按规范施工，按监理程序、按监理规范和监理工作的十六字方针办事的自觉性。

（4）工程质量监督

监督施工条件是否齐备，尤其是工程施工的重点设备、试验设备等。工程质量抽检按照交通部有关规定和《公路工程竣工验收办法》的规定频率，对工程质量进行抽检，对施工单位、监理单位的质量检验、试验方法和试验结果进行检查，对不合格或违犯程序、规范和规程的行为进行返工或提出批评，要求提出整改措施。

4. 工程施工实施阶段提出的监督要求

（1）监理人员按合同要求到岗、到位，满足工程质量控制的要求。监理工程师应按照交通部有关规定、监理程序和监理工程师的十六字方针，确保工程质量。

（2）各施工合同段必须按照标书的承诺调入或配齐工程施工所需要的机械设备、测量仪器、试验仪器，满足工程质量控制的项目管理和质量管理的人员。

（3）施工质保体系的质检人员与监理人员要有一一对应关系，自检人员与监理人员的配备比例不少于2∶1。

（4）机械设备、试验设备的完整与标定，工地试验室须经过监理代表处的验收，报请省交通厅质检站检查验收，并获得工地试验室临时资质证书后方可开展工作，试验人员持证（培训证）上岗。试验路段的实施方案、开工报告、配合比使用情况须经驻地监理工程师和监理代表处的认可。

（5）制定和完善质量保证体系的措施和实施方案，制定质量奖惩措施、质量管理目标和计划，雨季施工、夜间施工的质量保证措施，材料进场、存放、使用应满足施工、设计、规范和规程的要求。

（6）要求监理单位、施工单位人员持证上岗，佩带明显标志。做到施工现场井然有序，规范施工。

（7）对已开工的桥涵工程做到测量放线准确，工艺工序衔接合理，操作规范，纠正不正确和违犯操作规程的

行为，配合比使用正确，计量准确。

（8）使用统一制定印发的检查表格，认真做好检验资料的收集、整理和保存工作，未经监理工程师检验认可的工程，不准进行下一道工序施工。

5. 工程质量监督情况综述

工程质量监督工作按照交通部《公路工程质量监督暂行规定》、《河南省交通基本建设工程质量监督管理实施细则》的要求和岭南高速公路工程质量监督计划的内容进行监督，并在公司、监理代表处及各施工合同单位积极配合下顺利完成了监督任务。

（1）根据监督计划的内容，结合工程进展情况组织了各合同单位施工准备情况、资质、合同，施工组织及质保体系建立健全情况检查，工地试验室、路基施工、桥涵施工、台背回填、路面基层、防护工程、路面工程、外观质量等专项检查和质监站组织的综合检查，参加工地例会，签发工程质量监督通知书及质量监督通报。

（2）依据施工设计技术规范、施工规范及有关合同要求，纠正了工程施工的违规行为，督促监理工程师全线实施规范化、标准化施工，对不合格的以返工令或监理工程师指令的形式要求并督促施工单位进行返工处理，桥涵基础及台背回填土施工初期部分进行了返工，路基、路面基层及面层等不合格项目或段落也进行了返工处理。

（3）检查整顿了施工各合同段的试验室，督促施工项目负责人对试验设备的完善补充，强调了试验方法的统一、规范化操作，验证了试验结果的准确性，对不合格的试验设备或人员，监理工程师要求施工单位调配或购置、调换或进行培训。

（4）督促监理工程师和施工单位加强自身素质的建设，分期分批地参加监理培训，提高按照标准和规范施工的自觉性，加强工程质量管理，提高工程质量管理的水平，杜绝质量隐患。

（5）检查了施工单位及监理工程师的内业资料的收集、整理和保存工作，强调使用统一表格样式，对内业资料混乱、不齐全和不真实的现象提出了批评，进一步规范了内业资料的整齐、齐全、真实、可靠。

（6）实施对监理工作的监督管理。严格按照"严格监理、热情服务、秉公办事、一丝不苟"的十六字方针和监理工作程序进行监理，督促监理工程师自觉学习合同和规范，对监理工程师提出按照监理规范，必须保证规范制定的独立抽检的频率和数量。通报表扬工作认真负责的监理工程师，通报批评了不负责任的监理人员，对不能胜任监理业务的工程师进行了调换。

（7）参加了岭南高速公路工程施工的工地例会，听取监理、施工单位的质量管理情况，公布工程质量监督检查结果，根据监督工程师的现场巡视和检查情况，提出建设和要求。

六、施工过程中的质量监督情况

1. 检查项目及结果

在工程建设过程中，监督工程师重点对路基和桥梁下部工程、路面基层和桥梁上部工程、路面面层和交通安全设施三个关键阶段进行了检查，对检查出现的质量缺陷督促建设和施工单位及时整改，并对各参建单位的质保体系、质检人员和相关制度落实情况进行了检查，并配合省厅对项目进行每年两次质量、安全检查。项目公司均能够对检查存在的问题进行整改并上报，项目上级单位还对其进行季度检查，项目公司还组织开展了质量进度检查评比活动。在监督过程中，监督工程师和项目公司能够对重大问题及时进行讨论论证，防止质量隐患和质量通病的发生。以单项抽查、专项抽查及部分三个关键阶段检查的最终结果表明，岭南高速公路工程质量满足规范要求。

2. 存在问题的处理结果

河南岭南高速公路有限公司和施工单位能够积极对省厅和监督工程师检查出的问题进行整改，施工过程中对部分段实施返工等措施，加强管理，严格保证项目建设工程质量。

3. 对各合同段工程质量的意见

各施工单位能够按照有关规定和要求，履行合同条款，采取了多种措施保证施工质量，经竣工验收前质量检测、鉴定，工程质量合格。

七、交工验收前的工程质量检测意见

通过对交工验收前工程质量检测结果的汇总、分析，认为，岭南高速公路建设项目工程平、纵线形流畅；路基压实度满足设计要求，由于大部分土建标段采用了填石路基，所测弯沉值明显小于设计弯沉值；结构物几何尺寸基本控制符合要求；桥梁经荷载试验和桩基检测，表明其承载力满足设计要求，混凝土强度符合规范要求，外观质量合格，伸缩缝伸缩有效，符合开通试运营条件，对存在的问题要求项目公司组织施工单位进行整改。详见《分水岭至南阳高速公路质量检测报告》及附件。

八、竣工验收前的工程质量鉴定意见

2010年8月19日~20日，我站组织对岭南高速公路进行了竣工工程质量鉴定工作。经全线检测，22个土建合同段，7个沥青路面合同，6个交通安全设施合同等单位工程质量等级均能达到优良或合格以上。我站认为，岭南高速公路项目经过2年的试运营，工程平、纵线形流畅；桥梁外观质量合格，伸缩缝伸缩有效；小桥、通道、涵洞、排水及砌筑工程的外观质量合格；路面弯沉值、平整度、车辙等指标经复测满足规范和标准要求，表面平整密实，无脱皮、泛油、碾压痕迹；标志、标线、防撞护栏、护栏柱外观及使用效果满足要求。根据《公路工程质量鉴定办法》和《公路工程质量检验评定标准》（JTG F80—2004）的有关要求，工程质量鉴定得分为93.6分，岭南高速公路建设项目竣工验收工程质量鉴定等级评为优良。

岭南高速公路建设项目的机电工程、房建工程、绿化工程等也已通过验收，交工验收检测中问题及缺陷已经进行整改，个别项目实施了返工处理，处理后的工程质量满足规范要求。

九、对设计、施工、监理单位的评价

各参建单位均按照合同要求及时完成了建设任务，在建设期间，设计单位能够从大局出发，派设计代表常到工地解决实际问题，对重大设计变更能够提出建设性意见；监理单位能够充分行使业主赋予的权利，按照《公路工程施工监理规范》（JTG G10—2006）进行监理；施工单位能够按照合同要求进行施工，能够较好的贯彻业主的意图，在施工中认真组织，按照规范施工，顾全大局，充分发挥了能打硬仗的作风，为岭南高速公路保证工程质量和按期通车起了决定性作用。

（1）设计单位　设计资质符合有关规定要求，设计文件编制基本符合有关公路工程建设的法律、法规、规章、标准、规程和合同的要求，设计资料基本齐全，结构设计符合安全要求，设计文件的深度基本符合阶段性设计的要求和相关规范的要求，线型顺畅、经济、美观、实用。

（2）监理单位　监理资质符合要求，具有承担高速公路监理业务的能力，自觉接受政府质量监督部门的监督检查，能够按照《公路工程施工监理规范》（JTG G10—2006）的要求对工程实施全方位的监理，充分行使业主赋予的权利，在对工程质量、工期、投资的控制和对合同的管理方面发挥了重要作用，对保证工程质量起到了关键作用。监理日志记录，抽检资料、试验数据基本齐全，基本体现了监理工作的“严格监理，热情服务，秉公办事，一丝不苟”的十六字方针；在项目管理上起到了积极作用。

（3）施工单位　施工资质符合要求，建立了施工自检质量保证体系，建立工地试验室，并通过了交通厅规定的临时资质认证。根据有关公路工程建设的法律、法规、规章、技术标准和规范的要求，按照设计文件、施工合同和施工工艺的要求组织施工，根据交通厅开展的质量年活动要求成立了活动组织，与业主签订了质量终身负责制责任书，各施工单位均按照合同规定的期限完成了施工任务。工程施工过程中严格施工过程控制，按照业主、监理和监督部门的要求及合同要求配备设备和人员，自觉接受质量监督部门的监督检查，发现质量问题及时解决，不符合设计和规范要求的进行了返工处理。施工资料收集、整理基本齐备。

十、对建设单位管理情况的评价

河南岭南高速公路有限公司对项目的管理体现了省厅“改革、质量、廉政、安全、效益”的方针，突出了规范、创新、务实的作风，在项目建设和施工管理过程中，按照基本建设程序和招投标办法等规定，严格管理，规范运作，始终把工程质量放在第一位，以科技保质量，以质量促进度，严格合同管理，加强文明安全生产，做好地方协调，挖掘内部潜力，在管理过程中不断总结经验，请进来走出去，联合国内有关院校和科研单位，积极采取有效措施，快速有效地推动项目建设，在工期规划范围内完成建设任务。

项目公司根据工程需要设立了工程管理部、质量监督部，负责工程技术和质量管理等工作，建立了严格的技术管理和质量管理体系，签订了《岭南高速公路工程管理安全合同》、《环境保护合同》和质量监督管理办法，严格按照规范和有关规定实施技术管理和质量管理，设立了全员质量监督奖励基金，通过公司员工全员工地巡查、检查评比等方法和手段对工程质量、进度、合同履行情况等进行全面监控，对质量问题实行一票否决，有效保证了工程质量。

项目建设期间，没有出现重大质量和安全事故。

十一、监督工作体会

几年来在对岭南高速公路的质量监督工作中，体会如下。

(1)依据有关规定加强项目监管是做好监督工作的根本保证。采取多种方式进行监督检查,可以直接进行、委托有资质的检测单位进行或联合其他检查部门一同进行,检查采取宏观巡查与微观实测结合的办法进行,宏观上主要是检查建设、施工、监理单位的质量管理体系运行情况,现场组织、施工工艺、保证质量的技术措施以及工程实体的观感质量状况;微观方面主要是检查关键工程和关键部位的内在质量指标,即通过量测、试验手段来量化实测项目的质量指标。通过监督检查,可以分析施工能力和质量控制水平,督促自检力量弱的施工单位提高质量控制水平。

(2)加强业主对项目的管理是做好项目监督工作的重要保障。在监理、施工单位的共同配合下,建设单位对监督检查时发现的质量管理不力的单位加强管理,堵塞质量管理工作的漏洞,加大质量问题的整改落实力度,采取有力的措施促进其质量意识的提高,才能使质量监督工作起到应有的作用,行政干预可有效推进工程进度,但对正常程序进展有所影响。

(3)监督工作也是一个全面管理的过程,建设项目通过严格细致的管理、完善齐全的制度,始终保证良好的质量保证体系和各级领导的重视是做好项目监督工作的前提,只有各参建单位协调一致,才能做到有效保证工程的质量。

在今后的工程监督活动中,我们将进一步加强项目管理,突出政府监管作用,努力探索工程监督新方法,做好工程监督工作。

河南省交通基本建设质量检测监督站

第二部分　土　　建

1. 二广高速公路分水岭至南阳段工程土建 No.1 标合同段施工总结报告

目　　录

二广高速公路分水岭至南阳段工程土建 No.1 标合同段施工总结报告

一、工程概况

(一)工程简介

二广高速公路分水岭至南阳段 No.1 标段(左线 LK0 +849.90 ~ K3 +950;右线 RK0 +854.646 ~ K3 +950),全长 3.1001km,设计车速为 100km/h,桥涵设计荷载为公路—Ⅰ级,其余技术指标符合《公路工程技术标准》(JTG B01—2003)。

(二)地理、气候条件

(1)地形、地貌

二广高速公路分水岭至南阳段(以下简称岭南高速)位于南阳市境内,处于第二级地貌台阶向第三级台阶过渡的边坡上,属山地、丘陵、平原组成的盆地型地貌类型。跨华北地台和秦岭褶皱系两大地质单元,全区山脉和水系严格受燕山运动以来所形成的构造格局控制。地势呈阶梯状,山西北向东南倾斜,以河流为骨架,构成南阳盆地,山岭多由岩浆岩及变质岩组成,东南为丘陵地带,呈现东西向交纳梁相间,地势低缓,主要由白垩系沉积岩及第四系松散沉积物组成,盆地之内河流众多,地势平坦开阔,地表覆盖第四系松散沉积物。

(2)气象、水文

项目所处区域南阳市处于北亚热带向暖温带过渡带,属大陆性季风气候区,雨量充沛,日照充足,热量资源丰富。区域内年平均气温 14 ~15.7℃,最冷为 1 月,极端最低气温 -21℃,最热为 7 月,极端最高气温 40.5 ~41.4℃,降雨量 665.3 ~1173.4mm,年降雨量多集中在 6 ~9 月份。

(三)设计标准

(1)公路等级:高速公路,双向四车道。

(2)计算行车速度:100km/h。

(3)路基宽度:整体式路基顶宽 26.0m,其中行车道宽度 2 ×7.5m;硬路肩 2 ×3.0m;土路肩 2 ×0.75m;中央分隔带宽度 2.0m;内侧硬路肩宽度 2 ×0.75m;分离式路基宽度 13. m,其中行车道宽度 2 ×3.75m;外侧硬路肩宽度 3.0m;内侧宽度 1.0m;土路肩宽度 2 ×0.75m。

(四)主要工程规模

1. 路基工程

(1)路基填筑:150939m^3;

(2)路基挖土石方:392329m^3;

(3)排水沟、边沟:2297m;

(4)浆砌护坡:1715.5m^3;

(5)挡土墙:38443m^3。

2. 桥涵工程

(1)大桥 4 座;

(2)涵洞 8 座。

3. 隧道工程

分离式隧道 2 座:共长 845.5m;其中洞身 88421m^3;喷射混凝土 4611m^3;砂浆锚杆 154647kg,中空注浆锚杆 27020m;洞身衬砌 8569m^3;洞内路面 7434m^2。

(五)工期

岭南高速公路 No.1 标段合同开工日期为 2005 年 10 月 3 日,完工日期为 2008 年 9 月 7 日。

二、机构组成

项目经理部设项目经理 1 名,项目书记 1 名,总工程师 1 名,总经济师 1 名,质检工程师 1 名,路基、结构工程师各2名，项目经理部下面设7个职能部门：工程部、质检部、试验室、合同经营部、设备材料部、人事财务部及综合办公室。全标段生产部门设7个生产工区：路基一工区负责K0+850~K2+716范围内的路基、涵洞、排水防护工程、沿线设施等施工；路基二工区负责K2+716~K3+950范围内的路基、涵洞、排水防护工程、沿线设施等施工；桥梁一工区负责回龙沟Ⅰ号桥下部结构以及桥面系、附属结构施工；桥梁二工区负责回龙沟号Ⅱ桥下部结构施工以及桥面系、附属结构施工，桥梁三工区负责白龙庙大桥下部结构施工以及桥面系、附属结构施工；预制工区负责箱梁预制与安装施工；隧道工区负责回龙沟隧道施工。各工区在经理部领导下，按总体施工进度计划和安排进行施工。

三、质量管理情况

（一）质量控制及管理措施

（1）质量目标

工程质量：分项工程合格率100%，单位工程优良率100%。质量等级：优良工程。安全工作：无死亡重伤事故；无重大机械事故。

（2）质量保证体系的建立

经理部建立本项目的质量保证体系如图1所示。

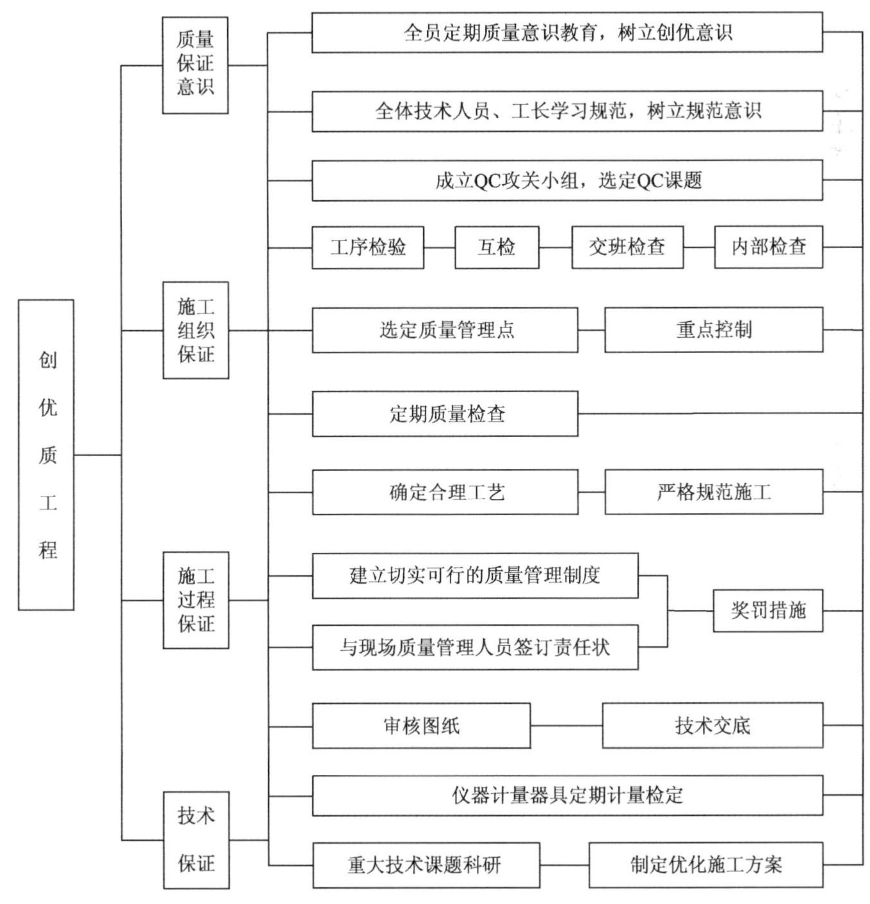

图1　经理部质量保证体系

（二）具体质量保证措施

为实现上述质量目标，我们采取了以下保证措施。

（1）加强队伍思想建设，提高全员质量意识：坚持把“百年大计，质量第一”的思想贯穿于施工的全过程。认真做好工地宣传，严格技术交底，并通过现场分析会、观摩会、短期培训班等多种形式，不断强化全体职工的质量意识，使广大职工牢固树立“质量第一，信誉第一”。在施工中严格工序控制，以“四高”标准干好该工程，即高起点、高标准、高质量、高速度，确保工程质量全面创优。

（2）制定创优规划，完善质量保证体系：开工前根据设计要求制定分项工程创优规划，保证工程整体创优的规划，将规划目标分解到处、队及个人，并实行质量指针与个人收入挂钩的办法，以增强每个人的责任感。

(3)健全组织、加强领导：成立以项目经理为组长的全面质量管理领导小组，配专职质量检查工程师，配专职质量检验员，形成自上而下的质量检查工作网络。

(4)严格制度，狠抓落实：制度落实是创优达标的主要途径，在质量管理工作中，坚持贯彻执行八项制度，坚持做到项目经理部每月检查一次，工区每半月组织一次，对每次检查情况及时总结通报，奖优罚劣，使工程质量通过定期检查得到有效控制。

(5)严把原材料质量关：严把原材料质量关，圬工用砂石料，无合格试验单不准使用。各类厂发料无出厂合格证不准使用，并认真做好现场抽样复验，对每一分项工程的工程数量、设计标准、技术规范不清楚不准开工，隐蔽工程不检查签证不掩盖，上道工序不合格不准办交接签证。

(6)强化计量工作，完善检测手段：计量涉及施工生产和经营管理工作的各个环节，计量的准确与否直接关系到质量的好坏。为此，项目经理部配齐专职计量人员，加强对计量工作的管理，强化全员的计量意识，并定期对各种计量检测器具进行鉴定、维修、保养，以保证其精度。

(7)测量队负责本标段的测量，测量队从全公司范围内挑选出一批测量业务精、工作细致、认真负责的同志担任，严格按照测量工作的各种制度实施，做到观测准确，记录清晰，计算无误，换手复核，交接签证。

(8)抓好标准化作业，规范化施工工作：严格按照设计图纸、施工技术规范、规则、标准施工，每个分项工程施工前，都要进行技术交底，各工序衔接都要按标准要求交接，上道工序不合格，下道工序不准施工。

(9)加强对施工队伍的管理：对承包范围内的路基、桥涵等工程，开工前认真做好技术交底，工程中循环检查，竣工后总结评比，使广大职工熟悉和掌握有关施工规范、规程和标准。同时，施工中加强质量监督和技术指导，确保工程质量。

(10)主动做好施工中协作配合工作：与业主、监理人员真诚合作，共同把好质量关，在施工全过程中，教育所有施工人员尊重和服从业主、监理人员和质量检查人员的监督与指导。

(11)建立内部监理制度，设立专职的内部质量监理人员，各班组设质量管理员，各级质检人员在内部监理人员的指导下，按规范要求在施工中执行监理人员的要求。

(三)工程质量问题处理情况

我项目从工程开工直至工程结束，未出现任何重大质量事故。但出现过一些质量问题，经整改处理后，全部合格。

(四)质量评价

质量是企业的灵魂，也是公司修建岭南土建第1合同段的主题。为全面实现业主提出的质量目标，在施工全过程中，我公司始终坚持“百年大计，质量第一”的思想，视工程质量为生命，认真依照招标文件所明确的各项施工技术规范、规则和各项质量验收评定标准组织实施。在业主、监理人员的指导下，经过全体员工的奋战，总体上来讲，工程质量还是比较好的。虽然没有出现较大的质量问题，但在施工中出现了一些质量小问题，教训也是深刻的，也是不容忽视的，我们应该认真进行分析总结，找出最根本的原因，以防类似的质量问题再次发生。

四、施工进度控制

为保质保量按期完成任务，采取以下措施保证工期。

(1)早进场，早开工。接到中标通知后，立即进行施工动员，迅速做好施工前的准备工作。从速选调施工队伍，调遣设备，并进行设营、施工准备、复测、熟悉设计文件和技术交底。做到进场快、开工快，压缩施工准备时间，上足劳力和机械设备，为主体工程施工创造条件。

(2)人员的思想教育，树立一个“干”字，立足一个“抢”字，确保一个“好”字，好中求省，好中求快，树立“时间就是效益，进度就是信誉”的思想，以战斗姿态投入工程施工。

(3)加强宏观控制，重点工程重点突击：在设备上和队伍的选择上，都要严格挑选，上最好的队伍，配最好的设备，在人、财、物、机上优先选用满足重点工程。

(4)加强组织管理、科学安排施工：选用会管理、懂技术、年轻力强的同志担任各级主要负责人，严格各方面规章制度，上令下行，各级组织机构要高质量、高效率地运转，科学地安排施工，重点工程必须最大限度地安排并行操作，抓好工序衔接，做到环环相扣，有条不紊，加快工程进度。

(5)加强各级领导，建立健全岗位责任制，以日计划保旬计划，以旬计划保月计划，以月计划保年计划，确实保证各项工程按计划完成。

(6)完善奖惩制度，落实好按劳分配原则，开展劳动竞赛活动，充分调动广大职工的积极性，群策群力，团结协作，保质保量，按期完工。

(7)设备的选型力求实用,贯彻多效、耐用、宜修的原则,型号宜少不宜杂,以便于统一管理,要有一定数量的备用设备,防止待机误工,在施工中要备足易损件,做到随坏随修。

(8)坚持工程例会制度。定期例会,采用简短形式,解决实际问题。

(9)及时与气象部门取得联系,掌握好天气预报,避免暴雨、山洪暴发对施工产生影响。雨天混凝土施工采取搭棚防雨,混凝土输送车或输送泵封闭运输等措施,做到雨季不干扰,天天有进度。

(10)与地方政府和老百姓的关系,采取主动与地方联系的政策,在征租方面不留遗症,在交通干扰、车辆通行等方面,采取有力措施,减少地方的损失,有损失的及时补偿。

(11)搞好后勤保障工作,做好物资、机具零配件的采购供应,加强现场生活、卫生、治安管理,使职工无后顾之忧。

五、施工安全与文明施工情况

项目在施工中坚持把安全生产作为工作的重中之重,加大了安全生产制度、措施、检查的执行力度。

(一)安全生产保护措施

1. 确定安全生产目标的安全防范要点

(1)本项目安全目标确定为"三无一杜绝、一创建","三无"即无工伤死亡事故,无交通死亡事故,无火灾、洪灾事故;"一杜绝"即杜绝重伤事故;"一创建"即创建文明工地。

(2)根据本工程特点,安全防范重点有以下几个方面。:

①防高处坠落事故;

②石方爆破安全事故;

③防起重伤害事故;

④防触电电击事故

⑤防机械伤害事故;

⑥防火灾事故;

⑦高空作业防护;

⑧防坍塌事故;

⑨隧道开挖安全防护。

2. 建立安全生产体系

(1)建立健全安全生产管理机构,成立以项目经理为组长的安全生产领导小组,且各工区设立专职、兼职安全员,及时发现和排除安全隐患,并制定严格的安全措施。安全小组全面负责并领导本项目的安全生产工作。

(2)本项目实行安全生产三级管理,即一级管理由经理负责,二级管理由专职安全员负责,三级管理由领工员(或班组长)负责,各作业点设立安全监督岗。

(3)按照路桥集团第一公路工程局颁布的《安全生产责任制》的要求,落实各级管理人员和操作人员的安全生产责任制,做到纵向到底,横向到边,各自做好本岗位的安全工作。

(4)实行逐级安全技术交底制,由经理部组织有关人员对工程项目或专项进行书面详细安全技术交底,凡参加安全技术交底的人员要履行签字手续,并保存资料。项目经理部专职安全员要对安全技术措施的执行情况进行监督检查,并做好记录。

(5)加强施工现场安全教育。

(6)认真执行安全检查制度:经理部要保证检查制度的落实,要规定定期检查日期及参加检查的人员,经理部每旬进行一次;作业班组每天进行一次,非定期检查应视工程情况如施工准备前,施工危险性、采取新工艺、季节性变化、节假日前后等要进行检查,并要有领导值班,对检查中发现的安全问题按照"三不放过"的原则制定整改措施,定人限期进行整改,保证"管生产必须管安全"的原则真正落实。

(7)防洪抗灾工作领导小组,制定防洪抗灾措施,接受业主和总承包单位的统一指挥,在洪涝季节,密切注意天气情况,加强值班,配备充足总资源,做好一切防洪抗灾工作。

(二)文明施工

(1)成立以项目经理任组长的环境保护领导小组,配备一定数量的环保设施和技术人员,认真学习环保知识,共同做好环保工作。

(2)采用各种有效措施,对容易引起环境污染的各种渠道严格控制。

(3)聘请环保专家现场指导,与当地环保部门签订联合开展环保工作协议。

(4)成立以项目书记为主要负责人的文明施工管理组织机构,主抓文明施工工作,并实施责任承包制,制定相应的考核条例，将文明施工与各供电作业组的管理人员工资考核挂钩。

采取所有合理的措施保护施工现场内外整齐干净；保证施工期间施工安全和行人、车辆安全畅通通行；避免施工期间施工管理所造成的污染、噪声或其他问题而导致施工现场附近的人员或公私财物的干扰，损失或损害，争创文明施工样板工地。

六、环境保护与节约用地措施

（一）建立健全强有力的环保体系

（1）设立环保专业人员组成环境保护队，聘请 1 名环保专家担任技术顾问。

（2）设立环境监测点，在业主环境保护监测站的指导下开展工作，配置足够的环境监测仪器，并派专人进行监测，随时向环保专家咨询，及时向环保部门汇报动态情况。

（二）减少粉尘污染

（1）施工中严格遵守《中华人民共和国空气质量标准》（GB 3095—2012），确保由于施工产生的空气悬浮颗粒（TSP）不超标。

（2）在设备选型时，选择低污染设备，对可能造成粉尘污染的设备安装空气污染控制系统与设备同步运行。

（3）在材料搬运过程中，可能产生粉尘的材料用水处理或喷洒水湿润，工地安装固定喷管系统，在装卸前湿润多尘的物料。

（4）运送水泥的车辆装载不得超过挡板，上面用干净的防水布覆盖严密。

（5）砂石料要三边封闭储存，在取走时或堆放新料时要喷水湿润。

（6）车辆行驶路线尽量远离易扬尘储仓，施工道路定期洒水和打扫。

（三）节约用地情况

本着“节约用地，造福当地”的原则，项目部通过实际调查，对施工弃土场进行了合理规划，在征得当地有关部门同意后，把施工弃土用于修筑当地防洪坝和填筑水淹荒地，既解决了当地百姓防洪隐患又为当地填筑了几十亩良田，同时也为百姓节约了上百亩弃土场地。

七、施工中新技术、新材料、新工艺的应用情况

岭南高速公路定测施工图设计过程中，为保证设计质量，提高测设效率，积极采用新设备、新方法，在设计中计算机应用程度较高，成图率达到 100%，新技术主要应用在以下几个方面。

（一）GPS 实时动态测量（RTK）系统的应用

采用国内领先的 GPS 实时动态测量（RTK）系统进行中桩施放，利用该系统高精度卫星定位，不受通视条件、天气情况的影响，全天候快速测量的优势，加快了测设进度，提高了测量精度，从而保证了设计基础资料的准确性。

（二）计算机应用情况

为保证测设质量，缩短设计周期，勘测阶段就把一些设计必需的基础数据输入计算机，建立了便于设计使用的数据文件库。在施工图设计中，各专业全面采用 CAD 技术，有效地提高了设计效率与设计成果质量。

（三）桥涵工程采用新材料、新结构情况

大桥上部结构采用装配式预应力混凝土连续箱梁，下部采用桩柱式墩台、肋板台，既轻巧美观又降低了路基高度。桥梁附属部件采用了最新研究成果，伸缩缝采用了国内生产的毛勒缝，克服了板式伸缩缝易破坏和平整度较差的缺点，提高了行车的舒适感。

八、工程款支付情况

我项目部外欠债务已全部还清，在此我项目部郑重承诺，如该项目有拖欠农民工工资和劳务费用及工程款的投诉，责任完全在我公司，由我公司负责解决，与建设单位无关，建设单位不承担任何法律责任。

九、施工体会

在业主、设计代表、监理人员和当地各级政府的大力支持和帮助下，在整个工程项目建设中，项目部全体员工更新观念，创新管理途径，科学组织，超越自我，按业主下达的节点工期及时完成任务，安全、工程质量无重大事故。回顾工程取得的成就，主要有以下做法。

（一）做好协调工作

好的环境，是顺利施工的前提。只有把协调工作做好，才能确保施工顺利开展。我标段紧紧依靠项目公司、地方各级政府、协调部门把协调工作做好。我们发扬不等不靠的精神，能自己花钱解决的问题自己主动解决。

在整个项目施工中，我项目部协调人员坚守施工岗位，哪儿有问题就到哪儿解决；如遇不能解决的问题，积极主动地与项目公司、县指挥部协调人员联系沟通，及时有效地把问题解决好，为工程创造有利的施工环境。

（二）加大投入

工程进度是与投入紧密相关的，我们能在工程中取得好的成绩，这与前期的施工投入分不开。在施工高峰期，项目部合理组织劳动力400多人，保证工程进展。在机械上最多时投入冲击钻机40台，吊车2台，混凝土罐车6辆，装载机4辆。路基土石方施工中，投入压路机8台，平地机2台，推土机12台，洒水车2辆。

（三）科学组织、合理安排

根据我标段工程特点，结合实际情况，狠抓控制工程，一般工程不放松，对桩基、立柱、盖梁、涵洞、路基每个分项工程分解到每一天，按照每一天工作特点，合理调配机械，机动灵活，充分发挥各种资源配置的作用，确保不停工、不窝工。在施工过程中，及时科学地对计划进行调整，在保证安全、质量的前提下，加快施工进度。每个分项工程都编制完整的计划，统筹安排，组织立体交叉作业，多个工作面同时进行施工，有效地克服了一个位置停工就全面停工的被动局面。

（四）严格管理、狠抓落实

项目部全体人员牢固树立"精品意识"，认真贯彻ISO9000系列质量管理标准，成立以项目经理为组长，其余管理人员为成员的质量、安全管理领导小组，组成了素质过硬、分工明确、责任到人的安全质量保证体系。其中，在质量控制方面，针对工程点多线长，工期较紧等不利情况，加强技术管理，技术服务和监控，严格按照施工设计图和现行规范组织施工，认真执行设计文件会审制度和技术交底制度，并切实将复核制贯彻于施工过程中，从各道施工工序抓起，执行分级复测，职责明确，记录完整，严格控制关键工序，定位准确，一次报验，一次合格，通过率100%。加强施工过程控制，使每个施工环节都处于受控状态，充分发挥质保体系的作用，强化创优意识，把整个创优工作贯穿到施工生产中，所有工作均严格按照业主和监理人员要求进行施工。一个工序完成进入下道工序，必须经监理工程师同意。在安全方面，设置2名专职安全员，全面负责安全工作，责任落实到人。在施工过程中，根据工程特点完善质量、安全保证措施。把质量、安全隐患消除在萌芽状态。

总之，通过一年半的努力拼搏，我单位加强质量监控力度，狠抓内部管理，较好地完成了业主的施工生产任务，但在施工中也存在一定的不足，我们坚信，经过今后的努力，我们会不断完善自己。

路桥集团第一公路工程局第一工程公司

岭南高速公路土建No.1标段项目经理部

2. 二广高速公路分水岭至南阳段工程土建 No. 2 标合同段施工总结报告

目　　录

二广高速公路分水岭至南阳段工程土建 No.2 标合同段施工总结报告

一、工程概况

二广高速公路 No.2 标段为分水岭至南阳高速的一段，位于南召县境内，起止里程为 K3 +950 ~ LK7 +035（RK6 +965），全长为 3.085km。

主要工程数量：挖土方 32035.1m^3、挖石方 608669m^3、隧道 1 座、大桥 4 座、中桥 2 座、涵洞通道 5 道。

二、机构组成

根据本工程分布情况及特点，为保证本工程保质按期完成施工任务，争创优质工程，做到安全生产、文明施工，此项工程将作为重点工程组织施工和管理，组建强有力的项目经理部、精良的机械设备、优秀的施工队伍进行该工程施工。施工生产由项目经理全权负责，技术控制、质量标准由总工程师负责，经理部设 6 部 3 室，下辖 2 个路基工程队、3 个桥涵工程队、预制厂、拌和站、隧道队，评见图 1。

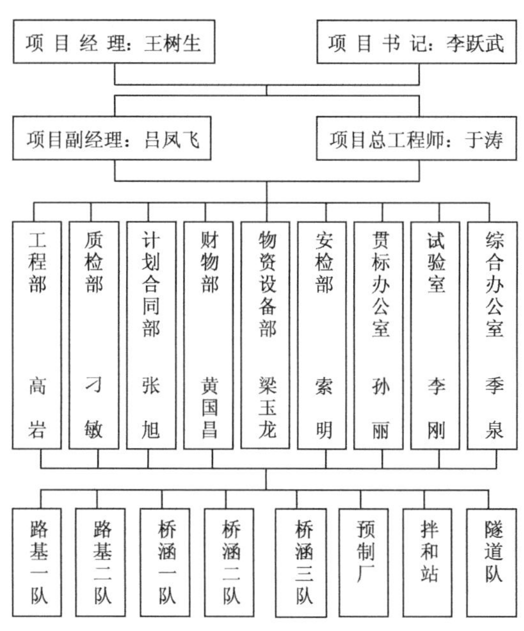

图 1　组织管理机构

三、质量管理情况

（一）质量管理体系

1. 质量管理体系概述

该体系由组织保证、工作保证和制度保证 3 部分组成。组织保证就是在项目经理部成立由项目经理、总工程师、质检工程师组成质量领导小组，全面负责工程质量的管理和创优工作；工作保证就是选派一支高素质的施工队伍，依靠科学管理和科技进步，配备先进的机械设备，以优良的工艺和高效务实的工作作风，保证较高的工作质量，以工作质量保证工序质量；制度保证就是建立各项严格的规章制度，以 ISO9002 为标准，以各项施工技术规范、验标为依据，督促、检查各项工作的落实情况，确保施工工序的质量，以工序质量保证工程质量。

强化全面质量管理，针对本合同段重点工程，建立 TQC 领导小组。积极开展 QC 小组活动，组织技术攻关，及时总结和推广优质、样板工程施工经验。质量管理工作从合同文件、质量目标抓起，从施工组织设计和施工方案入手，依据设计文件和有关规范、规程及验标，着眼于人员、物资、机械设备、工程试验、施工工艺，由始至终采取积极、有效措施，提供优质产品和服务。

本合同段设立以项目经理为组长，副经理及总工程师为副组长，工程队长、质检工程师参加的质量管理组织机构，从上至下形成专职质量检查体系。经理部设安全质量环保部，工程队设专职质检工程师，班组配兼职质检员，形成体系完善、责任明确的质量检查体系。经理部设工程试验室，指导基层试验人员工作。工程队设专职试验员，通过检测试验手段，进行全方位的施工质量控制。

为保证质量体系的有效运行，实现本标段工程质量目标，建立工程质量自检自控体系。按招标文件、合同条款、施工规范的要求施工，采用先进的管理方法和施工工艺，做好工程质量控制。

确立技术负责人负责制，保证新工艺、新技术在本工程中有效实施，最终达到规范要求的质量标准。结合我单位《施工技术管理条例》和《分级技术负责制》，使各项技术工作规范化、标准化，加强对关键工序的技术攻关与技术指导。

2. 技术交底

施工中技术交底工作项目部对作业层要做到以下几点：

(1)技术交底工作应贯彻在整个施工过程中。

(2)在向作业队进行技术交底时，各作业队长、值班技术人员、施工操作人员及有关的测量、试验人员，安全质量员均应参加，交底人员向所有的人员进行传达，做到使所有参与施工人员掌握所从事工作的内容、操作方法和技术要求。

(3)施工组织设计、分部工程或关键工序施工工艺技术交底内容包括设计图、设计变更内容、工程特点、施工方案、技术标准、施工进度、施工顺序、施工控制环节、特殊工艺、季节性施工要求、机械设备及物资供应、安全质量措施、质量管理体系、使用的施工方法和材质要求、采用“四新(新技术、新工艺、新材料、新设备)”技术在使用过程中的注意事项等。

(4)分项工程技术交底内容包括施工特点及方法、技术标准、安全、环保注意事项等。

(5)交底时要做到：明确工作内容、各部门(人员)职责和相互间的配合要求、任务工期、施工方法步骤、质量标准、关键技术要求、安全措施等，使施工操作人员心中有数，以提高工效，保证工程质量和安全。

(6)施工技术交底应以书面交底为主，包括结构图表和文字说明。

(7)交底资料必须详细、准确、直观，应便于识读、理解，要有较强的可操作性。

3. 质量宣传体系

在施工中成立以质检工程师为组长，各施工队质检人员参加的从上至下的质量宣传体系，并定期开展质量教育培训，保证工程质量，提高全员质量意识。

4. 质量检查旬报制度

项目经理部每月由项目经理组织进行一次质量全面大检查，各工区每旬进行一次定质量检查，各施工班组每天进行随时质量检查，并及时做到发现问题，解决问题，把一切质量隐患消灭在萌芽状态。

5. 质量奖罚制度

实施奖罚的依据，奖罚办法(方案)由经理部制定。奖罚的一般原则有以下几点：

(1)考核结果优秀的部门，经理部给予奖励。

(2)考核结果良好的部门，经理部给予表扬。

(3)考核结果较好的部门，不予奖励。

(4)考核结果一般的部门，限期整改。

(5)考核结果一般的个人，实行下岗培训，待遇按经理部奖罚办法(方案)的规定扣减。

(二)施工质量控制方案

本工程项目的关键是桥梁工程，我们将采取优先施工大桥的基础及设置预制场段路基、隧道工程同时跟上。尽可能将涵洞工程提前竣工，使路基工程早日贯通，从而确保整个工程按期竣工。排水防护随路基、桥涵施工同步进行。

1. 路基工程

本标段路基工程施工以机械化为主，路基工程主要为挖土石方和土石方路堤填筑。路基挖土方采用挖掘机开挖，石方为燕山期花岗岩，表面强风化，为一般路基段。石方施工采用空压机配手风钻、内燃式凿岩机打眼，采用浅孔松动和预裂爆破以确保边坡稳定不留后患的方法，推土集料用装载机、挖掘机装料，自卸汽车运输。

路堤填筑按“三阶段、四区段、八流程”的程序组织施工，各作业段按照挖、装、运→摊铺→平整→碾压→检测的施工顺序展开平行作业；路基附属工程按路基施工顺序进行施工，前期做好临时防排水设施。

2. 桥梁工程

桥梁工程队桩基础根据地质情况采用人工开挖成孔，桥梁下部结构模板均采用新制大块定型组合钢模板拼装支立加固，桥梁上部结构在下部结构强度达到施工要求后进行施工。箱梁在预制场集中预制，采用架桥机架设。混凝土采用拌和站集中拌和，混凝土罐车运输，吊车配合料斗进行灌注。

3. 涵洞工程

基础采用挖掘机开挖，人工配合修整，模板均采用新制大块组合钢模板拼装。盖板采用现浇施工，涵洞混凝土采用拌和站集中拌和，混凝土罐车运输，吊车配合料斗进行灌注。

4. 隧道工程

隧道施工通过优化施工方案，采取从出口洞施工，施工中根据围岩的等级不同，分别采取：洞口大管棚注浆法开挖；洞内超前小导管注浆Ⅴ级留核心土环状开挖，Ⅳ级采用台阶法开挖；明洞采用明挖法施工。喷设及衬砌混凝土采用集中拌和，衬砌采用 9m 台车进行。施工中遵循：短进尺、弱爆破、勤测量、早封闭的原则保证了工程施工安全和施工质量。

（三）施工中工程质量自检情况

在施工中我项目部成立以项目经理为组长，项目副经理和总工程师为副组长的质量管理小组，在施工中严把质量关，深化职工质量意识，开展质量教育，使全体施工人员明确质量目标。并在施工过程中认真接受监理工程师监督，进行自检、互检、交接检，并定期不定期地进行质量检查，制定奖罚措施，制定切实可行的质量检查程序，使施工生产过程中产品质量处于受控状态，从而提高和保证工程质量，使我单位承建工程顺利完成施工，没有发生各种质量事故。

（四）工程质量问题的处理

在施工过程或完工以后，项目部或监理工程师如发现工程存在技术规范所不容许的质量缺陷，应根据其性质和严重程度，按如下几种方式处理：

（1）当因施工而引起的质量缺陷处在萌芽状态时，项目部将及时制止，并要求立即处理（如更换不合格材料、设备或不称职的施工人员，或要求立即改变不正确的施工操作方法）。

（2）当因施工而引起的质量缺陷已出现时，项目部立即组织相关人员采取能足以保证施工质量的有效措施，并对质量缺陷进行正确的补救处理，同时必须得到监理工程师认可。

（3）当质量缺陷发生在某道工序或单项工程完工以后，而且质量缺陷的存在将对下道工序或分项工程产生严重影响时，项目部将和监理工程师对质量缺陷产生的原因作出判定，并在确定补救方案后，再进行质量缺陷的处理或下道工序或分项工程的施工。

（4）工程完工后，发现工程质量缺陷时，将按照监理工程师的要求进行修补、加固或返工处理。

（五）完工质量评价

我单位承建的岭南 No. 2 标工程现已顺利完工，工程具备交验条件。在施工中我单位严把质量关，杜绝一切质量隐患，施工中无出现重大质量事故，各项施工均符合《公路工程质量检验评定标准》，各单位、分部、分项工程质量评定均为合格。

四、施工进度控制

本标段从 2005 年 10 月 10 日开工至 2008 年 6 月底全部竣工。广大职工经过两年多的共同施工奋战，我单位在安全、质量无事故情况下圆满完成本合同段全部施工任务。在施工中我单位根据本合同段实际情况，对施工进度进行合理安排，周密部署并采取了以下措施严格控制进度：

（1）建立管理组织目标责任制制度措施。

（2）工期控制的主要技术措施。

（3）充分运用计算机网络计划技术实施动态管理的措施。

（4）超前谋化进行积极准备措施。

（5）施工进度其他措施。

①强化计划管理，加强协调指挥；

②抓好安全、质量，加快施工进度；

③服从大局，听从统一指挥。

五、施工安全与文明施工情况

(一)安全保证措施

1. 组织体系

成立以项目经理任组长,主管生产安全副经理任副组长,各职能部门负责人和所属各工区负责人任组员的安全领导小组。项目部设立专职安全管理人员,牵头组织落实安全规章制度,检查指导小组,其他成员还要负责自己管辖范围内部门安全生产规章制度,各作业队设立兼职安全员。

2. 规章制度

为加强安全管理,杜绝安全事故发生,在施工中项目部制定了相关的各项安全保障制度,具体如下:

(1)安全技术交底制度;

(2)安全资金保障制度;

(3)安全教育培训制度;

(4)安全生产管理制度;

(5)安全检查制度;

(6)安全奖惩制度。

3. 安全措施

为全面实现施工过程中的安全目标,我项目部将按照GB/T 28001职业健康安全体系的要求,建立本合同段高效灵活、运转有序的安全管理措施,对本项目的施工安全进行全面、有序的管理,确保施工过程中各项指标满足国家和河南省的目标和指标,并制定了各项施工安全控制措施,具体如下:

(1)施工机械安全措施;

(2)施工用电措施;

(3)爆破安全措施;

(4)路基施工安全措施;

(5)桥涵施工安全措施。

(二)文明施工

文明施工是涉及沿线人民群众的切身利益,同时又是维护企业声誉的大事,在施工中我项目部成立文明工地领导小组,全面开展创建文明工地活动,并做到"两通三无五必须",即施工现场人行道畅通;施工工地沿线单位和居民出入畅通;施工现场排水畅通无积水,施工工地道路平整无坑塘;施工区域与非施工区域严格分隔,施工现场必须挂牌施工,管理人员必须佩卡上岗;工地现场施工材料必须堆放整齐,工地生活设施必须文明,工地现场开展以创文明工地为主要内容的思想政治工作。

六、环境保护与节约用地措施

(一)环境保护

环境保护是我国的一项基本国策,项目部成立以项目经理为组长的环境保护体系领导小组,并与当地政府和环保部门密切联系合作,并配备一定数量的环保设施,采取各种有效措施,控制施工污染,做好环境保护工作。同时指派专人进行施工过程中的环境管理和检查工作,建立好台账,做好记录,保护好周围环境。

(二)节约用地情况

本着节约用地、造福当地原则,项目部通过实际调查,对施工弃土场进行了合理规划,在征得当地有关部门同意下,把施工弃土用于修筑当地防洪坝和填筑水淹荒地,既解决了当地百姓防洪隐患又为当地填筑了几十亩良田,同时也为百姓节约了上百亩弃土场地。

七、施工中新技术、新材料、新工艺的应用情况

无。

八、工程款支付情况

我项目部外欠债务已全部还清,在此我项目部郑重承诺,如该项目有拖欠农民工工资和劳务费用及工程款的投诉,责任完全在我公司,由我公司负责解决,与建设单位无关,建设单位不承担任何法律责任。

九、施工体会

在业主、设计代表、监理人员和当地各级政府的大力支持和帮助下,在整个工程项目建设中,项目部全体员工更新观念,创新管理途径,科学组织,超越自我,按业主下达的节点工期及时完成任务,安全、工程质量无重大

事故。回顾工程取得的成就，主要有以下几方面做法。

（一）做好协调工作

好的环境，是顺利施工的前提。只有把协调工作做好，才能确保施工顺利开展。我标段紧紧依靠项目公司、地方各级政府、协调部门把协调工作做好。我们发扬不等不靠的精神，能自己花钱解决的问题自己主动解决。在整个项目施工中，我项目部协调人员坚守施工岗位，哪儿有问题就到哪儿解决；如遇不能解决的问题，积极主动地与项目公司、县指挥部协调人员联系沟通，及时有效地把问题解决好，为工程创造有利的施工环境。

（二）加大投入

工程进度是与投入紧密相关的，我们能在工程中取得好的成绩，这与前期的施工投入分不开。在施工高峰期，项目部合理组织劳动力600多人，保证工程进展。在桥梁施工中最多时投入吊车4台，混凝土罐车4辆，挖掘机2台，装载机2辆。路基土石方施工中，投入挖掘机6台，压路机2台，平地机1台，推土机2台，装载机2台，洒水车1辆。隧道施工中投入空压机3台，风钻12台，挖掘机1台，装载机1台。

（三）科学组织、合理安排

根据我标段工程特点，结合实际情况，狠抓控制工程，一般工程不放松，对桩基、立柱、盖梁、涵洞、路基、隧道的开挖和衬砌等每个分项工程分解到每一天，按照每一天工作特点，合理调配机械，机动灵活，充分发挥各种资源配置的作用，确保不停工、不窝工。在施工过程中，及时科学地对计划进行调整，在保证安全、质量的前提下，加快施工进度。每个分项工程都编制完整的计划，统筹安排，组织立体交叉作业，多个工作面同时进行施工，有效地克服了一个位置停工就全面停工的被动局面。

（四）严格管理、狠抓落实

项目部全体人员牢固树立“精品意识”，认真贯彻ISO9000系列质量管理标准，成立以项目经理为组长，其余管理人员为成员的质量、安全管理领导小组，组成了素质过硬、分工明确、责任到人的安全质量保证体系。其中，在质量控制方面，针对工程点多线长，工期较紧等不利情况，加强技术管理、技术服务和监控，严格按照施工设计图和现行规范组织施工，认真执行设计文件会审制度和技术交底制度，并切实将复核制贯彻于施工过程中，从各道施工工序抓起，执行分级复测，职责明确，记录完整，严格控制关键工序，定位准确，一次报验，一次合格，通过率100%。加强施工过程控制，使每个施工环节都处于受控状态，充分发挥质保体系的作用，强化创优意识，把整个创优工作贯穿到施工生产中，所有工作均严格按照业主和监理人员要求进行施工。一个工序完成进入下道工序，必须经监理工程师同意。在安全方面，设置2名专职安全员，全面负责安全工作，责任落实到人。在施工过程中，根据工程特点完善质量、安全保证措施。把质量、安全隐患消除在萌芽状态。

中铁十九局三公司

岭南高速公路土建No.2标段项目经理部

3. 二广高速公路分水岭至南阳段工程土建 No. 3 标合同段施工总结报告

目　　录

二广高速公路分水岭至南阳段工程土建 No.3 标合同段施工总结报告

一、工程概况

二广高速公路分水岭至南阳段工程 No.3 标段为分水岭至南阳高速（以下简称岭南高速）的一段，位于南召县崔庄乡境内，采用左右分离式线路，起讫里程桩号分别为左线 LK7 +035 ~ LK9 +900，右线 RK6 +965 ~ RK9 +900，左线全长 2.865km，右线全长 2.935km。全线共有分离式隧道 2 座，单线总长 1045m。大中桥 11 座，全长 2931.5m；其中结构形式为：桥上部采用装配式部分预应力混凝土连续箱梁，下部采用重力式台扩大基础，桥墩采用圆柱式墩，渐变方墩，桩基础采用圆形及方形单排桩基础；回龙沟Ⅳ号大桥、黄土岭大桥桥跨单跨均为 35m，回龙沟Ⅴ号大桥、北地中桥、上河东大桥桥跨单垮均为 30m。路基单幅全长为 1823.5m。主要工程数量：隧道单线 1045m；桥梁单线 2931.5m，桩基、立柱 148 根；盖梁 74 个；30m 预应力混凝土箱梁 156 片，35m 预应力混凝土箱梁 184 片；路基单幅 1823.5m，挖石方约 48.2 万 m^3、填石方 5.0 万 m^3，M7.5 浆砌片石边沟 2449m。

二、机构组成

根据本工程分布情况及特点，为保证本工程保质按期完成施工任务，争创优质工程，做到安全生产、文明施工，此项工程将作为重点工程组织施工和管理，组建强有力的项目经理部、精良的机械设备、优秀的施工队伍进行该工程施工。施工生产由项目经理全权负责，技术控制、质量标准由总工程师负责，经理部设 5 部 2 室，下辖 1 个桥梁工区、2 个路基工区，1 个隧道工区，1 个拌和站，1 个测量组，见图 1。

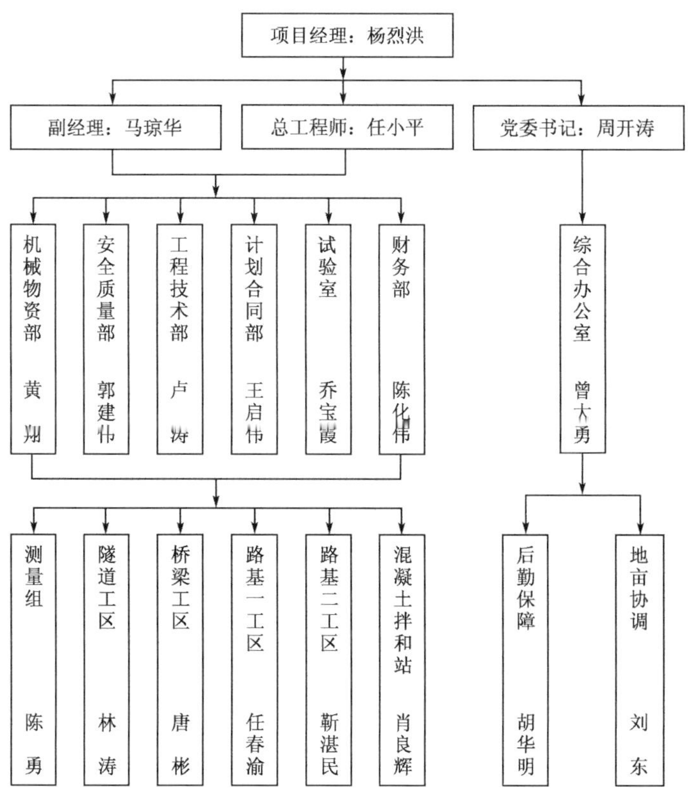

图 1　组织机构

三、质量管理情况

(一)质量管理体系

1. 质量管理体系

该体系由组织保证、工作保证和制度保证3部分组成。组织保证就是在项目经理部成立由项目经理、总工程师、质检工程师组成质量领导小组,全面负责工程质量的管理和创优工作;工作保证就是选派一支高素质的施工队伍,依靠科学管理和科技进步,配备先进的机械设备,以优良的工艺和高效务实的工作作风,保证较高的工作质量,以工作质量保证工序质量;制度保证就是建立各项严格的规章制度,以ISO9002为标准,以各项施工技术规范、验标为依据,督促、检查各项工作的落实情况,确保施工工序的质量,以工序质量保证工程质量。

强化全面质量管理,针对本合同段重点工程,建立TQC领导小组。积极开展QC小组活动,组织技术攻关,及时总结和推广优质、样板工程施工经验。质量管理工作从合同文件、质量目标抓起,从施工组织设计和施工方案入手,依据设计文件和有关规范、规程及验标,着眼于人员、物资、机械设备、工程试验、施工工艺,由始至终采取积极、有效措施,提供优质产品和优质服务。

本合同段设立以项目经理为组长,副经理及总工程师为副组长,工程队长、质检工程师参加的质量管理组织机构,从上至下形成专职质量检查体系。经理部设安全质量环保部,工程队设专职质检工程师,班组配兼职质检员,形成体系完善、责任明确的质量检查体系。经理部设工程试验室,指导基层试验人员工作。工程队设专职试验员,通过检测试验手段,进行全方位的施工质量控制。

为保证质量体系的有效运行,实现本标段工程质量目标,建立工程质量自检自控体系。按招标文件、合同条款、施工规范的要求施工,采用先进的管理方法和施工工艺,做好工程质量控制。

确立技术负责人负责制,保证新工艺、新技术在本工程中有效实施,最终达到规范要求的质量标准。结合我单位《施工技术管理条例》和《分级技术负责制》,使各项技术工作规范化、标准化,加强对关键工序的技术攻关与技术指导。

2. 技术交底

施工中技术交底工作项目部对作业层要做到以下几点:

(1)技术交底工作应贯彻在整个施工过程中。

(2)在向作业队进行技术交底时,各作业队长,值班技术人员,施工操作人员及有关的测量、试验人员、安全质量员均应参加,交底人员向所有的人员进行传达,做到使所有参与施工人员掌握所从事工作的内容、操作方法和技术要求。

(3)施工组织设计、分部工程或关键工序施工工艺技术交底内容包括设计图、设计变更内容、工程特点、施工方案、技术标准、施工进度、施工顺序、施工控制环节、特殊工艺、季节性施工要求、机械设备及物资供应、安全质量措施、质量管理体系、使用的施工方法和材质要求、采用“四新(新技术、新工艺、新材料、新设备)”技术在使用过程中的注意事项等。

(4)分项工程技术交底内容包括施工特点及方法,技术标准,安全、环保注意事项等。

(5)交底时要做到:明确工作内容、各部门(人员)职责和相互间的配合要求、任务工期、施工方法步骤、质量标准、关键技术要求、安全措施等,使施工操作人员心中有数,以提高工效,保证工程质量和安全。

(6)施工技术交底应以书面交底为主,包括结构图表和文字说明。

(7)交底资料必须详细、准确、直观,应便于识读和理解,要有较强的可操作性。

3. 质量宣传体系

在施工中成立以质检工程师为组长,各施工队质检人员参加的从上至下的质量宣传体系,并定期开展质量教育培训,保证工程质量,提高全员质量意识。

4. 质量检查旬报制度

项目经理部每月由项目经理组织进行一次质量全面大检查,各工区每旬进行一次定质量检查,各施工班组每天进行随时质量检查,并及时做到发现问题,解决问题,把一切质量隐患消灭在萌芽状态。

5. 质量奖罚制度

实施奖罚的依据,奖罚办法(方案)由经理部制定。奖罚的一般原则有以下几方面:

(1)考核结果优秀的部门,经理部给予奖励。

(2)考核结果良好的部门,经理部给予表扬。

(3)考核结果较好的部门,不予奖励。

(4)考核结果一般的部门,限期整改。

(5)考核结果一般的个人,实行下岗培训,待遇按经理部奖罚办法(方案)的规定扣减。

(二)施工质量控制方案

柴家庄2号隧道地形狭窄,场地布置困难,出口位于G207国道旁石质陡壁上,只能采取从进口单向掘进施工。回龙沟Ⅳ号大桥、黄土岭大桥、回龙沟Ⅴ号大桥3座桥范围内桥墩位置地形起伏较大,部分基桩位于河道内且为水下方桩,挖孔困难,部分基桩位于陡峭的石质山坡陡壁上,需开炸平台进行挖孔作业,且因地形高差大和回龙沟河道影响,采用了5台塔式起重机辅助施工。

为解决隧道出口施工与既有G207国道行车干扰及安全问题,采取改移国道并改河变更设计方案。

340片后张箱梁预制、架设是本工程的重点,桥梁基桩(挖孔)及下部结构施工是本工程的难点。

路基工程同步进行,确保不影响架梁。

1. 路基工程

本标段路基工程施工以机械化为主,路基工程主要为挖石方和小部分石方路堤填筑。路基挖土方采用挖掘机开挖,石方为燕山期花岗岩,表面强风化,为一般路基段。石方施工采用空压机配手风钻、内燃式凿岩机打眼,采用浅孔松动和预裂爆破以确保边坡稳定不留后患的方法,推土集料用装载机、挖掘机装料,自卸汽车运输。

路堤填筑按“三阶段、四区段、八流程”的程序组织施工,各作业段按照挖、装、运→摊铺→平整→碾压→检测的施工顺序展开平行作业;路基附属工程按路基施工顺序进行施工,前期做好临时防排水设施。

2. 桥梁工程

桥梁工程队优先考虑钻孔桩,桩基础根据地质情况采用冲击钻机成孔,桥梁下部结构模板均采用新制大块定型组合钢模板拼装支立加固,桥梁上部结构在下部结构强度达到施工要求后进行施工。箱梁在预制场集中预制,采用架桥机架设。混凝土采用拌和站集中拌和,混凝土罐车运输,吊车配合料斗进行灌注。

3. 隧道工程

隧道施工通过优化施工方案,采取从出口洞施工,施工中根据围岩的等级不同,分别采取:洞口大管棚注浆法开挖;洞内超前小导管注浆Ⅴ级留核心土环状开挖,Ⅳ级采用台阶法开挖;明洞采用明挖法施工。喷设及衬砌混凝土采用集中拌和,衬砌采用9m台车进行。施工中遵循:短进尺、弱爆破、勤测量、早封闭的原则保证了工程施工安全和施工质量。

(三)施工中工程质量自检情况

在施工中我项目部成立以项目经理为组长,项目副经理和总工程师为副组长的质量管理小组,在施工中严把质量关,深化职工质量意识,开展质量教育,使全体施工人员明确质量目标。并在施工过程中认真接受监理工程师监督,进行自检、互检、交接检,并定期不定期地进行质量检查,制定奖罚措施,制定切实可行的质量检查程序,使施工生产过程中产品质量处于受控状态,从而提高和保证工程质量,使我单位承建工程顺利完成施工,没有发生各种质量事故。

(四)工程质量问题的处理

在施工过程或完工以后,项目部或监理工程师如发现工程存在着技术规范所不容许的质量缺陷,应根据其性质和严重程度,按如下方式处理:

(1)当因施工而引起的质量缺陷处在萌芽状态时,项目部将及时制止,并要求立即处理(如更换不合格材料、设备或不称职的施工人员,或要求立即改变不正确的施工操作方法)。

(2)当因施工而引起的质量缺陷已出现时,项目部立即组织相关人员采取能足以保证施工质量的有效措施,并对质量缺陷进行正确的补救处理,同时必须得到监理工程师认可。

(3)当质量缺陷发生在某道工序或单项工程完工以后,而且质量缺陷的存在将对下道工序或分项工程产生严重影响时,项目部将和监理工程师对质量缺陷产生的原因作出判定,并确定了补救方案后,再进行质量缺陷的处理或下道工序或分项工程的施工。

(4)工程完工后,发现工程质量缺陷时,将按照监理工程师的要求进行修补、加固或返工处理。

(五)完工质量评价

我单位承建的岭南No.3标工程现已顺利完工,工程具备交验条件。在施工中我单位严把质量关,杜绝一切质量隐患,施工中无出现重大质量事故,各项施工均符合《公路工程质量检验评定标准》,各单位、分部、分项工程质量评定均为合格。

四、施工进度控制

本标段从2005年10月3日开工至2007年10月底全部竣工。经过一年半广大职工的共同施工奋战，我单位在安全、质量无事故情况下圆满完成本合同段全部施工任务。在施工中我单位根据本合同段实际情况，对施工进度进行合理安排，周密部署并采取了严格控制进度的措施：

(1)建立管理组织目标责任制制度措施。

(2)工期控制的主要技术措施。

(3)充分运用计算机网络计划技术实施动态管理的措施。

(4)超前谋划进行积极准备措施。

(5)施工进度其他措施。

①强化计划管理，加强协调指挥；

②抓好安全、质量，加快施工进度；

③服从大局，听从统一指挥。

五、施工安全与文明施工情况

(一)安全保证措施

1. 组织体系

成立以项目经理任组长，主管生产安全副经理任副组长，各职能部门负责人和所属各工区负责人任组员的安全领导小组。项目部设立专职安全管理人员，牵头组织落实安全规章制度，检查指导小组，其他成员还要负责自己管辖范围内的部门的安全生产规章制度，各作业队设立兼职安全员。

2. 规章制度

为加强安全管理，杜绝安全事故发生，在施工中项目部制定了相关的各项安全保障制度，具体如下：

(1)安全技术交底制度；

(2)安全资金保障制度；

(3)安全教育培训制度；

(4)安全生产管理制度；

(5)安全检查制度；

(6)安全奖惩制度。

3. 安全措施

为全面实现施工过程中的安全目标，我项目部将按照GB/T 28001职业健康安全体系的要求，建立本合同段高效灵活、运转有序的安全管理措施，对本项目的施工安全进行全面、有序的管理，确保施工过程中各项指标满足国家和河南省的目标和指标，并制定了各项施工安全控制措施，具体如下：

(1)施工机械安全措施；

(2)施工用电措施；

(3)爆破安全措施；

(4)路基施工安全措施；

(5)桥涵施工安全措施。

(二)文明施工

文明施工是涉及沿线人民群众的切身利益，同时又是维护企业声誉的大事，在施工中我项目部成立文明工地领导小组，全面开展创建文明工地活动，并做到"两通三无五必须"，即施工现场人行道畅通；施工工地沿线单位和居民出入畅通；施工现场排水畅通无积水，施工工地道路平整无坑塘；施工区域与非施工区域严格分隔，施工现场必须挂牌施工，管理人员必须佩卡上岗；工地现场施工材料必须堆放整齐，工地生活设施必须文明，工地现场开展以创文明工地为主要内容的思想政治工作。

六、环境保护与节约用地措施

(一)环境保护

环境保护是我国的一项基本国策，项目部成立以项目经理为组长的环境保护体系领导小组，并与当地政府和环保部门密切联系合作，并配备一定数量的环保设施，采取各种有效措施，控制施工污染，做好环境保护工作。同时指派专人进行施工过程中的环境管理和检查工作，建立好台账，做好记录，保护好周围环境。

(二)节约用地情况

本着节约用地、造福当地的原则,项目部通过实际调查,对施工弃土场进行了合理规划,尽量少占征地,占荒地,不占耕地。在征得当地有关部门同意下,在不影响河道排泄的情况下,将所弃渣土弃于河道转角大且较宽阔处,既改直了河道,又节约了用地。

七、施工中新技术、新材料、新工艺的应用情况

我标段的桥梁立柱设计中共有46根实心渐变方柱。方柱钢筋笼存在如下几方面特点。

立柱内部主筋配筋较密,且钢筋型号较大;由于立柱较高,钢筋节段较多,连接接头很多。方形钢筋笼自稳性能差,横截面尺寸又为渐变形,不便在地面成形和吊装。

方柱钢筋笼存在以上实际情况,若采用常规的钢筋连接方式,钢筋密集,无操作空间;竖向焊接难度大,钢筋轴心一致及焊接达到要求非常困难,焊接质量极不易保证;焊接接头多,工作量巨大,施工功效很低。

鉴于普通焊接在本项施工中存在诸多弊端,在经多方论证同意后决定采用滚压直螺纹连接方式。钢筋滚轧直螺纹连接技术是通过在钢筋母材的端头上采用冷压滚丝的方法加工制造实现的。通过专用滚丝机将钢筋端头部分压圆并随即将压圆的钢筋端头滚出螺蚊和套筒通过螺纹连接形成的钢筋机械接头,即通过金属材料塑性变形后冷作硬化增强金属材料强度,使接头与母材等强。利用连接套筒对接钢筋,在工地上用普通扳手拧紧即可对接。该技术是在钢筋焊接连接、套筒挤压连接和锥螺纹连接等技术基础上迈进了一大步,具有接头强度高、与母材等强、连接速度快、性能稳定、应用范围广、操作方便、用料省等特点。经多次力学试验后,连接接头的力学性能完全达到了设计要求。

八、工程款支付情况

我项目部外欠债务已全部还清,在此我项目部郑重承诺,如该项目有拖欠农民工工资和劳务费用及工程款的投诉,责任完全在我公司,由我公司负责解决,与建设单位无关,建设单位不承担任何法律责任。

九、施工体会

在业主、设计代表、监理人员和当地各级政府的大力支持和帮助下,在整个工程项目建设中,项目部全体员工更新观念,创新管理途径,科学组织,超越自我,按业主下达的节点工期及时完成任务,安全、工程质量无重大事故。回顾工程取得的成就,我们主要有以下做法。

(一)做好协调工作

好的环境,是顺利施工的前提。只有把协调工作做好,才能确保施工顺利开展。我标段紧紧依靠项目公司、地方各级政府、协调部门把协调工作做好。我们发扬不等不靠的精神,能自己花钱解决的问题自己主动解决。在整个项目施工中,我项目部协调人员坚守施工岗位,哪儿有问题就到哪儿解决;如遇不能解决的问题,积极主动地与项目公司、县指挥部协调人员联系沟通,及时有效地把问题解决好,为工程创造有利的施工环境。

(二)加大投入

工程进度是与投入紧密相关的,我们能在工程中取得好的成绩,这与前期的施工投入分不开。在施工高峰期,项目部合理组织劳动力700多人,保证工程进展。在桥梁施工中最多时投入挖孔设备50套,吊车4台,塔式起重机5台,混凝土罐车6辆,挖掘机3台,装载机3辆。隧道工程施工中,投入挖掘机2台,装载机2辆,自卸汽车4辆,洒水车1辆。路基土石方施工中,投入挖掘机3台,压路机2台,平地机1台,推土机4台,自卸汽车8辆,洒水车1辆。

(三)科学组织、合理安排

根据我标段工程特点,结合实际情况,狠抓控制工程,一般工程不放松,对桩基、立柱、盖梁、涵洞、路基每个分项工程分解到每一天,按照每一天工作特点,合理调配机械,机动灵活,充分发挥各种资源配置的作用,确保不停工、不窝工。在施工过程中,及时科学地对计划进行调整,在保证安全、质量的前提下,加快施工进度。每个分项工程都编制完整的计划,统筹安排,组织立体交叉作业,多个工作面同时进行施工,有效地克服了一个位置停工就全面停工的被动局面。

(四)严格管理、狠抓落实

项目部全体人员牢固树立"精品意识",认真贯彻ISO9000系列质量管理标准,成立以项目经理为组长,其余管理人员为成员的质量、安全管理领导小组,组成了素质过硬、分工明确、责任到人的安全、质量保证体系。其中,在质量控制方面,针对工程点多线长、工期较紧等不利情况,加强技术管理、技术服务和监控,严格按照施工设计图和现行规范组织施工,认真执行设计文件会审制度和技术交底制度,并切实将复核制贯彻于施工过程中,从各道施工工序抓起,执行分级复测,职责明确,记录完整,严格控制关键工序,定位准确,一次报验,一次合格,

通过率100%。加强施工过程控制,使每个施工环节都处于受控状态,充分发挥质保体系的作用,强化创优意识,把整个创优工作贯穿到施工生产中,所有工作均严格按照业主和监理人员要求进行施工。一个工序完成进入下道工序,必须经监理工程师同意。在安全方面,设置2名专职安全员,全面负责安全工作,责任落实到人。在施工过程中,根据工程特点完善质量、安全保证措施。把质量、安全隐患消除在萌芽状态。

中铁二局股份有限公司

岭南高速公路土建 No.3 标段项目经理部

4. 二广高速公路分水岭至南阳段工程土建 No. 4 标合同段施工总结报告

目　　录

二广高速公路分水岭至南阳段工程土建 No.4 标合同段施工总结报告

一、工程概述

(一)工程概况

二广高速公路分水岭至南阳段 No.4 标段为分水岭至南阳高速(以下简称岭南高速)的一段,位于南阳市境内,起点位于南召县上河东村西的 LK9+900(RK9+900),向南至庵上的靳家庄 LK13+100(RK13+130)结束,全长为3.2km,全线左右线分离。标段内设计隧道2座,桥梁3座,涵洞5座。

在 LK10+275 处设上河东隧道1座,平面起点 LK10+060(RK10+075)~终点 LK10+335(RK10+350)位于直线及缓和曲线上,左右洞各长275m;在 LK11+171(右线 RK11+175),设米家庄大桥1座,左右线平面位于 $R=1500$m 右偏圆曲线上。桥梁起点 LK11+055~LK11+276.5,全长221.5m;右线起点 RK11+067.083~RK11+284.417,全长217.334m,左右线上部结构均为7×30m 装配式预应力混凝土连续箱梁,全桥1联,两桥台处设伸缩缝。在 LK11+566.5(RK11+536.5)处设雪家庄大桥1座,桥梁起点 LK11+472.4(RK11+472.4),终点为 LK11+660.6(RK11+600.6),全长188.2m 和128.2m,左右线全桥位于右偏及左偏的双缓和曲线上。上部结构分别为6×30m 及4×30m 装配式预应力混凝土连续箱梁,全桥1联。下部结构为桩基础、柱式墩台、肋板台。在平面 LK12+978(RK12+836)处设庵上大桥1座,左线桥起点 LK12+885.5,终点 LK13+071.5,全长186m,桥平面位于 $L_s=168.75$m 的缓和曲线上。上部为6×30m 装配式预应力混凝土连续箱梁,全桥1联;右线庵上大桥起点 RK12+561.9,终点 RK13+115,全长出553.1m。上部结构为18×30m 装配式预应力混凝土连续箱梁,共设3联,每联6跨,在0号台、6号墩、12号墩及18号台处设伸缩缝。庵上大桥下部结构左右线均设计为桩基础、柱式墩、U形台及肋板台(右线0号台)。

在 LK12+077.5(RK12+080)处设雪家庄隧道1座,起讫里程为:左洞 LK11+850~LK12+305,全长455m;右洞 RK11+845~RK12+315,全长470m。洞身衬砌结构设计为复合式衬砌,明洞衬砌结构为钢筋混凝土结构,左洞进口洞门设计为削竹式洞门,出口洞门设计为端墙式,右洞进出口洞门均设计为削竹式。

两隧道洞内路面设计为复合式路面结构,形式为20cm 水稳处治层+24cm 路面面板+10cm 沥青路面层(6cm+4cm)。

(二)合同工期情况

据业主合同要求,工程开工日期为2005年12月3日,总工期要求14个月,但由于本项目处于平顶山段接头处,因其一时暂无法通车,且因标段处于山区,设计上左右线分离,通行意义不大,故工期相应顺延。

(三)计划任务完成情况

根据合同工期,业主将工期进行细化,制订了阶段性节点计划,均明确制订了阶段性施工目标计划。我项目部根据阶段性目标任务,进行详细的安排,对于施工所需的机械、材料、人员,积极组织,合理安排,编制详细的月度施工计划,并定期召开生产会议,对任务完成情况进行原因分析,及时解决影响工程进展的各方面问题,确保施工的正常进行。

本项目完成的主要工程量有:大桥3座,共计48孔,单幅延长米总计1494.334m,其中:钻孔桩 ϕ1.5m536m;钻孔桩 ϕ1.8m1066m;系梁58个;立柱84根;盖梁47个;30m 预应力混凝土箱梁192片;路基土石方:挖土方70040.83m^3,挖石方241813.99m^3、M7.5浆砌片石边沟3716.1m。涵洞5座,共计314.8m;隧道2座,计1475延长米。

二、机构组成

根据本工程分布情况及特点,为保证本工程保质按期完成施工任务,争创优质工程,做到安全生产、文明施工,此项工程将作为重点工程组织施工和管理,组建强有力的项目经理部、精良的机械设备、优秀的施工队伍进行该项目工程施工。施工生产由项目经理全权负责,技术控制、质量标准由总工程师负责,经理部设5部2室,下辖2个桥梁工程队、1个机械筑路工程队,2个隧道施工队,见图1。

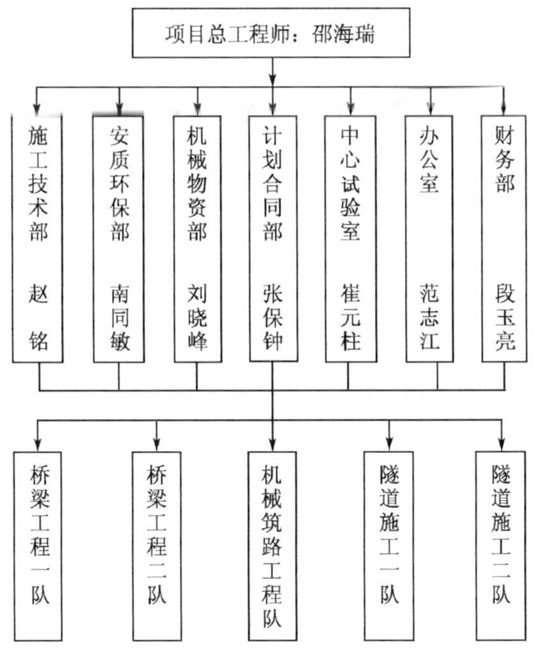

图1　组织机构

三、质量管理情况

(一)质量管理体系

1. 完善质量管理体系

该体系由组织保证、工作保证和制度保证3部分组成。组织保证就是在项目经理部成立由项目经理、总工程师、质检工程师组成质量领导小组,全面负责工程质量的管理和创优工作;工作保证就是选派一支高素质的施工队伍,依靠科学管理和科技进步,配备先进的机械设备,以优良的工艺和高效务实的工作作风,保证较高的工作质量,以工作质量保证工序质量;制度保证就是建立各项严格的规章制度,以ISO9002为标准,以各项施工技术规范、验标为依据,督促、检查各项工作的落实情况,确保施工工序的质量,以工序质量保证工程质量。

强化全面质量管理,针对本合同段重点工程,建立TQC领导小组。积极开展QC小组活动,组织技术攻关,及时总结和推广优质、样板工程施工经验。质量管理工作从合同文件、质量目标抓起,从施工组织设计和施工方案入手,依据设计文件和有关规范、规程及验标,着眼于人员、物资、机械设备、工程试验、施工工艺,由始至终采取积极、有效措施,提供优质产品和服务。

在本项目施工中,经理部设立以项目经理为组长,副经理及总工程师为副组长,工程队长、质检工程师参加的质量管理组织机构。由经理担任总指挥,将工程技术部、工程试验室、施工作业和施工班组均纳入质量自检体系,层层把关,严加控制。对于特殊过程和关键工序,在日常检查的基础上,增加检查次数,实行连续地全过程监控,使其受控率达100%。为了保证制度落到实处,我们将全段分段划分管理,经理部各部主任分段负责,实行质量责任制,并定期进行质量评比,提高职工的质量意识,加强质量管理。

经理部设工程试验室,指导基层试验人员工作,工程队设专职试验员,通过检测试验手段,进行全方位的施工质量控制,并增强和完善试验检测机构,增派足够的试验检测人员,配置了先进的试验检测设备,加快了试验检测速度,保证了试验检测频率。并设安全质量环保部,工程队设专职质检工程师,班组配兼职质检员,形成体系完善、责任明确的质量检查体系。

为保证质量体系的有效运行,实现本标段工程质量目标,建立工程质量自检自控体系。按招标文件、合同条款、施工规范的要求施工,采用先进的管理方法和施工工艺,做好工程质量控制。

确立技术负责人负责制,保证新工艺、新技术在本工程中有效实施,最终达到规范要求的质量标准。结合我单位《施工技术管理条例》和《分级技术负责制》,使各项技术工作规范化、标准化,加强对关键工序的技术攻关与技术指导。

2. 加强工程技术管理

在紧张的施工生产之余,组织工程技术人员学习施工技术规范和合同范本,认真审核施工设计图,提高技术管理水平及技术干部业务能力;对于工程测量及施工放样均实行测量双检制,并通过正反面宣传教育,加强技术人员的责任心,兢兢业业做好每一项工作。

施工中技术交底工作项目部对作业层要求做到以下几点:

(1)技术交底工作应贯彻在整个施工过程中。

(2)在向作业队进行技术交底时,各作业队长,值班技术人员,施工操作人员及有关的测量、试验人员,安全质量员均应参加,交底人员向所有的人员进行传达,做到使所有参与施工人员掌握所从事工作的内容、操作方法和技术要求。

(3)施工组织设计、分部工程或关键工序施工工艺技术交底内容包括设计图、设计变更内容、工程特点、施工方案、技术标准、施工进度、施工顺序、施工控制环节、特殊工艺、季节性施工要求、机械设备及物资供应、安全质量措施、质量管理体系、使用的施工方法和材质要求、采用“四新(新技术、新工艺、新材料、新设备)”技术在使用过程中的注意事项等。

(4)分项工程技术交底内容包括施工特点及方法、技术标准、安全、环保注意事项等。

(5)交底时要做到:明确工作内容、各部门(人员)职责和相互间的配合要求、任务工期、施工方法步骤、质量标准、关键技术要求、安全措施等,使施工操作人员心中有数,以提高工效,保证工程质量和安全。

(6)施工技术交底应以书面交底为主,包括结构图表和文字说明。

(7)交底资料必须详细、准确、直观,应便于识读和理解,要有较强的可操作性。

3. 质量宣传体系

在施工中成立以质检工程师为组长,各施工队质检人员参加的从上至下的质量宣传体系,并定期开展质量教育培训,保证工程质量,提高全员质量意识。

4. 质量检查旬报制度

项目经理部每月由项目经理组织进行一次质量全面大检查,各工区每旬进行一次定质量检查,各施工班组每天进行随时质量检查,并及时做到发现问题,解决问题,把一切质量隐患消灭在萌芽状态。

5. 质量奖罚制度

实施奖罚的依据,奖罚办法(方案)由经理部制定。奖罚的一般原则如下:

(1)考核结果优秀的部门,经理部给予奖励;

(2)考核结果良好的部门,经理部给予表扬;

(3)考核结果较好的部门,不予奖励;

(4)考核结果一般的部门,限期整改;

(5)考核结果一般的个人,实行下岗培训,待遇按经理部奖罚办法(方案)的规定扣减。

(二)施工质量控制方案

本工程项目的关键是雪家庄隧道、庵上大桥。我们采取优先施工雪家庄隧道及庵上大桥下部结构。尽可能提前贯通雪家庄主线,以便于庵上大桥施工用料的运输,同时考虑和协调在雪家庄梁场预制部分庵上大桥箱梁预制工程,从而确保整个工程的按期竣工。排水防护随路基、桥涵施工同步进行。

1. 路基工程

本标段路基工程施工以机械化为主,路基工程主要为挖土石方和土石方路堤填筑。路基挖土方采用挖掘机开挖,石方为燕山期花岗岩,表面强风化,为一般路基段。石方施工采用空压机配手风钻、内燃式凿岩机打眼,采用浅孔松动和预裂爆破以确保边坡稳定不留后患的方法,推土集料用装载机、挖掘机装料,自卸汽车运输。

路堤填筑按“三阶段、四区段、八流程”的程序组织施工,各作业段按照挖、装、运→摊铺→平整→碾压→检测的施工顺序展开平行作业;路基附属工程按路基施工顺序进行施工,前期做好临时防排水设施。

2. 桥梁工程

桥梁工程队优先考虑桩基,由于本标段桥梁基本位于旱地,桩基础根据地质情况人工挖孔,桥梁下部结构模板均采用新制大块定型组合钢模板拼装支立加固,桥梁上部结构在下部结构强度达到施工要求后进行施工。箱梁在预制场集中预制,采用架桥机架设。混凝土采用拌和站集中拌和,混凝土罐车运输,吊车配合料斗进行灌注。

3. 涵洞工程

用于过水的涵洞、通道充分利用枯水季节抓紧施工，基础采用挖掘机开挖，人工配合修整，模板均采用新制大块组合钢模板拼装。盖板采用现浇施工，涵洞混凝土采用拌和站集中拌和，混凝土罐车运输，吊车配合料斗进行灌注。

（三）施工中工程质量自检情况

在施工中我项目部成立以项目经理为组长，项目副经理和总工程师为副组长的质量管理小组，在施工中严把质量关，深化职工质量意识，开展质量教育，使全体施工人员明确质量目标。在施工过程中认真接受监理工程师监督，进行自检、互检、交接检，并定期不定期地进行质量检查，安排有多年施工经验的老工程师进行专职质检检查，每日巡视于施工现场，及时消除质量隐患。制定奖罚措施，制定切实可行的质量检查程序，使施工生产过程中产品质量处于受控状态，从而提高和保证工程质量，使我单位承建工程顺利完成施工，没有发生各种质量事故。

（四）工程质量问题的处理

在施工过程或完工以后，项目部或监理工程师如发现工程存在着技术规范所不容许的质量缺陷，应根据其性质和严重程度，按如下方式处理：

(1) 当因施工引起的质量缺陷处在萌芽状态时，项目部将及时制止，并要求立即处理（如更换不合格材料、设备或不称职的施工人员，或要求立即改变不正确的施工操作方法）。

(2) 当因施工而引起的质量缺陷已出现时，项目部立即组织相关人员采取能足以保证施工质量的有效措施，并对质量缺陷进行正确的补救处理，同时必须得到监理工程师认可。

(3) 当质量缺陷发生在某道工序或单项工程完工以后，而且质量缺陷的存在将对下道工序或分项工程产生严重影响时，项目部将和监理工程师对质量缺陷产生的原因作出判定，并在确定补救方案后，再进行质量缺陷的处理或下道工序或分项工程的施工。

(4) 工程完工后，发现工程质量缺陷时，将按照监理工程师的要求进行修补、加固或返工处理。

（五）完工质量评价

我单位承建的岭南 No. 4 标工程现已顺利完工，工程具备交验条件。在施工中我单位严把质量关，杜绝一切质量隐患，施工中无出现重大质量事故，各项施工均符合《公路工程质量检验评定标准》，各单位、分部、分项工程质量评定均为合格。

四、施工进度控制

本标段从 2005 年 12 月 3 日开工至 2007 年 10 月底全部竣工。经过广大职工近两年的共同努力，我单位在安全、质量无事故情况下圆满完成本合同段全部施工任务。在施工中我单位根据本合同段实际情况，对施工进度进行合理安排，周密部署并采取了严格控制进度的措施，具体如下：

(1) 建立管理组织目标责任制制度措施。

(2) 工期控制的主要技术措施。

(3) 充分运用计算机网络计划技术实施动态管理的措施。

(4) 超前谋划进行积极准备措施。

(5) 施工进度其他措施。

①强化计划管理，加强协调指挥；

②抓好安全、质量，加快施工进度；

③服从大局，听从统一指挥。

五、施工安全与文明施工情况

成立以项目经理任组长，主管生产安全副经理任副组长，各职能部门负责人和所属各工区负责人任组员的安全领导小组。项目部设立专职安全管理人员，牵头组织落实安全规章制度，检查指导小组，其他成员还要负责自己管辖范围内部门的安全生产规章制度，各作业队设立兼职安全员。

（一）规章制度

为加强安全管理，杜绝安全事故发生，在施工中项目部制定了相关的各项安全保障制度，具体如下：

(1) 安全技术交底制度；

(2) 安全资金保障制度；

(3) 安全教育培训制度；

(4)安全生产管理制度;

(5)安全检查制度;

(6)安全奖惩制度。

(二)安全措施

为全面实现施工过程中的安全目标,我项目部将按照GB/T 28001职业健康安全体系的要求,建立本合同段高效灵活、运转有序的安全管理措施,对本项目的施工安全进行全面、有序的管理,确保施工过程中各项指标满足国家和河南省的目标和指标。并制定了各项施工安全控制措施,具体如下:

(1)施工机械安全措施;

(2)施工用电措施;

(3)爆破安全措施;

(4)路基施工安全措施;

(5)桥涵施工安全措施等。

(三)文明施工

文明施工是涉及沿线人民群众的切身利益,同时又是维护企业声誉的大事,在施工中我项目部成立文明工地领导小组,全面开展创建文明工地活动,并做到"两通三无五必须",即:施工现场人行道畅通;施工工地沿线单位和居民出入畅通;施工现场排水畅通无积水,施工工地道路平整无坑塘;施工区域与非施工区域严格分隔,施工现场必须挂牌施工,管理人员必须佩卡上岗;工地现场施工材料必须堆放整齐,工地生活设施必须文明,工地现场开展以创文明工地为主要内容的思想政治工作。

六、环境保护与节约用地措施

(一)环境保护情况

环境保护是我国的一项基本国策,项目部成立以项目经理为组长的环境保护体系领导小组,并与当地政府和环保部门密切联系合作,并配备一定数量的环保设施,采取各种有效措施,控制施工污染,做好环境保护工作。同时指派专人进行施工过程中的环境管理和检查工作,建立好台账,做好记录,保护好周围环境。

(二)节约用地情况

本着节约用地、造福当地原则,项目部通过实际调查,对施工弃土场进行了合理规划,在征得当地有关部门同意下,在路基两侧选择坡地或山地进行取弃土,并在施工完工后进行整平复耕,并充分利用线间空地作为弃土场地,完工后平整绿化,既节约了用地,又美化了高速公路景观。

七、施工中新技术、新材料、新工艺的应用情况

无。

八、工程款支付情况

我项目部外欠债务已全部还清,在此我项目部郑重承诺,如该项目有拖欠农民工工资和劳务费用及工程款的投诉,责任完全在我公司,由我公司负责解决,与建设单位无关,建设单位不承担任何法律责任。

九、施工体会

在业主、设计代表、监理人员和当地各级政府的大力支持和帮助下,在整个工程项目建设中,项目部全体员工更新观念,创新管理途径,科学组织,超越自我,按业主下达的节点工期及时完成任务,安全、工程质量无重大事故。回顾工程取得的成就,我们主要有以下几种做法。

(一)做好协调工作

好的环境,是顺利施工的前提。只有把协调工作做好,才能确保施工的顺利。我标段紧紧依靠项目公司、地方各级政府、协调部门把协调工作做好。我们发扬不等不靠的精神,能自己花钱解决的问题自己主动解决。在整个项目施工中,我项目部协调人员坚守施工岗位,哪儿有问题就到哪儿解决;如遇不能解决的问题,积极主动地与项目公司、县指挥部协调人员联系沟通,及时有效地把问题解决好,为工程创造有利的施工环境。

(二)加大投入

工程进度是与投入紧密相关的。在岭南项目施工高峰期我项目部投入大量的人力、物力,保证工程进展。项目部合理组织劳动力500多人,先后在桥梁隧道施工中投入门机2套,吊车3台,架桥机1台,混凝土拌和站4台,混凝土罐车10辆,挖掘机2台,装载机6辆,电动空气压缩机6台。路基土石方施工中,投入挖掘机8台,压路机4台,平地机1台,推土机3台,洒水车1辆。

（三）科学组织、合理安排

根据我标段工程特点，结合实际情况，狠抓控制工程，一般工程不放松，对桩基、立柱、盖梁、涵洞、路基每个分项工程分解到每一天，按照每一天工作特点，合理调配机械，机动灵活，充分发挥各种资源配置的作用，确保不停工、不窝工。在施工过程中，及时科学地对计划进行调整，在保证安全、质量的前提下，加快施工进度。每个分项工程都编制完整的计划，统筹安排，组织立体交叉作业，多个工作面同时进行施工，有效地克服了一个位置停工就全面停工的被动局面。

（四）严格管理、狠抓落实

项目部全体人员牢固树立“精品意识”，认真贯彻 ISO9000 系列质量管理标准，成立以项目经理为组长，其余管理人员为成员的质量、安全管理领导小组，组成了素质过硬、分工明确、责任到人的安全质量保证体系。其中，在质量控制方面，针对工程点多线长、工期较紧等不利情况，加强技术管理、技术服务和监控，严格按照施工设计图和现行规范组织施工，认真执行设计文件会审制度和技术交底制度，并切实将复核制贯彻于施工过程中，从各道施工工序抓起，执行分级复测，职责明确，记录完整，严格控制关键工序，定位准确，一次报验，一次合格，通过率100%。加强施工过程控制，使每个施工环节都处于受控状态，充分发挥质保体系的作用，强化创优意识，把整个创优工作贯穿到施工生产中，所有工作均严格按照业主和监理人员要求进行施工。一个工序完成进入下道工序，必须经监理工程师同意。在安全方面，设置2名专职安全员，全面负责安全工作，责任落实到人。在施工过程中，根据工程特点完善质量、安全保证措施。把质量、安全隐患消除在萌芽状态。

总之，通过两年的努力拼搏，我单位加强质量监控力度，狠抓内部管理，较好地完成了业主的施工生产任务，但在施工中也存在一定的不足，我们坚信，经过今后的努力，我们会不断完善自己，开拓创新再创辉煌。

中铁一局集团第四工程有限公司

岭南高速公路土建 No.4 标段项目经理部

5. 二广高速公路分水岭至南阳段工程土建 No. 5 标合同段施工总结报告

目　　录

二广高速公路分水岭至南阳段工程土建 No.5 标合同段施工总结报告

一、工程概况

(一)工程情况

二广高速公路分水岭至南阳段工程 No.5 标段为分水岭至南阳高速(以下简称岭南高速)的一段,位于南阳市境内,起点位于南召县靳家庄大桥 K13 +100,至北沟庄大桥 K16 +340 结束,全长为 3.24km。标段内有大桥 4 座:K14 +229 靳家庄大桥,上部采用 4×25m 装配式部分预应力混凝土连续箱梁,下部采用 U 形台,扩大基础。桥墩采用柱式墩,桩基础;K14 +763 朱家庄大桥,上部采用 11×25m 装配式部分预应力混凝土连续箱梁,分为 2 联(5×25 +6×25)m。下部采用重力式台,扩大基础。桥墩采用柱式墩,桩基础;K15 +461 铁匠炉大桥,上部左幅 16×25m 装配式部分预应力混凝土连续箱梁,右幅Ⅰ号桥为 6×25m 装配式部分预应力混凝土连续箱梁,右幅Ⅱ号桥为 3×25m 装配式部分预应力混凝土连续箱梁。下部结构为柱式墩、钻孔灌注桩,柱基础;柱式台,肋板台,U 形台,组孔灌注桩基础及扩大基础;K16 +208 北沟庄大桥,上部采用 9×25m 装配式预应力混凝土连续箱梁,下部采用柱式墩,钻孔灌注桩基础;0 号台为肋板台,柱式台:9 号台为柱式台,组孔灌注桩基础。主要工程数量:挖土方 111356m^3,挖石方 623584m^3,挡土墙 1166m^3,涵洞通道 2 座。

(二)合同工期情况

据业主合同要求,工程开工日期为 2005 年 12 月 3 日,总工期要求 14 个月,且因标段处于山区,设计上左右线分离,通行意义不大,故工期相应顺延。

(三)计划任务完成情况

根据合同工期,业主将工期进行细化,制订了阶段性节点计划,均明确制订了阶段性施工目标计划。我项目部根据阶段性目标任务进行详细的安排,对于施工所需的机械、材料、人员,积极组织,合理安排,编制详细的月度施工计划,并定期召开生产会议,对任务完成情况进行原因分析,及时解决影响工程进展各方面的问题,确保施工的正常进行。

二、机构组成

(一)施工组织机构

按投标承诺和项目施工管理要求,组建江西省公路桥梁工程局岭南高速公路 No.5 标项目经理部,本项目实行项目经理负责制,设 1 名总工程师,下设工程技术部、质检部等 9 个职能部门,选调年龄结构合理、技术过硬、承担过多条高速公路施工的人员,对工程项目进行组织、管理和施工。

1. 项目部主要管理人员及主要业务部门职责

(1)项目经理

项目经理是本标段工程项目施工的第一责任人,为我局法定代表人的委托人,主持全面工作,负责内部行政管理和外部协调工作。对工程的质量、安全、进度、环境保护和成本进行控制、确保合同承诺的兑现。

(2)项目总工程师

项目总工程师是项目技术负责人,对项目经理负责。主要负责施工技术、工程质量、计量支付、测量和试验等管理工作。

负责技术工作和质量控制。组织施工技术人员进行图纸会审,参与建设单位和设计单位组织的施工图会审和技术交底工作。

依据合同和图纸资料,结合实际情况制定实施性施工组织设计和各项保证措施,组织落实实施。组织制定关键工序及特殊过程作业指导文件。

审核材料供需计划,监督进货质量或过程质量自检、专检和交接检,保证进货和过程质量控制符合标准和有关要求。

组织工程的科研工作,落实科研规划,推广应用新工艺、新技术、新材料,努力提高施工工艺水平和操作技能。

(3)项目副经理

协助项目经理贯彻执行上级单位对工程的管理方针和目标,确保工程各项目标的实现。主抓施工安全生产、文明施工、环境保护、施工进度、资源管理和队伍管理,及时掌握生产情况,保证工程质量和工期。

对施工进行统筹安排,重点解决现场调度以及物资材料、设备协调与供应、各施工单位的接口界面协调等,使施工始终处于有效受控状态。

(4)工程技术部

负责工程的技术指导、质量管理和科研工作,编制实施性施工组织设计,施工方案和技术措施的编制和实施,施工记录和监理文书的填报,竣工文件的收集和整理等工作。

协调施工单位与科研单位的合作,积极推广应用科研成果,使用新材料、新技术、新工艺。负责变更设计、竣工资料的收集、整理、归档、储存和保管。

负责施工过程、工序质量控制的技术管量,参加事故的调查、分析工作,编制重大质量事故和不合格产品的处理方案。

负责施工技术指导,负责指导中心试验室工作。

(5)质检部

负责施工过程质量安全自检工作。建立健全质量安全保证体系,制定质量安全管理办法,落实质量安全目标。

负责对分项、分部、单位工程的质量检查,签证,自评工作,并负责与业主、监理人员密切配合。

定期组织质量分析会,检查质量体系运行情况。组织施工质量检查,主持单位工程的内部质量评定。

(6)工地试验室

负责工程检验、试验、交验及不合格品的检验控制,按检验评定标准对施工过程实施监督并对检验结果负责。

负责现场各种原材料试件样品的采集和测试、检验质量记录,根据现场试验资料,提出最佳施工配合比,并在施工过程中提出修正意见,报批后执行。

负责工程的计量测试工作,并负责工程的检验和试验设备的核定、核准及使用管理工作。

(7)合同部

制订施工计划、统计报表,计量、合同管理及协助财务部进行经济核算。

(8)财务部

负责工程的财务工作。进行成本核算、财务管理、费用控制、资金筹集和控制。

(9)物机部

负责物资统一调配和设备的管理工作。掌握、贯彻、执行国家有关机械设备管理的条例,规定及上级有关方针,政策。为施工全过程提供施工设备保障。

负责检查、指导施工机械设备的使用和维护。建立健全设备的维修养护制度,保证设备完好率、出勤率,提高设备检修人员的能力。

参与施工验工计价,对工序材料消耗提出计量意见。

(10)行政后勤部

负责日常行政事务和后勤生活保障工作配合有关部门处理与业主的日常往来,安排工程项目部各部门的经营活动和各种会议,做好工程项目部各种会议记录及整理归档工作。负责项目部与其他单位的日常联系。

负责劳动定额管理。严格定额考核,进行工效研究,调整劳动力结构,优化劳动组合,调动职工积极性,提高劳动效率。

严格职工队伍行政管理。结合项目实际制定具体的日常管理制度,适时进行作风组织纪律整顿,加强法制教育。

(11)纪检办公室

负责本工程项目执法检查监督、精神文明建设等工作,防止各种腐败等违法乱纪现象的发生。

结合本单位的实际,制定党风廉政建设的规章和制度,并认真执行;完善管理机制和监督机制,坚持标本兼治,强化综合治理,从源头上预防和治理腐败。认真履行监督职责,加强对所属单位领导班子和领导干部党风廉政建设、廉洁从政情况的监督检查和考核。

(12)安全、文明生产办公室

安全生产、文明施工、环境保护工作的检查,落实,检查施工中安全因素,尽早发现安全隐患,把不安全因素消除在萌芽状态，确保安全生产和文明施工。

（二）施工区段划分及施工队伍安排

根据我单位施工力量，并结合本合同段施工任务较重、要求高的特点，拟设置10个专业施工队，各施工队的任务和技术管理人员及劳动力安排见表1。

各施工队的任务和技术管理人员及劳动力安排（单位：人）　　表1

序号	施工队	施工范围	技术、管理人员	机械工	普通工	小计
1	路基一队	负责K13+100~K14+600.5段路基施工	10	50	30	90
2	路基二队	负责K14+600.5~K16+340段路基施工	10	50	30	90
3	桥梁一队	负责靳家庄和朱家庄桥梁下部施工	12	45	70	127
4	桥梁二队	负责铁匠炉和北沟庄桥梁下部施工	12	45	70	127
5	桥梁三队	负责桥梁桥面系、附属附属工程施工	12	45	70	127
6	箱梁预制队	负责箱梁预制	12	45	120	177
7	箱梁安装队	负责箱梁安装	3	2	15	20
8	涵洞、通道队	负责涵洞、通道施工	5	15	40	60
9	防护排水一队	以路基一队范围防护工程	5	12	30	47
10	防护排水二队	以路基二队范围防护工程	5	12	30	47
合计			86	321	505	912

三、质量管理情况

（一）质量管理体系

1. 质量方针、目标

（1）质量方针。严格执行标准，争创行业一流，坚持优质服务，建造满意工程。

（2）质量目标。确保单位工程合格率100%，分项工程90分以上，优良率85%以上，工程质量达到优良工程标准。

2. 创优规划

（1）严格按照质量方针确保质量目标实现。

（2）实行科学管理、精心施工、加快速度、降低成本、消灭通病、保证质量标准。

（3）各类原材料符合设计要求，合格率100%。

（4）各类检测资料齐全，砂浆、混凝土试件强度合格率100%。

（5）分项工程（工序）检查合格率100%，优良率90%以上，确保单位工程优良率达到90%以上。

（6）杜绝重大质量事故，消除隐患，严格控制各类事故的发生。

3. 建立健全质量管理组织机构

（1）质量管理组织机构由项目经理牵头，由项目总工程师、质检负责人、项目部各部门负责人、各工程队队长及主管工程师、项目经理部的有关业务人员参加组成的质量管理领导小组，形成内外贯通、纵横到位的质量管理组织体系。

组织机构见图1。

（2）质量自检组织机构由项目经理部质检部长、测量试验室负责人和各施工技术人员组成。质检负责人在质量管理方面有一票否决权。

4. 质量保证体系

工程管理保证体系建立原则为：紧紧围绕投标承诺的质量创优目标，制订切实可行的质量创优规划，坚持以人为本的观点，通过政治思想工作、相应组织保证措施和及时准确的质量管理信息系统，实现项目施工整个过程质量控制。

5. 确保实现质量目标的措施

质量是企业的永恒主题，工程质量是施工企业的命脉，是施工企业各项工作的综合反映。为做好本合同段工程，全面实现业主要求的质量标准，我单位将坚决贯彻“百年大计，质量第一”的方针，结合本合同段工程实行质量终身责任制和施工全面质量管理,并按我单位贯彻 ISO9000 族建立的质量体系进行运转,严格执行质量体系文件的规定,本着“开工必优、一次成优”的原则,严格标准,精心施工,用全优工程提高企业的信誉和竞争能力。为确保本合同段工程质量目标的实现,我们将采取以下主要管理措施。

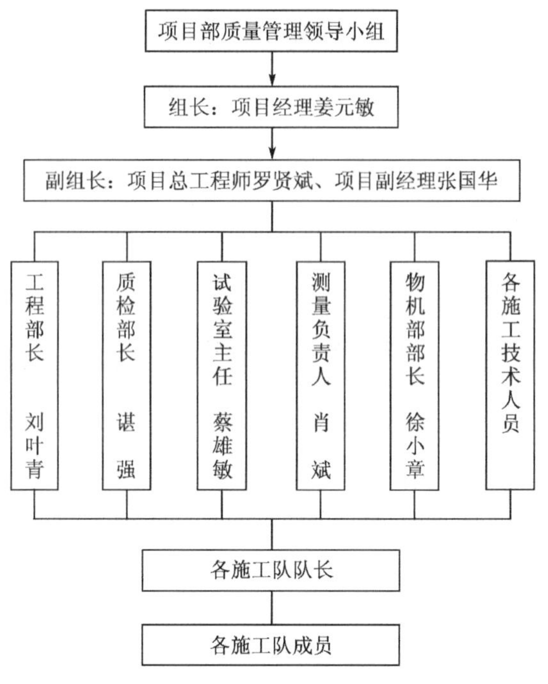

图1 质量管理组织机构

(1)强化质量教育,增强全员创优意识

质量教育经常化、制度化,贯穿于施工的全过程。利用现场质量标语、板报、上质量课、现场分析会、观摩会等多种宣传教育形式,不断强化全员质量意识,使大家认识到质量第一、争创优质工程是企业生存、发展的需要,从而牢固树立“质量第一、信誉第一”的观点,调动每个职工创优的积极性和自觉性。

(2)建立工程质量管理责任制

根据质量创优目标建立岗位责任制和质量责任终身制,明确其岗位责任,签订质量责任状。明确每个部门、单位和个人的质量目标和责任,确保工程质量。

(3)制定创优规划,完善质量保证体系

工程开工前,根据投标文件提出的质量标准,进一步制定以分项工程创优保全合同段工程创优的规划,形成有目标、有检查、有考核的标准化管理体制。建立健全项目质量保证体系,明确每个部门、单位和个人的质量目标和责任,并和考核奖罚结合起来,增强每个人的责任感和自觉性。

①加强组织建设,严格质量管理制度。

健全组织制度,本着“谁主管、谁负责”的原则,行政主管亲自挂帅。项目经理部成立以项目经理为组长的质量管理领导小组,组成质量管理组织机构,工程队也设立相应的质量管理小组。各作业班组设质检员。各级质检员由工作能力强、业务素质高、施工经验丰富的技术干部担任,明确各级质检人员实现质量创优目标的任务、责任和权限,并赋予他们验工计价质量签证否决权。

质量管理制度的制定和落实是实现质量目标的主要途径。在施工中,严格执行八项制度。即:a. 工程测量换手复核制度;b. 隐蔽工程检查签证制度;c. 质量责任挂牌制度;d. 质量评定奖罚制度;e. 质量定期检查制度;f. 质量报告制度;g. 竣工质量签证制度;h. 重点工程把关制度。

②强化计量工作,完善检测手段。

项目经理部设置测量试验室,配齐各种试验设备和计量器具及专职计量检测人员,使用先进检测仪器,严格执行计量设备和器具的检定规程,保证取值的正确性。经常对职工进行计量法规教育,明确计量工作职责和重要性。试验技术人员要及时深入工地进行计量检测,以保证计量检测数据的真实性和准确性,定期对各种计量检测试验器具进行标定、维修、保养,以保证检测精度。

③坚持标准化管理,严格质量控制。

为保证质量创优目标的实现,我单位将以“高起点、高标准、高质量、高速度”的四高标准做好本合同段工程。积极进行全员、全方位的标准化管理,依据国家和交通部现行质量检验标准,结合我单位的实际,围绕质量这个中心,制定各种岗位的工作和作业标准。各分项工程均实行书面技术交底,使被交底者领会设计意图,清楚验收规范和质量标准,做到按设计图、规范和标准施工。严格控制原材料质量,各种原材料、成品、半成品必须有合格证,出厂证明书或检验合格报告单,否则不准进场使用,按规范规定需要现场抽样复试的材料经检验合格后方可使用。

④开展 QC 小组活动。

积极开展 QC 小组活动,深化全面质量管理,杜绝质量通病。在创优过程中,为解决质量难题,消除质量通病,进行技术攻关,狠抓薄弱环节,严格按施工工艺施工,以彻底消除质量通病。

⑤技术保证措施。

科学、合理的施工技术措施是保工期、保质量、保安全、求效益的重要条件,我们将严格遵循招标文件提出的规范和规程要求,采取以下主要施工技术措施:

a. 建立技术管理体系和岗位责任制。

建立以项目部、工程队工程师为主的各级技术人员参与的岗位责任制,逐级签订技术包保责任状,做到分工明确、责任到人,使技术管理工作有章可循,保证施工生产顺利进行。

b. 认真编好施工组织设计。

运用统筹法、网络计划等现代化管理方法,在经过周密调查研究取得可靠数据的基础上,编制可行的施工组织计划,并严格按网络计划组织实施,坚决杜绝计划执行过程中的随意性,使整个施工过程时时处于受控状态,做到环环相扣,井然有序。

认真编制施工技术方案,由单项工程技术负责人牵头,组织协调,针对所承担工程的技术难易程度和环境特点提出 2 个以上的施工技术方案,经过详细的技术经济分析后,提交给项目总工程师,总工程师组织有关人员,结合提出的施工技术方案进行对比分析和优化,最后确定实施方案。

c. 保证技术力量。

我单位将选调具有多年从事交通工程施工经验的队伍,配备精良的设备投入本合同段工程施工。同时选派有施工经验、责任心强的工程技术人员参加该工程,以确保技术工作顺利进行。

d. 做好施工前的技术准备工作。

认真核对设计文件和图纸资料,切实领会设计意图,查找是否有丢、错、漏现象,及时会同设计、监理和建设单位解决所发现的问题。

认真进行技术交底。图纸会审后,由项目部的总工程师、工程部长、工程队技术主管、单项工程技术主管逐级进行书面及口头技术交底,确保操作人员掌握各项施工工艺及操作要点、质量标准。

e. 做好技术资料管理。

施工过程中要做好详细记录,各种原始资料搜集齐全,用以组织后期施工,编制竣工文件,并进行施工技术总结,为做好技术档案和技术情报工作打下坚实的基础。

⑥工程质量管理奖罚制度。

a. 定期检查制度。

项目经理部每月 25 日进行一次单位工程质量大检查;各工程队每周进行一次分项工程的质量检查;各施工班组质检员负责其施工项目日常质量措施的落实和督促,随时对分项工程质量进行抽查。

b. 月检奖制度。

项目经理部通过定期质量检查,进行总结评比。对所有施工项目进行名次排定:第一名的施工队奖励本月工程造价 0.3%,最后一名的施工队罚本月工程造价的 0.3%,连续 3 次评比第一名,加奖本季度工程造价的 0.1%。对连续 3 次倒数第一名的施工队,除对其追加罚款 0.1%外,还要责令停工整顿,查找原因,提出改进措施,例会讨论通过后,方准重新开工。

c. 优质优价制度。

项目经理部对施工队验工计价实行优质优价制度。对一次验收合格率达 100%工程,按造价的 95%进行验工计价;合格率达不到 100%的不计价,责令返工重作,并对其管理层进行经济处罚。优良率达到 85%以上,荣获业主评定的先进称号的工程,按造价的 0.5%实行奖励,同时对管理层和工程队实施重奖。

d. 经常质量检查制度。

对内业资料管理、施工现场管理和工程实物等进行经常性质量检查,发现问题,按我单位有关规定处罚。

⑦质量通病防治措施。

A. 路基填筑质量通病防治措施。

a. 超厚回填。

现象:一种是路基填方,一种是沟槽回填土,不按规定的虚铺厚度回填,严重者用推土机一次将沟槽填平。

危害:不能将填筑层全部碾压到要求的密实度,将造成路基沉陷。

防治方法:加强技术培训,要向操作者做好技术交底,使路基填方及沟槽回填土的虚铺厚度不超过有关规定,严格操作要求,严格质量管理,惩戒有意偷工者。

b. 倾斜碾压。

现象:在填筑段内随高就低,使碾轮爬坡碾压。

危害:碾轮压实重力产生分力损失,在纵坡上碾轮重不能发挥最大的压实效能,坡度越大损失的压实力就越大。

防治方法:在路基总宽度内,应采用水平分层方法填筑。路基地面的横坡或纵坡陡于1:5时应挖成台阶。回填沟槽分段填土时,应分层倒退留出台阶。台阶高等于压实厚度,台阶宽不小于1m。

c. 带水回填。

现象:多发生在沟槽回填土中,积水不排除,带泥水回填土。

危害:带泥水回填的土层其含水量是处于饱和状态的,不可能夯实,当地下水位下降,饱和水下渗后,将造成填土下陷,危及路基安全。

防治方法:排除积水,清除淤泥,疏干槽底,再进行分层回填夯实;如有降水措施的沟槽,应在回填夯实完毕后,再停止降水;如排除积水有困难,也要将淤泥清除干净,再分层回填砂或砂砾,在最佳含水率下进行夯实。

d. 不按段落分层夯实。

现象:路基下沟槽回填土或者填筑路基,段落分界不清,分层不明,接茬处不留台阶,碾压不段时,碾轮不到位或边角部位漏夯(压)。

危害:造成搭茬处碾压不实,分层超厚处密实度不达标,边角处漏夯等都会造成日后路基不均匀沉降,路面变形。

防治方法:要按规范要求,分段、水平、分层回填,段落的端头每层倒退台阶长度不小于1m,在接填下一段时碾轮要与上一段碾压过的端头重叠;槽边弯曲不齐的,应将槽边切齐,使碾轮靠边碾压;对于构筑物附近的边角部位,应用动力夯或人力夯实。

B. 边沟、排水沟质量通病防治。

a. 水沟沟底纵坡不顺,断面大小不一。

现象:沟底高低不平,甚至反坡,局部断面过小,排水不畅通。

危害:边沟积水,将渗入路基,降低路基土的强度和稳定性。

防治方法:要严格按照设计要求的开挖修整,认真做好工序质量检验。

b. 浆砌片石排水沟无底或漏水。

现象:排水沟无底部砌石,或厚度不够砌石材质不合格,沟帮砌石厚度不够,水沟中流水向下或向侧面渗漏。

危害:向路基内渗水,影响路肩或堑坡稳定,严重时可造成路基沉降或塌方。

防治方法:严格按照设计和规范要求作业,注意控制原材料质量,认真做好检查验收工作。

c. 路基排水无出路。

现象:边沟尾部无出路、边沟变成渗水沟。

危害:边沟大量积水浸入路基,降低路基土的强度和稳定性,减少路基的使用寿命。

防治方法:施工单位要认真学习施工图,加强图纸会审,对排水出路不明确的,要提出补充设计;除解决好路基边沟排水设施外,还要解决好边沟尾部排水沟的挑挖修整。

C. 浆砌石工程质量通病防治。

a. 砌体砂浆不饱满。

现象:主要表现在浆砌块、片石的砌体上,块、片石之间有空隙和孔洞。

危害:石块与石块之间未全部由砂浆填满,不能使砌体完全结合成整体,将降低整体强度。承重构筑物、薄弱部分有坍塌倾覆危险。

防治方法:浆砌块、片石应冷浆包裹。同时砂浆应具有一定稠度(用稠度仪测定为3~5m),便于与石面胶结。严禁干砌灌浆。

b. 砌体平整度差,有通缝。

现象:砌体外露面高低不平,超出平整度标准要求。有2层以上的通缝。

危害:主要影响外观和量测质量,承重砌体过分凹凸不平,影响受力,通缝部位可能造成砌体开裂或毁坏。

防治方法：注意选择一侧有平面的石料，片石的中部厚度最小边长不应小于15cm，块石宽厚不应小于20cm，以保证砌筑稳定；按丁顺相间压缝砌筑，一层丁石，一层顺石，至少两顺一丁。丁石应长于顺石的1.5倍以上，上下层交叉错缝不小于8cm，并且当日砌筑高度不大于2m；同时测量放线人员，应随时检查砌筑面（立面、侧面、扭面）线位的准确度。

D. 钢筋混凝土工程。

a. 产生麻面。

现象：混凝土表面局部粗糙，或有许多小凹坑，但钢筋未外露。

危害：混凝土表面不光滑，外观不美观，质量不好。

防治方法：木模板浇混凝土前模板面先清理干净，用清水充分湿润，不留积水，钢模隔离剂涂刷均匀、不得漏刷，模板缝拼严或堵严，防止漏浆；混凝土浇筑要分层、均匀，振捣要密实，不漏振不过振，钢筋密实处配合人工插边捣鼓。

b. 骨料显露、颜色不匀及砂痕。

现象：混凝土外表面有石子显露称为骨料显露；拆模几小时后，可见表面颜色各处差别很大为颜色不匀；表面没有光滑的水泥砂浆层而是显示砂的痕迹为砂痕。

危害：若骨料显露和砂痕，使混凝土表面不洁，颜色不匀产生混凝土表面色调不一，均影响混凝土的外观质量。

防治方法：严格控制砂、石材料级配。水泥、砂使用同一厂、同一产地、同一批材料，尽量保持其色泽一致，选用泌水性小的水泥振捣方式且操作要适当；采用不吸水模板，模板尽量采用有同种吸水能力的内衬，防止钢筋锈蚀；振捣时，应配合人工插边，使水泥浆挤进模板的表面，并且振捣时间应予以延长。

c. 蜂窝。

现象：混凝土局部酥松，砂浆少，石子多，石子间出现空隙，形成蜂窝状孔洞。

危害：混凝土不密实、强度低，无抗渗性，易产生冻害。

防治方治：要严格控制配合比，保证材料计量准确；混凝土要拌和均匀，搅拌时间不得少于规定的时间；混凝土自由倾落高度要少于分层捣固，振捣间距要适当，必须掌握好每一插振的振捣时间。振捣器至模板的距离，不应大于振捣器有效作用半径的1/2。补救方法：混凝土的小蜂窝，可先用水冲洗干净，然后用1∶2或1∶2.5水泥砂浆修补；如果是大蜂窝，则先将松动石子和凸出颗料剔除，尽量剔成喇叭口外边大些，然后用清水冲洗干净湿透，再用高一等级的豆石混凝土捣实，加强养护。

d. 露筋。

现象：钢筋混凝土结构内的受力筋或箍筋等，没有被混凝土包裹而外露。

危害：影响钢筋与混凝土的握裹，使应力不能有效传递，钢筋无混凝土保护层而很快锈蚀，造成结构不安全。同一产地、同一批材料，尽量保持其色泽一致，选用泌水性小的水泥振捣方式且操作要适当；采用不吸水模板，模板尽量采用有同种吸水能力的内衬，防止钢筋锈蚀；振捣时应配合人工插边，使水泥浆挤进模板的表面，并且振捣时间应予以延长。

e. 蜂窝。

现象：混凝土局部酥松，砂浆少，石子多，石子间出现空隙，形成蜂窝状孔洞。

危害：混凝土不密实、强度低，无抗渗性，易产生冻害。

防治方法：要严格控制配合比，保证材料计量准确；混凝土要拌和均匀，搅拌时间不得少于规定的时间；混凝土自由倾落高度要少于2m，超过上述高度时，采用串筒、溜槽等措施下料；混凝土的振捣应分层捣固，振捣间距要适当，必须掌握好每一插振的振捣时间。振捣器至模板的距离，不应大于振捣器有效作用半径的1/2。

补救方法：混凝土的小蜂窝，可先用水冲洗干净，然后用1∶2或1∶2.5水泥砂浆修补；如果是大蜂窝，则先将松动石子和凸出颗料剔除，尽量剔成喇叭口外边大些，然后用清水冲洗干净湿透，再用高一等级的豆石混凝土捣实，加强养护。

f. 露筋

现象：钢筋混凝土结构内的受力筋或箍筋等，没有被混凝土包裹而外露。

危害：影响钢筋与混凝土的握裹，使应力不能有效传递；使局部钢筋无混凝土保护层而很快锈蚀，造成结构不安全。

防治方法：为保证混凝土保护层的厚度，要注意固定好垫块，水泥砂浆垫块上应植入铁丝，绑扎在钢筋上，以防振捣时移位；为防止钢筋等移位，严禁振捣棒撞击钢筋；钢筋密集处，可用带刀片的振捣棒来进行振捣，混凝土应选配适当石子，使石子最大粒径尺寸不超过结构堆面最小尺寸的1/4，且不得大于钢筋净距的3/4。如结构截面较小，钢筋较密时，可用豆石混凝土浇筑；操作时不得踩钢筋；采用泵送混凝土时，布灰管冲击力很大，不得直接放在钢筋骨架上,以防造成钢筋变形或位移。要放在专用脚手架或支架上;拼接模板要严密,木模在浇筑前,应用清水将其充分湿润,混凝土下料高超过 2m 时,要用串筒,防止混凝土离析或跑浆;对于露筋严重或部位重要时,要经技术和质检部门审验后,按专门方案进行修补。一般露筋,可对有关方面进行检查,将外露钢筋上的混凝土残渣或铁锈清理干净,用水冲净,再用 1:2或 1:2.5 水泥砂浆进行抹压平整,然后认真潮湿养护。

E. 桥头及桥梁伸缩缝处跳车。

桥头及桥梁伸缩缝处跳车的防治措施一般有以下几种。

地基加固处理:为消除桥台和台后填方段的差异沉降变形,需对地基进行加固。台后填方地段的地基压力,一般小于桥台的压力,其次台后填方的高度一般情况下沿纵向(远离桥台)不断降低,即压力不断减小,所以在进行地基加固处理时,首先应了解地基的地层岩性情况,并取样做土的含水量、密实度和剪切试验,从而确定地基沉降变形特性(固结变形计算其次分段计算填土自重压力,根据具体的地层情况设计加固方案,使台后填方路段的地基沉降变形与桥台地基沉降变形保持一致,对不同的地层采用不同方法和措施)。

桥头设置过渡段:在路堤和桥涵结构物的连接段上,考虑结构的差异设置一定长度的过渡段。本工程设搭板过渡,可以使柔性结构中段产生较大沉降通过搭板逐渐过渡至桥涵结构物上,车辆行驶就不至于产生跳跃。为了不使搭板滑落,施工时还需进行特别加固,在拱板的端部设置宽 0.4m、深达 1 m 的水泥稳定砂砾大枕梁,这样使用效果很好,此外,在路堤与桥涵接缝处设置排水槽,避免或减少对路基、路面材料的冲刷和浸润,将会减小沉陷值。

台背填料的选择:设计及施工中,台背填料应在现场择优选用。采用粗颗粒材料填筑桥两端路堤,或者设置一定厚度的稳定土结构层。在高填方的拱涵及涵洞与侧墙的相接部位,应尽量使用内摩擦角大的填料进行填筑,而且施工时应注意填料土压的平衡,不得发生偏压,以免造成工程事故。

台背填方碾压方法:施工过程中尽可能扩大施工场地,以便充分发挥一般大型压实机械的使用,当受场地限制时,要采用横向碾压法,以能使压路机尽量靠近台背进行碾压。对于压路机不能靠近台背者,采用小型压路机配合人工夯实、碾压,最终压实度满足设计要求。在涵洞的翼墙周围特别容易产生因压实不足而可能使用大型压实机械,这种情况下应与小型振动压路机配套使用,给以充分压实。

设置完善排水设施:填方的排水措施对填方的稳定极为重要,特别是靠近构造物背后的填料,在施工中及施工后易积水下陷,因此施工时,应保证施工中的排水坡度,设置必要的地下排水设施。另外,设计上应在桥台与填段结合处过渡段的路面下设置垫层,防止路面下渗水进入填方体。

强化施工质量管理,提高桥涵两端路堤的施工质量:桥涵端部路堤与桥涵是两种不同性质的结构物,为了使沉降差尽量小一些,应该将该处路堤的压实要求在现有基础上有所提高。一般可考虑提高至 98% 或更高,整个路堤的压实度都应提高。为了使桥台填方达到要求密实度,施工中,必须完善施工工艺、方法和强化施工质量管理,压实土层厚度可以适当减薄以及增加压实遍数。为了适应桥涵端部路堤施工场地窄小、压实区域形状不规则而工期又紧迫的特点,应使用专用的小型压实机械。

(二)施工中工程质量自检情况

在施工中,我项目部成立以项目经理为组长,项目副经理和总工程师为副组长的质量管理小组,在施工中严把质量关,深化职工质量意识,开展质量教育,使全体施工人员明确质量目标。并在施工过程中认真接受监理工程师监督,进行自检、互检、交接检,并定期不定期地进行质量检查,制定奖罚措施,制定切实可行的质量检查程序,使施工生产过程中产品质量处于受控状态,从而提高和保证工程质量,使我单位承建工程顺利完成施工,没有发生任何质量事故。

(三)工程质量问题的处理

在施工过程或完工以后,项目部或监理工程师如发现工程存在着技术规范所不容许的质量缺陷,应根据其性质和严重程度,按如下方式处理。

(1)当因施工而引起的质量缺陷处在萌芽状态时,项目部将及时制止,并要求立即处理(如更换不合格材料、设备或不称职的施工人员,或要求立即改变不正确的施工操作方法)。

(2)当因施工而引起的质量缺陷已出现时,项目部立即组织相关人员采取能足以保证施工质量的有效措施,并对质量缺陷进行正确的补救处理,同时必须得到监理工程师认可。

(3)当质量缺陷发生在某道工序或单项工程完工以后,而且质量缺陷的存在将对下道工序或分项工程产生严重影响时,项目部将和监理工程师对质量缺陷产生的原因作出判定,并在确定补救方案后,再进行质量缺陷的处理或下道工序或分项工程的施工。

(4)工程完工后,发现工程质量缺陷时,将按照监理工程师的要求进行修补、加固或返工处理。

(四)完工质量评价

我单位承建的岭南 No.5 标工程现已顺利完工,工程具备交验条件。在施工中我单位严把质量关,杜绝一切质量隐患，施工中未出现重大质量事故，各项施工均符合《公路工程质量检验评定标准》，各单位、分部、分项工程质量评定均为合格。

四、施工进度控制

本标段从 2005 年 10 月 3 日开工至 2007 年 8 月底全部竣工。经过广大职工的共同努力，我单位在安全、质量无事故情况下圆满完成本合同段全部施工任务。在施工中我单位根据本合同段实际情况，对施工进度进行合理安排，周密部署并采取了严格控制进度的措施。

(1)建立管理组织目标责任制制度措施：

(2)工期控制的主要技术措施。

(3)充分运用计算机网络计划技术实施动态管理的措施。

(4)超前谋划进行积极准备措施。

(5)施工进度其他措施。

①强化计划管理，加强协调指挥；

②抓好安全、质量，加快施工进度；

③服从大局，听从统一指挥。

五、施工安全与文明施工情况

(一)安全生产管理体系

1. 安全生产目标

达到五无目标，即“无死亡事故，无重大伤人事故，无重大机械事故，无火灾，无中毒事故”。杜绝重大事故和职工因工重伤或死亡事故。

2. 安全生产组织

根据工程特点，对本项目实行项目经理部、工程队、作业班(组)三级安全管理，各级第一管理者亲自抓安全。项目经理部成立以项目经理为组长的安全生产领导小组，各作业层成立相应原安全管理机构，配齐专职安全员。安全生产领导小组负责制订安全工作计划，开展多层次、多形式的安全教育和岗位培训及安全生产竞赛活动，增强全员安全意识。定期组织安全检查，召开安全会议，总结安全生产情况，分析安全形势，研究和解决施工中存在的问题。发挥各级安全员的监督检查作用，深入现场，跟班作业，加强防范，及时发现和排除事故隐患，把不安全因素消灭在萌芽状态，充分体现“安全生产，人人有责”。安全管理机构见图 2。

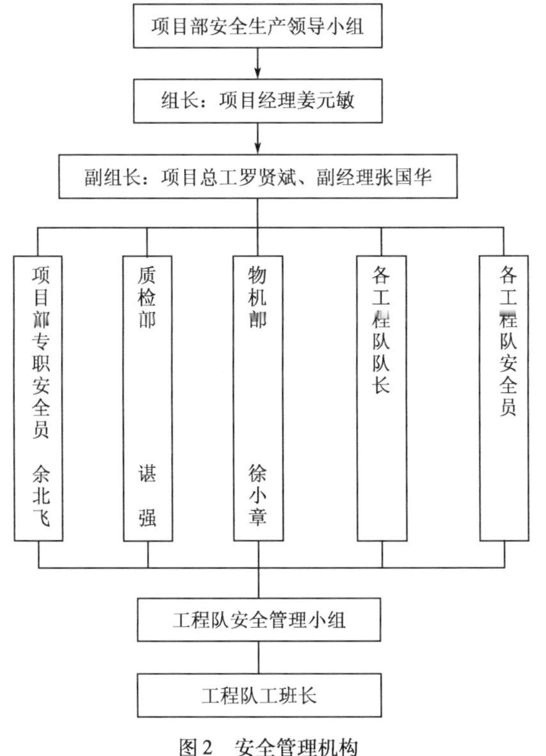

图 2　安全管理机构

3. 建立健全安全生产保证体系

我项目部为高度重视安全生产，为确保安全生产，建立健全了一整套措施得力的完善的安全保证体系。安全保证体系见图3。

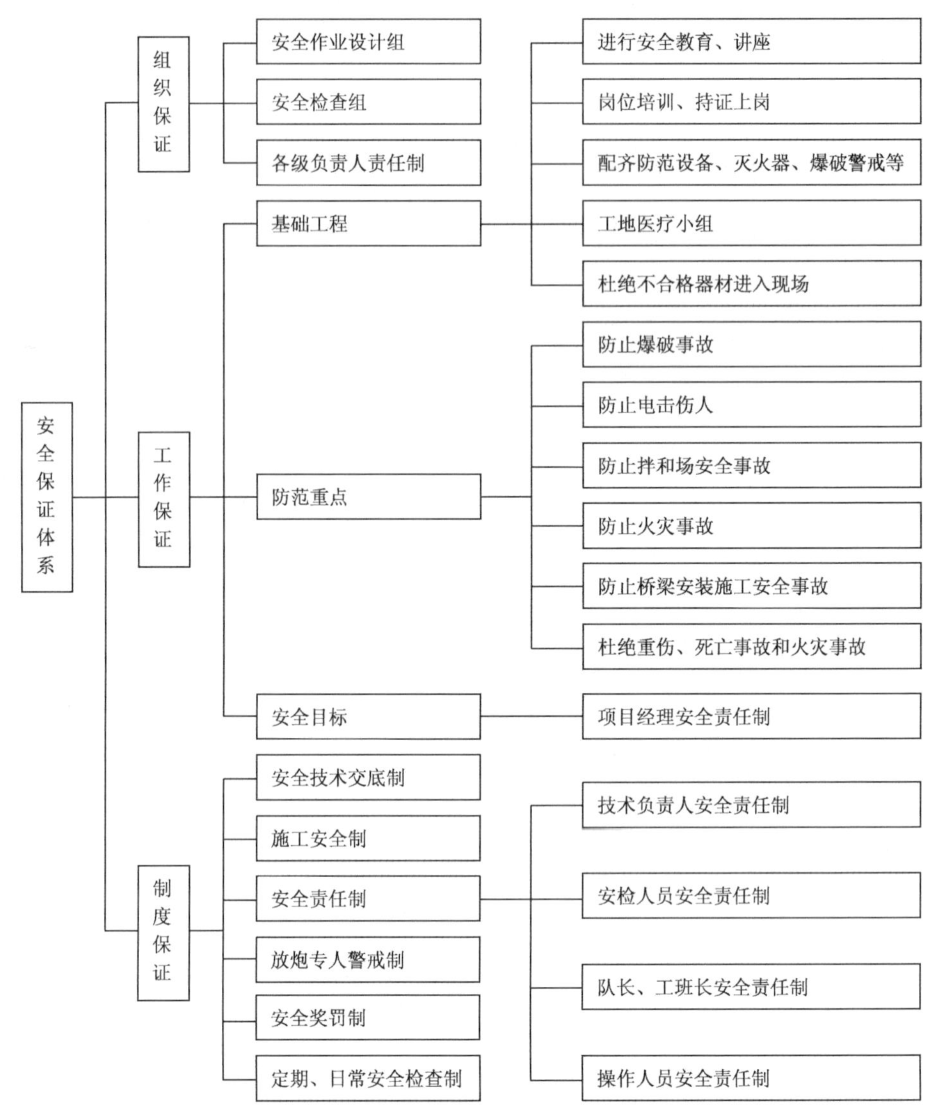

图3　安全保证体系

4. 安全生产管理

项目部安全工作领导小组领导全面的安全工作，主要职责是领导项目部开展安全教育，贯彻宣传各类法规，通知传达上级部门的文件精神，制定各类管理条例，每周对各项目工程进行安全工作检查、评比，处理有关较大的安全问题。项目部成立安全管理小组，并设专职安全员，主要职责是负责对工人进行安全技术交底，贯彻上级精神，每天检查工程施工安全工作，每周召开一次安全会议。制定具体的安全规程和违章处理措施，并向公司安全领导小组汇报工作。各作业班组设立兼职安全员，主要是带领各班组认真操作，耐心指导每位工人，发现问题即时处理并及时向工地安全管理小组汇报工作。

5. 安全检查制度

在施工过程中，除正常的安全检查外，局每月检查一次，局工程科每半月检查一次，项目部每周检查一次，发现问题落实到人，限期整改，消除隐患，确保施工安全。

6. 安全教育制度

按照我局的安全教育制度，加强宣传教育，制定科学合理的施工方案，现场组织切合实际的作业程序，正确严格地执行和运用施工及安全规范。对进场的工人进行摸底测试，统一进行安全教育，增强质量、安全意识。各专业班组认真钻研设计图进行技术交底，认真学习和深刻体会施工技术规范和施工安全规范。经过培训交底达到合格的职工才允许上岗操作，为安全工作顺利圆满开展打下坚实的基础。在施工过程中，建立每周一次的安全教育，由项目经理或专职安全员主持。同时在每道施工工序进行前，由专职安全员做书面的安全技术交底，各班组长带领施工人员认真贯彻落实。

（二）安全生产保证措施

1. 安全生产综合性保证措施

（1）健全制度，实行安全生产责任制。严格执行有关安全生产和劳动保护方面的法律、法规和技术标准、规则，建立健全适合本合同段特点的安全生产管理制度。实行安全生产责任制，层层签订安全责任状，建立与经济挂钩的激励约束机制。

（2）严格监督，完善安全生产检查制度。在安排施工计划的同时，要有针对性地明确安全目标、预防措施及安全控制重点，并落实到具体人员。项目经理部根据工程进度季节情况，定期组织安全大检查，项目经理部每月进行检查评比，实行奖罚。对重点项目、重要工序和关键部位推行安全岗位责任制，实行全过程监督检查，及时发现问题，消除隐患，使整个施工过程完全处开受控状态。

（3）安全教育经常化、制度化，提高全体施工人员的安全意识。开工前进行系统安全教育，开工后抓好“三工”教育和定期培训。通过安全竞赛、现场安全标语、图片等宣传形式，增强职工、民工的安全意识和安全生产的自觉性，时时处处注意安全，把安全生产工作落实到实处。

（4）科学施工，完善安全生产操作规程。施工组织设计、施工方案、作业方法要科学合理，每个分项工程都要制定完善的安全生产操作规程。严格进行安全技术交底，严格按安全技术规则施工，防止各种违章指挥和违章作为行为的发生。在编制施工组织设计的同时，制定相应的安全技术措施，尤其是重点项目和关键部位工程在确定施工方案的同时，要制定切实可行的安全技术保证措施。

（5）突出重点，健全安全生产预报措施。为确保安全生产，分析本合同段工程具体情况，要抓住重点，控制难点，不断调整主攻方向，做好超前预防预控。本合同段事故控制点有以下几点：

①冬雨季节车辆管理。

②设备机具伤害事故。

对事故控制点的管理要做到制度健全无漏洞、检查无差错、设备无故障、人员无违章，措施行之有效。

（6）抓住现场，坚持标准化管理。施工现场内各种机械设备、材料、临时设施、临时水电线路必须按施工总平面图合理布置，并且符合安全技术规则。积极开展建设安全标准工地活动，现场安全标识牌安放要醒目，做到现场布置标准化、临时防护标准化、安全作业标准化和安全标志标准化。

（7）保证机械设备安全作业。加强机械设备日常和定期检修维护，不带故障作业，道路交叉口及陡坡路段设置醒目的交通标志，严格控制重车车速不大于15km/h，空车速度不大于20km/h。地下油库（加油站）设置要符合安全规程，并配备灭火器具。夜间施工、料场、施工区及道路需有足够的照明。在交通道口及转变处设专人值班，负责交通运输安全。

（8）加强炸药管理、爆破安全、电源、火源管理。我项目部石方量爆破量高达85万m^3之多，需炸药量将近100t。炸药库一旦因外因引爆，后果将不堪设想，所以应高度重视炸药管理和生产现场爆破安全。我部将把炸药管理和爆破安全工作列为各项工作的重中之重。

职工生活区、工地办公室、机具料库、加工场、配电室等临时构筑设置布局合理，并配备防火器具。加强施工及生活有电管理，电气设备及线路配备电工经常检修，设备器具应有防雨措施。

（9）加强安全防护。设置安全防护标志。施工作业人员戴安全帽上岗；脚手架、脚手板搭设牢固。桥梁安装小心谨慎，确保安装不出事故。

（10）确保人身及车辆的安全。抓好现场管理，坚持文明施工，保障人身、机械和器械的安全，机动车辆驾驶员要加强安全教育，上公路的机动车辆限速行驶，不侵道，不占道，做到弯道鸣笛，文明礼让，确保行车安全，严防交通事故的发生。

（11）消防管理。严格执行《中华人民共和国消防条例》，建立防火安全责任制，设置符合要求的消防设施。

（三）分项工程安全技术措施

1. 爆炸物品库房安全管理办法

①为了保证炸药库房的安全,预防安全事故的发生,减少不必要的损失,特制定本管理办法。

②库房必须设专人管理,严禁将爆炸物品分发给外包队或个人保存;库房管理人员必须经过专门的安全教育培训,方可上岗。

③库区应设置不低于2.5m高的围墙(刺网),距库房的距离不小于25m。雷管库与炸药库之间的距离不小于35m。

④库房应有符合标准的防静电、避雷设施;库内应设有消防设施。

⑤库内严禁存放其他物品。禁止使用油灯、蜡烛、非防爆灯或其他照明。

⑥仓库内应清洁、干燥、通风良好,库内温度应保持在18~30℃,其周围5m内的范围,需清除一切杂草树木。

⑦不得将不同批号的爆炸物品混在一起,不同性质的炸药不能一起存放,特别是硝化甘油类炸药必须单独存放;严防虫鼠等动物的啃咬,以免引起雷管爆炸或失效;药箱下要垫方木或木板。

⑧严禁无关人员进入库区;严禁在库内吸烟;严禁将容易引起燃烧、爆炸的物品带入仓库;严禁在库内住宿和其他活动。

⑨爆破材料箱袋的堆放必须平放,不得倒放,不准抛掷、拖拉、敲打、碰撞,亦不得在仓库内打开药箱。

⑩施工现场临时库房内爆破材料的储存数量,炸药不得超过3t,雷管不得超过10000个和相应数量的导火索。

⑪库房内外应设立明显的安全警示标志。

⑫必须建立健全领退、看守、出入库检查、登记、收支两本账等制度,做到账目清楚,账物相符;应设立2名保管人员对爆破材料进行控制。

⑬本办法自发布之日起执行。

2.爆破作业安全

我项目部为确保爆破作业生产安全,特制定爆破作业管理制度,最大限度地预防爆破事故的发生。

爆破作业管理制度具体如下。

为了使爆破施工规范化,预防爆破施工中发生安全事故,特制定本制度。

(1)爆破工程施工必须编制单项施工安全技术方案,根据工程特点制定有针对性的安全技术措施,并报请爆破工作领导人或主管部门批准后,方可实施。

(2)爆破作业人员须经专门安全技术考核合格,并取得公安部门发给的有效作业证后,持证上岗操作。

(3)放炮必须专人指挥,事先设立警戒范围,规定警戒时间、信号标志,并派出警戒人员;起爆前要进行检查,必须待施工人员、过路行人、船只、车辆全部避入安全地点后方准起爆,警报解除后方可放行;炮工的掩蔽必须坚固,道路必须畅通。

(4)爆破作业结束后,必须派人巡视爆破地点,检查处理瞎炮、残炮等,防止瞎炮和爆炸物丢失。

(5)瞎炮处理应遵守下列要求:

①电力爆破通电后没有起爆,应将主线从电源上解开,接成短路。此时若进入现场,如使用即发雷管不得早于短路后5min;如使用延期雷管不得早于短路后15min。

②由于接线不良造成的瞎炮,可以重新接线起爆。

③严禁用掏挖或在原炮眼内重新装炸药,应在距离原炮眼60cm外的地方,另打眼放炮。

④在瞎炮未处理完毕前,严禁在该地点进行其他作业。

(6)爆破点距离村庄较近时,必须采取防震措施:一是分散爆破点,每隔50cm左右设一个爆破点,依此循环进行;二是减少装药量;三是采取表层震动爆破法等,减轻震动波。

(7)爆破点上空有高压线走廊横穿路基,必须采取防护措施;在采取防护措施的同时,在爆破点上部用草袋子、胶管帘和安全网3层覆盖,并用钢钎将网绳固定在石缝中,保证爆破碎石飞掷高度不超过1.0m,以保证高压走廊的安全运行。

(8)装药时应使用木质炮棍轻塞,严禁用力抵入和使用金属棒捣实,严禁火种。无关人员和机具均应撤至安全地点。禁止使用冻结、半冻结或半熔化的硝化甘油炸药。

(9)爆破作业人员和爆破器材加工人员严禁穿着化纤衣物。

(10)装药与钻孔不宜平行作业。

(11)进行爆破时,所有人员应撤离现场,其安全距离如下:

①独头巷道不少于200m;

②相邻的上下坑道内不少于100m;

③相邻的平行坑道,横通道及横洞间不少于50m;

④全断面开挖进行深孔爆破(孔深3~5m)时,不少于500m。

(12)采用电雷管爆破时,必须按国家现行的《爆破安全规程》(GB 6722—2011)的有关规定执行,应加强洞内电源的管理,防止漏电引爆。装药时可用矿灯、荧聚灯照明。起爆主导线宜悬空架设,距各种导电体的间距必须大于1m。

(13)爆破材料的管理:

①储存爆破器材应放在干燥、通风处,应有消防设备。

②炸药储存前必须严格检查,不同性质和批号的炸药不得混在一起,尤其是硝化甘油炸药必须单独储放。

③建立爆破材料的领、用、退制度,剩余的爆破材料必须当日退库,严禁私自收藏。

④爆破器材应按规定要求进行检验,对失效及不符合技术条件要求的不得使用。

⑤爆破器材应由专人领取,炸药与雷管严禁由一人同时搬运。电雷管严禁与带电物品一起携带运送。

(14)爆破安全注意事项

①爆破施工必须由具有专业执照和经过专业培训并通过《爆破作业人员安全技术考核标准》(GA 53—1993)的、熟悉爆破器材性能和安全规程的专业人员,严格按照有关爆破的操作规程进行施工。

②加强施工现场安全管理,在施工现场设置安全标志。爆破时间及油料、炸药、雷管库房都要挂警示牌;炸药火工品的购买、运输、保管和使用严格执行《中华人民共和国民用爆炸物品管理条例》。爆破器材必须储存在爆破器材库内。

③将爆破信号、警告标志和起爆时间明确告之现场人员,起爆前督促检查人员、设备撤离危险区,做好警戒。爆破后处理盲炮和哑炮要严格执行《爆破安全规程》(GB 6722—2011),若遇大风、大雨或雷电等恶劣天气或黑夜均不得进行爆破。

④在附近有居民的爆破区段,放置铁网及钢板,防止爆破飞石。

⑤采用电力起爆,必须严格检测电雷管,电爆网路要严格使用爆破专用仪表,并按有关爆破安全规则的各项规定执行。

3. 钢筋工程安全技术措施

(1)钢筋加工。

机械必须设置防护装置,注意每台机械必须一机一闸并设漏电保护开关。

工作场所保持道路畅通,危险部位必须设置明显标志。

操作人员必须持证上岗,熟识机械性能和操作规程。

(2)钢筋安装。

搬运钢筋时,要注意前后方向有无碰撞危险或被钩挂料物,特别是避免碰挂周围和上下方向的电线。人工抬运钢筋、卸料要注意安全。

起吊或安装钢筋时,应和附近高压线路或电源保持一定安全距离,在钢筋林立的场所,雷雨时不准操作和站人。

4. 模板工程安全技术措施

(1)工作前应先检查使用的工具是否牢固,扳手等工具必须用绳链系挂在身上,钉子必须放在工具袋内,以免掉落伤人。

(2)安装与拆除3m高度以上的模板,应搭脚手架,并设防护栏杆,防止上下在同一垂直面操作。

(3)装、拆模板时禁止使用小木料、钢模板作立人板。

(4)装拆模板时,作业人员要站立在安全地点进行操作,防止上下在同一垂直面工作;操作人员要主动避让吊物,增强自我保护和相互保护的安全意识。

(5)拆模必须一次性拆清,不得留下无撑模板。拆下的模板要及时清理,堆放整齐。

5. 混凝土工程安全技术措施

(1)搭设行车道板时,两头需搁置平稳,并用钉子固定,在平道板下面每隔1.5m,需加横楞顶支撑。

(2)车道板单车行走不小于1.4m宽,双车来回不小于2.8m宽,在运料时,前后应保持一定车距,不准奔跑、抢道或超车。到终点卸料时,双手应扶牢车柄倒料,严禁双手脱把,以防翻车伤人。

(3)浇灌混凝土用脚手架,工前应检查,不符合脚手架规程要求,可拒绝使用。施工中应设专人对脚手架和模板、支撑进行检查维护,发现问题,及时处理。

(4)用料斗浇捣混凝土时,指挥扶斗人员与驾驶员应密切配合,当放下料斗时,操作人员应主动退让,应随时注意料斗碰头,并应站立稳当,防止料斗碰人坠落。

(5)浇灌混凝土用的溜槽、串筒要连接安装牢固,防止坠落伤人。

(6)使用振动器前应检查电源电压。输电必须安装漏电开关,保证电源线路良好。电源线不得有接头,机械运转要正常。振动器移动时,不能硬拉电线,更不能在钢筋和其他锐利物上拖拉,防止割破拉断电线而造成触电伤亡事故。

(7)振动器使用时,插入深度不准超过60cm,时间不能超过1min,振捣人员要穿胶靴戴胶手套。

6. 电焊作业安全技术措施

(1)电焊、气割,严格遵守“十不烧”规程操作。

(2)操作前应检查所有工具、电焊机、电源开关及线路是否良好,金属外壳应安全可靠接地,应有完整的防护罩,进出端应用铜接头焊牢。

(3)每台电焊机应有专用电源控制开关。开关的保险丝容量,应为该机的1.5倍。严禁用其他金属丝代替保险丝。完工后,切断电源。

(4)电气焊的弧火花点必须与氧气瓶、电石桶、乙炔瓶、木材、油类等危险物品的距离不少于10m。与易爆物品的距离不少于20m。

(5)乙炔瓶、氧气瓶均应设有安全回火防止器,橡胶管连接处须用轧头固定。

(6)氧气瓶,严防沾染油脂、有油脂衣服、手套等,禁止与氧气瓶、减压阀、氧气软管接触。

(7)清除焊渣时,面部不应正对焊缝,防止焊渣溅入眼内。

(8)经常检查氧气瓶与磅表头处的螺纹是否滑牙,橡皮管是否漏气,焊枪嘴和枪身有无阻塞现象。

(9)注意安全用电,电线不准乱拉,电源线均应架空扎牢。

(10)焊割点周围和下方应采取防火措施,并应指定专人进行防火监护。

7. 高空作业安全措施

(1)高空作业人员必须进行身体检查,凡患有高血压、心脏病、贫血、癫痫病者以及其他不适于高空作业者,不得从事高空作业。

(2)高空作业使用的工具要放在工具袋内。常用的工具系在身上,所需材料或其他工具必须用牢固结实的绳索传递,禁止用手抛掷,以免掉落伤人。

(3)凡2m以上悬空、陡坡和无平台处作业要佩戴安全带,挂好安全挂钩,有平台要安装好防护栏杆和安全网,防止跌落。

(4)所有作业人员进入施工现场,戴好安全帽和扣好帽带,高空作业人员要穿胶鞋和软底鞋,不准穿拖鞋和硬底鞋,以免滑倒或掉下。六级以上的大风禁止进行高空作业。

(四)安全用电

1. 安全用电措施

(1)接地与接零

在施工现场专用的中性点直接接地的低压电力线中,必须采取TN-S接零保护系统(即三相五线制)。

①保护零线应由工作接地线或配电室的零线或第一级漏电保护器电源一侧的零线引出。

②保护零线应与工作零线分开单独敷设,不作他用,保护零线PE必须采用绿/黄双色线。

③保护零线必须在配电室(或总配电箱)配电线路中间和末端至少3处作重复接地,重复接地线应与保护零线相连接。

(2)配置漏电保护器

①施工现场的配电箱(配电室)和开关箱至少配置两级漏电保护器。

②漏电保护器应选用电流动作型,一般场合漏电保护器的额定漏电动作电流应不大于30mA,额定漏电动作时间应不大于0.1s;潮湿和有腐蚀介质场所的漏电保护器,其额定漏电动作电流和额定漏电动作时间乘积的极限值为(大于)30mA·s。

③开关箱内漏电保护器的选用应与动力设备的容量大小、相数等实际情况相适应和配合,如三相电动机则应选用参数匹配的三相三线的漏电保护器;照明用电必须与动力用电分开,照明应选用单相二线的漏电保护器。

(3)开关箱按三级设置,即总配电箱→分配电箱→开关箱,开关箱距离机具不能超过3m,开关箱实行一机一闸一漏电保护。

(4)配电系统

①所有的电线架设都必须使用电杆、绝缘子、横担等,按规范要求架设。

②开关电器及电气装置必须完好无损。

③带线导线与导线之间的接头必须绝缘包扎，带电导线必须绝缘良好。

④配电箱与开关箱应作名称、用途、分路标记；配电箱、开关箱应配锁并有专人负责。

⑤室外用电严禁拉设使用花线，严禁使用铜线或其他金属线代替保险丝使用，严禁工人宿舍内乱拉电线、插座、烧电炉、电饭煲。

(5)行灯电压不超过36V，灯具距地面高度低于2.4m等场所照明电压不大于36V。潮湿及易触及带电体场所照明电压不大于24V。

根据需要设置警卫和红色信号照明和事故照明，其电源应设在施工现场电源总开关的前侧，并配备电源。

(6)对各类用电人员进行安全用电基本知识培训。

(五)文明施工

在合同执行期间，我们将按上级规定制定有关制度、条例并认真执行，做到文明施工，体现出施工现场现代化管理的风貌。

(1)施工期间，积极响应在全线进行劳动竞赛的号召，掀起“比、学、赶、帮、超”的热潮，用精神、物质方面的奖励激励员工，狠抓工程质量、工程进度、合同履约、文明施工、安全生产五要素，暂夺“流动红旗”。

(2)坚决杜绝“黄、赌、毒”现象。

(3)项目部应挂“五牌一图”，项目部及生产区出入口处设置“一图四牌”，即施工现场布置总平面图、工程简介牌、组织机构设置牌、企业理念牌、安全管理制度牌。项目部以黑板报、宣传栏等形式积极开展政治思想教育工作。工地悬挂安全、创优标语。

(4)项目部会议室、办公室内应悬挂并张贴相应的管理图表和规章制度。施工现场设置安全、防火、交通等标志。

(5)项目部要做到各项施工原始资料、记录数据、施工图表齐全。所有质检、试验检测、计量支付数据实行计算机管理。

(6)参加本项目施工的所有人员将在本项目工程所有现场施工区域身穿由业主指定样式的本工程标志服，按照施工现场对不同人员佩戴不同颜色的施工安全帽。并按要求佩戴防护用品，穿防滑鞋。

(7)各管理人员均佩证上岗，证件内容包括职务、姓名并印有本人彩色像片，做到醒目、美观，安全员的佩证为红色，使其特别醒目。他们在对现场进行管理的同时，及时、主动接待前来现场了解、检查、视察的各有关人员，对与本工程无关的人员劝离现场。

(8)建立明确的交接班制度，交接班者要交清和了解作业的所在情况及注意事项。下班及节假日期间，必须将作业中使用的工具、器械、设备等放置整齐，并清理现场、清扫干净。

(9)办公室、仓库、工作间均按统一的标准悬挂标志牌，以利辨认。

(10)施工现场各种施工机械设备分类划区摆放要整齐，施工材料要分档、隔离堆放，要求合理、整齐，并挂木牌明示。若有必要遮盖的材料进行遮盖。钢筋、水泥等材料应在室内存放，并架空堆放。

(11)路基填筑必须挂线施工，每层路基填筑应设报验牌。

(12)大型施工装备和超重件的运输应事先取得道路管理部门和交警部门的许可。

中标后，我们将在施工中严格执行《中华人民共和国环境保护法》及《公路建设项目环境保护设计规程》的有关要求，严格遵守国家和当地政府控制环境污染的法律和法规，将环境保护贯穿于项目各个组成部分，采取行之有效的措施来维持当地环境，把本项目建成“景观路”、“环保路”、“生态路”。

项目部的环保工作由行政后勤部管理，并积极主动与当地环保部门联系，定期向他们汇报工作，取得当地环保部门对我们的支持。加强对全体职工的环保思想教育，做到重视环保、文明施工。

六、环境保护与节约用地措施

(一)环境保护情况

施工中的环境保护和水土保持工作至关重要，我单位将严格按照《中华人民共和国环境保护法》、《中华人民共和国水土保护法》和江西省有关环保的地方性法规，积极维护当地自然环境，最大限度地减少施工对自然环境的破坏，防止水土流失，争创文明施工标准化工地。

随着人民生活水平的不断提高，环境保护工作日益突显出其重要性和迫切性。为了响应国家和业主对环保工作的号召，满足业主的有关要求，我单位将结合本行业和工程施工特点，积极做好环保工作。

(二)节约用地情况

本着节约用地、造福当地的原则，我项目部通过实际调查，对施工弃土场进行了合理规划，在征得当地有关部门同意下，在路基两侧选择坡地或山地进行取弃土，并在施工完工后进行整平复耕，并充分利用线间空地作为弃土场地，完工后平整绿化，既节约了用地，又美化了高速公路景观。

七、施工中新技术、新材料、新工艺的应用情况

无。

八、工程款支付情况

我项目部外欠债务已全部还清，在此我项目部郑重承诺，如该项目有拖欠农民工工资和劳务费用及工程款的投诉，责任完全在我公司，由我公司负责解决，与建设单位无关，建设单位不承担任何法律责任。

九、施工体会

在业主、设计代表、监理人员和当地各级政府的大力支持和帮助下，在整个工程我项目建设中，我项目部全体员工更新观念，创新管理途径，科学组织，超越自我，按业主下达的节点工期及时完成任务，安全、工程质量无重大事故。

施工中，我们始终以工程施工为重点，做到工期、质量由领导亲自抓，各专业人员具体抓。精心组织、严格管理、科学施工，不仅按期优质高效地完成了任务，而且在施工中磨砺了筑路人的意志，提高了施工技术和管理水平，丰富了承包人的工程施工经验。

在岭南高速公路建设中，河南岭南高速公路有限公司、中交第一公路勘察设计研究院和河南省高等级公路建设监理部在施工中，为我单位提供了优质的服务、科学的指导。在工作中我们遇到了很多施工困难，每一家服务单位，都能为我们现场排忧解难，使我单位的工程进度始终没有滞后，施工也取得了较好的成绩，并能按时完成工程任务，这和建设单位、设计单位和监理单位平时对我单位工作给予的及时、高效、热情、周到的服务是分不开的。我单位将以优质的工程质量，作为对河南岭南高速公路有限公司、中交第一公路勘察设计研究院和河南省高等级公路建设监理部在工作中给予我们的支持、关怀的回报和感谢。

江西省公路桥梁工程局
岭南高速公路土建 No.5 标段项目经理部

6. 二广高速公路分水岭至南阳段工程土建 No. 6 标合同段施工总结报告

目　录

二广高速公路分水岭至南阳段工程土建 No.6 标合同段施工总结报告

一、工程概况

二广高速分水岭至南阳段工程 No.6 标合同段起讫桩号 K16 + 340 ~ K19 + 000，路线全长 2.66km。本标段采用双向四车道高速公路技术标准设计，设计速度为 100km/h，路基宽度 26m。桥涵设计荷载为公路Ⅰ级，桥面净宽 2 × 11.5m。

本合同段主要工程为特大桥 1 座，即黄鸭河特大桥，起讫桩号 K17 + 249.5 ~ K18 + 413.5，全长 1164m，主要工程量为钻孔桩直径 1.2m 共 8 根，直径 1.5m 共 4 根，直径 1.8m 共 128 根；立柱直径 1.5m 共 8 根，直径 1.7m 共 120根；预制箱梁 264 片。涵洞、通道 3 道，分别为 K16 + 634 通道、K16 + 900 涵洞、K18 + 539 涵洞，路基全长 1496m，挖方方量 53 万 m^3，填方 12 万 m^3。

二、机构组成

进场之初，我项目部在公司范围内抽调具有丰富管理经验和高素质的专业技术人员，组成本合同工程项目经理部，设项目经理 1 人，总工程师 1 人。下设工程部、计划合同部、安质部、物机部、财务部、中心试验室、综合办公室。

三、质量管理情况

(一)质量管理体系

1. 质量管理体系

对于本项目，我们建立健全了质量管理体系，以质量求生存，向管理要效益。建立以项目经理负责的质量管理体系，以总工程师、总质检工程师负责的质检保证体系。严格执行 ISO9001:2000 一体化管理体系，强化技术岗位责任制，完善技术管理。在项目公司的领导下，在监理工程师的监督下，通过对工程质量各项指标的动态监控，确保了施工质量。

2. 技术交底

技术、质量的交底工作是施工过程基础管理中一项不可缺少的重要工作内容，我标段在施工生产过程中，对项目施工技术人员以及现场施工人员的施工前技术交底特别重视，交底采用书面签证确认形式，具体分为以下几方面。

交底前，先组织施工人员认真阅读图纸，了解设计意图和排除可能存在的错误。

项目总工程师牵头对项目部工区负责人、工区技术人员进行一级交底。

工区负责人及工区技术人员向施工班组人员进行二级交底，内容主要包括分项工程施工、技术要求、工艺流程、质量要求、安全防护措施等进行详细的书面交底。本着谁负责施工谁负责质量、安全工作的原则，各分管分项工程负责人在安排施工任务的同时，对施工班组进行书面技术质量、安全交底，必须做到交底不明确不上岗，不签证不上岗。

对于一些关键工序或技术难度较大的隐蔽工程，总工程师组织技术交底，技术交底工作应贯彻在整个施工过程中。

3. 质量宣传体系

我标段制定了完整的质量宣传体系，进场之初就在技术交底中明确要求必须在施工现场(包括拌和站、钢筋加工厂、箱梁预制厂等重点部位)悬挂醒目标志及各种质量宣传口号。在执行的过程中，加大质量的宣传力度，通过召开全体职工会议以及现场工作会议等各种方式对质量的重要性进行宣传，增强项目全体职工和现场施工人员的质量意识。

4. 质量检查旬报制度

为保证工程质量，我项目部每月组织三次质量检查综合考评。并按项目公司要求，每月上、中、下旬向公司进行书面汇报。

(1)检查的主要内容

①质量保证体系、质量控制制度、质量控制措施是否建立,健全,规范运行。

②质量管理机构是否健全,质量管理责任是否落实到人,是否签订了质量责任状,工程质量终身责任制是否建立并落到实处。

③内业资料是否齐全、真实。

④施工过程控制的质量监控手段和方法是否科学。

⑤施工方案是否符合质量标准,是否制订了施工艺及作业指导书,是否进行技术交底,并以作业指导书指导施工。

⑥质量检验评定结果是否达标。

⑦是否按设计、规范进行施工,按标准进行检验。工程实体是否达到内实外美。

⑧环保、水保是否达标。

(2)工程质量综合考评程序

①考评前,各施工点进行自查,上报项目部质量管理领导小组同意后,组织质量检查。

②质量检查结束后 2 天内,项目部质量管理提出检查结果及质量考评初步意见,并向项目部质量管理领导小组作出汇报。

③项目经理根据质量检查结果,结合各工点日常质量检查情况,审定质量考评意见。

④由质量管理部及时将审定的考评结果通报计划财务部、各施工工点,计划财务部根据奖罚条款及考评方案对有关工点进行奖罚。

最后由安质部门将检查内容及考评结果,每月上、中、下旬向项目公司进行书面汇报。

5. 质量奖罚制度

为调动各工点的施工积极性,加强施工质量管理,提高工程质量,项目部专门设立了质量奖励基金,在每次质量检查后,对各施工工点进行考评,对于优秀的施工工点,予以奖励,并对质量检查不合格的工点先下发质量整改通知书,整改落实不到位的将处以经济处罚。

(二)施工质量控制方案

为保证工程施工质量,我们严格按照公司质量保证体系的要求进行,依据分工负责互相协调的管理原则,层层落实职能、责任、风险和利益,做到各司其职,保证在整个工程施工生产过程中,质量保证体系正常运作和发挥保障作用。不仅在施工过程中进行控制,而且在施工前和施工完成后还进行控制。现将我标段主要施工工序施工质量控制方案总结如下。

1. 黄鸭河特大桥钻孔桩施工质量保证方案

(1)认真熟悉设计提供的地理资料,结合实际情况确定钻孔桩施工方法。

(2)钻孔过程中,注意孔内水位变化情况。

(3)钻孔施工所用的护筒必须有足够的强度和刚度,保证施工时不会产生变形。

(4)遇到孔身倾斜,应分析原因,及时处理后方可继续钻孔。

(5)钻进过程中,要随时取样,核实地质情况。

(6)钻进过程中,要随时取样,经常核对不同地质情况下的泥浆指标,使泥浆性能满足规范要求。

(7)钻孔深度达到设计要求后,应对孔径、深度、斜度和孔底地质情况全面仔细检查,并申报监理工程师,符合要求且在监理工程师同意后方可浇筑混凝土。

(8)钢筋笼应符合图纸设计尺寸,钢筋笼骨架应完整牢固,并采用垫块保证钢筋笼有适当的保护层。

(9)灌筑首批混凝土后导管埋人混凝土深度不小于 1.0m,灌筑过程中保持导管埋人混凝土深度在 2 ~ 4m。浇筑完成并达到强度后,凿除 1.0m 的桩头浮浆至设计高程。

2. 黄鸭河特大桥预应力箱梁预制和架设的质量控制措施

(1)制梁台座的基础要稳固,尤其是台座两头的基础要特别加固,防止梁体张拉后起拱,重力分担到两头而造成台座下沉,进而影响到梁体。

(2)外模采用大块定型钢模,刚度足够大,不易变形。

(3)预应力张拉设备性能要始终保持良好,严格按规定校检。

(4)预应力张拉采用双控,即控制张拉力和伸长量,以张拉力为主,当伸长量超出允许范围时,应找出原因,才能进行施工,确保预应力张拉质量。

(5)执行钢筋、模板、混凝土工序的质量保证措施,做好各项准备工作,务必一次浇筑成功。

(6)架梁前,对梁体外观进行检查,同时复核梁体的竣工验收。

(7)预应力箱梁架设前,检查墩台的混凝土强度、支座强度、支座高程、支座预埋孔的位置,以及跨距检查,一切都达到设计要求后,进行架梁前的施工准备。

(8)在墩顶移梁后,落梁时,按照设计的规定顺序和每次下落量进行,梁体一经落定,及时测量梁体架设的倾斜度、与支座十字线的吻合度及与支座的密贴情况等,合格后及时固定。

3. 高边坡锚杆植草防护

(1)石质边坡爆破后清理,保证坡面精确成型。

(2)采用2m的尺子将钻孔位置准确标示于坡面上,孔位偏差小于5cm。

(3)采用10cm的潜孔钻机施工成孔,严禁水钻,以确保锚杆施工中不至于恶化边坡岩体的工程地质条件和弱化孔壁的黏结性能。钻孔过程中,随时检查钻杆倾斜角度,发现偏差及时纠偏后方准继续钻进;同时,实际钻孔深度要大于设计深度,以确保锚孔深度。

(4)钻进过程中如遇地层松散、破碎时,则采用套管跟进钻孔技术,以使钻孔完整不坍;如遇坍孔,立即停钻,进行水泥浆固壁灌浆处理 。待水泥浆初凝后,重新扫孔钻进。

(5)采用ϕ25钢管送高压风清孔辅以人工掏勺,彻底清除孔内浮碴,严禁用水清孔。

(6)锚杆下料必须采用冷切割。

(7)由孔底向上反压浆施工。水泥浆固结收缩后,要多次补浆,以保证浆体充满钻孔。

(8)其他挖方边坡锚杆植草防护采用相同的措施进行施工。

4. 涵洞工程(K16+900、K18+539、16+634涵洞)质量保证措施

(1)基坑开挖和基础施工

所有基坑的开挖,严格按照设计图及规范的要求进行。基坑开挖后,遇到基底地质、水文等与原设计有不良变化时,根据实际钻探(或挖深)及土壤试验资料提出处理方案及加固措施,经监理工程师批准后进行地基处理。

基础开挖采用人工配合挖掘机开挖。开挖前先进行施工测量,按图纸确定的涵洞位置及尺寸准确放样,开挖时根据土质情况适当按1∶1放坡或者每侧加宽50cm开挖,并预留作业平台。

基坑开挖达到设计高程后,进行基地检测,满足设计要求后报请监理工程师验收合格后再进行下道工序施工。

每隔4~6m设置沉降缝一道,提前根据涵洞的总长度和盖板的设计宽度进行分节,沉降缝必须贯穿涵洞的整个断面,缝宽2cm,浇筑时从中心向两端一次连续浇筑,插入式振捣器辅助振捣。基础模板拆除后,及时对基坑进行回填、养护。

基坑回填分层夯实,压实度达到规定要求。

(2)盖板预制及安装

钢筋混凝土盖板采取集中预制。预制场底面进行硬化,表面收光、平整。模板采用钢模板,组装模板时保证模板表面光滑,脱模剂涂刷均匀,接缝严密,边线垂直。浇筑混凝土时要振捣到位,即不过振也不漏振,以混凝土不再下沉、表面开始泛浆、不出现气泡为度。采用土工布覆盖洒水养生。预制件运输、安装需有保护设备,慢起轻落,保证就位误差符合设计要求,杜绝碰掉棱角现象发生。安装后,盖板上的吊装孔应用砂浆填塞。

(3)台身及台帽

混凝土在就近拌和站生产,自动计量,通过混凝土输送车运至现场,滑槽或泵送入模,分层捣固密实。模板采用组合钢模,模板安装前先进行测量放样,保证位置准确,安装误差应符合设计及规范要求。模板安装保证接缝严密,自检合格后报请监理工程师验收合格后进行下道工序施工。支架法现浇盖板时,支架地基应坚实、无沉陷,支架的弹性形变应满足正常施工要求。

(4)沉降缝质量控制

缝内按设计填料沥青麻絮,用披灰刀或者焊条捣密。

(三)施工过程中质量自检情况

按照我标段质量保证体系的要求,在施工中加强了对工程质量自检的要求,首先由技术人员对现场施工人员进行技术交底,然后由质检人员在施工过程中严格把关。提高自检的标准和频率,对于施工中出现的质量问题及时处理或返工,这样保证了整个质量保证体系有效运行。

（四）工程质量问题的处理

在施工过程或完工以后，项目部或监理工程师如发现工程存在着技术规范所不容许的质量缺陷，应根据其性质和严重程度，按如下几种方式处理。

（1）当因施工而引起的质量缺陷处在萌芽状态时，项目部将及时制止，并要求立即处理（如更换不合格材料、设备或不称职的施工人员，或要求立即改变不正确的施工操作方法）。

（2）当因施工而引起的质量缺陷已出现时，项目部立即组织相关人员采取能足以保证施工质量的有效措施，并对质量缺陷进行正确的补救处理，同时必须得到监理工程师认可。

（3）当质量缺陷发生在某道工序或单项工程完工以后，而且质量缺陷的存在将对下道工序或分项工程产生严重影响时，项目部将和监理工程师对质量缺陷产生的原因作出判定，并确定了补救方案后，再进行质量缺陷的处理或下道工序或分项工程的施工。

（4）工程完工后，发现工程质量缺陷时，将按照监理工程师的要求进行修补、加固或返工处理。

（五）对完工质量的评价

我单位承建的岭南No.6标工程现已顺利完工，工程具备交验条件。在施工中我单位严把质量关，杜绝一切质量隐患，施工中无出现重大质量事故，各项施工均符合《公路工程质量检验评定标准》，各单位、分部、分项工程质量评定均为合格。

四、施工进度控制

我标段于2005年10月进场，按照项目公司的要求，在下达开工令之前，建立起了项目部、拌和站及各种临建设施。征地拆迁尽管遇到各种阻力，但我标段在公司及各相关部门的大力支持下，克服重重困难，边施工边解决问题。

施工中，我标段按项目公司制定的节点要求，合理安排进度计划，加大奖罚力度，重点控制黄鸭河特大桥，这样保证了我标段的进度按公司的节点目标于2007年11月全部完成。

五、施工安全与文明施工情况

（一）组织体系

建立以项目经理任组长，主管生产安全副经理任副组长，各职能部门负责人和所属负责人任组员的安全领导小组，项目部设立专职安全管理人员，牵头组织落实安全规章制度，检查指导小组，其他成员还要负责自已管辖范围内部门安全生产规章制度，各作业队设立兼职安全员。

（二）规章制度

建立健全安全规章制度，以保证施工安全，制定具体的安全保证规章制度，具体如下。

（1）逐级进行安全技术交底，延伸到全体作业人员；交底内容具体、明确、有针对性。

（2）加强对安全生产工作的指导，安全领导小组定期进行安全检查，施工队每周进行检查，班组实行三检制，采取有效措施，及时解决问题。

（3）起重设备必须定期进行维修保养，绝对禁止超负荷作业。

（4）“安全生产，人人有责”，职工有权制止违章操作，任何人不准强令职工违章作业，并有权向上级报告和如实反映情况。

（5）发生事故后做到“四不放过”，即事故原因未查清不放过，责任人员未受到处理不放过，事故责任者和群众未受到教育不放过，安全防范措施未落实不放过。

（6）发生重大伤亡事故应立即抢救伤员，保护现场并立即报告上级和有关部门调查处理。

（三）具体措施

1.安全施工

安全工作是做好生产的重要因素，关系到国家、企业和职工的切身利益。因此，在施工过程中，我标段认真贯彻“安全第一，预防为主”的方针政策，广泛应用系统工程和事故分析方法，严格控制和防止各类伤亡事故的发生。

我标段在成立项目安全生产领导小组后，对项目人员以及施工人员进行了一系列的安全培训以及考核，在各个人员考核合格后，方可上岗。安全生产小组采取定期和不定期相结合的方式对施工现场和项目驻地的安全进行检查，对于发现的安全隐患及时地予以解决、处理，并且根据项目安全领导小组制定的奖惩制度对工区和个人分别给予一定数量的奖励或惩罚，在全标段通报。我标段严格要求进入施工现场的人员必须佩戴安全帽，在高空作业中，施工人员必须佩戴安全带等。

按照公司及有关部门的要求，我标段适时地进行了安全生产月的宣传和评比，并且进行了现场演练，取得了较好的效果。经过全体人员的共同努力，我标段没有发生任何安全事故。

2. 文明施工

文明施工是涉及沿线人民群众的切身利益，同时又是维护企业声誉的大事，在施工中我项目部成立文明工地领导小组，全面开展创建文明工地活动，具体措施如下：施工现场人行道畅通；施工工地沿线单位和居民出入畅通；施工现场排水畅通无积水，施工工地道路平整无坑塘；施工区域与非施工区域严格分隔，施工现场必须挂牌施工，管理人员必须佩卡上岗；工地现场施工材料必须堆放整齐，工地生活设施必须文明，工地现场开展以创文明工地为主要内容的思想政治工作。

六、环境保护与节约用地措施

（一）建立环境保护机构

成立以项目经理为核心的环境保护领导小组，主动与地方环保部门联系，严格执行国家环境保护法律、法规和条例。

（二）防止水土流失

路基填筑时做好临时流水槽进行导流，路基成型后尽快做好路基边坡防护工程，避免路基土流失。修建一些有足够泄水断面的临时排水渠道，并与永久性设施相连接，避免淤积和冲刷。弃土场采用放缓边坡、砌筑挡墙、植草绿化等方案防止水土流失。

尽量利用原有的水利设施和径流系统，理顺因工程建设而改变的排灌系统，确保水流的畅通，减少水土流失。

（三）严禁乱挖乱弃、节约用地

我项目部在施工过程中，先后在当地进行临时征地 24 亩，主要用于项目驻地建设，混凝土拌和场，施工便道用地，目前所有用地已全部复耕完毕。

为节约用地路基填筑材料均采用挖方石料，在弃土场征地工作中，按照工程需要，先进行实地考察，在满足使用的前提下，尽量占用深沟。弃土工作完成后，我项目部积极与当地政府部门协商恢复方案，通过复耕等形式为百姓造地百余亩。

（四）防治扬尘、噪声、废气污染

施工作业的扬尘，除作业人员配备必要的劳保用品外，随时洒水，将灰尘公害降至最低程度，并符合当地环保部门的有关规定。施工作业在不影响周围居民正常休息的时间进行。

七、施工中新技术、新材料、新工艺的应用情况

在施工过程中，我标段首次采用短线折线先张法施工，这也是国内首次采用短线折线先张法施工 35m 箱梁。

八、工程款支付情况

我项目部外欠债务已全部还清，在此我项目部郑重承诺，如该项目有拖欠农民工工资和劳务费用及工程款的投诉，责任完全在我公司，由我公司负责解决，与建设单位无关，建设单位不承担任何法律责任。

九、施工体会

来到岭南高速公路建设施工现场，我项目部在带来我公司先进施工管理技术、施展中铁大桥局高速公路建设才华的同时，也在此学习到了新的施工管理经验和施工方法。同一道工序，在不同的地域，有着不同的施工方案，我项目部因地制宜地调整了施工机械设备，保证了施工质量。

我项目部全体人员牢固树立“精品意识”，认真质量管理体系标准，成立以项目经理为组长，其余管理人员为成员的质量、安全管理领导小组，组成了素质过硬、分工明确、责任到人的安全质量保证体系。其中，在质量控制方面，针对工程点多线长、工期较紧等不利情况，加强技术管理、技术服务和监控，严格按照施工设计图和现行规范组织施工，认真执行设计文件会审制度和技术交底制度，并切实将复核制贯彻于施工过程中，从各道施工工序抓起，执行分级复测，职责明确，记录完整，严格控制关键工序，定位准确，一次报验，一次合格，通过率 100%。加强施工过程控制，使每个施工环节都处于受控状态，充分发挥质保体系的作用，强化创优意识，把整个创优工作贯穿到施工生产中，所有工作均严格按照业主和监理人员要求进行施工。一个工序完成进入下道工序，必须经监理工程师同意。在安全方面，设置 2 名专职安全员，全面负责安全工作，责任落实到人。在施工过程中，根据工程特点完善质量、安全保证措施。把质量、安全隐患消除在萌芽状态。

同时经过岭南高速公路施工，我们也锻炼了队伍，提高了施工技术和管理水平，从中学到了很多经验，为以

后的高速公路建设积累了丰富的经验，为下一步继续建设河南市场创造了有利条件。

总之，我标段在岭南高速公路有限公司的正确领导下，圆满完成了建设任务，为河南省高速公路建设交上了一份满意的答卷。

中铁大桥局股份有限公司

岭南高速公路土建 No.6 标项目经理部

7. 二广高速公路分水岭至南阳段工程土建 No.7 标合同段施工总结报告

目　　录

二广高速公路分水岭至南阳段工程土建 No.7标合同段施工总结报告

一、工程概况

长庆石油勘探局筑路工程总公司担负施工的二广高速公路分水岭至南阳段(以下简称岭南高速)TJ07标段起讫里程为K19+000~K22+400,线路全长3.4km(含互通主线路基),匝道长度1477.623m,工程内容包括路基工程、桥涵构筑物等工程。本标段主要工程量为:由我单位承建的岭南高速公路No.7合同段,项目自2005年10月3日开工,2006年12月3日完工。本合同段里程桩号为K19+000~K22+400,长3.4km,主要工程量有大桥3座,匝道桥1座,涵洞12座,路基土方挖方11.6万m^3,石方挖方46.6万m^3,利用土方3.5万m^3,利用石方14万m^3。路基防护及排水浆砌片石及其他附属工程。

二、机构组成

(一)便道及便桥

施工便道路基宽5.5m,路面宽4.5m,利用乡间既有道路。

(二)混凝土拌和站及预制场

根据现场实际地形和施工需要,设置混凝土拌和站2处,在K21+055右侧设混凝土拌和站1座,供涵洞及桥梁使用;在K19+950左侧设混凝土拌和站1座,供箱梁用混凝土。拌和站场地全部硬化,并设置合理的防排水措施,各种粗、细骨料用分隔墙分离。

(三)供水系统

在混凝土拌和站和驻地均设置直径为1.0m的抽水井,供施工用水及饮用水。在拌和站采用水箱蓄水利用抽水机进行供水,驻地采用无塔供水。

(四)试验室

经理部设立临时试验室,负责现场材料取样及现场质量检测、试验工作以及对拟采用材料进行的标准试验和配合比选定试验工作,工区设工地试验室,负责现场的基本取样送样工作,试验人员和试验室的仪器、设备按要求配备,经省计量局标定,省质检站验收,满足现场试验工作的需求。

(五)交通运输

从南召县有3条乡村道路可进入本标段不同位置,将原有乡村道路拓宽、改进作为施工便道,直接进入施工现场。作为施工便道,主要用于砂石料、钢材、钢绞线等主要材料运输。

(六)驻地布置及临时房屋

根据本合同段工程特点,经理部设在距K21+000线路左侧200m处。经理部驻地房屋采用优质彩钢板房。工程队采用彩钢板房及三类临时砖房。在驻地、办公区院内进行场地硬化、植树、种草绿化,美化环境,并做好排水设施,建成标准化文明施工工地。

三、质量管理情况

(一)施工技术、质量控制

(1)强化质量意识,认真贯彻落实"百年大计、质量第一"的方针,把创优工作贯穿到施工生产的全过程。在施工队伍选配、机构设置、施工方案、管理制度等方面紧紧围绕创优目标,以保证和提高工程质量为主线,全面组织施工生产。

(2)强化以各级第一管理者为首的质量保证体系,配备强有力的管理人员,做到各级领导、业务部门、现场指挥、作业班组质量责任明确,考核奖罚及时,充分调动全体职工的创优积极性。

(3)加强与建设、监理、设计单位的密切配合,主动听取监理工程师的意见,形成"四位一体"联合创优的质量工作格局。

(4)选调精干的管理人员及施工队伍,强化职工质量教育,对参加施工的全体人员进行技术考核和教育培训，实行持证上岗制度。

(5)健全内部检查制度，质检工程师由上一级检查机构派驻，实行施工技术部门管理、质量检查部门监控的监管分立体制，立足自检自控，确保创优目标实现。将现场自检工程师一次检查合格率作为考查指标，提高工程检查的严肃性，确保工程质量。

(6)完善激励机制和约束手段，采取定期评比，奖优罚劣，实行质量一票否决制度，运用经济杠杆作用，促进工程质量水平的提高。

(7)加强工序质量控制，严格按 ISO 9000 系列质量保证模式组织生产，制定各工序、各环节的操作标准、工艺标准和检查标准。对工序标准的执行情况作出记录，使各工序衔接有序。

(8)编制切实可行的实施性施工组织设计，制订施工网络计划，按网络节点工期要求，分阶段控制，实现均衡生产，为保证工程质量创造条件。

(9)经理部设工程试验室，负责全段的试验工作。试验室制定各级试验人员的职责范围、管理权限，具体指导和管理试验工作。对成品、半成品和原材料严格检验控制，确保材料质量合格、资料齐全、试验数据准确，采取有效的试验检测手段，控制工程质量。

(10)强化计量工作，严把计量关，对所有采用的计量设备按规定定期进行标定，合格后方准投入使用。

(11)加强施工技术管理，坚持技术复核制，采取有效的技术管理手段提高工程质量。经理部施工技术部设置精测队，负责本标段的控制测量布网与施工阶段复测工作。工程技术人员做到施工图、技术交底、施工测量及时，准确，无误，实行技术交底复核签字制度，所有图纸交底、测量放样资料必须由技术主管审核签字后方能交付施工，各项资料保存完好，以备核查。对收到的设计文件，开工前总工程师组织有关技术人员进行会审，对存在的疑问及时与设计部门联系解决。

(12)坚持"标准化、规范化、程序化"作业，实行先试验、后示范的样板工程引路制。

(13)严格按照施工规范、施工操作程序、施工工艺进行施工，对重点、难点工程制定出切实可行的施工方案和针对性的措施，杜绝违章、违规、蛮干现象发生。

(二)质量管理措施

1.组织保证措施

(1)调集具有丰富施工经验的队伍，选派高素质的管理人员参与施工。

(2)项目经理部成立质量管理小组，项目经理亲自抓，配齐专职质检工程师和质检员，推行全面质量管理。

(3)建立严格的质量管理制度，实行质量一票否决制，建立质量管理制度，做到"全过程、全方位"监控，定期检查，奖优罚劣。

2.思想保障措施

(1)党、政、工、团密切配合，宣传优质快速建成本高速公路的重要意义，树立起建成本高速公路的荣誉感、责任感和使命感。

(2)把创优工作列入各级工程会、总结会的重要议题，及时总结创优经验，分析解决存在问题，引导创优工作健康发展。

(3)在评比、评模、劳动竞赛评比中把质量创优作为重要指标，实行一票否决制。

3.技术保证措施

(1)严格按照技术规范、施工操作程序组织施工，结合工程特点和创优计划，制定各类施工工艺和技术质量标准细则。

(2)坚持设计文件、图纸分级会审和技术交底制度。审核结果由总工程师审核确定，由技术人员做好四交底：施工方案、设计意图、质量标准、创优措施交底，并做好记录。

(3)认真贯彻 ISO9001 标准，制定质量检查程序，使每个环节都处于受控状态。

(4)技术资料和施工控制资料翔实，能够正确反映施工全过程，满足竣工验收要求。

(5)开工前，向监理工程师递交实施性施工组织设计，分项工程施工方案，并按审批的施工组织设计落实。

4.自检自控制度的保证措施

(1)成立以总工程师为组长的质量检测小组，使施工质量始终处于受控状态。

(2)中心试验室配备完善的检测仪器和设备，建立完善检查制度和控制程序，使施工过程中的试验检测始终处于受控状态。

(3)定期不定期地组织质量检查，确保创优目标实现。

(4)严格执行旬、月、季检制度，确保施工正常进行和质量合格。

(5)凡属隐蔽工程施工时,经自检合格后,再报请监理进行复检。

(6)施工过程中的测量资料经总工程师审核后再实施。

四、施工进度控制

本标段从2005年10月10日开工至2007年5月底全部竣工。经过广大职工一年半的共同努力,我单位在安全、质量无事故情况下圆满完成本合同段的全部施工任务。在施工中我单位根据本合同段实际情况,对施工进度进行合理安排,周密部署并采取了严格控制进度的措施。

(一)建立管理组织目标责任制制度措施

(1)建立健全工期保证措施领导组。成立由项目经理任组长,有关人员参加的领导小组,全权处理施工中的具体问题,协调各方面关系,以保证各分项工程的正常开展。

(2)选拔业务能力强、施工经验丰富的管理和施工人员,配齐、配足技术工人,保证工程顺利进行。

(3)实行工期目标管理责任制,严格工期计划、过程检查、考核评定与奖惩制度,奖优罚劣。

(4)重点抓好施工质量、安全,以质量、安全保施工进度,确保不出任何安全、质量事故,以便保证工程施工顺利进展。

(5)强化施工调度指挥与协调工作,做到政令畅通,令行禁止,避免搁置延误。重点工程项目和工序采取垂直管理、横向强制协调的强硬手段,减少中间环节,提高决策速度和工作效率。

(6)挖掘内部潜力,广泛开展施工生产劳动竞赛,营造比、学、赶、帮、超和人人争先的氛围,不断掀起施工高潮,确保总工期目标和阶段工期目标的顺利实现。

(二)工期控制的主要技术措施

(1)组建强有力的指挥机构,实行项目经理部、工程队、作业班组3级管理体系。选派指挥能力强、决策水平高、富有开拓精神和管理经验的干部进入各级管理层。配备专业素质高、业务能力强、富有强烈事业心和责任感的技术干部。调集足够的具有丰富经验、有良好社会信誉和施工业绩、能征善战的桥梁施工精良队伍投入本工程建设。

(2)积极做好施工准备工作,投入本工程的人员、机械设备及大型设备按标书要求及时进场,并保证机械设备状态良好,可随时投入施工生产。

(3)开工前,认真做好施工调查和实施性施工组织设计的编制工作。针对本工程的特点,作出周密的节点工期计划,对于难点、重点和关键的施工工序和节点,成立攻关小组,以节点工期保总工期的原则组织实施。

(4)技术准备工作提前进行,认真做好交接桩及复测、定位、放样等现场技术操作,同时做好图纸审核、交底及实施性施工组织设计的编制等工作。施工准备工作就绪后,及时提出开工申请报告,批复后积极组织实施。

(5)在实施过程中不断优化施工组织设计,利用以往的施工经验及同类工程的各种数据库资料,并对各项经济技术指标实行动态、优化管理,运用科学的方法、先进的设备使各工序始终处于全过程的控制状态。

(6)在工期目标发生变化时,及时调整人、材、物的投入,重新安排施工工序及节点工期,以确保总工期的实现。

(7)加强施工环节的控制,重点解决影响施工进度的问题,同时根据施工进度和材料供应情况优化施工方案,适时分析工期对工程成本的影响。

(8)加强材料的供应工作,严格按照材料计划保证材料的供应,同时储备适当的材料,以防特殊情况下的停工待料。

(9)积极推行定额承包,把工期控制与职工的经济效益挂钩,挖掘施工潜能,充分调动职工的积极性,保证工期目标的顺利实施。

(10)按照实施性施工组织的网络计划认真组织实施,执行网络控制技术,并在施工过程中不断优化,以确保节点和总工期的实现。

(11)合理安排施工计划,制定切实可行的方案措施,并在实施过程中根据实际情况的变化及时调整、修改,确保重点工程、难点工程的关键工期。

(12)严格按照合同文件要求,及时向建设单位提报季度、月施工生产计划及各种统计,安全,质量报表,推行全面计划管理。

(13)按照网络计划均衡组织生产,做到科学合理,工序衔接有序,不窝工、不停工。

(14)确保机械设备、大型结构件及时投入。按照施工组织计划保证施工机械设备的足额投入,同时调集足够的大型结构件以保证施工的正常运转。

(15)在施工过程中制定切实可行的机械安全操作技术规程,并进行经常保养,消除隐患,使机械设备能安全、高效、低耗地运转。

（三）充分运用计算机网络计划技术实施动态管理的措施

（1）运用网络计划技术进行工期时间参数计算，找出关键工作和关键线路，为工序安排提供依据，进行合理安排。

（2）施工过程中，通过不断改善网络计划的初始方案，在满足给定网络计划的约束条件下，利用最优化原理，依据工期、成本、资源等寻求最优的计划方案。

（3）施工项目进度采用 PDCA 动态循环的控制方法，掌握施工进度的变化并分析其原因，采取有效的措施及时调整和修正，保证如期完成施工任务。

（4）积极推广和运用新技术、新工艺、新材料、新设备，提高施工技术水平和技术含量，不断加快施工进度。

（5）严密组织施工，精心安排工序，保证均衡生产，并适时掀起施工高潮。

（四）超前谋划进行积极准备措施

（1）快速组织施工人员、机械设备和物资材料进场，按工作内容和进度配齐各项生产要素，保证“三快”，即进场快、安家快、开工快，抓住有利施工季节，实现施工进度良好开端。

（2）充分细致做好开工前的各项工作准备，按照总工期目标，利用倒排工序法，精心编制实施性施工组织设计，制订详细的分段工期控制计划，科学组织施工。

（3）不断优化施工方案和生产要素配置，及时调整各分项工程的进度计划和机械、劳力配置，提高设备的完好率、利用率和施工机械化作业程度，把住物资供应关，保证足量、准时满足进度要求。

（五）施工进度其他措施

1. 推行工期目标责任制

推行工期目标责任制，并将工期目标作为考核领导班子的重要指标，将工期目标分解到班组和个人，并将其与职工的经济利益挂钩。我项目将严格按工期目标的计划、检查、考核和奖惩制度，开展日碰头、旬检查、月调整的工作制度，对落后工序就地组织攻关，制定措施，赶上计划；对难点工序有预案，必要时调整资源配置加大技术攻关力度，使局部调整不影响总工期，确保工期目标落实到实处。

确立合理的分阶段工期目标，采取得力措施，分阶段进行工期控制，实现分阶段工期目标，从而保证总工期目标的实现。

2. 强化计划管理，加强协调指挥

根据实施性施工组织的总体安排和网络计划进度，编制年度、季度和分月分旬生产作业计划。月旬作业计划要落实到班组。以旬、月计划的实现保证季度计划的实现，以季度计划保证年度计划的完成。从而保证总工期如期实现。施工组织和计划结合现场实际和季节性因素，既满负荷工作，又留有余地，确保计划的严肃性、可靠性。加强施工指挥调度与全面协调工作，及时解决问题，提高工作效率。

3. 抓好安全、质量，加快施工进度

妥善处理安全、质量和进度的关系，认真抓好安全、质量工作，确保不出现任何安全、质量事故，加快施工进度。

推广新技术、新工艺，促进科技成果和工法成果的转化。充分依靠科技组织重点工程的快速施工，以科技保进度。

4. 服从大局，听从统一指挥

服从建设单位统一指挥，积极做好外部关系协调，主动与相邻施工单位进行协商，合理解决场地利用、共用运输通道等问题，求得相互配合与支持。协商好与周边单位和居民的关系，争取时间，尽快投入全面施工。

五、施工安全与文明施工情况

（一）安全生产保证体系

建立以项目经理任组长，主管生产安全副经理任副组长，各职能部门负责人和所属负责人任组员的安全领导小组，项目部设立专职安全管理人员，牵头组织落实安全规章制度，检查指导小组，其他成员还要负责自己管辖范围内部门的安全生产规章制度，各作业队设立兼职安全员。

（二）安全生产保证措施

1. 安全生产综合保证措施

（1）制定安全作业规章制度，在施工中做到各项工作有章可循。

（2）深化安全教育，强化安全意识。施工人员上岗前必须进行安全教育和技术培训，贯彻“安全第一，预防为主”的方针，坚持“安全为了生产，生产必须安全”的原则，牢记“安全第一”的宗旨。安全员坚持持证上岗。

(3)落实安全责任考核制,把安全生产情况与每个人的经济利益挂钩,使安全生产处于良好状态。

(4)施工中必须实现“四无”目标,即:无因工死亡和重大伤亡事故;无机械设备大事故;无火灾事故;无重要器材设备被盗和爆炸事故;年重伤率控制在0.03%以下,确保施工人身、设备的安全。

(5)推行安全标准化工地建设,抓好现场管理,搞好文明施工。易燃易爆品妥善保管,工程材料合理堆放,各种交通、施工信号标识完备,管路、电路畅通,架设正确。施工现场紧张有序,切实做到文明施工,安全生产。

(6)加强班组建设。选好班组长、安全员,执行“三工、三检”和“周一”安全互检,集思广益,发现问题,找出隐患,杜绝“三违”,把事故消灭在萌芽状态。

(7)认真实施标准化作业,严格按安全操作规程进行施工,严肃劳动纪律,杜绝违章指挥与违章操作,保证防护设施的投入,使安全生产建立在管理科学、技术先进、防护可靠的基础上。

(8)对全体施工人员进行防火教育,培训一批义务消防人员,并与当地消防部门保持密切联系。生活区及施工现场配备足够的消防设备,消除一切可能造成火灾、爆炸事故的根源。严格控制易燃物和助燃物的储放。

2. 施工安全保证措施

(1)设立专职安全员并建立24h跟班制度,纠正和消除施工中出现的不安全苗头。

(2)对施工人员定期进行安全教育和安全知识的考核。

(3)对各种临时的承重结构及模板认真检算设计,确保强度、刚度和稳定性。

(4)高空作业严格按照规范和安全作业规则佩戴安全帽、安全带,设置安全网,大风、大雨等不良气候条件下不得进行高空作业。

(5)吊装作业时,起重机下严禁人员逗留,并设立明显的作业和禁入标志。

(6)吊装作业时经常性派专人检查起重设备系统,确保万无一失。

(7)工地设立明显的安全警示牌和安全注意事项宣传栏。

(8)各类机械设备操作人员必须持证上岗,无证人员或非本机人员不得上机操作。

(9)泥浆池周边使用钢管架挂彩条布防护。

六、环境保护与节约用地措施

(一)环境保护

成立以项目经理为组长的环境保护领导组,并指派专人进行施工过程中环境管理和检查工作,建立好台账,做好记录,保护好周围环境。

1. 水土及生态环境的保护

(1)树木、植被、水资源保护是环保重点。砍伐时,应征得所有者和业主同意后进行,严禁超范围砍伐。

(2)施工完毕后,对临时用地、设施及时进行复耕和处理。

(3)在生活区内种植花草、树木,设置卫生设施,营造良好环境。

(4)在路基边坡上设置临时排水糟,防止冲刷边坡造成水土流失。

(5)路基完成后,及时进行附属工程施工,确保路基稳定。

2. 水环境的保护

(1)驻地的生活污水和施工现场的生产污水按设计和环保部门的要求进行净化处理后,再排放到指定位置。

(2)机械设备产生废油、废水,经回收处理后,再排放到指定位置。

(3)冲洗骨料或施工废水,经过过滤、沉淀后再排放到指定地点。

3. 大气及粉尘的防治

(1)施工现场、便道经常洒水,做到“晴天不扬尘,雨天不泥泞”。

(2)对运输和储存易飞扬的物料采用篷布覆盖严密,不污染空气、环境和沿线的道路。

4. 固体废弃物的处理

(1)驻地和施工区生活、生产所产生的固体废弃物,派人负责收集,集中堆放,经当地环保部门同意后,运至指定地点废弃。

(2)施工中所产生的其他废料、废物,及时收集清理,保护周围的自然环境和景观,使之不受破坏和污染。

5. 噪声的防治

(1)对机械车辆安装消声器并加强维修保养,保护环境。

(2)机械车辆途经居住场所、医院、学校等公共场所时减速慢行,不鸣喇叭,按交通规则行驶。

(3)在固定的机械设备附近,修建临时隔声屏障,减少噪声传播。

(4)合理安排作业时间,在村庄附近不安排噪声很大的机械作业。

(5)适当控制机械布置密度,避免机械过于集中形成噪声叠加。

(6)钢筋场、拌和站等场地设置,尽量远离居民区、学校等场所。

(二)节约用地

为节约用地,路基填筑材料均采用挖方石料,在弃土场征地工作中,按照工程需要,先进行实地考察,在满足使用的前提下,尽量占用深沟。弃土工作完成后,我项目部积极与当地政府部门协商恢复方案,通过复耕等形式为百姓造地百余亩。

七、施工中新技术、新材料、新工艺的应用情况

无。

八、工程款支付情况

我项目部外欠债务已全部还清,在此我项目部郑重承诺,如该项目有拖欠农民工工资和劳务费用及工程款的投诉,责任完全在我公司,由我公司负责解决,与建设单位无关,建设单位不承担任何法律责任。

九、施工体会

在业主、设计代表、监理人员和当地各级政府的大力支持和帮助下,在整个工程项目建设中,项目部全体员工更新观念,创新管理途径,科学组织,超越自我,按业主下达的节点工期及时完成任务,安全、工程质量无重大事故。回顾工程取得的成就,我们主要有以下做法。

(一)做好协调工作

好的环境,是顺利施工的前提。只有把协调工作做好,才能确保施工的顺利。我标段紧紧依靠项目公司、地方各级政府、协调部门把协调工作做好。我们发扬不等不靠的精神,能自己花钱解决的问题自己主动解决。在整个项目施工中,我项目部协调人员坚守施工岗位,哪儿有问题就到哪儿解决;如遇不能解决的问题,积极主动地与项目公司、县指挥部协调人员联系沟通,及时有效地把问题解决好,为工程创造有利的施工环境。

(二)加大投入

工程进度是与投入紧密相关的,我们能在工程中取得好的成绩,这与前期的施工投入分不开。在施工高峰期,项目部合理组织劳动力400多人,保证工程进展。在机械上最多时投入冲击钻机40台,吊车5台,混凝土罐车4辆,挖掘机1台,装载机4辆。路基土石方施工中,投入挖掘机7台,压路机3台,平地机1台,推土机4台,洒水车1辆。

(三)科学组织、合理安排

根据我标段工程特点,结合实际情况,狠抓控制工程,一般工程不放松,对桩基、立柱、盖梁、涵洞、路基每个分项工程分解到每一天,按照每一天工作特点,合理调配机械,机动灵活,充分发挥各种资源配置的作用,确保不停工、不窝工。在施工过程中,及时科学地对计划进行调整,在保证安全、质量的前提下,加快施工进度。每个分项工程都编制完整的计划,统筹安排,组织立体交叉作业,多个工作面同时进行施工,有效地克服了一个位置停工就全面停工的被动局面。

(四)严格管理、狠抓落实

我项目部全体人员牢固树立"精品意识",认真贯彻ISO 9000系列质量管理标准,成立以项目经理为组长,其余管理人员为成员的质量、安全管理领导小组,组成了素质过硬、分工明确、责任到人的安全质量保证体系。其中,在质量控制方面,针对工程点多线长、工期较紧等不利情况,加强技术管理、技术服务和监控,严格按照施工设计图和现行规范组织施工,认真执行设计文件会审制度和技术交底制度,并切实将复核制贯彻于施工过程中,从各道施工工序抓起,执行分级复测,职责明确,记录完整,严格控制关键工序,定位准确,一次报验,一次合格,通过率100%。加强施工过程控制,使每个施工环节都处于受控状态,充分发挥质保体系的作用,强化创优意识,把整个创优工作贯穿到施工生产中,所有工作均严格按照业主和监理人员要求进行施工。一道工序完成进入下一道工序,必须经过监理工程师同意。在安全方面,设置2名专职安全员,全面负责安全工作,责任落实到人。在施工过程中,根据工程特点完善质量、安全保证措施。把质量、安全隐患消除在萌芽状态。

总之,通过一年半的努力拼搏,我单位加强质量监控力度,狠抓内部管理,较好地完成了业主的施工生产任务,但在施工中也存在一定的不足,我们坚信,经过今后的努力,我们会不断完善自己。

长庆石油勘探局筑路工程总公司

岭南高速公路土建No.7标段项目经理部

8. 二广高速公路分水岭至南阳段工程土建 No. 8 标合同段施工总结报告

目　　录

二广高速公路分水岭至南阳段工程土建 No. 8 标合同段施工总结报告

一、工程概况

二广高速公路分水岭至南阳段(以下简称岭南高速)是太原至澳门国家重点公路的重要组成部分,是国家重点公路建设规划“十三纵、十五横”中“第七纵”的重要组成路段,全线土建工程设置25标段,业主为河南岭南高速公路有限公司,监理单位为河南省高等级公路建设监理部,设计单位为中交第一公路勘察设计研究所。中铁十八局集团第一工程有限公司中标岭南高速公路 No. 8 标段,路段位于南召县境内,起讫桩号 K22 +400 ~ K25 +390,全长2.99km,路线跨越3个乡镇,分别为南召县城郊乡、南河店镇和白土岗镇。本合同段共设置特大、大桥3座、总长1709.2延米;即白河特大桥40×30m装配式预应力混凝土连续箱梁,全长1211m;大桥2座,即巩家庄大桥14×25m装配式预应力混凝土连续箱梁,全长361.2m、老磨沟大桥5×25m装配式预应力混凝土连续箱梁,全长137m;涵洞3道全长109.32m;路基总长1280.8m;其中挖土石方358398m^3,填方43489m^3。

二、机构组成

(一)便道及便桥

施工便道路基宽5.5m,路面宽4.5m,路面铺设厚度0.3m的泥结碎石(碎石70%,灰土3:7),表层摊铺2.5cm厚的石屑,两侧设30×30cm侧沟,便道每隔200m左右设置1个汇车点。从国道207至施工现场,利用乡间既有道路进行拓宽改建。

线路通过的河沟属于季节性河沟,水量变化大,施工时在白河上修筑贯通便桥,其他小沟渠均安装圆管通过。便桥宽4.5m,每跨跨度10m,采用原木桩作基础,其间设连接系,其路面结构采用铺架工字钢和方木。

(二)混凝土拌和站及预制场

根据现场实际地形和施工需要,设置混凝土拌和站3处,在K24 +211左侧设60m^3/h混凝土拌和站和40m^3/h混凝土拌和站各1座,分别供白河特大桥和巩家庄大桥施工用混凝土;在K24 +906左侧设40m^3/h的混凝土拌和站1座,供老磨沟大桥预制施工用混凝土。拌和站场地全部硬化,并设置合理的防排水措施,各种粗、细骨料用分隔墙分离。

根据施工需要拟定箱梁预制场1处,白河特大桥和巩家庄大桥之间的路基上,负责本合同段内箱梁预制。预制场配备50t龙门吊3台,场区内按不同的使用功能全部采用混凝土硬化处理。

(三)供水系统

在混凝土拌和站和驻地均设置直径为1.0m的抽水井,供施工用水及饮用水。在拌和站采用水箱蓄水,利用抽水机进行供水,驻地采用无塔供水。

(四)试验室

经理部设立临时试验室,负责现场材料取样及现场质量检测、试验工作以及对拟采用材料进行的标准试验和配合比选定试验工作,工区设工地试验室,负责现场的基本取样送样工作,试验人员和试验室的仪器、设备按要求配备,经省计量局标定,省质检站验收,满足现场试验工作的需求。

(五)交通运输

从G207国道有一条乡村道路可进入本标段位置,将原有乡村道路拓宽、改进作为施工便道,直接进入施工现场。作为施工便道,主要用于砂石料、钢材、钢绞线等主要材料运输。

(六)驻地布置及临时房屋

根据本合同段工程特点,经理部设在距K24 +211线路右侧80m处巩家庄村。经理部驻地房屋采用现优质彩钢板房。工程队采用彩钢板房及三类临时砖房。在驻地、办公区院内进行场地硬化、植树、种草绿化,美化环境,并做好排水设施,建成标准化文明施工工地。

三、质量管理情况

(一)施工技术、质量控制

(1)强化质量意识,认真贯彻落实“百年大计、质量第一”的方针,把创优工作贯穿到施工生产的全过程。在施工队伍选配、机构设置、施工方案、管理制度等方面紧紧围绕创优目标,以保证和提高工程质量为主线,全面组织施工生产。

(2)强化以各级第一管理者为首的质量保证体系,配备强有力的管理人员,做到各级领导、业务部门、现场指挥、作业班组质量责任明确,考核奖罚及时,充分调动全体职工的创优积极性。

(3)加强与建设、监理、设计单位的密切配合,主动听取监理工程师的意见,形成“四位一体”联合创优的质量工作格局。

(4)选调精干的管理人员及施工队伍,强化职工质量教育,对参加施工的全体人员进行技术考核和教育培训,实行持证上岗制度。

(5)健全内部检查制度,质检工程师由上一级检查机构派驻,实行施工技术部门管理、质量检查部门监控的监管分立体制,立足自检自控,确保创优目标实现。将现场自检工程师“一次检查合格率”作为考查指标,提高工程检查的严肃性,确保工程质量。

(6)完善激励机制和约束手段,采取定期评比,奖优罚劣,实行质量一票否决制度,运用经济杠杆作用,促进工程质量水平的提高。

(7)加强工序质量控制,严格按 ISO 9000 系列质量保证模式组织生产,制定各工序、各环节的操作标准、工艺标准和检查标准。对工序标准的执行情况作出记录,使各工序衔接有序。

(8)编制切实可行的实施性施工组织设计,制订施工网络计划,按网络节点工期要求,分阶段控制,实现均衡生产,为保证工程质量创造条件。

(9)经理部设工程试验室,负责全段的试验工作。试验室制定各级试验人员的职责范围、管理权限,具体指导和管理试验工作。对成品、半成品和原材料严格检验控制,确保材料质量合格、资料齐全、试验数据准确,采取有效的试验检测手段,控制工程质量。

(10)强化计量工作,严把计量关,对所有采用的计量设备按规定定期进行标定,合格后方准投入使用。

(11)加强施工技术管理,坚持技术复核制,采取有效的技术管理手段提高工程质量。经理部施工技术部设立精测队,负责本标段的控制测量布网与施工阶段复测工作。工程技术人员做到施工图、技术交底、施工测量及时,准确,无误,实行技术交底复核签字制度,所有图纸交底、测量放样资料必须由技术主管审核签字后方能交付施工,各项资料保存完好,以备核查。对收到的设计文件,开工前总工程师组织有关技术人员进行会审,对存在的疑问及时与设计部门联系解决。

(12)坚持“标准化、规范化、程序化”作业,实行先试验、后示范的样板工程引路制。

(13)严格按照施工规范、施工操作程序、施工工艺进行施工,对重点、难点工程制定出切实可行的施工方案和针对性的措施,杜绝违章、违规、蛮干现象发生。

(二)质量管理措施

1. 组织保证措施

(1)调集具有丰富施工经验的队伍,选派高素质的管理人员参与施工。

(2)项目经理部成立质量管理小组,项目经理亲自抓,配齐专职质检工程师和质检员,推行全面质量管理。

(3)建立严格的质量管理制度,实行质量一票否决制,建立质量管理制度,做到“全过程、全方位”监控,定期检查,奖优罚劣。

2. 思想保障措施

(1)党、政、工、团密切配合,宣传优质快速建成本高速公路的重要意义,树立起建成本高速公路的荣誉感、责任感和使命感。

(2)把创优工作列入各级工程会、总结会的重要议题,及时总结创优经验,分析解决存在问题,引导创优工作健康发展。

(3)在评比、评模、劳动竞赛评比中把质量创优作为重要指标,实行一票否决制。

3. 技术保证措施

(1)严格按照技术规范、施工操作程序组织施工,结合工程特点和创优计划,制定各类施工工艺和技术质量标准细则。

(2)坚持设计文件、图纸分级会审和技术交底制度。审核结果由总工程师审核确定,由技术做好四交底:施工方案、设计意图、质量标准、创优措施交底，并做好记录。

(3)认真贯彻 ISO 9001 标准，制定质量检查程序，使每个环节都处于受控状态。

(4)技术资料和施工控制资料翔实，能够正确反映施工全过程，满足竣工验收要求。

(5)开工前，向监理工程师递交实施性施工组织设计和分项工程施工方案，并按审批的施组组织落实。

4. 自检自控制度的保证措施

(1)成立以总工程师为组长的质量检测小组，使施工质量始终处于受控状态。

(2)中心试验室配备完善的检测仪器和设备，建立完善检查制度和控制程序，使施工过程中的试验检测始终处于受控状态。

(3)定期不定期地组织质量检查，确保创优目标实现。

(4)严格执行旬、月、季检制度，确保施工正常进行和质量合格。

(5)凡属隐蔽工程施工时，经自检合格后，再报请监理工程师进行复检。

(6)施工过程中的测量资料经总工程师审核后再实施。

四、施工进度控制

本标段从 2005 年 11 月 10 日开工至 2007 年 5 月底全部竣工。经过广大职工一年半的共同努力，我单位在安全、质量无事故情况下圆满完成本合同段全部施工任务。在施工中，我单位根据本合同段实际情况，对施工进度进行合理安排，周密部署并采取了严格控制进度的措施。

(一)建立管理组织目标责任制制度措施

(1)建立健全工期保证措施领导组。成立由项目经理任组长，有关人员参加的领导小组，全权处理施工中的具体问题，协调各方面关系，以保证各分项工程的正常开展。

(2)选拔业务能力强、施工经验丰富的管理和施工人员，配齐、配足技术工人，保证工程的顺利进行。

(3)实行工期目标管理责任制，严格工期计划、过程检查、考核评定与奖惩制度，奖优罚劣。

(4)重点抓好施工质量、安全，以质量、安全保施工进度，确保不出任何安全、质量事故，以便保证工程施工顺利进展。

(5)强化施工调度指挥与协调工作，做到政令畅通，令行禁止，避免搁置延误。重点工程项目和工序采取垂直管理，横向强制协调的强硬手段，减少中间环节，提高决策速度和工作效率。

(6)挖掘内部潜力，广泛开展施工生产劳动竞赛，营造比、学、赶、帮、超和人人争先的氛围，不断掀起施工高潮，确保总工期目标和阶段工期目标的顺利实现。

(二)工期控制的主要技术措施

(1)组建强有力的指挥机构，实行项目经理部、工程队、作业班组 3 级管理体系。选派指挥能力强、决策水平高、富有开拓精神和管理经验的干部进入各级管理层。配备专业素质高、业务能力强、富有强烈事业心和责任感的技术干部。调集足够的具有丰富经验，有良好社会信誉和施工业绩，能征善战桥梁施工的精良队伍投入本工程建设。

(2)积极做好施工准备工作，投入本工程的人员、机械设备及大型设备按标书要求及时进场，并保证机械设备状态良好，可随时投入施工生产。

(3)开工前，认真做好施工调查和实施性施工组织设计的编制工作。针对本工程的特点，作出周密的节点工期计划，对于难点、重点和关键的施工工序和节点，成立攻关小组，以节点工期保总工期的原则组织实施。

(4)技术准备工作提前进行，认真做好交接桩及复测、定位、放样等现场技术操作，同时做好图纸审核、交底及实施性施工组织设计的编制等工作。施工准备工作就绪后，及时提出开工申请报告，批复后积极组织实施。

(5)在实施过程中不断优化施工组织设计，利用以往的施工经验及同类工程的各种数据库资料，并对各项经济技术指标实行动态、优化管理，运用科学的方法、先进的设备使各工序始终处于全过程的控制状态。

(6)在工期目标发生变化时，及时调整人、材、物的投入，重新安排施工工序及节点工期，以确保总工期的实现。

(7)加强施工环节的控制，重点解决影响施工进度的问题，同时根据施工进度和材料供应情况优化施工方案，适时分析工期对工程成本的影响。

(8)加强材料的供应工作，严格按照材料计划保证材料的供应，同时储备适当的材料，以防特殊情况下的停工待料。

(9)积极推行定额承包，把工期控制与职工的经济效益挂钩，挖掘施工潜能，充分调动职工的积极性，保证工期目标的顺利实施。

(10)按照实施性施工组织的网络计划认真组织实施，执行网络控制技术，并在施工过程中不断优化，以确保节点和总工期的实现。

(11)合理安排施工计划，制定切实可行的方案措施，并在实施过程中根据实际情况的变化及时调整、修改，确保重点工程、难点工程的关键工期。

(12)严格按照合同文件要求，及时向建设单位提报季度、月施工生产计划及各种统计，安全，质量报表，推行全面计划管理。

(13)按照网络计划均衡组织生产，做到科学合理，工序衔接有序，不窝工，不停工。

(14)确保机械设备、大型结构件的及时投入。按照施工组织计划保证施工机械设备的足额投入，同时调集足够的大型结构件以保证施工的正常运转。

(15)在施工过程中制定切实可行的机械安全操作技术规程，并进行经常保养，消除隐患，使机械设备能安全、高效、低耗地运转。

(三)充分运用计算机网络计划技术实施动态管理的措施

(1)运用网络计划技术进行工期时间参数计算，找出关键工作和关键线路，为工序安排提供依据，进行合理安排。

(2)施工过程中，通过不断改善网络计划的初始方案，在满足给定网络计划的约束条件下，利用最优化原理，依据工期、成本、资源等寻求最优的计划方案。

(3)施工项目进度采用 PDCA 动态循环的控制方法，掌握施工进度的变化并分析其原因，采取有效的措施及时调整和修正，保证如期完成施工任务。

(4)积极推广和运用新技术、新工艺、新材料、新设备，提高施工技术水平和技术含量，不断加快施工进度。

(5)严密组织施工，精心安排工序，保证均衡生产，并适时掀起施工高潮。

(四)超前谋划进行积极准备措施

(1)快速组织施工人员、机械设备和物资材料进场，按工作内容和进度配齐各项生产要素，保证“三快”，即进场快、安家快、开工快，抓住有利施工季节，实现施工进度良好开端。

(2)充分细致做好开工前的各项工作准备，按照总工期目标，利用倒排工序法，精心编制实施性施工组织设计，制订详细的分段工期控制计划，科学组织施工。

(3)不断优化施工方案和生产要素配置，及时调整各分项工程的进度计划和机械、劳力配置，提高设备的完好率、利用率和施工机械化作业程度，把住物资供应关，保证足量、准时满足进度要求。

(五)施工进度其他措施

1. 推行工期目标责任制

推行工期目标责任制，并将工期目标作为考核领导班子的重要指标，将工期目标分解到班组和个人，并将其与职工的经济利益挂钩。我项目将严格按工期目标的计划、检查、考核和奖惩制度，开展日碰头、旬检查、月调整的工作制度，对落后工序就地组织攻关，制定措施，赶上计划；对难点工序有预案，必要时调整资源配置加大技术攻关力度，使局部调整不影响总工期，确保工期目标落实到实处。

确立合理的分阶段工期目标，采取得力措施，分阶段进行工期控制，实现分阶段工期目标，从而保证总工期目标的实现。

2. 强化计划管理，加强协调指挥

根据实施性施工组织的总体安排和网络计划进度，编制年度、季度和分月分旬生产作业计划。月旬作业计划要落实到班组。以旬、月计划的实现保证季度计划的实现，以季度计划保证年度计划的完成。从而保证总工期如期实现。施工组织和计划结合现场实际和季节性因素，既满负荷工作，又留有余地，确保计划的严肃性、可靠性。加强施工指挥调度与全面协调工作，及时解决问题，提高工作效率。

3. 抓好安全、质量，加快施工进度

妥善处理安全、质量和进度的关系，认真抓好安全、质量工作，确保不出现任何安全、质量事故，加快施工进度。

推广新技术、新工艺，促进科技成果和工法成果的转化。充分依靠科技组织重点工程的快速施工，以科技保进度。

4. 服从大局，听从统一指挥

服从建设单位统一指挥，积极做好外部关系协调，主动与相邻施工单位进行协商，合理解决场地利用、共用运输通道等问题，求得相互配合与支持。协商好与周边单位和居民的关系，争取时间，尽快投入全面施工。

五、施工安全与文明施工情况

（一）安全生产保证体系

建立以项目经理任组长，主管生产安全副经理任副组长，各职能部门负责人和所属负责人任组员的安全领导小组，项目部设立专职安全管理人员，牵头组织落实安全规章制度，检查指导小组，其他成员还要负责自己管辖范围内部门的安全生产规章制度，各作业队设立兼职安全员。

（二）安全生产保证措施

1. 安全生产综合保证措施

（1）制定安全作业规章制度，在施工中做到各项工作有章可循。

（2）深化安全教育，强化安全意识。施工人员上岗前必须进行安全教育和技术培训，贯彻“安全第一，预防为主”的方针，坚持“安全为了生产，生产必须安全”的原则，牢记“安全第一”的宗旨。安全员坚持持证上岗。

（3）落实安全责任考核制，把安全生产情况与每个人的经济利益挂钩，使安全生产处于良好状态。

（4）施工中必须实现“四无”目标，即无因工死亡和重大伤亡事故；无机械设备大事故；无火灾事故；无重要器材设备被盗和爆炸事故；年重伤率控制在0.03%以下，确保施工人身、设备的安全。

（5）推行安全标准化工地建设，抓好现场管理，搞好文明施工。易燃易爆品妥善保管，工程材料合理堆放，各种交通、施工信号标识完备，管路、电路畅通，架设正确。施工现场紧张有序，切实做到文明施工，安全生产。

（6）加强班组建设。选好班组长、安全员，执行“三工、三检”和“周一”安全互检，集思广益，发现问题，找出隐患，杜绝“三违”，把事故消灭在萌芽状态。

（7）认真实施标准化作业，严格按安全操作规程进行施工，严肃劳动纪律，杜绝违章指挥与违章操作，保证防护设施的投入，使安全生产建立在管理科学、技术先进、防护可靠的基础上。

（8）对全体施工人员进行防火教育，培训一批义务消防人员，并与当地消防部门保持密切联系。生活区及施工现场配备足够的消防设备，消除一切可能造成火灾、爆炸事故的根源。严格控制易燃物和助燃物的储放。

2. 施工安全保证措施

（1）设立专职安全员并建立24h跟班制度，纠正和消除施工中出现的不安全苗头。

（2）对施工人员定期进行安全教育和安全知识的考核。

（3）对各种临时的承重结构及模板认真检算设计，确保强度、刚度和稳定性。

（4）高空作业严格按照规范和安全作业规则佩戴安全帽、安全带，设置安全网，大风、大雨等不良气候条件下不得进行高空作业。

（5）吊装作业时，起重机下严禁人员逗留，并设立明显的作业和禁入标志。

（6）吊装作业时经常性派专人检查起重设备系统，确保万无一失。

（7）工地设立明显的安全警示牌和安全注意事项宣传栏。

（8）各类机械设备操作人员必须持证上岗，无证人员或非本机人员不得上机操作。

（9）泥浆池周边使用钢管架挂彩条布防护。

六、环境保护与节约用地措施

（一）环境保护

成立以项目经理为组长的环境保护领导组，并指派专人进行施工过程中环境管理和检查工作，建立好台账，做好记录，保护好周围环境。

1. 水土及生态环境的保护

（1）树木、植被、水资源保护是环保重点。砍伐时，应征得所有者和业主同意后进行，严禁超范围砍伐。

（2）施工完毕后，对临时用地、设施及时进行复耕和处理。

（3）在生活区内种植花草、树木，设置卫生设施，营造良好环境。

（4）在路基边坡上设置临时排水槽，防止冲刷边坡造成水土流失。

（5）路基完成后，及时进行附属工程施工，确保路基稳定。

2. 水环境的保护

（1）驻地的生活污水和施工现场的生产污水按设计和环保部门的要求进行净化处理后，再排放到指定位置。

（2）机械设备产生废油、废水，经回收处理后，再排放到指定位置。

（3）冲洗骨料或施工废水，经过过滤、沉淀后再排放到指定地点。

3. 大气及粉尘的防治

(1)施工现场、便道经常洒水,做到"晴天不扬尘,雨天不泥泞"。

(2)对运输和储存易飞扬的物料采用篷布覆盖严密,不污染空气、环境和沿线的道路。

4. 固体废弃物的处理

(1)驻地和施工区生活、生产所产生的固体废弃物,派人负责收集,集中堆放,经当地环保部门同意后,运至指定地点废弃。

(2)施工中所产生的其他废料、废物,及时收集清理,保护周围的自然环境和景观,使之不受破坏和污染。

5. 噪声的防治

(1)对机械车辆安装消声器并加强维修保养,保护环境。

(2)机械车辆途经居住场所、医院、学校等公共场所时减速慢行,不鸣喇叭,按交通规则行驶。

(3)在固定的机械设备附近,修建临时隔声屏障,减少噪声传播。

(4)合理安排作业时间,在村庄附近不安排噪声很大的机械作业。

(5)适当控制机械布置密度,避免机械过于集中形成噪声叠加。

(6)钢筋场、拌和站等场地设置,尽量远离居民区、学校等场所。

(二)节约用地

为节约用地,路基填筑材料均采用挖方石料,在弃土场征地工作中,按照工程需要,先进行实地考察,在满足使用的前提下,尽量占用深沟。弃土工作完成后,我项目部积极与当地政府部门协商恢复方案,通过复耕等形式为百姓造地百余亩。

七、施工中新技术、新材料、新工艺的应用情况

无。

八、工程款支付情况

我项目部外欠债务已全部还清,在此我项目部郑重承诺,如该项目有拖欠农民工工资和劳务费用及工程款的投诉,责任完全在我公司,由我公司负责解决,与建设单位无关,建设单位不承担任何法律责任。

九、施工体会

在业主、设计代表、监理人员和当地各级政府的大力支持和帮助下,在整个工程项目建设中,项目部全体员工更新观念,创新管理途径,科学组织,超越自我,按业主下达的节点工期及时完成任务,安全、工程质量无重大事故。回顾工程取得的成就,我们主要有以下做法。

(一)做好协调工作

好的环境,是顺利施工的前提。只有把协调工作做好,才能确保施工的顺利。我标段紧紧依靠项目公司、地方各级政府、协调部门把协调工作做好。我们发扬不等不靠的精神,能自己花钱解决的问题自己主动解决。在整个项目施工中,我项目部协调人员坚守施工岗位,哪儿有问题就到哪儿解决;如遇不能解决的问题,积极主动地与项目公司、县指挥部协调人员联系沟通,及时有效地把问题解决好,为工程创造有利的施工环境。

(二)加大投入

工程进度是与投入紧密相关的,我们能在工程中取得好的成绩,这与前期的施工投入分不开。在施工高峰期,项目部合理组织劳动力500多人,保证工程进展。在机械上最多时投入冲击钻机40台,吊车5台,混凝土罐车6辆,挖掘机7台,装载机5辆,压路机3台,平地机2台,推土机4台,洒水车2辆。

(三)科学组织、合理安排

根据我标段工程特点,结合实际情况,狠抓控制工程,一般工程不放松,对桩基、立柱、盖梁、涵洞、路基每个分项工程分解到每一天,按照每一天工作特点,合理调配机械,机动灵活,充分发挥各种资源配置的作用,确保不停工、不窝工。在施工过程中,及时科学地对计划进行调整,在保证安全、质量的前提下,加快施工进度。每个分项工程都编制完整的计划,统筹安排,组织立体交叉作业,多个工作面同时进行施工,有效地克服了一个位置停工就全面停工的被动局面。

(四)严格管理、狠抓落实

我项目部全体人员牢固树立"精品意识",认真贯彻ISO 9000系列质量管理标准,成立以项目经理为组长,其余管理人员为成员的质量、安全管理领导小组,组成了素质过硬、分工明确、责任到人的安全质量保证体系。其中,在质量控制方面,针对工程点多线长、工期较紧等不利情况,加强技术管理、技术服务和监控,严格按照施工设计图和现行规范组织施工,认真执行设计文件会审制度和技术交底制度,并切实将复核制贯彻于施工过程

中，从各道施工工序抓起，执行分级复测，职责明确，记录完整，严格控制关键工序，定位准确，一次报验，一次合格，通过率100%。加强施工过程控制，使每个施工环节都处于受控状态，充分发挥质保体系的作用，强化创优意识，把整个创优工作贯穿到施工生产中，所有工作均严格按照业主和监理人员要求进行施工。一道工序完成进入下一道工序，必须经监理工程师同意。在安全方面，设置2名专职安全员，全面负责安全工作，责任落实到人。在施工过程中，根据工程特点完善质量、安全保证措施。把质量、安全隐患消除在萌芽状态。

总之，通过一年半的努力拼搏，我单位加强质量监控力度，狠抓内部管理，较好地完成了业主的施工生产任务，但在施工中也存在一定的不足，我们坚信，经过今后的努力，我们会不断完善自己。

中铁十八局一公司
岭南高速公路土建 No.8 标段项目经理部

9. 二广高速公路分水岭至南阳段工程土建 No. 9 标合同段施工总结报告

目　　录

二广高速公路分水岭至南阳段工程土建No.9标合同段施工总结报告

一、工程概况

本合同为二广高速公路分水岭至南阳段(以下简称岭南高速)第9合同段,起讫桩号分别为K25+390和K28+675。其中,主要工程量为2座中桥:K26+807下燕子北中桥和K28+214申沟中桥;K26+400人行天桥;2座通道桥:K25+976通道桥和K27+612通道桥;涵洞:K25+833涵洞、K26+164.5涵洞、K26+943涵洞、K27+040涵洞、K27+310涵洞、K27+479涵洞、CK0+152涵洞和DK0+149涵洞。路基土石方填方为161086.96m^3,挖方为322377.73m^3。

二、机构组成

成立项目经理部,总部下设6部1室:工程部、合同部、材料设备部、人财部、质检部、安保部、综合办公室。另外,设8个工区,内有2个路基作业队,3个桥梁作业队,2个涵洞作业队、防护及排水作业队。该项目工程施工由这些工区具体实施。具体见图1。

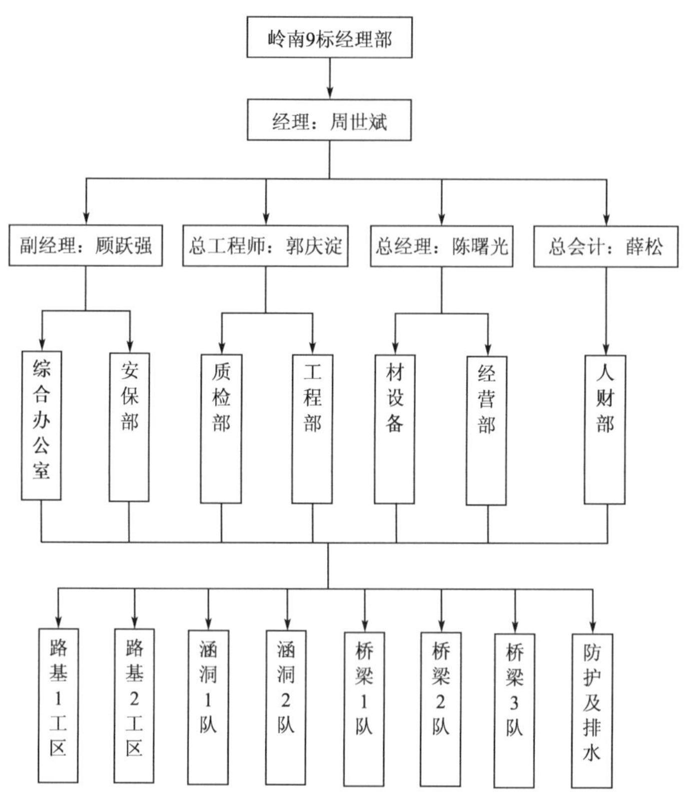

图1 机构组成

项目经理为经理部的总负责人,负责该项目的全面工作。工程部负责整个工程的生产、进度、质量计划、施工方案的编制等技术工作,合同部负责项目的成本预测、计量、变更、索赔工作。材料设备部负责材料的采购、储存、运输、发放工作以及机械设备的维修、保养调度工作。人财部负责人事管理、劳保、工资、资金管理控制、成本核算工作。安保部负责整个标段施工生产以及项目内部的安全施工生产和治安保卫工作。综合办公室负责项目的后勤管理及项目规章制度的制定工作。

三、质量管理情况

(一)质量管理体系

1. 质量管理体系

我标段自进场之日起,就本着"完善质保体系,强化质量管理,严格施工规范,狠抓施工现场,开展质量预控,创建国优工程"的质量方针和"工程合格率100%;分项工程评定得分不少于90分"的质量目标,针对我标段的实际工程情况,制定了相应的质量管理体系,并且为确保本体系持续有效地运行,实现工程质量目标,我们成立了以项目经理为组长,项目总工程师为副组长的质量管理领导小组,针对工程的进度和质量,正确的处理两者之间的关系,对其进行有效的管理和控制,使之相互促进,走向了良性发展的轨道。

2. 技术交底

我标段在施工生产过程中,对项目施工技术人员以及现场施工人员的施工前技术交底特别重视。按照公司的要求,我标段根据岭南No.9标招标文件、项目实施性施工组织设计以及国家现行公路桥梁施工技术规范等针对桥梁、路基等各分项工程编制和实行二级技术交底,项目部工程部首先对项目工区施工技术人员及施工负责人进行设计、规范、施工方法等的技术交底,项目工区施工技术人员再对现场施工人员进行更为简单明了、容易理解的技术交底,坚持做到在各分项工程施工前进行技术交底,每一位新进场人员必须进行交底,没有交底,不允许进入施工现场。

3. 质量宣传体系

本着"信誉和品质同在,质量和生命共存"的质量目标,我标段在施工的过程中一直把工程质量放在第一位的高度,成立了以项目经理为第一责任人的质量管理体系,在施工生产的过程中,始终贯彻并执行了这一体系。同时在执行的过程中,加大了质量的宣传力度,通过召开全体职工会议以及现场工作会议等各种方式对质量的重要性进行宣传,增强项目全体职工和现场施工人员的质量意识。

4. 质量检查旬报制度

在施工过程中,我标段制定了质量检查旬报制度,并安排专人负责,严格执行,以便公司适时地了解和掌握我项目的工程质量情况。

5. 质量奖惩制度

为了进一步激励项目全体人员对工程质量的重视程度以及提高我标段施工质量,项目部制定了针对工程质量的奖罚制度,对在施工中对工程质量有特殊贡献的工区和个人给予精神和物质上的奖励。同时对于在施工中无视工程质量的单位和个人给予警告,以及适度的经济处罚。

(二)施工质量控制方案

在工程施工过程中,注重对工程的过程控制。各工程均严格按照监理代表处批复的施工技术方案进行施工。我标段严格执行技术员自检、监理员抽检制度,在各个工序施工前,现场技术人员都对上一道工序进行严格的自检,再报请监理工程师进行抽检,待各项检查均合格后,方进行下一道工序的施工。在各个混凝土工程施工完成前,对钢筋、模板的尺寸、间距等情况进行严格的检查,使问题在施工前解决。在混凝土施工完成后,再对其外观尺寸、高程等项目进行检测。在个别特殊的工作中,制定了详细的专项施工技术方案,并且在施工过程中,增设了安全员等人员,对施工的全过程进行控制和监控。

(三)施工中工程质量自检情况

在施工过程中,我标段严格按照自检和监理工程师抽检的报验制度进行施工,要求现场技术人员具有高度的责任心和较高的专业技术水平,能够在自检的过程中,及时地发现问题,并在最短的时间内找到最为合理、经济的处理或改进方案,很好地保证了工程的合格率。

(四)工程质量问题的处理

在我标段的施工过程中,对于发现的质量问题都进行了及时的返工处理,如边沟、排水沟的浆砌厚度未达到设计要求等情况。

(五)对完工质量的评价

我公司承建的岭南高速公路No.9段的全部工程,在我标段对照主要工程量以及项目公司、监理代表处的大力支持下,精心组织,周密安排,适时地增大人力、机械设备以及资金等的投入,战严寒、斗酷暑,加班加点,大力弘扬路桥集团公路一局三公司"不怕苦、不怕累,向业主和社会奉献精品工程"的奋进精神。在施工过程中,注重对工程的过程控制,严格按照自检及报验程序进行报验,按照施工设计图和项目公司、监理代表处等的要求以及交通部现行规范和质量评定标准等进行施工,全部工程均能够符合设计和相应技术规范以及达到项目公司的要求，自检均为合格工程。

四、施工进度控制

本标段从2005年11月10日开工至2007年5月底全部竣工。经过广大职工一年半的共同努力，我单位在安全、质量无事故情况下圆满完成本合同段全部施工任务。在施工中我单位根据本合同段实际情况，对施工进度进行合理安排，周密部署并采取了以下措施严格控制进度。

(一)建立管理组织目标责任制制度措施

(1)建立健全工期保证措施领导组。成立由项目经理任组长，有关人员参加的领导小组，全权处理施工中的具体问题，协调各方面关系，以保证各分项工程的正常开展。

(2)选拔业务能力强、施工经验丰富的管理和施工人员，配齐、配足技术工人，保证工程顺利进行。

(3)实行工期目标管理责任制，严格工期计划、过程检查、考核评定与奖惩制度，奖优罚劣。

(4)重点抓好施工质量、安全，以质量、安全保施工进度，确保不出任何安全、质量事故，以便保证工程施工顺利进展。

(5)强化施工调度指挥与协调工作，做到政令畅通，令行禁止，避免搁置延误。重点工程项目和工序采取垂直管理、横向强制协调的强硬手段，减少中间环节，提高决策速度和工作效率。

(6)挖掘内部潜力，广泛开展施工生产劳动竞赛，营造比、学、赶、帮、超和人人争先的氛围，不断掀起施工高潮，确保总工期目标和阶段工期目标的顺利实现。

(二)工期控制的主要技术措施

(1)组建强有力的指挥机构，实行项目经理部、工程队、作业班组3级管理体系。选派指挥能力强、决策水平高、富有开拓精神和管理经验的干部进入各级管理层。配备专业素质高、业务能力强、富有强烈事业心和责任感的技术干部。调集足够的具有丰富经验、有良好社会信誉和施工业绩、能征善战的桥梁施工精良队伍投入本工程建设。

(2)积极做好施工准备工作，投入本工程的人员、机械设备及大型设备按标书要求及时进场，并保证机械设备状态良好，可随时投入施工生产。

(3)开工前，认真做好施工调查和实施性施工组织设计的编制工作。针对本工程的特点，做出周密的节点工期计划，对于难点、重点和关键的施工工序和节点，成立攻关小组，以节点工期保总工期的原则组织实施。

(4)技术准备工作提前进行，认真做好交接桩及复测、定位、放样等现场技术操作，同时做好图纸审核、交底及实施性施工组织设计的编制等工作。施工准备工作就绪后，及时提出开工申请报告，批复后积极组织实施。

(5)在实施过程中不断优化施工组织设计，利用以往的施工经验及同类工程的各种数据库资料，并对各项经济技术指标实行动态、优化管理，运用科学的方法、先进的设备使各工序始终处于全过程的控制状态。

(6)在工期目标发生变化时，及时调整人、财、物的投入，重新安排施工工序及节点工期，以确保总工期的实现。

(7)加强施工环节的控制，重点解决影响施工进度的问题，同时根据施工进度和材料供应情况优化施工方案，适时分析工期对工程成本的影响。

(8)加强材料的供应工作，严格按照材料计划保证材料的供应，同时储备适当的材料，以防特殊情况下的停工待料。

(9)积极推行定额承包，把工期控制与职工的经济效益挂钩，挖掘施工潜能，充分调动职工的积极性，保证工期目标的顺利实施。

(10)按照实施性施工组织的网络计划认真组织实施，执行网络控制技术，并在施工过程中不断优化。以确保节点和总工期的实现。

(11)合理安排施工计划，制定切实可行的方案措施，并在实施过程中根据实际情况的变化及时调整、修改，确保重点工程、难点工程的关键工期。

(12)严格按照合同文件要求，及时向建设单位提报季度、月施工生产计划及各种统计、安全、质量报表，推行全面计划管理。

(13)按照网络计划均衡组织生产，做到科学合理，工序衔接有序，不窝工、不停工。

(14)确保机械设备、大型结构件及时投入。按照施工组织计划保证施工机械设备的足额投入，同时调集足够的大型结构件以保证施工的正常运转。

(15)在施工过程中制定切实可行的机械安全操作技术规程，并进行经常保养，消除隐患，使机械设备能安全、高效、低耗地运转。

（三）充分运用计算机网络计划技术实施动态管理的措施

（1）运用网络计划技术进行工期时间参数计算，找出关键工作和关键线路，为工序安排提供依据，进行合理安排。

（2）施工过程中，通过不断改善网络计划的初始方案，在满足给定网络计划的约束条件下，利用最优化原理，依据工期、成本、资源等寻求最优的计划方案。

（3）施工项目进度采用 PDCA 动态循环的控制方法，掌握施工进度的变化并分析其原因，采取有效的措施及时调整和修正，保证如期完成施工任务。

（4）积极推广和运用新技术、新工艺、新材料、新设备，提高施工技术水平和技术含量，不断加快施工进度。

（5）严密组织施工，精心安排工序，保证均衡生产，并适时掀起施工高潮。

（四）超前谋划进行积极准备措施

（1）快速组织施工人员、机械设备和物资材料进场，按工作内容和进度配齐各项生产要素，保证"三快"，即进场快、安家快、开工快，抓住有利施工季节，实现施工进度良好开端。

（2）充分细致做好开工前的各项工作准备，按照总工期目标，利用倒排工序法，精心编制实施性施工组织设计，制订详细的分段工期控制计划，科学组织施工。

（3）不断优化施工方案和生产要素配置，及时调整各分项工程的进度计划和机械、劳力配置，提高设备的完好率、利用率和施工机械化作业程度，把住物资供应关，保证足量、准时满足进度要求。

（五）施工进度其他措施

1. 推行工期目标责任制

推行工期目标责任制，并将工期目标作为考核领导班子的重要指标，将工期目标分解到班组和个人，并将其与职工的经济利益挂钩。我项目将严格按工期目标的计划、检查、考核和奖惩制度，开展日碰头、旬检查、月调整的工作制度，对落后工序就地组织攻关，制定措施，赶上计划；对难点工序有预案，必要时调整资源配置加大技术攻关力度，使局部调整不影响总工期，确保工期目标落实到实处。

确立合理的分阶段工期目标，采取得力措施，分阶段进行工期控制，实现分阶段工期目标，从而保证总工期目标的实现。

2. 强化计划管理，加强协调指挥

根据实施性施工组织的总体安排和网络计划进度，编制年度、季度和分月分旬生产作业计划。月旬作业计划要落实到班组。以旬、月计划的实现保证季度计划的实现，以季度计划保证年度计划的完成。从而保证总工期如期实现。施工组织和计划结合现场实际和季节性因素，既满负荷工作，又留有余地，确保计划的严肃性、可靠性。加强施工指挥调度与全面协调工作，及时解决问题，提高工作效率。

3. 抓好安全、质量，加快施工进度

妥善处理安全、质量和进度的关系，认真抓好安全、质量工作，确保不出现任何安全、质量事故，加快施工进度。

推广新技术、新工艺，促进科技成果和工法成果的转化。充分依靠科技组织重点工程的快速施工，以科技保进度。

4. 服从大局，听从统一指挥

服从建设单位统一指挥，积极做好外部关系协调，主动与相邻施工单位进行协商，合理解决场地利用、共用运输通道等问题，求得相互配合与支持。协商好与周边单位和居民的关系，争取时间，尽快投入全面施工。

五、施工安全与文明施工情况

（一）安全保证措施

1. 组织体系

我单位在进场之日起就成立了以项目经理为组长，项目总工程师和生产副经理为副组长以及各个部室人员参加的安全生产领导小组。设立专职安全员，对工程进行安全巡视检查，指导交底。建立了安全生产责任制，明确权责，实行奖罚制度。要求特殊工种持证上岗，加强安全宣传教育，做好各项工作的安全交底。制定了较为合理的生产应急预案，以及进行了必要的安全演练，制定了一系列的安全生产的相关制度和注意事项，有力地保证了施工生产的正常快速进行。安全管理运行流程见图 2。

2. 规章制度

我标段根据具体的工程量和施工环境，制定了详尽的安全生产管理制度、安全技术交底制度、安全生产奖惩制度、安全检查制度、安全培训教育制度、车辆运输安全作业制度、用电安全须知及电路架设养护作业制度、各种机械的操作规则及注意事项、高空作业安全作业制度等一系列的安全生产规章制度，在生产过程中，注重对过程严格控制。

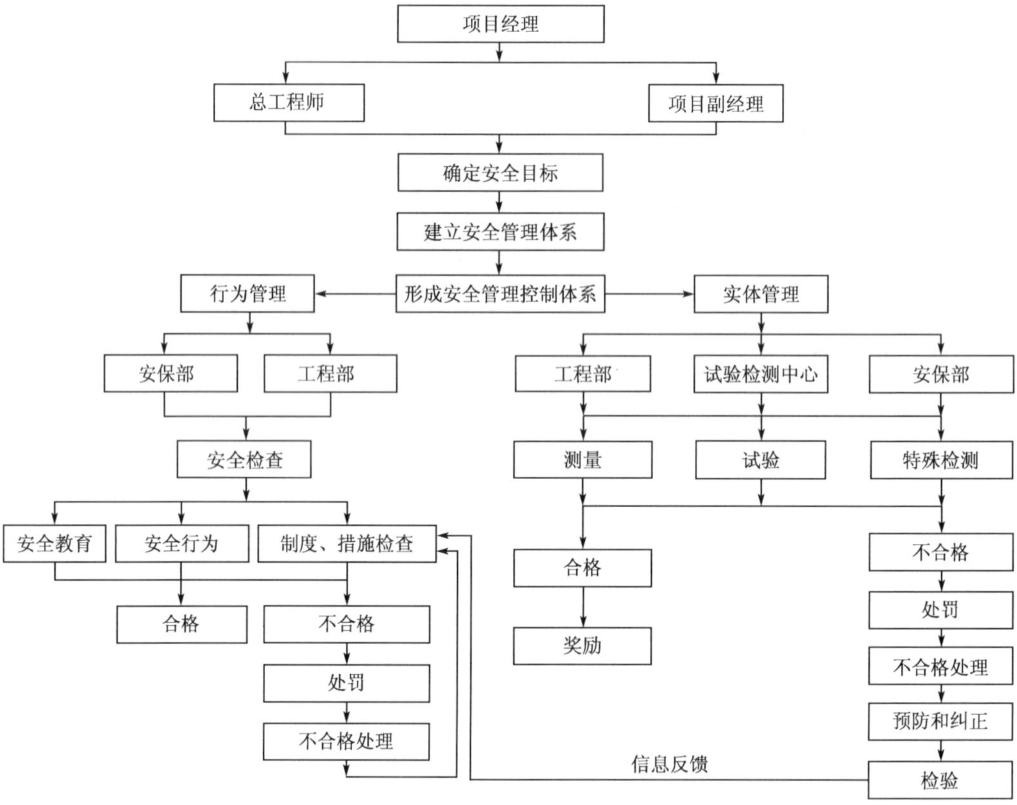

图2　安全管理运行流程

3. 具体措施

我标段在成立项目安全生产领导小组后，对项目人员以及施工人员进行了一系列的安全培训以及考核，在各个人员考核合格后，方可上岗。安全生产小组采取定期和不定期相结合的方式对施工现场和项目驻地的安全进行检查，对于发现的安全隐患及时予以解决和处理，并且根据项目安全领导小组制定的奖惩制度对工区和个人分别给予一定数量的奖励或惩罚，全线通报。并于2006年6月开展了“安全生产，国泰民安”的安全生产月活动，并取得了良好的效果。

我标段严格要求进入施工现场的人员必须佩戴安全帽，在高空作业中，施工人员必须佩戴安全带等。按照公司及有关部门的要求，我标段适时地进行了安全生产月的宣传和评比，并且进行了现场演练，取得了较好的效果。经过全体人员的共同努力，我标段没有发生任何安全事故。

（二）文明施工情况

建立创建以项目经理为组长的文明工地小组，全面开展创建文明工地活动，做到施工现场人行道畅通；施工工地沿线单位和居民出入口畅通；施工中无管线高放；施工现场无积水；施工工地道路平整无坑槽；实行三区分离，即施工区、办公区和生活区严格分隔；施工现场必须挂牌施工，管理人员必须佩卡上岗；工地现场必须开展以创文明工地为主要内容的思想政治工作。文明施工组织机构见图3。

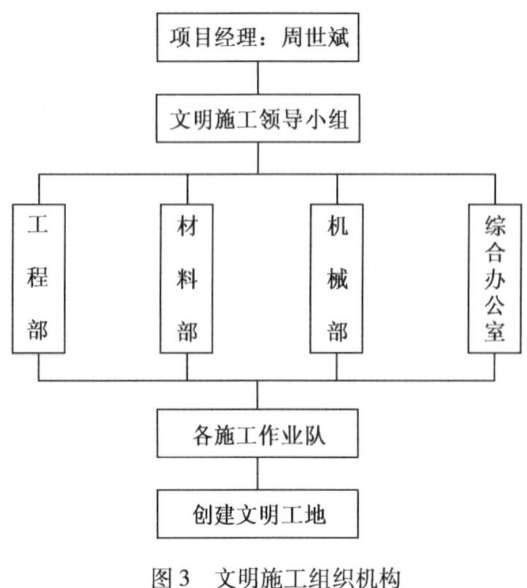

图3　文明施工组织机构

六、环境保护与节约用地措施

（一）环境保护措施

岭南公司在开工之初就重视环境保护，要求建设绿色和谐岭南路。我标段自进场伊始，就高度重视环境保护。本着造福当地村民的原则，我们在施工便道的选择上，尽量选择在远离村民耕地的荒坡上；在弃土场选择上，选择荒山大沟，在弃土的同时为农民扩耕土地，不对村民的耕地造成影响。在施工时，对于生活垃圾、废料、废水都进行了环保处理，避免污染环境。靠近村庄的尽量不在夜间施工，靠近渠道的及时疏通渠道。同时提前对三改工作进行了调查，三改工作与主体工程同时施工，极大地解决了老百姓的生产、生活问题。

（二）节约用地措施

为节约用地路基填筑材料均采用挖方石料，在弃土场征地工作中，按照工程需要，先进行实地考察，在满足使用的前提下，尽量占用深沟。弃土工作完成后，我项目部积极与当地政府部门协商恢复方案，通过复耕等形式为百姓造地百余亩。

七、施工中新技术、新材料、新工艺的应用情况

在施工中，我标段没有大桥、特大桥等大型桥梁以及其他工程。在施工中，严格按照设计图以及项目公司、监理代表处的要求以及国家现行桥梁、路基等施工规范和评定标准等作为指导，严格进行过程控制，所有工程均为合格工程。

八、工程款支付情况

我项目部外欠债务已全部还清，在此我项目部郑重承诺，如该项目有拖欠农民工工资和劳务费用及工程款的投诉，责任完全在我公司，由我公司负责解决，与建设单位无关，建设单位不承担任何法律责任。

九、施工体会

岭南高速公路 No.9 标段自 2004 年 10 月开工以来，在各级领导的大力支持和关怀下，周密安排施工工期，适时加大人力、机械设备和资金的投入，克服了施工过程中施工环境复杂、资金紧张等各种困难，战胜了高温酷暑和严寒季节等诸多不利因素的影响，优质高效地完成了岭南高速公路 No.9 标段的全部施工任务，向公司、业主和河南人民交出了满意的答卷。同时经过岭南高速公路施工，我们也锻炼了队伍，提高了施工技术和管理水平，从中学到了很多经验，适应了河南建设市场，为下一步继续建设河南市场创造了有利条件。

岭南高速公路的建成，凝聚了全体参建人员的心血，对河南的发展有着重大的意义，我们相信河南的高速公路建设一定会更好、更快地发展，我们也愿意为此贡献出我们的青春和汗水。

路桥集团公路一局三公司

岭南高速公路土建 No.9 标段项目经理部

10. 二广高速公路分水岭至南阳段工程土建 No. 10 标合同段施工总结报告

目　　录

二广高速公路分水岭至南阳段工程土建 No.10 标合同段施工总结报告

一、工程概况

二广高速公路分水岭至南阳段(以下简称岭南高速)No.10 标段为分水岭至南阳高速的一段,位于南阳市境内,起点位于南召县大苗沟村西的 K28 +675,向南跨铁河、灌河,至王西庄北 K32 +400 结束,全长为 3.725km。在 K29 +022 处跨越铁河,平面 K28 +705.80(桥梁起点)~K29 +132.78 位于直线段上,K29 +132.78 ~K29 +338.2(桥梁终点)位于 $R=4000$m 左偏圆曲线上,桥梁全长 632.4m。上部结构为 25×25m 装配式预应力混凝土连续箱梁,全桥共分 4 联,其结构形式为 3×(6×25m)+1×(7×25m),全部为后张法预应力箱梁,下部结构为桩基础、柱式墩台、肋板台。在 K31 +328,设 35×25m 灌河大桥 1 座,起点桩号为 K30 +886.8,终点桩号为 K31 +765.5,桥梁全长 878.7m,共分 5 联。其结构形式为 5×(7×25m),全部为后张法预应力箱梁,灌河大桥 0 号台至 34 墩均为灌注桩基础,35 号台为扩大基础。主要工程数量:钻孔桩 ϕ1.5m 4676m;钻孔桩 ϕ1.2m 312m;系梁 58 个;立柱 238 根;盖梁 122 个;25m 预应力混凝土箱梁 480 片,挖土方 29240.3m^3,挖石方 554542.8m^3、M7.5 浆砌片石边沟 2714m。涵洞 6 座,共计 259.33m。路基挖土方 29240.3m^3,挖石方 554542.8m^3,路基填石方 157540m^3。

二、机构组成

(一)便道及便桥

施工便道路基宽 5.5m,路面宽 4.5m,路面铺设厚度 0.3m 的泥结碎石(碎石 70%,灰土 3:7),表层摊铺 2.5cm厚的石屑,两侧设 30×30cm 侧沟,便道每隔 200m 左右设置 1 个汇车点。从国道 207 至施工现场,利用乡间既有道路进行拓宽改建。

线路通过的河沟属于季节性河沟,水量变化大,施工时在铁河、灌河上修筑贯通便桥,其他小沟渠均安装圆管通过。便桥宽 4.5m,每跨跨度 10m,采用原木桩作基础,其间设连接系,其路面结构采用铺架工字钢和方木。

(二)混凝土拌和站及预制场

根据现场实际地形和施工需要,设置混凝土拌和站 2 处,在 K29 +240 右侧设 40m^3/h 混凝土拌和站 1 座,供铁河大桥下部结构及附近小型结构物施工用混凝土;在 K30 +950 左侧设 60m^3/h 的混凝土拌和站 1 座,供灌河大桥下部结构及箱梁、盖板及小型构件预制施工用混凝土。拌和站场地全部硬化,并设置合理的防排水措施,各种粗、细骨料用分隔墙分离。

根据施工需要拟定箱梁预制场 2 处,灌河大桥桥头和铁河大桥桥尾各设置 1 个,负责本合同段内箱梁预制。预制场配备 50t 龙门吊 4 台,场区内按不同的使用功能全部采用混凝土硬化处理。

(三)供水系统

在混凝土拌和站和驻地均设置直径为 1m 的抽水井,供施工用水及饮用水。在拌和站采用水箱蓄水,利用抽水机进行供水,驻地采用无塔供水。

(四)试验室

经理部设立临时试验室,负责现场材料取样及现场质量检测、试验工作以及对拟采用材料进行的标准试验和配合比选定试验工作,工区设工地试验室,负责现场的基本取样送样工作,试验人员和试验室的仪器、设备按要求配备,经省计量局标定,省质检站验收,满足现场试验工作的需求。

(五)交通运输

从 G207 上有 3 条乡村道路可进入本标段不同位置,将原有乡村道路拓宽、改进作为施工便道,直接进入施工现场。作为施工便道,主要用于砂石料、钢材、钢绞线等主要材料运输。

(六)沿线设施

线路南侧 100m 范围内有 10kV 的输电线路,在 K29 +240 右侧设置 1 台 500kW 的变压器,在 K30 +950 左侧设置 1 台 600kW 的变压器,作为施工用电,少部分施工接线困难地段,采用自行发电,并配备 1 台 150kW 发电机,1 台 200kW、2 台 24kW 作为备用电源。

(七)驻地布置及临时房屋

根据本合同段工程特点,经理部设在距 K30 + 800 线路左侧 200m 处娘娘庙村。经理部驻地房屋采用现有房屋及优质彩钢板房。工程队采用彩钢板房及三类临时砖房。在驻地、办公区院内进行场地硬化、植树、种草绿化,美化环境,并做好排水设施,建成标准化文明施工工地。

三、质量管理情况

(一)施工技术、质量控制

(1)强化质量意识,认真贯彻落实"百年大计、质量第一"的方针,把创优工作贯穿到施工生产的全过程。在施工队伍选配、机构设置、施工方案、管理制度等方面紧紧围绕创优目标,以保证和提高工程质量为主线,全面组织施工生产。

(2)强化以各级第一管理者为首的质量保证体系,配备强有力的管理人员,做到各级领导、业务部门、现场指挥、作业班组质量责任明确,考核奖罚及时,充分调动全体职工的创优积极性。

(3)加强与建设、监理、设计单位的密切配合,主动听取监理工程师的意见,形成"四位一体"联合创优的质量工作格局。

(4)选调精干的管理人员及施工队伍,强化职工质量教育,对参加施工的全体人员进行技术考核和教育培训,实行持证上岗制度。

(5)健全内部检查制度,质检工程师由上一级检查机构派驻,实行施工技术部门管理、质量检查部门监控的监管分立体制,立足自检自控,确保创优目标实现。将现场自检工程师一次检查合格率作为考查指标,提高工程检查的严肃性,确保工程质量。

(6)完善激励机制和约束手段,采取定期评比,奖优罚劣,实行质量一票否决制度,运用经济杠杆作用,促进工程质量水平的提高。

(7)加强工序质量控制,严格按 ISO9000 系列质量保证模式组织生产,制定各工序、各环节的操作标准、工艺标准和检查标准。对工序标准的执行情况作出记录,使各工序衔接有序。

(8)编制切实可行的实施性施工组织设计,制订施工网络计划,按网络节点工期要求,分阶段控制,实现均衡生产,为保证工程质量创造条件。

(9)经理部设工程试验室,负责全段的试验工作。试验室制定各级试验人员的职责范围、管理权限,具体指导和管理试验工作。对成品、半成品和原材料严格检验控制,确保材料质量合格、资料齐全、试验数据准确,采取有效的试验检测手段,控制工程质量。

(10)强化计量工作,严把计量关,对所有采用的计量设备按规定定期进行标定,合格后方准投入使用。

(11)加强施工技术管理,坚持技术复核制,采取有效的技术管理手段提高工程质量。经理部施工技术部设置精测队,负责本标段的控制测量布网与施工阶段复测工作。工程技术人员做到施工图、技术交底、施工测量及时,准确,无误,实行技术交底复核签字制度,所有图纸交底、测量放样资料必须由技术主管审核签字后方能交付施工,各项资料保存完好,以备核查。对收到的设计文件,开工前总工程师组织有关技术人员进行会审,对存在的疑问及时与设计部门联系解决。

(12)坚持"标准化、规范化、程序化"作业,实行先试验、后示范的样板工程引路制。

(13)严格按照施工规范、施工操作程序、施工工艺进行施工,对重点、难点工程制定出切实可行的施工方案和针对性的措施,杜绝违章、违规、蛮干现象发生。

(二)质量管理措施

1. 组织保证措施

(1)调集具有丰富施工经验的队伍,选派高素质的管理人员参与施工。

(2)项目经理部成立质量管理小组,项目经理亲自抓,配齐专职质检工程师和质检员,推行全面质量管理。

(3)建立严格的质量管理制度,实行质量一票否决制,建立质量管理制度,做到"全过程、全方位"监控,定期检查,奖优罚劣。

2. 思想保障措施

(1)党、政、工、团密切配合,宣传优质快速建成本高速公路的重要意义,树立起建成本高速公路的荣誉感、责任感和使命感。

(2)把创优工作列入各级工程会、总结会的重要议题,及时总结创优经验,分析解决存在问题,引导创优工作健康发展。

(3)在评比、评模、劳动竞赛评比中把质量创优作为重要指标,实行一票否决制。

3. 技术保证措施

(1)严格按照技术规范、施工操作程序组织施工,结合工程特点和创优计划,制定各类施工工艺和技术质量标准细则。

(2)坚持设计文件、图纸分级会审和技术交底制度。审核结果由总工程师审核确定,由技术人员做好四交底:施工方案、设计意图、质量标准、创优措施交底,并做好记录。

(3)认真贯彻 ISO 9001 标准,制定质量检查程序,使每个环节都处于受控状态。

(4)技术资料和施工控制资料翔实,能够正确反映施工全过程,满足竣工验收要求。

(5)开工前,向监理工程师递交实施性施工组织设计,分项工程施工方案,并按审批的施工组织设计落实。

4. 自检自控制度的保证措施

(1)成立以总工程师为组长的质量检测小组,使施工质量始终处于受控状态。

(2)中心试验室配备完善的检测仪器和设备,建立完善检查制度和控制程序,使施工过程中的试验检测始终处于受控状态。

(3)定期不定期地组织质量检查,确保创优目标实现。

(4)严格执行旬、月、季检制度,确保施工正常进行和质量合格。

(5)凡属隐蔽工程施工时,经自检合格后,再报请监理进行复检。

(6)施工过程中的测量资料经总工程师审核后再实施。

四、施工进度控制

本标段从 2005 年 10 月 10 日开工至 2007 年 5 月底全部竣工。经过广大职工一年半的共同努力,我单位在安全、质量无事故情况下圆满完成本合同段的全部施工任务。在施工中我单位根据本合同段实际情况,对施工进度进行合理安排,周密部署并采取了严格控制进度的措施。

(一)建立管理组织目标责任制制度措施

(1)建立健全工期保证措施领导组。成立由项目经理任组长,有关人员参加的领导小组,全权处理施工中的具体问题,协调各方面关系,以保证各分项工程的正常开展。

(2)选拔业务能力强、施工经验丰富的管理和施工人员,配齐、配足技术工人,保证工程顺利进行。

(3)实行工期目标管理责任制,严格工期计划、过程检查、考核评定与奖惩制度,奖优罚劣。

(4)重点抓好施工质量、安全,以质量、安全保施工进度,确保不出任何安全、质量事故,以便保证工程施工顺利进展。

(5)强化施工调度指挥与协调工作,做到政令畅通,令行禁止,避免搁置延误。重点工程项目和工序采取垂直管理、横向强制协调的强硬手段,减少中间环节,提高决策速度和工作效率。

(6)挖掘内部潜力,广泛开展施工生产劳动竞赛,营造比、学、赶、帮、超和人人争先的氛围,不断掀起施工高潮,确保总工期目标和阶段工期目标的顺利实现。

(二)工期控制的主要技术措施

(1)组建强有力的指挥机构,实行项目经理部、工程队、作业班组 3 级管理体系。选派指挥能力强、决策水平高、富有开拓精神和管理经验的干部进入各级管理层。配备专业素质高、业务能力强、富有强烈事业心和责任感的技术干部。调集足够的具有丰富经验、有良好社会信誉和施工业绩、能征善战的桥梁施工精良队伍投入本工程建设。

(2)积极做好施工准备工作,投入本工程的人员、机械设备及大型设备按标书要求及时进场,并保证机械设备状态良好,可随时投入施工生产。

(3)开工前,认真做好施工调查和实施性施工组织设计的编制工作。针对本工程的特点,做出周密的节点工期计划,对于难点、重点和关键的施工工序和节点,成立攻关小组,以节点工期保总工期的原则组织实施。

(4)技术准备工作提前进行,认真做好交接桩及复测、定位、放样等现场技术操作,同时做好图纸审核、交底及实施性施工组织设计的编制等工作。施工准备工作就绪后,及时提出开工申请报告,批复后积极组织实施。

(5)在实施过程中不断优化施工组织设计,利用以往的施工经验及同类工程的各种数据库资料,并对各项经济技术指标实行动态、优化管理,运用科学的方法、先进的设备使各工序始终处于全过程的控制状态。

(6)在工期目标发生变化时,及时调整人、财、物的投入,重新安排施工工序及节点工期,以确保总工期的实现。

(7)加强施工环节的控制,重点解决影响施工进度的问题,同时根据施工进度和材料供应情况优化施工方案,适时分析工期对工程成本的影响。

(8)加强材料的供应工作,严格按照材料计划保证材料的供应,同时储备适当的材料,以防特殊情况下的停工待料。

(9)积极推行定额承包,把工期控制与职工的经济效益挂钩,挖掘施工潜能,充分调动职工的积极性,保证工期目标的顺利实施。

(10)按照实施性施工组织的网络计划认真组织实施,执行网络控制技术,并在施工过程中不断优化。以确保节点和总工期的实现。

(11)合理安排施工计划,制定切实可行的方案措施,并在实施过程中根据实际情况的变化及时调整、修改,确保重点工程、难点工程的关键工期。

(12)严格按照合同文件要求,及时向建设单位提报季度、月施工生产计划及各种统计、安全、质量报表,推行全面计划管理。

(13)按照网络计划均衡组织生产,做到科学合理,工序衔接有序,不窝工、不停工。

(14)确保机械设备、大型结构件及时投入。按照施工组织计划保证施工机械设备的足额投入,同时调集足够的大型结构件以保证施工的正常运转。

(15)在施工过程中制定切实可行的机械安全操作技术规程,并进行经常保养,消除隐患,使机械设备能安全、高效、低耗地运转。

(三)充分运用计算机网络计划技术实施动态管理的措施

(1)运用网络计划技术进行工期时间参数计算,找出关键工作和关键线路,为工序安排提供依据,进行合理安排。

(2)施工过程中,通过不断改善网络计划的初始方案,在满足给定网络计划的约束条件下,利用最优化原理,依据工期、成本、资源等寻求最优的计划方案。

(3)施工项目进度采用 PDCA 动态循环的控制方法,掌握施工进度的变化并分析其原因,采取有效的措施及时调整和修正,保证如期完成施工任务。

(4)积极推广和运用新技术、新工艺、新材料、新设备,提高施工技术水平和技术含量,不断加快施工进度。

(5)严密组织施工,精心安排工序,保证均衡生产,并适时掀起施工高潮。

(四)超前谋划进行积极准备措施

(1)快速组织施工人员、机械设备和物资材料进场,按工作内容和进度配齐各项生产要素,保证"三快",即进场快、安家快、开工快,抓住有利施工季节,实现施工进度良好开端。

(2)充分细致做好开工前的各项工作准备,按照总工期目标,利用倒排工序法,精心编制实施性施工组织设计,制订详细的分段工期控制计划,科学组织施工。

(3)不断优化施工方案和生产要素配置,及时调整各分项工程的进度计划和机械、劳力配置,提高设备的完好率、利用率和施工机械化作业程度,把住物资供应关,保证足量、准时满足进度要求。

(五)施工进度其他措施

1. 推行工期目标责任制

推行工期目标责任制,并将工期目标作为考核领导班子的重要指标,将工期目标分解到班组和个人,并将其与职工的经济利益挂钩。我项目将严格按工期目标的计划、检查、考核和奖惩制度,开展日碰头、旬检查、月调整的工作制度,对落后工序就地组织攻关,制定措施,赶上计划;对难点工序有预案,必要时调整资源配置加大技术攻关力度,使局部调整不影响总工期,确保工期目标落实到实处。

确立合理的分阶段工期目标,采取得力措施,分阶段进行工期控制,实现分阶段工期目标,从而保证总工期目标的实现。

2. 强化计划管理,加强协调指挥

根据实施性施工组织的总体安排和网络计划进度,编制年度、季度和分月分旬生产作业计划。月旬作业计划要落实到班组。以旬、月计划的实现保证季度计划的实现,以季度计划保证年度计划的完成。从而保证总工期如期实现。施工组织和计划结合现场实际和季节性因素,既满负荷工作,又留有余地,确保计划的严肃性、可靠性。加强施工指挥调度与全面协调工作,及时解决问题,提高工作效率。

3. 抓好安全、质量,加快施工进度

妥善处理安全、质量和进度的关系,认真抓好安全、质量工作,确保不出现任何安全、质量事故,加快施工进度。

推广新技术、新工艺,促进科技成果和工法成果的转化。充分依靠科技组织重点工程的快速施工,以科技保进度。

4. 服从大局,听从统一指挥

服从建设单位统一指挥,积极做好外部关系协调,主动与相邻施工单位进行协商,合理解决场地利用、共用运输通道等问题,求得相互配合与支持。协商好与周边单位和居民的关系,争取时间,尽快投入全面施工。

五、施工安全与文明施工情况

(一)安全生产保证体系

建立以项目经理任组长,主管生产安全副经理任副组长,各职能部门负责人和所属负责人任组员的安全领导小组,项目部设立专职安全管理人员,牵头组织落实安全规章制度,检查指导小组,其他成员还要负责自己管辖范围内部门的安全生产规章制度,各作业队设立兼职安全员。

(二)安全生产保证措施

1. 安全生产综合保证措施

(1)制定安全作业规章制度,在施工中做到各项工作有章可循。

(2)深化安全教育,强化安全意识。施工人员上岗前必须进行安全教育和技术培训,贯彻“安全第一,预防为主”的方针,坚持“安全为了生产,生产必须安全”的原则,牢记“安全第一”的宗旨。安全员坚持持证上岗。

(3)落实安全责任考核制,把安全生产情况与每个人的经济利益挂钩,使安全生产处于良好状态。

(4)施工中必须实现“四无”目标,即无因工死亡和重大伤亡事故;无机械设备大事故;无火灾事故;无重要器材设备被盗和爆炸事故;年重伤率控制在0.03%以下,确保施工人身、设备的安全。

(5)推行安全标准化工地建设,抓好现场管理,搞好文明施工。易燃易爆品妥善保管,工程材料合理堆放,各种交通、施工信号标识完备,管路、电路畅通,架设正确。施工现场紧张有序,切实做到文明施工,安全生产。

(6)加强班组建设。选好班组长、安全员,执行“三工、三检”和“周一”安全互检,集思广益,发现问题,找出隐患,杜绝“三违”,把事故消灭在萌芽状态。

(7)认真实施标准化作业,严格按安全操作规程进行施工,严肃劳动纪律,杜绝违章指挥与违章操作,保证防护设施的投入,使安全生产建立在管理科学、技术先进、防护可靠的基础上。

(8)对全体施工人员进行防火教育,培训一批义务消防人员,并与当地消防部门保持密切联系。生活区及施工现场配备足够的消防设备,消除一切可能造成火灾、爆炸事故的根源。严格控制易燃物和助燃物的储放。

2. 施工安全保证措施

(1)设立专职安全员并建立24h跟班制度,纠正和消除施工中出现的不安全苗头。

(2)对施工人员定期进行安全教育和安全知识的考核。

(3)对各种临时的承重结构及模板认真检算设计,确保强度、刚度和稳定性。

(4)高空作业严格按照规范和安全作业规则佩戴安全帽、安全带,设置安全网,大风、大雨等不良气候条件下不得进行高空作业。

(5)吊装作业时,起重机下严禁人员逗留,并设立明显的作业和禁入标志。

(6)吊装作业时经常性派专人检查起重设备系统,确保万无一失。

(7)工地设立明显的安全警示牌和安全注意事项宣传栏。

(8)各类机械设备操作人员必须持证上岗,无证人员或非本机人员不得上机操作。

(9)泥浆池周边使用钢管架挂彩条布防护。

六、环境保护与节约用地措施

(一)环境保护

成立以项目经理为组长的环境保护领导组,并指派专人进行施工过程中环境管理和检查工作,建立好台账,做好记录,保护好周围环境。

1. 水土及生态环境的保护

(1)树木、植被、水资源保护是环保重点。砍伐时,应征得所有者和业主同意后进行,严禁超范围砍伐。

(2)施工完毕后,对临时用地、设施及时进行复耕和处理。

(3)在生活区内种植花草、树木,设置卫生设施,营造良好环境。

(4)在路基边坡上设置临时排水槽,防止冲刷边坡造成水土流失。

(5)路基完成后,及时进行附属工程施工,确保路基稳定。

2. 水环境的保护

(1)驻地的生活污水和施工现场的生产污水按设计和环保部门的要求进行净化处理后,再排放到指定位置。

(2)机械设备产生废油、废水,经回收处理后,再排放到指定位置。

(3)冲洗骨料或施工废水,经过过滤、沉淀后再排放到指定地点。

3. 大气及粉尘的防治

(1)施工现场、便道经常洒水,做到"晴天不扬尘,雨天不泥泞"。

(2)对运输和储存易飞扬的物料采用篷布覆盖严密,不污染空气、环境和沿线的道路。

4. 固体废弃物的处理

(1)驻地和施工区生活、生产所产生的固体废弃物,派人负责收集,集中堆放,经当地环保部门同意后,运至指定地点废弃。

(2)施工中所产生的其他废料、废物,及时收集清理,保护周围的自然环境和景观,使之不受破坏和污染。

5. 噪声的防治

(1)对机械车辆安装消声器并加强维修保养,保护环境。

(2)机械车辆途经居住场所、医院、学校等公共场所时减速慢行,不鸣喇叭,按交通规则行驶。

(3)在固定的机械设备附近,修建临时隔声屏障,减少噪声传播。

(4)合理安排作业时间,在村庄附近不安排噪声很大的机械作业。

(5)适当控制机械布置密度,避免机械过于集中形成噪声叠加。

(6)钢筋场、拌和站等场地设置,尽量远离居民区、学校等场所。

(二)节约用地

为节约用地,路基填筑材料均采用挖方石料,在弃土场征地工作中,按照工程需要,先进行实地考察,在满足使用的前提下,尽量占用深沟。弃土工作完成后,我项目部积极与当地政府部门协商恢复方案,通过复耕等形式为百姓造地百余亩。

七、施工中新技术、新材料、新工艺的应用情况

无。

八、工程款支付情况

我项目部外欠债务已全部还清,在此我项目部郑重承诺,如该项目有拖欠农民工工资和劳务费用及工程款的投诉,责任完全在我公司,由我公司负责解决,与建设单位无关,建设单位不承担任何法律责任。

九、施工体会

在业主、设计代表、监理人员和当地各级政府的大力支持和帮助下,在整个工程项目建设中,项目部全体员工更新观念,创新管理途径,科学组织,超越自我,按业主下达的节点工期及时完成任务,安全、工程质量无重大事故。回顾工程取得的成就,我们主要有以下做法。

(一)做好协调工作

好的环境,是顺利施工的前提。只有把协调工作做好,才能确保施工的顺利。我标段紧紧依靠项目公司、地方各级政府、协调部门把协调工作做好。我们发扬不等不靠的精神,能自己花钱解决的问题自己主动解决。在整个项目施工中,我项目部协调人员坚守施工岗位,哪儿有问题就到哪儿解决;如遇不能解决的问题,积极主动地与项目公司、县指挥部协调人员联系沟通,及时有效地把问题解决好,为工程创造有利的施工环境。

(二)加大投入

工程进度是与投入紧密相关的,我们能在工程中取得好的成绩,这与前期的施工投入分不开。在施工高峰期,项目部合理组织劳动力400多人,保证工程进展。在机械上最多时投入冲击钻机40台,吊车5台,混凝土罐车4辆,挖掘机1台,装载机4辆。路基土石方施工中,投入挖掘机7台,压路机3台,平地机1台,推土机4台,洒水车1辆。

(三)科学组织、合理安排

根据我标段工程特点,结合实际情况,狠抓控制工程,一般工程不放松,对桩基、立柱、盖梁、涵洞、路基每个分项工程分解到每一天,按照每一天工作特点,合理调配机械,机动灵活,充分发挥各种资源配置的作用,确保不停工、不窝工。在施工过程中,及时科学地对计划进行调整,在保证安全、质量的前提下,加快施工进度。每个分项工程都编制完整的计划,统筹安排,组织立体交叉作业,多个工作面同时进行施工,有效地克服了一个位置停

工就全面停工的被动局面。

(四)严格管理、狠抓落实

我项目部全体人员牢固树立“精品意识”,认真贯彻 ISO 9000 系列质量管理标准,成立以项目经理为组长,其余管理人员为成员的质量、安全管理领导小组,组成了素质过硬、分工明确、责任到人的安全质量保证体系。其中,在质量控制方面,针对工程点多线长、工期较紧等不利情况,加强技术管理,技术服务和监控,严格按照施工设计图和现行规范组织施工,认真执行设计文件会审制度和技术交底制度,并切实将复核制贯彻于施工过程中,从各道施工工序抓起,执行分级复测,职责明确,记录完整,严格控制关键工序,定位准确,一次报验,一次合格,通过率100%。加强施工过程控制,使每个施工环节都处于受控状态,充分发挥质保体系的作用,强化创优意识,把整个创优工作贯穿到施工生产中,所有工作均严格按照业主和监理人员要求进行施工。一道工序完成进入下一道工序,必须经监理工程师同意。在安全方面,设置2名专职安全员,全面负责安全工作,责任落实到人。在施工过程中,根据工程特点完善质量、安全保证措施。把质量、安全隐患消除在萌芽状态。

总之,通过一年半的努力拼搏,我单位加强质量监控力度,狠抓内部管理,较好地完成了业主的施工生产任务,但在施工中也存在一定的不足,我们坚信,经过今后的努力,我们会不断完善自己。

中铁十局二公司
岭南高速公路土建 No.10 标段项目经理部

11. 二广高速公路分水岭至南阳段工程土建No. 11标合同段施工总结报告

目　　录

二广高速公路分水岭至南阳段工程土建 No.11 标合同段施工总结报告

一、工程概况

(一)工程项目概况

二广高速公路分水岭至南阳段(以下简称岭南高速),是太原至澳门国家重点公路的组成部分,是国家重点公路建设规划“十三纵、十五横”中“第七纵”的重要组成路段。太澳公路起于山西省太原市,经河南、湖北、湖南、广东,止于澳门特别行政区,路线全长 2237km,是贯穿我国南北的大通道之一。本合同段工程为二广高速公路分水岭至南阳段土建工程 No.11 合同段,地处河南省南阳市境内,施工里程为 K32 +400 ~ K37 +100,路线全长为 5.092km,包括路基土石方、路基附属、桥涵(桥梁预制件预制除外)的施工。

(二)地形与地貌

岭南高速公路位于南阳市境内,处于第二级地貌台阶向第三级台阶过渡的边坡上,属山地、丘陵、平原组成的盆地型地貌类型。跨华北地台和秦岭褶皱系两大地质单元,全区山脉和水系严格受燕山运动以来所形成的构造格局控制,其北靠伏牛山、东扶桐柏山、西依秦岭、南临汉江,三面环山,中间为略有起伏的广阔平原,是一个向南微斜且敞开的扇形山间盆地。平原、丘陵、山区分别占 21%、30.6% 和 48.4%,海拔高度在 72.2 ~ 2212.5m。地势呈阶梯状,山西北向东南倾斜,以河流为骨架,构成向南开口与汉江平原相连接的马蹄形盆地,素称南阳盆地。盆地后缘伏牛山脉绵延起伏,山势陡峻,西峡境内鸡角尖海拔 2212.5m,为区内最高山峰。

(三)气象与水文地质

项目所处区域南阳市处于北亚热带向暖温带过渡带,属大陆性季风气候区,雨水充沛,日照充足,热量资源丰富。由于受季风影响,冬季盛吹偏北风,夏季盛行偏南风,随着冬夏季环流转换,四季分明。区域内年平均气温 14.0 ~ 15.7℃,最冷为 1 月份,极端气温为 -21℃,最热月为每年 7 月份,极端最高气温在 40.5 ~ 41.4℃,降雨量 665.3 ~ 1173.4mm,年降雨量多集中在 6 ~ 9 月份。

路区地下水以第四系全新统砂性土、亚砂土中地下潜水为主,主要补给源为大气降水,其次为河流及干渠的侧渗补给,项目区浅层地下水丰富,水性好。项目沿线主要河流有湄淋河、清淋河等。由于路线所经地区近年雨水较多,多数沟河有水,地下水位普遍偏高。

(四)交通与电力

本标段工程靠近省道 331 线,沿线及相邻有一些乡村道路,道路较窄,曲折、坡度较大,交通较不发达,对于汽车运输不方便。在施工前期需进行便道施工,保证施工生产顺利进行。

(五)工程项目主要技术标准

本工程设计时速为 120km/h,双向 6 车道高速公路,路基横断面采用整体式断面,路基总宽度为 28m。其中单向行车道宽 3×3.75m,中间带宽 2m,硬路肩宽 2×0.5m,土路肩宽 2×0.5m。桥面净宽为 2×12.5m。停车视距 210m,桥梁设计车辆荷载公路—Ⅰ级,地震动峰值加速度系数 0.05g、0.10g(相当于地震基本烈度:Ⅵ、Ⅶ度)。

二、机构组成

(一)工程施工机构组织

我标段根据中铁十三局集团第五工程有限公司的文件精神,组织了以钱世成同志任项目经理、张怀宇同志任项目总工程师的中铁十三局集团第五工程有限公司岭南高速公路 No.11 标段项目经理部。

(二)工程施工中各部门主要负责人情况(表 1)

三、质量管理情况

(一)质量管理体系

1.质量管理体系

根据合同书要求,我们项目部建立了完备的质量管理体系和质量保证机构,见图 1 和图 2。

岭南高速公路 No. 11 标段项目经理部各部门主要负责人　　表 1

姓　　名	职　　务	职　　称	备　　注
钱世成	项目经理	高级工程师	
张怀宇	项目副经理	高级工程师	
曹旭	项目总工程师	高级工程师	
曹可心	合同部部长	工程师	
付占国	安质部部长	高级工程师	
荆伟	工程部部长	工程师	

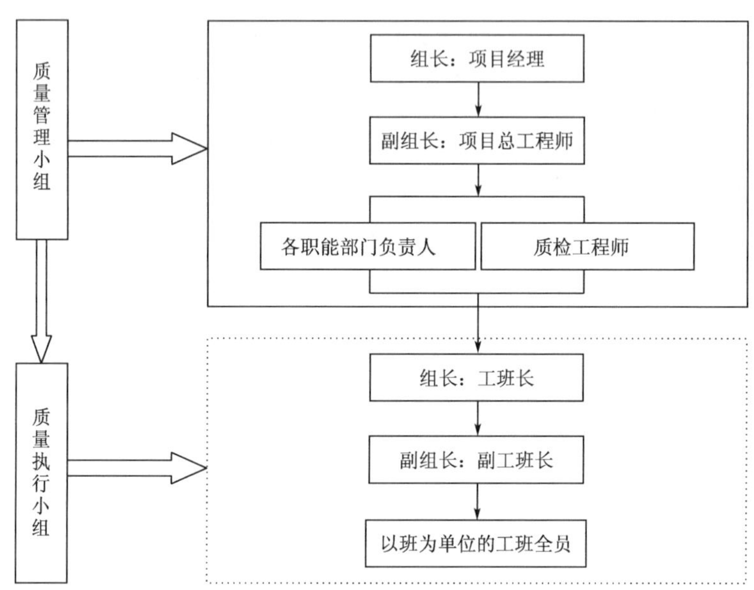

图 1　质量保证组织机构

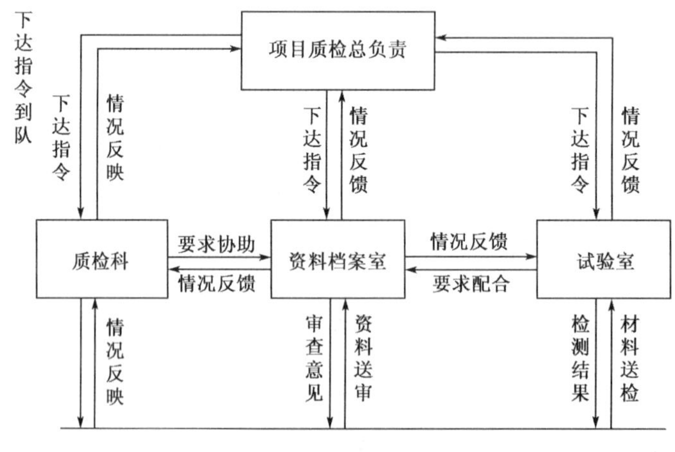

图 2　质量检测体系

2. 技术交底

按照我集团公司 ISO9001—2000 全面质量管理的标准,我们对技术标准实行严格管理。在公路工程的施工中,严格按照《公路工程施工技术规范》执行各项标准。保证本工程自上而下全部统一技术规范标准,为保证施工质量打下了良好的基础。

在施工中,每一项工程开工时项目部组织专题的技术交底会议。工程负责人对各工序的技术要求和操作方法进行详细讲解,并做好书面的技术交底记录。技术交底工作落实到各专业,各工种的专业班长以上。

在技术管理上，我们还重点抓好了以下几个方面：

（1）开工前有施工组织设计、分部分项工程划分、QC 质量攻关小组、质量事故预案、质量保证措施，严格质量审核制度。

（2）在施工过程中，坚决执行工程测量双检复核制、技术复核与隐蔽工程检验制、质量事故报告制、工程质量奖罚制。

（3）在作业层面，强化标准化、规范化作业，建立自检、互检、交接检，先出工程样板，再进行全面施工。确立"下道工序是用户"的内部市场制。

（4）在质控检测方面，强化计量工作，完善检测手段，严格按 ISO9001—2000 程序文件中的《试验与检验设备管理程序》，突出科学性、先进性、准确性与指导性。

（5）在材料器具方面，严格按 ISO9002 程序文件中的《过程控制》、《检验与试验》的规定，确保材料与器具质量可靠，施工创优。

（6）在施工配合方面，与业主、监理人员真诚合作，共同把好质量关。

在创精品措施上，重点狠抓以下几个方面：

（1）强调吃透图纸及规范，建立严格的图纸会审制度及施工技术责任制；通过制度将施组及规范规程贯穿到施工全过程。

（2）工程技术实行综合素质考核制，不合格坚决退场。

（3）狠抓质量难点及通病的攻关，制定详细的预案并从点滴入手，重在预防。

（4）充实施工一线管理力量，严格把好三级自检制度关。

（5）定期开展质量汇检及质量竞赛，通过行政、激励、经济手段奖优罚劣，确保质量。

3. 质量宣传体系

做好质量宣传工作，是做好施工质量管理的一种重要手段。我们既不能把质量管理看成简单的事情，也不能把它想象得十分深奥。由于我标段参加施工的大部分工人的文化程度不是很高，所以质量意识的灌输，分层次一级一级地去宣传下，使得很复杂的理论，逐渐变得浅显易懂，而且符合大众的口味。对质量的认识，有一个自下而上和自上而下的过程，这样经过多次循环，使质量意识才能深入人心。

（1）各工区围绕"质量第一，预防为主"的活动主题，开展形式多样的宣传教育活动，宣传国家建设工程的法律、法规和工程质量基本知识以及监理代表处、项目公司的质量管理文件精神，营造人人关心、人人重视工程质量的良好氛围。

（2）各工区高度重视建设工程质量，大力实施以质取胜战略，树立企业品牌，争创合格工程，积极宣传"质量是企业的生命"的理念，并把这一理念真正落实到具体施工中，提高了我标段工程质量水平。

（3）各工区在驻地及施工现场的醒目位置悬挂工程质量宣传条幅，及时宣传国家、项目公司、监理代表处的质量管理精神，使质量宣传活动深入现场，深入人心，营造良好的质量宣传氛围。

（4）项目部安质部每月对各工区施工人员进行一次质量文件的宣传活动和考核，以提高全体施工人员的质量意识。

（5）项目部及时把各级关于质量的文件下发到各工区，并做好宣传工作。

4. 质量检查旬报制度

为了全面落实"质量第一，预防为主"的方针，规范我标段质量管理，提升岭南高速工程质量，全面实现工程合格，质量检查是保证施工质量的重要手段，把质量事故控制在萌芽状态，具体采取以下几方面措施。

（1）我标段实行旬检制度，由项目经理负责。检查的内容有施工质量情况、技术资料以及执行验标、规章制度等，同时参照项目公司质量内容的要求。发现问题，通过总结、通报、整改等形式促进本项目工程质量不断提高。

（2）在施工过程中，做到资料完整无缺，建立了健全的质量管理台账，严格按照施工工艺和操作规程执行质量三检制。

①自检：在施工过程中项目部或作业队各班组负责人应随时对操作人员进行检查，发现问题立即纠正。

②互检：同一种或多工种间，由负责人组织相互检查。

③交接检：上下工序之间的交接检查。下道工序施工负责人按规定仔细检查核对上道工序，达到标准且监理工程师验收签认后，方可进行下道工序。

5. 质量奖罚制度

根据项目公司和集团公司规定的有关奖罚条例，我标段特制定以下奖罚办法。

（1）施工中发现不合格工序转序时，对责任人罚款 200 元。

(2)在施工中使用未经检验或试验和试验不合格的材料,对责任人罚款200元。

(3)施工中出现的质量事故隐瞒不报或拖报,对施工不负责任的,负责人罚款500元。

月末质量责任制考核不合格,取消当月奖金。

(4)对在施工中能积极完成生产任务,施工质量一次达到工程验收标准的班组及质量管理人员,按班组计件工资额和质量管理人员奖金额5%奖励。

(二)施工质量控制方案

在施工过程中,我们按照中铁十三局集团第五工程有限公司 ISO9001—2000 国际质量体系的要求,结合业主质量目标要求,依据标书、业主、监理工程师的指示,全面、全员、全过程地实施质量管理。

在质量管理的具体实施过程中,我们主要从下述3方面入手去做。

1. 确立具体的质量目标

本合同段项目质量目标为:创建合格工程,工程质量一次验收合格率100%。本合同段质量目标已完全达到。

2. 建立完善的质控机制

我项目部成立了以项目经理为首的 QC 领导小组。在实施过程中,严格按 ISO9001—2000 国际质量体系的要求,突出一个全字:全员、全方位、全过程贯标;狠抓一个严字:严格管理、严格奖罚、严格程序;贯穿一个一字:工程质量一票否决,项目大小一视同仁,内外上下一个标准;强化一个责字:质量问题一把手责无旁贷,质量事故一把手应负全责,质量目标一把手最高责任。

3. 强化健全的质保体系

(1)在管理措施上,重点抓以下几方面:

①加强日常质量教育,提高全员质量意识。

②严格规章制度,狠抓目标落实。

(2)在技术及创合格工程上,重点狠抓以下几方面:

①建立严格的图纸会审制度及施工技术责任制。

②工程技术人员实行综合素质考核制,不合格坚决退场。

③狠抓质量难点及通病的攻关。

④严格把好三级自检制度关。

⑤定期开展质量汇检及质量竞赛。

⑥对构筑物工程,在内优的基础上,强化外美。

⑦严把材料及施工机具关。

⑧设立集中混凝土拌和站,电子计量,自动控制,确保混凝土成品质量稳定,完全受控。

⑨优选混凝土配合比,以“良好的工作性、足够的内聚力、合理的均匀性,最优的性价比”为准则,确保混凝土的内在及外在质量。

⑩严格混凝土施工工艺,从模板的制作安装、混凝土的拌和和运输、振捣养生等关键工序入手,一环紧扣一环,时刻严密监控。

⑪对重点工序制定专项方案,成立专门领导小组,确保其质量。

(三)施工过程中质量自检情况

在施工过程中,我标段严格按照施工工艺和操作规程执行质量三检制。自检:项目部或作业队各班组负责人对操作人员在施工过程中应随时进行检查,发现问题立即纠正。互检:同一种或多工种间,由负责人组织相互检查。交接检:上下工序之间的交接检查。下道工序施工负责人按规定仔细检查核对上道工序,达到标准且监理工程师验收签认后,方可进行下道工序。发现不合格的立即要求整改,直至自检复核要求,报监理工程师抽检合格后方可进行下一道工序。对施工完的工程的外观质量自检,不合格或外观质量不好的立即整改。

(四)工程质量问题的处理

我项目部把质量作为企业的生命线,由于我们将质量事故全部控制在萌芽状态,因此本工程无任何质量问题处理记录。

(五)对完工质量的评价

对工程质量的自我评价:本合同段主要包括路基土石方和桥涵结构物。在施工过程中,我项目部本着严格控制施工质量、严格执行了每一工序的监理验收制度,上一道工序完成经自检合格后,报监理工程师检查验收,在各项检测指标均满足设计及规范要求后，再进入下一道工序施工。所有竣工的各单位、分部、分项工程合格率100%，质量评分值100分，各项质量保证资料及检测检验资料齐全，无工程遗留问题。

四、施工进度控制

本工程合同工期为2005年11月30日至2007年9月14日。

我标段在进度方面不利因素非常大，具体表面在以下几方面：

(1)前期征地拆迁没有完成，致使我项目部迟迟不能开工。

(2)开工之始因为当地征收的征地拆迁款没有到老百姓自己手里，遭到了老百姓的阻工，进度受阻、损失严重。

(3)瓦踅互通Ⅱ号设计变更，由预制混凝土连续梁桥变更为现浇混凝土连续梁桥，严重影响施工进度。

(4)渭淋河大桥6~8号墩位于河道中间，水位居高不下，桩基开挖时遇到流沙层。

(5)路基高挖方段全部是坚石，施工困难严重影响工期。

(6)为保证其他标段运梁需要，我标段部分路基不能交工。

但我项目部全体人员上下一心，以集团公司为后盾，以业主及监理工程师的支持和信任为动力，进一步加大投入、统筹安排、科学管理，力争抢回不可抗力造成的进度延迟。具体详细工期如下：

施工准备：2005年11月30日~2005年12月31日，施工现场"三通一平"，施工便道，材料、设备进场。

K32+400—K37+100段路基土石方及附属、路面工程施工：2005年12月31日~2007年8月27日

K32+400—K37+100段涵洞、通道、车行天桥工程施工：2006年12月31日~2007年9月1日

裴老庄大桥施工：2006年12月10日~2007年4月30日

渭淋河大桥施工：2006年12月15日~2007年6月10日

瓦踅互通立交主线Ⅰ号桥施工：2005年12月15日~2007年6月10日

瓦踅互通立交主线Ⅱ号桥施工：2005年12月15日~2007年9月14日

五、施工安全与文明施工情况

(一)安全保证措施

1. 组织体系

为了保证本合同段安全实现"四无"、"一控"、"三消灭"的安全目标，即无工伤死亡和重伤事故、无交通死亡事故、无火灾、水灾事故；无施工爆破事故；年负伤频率控制在0.2%以下；消灭违章指挥、消灭违章操作、消灭惯性事故。

建立健全安全生产管理机构，成立以项目经理为组长的安全生产领导小组，全面负责并领导本项目的安全生产工作。

项目经理部设安质部全面负责本标段的安全生产工作，施工作业队下设安全组，设专职安全员。作业班组设兼职安全员，负责本班组的安全生产工作的落实。

安全保证体系见图3。

2. 规章制度

(1)完善各项安全生产管理制度

针对各工序及各工种的特点制定相应的安全管理措施，并由各级安全组织检查落实。

(2)安全生产三级管理制度

本项目实行安全生产三级管理，即一级管理由项目经理负责，安质部实施；二级管理由作业队长负责、专职安全员具体实施；三级管理由班组长负责并实施。

(3)安全生产责任制度

建立安全生产责任制度，落实各级管理人员和操作人员的安全职责，做到纵向到底，横向到边，各自做好本岗位的安全工作。

(4)安全技术交底制度

严格执行逐级安全技术交底制度，施工前由项目经理部组织有关人员进行详细的技术安全交底。项目施工队对施工班组及具体操作人员进行安全技术交底。各级专职安全员对安全措施的执行情况进行检查、督促并做好记录。

(5)安全教育、培训考核制度

针对工程特点，定期进行安全生产教育，重点对专职安全员、安全监督岗员、班组长及从事特种作业的起重

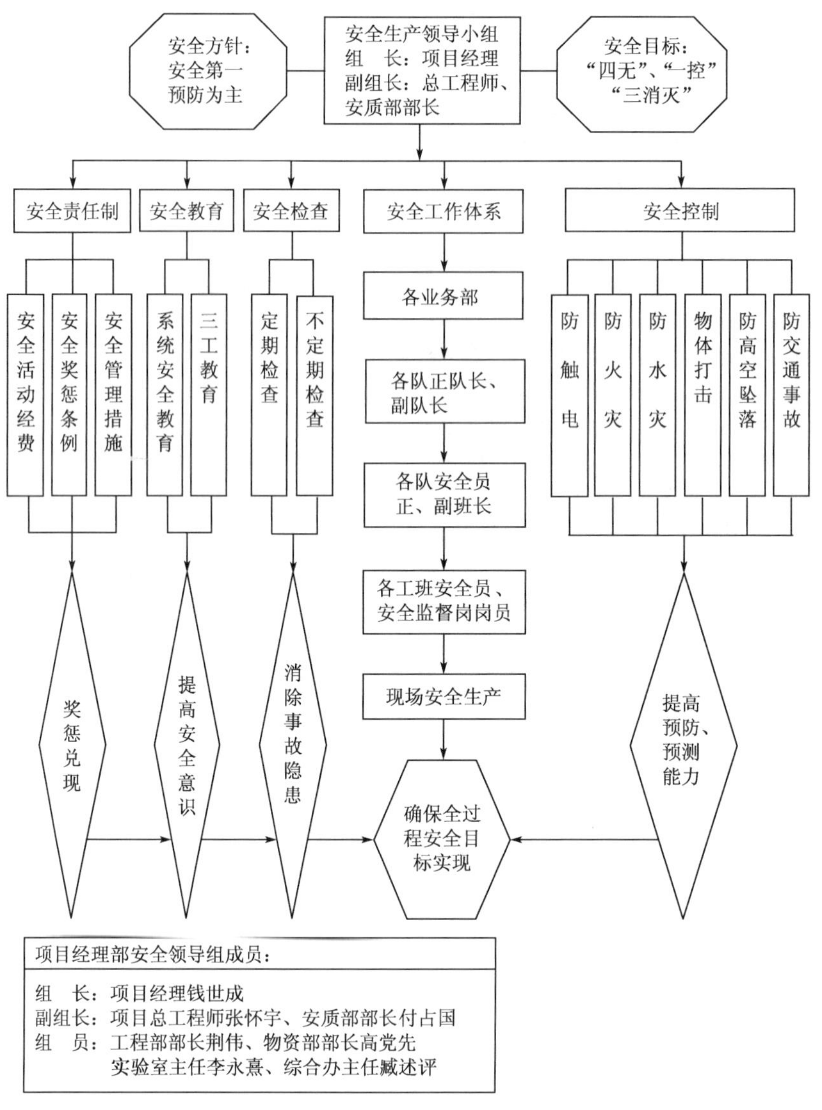

图3　安全保障体系

工、电工、焊接工、机械工、机动车辆驾驶员进行培训和考核，学习安全生产必备的基本知识和技能，提高安全意识。

未经安全教育的管理人员及施工人员不准上岗。未进行三级教育的新工人不准上岗。

特殊工种的安全教育和考核，严格按照《特种作业人员安全技术考核管理规则》执行。

(6)安全检查制度

项目经理部要保证检查制度的落实，确定检查日期、参加检查的人员。经理部每月组织检查一次，作业施工队每旬组织检查一次，作业班组实行每班班前、班中、班后三检制，不定期检查。对检查中发现的安全隐患，要建立登记、整改制度，按照“三不放过”的原则制定整改措施。在隐患没有消除前，必须采取可靠的防护措施。如有危及人身安全的险情，必须立即停工，处理合格后方可施工。

(7)安全生产例会制度

项目经理部每周举行安全生产例会，总结上周的安全生产情况，部署下周的安全防范重点，消除隐患。

(8)安全事故申报制度

在工程实施过程中，对发现的任何安全方面的事故，必须由现场负责人向上级汇报，以便项目经理部随时掌握安全信息，并及时向建设单位和监理单位汇报，不得隐瞒或弄虚作假，更不允许大事化小，小事化了。对于以上情况的责任者,将按有关规定进行处罚。

(9)安全生产奖惩制度

制定安全事故处罚条例,针对各工程的每道工序,按事故的等级、规模,给予事故直接责任人、主管领导一定数额的经济处罚及行政处分,并将处理结果通报各施工队。

(10)安全防范重点

根据本标段的施工特点,安全防范重点有以下几个方面:

注意既有高速运输交通安全,防止交通伤害事故。

防止机械伤害、触电事故。

防止高空坠落、火灾、爆炸及施工爆破事故,防止人身触电事故。

3.具体措施

(1)临时及辅助工程施工安全措施

临时防火设施规划根据临时用地情况,在现场设立消防器材,配备常规的消防工具,并在容易发生火灾的地方设置适用种类的灭火器。临房布置符合防火规范要求。

临时道路在险峻处应设立防护石墩和安全标志。

临时供电及照明线路应满足规范要求,电线接头、金具应安装牢固,电力安全工具应定期检查。杜绝非电工私拉、接电线和电器现象。

(2)防火灾措施

生活区及施工现场临建设施的布置要符合防火要求。

机电设施,须设置接地避雷击装置,防止雷击引发火灾,易燃易爆物品要按规定储存和使用。

项目部定期组织防火安全检查,及时消除火灾隐患。

(3)施工安全

电器设备外露的转动和传动部分(如靠背轮、链轮、皮带和齿轮等),必须加装遮栏或防护罩。

工作台、跳板、脚手架的承载量,不得超过设计标准,并应在现场挂牌标明。脚手架与工作台的底板应铺设严密,木板的端头必须搭在支点上。作业平台周边要挂防护网。

吊装作业时,工作地段应有专人监护。

在2m以上高处工作时,应符合高处作业的有关规定。

(4)供电与电气设备安全

施工用电的线路设备按批准的施工组织设施装设,同时符合当地供电部门规定,要达到正式电力工程的技术要求。

配电系统分级配电,配电箱,开关箱外观完整、牢固、防雨、防尘、外涂安全色并统一编号。其安装形式必须符合有关规定,箱内电器可靠、完好、造型、定值符合规定,并标明用途。

动力电源和照明电源分开布设。

所有电器设备及其金属外壳或构架均应按规定设置可靠的接零及接地保护。

现场所有用电设备的安装、保管和维修应由专人负责,非专职电器值班人员,不得操作电器设备,检修、搬迁电器设备(包括电缆和设备)时,应切断电源,并悬挂"有人工作,不准送电"的警告牌。

手持式电气设备的操作手柄和工作中必须接触的部分,应有良好的绝缘。使用前应进行绝缘检查。

施工现场所有的用电设备,必须按规定设置漏电保护装置,更应定期检查,发现问题及时处理解决。

直接向现场供电的电线上,严禁装设自动重合闸;手动合闸时,必须与值班人员联系。

(5)机械设备使用安全措施

各种机械要有专人负责维修、保养,并经常对机械的关键部位进行检查,预防机械故障及机械伤害事故的发生。

机械安装时基础必须稳固,吊装机械臂下不得站人,操作时,机械臂距架空线要符合安全规定。

各种机械设备视其工作性质、性能的不同搭设防尘、防雨、防砸、防噪声工棚等设施,机械设备附近设标志牌、规则牌。

起重作业前应检查绳扣、挂钩、钢索、滑车、吊杆等部件,确认良好后方可作业。作业时,必须有专人指挥,严禁任何人攀登吊立中的物件和在起重物下通过、停留及作业。

起重机械的安全保护装置必须齐全、完整、灵敏可靠,不得任意调整和拆除。并指定专人定期检查,检查项目必须符合有关规定。

机械吊装管材时,吊具应完好,栓绑要牢靠,防止管子滑脱。

起重作业中，操作人员必须先发信号然后起吊。起吊时，重物在吊离地面 20～50cm 时停车检查，当确认重物挂牢、起重机的制动性能良好和稳定后再继续起吊。起吊重物旋转时，速度均匀平稳，防止重物在空中摆动发生事故。起吊长大重物时，有专人拉放溜绳。

(6)爆破施工安全措施

进行爆破施工作业时，必须使用符合国家标准的爆破器材，严格遵守《爆破安全规程》(GB 6722—2011)的各项规定，严禁违章操作。

(二)文明施工

1. 文明施工情况

文明施工是我集团公司一以贯之的施工内容之一。岭南高速公路施工过程中，我项目部严格履行合同中有关文明施工条款。从施工中的每一个细小环节抓起，把这项利在当代、功在千秋的大事抓细、抓好，做到既文明施工又要交合格工程。文明施工保证体系见图4。

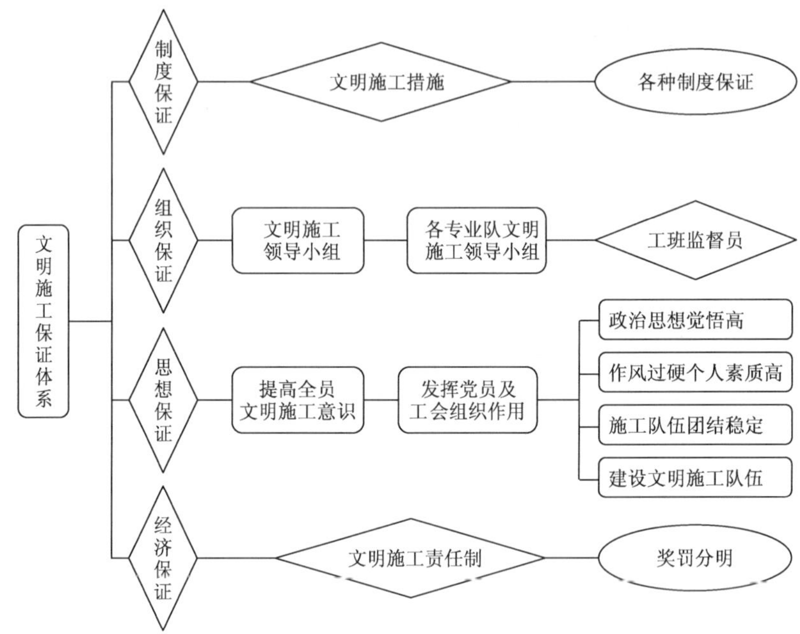

图4　文明施工保证体系

2. 加强环保文明教育、切实进行监督检查

我们在施工组织设计和施工方案中都对做好文明施工提出了详细的保证措施，并将此项工作列入各队考核评比的重要指标。严格的管理和教育保证了人人重视文明施工的好风气。

3. 施工场地管理

按施工总平面布置图实施定位管理，进行场地规划。运输道路、材料场库、机械停放场、拌和场和生活区要按照总平面图合理布局，统一规划，合理布置，井然有序。并在施工区域设醒目标牌。

在大门围墙处，设置施工标志牌，标明工程名称、建设单位、质检单位、监理单位、总承包单位，并在醒目位置设置一图三牌。一图：即平面布置图；三牌：即质量保证、安全生产、文明施工管理牌。在施工现场出、入口设置大门，实行半封闭管理。

施工现场设置的临时设施，做到生活区和施工区划分明确，按规定布置防火设施。建立住地文明、卫生、防火责任制，并落实到专人。

合理布置施工现场给水排水系统。保证给水设施不渗漏，供水安全。排水系统顺畅，整齐大方。临时用电按施工组织设计布置，不乱接乱扯，供电设施良好，光照充足。建筑材料堆码按要求按平面布置图分类堆放，并用标志牌标识清楚，严禁混堆乱放。所有施工人员及管理人员一律佩戴标识身份或工种的证牌。

4. 文明施工措施

我标段总结在其他施工中取得的经验，精心组织、合理安排，文明施工。采用有效措施处理生产、生活废水不得超标排放，并确保施工现场无积水现象，在多雨季节配备应急的抽水设备与突击人员。施工内业资料齐全、整洁、数据可靠。办公室内按要求布置各类图表，及时反映现场状况及工程进度情况。生活垃圾要集中堆放，统一搬运至指定地点处理。施工便道及时洒水保养。加强对施工人员全面管理,所有施工人员按规定办理暂住证。严禁接收三无盲流人员。做好防盗工作,落实防范措施,各类违法行为和暴力行为要及时制止,同时报告公安部门,确保在施工地区内,施工人员无违纪、违法现象发生。尊重所在地区行政管理部门的意见和建议,积极主动地争取各行政管理部门支持,自觉遵守各项合法的行政管理制度和规定,做好文明共建工作。

六、环境保护与节约用地情况

(一)环境保护

环境保护是我国的一项基本国策,做好环境保护和水土保持与国家的可持续发展密切相关,我标段按照业主、招标文件及当地的有关法规要求做好施工环保、水土保持和文明施工,避免因施工给周围居民正常的生活、生产带来不利影响。

1. 环境保护体系

建立文明施工环保、水土保持管理体系,完善管理制度。

项目经理部成立施工环保、水土保持领导小组,项目经理部成立施工环保小组,项目经理主抓施工环保、水土保持工作,结合现场实际情况制定施工环保、水土保持管理细则。实行施工环保、水土保持和文明施工管理责任制,将施工环保、水土保持与各作业班组和管理人员奖金分配挂钩。

制定施工环保、水土保持管理细则,并认真落实。

项目经理部每10日进行一次施工环保、水土保持检查,针对检查中发现的问题限期整改。

施工环保、水土保持保证体系见图5。

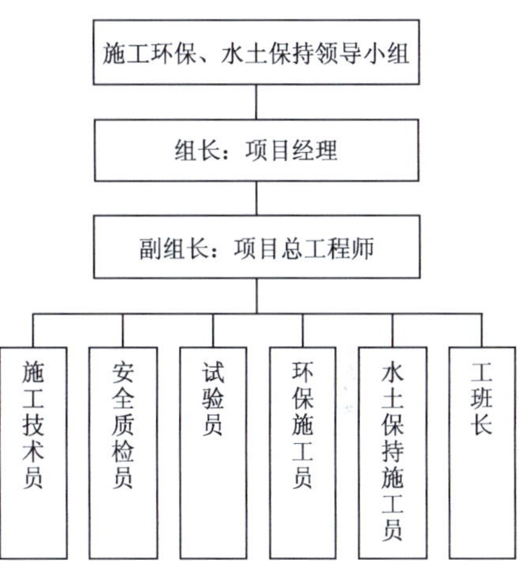

图5 环保、水土保持保证体系

2. 环境保护措施

(1)施工污水处理

本标段污水主要由生产和生活污水组成。施工污水经过认真处理达到三级排放标准后尽可能回收再利用,剩余的和生活用水采用罐车装运输入就近的污水管道网。

污水排放标准:生产和生活污水排放执行三级标准。

生活污水经溶解沉淀处理后用罐车装运输入就近污水管道网。

生产污水处理工艺见图6。

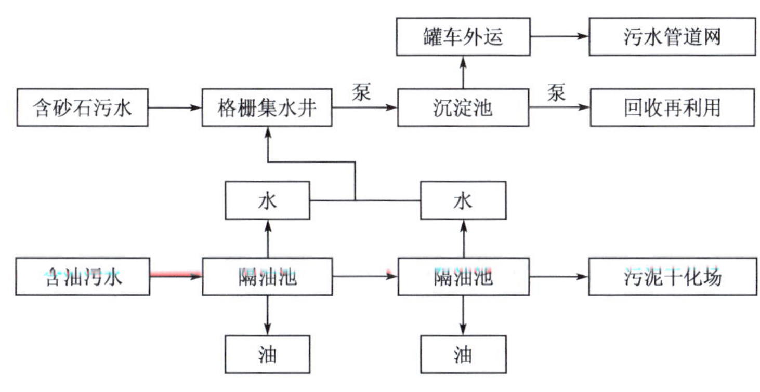

图6 生产污水处理工艺

生活污水处理工艺见图7。

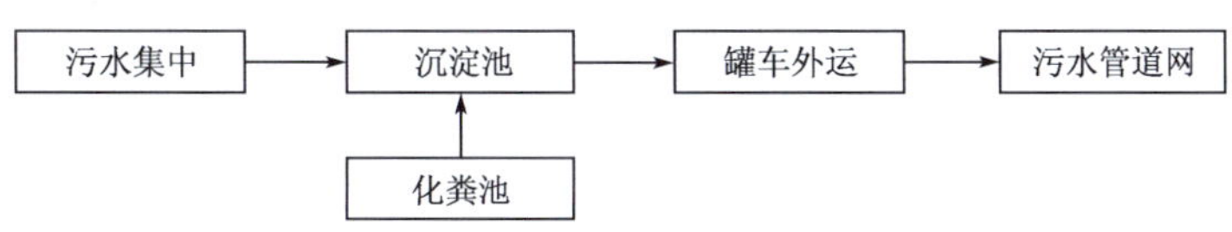

图7 生活污水处理工艺

(2)防水污染措施

施工现场内道路平整、顺畅,排水良好。

临时场地均作标准硬化地面,四周设置砖砌排水沟,生活污水经过滤沉淀处理后,罐车外运排入城镇污水管网。

(3)大气环境保护措施

在施工设备选型时选择低污染设备,并安装空气污染控制系统。在运输水泥等易飞扬物料时用蓬布覆盖严密,并装量适中,不得超限运输。配备专用洒水车,经常对施工现场和运输道路洒水湿润,减少扬尘。对汽油等易挥发品的存放要密闭,并尽量缩短开启时间。在有粉尘的作业环境中作业时,除洒水外,作业人员还需配备劳保防护用品。

(4)固体废弃物处理措施

施工营地和施工现场的生活垃圾,集中堆放,运到指定地点。

报废材料或施工中返工的挖除材料立即运出现场并按规定进行处理。对施工中废弃的零碎配件、边角料、水泥袋、包装箱等及时进行收集、清理并做好现场卫生工作,以保护自然环境与景观不受破坏。

(5)降低噪声的环境保护措施

对使用的工程机械和运输车辆安装消声器并加强维修保养,降低噪声。机械车辆途经居住场所时减速慢行,尽量不鸣喇叭,以减少扰民。合理安排施工作业时间,尽量降低夜间车辆出入频率,夜间施工不得安排噪声很大的施工机械,减少噪声污染扰民。在比较固定的机械设备作业附近,修建临时隔声屏障,减少噪声传播。合理安排施工人员在高噪声区的作业时间,并配备劳保用品。

(6)水土保护措施

工程完工后永久用地范围内的裸露地表都用植被覆盖进行绿化。

弃土场应及时修筑挡护设施,保持其稳定,避免水土冲刷灾害;弃土场、临时房屋以及其他临时用地均应平整、复耕或绿化。

施工期间的生活、生产废水必须由污水处理系统达标后方可排放,严禁未经处理排放河中。

保护场地周围环境,不在工地围蔽外堆放材料、垃圾。严格按照批准的占地范围使用占地。

临时设施均按标准硬化地面,四周设置砖砌排水沟,生活污水经过滤沉淀池处理后,排入指定地点。

工期间爱护环境,保护绿化,保护好已成建筑物、路面,不损坏、不污染,完工时彻底清场,恢复原有道路和设施,并将工地及周围环境清理整洁,做到工完、料清、场地洁净,并将地上、地下原有设施恢复到原有的使用状态。

(二)节约用地情况

弃土场占地时,尽量少占用当地居民的耕地,但是由于本标段的挖方量比较大且石方较多,占地比较多,但项日部克服了种种困难,把弃上场全部进行了坡脚防护和重新覆盖种植土复耕,已经达到了重新耕种的条件。

七、施工中新技术、新材料、新工艺的应用情况

我标段在施工过程中,由于地质条件、地理环境等原因,积极研讨方案,运用了一些新的施工工艺,保证了施工的进度和质量。

(1)渭淋河大桥、瓦蒄互通主线Ⅱ号桩基施工时遇到流沙层,在这种地质条件下,我项目部采用高压旋喷桩护壁,然后人工开挖成孔,达到了良好的效果,并有效地加快了施工进度,见图8。

图8　高压旋喷桩护壁防止流沙

(2)瓦蒄互通主线Ⅱ号桥桩基成孔,先水中筑岛,然后人工开挖成孔,见图9。

(3)盖梁钢筋笼在墩下拼成型,然后整体吊装就位,见图10。

图 9　水中筑岛、河流改道

图 10　整体吊装、盖梁施工

八、工程款支付情况

我项目部外欠债务已全部还清，在此我项目部郑重承诺，如该项目有拖欠农民工工资和劳务费用及工程款的投诉，责任完全在我公司，由我公司负责解决，与建设单位无关，建设单位不承担任何法律责任。

九、施工体会

岭南高速 No.11 合同段全长 5.092km，包括大中桥、涵洞、天桥、填挖土石方、特殊路基处理等，涉及项目、工序多；途中穿越自然村，所以还要做好对外协调以及配合当地政府的土地征用、拆迁工作。施工过程中既有成功经验，又有失败教训，体会如下。

（1）工程质量应当放在一切工作的首位，要把工程质量工作看作是决定企业生死存亡的大事。在工程质量管理上下功夫，而不以降低工程质量要求而获得暂时经济效益，从而形成恶性循环，这势必给企业本身造成更大的经济损失。坚持质量第一，杜绝返工现象也是企业信誉的立足点、工程按期施工的重要方面。

（2）合同管理是工程顺利进行的重要条件。FIDIC 条款是世界通用的先进、科学的工程管理模式，只要认真按 FIDIC 条款办事，认真执行监理程序，尊重监理工程师的劳动，从管理上要效益，从创新上求发展，才能取得工程进度和质量的双丰收，从而才能获得企业最大的受益和进步。

（3）承包企业一定要认真执行诚信原则，把企业的信誉放在第一位。要认真兑现承诺，认真履行合同，尤其是对工程的质量缺陷更是要采取坚决态度，对每一桩质量事故都要认真处理，妥善修补，使之达到尽善尽美的程度，否则施工企业将会在激烈的公路建设市场中丧失竞争地位，使企业产生不应有的损失。

（4）要提高企业的创新意识，在工程建设上要高标准，高要求，积极向兄弟单位学习，在工程上要敢于投入，大胆地采用新工艺和新设备，这样才能取到事半功倍的良好效果。

（5）必须保证合理价中标，才能在施工过程中提供有力的资金保障，保证工程的质量与进度。

（6）做好劳务队伍的选择，一定要选择素质好、经济实力强的队伍。

（7）做好计划的跟踪管理，决策果断，确保工程进度。

（8）加强材料管理，避免管理混乱而造成不必要的经济损失。

中铁十三局集团第五工程有限公司

岭南高速公路土建 No.11 标段项目经理部

12. 二广高速公路分水岭至南阳段工程土建 No. 12 标合同段施工总结报告

目　　录

二广高速公路分水岭至南阳段工程土建 No.12 标合同段施工总结报告

一、工程概况

(一)工程项目概况

二广高速公路分水岭至南阳段(以下简称岭南高速),是太原至澳门国家重点公路的组成部分,是国家重点公路建设规划“十三纵、十五横”中“第七纵”的重要组成路段。本合同段工程为二广高速公路分水岭至南阳段土建工程 No. 12 合同段,地处河南省南阳市境内,施工里程为 K37 +100 ~ K42 +400,路线全长为 5.3km,包括路基土石方、路基附属、桥涵(预制件预制除外)的施工。

(二)地形与地貌

岭南高速公路位于南阳市境内,处于第二级地貌台阶向第三级台阶过渡的边坡上,属山地、丘陵、平原组成的盆地型地貌类型。平原、丘陵、山区分别占 21%、30.6% 和 48.4%,海拔高度在 72.2 ~ 2212.5m。

(三)气象与水文地质

项目所处区域南阳市处于北亚热带向暖温带过渡带,属大陆性季风气候区,雨水充沛,日照充足,热量资源丰富。区域内年平均气温 14.0 ~ 15.7℃,最冷月为 1 月份,极端气温为 -21℃,最热月为每年的 7 月份,极端最高气温在 40.5 ~ 41.4℃,降雨量 665.3 ~ 1173.4mm,年降雨量多集中在 6 ~ 9 月份。

(四)交通与电力

本标段沿线相邻有一些乡村道路,道路较窄,曲折、坡度较大,交通较不发达,对于汽车运输不方便。施工用电靠近黄庵及瓦房沟较为方便。

(五)工程项目主要技术标准

本工程设计时速为 120km/h,双向 6 车道高速公路,路基横断面采用整体式断面,路基总宽度为 28m。其中单向行车道宽 3 × 3.75m,中间带宽 2m,硬路肩宽 2 × 0.5m,土路肩宽 2 × 0.5m。桥面净宽为 2 × 12.5m。停车视距 210m,桥梁设计车辆荷载公路—Ⅰ级,地震动峰值加速度系数 0.05g、0.10g(相当于地震基本烈度:Ⅵ、Ⅶ度)。

二、机构组成

我标段根据中铁九局集团的文件精神,组织了以赵克忠任项目经理、金国辉任项目总工程师的中铁九局集团有限公司岭南高速公路 No. 12 标段项目经理部,见表 1。

岭南高速公路 No. 12 标段项目经理部各部门主要负责人 表 1

姓　名	职　务	职　称	备　注
赵克忠	项目经理	工程师	
金国辉	项目总工程师	高级工程师	
杨红磊	合同部	工程师	
王长利	安质部	高级工程师	
盛之会	试验室	工程师	
孙　波	财务部	会计师	

三、质量管理情况

(一)质量管理体系

1. 质量管理体系

根据合同书要求,我项目部建立了完备的质量管理体系和质量保证机构,见图 1。

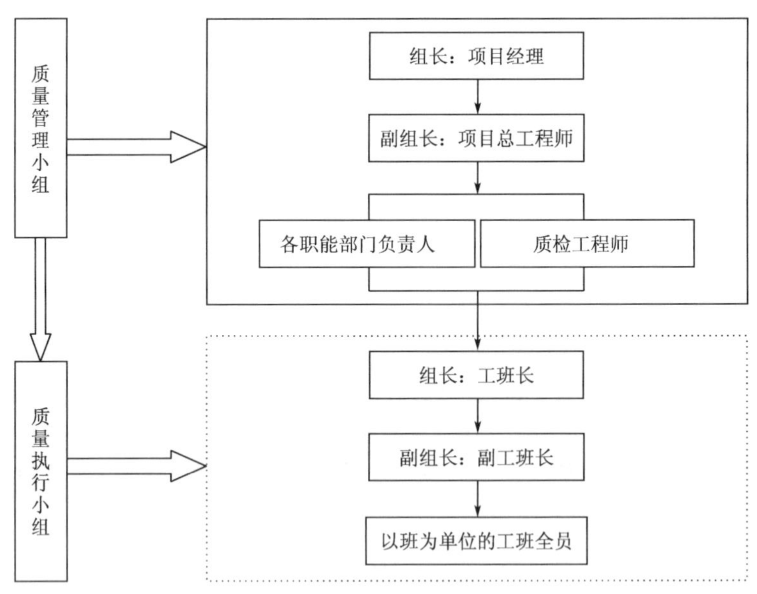

图1　质量保证组织机构

2. 技术交底

在施工中,每一项工程开工时项目部组织专题的技术交底会议。对各工序的技术要求和操作方法进行详细讲解,并做好书面的技术交底记录。技术交底工作落实到各专业、各工种的专业班长以上。

3. 质量宣传体系

(1)围绕“质量第一,预防为主”的活动主题,开展形式多样的宣传教育活动,宣传国家建设工程的法律、法规和工程质量基本知识以及监理代表处、项目公司的质量管理文件精神,营造人人关心、人人重视工程质量的良好氛围。

(2)项目部安质部每月对各工区施工人员进行一次质量文件的宣传活动和考核,以提高全体施工人员的质量意识。

(3)项目部及时把关于质量的文件下发到各工区,并做好宣传工作。

4. 质量检查旬报制度

(1)我标段实行旬检检查制度,由项目经理负责。检查的内容有施工质量情况、技术资料以及执行验标、规章制度等,同时参照项目公司质量内容的要求。发现问题,通过总结、通报、整改等形式促进本项目工程质量不断提高。

(2)在施工过程中,做到资料完整无缺,建立了健全的质量管理台账,严格按照施工工艺和操作规程执行质量自检、互检、交接检三检制。

5. 质量奖罚制度

根据项目公司和集团公司公司规定的有关奖罚条例,我标段特制定以下奖罚办法。

(1)施工中发现不合格工序转序时,对责任人罚款200元。

(2)施工中使用未经检验或试验和试验不合格的材料,对责任人罚款200元。

(3)施工中质量事故隐瞒不报或拖报,对施工不负责任的,负责人罚款500元。

月末质量责任制考核不合格,取消当月奖金。

(4)对在施工中能积极完成生产任务,施工质量一次达到工程验收标准的班组及质量管理人员,按班组计件工资额和质量管理人员奖金额5%奖励。

(二)施工质量控制方案

在质量管理的具体实施过程中,我们主要从下述3方面入手去做。

1. 确立具体的质量目标

本合同段项目质量目标为:创建合格工程,工程质量一次验收合格率100%。

2. 建立完善的质控机制

我项目部成立了以项目经理为首QC领导小组。在实施过程中,严格按ISO9001—2000国际质量体系的要求。

3. 强化健全的质保体系

(1)在管理措施上,重点抓以下几方面:

①加强日常质量教育,提高全员质量意识。

②严格规章制度,狠抓目标落实。

(2)在技术及创合格工程上,重点狠抓以下几方面:

①工程技术人员实行综合素质考核制,不合格坚决退场。

②狠抓质量难点及通病的攻关。

③对构筑物工程,在内优的基础上,强化外美。

④严把材料及施工机具关。

⑤设立集中混凝土拌和站,电子计量,自动控制,确保混凝土成品质量,完全受控。

⑥对重点工序制定专项方案,成立专门领导小组,确保其质量。

(三)施工过程中质量自检情况

在施工过程中,我标段严格按照施工工艺和操作规程执行质量三检制。自检:项目部或作业队各班组负责人对操作人员在施工过程中应随时进行检查,发现问题立即纠正。互检:同一种或多工种间,由负责人组织相互检查。交接检:上下工序之间的交接检查。下道工序施工负责人按规定仔细检查核对上道工序,达到标准且监理工程师验收签认后,方可进行下道工序。发现不合格的立即要求整改,直至自检复核要求,报监理工程师抽检合格后方可进行下一道工序。对施工完的工程的外观质量自检,不合格或外观质量不好的立即整改。

(四)工程质量问题的处理

我项目部把质量作为企业的生命线,由于我们将质量事故全部控制在萌芽状态,因此本工程无任何质量问题处理记录。

(五)对完工质量的评价

对工程质量的自我评价:本合同段主要包括路基土石方和桥涵结构物。在施工过程中,我项目部本着严格控制施工质量、严格执行了每一道工序的监理验收制度,上一道工序完成经自检合格后,报监理工程师检查验收,在各项检测指标均满足设计及规范要求后,再进入下一道工序施工。所有竣工的各单位、分部、分项工程合格率100%,质量评分值98.1分,各项质量保证资料及检测检验资料齐全,无工程遗留问题。

四、施工进度控制

本工程合同工期为2005年9月30日至2007年7月31日。

我标段在进度方面不利因素非常大,具体表现在以下几方面。

(1)前期征地拆迁没有完成,致使我项目部迟迟不能开工。

(2)开工之始因为当地征收的征地拆迁款没有到老百姓自己手里,遭到了老百姓的阻工,进度受阻、损失惨重。

(3)群英水库大桥2~4号、7号、11号桩基位于水库之内,水位居高不下,水底全部是淤泥层,其余桩基全部是坚石,严重影响施工进展。

(4)黄庵大桥桩基开挖时全部遇到5~7m深的流沙层。

(5)路基高挖方段全部是坚石,施工困难严重影响工期。但我项目部全体人员上下一心,以业主及监理工程师的支持和信任为动力,进一步加大投入、统筹安排、科学管理,力争抢回不可抗力造成的进度延迟。具体详细工期如下:

施工准备:2005年9月15日~2005年10月15日,施工现场"三通一平",施工便道,材料、设备进场。

K37+100~K40+000段路基土石方及附属、路面工程施工:2005年12月15日~2007年5月25日

K40+000~K42+400段路基土石方及附属、路面工程施工:2005年12月15日~2007年3月31日

K37+100~K40+000段涵洞、通道、车行天桥工程施工:2006年2月20日~2007年6月12日

K40+000~K42+400段涵洞、通道、车行天桥工程施工:2005年11月15日~2007年2月27日

群英水库大桥施工:2006年3月31日~2007年7月30日

黄庵大桥施工:2006年3月31日~2007年7月31日

瓦房沟Ⅰ号大桥施工:2005年12月15日~2007年4月5日

瓦房沟Ⅱ号大桥施工:2006年3月30日~2007年4月10日

苇园沟中桥施工:2006年2月2日~2007年6月20日

合同段于2007年7月31日全部竣工,按照合同要求按时完工。

五、施工安全与文明施工情况

(一)安全保证措施

1. 组织体系

成立以项目经理为组长的安全生产领导小组,全面负责本项目的安全生产工作。项目经理部设安质部全面负责本标段的安全生产工作,施工作业队下设安全组,设专职安全员。作业班组设兼职安全员,负责本班组的安全生产工作。

安全保证体系见图2。

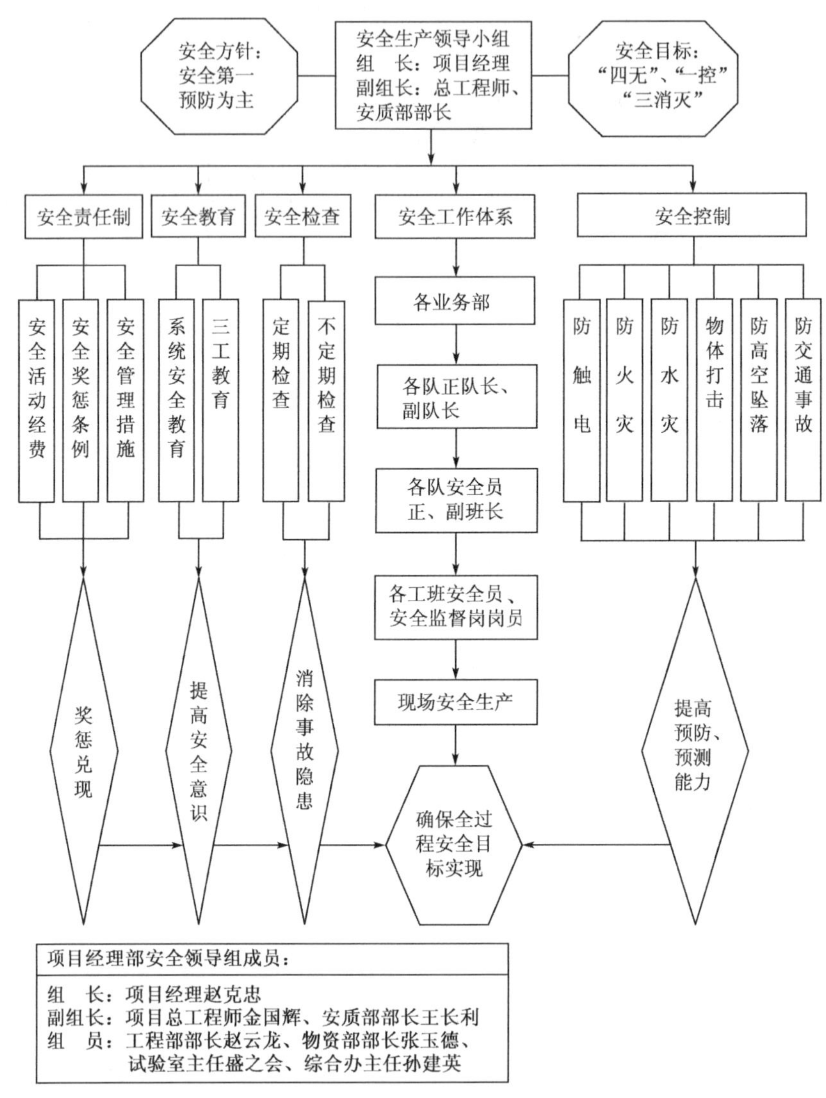

图2　安全保证体系

2. 规章制度

(1)完善各项安全生产管理制度

针对各工序及各工种的特点制定相应的安全管理措施,并由各级安全组织检查落实。

(2)安全生产三级管理制度

项目实行安全生产三级管理,即一级管理由项目经理负责,安质部实施;二级管理由作业队长负责、专职安全员实施;三级管理由班组长负责并实施。

(3)安全生产责任制度

建立安全生产责任制度,落实各级管理人员和操作人员的安全职责,做到纵向到底,横向到边,各自做好本岗位的安全工作。

(4)安全技术交底制度

严格执行逐级安全技术交底制度,施工前由项目经理部组织有关人员进行详细的技术安全交底。项目施工队对施工班组及具体操作人员进行安全技术交底。各级专职安全员对安全措施的执行情况进行检查、督促并做好记录。

(5)安全教育、培训考核制度

针对工程特点,定期进行安全生产教育,重点对专职安全员、安全监督岗员、班组长及从事特种作业的人员进行培训和考核,学习安全生产必备的基本知识和技能,提高安全意识。

(6)安全检查制度

项目经理部要保证检查制度的落实,确定检查日期、参加检查的人员。经理部每月组织检查一次,作业施工队每旬组织检查一次,作业班组实行每班班前、班中、班后三检制,不定期检查。

(7)安全生产例会制度

项目经理部每周举行安全生产例会,总结上周的安全生产情况,部署下周的安全防范重点,消除隐患。

(8)安全事故申报制度

在工程实施过程中,对发现的任何安全方面的事故,必须由现场负责人向上级汇报,并及时向建设单位和监理单位汇报,不得隐瞒或弄虚作假。

(9)安全生产奖惩制度

制定安全事故处罚条例,针对各工程的每道工序,按事故的等级、规模,给予事故直接责任人、主管领导一定数额的经济处罚及行政处分。

3.具体措施

(1)临时及辅助工程施工安全措施

根据临时用地情况,在现场设立消防器材,配备常规的消防工具,并在容易发生火灾的地方设置适用种类的灭火器。临房布置符合防火规范要求。

临时供电及照明线路应满足规范要求,电线接头、金具应安装牢固,电力安全工具应定期检查。彻底杜绝非电工私拉、接电线和电器现象。

(2)防火灾措施

生活区及施工现场临建设施的布置要符合防火要求。机电设施,须设置接地避雷击装置,防止雷击引发火灾,易燃易爆物品要按规定储存和使用。

(3)施工安全

电器设备外露的转动和传动部分,必须加装遮栏或防护罩。工作台、跳板、脚手架的承重量,不得超过设计标准。脚手架与工作台的底板应铺设严密。作业平台周边要挂防护网。吊装作业时,工作地段应有专人监护。

(4)供电与电气设备安全

施工用电的线路设备按批准的施工组织设施装设,同时符合当地供电部门规定。现场所有用电设备的安装、保管和维修应由专人负责。施工现场用电设备,必须按规定设置漏电保护装置,更应定期检查,发现问题及时处理解决。

(5)机械设备使用安全措施

各种机械要有专人负责维修、保养,并经常对机械的关键部位进行检查,预防机械故障及机械伤害事故的发生;作业时,必须有专人指挥。起重机械的安全保护装置必须齐全、完整、灵敏可靠,不得任意调整和拆除。

(6)爆破施工安全措施

进行爆破施工作业时,必须使用符合国家标准的爆破器材,严格遵守《爆破安全规程》(GB 6722—2011)的各项规定,严禁违章操作。

(二)文明施工

1.文明施工情况

文明施工是我集团公司一以贯之的施工内容之一。岭南高速公路施工过程中,我项目部严格履行合同中有关文明施工条款。从施工中的每一个细小环节抓起,做到既要文明施工又要交合格工程。文明施工保证体系见图3。

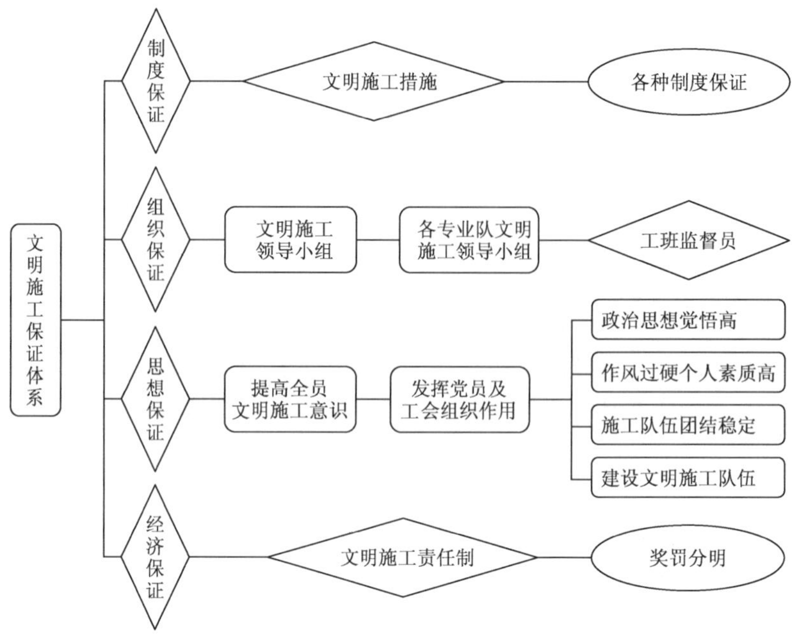

图3 文明施工保证体系

2. 加强环保文明教育、切实进行监督检查

我们在施工组织设计和施工方案中都对做好文明施工提出了详细的保证措施,并将此项工作列入各队考核评比的重要指标。

3. 施工场地管理

按施工总平面布置图统一规划,合理布置,井然有序。在施工区域设醒目标牌。在施工现场出、入口设置大门,实行半封闭管理。按规定布置防火设施。建筑材料堆码按要求按平面布置图分类堆放,并用标志牌标识清楚。所有施工人员及管理人员一律佩戴标识身份或工种的证牌。

六、环境保护与节约用地情况

(一)环境保护

1. 环境保护体系

项目经理部成立施工环保小组,将施工环保、水土保持与各作业班组和管理人员奖金分配挂钩。制定施工环保、水土保持管理细则,并认真落实。

2. 环境保护措施

(1)防水污染措施

施工现场内道路平整、顺畅,排水良好。临时场地均作标准硬化地面,四周设置砖砌排水沟,生活污水经过滤沉淀处理。

(2)大气环境保护措施

在施工设备选型时选择低污染设备,在运输水泥等易飞扬物料时用篷布覆盖严密。配备专用洒水车,经常对施工现场和运输道路洒水湿润,减少扬尘。

(3)固体废弃物处理措施

施工营地和施工现场的生活垃圾,集中堆放,运到指定地点。对施工中废弃的零碎配件、边角料、水泥袋、包装箱等及时进行收集、清理并做好现场卫生工作。

(4)水土保护措施

工程完工后永久用地范围内的裸露地表都用植被覆盖进行绿化。弃土场、临时房屋以及其他临时用地均应平整、复耕或绿化。保护场地周围环境,不在工地围蔽外堆放材料。施工期间爱护环境,做到工完、料清、场地洁净。

(二)节约用地情况

弃土场占地时,少占、不占用当地居民的耕地,但是由于本标段的挖方量比较大且石方较多,所以占地比较多,但我项目部克服了种种困难,把弃土场全部进行了坡脚防护和重新覆盖种植土复耕,已经达到了重新耕种的条件。

七、施工中新技术、新材料、新工艺的应用情况

我标段在施工过程中,由于地质条件、地理环境等原因,积极研讨方案,运用了一些新的施工工艺,保证了施工的进度和质量。

黄庵大桥桩基施工时,全部遇到 5 ~ 7m 深的流沙层,我项目部采用高压旋喷桩护壁,然后人工开挖成孔,达到了良好的效果,并有效地加快了施工进度,见图 4。

群英水库大桥深水处桩基成孔,先水中筑岛,然后振动器埋设钢护筒,人工开挖成孔,见图 5。

图 4　高压旋喷桩护壁防止流沙

图 5　振动器振动钢护筒下沉

八、工程款支付情况

我项目部外欠债务已全部还清,在此我项目部郑重承诺,如该项目有拖欠农民工工资和劳务费用及工程款的投诉,责任完全在我公司,由我公司负责解决,与建设单位无关,建设单位不承担任何法律责任。

九、施工体会

岭南高速 No. 12 合同段全长 5. 3km,包括大中桥、涵洞、天桥、填挖土石方、特殊路基处理等,涉及项目、工序多;途中穿越自然村,所以还要做好对外协调以及配合当地政府的土地征用、拆迁工作。施工过程中既有成功经验,又有失败教训,具体有以下几点体会。

(1)工程质量应当放在一切工作的首位,要把工程质量工作看成决定企业生死存亡的大事。在工程质量管理上下功夫,而不是以降低工程质量要求而获得暂时经济效益,从而形成恶性循环,这势必给企业本身造成更大的经济损失。坚持质量第一,杜绝返工现象也是企业信誉的立足点、工程按期施工的重要方面。

(2)合同管理是工程顺利进行的重要条件。FIDIC 条款是世界通用的先进、科学的工程管理模式,只要认真按 FIDIC 条款办事,认真执行监理程序,尊重监理工程师的劳动,从管理上要效益,从创新上求发展,才能取得工程进度和质量的双丰收,从而才能获得企业最大的收益和进步。

(3)承包企业一定要认真执行诚信原则,把企业的信誉放在第一位。要认真兑现承诺,认真履行合同,尤其是对工程的质量缺陷更要采取坚决态度,对每一件质量事故都要认真处理,妥善修补,使之达到尽善尽美的程

度，否则将在激烈的公路建设市场上丧失竞争地位，使企业产生不应有的损失。

（4）要提高企业的创新意识，在工程建设上要高标准，高要求，积极向兄弟单位学习，在工程上要敢于投入，大胆地采用新工艺和新设备，这样才能取到事半功倍的良好效果。

（5）必须保证合理价中标，才能在施工过程中提供有力的资金保障，保证工程的质量与进度。

（6）做好劳务队伍的选择，一定要选择素质好、经济实力强的队伍。

（7）做好计划的跟踪管理，决策果断，确保工程进度。

（8）加强材料管理，避免管理混乱造成不必要的经济损失。

中铁九局集团有限公司

岭南高速公路土建 No.12 标段项目经理部

13. 二广高速公路分水岭至南阳段工程土建 No. 13 标合同段施工总结报告

目　　录

二广高速公路分水岭至南阳工程土建 No.13 标合同段施工总结报告

一、工程概况

二广高速公路分水岭至南阳段（以下简称岭南高速），是太原至澳门国家重点公路的重要组成部分，是国家重点公路建设规划“十三纵、十五横”中“第七纵”的重要组成路段。

岭南高速 No.13 合同段起点里程 K42 +400，终点里程 K47 +900，路线全长 5.5km，地处南阳市卧龙区和南召县，属丘陵区，地形起伏较小，河谷宽浅，相对高差在 50m 以下，小山丘顶部比较平坦，呈浑圆状，残留高阶地零星分布。

合同段属亚热带向温暖带过渡地带，属于典型的季风型大陆性半湿润气候。气候特点是阳光充足，雨量充沛，四季分明。

路基宽度 28.0m，计算行车速度采用 120km/h。双向按 6 车道布设，减小硬路肩并增设港湾式紧急停车带（有效宽度为 3.0m），其中：行车道宽 2×3×3.75m，中央分隔带宽 2.0m，左侧路缘带宽 2×0.75m，硬路肩宽 2×0.5m（含右侧路缘带宽 2×0.5m），土路肩宽 2×0.5m。

No.13 合同段共设大桥 3 座，即 K43 +987 竹园大桥，桥梁全长 328.7m；K45 +202 高家岈脖大桥，桥梁全长 208.7m；K47 +620 上杜沟大桥，桥梁全长 158.0m。桥梁上部结构均采用跨径为 25m 的装配式部分预应力混凝土连续箱梁，先简支后连续，下部结构桥墩采用柱式墩，桥台根据填土高度及地基承载力，采用 U 形、简易式台（无台身、侧墙的 U 形台）及肋式台。根据墩高一座桥梁的桩径、柱径尺寸类型尽量一致，以方便施工，基础形式根据桥址地质状况予以确定，分别采用桩基础或扩大基础。

共设天桥 4 座，后被取消 1 座，分别是 K42 +508 天桥，为（10 +46.8 +10.1）m 钢筋混凝土系杆拱桥，桥长 132.12m；K44 +275 天桥为（15 +34 +15）m 变截面连续箱梁，桥长 67.4m（变更取消，桩基成孔，钢筋笼成型，上部钢筋骨架加工完成）；K45 +505 天桥为 45m 中承式钢管拱桥，桥梁全长 53.16m；K46 +747 天桥为 2×30m 等截面连续箱梁，桥梁全长 65.16m。

涵洞共设 10 道均为钢筋混凝土盖板涵，中心里程分别为 K42 +415、K44 +361、K44 +703（原为 K44 +675）、K45 +652、K45 +925、K46 +132.5、K46 +937、K47 +200、K47 +408、K47 +825。

通道共设 3 道，钢筋混凝土盖板通道，中心里程分别是 K43 +300、K44 +919、K46 +506。

路基挖方总计 50.91 万 m^3，路基填筑 45.8 万 m^3，软基处理 1.95 万 m^3，防护及排水圬工 1.76 万 m^3。

二、机构组成

根据投标文件成立中铁十七局集团三公司岭南高速 No.13 标项目经理部，全面负责本工程的组织实施。项目部设项目经理 1 人、党委书记 1 人、副经理 1 人、总工程师 1 人。下设三部一室即工程部（含试验室和测量班）、计划统计部、财务部、物资部和办公室，具体人员职责及分工见图 1。

三、质量管理情况

（一）质量管理体系

1. 质量管理体系

我公司通过质量、环境、职业健康安全三体系认证，建立了一整套完善的工程质量保证体系和质量制度以及系统的质量控制流程，根据我单位《质量手册》及《质量程序文件》的各项工作标准及本工程的特点建立了本项目的质量工作程序，作为全单位质量体系的子系统开展工作。本项目质量管理体系见图 2。

2. 技术交底

开工前做好各部位、工序的技术交底工作，严格按照我单位质量体系规定的内容做好技术交底，按照三级技术交底的要求，使各级施工人员清楚地掌握对将要进行施工的部位和工序的施工、施工工艺、技术规范要求，对特殊和重点部位要真正做到心中有数，确保施工操作的准确性和规范性。

3. 质量宣传体系

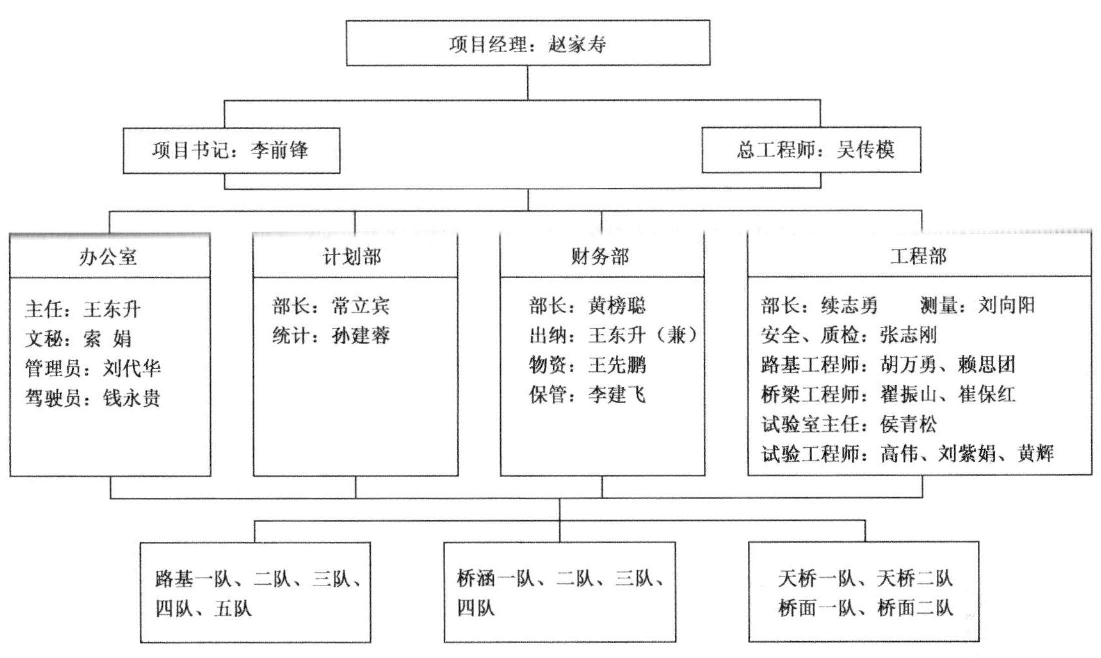

图1 组织机构

建立健全质量管理机构，从组织上确保质量目标的实现。成立以项目经理为首的质量管理宣传领导小组，全面负责质量宣传工作。项目经理部配备宣传员，广泛开展质量宣传活动，使得“百年大计，质量为本”的理念深入人心。

4. 质量检查旬报制度

组建精干高效的试验和测量队伍，项目经理部设中心试验室，施工队设试验组，配备必要的检测、试验仪器设备，从原材料控制开始，实施施工全过程测量和试验控制。对施工全过程进行质量检查，在施工过程中自下而上按照跟踪检测、复检、抽检3个检测等级分别实施质量检测。每旬进行一次检查评比，检查结果全项目通报。

5. 质量奖罚制度

制定质量奖罚制度，坚持评比兑现。对施工质量低劣、管理差的工点除限期改正外，视具体情况处以500～5000元罚款。从开工至竣工质量共奖励10万元，罚款8.5万元。

（二）施工质量控制方案

本合同工程按《中华人民共和国项目法》组织施工，全面执行合同条款，按照质量、环境、职业健康安全管理三体系要求，运用科学的施工管理手段，积极推广应用“四新”技术，充分发挥机械设备效能，抓住施工重点，确保质量目标的实现。

（1）成立以项目经理为首的质量领导小组，全面负责质量管理工作。项目经理部配备专职质检工程师，工程队及工班设专职质检员。项目部与各施工队签订质量包保责任状，各级质量管理人员分工负责，做到各司其职，各负其责，保证质量保证体系正常运行。

（2）建立健全各项规章制度。制定全过程质量控制制度、工程质量责任制度、奖惩制度、质量保证金制度、内部质量检查制度。抓好思想教育，增强质量意识，针对施工中常出现的一些问题对职工进行岗前技术培训，熟悉施工工艺和质量标准，使工程质量自始至终处于受控之中，确保质量目标的实现。

（3）建立健全质量管理制度，做到质量标准、工作标准、管理标准相协调，使质量工作纳入标准化体系。在本标段工程质量管理过程中，严格执行“一不”计价，即不合格工程不计价，实行质量一票否决；“三不”交接，即本工序未经检验不交接，检验不合格不交接，检验合格未记录签字不交接；“五不”施工，即开工报告未经批复不施工，原材料未经检验合格不施工，桩橛尺寸不清楚不施工，未进行技术交底不施工，隐蔽工程未经检验签证不施工。同时坚持测量换手复核制、三检制、挂牌制。质量不定期检查制、工程例会等行之有效的制度，使工程质量始终处于受控状态。

（4）制定质量奖罚制度。坚持评比兑现，对施工质量低劣、管理差的工点除限期改正外，视具体情况处以500～5000元罚款。

(5)严格按合同条款和施工规范办事,坚决服从监理工程师的管理,按监理工程师的指令办理一切施工事宜。

(6)抓好施工现场管理。做到科学组织,文明施工。现场布置合理,机械和各种材料存放整齐,妥善保管,树立标牌。

(7)严把测量试验关。开工前做好全线导线点、水准点的联测工作,报监理工程师复核认可后投入施工使用。施工测量中确定数据正确,坚持换手复测及水平测量闭合法,不图省事,确保测量精度。要注意做好桩橛的保护工作,定期复核。严把原材料质量关,做到不合格的材料不进场。

(8)关键工序施工由专人负责和监督检查。

(9)项目部设档案管理室负责技术资料、来往文件、会议纪要等的收集、整理及分类归档工作。制定档案管理制度,明确责任,及时对过期文件、资料进行清理,确保施工资料、文件的有效性。

(10)建立独立工作,有效运行的自检体系,确实加强质量意识。

(三)施工中工程质量自检情况

1. 路基工程质量自检情况

压实度自检 12500 点,合格 12500 点,合格率 100%,路基宽度、坡度自检全部合格。

2. 桥涵工程

桥涵几何尺寸自检全部合格,混凝土试块自检 3500 组,合格 3500 组,混凝土强度全部合格。

3. 路基防护及排水

施工过程中自检几何尺寸全部合格,原材料自检 90 批次,合格 90 批次,合格率 100%。砂浆强度自检 600 组,合格组 600 组,合格率 100%。

(四)工程质量问题的处理

由于施工中加强各种技术指标的控制,坚持按照质量自检体系运行,工程质量全部合格,无工程质量事故。

(五)对完工质量的评价

岭南高速公路自施工开始到完工,整个过程质量完全处于受控状态,未出现任何质量事故。路基直线段顺直,曲线段圆顺,桥涵几何尺寸全部在允许误差之内,混凝土内实外光,无明显蜂窝麻面现象。各分项、分部和单位工程均合格。

2007 年 3 月 29 日路槽全部合格交路面施工,2007 年 8 月 3 日大桥上部全部合格交路面施工,今年由省交通厅质量监督站负责组织的质量督察组 2 次对我项目进行内业、外业检查,各项指标均合格,得到建设单位、监理单位和设计单位的高度赞扬和认可。

四、施工进度控制

(1)加强施工的计划管理,重视编制施工计划,坚持计划的贯彻执行,确保计划的严肃性。层层落实、层层制定、责任到人。

(2)经常检查计划的执行、落实情况。以建设单位或监理工程师批准的施工组织设计为依据,以月、季统计报表为参照,结合施工现场进行实测实量。发现问题及时分析原因,找准问题、提出解决办法,并尽快落实,使工程自始至终按计划进行。

(3)合理安排各阶段、各工种、各工序的施工,使每项工作保持施工过程的连续性、协调性和均衡性。

(4)把按期、保质完成任务与经济和物质利益挂起钩来,最大限度地调动职工的积极性。

(5)组织好机具设备和材料,抓关键工程和施工中的关键环节,尽可能采用新工艺,新技术和新材料,大量使用现代化的施工机械,同时保证施工机械的完好率和利用率。

五、施工安全与文明施工情况

(一)组织体系

(1)建立健全安全生产管理机构,成立以项目经理为组长的安全生产领导小组,全面负责并领导本项目的安全生产工作。

(2)本项目实行安全生产三级管理,即一级管理由项目经理负责,二级管理由专职安全员负责,三级管理由各施工作业队队长负责,各作业点设安全监督岗。

(二)规章制度

(1)安全培训、教育制度。

(2)特殊工种持证上岗制度。

(3)事故报告制度。

(4)安全检查制度。

(三)具体措施

(1)针对工程特点,对所有从事管理和生产的人员进行全面的安全教育,重点对专(兼)职安全员、领工员、班组长、从事特种作业的架子工、起重工、爆破工、电工、焊接工、场内机动车辆以及新工上岗、工人变岗和改变工艺等进行培训教育。

(2)对从事施工管理和生产的人员,未经安全教育的不准上岗,新工人(含民工、临时工)未进行二级教育的不准上岗;变换工种或采用新技术、新工艺、新设备、新材料没有进行培训的不准上岗。

(3)特种工种操作人员的安全教育、考核、复验,严格按照《特种作业人员安全技术考核管理规定》执行,经过培训考核,获取操作规程证方可持证上岗,对已取得上岗证的特种作业人员,要进行登记存档,对上岗证要按期复审,并设专人管理。

(4)认真执行安全检查制度。

我项目部保证安全检查制度的落实,规定安全检查日期及参加检查的人员,项目部每旬进行一次;各施工队及作业班组每天进行一次;非定期检查应视工程情况,如施工准备前、施工危险性、采取新工艺、季节性变化、节假日前后等另行增加,并要有领导值班。检查中发现的安全问题按照"三不放过"的原则制定整改措施,定人限期进行整改,保证"管生产必须管安全"的原则真正落实。

(5)事故报告制度

①无论何时,一旦发生危害工程安全、工程进度、工程质量事故时,除采取必要的抢救措施以外,必须立即暂停此项目和与之有关的项目的施工。

②事故发生后,承包人必须以最快方式,将事故的简要情况报监理工程师,在监理工程师初步确定安全的类别性质后,按下列要求进行报告。

a. 一般安全事故:3d 内书面上报监理工程师和业主。

b. 重大安全事故:2h 内速报监理工程师和业主。

六、环境保护与节约用地情况

我项目部根据《中华人民共和国环境保护法》制定了施工期间严格的环境保护与节约用地的措施。施工中坚持"统筹规划,合理布置,综合治理,谁污染谁治理"的原则,防止污染和破坏生态环境,从而使受损的生态环境降低至最低程度。

(1)对于生活垃圾、废料、废方、废水做好了善后处理工作,避免了污染河道以及对农田水利设施和排灌系统的影响。

(2)施工便道沿路基两侧设置,尽量减少占地,较好地保护好植被和树木。

(3)钻孔桩在施工过程中设置泥浆池,避免污染水源。

(4)施工挖除弃方膨胀土、种植土用于给当地造地。

七、施工中新技术、新材料、新工艺的应用情况

我项目部追求技术创新,积极应用新技术、新材料、新设备、新工艺,力求达到施工的标准化、规范化,是实现工程质量提高的保障,也是我们不懈努力的方向。在岭南高速公路的施工中,我们主要采取了以下几种措施。

(1)路基工程中采用土工格室对挖填交接处进行加固处理,有效地解决了滑坡、开裂等路基挖填交接处常见的病害。

(2)挖方段边坡绿化采用客土喷播植草防护这种较为先进的生态防护方法,有利于环境保护,防止水土流失。

(3)在车行天桥施工中使用中承式钢管拱和钢筋混凝土系杆拱,不仅改善了行驶过程中的视觉疲劳,更为可喜的是岭南高速天桥已经成为沿途的一道靓丽风景线,融入大自然中。

八、工程款支付情况

我项目部外欠债务已全部还清,在此我项目部郑重承诺,如该项目有拖欠农民工工资和劳务费用及工程款的投诉,责任完全在我公司,由我公司负责解决,与建设单位无关,建设单位不承担任何法律责任。

九、施工体会

两年来,我们始终以项目公司进度目标作为工程施工重点,做到工期、质量由领导亲自抓,各专业人员具体抓。精心组织、严格管理、科学施工,不仅按期优质高效地完成了任务,而且在施工中磨砺了大家的意志,提高了

施工技术和管理水平,具体有以下几种做法。

(1)加强对 FIDIC 合同条款的学习和应用,对施工中发生的各种事宜必须进行详细记录,合理对施工图进行优化。

(2)与建设单位、设计单位和监理单位和当地政府要密切配合、及时沟通。

(3)在施工过程重要根据实际情况及时调整进度指标,避免盲目赶工埋下质量隐患。

(4)要积极进行新技术、新材料、新工艺的推广应用。

岭南高速公路的圆满建成,凝结着业主、承包人、监理单位和有关协作部门全体人员的心血,我们有信心也有能力为河南乃至全国的交通建设做出更大的贡献。

中铁十七局集团三公司

岭南高速公路土建 No.13 标段项目经理部

14. 二广高速公路分水岭至南阳段工程土建 No. 14 标合同段施工总结报告

目　　录

二广高速公路分水岭至南阳段工程土建 No.14 标合同段施工总结报告

一、工程概况

二广高速公路分水岭至南阳段(以下简称岭南高速),是太原至澳门国家重点公路的重要组成部分,是国家重点公路建设规划“十三纵、十五横”中“第七纵”的重要组成路段。

岭南高速公路 No.14 合同段起点里程 K47 +900,终点里程 K53 +200,路线全长 5.3km,地处南阳市卧龙区潦河坡乡和谢庄乡,属丘陵区,地形起伏较小,河谷宽浅,相对高差在 50m 以下,小山丘顶部比较平坦,呈浑圆状,残留高阶地零星分布。

本合同段属亚热带向温暖带过渡地带,属于典型的季风型大陆性半湿润气候。气候特点是阳光充足,雨量充沛,四季分明。

路基宽度 28.0m,计算行车速度采用 120km/h。双向按 6 车道布设,减小硬路肩并增设港湾式紧急停车带(有效宽度为 3.0m),其中:行车道宽 2×3×3.75m,中央分隔带宽 2.0m,左侧路缘带宽 2×0.75m,硬路肩宽 2×0.5m(含右侧路缘带宽 2×0.5m),土路肩宽 2×0.5m。

No.14 合同段仅设大桥 1 座,即 K50 +135 下闫沟大桥,桥梁全长 158m。桥梁上部结构采用跨径为 25m 的装配式预应力混凝土连续箱梁,先简支后连续,下部结构桥墩采用柱式墩,桥台根据填土高度及地基承载力,采用 U 形台。根据墩高一座桥梁的桩径、柱径尺寸类型尽量一致,以方便施工,基础形式根据桥址地质状况予以确定,分别采用桩基础或扩大基础。

共设天桥 4 座,分别是 K47 +940 天桥,为(17 +26 +17)m 预应力混凝土斜腿刚构,桥长 60.8m;K48 +853 天桥,为(20 +40 +20)m 预应力混凝土变截面连续箱梁,桥长 86.16m;K50 +695 天桥,为 50m 下承式系杆拱桥,桥梁全长 50.96m;K52 +510 天桥,为 2×30m、(20 +40 +20)m 预应力混凝土变截面连续箱梁,桥长 86.16m。

涵洞共设 9 道,均为钢筋混凝土盖板涵,中心里程分别为 K48 +180、K48 +275、K49 +684、K48 +885、K50 +815、K51 +789、K53 +050、AK0 +305、BK0 +091。

通道共设 5 道,其中 3 道为钢筋混凝土盖板通道,中心里程分别是 K49 +207.5、K52 +066、K52 +771.5;1 道为预应力混凝土空心板,中心桩号为 K51 +292;1 道为钢筋混凝土空心板,中心桩号为 K51 +470。

路基挖方总计 47.1 万 m^3,路基填筑 36.59 万 m^3,软基处理 3.4 万 m^3,防护及排水圬工 0.52m^3。

二、机构组成

分水岭至南阳 No.14 合同段自投标阶段起,就在我公司领导的高度重视之中,为优质、高效、提前完成本标段的施工任务,根据投标文件成立了长沙市公路桥梁建设有限责任公司岭南高速公路 No.14 标段项目经理部,全面负责本工程的组织实施。项目经理部组织结构为,项目经理 1 人,项目副经理 1 人,项目总工程师 1 人,项目工程师 8 人。项目经理下属 6 部 2 室,即工程部、质检部、材料设备部、协调保卫部、财务部、合约部、中心试验室、综合办公室。

三、施工质量管理

(一)质量管理体系

1. 质量管理体系

我公司通过质量、环境、职业健康安全三体系认证,建立了一整套完善的工程质量保证体系和质量制度以及系统的质量控制流程,根据我单位《质量手册》及《质量程序文件》的各项工作标准及本工程的特点建立了本项目的质量工作程序,作为全单位质量体系的子系统开展工作。

2. 技术交底

开工前做好各部位、工序的技术交底工作,严格按照我单位质量体系规定的内容做好技术交底,按照三级技术交底的要求,使各级施工人员清楚地掌握对将要进行施工的部位和工序的施工、施工工艺、技术规范要求,对特殊和重点部位要真正做到心中有数,确保施工操作的准确性和规范性。

3. 质量宣传体系

建立健全质量管理机构，从组织上确保质量目标的实现。成立以项目经理为首的质量管理宣传领导小组，全面负责质量宣传工作。项目经理部配备宣传员，广泛开展质量宣传活动，使得“百年大计，质量第一”的理念深入人心。

4. 质量检查旬报制度

组建精干高效的试验和测量队伍，项目经理部设中心试验室，施工队设试验组，配备必要的检测、试验仪器设备，从原材料控制开始，实施施工全过程测量和试验控制。对施工全过程进行质量检查，在施工过程中自下而上按照自检、专检、抽检3个检测等级分别实施质量检测。每旬进行一次检查评比，检查结果项目部通报。

5. 质量奖罚制度

制定质量奖罚制度，坚持评比兑现。对施工质量低劣、管理差的工点除限期改正外，视具体情况处以100～5000元罚款。从开工至交工质量共奖励12万元，罚款8.9万元。

（二）施工中质量控制方案

本合同工程按《中华人民共和国项目法》组织施工，全面执行合同条款，按照质量、环境、职业健康安全管理三体系要求，运用科学的施工管理手段，积极推广应用“四新”技术，充分发挥机械设备效能，抓住施工重点，确保质量目标的实现。

（1）成立以项目经理为首的质量管理委员会，全面负责质量管理工作。项目经理部配备专职质检工程师，工程队及工班设专职质检员。项目部与各施工队签订质量包保责任状，各级质量管理人员分工负责，做到各司其职，各负其责，保证质量保证体系正常运行。

（2）建立健全各项规章制度。制定全过程质量控制制度、工程质量责任制度、奖惩制度、质量保证金制度、内部质量检查制度。抓好思想教育，加强质量意识，针对施工中常出现的一些问题对职工进行岗前技术培训，熟悉施工工艺和质量标准，使工程质量自始至终处于受控之中，确保质量目标的实现。

（3）建立健全质量管理制度，做到质量标准、工作标准、管理标准相协调，使质量工作纳入标准化体系。在本标段工程质量管理过程中，严格执行“一不”计价，即不合格工程不计价，实行质量一票否决；“三不”交接，即本工序未经检验不交接，检验不合格不交接，检验合格未记录签字不交接；“五不”施工，即开工报告未经批复不施工，原材料未经检验合格不施工，桩橛尺寸不清楚不施工，未进行技术交底不施工，隐蔽工程未经检验签证不施工。同时坚持测量换手复核制、三检制、挂牌制。质量不定期检查制、工程例会等行之有效的制度，使工程质量始终处于受控状态。

（4）制定质量奖罚制度。坚持评比兑现，对施工质量低劣、管理差的工点除限期改正外，视具体情况处以100～5000元罚款。

（5）严格按合同条款和施工规范办事，坚决服从监理工程师的管理，按监理工程师的指令办理一切施工事宜。

（6）抓好施工现场管理。做到科学组织，文明施工。现场布置合理，机械和各种材料存放整齐，妥善保管，树立标牌。

（7）严把测量试验关。开工前做好全线导线点、水准点的联测工作，报监理工程师复核认可后投入施工使用。施工测量中确定数据正确，坚持换手复测及水平测量闭合法，不图省事，确保测量精度。要注意做好桩橛的保护工作，定期复核。严把原材料质量关，做到不合格的材料不进场。

（8）关键工序施工由专人负责和监督检查。

（9）项目部设档案管理室负责技术资料、来往文件、会议纪要等的收集、整理及分类归档工作。制定档案管理制度，明确责任，及时对过期文件、资料进行清理，确保施工资料、文件的有效性。

（10）建立独立工作，有效运行的自检体系，确实加强质量意识。

（三）施工中工程质量自检情况

施工中工程质量自检及时，坚决执行了自检有问题上报，监理工程师抽检的原则。经自检合格上报监理工程师报验的合格率为100%。

（四）施工中工程质量问题的处理

（1）路基工施工中由于对填料的最佳含水率控制不严，导致局部地段出现“弹簧”现象，弯沉值达不到设计要求。我们采用了开仓处理，即挖去不合格区域内填料（1.5～2m深），换填合格填料。经压实，处理段完全满足要求。

（2）K51+292通道浆砌片石裙墙出现侧移现象。这种现象主要是裙墙由混凝土变更为浆砌片石后，未对该浆砌片石进行受力演算,墙体不能承受回填后因土自重、土壤中水分流动导致台背料形成位移,挤压裙墙造成的。对于出现质量问题裙墙,我们采取的补救方法是拆除,重新采用混凝土裙墙。经处理后,消除了这种质量缺陷。

(五)对完工质量的评价

本合同段自施工开始到完工,整个过程质量完全处于受控状态,未出现任何质量事故。各分项、分部和单位工程均合格。

2007年3月28日路槽全部合格交路面施工,2007年8月21日大桥上部合格交路面施工。

四、施工进度控制

我标段工程进度情况如下:

路基工程(包括4%水泥稳定土处理)2007年3月底全部完成;

桥梁工程2007年8月底全部完成;

排水工程(边沟、排水沟、截水沟等)2007年10月下旬全部完成;

防护工程2007年9月下旬全部完成。

五、施工安全与文明施工情况

(一)安全保证措施

1. 组织体系

(1)建立健全安全生产管理机构,成立以项目经理为组长的安全生产领导小组,全面负责并领导本项目的安全生产工作。

(2)本项目实行安全生产三级管理,即一级管理由项目经理负责,二级管理由专职安全员负责,三级管理由各施工作业队队长负责,各作业点设安全监督岗。

2. 规章制度

(1)安全培训、教育制度。

(2)特殊工种持证上岗制度。

(3)事故报告制度。

(4)安全检查制度。

3. 具体措施

(1)针对工程特点,对所有从事管理和生产的人员进行全面的安全教育,重点对专(兼)职安全员、领工员、班组长、从事特种作业的架子工、起重工、爆破工、电工、焊接工、场内机动车辆以及新工人上岗、工人变岗和改变工艺等进行培训教育。

(2)对从事施工管理和生产的人员,未经安全教育的不准上岗;新工人(含民工、临时工)未进行三级教育的不准上岗;变换工种或采用新技术、新工艺、新设备、新材料没有进行培训的不准上岗。

(3)特种工种操作人员的安全教育、考核、复验,严格按照《特种作业人员安全技术考核管理规定》执行,经过培训考核,获取操作规程证方可持证上岗,对已取得上岗证的特种作业人员,要进行登记存档,对上岗证要按期复审,并设专人管理。

(4)认真执行安全检查制度。

我项目部保证安全检查制度的落实,规定安全检查日期及参加检查的人员,项目部每旬进行一次;各施工队及作业班组每天进行一次;非定期检查应视工程情况,如施工准备前、施工危险性、采取新工艺、季节性变化、节假日前后等另行增加,并要有领导值班。检查中发现的安全问题按照"三不放过"的原则制定整改措施,定人限期进行整改,保证"管生产必须管安全"的原则真正落实。

(5)事故报告制度

①无论何时,一旦发生危害工程安全、工程进度、工程质量事故时,除采取必要的抢救措施以外,必须立即暂停此项目和与之有关的项目的施工。

②事故发生后,承包人必须以最快方式,将事故的简要情况报监理工程师,在监理工程师初步确定安全的类别性质后,按下列要求进行报告。

a. 一般安全事故:3d内书面上报监理工程师和业主。

b. 重大安全事故:2h内速报监理工程师和业主。

(二)文明施工

我项目部制定了施工期间严格的文明施工措施。施工中坚持"以防为主,防治结合,统筹规划,合理布置,综合治理，化害为利”的原则，防止污染和破坏自然环境，从而使受损的生态环境降低至最低程度。

(1)对于生活垃圾、废料、废方、废水做好了善后处理工作，避免了污染江河以及对农田水利设施和排灌系统的影响。

(2)较好地保护好了当地群众的庄稼、树木、花草。

(3)运输机械尽可能采用排烟少、污染小的设备。

(4)施工挖除弃方膨胀土给当地造地。

驻地建设干净整洁，消防保卫秩序井然。施工现场标识齐全，机具材料分类堆放、摆放整齐。施工中尽量减少环境污染和水土流失，各种废弃物和不适宜材料均堆放在指定区域，并作妥善处理。严格控制施工扬尘、固体废弃物、噪声、废油、生活垃圾的排放，增强全体职工环保和节能意识，做到了施工不扰民，垃圾不乱排，水土不污染，投诉不发生。

六、环境保护与节约用地情况

沿线经过村落、农作物区多，水土保持、植被保护、防止施工扰民任务重。为实现投标承诺中把岭南高速建设成生态路、环保路的环保管理方针，我项目部在施工中严格执行了《公路建设项目环境保护设计规定》及《中华人民共和国环境保护法》的有关要求，严格遵守国家和地方所有控制环境污染的法律和法规，采取必要的措施，防止施工中的燃料、油、化学物质、污水、废料和垃圾以及土方等有害物质对沟渠、池塘的污染，防止灰尘、噪声和汽油等物质对大气层的污染，并采取规范化的施工，把施工对环境、附近居民生活的影响降低到最低限度。

我标积极主动地与当地环保部门配合，定期和他们联系，取得当地环保部门的支持和对我们工作的指导，加强对全体职工、民工的环保思想教育，重视环境保护，文明施工。经理部委任 1 名环保负责人，经常对所属工地进行检查、评比，奖优罚劣，把环保工作当成一项重要、经常性的工作来抓。

两年来我标从未发生施工污染事故，也未遭遇环境污染投诉和索赔。

施工节约用地方面，为节约国土资源，减少工程投资金额，减少当地耕地的破坏，施工中我们尽量减少临时征地的数量和范围，在施工工艺方案评定、取土场和弃土场选用方面，临时征地数量自始至终是重点衡量因素。退场还地工作完成出色，取土场和弃土场绿化、防护到位；耕地施工后恢复及时、赔偿到位，没有发生因用地赔偿、退场还地问题而引发的阻工和滋事现象。在当地群众心目中，No. 14 标段一直保持着文明守法、信守承诺、有求必应、有难必助的良好形象。

七、施工中新技术、新材料、新工艺的应用情况

因本标段工程均属成熟工艺，故在本标段的施工中我标段未采取新技术、新材料、新工艺。

八、工程款支付情况

我项目部外欠债务已全部还清，在此我项目部郑重承诺，如该项目有拖欠农民工工资和劳务费用及工程款的投诉，责任完全在我公司，由我公司负责解决，与建设单位无关，建设单位不承担任何法律责任。

九、施工体会

回顾这两年的施工经历，其经验教训有以下几点：

(1)要制定好切合实际的施工组织方案及计划，综合考虑各方面的因素，特别是季节及天气的因素，充分利用雨天做好设备的维修、保养工作，晴天做好材料的进场工作。

(2)同一工序(如桥涵、构造物等)的施工应尽量安排多的工作面，平行施工，节约时间。

(3)合理安排同类型工作的交叉作业。

(4)制订总体施工计划、年度计划、季度计划、月计划和周计划，严格按计划施工，某项计划未完成应查找原因及时采取对策进行调整，保证总体计划的实现。

(5)签订好各项材料的供销合同，确保材料按时按量供应到位，避免停工待料的现象发生。

(6)制定目标责任考核制度，提高全体施工人员的生产积极性和责任意识，确保生产进度。

(7)不断加强技术力量，通过传、帮、带和组织参观学习等方式培养骨干力量，有效地保障施工质量，提高施工效率，同时对施工质量要加强检查力度，发现问题及时处理。

(8)根据生产任务需要，节假日组织加班和平常利用好天气加晚班，关键工序抢进度。

长沙市公路桥梁建设有限责任公司
岭南高速公路土建 No. 14 标段项目经理部

15. 二广高速公路分水岭至南阳段工程土建 No. 15 标合同段施工总结报告

目　　录

二广高速公路分水岭至南阳段工程土建 No.15 标合同段施工总结报告

一、工程概况

二广高速公路分水岭至南阳段(以下简称岭南高速)No.15 标段,起屹里程为 K53 + 200 ~ K58 + 700,全部位于南阳卧龙区谢庄乡境内,全长 5.5km,采用双向六车道,路基宽 28m,设计速度 120km/h。设计荷载:汽超—20,挂—120。

本标段中桥 2 座,桥式通道 10 座,涵洞及人行通道 9 座,路基挖方 3.9 万 m^3,路基总填方 69 万 m^3(均为借土填筑),弃方 3.9 万 m^3。改移道路 7 处,总长度 1.1km,总填方量 1.5 万 m^3。路基防护及排水浆砌片石 1.8 万 m^3,路面排水设施 5.5km,中央分隔带盲沟 4km。路肩培土 6000m^3,及其他附属工程。

二、机构组成

我标段在项目经理和总工程师的领导下,在各个部门的配合下,较好地完成了各项计划目标,完成机械进场累计 300 余台套,完成人员进场 900 余人,完善了质量、安全、环保体系,成立了有效的管理机构,保证了工程质量,也推动了工程进度。项目部主要管理人员安排:项目经理 1 名,项目副经理 2 名,总工程师 1 人,五部一室负责人各 1 人,项目部各专业技术人员及管理人员计 22 人,组织机构见图 1。

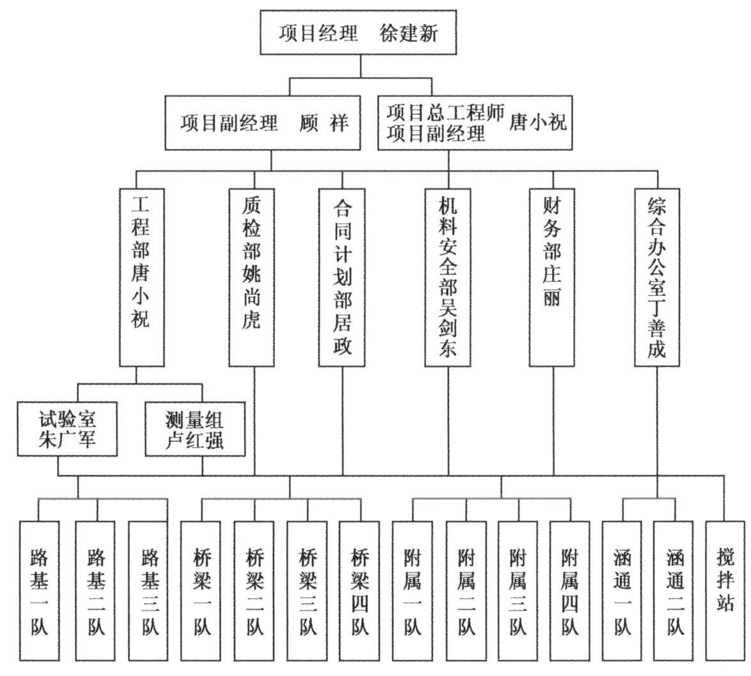

图 1　组织机构

主要管理部门(人员)职责如下。

(1)项目经理:代表我公司负责本标段全面工作。

(2)项目总工程师:主管本标段技术、质检工作。

(3)项目副经理:协助项目经理负责本标段全面工作,主管本标段现场生产工作。

(4)工程部:负责本标段日常施工生产的组织、协调及技术工作。

(5)安质部:负责本标段安全和质量的日常检查、监督工作。

(6)机料部:负责物资、施工机具的计划安排及采购,负责各类设备管理、使用和维护保养工作。

(7)综合办公室:负责本标段内外关系的协调,负责对上级和外来管理性文件的收发、呈批、传阅、更改和控制,做好本标段的后勤工作。

(8)试验室:负责原材料、现场有关质量试验方面的检验及试验工作。

三、质量管理情况

(一)质量管理体系

1. 质量管理体系

为工程配备了施工经验丰富、年富力强的施工管理人员,建立了以项目经理为组长,项目总工程师为副组长,项目经理部各部门负责人、各施工主任、技术负责人为主要成员的质量管理领导小组,完善质量监督控制网络,实行全面质量管理,积极开展群众性的 QC 小组活动,使工程的每个环节都得到控制。

2. 技术交底

项目部制定了完善的逐级交底制度。技术、质量和作业交底是施工过程基础管理中一项不可缺少的重要内容,必须全面逐级交底到位,并以书面签认为准。

3. 质量宣传体系

加强了宣传教育力度,严格执行质量管理制度,实行科学管理,召开多种形式的评比会、现场会、分析会、宣传会,使"质量是公司的生命","质量第一、业主至上"的指导思想牢记在每个施工人员心中。在项目施工中做到"三工教育(工前教育、工中指导、工后讲评)";"三不交接(无自检记录不交接、无施工记录不交接、无专职质检员签字不交接)";"五不施工(施工图未复核不施工、测量放样未复核不施工、材料未试验或无合格证不施工、技术未交底不施工、隐蔽工程未检查签证不施工)"。

4. 质量检查旬报制度

我标段项目经理部建立了完善的质量检查旬报制度,定时检查,如实汇报,及时对施工中产生的质量问题进行改正,对可能发生的质量隐患进行预防。

5. 质量奖罚制度

(1)遵循"谁施工、谁负责"的原则,对各施工队、班组进行全面质量动态管理和质量责任档案管理。

(2)施工队、班组在施工过程中违反操作规程,不按图施工,屡教不改或发生了质量问题,项目部有权对其进行处罚,处罚形式为整改、经济处罚,直至辞退。

(3)施工队、班组必须按图施工,质量优良且达到优质,项目部对其进行奖励,奖励形式为表扬、表彰、奖金。

(4)项目部在实施奖罚时,以平常检查、抽查、业主大检查、监理工程师评价等形式作为依据。

另外,我项目部工程质量奖罚条例主要由流动红旗评比通报制度、工程奖励基金制度两3部分组成。

①流动红旗评比通报制度。

项目经理部由项目总工程师组织工程部及中心试验室组成联合质量检查小组,定期对全标段进行检查,检查结果按月汇总并评出第一名,颁发流动红旗,并将评比结果上报监理组。

②工程奖励基金制度。

由项目经理部项目经理组织工程部、中心试验室、合同部、安全机料部对各施工处的月质量情况、进度情况、施工管理情况、安全情况进行评比打分,从每月各施工队计量款中提取1%作为奖励基金,按评分优先次序进行奖励。

(二)施工质量控制方案

工程施工过程中严格按照我项目部建立的质量保证体系实行全方位监控,落实质检体系中的岗位责任,定岗定员,一级管一级,保证本项目质量创优目标的实现,达到"五个一流"的工程总体建设目标,没有出现质量事故。

(1)为保证工程施工的内在质量和外观质量,结构工程主要从预应力钢绞线、钢筋、模板和混凝土4个方面进行控制。

①预应力钢绞线。

钢绞线进场前,验收出厂合格证和试验报告单,对原材取样试验,结果合格后方可使用。钢绞线的下料长度应通过计算确定,采用手提砂轮切割机进行切割。张拉设备由专人使用和管理,经常维修和定期校验。钢绞线张拉严格按程序进行,在张拉过程中测量拉伸量,做好记录。

②钢筋骨架质量控制。

钢筋进场前，验收出厂合格证和试验报告单，对原材及焊接接头取样复试，检验合格后方可使用。钢筋成品表面应洁净，使用前清除表面漆皮和锈迹。钢筋应平直，弯折成盘和局部弯曲的钢筋应调直使用。严格控制焊接质量符合技术规范要求，骨架尺寸准确，保护层厚度满足设计要求。

③模板质量控制。

模板具有足够的强度、刚度和稳定性，模板表面平整。安装前将模内杂物清理干净，并涂刷脱模剂。安装模板时应防止模板位移和凸出，并避免工人操作时引起模板变形。控制好模板的安装位置，严格控制好竖直度，支撑牢固，拼缝严密，确保混凝土在浇筑和振捣过程中不变形、不漏浆。混凝土浇筑期间设专人对模板随时进行检查，发现有松动和变形之处及时调整。

④混凝土质量和外观控制。

对砂、石等原材料进行严格控制。严格控制施工配合比及拌和时间，确保混凝土的和易性满足要求。混凝土浇筑必须连续进行，避免出现停工待料现象而影响结构物的质量。混凝土浇筑时振捣密实，在混凝土强度保证混凝土表面和棱角不损坏的情况下方可拆除模板。及时养护，责任落实到人，确保混凝土质量。

(2)路基施工过程中主要做好以下几点。

①做好临时排水设施，开挖路基两侧临时排水沟，以降低地下水位。排除的雨水不得冲刷路基。

②所取土场含水率较大，通过提前开挖，集中堆放、晾干后，接近最佳含水率时再运至施工工段。

③严格控制碾压时的土料含水率，在最佳含水率 ±1% 时及时碾压。碾压原则是：由边向路中、振动、重叠宽度为 1/2 轮宽。三轮质量宽度为 1/3。

④注意表面病害的处理，如网裂、起皮。

(三)施工中工程质量自检情况

各工点设置了专门的旁站员、质检员，统一由项目部工程部、中心试验室管理，各旁站员执行全过程的质控监督，保证了自检频率。由项目总工程师组织项目经理部工程部和中心试验室对施工队伍的原材料、机械设备、人员数量质量、施工工艺方法、关键工序和隐蔽工程施工质量进行抽检，定时对路基的压实度、平整度、中线、纵横坡度、高程和结构物的混凝土强度、轴线、高程、几何尺寸进行抽检。

(四)工程质量问题的处理

无。

(五)对完工质量的评价

我标段按照《公路工程质量检验评定标准　第一册　土建工程》(JTG F80/1—2004)对完工工程按照分项、分部、单位工程进行评定，评定结果合格，均满足规范要求和设计要求。

四、施工进度控制

为确保在合同工期内完成所有施工任务，使该项目能从“四个一流”的标准按期完工，尽早发挥投资效益，除了加大设备、资金投入外，还采取了以下措施：

(1)施工力量迅速进场。

各施工阶段的施工队伍按阶段迅速组织进场，机械设备将随同施工队伍迅速抵达，确保各主体工程按时开工。

(2)施工准备抓早抓紧。

尽快做好施工准备工作，认真复核图纸，进一步完善施工组织设计，落实重大施工方案，积极配合业主及有关单位办理征地拆迁手续，主动协调地方关系，取得地方政府及有关部门的支持，施工中遇到问题影响进度时，将统筹安排，及时调整，确保总体工期。

(3)施工组织不断优化。

以投标的施工组织进度和工期要求为依据，及时完善施工组织设计，落实施工方案，上报监理工程师审批。根据施工情况变化，不断进行设计、优化，使工序衔接，劳动力组织、机具设备、工期安排等有利于施工生产。

(4)施工调度高效运转。

建立从经理部到各施工处的调度指挥系统，全面、及时掌握并迅速、准确地处理影响施工进度的各种问题。对工程交叉和施工干扰应加强指挥和协调，对重大关键问题超前研究，制定措施，及时调整工序和调动人、财、物、机，保证工程的连续性和均衡性。

(5)强化施工管理严明劳动纪律，对劳动力实行动态管理，优化组合，使作业专业化、正规化。

(6)实行内部经济承包责任制。既重包又重管,使责任和效益挂钩,个人利益和完成工作量挂钩,做到多劳多得,调动处、队、个人的积极性和创造性。

(7)安排好冬、雨季的施工。

根据当地气象、水文材料,有预见性地调整各项工作的施工顺序,并做好防汛等工作,使工程能有序和不间断地进行。

(8)加强机械设备管理。

切实做到加强机械设备的检修和维修工作,配齐维修人员,配足常用配件,确保机械正常运转,对主要工序要储备一定的备用机械,确保机械化施工顺利进行。

(9)确保劳力充足、高效。

劳动者技术素质和工作效率。根据工程需要,配备充足的技术人员和技术工人,并采用各项措施,提高工人的作业水平。

(10)严格施工计划,做到有计划、有安排、有落实、有检查、有考核、有奖罚,顺利完成各分项工程及阶段性目标计划,确保总体进度的实现。

五、施工安全与文明施工情况

(一)安全保证措施

1. 组织体系

建立以项目经理任组长,主管生产安全副经理任副组长,各职能部门负责人和所属负责人任组员的安全领导小组,项目部设立专职安全管理人员,牵头组织落实安全规章制度,检查指导小组,其他成员还要负责自己管辖范围内部门的安全生产规章制度,各作业队设立兼职安全员。

2. 规章制度

根据"管生产必经管安全"的原则建立安全生产责任制,同时建立安全技术交底制度、安全资金保障制度、安全教育与培训制度、安全技术管理、安全检查和应急救援制度、生产安全事故调查处理制度等安全规章制度,以确保项目的安全生产。

3. 具体措施

我项目部在施工中实行全员、全方位、全过程安全管理,加强运营设备安全防护和管理,创建安全标准工地,杜绝死亡、交通、火灾、爆炸、中毒事故,全员负伤率控制在0.6%以下,同时我项目部为杜绝安全事故的发生,制定了以下安全措施。

(1)路基施工安全与防护措施

①路基施工前,先会同有关部门查清地下管道、电缆和有毒气体等埋置情况并作出标志,制定防护方案,杜绝盲目施工。施工现场技术负责人在开工前必须对作业人员进行详细交底,以免挖坏管线,影响施工。

②保持所有沟渠排水畅通,施工中对原有排水设施进行清理,清除泥土杂物,疏通出口,保证能及时排除线路两侧的雨水。

③对于一些进行特殊作业的工种,必须在培训后方可上岗。

(2)桥涵施工安全措施

①高墩施工时,制定切实可行的安全防护措施,设置车辆的围栏和安全网,确保施工安全。

②预应力钢绞线张拉时,钢绞线两端严禁站人,防止断丝伤人。

③连续箱梁浇筑施工和架梁作业时,配齐、配足安全设施,不适宜高空作业的人员严禁参与高空作业。

④加强对桥梁施工机械的检查、维修、保养,保证设备处于良好状态,各种机械严禁"带病"作业。

⑤我项目在连续箱梁施工和架桥时,高空作业人员佩戴安全带,并栓固在结实的物体上,施工现场所有人员佩戴安全帽,并有专业人员进行指挥。

⑥架桥机在下坡地段架梁作业时,架桥机对位作业前、后做好防溜措施,确保可靠的制动,并派专人取、放、看管。

(3)施工现场临时用电安全措施

①选择符合要求的架空线和电缆线,采用两极漏电保护。

②合理配置用电系统的短路、过载、漏电,保护电路。

③施工现场用电采用绝缘电线、架空敷设,分别设置动力配电箱和照明配电箱,专人负责,定期检查维修。

(二)文明施工

(1)对进场施工的队伍签订文明施工协议书,建立健全岗位责任制,把文明施工责任落到实处,提高全体施工人员文明施工自觉性与责任性。

(2)现场布局合理,材料、物品、机具存放及土方堆弃符合要求。

(3)施工内业资料齐全、整洁、数据可靠,办公室内按要求布置各类图表,及时反映现场状况及工程进度状况。

(4)创建美好环境。在工地现场和生活区设置足够的临时卫生设施,每天清扫处理,同时在生活区周围种植花草、树木,美化生活环境。

(5)生活垃圾要集中堆放,统一搬运至指定地点废弃。

(6)放工期间,经常对施工机械车辆道路进行维修,确保晴雨畅通,并方便沿线居民的生产和生活。

(7)车辆在运料过程中,对易飞扬的物料用篷布覆盖严密,且装料适中,不得超限;工程车辆驶离施工场地,车辆轮胎及车外表用水冲洗干净,保证道路的清洁。

(8)加强对施工人员的全面管理。严禁接收三无盲流人员。做好防盗窃工作,落实防范措施,各类违法行为和暴力行为要及时制止,同时报告公安部门,确保在施工地区内,施工人员无违法、违纪现象发生。尊重所在地区村委会和社区中各行政管理部门的意见和建议,积极主动地争取村委会和各行政管理部门支持,自觉遵守沿线乡、镇中各项合法的行政管理制度和规定,做好路、地文明共建工作。

(9)现场标识鲜明。根据招标文件有关文明施工要求,对结构物,施工便道、施工现场、临时设施、搅拌站、取土场、运输车辆、施工机械进行统一标识。

六、环境保护与节约用地情况

为把工程建成一条环境优美的公路,我项目部在施工中尽最大可能维护原施工地貌地形,保持原来的生态环境,在施工中,主要从以下几方面加强施工管理。

1. 现场布置

根据场地实际情况合理地进行布置,生活区、办公区与施工场地分开,设施和设备按现场布置图规定设置存放,并随施工不同阶段进行场地布置和调整,最大限度地减少耕地占用。

2. 道路和场地

工区内道路通畅、平坦、整洁,不乱堆乱放,无散落物;场地平整不积水,排水成系统,并畅通不堵;施工废料集中堆放,及时处理。

3. 材料堆放

砂石分类堆放成方,砌体料归类成垛,堆放整齐,标识清晰。

4. 周转设备存放

施工钢模、机具、器材等集中堆放整齐。专用钢模成套放置,专用钢模及零配件、脚手扣件分类、分规格、集中存放。

5. 水泥库

袋装、散装不混放,分清强度等级,堆放整齐,目能成数。有制度、有规定,专人管理,限额发放,分类插标挂牌,记载齐全而正确,牌物账相符,库容整洁。

6. 构配件及特殊材料

混凝土构件分类、分型、分规格堆放整齐。钢材、钢绞线分类集中堆放整齐。

7. 消除施工污染

场地废料、土方弃方处理,应按设计要求,按监理工程师指定地点处理,防止水土流失,尽量减少对周围绿化的影响和破坏。施工废水和生活污水不得污染水源、耕地、农田、灌溉渠道,采用渗井或其他措施处理,工地垃圾及时运到指定地点。清洗集料,机具或含有油污的操作用水采用过滤的方法或沉淀池处理,使生态环境受损降到最低,尤其是场内场外的运输,应加强对道路的洒水工作,以确保不致尘土飞扬。

七、施工中新技术、新材料、新工艺的应用情况

因我标段路基为一般填土方,桥梁为预应力箱梁中桥,结构形式简单,所以没有新技术、新材料、新工艺的应用。

八、工程款支付情况

我项目部外欠债务已全部还清,在此我项目部郑重承诺,如该项目有拖欠农民工工资和劳务费用及工程款的投诉,责任完全在我公司,由我公司负责解决,与建设单位无关,建设单位不承担任何法律责任。

九、施工体会

在施工合同履行中，我项目部不折不扣地予以执行，除履行投标书中各项承诺外，在整个施工过程中，就工程进度、质量、安全等各方面都严格按合同所规定的内容履行。为把岭南高速公路建设成为代表21世纪最高水平的精品路，为达到业主的质量和进度目标，在整个施工过程中，我项目部所有参建人员克服种种困难，展示了南通路桥人能吃苦、敢拼搏的精神，最终顺利、完满地按时完成了施工任务，给南阳人民和建设单位、监理单位留下了良好的印象，同时也得到了当地群众、建设单位和监理单位同志的大力支持，并在工作中得到了充分的肯定。

南通路桥工程有限公司

岭南高速公路土建 No.15 标段项目经理部

16. 二广高速公路分水岭至南阳段工程土建 No. 16 标合同段施工总结报告

目　　录

二广高速公路分水岭至南阳段工程土建 No. 16 标合同段施工总结报告

一、工程概况

本合同段为二广高速公路分水岭至南阳段（以下简称岭南高速）工程土建 No. 16 标合同段，位于南阳市，起自安皋镇，于 K58 +875 ~ K61 +760 地段设龚河互通，在 K63 +470 处跨东潦河，最后在 K64 +400 与 No. 17 合同段接镶，全长 5.7km。

本合同段属于北亚热带向暖温带过渡带，属大陆性季风气候区，雨水充沛，光照充足，热量资源丰富。由于受季风影响，冬季盛吹偏北风，夏季盛行偏南风，随着冬夏季环流转换，四季分明。区域内年平均气温 14.0 ~ 15.7℃，最冷为 1 月份，极端最低气温 -21℃，最热月为每年的 7 月份，极端最高气温在 40.5 ~41.4℃，降雨量 665.3 ~1173.4mm，年降雨量多集中在 6 ~9 月份。

设计主要技术指标：行车速度：120km/h；平曲线最小半径：1100m；最大纵坡：-1.87%；最短坡长：410m；竖曲线最小半径：18000m；路基宽度：28m；桥梁设计荷载：汽车—超 20 级，挂—120。

本合同段完成的主要工程有：标段主线与互通区路基及防护工程；1-2m ×1.5m 盖板涵 68.18 延米，1-2m ×2m盖板涵 72.75 延米，1-3m ×2.5m 盖板涵 89.5 延米，1-4m ×2.5m 盖板涵 91.62 延米，1-4m ×3m 盖板涵 37.44 延米，1-4m ×3.5m 盖板涵 70.34 延米；1-10 通道桥 6 座，1-13m 通道桥 1 座，3-30m 中桥1 座，3-20m中桥 2 座，6-25m 大桥 1 座。两年多来，施工高峰期人数达到 200 多人，总用工量 35116 工日。

二、机构组成

中标后我公司成立了湖南湘潭路桥岭南高速公路 No. 16 项目部，项目经理赵武波为第一责任人，对本项目的工程质量、工程进度、安全文明施工、环境保护等全面负责；项目技术负责人李杰与项目副经理余卫星是本工程技术质量和现场生产的直接责任人，技术负责人全面负责本工程的技术方案及施工质量。项目副经理负责本工程的现场管理、安全生产及进度控制。项目部建立了全面质量管理体系。在施工期间项目部设工程技术部、财务部、质安部、设备物资部、试验室、计量合同室、综合部，各部门之间相互协调工作。

三、施工质量管理

（一）质量管理体系

1. 质量管理

对所有施工队和施工管理人员进行质量教育，把“质量第一”的施工原则贯彻到每一层施工管理人员的心中。制定奖罚措施，把工程质量和施工管理人员及施工队的收入挂钩，对在施工过程中出现质量问题的施工管理人员和施工队伍，进行重奖重罚。加强质检人员的责任心，对通过质检和人员自检，但在监理工程师抽检中发现问题的，对质检人员进行经济处罚。施工中严格按照规范和监理工程师的指示进行施工，凡是监理工程师提出的意见、发现的问题，现场施工人员必须马上进行整改。加强施工过程控制，所有施工队必须在施工过程中严格按照规范要求施工，施工过程中发现问题及时改正，质检人员必须在施工过程中加强控制，不能将自检不合格的分项工程报到监理工程师处。贯彻“严格检查与积极预防相结合”的方针，认真落实，着重实施；严格执行工前试验、工中检查、工后检验的试验工作制度。质检工程师可行使一票否决权。项目经理、项目技术负责人和总质检工程师对质量全权负责。实行全员、全过程、全方位、多层次的质量管理方法，用每位职工的工作质量保证工序质量，以工序质量保证整个工程的质量，杜绝质量事故的隐患。

2. 技术交底

（1）路基工程

①路基填方的施工顺序。

恢复中桩→放出边桩→清理现场→填前碾压→起埂→浇水→碾压至设计高程

②施工方法。

a. 通过试验确立基底土，风化石的最佳含水率和最大干重度。

b. 现场清理后，根据地基土的含水率接近最佳含水率时，才进行基底压实，由于本地区的地基土普遍过湿，我项目部采取了先翻松晾晒再碾压的施工方法，从而保证了地基的压实度满足设计要求。

c. 在路基填筑前，我标首先进行 K62 + 800 ~ K62 + 900 桩号段的试验段施工，通过试验段获得了风化石的最佳压实效果下的机具选择、松铺厚度、碾压遍数和洒水量的控制，从而能够科学指导施工。

d. 路基填筑时按水平分层施工。每层松铺厚度一般为 30cm，在第一层填筑时，为稳住路基，防止过度浇水而引起翻浆，松铺厚度可提高 50cm。每层铺设宽度每边超出设计宽度 30m。保证边坡的压实度和稳定性。

e. 压路机碾压时，按照先边后中、先快后慢、先静压后振动的原则进行。碾压后及时进行压实度，压实厚度的检测，压实度达到设计要求后才可进行上一层填筑，密实度检测采用灌砂法。

f. 风化石松堆后，先用推土机大致平整，然后用人工找平，起埂，浇水后随即碾压至密实。压实度合格后，应及时上第二层覆盖以防止第一层失水后松散。

g. 填土路分段施工时，其交接处不在同一时间填筑则先填段按 1∶3 留出斜坡接槎，如两段同时施工时，则分层相互交替衔接，其搭接长度不小于 2m。

(2)桥涵工程

我标段 1 ~ 10 通道桥 6 座，1 ~ 13m 通道桥 1 座，3 ~ 30m 中桥 1 座，3 ~ 20m 中桥 2 座，6 ~ 25m 大桥 1 座，涵洞 16 座。主要施工方法及工艺如下。

准确放线：先准确放出中线和边线，考虑混凝土保护层后，标出主钢筋就位位置。将加工好的钢筋运到工地现场绑扎，在配置第一层垂直筋时，应使其有不同的长度，以符合同一断面钢筋接头的有关规定。随着绑扎高度的增加，用组合式钢管支架搭设绑扎脚手架和工作平台，做好钢筋网片的支撑并系好保护层垫块。将标准钢模组合成分块模板片，模板片高度及宽度视墩台身尺寸和吊装能力确定。用夹具将工字钢立柱和模板片竖向连接，横向销钉和槽钢横肉肋，将整个模板连成整体，安装就位，用临时支撑支牢，待另一面模板吊装就位后，用圆钢拉杆外套塑料管并加设锥形垫，外加垫块螺帽，内加横内撑，将两面模板横向连成整体，校正定位。端头模板要和墙面模板牢固连接，采取支撑、加固措施，防止跑模、漏浆。混凝土的水平运输均采用混凝土搅拌运输车。混凝土垂直运输采用吊机进行混凝土浇筑。当墩台台身高度较大，混凝土下落高度超过 2m 时，使用串筒施工。混凝土分层、整体、连续浇筑，逐层振捣密实，轻型墩台的沉降缝内填塞沥青麻絮并和基础沉降缝顺直贯通。混凝土浇筑完成后及时覆盖洒水养生，预松模板拉杆透水养生，拆模后采用喷洒养生剂、圈套塑料养生。

(二)施工质量控制方案

(1)严格按设计文件和工艺标准施工，按规程操作，按验收标准评价验收。推行样板引路质量控制方法，尤其对新工艺、新技术、新材料、新设备必须先进行试作(行)，以确定施工参数及处理效果，待确认满意后，方可全面施工。

(2)随工程施工进展，及时做好各种质量记录和工程日志，做到填写内容准确、完善，签字手续齐全，对工程质量有可追溯性，禁止写“回忆录”。

(3)严格工序质量检查。

①所有隐蔽工程，必须经持证专职质检员(或监理工程师)检查合格，填写隐蔽工程检查证并经有关人员签认后，方准进行下一道工序的施工。

②每道工序质量检查均实行“三检制(自检、专检、他检)”，保证每道工序质量处于受控状态，严禁不合格工序转入下道工序中。

③对上级部门对工程质量进行监督检查所发现的问题限期整改。要及时整改并上报整改结果。定期对现场按照《过程的监视和测量控制程序》进行检查，并做好记录。

(4)积极推广采用新技术、新工艺、新设备、新材料，依靠科技进步，提高工序质量，消除质量通病。

(5)每项工程在保证主体结构内在质量的前提下，要把规范细部做法，克服质量通病，提高外观质量作为质量控制的主要目标。

(6)按验收标准进行工程质量验收。

①每检验批工程完工后，由工程负责人组织有关人员，根据验收标准规定及时进行自检、自查。项目技术人员填写检验批质量验收记录表，由监理工程师组织施工单位专职质检员等进行验收，验收合格后有关人员在检验批质量验收记录上签认。

②分项、分部、单位或项目工程施工质量验收，均按国家(行业)质量验收标准中的规定程序进行。

③工程施工质量内部验收或评价由项目专职质检员(必须持《质量检查证》)组织实施。业主或监理的验收权力按验收规范中规定执行。除此之外，其他人员一律无权组织施工质量验收或质量评价。

(7)不合格工程必须进行返工或返修处理。

(8)各级质检员要经常深入施工现场进行检查,发现问题、及时指出、及时纠正。对关键工序或部位要进行重点控制,设置质量控制点进行监控或进行旁站监督。

(三)对完工质量的评价

本工程质量目标为:工程质量满足业主提出的质量要求。

单位工程合格率100%,优良率大于等于93%。主要单位工程全部优良。

分部工程合格率100%,主要分部工程全部优良。

分项工程一次合格率100%,分项工程优良率确保大于等于93%。主要分项工程全部优良。

质量达标情况:本工程全部按照图纸设计及技术规范要求进行施工,No.16标段路基全长为5.7km,共分12个路基分部工程,总体得分为98.3;桥梁工程为12个桥梁分部工程,总体得分为98.5;合同段综合评分为98.4分,达到优良工程标准。没有发生任何质量事故。路基和桥梁都已顺利通过了驻地办、代表处和质检站的三阶段质量验收,质量完全符合设计要求。

四、施工进度的控制

(1)工程开工时间:2005年9月26日。

(2)工程竣工时间:2007年10月25日。

(3)施工承包依据及施工过程:根据河南岭南高速公路建设管理办公室2005年6月份发布的招标公告,我公司按照正规程序进行了对该工程No.16标合同段的投标,通过公开、公平、公正而又激烈的竞争,我局有幸成为岭南高速公路的中标单位。在河南岭南高速公路建设管理办公室发出中标通知书后,我公司以最快的速度,于2005年8月成立湖南湘潭路桥岭南高速公路No.16标项目部,并于8月与业主签订了正式合同(No.16标合同段)按照合同要求,相应资质的现场管理人员及机械设备也在2005年9月30日前全部到位,并通过驻地监理工程师的检查。2005年9月30日,总监理工程师办公室正式发布开工令动工。在施工过程中,我项目部严格按照设计图纸要求及技术规范进行施工,严格执行合同的承诺,由于我单位是第一次进入河南地区施工,对当地的地质和水文条件以及当地的施工环境缺乏了解,在刚进场的一段时间,工程进度明显滞后,但是我们没有妥协,通过加大工程投入以及向相邻标段取经,保证了路基主体工程在2007年按期交工。2006年的桥梁工程,我单位面临工作任务量大、工程资金和材料严重短缺等特点,我项目部加大了资金投入,采取了提前备料及加强现场管理的办法,与各工队签订进度、质量目标责任状,制定了详细的奖惩措施,并月月兑现,从而在我标桥梁工程相对落后的情况下,最终实现了与其他标段同步交工验收。工程质量经河南省质检站验收,完全满足设计要求。

五、施工安全与文明施工情况

(一)安全保证措施

1. 组织体系

执行国家有关安全施工的规定,建立健全安全保证体系,实行"事故易发点"控制制度,把事故隐患消灭在萌芽状态,实现安全生产。成立由项目经理、项目总工程师、生产副经理、安质部部长组成的安全检查领导小组,其中项目经理为第一责任人,生产副经理为安全生产的直接责任人,项目总工程师为技术负责人,专职安检工程师负责日常安全工作的落实,督促工人按有关安全规定进行生产。各班组设兼职安全员。建立健全安全责任制,对现场违章作业及时纠正,绝不姑息。实行安全一票否决制度。

2. 规章制度

(1)项目每个月由项目经理牵头组织一次大的安全检查,每周由专职安全员组织一次安全检查,作业队和班组由兼职安全员组织每天的安全检查。

(2)不定期地组织专项安全检查,节假日加强节前、节后的安全检查,并由项目经理负责。

(3)安全检查的重点:安全负责人的安全生产意识和行为状况;安全生产基础工作情况;施工现场及其管理中的隐患和违章;施工设施的维护管理。

(二)绿色施工措施

(1)施工场地进行全面封闭,设门卫值班,派专人每天对围挡及场地进行清洁。

(2)施工场地内全面硬化,保护机械施工安全及文明施工要求。

(3)根据现场合理布置各种材料码放场地,保证场地整齐有序,保证工完料清,避免重复倒运,避免影响施工作业。

(4)合理布置地面隔水、排水系统,避免施工废水外流,污染周边环境。

六、施工中新技术、新材料、新工艺的应用情况

本合同段位于南阳市境内,处于第二级地貌台阶向第三级台阶过渡的边坡上,属山地、丘陵、平原组成的盆地型地貌类型。因此,桥涵构造物较多,我标段有大桥1座,中桥3座,小桥通道7座,涵洞16道。

该地区土质属膨胀土,且地下水位较高,灌期埋深为2~3m,积水期埋深为0.5m左右,封冻期潜水受土壤冻结影响,埋深在2.5m左右。

针对该区地质软弱,水位较高的特点,设计上做了大量的处理工作:

(1)大、中、小桥通道全部采用桩基础,通过桩与土壤的摩擦力来支撑上部荷载,桩长20~40m,桩上设承台作为支撑面,上部荷载通过承台传递给桩基础。

(2)对水中系梁,为确保基底土质不被扰动,防止基坑塌方,基坑采用井点降水处理,并对基坑用20cm厚C20混凝土封底处理,有效保护了基底持力层不被破坏。

(3)对全线填土高度较高桥台采用CFG桩处理,我标段的对东潦河大桥、X022分离式立交以及B、C匝道桥台背采用了间距50cm×50cm的CFG桩进行地基处理。

(4)由于膨胀土不能直接作路基填料,因此,有效利用公路两侧的风化石作填料是本项目在特殊地基处理上最成功的一笔,为防止风蚀与雨水侵入,在公路两侧进行了黏土封闭并绿化。

(5)抱箍法是无支架施工的一种新方法。其中我标段盖梁施工中应用了抱箍法无支架施工工艺,取得了良好效果。

七、工程款支付情况

我项目部外欠债务已全部还清,在此我项目部郑重承诺,如该项目有拖欠农民工工资和劳务费用及工程款的投诉,责任完全在我公司,由我公司负责解决,与建设单位无关,建设单位不承担任何法律责任。

八、施工体会

作为施工单位,我们的任务是为业主提供最好的服务,生产出高质量的合格建筑产品,让业主满意和放心是我公司永恒不变的施工宗旨,当然我们也希望在这种服务之中为公司创造一定的经济效益。岭南公司给了我项目部一个非常好的学习和提升平台,经过两年的艰苦奋战,在施工现场的管理上我们也有了一些体会和心得。

施工项目现场管理的重点主要表现在4个方面:安全管理、质量管理、进度管理、成本管理。

(一)安全管理

安全管理的目标是保证项目施工过程中没有危险、不出事故、不造成人身伤亡和财产损失。“安全第一,预防为主”是安全管理必须遵循的原则,安全为质量服务,而质量必须以安全作保证。

安全管理必须贯穿于施工管理的全过程,首先应建立安全生产文明施工保证体系,加强职工安全生产文明施工的教育,并针对分部分项工程的特点,制定有针对性的安全技术措施和专项安全生产施工方案,做好班前安全技术交底工作,并突出抓好阶段性的安全工作重点,针对不同阶段的工程特点作重点防范,基础施工阶段重点抓好支护及围挡;主体施工阶段重点抓好洞口防护、脚手架的稳定、防高空坠落、防避雷等;对材料及易燃物品派专人保管,抓好防火工作,而施工全过程必须抓好安全用电管理。

其次在施工过程中应认真贯彻执行《建筑工程文明施工标准》,实行总平面管理和文明施工责任制,创建“两型五化”施工现场,全面提高施工现场的文明施工程度,改善建筑工人的工作和生活环境。

(二)质量管理

质量管理是施工项目现场管理中最为重要的环节之一,施工质量是施工企业的生命,是企业立足市场的基石,靠质量出信誉,靠信誉争市场,靠市场增效益。

在质量管理方面,首先应建立完善的质量管理保证体系和领导体系,强化质量意识,落实质量责任,并强化质量技术管理工作,及时对工人进行技术交底,强化工人的质量责任心,同时层层签订质量责任保证书,明确质量责任,使质量目标的实现落实到每一个人,并按规定建立奖罚制度,与各级工作人员的经济利益挂钩。

其次应严格执行质量验收制度,对工程质量进行巡回检查,走动管理,对发现的问题必须查明原因,追查责任,并跟踪检查整改措施的落实情况,同时在全面抓好施工质量的同时,应针对不同阶段的工程特点有针对性地加大管理措施,严把材料采购和进场质量验收关,杜绝不合格品材料混入现场。

(三)进度管理

进度管理是施工项目现场管理中最主要的环节,是施工项目按照合同工期顺利完成的有力保证,是企业信誉、竞争力、履约能力的有力体现。

首先，在进度管理方面，应严格执行公司各项管理制度，层层落实责任，加大奖罚力度，督促全体管理人员、群策群力、克服困难，确保工期目标的实现，分工明确、各负其责，对工期、安全、质量、成本等各项指标进行预控，同时与业主、监理单位、设计单位共同配合协调一致，对工程实行有效管理。

其次，在进度管理过程中应狠抓“两头工期”：一是加快开工前准备，一旦中标，项目部人员和工人立即进场，以最快的速度组织材料设备进场，搭设临建、布置临时用水用电线路，做好测量定位等工作，建立各类台账，做好管理准备工作，将开工前的准备时间压缩到最短；二是竣工收尾阶段加大管理协调力度，采取强有力措施，防止因各分项工程同时施工可能发生的混乱，使各项工序积极有序地进行。

再次，运用计算机管理和网络技术科学安排各工序和分部分项工程的施工作业计划，以总进度为大纲安排好月、旬、日施工作业计划和主要工期控制点，并以此为依据，合理安排劳力、材料设备进场计划，科学地组织好各工种的配合，实现分段并进、平等流水、立体交叉作业，以创造更多的作业面，投入更多劳力加快施工进度，做到宏观控制好、微观调整活，各关键工期控制点均在控制期内完成；同时加大协调力度，确保各施工方按计划有序地进行施工，做到各负其责，确保政令畅通，协调有力，确保各分项工程按施工进度计划组织施工。

（四）成本管理

成本管理是施工项目管理中的核心内容，是增加企业利润、扩大企业资金积累最主要的途径之一。

在成本管理方面，现场管理人员应责任明确，实行归口管理，管好项目控制投入，降低消耗，提高工效，将安全、质量、进度、成本4方面结合起来进行综合管理，并根据成本管理的目标与劳务施工队伍签订劳务施工合同，明确责任与目标，根据施工项目的实际情况编制降低成本的技术组织措施，深入挖掘各分项工程中存在的降低成本利润点，降低成本。

其次，项目部应分期做好“三算”：开工前做好预算，对施工前预算和施工预算进行两算对比，以便对盈亏作出预测；在施工中做好阶段结算和内部承包结算，确保收入兑现；竣工后抓好施工项目成本竣工结算。

项目部定期定阶段进行成本分析，并对存在的问题进行分析，找出原因采取措施，控制成本支出，加强成本管理。成本分析既要贯穿施工的全过程，服务于成本形成的过程，又要在竣工后进行整体分析找出成本升降的原因，作出成本管理效果的判断，总结项目成本管理经验，制定切实可行的改进措施，不断提高成本管理水平。项目经理服务于成本形成的过程，又要在竣工后进行整体分析，找出成本升降的原因，作出成本管理效果的判断，总结项目成本管理经验，制定切实可行的改进措施，不断提高成本管理水平。

施工项目现场管理是全方位的，要求项目管理者对施工项目的安全、质量、进度、成本等方面都要纳入正规化，标准化，制度化管理，这样才能使施工项目现场管理的各项工作有条不紊地顺利进行。成功的项目管理，能促进项目和企业的发展，能推动建筑市场的不断进步。与时俱进，开拓创新，总结经验，在项目的实践中不断探索，最终探索出一条施工项目现场管理的成功之路。

湖南湘潭路桥

岭南高速公路土建 No.16 标段项目经理部

17. 二广高速公路分水岭至南阳段工程土建 No. 17 标合同段施工总结报告

目　　录

二广高速公路分水岭至南阳段工程土建 No. 17标合同段施工总结报告

一、工程概况

本标段起点K64 +400,终点K70 +135,全长5.735km。位于南阳市卧龙区和镇平县之间,属平原微丘区。

本项目设计为全封闭全控制出入的高速公路,计算行车速度120km/h,整体式双向六车道,路基总宽度28.0m,其中行车道宽度2×3×3.75m,中央分隔带2.0m,左侧路缘带2×0.75m,土路肩2×0.5m,含右侧路缘带2×0.5m。路面的面层除收费广场采用水泥混凝土路面外,其余路面均采用沥青混凝土。桥梁净宽2×12.5m。路面设计标准轴载均采用BZZ—100kN,桥梁设计荷载:汽车Ⅰ级。设计洪水频率1/100。本标段内平曲线最小半径6000m,纵断面最大纵坡1.91%。

主要工程数量为:路基挖土方80万m^3,路基填砂45万m^3。

全线共有盖板涵洞通道12座,桥式通道2座,天桥3座,大桥4座,下穿宁西铁路连续框架桥1座。

主线与G312交叉设南阳互通立交1处。

二、机构组成

我单位成立中铁十一局集团一公司二广高速公路分水岭至南阳段(以下简称岭南高速)No. 17标段项目经理部,见图1。

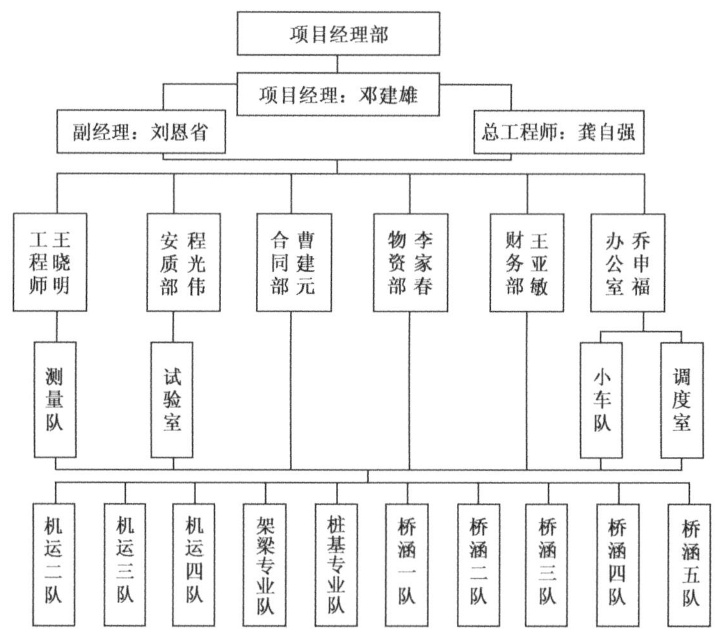

图1　项目经理部组织机构

三、施工质量管理

(一)施工质量管理体系

1. 质量管理体系

(1)质量管理方针

百年大计、质量第一、关爱环境、建造精品。

(2)质量目标

质量总目标:单位工程质量合格率100%,工程创优满足顾客要求。

(3)质量管理机构组织

项目经理部成立质量管理小组,由项目经理任组长,总工程师和总质检工程师任副组长,负责全项目质量领导工作。项目经理部设安质环保部负责全项目质量管理工作,安质环保部配备专职质检工程师,队设专职质检员,工班设兼职质检员,负责质量监督检查和各项检验工作,配备数量够、精度高的质检仪器和设备。质量检查体系独立工作,质量检验人员有质量否决权和验工签证权。质量管理机构组织见图2。

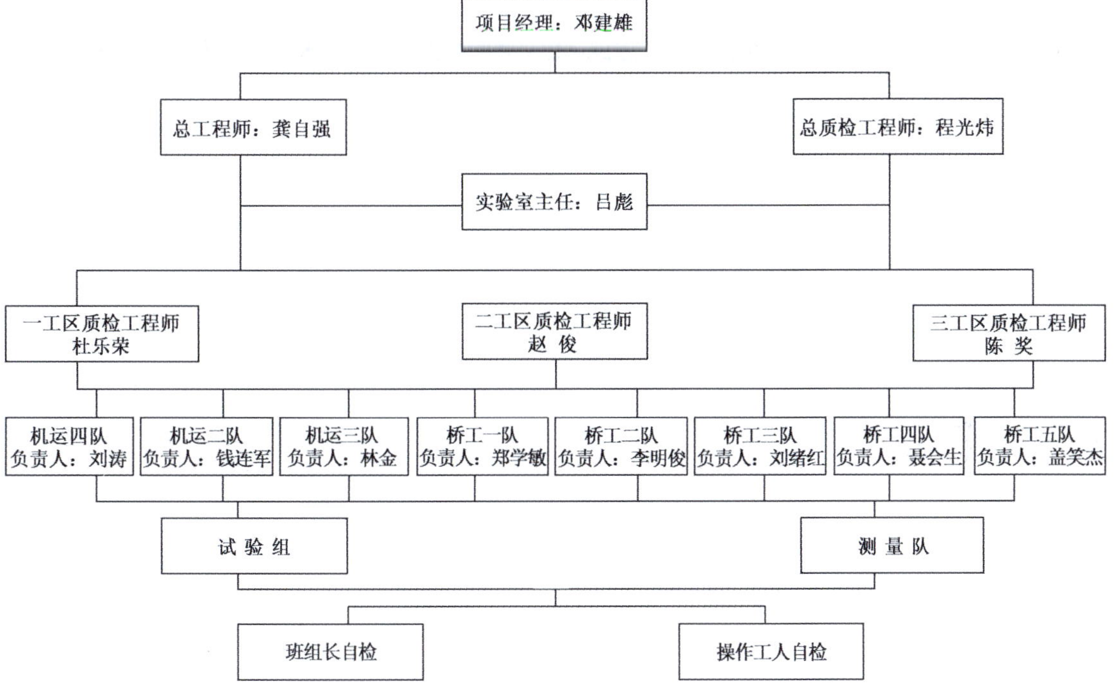

图2 质量管理机构组织

(4)质量管理工作流程

建立健全以项目总工程师为首的技术质量管理体系,项目部设工程技术部、安质环保部,配备相应的专业工程师和质量检查工程师;队设技术室,设主任工程师1名,专业工程师2~4名,专职质检员每个队2名;单位工程设主管工程师,实行技术工作统一领导,分级管理,划分各级技术权限,明确各级技术负责人的职责,形成一个强有力的质量管理体系。

(5)质量保证措施

①加强质量教育。实行分项、分工序专项质量教育,有的放矢,标准明确,使全项目上下形成创优声势。

②加强技术培训和施工过程中的技术指导工作。

③严格按照3个标准管理体系运作。

④健全完善各种工程质量检查验收签证制度。

⑤积极开发科技新成果。

⑥结合本项目特点合理安排工期,以最大限度地减少自然条件限制造成的施工困难从而给质量控制带来更大的难度。

⑦严格实行质量终身责任制。

质量保证体系见图3。

2.技术交底

设计文件下发以后,由总工程师组织技术人员进行图纸审核,并形成设计文件审核记录上报监理及设计单位。开工前,总工程师对项目部各部门及施工队负责人进行整体交底。技术部门再对施工队进行分项工程交底。

3.质量宣传体系

项目部建立质量宣传体系,由总工程师策划,安质部具体实施。宣传体系总的思路,即施工前警示,施工中提醒,施工后总结。时时小教育,定期大宣传。开工前,项目部总工程师组织全体参加施工人员学习本公司及本项目的《质量管理办法》，技术部门在施工中须进行质量标准、质量规范的交底，对施工队时时进行提醒。每月28日，总工程师组织技术质量及施工队等相关人员进行质量宣传教育，针对本项目具体实际提出质量要求及下一步的质量工作重点，并结合近期公司及国家质量通报，进行自我剖析，自我对照，避免在施工中出现类似问题。另在每年9月的质量月活动中，结合国家质量月的活动主题，项目部重点进行质量宣传教育，并借此开展各种质量管理活动。使质量第一、建造精品的质量方针深入人心。

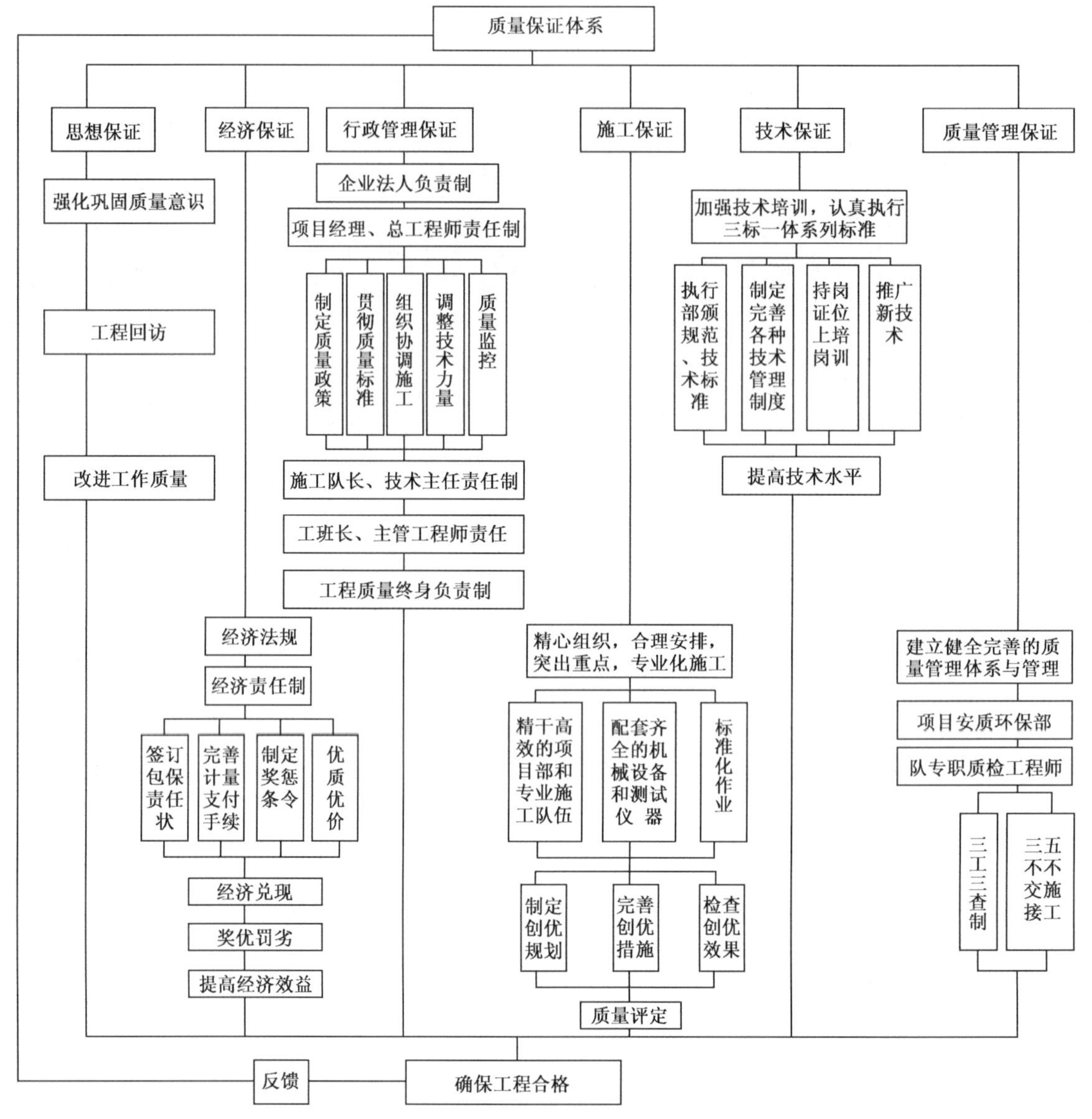

图3　质量保证体系

4. 质量检查旬报制度

项目部每10天进行一次质量大检查，并将检查结果通报各施工队。

5. 质量奖罚制度

项目部建立质量奖罚制度。

(1)项目部每月对所属队进行质量大检查，工程验收合格者，根据施工队完成产值，按比例对施工队进行奖励。

(2)项目部每季度评选一批质量管理先进个人，主要对象是施工一线的队长、技术人员、质检人员和其他在质量管理工作中有突出贡献的人员。

(3)因片面追求经济效益而使用劣质材料、构件及不合格的成品，半成品和设备所造成的工程质量问题，对负责人进行罚款，不合格工程返工、因返工造成的一切损失均由责任人或责任单位承担。

(4)施工不按技术要求，逃避质检人员监控、偷工减料、粗制滥造而造成质量低劣，除不合格工程返工，一切损失由责任人自负，同时对该工点处以罚款。

(5)隐蔽工程未经质检人员检查签证而擅自隐蔽施工者，应破坏补检，由此造成的损失由工点自负，同时对责任人处以罚款。

(6)质检人员对玩忽职守、偷工减料、粗制滥造、违章施工的单位和个人有权制止，屡教不改者加重处罚。

(7)凡是受到业主、监理工程师通报批评的施工队，除罚款全部由项目部转该队外，项目部还将对该队处以2000元的罚款，对有关责任人处以500元以上的罚款。

(8)各种处罚以工程质量通知书的形式下发。对工点的罚款直接在结算工程款时扣除，对个人的罚款在其工资或其他渠道中扣除。

(二)施工质量控制方案

(1)提高全体职工的质量意识，做好全面质量管理，建立质量保证组织机构，健全质量保证体系，制定详尽完善的内部质量管理制度。

(2)对所有施工队和施工管理人员进行质量教育，把“质量第一”的施工原则贯彻到每一层施工管理人员的心中。

(3)制定奖罚措施，把工程质量和施工管理人员及施工队的收入挂钩，对在施工过程中出现质量问题的施工管理人员和施工队伍，进行重奖重罚。

(4)加强质检人员的责任心，对通过质检人员自检，但在监理工程师抽检中发现问题的，对质检人员进行经济处罚。

(5)施工中严格按照规范和监理工程师的指示进行施工，凡是监理工程师提出的意见、发现的问题，现场施工人员必须马上进行整改。

(6)加强施工过程控制，所有施工队必须在施工过程中严格按照规范要求施工，施工过程中发现问题及时改正，质检人员必须在施工过程中加强控制，不能将自检不合格的分项工程报到监理工程师处。

(7)贯彻“严格检查与积极预防相结合”的方针，认真落实，着重实施；严格执行工前试验、工中检查、工后检验的试验工作制度。质检工程师可行使一票否决权。项目经理、项目技术负责人和总质检工程师对质量全权负责。

(8)各工序严格按照相关规范及规程操作施工，严格执行内部自检及交接手续。自检合格并经驻地监理工程师认可后，方可进行下一道工序的施工。不合格工程，需经返工处理合格并经监理工程师认可后才能进行下道工序。

(9)完善施工原始记录，规范工程报验程序及报验资料，做到分项工程结束，资料完整归档。

(10)实行全员、全过程、全方位、多层次的质量管理方法，用每位职工的工作质量保证工序质量，以工序质量保证整个工程的质量，杜绝质量事故的隐患。

(11)配备专业人员配合监理工程师的工作，服从监理工程师的监督指导。

(12)完善质量检测制度，配置完备、先进的试验设备，采取科学严密的检测手段。

(13)投入先进的路桥建设机械设备，积极推广应用新工艺、新材料、新技术，突破传统观念，开拓新的施工理念。

(14)建立具有可追溯性的工作与岗位作业质量保证制度，对工程质量实行终身责任制。

(三)施工中的工程质量自检情况

我单位在施工中严格按照质量规范、质量管理制度加强工程自检，将质量隐患消灭在萌芽状态。

(四)工程质量问题的处理

通过加强质量管理，工程中不存在质量隐患，没有大的质量问题。对质量通病采取加强指导、重点监控的措施，有效地减少了质量通病的发生。

(五)对完工质量的评价

已完工程分项合格率100%，工程质量满足规范要求。

四、施工进度控制

工程于2005年9月开工，2007年9月完工。我项目部在施工前编制详细的施工计划，施工中合理配置资源，安排工序，交叉施工，流水作业，有效地保证了计划工期的实现。

五、施工安全与文明施工情况

（一）安全保证措施

1. 组织体系

项目部设立安全领导小组，项目经理为组长，总工程师和总质检工程师任副组长，项目部各部门、施工队负责人为组员。全权负责项目施工安全管理。日常安全管理由安质部负责，安质部下设专职安全员2名，各施工队设兼职安全员2～3名，对施工现场进行全过程兼顾。发现问题及时处理，把安全隐患消灭在萌芽状态。安全控制程序见图4。

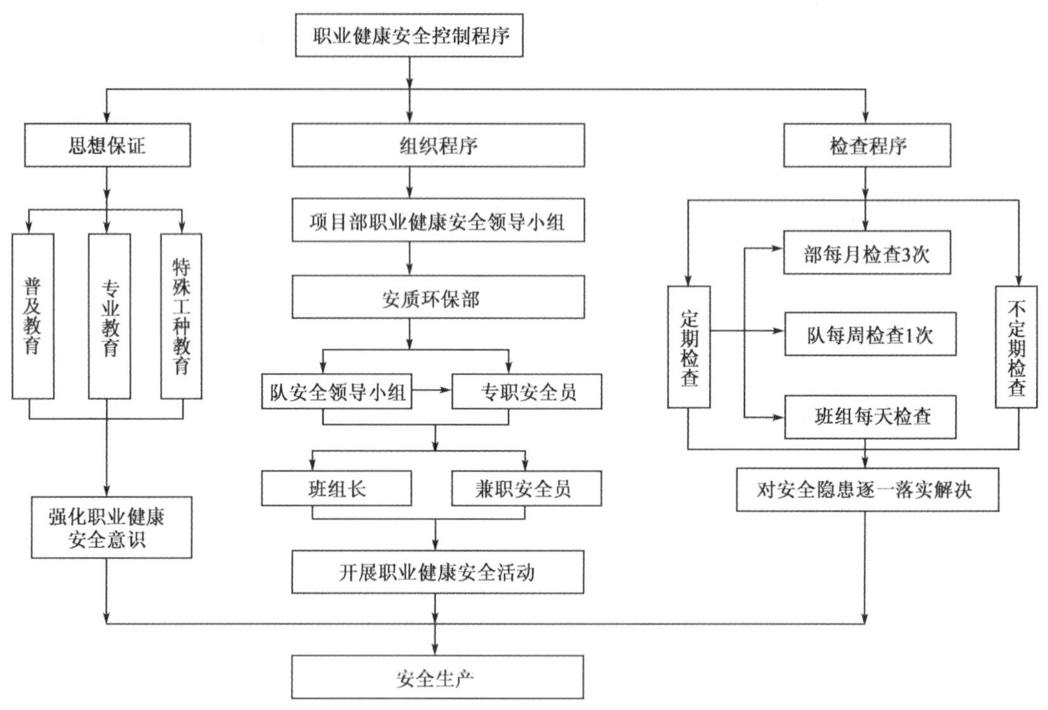

图4　安全控制程序

2. 规章制度

（1）贯彻执行国家和地方有关安全生产的法律、法规及各项安全管理规章制度。

（2）建立健全各级生产管理人员及一线工人的安全生产责任制。

（3）各项目工程的安全措施必须齐全、到位。安全技术资料必须齐全，无安全措施不准施工，未经验收的安全设施一律不准使用。

（4）坚持特殊工种持证上岗，对特殊工种按规定进行体检、培训、考核，签发作业合格证；未经培训的作业人员一律不准上岗作业。

（5）定期对职工进行安全教育，新工人入场后要进行“三级”安全教育。新进场工人、调换工种工人，未经安全教育考试，不准进场作业。

（6）发生工伤事故及时上报，严肃处理未遂事故的责任者。

（7）安全网、安全带、安全帽必须有材质证明，使用半年以上的安全网、安全带必须检验后方可使用。

（8）机械设备安全装置齐全有效，手持式电动工具必须全部安装漏电保护器。

（9）施工用电符合安全操作规程。

（10）任何机械设备不准带病作业。

（11）对采取新工艺、特殊结构的工程，都必须先进行操作方法和安全教育，才能上岗操作。

（12）在安全教育基础上，每半年组织全体职工安全知识考试一次。

（13）坚持各级领导、生产技术负责人安全值班制度，每班必须有安全值班员。

3. 具体措施

(1)首先主要是采取预防措施

①施工人员在现场必须佩戴安全帽,项目部采取不戴安全帽就进行经济处罚、戴安全帽与项目部相关人员相联系等措施来监督现场戴安全帽的情况。②保证施工人员注意力集中,项目部在抓进度、抓施工质量的同时,保证施队伍的人员齐备,坚持以人为本,保证在施工现场的人员保持较好的精神状态。③吊装作业由专人进行指挥,严禁施工现场无指挥人员进行吊装作业。④吊车、装载车等机械的安全操作。项目部下发了安全操作规程,对操作人员进行安全工作教育,加强安全防范意识。

(2)施工人员培训后上岗

(3)做好应急管理工作

(二)文明施工

1. 施工行为文明

施工现场钢筋原材、成品、半成品等统一按要求进行支垫,覆盖。项目部所有管理人员进入施工现场均按要求佩戴安全帽和胸卡。在施工便道各个路口及转弯处指示牌设置齐全。

2. 施工区域整洁

施工料场全部进行硬化,并根据各种进场原材料规格、型号设置了清晰明确的标识和标牌。项目部驻地办公区、生活区划分明确,各部门标牌清晰;办公生活区卫生整洁无垃圾。原材料运到现场后,根据现场的统一规划,按要求堆码、摆放整齐,无乱堆、乱放现象。

3. 做好环境保护工作

经常对便道洒水,确保便道无明显扬尘。泥浆不得随意排放,利用泥浆坑对泥浆进行循环利用,施工现场无一例泥浆随意排放现象。此外,还制定了完善的水土保持及环保方案。

六、环境保护与节约用地情况

(一)环境保护

(1)坚决执行和贯彻国家和地方有关环境保护的法律、法规,杜绝环境污染和扰民现象。

(2)施工组织设计必须考虑环境保护措施,并在施工作业中组织实施。

(3)定期进行环保宣传教育活动,不断提高职工的环保意识和法制观念。

(4)清理施工垃圾,必须搭设封闭式临时专用垃圾道或采用容器吊运,严禁随意凌空抛散。施工垃圾应及时清运,适量洒水,减少扬尘。

(5)施工现场的主要道路进行硬化处理,裸露的场地和集中堆放的土方采取覆盖、固化或绿化等措施。

(6)施工现场土方作业应采取防止扬尘措施。

(7)从事土方、渣土和施工垃圾运输应采用密闭式运输车辆或采取覆盖措施;施工现场出入口处应采取保证车辆清洁的措施。

(8)施工现场的材料和大模板等存放场地必须平整坚实。水泥和其他易飞扬的细颗粒建筑材料应密闭存放或采取覆盖等措施。

(9)施工现场混凝土场所应采取封闭、降尘措施。

(10)施工现场设置密闭式垃圾站,施工垃圾、生活垃圾分类存放,并及时清运出场。

(11)施工现场的机械设备、车辆的尾气排放符合国家环保排放标准的要求。

(12)施工现场严禁焚烧各类废弃物。

(13)施工现场设置排水沟及沉淀池,施工污水经沉淀后方可排入市政污水管网或河流。

(14)施工现场存放的油料和化学溶剂等物品应设有专门的库房,地面做防渗漏处理。废弃的油料和化学溶剂集中处理,不得随意倾倒。

(15)食堂设置隔油池,并及时清理。

(16)厕所的化粪池应做抗菌素渗处理。

(17)食堂、盥洗室、淋浴间的下水管线设置过滤网,并与市政污水管线连接,保证排水通畅。

(18)施工现场应按照现行国家标准《建筑施工场界环境噪声排放标准》(GB 12523—2011)。

(二)节约用地措施

为节约用地,路基填筑材料均采用挖方石料,在弃土场征地工作中,按照工程需要,先进行实地考察,在满足使用的前提下,尽量占用深沟。弃土工作完成后,我项目部积极与当地政府部门协商恢复方案,通过复耕等形式为百姓造地百余亩。

七、施工中新技术、新材料、新工艺的应用情况

在混凝土施工中，为保证混凝土外观质量。我们通过QC活动，选择了新型建筑脱模剂，建筑脱模剂可以重复利用，环保经济，并且混凝土外观光亮平整，提升了混凝土施工质量。

八、工程款支付情况

我项目部外欠债务已全部还清，在此我项目部郑重承诺，如该项目有拖欠农民工工资和劳务费用及工程款的投诉，责任完全在我公司，由我公司负责解决，与建设单位无关，建设单位不承担任何法律责任。

九、施工体会

两年来，在项目公司、设计单位、监理单位的积极指导帮助下，依靠项目部全体人员艰苦努力，我们较好地完成了各项任务，为国家建设尽了一份力，也向当地人民交上了一份满意的答卷。

中铁十一局集团第一工程有限公司
岭南高速公路土建 No.17 标段项目经理部

18. 二广高速公路分水岭至南阳段工程土建 No. 18 标合同段施工总结报告

目　　录

二广高速公路分水岭至南阳段工程土建 No.18 标合同段施工总结报告

一、工程概况

二广高速公路分水岭至南阳段(以下简称岭南高速)工程是国家规划的太原至澳门国家重点公路重要区段,也是河南省"五纵、四横、六通道"公路主骨架中第四纵的重要组成部分。本项目位于南阳市镇平县境内,与上武线高速公路相接,路线全长4.621km,是太澳线河南段的重点工程。路线所经区域总地势北高南低;全区地形较为平坦,起伏较小。堆积地貌为本区主要地貌成因类型,全区海拔高度在144.000~158.000m。

No.18 合同段起点桩号:K70+135.000,终点桩号:K74+756.555,全长4.621km。本标段主要工程为张华岗互通式立交,起点桩号为K73+680,终点桩号K74+756.555;另有6座中、小桥,1座分离式立交桥,4座天桥,8道涵洞、通道。施工起讫日期为2005年10月1日~2007年11月15日,共26个月。

主要工程量:路基挖方494078m^3;路基填方379441m^3;互通式立交1座;分离式立交桥(主线下穿)1座;中桥303.8m/6座;通道、涵洞114.9m/8道;天桥326.72m/4座。

二、机构组成

(一)项目经理部驻地建设

项目经理部驻地设在G312国道(里程桩号为1058)右侧路边,驻地位于路基西侧500m;占地4000m^2,项目部驻地为租用房屋和自建房屋相结合,生活区和办公区分离,使用面积和功能满足要求。根据标段内桥梁、结构物情况设水泥混凝土拌和站2套,分别在K70+150左侧和张华岗互通K74+000右侧,提前进行临时用地的征用,料场及分部驻地做水泥混凝土硬化处理。桥梁一分部驻地设在K70+400右侧。

(二)项目部组织机构

对本工程实行项目法管理,成立项目经理部,全权负责处理与本工程相关的问题,经理部设项目经理1名、总工程师1名、生产副经理1名,下设5部1室、4个施工工区。项目经理部包括工程技术部、质量管理部、人事财务部、经营部、机械材料部、综合办公室。施工工区包括路基工区、桥梁一工区、桥梁二工区、桥梁三工区、桥梁四工区。

(三)主要人员情况(表1)

项目经理部主要管理人员 表1

序号	姓名	职务	学历	备注
1	翁玉峰	项目经理	大学	
2	陈平宇	总工程师	大学	
3	王显利	副经理	大学	
4	肖海生	质检工程师	大专	
5	崔燕青	总经济师	大专	
6	张 明	财务负责人	大专	
7	张兴国	试验室主任	大专	
8	张砚红	道路工程师	大专	
9	宋振欣	结构工程师	大专	
10	谢广兴	结构工程师	大学	

续上表

序　　号	姓　　名	职　　务	学　　历	备　　注
11	郝秋露	结构工程师助理	中专	
12	岳志群	计量员	大专	
13	黄武	结构工程师	大学	
14	胡明亮	试验员	中专	
15	寻克义	试验员	中专	
16	朱洪波	试验员	中专	
17	左学军	办公室主任		
18	裴运涛	协调、安全主任		

三、施工质量管理

(一)质量管理体系

1. 质量管理体系

质量是企业永恒的主题,也是我公司修建分水岭至南阳高速公路土建 No. 18 合同段的主题。在施工全过程中,我公司始终坚持“百年大计,质量第一”的思想,视工程质量为生命,认真依照招标文件所明确的各项施工技术规范、规则和各项质量验收评定标准组织实施。

(1)建立质量管理保证体系

为了确保我公司质量目标的实现,保证我标段的工程质量,我们在经理部内部制定了严格的质量管理体系和质量保证体系。实现经理部、工区、作业组三级质量管理体系,明确责任,积极配合监理工程师的工作,严格按照规范施工,控制好各环节的施工质量。

(2)技术交底

①该程序由项目总工程师牵头,对各工区负责人进行一级交底。

②工区负责人向施工队伍及工区技术人员进行二级交底,内容主要包括分项工程施工、技术要求、工艺流程、质量要求、安全防护措施等。双方签字认可,一份指导现场施工,一份工程技术部存档备查。

(3)质量宣传体系

我项目部定期举办培训,抓住质量控制要点,增强质量意识。组织工程技术部、质检部负责落实,并制订了详细的培训计划和学习考核记录,并严格按计划进行学习和培训,主要针对本工程特点,有公路工程桥涵施工技术规范、公路工程路基施工技术规范及岭南高速公路招标文件中的《合同专用条款》、岭南高速公路有限公司及 No. B 监理代表处文件、《河南省施工文件整理汇编》、河南省交通质检表格填写等。

(4)质量检查旬报制度

项目经理部成立了内部专职质检小组,项目经理牵头,由总工程师、安全质量部、施工技术部、财务部、各施工队长及主管工程师等有关人员组成。形成内外贯通、纵横到位的专职质检小组。每月进行 2 次质量检查,检查结果上报项目经理。

(5)质量奖罚制度

根据质量检查旬报,进行总结评比。每月对施工队工程质量进行名次排定,排名第一名,通报表扬;最后一名,通报批评;对连续 3 次倒数第一名的,要责令其停工整顿,查找原因,提出改进方法,通过例会讨论通过后,方准重新开工。每月按质量检查旬报结果,对项目施工队及主要负责人进行奖惩。

(二)施工质量控制方案

(1)严格按设计文件和工艺标准施工,按规程操作,按验收标准评价验收。推行样板引路质量控制方法,以确定施工参数及处理效果,待确认满意后,方可全面施工。

(2)严格工序质量检查。每项工程在保证主体结构内在质量的前提下,克服质量通病,提高外观质量作为质量控制的主要目标。

(3)按验收标准进行工程质量验收。

(4)不合格工程必须进行返工或返修处理。

(5)各级质检员要经常深入施工现场进行检查,发现问题、及时指出、及时纠正。对关键工序或部位要进行重点控制,设置质量控制点进行监控或进行旁站监督。

(三)施工中工程质量自检情况

施工过程中,各项工程按规范要求的实测项目进行自检,自检合格后按监理程序进行报验抽检,并上报申请三阶段验收,验收项目合格率均达100%,优良率达95%以上。

(四)工程质量问题的处理

我项目部从工程开工直至工程结束,未出现任何重大质量事故。期间也出现过一些质量问题,但经整改处理后,全部合格。如施工过程中出现个别点压实度超百或不够情况以及防护浆砌片石平整度差、勾缝不美观等质量问题。我项目部立即组织各相关部门人员进行讨论研究,分析原因,并立即采取有效措施进行处理,并将处理结果上报监理工程师,经监理工程师抽检合格后,报上级部门复查,复查结果全部合格。

(五)对完工质量的评价

质量是企业的灵魂,也是我公司修建分水岭至南阳高速公路土建No.18合同段的主题。为全面实现业主提出的质量目标,在施工全过程中,我公司始终坚持“百年大计,质量第一”的思想,视工程质量为生命,认真依照招标文件所明确的各项施工技术规范、规则和各项质量验收评定标准组织实施。在业主、监理工程师的指导下,经过26个月的奋战,总体上说,工程质量还是比较好的。虽然没有出现较大的质量问题,但在施工中也出现了一 些小的质量问题,教训也是深刻的,是不容忽视的,我们认真进行了分析总结,找出问题的根本原因,防止类似的质量问题再次发生。

四、施工进度控制

为保质保量按期完成任务,在施工中我们采取了以下措施保证工期。

(1)加强宏观控制,重点工程重点突击。

(2)加强组织管理、科学安排施工。

(3)完善奖惩制度,落实好按劳分配原则,开展劳动竞赛活动,充分调动广大职工的积极性,群策群力,团结协作,保质保量,如期完工。

五、施工安全与文明施工情况

(一)安全保证措施

1.组织体系

为确保施工安全,我项目部成立以项目经理为现场安全保证体系第一责任人的安全领导小组。由项目经理任组长,经理部设专职安全员,各工区设兼职安全员,具体负责安全工作的实施。建立健全安全保证体系,确保施工安全。

2.规章制度

(1)认真制订本项目的安全经费计划和使用管理制度。

(2)做好安全检查、整改落实工作。

(3)制定员工岗位安全职责。

(4)做好安全技术方案和安全技术交底工作。

(5)加强安全技术培训、教育、考核工作。

(6)做好安全应急预案及演练。

3.具体措施

安全工作是做好生产工作的重要因素,关系到国家、企业和职工的切身利益。因此在施工过程中,我们认真贯彻“安全第一,预防为主”的方针政策,广泛应用系统工程和事故分析方法,严格控制和防止各类伤亡事故的发生。具体措施如下:

(1)加强领导,健全组织。项目经理部、施工队成立安全领导小组,设专职安全员制定严格的安全措施,定期分析解决工作中存在的问题,及时发现和排除安全隐患。

(2)安全教育要经常化、制度化。开工前进行系统安全教育,开工后抓好“三工”教育和定期培训。通过安全竞赛、现场安全标语、图片等宣传形式,增强全员安全生产的自觉性,时时处处注意安全,把安全生产工作真正落到实处。

(3)安全监督,完善安全检查制度。各级安全生产领导小组要定期组织检查,各级安全监督人员要经常检查,发现问题及时纠正,把事故消灭在萌芽状态。

(4)施工组织设计和工艺流程科学组织施工。严格各工序衔接,严格操作规程,严禁各种违章指挥和违章作业行为的发生。

(5)施工设备和机具在使用前由专职人员负责进行检查、维修、保养,确保状态良好。架子工、起重工、电工、电焊工等主要工种必须经过培训并经考核取得合格证后,方可持证上岗操作,杜绝违法、违章作业。

(6)设置安全防护标志。桥梁作业要设立安全栏杆、安全网,个人要戴安全帽,系好安全带,脚手架、脚手板要搭设牢固。

(7)安全用电,严格按有关规定安装线路及设备,用电设备安装地线,不合格的电工器材严禁使用。库房、油库严禁烟火,油库要安装避雷装置。

(二)文明施工

文明施工是涉及工程沿线人民群众的切身利益,同时又是企业取信于民、维护企业形象的大事,我们严格按照"集中施工、快速施工、文明施工"的12字方针,结合我单位在公路施工中取得的经验,精心组织、合理安排。

建立创建文明工地领导小组,全面开展创建文明工地活动,做到"两通三无五必须",即施工现场便道畅通;施工工地沿线单位和居民出入口畅通;施工中无管线高放,施工现场排水畅通无积水,施工工地道路平整无坑塘;施工区域与非施工区域必须严格分隔;现场施工人员必须挂牌施工,管理人员必须佩卡上岗;工地现场施工材料必须堆放整齐;工地生活设施必须文明;工地现场必须开展以创文明工地为主要内容的思想政治工作。加强施工人员文明施工意识,组织学习文明施工条例及有关知识,进行上岗教育,讲职业道德、扬行业新风。

六、环境保护与节约用地情况

(一)建立环境保护机构

成立以项目经理为核心的环境保护领导小组,主动与地方环保部门联系,严格执行国家环境保护法律、法规和条例。

(二)防止水土流失

路基填筑时做好临时流水槽进行导流,路基成型后及时做好路基边坡防护工程,避免路基土流失。修建一些有足够泄水断面的临时排水渠道,并与永久性设施相连接,避免淤积和冲刷。防止施工废水对沿线环境的污染。

尽量保持现有的水利设施和径流系统,理顺因工程建设而改变的排灌系统,确保水流的畅通,减少水土流失。

(三)严禁乱挖乱弃、节约用地

合同段施工严禁乱挖、乱弃,取土坑设在非农田或低产田处,施工完成后,将河沟、水塘清淤后的土有计划地回填至土坑中,做好取土坑的复耕,达到节约用地的目的。

(四)防治扬尘、噪声、废气污染

给作业人员配备必要的劳保用品,随时洒水,将灰尘公害降至最低程度,并符合当地环保部门的有关规定。

施工作业在不影响周围居民正常休息的时间进行,并遵守当地有关部门的规定,同时施工作业采取能减少噪声的方法进行。

七、施工中新技术、新材料、新工艺的应用情况

我项目在岭南高速No.18标段的施工过程中均采用传统施工工艺,无新技术、新材料、新工艺的应用。

八、工程款支付情况

我项目部外欠债务已全部还清,在此我项目部郑重承诺,如该项目有拖欠农民工工资和劳务费用及工程款的投诉,责任完全在我公司,由我公司负责解决,与建设单位无关,建设单位不承担任何法律责任。

九、施工体会

我路桥集团第一公路工程局厦门工程处承建的岭南高速公路No.18合同段工程,自2005年9月份进场以来,项目经理部在项目公司、代表处及地方各级政府的正确领导和大力支持下,结合工程实际,科学管理、精心组织,狠抓安全生产和文明施工,制定了诚信履约、以质取胜的经营方针。经过员工两年多的共同努力,截至2007年10月,终于按期保质保量地完成了任务,并取得了丰硕的成果。

自工程开工以来，我项目经理部取得了一定的成绩，但也有许多不足的地方，遇到了许多难题，但我们有着真诚团结的领导班子，任劳任怨不畏艰难的职工群体。一道道难题被我们克服化解，也正因为有了这些难题，使我们得到了磨炼，在技术方面有了较大的进步，管理水平得到了提高。最终，以优良的质量、良好的进度、优质的服务完成了岭南高速公路的工程施工任务，受到了上级单位的一致好评。

路桥集团第一公路工程局厦门工程处

岭南高速公路土建 No.18 标项目经理部

19. 二广高速公路分水岭至南阳段工程土建 No. 19 标合同段施工总结报告

目　　录

二广高速公路分水岭至南阳段工程土建 No.19 标合同段施工总结报告

一、工程概况

本合同段为二广高速公路分水岭至南阳段(以下简称岭南高速)联络线部分,联络线全长 24.247km,连接太澳高速公路与许平南高速公路。标段起讫桩号 JK0 + 702 ~ JK6 + 900,路线全长 6.198km。路基宽度采用 28.0m,计算行车速度采用 120km/h,按双向 6 车道布设;桥涵设计荷载为公路—I 级,桥面净宽 2 × 12.5m。

本合同段主要工程为中桥 4 座,分离立交 1 座,天桥 3 座,桥式通道 8 座,梁板吊装 520 片,钻孔灌筑桩基础 226 根,涵洞、人行通道 11 座;路基挖方 31.57 万 m^3,填方 32 万 m^3,特殊路基处理 7.17 万 m^3。

二、机构组成

进场之初,我公司抽调具有丰富管理经验和高素质的专业技术人员,组成本合同工程项目经理部,设项目经理 1 人,总工程师 1 人。下设:工程部、经营部、安质部、材料部、财务部、中心试验室、综合办公室。机构组成见图 1。

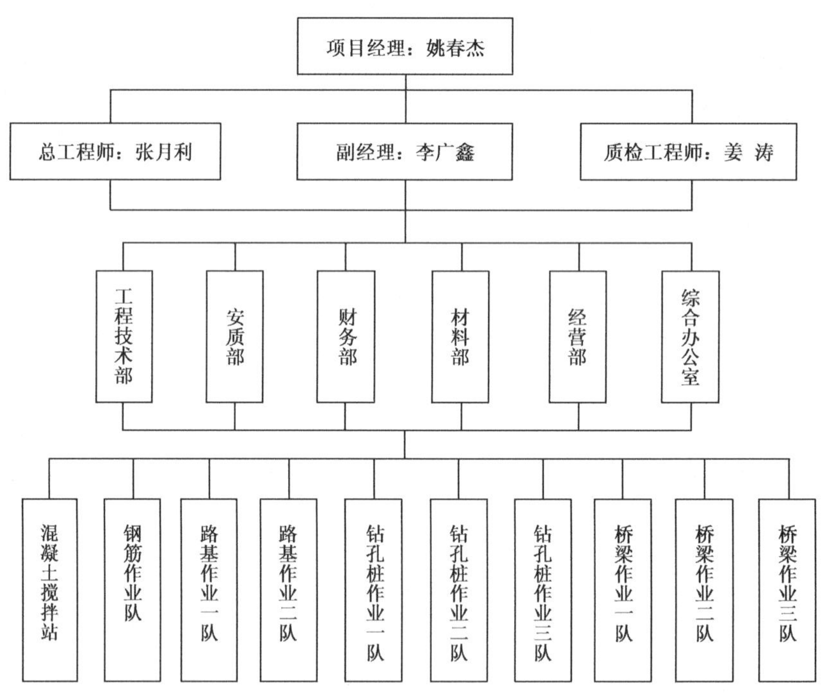

图 1　机构组成

三、施工质量管理

(一)质量管理体系

1. 质量管理体系

对于本项目我们建立健全了质量管理体系,以质量求生存,向管理要效益。建立以项目经理负责的质量管理体系,以总工程师、总质检工程师负责的质检保证体系。严格执行 ISO9001:2000 一体化管理体系,强化技术岗位责任制,完善技术管理。在项目公司的领导下,在监理工程师的监督下,通过对工程质量各项指标的动态监控，确保了施工质量。质量管理体系见图 2。

2. 技术交底

技术、质量的交底工作是施工过程基础管理中一项不可缺少的重要工作内容，我标段在施工生产过程中，对项目施工技术人员以及现场施工人员的施工前技术交底特别重视，交底采用书面签证确认形式，具体分为以下几方面：

(1) 交底前，先组织施工人员认真阅读图纸，了解设计意图和排除可能存在的错误。

(2) 项目总工程师牵头对项目部工区负责人、工区技术人员进行一级交底。

(3) 工区负责人及工区技术人员向施工班组人员进行二级交底，内容主要包括分项工程施工、技术要求、工艺流程、质量要求、安全防护措施等。本着谁负责施工谁负责质量、安全工作的原则，各分管分项工程负责人在安排施工任务的同时，对施工班组进行书面技术质量、安全交底，必须做到交底不明确不上岗，不签证不上岗。

对于一些关键工序或技术难度较大的隐蔽工程，总工程师组织技术交底，技术交底工作应贯彻在整个施工过程中。

3. 质量宣传体系

我标段制定了完整的质量宣传体系，进场之初就在技术交底中明确要求必须在施工现场包括拌和站、钢筋加工厂、箱梁预制厂等重点部位悬挂醒目标识、标志及各种质量宣传口号。在执行的过程中，加大质量的宣传力度，通过召开全体职工会议以及现场工作会议等各种方式对质量的重要性进行宣传，增强项目全体职工和现场施工人员的质量意识。

4. 质量检查旬报制度

为保证工程质量，项目部每月组织 3 次质量检查综合考评。并按项目公司要求，每月上、中、下旬向公司进行书面汇报。

检查的主要内容包括以下几方面：

(1) 质量保证体系、质量控制制度、质量控制措施是否建立，健全，规范运行。

(2) 质量管理机构是否健全，质量管理责任是否落实到人，是否签订了质量责任状，工程质量终身责任制是否建立并落到实处。

(3) 内业资料是否齐全、真实。

(4) 施工过程控制的质量监控手段和方法是否科学。

(5) 施工方案是否符合质量标准，是否制订了施工艺及作业指导书，是否进行技术交底，并以作业指导书指导施工。

(6) 质量检验评定结果是否达标。

(7) 是否按设计、规范进行施工，按标准进行检验。工程实体是否达到内实外美。

(8) 环保、水保是否达标。

工程质量综合考评程序如下：

(1) 考评前，各施工点进行自查，报项目部质量管理领导小组同意后，组织质量检查。

(2) 质量检查结束后 2 天内，项目部质量管理提出检查结果及质量考评初步意见，并向项目部质量管理领导小组作出汇报。

(3) 项目经理根据质量检查结果，结合各工点日常质量检查情况，审定质量考评意见。

(4) 由质量管理部及时将审定的考评结果通报计划财务部、各施工工点，计划财务部根据奖罚条款及考评方案对有关工点进行奖罚。

(5) 最后由安质部门将检查内容及考评结果，每月上、中、下旬向项目公司进行书面汇报。

5. 质量奖罚制度

为调动各工点的施工积极性，加强施工质量管理，提高工程质量，项目部专门设立了质量奖励基金，在每次质量检查后，对各施工工点进行考评，对优秀的施工工点，予以奖励，并对质量检查不合格的工点先下发质量整改通知书，整改落实不到位的将处以经济处罚。

(二) 施工质量控制方案

为保证工程施工质量，我们严格按照公司的质量保证体系要求进行，依据分工负责、互相协调的管理原则，层层落实职能、责任、风险和利益，做到各司其职，保证在整个工程施工生产过程中，质量保证体系正常运作和发挥保障作用。不仅在施工过程中进行控制，而且在施工前和施工完成后还要进行控制。现将我标段主要施工工序施工质量控制方案总结如下。

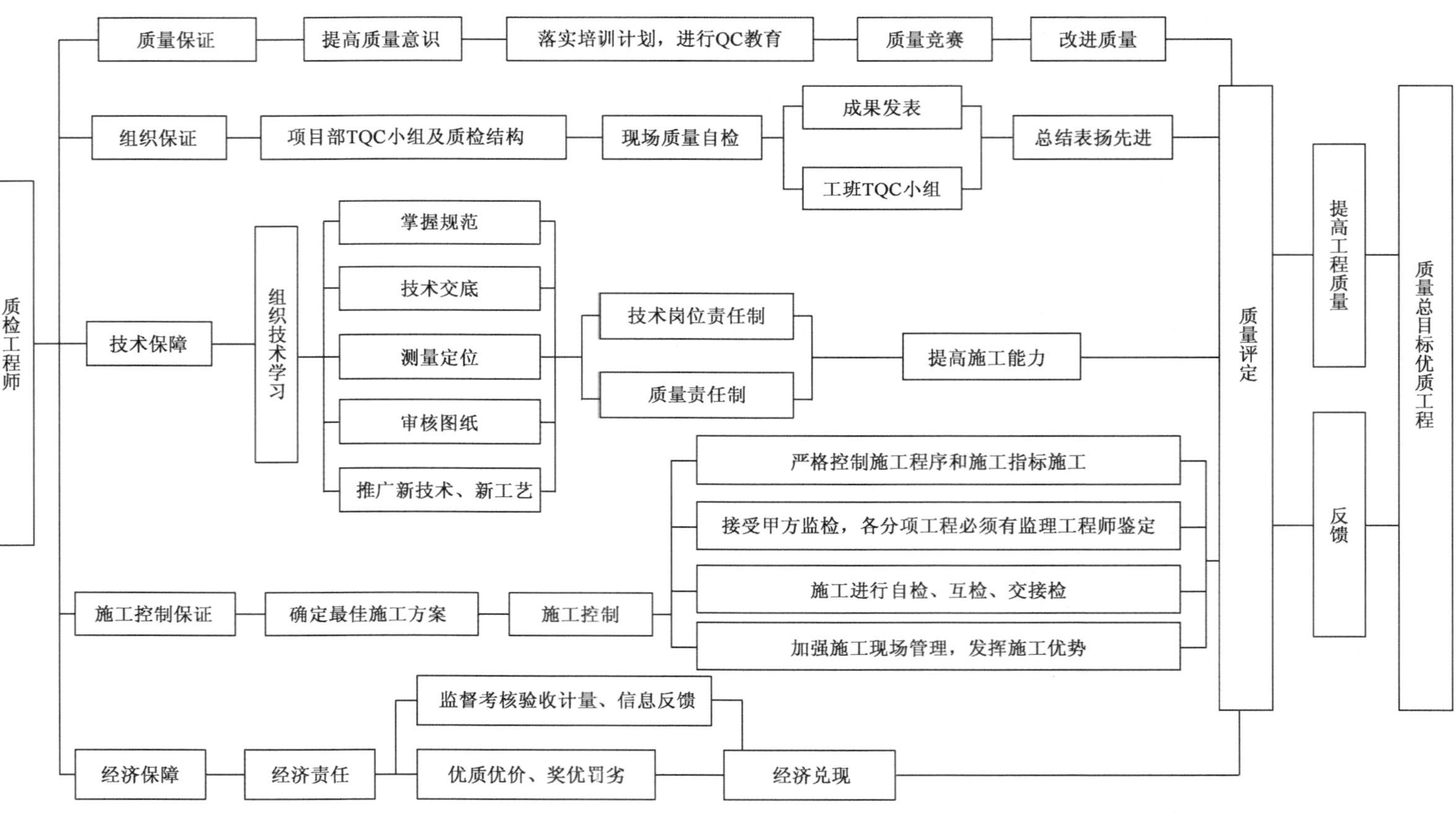

质检工程师
质量保证
提高质量意识
落实培训计划，进行QC教育
质量竞赛
改进质量
组织保证
项目部TQC小组及质检结构
现场质量自检
成果发表
工班TQC小组
总结表扬先进
技术保障
组织技术学习
掌握规范
技术交底
测量定位
审核图纸
推广新技术、新工艺
技术岗位责任制
质量责任制
提高施工能力
施工控制保证
确定最佳施工方案
施工控制
严格控制施工程序和施工指标施工
接受甲方监检，各分项工程必须有监理工程师鉴定
施工进行自检、互检、交接检
加强施工现场管理，发挥施工优势
经济保障
经济责任
监督考核验收计量、信息反馈
优质优价、奖优罚劣
经济兑现
质量评定
提高工程质量
反馈
质量总目标优质工程

图2　质量管理体系

1. 钻孔桩施工质量保证方案

(1)认真熟悉设计提供的地理资料,结合实际情况确定钻孔桩施工方法。

(2)钻孔过程中,注意孔内水位变化情况。

(3)钻孔施工所用的护筒必须有足够的强度和刚度,保证施工时不会产生变形。

(4)遇到孔身倾斜,应分析原因,及时处理后方可继续钻孔。

(5)钻进过程中,要随时取样,核实地质情况。

(6)钻进过程中,要随时取样,经常核对不同地质情况下的泥浆指标,使泥浆性能满足规范要求。

(7)钻孔深度达到设计要求后,应对孔径、深度、斜度和孔底地质情况全面仔细检查,并申报监理工程师,符合要求且在监理工程师同意后方可浇筑混凝土。

(8)钢筋笼应符合图纸设计尺寸,钢筋笼骨架应完整牢固,并采用垫块保证钢筋笼有适当的保护层。

(9)灌注首批混凝土后导管埋入混凝土深度不小于1m,灌注过程中保持导管埋入混凝土深度2~4m。浇筑完成并达到强度后,凿除1.0m的桩头浮浆至设计高程。

2. JK5+324现浇箱梁施工质量保证方案

(1)选用水泥时,应注意其特性对混凝土结构强度、耐久性和使用条件是否有不利影响,水泥应符合现行国家标准,并附有制造厂的水泥品质试验报告等合格证明文件。水泥进场后,应按规定的批次进行试验、检查、验收。在同一次的混凝土施工中应采用同一厂家、同一批号的水泥。

(2)石料采用具有规模石场所生产的石料;定期到砂场选择含泥量小、符合生产需要的砂。

(3)混凝土使用拌和站集中拌和,试验室对混凝土的配合比进行控制,并且对每一车混凝土分别在拌和站、现场进行坍落度的检测。对不合格的混凝土进行报废处理。严格保证混凝土的拌和时间。配制混凝土时,应根据结构情况和施工条件确定混凝土拌和物的坍落度,浇筑时的坍落度可按表1选用。混凝土的最短搅拌时间见表2。

混凝土浇筑入模时的坍落度(单位:m)　　表1

结构类别	坍落度(振动器振动)
小型预制块及便于浇筑振动的结构	0~20
桥涵基础、墩台等无筋或少筋的结构	10~30
普通配筋率的钢筋混凝土结构	30~50
配筋较密、断面较小的钢筋混凝土结构	50~70
配筋极密、断面高而窄的钢筋混凝土结构	70~90

注:1. 水下混凝土、泵送混凝土的坍落度,另见其他相关规定。

2. 用人工捣实时,坍落度宜增加20~30m。

混凝土最短搅拌时间　　表2

搅拌机类别	搅拌机容量	混凝土坍落度(m)		
		<30	30~70	>70
		混凝土最短搅拌时间(min)		
自落式	≤400	2.0	1.5	1.0
	≤800	2.5	2.0	1.5
	≤1200	—	2.5	1.5
强制式	≤400	1.5	1.0	1.0
	≤1500	2.5	1.5	1.5

注:1. 搅拌细砂混凝土或掺有外加剂的混凝土时,搅拌时间应适当延长1~2min。

2. 外加剂应先调成适当浓度的溶液再掺入。

3. 搅拌机装料数量(装入粗骨料、细骨料、水泥等松体积的总数)不应大于搅拌机标定容量的110%。

4. 搅拌时间不宜过长,每一工作班至少应抽查2次。

5. 表列时间为从搅拌加水算起。

6. 当采用其他形式的搅拌设备时,搅拌的最短时间应按设备说明书的规定或经试验确定。

(4)支架架设采用碗扣支架。支架架设前应对支架整体、杆配件、节点、地基和其他支撑物进行强度和稳定验算。支架在安装完毕后,应对其平面位置、顶部高程、节点连接及纵向和横向稳定性进行全面检查,符合要求后,方可进行下道工序。

(5)模板与钢筋安装工作应配合进行,妨碍绑扎钢筋的模板应待钢筋安装完毕后安设。模板不应与脚手架连接(模板与脚手架整体设计时除外),避免引起模板变形。

(6)安装侧模板时,应防止模板移位和凸出。基础侧模可在模板外设立支撑固定,墩、台、梁的侧模可设拉杆固定。浇筑在混凝土中的拉杆,应按拉杆拔出或不拔出的要求,采取相应的措施。对小型结构物,可使用金属线代替拉杆。

(7)模板安装完毕后,应对其平面位置、顶部高程、节点联系及纵横向稳定性进行检查,签认后方可浇筑混凝土。浇筑时,发现模板有超过允许偏差变形值的可能时,应及时纠正。模板在安装过程中,必须设置防倾覆设施。

(8)浇筑混凝土前,应对支架、模板、钢筋和预埋件进行检查,并做好记录,符合设计要求后方可浇筑。模板内的杂物、积水和钢筋上的污垢应清理干净。模板如有缝隙,应填塞严密,模板内面应涂刷脱模剂。浇筑混凝土前,应检查混凝土的均匀性和坍落度。

(9)混凝土应按一定厚度、顺序和方向分层浇筑,应在下层混凝土初凝或能重塑前浇筑完成上层混凝土。上下层同时浇筑时,上层与下层前后浇筑距离应保持在1.5m以上。在倾斜面上浇筑混凝土时,应从低处开始逐层扩展升高,保持水平分层。

(10)浇筑混凝土期间,应设专人检查支架、模板、钢筋和预埋件等稳固情况,当发现有松动、变形、移位时,应及时处理。

(11)混凝土浇筑完成后,应在收浆后尽快予以覆盖和洒水养护。

3. 涵洞工程质量保证措施

(1)所有基坑的开挖,严格按照设计图纸及规范的要求进行。基坑开挖后,遇到基底地质、水文等与原设计有不良变化时,根据实际钻探(或挖深)及土壤试验资料提出处理方案及加固措施,经监理工程师批准后进行地基处理。

(2)基础开挖采用人工配合挖掘机开挖。开挖前先进行施工测量,按图纸确定的涵洞位置及尺寸准确放样,开挖时根据土质情况适当按1:1放坡或者每侧加宽50cm开挖,并预留作业平台。

(3)基坑开挖达到设计高程后,进行基地检测,满足设计要求后报请监理工程师验收合格后再进行下道工序施工。

(4)每隔4~6m设置沉降缝1道,提前根据涵洞的总长度和盖板的设计宽度进行分节,沉降缝必须贯穿涵洞的整个断面,缝宽2cm,浇筑时从中心向两端一次连续浇筑,插入式振捣器辅助振捣。基础模板拆除后,及时对基坑进行回填、养护。

(5)基坑回填分层夯实,压实度达到规定要求。

(6)钢筋混凝土盖板采取集中预制。预制场底面进行硬化,表面收光、平整。模板采用钢模板,组装模板时保证模板表面光滑,脱模剂涂刷均匀,接缝严密,边线垂直。浇筑混凝土时要振捣到位,既不过振也不漏振,以混凝土不再下沉、表面开始泛浆、不出现气泡为度。采用土工布覆盖洒水养生。预制件运输、安装需有保护设备,慢起轻落,保证就位误差符合设计要求,杜绝碰掉棱角现象发生。安装后,盖板上的吊装孔应用砂浆填塞。

(7)台身及台帽:混凝土在就近拌和站生产,自动计量,通过混凝土输送车运至现场,滑槽或泵送入模,分层捣固密实。模板采用组合钢模,模板安装前先进行测量放样,保证位置准确,安装误差应符合设计及规范要求。模板安装保证接缝严密,自检合格后报请监理工程师验收合格后进行下道工序施工。支架法现浇盖板时,支架地基应坚实、无沉陷,支架的弹性形变应满足正常施工要求。

(8)沉降缝内按设计填料沥青麻絮,用披灰刀或者焊条捣密实。

(三)施工过程中质量自检情况

我标段质量保证体系,在施工中加强了对工程质量自检的要求,首先由技术人员对现场施工人员进行技术交底,然后由质检人员在施工过程中严格把关。提高自检的标准和频率,对于施工中出现的质量问题及时处理或返工,这样同时又保证了整个质量保证体系有效运行。

(四)工程质量问题的处理

在施工过程或完工以后,项目部或监理工程师如发现工程存在着技术规范所不容许的质量缺陷,应根据其性质和严重程度,按如下方式处理:

(1)当因施工而引起的质量缺陷处在萌芽状态时，项目部将及时制止，并要求立即处理（如更换不合格材料、设备或不称职的施工人员，或要求立即改变不正确的施工操作方法）。

(2)当因施工而引起的质量缺陷已出现时，项目部立即组织相关人员采取能足以保证施工质量的有效措施，并对质量缺陷进行正确的补救处理，同时必须得到监理工程师认可。

(3)当质量缺陷发生在某道工序或单项工程完工以后，而且质量缺陷的存在将对下道工序或分项工程产生严重影响时，项目部将和监理工程师对质量缺陷产生的原因作出判定，并在确定了补救方案后，再进行质量缺陷的处理或再进行下道工序、分项工程的施工。

(4)工程完工后，发现工程质量缺陷时，将按照监理工程师的要求进行修补、加固或返工处理。

四、施工进度控制

我标段于2005年7月进场，按照项目公司的要求，在下达开工令之前，建立起了项目部、拌和站及各种临建设施。征地拆迁尽管遇到各种阻力，但我标段在公司及各相关部门的大力支持下，克服重重困难，边施工边解决问题。

施工中，我标段按项目公司制定的节点要求，合理安排进度计划，加大奖罚力度，重点控制结构物施工，这样保证了我标段的进度按公司的节点目标于2008年6月全部完成。

五、施工安全与文明施工情况

（一）安全保证措施

1.组织体系

建立以项目经理为首的安全生产领导小组，主管生产安全副经理任副组长，各职能部门负责人和所属负责人任组员的安全领导小组，项目部设立专职安全管理人员，牵头组织落实安全规章制度，检查指导小组，其他成员还要负责自己管辖范围内部门的安全生产规章制度，各作业队设立兼职安全员。按照管理体系，建立层层安全生产责任制，做到职权清楚、奖罚明确。真正做到“专管成线，群管成片”，“纵向到底，横向到边”。安全保证组织机构见图3。

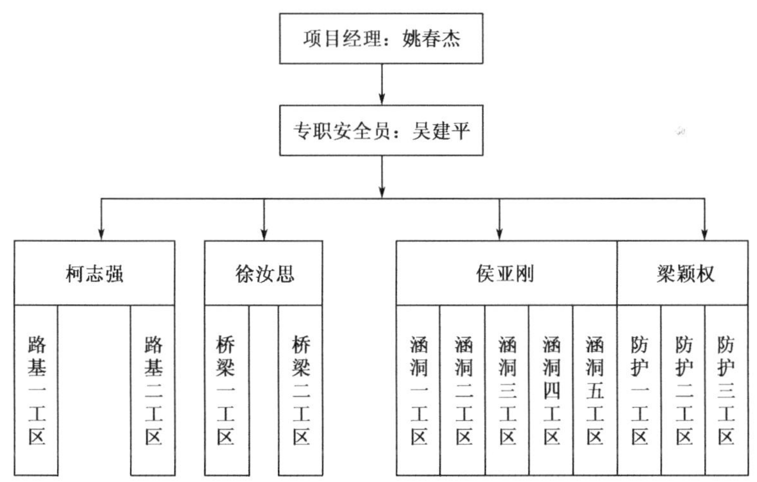

图3　安全保证组织机构

2.规章制度

建立健全安全规章制度，以保证施工安全。特制定如下安全保证规章制度。

(1)逐级进行安全技术交底，延伸到全体作业人员；交底内容具体，明确有针对性。

(2)加强对安全生产工作的指导，安全领导小组定期进行安全检查，施工队每周进行检查，班组实行三检制，采取有效措施，及时解决问题。

(3)起重设备必须定期进行维修保养，绝对禁止超负荷作业。

(4)“安全生产，人人有责”，职工有权制止违章操作，任何人不准强令职工违章作业，并有权向上级报告和如实反映情况。

(5)发生事故后做到“四不放过”，即事故原因未查清不放过，责任人员未受到处理不放过，事故责任者和群众未受到教育不放过，安全防范措施未落实不放过。

(6)发生重大伤亡事故应立即抢救伤员,保护现场并立即报告上级和有关部门调查处理。

3. 具体措施

安全工作是做好生产工作的重要因素,关系到国家、企业和职工的切身利益。因此,在施工过程中,我标段认真贯彻“安全第一,预防为主”的方针政策,广泛应用系统工程和事故分析方法,严格控制和防止各类伤亡事故的发生。

我标段在成立项目安全生产领导小组后,对项目人员以及施工人员进行了一系列的安全培训以及考核,在各个人员考核合格后,方可上岗。安全生产小组采取定期和不定期的相结合的方式对施工现场和项目驻地的安全进行检查,对于发现的安全隐患及时予以解决、处理,并且根据项目安全领导小组制定的奖惩制度对工区和个人分别给予一定数量的奖励或惩罚,在全标段通报。我标段严格要求进入施工现场的人员必须佩戴安全帽,在高空作业中,施工人员必须佩戴安全带等。

按照公司及有关部门的要求,我标段适时地进行了安全生产月的宣传和评比,并且进行了现场演练,取得了较好的效果。经过全体人员的共同努力,我标段没有发生任何安全事故。

(二)文明施工

文明施工是涉及沿线人民群众的切身利益,同时又是维护企业声誉的大事,在施工中我项目部成立文明工地领导小组,全面开展创建文明工地活动,具体措施包括:施工现场人行道畅通;施工工地沿线单位和居民出入畅通;施工现场排水畅通无积水,施工工地道路平整无坑塘;施工区域与非施工区域严格分隔,施工现场必须挂牌施工,管理人员必须佩卡上岗;工地现场施工材料必须堆放整齐,工地生活设施必须文明,工地现场开展以创文明工地为主要内容的思想政治工作。

六、环境保护与节约用地情况

(一)建立环境保护机构

成立以项目经理为核心的环境保护领导小组,主动与地方环保部门联系,严格执行国家环境保护法律、法规和条例。

(二)防止水土流失

路基填筑时做好临时流水槽进行导流,路基成型后尽快做好路基边坡防护工程,避免路基土流失。修建一些有足够泄水断面的临时排水渠道,并与永久性设施相连接,避免淤积和冲刷。弃土场采用放缓边坡、砌筑挡墙、植草绿化等方案防止水土流失。

尽量利用原有的水利设施和径流系统,理顺因工程建设而改变的排灌系统,确保水流的畅通,减少水土流失。

(三)严禁乱挖乱弃、节约用地

我项目部在施工过程中,先后在当地进行临时征地 69 亩,主要用于项目驻地建设,混凝土拌和场,取土、弃土场,施工便道用地,目前所有用地已全部复耕完毕。

在取土、弃土场征地工作中,按照工程需要,先进行实地考察,在满足使用的前提下,尽量占用坡地、深沟、滩地。取土、弃土工作完成后,我项目部积极与当地政府部门协商恢复方案,通过复耕等形式为百姓造地百余亩。

(四)防治扬尘、噪声、废气污染

除作业人员配备必要的劳保用品外,随时洒水,将灰尘公害降至最低程度,并符合当地环保部门的有关规定。施工作业在不影响周围居民正常休息的时间进行。

七、施工中新技术、新材料、新工艺的应用情况

无。

八、工程款支付情况

我项目部外欠债务已全部还清,在此我项目部郑重承诺,如该项目有拖欠农民工工资和劳务费用及工程款的投诉,责任完全在我公司,由我公司负责解决,与建设单位无关,建设单位不承担任何法律责任。

九、施工体会

来到岭南高速公路建设施工现场,我项目部在带来我公司先进施工管理方法,施展路桥华祥国际工程有限公司高速公路建设才华的同时,也在此学习了新的施工管理经验和施工方法。同一道工序,在不同的地域,有着不同的施工方案,我项目部因地制宜地调整了施工机械设备,保证了施工质量。

我标段根据公司程序文件的要求,在进场后,首先编制了详细的项目管理计划,从工程进度、质量、安全、环

保、成本等诸方面对本项目的管理方针，目标，方法作了详细且明确的要求与说明。

施工过程中依据项目管理计划开展项目管理各方面的工作，严格执行 PDCA 循环，做到每个分项事前计划、事中检查、事后总结。

项目部全体人员牢固树立“精品意识”，认真执行质量管理体系标准，成立以项目经理为组长，其余管理人员为成员的质量安全管理领导小组，组成了素质过硬、分工明确、责任到人的安全质量保证体系。其中，在质量控制方面，针对工程点多线长、工期较紧等不利情况，加强技术管理、技术服务和监控，严格按照施工设计图纸和现行规范组织施工，认真执行设计文件会审制度和技术交底制度，并切实将复核制贯彻于施工过程中，从各道施工工序抓起，执行分级复测，职责明确，记录完整，严格控制关键工序，定位准确，一次报验，一次合格，通过率100%。加强施工过程控制，使每个施工环节都处于受控状态，充分发挥质保体系的作用，强化创优意识，把整个创优工作贯穿到施工生产中，所有工作均严格按照业主和监理工程师的要求进行施工。一个道序完成进入下一道工序，必须经过经监理工程师同。在安全方面，设置 2 名专职安全员，全面负责安全工作，责任落实到人。在施工过程中，根据工程特点完善质量保证措施、安全保证措施。把质量、安全隐患消除在萌芽状态。

同时经过岭南高速公路施工，我们也锻炼了队伍，提高了施工技术和管理水平，从中学到了很多经验，为以后的高速公路建设积累了丰富的经验，为下一步继续建设河南市场创造了有利条件。

总之，我标段在岭南高速公路有限公司的正确领导下，圆满完成了建设任务，为河南省高速公路建设交上了一份满意的答卷。

路桥华祥国际工程有限公司
岭南高速公路土建 No.19 标段项目经理部

20. 二广高速公路分水岭至南阳段工程土建 No. 20 标合同段施工总结报告

目　　录

二广高速公路分水岭至南阳段工程土建 No.20 标合同段施工总结报告

一、工程概况

二广高速公路分水岭至南阳段(以下简称岭南高速)土建 No.20 标段,全长 6.5km,起点桩号为 JK6 +900,终点桩号为 JK13 +400,为联络线的一段,位于南阳市卧龙区境内,于 2005 年 9 月 30 日开工。主要工程量:挖土方 30 万 m^3,路基填方 53 万 m^3,特殊路基处理 10.3 万 m^3,中桥 5 座,大桥 1 座,天桥 3 座,分离式立交桥 1 座,通道桥 6 座,涵洞 8 道。主线桥梁下部主要采用桩柱式墩台、肋板台,上部采用预制梁。路基采用砂砾石及强风化岩填筑。天桥按一桥一景的原则设置,主要有飞鸟式系杆拱桥(JK8 +655)、变截面连续箱梁(JK9 +225)、等截面连续箱梁(JK7 +472)。通道桥采用桩基础,薄壁桥台,预制梁;涵洞均为混凝土盖板箱涵。

二、机构组成

岭南高速公路土建 No.20 标段项目经理部,作为驻现场的指挥机构,全面负责组织施工,并与业主、监理单位、设计单位密切配合,做好施工和协调工作。

项目部组织机构见图 1。

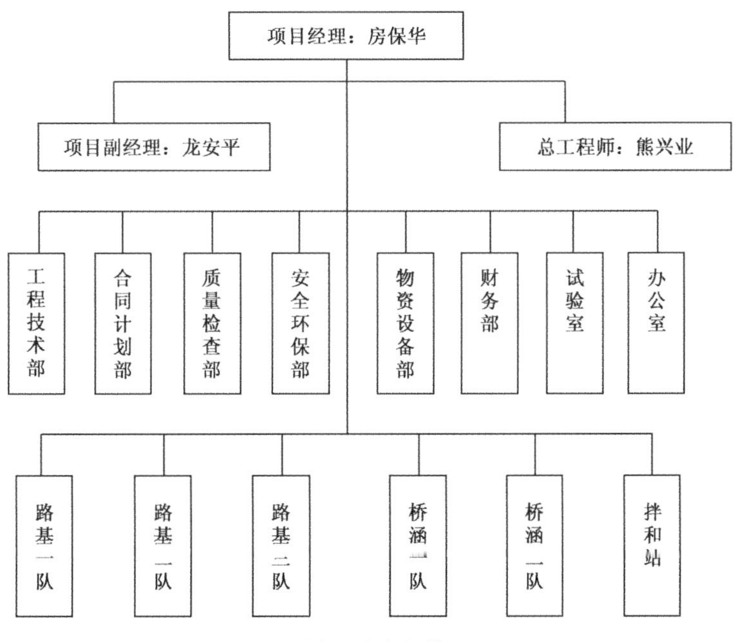

图 1　组织机构

各专业项目队任务划分和编制情况见表 1。

各专业项目队任务划分和编制情况　　表 1

专业项目队名称	队伍编制(人)	里程划分或主要工程量	备　注
路基一队	60	负责 JK6 +900 ~ JK8 +650 段路基及附属工程的施工	
路基二队	60	负责 JK8 +650 ~ JK10 +650 段路基及附属工程的施工	
路基三队	60	负责 JK10 +650 ~ JK13 +400 段路基及附属工程的施工	

续上表

专业项目队名称	队伍编制（人）	里程划分或主要工程量	备　注
桥涵一队	240	负责本合同段 JK6 +900 ~ JK10 +000 所有桥涵工程的施工	
桥涵二队	220	负责本合同段 JK10 +000 ~ JK13 +400 所有桥涵工程的施工	
拌和站及钢筋加工班	40	负责本合同段水泥混凝土拌和、供应	2 座 $40m^3/h$ 拌和设备

三、施工质量管理

（一）本项目设定的质量管理目标

确保全部工程达到国家、交通部现行工程质量标准和设计要求。工程一次验收合格率 100%，分项、分部、单位工程评分值不低于 90。路基工程、桥涵及防护等的质量自检检测率 100%。

（二）质量保证体系的组织结构

根据本工程特点，成立了以高效、低耗、安全、优质为主要工作内容的创优领导小组，进行精心组织、科学安排、合理调配，保证了质量目标的实现。工程质量保证体系见图 2。

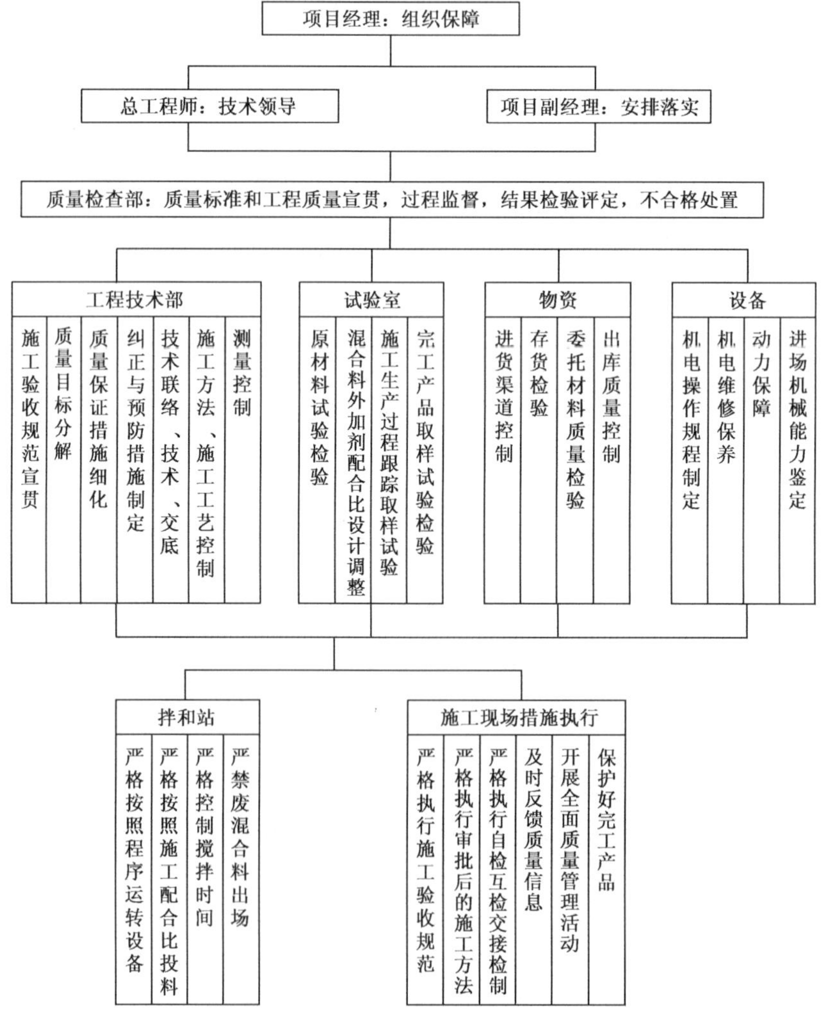

图 2　工程质量保证体系

（三）设立各岗位质量职责

1. 项目经理

（1）项目经理对工程质量负全部责任。确保本企业质量方针、质量目标被全体员工理解并体现到具体的工程项目上，对工程质量负终身责任。

（2）组织对本施工组织建议书进行细化、量化并付诸实施。组织制定管理规章制度、奖罚措施，确保工程按质量目标和工期目标要求完工并交付业主。

（3）负责执行政府质量监督部门、业主、监理工程师关于工程质量的指令。

2. 项目副经理

（1）负责本项目质量计划和质量体系文件实施的日常管理工作，保证各项与质量有关的活动在受控状态下进行。

（2）对本工程所需的物资采购、顾客提供产品控制，搬运，储存、包装、防护和交付以及统计技术的质量控制。

3. 项目总工程师

（1）本项目技术工作的总负责人，对本工程的技术管理，新工艺、新材料、技术规范和作业指导书的正确使用等负全面技术责任。

（2）在项目经理领导下，具体负责质量管理，组织质量计划的编制，领导检查、督促质量体系文件的有关技术标准等日常工作的实施。

（3）负责本工程施工技术方案、施工方法和特殊工序施工过程控制的审定。

（4）负责不合格品的控制和处理审定；负责纠正和预防措施的审核。

（5）负责掌握有关质量技术标准和办理变更设计等事宜。

（6）组织编制作业指导书，确保各质量控制点、关键工序、特殊过程均有文件化的操作程序。

4. 质量检查部

（1）质量计划和质量体系贯彻实施的业务主管部门，负责完成程序文件和质量手册已明确的各项职责。

（2）贯彻执行国家和部颁标准、规范及有关规定，指导、监督项目的质量测试工作，负责项目部指定的检验、试验、交验、核验及不合格品的检验控制，按检验评定标准对施工全过程实施监督、检查、指导计测系统的业务工作。

5. 工程技术部

负责按质量手册和程序文件规定的各要素职责，在本项目实施中，特别对施工过程中的特殊工序控制切实抓好落实。

6. 质检工程师和试验工程师

（1）负责制定质量检测计划，确保工程质量处于有计划的受控状态。

（2）负责分部分项工程质量专职检查，监督作业队开展自检、互检和交接检。

（3）负责向监理工程师申报对工程的质量监督验收。

（4）有权否决不合格品和不合格工序的转序（工程质量实行一票否决权）。

（5）贯彻执行国家和部颁标准、规范及有关规定，指导监督项目的质量测试工作，负责项目部指定的检验、试验、交验、核验及不合格品的检验控制，按检验评定标准对施工全过程实施监督、检查、指导计测系统的业务工作。

（6）负责做好试验记录、试验报告和试验过程的标识工作。

（7）负责试验设备的使用、管理、标定和校验工作。

7. 工程施工队长

（1）对本队所承担的工程质量负责，深入进行质量教育，使每个员工都理解本工程质量的要求。

（2）严格按照设计图纸、标准和施工操作规程、施工程序组织施工。

（3）支持并及时申请有关检验、试验人员和技术人员做好施工过程中的检验和质量记录工作，把好质量关。

（4）组织好自检、互检、交工检；取全、取准检查样品，为质量评定和分析提供准确依据。

（5）发现、发生质量问题，应立即报告，并及时按规定要求实施纠正。

8. 工点技术人员

（1）对所负责工点施工技术、标准、测量 、放样、检验试验等技术工作负责。

（2）指导工点操作人员按操作规程和施工程序组织施工，对灌注混凝土等重要工程要安排测试人员或工地代表跟班作业，确保工序质量。

(3)对所负责施工工点要做好技术交底；做好有关检查和质量记录工作。

(4)指导工地代表做好劳力施工队有关质量、进度和施工安全防护工作。

(四)建立领导者创优责任制

本合同段项目经理对创优工作全权负责，并进行了组织、推动、决策，优化施工工艺，提高施工工程质量，对全合同段创优工程负责。各项目队长对施工项目的创优组织实施，对施工项目创优负责。各管理职能部门及人员对各自的质量职能工作负责。领导分级负责、逐层保证，把创优成效列入考核单位领导、技术负责人和各管理部门负责人的主要内容。对本合同段影响创优达标的行政领导和管理人员3年内取消其晋升及奖励资格，形成各级领导重视的工程质量局面，为创优质工程奠定了坚实的基础。

(五)强化创优意识教育

(1)对本合同工程创优的认识起点高，具体操作严，在全体职工中树立起“创优在我心中，质量在我手中”的信念，着眼工序质量的控制。

(2)建立工程质量奖励基金和质量保证金制度。

(3)全员签订安全、质量保证承包合同，把安全质量与经济效益挂钩。职工交纳风险抵押金，经理部从管理费中抽取10%作为创优奖励基金，奖优罚劣。

(六)质量体系各要素的控制

1. 文件控制

本项目部使用的一般管理性文件由办公室负责管理；上级、外来或本部制定的技术文件，与质量有关的文件、资料、图纸、规范、规程、标准、质量记录等由施工技术部门指定专人负责统一管理。

本项目部使用的每类文件按收到的先后顺序进行编号，标注印记，标明“无效”、“作废”与“××文件合同”等字样，可迅速确认本项目与质量有关文件所处状态，对“无效”、“作废”文件按文件管理程序进行处理。

现场使用的设计图、定型图等均经过文件管理人员检验，保证持有效版本，个人所保管使用的技术标准、规范等书籍文件，经过技术主管确定其有效性。技术室共同使用的技术文件按文件管理人员标记使用，业主、设计单位发来变更设计图、文件等，由项目总工程师负责通知到每一个有关人员。

本项目部所负责的质量记录，经由各要素、程序负责人签字后交由技术文件管理人员统一管理，需上报的应定期按规定整理上报。

2. 材料、设备采购的质量控制

本工程原材料控制由项目物质部门负责，在选择、评价、控制分供商和验收、检验等质量控制，严格按程序文件中的供应商考核登记和规定的入库、验收、检验等工作程序进行，同时，编制物资需要量和储存计划表，确保工程进度需要和质量要求。

设备采购，包括工程安装设备和施工需要所购设备。本工程所需施工设备，由分管的设备主任负责程序文件对设备分供方的控制工作程序进行质量控制，确保合格的设备进场，属于工程安装设备报业主审查同意，属于施工设备按规定报上级审批。

3. 产品档识和可追溯性

为防止进场材料、半成品在施工过程中混用或错用，以及工序过程产品的可追溯性。本项目严格执行程序文件，进行唯一性档识，具体分工，责任到人。

原材料(水泥、钢筋)、半成品的验证、标识和资料的管理由项目物资部长负责。

工序过程控制、标识的管理由施工技术部门(或质检人员)检查和督促操作工作，按程序文件标识方法执行。

4. 工程施工过程管理的质量控制

施工过程管理是整个质量计划的核心部分，是本项目质量管理的重点环节，包括施工进度控制和质量控制3部分内容。

按照合同文件确定的总进度，确定各分项工程进度和各工序进度的安排，由项目计划部门和施工技术部门，每月编制分工队的实施计划，并督促实施，每月由项目经理召集工队、工点技术人员、工地代表进行一次工程计划分析会议，总结上月完成情况，布置下月计划，研究解决施工中存在的问题，以保证合同工期的实现。

对特殊工序过程的施工，由施工技术部门另行编制施工组织方案和操作方法，由技术工操作程序文件中特殊过程控制的程序工作。

施工过程的现场管理，计量试验、技术工作保证等按《公司施工技术管理办法》，做好现场的“三标”管理，确保质量。

5. 搬运、储存、防护、交付的质量控制

物资产品搬运和储存，由项目物资部门负责，按技术规程及运输和储存的有关技术要求确定方式和场所，对有特殊要求的产品或半成品，其搬运作业下达《作业指导书》。

物资、产品的储存，由物资部门或材料保管员按程序文件有关规定严格办理。

工程完工后的中间交付、竣工交付由项目经理先组织内部初验进行，工程的收尾、维护、验证、后续工作的处理，均由施工技术部门办理。

6. 检验和试验

检验和试验是施工过程中重要和复杂的工作之一。其要求是：每道工序完工后只有检验合格才能转入下道工序，对进场的材料、构件、设备等都要有检验、试验手续；对工程完工后要进行最终检验和试验。

本项目部设立工地中心试验室，负责承担下列检验、试验项目和工作。

(1)砖、砂石、粗细骨料等材料性能；

(2)水泥强度等级及相关项目；

(3)混凝土、砂浆试配、力学性能及抗渗、耐腐蚀性；

(4)钢材(含焊件)力学性能。

本项目所有检验和试验工作，均按公司程序文件规定执行。

检验、试验项目按照沿江高速公路合同文件中技术规范要求的检验试验项目进行。

7. 检验、试验、测量、计量等设备的质量控制

本项目施工所配备的检验、试验设备及测量、计量仪器均在设备和仪器的明显处标明校准状态，保证在检定周期内使用，达到量值传递准确无误。

大中型设备、仪器都规定了具体的操作要求，专人保管，做好检测交接记录。

检验、试验、测量、计量设备状态分别由试验室主任、测量专业工程师负责质量控制，按程序文件规定进行监督检查、校准。

8. 纠正、预防措施

本项目部在工程施工中积极采用、扩大新材料和新技术，对工程施工中易出现的质量通病采取工地代表、工点技术人员负责制。混凝土灌注等施工工序采用跟班作业的方法，控制质量通病的发生。

如在施工中出现工序及半成品、成品的不合格，由项目总工程师负责组织施工技术、质检、检测、物资等有关人员，集中分析产生不合格的原因，拿出纠正预防措施和处理意见，由项目施工技术部门负责，质量部门协调实施。

对业主、监理工程师在施工过程中提出的质量问题，以及内审、外审中发现的质量、管理问题，由项目经理或项目总工程师负责，采取纠正和预防措施。

9. 培训

本项目对全体员工(包括劳务队伍、临时工)进行质量教育、安全教育、规范化施工教育，由项目经理或经理委托负责人进行培训、授课或技术交底，定期组织上技术课。

对特殊作业人员(如电工、焊工、架子工、爆破工、起重工、试验员、测量员)，均经过培训核后上岗。

本项目采用的新结构、新材料、新设备，由施工技术部门按有关技术要求，及时修订操作方法并对有关人员进行培训。

10. 施工过程中质量控制

(1)路基施工

首先必须根据招标文件规定对路基填料进行试验，对判定为不合格的填料禁止向路基上填筑，在调配中尽量优化，采用优质填料。

严格执行《公路路基施工技术规范》(JTG F10—2006)要求，并通过工地压实试验，确定适合的压实机具、铺筑和压实方法、碾压遍数和速度、幅度、含水率的控制、松铺厚度、压实遍数和施工程序等。

土质路堤填筑前，严格按照《公路路基施工技术规范》做好基底处理，即：清除地表 10 ~ 30cm 耕植土，开沟排水，晾晒、挖淤、翻松、碾压。特别是当地表坡度大于 1∶5 时，应将原地面挖成台阶且宽度不小于 1m，尤其是松散土坡面翻松 30cm，再压实到规定的密实度。

每层填土时，路堤两侧采用超填 50cm 的方法以确保路堤边缘的压实密度。

在土方填筑过程中，要随时检查待填土的含水率，待填土的含水率不符合要求时，要进行洒水或晾晒处理，使其达到经压实试验确定的界限范围，再用平地机摊平，压路机碾压。

土方压实采用重型振动压路机压实，严格控制压实质量，随时检查密实度，并按《公路路基施工技术规范》要求取样试验，发现不足，及时处理，并及时采取改进措施。

土质路堑严禁爆破施工，并及时刷坡，做好防护等配套工程，以防冲刷。

对填石路堤必须采用中、重型振动压路机压实，并严格在工程师的指导下按经试验段确定的填石厚度、碾压遍数、碾压速度、振动幅度等参数组织施工。

对填石路堤的压实检验，参照试验段确定的压实遍数，采用压实沉降差法检测。

路顶面高程偏差严格控制，达到规范要求。

在路基施工前和施工中，采用各种防排水措施，永久同临时结合，确保施工量和施工安全。

对大型碾压机械作用不到的部位，如台背处及路基边缘等局部区域，采用美国产蛙式打夯机夯实，对填砂砾部分采用水密法密实辅以蛙式打夯机施工，并控制压实厚度小于20cm，同时做到及时碾压。

(2)桥涵施工

要对所有材料进行检测。水泥、钢筋等业主提供材料严格控制其质量，规格符合施工要求，对砂、石料等进行性质、强度试验，并严格控制其料径及含泥量不超过设计要求。

严把模板质量关，模板安装要牢固、紧密，混凝土拌和按照最佳施工配合比施工，采用自动计量拌和机，严格控制水灰比，施工时应加强现场放样及检测。

坚持施工过程中的试验制度，混凝土浇筑现场对每批混凝土进行坍落度试验，记入施工记录，控制在标准坍落度的±15mm范围内，保证混凝土强度试验的频数、试件组数达到规定要求。

严格按设计要求做好桥涵工程的基底检查，并及时封闭，避免基坑泡水，保证基底的承载力符合结构要求，浆砌工程采用坐浆、挤浆法施工并做到砂浆饱满，大面平顺，杜绝通缝。

涵洞缺口处填土由两侧向中心均匀地填筑，以防出现偏压现象。

桥台、涵洞背后填土利用稳定性及透水性较好的砂砾石回填，施工时要尽量扩大台背填土范围，采用以水密法施工为主，辅以美国产蛙式打夯机和人工夯实。

为确保梁体质量和美观，采用5mm厚大面积钢模和附着式振捣器，梁体做到内实外光，梁体堆放不超过4层并采用相应固定措施。在梁体运输过程中，加强固定，控制行车速度。

梁体安装前，须取全站仪定位支座和临时支座，严格控制桥梁外边线，梁体采用双导梁安装。

现浇混凝土部分浇筑前，正确绑扎钢筋，准确定位波纹管，采用多种型号振捣设备，对波纹管道附近混凝土采用小型振捣，确保混凝土密实，及时养护，待强度达100%后进行二次张拉。

(3)路基防排工程质量控制

①边沟等排水设施的设置、断面、尺寸、坡度、高程及使用的材料严格按照设计要求执行。

②边沟线形美观，直线线形顺直，曲线圆滑。

③砌体砂浆配合比正确，砌筑紧密，嵌缝饱满、密实，勾缝平顺无剥落，缝宽一致。

④沟槽开挖后及时平整夯实，如土质干燥须洒水湿润，遇有空洞、陷穴，应堵塞夯实。水泥砂浆随拌随用，砌筑完成后注意养生，砌筑过程中随时注意沟壁的平整坚实，砂浆要饱满，无空隙松动。

11. 对完工质量的评价

我单位承建的岭南高速公路No.20标工程现已顺利完工，工程具备交验条件。在施工中我单位严把质量关，杜绝一切质量隐患，施工中未出现重大质量事故，各项施工均符合《公路工程质量检验评定标准　第一册　土建工程》(JTG F80/1—2004)，各单位、分部、分项工程质量评定均为合格。

四、施工进度控制

我标段于2005年10月进场，按照项目公司的要求，在下达开工令之前，建立起了项目部、拌和站及各种临建设施。征地拆迁尽管遇到各种阻力，但我标段在公司及各相关部门的大力支持下，克服重重困难，边施工边解决问题。

施工中，我标段按项目公司制定的节点要求，合理安排进度计划，加大奖罚力度，保证了我标段的进度按公司的节点目标于2007年11月完成主体工程。

五、施工安全与文明施工情况

(一)安全施工方面

1. 安全工作指导思想

贯彻“安全第一、预防为主”的方针，安全、优质、高效地建设本工程。

2. 安全生产目标及承诺

(1)安全生产目标

安全生产是施工生产的第一大要务,根据本工程特点和相关法律法规,在本工程整个施工过程中我项目部安全生产目标如下:

①无工程安全事故;

②无重大交通安全责任事故;

③无职工因工死亡事故;

④无第三者责任事故;

⑤无重大火灾事故;

⑥职工负伤率控制在0.05%以下。

(2)安全承诺

在施工过程中,遵循国家和交通部关于安全生产的规定,重视施工现场作业安全,制定安全措施,避免事故的发生。如果由本项目人造成的安全事故,甘愿接受业主按劳动部、交通部安全生产处罚规定和国家其他相关法律给予相应的处罚,对事故按"三不放过"的原则进行处理。

3. 安全管理制度

(1)安全生产责任制:建立健全各级部门安全生产责任制,责任落实到人,各项经济承包有明确的安全指标和包括奖惩办法在内的保证措施。

(2)分部分项工程安全技术交底:进行全面的针对性安全技术交底,受交底者履行签字手续。

(3)特种作业持证上岗:特种作业人员须经培训考试合格持证上岗,操作证必须按期复审,不得超期使用,名册齐全。

(4)安全检查:建立定期安全检查制度,有时间、有要求,明确重点部位、危险岗位。安全检查有记录,对查出的隐患及时整改,做到定人、定时间、定措施。

(5)遵章守纪、佩戴标识:严禁违章指挥、佩戴标识;各类人员佩戴不同颜色的袖标识和安全帽。

(6)施工现场须有安全生产宣传牌,在主要施工部位、作业点、危险区、主要通道口须挂有安全宣传牌或安全警告牌。

4. 建立安全保证体系

根据"安全第一"的思想,我项目部设立了安全管理领导小组,由项目经理出任组长;工地设专职安全员,负责整个工程的安全管理工作,各作业队的兼职安全员协助领导开展各种安全管理工作。安全生产保证体系见图3。

5. 主要管理监督人员安全职责

(1)项目经理职责

①确保安全目标被全体员工理解,并体现在具体的安全控制点上。

②保障安全防护资金和劳动防护用品及时发放到位。

③组织营造安全的施工生产、生活环境。树立"安全第一、预防为主"的职工安全思想意识。

④同步进行安全与生产的合理安排。

⑤对工程和员工的安全负直接领导责任。

(2)总工程师职责

①制定各种安全制度,落实安排各项安全技术措施,对支架进行检算。

②监督工程师做技术交底的同时做安全交底。

③有权制止没有安全措施的施工行为。

(3)专职安全员职责

①负责落实岗前安全培训、考核,具体落实各种安全管理制度。

②负责现场及生活区安全违规监督,及时发现并制止安全隐患。

③参与各种安全制度、措施的制定。

④负责安全检查、评比、日常记录填报、安全事故报告等工作。

⑤有权制止任何实际存在的和潜在的安全隐患或行为的发生,有安全处罚权。

6. 安全保证措施

(1)安全保证一般性措施

项目部设专职安全员1名,各作业队设兼职安全员1名,负责日常检查、评比、事故报告工作。

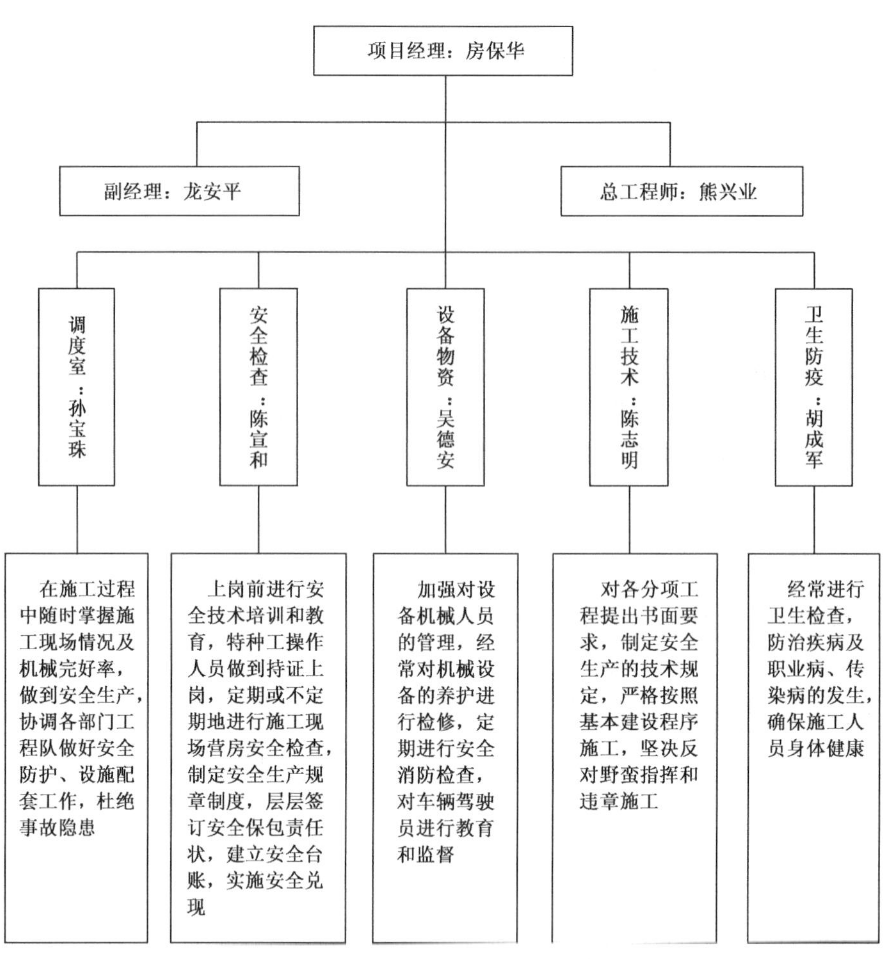

图3　安全生产保证体系

项目部每月进行一次安全评比,对先进单位和个人进行奖励,对违反安全规定的单位和个人进行处罚。

加强安全教育,使之制度化、经常化,提高全体人员的安全意识,贯彻专业检查与群众检查相结合的方针,施工现场设专职安全员,做到随时检查督促,发现隐患及时排除,严禁违章作业。

每周进行一次专业的安全技术教育,施工人员在开工前进行安全技术教育,特种工必须全部持证上岗;每周进行一次操作规程和安全条例学习。做好安全生产的宣传工作,施工现场做到有固定标语和针对性醒目标牌,确保安全生产。

坚持班前安全教育和检查。进入施工现场人员均佩戴安全帽和其他必需的安全用具;严禁穿拖鞋、高跟鞋进场作业。

(2)防止运输事故措施

加强驾驶员安全教育,禁止无证及酒后开车,在公路上行驶时遵守交通规则,慢速行驶,礼貌行车。

场内机动车辆亦须持证驾驶,要求定位、定员,非驾驶员不得乱动车辆。

开车前认真检查各部位运转情况及保护装置是否灵敏。

严格按岗位责任制分工和操作规程办事。

(3)电气安全保证措施

做好用电安全。工地的电力设备、电力线路均由电工架设及管理,开关防雨且安设牢固,并设有漏电保护器,做到经常维修,保持良好。所有机电设备均制定切合实际、符合安全要求的操作规程,每个岗位值班人员均考试合格后才能上岗。

各种机电设备检修、维护时应断电、停运转;如要试运转,须有针对性保护措施。

对高压线路、变压器要按规程安置,设立明显的标志牌。

所有电气设备按规定安装漏电保护装置,并有良好的接地保护措施。

(4)防火、防爆、防烫及防止其他事故措施

严禁机电设备带病运转或超负荷作业。夜间作业时,要有足够的照明设施,工作视线不清时不得作业。

装载机、起重机、搅拌机等在操作时其下方均不能站人或有其他作业人员。

做好防火工作,搭设的工棚与料库之间的距离,符合有关规定要求。在工棚及仓库附近要设消防器材,并定期检查。

加强对易燃、易爆及危险品的管理。工程大量使用柴油、沥青炸药等易燃品和易爆品,因此其采购、运输、储存及使用各环节均严格按照有关安全操作规程执行,储料现场配备充足的消防灭火器材。

(5)针对本工程特点须注意的安全保证措施

满堂支架、盖梁支架等模板支撑体系均进行稳定性及刚度检算,并进行必要的预压,以确保其安全。

加强高空作业安全保证措施,采取设置安全网、佩戴安全带等措施。

起重作业由专业人员严格按照操作规程进行操作,并有专人指挥。作业前对设备进行全面的检查,保证设备处于良好状态。

(二)文明施工方面

1. 文明施工重点

本标段将在现场进行混凝土拌和料的拌和,其对周围环境影响较大。为树立我公司的形象,我标段注意在以下几方面采取措施:

(1)桥梁预制场和混凝土拌和站的文明施工;

(2)施工现场的扬尘控制;

(3)运输途中的环境卫生;

(4)办公及人员驻地的环境卫生;

(5)工程标志、标识。

2. 文明施工措施

加强文明施工和环境保护意识,树立对国家和人民负责的坚定信念,文明施工。

拌和站四周设围墙,料堆间用浆砌片石挡墙分隔,厂区道路用水泥混凝土硬化。

现场挂设施工单位、项目经理、技术负责人、安全负责人及工程名称牌和施工现场总平面图。

在施工期间加强环保意识,保持工地清洁,施工道路在晴天用洒水车及时洒水防止扬尘,使得施工场地旁的农田作物绿叶无扬尘污染。

保护农田灌溉系统,如有施工便道经过灌溉水渠时,埋设 ϕ100cm 的圆管保证灌溉渠的畅通。

拌和站选址应处在居民区主导风向下方,拌和站已配有先进的除尘设备,日常注重保养,保证正常除尘,除尘器出现故障应停产尽快检修,以防拌和站周围空气烟尘含量过高。细集料加盖彩条布覆盖防止扬尘。

施工及生产中的废弃物及时处理,按时专门用车运到当地环保部门指定的地点弃置。

施工及生活中产生的污水及废水,应集中处理,符合环保部门规定要求。

运输和储存材料时,采取可靠措施防止材料漏失,污染环境。

六、环境保护与节约用地情况

(一)环境保护重点

运输途中扬尘控制;各种粉尘对农田和农作物的危害;废弃物处理。

(二)环境保护措施

在施工期间加强环保意识,保持工地清洁,施工道路在晴天用洒水车及时洒水防止扬尘,使得施工场地旁的农田作物绿叶无扬尘污染。

施工及生产中的废弃物及时处理,按时专门用车运到当地环保部门指定的地点弃置。

施工及生活中产生的污水及废水,应集中处理,符合环保部门规定要求。

运输和储存材料时,采取可靠措施防止材料漏失,污染环境。

竣工后应及时清理场地,清除废油、废渣。临时占地应及时恢复植被,保护当地生态环境。

(三)节约用地

本着节约用地、造福当地的原则,项目部通过实际调查,对原设计灰土填筑路基变更为强风化岩填筑,减少

了取用耕地的数量;并将地方荒山改造为良田。

七、施工中新技术、新材料、新工艺的应用情况

本标段采用多项新技术、新材料、新工艺:涌河现浇梁采用大直径PVC管内模;JK8+655天桥采用环氧喷涂钢绞线及悬浮张拉;采用绿化防护和排水工程代替传统圬工工程等。

八、工程款支付情况

我项目部外欠债务已全部还清,在此我项目部郑重承诺,如该项目有拖欠农民工工资和劳务费用及工程款的投诉,责任完全在我公司,由我公司负责解决,与建设单位无关,建设单位不承担任何法律责任。

九、施工体会

我公司荣幸中标河南岭南高速公路,并在业主、设计单位、监理单位等的大力支持和帮助下,经过近3年的时间顺利完成了施工任务。经总结,主要有如下体会。

1. 工地调查要详细、认真

我标段在进场之初即根据有关图纸、资料对工地进行了详细的调查,并对调查结果进行了认真研究、分析,同时确定了相关施工方案,为日后顺利施工打下了基础。

2. 加大投入,确保施工安全和质量

虽然,我标段一直都资金紧张,但在施工安全、质量方面的投入从未“打折”。在施工过程中,未出现一起安全、质量事故,受到了各方的好评。

3. 认真对待地方的要求

开工以来,地方在方方面面提出了要求。我标段做到了态度端正,处理得当。对地方的正当要求及意见,我标段尽量满足其要求或及时上报;对不合理要求,耐心细致地做好解释工作。及时有效地把问题解决好,为工程创造有利的施工环境。

总之,在业主、设计单位、监理单位等各方的支持和帮助下,我标段圆满地完成了各项施工任务。在此过程当中,我标段在带来我公司先进施工管理技术、施展才华的同时,也学到了新的施工管理经验和施工方法。

中铁四局集团有限公司
岭南高速公路土建No.20标段项目经理部

21. 二广高速公路分水岭至南阳段工程土建 No. 21 标合同段施工总结报告

目　　录

二广高速公路分水岭至南阳段工程土建 No. 21 标合同段施工总结报告

一、工程概况

二广高速公路 No. 21 标段为分水岭至南阳高速(以下简称岭南高速)的一段,西起南阳卧龙区王庄(JK13 + 400),东至南阳施庄(JK18 +400),全长 5.0km。路线基本呈东西走向,沿线经过的行政区属南阳市卧龙区。路基宽度 28m,为双向六车道高速公路,行车设计速度为 120km/h。蒲山特大桥上部采用 30m 装配式预应力混凝土连续箱梁,小桩号引桥 18 孔,大桩号方向引桥 31 孔,主跨为 225m 钢管混凝土系杆拱桥,下部采用柱式墩、桩基,桥台采用肋板台、桩基,王庄中桥上部采用 3 × 16m 装配式预应力混凝土空心板,下部采用柱式台,柱式墩,钻孔灌注桩基础。

JK17 +100 ~ JK18 +300 设独山互通式立交。路基分为 A、B、C、D、E 5 条匝道,JK17 +343 独山互通式立交主线桥为 1 联 5 ×20m,桥全长 106.6m,采用现浇预应力混凝土连续箱梁,桥墩采用柱式墩,肋式台,钻孔灌注桩基础。JK17 +634.5 主线跨 A 匝道桥上部采用 3 ×20m 预应力混凝土空心板,下部采用柱式墩,肋式台,钻孔灌注桩基础。本标段有路基及附属、中小桥、通道、涵洞、互通等工程。

二、机构组成

按投标承诺和项目法施工管理要求,组建岭南高速公路 No. 21 标项目经理部, 本项目实行项目经理负责制,设 1 名总工程师,下设工程技术部、质检部等 9 个职能部门,选调年龄结构合理、技术过硬、承担过多条高速公路施工的人员,对工程项目进行组织、管理和施工。

项目部主要管理人员及主要业务部门职责具体如下。

(一)项目经理

项目经理是本标段工程项目施工的第一责任人,为我局法定代表人的委托人,主持全面工作,负责内部行政管理和外部协调工作。对工程的质量、安全、进度、环境保护和成本进行控制、确保合同承诺的兑现。

(二)项目总工程师

项目总工程师是项目技术负责人,对项目经理负责。主要负责施工技术、工程质量、计量支付、测量和试验等管理工作。

负责技术工作和质量控制。组织施工技术人员进行图纸会审,参与建设单位和设计单位组织的施工图纸会审和技术交底工作。

依据合同和图纸资料,结合实际情况制订实施性施工组织设计和各项保证措施,组织落实实施。组织制定关键工序及特殊过程作业指导文件。

审核材料供需计划,监督进货质量或过程质量自检、专检和交接检,保证进货和过程质量控制符合标准和有关要求。

组织工程的科研工作,落实科研规划,推广应用新工艺、新技术、新材料,努力提高施工工艺水平和操作技能。

(三)项目副经理

协助项目经理贯彻执行上级单位对工程的管理方针和目标,确保工程各项目标的实现。主抓施工安全生产、文明施工、环境保护、施工进度、资源管理和队伍管理,及时掌握生产情况,保证工程质量和工期。

对施工进行统筹安排,重点解决现场调度以及物资材料、设备协调与供应及各施工单位的接口界面协调等,使施工始终处于有效受控状态。

(四)工程技术部

负责工程的技术指导、质量管理和科研工作,编制实施性施工组织设计,编制和实施施工方案和技术措施,施工记录和监理文书的填报,竣工文件的收集和整理等工作。

协调施工单位与科研单位的合作,积极推广应用科研成果,使用新材料、新技术、新工艺。负责变更设计和竣工资料的收集、整理、归档、储存和保管。

负责施工过程、工序质量控制的技术管量,参加事故的调查、分析工作,编制重大质量事故和不合格产品的处理方案。

负责施工技术指导,负责指导中心试验室工作。

(五)质检部

负责施工过程质量安全自检工作。建立健全质量安全保证体系,制定质量安全管理办法,落实质量安全目标。

负责对分项、分部、单位工程的质量检查,签证,自评工作,并负责与业主、监理工程师密切配合。

定期组织质量分析会,检查质量体系运行情况。组织施工质量检查,主持单位工程的内部质量评定。

(六)工地试验室

负责工程检验、试验、交验及不合格品的检验控制,按检验评定标准对施工过程实施监督并对检验结果负责。

负责现场各种原材料试件样品的采集和测试、检验质量记录,根据现场试验资料,提出最佳施工配合比,并在施工过程中提出修正意见,报批后执行。

负责工程的计量测试工作,并负责工程的检验和试验设备的核定、核准及使用管理工作。

(七)合同部

制订施工计划、统计报表,计量、合同管理及协助财务部进行经济核算。

(八)财务部

负责工程的财务工作。进行成本核算、财务管理、费用控制、资金筹集和控制。

(九)物机部

负责物资统一调配和设备的管理工作。掌握、贯彻、执行国家有关机械设备管理的条例,规定及上级有关方针,政策。为施工全过程提供施工设备保障。

负责检查、指导施工机械设备的使用和维护。建立健全设备的维修养护制度,保证设备完好率、出勤率,提高设备检修人员的能力。

参与施工验工计价,对工序材料消耗提出计量意见。

(十)行政后勤部

负责日常行政事务和后勤生活保障工作,配合有关部门处理与业主的日常往来,安排工程项目部各部门的经营活动和各种会议,做好工程项目部各种会议记录及整理归档工作。负责项目部与其他单位的日常联系。

负责劳动定额管理。严格定额考核,进行工效研究,调整劳动力结构,优化劳动组合,调动职工积极性,提高劳动效率。

严格职工队伍行政管理。结合项目实际制定具体的日常管理制度,适时进行作风组织纪律整顿,加强法制教育。

(十一)纪检办公室

负责本工程项目执法检查监督、精神文明建设等工作,防止各种腐败等违法乱纪现象的发生。

结合本单位的实际,制定党风廉政建设的规章和制度,并认真执行;完善管理机制和监督机制,坚持标本兼治,强化综合治理,从源头上预防和治理腐败。认真履行监督职责,加强对所属单位领导班子和领导干部党风廉政建设、廉洁从政情况的监督检查和考核。

(十二)安全、文明生产办公室

安全生产、文明施工、环境保护工作的检查和落实,检查施工中的安全因素,尽早发现安全隐患,把不安全因素消除在萌芽状态,确保安全生产和文明施工。

三、施工质量管理

(一)质量管理体系

1. 质量方针、目标

(1)质量方针:严格执行标准,争创行业一流,坚持优质服务,建造满意工程。

(2)质量目标:确保单位工程合格率100%,分项项工程92分以上,优良率90%以上,工程质量达到优良工程标准。

2. 创优规划

(1)严格按照质量方针确保质量目标实现。

(2)实行科学管理、精心施工、加快速度、降低成本、消灭通病、保证质量标准。

(3)各类原材料符合设计要求,合格率 100%。

(4)各类检测资料齐全,砂浆、混凝土试件强度合格率 100%。

(5)分项工程(工序)检查合格率 100%,优良率 90% 以上,确保单位工程优良率达到 90% 以上。

(6)杜绝重大质量事故,消除隐患,严格控制各类事故的发生。

3. 建立健全质量管理组织机构

(1)质量管理组织机构由项目经理牵头,由项目总工程师、质检负责人、项目部各部门负责人、各工程队队长及主管工程师、项目经理部的有关业务人员参加组成质量管理领导小组,形成内外贯通、纵横到位的质量管理组织体系。

(2)质量自检组织机构由项目经理部质检部长、测量试验室负责人和施工技术人员组成。质检负责人在质量管理方面有一票否决权。

4. 质量保证体系

工程管理保证体系建立原则:紧紧围绕投标承诺的质量创优目标,制订切实可行的质量创优规划,坚持以人为本的观点,通过政治思想工作、相应组织保证措施和及时准确的质量管理信息系统,实现项目施工整个过程质量控制。

5. 确保实现质量目标的措施

质量是企业的永恒主题,工程质量是施工企业的命脉,是施工企业各项工作的综合反映。为干好本合同段工程,全面实现业主要求的质量标准,我单位将坚决贯彻"百年大计,质量第一"的方针,结合本合同段工程实行质量终身责任制和实施全面质量管理,并按我单位贯彻 ISO9000 族建立的质量体系进行运转,严格执行质量体系文件的规定,严格标准,精心施工,用全优工程提高企业的信誉和竞争能力。为确保本合同段工程质量目标的实现,我们将采取以下主要管理措施。

(1)强化质量教育,增强全员创优意识

质量教育经常化、制度化,贯穿于施工的全过程。利用现场质量标语、板报、上质量课、现场分析会、观摩会等多种宣传教育形式,不断强化全员质量意识,使大家认识到质量第一、争创优质工程是企业生存、发展的需要,从而牢固树立"质量第一、信誉第一"的观点,调动每个职工创优的积极性和自觉性。

(2)建立工程质量管理责任制

根据质量创优目标建立岗位责任制和质量责任终身制,明确其岗位责任,签订质量责任状。明确每个部门、单位和个人的质量目标和责任,确保工程质量。

(3)制定创优规划,完善质量保证体系

工程开工前,根据投标文件提出的质量标准,进一步制定以分项工程创优保全合同段工程创优的规划,形成有目标、有检查、有考核的标准化管理体制。建立健全项目质量保证体系,明确每个部门、单位和个人的质量目标和责任,并和考核奖罚结合起来,增强每个人的责任感和自觉性。

①加强组织建设,严格质量管理制度。健全组织制度,本着"谁主管、谁负责"的原则,行政主管亲自挂帅。项目经理部成立以项目经理为组长的质量管理领导小组,组成质量管理组织机构,工程队也设立相应的质量管理小组。各作业班组设质检员。各级质检员由工作能力强、业务素质高、施工经验丰富的技术干部担任,明确各级质检人员实现质量创优目标的任务、责任和权限,并赋予他们验工计价质量签证否决权。

质量管理制度的制定和落实是实现质量目标的主要途径。在施工中,严格执行八项制度。即:工程测量换手复核制度;隐蔽工程检查签证制度;质量责任挂牌制度;质量评定奖罚制度;质量定期检查制度;质量报告制度;竣工质量签证制度;重点工程把关制度。

②强化计量工作,完善检测手段。项目经理部设置测量试验室,配齐各种试验设备和计量器具及专职计量检测人员,使用先进检测仪器,严格执行计量设备和器具的检定规程,保证取值的正确性。经常对职工进行计量法规教育,明确计量工作职责和重要性。试验技术人员要及时深入工地进行计量检测,以保证计量检测数据的真实性和准确性,定期对各种计量检测试验器具进行标定、维修、保养,以保证检测精度。

③坚持标准化管理,严格质量控制。为保证质量创优目标的实现,我单位将以"高起点、高标准、高质量、高速度"的四高标准干好本合同段工程。积极进行全员、全方位的标准化管理,依据国家和交通部现行质量检验标准,结合我单位的实际,围绕质量这个中心,制定各种岗位的工作和作业标准。各分项工程均实行书面技术交底,使被交底者领会设计意图,清楚验收规范和质量标准,做到按设计图、规范和标准施工。严格控制原材料质

量，各种原材料、成品、半成品必须有合格证，出厂证明书或检验合格报告单，否则不准进场使用，按规范规定需要现场抽样复试的材料经检验合格后方可使用。

④开展 QC 小组活动。积极开展 QC 小组活动，深化全面质量管理，杜绝质量通病。在创优过程中，为解决质量难题，消除质量通病，进行技术攻关，狠抓薄弱环节，严格按施工工艺施工，以彻底消除质量通病。

⑤技术保证措施。科学、合理的施工技术措施是保工期、保质量、保安全、求效益的重要条件，我们将严格遵循招标文件提出的规范、规程要求，采取以下主要施工技术措施。

a. 建立技术管理体系和岗位责任制。建立以项目部、工程队工程师为主的各级技术人员参与的岗位责任制，逐级签订技术包保责任状，做到分工明确、责任到人，使技术管理工作有章可循，保证施工生产顺利进行。

b. 认真编好施工组织设计。运用统筹法、网络计划等现代化管理方法，在经过周密调查研究取得可靠数据的基础上，编制可行的施工组织计划，并严格按网络计划组织实施，坚决杜绝计划执行过程中的随意性，使整个施工过程时时处于受控状态，做到环环相扣，井然有序。

认真编制施工技术方案，由单项工程技术负责人牵头，组织协调，针对所承担工程的技术难易程度和环境特点提出 2 个以上的施工技术方案，经过详细的技术经济分析后，提交给项目总工程师，总工程师组织有关人员，结合提出的施工技术方案进行对比分析和优化，最后确定实施方案。

c. 保证技术力量。我单位将选调具有从事多年交通工程施工经验的队伍，配备精良的设备投入本合同段工程施工。同时选派有施工经验、责任心强的工程技术人员参与该工程，以确保技术工作顺利进行。

d. 做好施工前的技术准备工作。认真核对设计文件和图纸资料，切实领会设计意图，查找是否有丢、错、漏现象，及时会同设计、监理和建设单位解决所发现的问题。

认真进行技术交底。图纸会审后，由项目部的总工程师、工程部长、工程队技术主管、单项工程技术主管逐级进行书面及口头技术交底，确保操作人员掌握各项施工工艺及操作要点、质量标准。

e. 做好技术资料管理。施工过程中要做好详细记录，各种原始资料搜集齐全，用以组织后期施工，编制竣工文件，并进行施工技术总结，为做好技术档案和技术情报工作打下坚实的基础。

⑥工程质量管理奖罚制度。

a. 定期检查制度。项目经理部每月进行一次单位工程质量大检查；各工程队每周进行一次分项工程的质量检查；各施工班组质检员负责其施工项目日常质量措施的落实和督促，随时对分项工程质量进行抽查。

b. 月检奖罚制度。项目经理部通过定期质量检查，进行总结评比。对所有施工项目进行名次排定：第一名的施工队奖励本月工程造价 0.3%，最后一名的施工队罚本月工程造价的 0.3%，连续 3 次评比第一名，加奖本季度工程造价的 0.1%。对连续 3 次倒数第一名的施工队，除对其追加罚款 0.1% 外，还要责令停工整顿，查找原因，提出改进措施，例会讨论通过后，方准重新开工。

c. 优质优价制度。项目经理部对施工队验工计价实行优质优价制度。对一次验收合格率达 100% 的工程，按造价的 95% 进行验工计价；合格率达不到 100% 的不计价，责令返工重作，并对其管理层进行经济处罚。优良率达到 85% 以上，荣获业主评定的先进称号工程，按造价的 0.5% 实行奖励，同时对管理层和工程队实施重奖。

d. 经常质量检查制度。对内业资料管理、施工现场管理和工程实物等进行经常性质量检查，发现问题，按我单位有关规定处罚。

⑦质量通病防治措施。

A. 路基填质量通病防治措施。

a. 超厚回填。

现象：一种是路基填方，一种是沟槽回填土，不按规定的虚铺厚度回填，严重者，用推土机一次将沟槽填平。

危害：不能将填筑层全部碾压到要求的密实度，将造成路基沉陷。

防治方法：加强技术培训，要向操作者做好技术交底，使路基填方及沟槽回填土的虚铺厚度不超过有关规定，严格操作要求，严格中质量管理，惩戒有意偷工者。

b. 带水回填。

现象：多发生在沟槽回填土中，积水不排除，带泥水回填土。

危害：带泥水回填的土层其含水率是处于饱和状态的，不可能夯实，当地下水位下降，饱和水下渗后，将造成填土下陷，危及路基安全。

防治方法：排除积水，清除淤泥，疏干槽底，再进行分层回填夯实；如有降水措施的沟槽，应在回填夯实完毕后，再停止降水；如排除积水有困难，也要将淤泥清除干净，再分层回填砂或砂砾，在最佳含水率下进行夯实。

c. 不按段落分层夯实。

现象：路基下沟槽回填土或者填筑路基，段落分界不清，分层不明，接茬处不留台阶，碾压不段时，碾轮不到位或边角部位漏夯(压)。

危害:造成搭茬处碾压不实,分层超厚处密实度不达标,边角处漏夯等都会造成路基日后不均匀沉降,路面变形。

防治方法:要按规范要求,分段、水平、分层回填,段落的端头每层倒退台阶长度不小于1m,在接填下一段时碾轮要与上一段碾压过的端头重叠;槽边弯曲不齐的,应将槽边切齐,使碾轮靠边碾压;对于构筑物附近的边角部位,应用动力或人力夯实。

B. 边沟、排水沟质量通病防治。

a. 水沟沟底纵坡不顺,断面大小不一。

现象:沟底高低不平,甚至反坡,局部断面过小,排水不畅通。

危害:边沟积水,将渗入路基,降低路基土的强度和稳定性。

防治方法:要严格按照设计要求开挖修整,认真做好工序质量检验。

b. 浆砌片石排水沟无底或漏水。

现象:排水沟无底部砌石,或厚度不够,砌石材质不合格,沟帮砌石厚度不够,水沟中流水向下或向侧面渗漏。

危害:向路基内渗水,影响路肩或堑坡稳定,严重时可造成路基沉降或塌方。

防治方法:严格按照设计和规范要求作业,注意控制原材料质量,认真做好检查验收工作。

c. 路基排水无出路。

现象:边沟尾部无出路,边沟变成渗水沟。

危害:边沟大量积水浸入路基,降低路基土的强度和稳定性,减少路基的使用寿命。

防治方法:施工单位要认真学习施工图,加强图纸会审,对排水出路不明确的,要提出补充设计;除解决好路基边沟排水设施外,还要解决好边沟尾部排水沟的挑挖修整。

C. 浆砌石工程质量通病防治。

a. 砌体砂浆不饱满。

现象:主要表现在浆砌块、片石的砌体上,块、片石之间有空隙和孔洞。

危害:石块与石块之间未全部由砂浆填满,不能使砌体完全结合成整体,将降低整体强度。承重构筑物、薄弱部分有坍塌倾覆危险。

防治方法:浆砌块、片石应冷浆包裹。同时砂浆应具有一定稠度(用稠度仪测定3~5m),便于与石面胶结。严禁干砌灌浆。

b. 砌体平整度差,有通缝。

现象:砌体外露面高低不平,超出平整度标准要求,有2层以上的通缝。

危害:主要影响外观和量测质量,承重砌体过分凹凸不平,影响受力,通缝部位可能造成砌体开裂或毁坏。

防治方法:注意选择一侧有平面的石料,片石的中部厚度最小边长不应小于15cm,块石宽厚不应小于20cm,以保证砌筑稳定;按丁顺相间压缝砌筑,一层丁石,一层顺石,至少两顺一丁。丁石应长于顺石的1.5倍以上,上下层交叉错缝不小于8cm,并且当日砌筑高度不大于2m;同时测量放线人员,应随时检查砌筑面(立面、侧面、扭面)线位的准确度。

D. 钢筋混凝土工程。

a. 产生麻面。

现象:混凝土表面局部粗糙,或有许多小凹坑,但钢筋未外露。

危害:混凝土表面不光滑,外观不美观,质量不好。

防治方法:木模板浇筑混凝土前模板面先清理干净,用清水充分湿润,不留积水,钢模隔离剂涂刷均匀、不得漏刷,模板缝拼严或堵严,防止漏浆;混凝土浇筑要分层、均匀,振捣要密实,不漏振不过振,钢筋密实处配合人工插边捣鼓。

b. 骨料显露、颜色不均及砂痕。

现象:混凝土外表面有石子显露称为骨料显露;拆模几小时后,可见表面颜色各处差别很大为颜色不均;表面没有光滑的水泥砂浆层而是显示砂的痕迹为砂痕。

危害:若骨料显露和砂痕,使混凝土表面不洁,颜色不均产生混凝土表面色调不一,均影响混凝土的外观质量。

防治方法:严格控制砂、石材料级配。水泥、砂使用同一厂家、同一产地、同一批材料,尽量保持其色泽一致,选用泌水性小的水泥振捣方式且操作要适当;采用不吸水模板,模板尽量采用有同种吸水能力的内衬,防止钢筋锈蚀;振捣时,应配合人工插边,使水泥浆挤进模板的表面,并且振捣时间应予以延长。

c. 蜂窝。

现象:混凝土局部酥松,砂浆少,石子多,石子间出现空隙,形成蜂窝状孔洞。

危害:混凝土不密实、强度低,无抗渗性,易产生冻害。

防治方法:要严格控制配合比,保证材料计量准确;混凝土要拌和均匀,搅拌时间不得少于规定的时间;混凝土自由倾落高度要少于分层捣固,振捣间距要适当,必须掌握好每一插振的振捣时间。振捣器至模板的距离,不应大于振捣器有效作用半径的1/2。

补救方法:混凝土的小蜂窝,可先用水冲洗干净,然后用1:2或1:2.5水泥砂浆修补;如果是大蜂窝,则先将松动石子和凸出颗料剔除,尽量剔成喇叭口外边大些,然后用清水冲洗干净湿透,再用高一等级的豆石混凝土捣实,加强养护。

d. 露筋

现象:钢筋混凝土结构内的受力筋或箍筋等,没有被混凝土包裹而外露。

危害:影响钢筋与混凝土的握裹,使应力不能有效传递,钢筋无混凝土保护层而很快锈蚀,造成结构不安全。同一产地、同一批材料,尽量保持其色泽一致,选用泌水性小的水泥振捣方式且操作要适当;采用不吸水模板,模板尽量采用有同种吸水能力的内衬,防止钢筋锈蚀;振捣时应配合人工插边,使水泥浆挤进模板的表面,并且振捣时间应予以延长。

e. 蜂窝。

现象:混凝土局部酥松,砂浆少,石子多,石子间出现空隙,形成蜂窝状孔洞。

危害:混凝土不密实、强度低,无抗渗性,易产生冻害。

防治方法:要严格控制配合比,保证材料计量准确;混凝土要拌和均匀,搅拌时间不得少于规定的时间;混凝土自由倾落高度要少于2m,超过上述高度时,采用串筒、溜槽等措施下料;混凝土的振捣应分层捣固,振捣间距要适当,必须掌握好每一插振的振捣时间。振捣器至模板的距离,不应大于振捣器有效作用半径的1/2。

补救方法:混凝土的小蜂窝,可先用水冲洗干净,然后用1:2或1:2.5水泥砂浆修补;如果是大蜂窝,则先将松动石子和凸出颗料剔除,尽量剔成喇叭口外边大些,然后用清水冲洗干净湿透,再用高一等级的豆石混凝土捣实,加强养护。

f. 露筋

现象:钢筋混凝土结构内的受力筋或箍筋等,没有被混凝土包裹而外露。

危害:影响钢筋与混凝土的握裹,使应力不能有效传递,局部钢筋无混凝土保护层而很快锈蚀,造成结构不安全。

防治方法:为保证混凝土保护层的厚度,要注意固定好垫块,水泥砂浆垫块上应植入铁丝,绑扎在钢筋上,以防振捣时移位;为防止钢筋等移位,严禁振捣棒撞击钢筋;钢筋密集处,可用带刀片的振捣棒进行振捣,混凝土应选配适当石子,使石子最大粒径尺寸不超过结构堆面最小尺寸的1/4,且不得大于钢筋净距的3/4。如结构截面较小,钢筋较密时,可用豆石混凝土浇筑;操作时不得踩钢筋;采用泵送混凝土时,布灰管冲击力很大,不得直接放在钢筋骨架上,以防造成钢筋变形或位移。要放在专用脚手架或支架上;拼接模板要严密,木模在浇筑前,应用清水将其充分湿润,混凝土下料高超过2m时,要用串筒,防止混凝土离析或跑浆;对于露筋严重或部位重要时,要经技术和质检部门审验后,按专门方案进行修补。一般露筋,可对有关方面进行检查,将外露钢筋上的混凝土残渣或铁锈清理干净,用水冲净,再用1:2或1:2.5水泥砂浆进行抹压平整,然后认真潮湿养护。

E. 桥头及桥梁伸缩缝处跳车。

桥头及桥梁伸缩缝处的跳车防治措施一般有以下几种。

地基加固处理:为消除桥台和台后填方段的差异沉降变形,需对地基进行加固。台后填方地段的地基压力,一般小于桥台的压力,其次台后填方的高度一般情况下沿纵向(远离桥台)不断降低,即压力不断减小,所以在进行地基加固处理时,首先应了解地基的地层岩性情况,并取样做土的含水率、密实度和剪切试验,从而确定地基沉降变形特性(固结变形计算其次分段计算填土自重压力,根据具体的地层情况设计加固方案,使台后填方路段的地基沉降变形与桥台地基沉降变形保持一致,对不同的地层采用不同方法和措施)。

桥头设置过渡段:在路堤和桥涵结构物的连接段上,考虑结构的差异设置一定长度的过渡段。本工程设搭板过渡,可以使柔性结构中段产生较大沉降通过搭板逐渐过渡至桥涵结构物上,车辆行驶就不至于产生跳跃。为了不使搭板滑落,施工时还需进行特别加固,在拱板的端部设置宽0.4m、深达1m的水泥稳定砂砾大枕梁,这样使用效果很好,此外,在路堤与桥涵接缝处设置排水槽,避免或减少对路基、路面材料的冲刷和浸润,将会减小沉陷值。

台背填料的选择:设计及施工中,台背填料应在现场择优选用。采用粗颗粒材料填筑桥两端路堤,或者设置一定厚度的稳定土结构层。在高填方的拱涵及涵洞与侧墙的相接部位,应尽量使用内摩擦角大的填料进行填筑,而且施工时应注意填料土压的平衡,不得发生偏压,以免造成工程事故。

台背填方碾压方法:施工过程中尽可能扩大施工场地,以便充分发挥一般大型压实机械的使用,当受场地限制时,要采用横向碾压法,以能使压路机尽量靠近台背进行碾压。对于压路机不能靠近台背者,采用小型压路机配合人工夯实、碾压,最终压实度满足设计要求。在涵洞的翼墙周围特别容易产生因压实不足而可能使用大型压实机械,这种情况下应与小型振动压路机配套使用,给以充分压实。

设置完善排水设施;填方的排水措施对填方的稳定极为重要,特别是靠近构造物背后的填料,在施工中及施工后易积水下陷,因此施工时,应保证施工中的排水坡度,设置必要的地下排水设施。另外,设计上应在桥台与填段结合处过渡段的路面下设置垫层,防止路面下渗水进入填方体。

强化施工质量管理,提高桥涵两端路堤的施工质量:桥涵端部路堤与桥涵是两种不同性质的结构物,为了使沉降差尽量小一些,应该将该处路堤的压实要求在现有基础上有所提高。一般可考虑提高至98%或更高,整个路堤的压实度都应提高。为了使桥台填方达到要求密实度,施工中,必须完善施工工艺、方法和强化施工质量管理,压实土层厚度可以适当减薄以及增加压实遍数。为了适应桥涵端部路堤施工场地窄小、压实区域形状不规则而工期又紧迫的特点,应使用专用的小型压实机械。

(二)施工中工程质量自检情况

在施工中,我项目部成立以项目经理为组长,项目副经理和总工程师为副组长的质量管理小组,在施工中严把质量关,深化职工质量意识,开展质量教育,使全体施工人员明确质量目标。并在施工过程中认真接受监理工程师监督,进行自检、互检、交接检,并定期不定期地进行质量检查,制定奖罚措施,制定切实可行的质量检查程序,使施工生产过程中产品质量处于受控状态,从而提高和保证工程质量,使我单位承建工程顺利完成施工,没有发生任何质量事故。

(三)工程质量问题的处理

在施工过程或完工以后,项目部或监理工程师如发现工程存在着技术规范所不容许的质量缺陷,应根据其性质和严重程度,按如下方式处理:

(1)当因施工而引起的质量缺陷处在萌芽状态时,项目部将及时制止,并要求立即处理(如更换不合格材料、设备或不称职的施工人员,或要求立即改变不正确的施工操作方法)。

(2)当因施工而引起的质量缺陷已出现时,项目部立即组织相关人员采取能足以保证施工质量的有效措施,并对质量缺陷进行正确的补救处理,同时必须得到监理工程师认可。

(3)当质量缺陷发生在某道工序或单项工程完工以后,而且质量缺陷的存在将对下道工序或分项工程产生严重影响时,项目部将和监理工程师对质量缺陷产生的原因作出判定,并在确定补救方案后,再进行质量缺陷的处理或下道工序或分项工程的施工。

(4)工程完工后,发现工程质量缺陷时,将按照监理工程师的要求进行修补、加固或返工处理。

(四)完工质量评价

我单位承建的岭南高速公路No.21标工程现已顺利完工,工程具备交验条件。在施工中我单位严把质量关,杜绝一切质量隐患,施工中未出现重大质量事故,各项施工均符合《公路工程质量检验评定标准》,各单位、分部、分项工程质量评定均为合格。

四、施工进度控制

我单位在安全、质量无事故情况下圆满完成本合同段全部施工任务。在施工中,我单位根据本合同段实际情况,对施工进度进行合理安排,周密部署并采取了严格控制进度的措施,具体如下:

(1)建立管理组织目标责任制制度措施。

(2)工期控制的主要技术措施。

(3)充分运用计算机网络计划技术实施动态管理的措施。

(4)超前谋划进行积极准备措施。

(5)施工进度其他措施。

①强化计划管理,加强协调指挥;

②抓好安全、质量,加快施工进度;

③服从大局,听从统一指挥。

五、施工安全与文明施工情况

(一)安全生产管理体系

1. 安全生产目标

达到五无目标,即"无死亡事故,无重大伤人事故,无重大机械事故,无火灾,无中毒事故"。杜绝重大事故和职工因工重伤或死亡事故。

2. 安全生产组织

根据工程特点,对本项目实行项目经理部、工程队、作业班(组)三级安全管理,各级第一管理者亲自抓安全。项目经理部成立以项目经理为组长的安全生产领导小组,各作业层成立相应原安全管理机构,配齐专职安全员。安全生产领导小组负责制订安全工作计划,开展多层次、多形式的安全教育和岗位培训及安全生产竞赛活动,增强全员安全意识。定期组织安全检查,召开安全会议,总结安全生产情况,分析安全形势,研究和解决施工中存在的问题。安全总是发挥各级安全员的监督检查作用,深入现场,跟班作业,加强防范,及时发现和排除事故隐患,把不安全因素消灭在萌芽状态,充分体现"安全生产,人人有责"。

3. 建立健全安全生产保证体系

我项目部为高度重视安全生产,为确保安全生产,建立健全了一整套措施得力的完善的安全保证体系。

4. 安全生产管理

项目部安全工作领导小组领导全面的安全工作,主要职责是领导项目部开展安全教育,贯彻宣传各类法规,通知传达上级部门的文件精神,制定各类管理条例,每周对各项目工程进行安全工作检查、评比,处理有关较大的安全问题。项目部成立安全管理小组,并设专职安全员,主要职责是负责对工人进行安全技术交底,贯彻上级精神,每天检查工程施工安全工作,每周召开一次安全会议。制定具体的安全规程和违章处理措施,并向公司安全领导小组汇报工作。各作业班组设立兼职安全员,主要是带领各班组认真操作,耐心指导每个工人,发现问题即时处理并及时向工地安全管理小组汇报工作。

5. 安全检查制度

在施工过程中,除正常的安全检查外,局每月检查一次,局工程科每半月检查一次,项目部每周检查一次,发现问题落实到人,限期整改,消除隐患,确保施工安全。

6. 安全教育制度

按照我局的安全教育制度,加强宣传教育,制定科学合理的施工方案,现场组织切合实际的作业程序,正确严格地执行和运用施工及安全规范。对进场的工人进行摸底测试,统一进行安全教育,增强质量、安全意识。各专业班组认真钻研设计图进行技术交底,认真学习和深刻体会施工技术规范和施工安全规范。经过培训交底达到合格的职工才允许上岗操作,为安全工作顺利圆满开展打下坚实的基础。在施工过程中,建立每周一次的安全教育,由项目经理或专职安全员主持。同时在每道施工工序进行前,由专职安全员做书面的安全技术交底,各班组长带领施工人员认真贯彻落实。

(二)安全生产保证措施

1. 安全生产综合性保证措施

(1)健全制度,实行安全生产责任制

严格执行有关安全生产和劳动保护方面的法律、法规和技术标准、规则,建立健全适合本合同段特点的安全生产管理制度。实行安全生产责任制,层层签订安全责任状,建立与经济挂钩的激励约束机制。

(2)严格监督,完善安全生产检查制度

在安排施工计划的同时,要有针对性地明确安全目标、预防措施及安全控制重点,并落实到具体人员。项目经理部根据工程进度季节情况,定期组织安全大检查,项目经理部每月进行检查评比,实行奖罚。对重点项目、重要工序和关键部位推行安全岗位责任制,实行全过程监督检查,及时发现问题,消除隐患,使整个施工过程完全处开受控状态。

(3)安全教育经常化、制度化,提高全体施工人员的安全意识

开工前进行系统安全教育,开工后抓好"三工"教育和定期培训。通过安全竞赛、现场安全标语、图片等宣传形式,增强职工、民工的安全意识和安全生产的自觉性,时时处处注意安全,把安全生产工作落实到实处。

(4)科学施工,完善安全生产操作规程

施工组织设计、施工方案、作业方法要科学合理,每个分项工程都要制定完善的安全生产操作规程。严格进行安全技术交底,严格按安全技术规则施工,防止各种违章指挥和违章作为行为的发生。在编制施工组织设计的同时,制定相应的安全技术措施,尤其是重点项目和关键部位工程在确定施工方案的同时,要制定切实可行的

安全技术保证措施。

(5)突出重点,健全安全生产预报措施

为确保安全生产,分析本合同段工程具体情况,要抓住重点,控制难点,不断调整主攻方向,做好超前预防预控。本合同段事故控制点有以下几点:

①冬雨季节车辆管理。

②设备机具伤害事故。对事故控制点的管理要做到制度健全无漏洞、检查无差错、设备无故障、人员无违章,措施行之有效。

(6)抓住现场,坚持标准化管理

施工现场内各种机械设备、材料、临时设施、临时水电线路必须按施工总平面图合理布置,并且符合安全技术规则。积极开展建设安全标准工地活动,现场安全标识牌安放要醒目,做到现场布置标准化、临时防护标准化、安全作业标准化和安全标志标准化。

(7)保证机械设备安全作业

加强机械设备日常和定期检修维护,不带故障作业,道路交叉口及陡坡路段设置醒目的交通标志,严格控制重车车速不大于15km/h,空车速度不大于20km/h。地下油库(加油站)设置要符合安全规程,并配备灭火器具。夜间施工、料场、施工区及道路需有足够的照明。在交通道口及转变处设专人值班,负责交通运输安全。

(8)加强安全防护

设置安全防护标志。施工作业人员戴安全帽上岗;脚手架、脚手板搭设牢固。桥梁安装小心谨慎,确保安装不出事故。

(9)确保人身及车辆的安全

抓好现场管理,坚持文明施工,保障人身、机械和器械的安全,机动车辆驾驶员要加强安全教育,上公路的机动车辆限速行驶,不侵道,不占道,做到弯道鸣笛,文明礼让,确保行车安全,严防交通事故的发生。

(10)消防管理

严格执行《中华人民共和国消防条例》,建立防火安全责任制,设置符合要求的消防设施。

(三)安全用电措施

(1)接地与接零。

在施工现场专用的中性点直接接地的低压电力线中,必须采取TN-S接零保护系统(即三相五线制)。

①保护零线应由工作接地线或配电室的零线或第一级漏电保护器电源一侧的零线引出。

②保护零线应与工作零线分开单独敷设,不作他用,保护零线PE必须采用绿/黄双色线。

③保护零线必须在配电室(或总配电箱)配电线路中间和末端至少3处作重复接地,重复接地线应与保护零线相连接。

(2)配置漏电保护器。

①施工现场的配电箱(配电室)和开关箱至少配置两级漏电保护器。

②漏电保护器应选用电流动作型,一般场合漏电保护器的额定漏电动作电流应不大于30mA,额定漏电动作时间应不大于0.1s;潮湿和有腐蚀介质场所的漏电保护器,其额定漏电动作电流和额定漏电动作时间乘积的极限值为(大于)30mA·s。

③开关箱内漏电保护器的选用应与动力设备的容量大小、相数等实际情况相适应和配合,如三相电动机则应选用参数匹配的三相三线的漏电保护器;照明用电必须与动力用电分开,照明应选用单相二线的漏电保护器。

(3)开关箱按三级设置,即总配电箱→分配电箱→开关箱,开关箱距离机具不能超过3m,开关箱实行一机一闸一漏电保护。

(4)配电系统。

①所有的电线架设都必须使用电杆、绝缘子、横担等,按规范要求架设。

②开关电器及电气装置必须完好无损。

③带线导线与导线之间的接头必须绝缘包扎,带电导线必须绝缘良好。

④配电箱与开关箱应作名称、用途、分路标记;配电箱、开关箱应配锁并有专人负责。

⑤室外用电严禁拉设使用花线,严禁使用铜线或其他金属线代替保险丝使用,严禁工人宿舍内乱拉电线、插座、烧电炉、电饭煲。

(5)行灯电压不超过36V,灯具距地面高度低于2.4m等场所照明电压不大于36V。潮湿及易触及带电体场所照明电压不大于24V。

根据需要设置警卫和红色信号照明和事故照明，其电源应设在施工现场电源总开关的前侧，并配备电源。

(6)对各类用电人员进行安全用电基本知识培训。

(四)文明施工

在合同执行期间，我们将按上级规定制定有关制度、条例并认真执行，做到文明施工，体现出施工现场现代化管理的风貌。

(1)施工期间，积极响应在全线进行劳动竞赛的号召，掀起“比、学、赶、帮、超”的热潮，用精神、物质方面的奖励激励员工，狠抓工程质量、工程进度、合同履约、文明施工、安全生产五要素，暂夺“流动红旗”。

(2)坚决杜绝“黄、赌、毒”现象。

(3)项目部应挂“五牌一图”，项目部及生产区出入口处设置“一图四牌”，即施工现场布置总平面图、工程简介牌、组织机构设置牌、企业理念牌、安全管理制度牌。项目部以黑板报、宣传栏等形式积极开展政治思想教育工作。工地悬挂安全、创优标语。

(4)项目部会议室、办公室内应悬挂并张贴相应的管理图表和规章制度。施工现场设置安全、防火、交通等标志。

(5)项目部要做到各项施工原始资料、记录数据、施工图表齐全。所有质检、试验检测、计量支付数据实行计算机管理。

(6)参加本项目施工的所有人员将在本项目工程所有现场施工区域身穿由业主指定样式的本工程标志服，按照施工现场对不同人员佩戴不同颜色的施工安全帽。并按要求佩戴防护用品，穿防滑鞋。

(7)各管理人员均佩证上岗，证件内容包括职务、姓名并印有本人彩色相片，做到醒目、美观，安全员的佩证为红色，使其特别醒目。他们在对现场进行管理的同时，及时、主动接待前来现场了解、检查、视察的各有关人员，对与本工程无关的人员劝离现场。

(8)建立明确的交接班制度，交接班者要交清和了解作业的所在情况及注意事项。下班及节假日期间，必须将作业中使用的工具、器械、设备等放置整齐，并清理现场、清扫干净。

(9)办公室、仓库、工作间均按统一的标准悬挂标志牌，以利辨认。

(10)施工现场各种施工机械设备分类划区摆放要整齐，施工材料要分档、隔离堆放，要求合理、整齐，并挂木牌明示。若有必要遮盖的材料进行遮盖。钢筋、水泥等材料应在室内存放，并架空堆放。

(11)路基填筑必须挂线施工，每层路基填筑应设报验牌。

(12)大型施工装备和超重件的运输应事先取得道路管理部门和交警部门的许可。

中标后，我们将在施工中严格执行《中华人民共和国环境保护法》及《公路建设项目环境保护设计规程》的有关要求，严格遵守国家和当地政府控制环境污染的法律和法规，将环境保护贯穿于项目各个组成部分，采取行之有效的措施来维持当地环境，把本项目建成“景观路”、“环保路”、“生态路”。

项目部的环保工作由行政后勤部管理，并积极主动与当地环保部门联系，定期向他们汇报工作，取得当地环保部门对我们的支持。加强对全体职工、民工的环保思想教育，做到重视环保、文明施工。

六、环境保护与节约用地情况

施工中的环境保护和水土保持工作至关重要，我单位将严格按照《中华人民共和国环境保护法》、《中华人民共和国水土保持法》和江西省有关环保的地方性法规，积极维护当地自然环境，最大限度地减少施工对自然环境的破坏，防止水土流失，争创文明施工标准化工地。

随着人民生活水平的不断提高，环境保护工作日益突显出其重要性和迫切性。为了响应国家和业主对环保工作的号召，满足业主的有关要求，我单位将结合本行业和工程施工特点，积极做好环保工作。

七、施工中新技术、新材料、新工艺的应用情况

(一)小半径曲线路基填筑质量保证措施

岭南高速公路独山互通是为了解决南阳城北车辆交通转换问题的互通式立交，位于南阳市区北独山附近，立交形式为A形单喇叭，主线上跨匝道，设计标准为公路—I级，主线设计车速120km/h，匝道设计车速40km/h。本互通匝道全长2001m，最大填高8.0m，最大纵坡2.6%，最小竖曲线半径1500m，最小平曲线半径80m，最大超高7%，路基填料采用碎石土填筑。《小半径曲线路基填筑质量保证措施》获得2007年住房和城乡建设部全国工程建设优秀质量管理小组二等奖。

(二)蒲山特大桥预应力张拉与压浆

岭南高速公路蒲山特大桥为下承式刚性系杆钢拱桥，全长225m。其系杆采用混凝土箱型结构，全桥设置2

片边系杆和1片中系杆。边系杆为单箱单室箱型断面，部分预应力混凝土结构，中系杆为单箱双室箱型断面，部分预应力混凝土结构，边系杆内设置24束21ϕ^s15.2预应力钢束，中系杆设置41束21ϕ^s15.2预应力钢束，群锚体系，系杆预应力钢束均为两端张拉，全桥共87束系杆钢绞线，每束下料长度为227m，每束重(21根)5239kg，(22根)5489kg，全部钢束分5次张拉完成。

常规压浆方法进行孔道压浆。其工艺流程为：钢绞线穿束→预应力张拉→孔道压浆→封锚。

1. 钢绞线穿束

蒲山大桥全长225m，共87束钢束，每根钢绞线穿束长度达到了227m，分为5次张拉，要求一次性将钢绞线穿束完成，由于是先进行湿接缝混凝土浇筑施工后再进行钢绞线的穿束工作，这就给穿束带来了非常大的困难。出于现场实际情况考虑及工期的要求，决定采用整束穿入的方法，由18号向19号方向穿入，并在17号～18号之间搭设穿束平台，平台采用钢管桩支架，支架顶端铺设63工钢，上面再铺设木板，两边设置护栏以保证施工人员安全。西侧引桥设置下料区、编束区。在19号墩所在的东侧引桥左、右幅分别设置1台5t卷扬机做牵引，每个卷扬机配备350m长直径18mm的钢丝绳以保证牵引过程中不发生断丝将整束钢绞线留在波纹管内。穿束采用两种方法：一是利用直径10mm的光圆钢筋作为导引管，穿过系杆钢束孔道将19号墩引桥处卷扬机钢丝绳引至18号墩穿束平台，将每根钢绞线前20cm的钢丝切除，仅留中丝(钢绞线共由7根钢丝组成)，将中丝扣在打好孔的空心圆钢板上；将螺栓旋在空心钢板上并用螺帽固定，将其套在钢铸头内，将钢丝绳与套在钢铸头内的螺栓连接后牵引至19号墩拱脚锚垫板后；二是采用直径4cm钢管直接穿过系杆钢束孔道将钢丝绳引到18号墩穿束平台上，在钢绞线工作长度满足施工要求的情况下将每束钢铰线预留40cm与螺栓直接焊接，将螺栓与钢丝绳连接；取消空心圆钢板及钢铸头。为了防止钢绞线在焊接时有烧伤，经过试验后将电流控制在190A，焊接时将整束钢绞线均匀散开，并在焊接位置40cm范围内搭线接地，将焊接处外沿焊渣利用打磨机打磨至光滑，并用塑胶纸包裹起来，在外层涂上黄油以减少摩擦，待钢绞线穿过19号墩锚垫板后用切割机将焊接的40cm钢绞线切除。施工发现第一种方法有很多弊端：首先，作为导引导管所用的钢筋大部分在穿到桥长150m的位置时就产生了弯曲，不能继续穿入，只有个别能穿过全桥；其次，钢铸头容易卡在波纹管内，且还需用人工开凿混凝土将其取出；再次，牵引用的螺栓易断裂，将钢铸头及整束钢绞线留在波纹管内，这就需要装载机将其由另一头牵引出，增加机械投入；最后，钢绞线与波纹管的摩擦大，而一根中丝不足以克服这种摩擦而导致中丝从钢圆盘脱落使单根钢绞线落在波纹管内，不能整束完整穿入，造成施工延误。采用第一种方法每天只能穿1束钢束，或者1束都不能穿入，将时间浪费在处理钢铸头及凿混凝土上，既增加了不必要的人工、机械投入又影响了工期。而第二种方法解决了第一种方法中出现的问题。在施工中采用了第二种办法，取得了非常好的效果。

2. 钢绞线张拉

系杆钢绞线张拉控制是整桥受力的关键。由于两端控制力同为3719.1kN，伸长量达到了1342mm，而500t千斤顶的最大张拉行程只有200mm，针对这种情况，我们采用10%初应力控制、20%、40%、60%、80%、100%控制力及对应伸长量进行张拉双控。具体办法是初应力10%→20%应力→40%应力→回油→40%初应力→60%应力→回油→60%初应力→80%应力→回油→80%初应力→100%应力，即每回一次油前的应力为二次张拉时的初应力。

3. 孔道压浆

蒲山大桥18号墩比19号墩高出18cm，根据规范要求压浆必须由低处向高处进行，所以压浆由19号墩向18号墩进行。本桥孔道长度为225m，在系杆预制时设置了排气孔，以备在压浆不饱满时进行补充压浆。我们所采用的压浆方法为先进行注水检验孔道，待水从18号墩锚垫板处被压出后再进行水泥浆的压注。由于本桥没有采用真空压浆法压浆，施工时发现普通1MPa压浆机无法将水压到18号墩，项目部特购买了一台高压注浆机，其最大压力达到了25MPa，解决了压力问题。使用大型压力机配合排气孔补充压浆使本桥常规压浆顺利完成。

综上所述，系杆穿束是本桥钢绞线施工的难点，在穿束施工中我们及时总结经验，改进方法，提高了穿束效率并为以后其他大跨度桥梁的穿束提供了经验。

八、工程款支付情况

我项目部外欠债务已全部还清，在此我项目部郑重承诺，如该项目有拖欠农民工工资和劳务费用及工程款的投诉，责任完全在我公司，由我公司负责解决，与建设单位无关，建设单位不承担任何法律责任。

九、施工体会

在业主、设计代表、监理单位和当地各级政府的大力支持和帮助下，在整个工程项目建设中，我项目部全体员工更新观念，创新管理途径，科学组织，超越自我，按业主下达的节点工期及时完成任务，安全、工程质量无重大事故。

施工中，我们始终以工程施工为重点，做到工期、质量由领导亲自抓，各专业人员具体抓。精心组织、严格管理、科学施工，不仅按期优质高效地完成了任务，而且在施工中磨砺了筑路人的意志，提高了施工技术和管理水平，丰富了承包人的工程施工经验。

在岭南高速公路建设中，河南岭南高速公路有限公司、中交第一公路勘察设计研究院和河南省高等级公路建设监理部在施工中，为我单位提供了优质的服务、科学的指导。在工作中我们遇到了很多施工困难，作为每一家服务单位，都能为我们现场排忧解难，使我单位的工程进度始终没有滞后，施工也取得了较好的成绩，并能按时完成工程任务，这和建设单位、设计单位和监理单位平时对我单位工作给予的及时、高效、热情、周到的服务是分不开的。我单位将以优质的工程质量，作为对河南岭南高速公路有限公司、中交第一公路勘察设计研究院和河南省高等级公路建设监理部在工作中给予我们的支持、关怀的回报和感谢。

中铁七局集团

岭南高速公路土建 No. 21 标段项目经理部

22. 二广高速公路分水岭至南阳段工程土建 No. 22 标合同段施工总结报告

目　　录

二广高速公路分水岭至南阳段工程土建 No. 22 标合同段施工总结报告

一、工程概况

本工程项目为二广高速公路分水岭至南阳段(以下简称岭南高速)No. 22 合同段,设计里程为 JK18 +400 ~ JK24 +247.172,全长为 5.847km。其中大桥 1 座,分离式立交桥 2 座,中桥 1 座,互通立交 1 座。涵洞 17 道,桥式通道 8 道。

主要工程数量有:路基工程挖方 5.02 万 m^3,填方(含石灰土)114.4 万 m^3,防护工程 2 万 m^3,排水工程 15889.9m;桥梁、涵洞工程基桩 542 根,承台和系梁 167 座,立柱 358 根,盖梁台帽 132 座,梁板安装 1000 片,斜拉桥 1 座,钢箱梁桥 1 座,桥式通道 8 道,盖板涵洞 17 道。

二、机构组成

(1)为优质高效地完成该工程的施工任务,我公司组建岭南高速公路 No. 22 标项目经理部,并实行项目法对本项目进行施工组织管理,项目经理部设管理层和劳务操作层,实行两层分离式管理。

(2)项目经理部管理部门设 6 部 1 室:生产安全部、物资机械部、技术部、质检部、财务部、合约部、经理办公室。其中,质检部下设质检组、测量组、试验室。

(3)项目经理部下设 9 个作业队,分别为路基作业队、基桩作业一队、基桩作业二队、钢筋作业队、桥梁作业一队、桥梁作业二队、拌和站作业队、箱梁运输安装作业队和桥面作业队。各作业队在经理部管理下分工协调作业。

项目经理为经理部总指挥,下设项目总工程师和生产副经理。总工程师负责本项目技术与质量工作;生产副经理负责本项目安全生产、文明施工等工作。下设职能部门,职能部门以下设作业队。在项目经理领导下,各职能部门权限明确、职责分明。

各职能部门的职责分述如下。

(一)办公室

(1)负责经理部的后勤保障和对外接待工作。

(2)负责经理部的考勤和交通车的管理。

(3)负责经理部的文书管理和收发工作。

(4)负责外部工作环境的协调工作。

(5)负责与指挥部办公室和公司联系、协调及与之相关的工作。

(二)技术部

(1)负责图纸会审及编制施工组织设计。

(2)负责制定施工方案。

(3)负责施工技术交底。

(4)深入施工现场,指导施工及时解决现场施工难题。

(5)积极推广新技术、新工艺,以确保施工质量、提高工效、节约成本。

(6)认真做好施工日记,并做好施工总结。

(三)质检部

1. 质检组

(1)监督各施工作业队贯彻执行国家、业主、监理单位及公司发布的工程质量的规定、规程、制度和措施,并检查落实。

(2)深入施工现场了解掌握工程质量动态,协助各作业队处理施工中存在的质量问题。

(3)负责施工过程中各道工序的自检和报验工作,及时向各级领导汇报工程质量情况;负责对各种原材料、成品、半成品的质量检查与验收。

(4)记录历次质量检查、各种验收检查的情况,记录质量事故的调查处理情况,记录机械设备、计量测试仪器、人员素质等影响工程质量因素,调查处理情况。

(5)及时了解和掌握各方面的工程质量动态,推广好的工程质量管理经验。

2. 试验室

(1)负责完成本标段的各种土工试验。

(2)负责混凝土、砂浆等配合比设计工作,并监督执行。

(3)负责进场材料的抽样检查工作。

(4)负责工艺参数及试验数据的整理总结工作。

(5)配合质检工程师、驻地监理工程师进行质量检查验收工作。

3. 测量组

(1)负责从业主单位接受各种控制点资料并进行复核做好保护。

(2)根据实际情况,确定利用原设计网点加密和重新布设控制网点。

(3)负责全标段的控制测量工作。

(4)补充施工需要的水准点、桥涵轴线、墩台控制桩。

(5)负责日常施工测量放样工作。

(6)配合质检工程师、驻地监理工程师进行工程质量检查工作,负责对重点部位进行变形和沉降观测工作。

(7)负责工程竣工时的竣工测量工作。

(四)生产安全部

(1)负责工程施工的机械、人员调配,机械维修、保养计划的制订。

(2)负责施工安全管理。

(3)负责年度、月度生产计划编制和监督实施。

(4)负责每天的施工生产安排,协调各作业队之间的相互关系。

(五)物资机械部

(1)负责本标段的材料、物资和机械配件的订购供应工作。

(2)负责材料供应计划的制订和落实工作。

(3)负责材料的内部往来和结算工作。

(六)合约部

(1)负责工程的计量支付工作。

(2)负责工程的追加索赔工程变更工作。

(3)负责本标段的合同管理工作。

(4)负责工程的统计上报工作。

(七)财务部

(1)按照国家、地方的政策法规和上级机关的规定,管好、用好工程资金,做到专款专用。

(2)做好成本预测、编制成本计划,加强成本核算,做好成本控制、分析工作。

(3)协助合约部做好工程结算工作。

三、施工质量管理

(一)确保工程质量的措施

质量是企业的生命,工程质量是企业走向市场的立足之本。争创国内一流水平的意识将永远激励我们为用户提供更安全、更可靠、更精美的建筑产品。

质量目标:分项工程质量合格率100%,主要分项工程评分达95分以上;分部工程评分达92分以上,单位工程评分达90分以上。

质量方针:信守合同,专业施工,安全高效,用路桥人智慧雕塑时代精品,营建绿色工程,不断追求企业发展、社会责任和员工进步的和谐统一。

1. 贯彻QEOSH系列国际质量标准要求

对本标段工程项目实行项目法管理,严格按照QEOSH族系列国际质量标准要求,建立健全质量管理体系和制度,制定完善的质量手册等法律性质量文件,制订本标段各分项工程、分部工程、单位工程质量创优计划,用法律文件确保工程质量。

确立"百年大计,质量第一"和"质量兴企业"的质量管理方针;提高全员业务素质,使全体员工树立"工程在我心中，质量在我手中”的观念，增强质量意识，调动职工积极性，人人各司其职，用全员的工作质量来确保工程质量；确立创优质工程目标，积极开展争创优质工程活动。

2. 建立健全工程质量管理机构和质量保证体系

建立以项目经理为工程质量第一责任人的工程质量管理机构（图1）和以项目总工程师负责的工程技术、质检、试验、测量监控四位一体的质量保证体系，严格施工过程中的质量控制；同时为质检、试验、测量体系配备职业道德良好，工作态度认真，责任心强和技术水平高的工程技术人员，从人员素质上确保工程质量。

质量管理组织机构采用定期和不定期相结合的工作方式开展质量检查工作。项目部质量管理组织机构每月组织一次质量检查和评比活动，每月召开一次质量分析会；作业班组实行上、下工序交接检查制度，并对主要项目、关键工序实行跟踪检查，做到以预防为主，把质量事故隐患消灭在萌芽状态。

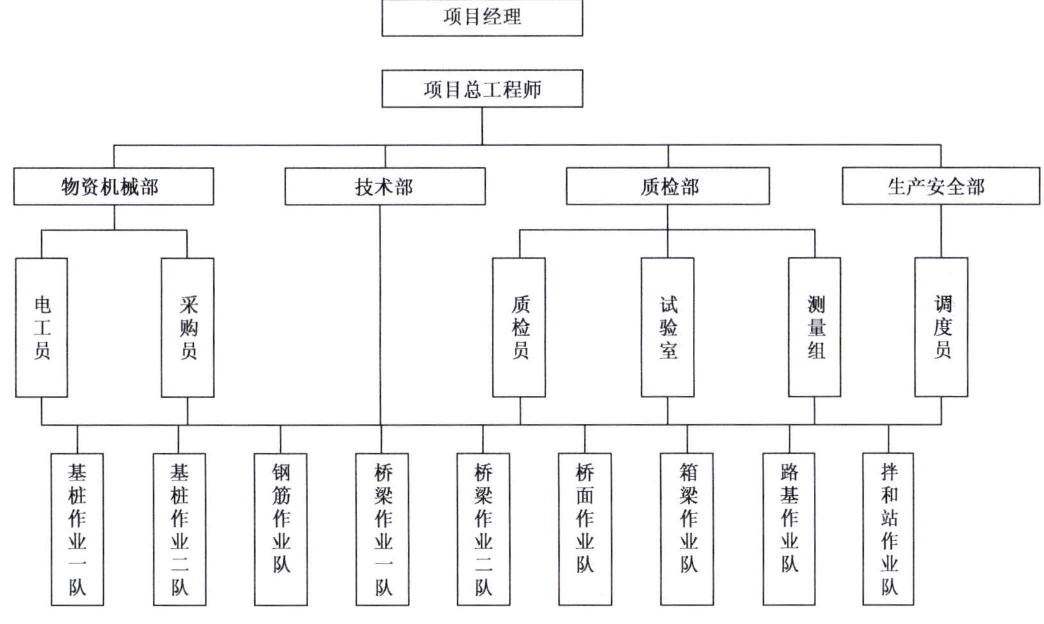

图1　质量管理机构

3. 实行全员工程质量岗位责任制

(1)提高全员素质，增强质量意识，调动员工积极性，人人做好本职工作，用全员的工作质量确保工程质量，确立创优质工程目标。

(2)明确每个员工自己工作范围内在工程质量方面的责任、权力和利益；实行奖优罚劣，以员工的工作质量保证工程质量。

(3)开工前由总工程师组织技术部门编制合理、有效的施工组织设计和施工准备计划。施工组织设计的编制应在充分调查建设地点的水文条件、气候条件、交通条件、材料供应情况和沿线的社会经济状况的基础上进行；组织主要工程管理人员进行图纸会审，并对图纸会审过程中发现的问题和存在的疑问及时与设计单位和监理部交流并上报；参加设计技术交底并做好记录。

(4)项目经理根据企业质量目标和业主要求进行实施性质量策划，总工程师主持并组织编制质量计划并落实到部门和人员。

4. 工序质量的控制

(1)各分项工程（工序）开工前由技术部组织现场技术人员及工班人员进行施工技术交底，详细说明施工方法、进度要求、质量标准，明确所要控制和监视的过程参数并说明监控的方法要领、标准和安全要求，需要时附上草图，施工技术交底必须填写技术交底书，由现场技术员完成。

(2)项目部实行自检、互检、专检；自始自终作出完整的记录，发现问题，及时纠正，直至验收合格。

(3)出现质量波动时，由总工程师组织技术质检部门、相关部门及作业班组检查原因，采取纠正措施并经检验认可。

(4)对关键过程、特殊过程由技术部编制专项施工技术方案及详细的作业指导书，经总工程师批准后组织实施。项目经理部质检工程师进行连续监控，以确保这些过程质量得到保证。

5. 其他保证措施

(1)加强与驻地监理工程师的配合与联系工作。整个施工全过程必须严格置于监理工程师监督、检查、签证认可之下进行,坚决做到按设计图、技术规范和监理工程师的要求组织施工。

(2)实行质量检验一票否决制,各分项工程的施工工艺和操作方法必须符合相关技术规范要求。

(3)实施科学管理,周密组织,严格控制,确保优质工程。

(4)开展创优工程活动,建样板工程以点带面,全面创优。

(5)建立严格的奖惩制度与质量责任制度。

(6)完善技术资料管理,严格按照《技术资料管理办法》要求进行技术资料的收集、整理、存档,做到及时、准确、完整。

(二)技术保证措施

(1)优化施工组织设计,做到科学组织、优化施工;实行动态网络管理,信息反馈及时,适时调整和优化施工计划,确保工序按时或提前完成。

(2)组织好一条龙的施工作业线,保证一环扣一环的施工程序。

(3)积极推广应用新工艺、新材料、新技术,从提高科技含量上缩短工期。

(4)专业技术人员要深入一线了解情况,及时做好技术交底工作,并做到发现问题及时解决。

四、施工进度控制

(一)准备工作

项目进场后,首先组织对施工控制点进行加密和复测,并进行施工场地平整,修建临时栈桥,贯通施工便道,接通水电。

(二)资源配置、计划

1. 人力资源配置及进场计划

我公司在河南从事了多年的公路施工建设,熟悉管理模式和要求。根据项目工期要求和本标段所承担的工程量,人员、设备将分期分批进场,并根据实际情况随时调整。

第一批施工人员约 60 人及部分机械设备在签订合同后 3 天内进驻,主要进行施工筹建工作。首批进场设备有试验测量设备、汽车、装载机、挖掘机等,进场后迅速清理现场、平整场地,进行详细的施工组织设计,对提供的控制桩、水准点复测,修建临时设施、接通水电,并联系外购材料以及市场调查等工作。第二批施工人员及设备在签订合同后 15 天之内陆续进场,设备主要有挖、运、推、平、压设备,以及吊车、钻机、拌和设备、混凝土输送泵、发电机等,尽快形成施工作业面。后续施工人员及设备将根据施工计划分期分批调派到现场,并根据工程进展予以增减。

2. 物资和机械配置

根据总体施工进度计划,设备分期分批进场,并根据实际情况随时增加。第一批先期使用的施工物资和机械设备,在正式开工前 1 个星期内进场。施工机械设备主要从我公司各施工队调人,部分设备采取租赁和新购的办法。其中,砂石料在附近地区的调查料场采购,主要砂石料采用陆运至施工现场,工程所需材料(如水泥、钢材、钢绞线、锚具、伸缩缝、支座等主要材料),择优选取厂家,通过陆运进场。

五、施工安全与文明施工情况

(一)安全生产目标

(1)杜绝特大、重大事故。

(2)无重大设备、火灾、管线、交通等事故。

(3)无人员重伤和死亡,年轻伤率控制在 0.15% 以内。

(4)安全管理规范,资料齐全,安全考核达业主要求。

(二)安全保证体系及组织机构设置

1. 建立安全保证体系

(1)“生产必须安全,安全为了生产”是我们一贯坚持的原则,只有建立严格的安全保证体系,采取有效的安全措施,确保施工生产安全,保证工程顺利进行。

(2)成立安全生产管理委员会,项目经理担任主任,专职安全员担任副主任,各相关业务部门负责人为组员。

安全生产管理委员会业务工作内容包括:定期组织安全大检查,定期召开安全会议,制定安全生产制度,传达安全检查情况,并注重平时对职工的安全教育,以及开展多种形式的群众活动,实行安全生产责任制和检查监督制度，健全本标段上下配套的安全生产管理网络。

(3)项目经理对本标段劳动保护、安全生产负总责。

(4)专职安全员具体负责安全生产管理委员会的日常工作，组织实施安全生产措施，进行安全技术交底，检查各生产班组的安全生产情况，督促工作遵守纪律，负责分析处理一般性事故的工作，发生重伤以上事故应立即上报。

(5)作业队长、班组长对所负责区段(队)的劳动保护、安全生产负总责，模范遵守安全生产规章制度，领导本组安全作业，有权拒绝上一级的违章指挥，使用好安全帽、安全网等劳动保护用具，对生产中的不安全因素及隐患要及时解决，不能解决的要及时上报。

(6)技术质量部门根据安全技术规程、规范、标准编制实施性的施工工艺流程框图和技术文件，负责制定相应的安全技术措施。

(7)物资机械部负责制定机械设备的安全操作规程和安全管理制度，加强检查、维修和保养，确保施工机械安全运转；对承重结构的材料，如钢丝绳、支架构件等确保质量合格，并及时做好报废与更新工作。

(8)经理办公室负责做好新工人、特殊工种的教育培训和考核工作，做好工伤事故统计与分析，提出防范措施。

(9)生产安全部负责做好施工现场、仓库、宿舍的防火和防盗等安全保卫措施。

2. 安全组织机构：

贯彻《职业健康安全管理体系　要求》(GB/T 28001—2001)的管理体系文件，实施标准化管理，建立安全管理手册。

六、环境保护与节约用地情况

(一)环保原则

按照《中华人民共和国环境保护法》以及地方法规和行业企业要求，采取措施控制施工现场的各种粉尘、废水、废气、废泥浆、废渣等对环境的污染和危害。并按照业主的要求进行环境、水土、文物的保护。环境保护坚持“预防为主、防治结合”的方针，努力实现可持续发展战略。

(二)技术措施

1. 大气环境保护

(1)散装水泥及粉煤灰存放在筒仓内，防止飞扬。

(2)机械设备、柴油机废气的排放按国家排放标准控制。

(3)施工现场垃圾渣土及时清理出现场，运到指定区域。

(4)禁止在施工现场焚烧有毒、有害烟尘和恶臭气体的物质。

2. 水环境保护

(1)钻孔灌注桩废弃泥浆在指定地点排放，禁止直排河道，污染河水。

(2)生活、生产污水必须处理后标准排放。

3. 地面环境保护

(1)建筑垃圾、生活垃圾固定地点堆放，及时清理，生活垃圾进行必要的生化处理后排放。

(2)所有临时工程及临时设施、临时弃土都要在工程全部完工后清除并恢复原貌。

4. 噪声环境保护

严格控制人为噪声，限制高音喇叭的使用，最大限度地减少噪声扰民。

5. 交通环境保护

与交警大队密切联系，指派专人协助交警维持好施工期间相交道路的交通安全。

6. 水土环境保护

生产场地、弃土场做好排水设施，雨季来临前对排水系统进行疏浚，防止对水土造成冲刷流失。

(三)加强多边合作与协调工作

(1)加强与业主之间的合作，充分理解业主对工程质量、工程进度方面的具体要求，使业主满意。

(2)加强与河务部门的合作，在防汛方案的制定上，充分尊重河务部门的要求与建议，共同做好汛期防洪工作。

(3)加强与设计单位的联系与沟通工作，充分理解设计单位的设计意图和设计变更，尤其在施工方案选择上，充分尊重设计单位意见，做到优秀设计优质施工。

(4)加强与监理工程师的合作，尊重并支持监理工程师工作，为监理工程师履行其职责提供有利条件，共同做好工期、质量、投资控制。

(5)服从业主的安排,配合业主做好相关标段协调工作。和设计、监理、相关标段的其他单位团结一致,在业主的统一指挥下保证优质、按期圆满地完成本标的工程建设。

(6)进场人员必须在生产生活过程中充分尊重当地的乡规民约和风俗习惯。

(7)加强与地方政府及当地有关部门之间的合作,与当地有关部门组织社会治安联防,共同维护好施工期工区附近的社会治安,为优质、安全、快速、经济地完成本标所属工程创造有利的施工环境,为河南两个文明建设添砖加瓦。

七、施工中新技术、新材料、新工艺的应用情况

(1)我标段祝庄互通区 B、C 匝道桥分别采用了钢箱梁、斜拉桥跨许平南高速施工。钢箱梁桥经考察研究,由武汉武船重型安装有限责任公司负责预制安装完成,其全部施工流程及控制均按造船标准执行;斜拉桥拉索材料由柳州欧维姆工程有限公司提供并进行安装,施工全程则由陕西长大工程咨询有限公司实施监控。本项目采用最新的施工技艺,打造南阳市郊区内标志性桥梁建筑。

(2)经我公司考察研究,对于斜拉桥的钢绞线及锚具防护采用最新的材料:锚具外露钢绞线的保护罩和梁端锚具密封筒内灌注无黏结筋专用防护油脂,塔端锚固筒内灌注环氧砂浆防护,以达到最好的防护标准,保证斜拉桥的质量。

八、工程款支付情况

我项目部外欠债务已全部还清,在此我项目部郑重承诺,如该项目有拖欠农民工工资和劳务费用及工程款的投诉,责任完全在我公司,由我公司负责解决,与建设单位无关,建设单位不承担任何法律责任。

九、施工体会

我公司承建的岭南高速公路土建 No.22 标已按要求顺利完成施工任务,在这三年多的时间里,我项目部在质量、安全、文明施工等各个方面取得了良好成绩,是与建设单位、设计单位和监理单位各级领导的关心、支持分不开的。同时也体现了我项目部员工不怕苦、不怕累的精神,对于施工中存在的困难都迎难而上,并在业主、监理单位共同的努力下解决了一个个施工中的难题。

我公司的经营理念为:责任创精品,诚信筑丰碑,有良好的责任心才能创造出精品工程,诚信才能展现出一个建设团队的良好信誉。我项目部在公司的正确领导下能够保质保量地完成工程任务,是对我企业及社会的一个充分肯定,也是对所有参建人员的一个表彰。

因此,我们郑重承诺:精益求精雕塑工程精品,至诚至信提供优质服务;责任和诚信是我们生存的方式;顾客满意是我们不变的宗旨;过程精品,质量第一是我们的座右铭。我们在以后的施工生产中,一定以此为基点,将满意带给大家。

路桥华南工程有限公司

岭南高速公路土建 No.22 标段项目经理部

23. 二广高速公路分水岭至南阳段工程土建 No. 23 标合同段施工总结报告

目　　录

二广高速公路分水岭至南阳段工程土建 No. 23 标合同段施工总结报告

一、工程概况

我标段为预制标，负责土建 No. 11 ~ No. 14 合同段梁板及小型预制构件的预制，主要完成了预制 25m 箱梁 708 片，13m 空心板梁 50 片，10m 空心板梁 8 片，8m 空心板梁 26 片，合计预制梁板 792 片，完成了边沟盖板、镶边石及空心六棱块、路缘石、封板等小型构件的预制。

二、机构组成

（一）人员、设备及材料动员

接到项目公司通知，由我单位负责 No. 23 合同段的工程施工，项目部根据项目公司和监理代表处的要求，配备必要的办公用具，详细了解、调查施工现场，办理有关临时征（用）地（路）手续，搭建生活、生产临时房屋，工地试验室，架设临时供电设施，清理施工现场，进行砂石等地材调查。征求业主、设计、监理单位意见并进行工程咨询，以便确保前期工程尽快开工。

为了优质高速建好本合同段工程，我公司组建本合同段项目经理部，并抽调具有丰富施工管理经验的高中级工程技术人员为主的管理、技术骨干组成项目经理部，调集我公司长期从事公路工程、桥梁工程施工，管理水平高，曾经担负过重、难点工程，屡创佳绩的高素质队伍承担本合同段施工任务，实行项目法管理施工。

（二）施工组织机构

为保证本项目顺利实施，按高效精干的原则组建洛阳至南阳高速公路工程 No. 23 合同段项目经理部，按项目法组织本工程施工，实行项目经理负责制，管理层与作业层分开，劳动力按弹性进行组织，对各项资源投入进行动态管理，独立核算，全面考核。洛阳至南阳高速公路工程 No. 23 合同段项目经理部组织机构见图 1。

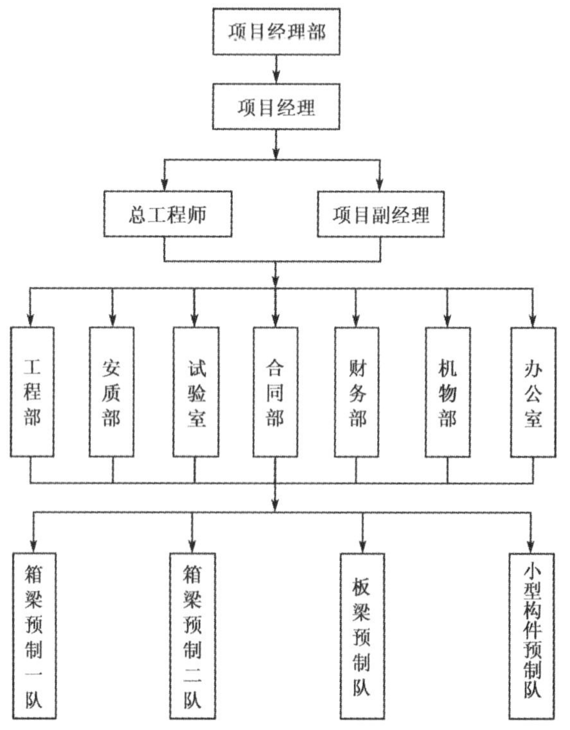

图 1　项目经理部组织机构

（三）主要管理人员名单（表1）

主要管理人员 表1

序　　号	姓　　名	职　　务	备　　注
1	罗雪峰	项目经理	后变更为苏黎明
2	包智明	总工程师	
3	高建国	党委书记	
4	张永泉	项目副经理	
5	邓卫东	工程部部长	
6	徐天恒	计划合约部部长	
7	李旺德	安质部部长	
8	黄永明	财务部部长	
9	毛善斌	机物部部长	
10	杨宗强	试验室主任	

（四）投入的主要施工机械设备（表2）

主要施工机械设备 表2

顺号	名称（种类、型号、产地）	数量	准备进场时间	设备情况	备注
1	汽车起重机、QY30、50kW、长江	1	2005年11月10日	设备正常	
2	混凝土搅拌站、$50m^3/h$、HZS50、65kW	2	2005年10月25日	设备正常	
3	挖掘机、PC200、日本	1	2005年9月30日	设备正常	
4	装载机、ZLC50C、厦门	2	2005年9月30日	设备正常	
5	压浆机、BW250、衡阳	2	2005年11月25日	设备正常	
6	钢筋调直机、CT4-14、广州	3	2005年11月15日	设备正常	
7	钢筋切断机、DYJ-32、广州	4	2005年11月15日	设备正常	
8	钢筋弯曲机、GW32、广州	2	2005年11月15日	设备正常	
9	钢筋电焊机、DN3-75、广州	3	2005年11月15日	设备正常	
10	张拉设备	10套	2005年11月15日	设备正常	
11	50t龙门吊	1套	2005年11月10日	设备正常	
12	100t龙门吊	1套	2005年11月25日	设备正常	
13	120t龙门吊	1套	2005年12月20日	设备正常	
14	插入式振捣器	8	2005年11月20日	设备正常	
15	500kV·A变压器	1	2005年10月15日	设备正常	
16	120kW柴油发电机	2	2005年11月20日	设备正常	
17	空心板梁模板	6	2006年3月10日	新加工	
18	箱梁组合钢模板	10	2005年11月20日	新加工	

三、施工质量管理

（一）质量管理体系

在施工前，认真研究设计文件，针对本标段工程特点，建立质量保证体系，制定工序、分项工程、分部工程操作标准和工程质量标准，在施工中，使整个生产过程都能连续地、稳定地处于受控状态，从而使各工序、各分项工程、分部工程和单位工程达到国家和行业标准。

1. 建立本合同段的质量保证组织机构

（1）项目经理部成立全面质量管理领导小组，项目经理任组长，项目总工程师任副组长，有关职能部门负责人、质检工程师为组员。

(2)项目部设质量监察室,质量监察室下设质检组,施工队设置工地质检员。工程质量保证组织体系见图2。

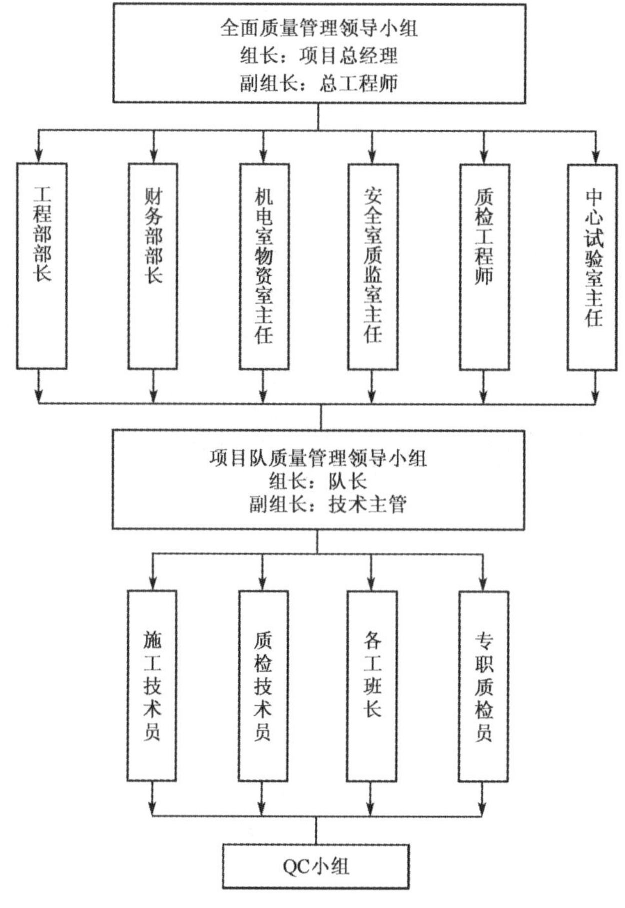

图2　工程质量保证组织体系

(3)质量检查程序

为确保工程质量,建立操作人员自检、班组互检、工序交接检三检制和工前检查、工中检查和工后检查以及分项分部检验、定期检查和随机抽查的内部检查制度。

质量检查程序为:质检员检查合格后,报队质检工程师;质检工程师检查合格后,报项目质监部;安监部验收合格并签认后,报监理工程师和业主,层层把关,确保工程质量。其流程图见图3。

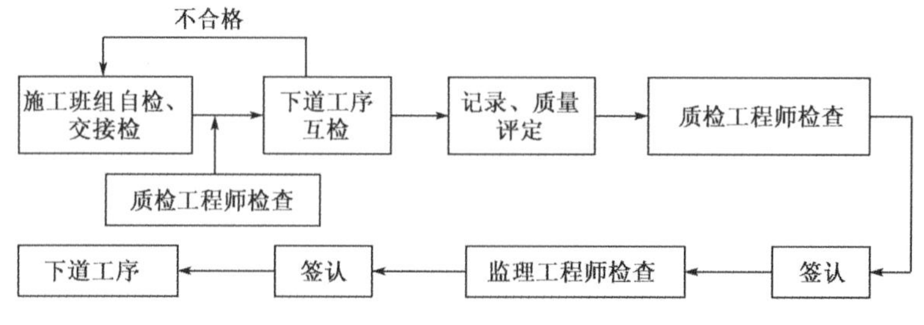

图3　质量检查流程图

我公司的质量保证体系见图4。

2.技术交底

施工前,组织所有参加施工的技术人员和现场管理人员,进行全面的工程技术交底。要求全体人员了解并熟悉针对本工程编制的施工组织技术措施,施工重点、难点及技术攻关计划。掌握施工过程中有关程检、隐检及验标,采用的规范、标准图、通用图及各项技术管理细则等要求。

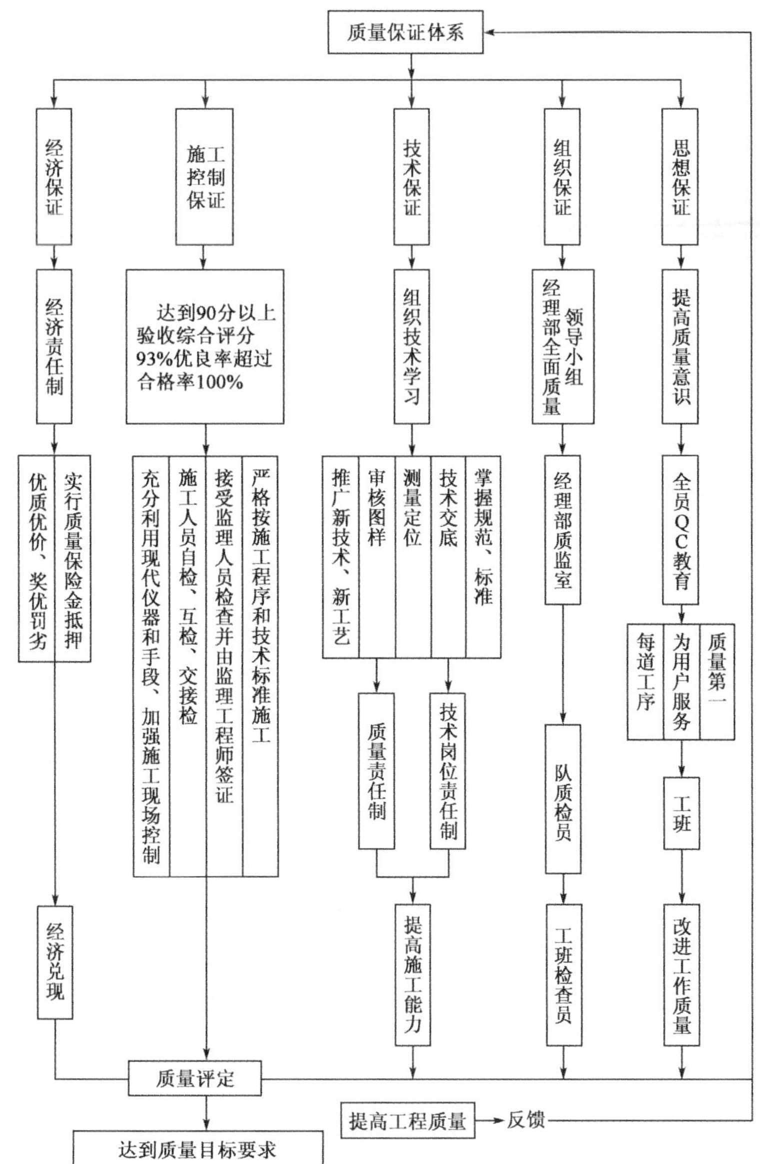

图4　质量保证体系

3. 质量宣传体系

为了确保本标段工程实现工程创优目标，在施工前，经理部及下属各单位，将制定符合实际、切实可行的工程创优规划，根据本工程特点，健全质量保证体系，制定工程质量岗位责任制和分项工程质量保证措施和规章制度，并将其落实到每个人头和岗位。加强技术技能培训，提高队伍素质和施工水平，提高工程质量，创优质、出精品。

牢固树立“百年大计，质量第一”的思想，增强全员质量意识，对工程施工质量做到质量标准起点要高，施工操作要严，并对工程质量实行全过程监控，质量要争创同行业高水平。

加强全员质量意识教育和培训，提高和增强施工队伍素质。抓好工程质量，出质量精品是企业生存的基础，是使企业创造良好社会形象的根本途径。要在全员中广泛宣传教育，增强全员创优意识，通过加强技能培训，提高全员队伍素质，深入持久地开展质量创全优，树立良好信誉的活动。

建立和健全创优组织，指导工程创优活动。项目经理部和各单位都要成立创优领导小组。由项目经理任组长，总工、副经理任副组长，并由施工技术、安质、试验、物资等部门负责人为组员。由创优领导小组负责所属单位的创优活动组织领导、检查、督促工作，保证创优工作的顺利开展。

4. 质量检查旬报制度

项目部根据项目的实际情况制定了详细的质量检查制度，安质部根据相关制度的规定及时上报工程质量周报、旬报、月报。项目部质量领导小组根据报表认真对比分析，发现问题有及时纠正处理，使工程质量一直处于可控状态。

5. 质量奖罚制度

在集体、个人奖励，晋升工作实行质量一票否决权。严格执行奖优罚劣制度，经理部内部实行优质优价验工，利用经济手段管理工程质量。

建立经常性和阶段性的检查、考核、评比、表彰、奖励优质工程活动制度，按计划开展检查评比活动，使创优工作制度化、规范化。

制定分项工程一次验收达优规划。在施工中，严格按设计文件、规范、规则和验收标准，精心组织，精心施工，创优质，出精品工程。从分部、分项工程质量抓起，以工序质量保证分项工程质量，以分项工程质量保证分部工程质量，以分部工程质量保证整体工程质量，从而保证工程验交一次通过。

（二）施工质量控制方案

1. 质量控制措施

为确保工程质量，本合同段在施工过程中采取的主要措施如下。

（1）组织培训、学习

对重要管理人员，根据所管辖的具体项目，有针对性地进行培训学习，深入掌握领会设计意图和技术及合同要求，对所从事的工作内容了然于胸，为施工管理及指导相关操作提供依据。

（2）成立质量管理小组

成立以项目经理组长、项目副经理及项目总工程师为副组长的质量管理领导小组，下设组员：工程部长、质检部长、试验室主任、物资部长、各项目队负责人等。

质量管理小组随时对施工中的质量进行检查和控制，实现实时管理，消除任何质量隐患。

（3）贯彻质量经济责任制

质量责任层层落实，具体到班组及个人，并与工资相联系，根据出现的质量事故原因及责任，作出相应的考核奖惩，以加强责任心，实现质量管理目标。

（4）严格落实质量检测程序

形成工程实体的各类原材料均根据规范和程序要求进行相应的试验检测，组成工程实体的各项工序均按要求进行相应的自检和监理抽检合格后方可进行下一工序的作业，所有隐蔽工程均按合同及规范要求进行检验后方可隐蔽。

以上各项检验或检测均及时填写相应的资料，形成工程质量检测记录，并由相关责任人员签名，所有记录均规范、完整、齐全。

（三）施工中工程质量自检情况

为确保工程质量，建立操作人员自检、班组互检、工序交接检三检制和工前检查、工中检查和工后检查以及分项分部检验、定期检查和随机抽查的内部检查制度。

质量检查程序：质检员检查合格后，报队质检工程师；质检工程师检查合格后，报项目质监部；安监部验收合格并签认后，报监理工程师和业主，层层把关，确保工程质量。

（四）工程质量问题的处理

本工程在施工过程中未出现重大质量问题，对部分施工项目（如钢筋绑扎不符合要求的现象）均及时采取了相应的措施使其满足质量标准，并达到监理工程师的要求。

对施工作业过程中监理工程师的任何指令，我单位均按要求作出了处理，严格贯彻合同，实现合同目标。

（五）对完工质量的评价

本合同段所有完工工程均满足设计和规范要求，完全符合合同要求的质量目标。具体体现如下。

（1）所有项目的分项工程、分部工程、单位工程均符合交通部发布的公路工程质量检验评定标准。

（2）整个合同段的所有完工工程项目在业主和省质监站阶段性或过程检查验收中均符合相关技术指标要求。

四、施工进度控制

本合同段自 2005 年 9 月 30 日开工令下发后，至 2007 年 5 月 20 日基本完成全部合同工程，期间均按业主的工程进度计划要求组织施工，并实现了业主的阶段性施工进度计划目标，很好地履行了合同的约定内容。在进度控制方面，我们主要采取了以下措施。

(1)认真做好施工调查,编制合理可行的实施性施工组织设计,作为指导施工、确保工期的依据。在施工中,严格施工计划管理,切实落实各工点的旬日作业计划,全面落实施工组织计划,确保合同工期的实现。

(2)按照施工组织设计所选定的施工方案、施工方法、施工工艺及措施组织施工。尽快组织人员、配备所需机械设备进场及时开展施工。对关键工程配备素质高、技术全面的工程师担任工程指挥,同时选用有丰富经验的技术工人和施工队伍负责施工,以确保关键工程优质、按期完成。

(3)做好施工物资、机械设备的供应调配及后勤保障工作。认真落实施工用料源、供应方式及材料运输情况,及时签订采购合同,保证建筑物资满足施工需要,避免因物资供应脱节而贻误工期。

(4)发挥我专业队伍技术力量雄厚的优势,对施工关键设备重点维护检修,配备一定的修理人员跟班作业,及时抢修,防止出现故障,保证工程设备处于最佳运行状态。

(5)及早建立工地试验室,配齐所需仪具及人员并开展试验工作,保证工程施工期间能正常运转使用。

(6)凡影响工期的工程,要精心组织,集中人力,机械设备,重点突出,加强施工,为保证工期创造条件。

(7)组织精干、高效、权威的经理部,实行现场办公,工地指挥,及时解决施工中存在的问题。加强现场调度,保证各项工程顺利进行。本合同全部工程由其下属项目队施工,做到工程不转包、不分包,确保工程质量和合同工期。

(8)尊重业主,服从监理工程师管理,严守信誉,树立企业良好形象。加强与地方政府联系,取得支持。积极主动,尽快做好临时用地工作,为开工创造条件。同时加强与友邻施工单位的团结互助,协调工作。

(9)充分考虑当地的冬、雨季情况,切实做好冬、雨季期间的施工安排。

(10)开展劳动竞赛活动,积极响应业主相关进度方面的活动。

五、施工安全与文明施工情况

(一)我公司的安全保证体系(图5)

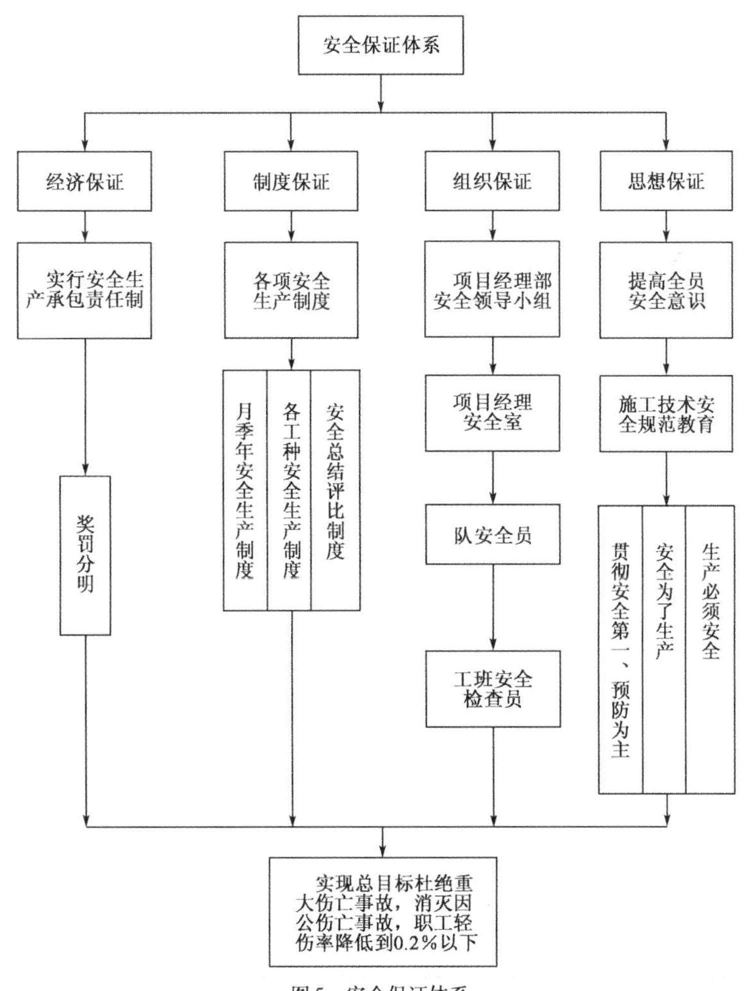

图5 安全保证体系

（二）施工安全保证措施

本项目在施工前详细制定了有针对性地的安全保证措施，并在施工过程中严格落实控制“安全第一、预防为主”的方针，因此在整个施工过程中并未出现重大安全事故。本单位所采取的安全体系及措施如下。

1. 安全管理组织机构

建立健全安全生产管理机构，成立以项目经理为组长的安全生产领导小组，全面负责并领导本项目的安全生产工作。主管安全生产的项目副经理为安全生产的直接责任人，项目总工程师为安全生产的技术负责人。

项目部设安全质量室，安全质量室配齐专职安全检查工程师。施工队配置专职安全员。

2. 落实安全生产责任制

(1)实行安全生产三级管理，即一级管理由经理负责，二级管理由专职安全员负责，三级管理由班组长负责，各作业点设共青团安全监督岗。

(2)完善各项安全生产管理制度，针对各工序及各工种的特点制定相应的安全管理制度，并由各级安全组织检查落实。

(3)建立安全生产责任制，落实各级管理人员和操作人员的安全职责，做到纵向到底，横向到边，各自做好本岗位的安全工作。

(4)项目开工前，编制实施性安全技术措施，对各分项工程要编制专项安全技术措施，领导小组同意后实施。

(5)严格执行逐级安全技术交底制度，施工前由项目经理部组织有关人员进行详细的技术安全交底。项目施工队对施工班组及具体操作人员进行安全技术交底。各级专职安全员对安全措施的执行情况进行检查、督促并做好记录。

(6)加强施工现场安全教育。

①针对工程特点，定期进行安全生产教育，重点对专职安全员、安全监督岗岗员、班组长及从事特种作业的起重工、电工、焊接工、机械工、机动车辆驾驶员进行培训和考核，学习安全生产必备的基本知识和技能，提高安全意识。

②未经安全教育的管理人员及施工人员不准上岗。变换工种或参加采用新工艺、新工法、新设备及技术难度较大工序的工人必须经过技术培训，并经考试合格者才准上岗。

③特殊工种的安全教育和考核，严格按照《特种作业人员安全技术考核管理规则》执行。经过培训考核合格，获取操作证方能持证上岗。对已取得上岗证者，要进行登记存档规范管理。对上岗证要按期复审，并要设专人管理。

④通过安全教育，增强职工安全意识，树立“安全第一，预防为主”的思想，提高职工遵守施工安全纪律的自觉性，认真执行安全操作规程，做到：不违章指挥、不违章操作、不伤害自己、不伤害他人，不被他人伤害，确保自身和他人安全，提高职工整体安全防护意识和自我防护能力。

(7)认真执行安全检查制度。项目经理部要保证检查制度的落实，规定定期检查日期、参加检查的人员。经理部每7日检查一次，项目队安检部门每3日检查一次，作业班组实行每班班前、班中、班后三检制，不定期检查视工程进展情况而定，如：施工准备前、施工危险性大、采用新工艺、季节性变化、节假日前后等时要进行检查，并要有领导值班。对检查中发现的安全隐患，要建立登记、整改制度，按照“三不放过”的原则制定整改措施。在隐患没有消除前，必须采取可靠的防护措施。如有危及人身安全的险情，必须立即停工，处理合格后方可施工。

（三）文明施工

为确保施工全过程规范有序，在正式施工前编制了文明施工方案和措施。合理布置施工场地，做到临时设施规划统一，机具材料堆放整齐，道路畅通，施工有序，生产安全，达到工程质量全优，技术资料齐全，竣工文件翔实美观，并及时提供。

(1)施工场地布置，生产房、生活房修建，适宜地形布置合理，整齐有序，便于施工。机具、材料堆码整齐、场地整洁，无脏乱差现象。

(2)合理调配材料，料场整洁，料具堆码整齐、稳定，各类物资分类堆放，并有明显标志。储备数量适宜，做到工完料净。

(3)施工区标牌醒目，办公室、住房干净整洁，各类规章制度健全。

(4)所有工点及生活区排水畅通，建立必要卫生设施。

(5)施工要做到规范化、标准化、制度化，杜绝野蛮施工和违章作业。

(6)做到施工文明、语言文明，处理好与地方关系，树立本企业良好形象。

(7)对重点、难点工程等要重点加强戒备，禁止闲散人员随便进入。要做好防护，确保安全，散落在公路上的石料应及时清理，确保公路畅通。

(8)在工程施工前，要事先向业主和有关部门详细咨询拟施工影响范围内的公用设施和民用设施的设置和拆迁情况。在其未拆迁前，对其采取一切必要措施，加以妥善保护，以免这些设施在工程施工时遭受损坏。

(9)临时工程或永久工程施工，可能对靠近道路用地的现有公共设施和民用设施产生影响，事先通知这些设施的代表，并在他们在场的情况下施工作业。

(10)加强施工道路的养护与维修，保证所用临时或既有道路及施工现场湿润清洁。

六、环境保护与节约用地情况

在施工中，认真贯彻国务院颁布的环保法和水保法及土地管理法，以及相关法律和法规，坚持“以防为主，防治结合，综合治理，化害为利”的原则，在施工中采取有力措施，防止污染和破坏自然生态环境。本项目环境保护的重点是做好水土保持，保护植被；最大限度地减少对施工周围环境的破坏；做好取土场防护与排水及相关工作。

(一)建立管理体系，完善管理制度

项目经理部成立施工环保、水土保持领导小组，由项目副经理主抓施工环保、水土保持工作，对施工临时用地提前规划并按法定程序上报审批。

(二)施工环境保护及水土保持措施

环境保护是我国的一项基本国策，做好环境保护和水土保持工作与国家的可持续发展战略密切相关。为此，我公司将按照业主、招标文件及当地政府的有关要求做好施工环保、水土保持工作。具体措施如下。

(1)实行施工环保、水土保持责任制，将施工环保、水土保持与各作业班组和管理人员奖金分配挂钩。

(2)制定施工环保、水土保持、施工现场管理、施工秩序管理、施工安全管理细则，并认真落实。项目经理部每周进行一次施工环保、水土保持检查，并针对检查中发现的问题限期整改。

(3)合理选定施工场地，尽量做到不占或少占耕地，最大限度地减少对周围环境的破坏。工程完工后，及时恢复植被或采取其他有效措施；临时占地尽可能选择在荒地上。工程弃渣严禁倒入河道、沟渠，以免影响排灌系统及农田水利设施。

(4)完善排水系统，防止水土流失。

(5)在工程施工期间，要尽量保护用地范围之外的现有植被。若因修建临时工程破坏了现有植被，在工程交工拆除临时工程时予以恢复。

(6)生产中对废油、污水要设处理场进行处理，粪便污水设化粪池，处理后排出，一律不准直接排入河道、沟渠中。

(7)项目驻地设垃圾储运站，生活垃圾集中收集后，与当地环保部门协商处理。

(8)所有因施工需要而修建的临时设施，除便道及监理工程师住房外，必须在签发交工证书后，及时清除，运出设备及剩余材料并保持现场整洁，达到监理工程师满意的使用状况。

(9)施工区域、砂石料场在施工期间和完工以后，采取措施减少对河道、溪流的侵蚀。

(10)施工期间爱护环境，保护绿化，保护好已完成的建筑物和路面，不损坏、不污染。

(11)噪声控制措施。

①合理分配动力机械的工作场所，尽量避免同处运行较多的动力机械设备。

②选购低噪声的机械设备，对噪声超标的原有机械设备，采用消声器或其他措施来降低噪声。

③对于行驶的机动车辆，现场只允许按低音喇叭，场外行驶严禁鸣笛。

④合理安排噪声较大的机械作业时间，距离居民区较近的地段，应控制噪声，噪声较大的工序操作避免夜间施工，避免影响地方居民的正常工作和生活。

⑤加强施工机械、运输车辆的维修保养，尽量减少施工噪声。

(12)减少粉尘措施。

①因施工作业而产生灰尘时，采用洒水湿润，以减少污染。对易于引起粉尘的细散料予以遮盖或洒水。

②运输中对可能产生粉尘的车辆配备挡板及棚布，防止粉尘飞落。

③作业场地及运输车辆及时清扫、冲洗，保证场地及车辆的清洁。

④施工现场及运输道路要适时洒水防尘，减少对环境及农田、植物的污染与损害。严禁在场地内燃烧各种垃圾及废弃物。

七、施工中新技术、新材料、新工艺的应用情况

无。

八、工程款支付情况

我项目部外欠债务已全部还清，在此我项目部郑重承诺，如该项目有拖欠农民工工资和劳务费用及工程款的投诉，责任完全在我公司，由我公司负责解决，与建设单位无关，建设单位不承担任何法律责任。

九、施工体会

本项目施工历时一年多，合同工期为14个月，但因某些自身外的原因顺延了工期，但我们所施工的工程质量和工期符合建设单位的要求，圆满地履行了合同的全部内容。

在整个工程项目形成过程中，建设单位、设计单位、监理单位的热情参与、帮助和指导对保证质量和工期确实起到了促进作用，是他们无私的奉献和指导使我们在工作过程中避免了弯路，对更好地履行合同产生了良好的影响。

在坚持诚信的前提下，兼顾各方利益，全面履行合同，才能树立企业的良好信誉和形象，才能为企业赢得更广阔的发展空间。这是我们的最切身体会。

我们成绩的取得固然离不开建设单位、监理单位以及社会各界的关心和支持，但我们信守合同，为全面履行合同，虽然我们付出了一定的代价，但我们无怨无悔，我们也因此赢得了信誉和理解。

中铁五局集团三公司
岭南高速公路土建 No. 23 标段项目经理部

24. 二广高速公路分水岭至南阳段工程土建 No. 24 标合同段施工总结报告

目　　录

二广高速公路分水岭至南阳段工程土建 No.24 标合同段施工总结报告

一、工程概况

本项目与在建的日照至南阳、上海至武威高速公路相交,并与 G207、G311 线及 S103、S231 等 12 条国道和省道交叉,形成区域内公路网络。高速公路全长 97.583km,全线全封闭、全立交。

本合同段主要工程数量:25m 装配式后张预应力钢筋混凝土箱梁 263 片,20m 先张预应力钢筋混凝土空心板 335 片,16m 先张预应力钢筋混凝土空心板 234 片,13m 先张预应力钢筋混凝土空心板 235 片,10m 先张预应力钢筋混凝土空心板 303 片,8m 先张预应力钢筋混凝土空心板 85 片,5m 钢筋混凝土空心板 216 片及路基防护预制块预制 818.49m^2,桥涵锥坡防护预制块 11294.34m^3。

二、机构组成

(一)临时设施

首批人员进场后修建临时设施,做好"三通一平",即路通、水通、电通、场地平。

(1)临时工程所需的材料就近采购,并保证满足工程要求。

(2)施工便道利用原有 G312 国道,预制场与既有公路连接进行修筑部分便道。

(3)施工队伍的驻地建设等共需临时用地约 75000m^2。项目经理部、监理部及施工队靠近工地布置,配备生活、生产设施。生活设施有办公室、宿舍、食堂等。生产设施设有预应力混凝土梁预制场地、小型构件预制场地、材料库(棚)、混凝土拌和站、钢筋加工场、车辆及机具停放场、预制板堆放场地。

(二)生产及生活用水

项目部及施工队驻地新打两孔水井及利用既有生活用水供生产、生活使用。

(三)电力供应

工程用电以采用地方电力为主,施工现场利用既有 200kV · A 变压器变压送电,同时配备 1 台 120GF141 发电机组作为备用。

(四)混凝土自动计量拌和及运输

为提高混凝土施工质量,保证施工进度,根据工程情况,本合同段设置 1 座 HZS60 全自动混凝土搅拌站拌和作业,采用 2 台混凝土运输车,场内运输混凝土,龙门吊吊装混凝土入模。同时配备 1 台 750 型拌和站备用。

(五)技术准备工作

(1)组织图纸会审。认真核对设计文件和图纸资料,切实领会设计意图,查找是否有差、错、漏现象,及时会同设计部门和建设单位解决所发现的问题。

(2)认真进行技术交底。图纸会审后,由总工程师、主管工程技术人员逐级进行书面及口头技术交底,确保作业人员掌握各项施工工艺及操作要点、质量标准。

三、施工质量管理

(一)先张预应力空心板梁施工

台座采用框架式台座,由纵梁(压柱)、横系梁组成框架,承受预应力筋的张拉力。纵梁和横系梁采用 C30 钢筋混凝土现场浇筑,平台座底板高程严格控制,做到平整,用钢筋混凝土在现场整体浇筑,台座顶面铺 5mm 厚钢板作为底模。

当梁台座横梁、锚梁、锚具及张拉设备一切就绪后,开始预应力空心板梁的施工作业。预应力张拉采用固定端单根初张、张拉端整张整放的双向张拉方式。移梁采用 2 台龙门吊。

(1)钢绞线和钢筋绑扎。钢绞线必须有出厂合格证,进场后每 60t 为一个批次进行复试,合格后方可使用。钢绞线堆放距地面不得小于 0.5m,不得受潮或雨淋,加工时按不同梁的尺寸,按设计要求用无齿锯切割,严禁采用电焊切割。

(2)模板支立。

①预应力空心板的模板,采用定型大块钢模板组装成型。模板具有足够的强度、刚度和稳定性能,可靠地承受施工过程中可能产生的多项荷载,保证预制构件的各部形状、尺寸准确。模板板面应平整,接缝严密不漏浆。组装侧模时,设立拉杆固定。固定在模板上的预埋件和预留孔洞安装牢固,位置准确。

②芯模采用橡胶气囊,为防内模上浮或左右移动,气囊上每隔0.5m加一道圆弧形钢筋加以固定。芯模拆除,根据混凝土实际强度控制拆模。

(3)预应力空心板梁施工顺序。

先组装底板和腹板钢筋,穿拉钢绞线并完成初张拉,拼装侧模和端模,然后将钢绞线张拉到控制应力锚固,静置数小时后,绑扎顶板钢筋,支立加固外模,浇筑底板混凝土并穿入芯模,浇筑腹板和顶板混凝土。按规范要求制作混凝土试块,当混凝土强度达到设计或规范规定值后切断钢绞线。

(4)为了保证工程进度和混凝土的质量,在混凝土中掺入高效早强减水剂。混凝土搅拌严格按照试验室给定的施工配合比执行。施工过程中试验室按照规定的频次加强集料含水率的检测,确保混凝土质量的稳定性。拌制混凝土所用的各项材料的质量,应经过检验,必须符合《公路混凝土试验规程》的有关规定。

(5)浇筑混凝土前对模板、钢筋、预埋件进行检查,清理模板内的杂物、积水和钢筋上的污垢,模板如有缝隙,应填塞严密。模板内面涂刷脱模剂,浇筑混凝土前检查混凝土的和易性和坍落度。

(6)插入式振动器移动间距不应超过振动作用半径的1.5倍,与侧模保持5~10cm的距离;插入下层混凝土5~10cm;每一处振动完毕后应边振动边徐徐提出振动棒,避免振动棒碰撞模板、预应力钢绞线及其他预埋件。

(7)钢绞线的双向张拉整张整放工艺。

①初调应力:目的是使钢绞线绷紧,应力大致相等。数值的大小可为0.10倍的控制应力。为减小横梁变形对张拉力不均的影响,初调的顺序应由两侧向中间对称进行。首批张拉时拉力要提高10%~25%。

②控制张拉:控制张拉应按设计规定进行,并采用控制应力、控制伸长率的双控方法。伸长量实测值与理论计算伸长值相差不大于±6%。为提高测试精度,仅测立模到张拉这一段的伸长值与相应的理论计算伸长值做比较。

③放松应力:梁体混凝土达到设计强度后可以放松应力,设计未规定时不得低于设计强度的75%。在初次制梁时还应在放松前做混凝土弹性模量试验,并确认所采用的混凝土配合比能否使弹性模量符合设计要求。

放张需对钢绞线超拉。超拉数值以能松开锚具锁母为度,顶开的最大间隙不得大于2mm。横梁两端千斤顶的出顶速度必须做到同步运行。一般认为超顶不超过5%σ_{con}对梁体混凝土与钢绞线的黏着力无不利影响。

④张拉步骤:选用具有自锚的锚固,钢绞线选用低松弛钢绞线。其张拉程序为:0→初应力(10%σ_{con})→σ_{con}(持续2min)→锚固。

(二)后张预应力箱梁施工

在箱梁的预制施工中,必须保证混凝土外观质量,防止以往制梁中易于发生的质量通病(如模板接缝错台、漏浆等)。

1.模板

面板采用8mm厚冷轧普通钢板,面板纵肋采用[120槽钢,支架采用I140工字钢。工厂制作完毕之后运至工地,用接口法拼成一个整体,并按设计要求反拱调整好线型和平整度后将面板焊成一个整体,用砂轮磨平焊缝。外模与底座之间嵌有U形橡胶条,以防底脚漏浆,底脚拉筋每隔1m设1根。另外,为了保证模板就位后模板支撑稳固,满足受力要求,模板支架每隔5m设2根可调丝杆作为就位后的支撑,以保证模板垂直度。

立模时用龙门吊吊装组立,组立时注意模板拼接接缝处的平整度。

内模设计原则为强度、刚度满足施工规范要求,拼拆必须方便,内模采用定型钢模。

底模采用$\delta=5$mm钢板,制梁台座浇筑时预埋50×50×5角钢,调整好反拱度后,底模钢板与角钢焊接,联接成整体。

2.钢筋制作及安装

(1)钢筋骨架的安装就位。钢筋绑扎就位前,应在制梁平台上放置砂浆垫块,散布均匀,间距不大于1m,并距底板边不大于10cm,垫块长度方向交角为45°,左右不得垂直于梁长方向。

(2)钢筋骨架吊装,为防止变形,须采用吊具,安装就位应准确,纵横方向不得错位。起吊一定高度时,对桥梁支座底板涂刷机油,便于今后对其清渣。

(3)制束。钢束下料:先将钢绞线平放在地上,抽出内圈头,用人力或小卷扬机牵引至规定长度(张拉长度+工作长度)切断,钢绞线切断长度误差符合规范要求,并注意外观检查。劈裂、死弯、锈蚀、油污、电接头等,不能补救的不得使用。

整束钢绞线用18号铁丝捆绑制成,成束时应保证顺直不扭转,钢绞线束两端应整齐,相错不超过50mm,不同厂家、批号的钢绞线束分别堆放并标识,防止乱用,在堆放和运输过程不得产生死弯、损伤、污染及油污锈蚀等。

(4)穿束。穿束前应清除管道内的水分及其他污物。钢绞线束在运输过程中,应采用多支点支承,支点距不得大于3m,端部悬出长度不得大于1.5m。钢绞线束穿入混凝土孔道,可采用卷扬机引拉,也可采用人工穿入,卷扬机引拉应先穿入1根单钢绞线将卷扬机钢丝绳引进孔道,从另端拉出后,采用联结套筒方式与钢绞线束联结,然后开动卷扬机穿束。穿束过程中如遇钢绞线束穿不进,则必须开凿修孔,使管道顺畅后穿束,最后按桥梁修补办法修补凿口。钢筋制作及安装同先张梁施工方法。

3. 制孔波纹管及安装

(1)钢绞线通过的混凝土孔道,是采用预埋波纹管形成的。

(2)绑扎钢筋骨架时,同时安放波纹管定位网片,沿梁长方向的误差小于等于15mm,定位网片应与梁体纵向分布筋、腹板箍筋牢固绑在一起。

(3)波纹管位置偏差严格按规范要求施工。

(4)为防止浇筑混凝土时波纹管内漏浆,在浇筑混凝土前在波纹管内穿入塑料管,在浇筑混凝土过程中应间断地抽拔塑料管,以防止波纹管漏浆卡塞塑料管,浇筑混凝土完成后拔出。

4. 混凝土施工

(1)混凝土的灌注方法

先从一端灌注底板开槽部分的混凝土,灌注长度为8~10m,然后将此段用组合模板封底,再开始灌注腹板及顶板混凝土,当腹板混凝土的分层坡脚到达底板8~10m位置后,再向前灌注8~10m位置,封底后再灌注腹板及顶板混凝土,以此类推灌注其余8~10m段的混凝土,灌注到另一端底板混凝土,及时封底后变换方向,从端部向中部方向灌注腹板及顶板混凝土。腹板灌注采用斜向分段水平分层灌注,分层厚度不大于30cm,斜向坡度不大于1:3,新旧混凝土间隔时间不大于混凝土的初凝时间。

在灌注腹板混凝土时,由有经验的人在箱梁内用小锤敲击内模,检查其填充密实情况,对混凝土填充不密实的地方,随时采取措施,确保混凝土填充密实后再开启附着式振动器振动。

(2)振动方式:采用附着式振动器并配以插入式振动器振捣的方式。在腹板钢筋及橡胶棒密集处,插入式振动器难以发挥作用的地方,制定周密的捣固方案,用捣固铲人工捣固配合附着式振动器振捣。插入式振动器的移动间距不大于50cm,捣固铲的移动间距不大于30cm,插入式振动器每次插入下层混凝土的深度宜为5~10cm。无论是使用插入式振动器或是捣固铲,都必须将架在骨架上的混凝土振捣下去,以防将后灌的混凝土架空。附着式振动器的振动要由有经验的人员专人指挥,短振、勤振,每一振点的累积振动时间在20s以内,以混凝土不再沉落,以不出现气泡,表面呈现浮浆为度,且灌注上层混凝土时,不得开启下层已浇筑好混凝土部分的外部振动器。

(3)预制场配置1套混凝土搅拌站,混凝土采用混凝土输送车运送,龙门吊提升吊斗灌注混凝土,混凝土灌注必须连续进行。

(4)顶板灌注完毕开始初凝时,进行二次赶压拉毛(摩擦痕),用于增加浇筑桥面铺装混凝土时的结合力,并保证顶板尺寸,防止裂纹产生。

(5)养护

桥梁拆模后,自然环境温度大于10℃,应对梁体混凝土表面浇水养护,浇水养护时间不少于10d,浇水养护的次数随天气变化而定,白天不宜超过2h一次。夜间4h一次,向阳和向风多浇水,浇水次数应能使混凝土表面保持充分潮湿。

5. 预应力张拉施工

(1)箱梁钢绞线张拉时,梁体混凝土强度不得低于设计或规范要求的强度值。

(2)同束钢绞线张拉,应两端同步进行,并以油表读数为主,钢绞线伸长值作校核,进行双控。

(3)预施应力时,每片梁出现断丝,滑丝根数不大于钢绞线总根数的0.5%,并不得在同一束内,否则更换该束钢绞线和锚具,重新进行张拉。

(4)张拉前的准备工作。梁端部支承板上的灰渣必须清除干净,防止锚圈底面不能与支承板全面接触。避免预留孔道压浆时漏浆,且保证千斤顶安装时,千斤顶、锚圈内孔、预留孔道三轴线同心。

检查孔道口的内径,并检查孔道轴线与支承板平面基本垂直,否则应修整。穿束后,调整施工外露长度。

千斤顶校正系数与油表、压力换算根据采用的千斤顶型号及设计张拉吨位由现场技术负责人计算后通知。

初张拉画线吨位根据施工现场实际情况确定。

(5)预应力钢绞线后张法张拉程序。选用低松弛钢绞线及具有自锚性能的锚具,其张拉操作程序为:0→初应力(作伸长值标记)→张拉到控制应力(持荷2min锚固)。

(6)张拉工艺中应注意的几个问题。

①锚圈定位:将锚圈套在钢丝束上,靠紧支承板,用手托住锚圈,使锚圈孔轴线与预留孔道轴线基本同心,在支承板上沿锚圈外径用石笔或磨尖的粉笔画线,作为锚圈安放正确位置的标记,在以后的张拉过程中,注意锚圈位置不得偏离画线位置。

②千斤顶定位:张拉正常的关键之一在于"三轴线"同心,即锚圈内孔、预留孔道和千斤顶三者轴线保持同心,这样才能减少钢丝的滑丝和断丝。

(7)张拉过程中的安全操作。张拉过程中,两端油泵操作人员应统一指挥送油或回油。工作完毕应打开油阀,切断电源,非油泵操作人员禁止操作油泵。千斤顶不得超过设计最大拉力和最大行程。在张拉过程中,特别是在高压下,千斤顶正后方不准站人,油管不准踩踏攀扶。张拉时发现油表读数不高,而行程太大,应停止张拉,查明原因再进行张拉。

6. 孔道压浆

(1)预应力筋张拉后,孔道压浆应尽早进行。压浆前需经检查无滑丝、失锚及其他异常情况,确认合格后才允许进行压浆。

压浆前应清除孔道内的积水,用高压风吹出。压浆前应先安装好压浆短管,检修压浆管,配装好0~2MPa的水泥浆压力表。压浆时最大压力宜为0.5~0.7MPa,但不宜大于1.0MPa。水泥浆为纯水泥浆。配合比经试验确定。水泥浆28d标准养护强度,符合设计要求。

(2)孔道压浆采用一端压浆、另一端补浆的压浆法。从一端压入水泥浆,另一端喷出浓水泥浆后,封闭出浆口端,压力升至0.5~0.7MPa持压2~3min后,封闭注浆端口;将注浆设备移至出浆口端补浆,方法同上。压浆管道不宜太长。否则应提高水泥浆压力,一般不超过60m。压浆顺序根据孔道分布情况,自下而上逐根进行。水泥浆从搅拌至压入孔道的间隔时间不得超过30~45min。

(3)压入孔道的水泥浆应饱满密实,密实程度应经常抽查,对孔道压浆怀疑时,可进行打眼探查。

(4)为保证管道中充满灰浆,关闭出浆口后,应保持不小于0.5MPa的稳压期,该稳压期不宜少于2min。

(5)孔道压浆完毕后,梁端锚口应按设计图所示用水泥砂浆封闭。

7. 封端

孔道压浆后,应立即将梁段水泥浆冲洗干净,同时清除支撑垫板、锚具及端面混凝土的污垢,并将端面混凝土凿毛,以便浇筑封端混凝土。封端混凝土的张拉程序如下。

(1)设置端部钢筋网。

(2)妥善固定封端模板,以免在浇筑时模板运动而影响梁长。

(3)封端混凝土强度,应符合设计要求,若设计无规定时,不宜低于梁体混凝土强度标准值的80%。

(4)浇筑封端混凝土时,要仔细操作并认真插捣,使锚具处的混凝土密实。

(5)封端混凝土浇筑后,静止1~2h,带模浇水养护。脱模后在常温下养护不得少于7昼夜。冬季气温低于5℃时不得浇水,养护时间增长,同时采取保温措施,以防冻害。

8. 移梁及存放

移梁采用门式起重机,存梁场地硬化,梁端支撑点下浇筑混凝土存梁台,梁下垫木方。其上用4块垫木放在吊环外侧,且高出预留筋,上下垫木要对齐,长度小于13m的混凝土构件每垛码放不得超过4层,13m(含13m)以上构件不宜超过2层。

(三)保证工程质量的主要措施

(1)针对本工程特点,精心组织、加强管理、精心施工,确保工程质量。

①切实落实施工技术分工负责制、总工程师负责制,保证技术工作的制度化、规范化、标准化。

②严格把关。

严把图纸关,对施工设计图进行认真复核和审查,并做好技术交底。

严把试验关,建立中心试验室,配备齐全的设备器具和经验丰富的试验工程师,负责本工程的试验检验工作。严格进行各种材料、半成品的检测,负责混凝土配合比选定、施工配合比的调整和试件的制作,养护,试压工作,积极配合现场监理工程师完成其他试验工作。严格标准计量工作,对水泥混凝土、高强度等级水泥砂浆均采用电子计量设备称量,称量由合格的人员在监理工程师指定或批准的地点进行。

③对重点工序和项目：混凝土拌和、梁预制、预应力施工等采用先进的施工技术，以保证工程质量和工期。

④建立工程档案室，配备专职档案员，按业主要求的规格、格式负责做好整个施工过程中的工程日志、施工记录、施工草图、各种签证、验标等原始资料及有关文件的收集，整理和保管，建立完善的工程技术档案。

⑤建立完整的质保体系，指派专人负责工程质量，经理部、各作业队设专职质量检验人员，班组设质量员，并上报监理工程师备查。

⑥采取多种形式对职工进行质量教育，强化质量意识，制定质量岗位责任制。工程正式开工前，认真组织职工技术交底，组织学习有关规程、规范和工艺要求，施工中严格按规程和工艺操作。

⑦单项工程和重要的关键部位，均遵循先试验后铺开施工的程序，开工前做好一切必要的准备。

⑧加强对试验室的管理，配备足够的检测仪器、仪表，并及时校核，保证足够的精度。加强自检工作，检测频率不低于规范要求，特别注意对分散工程的检查。

⑨开展多种形式的全面质量管理活动，制定切实可行的奖优罚劣的激励措施。

(2)质量控制技术措施。

①严把材料关。施工所用原材料、成品、半成品均有出厂合格证，检验及试验报告，并按规定进行抽检、试验，经试验不合格的原材料严禁入库进场。对已经进入施工现场的不合格材料，及时组织清出施工现场，并追踪该批不合格材料的终端去向，向监理工程师提交该批不合格材料终端去向的书面证明材料。

严格把好材料、构件、半成品的质量关。所有的进场材料，必须经外观检查合格并有出厂合格证。对进场水泥、钢材、砂石等材料及时进行二次复试，合格后方可用于工程主体，不合格的材料坚决清出现场。混凝土配合比严格执行试验室给定的数据，并根据现场实际情况换算成施工配合比后，方能用于施工。施工过程中，按批量对混凝土试件、钢筋焊接等试件进行检验，不合格工序严禁进入下一道工序。新材料、新产品、新工艺，尤其是混凝土外加剂在使用前要对其性能进行定期试验、检验，掌握其性能并制定出质量标准和操作规程，才能在工程上使用。

②定期或不定期地邀请监理工程师参加座谈会，征询他们对施工技术管理、工程质量和工艺操作等方面的意见，并及时采取整改措施，不断提高质量工作，确保工程质量。

③工地检测站和主要试验项目。完善工地试验，严格执行检测报告，凡是施工所需材料必须具有材料合格证，并经检测站检验合格、按程序批准后方能使用，加强对圬工操作步骤的检查及圬工试件的检查。为使工程原材料的鉴定、配合比的选定和工程圬工强度鉴定科学合理，经理部组建工地中心试验室。主要试验项目有：水质、砂石、水泥、钢筋等原材料鉴定；混凝土、砂浆、配合比选定；钢筋及焊接强度鉴定；混凝土、砂浆强度鉴定。

为确保本工程达到所要求的质量目标，根据以往的施工管理经验以及本工程的特点，采用项目法管理机制，由管理经验丰富的工程师何志军担任本工程的项目经理，各相关职能部门全力配合。工程质量管理完全按照ISO9001 质量体系进行全过程的质量控制。

(3)思想教育保证措施。

在员工中广泛开展责任、市场质量观教育，使广大员工深刻认识到：百年大计，质量第一；质量责任重于泰山；质量就是市场，必须不断建造精品工程，施工企业才能赢得市场，才能生存发展，企业员工才有收入来源，才能不断改善和提高物质和文化生活水平。

深入开展全面质量管理教育，使员工更深刻认识人、机、料、法、环五大因素对工程质量的重大影响，从而围绕五大因素研究并实施，不断提高工程质量的措施和办法。

(4)技术管理保证措施。

①建立并实行以总工程师为首的技术负责制，同时建立各级技术人员的岗位责任制，做到分工明确，责任到人，使施工程序和方法符合施工规范和施工技术管理制度的要求，以此确保工程质量创优。

②运用统筹法、网络计划技术等现代管理方法，在周密调查研究取得可靠数据的基础上，编制切实可行的实施性施工组织计划，并报业主(或监理工程师)批准。在严格按网络计划组织实施的同时，实行动态管理，根据变化了的情况及时作出必要调整，使整个施工过程时时处于受控状态。

③抓好技术资料管理。施工过程做好详细记录，各种原始资料搜集齐全，用于组织后期施工、编制竣工文件和施工技术总结，为做好技术档案和技术情报工作打下基础。

四、施工进度控制

工程开工前，根据设计文件和有关施工技术规范、规程，精心编制了实施性施工组织设计，合理确定施工方案，利用网络技术，科学策划，抓关键线路，突出重点，确保主体。同时总揽全局，统筹兼顾，科学管理，为使工程保质保量如期竣工。我们从以下几个方面，予以有利保证。

（一）从优化施工方案上保证

桥涵工程是本合同段的关键环节，因此在编制施工方案时，以此作为重要的施工环节，在确保总工期和个别项目特殊工期要求的前提下，特作如下安排：整个合同段的各项施工分段（以施工队划分为单元）平行流水施工。

（二）从组织机构、资源配置上保证

调遣精兵强将，强化项目管理。在工程正式开工前，各级人员准时到位；机械设备按时进场，及时进行安装调试，确保按时开工。项目经理部按项目管理的各项要求开展工作，强化项目管理，强化施工全过程的监督、检查、指导。

（三）从施工计划上保证

(1)统筹规划，确保施工计划的严肃性。在安排施工计划时留有余地，关键工序在保证均衡生产的前提下，不安排过紧，有后期调整余地。抓紧大好施工季节，计划紧凑安排，对控制工期的项目，从人力、财力、物力各方面优先保证，各种配套计划一定落实，做到好季节多安排施工，冬雨季节灵活安排。

(2)狠抓重点工程进度，确保提前竣工。从施工准备开始，制订详细的施工计划，每天有专人检查计划的落实情况，发现问题及时修正调整计划，增加投入，确保各分项、分部工程工期。

（四）从工序安排上保证

(1)采用先进的施工方法，合理安排施工程序。从施工方法上寻求加快施工进度的方法，避免重复作业和相互干扰。充分发挥机械化施工的优势，减轻工人劳动强度，提高工作效率，加快施工进度。

(2)做好每个工序的准备工作，使各工序连接合理、紧凑，每一个工序应为下一个工序创造条件。

（五）从安全生产上保证

根据本工程的特点，制定专门安全技术措施，并组织专门安全小组负责日常的安全检查。严格执行三级安全生产的交底制度。

（六）从后勤供应上保证

加强机械设备和车辆的养护、维修，做好职工食堂的工作，防病、治病，保障职工身体健康，保证正常出勤率，保障施工正常运转。

（七）从工作机制上保证

(1)坚持领导干部跟班作业制度。发现问题及时处理，协调各工序间的施工矛盾，减少扯皮，保质、保量完成任务。

(2)健全奖罚制度，开展施工竞赛，比质量、比安全、比工效、比进度、比文明施工，对保质保量、安全完成周、月计划的施工队和班组，给予表扬和奖励，反之给予批评、处罚，以提高施工人员的积极性。

(3)抓住时机，掀起施工高潮。施工队伍进场后，适时开展“百日大干”，开展比质量、比安全、比工期、比效益的社会主义劳动竞赛，掀起施工高潮。

（八）从外部环境上保证

创造宽松的外部环境。正确处理好与当地政府、沿线群众及兄弟单位的关系，争取得到各方面的全面支持和有力配合，为施工生产创造一个良好的外部环境。

五、施工安全与文明施工情况

（一）安全目标

贯彻“安全第一、预防为主”的方针，建立本标段的安全目标，具体如下：

(1)坚决避免人身伤亡事故和重要施工机具损坏事故。

(2)杜绝重大交通、火灾事故。

(3)安全生产达国标。

（二）安全保证体系

为全面贯彻落实安全方针和实现安全目标，针对本项目的具体情况并结合我公司以往类似工程的经验，建立和完善本工程的安全保证体系，见图1。

（三）安全保证措施

按照“管生产，必须管安全”的原则成立以项目经理、总工程师、安检负责人员组成的项目部安全领导小组。领导和组织实施本项目安全管理，确保安全目标实现。安质部是项目部常设职能部门，具体实施各项安全管理工作，以专检和监督方式为主，实行安全生产一票否决权；各施工队安质室、工班安全检查员负责施工过程的安全监督。每一个作业队有一个安全小组,设组长1名,负责本作业队的安全工作,对项目部安全员负责,其他组员对组长负责。

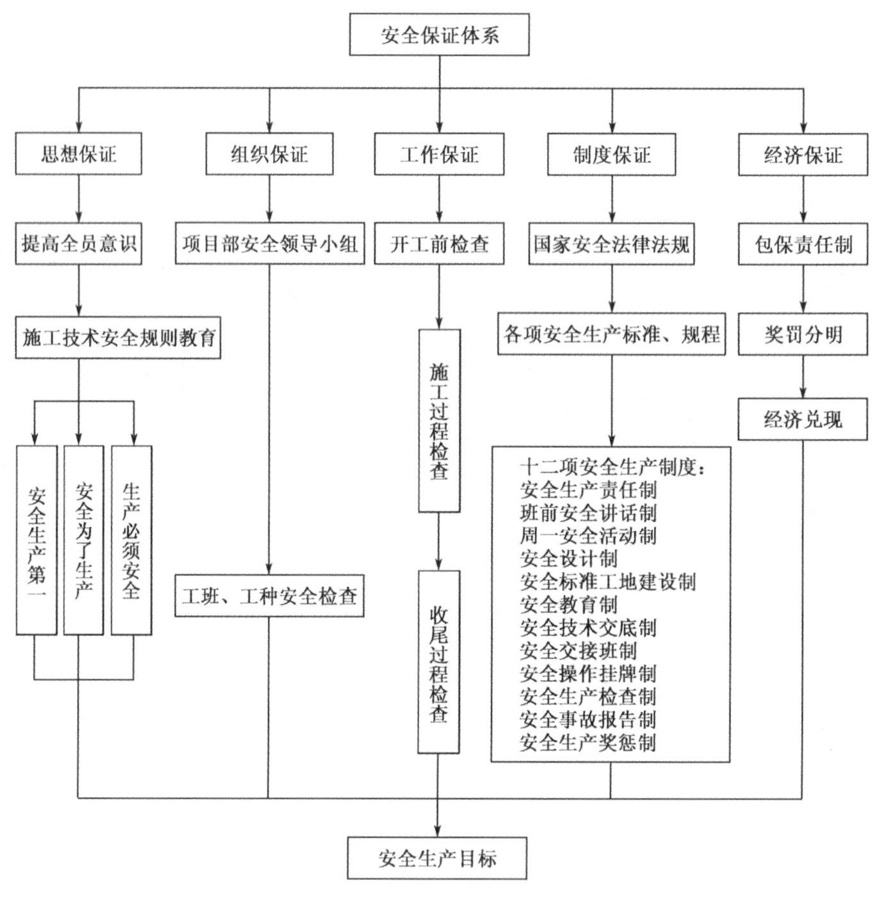

图1　安全保证体系

1. 思想组织保证措施

运用各种宣传形式,打造“安全第一”的声势,使广大干部、职工了解安全生产的重要意义和具体要求,积极自觉地投入到安全生产的建设中来。

(1)按照安全管理组织机构配齐、配强,本项目安全管理的各级机构或部门的工作人员,明确其安全工作职责范围,将施工经验丰富、安全意识强的人员充实到安全管理的各级机构和部门,项目的各级第一管理者是安全管理的责任人,以确保安全管理工作的领导权威。

(2)制定严格的安全管理制度和措施,定期分析安全生产形势,研究解决施工中存在的问题。建立、健全各级安全责任制,责任落实到人。充分发挥各级专职安检人员的检查和共产党员、共青团员的监督作用,及时发现和排除安全隐患。

(3)安全教育经常化、制度化,对特种作业人员必须经培训合格后持证上岗;对新员工必须进行项目经理部、施工队和班组三级安全教育和培训;通过安全竞赛以及现场安全标语、图片等宣传形式,增强全员安全生产意识和自觉性。注意安全、珍惜生命,把安全生产工作落到实处。

(4)每月一次分层次开展安全检查评比活动,并进行通报,奖优罚劣。对检查中发现的安全隐患下达整改通知,限期整改。

2. 施工中的保证措施

(1)施工过程阶段

①各个作业层及操作人员必须熟悉和清楚所从事施工项目的安全设计、安全技术措施及工艺流程安全注意事项,并在实施中严格遵守。

②各工作岗位或现场中挂安全操作规程和警示牌。

③项目经理部、作业队分期分批地组织安全生产大检查，监督和保证安全操作规程及安全技术措施能够顺利执行。

④坚持每周安全活动、班前讲话和安全交接班制度，充分发挥党、团员安全监督岗的积极作用。

⑤实行安全否决制，杜绝违章指挥和违章作业。

⑥开展安全标准工地活动，以此为载体把经常性的安全教育、管理和控制统一起来，落实安全技术和防护措施，确保按章操作，保障生产安全。

⑦广泛开展安全的预测预控活动，对高处坠落、物体打击、机械伤害、坍塌四大惯性事故形成的原因和影响因素进行深入彻底分析，形成图表，标识于工序操作点，提高操作者的安全警觉性。对从事较具危险性操作人员进行生理节律控制，对其智力、体力、情绪进行临界点测算，建立生理节律台账，在其不适合上岗的时候进行工作调整或安排休息，以杜绝事故发生，保证安全。

(2)完工收尾阶段

①总结施工过程中的安全生产经验，对于好的经验措施和办法在下一项目中推广。

②找出施工过程中的安全管理薄弱环节和安全事故的原因，改进或制定具有针对性的措施，在下一项目中运用。

3. 经济保证措施

实行安全生产包保责任制，明确奖惩措施，实行层层包干负责，定期进行考核，并严格兑现奖惩。

4. 安全保证技术措施

加强培训教育工作，安全员、特种作业人员及工程技术人员持证上岗率达到100%；职工和民工等劳动力上岗前安全施工教育培训率达到100%。

5. 高空作业安全技术措施

(1)加强安全防护，按规定设置安全栏杆、安全网等安全防护和标志。

(2)进入施工现场人员按规定正确佩戴安全帽，系安全绳。

(3)高空作业禁止往下投掷物料，严禁赤脚或穿硬底鞋、拖鞋进入施工现场。

(4)平台、脚手架、步行板搭设牢固可靠。

6. 机电设备安全技术措施

(1)所有施工设备和机具在投入使用前均由机械技术人员组织进行检查、维修保养，各种保险、限位、制动、防护等安全装置齐全可靠，确保状况良好。

(2)大型和专用机械的操作人员必须经过培训并经考核取得合格证后持证上岗，严格按规程操作，杜绝违章作业。

(3)严格执行定期保养制度，做好操作前、操作中和操作后设备的清洁润滑、紧固、调整和防腐工作。严禁机械设备超负荷使用，带病运转和在作业运转中进行维修。

(4)施工用主要电力线路架空安设，从主线路至用电设备间使用电力电缆，严禁电力线随地拖拉或置于脚手架等临时装置上。

(5)施工照明一般采用220V电压，但在危险、潮湿和需要使用手持照明灯具的场所，均采用36V安全电压。

(6)所有电器开关都必须完好无损、接线正确、绝缘良好、标识明显，确保用电安全。

7. 交通安全技术措施

(1)经常组织机动车驾驶人员学习《中华人民共和国道路交通安全法案例条例》，提高其交通安全意识。

(2)机动翻斗车在施工现场内行驶，限速10km/h；卸料时，先察看周围环境，确认安全后方可卸料；往坑、沟、槽内卸料时，车距坑边10m处应减速行驶。在坑边1~2m处卸料时，卸料处设车挡；严禁机动翻斗车载人。

(3)临时道路严格按照设计的标准修建，弯道、坡度以及会车道的设置满足安全行车的要求。临时道路与其他公路、人行道交叉时，在交叉道口设置警示牌。车辆、人员繁忙的道口，派专人看守，并设围栏。

(4)装运易燃、易爆和危险品的车辆符合国家有关安全规定的要求，除必需的行车人员外，不搭乘其他人员。

(5)无证人员严禁驾驶机动车辆。

8. 雨季防洪抢险安全措施

(1)项目部成立防洪领导小组，明确责任，落实到人头。

(2)开展防洪大检查，雨季前对受施工影响的排水设施进行一次全面疏通。认真执行雨中、雨后两检制。

(3)坚持防洪值班制度。遇有险情及时组织力量抢修，并及时向上级报告。

(4)预先做好防洪抢险各项准备工作，加强与地方气象部门的联系，在大雨、洪水到来之前预备足够的人力、物力，加强防洪重点工地的值班和巡守，确保安全度汛。

9. 防火安全技术措施

(1)建立项目经理部、作业队、班组三级防火责任制,明确职责。

(2)重点部位(如仓库、木工房)配置相应消防器材,一般部位(如宿舍、食堂等处)设常规消防器材。

(3)施工现场用电,应严格执行有关规定,加强电源管理,防止发生电气火灾。

(4)焊、割作业点与氧气瓶、乙炔气瓶等危险物品的距离不得少于10m,与易燃易爆物品的距离不得少于30m,焊接人员必须持证上岗。

(5)库房严禁烟火;油库安装避雷装置。

六、环境保护与节约用地情况

认真贯彻《中华人民共和国环保法》和《中华人民共和国水保法》及国家现行的有关环境保护法律,做好环境保护工作,防止污染,维护生态平衡。严格控制新污染和逐步治理老污染,净化生活空间,美化生活环境。坚持"以防为主、防治结合、综合治理、化害为利"的原则,采取有力措施,防止污染和破坏自然环境。

(一)防排水

(1)施工期间始终保持工地的良好排水状态,修建有足够泄水断面的临时排水渠道,并与永久性排水设施相连接,不形成淤积和冲刷。

(2)施工平面布置尽量利用永久征地,减少对耕地或林木的破坏,避免水土流失,保持生态平衡。

(二)废料处理

清理场地的废料,不影响排灌系统及农田水利设施。

(三)防止和减轻水、大气污染

1. 保护水质

(1)施工废水、生活污水不排入农田、耕地、饮用水灌溉渠道等处。

(2)施工区域、砂石料存放场在施工期间或完工后,妥善处理以减少对河流、溪流的侵蚀,防止沉渣进入河道或溪流。

(3)冲洗集料或含有沉积物的操作用水,采取过滤、沉淀池处理等措施,确保排放指标符合要求。

2. 控制扬尘

(1)施工作业产生的灰尘,除在场地作业的人员配备必要专用劳保用品外,随时进行洒水以使灰尘公害减至最低程度。

(2)易于引起粉尘的细料或散料进行遮盖或适当洒水。运输时用帆布、盖套及类似物品遮盖。不在工地燃烧各种垃圾及废弃物。

3. 减少噪声、废气污染

(1)各种临时设施和场地(如堆料场、加工厂等)远离居民区,而且设于居民区主要风向的下风处。

(2)合理分布动力机械设备的工作场所,避免一个地方运行较多的动力机械设备。噪声超标的机械设备,采用消声器隔声材料、隔声内衬、隔声棚等措施,降低振动部件的噪声。

(四)保护公共设施

施工中尽量减少对现有公共设施的影响,对于受本工程影响的或正在受影响的一切公用设施与结构物,在本工程施工期间采取一切措施加以保护。对施工人员加强保护教育,严禁破坏公用设施。

七、施工中新技术、新材料、新工艺的应用情况

由于高温条件下,用机油做脱模剂易挥发,直接导致梁体混凝土表面颜色不一致、梁体混凝土颜色发黑,直接影响预制梁梁体外观质量,经考察采用四川简阳天府脱模剂厂产TF—8新型桥梁脱模剂,使预制梁梁体外观达到了预期效果。

八、工程款支付情况

我项目部外欠债务已全部还清,在此我项目部郑重承诺,如该项目有拖欠农民工工资和劳务费用及工程款的投诉,责任完全在我公司,由我公司负责解决,与建设单位无关,建设单位不承担任何法律责任。

九、施工体会

在建设施工期间,我单位全体职工发扬不怕苦、不怕累的精神,在齐心协力的努力下克服开工以来的诸多不利影响,在大家翘首以盼的祝福声中圆满完成施工任务。

对一个施工企业来说,信誉、质量、安全这三者是我们的守护神。质量的好坏直接影响着企业的信誉,安全

的可靠性直接联系着企业的经济命脉。我项目能够保质保量地完成工程任务，是对我企业及社会的充分肯定，也是对所有员工辛勤付出的肯定。

我单位采用行之有效的项目法施工管理体制，以实现本工程建设的优质、高效、安全、文明、低耗为目标。项目经理部对工程施工全过程的进度、质量、安全、成本及文明施工等负全责。项目经理部以现场管理为核心，注重动态、科学管理，优化生产要素，精心施工，大力推广先进施工技术，培养了许多高素质、责任心强的优秀人才，并在工程项目中取得良好的效果，获得建设单位和监理单位的好评和奖励。

在质量、安全、文明施工等各个方面取得的成绩，是与建设单位、设计单位和监理单位各级领导的关心、支持分不开的。

在今后的工作当中，我们全体职工将以积极的工作态度、饱满的工作热情、踏实的工作作风迎接新的挑战，不辜负社会各界同仁对我们的信赖。

中铁十二五局哈尔滨铁路建设集团有限公司
岭南高速公路土建 No. 24 标段项目经理部

25. 二广高速公路分水岭至南阳段工程土建 No. 25 标合同段施工总结报告

目　　录

二广高速公路分水岭至南阳段工程土建 No. 25 标合同段施工总结报告

一、工程概况

本工程项目为二广高速公路分水岭至南阳段(以下简称岭南高速)工程土建 No. 25 标合同段,该合同段为桥梁预制标,主要预制件有:先张法预应力混凝土空心板梁、后张法预应力混凝土箱梁、小型混凝土预制件等。主要为 No. 19 合同段、No. 20 合同段、No. 21 合同段、No. 22 合同段提供预制梁。主要工程量为 10m 空心板 182 片,13m 空心板 156 片,16m 空心板 156 片,20m 空心板 598 片,25m 箱梁 48 片,30m 箱梁 720 片。

二、机构组成

进场之初,我项目部在公司范围内抽调具有丰富管理经验和高素质的专业技术人员,组成本合同工程项目经理部,设项目经理 1 人,总工程师 1 人。下设:工程部、计划合同部、安质部、物机部、财务部、中心试验室、综合办公室。机构组成见图 1。

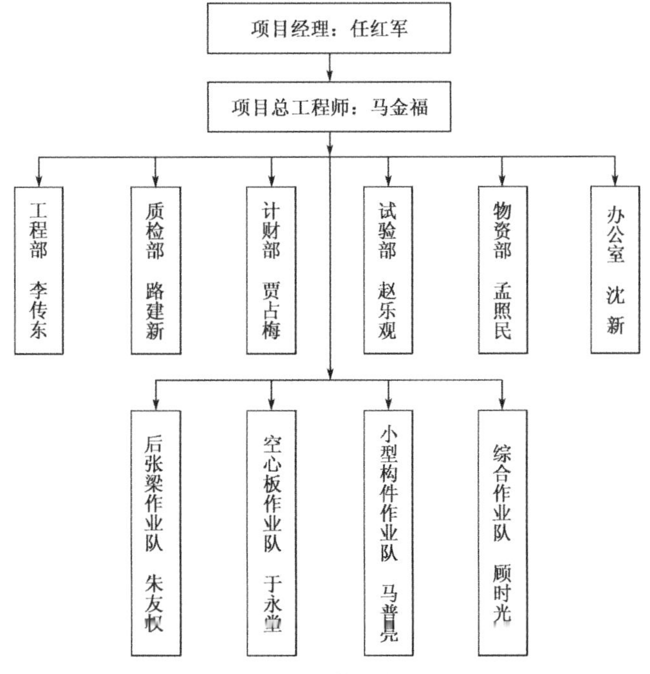

图 1　机构组成

项目经理负责本合同段的对外协调、对内指挥施工生产,统一协调施工中的质量、安全、进度等的施工生产活动。根据业主及监理方的要求具体安排质量、安全、工期等生产经营活动,制订计划、作出决策;总工程师全面负责施工技术管理;工程技术部负责施工技术管理、质量检查工作,监督指导各施工队的测量、技术交底、质量检查等工作;试验室负责提供施工配合比、进行成品检验、负责工地试验室工作;计财部负责计划、人员调配、劳资、计量、合同、财务管理、经济核算、费用控制等工作;安全监察部负责安全管理及检查工作;物资设备室负责材料、设备供应及管理工作;办公室负责对外联络、调度、秘书、公务、后勤、文件发放及日常工作。质检部质检工程师负责全合同段的质量检查、管理和控制工作、签证各种质量和隐蔽工程检查记录。

项目部由公司抽调管理人员、技术人员进行生产、技术、安全、质量、文明施工及环保等管理,各工种配备有多年工作经验的职工上岗操作,职工人数为 120 人。

根据预制标施工特点和工期要求,结合我公司的施工能力和管理水平,采用机械化施工,提高劳动生产率,配备优秀人员、性能优良的机械设备和充足材料满足施工。充分利用网络技术,结合工程实际特点,发挥弹性组织,动态管理,灵活调动,采用流水施工法作业,实时调整,优化组合。

专职质量检查人员、专职安全监察人员均持证上岗。

根据本施工段施工方案和工期要求,公司投入包括起重机械、混凝土机械,钢筋加工机械、动力机械、运输机械及试验测量检测设备参与本合同段施工,按施工组织安排时间分批投入使用。

自行采购物资,严格选择供货厂家。做好材料抽检、试验工作,报监理工程师审批后选定,施工周转材料主要从公司调转。

三、施工质量管理

(一)质量管理体系

1. 质量管理体系

对于本项目我们建立健全了质量管理体系,以质量求生存,向管理要效益。建立以项目经理负责的质量管理体系,以总工程师、总质检工程师负责的质检保证体系。严格执行 ISO9001:2000 一体化管理体系,强化技术岗位责任制,完善技术管理。在项目公司的领导下,在监理工程师的监督下,通过对工程质量各项指标的动态监控,确保了施工质量。质量管理体系见图 2。

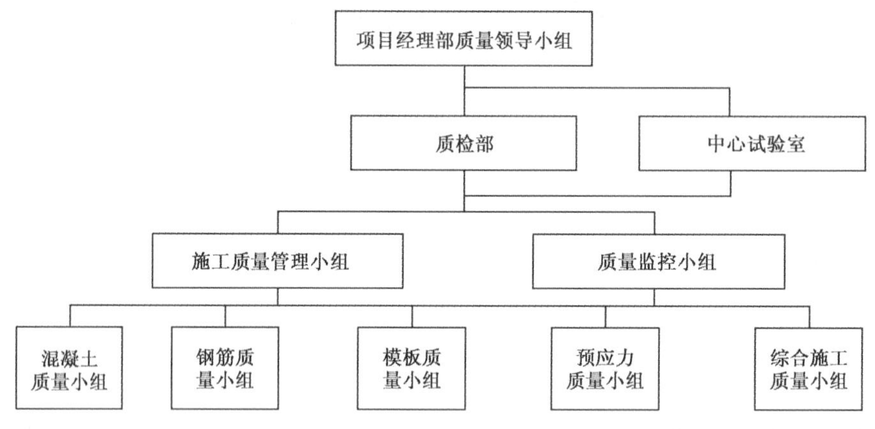

图 2　质量管理体系

2. 技术交底

技术、质量的交底工作是施工过程基础管理中一项不可缺少的重要工作内容,我标段在施工生产过程中,对项目施工技术人员以及现场施工人员的施工前技术交底特别重视,交底采用书面签证确认形式,具体分为以下几方面。

(1)交底前,先组织施工人员认真阅读图纸,了解设计意图和排除可能存在的错误。

(2)项目总工程师牵头对项目部施工作业队负责人、作业队技术人员进行一级交底。

(3)作业队负责人及作业队技术人员向施工班组人员进行二级交底,内容主要包括分项工程施工、技术要求、工艺流程、质量要求、安全防护措施等。本着谁负责施工谁负责质量、安全工作的原则,各分管分项工程负责人在安排施工任务的同时,对施工班组进行书面技术质量、安全交底,必须做到交底不明确不上岗,不签证不上岗。

对于一些关键工序或技术难度较大的隐蔽工程,总工程师组织技术交底,技术交底工作应贯彻在整个施工过程中。

3. 质量宣传体系

我标段制定了完整的质量宣传体系,进场之初就在技术交底中明确要求必须在施工现场包括拌和站、钢筋加工厂、箱梁预制厂等重点部位悬挂醒目标识、标志及各种质量宣传口号。在执行的过程中,加大质量的宣传力度,通过召开全体职工会议以及现场工作会议等各种方式对质量的重要性进行宣传,增强项目全体职工和现场施工人员的质量意识。

4. 质量检查旬报制度

为保证工程质量,项目部每月组织 3 次质量检查综合考评。并按项目公司要求,每月上、中、下旬向公司进行书面汇报。

检查的主要内容包括以下几方面：

(1)质量保证体系、质量控制制度、质量控制措施是否建立，健全，规范运行。

(2)质量管理机构是否健全，质量管理责任是否落实到人，是否签订了质量责任状，工程质量终身责任制是否建立并落到实处。

(3)内业资料是否齐全、真实。

(4)施工过程控制的质量监控手段和方法是否科学。

(5)施工方案是否符合质量标准，是否制订了施工艺及作业指导书，是否进行技术交底，并以作业指导书指导施工。

(6)质量检验评定结果是否达标。

(7)是否按设计、规范进行施工，按标准进行检验。工程实体是否达到内实外美。

(8)环保、水保是否达标。

工程质量综合考评程序如下：

(1)考评前，各施工点进行自查，报项目部质量管理领导小组同意后，组织质量检查。

(2)质量检查结束后2d内，项目部质量管理提出检查结果及质量考评初步意见，并向项目部质量管理领导小组作出汇报。

(3)项目经理根据质量检查结果，结合各工点日常质量检查情况，审定质量考评意见。

(4)由质量管理部及时将审定的考评结果通报计划财务部、各施工工点，计划财务部根据奖罚条款及考评方案对有关工点进行奖罚。

(5)最后由安质部门将检查内容及考评结果，每月上、中、下旬向项目公司进行书面汇报。

5. 质量奖罚制度

为调动各工点的施工积极性，加强施工质量管理，提高工程质量，项目部专门设立了质量奖励基金，在每次质量检查后，对各施工工点进行考评，对优秀的施工工点，予以奖励，并对质量检查不合格的工点先下发质量整改通知书，整改落实不到位的将处以经济处罚。

(二)施工质量控制方案

为保证工程施工质量，我们严格按照公司的质量保证体系的要求进行，依据分工负责互相协调的管理原则，层层落实职能、责任、风险和利益，做到各司其职，保证在整个工程施工生产过程中，质量保证体系正常运作和发挥保障作用。不仅在施工过程中进行控制，而且在施工前和施工完成后还要进行控制。现将我标段预应力箱梁预制质量控制措施总结如下：

(1)制梁台座的基础要稳固，尤其是台座两头的基础要特别加固，防止梁体张拉后起拱，重力分担到两头而造成台座下沉，进而影响到梁体。

(2)外模采用大块定型钢模，刚度足够大，不易变形。

(3)预应力张拉设备性能要始终保持良好，严格按规定校检。

(4)预应力张拉采用双控，即控制张拉力和伸长量，以张拉力为主，当伸长量超出允许范围时，应找出原因，才能进行施工，确保预应力张拉质量。

(5)执行钢筋、模板、混凝土工序的质量保证措施，做好各项准备工作，务必一次浇筑成功。

(二)施工过程中质量自检情况

按照我标段质量保证体系的要求，在施工中加强了对工程质量自检的要求，首先由技术人员对现场施工人员进行技术交底，然后由质检人员在施工过程中严格把关。提高自检的标准和频率，对于施工中出现的质量问题及时处理或返工，这样保证了整个质量保证体系有效运行。

(四)工程质量问题的处理

在施工过程或完工以后，项目部或监理工程师如发现工程存在着技术规范所不容许的质量缺陷，应根据其性质和严重程度，按如下方式处理：

(1)当因施工而引起的质量缺陷处在萌芽状态时，项目部将及时制止，并要求立即处理(如更换不合格材料、设备或不称职的施工人员，或要求立即改变不正确的施工操作方法)。

(2)当因施工而引起的质量缺陷已出现时，项目部立即组织相关人员采取能足以保证施工质量的有效措施，并对质量缺陷进行正确的补救处理，同时必须得到监理工程师认可。

(3)当质量缺陷发生在某道工序或单项工程完工以后，而且质量缺陷的存在将对下道工序或分项工程产生严重影响时，项目部将和监理工程师对质量缺陷产生的原因作出判定，并确定了补救方案后，再进行质量缺陷的处理或下道工序或分项工程的施工。

(4)工程完工后,发现工程质量缺陷时,将按照监理工程师的要求进行修补、加固或返工处理。

(五)对完工质量的评价

我单位承建的岭南高速公路No.25标工程现已顺利完工,工程具备交验条件。在施工中我单位严把质量关,杜绝一切质量隐患,施工中未出现重大质量事故,各项施工均符合《公路工程质量检验评定标准》,各单位、分部、分项工程质量评定均为合格。

四、施工进度控制

(1)制订总体工程进度计划、工程阶段性施工计划、分项工程进度计划和月进度计划,采取措施保证进度按计划实施。

(2)及时掌握工程进度信息,并进行统计分析施工情况,采取有针对性的措施加快进度,做到主动控制。

(3)将进度控制目标按年、季、月(或旬)进行分解,并用实物工程量、投资额及形象进度表示。

(4)加强领导,转变作风,深入工地,现场办公,变管理为服务,及时解决施工中出现的问题,力促施工进展顺利进行。

(5)建立例会与专题协调制度,研究解决工程实际进度与计划进度偏差产生的原因,收集相关的资料制定措施以保证工期目标按期实施。

五、施工安全与文明施工情况

(一)组织体系

建立健全安全保证体系和安全管理组织机构,建立健全行之有效的安全管理体系,成立以项目经理、作业队长、施工技术员、安检员、材料员、安全员等人员组成的安全管理领导小组,行使安全监察职能。

加强全员安全意识教育,强化安全保证体系,落实安全基础教育,落实安全生产责任制,建立安全奖惩制。严格执行《公路工程施工安全技术规程》(JTJ 076—1995)及一切指导安全、健全环境卫生等方面的法规,并认真检查落实。

(二)保证措施

1. 规章制度

项目各级人员认真落实安全生产责任制并签署了安全生产责任状,安全管理规章制度上墙,并定期组织从业人员集中学习。

所有从业人员自觉遵守安全生产规章制度,无违章作业和违章指挥;认真开展安全教育,普及安全知识,倡导安全文化;从事特种作业人员经过专门的安全知识与安全操作技能培训,并经过当地安全部门考核合格取得《特种作业人员操作证》后上岗作业。

认真落实安全检查制度,项目专职安全员、安全值班人员进行日常巡回检查,对国家规定的特种作业和特种设备等组织专业安全检查组分别进行检查。

2. 具体措施

本工程实现了安全建设,无安全生产责任事故发生。主要做法如下:

(1)坚持组织安全生产学习,及时传达贯彻上级有关安全生产工作指示,进行安全警示教育,组织参观学习其他项目安全生产工作做得好的经验,教育全体参加工程建设工作的员工。

(2)在施工现场悬挂安全生产的大幅标语,在施工现场设置各种施工安全警示标志,营造出一种“人人讲安全,处处注重安全”的良好安全生产环境。

(3)做好分项工程开工安全技术交底。

(4)在施工现场设置了耐久性的施工安全警示标志。

(5)加强对重点安全生产工作把关,如施工单位民工住所的防火防盗,严加检查,发现问题指令整改,并及时复查落实。

(6)把安全生产纳入月度生产检查考核管理,安全生产工作做到日巡视、旬通报、月小结。

六、环境保护与节约用地情况

认真贯彻《中华人民共和国环保法》和《中华人民共和国水保法》及国家现行的有关环境保护法律,搞好环境保护,防止污染,维护生态平衡。严格控制新污染和逐步治理老污染,净化生活空间,美化生活环境。坚持“以防为主、防治结合、综合治理、化害为利”的原则,采取有力措施,防止污染和破坏自然环境。

七、施工中新技术、新材料、新工艺的应用情况

由于高温条件下，用机油做脱模剂易挥发，直接导致梁体混凝土表面颜色不一致、梁体混凝土颜色发黑，直接影响预制梁梁体外观质量，经考察采用四川简阳天府脱模剂厂产 TF-8 新型桥梁脱模剂，使预制梁梁体外观达到了预期效果。

八、工程款支付情况

我项目部外欠债务已全部还清，在此我项目部郑重承诺，如该项目有拖欠农民工工资和劳务费用及工程款的投诉，责任完全在我公司，由我公司负责解决，与建设单位无关，建设单位不承担任何法律责任。

九、施工体会

回顾一年多来的工作，我单位全体职工发扬不怕苦、不怕累的精神，在齐心协力的努力下克服开工以来的诸多不利影响，在大家翘首以盼的祝福声中慢慢发展壮大。对一个施工企业来说，信誉、质量、安全这三者是守护神。质量的好坏直接影响着企业的信誉，安全的可靠性直接联系着企业的经济命脉。我项目能够保质保量地完成工程任务，是对我企业及社会的充分肯定，也是对所有员工的辛勤付出作出的肯定。我单位采用行之有效的项目法施工管理体制，以实现本工程建设的优质、高速、安全、文明、低耗为目标。项目经理部对工程施工全过程的进度、质量、安全、成本及文明施工等负全责。项目经理部以现场管理为核心，以优质、高速、安全、文明为主轴，加强动态、科学管理，优化生产要素，精心施工，大力推广先进施工技术，培养了许多高素质、责任心强的优秀人才，并在工程项目中取得良好的效果，获得建设单位和监理单位的好评和奖励。

在质量、安全、文明施工等各个方面取得的成绩，是与建设单位、设计单位和监理单位各级领导的关心和支持分不开的。

在今后的工作当中，我们全体职工将以积极的工作态度、饱满的工作热情、踏实的工作作风迎接新的挑战，不辜负社会各界同仁对我们的信赖。

中铁大桥局集团第六工程有限公司
岭南高速公路土建 No. 25 标段项目经理部

第三部分　路　　面

1. 二广高速公路分水岭至南阳段工程路面 No. 1 标合同段施工总结报告

目　　录

二广高速公路分水岭至南阳段工程路面 No.1标合同段施工总结报告

一、工程概况

（一）工程简介

二广高速公路分水岭至南阳段（以下简称岭南高速）工程路面 No.1 标段起止桩号为 K0 + 849.907 ~ K16 + 340，全长 15.490km。路线走向从北到南，起点为北边路基土建 No.1 标起点，终点为路基土建 5 标终点。本合同工程主要工程内容有水泥稳定砂砾底基层 161664m^2；水泥稳定碎石基层 219122m^2；沥青碎石（ATB—25）下面层 216381m^2；粗粒式沥青混凝土（AC—25C）下面层 216381m^2；中粒式改性沥青混凝土（AC—20C）中面层 322594m^2；细粒式改性沥青混凝土（AC—13C）上面层 316923m^2。

（二）地理、气候条件

（1）地形、地貌：岭南高速公路位于南阳市境内，处于第二级地貌台阶向第三级台阶过渡的边坡上，属山地、丘陵、平原组成的盆地型地貌类型。跨华北地台和秦岭褶皱系两大地质单元，全区山脉和水系严格受燕山运动所形成的构造格局控制。地势呈阶梯状，山西北向东南倾斜，以河流为骨架，构成南阳盆地。山岭多由岩浆岩及变质岩组成，东南为丘陵地带，呈现东西向交纳梁相间，地势低缓，主要由白垩系沉积岩及第四系松散沉积物组成。盆地之内河流众多，地势平坦开阔，地表覆盖第四系松散沉积物。

（2）气象、水文：项目所处区域南阳市处于北亚热带向暖温带过渡带，属大陆性季风气候区，雨量充沛，日照充足，热量资源丰富。区域内年平均气温 14 ~ 15.7℃，最冷为 1 月，极端最低气温 -21℃，最热为 7 月，极端最高气温 40.5 ~ 41.4℃，降雨量 665.3 ~ 1173.4mm，年降雨量多集中在 6 ~ 9 月。

（三）设计标准

（1）公路等级：高速公路，双向四车道。

（2）设计行车速度：100km/h。

（3）路基宽度：整体式路基顶宽 26.0m，其中行车道宽度 2 × 7.5m；硬路肩 2 × 3.0m；土路肩 2 × 0.75m；中央分隔带宽度 2.0m；内侧硬路肩宽度 2 × 0.75m；分离式路基宽度 13.0m，其中行车道宽度 2 × 3.75m；外侧硬路肩宽度 3.0m；内侧宽度 1.0m；土路肩宽度 2 × 0.75m。

（四）现场周边状况

（1）现场及周边建筑物状况：本项目主线起于平顶山和南阳市交界处的分水岭，路线顺回龙沟沿国道 G207 布线，至下河东后向南，从米家庄、靳家庄东经过，至南召县城东。沿线跨越 G207 国道及回龙沟 3 次，路线周边经过回龙沟村、曹村、花瓶村、北沟村 4 个村。沿途通过山体较多，建筑物少。

（2）道路交通状况：本项目路线基本沿国道 G207 布线，因此 G207 国道为本项目材料、机械进场主要交通要道，北上鲁山县，南经南召县至南阳，交通较便利。

（3）水资源状况：本项目路线沿回龙沟布线，回龙沟常年流水不断，水量充足，因此生产用水直接取用，生活用水采用打井方法。

（五）工期要求

本工程招标文件开工日期为 2006 年 6 月 1 日，竣工日期为 2007 年 9 月 30 日，总工期为 16 个月。

二、机构组成（图 1）

项目经理部的职能为：按照合同规定及业主、监理工程师的指示，对所承担的全部工程项目，按计划进行有序地组织施工，横向负责与业主、监理工程师，设计单位及地方政府保持经常的联系，建立良好的关系，对下属工区进行有效指挥、调度、协调，对复杂工程进行指导，对工程进度、工程质量和工程成本进行有效控制。

项目经理部设“一正一副两总师”的领导班子、“六部、二室”的管理机构。

工程技术部：在项目总工程师领导下，全面负责工程技术管理（包括测量的管理工作），负责施工的测量放样。

质量监控部:对工程质量进行全面全过程控制、监督和检查,接受监理工程师的指导和指令。

生产经营部:全面实行计划管理,做好经理活动分析,对成本进行预测和控制,负责计量支付申请及各种工程报表和合同管理。

试验室:负责原材料及施工过程中的试验、检测工作。

设备材料部:负责施工所需机械的选型购置、租赁、维修和保养。购买调配施工所需材料、燃料、机械配件、工具的采购,保管和发放使用等。

安全环保部:负责本项目安全和环保工作并负责外部环境协调工作。

人事财务部:负责人力资源管理、工资发放。负责资金运作,成本管理和资金筹措。

综合办公室:负责文件的收放、行政后勤管理,协调地方关系等。

项目经理部同事下设三个工区:第一工区负责底基层与基层的施工任务;第二工区负责沥青混凝土面层的施工任务;第三工区负责中央分隔带排水及回填、路缘石、土路肩以及水泥混凝土拦水带的施工任务。

各施工队受项目部直接管理,施工任务由项目部统一安排,严格按规范要求和监理工程师的要求施工。

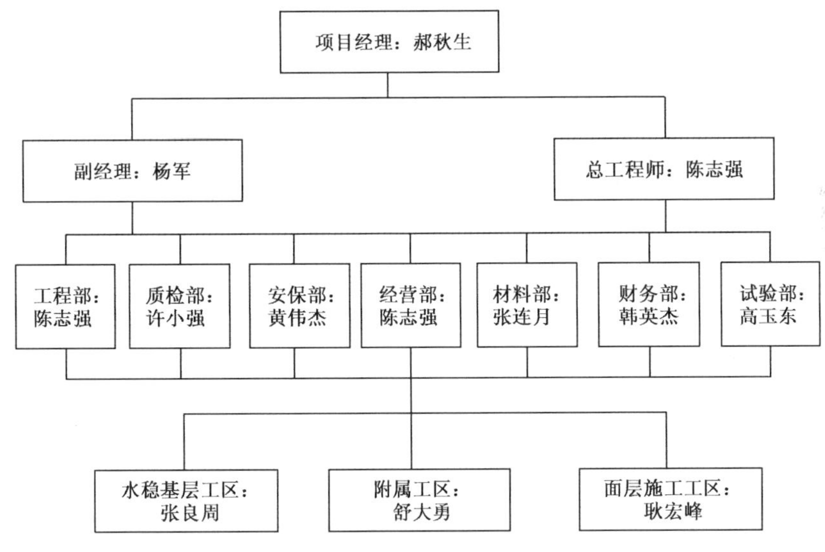

图1　机构组成

由于本标段处于山区,地势险峻,土建标段施工难度大、工期紧,造成路槽交验进度比较缓慢,我标段根据路基的施工进展情况,首先对具备施工条件的路基进行分段整理,按其交工段落长短确定先后施工的顺序。本着"先大后小、流水作业、以点带面、陆续贯通"的原则进行施工。同时坚持验收一段、施工一段、成型一段的指导思想,主动创造施工条件,确保各分阶段目标的落实,从而保证总工期的顺利实现。

三、质量管理情况

(一)施工技术

1. 水稳振动法施工控制

采用振动成型方式设计的水泥稳定砂砾和碎石半刚性材料级配组成与传统设计结果相比有重大改进,主要表现为水泥剂量降低,同时强度提高、抗裂能力提高。为了达到此目的,关键要控制好压实度,要使压实度满足要求,重点要优化混合料级配,增加压实功,并在施工过程中控制好含水率。适当降低水泥剂量,减少混合料中细集料,提高基层抗裂能力。

2. 沥青 GTM 法施工控制

采用 GTM 方法设计的沥青混合料组成与传统马歇尔设计结果相比有重大改进,主要表现为合理增大了密度,减少沥青用量,明显提高高温抗车辙能力,增强了混合料抗老化能力。为了达到此目的,关键是控制好配合比,优化碾压工艺,控制好混合料碾压温度,保证在高温下碾压,缩短碾压时间,提高压实度,降低孔隙率。适当减少油石比,降低造价,提高高温抗车辙能力。

(二)质量控制措施

为保证路面工程质量,在施工上我们采取了各种措施,最终取得了良好的效果。

1. 路面底基层、基层施工措施

(1)防止摊铺离析

①横坡低处的摊铺机先走,高处的摊铺机后走,避免纵缝处的集料滚动离析。

②摊铺机料斗内的混合料不能用尽,和料斗分料器基本持平即可,避免集料局部形成集料窝,取芯时芯样底部松散。

③在摊铺机前挡板处加设挡皮,防止大料滚落,造成结构层底部出现集料窝。

④摊铺后表面出现了离析现象,若比较轻微,用细集料补表面就可以避免;若大料集中成窝,必须挖除集料窝更换新料然后进行碾压。

(2)保证压实度

①严格控制含水率,含水率的大小直接影响压实度,含水率偏小表面松散,含水率偏大易出现"弹簧"现象。

②控制碾压遍数,碾压遍数是压实度能否达到的基本保证,所以碾压遍数必须达到,不能漏压。

③合理调整级配,混合料的级配若不合理,压实度很难保证。甚至有些压实度数值不能指导生产,压实度和压实遍数没有对应关系。

④压路机的压实功也是影响压实度的重要因素,所以压路机必须满足施工要求(建议压路机自重不低于180kNt,击振力不小于400kNt)。

(3)保证厚度

①检查下承层的高度,对照下承层的实测高程调整摊铺厚度,即拉线控制下返值。

②控制虚铺厚度,施工时用专用工具每隔10~20m量取虚铺厚度并且做好记录,和取芯厚度对照,掌握虚铺厚度的控制方法。

厚度的控制方法是综合运用,不能顾此失彼,否则会出现波浪,即为"搓板路"。

2. 沥青路面施工措施

(1)温度的控制

①在运输车的侧面外侧加棉被,顶上先盖帆布,再盖棉被。保证混合料运输的到场温度。

②现场及时摊铺,而且不能过早掀开棉被,防止混合料温度降低过快。

③摊铺后及时碾压混合料,2台胶轮压路机和2台钢轮压路机同步跟踪碾压。而且钢轮压路机在保证不黏轮的前提下尽量少洒水。

(2)离析现象的控制

①摊铺机熨平板加热温度不低于100℃,防止由于熨平板温度低造成拖痕发生离析。

②在摊铺机挡板上加设挡皮,防止骨料流动造成的离析。

③摊铺机料斗内的混合料不能用尽,因为刮料板在运料过程中,如果混合料偏少也会出现离析。

④摊铺机匀速行驶控制在1.5~2m/min(摊铺能力要和拌和能力相匹配),避免摊铺机过快行驶造成的离析。

⑤施工过程中一旦出现离析现象,人工及时撒补细料,尽量减少离析现象的发生。

(3)宽度的控制

①按设计宽度加宽5cm撒白灰线,引导摊铺机的行走方向,保证铺筑宽度。

②由于本标段既有整体式路基又有分离式路基,宽度形式变化较多,为了保证路面宽度,采用了一台可伸缩的摊铺机施工,这样可以避免小段落的宽度变化造成的施工困难。若摊铺机不伸缩,就会出现摊铺不到位的情况。

(4)平整度的控制

在沥青路面施工过程中,从摊铺到碾压都是一个由平整向不平整发展的过程。因为摊铺机摊铺完混合料表面是平整的,夯锤夯实时,由于夯锤运转有频率,这样夯实过的沥青表面就会出现细微的波浪。假设摊铺后的沥青表面是平整的,而压路机是以一定压实频率进行压实的,并且压实功率很大,势必造成更大的波浪。所以平整度是一个相对的指标,只是将不平整度降低到合理范围。

①用3m直尺检查基层顶面的平整度,基层平整度的好坏直接影响沥青路面的平整度,若基层的平整度不好,应将高的地方确定范围进行铣刨或凿除,保证下承层平整。

②高程的准确性,钢丝线挂好以后,技术员复合挂线高程,目测钢丝是否平顺,防止由于高程的错误出现大的坑槽起伏。

③有专人用6m直尺测量碾压后的平整度,如果局部有壅包,在温度合适(80~90℃)情况下及时用压路机消除。

④为了保证路面平整度，采用平衡梁引导摊铺机施工，是一种有效的施工方法。

(5)厚度的控制

作为路面工程来说，从《公路工程质量评定标准》中可以看出，厚度的权值为3，是一项相对重要的指标。厚度最终要体现路面的使用价值，但经济利益也是并存的。如何在保证质量的前提下获得更好的经济效益，控制好每一层的厚度就显得尤为重要。

①现场设专人量虚铺厚度，按照给定的虚铺系数控制虚铺厚度，并且按桩号做好记录。

②取芯后量取芯样的厚度，然后和虚铺厚度对应桩号计算虚铺系数是否正确，发现问题及时调整。这里所说的对应不是机械的几个数的对应，而是取一个批量数据进行对应计算。

③用总产量和摊铺面积核算摊铺厚度。这个数据受宽度的影响较大，但是作为参考数据还是很有必要的。

几项数据结合控制摊铺厚度，以保证路面厚度的均匀性。

(6)混合料的运输

①根据沥青拌和站的产量、运输车辆的大小和运距的远近，确定运输车辆的数量。

②运料车在就近摊铺机的桥上掉头，防止重车碾压破坏封层。

③运料车在倒车时不能撞击摊铺机。

④车辆服从现场管理，不能随意停放，卸完料后及时离开摊铺机，不能在现场逗留。

(7)接缝的施工

①路面接头必须切齐，清理过程中有松动的地方还要切掉，这是保证接缝平顺的基本条件。

②摊铺机起步前，按照钢丝线的高程，在已经压实的沥青面层上放一定厚度的木板，保证摊铺机起步的厚度，然后人工进行顺接。

③为了保证摊铺接缝的平顺，尽量安排摊铺机和路基行车同方向施工，若不能保证接缝确实平整，碾压时有意使新铺路面略低于已铺路面，这样可以使路面行车顺滑。

四、施工进度控制

(1)施工区域划分(按施工进度)。

第一区域：K10+500~K16+340段；

第二区域：K0+849.907~K6+000段；

第三区域：K6+000~K10+500段。

(2)施工区域现状。

①第一区域：施工进度相对其他2个工区较快，路槽基本成型，路基所占比例大，稍作整理就可交验。但存在的主要问题是，隧道施工滞后，路基上有多个混凝土拌和站和3个箱梁预制场，它们是影响本段施工的主要因素。

②第二区域：施工进度一般，只有一段公路路槽基本成型，且大部分段落为岩质挖方段，施工难度较大，但桥梁施工进度较快，大部分桥梁正抓紧架梁，这对路线贯通有利。

③第三区域：施工进度慢，大部分桥梁立柱还未完成施工，有2隧道还未打通，路基上还设有梁场，桥梁多，路基段落短，估计最后施工。

(3)根据目前路基第一、二、三、四、五标段的施工进展情况来看，桥梁工程仍在紧张施工，路基不能连续贯通，不能形成大面积施工。为此，我们计划首先对具备施工施工条件的路基进行分段整理，按其交工段落长短确定先后施工的顺序。本着“先大后小、流水作业、以点带面、陆续贯通”的原则进行施工。同时坚持“验收一段、施工一段、成型一段”的指导思想，主动创造施工条件，确保各分阶段目标的落实，从而保证总工期顺利实现。

五、施工安全与文明施工情况

(一)岭南高速公路油面No.1标安全生产领导小组

安全小组组长：郝秋生

安全小组副组长：杨军、张连月

办公区与生活区负责人：黄伟杰

工区负责人：舒大勇

拌和区负责人：范学东

民工队负责人：郑保顺

车队负责人：徐海生

（二）安全小组的职责

在发生重大生产安全事故时，负责施工现场应急处置和抢险救援及善后处理的组织指挥工作。组长是处置重大生产安全事故的组织者和指挥者，负责组织、指挥事故应急救援处置工作。

（三）事故发生后的处置措施

（1）立即启动重大安全事故应急救预案，由经理郝秋生负责指挥。

（2）综合办公室负责通知小组成员立即赶赴现场，协调各专业处置组的抢险工作，并及时上报事故情况及事故抢险救援进展情况。组织报案人员对事故现场及周边地区和道路等进行警戒、控制，必要时组织人员有序疏散，组织协调现场紧急救援和有可能发生的火灾进行处置工作，会同有关部门进行现场勘查、取证，配合政府等有关部门展开重大生产安全事故的调查处理工作。

（3）人事部组织有关医疗人员对有可能发生的烫伤实施救治和处置。尽快联系医疗单位予以帮助，并紧急组织协调调配车辆及相关物资，会同有关部门处理伤亡人员的善后工作。

（四）事故应急救援的物质准备（表1）

事故应急救援的物质准备　表1

序　号	物品名称	物品数量	放置位置
1	灭火器	8个	沥青拌和站
2	工具	20把铁锹	材料库
3	医疗药品	1套	医务室
4	皮卡、越野车	2辆	停车场

（五）确保安全施工的技术组织设施

（1）成立安保领导小组，建立健全各施工班组安全生产责任制，责任落实到人。确保有明确的安全指标和包括奖惩办法在内的保证措施。项目部、各班组之间签订安全生产协议书。在项目部和民工作业队之间签订劳务合同的同时，签订安全生产合同。

（2）对进场施工管理人员、机械驾驶员、民工施工队工人，进场前进行安全知识培训、安全技术教育。提高安全意识，做到“安全第一、预防为主”。

（3）安全生产领导小组每月组织检查，各级安全监督人员要经常检查，发现问题及时纠正，真正把事故消灭在萌芽状态。

（4）分部、分项进行工程安全技术交底，严格执行安全技术操作规程，严谨违章指挥、违章作业。

（5）特种作业人员持证上岗，所有施工技术人员、特殊工种工人一律持证上岗。特种作业人员必须经培训考核合格后持证上岗，操作证件必须按期复验。

（6）在施工现场设置明显醒目的安全标志、标语和其他交通管理设施，以保证车辆及行人安全。深沟槽作业使用带电设备时，严格按规定佩戴安全劳保用品。

（7）严格执行安全检查制度。有时间、有要求、有目的地检查重点部位，安检有记录。发现问题隐患应及时整改，做到定人、定时、定措施。

（8）加强安全防护，做好防火、防电和防坠等工作。

（9）施工现场必须杜绝违章指挥、违章作业，违反劳动纪律的“三违”行为。

六、环境保护与节约用地情况

（1）认真按照技术规范做好环保工作，有专人负责，制定具体措施。和生产计划同布置、同检查、同落实，从而使受损的生态环境减至最低程度。

（2）沥青拌和站尽量减低噪声污染。

（3）沥青拌和站做粉尘回收工作，制作粉尘回收箱，将粉尘直接排入回收箱内，减少粉尘对农作物及人畜的污染。

（4）靠近村镇的路段，晚上不安排施工，避免扰民。

（5）严格执行当地政府环保工作政策、法令，合理安排工程施工。

（6）施工生产的沥青废料集中处理，以免污染环境。

七、施工中新技术、新材料、新工艺的应用情况

(一)水泥稳定粒料试验新方法

(1)击实试验采用业主提供的振动击实法,规范所用的重型击实法确定的半刚性材料最大干密度偏小,以此为标准控制现场压实度存在质量隐患,而用振动法确定的混合料密度控制现场质量更为合理。

(2)振动法成型试件的抗压强度远大于静压成型试件的抗压强度。根据现场强度检测结果及振动法优化结果,认为在静压法确定的水泥剂量的基础上降低了水泥剂量1% ~1.5%是合理的,不仅降低了工程造价,满足了强度设计要求,更重要的是显著提高了半刚性基层的抗裂能力。

(二)沥青混合料配合比设计新方法

(1)沥青混合料设计新方法GTM设计方法:它不仅是一种试件成型设备,其成型试件的优点也不仅仅是最大限度地模拟了路面施工时的碾压工况,更为有价值的是,它以汽车轮胎的接地压强作为成型试件的一个主要控制条件,不固定压实功能而以沥青混合料试件达到极限平衡状态作为结束条件,而且在试验过程中能够反映沥青混合料的物理力学特性。

(2)GTM方法设计的沥青混合料虽然不满足体积参数的标准要求,但它降低了最佳油石比,增大了试件密度,空隙率小,饱和度大。它比马歇尔方法设计的混合料更具有高温抗车辙能力、低温抗裂能力及抗水破坏能力等。

八、工程款支付情况

我项目部外欠债务已全部还清,在此我项目部郑重承诺,如该项目有拖欠农民工工资和劳务费用及工程款的投诉,责任完全在我公司,由我公司负责解决,与建设单位无关,建设单位不承担任何法律责任。

九、施工体会

自我项目交验合格后,我项目部在岭南段施工告罄。经过这一年多的磨炼,我们获得了异常丰硕的经验,具体体现在施工项目现场管理的安全管理、质量管理、进度管理、成本管理4个方面。

(一)安全管理

安全是一个项目是否能顺利进行的首要保证,所以我们认为安全管理应该放在工作的第一位。安全管理的目标是保证项目施工过程中没有危险、不出事故、不造成人身伤亡和财产损失。“安全第一,预防为主”是安全管理必须遵循的原则,安全为质量服务,而质量必须以安全作保证。两者是相互联系的,两者不可或缺。因此,安全管理必须贯穿于施工管理的全过程,并且应按照规定严格执行。

首先,应根据施工环境和施工要求建立安全生产文明施工保证体系,对职工进行安全生产文明施工教育,并针对分部分项工程的特点,制定有针对性的安全技术措施和专项安全生产施工方案,做好班前安全技术交底工作,并突出抓好阶段性的安全工作重点,针对不同阶段的工程特点作重点防范。

其次,在施工过程中应认真贯彻执行《建筑工程文明施工标准》,实行总平面管理和文明施工责任制,对每天的工作进行记录并监督,创建“两型五化”施工现场,全面提高施工现场的文明施工程度,改善建筑工人的工作和生活环境,提高施工人员的安全意识及防范意识,使他们以更好的状态投入到工作中去,将工程危险风险降低到最小值。

(二)质量管理

质量管理是施工项目现场管理中最为重要的环节之一,施工质量是施工企业的生命,是企业立足市场的基石,靠质量出信誉、靠信誉争市场、靠市场增效益,这是每个项目人员所了解的,所以质量达标是我们共同的目标,也是必须完成的任务。

在质量管理方面,首先应建立完善的质量管理保证体系和领导体系,强化质量意识,落实质量责任,并强化质量技术管理工作,及时对工人进行技术交底,强化工人的质量责任心。同时层层签订质量责任保证书,明确质量责任,使质量目标的实现落实到每一个人,并按规定建立奖罚制度,与各级工作人员的经济利益挂钩。

其次,应严格执行质量验收制度,对工程质量进行巡回检查,走动管理,对发现的问题必须查明原因,追查责任,并跟踪检查整改措施的落实情况。在全面抓好施工质量的同时,应针对不同阶段的工程特点有针对性地加大管理措施,严把材料采购和进场质量验收关,杜绝不合格材料混入现场。

(三)进度管理

进度管理也是施工项目现场管理中一个主要的环节,是施工项目按照合同工期顺利完成的有力保证。按期完成任务是企业信誉、竞争力、履约能力的有力体现,也是提高自身企业荣誉的一项有力依据。

在进度管理方面,首先我们严格执行公司各项管理制度,层层落实责任,并在此基础上建立更加明确的规

定，加大奖惩力度，以此督促全体管理人员群策群力、克服困难，确保工期目标的全力实现。我们要求施工分工明确、各负其责，领导人对工期、安全、质量、成本等各项指标进行预控，同时与业主、监理单位、设计单位共同配合协调一致，对工程实行有效管理。

其次，在进度管理过程中狠抓“两头工期”：一是加快开工前准备，一旦中标，项目部人员和工人立即进场，以最快的速度组织材料设备进场，搭设临建、布置临时用水用电线路，做好测量定位等工作，建立各类台账，做好管理准备工作，将开工前的准备时间压缩到最短；二是竣工收尾阶段加大管理协调力度，采取强有力措施，防止因各分项工程同时施工可能发生的混乱，使各项工序积极有序地进行。

再次，应运用计算机管理和网络技术科学安排各工序和分部分项工程的施工作业计划，以总进度为大纲安排好月、旬、日施工作业计划和主要工期控制点，并以此为依据，合理安排劳力、材料设备进场计划，科学地组织好各工种的配合，实现分段并进、平等流水、立体交叉做，以创造更多的作业面，投入更多劳力加快施工进度，做到宏观控制好、微观调整活，各关键工期控制点均在控制期内完成；同时加大协调力度，确保各施工方按计划有序的进行施工，做到各负其责，确保政令畅通，协调有力，确保各分项工程按施工进度计划组织施工。

（四）成本管理

成本管理是施工项目管理中的核心内容，是增加企业利润、扩大企业资金积累最主要的途径之一，所以成本管理也是企业开源节流不可或缺的重要方面。

在成本管理方面，现场管理人员应责任明确，实行归口管理，管好项目控制投入，降低消耗，提高工效，将安全、质量、进度、成本4方面结合起来进行综合管理，并根据成本管理的目标与劳务施工队伍签订劳务施工合同，明确责任与目标，根据施工项目的实际情况编制降低成本的技术组织措施，深入挖掘各分项工程中存在的降低成本利润点，降低成本。

其次，项目部应分期做好“三算”工作：开工前做好预算工作，对施工图预算和施工预算进行两算对比，以便对盈亏作出预测；在施工中做好阶段结算工作和内部承包结算工作，确保收入兑现；竣工后抓好施工项目成本竣工结算。

项目部定期定阶段进行成本分析，并对存在的问题进行分析，找出原因采取措施，控制成本支出加强成本管理。成本分析既要贯穿施工的全过程，服务于成本形成的过程，又要在竣工后进行整体分析找出成本升降的原因，作出成本管理效果的判断，总结项目成本管理经验，制定切实可行的改进措施，不断提高成本管理水平。

总之，岭南路面一标在业主的大力支持和帮助下，顺利地完成了各项施工任务，工程质量也达到了预期的目标。以后我们还要承担新的高速公路建设任务，岭南精神和岭南经验将会继续推动我们下一步的工作。

岭南高速公路路面 No.1 标段项目经理部

2. 二广高速公路分水岭至南阳段工程路面 No. 2 标合同段施工总结报告

目　　录

二广高速公路分水岭至南阳段工程路面 No. 2 标合同段施工总结报告

一、工程概况

由我项目部承建的二广高速公路分水岭至南阳段工程(以下简称岭南高速)路面 No. 2 合同段,设计起点桩号为 K16 +340,终点桩号为 K32 +400, 路线全长 16.060km。实际施工桩号为 K18 +417 ~ K32 +400,施工长度 13.983km(含南召互通区、南召停车区各 1 处),全线路基设计宽度 26m,设计车速 100km/h,行车道宽 2 ×2 × 3.75m,中央分隔带宽 2.0m,左侧路缘带宽 2 ×0.75m,硬路肩宽 2 ×3.0m(含右侧路缘带宽 2 ×0.5m),土路肩宽 2 ×0.75m。

改性沥青混凝土上面层路面单幅宽度为 11.29m(无侧石),有侧石段宽度为 11.25m,桥面沥青混凝土宽度为 11.50m。

主线路面结构如下。

上面层:4cm^2 细粒式改性沥青混凝土(AC—13);

中面层:6cm^2 中粒式改性沥青混凝土(AC—20);

下面层:7cm^2 粗粒式沥青混凝土(AC—25);

联结层:7cm^2 沥青碎石混合料(ATB—25);

下封层:热喷改性沥青封层;

基层:32cm^2 水泥稳定碎石;

底基层:18cm^2 水泥稳定砂砾;

路面总厚度 74cm^2。

南召互通区、南召停车区的匝道路面结构与主线相同,总厚度也为 74cm^2。

总计完成工程量见表 1。

完成主要工程量 表 1

序　号	工 程 名 称	单　　位	数　　量	备　　注
1	180mm 水泥稳定砂砾底基层	m^2	261643.9	
2	320mm 水泥稳定碎石基层	m^2	257376.4	
3	透层	m^2	258008.7	
4	黏层	m^2	413995.9	
5	封层	m^2	252926.9	
6	70mm 沥青碎石联结层	m^2	252926.9	
7	70mm 粗粒式沥青混凝土下面层	m^2	253102.4	
8	60mm 中粒式改性沥青混凝土中面层	m^2	350052.8	
9	40mm 细粒式改性沥青混凝土上面层	m^2	341457.8	
10	培土路肩	m^3	10614.4	
11	中央分隔带回填砂砾	m^3	1202.6	
12	混凝土路缘石运输安装	m^3	975.8	
13	中央分隔带纵向排水管 ϕ116/110mm	m	9999.0	
14	HDPE 横向排水管 ϕ116/110mm	m	1677.4	

续上表

序　号	工 程 名 称	单　　位	数　　量	备　　注
15	接集水井横向排水管	m	353.1	
16	纵向集水槽	m	1521	
17	C30 混凝土集水井	座	24	
18	中央分隔带渗沟 400mm×200mm	m	9999	
19	中央分隔带防渗土工布	m^2	33691	
20	水泥混凝土拦水带运输安装	m	1041	

二、机构组成(图 1)

我单位中标后,集中精良设备、人员组建了项目经理部,经理部组织机构健全,并制定了完善的管理制度和各级、各类人员职责,保证管理工作规范化、科学化和制度化。经理部设项目经理 1 人、项目总工程师 1 人、项目副经理 1 人、工程部 10 人、质检部 8 人、计划合同部 3 人、试验室 9 人、机材料 18 人、财务科 2 人、综合办公室 2 人、专职安全员 2 人,各部门分工合作,积极为生产一线服务,起到了组织、指挥、协调和监督的职能作用。

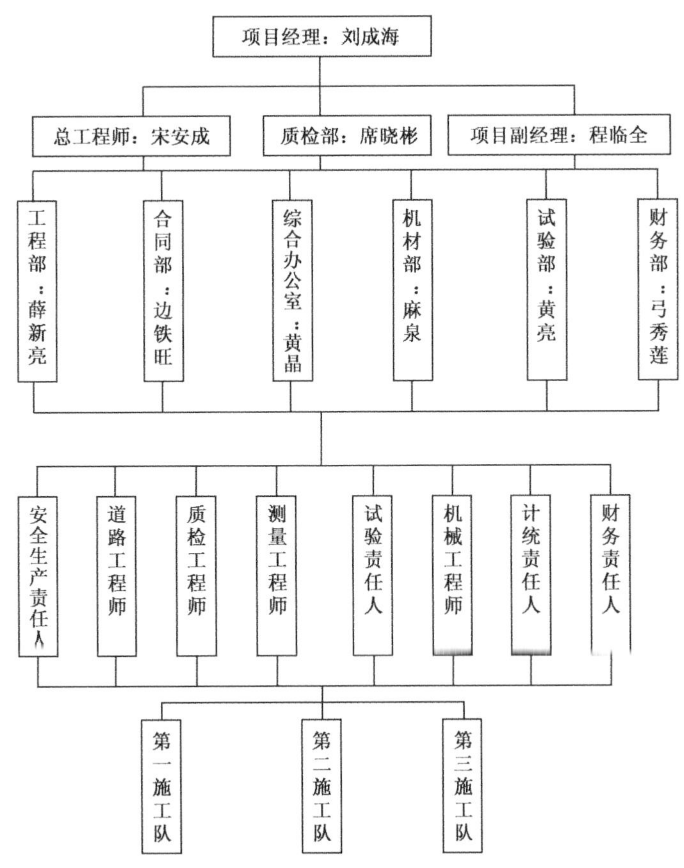

图 1　项目组织机构

三、质量管理情况

(一)质量管理体系

在施工过程中,项目部对各工序及分项工程均按合同条款和施工规范进行控制施工,同时做到认真严格执行“三检”,严格把好“五关”。“三检”是在施工前检查、施工中检查、工作结束时检查。检查以自检、互检及交接班检的方式进行。“五关”是把好施工技术图复核关、测量定位复核关、技术交底关、过程控制关、工程检验签认关。为此，我们在质量控制方面主要做了以下工作。

1. 质量管理体系

项目部建立了一个完整的以项目经理为第一责任人的质量管理体系。施工期间认真履行了作为承包人应尽的自检职责，按照合同约定及项目公司要求配备了相应的自检设备和质量检测人员。对各分项工程的开工条件自检；对每道工序或工艺进行现场质量自检；按照合同指定、施工规范规定的抽样频率，时间和方法进行质量自检。

2. 技术交底

正式开工前组织施工人员进行全面技术交底，从全线的工程情况、设计意图、主要技术标准、质量要求、技术安全措施以及重点工程施工的注意事项等均要逐一交代清楚，使全体参工人员做到心中有数。

3. 质量宣传体系

建设期间，项目部不断加大质量宣传力度，进行全员质量意识教育，并加强岗位技能培训。施工前及施工过程中，项目部组织参建人员结合各自所承担的施工任务，进行监理程序、合同条款、施工工艺及岭南高速公路施工技术指南的培训和学习，并组织参加了项目公司工程技术处和技术专家咨询组联合举办的振动击实法设计水稳基层原理和 GTM 法设计沥青混合料面层原理及相关的施工讲座，并在随后的大面积路面施工中充分应用，为全面提高岭南高速公路整体施工质量水平奠定了坚实的基础。

4. 质量检查旬报制度

为做好工程项目质量目标的管理工作，有效控制和保证工程质量，项目部制定了质量检查旬报制度。在施工过程中，工程施工管理人员、技术人员、质检人员经常深入施工现场，及时对原材料、半成品及成品料、外业工程实体质量进行检查，并形成旬报制度，从而反映工程项目在原材料进场、拌和、运输、摊铺、碾压等各个施工环节的工程质量和工作情况。质量检查旬报基本做到了及时收集、及时反馈、及时分析、及时应用，很好地保证了整个建设工程的施工质量。

5. 质量奖罚制度

为了能够顺利贯彻实施各项质量管理办法，充分调动起广大参建员工的施工积极性，增强质量意识，项目部结合工程的具体特点和各项要求，制定了详细的《路面施工考核质量奖惩办法》和《材料部考核办法》。办法中对底基层施工前对路基标段交验的路床全面复测；每一结构层施工完成后的各项技术指标的检测（尤其是主要指标，如压实度、厚度等）；各项质量管理手段的执行；试验室对施工的监测及指导；内业资料的整理及时性和准确性；各项原材料的进场程序及进场质量；材料的存放、防雨、安全等各方面都做了明确的奖罚条例，并依据条例严格实施，做到奖罚分明，使各项质量管理措施得到了有效的实施。

（二）施工质量控制方案

（1）认真做好试验路段的施工，收集各种数据和满足要求的各项技术指标，总结分析施工步骤、施工工艺、人员及设备配套的实施性，修正各种施工技术参数，为工程的全面施工提供最佳指导方案，保证了岭南高速公路全线施工质量满足设计要求。

（2）对进入施工现场的原材料进行严格检测和监测，特别是对水泥、路面用碎石等大宗材料指标进行严格控制。各种原材料进场前必须通过监理工程师认可，质检人员对自行采购、加工的材料随时取样检查，对进场的不合格材料实行废弃制度。在开工前做好各种原材料的相关试验工作。

（3）严格执行招标文件和相关技术规范，按操作规程施工。在施工中尽量采用通过监理工程师同意的新技术、新工艺，为工程质量的提高创造有利条件。

（4）推行全面质量管理，对工程质量进行全过程的动态管理。开展难点工序技术攻关活动，及时解决施工中的难重点和质量问题。开展创全优工程的活动，把工程质量管理引向深入。

（5）认真对待质量通病。针对公路施工特点，对于常见的质量通病（如底基层砂砾级配变异、面层粒料级配不佳、沥青用量不稳定、沥青混合料矿料级配不佳、沥青路面早期破损等）在施工中针对性地采取相应的预防措施，并且严格实施，取得了成效。

（三）施工中质量自检情况

加强施工中各种质量指标的自检和抽查，严格按照规范规定的检查方法和频率进行检验。工程质量按自检和监理抽检情况及质量评定情况来看，各分部、分项工程质量均为合格工程。

施工期间，在交通运输部、交通运输厅、省质检站、项目公司和监理代表处多次组织的质量检查中，检查结果均能够满足设计要求，得到了项目公司和监理人员的高度评价。

(四)工程质量问题的处理

在施工过程中,针对出现质量问题的部位以及监理工程师下发的相关通知,我们及时采取多种手段,进行数据分析,查找问题原因,并制定相应的整改措施,及时整改。

如果质量问题是由于人为因素造成的,项目部将结合制定的相关制度和奖罚措施,对相关人员进行教育、处理,从而避免再次发生类似问题。

(五)对完工质量的评价工程质量

岭南高速公路自施工开始到完工,整个过程质量完全处于受控状态,未出现任何重大质量事故。各项工程质量均达到设计及施工规范要求,得到了项目公司、监理单位的高度赞扬和认可。

四、施工进度控制

(1)项目部加强施工的计划管理,重视编制施工计划,坚持计划的贯彻执行,确保计划的严肃性。层层落实、层层制定、责任到人。

(2)经常检查计划的执行、落实情况。以批准的施工组织设计为依据,以月、季统计报表为参照,结合施工现场进行实测实量。发现问题及时分析原因,找准问题,提出解决办法,并尽快落实,尽量确保使工程自始至终按计划进行。

(3)针对路基交验不及时、不连续以及桥梁不通等因素,项目部合理安排各阶段、各工种、各工序的施工,见缝插针,积极组织,使每项工作最大可能性地保持施工过程的连续性、协调性和均衡性。

(4)把按期、保质完成任务与经济和物质利益挂钩,最大限度地调动职工的积极性。

(5)组织好机具设备和材料,抓住关键工程和施工中的关键环节,尽可能采用新工艺、新技术和新材料,大量使用现代化的施工机械,同时保证施工机械的完好率和利用率。

五、施工安全与文明施工情况

(一)安全保证措施

1.组织体系

项目部建立以项目经理为组长的安全领导小组,并设专职员,全面负责安全管理工作,做到有计划、有组织地进行预测、控制,预防事故发生,履行保证安全的一切工作。

2.规章制度

项目部在施工中建立、完善并执行了一套安全管理规章制度,其中包括安全生产责任制、安全生产教育制度、安全生产检查制度、安全事故的处理报告制度、现场施工安全值班制度。在此基础上,制定安全保护措施和安全操作规程。

在制定制度的同时,由安全领导小组和专职安全员监督实施,确保安全制度的有效实施,保证了在施工期间未发生任何安全事故。

3.具体措施

(1)利用各种宣传工具,采取多种教育形式,使职工树立安全统一的思想,不断强化安全意识,建立安全保证体系,使安全管理制度化,教育经常化。建立安全生产责任制,明确各级人员的责任和权限,做到奖罚分明。

(2)岗前培训,定期教育,操作工人持证上岗,并严格遵守各岗位安全技术操作规程。

(3)在下达生产任务时,必须同时下达安全措施,检查工作时,必须总结安全生产情况,提出安全生产要求,把安全生产贯彻到施工全过程中。重要项目反复进行技术、安全操作交底,明确每个岗位的安全责任。

(4)认真执行定期安全教育、安全讲话、安全检查制度,设立安全监督岗,支持和发挥安全人员的作用,对发现事故隐患和危及工程人身安全的事项,要及时处理,作出记录,及时改正,落实到人。

(5)工地修建的临时房、架设照明线路、库房,都必须符合防火、防电、防爆炸的要求,配置足够的消防设施。加强对现场用电设施等容易引起安全事故的工作或工序的安全指导、检查和管理,现场安全标志牌齐全。

(二)文明施工

施工中我们一直坚持文明施工,抓好现场管理,经常保持现场管线整齐。工料材、机具设备堆放有序,施工现场井井有条;临时设施布局合理;施工现场“一图四牌”齐全,施工标语、安全警示标牌醒目;消防安全设施齐备;施工管理人员挂牌上岗,操作人员持证上岗;施工噪声不扰民。

六、环境保护与节约用地措施

项目部在确保工程质量、进度、安全以及文明施工的同时,还制定并落实了施工期间严格的环境保护措施。

施工中坚持“以防为主,防治结合,统筹规划,合理布置,综合治理,化害为利”的原则,防止污染和破坏自然环境,从而使受损的生态环境降低至最低程度。

(1)对于生活垃圾、废料、废方、废水做好了善后处理工作,避免了污染江河、堵塞交通以及对农田水利设施和排灌系统的影响。

(2)较好地保护好了当地群众的庄稼、树木、花草。

(3)运输机械尽可能采用排烟少、污染小的设备。

(4)运输散装含尘物料的车辆要用篷布覆盖严密,并装量适中,以防物料飞扬;对运输砂石料的车辆做到不超限超载运输,不沿途洒漏。

(5)配备专用洒水车,对施工现场和运输道路经常进行洒水湿润,减少扬尘。在有粉尘环境中作业人员佩戴必要的劳动保护和防护用品。

(6)尽量减少施工临时占地,合理安排施工进度;各种临时占地在工程完工后,应尽快进行植被及耕地的恢复,做到边使用、边平整、边绿化、边复耕。

七、施工中新技术、新材料、新工艺的应用情况

追求技术创新,积极应用新技术、新材料、新设备、新工艺,力求达到施工的标准化、规范化,是实现工程质量提高的保障,也是我们不懈努力的方向。在岭南高速公路的施工中,我们主要进行了以下几方面创新:

(1)在岭南公司、技术咨询组和监理代表处的指导下,我们根据文件要求进行了振动击实法设计水稳砂砾底基层和水稳碎石基层的施工,同时采用了 GTM 法设计沥青混合料面层配合比。

①经过与传统标准击实法的对比,振动击实确定的最大干密度与标准击实确定的最大干密度关系为1.025:1.0。经过施工证明,振动法设计的水泥碎石级配范围窄、密度大(压实标准高)、水泥剂量小、强度高,同时也大幅度提高了半刚性材料的抗裂能力。但与此同时,相应的材料、机械用量也有所增加,施工成本有所提高。

②采用 GTM 法对沥青混合料面层进行了设计,通过实际施工证明:GTM 旋转试件密度系统大于马歇尔试件密度,比值平均为 1.020 ~ 1.030,证明了 GTM 方法设计的混合料与马歇尔方法比,具有空隙率小、间隙率小、饱和度大,高温抗车辙能力好等优点。但需要投入大量的机械设备台班,同时材料用量也有所增加。

(2)由于 GTM 方法设计的沥青混合料密度较大,为保证达到较高的压实度,在项目公司和技术咨询组的指导下,采用了组合式碾压工艺对沥青面层进行了碾压,具体工艺为:摊铺机摊铺速度为 2 ~ 3m/min,取消初压,直接进入复压阶段。2 台双钢轮压路机各占半幅紧跟摊铺机碾压,初次前进碾压为静压,后退开振,2 台 30t 以上的轮胎压路机紧跟(距离保持在 4m 左右)双钢轮压路机同步碾压,即钢轮压路机与轮胎压路机同时前进及后退,共碾压 8 遍(钢轮 4 遍、轮胎压路机 4 遍)。DD110 压路机终压,以消除轮迹及调整平整度。

组合式碾压工艺有如下优点:

①大幅度提高了碾压效率,总的碾压时间仅为通常碾压工艺的 1/2,因此能够保证混合料在高温下得到有效压实,提高了压实度。

②对压路机可进行有效的管理,防止出现漏压现象,碾压遍数易于控制,碾压段落清晰,工艺流畅。

③由于在高温下进行碾压,避开了沥青混合料碾压敏感区(95 ~ 110℃),避免了推移现象的发生。

(3)在沥青面层的施工过程中,根据项目公司要求,采用了沥青混合料转运车进行施工,在控制混合料离析、提高摊铺平整度方面起到了一定的作用。

八、工程款支付情况

我项目部外欠债务已全部还清,在此我项目部郑重承诺,如该项目有拖欠农民工工资和劳务费用及工程款的投诉,责任完全在我公司,由我公司负责解决,与建设单位无关,建设单位不承担任何法律责任。

九、施工体会

一年来,在项目公司、设计单位、监理单位各级领导的大力支持和热心指导下,我们始终以工程施工为重点,做到工期、质量由领导亲自抓,各专业人员具体抓。精心组织、严格管理、科学施工,不仅按期优质高效地完成了任务,而且在施工中磨砺了筑路人的意志,提高了施工技术和管理水平,丰富了工程施工经验,具体表面在以下几方面:

(1)与建设单位、设计单位和监理单位密切配合、及时沟通。

(2)在施工过程重要根据实际情况及时调整进度指标,避免盲目赶工埋下质量隐患。

(3)积极进行新技术、新材料、新工艺的推广应用。

岭南高速公路的圆满建成,凝结着项目公司、设计单位、监理单位和有关协作部门全体人员的心血,代表着河南省公路建设又迈上了一个新台阶,对河南省的政治、经济和社会发展,有着十分重要的意义。我们有信心也有能力为河南省乃至全国的交通建设作出更大的贡献。

山西路桥第二工程有限公司

岭南高速公路路面 No.2 标段项目经理部

3. 二广高速公路分水岭至南阳段工程路面 No. 3 标合同段施工总结报告

目　　录

二广高速公路分水岭至南阳段工程路面 No.3 标合同段施工总结报告

一、工程概况

河南省洛南高速公路属太澳高速公路中重要的一段，分水岭至南阳段（以下简称岭南高速）主线起于平顶山和南阳市交界处的分水岭，北接同期规划的洛阳至南阳高速公路寄料至分水岭段。路线顺回龙沟沿国道 G207 布线，至南召县城东与省道 S331 相交，然后跨越黄鸭河，在三亩湾西侧跨越白河，至瓦莛村与省道 S333 相交，然后向南在车家庄西跨越群英水库，在罗庄和马营街之间与宁西铁路交叉，在王村乡西与国道 G312 相交，再向南从杨庄村中的空挡穿过，至张华岗西与上海至武威国家重点公路南阳至内乡高速公路相接，路线全长 97.583km。

路面第三合同段起讫桩号 k32 +400 ~ k47 +900，共 15.5km，含 1 处互通区（瓦莛互通区）。

纵观项目所在地区全貌，呈现北高南低的特点。路线所在区域属亚热带向温暖带过渡地带，属典型的季风性大陆性半湿润气候，季风的进退与四季的替换较为明显。四季气候特点为：冬干冷，雨雪少；夏炎热，雨量充沛；春回暖快，降雨逐渐增多；秋季凉爽降雨逐渐减少。全区多年平均气温 14.4℃，最热为 7 月，平均气温 27.2℃，最冷为 1 月，平均气温 0.9℃，年降雨量 701.8 ~ 1158mm。

该地区路网发达，以 S333 为主，再辅以县乡道路，公路里程长且等级高，基本上村村通公路，构成了较为便捷的运输网，材料运输可就近上路，运输条件比较理想。

本项目采用平原微丘区四车道高速公路技术标准，设计行车速度：120km/h，路幅划分为车行道 2 × 3 × 3.75m，中央分隔带 2.00m，左侧路缘带 2 × 0.75m，右侧路缘带 2 × 0.5m，土路肩 2 × 0.5m，紧急停车带 2 × 3m（路基右侧路缘带外缘每隔 500 ~ 1000m 设置 1 处港湾式紧急停车带，长度为 90m，有效长度为 30m，有效宽度为 3m）；横坡为 2%。

二、机构组成

在接到中标通知书后我单位高度重视，迅速成立了以王思海同志为首的河南省洛阳至南阳高速公路分水岭至南阳段路面工程 No.3 合同段项目经理部。本项目的施工管理模式与措施为按照我单位项目管理法的有关规定以项目经理为责任人。

按照岭南高速项目公司和监理代表处的要求，工程开工后，从条件成熟的地段同步依次由底基层、基层到面层向前推进，水平流水线作业。针对本工程的工程量及工程进度，我公司组织以路面施工经验丰富的技术人员为主的路面各结构层施工队承担施工任务，施工机械采用最先进的路面施工设备。

三、质量管理情况

（一）水泥稳定碎石基层的压实度控制和接缝施工

碾压是水泥稳定碎石获得强度的重要因素和关键环节。毫无疑问，压实度越大，强度越高，水泥稳定碎石基层质量越好。但并不是说，压实遍数越多，压实质量越好。因为一旦超压，则造成表面碎石压碎，形成软夹层，影响水泥稳定碎石整体强度。本工程计划采用 18t 以上振动压路机振压 3 遍，光轮压路机碾压 1 遍，胶轮压路机跑光 1 遍。这既避免了对水泥稳定碎石的超压破坏，又保证了水泥稳定碎石高程和平整度的工艺控制。从含水率角度讲，碾压时混合料含水率宜大于最佳含水率 0.5% ~ 1.0%。从压实厚度讲，当采用 18t 振动压路机碾压时，基层一般不应超过 25cm^2。对于碾压过程出现的“弹簧”松散、起皮现象，应及时翻开重新拌和（加适量水泥）或用其他方法处理，达到质量要求。另外，路面基层两边、结构物台背及接缝处均要比正常路段多压 1 ~ 2 遍，以确保薄弱环节施工质量。

接缝处理是施工容易出现问题的地方，当采用摊铺机摊铺时，同日施工的工作段的衔接处，应采用搭接。前一段拌和整形后，留 5 ~ 8m 不进行碾压，后一段施工时，前段留下未压部分，应加水泥重新拌和，待后段施工时一起压实整型。在现场具体作业时，尽可能将水泥稳定碎石施工至结构物处，减少横向接缝，以期获得较好的平整度。基层、底基层隔日接缝处理：应将工作缝清洗干净，待干燥后洒水泥浆，压路机先进行横向碾压，再纵向碾压成为一体，充分压实，连接平顺。沥青面层隔日接缝处理：应将工作缝清洗干净，待干燥后涂刷黏层油，铺筑新混合料接头应使接茬软化，压路机先进行横向碾压，再纵向碾压成为一体，充分压实，连接平顺。

（二）改性沥青混合料配合比设计

本工程改性沥青均采用 AC 系列改性沥青。改性后的沥青，大幅降低了温度敏感性，一方面沥青的软化点提高，夏季高温季节不软化，提高了路面的高温抗挤拥和抗车辙能力；另一方面沥青的脆点降低，在寒冷季节不反脆，且有柔性和韧性，减少路面裂缝；更能使沥青和石料的黏结力提高，可以防止石料浸水，避免路面剥落。其特点是高温抗车辙能力、低温抗疲劳性能、耐疲劳性能、水稳定性等各种路用性能都得到较大幅度的提高，具有良好的抗滑性能、行车噪声小，而且抵抗温度变化能力强、减少交通裂缝的产生、增强路面抗变形能力，降低维修养护工作量，延长使用寿命。

施工中关键是选择合适的沥青用量。沥青用量过多，会造成集料分离，产生油斑；过少会使混合料难以压实、空隙率过高、集料油膜过薄，从而影响其耐久性。施工中更应将沥青用量作为严密控制的一项指标。具体可见改性沥青混合料配合比设计部分的内容。

（三）改性沥青混合料的拌和、运输、摊铺和碾压

改性沥青混合料的特点，如混合料的间断级配、细集料较少、矿粉量大、沥青含量较大、混合料黏度较大等，决定了改性沥青混合料的生产和施工过程与普通沥青混凝土相比有很多不同之处，特别是拌和时细集料和沥青的用量必须严格控制、及时调整，避免造成质量问题，具体可见改性沥青混合料的施工部分的内容。

（四）改性沥青混合料平整度的控制

本工程改性沥青混合料是路面的上面层和中面层，平整度必须严格按规范要求施工。但因为改性沥青混合料的上述特点，其平整度的控制与普通沥青混合料相比较为困难，因此，必须将该项工作作为施工中的重中之重来抓。

1. 改性沥青路面特性

（1）造价高，对路基与路面的施工质量要求较高。

（2）改性剂必须完全分散在沥青中，才能充分发挥其效能。

（3）改性沥青混合料具有粗集料多、矿粉多、改性沥青结合料多、细集料少、掺纤维稳定剂、材料要求高的特点，特别是对粗集料的坚韧性、颗粒形状和棱角性的要求很高。

（4）只有在高温状态下碾压才能达到密实效果，且不产生推拥，这是改性沥青的一个重要特征。

（5）改性沥青混合料致冷后非常坚硬，强度高。

2. 影响改性沥青混合料路面平整度的主要因素

改性沥青的特性决定了其施工与普通沥青混凝土相比具有特殊性，故应加强施工中每一环节的检测控制与管理，从其特性入手，对其特殊的施工工艺进行分析。影响路面平整的主要因素有以下几方面。

（1）路基与下承层的施工质量。路基填筑不均匀或路基、下承层结构密实度和强度不足，整体稳定性差，易产生不均匀沉降，路面平整度差：对于下承层的平整度以及高程误差，都会通过结构层自下而上层层积累，影响到改性沥青路面的平整度。

（2）原材料及混合料的质量。只有保证原材料和混合料的质量，才能保证改性沥青面层的完整性和强度，路面平整性才有保障。

（3）施工工艺及机械配置。本工程采用 SBS 改性剂，改性沥青制作一般采用高温剪切与胶体磨的特殊加工方法，拌和时间长，生产率降低，混合料黏度大，施工温度要求高，混合料冷却结硬后强度高，要保证其密实度和平整度以及充分发挥改性沥青粗集料的嵌挤作用，只有通过采用合理的施工工艺及机械配置才能实现。

（4）施工人员的素质与责任心。只有通过施工人员对施工中每一环节加强检测控制与管理力度，充分调动其主观能动性，才能发挥先进的施工工艺、合理的机械配置和先进的机械设备这一组合的最佳效果。

3. 改性沥青路面平整度的控制措施

从影响平整度的主要因素出发，从路基与路面下承层的施工质量、原材料及混合料的质量、施工工艺和机械配置以及施工人员素质等方面采取相应的控制措施，重点应抓施工工艺和机械配置方面。

（1）加强路基与路面下承层的施工质量控制

对于路基，应确保路基填土的均匀性以及路基结构整体的密实度和强度；采取合适的涵、台背、墙背回填与软基处理方案并减少其过渡段的工后沉降差；采取相关措施，减少水对路基产生的病害，确保路基稳定。

改性沥青用于上面层结构，若在下承层施工中不重视平整度及高程控制，想通过 $4cm^2$ 厚上面层的施工来对下承层的不足进行弥补，并取得好的平整性是不可能的。本工程在下承层施工中，均采用 ABG 摊铺机全幅式摊

铺,保证摊铺混合料性能的稳定性和控制摊铺速度的均匀性,并采用不同的找平方式,对不同下承层的摊铺进行控制,使下承层的平整度控制在较好的水平上。

(2)原材料及混合料质量的控制

每一批进场的原材料都应按相关规范和标准进行试验,并加强施工中试验自检和抽检力度,保证进场材料质量的稳定。

改性沥青混合料质量直接影响沥青面层的施工质量和使用品质,一旦出现不合格的花料、焦料、过油料铺筑到路面上都应立即彻底铲除重铺,经人工修补后的路面不可能有良好的平整度。混合料生产要严格把关,不合格混合料严禁使用。通过抽提试验和马歇尔试验对矿料级配、沥青用量、混合料的密度和空隙率 VV、VMA、VCA 等指标进行调控,同时检测其稳定度和流值;通过温度检测,对改性沥青及 SMA 生产的 3 大温度(改性沥青制作温度 165 ~170℃、改性沥青最高加工温度 175℃、集料加热温度 190 ~200℃)进行控制,做到不合格材料严禁进场,确保混合料的质量。

(3)加强施工工艺和机械配置的控制

先进成熟的施工工艺、先进的机械设备和合理的机械配置,是保证改性沥青路面平整的关键。

①摊铺。本工程计划采用 ABG 摊铺机全幅一次性摊铺,应做到缓慢、均匀、连续不间断地摊铺,禁止随意变换速度或中途停顿。

a. 运料车与摊铺机恰到好处地配合是保证平整度的一个重要方面,必须防止料车撞击摊铺机或将料洒到中面层上。运料车应在摊销机前 10 ~ $20cm^2$ 处停住并挂空挡,卸料过程中由摊铺机推动汽车同步前进,卸料完毕后,即驶离摊铺机。由于改性沥青生产时拌和机生产率降低,为保证其匀速、不间断地连续摊铺,摊铺速度一般不超过 3 ~4m/min,甚至可放慢到 1 ~2m/min,这就要求操作人员应具有较高的操作水平,以保证摊铺机匀速、连续工作,既能保证压实度又提高了平整度。

b. ABG 摊铺机两侧各安装了 1 台浮动基准梁找平装置。该装置总长 16.7m,前端有 2 ×12 个可上下自由伸缩的“雪橇”板(也称“滑靴”),在下层表面拖动滑行,构成下层基准面。装置后端有 2 ×8 对可上下伸缩的橡胶轮,行驶在摊铺后的混合料表面,构成摊铺后的上基准面。摊铺机的自动找平装置是根据 2 个基准面的高差来控制摊铺厚度。由于雪橇板和橡胶轮都能自由伸缩,可以消除局部不平整对控制厚度的影响。

c. 摊铺机刮料输送器通过闸门后供料和螺旋摊铺器向两侧布料,两者的工作速度要相匹配。在发生暂时性断料时,摊铺机应保持继续运转,停止振捣,并接通熨平板加热器,保证改性沥青的摊铺与碾压符合高温条件要求,这是控制平整度的又一关键所在。

d. 提高摊铺过程中的预压密实度。改性沥青混合料在高温状态下主要靠粗集料的嵌挤作用,可适当提高夯锤的振捣频率,在摊铺机夯锤振捣与熨平板的共同作用下,一般可达到 85% 以上的预压效果。这样,剩余的压实系数极小,初压的痕迹也极小,进而保证了路面的最终平整度。

②碾压。改性沥青路面最好采用刚性碾碾压,并在碾压过程中严格控制好碾压温度。本工程采用 12t 以上双钢轮振动压路机,其振动力大、幅度宽。初压(温度不低于 150℃)、复压(温度不低于 130℃)和终压(温度不低于 120℃)都采用此种压路机,连续碾压 3 ~4 遍。

a. 按照“紧跟、慢压、高频、低幅”碾压八字方针进行碾压,这是与一般沥青混合料碾压方式最大的区别。压路机必须紧跟在摊铺机后面,只有在高温条件下碾压才能取得最好效果,碾压终了温度应不低于 120℃;慢压是针对目前碾压速度普遍过快的现象来说的,一般要求的碾压速度不能超出 4 ~5km/h;高频和低幅方式对提高改性沥青的压实度、防止石料损伤、保持石料具有良好的棱角性和嵌挤作用有重要的意义。大振幅很容易造成碾压过度,使石料压碎,产生“过碾压弹簧”现象。所以碾压八字方针也是保证改性沥青路面平整的重要环节。

b. 碾压应均衡地进行,倒退时关闭振动,方向要渐渐地改变,不许拧着弯行走,对每一道碾压起点或终点可稍微扭弯碾压;消除碾压接头轮迹。

c. 压路机不允许在新铺混合料上转向、调头、左右移动位置、突然刹车或停机休息;其他机械不能在未冷却结硬的路面上停留。原则上所有机械,尤其是压路机从开始碾压进入角色后便不能停机,直至该段路面施工结束,否则容易产生局部波浪。

d. 碾压应纵向进行,并由摊铺路幅的低边向高边低速行进碾压,相邻碾压重叠至少 $50cm^2$:初压时始终让从动轮在后,避免由于温度高轮前留下波浪,影响平整度;终压用光轮压路机消除轮迹。

e. 在桥梁、涵洞和通道等构造物的接头处,以及匝道、港湾或紧急停车带等摊铺机和压路机难以正常操作的部位,要辅以小型机械或人工操作快速进行,保证其施工温度。在改性沥青路面结构施工中,特别是上面层施工中,对这些地方必须特别小心,否则会破坏平线石或影响整体美观。

③接缝处理。接缝是影响平整度的一个重要因素。应尽量减少接缝,特别是纵向接缝,本工程采用 ABG 摊

铺机全幅施工,不存在纵向接缝,所以应保持匀速、不间断连续摊铺以减少横向接缝,尽量做到一天只有一个接缝。改性沥青路面横向接缝的处理,对平整度影响很大。接缝跳车现象仍然是改性沥青路面的薄弱环节。改性沥青路面接缝处理要比普通沥青混合料难,由于冷却后的改性沥青混合料非常坚硬,应防止出现冷接缝处理。为提高平整度,一般采用切割成垂直面的方法,可在改性沥青路面完工后,稍停一下,在其尚未冷却之前,就切割好。具体做法为:将3m直尺沿路线纵向靠在已施工段的端部,伸出端部的直尺呈悬臂状;以已施工路面与直尺脱离点定出接缝位置,用锯缝机割齐后铲除废料,并用水将接缝处冲洗干净;在下一次施工前,涂刷黏层油,即可继续铺筑混合料。

④机械配置。科学合理的机械配置和先进的机械设备,是路面施工连续作业与提高平整度的重要保证。本工程所采用的沥青及改性沥青拌和设备为LB-4000型拌和设备。在施工过程中,对所有的参数控制都采用计算机自动化控制,保证了混合料生产的连续性和混合料质量的稳定性;摊铺机为进口的具有高精度自动找平的全幅式ABG摊铺机;压路机采用12~16t双驱双振光轮压路机。所需的总运力(载质量×车量数)应根据拌和机实际作业时的拌和能力结合拌和厂至施工现场的运距来确定。由于改性沥青施工温度要求较高,其混合料在运输过程中必须加盖篷布,防止结合料表面过硬,且必须保证摊铺机前有3辆车等待卸料,宜采用12t以上的运料车供料,做到宁可运料车等候摊铺,也不能摊铺机等候运料车。

(4)提高施工人员素质和责任心

外因是变化的条件,内因是变化的依据。任何科学的工艺和先进的设备都离不开这个主观因素。改性沥青路面施工中,人为因素特别是施工人员素质和责任心对路面质量的影响也是至关重要的。现场技术员,质检员、现场监理员要切实发挥出应有的作用,施工人员应具有高度的责任感,保证按施工规范施工,对混合料的拌和、运输、摊铺、碾压以及接缝处理等一系列环节,层层把关,并成立质量管理小组,加强各施工人员及机械操作手的质量意识,并贯穿于整个施工过程。

综上所述,要提高改性沥青路面的平整度,应确保路基的施工质量,并从下承层的平整度、原材料及混合料的质量控制、施工工艺和机械配置以及施工人员素质入手,重点抓好摊铺、碾压及接缝处理3方面的施工质量,尽可能采用先进的机械设备和合理的配置,充分发挥施工人员的主动性积极性。

四、施工进度控制

根据工程特点,确定整个工程的关键线路。工程实施阶段,要切实保证关键线路上人、财、物的供应,其他工程项目跟着关键线路的流水方向作业,但必须保证为关键线路的工程项目按期提供工作面。

(一)保证工期的技术组织措施

(1)调遣精兵强将,强化项目管理。确保各级人员准时到位,机械按时进场,保证按时开工。项目经理部按项目管理的各项要求开展工作,强化项目管理,加强施工全过程的监督、检查、指导。

(2)狠抓重点工程进度,确保按期竣工。从施工准备开始,制订详细的实施性施工组织设计,每天有专人检查计划的落实情况,发现问题及时修正方案,调整计划。必要时全公司范围内增加投入确保重点工程的工期。实行科学管理,不断优化施工组织设计和工序施工方案,抓住关键工序,交叉、平行、流水作业。

(3)研究对策,确定应急措施,协调各工序间的关系,确保施工顺利完成。

(4)统筹规划,确保施工计划的严肃性。在安排施工计划时留有余地,关键工序在保证均衡生产的前提下,对控制工期的项目,要从人力、财力、物力各方面优先保证,各种配套计划一定要落实。冬雨季节灵活安排。

(5)优化施工方案,合理安排施工程序,提高劳动生产率。从施工方法上寻求加快施工进度的方法,避免重复作业和相互干扰。充分发挥机械化施工的优势,减轻人工劳动强度,提高工作效率,加快施工进度。

(6)有针对性地进行技术培训,提高工人的技术熟练程度,控制工期的部分工序,在单位时间内提高工作量。

(7)正确处理好与当地政府、沿线群众及兄弟施工单位的关系,争取得到各方面的全面支持和有力配合,为施工生产创造一个良好的外部环境。

(8)以最快的速度调遣施工力量进场,展开施工准备和备料工作,保证不因材料进场而影响工期;施工过程中,以最快的速度进行人员、机械设备的调整和充实,充分满足工程需要。

(9)质检员及时送试件,试验人员随送随试验,送试件人员、试验人员、反馈试验结果人员耽误了工期,追究相应责任。

(10)建立有效的物资供应系统。生产部门根据网络计划的要求,提前1周提出物资需用量计划交于物资供应部门,物资部门采用计算机对物资采购、保管、发放等进行科学管理,合理调配,确保材料物资供应能够连续、及时,不出现间断。

(11)项目部坚持周一、三、五召开生产会。对工地进度每天早交底晚检查,做到责任到人,对安排的工期完成情况实行奖罚制度。

(12)制定严格的内部工期奖罚制度,对造成工期拖延的责任人严格按制度处罚,对采取科学合理施工方法加快施工进度的主要负责人进行奖励。

(二)保证工期的奖罚措施

(1)能够按期完成施工任务的,按照岭南公司文件所规定的奖金比例和金额对项目部全体成员进行奖励。

(2)如因项目部自身原因,不能按期完成施工任务的,扣罚100天内全体施工人员20%的工资。

(3)能够完成项目部制定的各节点目标的,奖励施工人员工程量总额的1%。

(4)不能够完成项目部行制定的各节点目标的,扣罚施工人员工资的10%。

(5)材料供应人员因自身原因不能及时供应材料而影响工期,搅拌站管理人员因管理失误导致人员、机械停工待料,电工不守职尽责导致电力供应中断造成重大损失或影响的,将视情况给予相应的处罚。

五、施工安全与文明施工情况

(一)工程施工中突发事件处理方法

(1)突然停电停水:突然停电、停水会造成质量事故停产或设备损失(如沥青储存、搅拌设备)。我项目为此准备880kW和25kW发电机各1台,880kW发电机用于拌和站生产用电,25kW发电机用于项目部和施工现场临时办公用电,常备200kg柴油,突然停电时作为临时电源,保证供电、供水和设备正常运转以确保工期。

(2)突遇暴雨:突遇暴雨会使底基层、基层混合料含水率增大,水泥流失,为此工地常备雨篷、雨布。雨来时,迅速将未碾压的混合料覆盖,雨后及时碾压成型。但如下雨时间过长,则应将未及时碾压的混合料清除,重新铺筑。

(3)火险:拌和站常备灭火细沙,准备充足的灭火器,发现火险立即处理。

(二)爆炸应急救援预案

确定潜在的爆炸事故或紧急情况,作出意外爆炸发生后应急准备和响应的计划,以预防或减少可能伴随的环境影响和职业健康安全方面的疾病与伤害。

我项目部潜在的事故或紧急情况的发生以及可能伴随的环境影响的控制,主要以仓库及危险品存放场所为主。

应急措施的具体内容及方法如下。

当事件发生后,由现场专职安全员立即拨打120急救电话,通知医务人员前来救援,同时组织现场应急人员对受伤人员采取急救措施,尽量减少伤亡人数。当安全领导责任人接到汇报情况时,应立即向项目经理汇报,并指挥现场专业技术人员对事件的发生进行调查、分析,找出原因。

具体应急救护措施有:立即处置;立即送医。

立即处置的方法有:给予100%的氧气;立即请人帮忙打电话求救;若呼吸停止,施予人工呼吸(不宜口对口人工呼吸,可用防毒面罩);若心跳停止,立即施予体外心脏按压。

应急措施有:切断所有引火源;保持人员位于上风处及远离低洼处;进入危险区域前,须按前述救灾设备中个人防护设备完整穿戴;紧急隔离现场四周30m范围;由近而远,逐一疏散四周150m与浓烟影响范围内的居民。

(三)化学危险品泄漏应急救援预案

为了加强化学危险物品的安全管理,在发生突发性事件后,能及时处理,避免造成损失,保证安全生产,保障人民生活财产的安全,保护环境,特制定应急预案。

本项目部工程施工中,涉及试验室所有储存、使用化学危险品的地方。

应急工作的组织和相应的职责:发生警情后,应立即组成事故现场领导小组,组长由现场最高领导担任,组员由项目部专职安全人员组成,并确立各自职责。尽量控制现场情况,无法控制时应即时拨打急救电话120,确保把人员伤亡、财产损失及环境污染降低到最低。

应急措施的具体内容及方法如下。

1. 非易燃易爆品泄漏

(1)少量时,应紧急封锁隔离泄漏源。

(2)不要触碰泄漏源。

(3)救漏除污,以砂或其他不燃吸收体吸收泄漏液后,置入容器中,待事后处理。

(4)大量时,应立即封锁现场,隔离泄漏液。

(5)保持人员走上风处,以免发生中毒,而且救援人员防护设备应完整齐全。

(6)在泄漏液之前筑堤围堵,待继续处理回收。

(7)若能在无风险下处理泄漏,应即刻止漏。

2. 易燃易爆化学品泄漏

(1)紧急隔离泄漏源四周30m范围内。

(2)切断所有引火源,危险区域禁止人员吸烟。

(3)保持人员位于上风处或远离低洼处。

(4)进入危险区观察前,人员防护设备应穿戴完整齐全。

(5)由近而远,逐一疏散浓烟影响范围内的居民。

(6)由于大量泄漏引起火灾的疏散距离应加倍,救援人员应急时拨打119救火电话。

(7)现场人员应临时使用干粉、泡沫灭火器来灭火。

(8)保持最大距离来做灭火动作,确保人员的安全。

(9)对于消防用水后产生的废水,须筑堤加以围堵,以待事后回收处理。

3. 事故发生造成人员伤害的救护(表1)

事故发生造成人员伤害的救护 表1

序　　号	伤害种类	急救方式
1	吸入性中毒	①给予充分氧气 ②立即请人帮忙拨打120急救 ③若呼吸停止,施予人工呼吸 ④若心跳停止,立即施予体外心脏按压 ⑤立即送医,告知医疗人员曾接触过某种化学危险品
2	皮肤接触性中毒	①如果液体接触皮肤,立刻以大量的水清洗患部 ②若是衣服受到污染,立刻脱去衣服并用大量的水清洗 ③冲洗结束时,利用干净衣物覆盖受伤部位 ④立即送医
3	食物性中毒	①切勿催吐 ②若有意识,用水彻底清洗口腔 ③若患者自发性呕吐,让患者向前倾或躺时头部侧倾,以减少吸入呕吐物造成呼吸道阻塞的危险 ④立即送医

4. 事故消除后的处理

(1)保持泄漏区通风良好,且其清理工作须由受过培训的人员负责(公司无清理人员的,应请专业人员清理)。

(2)事后彻底清洗事故发生区,产生的废水应导入废水处理厂进行处理。

(四)施工防洪应急救援预案

确定潜在防洪的紧急情况,作出响应计划,以预防或减速、减少可能对工程进度及人员的伤害。

预案实施的范围:工地施工潜在防洪的发生,以及可能伴随人员伤亡的控制。

应急工作的组织和相应职责具体如下。

1. 组织组成

(1)事发现场专业技术人员

当汛情发生后,由事发现场技术人员立即报告项目经理,并组织现场人员进行现场急救。

(2)各部室

在应急状态下的职责分配根据各项目部具体编制的职能分配具体实施。

(3)项目经理

召集人员,宣布进入应急状态,根据现场情况,指挥有关人员做好抢救工作及善后工作。

(4)项目总工程师

由技术主管带领专业技术人员对现场进行调查,收集有关资料,作出应急措施,控制事态扩大。

2. 应急防洪措施的具体内容及方法

(1)重要场所安置防汛设施,如遮雨设备及排水工具,在汛期来临前,及时做好预防工作,避免不必要的损失。

(2)施工现场临时用电要定期检查,对其防雷保护、接地保护、变压器及绝缘器强度进行测试,移动式电动设备、潮温环境和水下电器设备每天检查一次,对检查不合格的线路设备要及时维修或更换。

(3)料场及拌和场防洪工作非常重要,对储料场进行全面整平,用碎石垫便道,填平坑凹地段,并修建排水渠,引水至安全地段,预防积水,以免影响材料质量。拌和场地基地段用石了或其他材料进行加固,做好防水工作,以免地基下沉。

(4)道路两侧排水沟严禁堆放弃土、弃渣,并对不畅通地段进行杂物清理,确保排水设施畅通。路面超高段两侧过水槽进行检查,清理干净,防止积水,以免影响路面质量。

(5)机械设备应停放在安全地段,做好防雨水准备工作,预备防雨布等防雨设施,预防电路被水雨浸泡,以免影响机械运转。

(6)防汛防洪指挥部成员不定期检查各部门防汛工作的落实情况,查出隐患,及时处理,防汛检查人员24h昼夜不间断进行防汛工作检查。

(7)当意外发生后,由事发现场人员立即拨打120急救电话,并组织现场人员急救。

(8)洪水一旦来临,值班人员立即通知防洪组组长及项目经理,同时组织现场应急人员采取急救措施,尽量降低人员伤亡,减少财产损失。

(五)火灾应急预案

确定潜在的火灾事故或紧急情况,做好发生火灾事故后的应急准备和响应计划,以预防或减少可能伴随的环境影响和职业健康安全方面的疾病等伤害。

范围:我项目部全部施工活动场所火灾的发生。

1. 应急工作的组织和相应职责

(1)事发现场专业指挥人员(专职安全员)

当意外火灾事故发生后,由事发现场专业指挥人员进行现场指挥。

(2)有消防专业知识的义务消防队员

协助现场专业指挥人员沉着面对,不要慌乱,启动消防设备,组织力量扑救火灾。

(3)专职安全领导责任人

事件发生后,专职安全领导责任人统一布置、合理安排,把事故造成的财产损失以及环境污染降低到最低。

2. 应急措施的具体内容及方法

当事件发生后,由现场专职安全员立即拨打火警电话119,并打120急救电话,通知医务人员前来救援。同时迅速将现场易燃易爆物品与起火部位隔离,阻止火势蔓延,将主要物资、资料等迅速撤离火灾现场,减少损失,截断电力,限制用火用电,防止漏电引起更大的事故。临时得到通知的义务消防员们以及群众消防人员赶到现场,在领导的全面布置下,使用各种水源全力启动消防设备,组织力量扑救火灾,使其得到控制,直到当地消防队员赶到。

(1)火灾发生后,具体应急救护措施

①立即处置;

②立即就医。

(2)立即处置的方法

①给予100%氧气;

②立即派人打电话求救;

③如轻度皮肤烧伤,立即施予冷敷。

(3)应对措施

①切断所有引发火灾的源头;

②使人员位于上风处或远离低洼处;

③进入危险区域前,须按救灾设备中个人防护设备完整穿戴;

④紧急封锁隔离火场四周30m范围;

⑤由近而远,逐渐驱散四周150m与火灾浓烟影响范围内的居民。

（六）食物中毒应急预案

按国家有关法律、法规和公路工程建设行业要求，根据上级主管部门的有关精神，结合我项目部实际施工情况，特制定食物中毒应急预案。

1. 应急准备

（1）培训和演练

①培训和演练由项目部安全领导小组负责主持和组织，要求项目部每年进行一次按中毒事故进行模拟演练。各组员按其职责分工，协调配合完成演练。演练结束后要对应急响应的有效性进行评价，必要时对应急响应的要求进行调整或更新，更新的记录应予以保持。

②施工技术部负责对相关人员每年一次培训。

（2）应急物资的维护、保养及测试

各种应急器材要配备齐全并加强日常管理。

2. 应急响应

当发生中毒事故时，第一发现人应及时大喊高呼并以最快的速度传递信息。接到消息后，立即赶到出事地点，确认其是否为食物中毒，并找出中毒来源。并拨打急救电话120；紧急事故报警后，派专人负责在大门口接应和负责指挥，并在事故过后出具事故报告。随后立即组织人员赶到事故发生地点，要立即采取措施令其将胃里的东西呕吐出来，当发现其中毒较深昏迷时，立即将其抬到大门口，或直接送往就近医院。

3. 应急措施

（1）食物中毒发生后，应当立即停止可疑中毒食品的食用，防止事态扩大；2h 内向当地县级人民政府卫生行政主管部门报告，有死亡时应同时报告公安机关。

（2）协助抢救和安置中毒病人，将其尽快送往医院进行抢救治疗，减少病人的痛苦。

（3）在卫生防疫部门未到之前保持好中毒现场，妥善保管剩余的可疑中毒食品以及接触食品的工具、容器，若有病人的排泄物应保留，以供采样检验。

（4）配合卫生行政部门进行调查，按其要求如实提供有关材料和样品，协助调查中原因。

（5）确定属于食物中毒后，组织人员对中毒现场及中毒食品进行消毒处理，中毒食品一般先煮沸 15min 后废弃，成型的食品应作无害化处理，操作过的工具和容器用水事后煮沸。

（七）中暑应急预案

按国家有关法律、法规和进一步贯彻落实《建筑施工现场环境与卫生标准》，针对本项目部所处地理位置，为确保项目部施工人员人身安全和健康，项目部特制定中暑应急预案。

1. 应急准备

（1）培训和演练

①项目部安全员负责主持和组织全公司每年进行一次按中暑事故要求的模拟演练。各组织按其职责分工，协调配合完成演练。演练结束后要对应急响应的有效性进行评价，必要时对应急响应的要求进行调整或更新，更新的记录应予以保持。

②施工技术部负责对相关人员每年一次培训。

2. 应急响应

当发生中暑事故时，第一发现人应及时大喊高呼并以最快速度联系。确认其是否为高温中暑，并拨打急救电话120；使其口服凉盐水或清凉含盐饮料。热衰竭和热痉挛要立即转移到通风阴凉处休息，有循环衰竭者由静脉给生理盐水加葡萄糖和氯化钾。

六、环境保护与节约用地措施

（一）文明施工

文明施工是涉及人民的切身利益，同时又是企业取信于民、维护企业声誉的大事。我们严格按照集中施工、快速施工、文明施工的十二字方针，树立良好的企业形象，把自身的效益与社会公益结合起来，真正做到“六个一”即干好一项工程，出一项精品，铸一块金牌，留一片美声，占一席市场，交一方朋友。

1. 文明施工组织机构

成立以总工程师为组长的文明施工管理小组，全面开展创建文明工地活动，创造良好的施工环境和氛围，保证整体工程顺利完成。

2. 文明施工方案

全面开展创建文明工地活动，做到“两通三无五必须”即施工现场人行道畅通；施工工地沿线单位和居民出入口畅通;施工中无管线堆放;施工现场排水畅通无积水;施工工地道路平整无坑塘;施工区域与非施工区域严格分隔;施工现场必须挂牌施工;管理人员必须佩卡上岗;工地现场施工材料必须堆放整齐;工地生活设施必须文明;工地现场必须开展以创建文明工地为主要内容的思想政治工作。

(1)健全以项目经理具体领导、文明施工员具体指导、各施工队具体落实的管理网络,增强管理力量。

(2)加强施工人员文明施工意识,组织学习文明施工条例及有关常识,进行上岗教育,讲职业道德、扬行业新风。

3. 文明施工措施

(1)对进场的队伍签订创建文明工地施工协议书,建立健全岗位责任制,把文明施工责任落到实处,提高全体人员文明施工自觉性和责任感。

(2)宣传建设本工程的长远意义,用标语、广播、标牌等方式,使当地居民家喻户晓,从而赢得社会的理解、关注和支持。

(3)在施工标段起讫点树立门架式标牌,写明承建工程概况,三大负责人的姓名及建设单位、施工单位和设计单位名称,质量目标;关键工程及构造物等重点施工点悬挂醒目标牌,写明施工负责人、质检负责人、工程名称、施工配合比、操作规程等;现场施工人员必须佩戴证件上岗;施工现场悬挂宣传标志,营造良好施工氛围。

(4)严格按施工组织设计中的平面布置图划定的位置堆放成品、半成品及原材料,所有材料应堆放整齐,并标明名称、品种、规格等标牌。

(5)按照文明施工要求,执行“五个统一”:统一安全帽的样式和颜色、统一使用标准安全电箱、统一安全生产检查标准、统一文明施工标准、统一现场设施;确保“二通”:施工现场人行道畅通、施工工地沿线单位出入畅通;实现“三无”:施工中无重大管线事故、施工现场周围道路平整无积水、无事故。

(6)施工内业资料齐全、整齐、数据可靠,做好施工原始记录,及时进行单位工程质量评定和各种资料的整理归档,办公室、会议室内按要求布置各类图表,及时反映现场状况及工程进度状况。

(7)积极处理与当地政府和群众的关系,主动与当地派出所联合开展综合治安管理。保持良好的合作关系,相互帮助,相互支持,减少相互干扰。

(8)及时修复因施工遭到破坏的行车、行人路面,确保行车顺畅安全。

(9)现场场地及道路应硬化,其厚度和强度满足施工的行车需要,并设置相应的安全防护设施和安全标志。周边设排水沟,保证排水畅通。

(10)在工地主要入口设置施工标牌,包括施工总平面图、工程概况图、施工组织计划网络图、文明施工管理牌、安全纪律牌、防火须知牌。标牌内容齐全、图案清楚、数字准确、清晰醒目。

(11)凡合同段内有与已建道路交叉、干扰的地段,设置统一的施工警示标志标牌(夜间必须设置反光警示标志)并有专职保畅人负责疏导本标段的交通。

(12)工程实施期间,设专职医务人员,负责为工地人员提供必要的预防医疗和急救服务,并对驻地生活场所及周边环境进行定期消毒,预防疾病传播。

(13)在生活区周围植树种草美化生活环境,开辟宣传园地,表扬好人好事,宣传国家政策和先进的施工技术。同时开展积极健康的文体活动,严禁黄、毒、赌和打架、斗殴事件发生。

(14)建立来访登记制度,不留宿闲杂人员。

(15)尊重当地风俗,创造宽松的外部社会环境。

(16)夜间施工加强噪声控制,尽量减少噪声,避免影响当地农民休息。

4. 做好廉政建设工作

根据中共中央、国务院《关于实行党风廉政建设责任制的规定》、国务院办公厅《关于加强基础设施工程质量管理的通知》以及住房和城乡建设部关于《在交通基础设施建设中加强廉政建设的若干意见(试行)》等法规,严格执行《中华人民共和国招标投标法》,加强投标过程和工程施工、验收中及质量缺陷责任期间的廉政建设,保证工程项目廉政目标的实现。

(二)环境保护

1. 环境保护指导思想

(1)生态环境保护和水土保持是保证环境资源持续发展和有效利用的根本。我们在施工中,严格按照《中华人民共和国环境保护法》、《中华人民共和国水土保持法》、本项目《环境保护实施计划》和当地环境保护和水土保持的有关规定,依据招标文件,建立管理体系,对我单位公路施工活动范围内环境予以认真保护。

(2)结合本合同段工程实际和自然环境保护特点,制定具体环境保护和水土保持措施并贯彻落实。

(3)无条件地接受当地环保部门和工程师对施工过程中环保工作的监督、指导，积极改进环保、水保中存在的问题，文明施工。

(4)借鉴我单位以往施工中环境保护和水土保持的经验，在施工过程中，全面规划、统一管理、严格执法、综合治理、合理利用、实现环境效益、社会效益和经济效益的统一。

(5)宣传贯彻执行《中华人民共和国环境保护法》、《中华人民共和国水土保持法》和《环境保护实施计划》，加强对全体施工人员环境保护和水土保持方面的教育，提高全员环境保护和水土保持意识。

(6)工作安排时，永临结合，因地制宜，最大限度地减少了施工对环境的破坏，保护环境，防止水土流失。

(7)保护野生动、植物，严禁施工人员猎杀野生动物。

(8)加大奖罚力度，坚持“谁污染，谁负责，谁治理”的原则。

2. 管理体系及组织机构

(1)建立专门机构、配齐专业人员

建立相应的组织机构，设专职管理部门，配齐专业管理人员，聘请1名环保专家指导本标段的环境保护工作。项目部设环境保护室，专人负责本合同段工程的环境保护和水土保持工作，协调、检查、督促各施工队依法保护生态系统的平衡，杜绝污染。

环境保护及水土保持组织机构见图1。

(2)建立管理体系

进场后，积极与当地环保部门取得联系，了解有关环境保护、水土保持的规定和要求，制定合理的环保、水保措施和方案，并在施工中严格执行。建立环保、水保管理体系。环境保持及水土保持管理体系见图2。

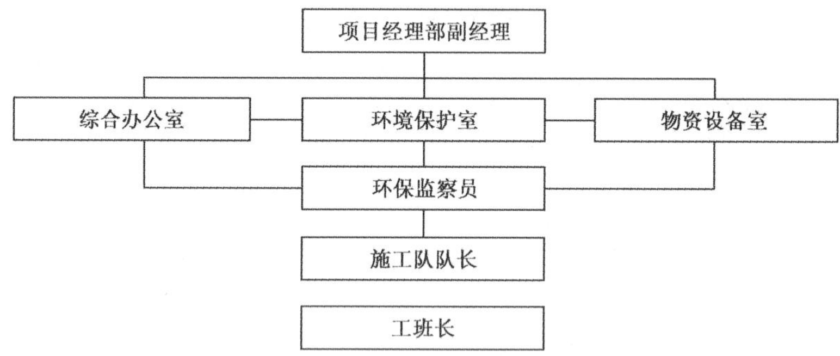

图1　环境保护及水土保持组织机构

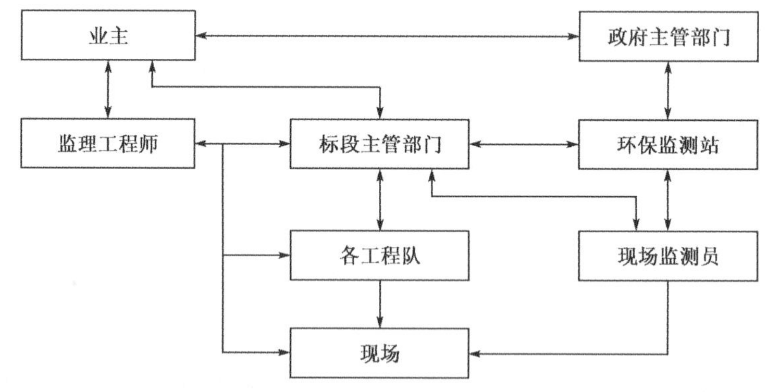

图2　环境保护及水土保持管理体系

3. 环境保护措施

(1)建立各种环境保护制度

①环境保护检查制度。定期、不定期地进行环保及水保检查。群众与领导相结合，自查与互查相结合，定期与经常相结合，专业与综合检查相结合。

②环境保护奖罚制度。采取严格的奖罚措施，通过强制的经济手段，对违反环境保护的单位和个人进行处罚，不断促进广大干部职工的环境保护意识。

③环境保护责任追究制度。施工中实行环境保护责任追究制度，任何违反环境保护和水土保持有关规定，

都要严格追究责任,一查到底。

(2)施工、临时驻地的环境管理

建立卫生管理机制,营造良好的环境。在施工现场和生活区设置便于定期清理的厕所和垃圾箱,经常性专人清理打扫,以防蚊蝇滋生,同时,在生活区周围种植花、草、树木,绿化环境,保持营地和施工现场清洁卫生。生活用水符合世界健康组织对饮用水的要求。

(3)加强环境保护,维持生态平衡的重点措施

为了在施工中保持生态平衡,保护环境,我们针对该合同段的地理环境和施工特点,制定以下重点环保措施。

①临时工程的环境保护和水土保持措施。

临时工程设置科学布局,少占耕地,少破坏植被,减少水土流失。施工便道尽量利用原有道路,对新修道路的泥土和砂石不倒入河流、沟渠,防止沟渠、河流阻塞。便道所经过的沟、河修建永久和临时结合的桥和涵,防止山洪暴发时影响排洪。

②制定临时占用农田、耕地平整复耕的措施,以确保工程结束后临时占地能及时恢复种植。

(三)现场生活卫生防疫保证措施

(1)建立施工现场卫生区域,办公室、仓库、职工(包括民工)宿舍经常打扫,保持清洁卫生,并按规定在工程竣工后及时拆除和清整。

(2)职工食堂确保整洁卫生,做到生、熟食物隔离,并设有防蝇、防尘设施,职工饮水桶加盖加锁。厕所派专人管理,定期施洒白灰或其他消毒药物。

(3)以预防为主,加强宣传教育,使广大职工充分认识到卫生防疫的重要性。并针对工程施工的特点,配备一定数量的、有急救和现场医疗经验的医务人员。

(4)设置1名专职的、具有一定卫生常识及传染病防治常识的卫生督查员,负责本标段所在施工现场的传染病检查、控制及报告。设置1间卫生室并制定有关的规章制度。一旦暴发任何具有传染性的疾病时,我公司将严格遵守当地政府或卫生防疫部门为防治和消灭上述传染病蔓延的规章、命令和要求。建立人员流动登记制度、信息报告制度,与当地卫生防疫部门积极合作,做好各项防范措施的落实工作。

七、施工中新技术、新材料、新工艺的应用情况

1.基层水泥稳定碎石采用振动成型法

经过几个月的施工实践,随着最后一段640m上基层施工、养生、检测结束,水泥稳定碎石振动成型法设计与施工技术研究现场施工画上一个圆满的句号。

2.3~4d取出完整芯样

"取芯"作为《公路路面基层施工技术规范》(JTS 034—2000)规定的检验基层完整性的方法之一,要求在7d正常养生后应能取出完整的芯样,实际情况往往是很难做到的,有的根本取不出,有的虽然能够勉强取出但很难谈得上完整。

3.压实度提高4%~5%

压实度作为检测基层质量的另一个指标,受到大家的普遍重视,压实度达到较高标准无论对水泥稳定碎石混合料强度、抗裂能力还是抗疲劳能力的提高均有显著作用。然而实际情况是,我们使用着世界上性能优越的振动压路机及轮胎压路机,实测的压实度也都不小于98%,但修筑的半刚性基层路段表面被运料车跑散现象随处可见,反射裂缝也比比皆是。

振动击实法确定的水泥稳定碎石混合料的最佳含水率略低于传统重型击实法,但最大干密度显著提高,为重型击实法的1.040~1.045倍。以振动击实试验确定的最大干密度作为压实度评定标准,工程检测证明,碾压7遍后混合料压实度能达到98%以上;如以重型击实最大干密度为标准,则压实度均达到102%以上。一方面说明传统重型击实法确定的最大干密度太小,在振动作用下现场很容易达到,但此时混合料未必有好的路用性能(由于没有充分压实,强度低,抗裂性能差)。另一方面也说明,用传统的碾压方式,在不增加设备投资的情况下完全可以达到振动法的压实度要求(98%以上)。

科研合作单位天津市市政工程研究院周卫峰博士对此的总结是:压实、压实、再压实。

4.水泥减小、强度提高

《公路路面基层施工技术规范》(JTS 034—2000)明确说明:如要求用做基层的混合料有较高强度时,水泥剂量可用4%、5%、6%、7%、8%,并要求工地实际采用的水泥剂量应比室内试验确定的剂量多0.5%~1.0%。为减少基层裂缝,省厅指导意见明确规定了"三个限制",首当其冲的就是在满足强度的基础上限制水泥用量,就

基层而言规定水泥剂量范围为3.0% ~5.0%。

按传统重型击实法确定的3层基层水泥剂量从下到上大致依次为3.3%、4.0%、4.5%,而用振动击实法确定的水泥剂量则分别为3.3%、3.5%、3.8%,水泥剂量明显减少。而且由于室内振动击实仪基本能够模拟现场实际碾压状况,因此实际生产时不需要额外增加水泥剂量。

试验段施工期间,在现场取料分别采用振动法和静压法成型试件,按标准方法实测混合料无侧限抗压强度,统计结果显示,前者普遍高于后者,两者的比值为1.4~1.8倍。

就路用性能来说,在采用振动成型法修筑的基层、底基层路段尚未发现裂缝,当然观测时间短也是一方面。但是,采用振动成型法修筑的路段表面跑散现象则比传统方法修筑的路段轻微得多。

八、工程款支付情况

我项目部外欠债务已全部还清,在此我项目部郑重承诺,如该项目有拖欠农民工工资和劳务费用及工程款的投诉,责任完全在我公司,由我公司负责解决,与建设单位无关,建设单位不承担任何法律责任。

九、施工体会

施工项目现场管理的重点主要分安全管理、质量管理、进度管理、成本管理4个方面。

(一)安全管理

安全管理的目标是保证项目施工过程中没有危险、不出事故、不造成人身伤亡和财产损失。“安全第一,预防为主”是安全管理必须遵循的原则,安全为质量服务,而质量必须以安全作保证。

安全管理必须贯穿于施工管理的全过程,首先应建立安全生产文明施工保证体系,加强职工安全生产文明施工的教育,并针对分部分项工程的特点,制定有针对性的安全技术措施和专项安全生产施工方案,做好班前安全技术交底工作,并突出抓好阶段性的安全工作重点,针对不同阶段的工程特点作重点防范。

其次,在施工过程中应认真贯彻执行《建筑工程文明施工标准》,实行总平面管理和文明施工责任制,创建“两型五化”施工现场,全面提高施工现场的文明施工程度,改善建筑工人的工作和生活环境。

(二)质量管理

质量管理是施工项目现场管理中最为重要的环节之一,施工质量是施工企业的生命,是企业立足市场的基石,靠质量出信誉,靠信誉争市场,靠市场增效益。

在质量管理方面,首先应建立完善的质量管理保证体系和领导体系,强化质量意识,落实质量责任,并强化质量技术管理工作;及时对工人进行技术交底,强化工人的质量责任心,同时层层签订质量责任保证书,明确质量责任,使质量日标的实现落实到每一个人,并按规定建立奖罚制度,与各级工作人员的经济利益挂钩。

其次应严格执行质量验收制度,对工程质量进行巡回检查,走动管理,对发现的问题必须查明原因,追查责任,并跟踪检查整改措施的落实情况;同时在全面抓好施工质量的同时,应针对不同阶段的工程特点有针对性地加大管理措施,严把材料采购和进场质量验收关,杜绝不合格材料混入现场。

(三)进度管理

进度管理是施工项目现场管理中最主要的环节之一,是施工项目按照合同工期顺利完成的有力保证,是企业信誉、竞争力、履约能力的有力体现。

首先,在进度管理方面,应严格执行公司各项管理制度,层层落实责任,加大奖罚力度,督促全体管理人员、群策群力、克服困难,确保工期目标的实现,分工明确、各负其责,对工期、安全、质量、成本等各项指标进行预控,同时与业主、监理单位、设计单位共同配合协调一致,对工程实行有效管理。

其次,在进度管理过程中应狠抓“两头工期”:一是加快开工前准备,一旦中标,项目部人员和工人立即进场,以最快的速度组织材料设备进场,搭设临建、布置临时用水用电线路,做好测量定位等工作,建立各类台账,做好管理准备工作,将开工前的准备时间压缩到最短;二是竣工收尾阶段加大管理协调力度,采取强有力措施,防止因各分项工程同时施工可能发生的混乱,使各项工序积极有序地进行。

再次,运用计算机管理和网络技术科学安排各工序和分部分项工程的施工作业计划,以总进度为大纲安排好月、旬、日施工作业计划和主要工期控制点,并以此为依据,合理安排劳力、材料设备进场计划,科学地组织好各工种的配合,实现分段并进、平等流水、立体交叉做,以创造更多的作业面,投入更多劳力加快施工进度,做到宏观控制好、微观调整活,各关键工期控制点均在控制期内完成;同时加大协调力度,确保各施工方按计划有序地进行施工,做到各负其责,确保政令畅通,协调有力,确保各分项工程按施工进度计划组织施工。

(四)成本管理

成本管理是施工项目管理中的核心内容,是增加企业利润、扩大企业资金积累最主要的途径之一。

在成本管理方面，现场管理人员应责任明确，实行归口管理。管好项目控制投入，降低消耗，提高工效，将安全、质量、进度、成本4方面结合起来进行综合管理，并根据成本管理的目标与劳务施工队伍签订劳务施工合同，明确责任与目标。根据施工项目的实际情况编制降低成本的技术组织措施，深入挖掘各分项工程中存在的降低成本利润点，降低成本。

其次，项目部应分期做好“三算”工作：开工前搞好预算，对施工头预算和施工预算进行两算对比，以便对盈亏作出预测；在施工中做好阶段结算和内部承包结算工作，确保收入兑现；竣工后抓好施工项目成本竣工结算。

项目部定期定阶段进行成本分析，并对存在的问题进行分析，找出原因采取措施，控制成本支出加强成本管理。成本分析既要贯穿施工的全过程，服务于成本形成的过程，又要在竣工后进行整体分析找出成本升降的原因，作出成本管理效果的判断，总结项目成本管理经验，制定切实可行的改进措施，不断提高成本管理水平。

施工项目现场管理是全方位的，要求项目管理者对施工项目的安全、质量、进度、成本等方面都要纳入正规化、标准化、制度化管理，这样才能使施工项目现场管理的各项工作有条不紊地顺利进行。成功的项目管理，能促进项目和企业的发展，能推动建筑市场不断进步。与时俱进，开拓创新，总结经验，在项目的实践中不断探索，最终探索出一条施工项目现场管理的成功之路。

河南省公路工程局集团有限公司
岭南高速公路路面 No.3 标段项目经理部

4. 二广高速公路分水岭至南阳段工程路面 No. 4 标合同段施工总结报告

目　　录

二广高速公路分水岭至南阳段工程路面 No. 4 标合同段施工总结报告

一、工程概况

(一)项目简介

河南省洛阳至南阳高速公路起于平顶山和南阳市交界处的分水岭,终于张华岗西与上海至武威国家重点公路南阳至内乡高速公路相接处,主线全长 74.299km。

(二)地貌、地形

路线所经地区属于南阳盆地,地貌单元为垄岗地貌,大部分为河流冲积平原,路区大部分地势平坦,呈北高南低,略微倾斜,路线最高点位于伏牛山主脊,高程 505m,路线最低点位于 K75 + 000,高程 143m,最高点与最低点相差 362m。拟建线路区包括中山区、低山区、丘陵区和平原区 4 大地貌单元。

(三)工程地质

路线所处南阳盆地是叠置在秦岭纬向褶皱带之上的近南北向中生带凹陷,其内堆积了巨厚的第三系、第四系地层。基底结晶岩中地质构造复杂,构造种类多样,但影响地质环境和构筑物稳定的主要构造为断裂。

(四)气象、水文特征

路区属于亚热带向温暖带过渡地带,属于典型的季风型大陆性半湿润气候。多年平均气温 14.4℃,最热为 7 月,平均气温 27.2℃。极端最高气温 42.6℃。最冷为 1 月,平均气温 0.9℃,极端最低气温为 -21.2℃ 。年平均降水量 701.8 ~ 1158mm,最大降水量为 1542.9mm,最少降水量为 391.3mm。受山地地貌影响,气温随海拔升高而递减。降水随地势增高而增加。山地多于平原,中山多于低山。

(五)项目建设地点

本项目为二广高速公路分水岭至南阳段(以下简称岭南高速)项目路面工程 No.4 合同段,起终点为 K47 + 900 ~ K61 + 760,本合同段长 13.860km。

(六)设计标准

(1)公路等级:高速公路,双向六车道。

(2)路基宽度:28m。

(3)计算行车速度:100km/h。

(4)桥涵:设计荷载:汽车—超 20 级,挂车—120。

(七)主线路面主要结构

(1)上面层:4cm^2 厚 AC—13C 细粒式改性沥青混凝土;

(2)中面层:6cm^2 厚 AC—20C 中粒式改性沥青混凝土;

(3)下面层:7cm^2 厚 AC—25C 粗粒式沥青混凝土;

(4)下面层:7cm^2 厚 ATB—25 沥青碎石混合料;

(5)封层:热喷改性沥青封层;

(6)基层:32cm^2 5:MU95 水泥稳定碎石;

(7)底基层:18cm^2 4:MU96 水泥稳定砂砾。

(八)主要工程量

(1)4cm^2 厚细粒式改性沥青混凝土上面层:418281m^2;

(2)6cm^2 厚中粒式沥青混凝土中面层:421918m^2;

(3)7cm^2 厚粗粒式沥青混凝土下面层:390175m^2;

(4)7cm^2 沥青碎石混合料下面层:390175m^2;

(5)32cm^2 水泥稳定碎石:399054m^2;

(6)18cm^2 水泥稳定砂砾底基层:404172m^2;

(7)透层:399054m^2;

(8)下封层:391882m^2;

(9)黏层:1198777km^2。

(九)工期

工期为:2006年9月至2007年11月,共计14个月。

二、机构组成

由路桥集团第一公路工程局厦门工程处组建项目经理部,投入职工200多名,各类管理和专业技术人员60多人,确保该工程的进度和质量满足业主要求。

该工程合同工期为14个月,施工作业为流水作业。施工中我们严格履行合同,通过科学管理,周密计划,加强现场协调、指挥,合理投入施工设备和人员,确保了合同工期的实现。

(一)施工组织与安排

1. 施工组织机构

对岭南高速公路沥青路面面层工程No.4合同进行卓有成效的施工组织管理,成立精练高效,运转自如的岭南高速公路路面面层工程No.4合同项目经理部。

项目经理部的职能为:按照合同规定及业主、监理工程师的指示,对所承担的全部工程项目,按计划进行有序的组织施工,横向负责与业主、监理工程师、设计单位及地方政府保持经常的联系,建立良好的关系,对下属工区进行有效指挥、调度、协调,对复杂工程进行指导,对工程进度、工程质量和工程成本进行有效控制。

项目经理部设五部、一室的管理机构和一个施工工区。

工程技术部:在项目总工程师领导下,全面负责工程技术管理(包括测量和试验的管理工作),接受监理工程师的指导和指令,负责原材料及施工过程中的一切试验工作及全过程施工的测量放样。

质量监控部:对工程质量进行全面全过程控制、监督和检查,接受监理工程师指导和指令,配合监理工程师工作。

生产经营部:全面实行计划管理,做好经济活动分析,对成本进行预测和控制,负责计量支付申请及各种工程报表和合同管理。

材料机械部:负责施工所需机械的选型购置、租赁、维修和保养。购买调配施工所需材料、燃料、机器配件、工具的采购,保管和发放使用等。

人事财务部:负责劳动力管理及资金运作、成本管理和资金筹措。

经理办公室:负责文件的收放、行政后勤管理、协调地方关系、安全保卫等。

2. 项目经理部各工区的构成和任务划分

(1)沥青路面摊铺工区

主要负责本合同段的沥青混凝土上、中、下、沥青碎石4层的摊铺及碾压等施工,人员70人,人员组成包括专业技术、管理人员和施工人员。

(2)沥青拌和、运输工区

主要负责本合同段的沥青混凝土的拌和、运输等施工,人员60人,人员组成包括专业技术管理、现场操作及相应配属的施工人员。

(3)水泥稳定粒料摊铺工区

主要负责本合同段的水泥稳定粒料基层、底基层的摊铺和碾压等施工,人员60人,人员组成包括专业技术、管理人员和施工人员。

(4)水泥稳定粒料拌和、运输工区

主要负责本合同段水泥稳定粒料的拌和、运输等施工,人员60人,人员组成包括专业技术管理、现场操作及相应配属的施工人员。

(二)人员、设备施工动员周期,设备、人员、材料运至现场的方法

(1)人员动员周期:在接到项目公司路面标中标通知后,积极组织路面管理及技术人员进场,开始征用临时用地并进行清理、平整、硬化,接通水、电、通信等设施。积极组织工地试验室的筹建和试验仪器的调配。

(2)设备动员周期:路面机械设备结合工程项目内容和需要进场。

(3)人员、设备、材料进场及到达现场的方法:人员进场乘火车到达南阳,转乘汽车到工地。面层用材料由汽车经G207、G312国道、S001及县和乡道路以及一期便道运抵工地。施工设备由大吨位拖车和汽车经G207、

G312 国道、S001 及县、乡道路以及一期便道运抵工地。

(4)其他准备工作

①在施工准备的同时,开始定线测量和材料备料工作,已进场的部分机械进行便道的修建和整修,以确保施工时交通畅通及施工所用设备、人员、材料顺利进场。

②前期试验工作,按招标文件范本中技术规范组建一个标准化、规范化的试验室,进行前期试验工作,包括自行采购的原材料的采备试验,前期施工内容的混合料的初步配合比设计方案。

③前期备料期间,首先对备料场地按合同要求进行硬化处理,抓紧进行材料的备料工作,特别是沥青路面的材料备料,建立足够的沥青储备设施和玄武岩碎石备料场地。经现场考察初步选定上面层采用南阳市内乡县玄武岩碎石,中、下、沥青碎石面层、基层采用镇平县杏华山石料场石灰岩碎石,砂砾采用就近辽河河沙。水泥采用就近水泥厂的普通硅酸盐缓凝水泥。沥青原材料需要业主及监理工程师一同考察后确定。

④进行全体施工人员培训(开工前完成),学习技术规范和合同条款。

⑤供水:在场内打井,用于生活和生产。同时,考虑到本路段内地表水比较丰富,可以在与地方政府协商后,从沿线河中取水用于生产。

⑥供电:生活、生产用电线路已全部架设完毕,由地方电网供电。施工过程中可能会突然停电,为确保供电的连续性,项目经理部还配备了大型发电机。

(三)经理部驻地建设

根据本标段的工程数量,结合地方道路、水、电、地形等情况,决定将路面标项目经理部及拌和场设在 K57 + 600 路基左侧,与路基施工便道相邻。该地区较为平坦,远离村庄,且与变电站、县级路及一条地方土路距离较近,交通较为便利,面积 80 余亩,地产均属南阳市卧龙区谢庄乡,可满足我标段施工临时用地需要。

1. 拌和站设置

拌和场地内首先利用石灰对原地面以下 20cm^2 进行处理,然后用 20cm^2 厚 5% 水泥稳定砂砾硬化,并设置一定横坡以利排水,砂石料料仓、场内道路采用 15cm^2 厚 C20 混凝土硬化,料仓隔墙采用 37cm^2 厚、1.5m 高砖墙隔离,水泥、沥青采用罐装容器储存,其容量不小于投标书承诺,矿粉料仓上方设置防雨篷。根据场内设备功率设置 630kV · A 变压器一台,用电线路采用水泥线杆架空,高度不低于 5m。料场四周采用明沟排水,拌和站四周采用暗沟排水,保证场内不积水。

2. 项目部驻地建设

经理部生活区占地 1600m^2,办公区 2000m^2。经理部驻地采用彩钢瓦临时房,生活区共设职工住房 20 间,配套设施用房(如食堂、浴室、厕所、仓库、娱乐室、洗衣房等)8 间,办公区共设办公室 20 间,其中试验室面积不小于 150m^2,全部配备空调以改善职工生活条件,院内中央采用草地结合花卉绿化,其余部分采用混凝土硬化,院内采用暗沟排水,院外采用明沟排水,同时可以起到与外界农田隔离的作用。

三、质量管理情况

(一)质量管理体系

1. 质量管理体系(图 1)

(1)项目经理

项目经理为工程质量第一责任人,负责全面质量管理工作,向业主履行质量管理目标承诺,主持召开每个季度的质量管理专题会议,负责审批重要质量管理措施和计划、施工工艺更新,主持处理重大质量事故。

(2)项目总工程师(陈平宇)

项目总工程师主持日常质量管理工作并向项目经理负责,检查各质量管理职能部门对质量管理措施、整改措施的贯彻落实情况,主持召开技术交底会,审批技术交底文件和作业指导书,对质量管理人员学习、培训考核,配合业主、监理工程师对工程质量的检查,负责审批一般质量管理措施和计划、施工工艺更新,纠正措施,主持处理一般质量事故。

(3)质检工程师(王荣华)

项目质检部负责施工现场的质量检查工作,并做好检查记录,将质量信息反馈给项目总工程师,检查纠正措施在现场的落实情况。质检部向质检工程师负责。

(4)工区负责人(肖海生)

工区日常工作安排,前后场协调,相关联标段关系协调,地方关系协调,施工前准备,施工后养护和交通管制。

(5)工程部(林政鸿)

项目工程部负责设计图会审,各分项工程技术方案和开工报告的编制、报批,编制技术交底文件,作业指导书,负责对施工现场、拌和站下发技术交底文件、作业指导书,做好各种交底、程序运行记录,组织质量管理人员的学习,培训,编制培训考核计划措施,负责现场的施工测量控制,测量仪器校订、维护。工程部向项目总工程师负责。

(6)试验室(王永胜)

试验室负责原材料料源取样检测、报批,施工过程中材料进场检测、报批,拌和站配合比控制,混合料质量控制,现场压实度检测、完工后取芯。试验室向质检工程师负责。

(7)料场责任人(宋洪文)

①料场材料堆放整齐,以砖墙分隔开,料堆前要求设置明显准确的标识标牌,标牌上清晰显示料源产地和规格,并要求注意保护,不得损坏和丢失。杜绝混料,尤其注意进料时不允许运输车卸错料堆。

②细集料要求覆盖,并派人定期检查,发现被风吹起后及时补盖。

③料场要求做好保洁工作,杂物、脏物如发现要及时清理,同时做好料场道路的整平和硬化。

④确保沥青、乳化沥青、改性沥青、矿粉、燃油等材料的供应,不能耽误正常施工生产需要。

⑤注意料堆的高度,料堆与高压线之间至少要保持5m的距离(包括侧向距离)。料厂来往车辆较多,注意交通安全。

(8)测量部(陈云峰)

参加现场交桩,负责导线点、水准点的复测与加密,并编制复测成果报告。负责向各施工工段提供测量成果,并对测量工作进行指导和监督。配合驻地监理工程师、项目工程部进行日常质量检查和交工验收工作。试验室向质检工程师负责。

(9)现场工程师(张砚红、常根才)

现场工程师全面负责现场施工质量控制,贯彻执行技术交底文件、作业指导书,并负责对现场技术人员、工班长进行交底,并做好交底记录,随时将现场质量信息反馈给工程部。

(10)拌和站(田占元)

负责拌和站维修、运转,拌和站机械调度,混合料配合比控制。

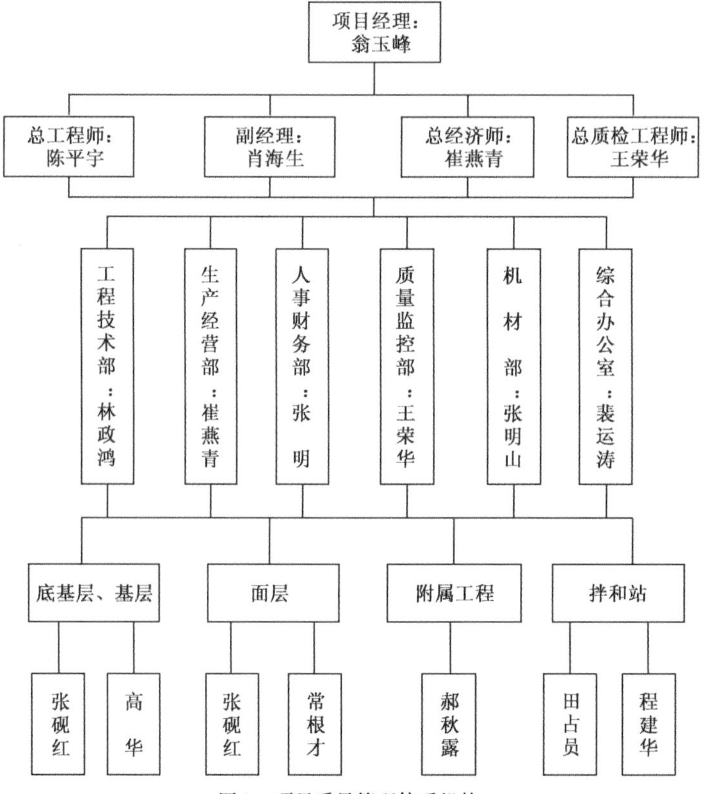

图1　项目质量管理体系机构

2. 技术交底

(1)该程序由项目总工程师牵头,对各工区负责人进行一级交底。

(2)工区负责人向施工队伍及工区技术人员进行二级交底,内容主要包括分项工程施工、技术要求、工艺流程、质量要求、安全防护措施等。双方签字认可,一份指导现场施工,一份工程技术部存档备查。

3. 质量宣传体系

项目部定期举办培训,宣传质量控制要点,增强质量意识。

(1)培训程序,组织工程技术部,质检部负责落实,并有详细的培训计划和学习考核记录,主要针对本工程特点,《底基层、基层施工技术规范》。《沥青混凝土施工技术规范》、岭南高速公路《招标文件》中的《合同专用条款》、岭南高速公路有限公司及 No. B 监理代表处文件、《河南省施工文件整理汇编》、河南省交通质检表格填写等。

①第一阶段

负责人:陈平宇

参加人员:工程技术人员、材料、机械、档案管理人员

培训时间:2006 年 9 月下旬

培训内容:岭南高速公路有限公司及 No. B 监理代表处文件(包括施工组织设计,分部分项工程划分,开工报告编写等);《河南省竣工文件整理汇编》;岭南高速公路《招标文件》中的《合同专用条款》;

河南省交通质检总站下发的质检表格填写。

②第二阶段

负责人:肖海生

参加人员:全体工程技术人员、安全员

培训时间:2006 年 9 月中旬

培训内容:No. B 监理代表处文件中质量控制、进度控制、计量程序等;路面、路基、测量、试验规范规程中针对本工程特点的部分;安全、环保文明施工知识学习。

③第三阶段

负责人:陈平宇

参加人员:所有技术人员

培训时间:2006 年 9 月下旬

培训内容:学习记录检查与考核,目的是检查人员培训情况,摸清对培训内容的掌握情况,如不符合要求则进行下一轮重新培训,以期达到满足工程施工要求,并在工程技术部存档备案。

(2)图纸会审程序:该程序由项目总工程师牵头,工程技术部负责落实。对线位、高程、结构尺寸、执行标准、工程数量等进行核对,图纸会审共分两个小组进行。

第一小组负责人:陈平宇

参加人:肖海生、张砚红、陈云峰

会审内容:路基部分中线位置、线型、设计高程宽度、线拆迁、地下地上电缆等是否和图纸统一。

第二小组负责人:崔燕青

参加人:岳志群、耿丽华

会审内容:路面、附属工程数量是否和清单量统一。

会审结束后填写详细的图纸会审记录,记录中要求内容明确,描述准确,签字齐全,然后整理汇总,由项目总工程师复核签字,上报岭南高速公路有限公司和设计代表。明确会审反馈结果,以便在施工中执行,并由工程技术部存档备查。

4. 质量检查旬报制度

项目经理部成立内部专职质检小组,由项目经理牵头,总工程师、安全质量部、施工技术部、财务部、各施工队长及主管工程师等有关人员参加,形成内外贯通、纵横到位的专职质检小组。每月进行质量检查,检查结果上报项目经理。

5. 质量奖罚制度

根据质量检查旬报,进行总结评比。每月对施工队工程质量控制进行名次排定,排名第一名,通报表扬;最后一名,通报批评;对连续 3 次倒数第一名的,要责令其停工整顿,查找原因,提出改进方法,通过例会讨论通过后,方准重新开工。每月按质量检查旬报结果,对项目施工队及主要负责人进行奖惩。

（二）施工质量控制方案

根据岭南高速公路路面施工特点，现针对关键工序，制定以下质量控制方案。

1. 路面底基层及基层质量控制方案

（1）材料质量控制

碎石采用华夏石料厂，砂砾采用杏花山砂厂，水泥采用航天牌水泥。

①经常检查集料规格、品种、扁平细长颗粒、含泥量、含水率、风化石含量等。如果外观检查认为颗粒组成不正常，则进行必要的筛分试验。

②经常检查矿粉的色泽是否正常，有无团结块和明显的粗颗粒情况。

③进场材料要按规范进行检验，尽可能加大抽检密度，不合格的材料坚决退场。堆料场要进行场地硬化，避免将堆料场的土混入碎石中。不同规格的料堆间设置隔离墙，以免不同规格碎石混杂在一起。料堆要有明显标示，防止上料时装错料。

（2）关键工序质量控制方案

采用全站仪放样，水准仪测高程。

①测量放样。根据坐标法，用全站仪放出路面中心线，中边桩各10m1个；根据中桩放出边桩。用水准仪测出桩位处基层的顶面高程，分别标注于中桩及边桩上。在木桩旁边钉上钢钎，在钎桩上架设直径为5mm的钢绞线；并将木桩上的高程精确地传递到钢绞线上，调整刚钎横杆，横杆高度在该层基层设计高程基础上要预加高度$15cm^2$，将横杆螺栓拧紧，并架设钢绞线，将钢绞线拉紧，架完钢绞线后要复测钢绞线高程，准确无误后。钢钎要牢固、稳定、垂直。

②混合料的拌和及运输。混合料采用拌和站集中拌和，拌和结束后采用大吨位自卸车运输到现场。

a. 拌和站已经有充足的场地存放原材料，不同规格的材料已做详细的标识，并且每种材料已做到单独存放，每批原材料试验合格后才能够使用。

b. 采用WCB—500型连续式拌和机进行拌和，石料用装载机供料，水泥从水泥罐用螺旋输送器向拌和锅输送。拌和时根据集料和混合料含水率的大小，及时调整加水量。拌和机加水装置处有专人管理。

c. 拌和机已全面检修，以保证电子计量系统、螺旋输送器、传送带的正常运行以及水泥罐出口的畅通；从而确保混合料拌和均匀、色泽一致、灰剂量准确无误、含水率适中，满足施工质量要求。拌和站配料准确，严格控制水泥剂量。拌和后的混合料含水率视天气情况进行控制，一般情况下大于最佳含水率0.5%～1.0%，气候炎热干燥时，基层混合料较最佳含水率大1%～2%，以弥补混合料在延迟时间内水分的损失，使碾压时混合料的含水率略大于最佳含水率。

d. 采用装载机上料，每个料斗顶上安装一筛子，防止超粒径的碎石或大土块进入斗内，混合料拌和时要严格按施工配合比配料计量，拌和后试验人员及时取样进行水泥剂量滴定，水泥剂量在理论配合比基础上增加0.5个百分点。另外，要控制好混合料的含水率，根据气温情况和运距的长短适当加大和减小混合料的含水率。

e. 运料车装料出厂时，为防止表层混合料含水率损失过多，特别是在气温较高、阳光大和有风的天气下，车厢应该覆盖，并尽快将拌和的混合料运输到铺筑现场，减少水分损失，保证在3～4h内能碾压完成。

f. 混合料运输采用大吨位自卸汽车运到工地现场。要注意收听天气预报，预先准备好彩条布，以防施工过程中下雨，粒料受破坏。

③混合料的摊铺。采用2台ABG423摊铺机并排摊铺。

a. 摊铺机到场之后，进行调试，调整熨平板的平整度和预拱度，将摊铺机的传感器，分别置于两侧的钢丝线上。运输车将后斗提起，粒料倒入摊铺机料斗，并挂空挡，铺筑前，下承层表面应洒水湿润，摊铺机开始摊铺，由摊铺机推着运输车前进，直到粒料完全倒入摊铺机料斗为止，再换下一辆运输车。摊铺时，派专人盯着传感器，防止传感器大起大落，影响水稳层的平整度；摊铺速度要平稳，速度不能过快。在摊铺机后面设专人消除粗集料离析现象，特别应该铲除局部粗集料窝，并用新拌混合料填补。

b. 摊铺时应避免粗细集料离析现象，发现有离析现象时，应有专人及时处理，特别是局部粗细集料应铲除，并用新拌和料填补。

c. 本工程半幅采用2台摊铺机两前一后相隔3～7m同步向前摊铺混合料，并一起进行碾压。外侧2台摊铺机的摊铺高程由外侧钢线控制，中间摊铺机的摊铺高程由两侧摊铺好的混合料高程控制。

④混合料的碾压。YZ18压路机1台，静压1遍，振动1遍；YZ220压路机2台振动4遍；胶轮1台光面2遍。

a. 混合料摊铺完要及时进行碾压，碾压过程中，混合料表面应始终保持湿润，如水分蒸发得快，应及时喷洒少量水；经拌和的水泥稳定碎石混合料控制在1h以内碾压完成，并达到规定压实度。

b. 压路机采用 YZ18 振动压路机，碾压时先静压 2 遍，后弱振 2 遍，YZ220 振动压路机强振动 8 遍，最后用胶轮压路机进行光面，碾压要从边到中，来回重叠 1/2 轮，一次碾压长度不大于 50m，每一单轮碾压长度比前一次长 1 ~ 2m，成阶梯状。碾压速度不大于 3.0km/h，稳压要充分，振压不起浪、不推移，不得急刹车或急转弯。

c. 碾压时，若发现有弹簧要及时挖除，换填含水率合适的混合料，重新整形碾压。碾压中，如表面水分蒸发太快，应及时补洒少量水，从加水拌和到碾压终了时间控制在水泥延迟时间内。

⑤施工接缝处理。

A. 横缝处理，用摊铺机摊铺混合料时，不宜中断。如因故中断，且在混合料的施工容许延迟时间之内不能恢复正常摊铺时，应设置横向接缝。接缝面垂直于路基顶面。横向接缝应符合下列要求。

a. 摊铺机驶离混合料的末端。

b. 人工将末端含水率合适的混合料弄整齐，紧靠混合料放 2 根方木，方木的高度应与混合料的压实厚度相同，正平紧靠方木的混合料。

c. 方木的另一侧用碎石回填约 3m 长，其高度应高出方木几厘米。

d. 将混合料碾压密实。

e. 在重新开始摊铺混合料之前，将碎石和方木除去，并将下承层顶面清扫干净。

f. 摊铺机返回到已压实层的末端，重新开始摊铺混合料。

B. 纵向接缝处理：纵缝必须垂直相接，严禁斜接，并符合下列规定。

a. 在前一幅摊铺时，在靠中央的一侧用钢模板做支撑，钢模板的高度应与稳定土层的压实厚度相同；

b. 养生结束后，在摊铺另一幅之前，拆除支撑板。

⑥养生。

a. 水泥稳定碎石基层铺筑完成后，用土工布覆盖洒水养生。

b. 养生期间，除洒水车外其他任何车辆不准在上面行驶，洒水车洒水养生至少 7d，始终保持表面湿润，洒水车行驶速度不大于 15km/h，不得在路上紧急制动、急转弯。

⑦取芯试验。养生 7d 后，按规范频率对现场进行钻取芯样方法测定厚度，并检测有无侧限抗压强度。

2. 沥青混凝土路面质量控制方案

(1) 材料质量控制

碎石采用华夏石料场，普通沥青采用中海沥青，改姓沥青采用韩国 SK 沥青。

①经常检查集料规格、品种、扁平细长颗粒、含泥量、含水率、风化石含量等。如果外观检查认为颗粒组成不正常，则进行必要的筛分试验。

②经常检查矿粉的色泽是否正常，有无团结块和明显的粗颗粒情况。

③进场材料要按规范进行检验，尽可能加大抽检密度，不合格的材料坚决退场。堆料场要进行场地硬化，避免将堆料场的土混入碎石中。不同规格的料堆间设置隔离墙，以免不同规格碎石混杂在一起。料堆要有明显标示，防止上料时装错料。

(2) 关键工序质量控制方案

①下承层准备。处理下承层，下承层的清扫、修补、处理是一项极其重要的工作，必须予以重视。该项工作应在摊铺前 1d 完成，并验收确认。具体要求如下。

a. 彻底清扫、冲洗下承层的污染物，砂浆和其他浮渣应用钢刷擦清。

b. 下承层的坑槽、松散和其他病害应按规定用沥青混合料修补。

c. 对下承层的高程、横坡、平整度要进行检测，对影响质量且无法在上面层消除的缺陷地段进行调平。

②透层。采用性能优良的乳化沥青，采用智能沥青洒布车和集料洒布车，提高洒布的均匀性；对安装的路缘石，采用土工布覆盖，严防沥青污染。

(3) 封层。采用热喷式改性沥青单层表 PCR 阳离子快裂或中裂改性乳化石油沥青，厚度不小于 $1cm^2$ 且完全泌水，沥青洒布量为 $0.9 \sim 1.5L/m^2$，碎石洒布量要达到 60% 左右。

(4) 洒布黏层油。由于本工程下承层已受到一定污染，为确保上面层与下承层黏结完好，在摊铺沥青混合料前，应对下承层、横缝接口、与新铺沥青混合料接触的路缘石侧面，均喷洒一层黏层油。其质量控制要点如下。

a. 黏层油质量应满足规范要求。

b. 黏层油用量控制在 $0.2 \sim 0.4kg/m^2$，且应洒布均匀，局部少洒或多洒的地段应用人工补洒或予以刮除。

c. 路面有脏物尘土时应清除干净。当有沾黏的土块时，应用水刷净，待表面干燥后浇洒。

d. 当气温低于 10℃ 或路面潮湿时，不得浇洒黏层沥青。

e. 黏层沥青应保证在摊铺前乳化沥青破乳，水分蒸发完后且确保其不受污染。

(3)沥青混合料的拌和

混合料采用田中4000型拌和站集中拌和。

①拌和操作人员要掌握设备的性能特点,确保拌和设备运行良好,温控、计量等各项性能可靠,混合料级配、沥青用量和拌和效果应满足规定要求。拌和机计量控制主要是抓冷料的供给,其目标是调整在单位时间内始终均匀地保持有与目标配合比相同比例的集料进入拌和机,只有按这样的配合比进料,才能保证集料级配的准确。

②拌和站干拌时间为5s,加入沥青后湿拌时间为40s,拌和成料装入成品仓,周期为60s,这样拌和出的沥青混合料均匀一致,无离析、无花白现象。严禁为提高产量任意缩短拌制时间。

③由于开始拌和时的集料温度难以控制,因此应将温度稳定前的料放掉,以免影响初期拌和混合料的质量。

④应尽量控制集料的含水率,防止由于含水率太高导致集料不能充分烘干,直接影响混合料质量。细集料(尤其是矿粉)要始终保持干燥,因为潮湿的矿粉容易成团结块,容易影响其级配组成。

⑤在开机前,先装满矿粉罐,同时应防止矿粉受潮结块,受潮的矿粉不但影响其加入,而且由于没有烘干矿粉的程序,直接影响混合料的质量和油石比(潮湿的矿粉使油石比偏大),回收粉尘全部废弃,不能再利用。

⑥要注意目测检查混合料的均匀性,及时分析异常现象,如混合料有无花白、冒烟、离析等现象,如确认是质量问题,应作废料处理并及时予以纠正。在生产开始以前,有关人员要熟悉本项目所用各种混合料的外观特征,这要通过细致观察室内试样的混合料而取得。

⑦要严格控制油石比和矿料级配,避免油石比控制不当而产生泛油或松散现象。拌和机每天上午、下午各取一组混合料试样做马歇尔试验和抽提筛分试验,检查油石比、矿料级配和沥青混凝土的物理力学性能。

油石比与设计值的允许偏差 ±0.3%,采用抽提法检测沥青用量,应采用下述两种方法予以校核:一是由工地试验室检查每天的沥青用量及混合料产量进行总校核;二是测定试验室拌制沥青混合料中实用油石比与抽提法得出的油石比的差值,建立该试验抽提法测得的油石比的修正值。

⑧每周分析一次检测结果,计算油石比、各级矿料通过量和沥青混凝土物理力学指标检测结果的标准差和变异系数,检验生产是否正常。

⑨混合料不允许长时间存放,更不得储存过夜,各个台班的混合料产量预先详细计算好,并与现场摊铺组保持紧密联系,防止出料过多,造成浪费。

⑩平时重视拌和机的保养工作,每天拌和前进行检查,使各种动态仪表处于正常工作状态,定期对计量装置进行校核,保证混合料中沥青用量及集料的允许偏差符合《技术规范及施工指导意见》的要求,在生产过程中,任何一台拌和机发生故障时,都应立即停工。

(4)沥青混合料的运输

混合料运输采用大吨位自卸车,确保运输要求。

①根据拌和楼和摊铺机生产能力以及运距计算车辆数,保证摊铺机摊铺时前面常保存有4~5辆待卸车。

②运输前对车辆性能进行检修,应使用性能良好的运输车,防止运料过程中车坏。

③运输车辆的车厢应清扫干净,并洗刷油水混合物,严禁有泥沙或其他杂物残留车厢;为防止沥青混合料与车厢板黏结,在车厢侧板和底部涂1:3的柴油水混合液。

④装料过程中,为减少沥青混合料的粗细颗粒离析现象,应缩短出料口到车厢的装料距离,往车厢内装一斗料,车就移动一次位置。

⑤不管是否刮风、下雨,运料车均应用完好的双层篷布覆盖,以便保温、防雨或避免污染环境。

⑥运料途中运料车不得随意停驶,尽量匀速行进,避免突然加速和紧急制动。

⑦采用数字显示插入式热电偶温度计检测沥青混合料的出厂温度和运到现场的温度,插入深度大于150mm,在运料车侧面中部设专用检测孔,孔口距车厢底面约300mm。

⑧在摊铺现场应凭运料单收料,并检查沥青混合料的质量,检查混合料的颜色是否一致、有无花白料、有无结团或严重离析现象、温度是否在容许的范围内。如混合料的温度过高或过低,应该废弃不用,已结块或已遭雨淋的混合料也应废弃不用。

⑨卸料后,对残余的混合料应及时清除,防止结硬。

(5)沥青混合料的摊铺

混合料摊铺采用ABG423型摊铺机,有加宽时增加1台摊铺机。

①处理下承层,下承层的清扫、修补、处理是一项极其重要的工作,必须予以重视。该项工作应在摊铺前1d完成,并验收确认。具体要求如下:

a.彻底清扫、冲洗下承层的污染物,砂浆和其他浮渣应用钢刷擦清。

b. 下承层的坑槽、松散和其他病害应按规定用沥青混合料修补。

c. 对下承层的高程、横坡、平整度要进行检测，对影响质量且无法在上面层消除的缺陷地段进行调平。

②洒布黏层油。由于本工程下承层已受到一定污染，为确保上面层与下承层黏结完好，在摊铺沥青混合料前，应对下承层、横缝接口、与新铺沥青混合料接触的路缘石、雨水进水口、检查井等的侧面，均喷洒一层黏层油。其质量控制要点如下：

a. 黏层油用量控制在 0.2 ~ 0.4kg/m^2，且应洒布均匀，局部少洒或多洒的地段应用人工补洒或予以刮除。

b. 路面有脏物尘土时应清除干净。当有沾黏的土块时，应用水刷净，待表面干燥后浇洒。

c. 当气温低于 10℃或路面潮湿时，不得浇洒黏层沥青。

d. 黏层沥青应保证在摊铺前乳化沥青破乳，水分蒸发完后且确保其不受污染。

③每次摊铺前，摊铺机应调整到最佳状态，调试好螺旋布料器两端的自动料位器，并使料门开关、链板送料器的转速相匹配。螺旋布料器的料量以略高于螺旋布料器的中心为度，使熨板的档料板前后混合料在全宽范围内均匀分布，避免摊铺出现离析现象，并随时分析、调整粗细集料是否均匀，检测松铺厚度是否符合规定，以便随时进行上述各项调整。摊铺混合料前，应预热熨板到规定温度（不低于 100℃），摊铺时熨平板应采用中强夯实等级，使初始压实度不小于 85%，摊铺机熨平板必须拼接紧密，不允许存有缝隙，防止卡入料将路面拉出条痕。

④连续稳定的摊铺，是提高路面平整度的最主要措施之一，摊铺机的摊铺速度应根据拌和机的产量、施工机械配套情况及摊铺厚度按 2.5m/min 左右的速度予以调整选择，做到缓慢、均匀不间断摊铺，不应以快速摊铺几分钟，然后再停下来等下一车料，午饭应分批轮换进行，切忌停铺用餐，尽量做到连续作业，减少接头。

⑤摊铺的混合料未压实前，施工人员不得进入踩踏。一般不得用人工整修，只有在特殊情况下，需在现场技术人员指导下，允许用人工找补或更换混合料，缺陷严重时予以铲除，并调整摊铺机或改进摊铺工艺。

⑥摊铺过程中应随时检测调整松铺厚度，确保松铺厚度偏差在 3mm 以内。目测混合料的质量（包括拌和质量和配合比情况），发现问题及时报告技术负责人予以处理。

⑦要注意摊铺机接斗的操作程序，以减少粗集料离析。摊铺机集料斗应在刮板尚未露出，尚有约 10cm^2 厚的热料时扰料，这是在运料车刚退出时进行，而且应该做到料斗两翼才恢复原位时，下一辆运料车即可开始卸料，做到连续供料，并避免粗集料集中。

⑧严禁料车撞击摊铺机，料车应在离摊铺机前沿 20cm^2 处停下来，调为空挡，由摊铺机靠上并推动料车前进。随时观测摊铺质量，发现离析或其他不正常现象及时分析原因，予以处理。料车在摊铺区洒落的散料必须及时清除。

⑨遇到机器故障、下雨等原因不能连续摊铺时，及时将情况通知拌和组并报告技术负责人。摊铺遇雨时，立即停止施工，并清除未压实成型的混合料。遭雨淋的混合料应废弃，不得卸入摊铺机摊铺，雨后在下承层未充分干前，不得继续摊铺。

（6）沥青混合料的压实

采用 2 台双钢轮、2 台胶轮组合碾压，1 台钢轮光面。

①沥青混合料的压实是保证沥青面层质量的重要原则，在保持碾压温度并在不出现推移的前提下尽可能早压，碾压按“紧跟、慢压、高频、低幅”的原则进行。针对岭南高速公路面层特点，混合料采用模糊碾压法，分别采用 1 台钢轮、1 台胶轮半幅组合碾压，同时进退，两机间距保持 3m，碾压速度不大于 5km/h。

②碾压必须均衡、连续进行，防止温度变化导致压实度变化，影响压实度和平整度。碾压应从路边缘向内 30 ~ 40cm^2 处开始，以防止沥青混合料挤出。

③改性沥青混合料碾压时，应有专人负责指挥协调各台压路机的碾压路线和碾压遍数，使铺筑面在较短时间内达到规定的压实度。碾压长度不宜太短，也不宜太长，太短不便于碾压，太长温度又会冷却，引起碾压不实。

④使用核子密度仪对压实情况进行跟踪检测，发现问题及时分析原因，调整施工工艺。核子密度仪每测量一次应移至路外冷却，以免因高温损坏仪器，影响检测结果。

⑤在碾压中，应先起步后振动，先停振后停机，换向缓慢平稳，为避免碾压时混合料摊挤产生壅包，碾压时应将驱动轮朝向摊铺机；碾压路线及方向不应突然改变；压路机折返应呈阶梯形，不应在同一断面上。

⑥开始碾压前，应加满水；在水箱的水喷完前，应及时加水，加水应在已冷却的成型路面上进行，切忌由于缺水而发生黏轮现象，黏轮导致的拉痕严重影响路面的外观和质量。

⑦碾压作业段的起始点应有标志，最好插旗表示，以避免出现漏压现象。

⑧碾压后的路面在冷却前，任何车辆机械不得在路面上停放（包括加油、加水的压路机），并防止矿料、杂物、油料等落在新铺的路面上。路面冷却至 50℃才能开放交通。

（7）沥青混合料的路面接缝

①横向接缝。12.5m 宽的摊铺机，正常不存在纵向接缝。其横向接缝是经常都要碰到的。其平接缝的具体做法是：摊铺机在端部前 1m 处将熨平板稍稍抬起驶离现场，由人工将端部混合料铲后再予以碾压，然后用 3m 直尺检查平整度，并当时就将坡下部分用切割机切掉并清除，切缝必须平直，将缝边的污染物擦干净并涂刷黏层沥青。第二天摊铺机起动前，熨平板要进行预热，将熨平板全部落在前铺的面层上，下垫木板，其厚度为松铺厚度与压实厚度之差，熨平板前端与切缝边对齐，在螺旋布料器下布满混合料后，摊铺机慢慢起步，摊铺成松铺厚度的沥青混合料摊铺层，用钢轮压路机从前铺的面层上横向碾压，每次向新铺层推进 10 ~ 15cm^2，直至将新铺层碾压密实，再进行纵向正常碾压，用 3m 直尺检查接缝的纵向平整度是否符合要求，否则应立即铲除重做，直至合格。

横向接缝应离桥梁伸缩缝 20cm^2 以外，不允许设在伸缩缝处，以确保伸缩缝两边路面表面的平顺。

②纵向接缝处理。纵缝必须垂直相接，严禁斜接，并符合下列规定：

a. 碾压采用双钢轮压路机由低到高进行纵向碾压。到纵向接缝处，压路机应位于未压实的混合料层上，错 1/4 轮，碾压到密实、平顺为止。

b. 用 3m 直尺检查端部平整度，当不符合要求时，应予清除。

(8)附属工程

①原材料准备。

a. 水泥：水泥采用航天水泥厂生产的普硅 P. O32.5 水泥。经做试验，其细度、标准稠度、凝结时间、安定性、强度均符合规范要求。可以用于水泥稳定砂砾混合料。

b. 砂砾、碎石：砂砾采用辽河天然砂砾；碎石采用杏花山料场的碎石，其规格为 10 ~ 30mm。其压碎值、筛分、含泥量等各项指标均符合要求，可以投入使用。

c. 混合料配合比：路面边缘排水系统设计配合比为各种集料占混合料的比例，采用经监理工程师复核后批准使用的配合比。

d. 横向、纵向排水管，防渗、防水土工布均为业主指定厂家生产，进厂时均有合格证书，并且经监理工程师抽检均符合规范设计要求。

②施工工艺及流程。

a. 待水泥稳定碎石基层完成后中央分隔带碎石盲沟开始施工。

施工流程：放线→挖槽→铺设土工布→埋设纵向管→填充级配碎石→填充砂砾透水层→铺设透水土工布。

b. 挖方段较长且中央分隔带内渗水无法排出的路段施工方法：

中央分隔带底部涂沥青铺设防渗土工布及砂浆抹面；

回填种植土其顶面采用 20 号预制混凝土板封闭，预制混凝土板可采用彩色水泥混凝土；

为不影响中央分隔带的植树绿化，在植树的树干处预留 20mm × 20cm^2 孔洞，周围采用现浇混凝土。

c. 待路槽验收完成后横向排水管开始施工：

施工流程为放线→挖槽→铺设横向管→浇筑混凝土→洒水养生。

d. 超高段路面排水施工方法：

路侧左侧路缘带内间距 50m 左右设置 1 处集水井，与矩形盖板集水槽相接，并通过与之相连的横向排水管将集水井汇集的水送至边坡急流槽排出路基之外。

集水井身采用 C30 钢筋混凝土现浇，顶面采用预制缝隙式混凝土盖板封闭，集水井长 1m、宽 0.35m、深 1m。

横向排水管采用 C30 钢筋混凝土预制，每节长 1m 或 0.5m 接缝处采用沥青麻布和 C20 水泥混凝土包裹，横向排水管基础采用 C20 现浇混凝土。

横向排水管出口处顺接边坡急流槽，出口处采用 C25 混凝土现浇，急流槽槽身采用 M7.5 浆砌片石砌筑，边坡急流槽顺接路基排水沟。

e. 待水泥稳定碎石基层完成后中央分隔带碎石盲沟完成后，路缘石安装开始施工。

线型控制：用全站仪在基层顶面放出距中桩 1m，即路缘石外边线上点，曲线段 10m 1 处，直线段 20m 1 处，钉上钢钉做标记，施工时在钢钉上挂线以控制线型。

高程控制：在已放的点上立卡尺测高程，用实测高程加上 2cm^2 减去设计高程得出偏差值，用此偏差值调整工作线位置，即工作线下 2cm^2 为设计高程。

砂浆拌和：采用搅拌机集中拌和，用三轮车运道施工现场。

安装：安砌要稳固，顶面要平整，缝宽要均匀，勾缝要密实，线条要直顺，曲线要圆滑美观。

路缘石外观质量控制：路缘石有掉脚、缺边、和颜色不一致，禁止使用，路缘石在运到现场前就要严把质量关，对于有上述缺陷的路缘石要禁止装运。

f. 待水泥稳定砂砾底基层完成后开始路肩土施工。

施工放样：用全站仪放出路线边桩，再用钢尺按图纸设计宽度定出位置。

培土：采用自卸车分段卸土。卸土前垫彩条布，防止污染路面。

整平：卸土后人工整平。整平时要控制好路肩宽度和虚铺厚度。

压实：采用冲击夯进行夯实，人工找平后，在采用双缸轮压实，现场。

做压实度，压实度满足要求后，碾压下一段，每一段长度100m左右。根据路肩检测项目检测宽度、平整度、高程、横坡。

（三）施工中工程质量质检情况

施工过程中，各项工程按规范要求的实测项目进行自检，自检合格后按监理程序进行报验抽检，并上报申请三阶段验收，验收项目合格率均达100%，优良率达95%以上。

（四）工程质量问题处理情况

我项目从工程开工直至工程结束，未出现任何重大质量事故。但出现过一些质量问题，经整改处理后，全部合格。

1. 路缘石问题

面层施工中，压路机对边部碾压时，挤撞路缘石，局部有移位现象，致使路缘石线型不顺直。路缘石砌筑时缝宽不均匀，勾缝不光滑，并有砂浆污染路缘石表面等问题。

我项目组织各相关部门人员进行讨论研究，认真分析原因，采取以下处理方案：

（1）对存在问题的路缘石全面拆除，重新放线、挂线砌筑，务必保证线型要顺直，两路缘石间缝宽要满足要求，保证缝宽在1cm^{2}左右且缝宽要均匀；勾缝砂浆用过筛后的中砂后场拌和，用三轮车运至施工现场，用拎桶盛装，勾缝要密实，缝勾完后，用抹布将黏附在路缘石上的砂浆抹净，且要及时养生；对于已铺砌油面的路面，砌筑的路缘石，拆除后，重新放线，挂线，用切割机将宽出的油面切除掉，切割时要保证线型要顺。

（2）今后在面层施工中，在路缘石一侧固定模板，用圆木支撑，提高压路机手碾压水平，对于水平差的机械手要清除出场，对于压路机挤撞的路缘石要及时修复。

处理结束后将处理结果上报监理工程师，经监理工程师抽检合格后，报上级部门复查，复查后全部合格。

2. 基层松散问题

上基层施工结束后，部分段落表面有小面积松散现象，发现后，我项目部技术人员，对本标段基层进行全面排查，界定范围，认真分析形成原因后制定了以下处理方案：

（1）用人工把表面松散部分凿除至下基层顶面成规则形状。

（2）用清水把处理好的坑槽中的粉尘冲洗干净，使表面保持湿润。

（3）采用C15混凝土进行填补，填补时要求密实、表面平整；采用土工布覆盖养生。

处理结束后将处理结果上报监理工程师，经监理工程师抽检合格后，报上级部门复查，复查后全部合格。

（五）质量评价

质量是企业的灵魂，也是我公司修建分水岭至南阳高速公路的主题。在施工全过程中，我公司始终坚持“百年大计，质量第一”的思想，视工程质量为生命，认真依照招标文件所明确的各项施工技术规范、规则和各项质量验收评定标准去组织实施。在业主、监理的指导下，经过一年零两个月的奋战，验收项目合格率均达100%，优良率达95%以上，为实现创优质，保部优（省优），争创国优的目标奠定良好基础。但在施工中出现一些质量小问题，教训是深刻的，也是不容忽视的，我们认真进行分析总结，找出最根本的原因，防止类似质量问题再次发生。

四、施工进度控制

为保质保量按期完成任务，采取以下措施保证工期：

（1）早进场，早开工。接到中标通知后，立即进行施工动员，迅速做好施工前的准备工作。从速选调施工队伍，调遣设备，并进行设营、施工准备、复测、熟悉设计文件和技术交底。做到进场快、开工快，压缩施工准备时间，上足劳力和机械设备，为主体工程施工创造条件。

（2）参战人员的思想教育，树立一个“干”字，立足一个“抢”字，确保一个“好”字，好中求省，好中求快，树立时间就是效益，进度就是信誉的思想，以战斗姿态投入工程施工。

（3）加强宏观控制，重点工程重点突击。从设备上和队伍的选择上，都要严格挑选，上最好的队伍，配最好的设备，在人、财、物、机上优先选用满足重点工程。

（4）加强组织管理、科学安排施工。选用会管理、懂技术、年轻力强的同志担任各级主要负责人，严格各方面规章制度，上令下行，各级组织机构要高质量、高效率地运转，科学地安排施工，重点工程必须最大限度地安排并行操作,抓好工序衔接,做到环环相扣,有条不紊,加快工程进度。

(5)加强各级领导,建立健全岗位责任制,以日计划保旬计划,以旬计划保月计划,以月计划保年计划,确实保证各项工程按计划完成。

(6)完善奖惩制度,落实好按劳分配原则,开展劳动竞赛活动,充分调动广大职工的积极性,群策群力,团结协作,保质保量,按期完工。

(7)设备的选型力求实用,贯彻多效、耐用、宜修的原则,型号宜少不宜杂,以便于统一管理,要有一定数量的备用设备,防止待机误工,在施工中要备足易损件,做到随坏随修。

(8)坚持工程例会制度。定期例会,采用简短形式,解决实际问题。

(9)及时与气象部门取得联系,掌握好天气预报,防止暴雨、山洪暴发对施工的影响。雨天混凝土施工采取搭棚防雨,混凝土输送车或输送泵封闭运输等措施,做到雨季不干扰,天天有进度。

(10)与地方政府和老百姓的关系,采取主动与地方联系的政策,在征租方面不留遗症,在交通干扰、车辆通行等方面,采取有力措施,减少地方的损失,有损失的及时补偿。

(11)做好后勤保障工作,做好物资、机具零配件的采购供应工作,加强现场生活、卫生、治安管理,使参战职工无后顾之忧。

(12)根据合同工期要求,按照工程量,制订合理施工计划。

①施工准备阶段。

2006 年 9 月 10 日前完成临时用地场地平整硬化,接通生活所用水、电、通信等设施。材料联系、试验、备料工作。

2006 年 9 月 20 日前完成中心试验室建设,并在 2006 年 8 月 30 日通过计量及业主检查。

2006 年 9 月 20 日前完成水泥稳定粒料拌和站安装、调试工作。

2006 年 11 月 30 日前完成底基层总面积的 80% 的底基层的铺筑(包含基层折算数量)。

②主体工程项目施工安排。

根据业主招标文件的要求和路基进度情况,关门工期为 2007 年 9 月 30 日。实际施工时,承包人将根据监理工程师下达的开工指令,立即全面展开组织施工。

③施工顺序。

根据河南省气候情况,雨季影响施工较大,冬季影响施工较小。计划安排, 2006 年 10 月 5 日 ~2007 年 10 月 20 日完成路面沥青混凝土下、中、上 3 层施工,见表 1。其他工程 2007 年 11 月 10 日完成。

沥青面层施工计划 表 1

施工项目	计划安排	施工项目	计划安排
沥青混凝土碎石	2007 年 5 月 10 日前完成试验配合比设计及试验段铺筑工作	沥青混凝土中面层	2007 年 8 月 10 前完成试验配合比设计及试验段铺筑工作
	2007 年 5 月 10 日至 2007 年 6 月 25 日完成沥青混凝土下面层		2007 年 8 月 12 日至 2007 年 9 月 15 日完成沥青混凝土中面层
沥青混凝土下面层	2007 年 7 月 1 日前完成试验配合比设计及试验段铺筑工作	沥青混凝土上面层	2007 年 9 月 20 日前完成试验配合比设计和试验段铺筑工作
	2007 年 7 月 1 日至 2007 年 7 月 5 日完成沥青混凝土下面层		2007 年 9 月 20 日至 2007 年 10 月 20 日完成沥青混凝土表面层铺筑施工

五、施工安全与文明施工情况

(一)安全保证措施

1. 组织体系

为确保施工安全,经理部和工区成立安全领导小组,分别由经理和工区主任任组长,经理部设专职安全员,各工区设兼职安全员,具体负责安全工作的实施。建立健全安全保证体系,确保施工的安全。

安全组织机构见图 2。

2. 规章制度

(1)认真制订本项目的安全经费计划和使用管理制度。

(2)做好安全检查、整改落实工作。

(3)制订员工岗位安全职责。

(4)做好安全技术方案和安全技术交底工作。

(5)加强安全技术培训、教育、考核工作。

(6)做好安全应急预案及演练。

3. 具体措施

安全工作是做好生产工作的重要因素,关系到国家、企业和职工的切身利益。因此,在施工过程中,必须认真贯彻"安全第一,预防为主"的方针政策,广泛应用系统工程和事故分析方法,严格控制和防止各类伤亡事故的发生。具体措施如下。

(1)加强领导,健全组织。项目经理部、施工队成立安全领导小组,设专职安全员制定严格的安全措施,定期分析解决工作中存在的问题,及时发现和排除安全隐患。

(2)安全教育要经常化、制度化。开工前进行系统安全教育,开工后抓好"三工"教育和定期培训。通过安全竞赛、现场安全标语、图片等宣传形式,增强全员安全生产的自觉性,时时处处注意安全,把安全生产工作真正落到实处。

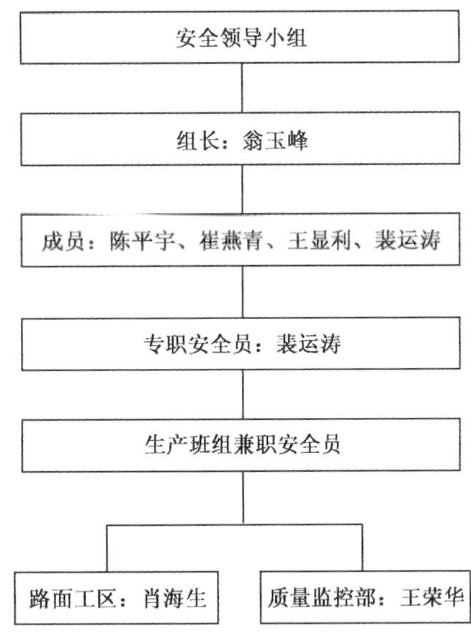

图2 安全组织机构

(3)安全监督,完善安全检查制度。各级安全生产领导小组要定期组织检查,各级安全监督人员要经常检查,发现问题及时纠正,把事故消灭在萌芽状态。

(4)施工组织设计和工艺流程科学组织施工。严格各工序衔接,严格操作规程,严禁各种违章指挥和违章作业行为的发生。

(5)施工设备和机具在使用前由专职人员负责进行检查、维修、保养,确保状态良好。架子工、起重工、电工、电焊工等主要工种必须经过培训并经考核取得合格证,方可持证上岗操作,杜绝违法章作业。

(6)设置安全防护标志。桥梁作业要设立安全栏杆、安全网,个人要戴安全帽,系好安全带,脚手架、脚手板要搭设牢固。

(7)安全用电,严格按有关规定安装线路及设备,用电设备安装地线,不合格的电工器材严禁使用。库房、油库严禁烟火,油库要安装避雷装置。

(二)文明施工

(1)加强施工人员文明施工意识,组织学习文明施工条例及有关知识,进行上岗教育,讲职业道德、扬行业新风。

(2)建立创建文明工地领导小组,全面开展创建文明工地活动,做到"两通三无五必须",即施工现场便道畅通;施工工地沿线单位和居民出入口畅通;施工中无管线高放,施工现场排水畅通无积水,施工工地道路平整无坑塘;施工区域与非施工区域必须严格分隔;现场施工人员必须挂牌施工,管理人员必须佩卡上岗;工地现场施工材料必须堆放整齐;工地生活设施必须文明;工地现场必须开展以创文明工地为主要内容的思想政治工作。

(3)文明施工具体措施。文明施工是涉及工程沿线人民群众的切身利益,同时又是企业取信于民、维护企业形象的大事,我们严格按照"集中施工、快速施工、文明施工"的十二字方针,结合我单位在公路施工中取得的经验,精心组织、合理安排。

①对进场施工的队伍签订文明施工协议书,建立健全岗位责任制,把文明施工责任落实到实处,提高全体施工人员文明施工的自觉性与责任感。

②挂牌施工,标明工程项目名称、范围、开竣工期限、工地负责人,设立监督电话,接受社会监督。

③采用有效措施处理生产、生活废水,不得超标排放,并确保施工现场无积水现象。

④现场布局合理,材料、物品、机具、土方堆放符合要求。

⑤施工内业资料齐全、整洁、数据可靠,办公室内按要求布置各类图表,及时反映现场状况及工程进度状况。

六、环境保护与节约用地措施

(一)建立环境保护机构

成立以项目经理为核心的环境保护领导小组,主动与地方环保部门联系,严格执行国家环境保护法律、法规和条例。

(二)防止水土流失

路基填筑时做好临时流水槽进行导流,路基成型后尽快做好路基边坡防护工程,避免路基土流失。修建一些有足够泄水断面的临时排水渠道,并与永久性设施相连接,避免淤积和冲刷。要防止施工废水对沿线环境的污染。

尽量保持现有的水利设施和径流系统,理顺因工程建设而改变的排灌系统,确保水流的畅通,减少水土流失。

(三)严禁乱挖乱弃、节约用地

合同段施工严禁乱挖、乱弃,取土坑设在非农田或低产田处,施工完成后,将河沟、水塘清淤后的土有计划地回填至土坑中,做好取土坑的复耕和养殖工作,达到节约用地的目的。

(四)防治扬尘

施工作业的扬尘,给作业人员配备必要的劳保用品,并随时洒水,将灰尘公害降至最低程度,符合当地环保部门的有关规定。

(五)防治噪声、废气污染

施工作业要在不影响周围居民正常休息的时间进行,并应遵守当地有关部门的规定,同时施工作业尽量采取能减少噪声的方法进行。

(六)碎石清洗污水和拌和站的废水排放

(1)先将碎石清洗污水排入水沟,待沉淀后,用人工将水沟内的泥浆进行清理,运至环卫局指定的弃污点,污水直接排入环卫局所允许的水渠中。

(2)清洗废水直接放入混凝土罐车内,运至施工便道,将水直接洒在施工便道上。

七、施工中新技术、新材料、新工艺的应用情况

为解决基层、底基层易开裂的弊病,经上级有关部门决定采用振动成型标准的基层、底基层新型施工工艺,经过1年的施工,基层、底基层裂缝问题得到了彻底解决。

基本原理、设计步骤及工程实例具体介绍如下。

(一)半刚性基层材料设计现状

近几十年来,半刚性基层材料的研究及应用虽然取得了丰硕的成果,但远未达到完善的程度。在工程实践中出现的问题主要表现为收缩裂缝,当结构组合设计不合理或半刚性基层自身存在质量问题时,往往会发生结构性破坏。这些问题的存在与当前半刚性基层材料设计方法和评价标准落后于当前施工技术发展水平密切相关。

(二)室内成型方式与现场碾压方式不匹配

众所周知,室内试验要正确、有效地预测与控制现场施工质量,应满足2个最基本的条件:首先要求成型方式能够最大限度地模拟基层施工条件,使室内成果与基层实际应用效果有可比性;其次要求各种性能评价指标切实的反映基层在其服务环境下的服务质量。如今施工现场大量的使用振动压路机及轮胎压路机,而室内却采用重型击实法确定最佳含水率及最大干密度,用静压法试件强度作为设计标准控制水泥剂量。由此衍生出一系列问题:重型击实确定的最佳含水率及最大干密度作为现场振动压实的控制指标是否合适;混合料分别在静压和振动作用下其力学特性或许不同,那么用何种方式制作的试件,其强度控制现场质量更有效;用静压法进行室内研究所优化的配合比(包括级配、水泥含量等)在振动压实条件下路用性能是否最优。

(三)振动成型设备基本原理

模拟振动压实对材料的作用,采用自上而下振动的振动成型压实机。研究使用该成型机进行振动压实试验,确定材料的最佳含水率、最大干密度及振动成型试件测定无侧限抗压强度。

(四)振动成型与静压成型各技术指标对比(表2~表5)

水泥稳定碎石击实结果 表2

试验类型	重型击实试验			振动击实试验		
水泥:级配碎石	4:100	5:100	6:100	3.0:100	3.5:100	4.0:100
最佳含水率(%)	5.0	5.1	5.4	3.6	3.6	3.8
最大干密度(g/cm²³)	2.34	2.38	2.40	2.58	2.58	2.59

由表 2 试验结果可以看出，振动击实的最大干密度与重型击实确定的最大干密度关系为：$\rho_{振动击实} = 1.086\rho_{重型击实}$，含水率降低 1.5%。

水泥稳定砂砾击实结果 表3

试验类型	重型击实试验		振动击实试验	
水泥:级配碎石	3.5:100	4.0:100	3.5:100	4.0:100
最佳含水率(%)	6.0	5.6	6.6	6.8
最大干密度(g/cm^{23})	2.22	2.22	2.26	2.26

由表 3 试验结果可以看出，振动击实的最大干密度与重型击实确定的最大干密度关系为：$\rho_{振动击实} = 1.018\rho_{重型击实}$，含水率变化不大。

水泥稳定碎石 7d 抗压强度 表4

成型方式	静压成型			振动成型		
水泥:级配碎石	4:100	5:100	6:100	3:100	3.5:100	4:100
平均抗压强度(MPa)	5.0	5.7	6.2	8.8	9.4	10.0
偏差系数 C_V(%)	2.1	2.1	2.2	11.6	9.4	8.2
$R_{c0.95}$	4.8	5.5	5.9	7.1	8.0	8.7

由表 4 试验结果可以看出，水泥剂量降低 1% ~1.5%，强度提高 1.5 ~2 倍。

水泥稳定砂砾 7d 抗压强度 表5

成型方式	静压成型		振动成型	
水泥:级配碎石	3.5:100	4.0:100	3.5:100	4.0:100
平均抗压强度(MPa)	2.8	3.1	2.9	3.3
偏差系数 C_V(%)	3.1	8.1	4.7	8.6
$R_{c0.95}$	2.6	2.7	2.7	2.8

由表 5 试验结果可以看出，强度增加不大。

结论如下。

(1)裂缝统计：本标段在开始施工时采用重型击实法和振动成型法各铺了 200m 底基层试验段，3 个月后，重型击实法产生 6 条裂缝（横向），振动成型法没有裂缝，可以看出半刚性材料基层、底基层裂缝得到解决。

(2)水泥剂量：相对于重型击实法，在相同的设计强度情况下，振动击实水泥剂量明显降低，降低了工程造价。

八、工程款支付情况

我项目部外欠债务已全部还清，在此我项目部郑重承诺，如该项目有拖欠农民工工资和劳务费用及工程款的投诉，责任完全在我公司，由我公司负责解决，与建设单位无关，建设单位不承担任何法律责任。

九、施工体会

我路桥集团第一公路工程局厦门处承建的岭南高速公路路面 No.4 合同段自 2006 年 8 月份进场以来，项目经理部在项目公司、代表处及地方各级政府的正确领导和大力支持下，结合工程实际，科学管理、精心组织，狠抓安全生产和文明施工，制定了“诚信履约、以质取胜”的经营方针，得到各级领导充分肯定分的肯定。

（一）工作回顾

1. 年度工程进展及完成情况

(1)4cm^2 厚细粒式改性沥青混凝土上面层：418281m^2；

(2)6cm^2 厚中粒式沥青混凝土中面层：421918m^2；

(3)7cm^2 厚粗粒式沥青混凝土下面层：390175m^2；

(4)7cm^2 沥青碎石混合料下面层：390175m^2；

(5)32cm^2 水泥稳定碎石：399054m^2；

(6)18cm^2 水泥稳定砂砾底基层:404172m^2;

(7)透层:399054m^2;

(8)下封层:391882m^2;

(9)黏层:1198777m^2。

2. 工程履约情况

2007 年是我项目工程施工的关键一年,公司及项目领导班子高度重视本年度施工的安排与管理工作。公司领导多次到施工现场视察指导,我项目部各项工作在稳步中前进。2007 年度我项目部多次完成业主下达的阶段考核任务,受到项目公司奖励。

3. 施工组织措施及情况

(1)质量管理

严格执行 ISO9002 质量体系标准,并制定了保部优(省优)、争国优的方针,工程合格率为 100%,优良品率为 95% 以上的目标。在施工全过程中,严格执行岭南高速公路合同条款,严格按照监理工程师要求施工。为实现以上质量目标,我项目坚持做到以下几点。

①加强现场施工人员的理论学习和思想教育,提高管理人员和质量负责人的责任心和业务素质,将责任落实到个人。在施工中重点抓好过程控制,坚持执行“三检”制度,对每道工序严格检查把关,层层落实,责任到人,消除质量隐患。

②以“四高”标准干好该工程,即高起点、高标准、高质量、高速度,确保工程质量全面创优。制定创优规划,完善质量保证体系,将规划目标分解到个人,并实行质量指针与个人收入挂钩的办法,以增强每个人的责任感。

③健全组织、加强领导,严格制度,狠抓落实,在质量管理工作中,坚持贯彻执行八项制度,坚持做到每月检查一次,对每次检查情况及时总结通报,奖优罚劣,使工程质量通过定期检查得到有效控制。

④严把原材料质量关,强化计量工作,完善检测手段;各种计量检测器具进行鉴定、维修、保养,以保证其精度。

⑤抓好标准化作业,规范化施工工作,每个分项工程施工前,都要进行技术交底,在熟悉质量标准后作出样板工程,再全面展开施工,各工序衔接都要按标准要求交接,上道工序不合格,下道工序不准施工。达不到标准的工程坚决推倒重来,直到达标为止。

⑥科学组织施工,合理安排施工顺序,合理使用施工机械和机具,为保证工程质量创优提供物资条件。

⑦加强对施工队伍的管理,主动做好施工中协作配合工作,尊重和服从业主、监理工程师和质量检查人员的监督与指导,确保工程顺利开展。

⑧建立内部监理制度,设立专职的内部质量监理工程师,各班组设质量管理员、各级质检人员在内部监理工程师的指导下,按规范要求在施工中执行监理工程师的要求。

(2)进度管理

在确保工程质量的前提下,加快施工进度,这是我项目始终贯彻的一项基本政策。

①公司要派一位常任副总工程师在现场进行监督和指导,特别是在关键工序和重点环节上加强监督和指导,有困难共同研究,及时解决。

②项目领导进行详细的分工,对质量、进度、安全及文明施工等方面进行分管,分头重点主抓,保证工作及时安排,落实到位。

③加强施工队伍管理,对技术力量薄弱、素质差的队伍要坚决取缔,选择素质较高、技术力量较强的施工队伍进场。与施工队签订承包责任书,干好干快的队伍重奖,对进度慢、质量差对队伍罚款。

④建立健全完善的奖罚制度,制定冬前大干劳动竞赛,把职工收入与工程完成情况结合起来,提高职工的工作积极性和责任心。

⑤各项工作安排具体,具体问题具体分析。出现问题不回避,相互沟通商量解决,抓住契机。

⑥每 3~5 天举行一次碰头会,各负责人汇报所管辖工作的完成情况、存在的问题、需要解决的困难及下一步计划的安排,做到完成情况有底、问题指出、困难及时解决、施工工作思路清晰。

⑦加强现场管理,加大技术、管理人员和劳动力的投入,增加施工机械设备数量。

(3)计划管理

重视计划的制订工作,结合年度工作的安排及施工现场的实际情况,对施工计划实行动态管理。每个月将总监办批复的月计划进行详细划分,在几个主要形象进度控制要点上下功夫,狠抓落实,每 5 天召开碰头会,了解当前工作中存在的问题,集中讨论、及时解决。并针对工程进展的实际情况,每半月制订切实可行的内部阶段计划,认真组织施工,保证计划的实施。

(4)支付管理

要求技术人员及时整理工程资料,安排专门人员做工程资料归档、交付工作。工程资料齐全、工程质量检测合格,尽早签认中间交工证书。建立健全完善的计量支付台账,计量形象台账,保证计量工作清晰、准确。

(5)安全管理

安全工作是做好生产工作的重要因素,关系到国家、企业和职工的切身利益。我项目部认真贯彻“安全第一、预防为主”的方针政策,进一步加大安全生产的监督和检查,加强对职工的安全培训,增强职工的安全意识和安全知识,并按标准发放劳保用品。在制订生产计划的同时,制订安全计划;在布置生产的同时,布置安全工作;在检查生产的同时,检查安全工作。

(6)文明施工管理

文明施工是企业的窗口,代表企业形象,反映企业的施工组织管理水平,因此,科学组织施工,做好施工现场的各项管理工作越显其重要性。我项目部成立文明施工领导小组,严格执行国家环境保护法律、法规和条例。

在施工中,保证施工场地平整,道路坚实畅通;现场水电专人管理,不得有长流水长明灯;生活区垃圾及杂物设置堆放点,并定时清理、外运;场地中各种车辆物料摆放整齐,严禁乱堆乱放;与附近居民保持和谐关系,尊重附近居民的习俗。

(二)结语

自工程开工以来,我项目经理部取得了一定的成绩,但也有不足的地方,但我们有着真诚团结的领导班子,任劳任怨不畏艰难的职工群体。在2007年中,经理部采取强有力的措施,在确保质量的情况下,加快工程进度,以大局为重,努力创造良好、和谐的氛围,以优良的质量、良好的进度和优质的服务完成岭南路面No.4标的施工任务,达到业主的质量、进度目标,把岭南高速公路建设成为代表21世纪最高水平的精品路,给建设单位、监理单位和南阳人民交上一份满意的答卷。

路桥集团第一公路工程局厦门工程处
岭南高速公路路面No.4标段项目经理部

5. 二广高速公路分水岭至南阳段工程路面 No. 5 标合同段施工总结报告

目　　录

二广高速公路分水岭至南阳段工程路面 No.5 标合同段施工总结报告

一、工程概况

（一）工程简介

二广高速公路分水岭至南阳段（以下简称岭南高速）工程路面 No.5 标段桩号为 K61 +760 ~ K74 +756.555，全长 12.996km，另加南阳互通和张华岗互通。路线经过路基标段为 16 标、17 标、18 标。等级为高速公路，设计行车速度 120km/h，主线路基宽度为 28m。主线路面结构形式为 AC—13 型 4cm^2 细粒式 SBS 改性沥青混凝土 + AC—20C型 6cm^2 中粒式沥青混凝土 AC—25C 型 7cm^2 粗粒式沥青混凝土 + ATB—25 型 7cm^2 沥青碎石 + 32cm^2 水泥稳定碎石 + 18cm^2 水泥稳定砂砾。其他工程：透层、下封层、黏层、培土路肩、中央分隔带纵横向排水、路缘石安装等工程。

（二）气候条件

岭南高速公路位于南阳境内，处于第二级地貌台阶向第三级台阶过渡的边坡上，属山地、丘陵、平原组成的盆地地貌类型。项目所处区域南阳市处于北亚热带向暖温带过渡带，属大陆性季风气候，雨水充沛，日照充足，热量资源丰富。受季风影响，冬季盛吹偏北风，夏季盛吹偏南风，随着冬夏季环流转换，四季分明。区内多年平均气温 14.0 ~ 15.7℃，最冷为 1 月，极端最低气温 - 21℃，最热为 7 月，极端最高气温 40.5 ~ 41.4℃，降雨量 665.3 ~ 1173.4mm，年降雨量多集中在 6 ~ 9 月。

（三）交通运输条件

项目部、沥青拌和站、水稳拌和站均建在岭南高速公路 K68 +900 处右侧，沥青拌和站、水稳拌和站右侧紧邻 312 国道，拌和站料场与 312 国道有一施工便道相连接，交通便利。

（四）主要工程数量

18cm^2 水泥稳定砂砾底基层 349846m^2，32cm^2 水泥稳定碎石基层 345956m^2，沥青碎石联结层 338967 m^2，沥青混凝土下面层 338967 m^2，改性沥青混凝土中面层 407999m^2，细粒式改性沥青混凝土上面层 401410m^2。

二、机构组成

（一）项目组织机构主要组成人员及部门

项目经理：曹峰

项目总工：陈国锋

项目副经理：张海涛、刘伟

总经济师：邵世霞

总会计师：张晓娟

下设工程部、试验室、机材部、综合办公室、劳材部、水稳施工工段、沥青混合料施工工段、附属工程施工工段。

（二）项目组织机构（图 1）

三、质量管理情况

（一）质量管理体系

1. 质量管理体系概况

为了保证施工质量，针对我项目的实际情况，建立健全质量管理体系。建立以项目经理为责任人的质量管理体系，以总工程师和质检工程师为责任人的质量保证体系。首先明确质量管理目标：工期履约按期完成，安全生产，文明施工，无等级事故，工程合格率 100%，优良品率 94% 以上。其次强化管理，强化技术岗位责任制，完善技术管理。最后在项目公司的领导下，在监理工程师的监督指导下，通过对工程质量各项指标的动态监控，确保施工质量全面优良，创造精品工程。项目质量管理体系见图 2。

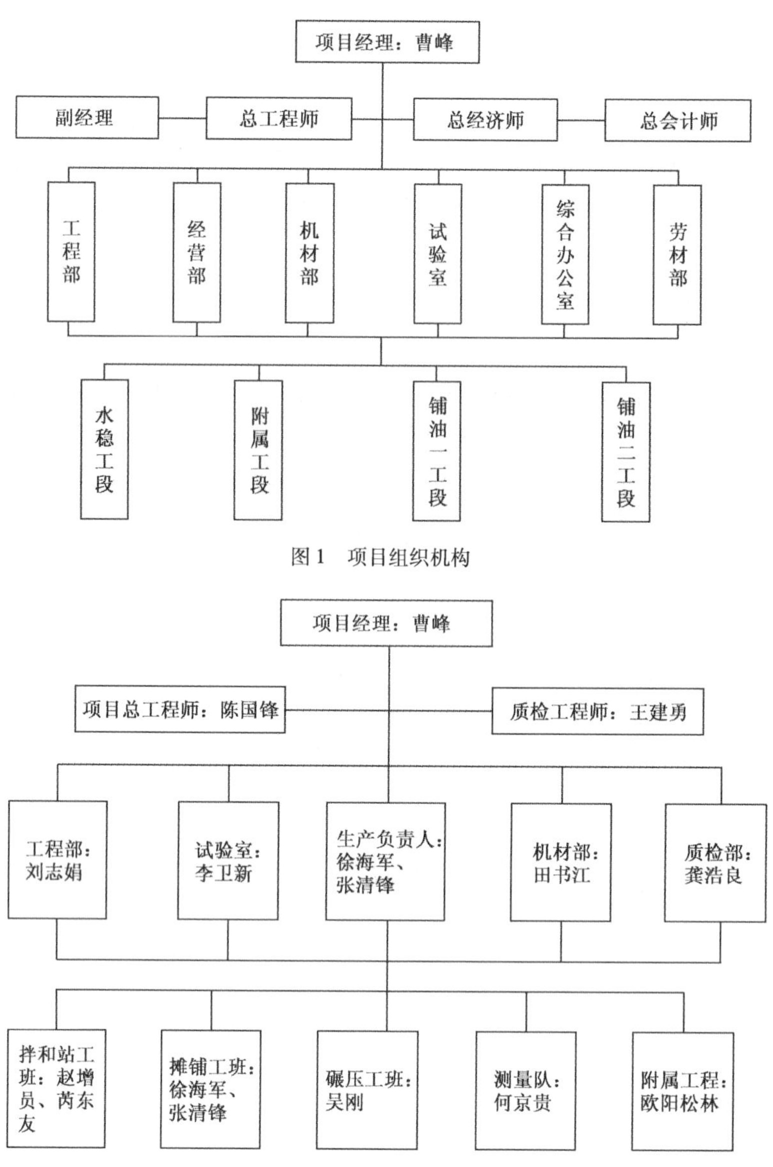

图1　项目组织机构

图2　项目质量管理体系

2. 技术交底

为保证施工质量，在开工前项目总工程师组织有关人员进行图纸会审，研究施工图，吃透设计意图，并对工程实况进行调查，澄清图纸中的问题。在每一分项的开工前，都要执行工程施工技术交底程序。让参加施工的技术人员理解图纸的设计意图，掌握各项施工的要点、难点，让参加施工的人员知道，怎样施工才能保证施工质量，不盲目施工。

项目总工程师负责向各部门负责人、工段负责人和主管技术员进行设计意图和各项施工的重难点交底，即项目的一级交底，工程部、工区负责人和主管技术员向施工队伍及工区技术员进行二级交底，内容主要包括分项工程施工的技术要求、工艺流程、质量要求、安全防护措施等进行详细的书面交底，使相关人员对工程的技术标准、操作规程、质量控制、资料整理有全面了解。双方签字认可，一份指导现场施工，一份工程部存档备查，并检查交底效果。

3. 质量宣传体系

项目部建立健全质量宣传体系，以综合办公室为职责部门，利用多种形式做好质量宣传工作，利用业余时间组织职工学习质量管理知识。在项目部内设立宣传栏并创立项目施工简报，对身边的质量问题及时宣传报道，对在工地上涌现的优秀质量管理事迹和一些好的管理经验进行表扬宣传，并给予奖励；对工地上质量管理不严、出现质量差错的给予批评，让项目职工认识到质量问题不仅是经济技术问题，还关系到项目的名誉、公司的前途和发展。

4. 质量检查旬报制度

根据项目的施工特点，项目实施质量检查旬报制度，对施工全过程实行全面有效控制，以实现施工质量的动态管理，确保工程质量符合公路工程的有关规定，满足业主要求。

项目部要求现场施工技术人员记录每天的施工质量情况，工程部进行汇总形成质量日报表，项目部质检工程师在每旬末对工地施工进行质量检查，对存在的质量问题进行处理，并上报驻地办、监理代表处、项目公司，以实现监理代表处、项目公司对我标段施工情况、施工质量的动态管理。

5. 质量奖惩制度

(1)质量考核

质量考核内容及评分办法：考核内容包括工作态度、质量职责履行情况和工程质量情况；考核采用百分制评分办法，其中工作态度占20分，履行质量职责情况占30分，工程质量情况占50分，评分细则由经理部制定。

(2)考核分级

考核结果分优秀、良好、较好和一般共4个等级分级标准为：评分结果大于等于90分者为优秀；评分结果80~89分者为良好；评分结果70~79分者为较好；评分结果小于等于69分者为一般。

(3)奖惩

考核结果是实施奖惩的依据，奖惩制度由项目经理部制定，奖惩的一般原则是：考核结果优秀的部门，经理部给予奖励；考核结果良好的部门，经理部给予表扬；考核结果较好的部门，经理部不予奖励，不予处罚；考核结果一般的部门，经理部给予处罚并限期整改；对于考核结果评为优秀的个人，经理部除了给予物质、荣誉奖励外，在职称评定和工资晋升方面可享受优先待遇；考核结果一般的个人，实行下岗培训，工资、待遇按经理部奖惩办法扣减。

(二)施工质量控制方案

1. 施工中的测量控制

我项目部在进场后，测量人员会同驻地办测量监理工程师对控制网成果进行复测，并对控制点做妥善保护。在施工过程中对导线网点和水准点进行加密，并将测量结果上报代表处，经监理工程师测量工程师复测认定后，才能使用导线控制点和水准点。

在施工中，我项目部采用的测量控制基本做法是：复核图纸的有关数据，发现问题及时上报；制定测量制度，严格按照测量程序中的测量、计算、复核制度，严格控制每一分项工程的平面位置、高程、宽度测量的测量精度，并对测量结果进行分析总结；对已完工的分部工程、分项工程成品进行验收测量；定期检验测量仪器，保证仪器性能正常，精度满足工程需要。

2. 材料质量控制

(1)采用准入制。按项目公司提供的供货网络进行集料、水泥和沥青的招标工作。

(2)材料、物资采购采用招投标制。我项目部中标进场后，从项目公司提供的供货网络中选择不少于3家的供货方邀请其投标，招标投标做到公开、公平、公正。

(3)材料质量从源头进行控制。材料供货方确定后，在材料进场前，我项目部试验人员会同监理代表处试验工程师、材料采购管理人员共同到供货方抽检取样，按规范要求做各项试验，全部合格后批准入场，实行质量一票否决制。

(4)按规范频率进行材料质量试验。

(5)规范工地试验室建设。

(6)验收试验。项目部试验室对已完工的分部、分项工程进行质量检验。

3. 压实度控制

(1)底基层、基层采用振动法成型试件，确定最大干密度，以提高压实度；沥青面层采用GTM法沥青混合料配合比设计，压实度采用双控。

(2)按规范要求评定压实度，在施工中提高压实度标准。

(3)采用大吨位压路机组合碾压，节约碾压时间，提高碾压效率。

(4)安排专人负责碾压工作。

4. 沥青面层平整度控制

(1)通过对摊铺机的摊铺速度，碾压及高程的控制，控制好基层的平整度。

(2)通过沥青面层试验段,确定沥青面层的松铺系数、摊铺速度和最佳碾压组合,保证摊铺工作的连续性;严格控制沥青混合料的摊铺碾压温度。

(3)处理好施工接缝,尽量减少施工接缝。

(三)施工中工程质量自检情况

在施工中严格执行"三级报检"制度。即工地技术人员自检→质检工程师抽检→监理工程师验收的报检工序。层层落实责任制,恪尽职守,谁负责谁签字。建立质量过程控制卡,每道工序、每一环节都有责任人签字并长期存档;严格按照规范规定的检验频率进行自检,对自检中不合格处及时处理;在现场施工过程中及时自检,如压实度、平整度等,以便对不合格段落及时处理。

(四)工程质量问题的处理

对于在工程施工中存在的工程质量问题,我项目部执行不合格品的控制程序。

1. 目的

针对施工过程的任何阶段出现的不合格品,确保及时的查明和处置,消除以发现的不合格品,以便达到过程和产品控制要求。

2. 职责

项目质检部和工程部是本程序的主控部门,质检部负责对工程项目施工过程中发生的一般不合格品、严重的不合格品进行确认和上报,工程部负责对工程项目施工过程中发生的轻微不合格品进行确认,并报告项目经理和项目总工程师,按照总工程师意见处理。

3. 程序

(1)在整个施工过程中,质检工程师在旬度质量检测过程中发现不合格过程和产品的出现。

(2)填写不合格产品通知单,并上报总工程师,内容包括桩号部位、不合格原因、处理意见。

(3)限定整改时间,确定整改部门和责任人,并按限期要求进行复检,经监理工程师验收合格后,恢复施工。

(4)对一般不合格品、严重的不合格品经确认后,及时上报总公司、驻地监理工程师办公室、监理工程师代表处、业主和设计单位,征求他们意见和专家意见作如何处理。

(五)对完工的质量评价

已完工的分项工程、分部工程、单位工程的工程质量评定均为优良。

四、施工进度控制

(1)工程总体施工计划:根据本合同段的招标文件要求,合同工期为16个月。计划工期为2006年6月1日至2007年9月30日,根据这一计划工期我项目部制订了以下施工计划。

第一阶段为施工准备阶段,时间为2006年6月1日至2006年9月20日,组织人员进场;进行项目经理部的临时建设;拌和区料场的建设和场地硬化;修建施工便道;临时资质试验室的建设和验收;水通、电通、路通和水稳拌和站的安装调试;水稳施工的机械设备、劳务队伍进场。

第二阶段为主体施工阶段,时间为2006年9月20日至2007年9月30日,路面基层、底基层施工、沥青碎石、沥青混凝土下面层、改性沥青混凝土中面层、改性沥青混凝土上面层施工及附属工程施工。

第三阶段为工程收尾施工,主要是完成施工现场的清理及完工资料的整理。

(2)施工计划的调整:由于路基一期工程的进度影响,造成路面工程施工计划调整。

(3)分项工程实际进度。

底基层施工:2006年10月1日至2007年4月30日;

基层施工:2006年12月1日至2007年6月30日;

沥青碎石、粗粒式沥青混凝土施工:2007年3月15日至2007年9月20日;

改性沥青混凝土中面层施工:2007年5月15日至2007年9月30日;

改性沥青混凝土上面层施工:2007年9月10日至2007年10月15日;

附属工程施工:2006年月9月20日至2007年9月30日。

(4)进度控制措施:

①根据项目公司的年度总体施工计划安排,我项目部对施工进度计划进行分解,同时制定严格的奖罚措施。

②针对项目公司的节点施工任务,我项目部在施工中做到以日保旬,以旬保月,如在某个时间段内未能完成施工进度计划,则在下个时间段内及时调整施工计划,加大人力、物力和机械投入,保证施工完成任务。

③坚持每天开一次碰头会,每周一次调度会,及时解决施工中存在的问题。

④合理安排资金的使用,确保主要材料的及时供应,避免出现停工待料现象。

⑤及时了解天气情况，雨天及时维修、保养机械，确保晴天大干快干。

⑥实行技术先行的原则，避免出现因技术指导不到位而影响施工进度。实行两级交底制度，对工班进行培训，讲明各种质量标准要求，做到心中有数。

五、施工安全与文明施工情况

（一）安全保证措施

1. 组织体系

建立健全安全保证体系，为了保证工程施工安全，建立以项目经理为首的安全保证体系，项目部设专职安全员，工地施工工段设兼职安全员，以加强施工作业现场作业控制为重点，以定期检查为主干，专项与群体检查相结合。深入开展安全活动，确保本合同工程安全、优质、高效。

安全生产目标：无人身重伤及以上事故；无施工车辆行车责任重大事故；无等级火警事故。

安全生产方针：安全第一，预防为主。

安全生产标准：严格执行住房和城乡建设部施行的《建筑施工安全检查标准》。

2. 规章制度

建立健全各项安全生产的规章和管理制度，体现"全员管理、安全第一"的基本思想，明确安全生产责任，做到职责分明，各负其责。并进一步制定各级施工人员安全生产责任制度、安全生产教育培训计划、安全检查制度、安全交底制度、事故分析处理制度等。

3. 具体措施

(1)在施工中贯彻执行"安全第一、预防为主"的方针和坚持"管生产必须管安全"的原则，结合实际情况，制定各项规章制度。

(2)编制施工组织设计的同时，制定相关的安全技术措施。

(3)参加施工的人员，必须接受安全技术教育，应熟知本工种的各项安全技术操作规程，并定期进行安全技术考核，合格者方能上岗操作，特殊工种人员必须持证上岗。

(4)项目部、拌和站和施工现场设置足够的消防设备，定期维护和检查，严禁挪作他用。

(5)建立健全各级安全管理机构和设立专职安全检查员。

(6)加强与气象部门联系，及时掌握气象、汛情等预报，做好防范工作。

(7)操作人员上岗前，必须按规定穿戴防护用品，施工所用的各种机械设备和劳动保护用品，必须定期检查和必要的检验，保证其各项指标符合要求。

(8)项目部用电、拌和站用电和施工现场用电定期进行检查。防雷保护、接地保护、变压器及绝缘强度、防漏电装置应不定期检查；固定用电场所每月检查一次；移动式电动设备、潮湿环境和水下电器设备随时检查。检查不合格的设备要及时维修或更换，严禁带故障运行。在用电区域布设醒目的"当心触电"等标志。

(9)路面施工属于交叉施工作业，路面上施工机械、施工人员较多，项目部在各施工路口、与地方道路连接的路口设置施工标志标牌、限速标志和保通人员，以确保行车、人员安全。

（二）文明施工

加强文明施工管理，提高文明施工水平，创文明工地，使文明施工规范化、标准化、制度化，是项目经理部义不容辞的责任，在工程施工中，我项目部将按照文明施工要求，推行现代化管理方法，科学的组织施工，做好现场文明施工的各项管理工作。

(1)加强文明施工教育，成立文明施工管理组织机构，项目经理部成立以项目经理为组长的文明施工领导小组，来组织领导文明工地的创建活动，定期对工人进行文明施工教育，组织评比，定期检查工作。

(2)做好工程公告牌，并在明显的位置设置标牌，按规定的内容填写，工程概况、建设单位、施工单位、监理单位、施工人员概况、安全纪律、安全生产技术、安全措施、防火须知、卫生须知和平面布置图等。施工中做好保护，保持图牌完整、清洁。

(3)施工现场统一管理，一律做到"挂牌上岗"。

(4)设置临时设施，场内材料堆放整齐有序，大宗材料不得侵占安全防护设施。

(5)对路面因各种原因造成的污染，及时进行清扫，保持好的路容路貌。

(6)积极响应业主的文明工地创建活动，坚强检查，严格要求，持之以恒，实行定期不定期地安全、文明施工检查，对照评分，严格奖罚。

六、环境保护与节约用地情况

(1)施工机械车辆按总平面布置图规定的路线行驶，不得任意侵占场内道路，各类机械车辆进场需经过安全检查,经检查合格以后方能使用,施工机械车辆操作人员建立责任制,并依照规定持证上岗,严禁无证人员操作。

(2)根据现场的平面布置,保持施工现场道路畅通,排水系统排水顺畅,做到工完场清,随时清除建筑垃圾,保持场容场貌的整洁,在车辆行人通过的区域设立危险标志和施工标志。

(3)项目经理部设置必要的职工生活设施,并符合卫生、通风、照明的要求。设置的临时厕所、厨房及食堂应经卫生及环保部门审查批准,并派专人管理,污水经净化处理后才能排放,且在工程完工后及时清拆消毒和平复场地。

(4)施工车辆做好遮盖,防止混合料洒落在路上,保持施工道路的整洁、干净。施工中经常清扫施工路面、施工便道和场内道路,保持路面和施工便道的清洁,现场配备洒水车向多尘的施工便道和场内道路洒水,避免施工场地及机动车在运行过程中产生扬尘。

(5)禁止焚烧产生烟雾或其他污染空气的废弃物件,对在工地上产生的水稳混合料和沥青混合料,项目部及时收回并处理,避免污染路面及边坡环境。

(6)做好生态保护,在施工中禁止砍伐树木和毁坏植被,防止雨季发生水土流失现象。不在施工区附近的任何地点倾倒废弃物。

(7)按照临时用地计划,进行总平面布置图的详细设计,合理规划项目部的临时性建设区,合理的规划料场和拌和站场地及施工便道,尽量减少施工区域外的土地征用,施工完成后对项目部的临时性建设区域、料场、拌和站场地和施工便道及时复耕。

七、施工中新技术、新材料、新工艺的应用情况

(1)全线将抗车辙放在首位。

①采用 GTM 方法设计沥青混合料配合比。

②中面层使用改性沥青,上面层采用抗车辙的 SMA 结构。

③实施半幅整机一次性大宽度摊铺,并配套合适的压路机辅以合理的碾压组合工艺,解决双机联铺而产生的联机接缝带的纵向离析问题。

(2)将防水毁作为重中之重。

①沥青碎石层和底面层采用细型 25 级配,减小一号料的最大粒径。

②每一面层施工完后,作一次地毯式的透水排查,针对不同的透水点采取对应的措施,对于不符合规范要求的地方进行返工处理。

③全线推广沥青混合料转运车,消除摊铺前的级配和温度离析。

④在 AC—13 改性沥青混凝土上面层施工中,在改性沥青中加入 PA—1 型沥青抗剥落剂,增加黏附性,提高沥青混合料的水稳定性和抗老化能力。

(3)全线路面施工采用组合式碾压。

传统的碾压工艺存在下列问题:

①碾压时间过长,不能保证在高温下完成复压;

②碾压遍数不易控制,漏压严重;

③平整度控制困难;

④施工质量无法保证。

实践证明该方案压实遍数清晰,现场控制十分方便,大大降低了现场施工管理难度。该工艺优点如下:

①提高了碾压效率;

②可以在高温下完成压实;

③碾压遍数清晰;

④提高平整度;

⑤减少路面早期破坏;

⑥节约施工成本;

⑦同等遍数下可以提高压实度。

(4)全线推广沥青混合料转运车。

①传统摊铺施工工艺存在以下撞击无法避免;

②摊铺机连续作业无法保证;

③对集料离析无法改善,甚至还会加大,无法保证沥青混合料的均匀性;

④沥青混合料的热量损失和温度差异大(温度离析)。

沥青混合料转运车的使用对沥青路面铺筑施工工艺带来了如下革命性的改进:

①消除了运料卡车对摊铺机的碰撞,提高了摊铺路面的质量;

②能有效保证摊铺机连续工作;

③有效改善了沥青混合料在摊铺时存在的温度离析和材料离析;

④提高施工速度,减少了卡车数量;

⑤提高了作业质量和路面的使用性能,延长了路面的使用寿命,大大节约了路面的养护和长期维修费用。

(5)对于面层石料,由于质量和级配难以控制,采取派材料监理工程师进驻石料厂家的措施,现场材料监理工程师每天检查材料质量,不合格石料不准出厂。

(6)为了保证路面厚度,项目委托有资质的单位,每层均用雷达车单幅检查3道,在下一层施工前将检测结果交给施工单位,供调整厚度参考。

(7)封层撒布的碎石,均经过拌和楼热拌除尘处理。

(8)全线底基层、基层采用振动成型法确定最大干密度控制现场施工;沥青混凝土采用GTM法设计配合比控制现场施工。

八、工程款支付情况

我项目部外欠债务已全部还清,在此我项目部郑重承诺,如该项目有拖欠农民工工资和劳务费用及工程款的投诉,责任完全在我公司,由我公司负责解决,与建设单位无关,建设单位不承担任何法律责任。

九、施工体会

河南岭南高速公路项目是我单位2006年6月份中标项目。本项目的特点是:标价低、地方干涉严重、材料价格完全受地方供应商控制;工作面小,工期紧,任务重。我公司针对该特点,积极组建岭南高速路面No.5标项目经理部,克服困难,始终贯彻坚持质量、安全第一的原则,保障作业人员的身心健康。同时,不断改善环境条件,做到文明施工。坚持质量、安全和环境一体化管理。同时注重推广和应用先进的施工技术,大力开展科研攻关活动,重视并普及了计算机在项目经理部的应用。我项目部加强了以项目管理为重点的各项基础管理工作,包括财务管理、合同管理、物资管理、机械设备管理。

在一年的高速公路施工中,岭南高速公路有限公司、中交第一公路工程勘测设计研究院、河南省宏力工程监理咨询有限公司和天津市政工程研究院与施工单位密切配合,大家坚持以人为本,和谐管理,人性化服务,共同圆满地完成了施工任务。

贵州省公路工程总公司

岭南高速公路路面No.5标段项目经理部

6. 二广高速公路分水岭至南阳段工程路面 No. 6 标合同段施工总结报告

目 录

二广高速公路分水岭至南阳段工程路面 No. 6 标合同段施工总结报告

一、工程概况

由我项目部承建的二广高速公路分水岭至南阳段(以下简称岭南高速)路面 No. 6 合同段,起点桩号为 JK0 +702,终点桩号为 JK13 +400,路线全长 12.698km。全线路基设计宽度 26m,设计车速 100km/h,行车道宽 2×2×3.75m,中央分隔带宽 2.0m,左侧路缘带宽 2×0.75m,硬路肩宽 2×3.0m(含右侧路缘带宽 2×0.5m),土路肩宽 2×0.75m。

路面结构为:填方、挖方;上面层:4cm^2 细粒式改性沥青混凝土(AC—13);中面层:6cm^2 中粒式改性沥青混凝土(AC—20);下面层:7cm^2 粗粒式沥青混凝土(AC—25);联结层:7cm^2 沥青碎石混合料(ATB—25);下封层:热喷改性沥青封层;基层:32cm^2 水泥稳定碎石;底基层:18cm^2 水泥稳定砂砾;路面总厚度 74cm^2。

总计完成工程量见表 1。

完成主要工程量统计表　　表 1

序　　号	工 程 名 称	单　　位	数　　量	备　　注
1	180mm 水泥稳定砂砾底基层	m^2	312761	
2	320mm 水泥稳定碎石基层	m^2	308858	
3	透层	m^2	308858	
4	黏层	m^2	921108	
5	封层	m^2	308858	
6	70mm 沥青碎石联结层	m^2	301428	
7	70mm 粗粒式沥青混凝土下面层	m^2	301428	
8	60mm 中粒式改性沥青混凝土中面层	m^2	318250	
9	40mm 细粒式改性沥青混凝土上面层	m^2	315517	
10	培土路肩	m^3	8166.1	
11	混凝土路缘石运输安装	m^3	1182.7	

二、机构组成

我单位中标后,集中精良设备、人员组建了项目经理部,经理部组织机构健全,并制定了完善的管理制度和各级各类人员职责,保证管理工作规范化,科学化和制度化。经理部设项目经理 1 人、项目总工程师 1 人、常务副经理 1 人、工程部 10 人、质检部 2 人、计划合同部 2 人、试验室 12 人、机材料 18 人、财务科 2 人、综合办 2 人、专职安全员 2 人,各部门分工合作,积极为生产一线服务,起到了组织、指挥、协调和监督的职能作用。项目组织机构见图 1。

三、质量管理情况

(一)质量管理体系

在施工过程中,项目部对各工序及分项工程均按合同条款和施工规范进行控制施工,同时做到认真严格执行"三检",严格把好"五关"。"三检"是在施工前检查、施工中检查、工作结束时检查。检查以自检、互检及交接班检的方式进行。"五关"是把好施工技术图复核关,测量定位复核关,技术交底关,过程控制关,工程检验签认关。为此,我们在质量控制方面主要做了以下工作。

1. 质量管理体系

项目部建立了一个完整的以项目经理为第一责任人的质量管理体系。施工期间认真履行了作为承包人应尽的自检职责,按照合同约定及项目公司要求配备了相应的自检设备和质量检测人员。对各分项工程的开工条件自检;对每道工序或工艺进行现场质量自检;按照合同指定、施工规范规定的抽样频率,时间和方法进行质量自检。

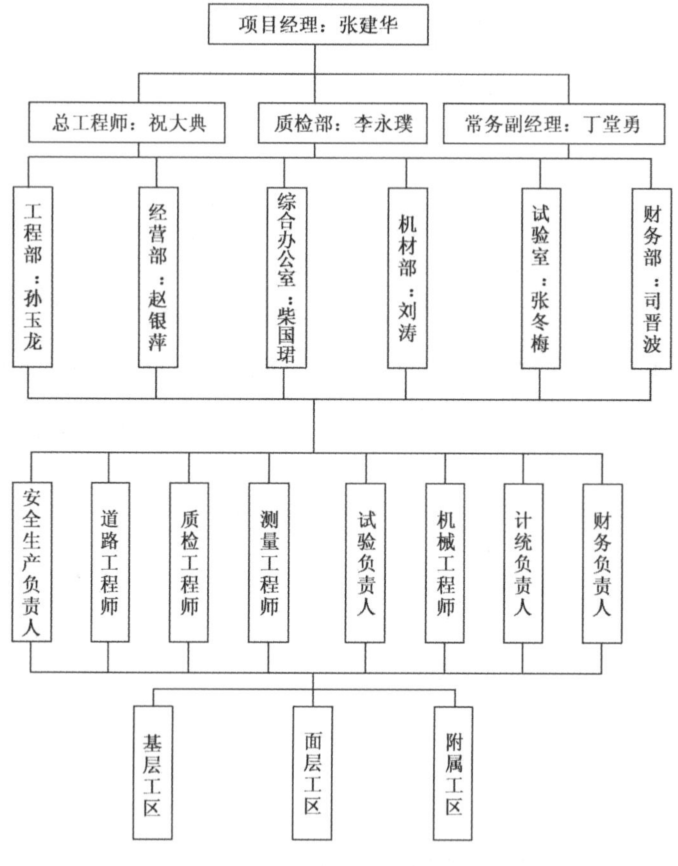

图1　项目组织机构

2. 技术交底

正式开工前组织施工人员进行全面技术交底,从全线的工程情况、设计意图、主要技术标准、质量要求、技术安全措施以及重点工程施工的注意事项等均要逐一交代清楚,使全体参工人员做到心中有数。

3. 质量宣传体系

建设期间,项目部不断加大质量宣传力度,进行全员质量意识教育,并加强岗位技能培训,施工前及施工过程中,项目部组织参建人员结合各自所承担的施工任务,进行监理程序、合同条款、施工工艺及岭南高速公路施工技术指南的培训和学习,并组织参加了项目公司工程技术处和技术专家咨询组联合举办的振动击实法设计水稳基层原理和GTM法设计沥青混合料面层原理及相关的施工讲座,并在随后的大面积路面施工中充分应用,为全面提高岭南高速公路整体施工质量水平奠定了坚实的基础。

4. 质量检查旬报制度

为做好工程项目质量目标管理工作,有效控制和保证工程质量,项目部制定了质量检查旬报制度。在施工过程中,工程施工管理人员、技术人员、质检人员经常深入施工现场,及时对原材料、半成品及成品料、外业工程实体质量进行检查,并形成旬报制度,从而反映工程项目在原材料进场、拌和、运输、摊铺、碾压等各个施工环节的工程质量和工作情况。质量检查旬报基本做到了及时收集、及时反馈、及时分析、及时应用,很好地保证了整个建设工程的施工质量。

5. 质量奖罚制度

为了能够顺利贯彻实施各项质量管理办法,充分调动起广大参建员工的施工积极性,加强质量意识,项目部结合工程的具体特点和各项要求,制定了详细的《路面施工考核质量奖惩办法》和《材料部考核办法》。办法中对底基层施工前对路基标段交验的路床全面复测;每一结构层施工完成后的各项技术指标的检测(尤其是主要指标,如压实度、厚度等);各项质量管理手段的执行;试验室对施工的监测及指导;内业资料的整理及时性和准确性;各项原材料的进场程序及进场质量;材料的存放、防雨、安全等各方面都做了明确的奖罚条例,并依据条例严格实施,做到奖罚分明,使各项质量管理措施得到了有效的实施。

(二)施工质量控制方案

(1)认真做好试验路段的施工,收集各种数据和满足要求的各项技术指标,总结分析施工步骤、施工工艺、人员及设备配套的实施性,修正各种施工技术参数,为工程的全面施工提供最佳指导方案,保证了岭南高速公路全线施工质量满足设计要求。

(2)对进入施工现场的原材料进行严格检测和监测,特别是对水泥、路面用碎石等大宗材料指标进行严加控制。各种原材料进场前必须通过监理工程师认可,质检人员对自行采购、加工的材料随时取样检查,对进场的不合格材料实行废弃制度。在开工前做好各种原材料的相关试验工作。

(3)严格执行招标文件和相关技术规范,按操作规程施工。在施工中尽量采用通过监理工程师同意的新技术、新工艺,为工程质量的提高创造有利条件。

(4)推行全面质量管理,对工程质量进行全过程的动态管理。开展难点工序技术攻关活动,及时解决施工中的难重点和质量问题。开展创全优工程的活动,把工程质量管理引向深入。

(5)认真对待质量通病,针对公路施工特点,对于常见的质量通病(如底基层砂砾级配变异、面层粒料级配不佳、沥青用量不稳定、沥青混合料矿料级配不佳、沥青路面早期破损等)在施工中针对性地采取相应预防措施,并且严格实施,取得了成效。

(三)施工中质量自检情况

加强施工中各种质量指标的自检和抽查,严格按照规范规定的检查方法和频率进行检验。工程质量按自检和监理工程师抽检情况及质量评定情况来看,各分部、分项工程质量均为合格工程。

施工期间,在交通部、交通厅、省质检站、项目公司和监理代表处多次组织的质量检查中,检查结果均能够满足设计要求,得到了项目公司和监理人员的高度评价。

(四)工程质量问题的处理

在施工过程中,针对出现质量问题的部位以及监理工程师下发的相关通知,我们及时采取多种手段,进行数据分析,查找问题原因,并制定相应的整改措施,及时整改。

如果质量问题是由于人为因素造成的,项目部将结合制定的相关制度和奖罚措施,对相关人员进行教育、处理,从而避免再次发生类似问题。

(五)对完工质量的评价工程质量

岭南高速公路自施工开始到完工,整个过程质量完全处于受控状态,未出现任何重大质量事故。各项工程质量均达到设计及施工规范要求。参加评定的按合同段工程质量评分 97.6,得到了项目公司、监理工程师的高度赞扬和认可。

四、施工进度控制

(1)项目部加强施工的计划管理,重视编制施工计划,坚持计划的贯彻执行,确保计划的严肃性。层层落实、层层制定、责任到人。

(2)经常检查计划的执行、落实情况。以批准的施工组织设计为依据,以月、季统计报表为参照,结合施工现场进行实测实量。发现问题及时分析原因,找准问题、提出解决办法,并尽快落实,尽量确保使工程自始至终按计划进行。

(3)针对路基交验不及时、不连续以及桥梁不通等因素,项目部合理安排各阶段、各工种、各工序的施工,见缝插针,积极组织,使每项工作最大可能性地保持施工过程的连续性、协调性和均衡性。

(4)把按期、保质完成任务与经济和物质利益挂钩,最大限度地调动职工的积极性。

(5)组织好机具设备和材料,抓关键工程和施工中的关键环节,尽可能采用新工艺、新技术和新材料,大量使用现代化的施工机械,同时保证施工机械的完好率和利用率。

五、施工安全与文明施工情况

(一)安全保证措施

1.组织体系

项目部建立以项目经理为组长的安全领导小组,并设专职员,负责全面的安全管理工作,做到有计划、有组织地进行预测和控制,预防事故发生,履行保证安全的一切工作。

2. 规章制度

项目部在施工中建立、完善并执行了一套安全管理规章制度，其中包括安全生产责任制度、安全生产教育制度、安全生产检查制度、安全事故的处理报告制度、现场施工安全值班制度，在此基础上，制定安全保护措施和安全操作规程。

在制定制度的同时，由安全领导小组和专职安全员监督实施，确保安全制度的有效实施，保证了在施工期间从未发生任何安全事故。

3. 具体措施

(1)利用各种宣传工具，采取多种教育形式，使职工树立安全统一的思想，不断强化安全意识，建立安全保证体系，使安全管理制度化，教育经常化。建立安全生产责任制，明确各级人员的责任和权限，做到奖罚分明。

(2)岗前培训，定期教育，操作工人持证上岗，并严格遵守各岗位安全技术操作规程。

(3)在下达生产任务时，必须同时下达安全措施，检查工作时，必须总结安全生产情况，提出安全生产要求，把安全生产贯彻到施工全过程中。重要项目反复进行技术、安全操作交底，明确每个岗位的安全责任。

(4)认真执行定期安全教育、安全讲话、安全检查制度，设立安全监督岗，支持和发挥安全人员的作用，对发现事故隐患和危及工程人身安全的事项，要及时处理，作出记录，及时改正，落实到人。

(5)工地修建的临时房、架设照明线路、库房，都符合防火、防电、防爆炸的要求，配置足够的消防设施。加强对现场用电设施等容易引起安全事故的工作或工序的安全指导、检查和管理，现场安全标志标牌齐全。

(二)文明施工

施工中我们一直坚持文明施工，抓好现场管理，经常保持现场管线整齐。工料材、机具设备堆放有序，施工现场井井有条；临时设施布局合理；施工现场“一图四牌”齐全，施工标语，安全警示标牌醒目，消防安全设施齐备；施工管理人员挂牌上岗，操作人员持证上岗；施工噪声不扰民。

六、环境保护与节约用地情况

项目部在确保工程质量、进度、安全以及文明施工的同时，还制定并落实了施工期间严格的环境保护措施。施工中坚持“以防为主，防治结合，统筹规划，合理布置，综合治理，化害为利”的原则，防止污染和破坏自然环境，从而使受损的生态环境减少至最低。

(1)对于生活垃圾、废料、废方、废水做好了善后处理工作，避免了污染江河、堵塞交通以及对农田水利设施和排灌系统的影响。

(2)较好地保护好了当地群众的庄稼、树木、花草。

(3)运输机械尽可能采用排烟少、污染小的设备。

(4)运输散装含尘物料的车辆要用篷布覆盖严密，并装量适中，以防物料飞扬；对运输砂石料的车辆做到不超限超载运输，不沿途洒漏。

(5)配备专用洒水车，对施工现场和运输道路经常进行洒水湿润，减少扬尘。在有粉尘环境中作业人员佩戴必要的劳动保护和防护用品。

(6)尽量减少施工临时占地，合理安排施工进度；各种临时占地在工程完工后，应尽快进行植被及耕地的恢复，做到边使用、边平整、边绿化、边复耕。

七、施工中新技术、新材料、新工艺的应用情况

追求技术创新，积极应用新技术、新材料、新设备、新工艺，力求达到施工的标准化、规范化，是实现工程质量提高的保障，也是我们不懈努力的方向。在岭南高速公路的施工中，我们主要采取了以下几种创新。

(1)在岭南公司、技术咨询组和监理代表处的指导下，我们根据文件要求进行了振动击实法设计水稳砂砾底基层和水稳碎石基层的施工，同时采用了 GTM 法设计沥青混合料面层配合比。

①经过与传统标准击实法的对比，振动击实确定的最大干密度与标准击实确定的最大干密度关系为1.025∶1.0。经过施工证明，振动法设计的水泥碎石级配范围窄、密度大(压实标准高)、水泥剂量小、强度高，同时也大幅度提高了半刚性材料的抗裂能力。但与此同时，相应的材料、机械用量也有所增加，施工成本有所提高。

②采用 GTM 法对沥青混合料面层进行了设计，通过实际施工证明：GTM 旋转试件密度系统大于马歇尔试件密度，比值平均为1.020～1.030，证明了 GTM 方法设计的混合料与马歇尔方法比，具有空隙率小、间隙率小、饱和度大、高温抗车辙能力好等优点，但需要投入大量的机械设备台班，同时材料用量也有所增加。

(2)由于 GTM 方法设计的沥青混合料密度较大，为保证达到较高的压实度，在项目公司和技术咨询组的指导下，采用了组合式碾压工艺对沥青面层进行了碾压，具体工艺为：摊铺机摊铺速度2～3m/min，取消初压，直接

进入复压阶段，2 台双钢轮压路机各占半幅紧跟摊铺机碾压，初次前进碾压为静压，后退开振，2 台 30t 以上的轮胎压路机紧跟（距离保持在 4m 左右）双钢轮压路机同步碾压，即钢轮压路机与轮胎压路机同时前进及后退，共碾压 8 遍（钢轮 4 遍、轮胎压路机 4 遍）。DD110 压路机终压，以消除轮迹及调整平整度。

组合式碾压工艺有如下优点：

①大幅度提高了碾压效率，总的碾压时间仅为通常碾压工艺的 1/2，因此能够保证混合料在高温下得到有效压实，提高了压实度。

②对压路机可进行有效的管理，防止出现漏压现象，碾压遍数易于控制，碾压段落清晰，工艺流畅。

③由于在高温下进行碾压，避开了沥青混合料碾压敏感区（95～110℃），避免了推移现象的发生。

八、工程款支付情况

我项目部外欠债务已全部还清，在此我项目部郑重承诺，如该项目有拖欠农民工工资和劳务费用及工程款的投诉，责任完全在我公司，由我公司负责解决，与建设单位无关，建设单位不承担任何法律责任。

九、施工体会

一年多来，在项目公司、设计单位、监理单位各级领导的大力支持和热心指导下，我们始终以工程施工为重点，做到工期、质量由领导亲自抓，各专业人员具体抓。精心组织、严格管理、科学施工，不仅按期优质高效地完成了任务，而且在施工中磨砺了筑路人的意志，提高了施工技术和管理水平，丰富了工程施工经验，具体表现在以下几方面：

（1）工程项目经管必须严格履行合同，管理人员必须熟悉合同条款及施工规范、施工图、质量与进度要求。

（2）施工原始材料必须记录真实、完整、规范，要有专人负责内业档案管理，各级单位有往来文件要登记保管完整，以便查找。

（3）与建设单位、设计单位和监理单位要密切配合，及时沟通。

（4）正确处理及协调好与当地政府、沿线群众居民的关系，以求得他们最大的理解和帮助，从而保证工程进展顺利。

（5）在施工过程重要根据实际情况及时调整进度指标，避免盲目赶工埋下质量隐患。

（6）积极进行新技术、新材料、新工艺的推广应用。

我们在公路路面施工中，加强工程质量管理，制定了一些强有力的质量保证措施，质量上层层有人抓，责任明确，使得整个工程质量处于受控制状态，工程质量合格率保证在 97% 以上，整体工程质量受到了业主的好评。

河南路桥建设集团有限公司

岭南高速公路路面 No.6 标段项目经理部

7. 二广高速公路分水岭至南阳段工程路面 No. 7 标合同段施工总结报告

目　　录

二广高速公路分水岭至南阳段工程路面 No.7 标合同段施工总结报告

一、工程概况

(一)项目简介

二广高速公路分水岭至南阳段(以下简称岭南高速),项目主线起于平顶山和南阳市交界处的分水岭,北接同期规划的洛阳至南阳高速公路寄料至分水岭。联络线起于龚河枢纽互通(主线桩号 K60 + 381.963),向东经塔子山南、周后庄北,至槐树湾乡北与焦枝铁路交叉,设高架桥上跨铁路,在小陈庄设独山互通,向东在黄山和新店乡南跨越白河,至祝庄与许平南高速相接,即为联络线终点。在独山互通区通过连接线与南阳市相连。

本项目为联络线路面工程,合同号为 No.7,全长 10.847km(其中互通区 1.882km/2 处,大、中、小桥 3.171km/6 座,通道 0.117km/6 处),起讫桩号为 JK13 +400 ~ JK24 +247.172。本项目建设期 16 个月,预计 2007 年 12 月建成通车。

(二)项目地形、地貌、气象水文

纵观项目所在地区全貌,呈现北高南低的特点。路线所在区域属亚热带向温暖带过渡地带,属典型的季风性大陆性半湿润气候,季风的进退与四季的替换较为明显。四季气候特点:冬干冷,雨雪少;夏炎热,雨量充沛;春回暖快,降雨逐渐增多;秋季凉爽降雨逐渐减少。全区多年平均气温 14.4℃,最热为 7 月,平均气温 27.2℃,最冷为 1 月,平均气温 0.9℃,年降雨量 701.8 ~ 1158mm。

(三)交通运输

该地区路网发达,以国道 G312 为主,再辅以多条省道(如 S331、S333 等)以及县乡道路,公路里程长且等级高,基本上村村通公路,构成了较为便捷的运输网,材料运输可就近上路,运输条件比较理想。

(四)工程技术标准

本项目采用平原微丘区 4 车道高速公路技术标准,设计行车速度:120km/h,路幅划分为车行道 2 × 3 × 3.75m,中央分隔带 2.00m,左侧路缘带 2 × 0.75m,右侧路缘带 2 × 0.5m,土路肩 2 × 0.5m,紧急停车带 2 × 3m(路基右侧路缘带外缘每隔 500 ~ 1000m 设置 1 处港湾式紧急停车带,长度为 90m,有效长度为 30m,有效宽度为 3m);横坡为 2%。

本工程路面结构如下。

(1)联络线填方及挖方路面

上面层:4cm^2 细粒式改性沥青混凝土(AC—13C);

中面层:6cm^2 中粒式改性沥青混凝土(AC—20C);

下面层:7cm^2 沥青混凝土(AC—25C);

联结层:7cm^2 沥青碎石混合料(ATB—25);

下封层:热喷改性沥青(2.4kg/m^2);

基层:32cm^2 5:95 水泥稳定碎石;

底基层:18cm^2 4:96 水泥稳定砂砾;

路面总厚度 74cm^2。

(2)互通区匝道路面

互通式立交区匝道路面结构同主线,互通区匝道收费站广场路面结构如下。

面层:26cm^2 水泥混凝土面板;

封层:热喷改性沥青(2.4kg/m^2);

基层:30cm^2 5:95 水泥稳定碎石;

底基层:20cm^2 4:96 水泥稳定砂砾;

路面总厚度 76cm^2。

(五)主要工程数量(表1)

主 要 工 程 数 量 表1

序号	工程内容细目		单位	数量	备注
1	底基层	$18cm^2$ 水泥稳定砂砾	$1000m^2$	248.442	
		$20cm^2$ 级配砂砾	$1000m^2$	81.089	互通区连接线
2	基层	$32cm^2$ 水泥稳定碎石基层	$1000m^2$	244.239	
		$30cm^2$ 水泥稳定碎石基层	$1000m^2$	78.655	互通区连接线
3	黏层		$1000m^2$	897.684	
4	封层		$1000m^2$	322.082	
5	下面层	$7cm^2$ 沥青碎石混合料(ATB—25)	$1000m^2$	237.288	
6	下面层	$7cm^2$ 沥青碎石混合料(AC—25C)	$1000m^2$	237.288	
7	中面层	$6cm^2$ 中粒式改性沥青混凝土(AC—20C)	$1000m^2$	346.886	
8	上面层	$4cm^2$ 细粒式改性沥青混凝土(AC—13C)	$1000m^2$	346.886	
9	下面层	$7cm^2$ 中粒式沥青混凝土(AC—20C)	$1000m^2$	76.220	互通区连接线
10	上面层	$4cm^2$ 细粒式沥青混凝土(AC—13C)	$1000m^2$	76.220	互通区连接线
11	回填种植土		m^3	7615.9	
12	回填砂砾		m^3	799.6	
13	现浇无砂混凝土加固土路肩		m^3	2684.4	
14	路缘石运输安装		m^3	750.2	
15	中央分隔带防渗土工布		m^2	23058.4	

(六)工程质量等级

工程在交工验收时,工程质量评分在91分以上(含91分),达到优良等级标准,并力争获得国家、交通部优良工程奖。

二、机构组成

施工开始就成立岭南高速公路路面工程No.7标项目经理部,实行项目经理负责制。项目部由项目经理(杨道忠)、项目副经理(陈松海)和项目总工程师(马松林)组成,下设6部3室:工程技术部(岑铁振)、材料设备部(赵亚松)、质检部(戚润东)、试验室(徐兴平)、合同部(郭丙军)、财务部(王琳)、安保部(董双利)、办公室(吴斌)和医务室(郭慧敏)等职能部门。项目经理部下设路面底基层、基层施工队、面层施工队(刘海峰)、稳定料拌和站、沥青混凝土拌和站(韩玉光)及综合施工队(施振赏)。

按照岭南高速项目公司和监理代表处的要求,工程开工后,从条件成熟的地段同步依次由底基层、基层到面层向前推进,水平流水线作业。针对本工程的工程量及工程进度,我公司组织路面施工经验丰富的技术人员为主的路面各结构层施工队承担施工任务,施工机械采用最先进的路面施工设备。

进行大规模机械化施工是现代企业发展的必由之路,因此,我公司将投入WBC500型南阳稳定土拌和设备、ABG423摊铺机、LB4000沥青混凝土搅拌设备、DD110双钢轮双振压路机等先进机械设备,进行全过程的路面机械化施工。

三、质量管理情况

(一)水泥稳定碎石基层的压实度、接缝施工

碾压是水泥稳定碎石获得强度的重要因素和关键环节。毫无疑问,压实度越大,强度越高,水泥稳定碎石基层质量越好。但并不是说,压实遍数越多,压实质量越好。因为一旦超压,则造成表面碎石压碎,形成软夹层,影响水泥稳定碎石整体强度。本工程计划采用18t以上振动压路机振压3遍,光轮压路机碾压1遍,胶轮压路机跑光1遍。这既避免了对水泥稳定碎石的超压破坏,又保证了水泥稳定碎石高程和平整度的工艺控制。从含水率角度讲,碾压时混合料含水率宜大于最佳含水率0.5%~1.0%。从压实厚度讲,当采用18t振动压路机碾压时,基层一般不应超过$25cm^2$。对于碾压过程出现的"弹簧"松散、起皮现象,应及时翻开重新拌和(加适量水泥)或

用其他方法处理，达到质量要求。另外路面基层两边、结构物台背及接缝处均要比正常路段多压1~2遍，以确保薄弱环节施工质量。

接缝处理是施工容易出现问题的地方，当采用摊铺机摊铺时，同日施工的工作段的衔接处，应采用搭接。前一段拌和整形后，留5~8m不进行碾压，后一段施工时，前段留下未压部分，应加水泥重新拌和，待后段施工时一起压实整型。在现场具体作业时，尽可能将水泥稳定碎石施工至结构物处，减少横向接缝，以期获得较好的平整度。基层、底基层隔日接缝处理：应将工作缝清洗干净，待干燥后洒水泥浆，压路机先进行横向碾压，再纵向碾压成为一体，充分压实，连接平顺。沥青面层隔日接缝处理：应将工作缝清洗干净，待干燥后涂刷黏层油，铺筑新混合料接头应使接茬软化，压路机先进行横向碾压，再纵向碾压成为一体，充分压实，连接平顺。

（二）改性沥青混合料配合比设计

本工程改性沥青均采用AC系列改性沥青。改性后的沥青，大幅降低了温度敏感性，一方面沥青的软化点提高，夏季高温季节不软化，提高了路面的高温抗挤拥和抗车辙能力；另一方面沥青的脆点降低，在寒冷季节不反脆，且有柔性和韧性，减少路面裂缝；更能使沥青和石料的黏结力提高，可以防止石料浸水，避免路面剥落。其特点是高温抗车辙能力、低温抗疲劳性能、耐疲劳性能、水稳定性等各种路用性能都得到较大幅度的提高。具有良好的抗滑性能、行车噪声小、能见度高，而且抵抗温度变化能力强、减少交通裂缝的产生、增强路面抗变形能力，降低维修养护工作量，延长使用寿命。

施工中关键是选择合适的沥青用量。沥青用量过多，会造成骨料分离，产生油斑；过少会使混合料难以压实、空隙率过高、骨料油膜过薄，从而影响其耐久性。施工中更应将沥青用量作为严密控制的一项指标。具体可见改性沥青混合料配合比设计部分的内容。

（三）改性沥青混合料的拌和、运输、摊铺和碾压

改性沥青混合料的特点，如：混合料的间断级配、细集料较少、矿粉量大、沥青含量较大、混合料黏度较大等，决定了改性沥青混合料的生产和施工过程与普通沥青混凝土相比有很多不同之处，特别是拌和时细集料和沥青的用量必须严格控制、及时调整，避免造成质量问题。具体可见改性沥青混合料的施工部分的内容。

（四）改性沥青混合料平整度的控制

本工程改性沥青混合料是路面的上面层和中面层，平整度必须严格按规范要求。但因为改性沥青混合料的上述特点，其平整度的控制与普通沥青混合料相比较为困难。因此必须将该项工作作为施工中的重中之重来抓。具体如下。

1. 改性沥青路面特性

（1）造价高，对路基与路面的施工质量要求较高。

（2）改性剂必须完全分散在沥青中，才能充分发挥其效能。

（3）改性沥青混合料具有粗集料多、矿粉多、改性沥青结合料多、细集料少、掺纤维稳定剂、材料要求高的特点，特别是对粗集料的坚韧性、颗粒形状和棱角性的要求很高。

（4）只有在高温状态下碾压才能达到密实效果，且不产生推拥，这是改性沥青的一个重要特征。

（5）改性沥青混合料致冷后非常坚硬，强度高。

2. 影响改性沥青混合料路面平整度的主要因素

改性沥青的特性决定了其施工与普通沥青混凝土相比具有特殊性，故应加强施工中每一环节的检测控制与管理，从其特性入手，对其特殊的施工工艺进行分析，影响路面平整的主要因素有以下几方面。

（1）路基与下承层的施工质量。路基填筑不均匀或路基、下承层结构密实度和强度不足，整体稳定性差，易产生不均匀沉降，路面平整度差：对于下承层的平整度以及高程误差，都会通过结构层自下而上层层积累，影响到改性沥青路面的平整度。

（2）原材料及混合料的质量。只有保证原材料和混合料的质量，才能保证改性沥青面层的完整性和强度，路面平整性才有保障。

（3）施工工艺及机械配置。本工程采用SBS改性剂，改性沥青制作一般采用高温剪切与胶体磨的特殊加工方法，拌和时间长，生产率降低，混合料黏度大，施工温度要求高，混合料冷却结硬后强度高，要保证其密实度和平整度以及充分发挥改性沥青粗集料的嵌挤作用，只有通过采用合理的施工工艺及机械配置才能实现。

（4）施工人员的素质与责任心。只有通过施工人员对施工中每一环节加强检测控制与管理力度，充分调动其主观能动性，才能发挥先进的施工工艺、合理的机械配置和先进的机械设备这一组合的最佳效果。

3. 改性沥青路面平整度的控制措施

从影响平整度的主要因素出发，从路基与路面下承层的施工质量、原材料及混合料的质量、施工工艺和机械

配置以及施工人员素质等方面采取相应的控制措施，重点应抓施工工艺和机械配置方面。

（1）加强路基与路面下承层的施工质量控制

对于路基，应确保路基填土的均匀性以及路基结构整体的密实度和强度；采取合适的涵、台背、墙背回填与软基处理方案并减少其过渡段的工后沉降差；采取相关措施，减少水对路基产生的病害，确保路基稳定。

改性沥青用于上面层结构，若在下承层施工中不重视平整度及高程控制，想通过 $4cm^2$ 厚上面层的施工来对下承层的不足进行弥补，并取得好的平整性是不可能的。本工程在下承层施工中，均采用 ABG 摊铺机全幅式摊铺，保证摊铺混合料性能的稳定性和控制摊铺速度的均匀性，并采用不同的找平方式，对不同下承层的摊铺进行控制，使下承层的平整度控制在较好的水平上。

（2）原材料及混合料质量的控制

每一批进场的原材料都应按相关规范和标准进行试验，并加强施工中试验自检和抽检力度，保证进场材料质量的稳定。

改性沥青混合料质量直接影响到沥青面层的施工质量和使用品质，一旦出现不合格的花料、焦料、过油料铺筑到路面上都应立即彻底铲除重铺，经人工修补后的路面不可能有良好的平整度。混合料生产要严格把关，不合格混合料严禁使用。通过抽提试验和马歇尔试验对矿料级配、沥青用量、混合料的密度和空隙率 VV、VMA、VCA 等指标进行调控，同时检测其稳定度和流值；通过温度检测，对改性沥青及 SMA 生产的 3 大温度（改性沥青制作温度 165～170℃、改性沥青最高加工温度 175℃、集料加热温度 190～200℃）进行控制，做到不合格材料严禁进场，确保混合料的质量。

（3）加强施工工艺和机械配置的控制

先进成熟的施工工艺、先进的机械设备和合理的机械配置，是保证改性沥青路面平整的关键。

①摊铺。本工程计划采用 ABG 摊铺机全幅一次性摊铺，应做到缓慢、均匀、连续不间断地摊铺，禁止随意变换速度或中途停顿。

a. 运料车与摊铺机恰到好处地配合是保证平整度的一个重要方面，必须防止料车撞击摊铺机或将料洒到中面层上。运料车应在摊销机前 $10～20cm^2$ 处停住并挂空挡，卸料过程中由摊铺机推动汽车同步前进，卸料完毕后，即驶离摊铺机。由于改性沥青生产时拌和机生产率降低，为保证其匀速、不间断地连续摊铺，摊铺速度一般不超过 3～4m/min，甚至可放慢到 1～2m/min，这就要求操作人员应具有较高的操作水平，以保证摊铺机匀速、连续工作，既能保证压实度又提高平整度。

b. ABG 摊铺机两侧各安装了 1 台浮动基准梁找平装置。该装置总长 16.7m，前端有 2×12 个可上下自由伸缩的"雪橇"板（也称"滑靴"），在下层表面拖动滑行，构成下层基准面。装置后端有 2×8 对可上下伸缩的橡胶轮，行驶在摊铺后的混合料表面，构成摊铺后的上基准面。摊铺机的自动找平装置是根据 2 个基准面的高差来控制摊铺厚度。由于雪橇板和橡胶轮都能自由伸缩，可以消除局部不平整对控制厚度的影响。

c. 摊铺机刮料输送器通过闸门后供料和螺旋摊铺器向两侧布料，两者的工作速度要相匹配。在发生暂时性断料时，摊铺机应保持继续运转，停止振捣，并接通熨平板加热器，保证改性沥青的摊铺与碾压符合高温条件要求，这是控制平整度的又一关键所在。

d. 提高摊铺过程中的预压密实度。改性沥青混合料在高温状态下主要靠粗集料的嵌挤作用，可适当提高夯锤的振捣频率，在摊铺机夯锤振捣与熨平板的共同作用下，一般可达到 85% 以上的预压效果。这样，剩余的压实系数极小，初压的痕迹也极小，进而保证了路面的最终平整度。

②碾压。改性沥青路面最好采用刚性碾碾压，并在碾压过程中严格控制好碾压温度。本工程采用 12t 以上双钢轮振动压路机，其振动力大、幅度宽，初压（温度不低于 150℃）、复压（温度不低于 130℃）和终压（温度不低于 120℃）都采用此种压路机，连续碾压 3～4 遍。

a. 按照"紧跟、慢压、高频、低幅"碾压八字方针进行碾压，这是与一般沥青混合料碾压方式最大的区别。压路机必须紧跟在摊铺机后面，只有在高温条件下碾压才能取得最好效果，碾压终了温度应不低于 120℃；慢压是针对目前碾压速度普遍过快的现象来说的，一般要求的碾压速度不能超出 4～5km/h；高频和低幅方式对提高改性沥青的压实度、防止石料损伤、保持石料具有良好的棱角性和嵌挤作用有重要的意义，大振幅很容易造成碾压过度，使石料压碎，产生"过碾压弹簧"现象。所以碾压八字方针也是保证改性沥青路面平整的重要环节。

b. 碾压应均衡地进行，倒退时关闭振动，方向要渐渐地改变，不许拧着弯行走，对每一道碾压起点或终点可稍微扭弯碾压；消除碾压接头轮迹。

c. 压路机不允许在新铺混合料上转向、调头、左右移动位置、突然刹车或停机休息；其他机械不能在未冷却结硬的路面上停留。原则上所有机械，尤其是压路机从开始碾压进入角色后便不能停机，直至该段路面施工结束，否则容易产生局部波浪。

d. 碾压应纵向进行,并由摊铺路幅的低边向高边低速行进碾压,相邻碾压重叠至少 $50cm^2$;初压时始终让从动轮在后,避免由于温度高轮前留下波浪,影响平整度;终压用光轮压路机消除轮迹。

e. 在桥梁、涵洞和通道等构造物的接头处,以及匝道、港湾或紧急停车带等摊铺机和压路机难以正常操作的部位,要辅以小型机械或人工操作快速进行,保证其施工温度。在改性沥青路面结构施工中,特别是上面层施工中,对这些地方必须特别小心在意,否则会破坏平线石或影响整体美观。

③接缝处理。接缝是影响平整度的一个重要因素。应尽量减少接缝,特别是纵向接缝,本工程采用 ABG 摊铺机全幅施工,不存在纵向接缝,所以应保持匀速、不间断连续摊铺以减少横向接缝,尽量做到一天只有一个接缝。改性沥青路面横向接缝的处理,对平整度影响很大。接缝跳车现象仍然是改性沥青路面的薄弱环节。改性沥青路面接缝处理要比普通沥青混合料难,由于冷却后的改性沥青混合料非常坚硬,应防止出现冷接缝处理。为提高平整度,一般采用切割成垂直面的方法,可在改性沥青路面完工后,稍停一下,在其尚未冷却之前,就切割好。具体做法为:将 3m 直尺沿路线纵向靠在已施工段的端部,伸出端部的直尺呈悬臂状;以已施工路面与直尺脱离点定出接缝位置,用锯缝机割齐后铲除废料,并用水将接缝处冲洗干净;在下一次施工前,涂刷黏层油,即可继续铺筑混合料。

④机械配置。科学合理的机械配置和先进的机械设备,是路面施工连续作业与提高平整度的重要保证。本工程所采用的沥青及改性沥青拌和设备为 LB—4000 型拌和设备,在施工过程中,对所有的参数控制都采用计算机自动化控制,保证了混合料生产的连续性和混合料质量的稳定性;摊铺机为进口的具有高精度自动找平的全幅式 ABG 摊铺机;压路机采用 12 ~ 16t 双驱双振光轮压路机。所需的总运力(载质量 × 车量数)应根据拌和机实际作业时的拌和能力结合拌和厂至施工现场的运距来确定;由于改性沥青施工温度要求较高,其混合料在运输过程中必须加盖篷布,防止结合料表面过硬,且必须保证摊铺机前应有 3 辆车等待卸料,宜采用 12t 以上的运料车供料,做到宁可运料车等候摊铺,也不能摊铺机等候运料车。

(4)提高施工人员素质和责任心

外因是变化的条件,内因是变化的依据。任何科学的工艺和先进的设备都离不开这个主观因素。改性沥青路面施工中,人为因素特别是施工人员素质和责任心对路面质量的影响也是至关重要的。现场技术员,质检员、现场监理员要切实发挥出应有的作用,施工人员应具有高度的责任感,保证按施工规范施工,对混合料的拌和、运输、摊铺、碾压以及接缝处理等一系列环节,层层把关,并成立质量管理小组,加强各施工人员及机械操作手的质量意识,并贯穿于整个施工过程。

综上所述,要提高改性沥青路面的平整度,应确保路基的施工质量、并从下承层的平整度、原材料及混合料的质量控制、施工工艺和机械配置以及施工人员素质入手,重点抓好摊铺、碾压及接缝处理 3 方面的施工质量,尽可能采用先进的机械设备和合理的配置,充分发挥施工人员的主动性积极性。

四、施工进度控制

根据工程特点,确定整个工程的关键线路。工程实施阶段,要切实保证关键线路上人、财、物的供应,其他工程项目跟着关键线路的流水方向作业,但必须保证为关键线路的工程项目按期提供工作面。

(一)保证工期的技术组织措施

(1)调遣精兵强将,强化项目管理。确保各级人员准时到位,机械按时进场,保证按时开工。项目经理部按项目管理的各项要求开展工作,强化项目管理,加强施工全过程的监督、检查、指导。

(2)狠抓重点工程进度,确保按期竣工。从施工准备开始,制订详细的实施性施工组织设计,每天有专人检查计划的落实情况,发现问题及时修正方案,调整计划。必要时全公司范围内增加投入确保重点工程的工期。实行科学管理,不断优化施工组织设计和工序施工方案,抓住关键工序,交叉、平行、流水作业。

(3)研究对策,确定应急措施,协调各工序间的矛盾,确保施工顺利完成。

(4)统筹规划,确保施工计划的严肃性。在安排施工计划时留有余地,关键工序在保证均衡生产的前提下,对控制工期的项目,要从人力、财力、物力各方面优先保证,各种配套计划一定要落实。冬雨季节灵活安排。

(5)优化施工方案,合理安排施工程序,提高劳动生产率。从施工方法上寻求加快施工进度的方法,避免重复作业和相互干扰。充分发挥机械化施工的优势,减轻人工劳动强度,提高工作效率,加快施工进度。

(6)有针对性地进行技术培训,提高工人的技术熟练程度,控制工期的部分工序,在单位时间内提高工作量。

(7)正确处理好与当地政府、沿线群众及兄弟施工单位的关系,争取得到各方面的全面支持和有力配合,为施工生产创造一个良好的外部环境。

(8)以最快的速度调遣施工力量进场,展开施工准备和备料工作,保证不因材料进场而影响工期;施工过程中,以最快的速度进行人员、机械设备的调整和充实,充分满足工程需要。

(9)质检员及时送试件,试验人员随送随试验,送试件人员、试验人员、反馈试验结果人员耽误了工期,追究相应责任。

(10)建立有效的物资供应系统。生产部门根据网络计划的要求,提前1周提出物资需用量计划交于物资供应部门,物资部门采用计算机对物资采购、保管、发放等进行科学管理,合理调配,确保材料物资供应能够连续、及时,不出现间断。

(11)坚持周一、三、五项目部召开生产会。对工地进度每天早交底晚检查,做到责任到人,对安排的工期完成情况实行奖罚制度。

(12)制定严格的内部工期奖罚制度,对造成工期拖延的责任人严格按制度处罚,对采取科学合理施工方法加快施工进度的主要负责人进行奖励。

(二)保证工期的奖罚措施

(1)能够按期完成施工任务的,按照岭南公司文件所规定的奖金比例和金额对项目部全体成员进行奖励。

(2)如因项目部自身原因,不能按期完成施工任务的,扣罚100天内全体施工人员20%的工资。

(3)能够完成项目部制定的各节点目标的,奖励施工人员工程量总额的1%。

(4)不能够完成项目部行制定的各节点目标的,扣罚施工人员工资的10%。

(5)材料供应人员因自身原因不能及时供应材料而影响工期,搅拌站管理人员因管理失误导致人员、机械停工待料,电工不守职尽责导致电力供应中断造成重大损失或影响的,将视情况给予相应的处罚。

五、施工安全与文明施工情况

(一)工程施工中突发事件处理方法

(1)突然停电停水:突然停电、停水会造成质量事故、停产或设备损失(如沥青储存、搅拌设备)。我项目为此准备880kW和25kW发电机各1台,880kW发电机用于拌和站生产用电,25kW发电机用于项目部和施工现场临时办公用电,常备200kg柴油,突然停电时作为临时电源,保证供电、供水和设备正常运转以确保工期。

(2)突遇暴雨:突遇暴雨会使底基层、基层混合料含水率增大,水泥流失,为此,工地常备雨篷、雨布,雨来时,迅速将未碾压的混合料覆盖,雨后及时碾压成型。但如下雨时间过长,则应将未及时碾压的混合料清除,重新铺筑。

(3)火险:拌和站常备灭火细沙,准备充足的灭火器。发现火险立即处理。

(二)爆炸应急救援预案

确定潜在的爆炸事故或紧急情况,作出意外爆炸发生后应急准备和响应的计划,以预防或减少可能伴随的环境影响和职业健康安全方面的疾病与伤害。

我项目部潜在的事故或紧急情况的发生以及可能伴随的环境影响的控制,主要以仓库及危险品存放场所为主。

应急措施的具体内容及方法如下。

当事件发生后,由现场专职安全员立即拨打120急救电话,通知医务人员前来救援,同时组织现场应急人员对受伤人员采取急救措施,尽量减少伤亡人数。当安全领导责任人接到汇报情况时,应立即向项目经理汇报,并指挥现场专业技术人员对事件的发生进行调查、分析,找出原因。

具体应急救护措施有:立即处置;立即送医。

立即处置的方法:给予100%的氧气;立即请人帮忙打电话求救;若呼吸停止,施予人工呼吸(不宜口对口人工呼吸,可用防毒面罩);若心跳停止,立即施予体外心脏按压。

应急措施有:切断所有引火源;保持人员位于上风处及远离低洼处;进入危险区域前,须按前述救灾设备中之个人防护设备完整穿戴;紧急隔离现场四周30m范围;由近而远,逐一疏散四周150m与浓烟影响范围内的居民。

(三)化学危险品泄漏应急救援预案

为了加强化学危险物品的安全管理,在发生突发性事件后,能及时处理,避免造成损失,保证安全生产,保障人民生活财产的安全,保护环境,特制定应急预案。

本项目部工程施工中,涉及试验室所有储存、使用化学危险品的地方。

应急工作的组织和相应的职责:发生警情后,应立即组成事故现场领导小组,组长由现场最高领导担任,组员由项目部专职安全人员组成,并确立各自职责,尽量控制现场情况,无法控制应即时拨打急救电话120,确保把人员伤亡、财产损失及环境污染降低到最低。

应急措施的具体内容及方法如下。

1. 非易燃易爆品泄漏

(1)少量时,应紧急封锁隔离泄漏源。

(2)不要触碰泄漏源。

(3)救漏除污,以砂或其他不燃吸收体吸收泄漏液后,置入容器中,待事后处理。

(4)大量时,应立即封锁现场,隔离泄漏液。

(5)保持人员走上风处,以免发生中毒,而且救援人员防护设备应完整齐全。

(6)在泄漏液之前筑堤围堵,待继续处理回收。

(7)若能在无风险下处理泄漏,应即刻止漏。

2. 易燃易爆化学品泄漏

(1)紧急隔离泄漏源四周30m范围内。

(2)切断所有引火源,危险区域禁止人员吸烟。

(3)保持人员位于上风处或远离低洼处。

(4)进入危险区观察前,人员防护设备应穿戴完整齐全。

(5)由近而远,逐一疏散浓烟影响范围内的居民。

(6)由于大量泄漏引起火灾的疏散距离应加倍,救援人员应急时拨打119救火电话。

(7)现场人员应临时使用干粉、泡沫灭火器来灭火。

(8)保持最大距离来做灭火动作,确保人员的安全。

(9)对于消防用水后产生的废水,须筑堤加以围堵,以待事后回收处理。

3. 事故发生造成人员伤害的救护(表2)

事故发生造成人员伤害的救护 表2

序　　号	伤害种类	急救方式
1	吸入性中毒	①给予充分氧气 ②立即请人帮忙拨打120急救 ③若呼吸停止,施予人工呼吸 ④若心跳停止,立即施予体外心脏按压 ⑤立即送医,告知医疗人员曾接触过某种化学危险品
2	皮肤接触性中毒	①如果液体接触皮肤,立刻以大量的水清洗患部 ②若是衣服受到污染,立刻脱去衣服并用大量的水清洗 ③冲洗结束时,利用干净衣物覆盖受伤部位 ④立即送医
3	食物性中毒	①切勿催吐 ②若有意识,用水彻底润洗口腔 ③若患者自发性呕吐,让患者向前倾或躺时头部侧倾,以减少吸入呕吐物造成呼吸道阻塞的危险 ④立即送医

4. 事故消除后的处理

(1)保持泄漏区通风良好,且其清理工作须由受过培训的人员负责(公司无清理人员的,应请专业人员清理)。

(2)事后彻底清洗事故发生区,产生的废水应导入废水处理厂进行处理。

(四)施工防洪应急救援预案

确定潜在防洪的紧急情况,作出响应计划,以预防或减速、减少可能对工程进度及人员的伤害。

预案实施的范围:工地施工潜在防洪的发生,以及可能伴随人员伤亡的控制。

应急工作的组织和相应职责具体如下。

1. 组织组成

(1)事发现场专业技术人员

当汛情发生后,由事发现场技术人员立即报告项目经理,并组织现场人员进行现场急救。

(2)各部室

在应急状态下的职责分配根据各项目部具体编制的职能分配具体实施。

(3)项目经理

召集人员,宣布进入应急状态,根据现场情况,指挥有关人员做好抢救工作及善后工作。

(4)项目总工程师

由技术主管带领专业技术人员对现场进行调查,收集有关资料,作出应急措施,控制事态扩大。

2. 应急防洪措施的具体内容及方法

(1)重要场所安置防汛设施,如遮雨设备及排水工具,在汛期来临前,及时做好预防工作,避免不必要的损失。

(2)施工现场临时用电要定期检查,对其防雷保护、接地保护、变压器及绝缘器强度进行测试,移动式电动设备、潮温环境和水下电器设备每天检查一次,对检查不合格的线路设备要及时维修或更换。

(3)料场及拌和场防洪工作非常重要,对储料场进行全面整平,用碎石垫便道,填平坑凹地段,并修建排水渠,引水至安全地段,预防积水,以免影响材料质量。拌和场地基地段用石子或其他材料进行加固,做好防水工作,以免地基下沉。

(4)道路两侧排水沟严禁堆放弃土、弃渣,并对不畅通地段进行杂物清理,确保排水设施畅通。路面超高段两侧过水槽进行检查,清理干净,防止积水,以免影响路面质量。

(5)机械设备应停放在安全地段,做好防雨水准备工作,预备防雨布等防雨设施,预防电路被水雨浸泡,以免影响机械运转。

(6)防汛防洪指挥部成员不定期检查各部门防汛工作的落实情况,查出隐患,及时处理,防汛检查人员24h昼夜不间断进行防汛工作检查。

(7)当意外发生后,由事发现场人员立即拨打120急救电话,并组织现场人员急救。

(8)洪水一旦来临,值班人员立即通知防洪组组长及项目经理,同时组织现场应急人员采取急救措施,尽量降低人员伤亡,减少财产损失。

(五)火灾应急预案

确立潜在的火灾事故或紧急情况,做好发生火灾事故后的应急准备和响应计划,以预防或减少可能伴随的环境影响和职业健康安全方面的疾病等伤害,促进安全生产良好形势。

范围:我项目部全部施工活动场所火灾的发生。

1. 应急工作的组织和相应职责

(1)事发现场专业指挥人员(专职安全员)

当意外火灾事故发生后,由事发现场专业指挥人员进行现场指挥。

(2)有消防专业知识的义务消防队员

协助现场专业指挥人员沉着面对,不要慌乱,启动消防设备,组织力量扑救火灾。

(3)专职安全领导责任人

事件发生后,专职安全领导责任人统一布置、合理安排,把事故造成的财产损失以及环境污染降低到最低。

2. 应急措施的具体内容及方法

当事件发生后,由现场专职安全员立即拨打火警电话119,并打120急救电话,通知医务人员前来救援。同时迅速将现场易燃易爆物品与起火部位隔离,阻止火势蔓延,将主要物资、资料等迅速撤离火灾现场,减少损失,截断电力,限制用火用电,防止漏电引起更大的事故,临时得到通知的义务消防员们以及群众消防人员赶到现场,在领导的全面布置下,使用各种水源全力启动消防设备,组织力量扑救火灾,使其得到控制,直到当地消防队员赶到。

(1)火灾发生后,具体应急救护措施

①立即处置;

②立即就医。

(2)立即处置的方法

①给予100%氧气;

②立即派人打电话求救;

③如轻度皮肤烧伤,立即施予冷敷。

(3)应对措施

①切断所有引发火灾的源头;

②使人员位于上风处或远离低洼处；

③进入危险区或前，须按救灾设备中个人防护设备完整穿戴；

④紧急封锁隔离火场四周 30m 范围；

⑤由近而远，逐渐驱散四周 150m 与火灾浓烟影响范围内的居民。

（六）食物中毒应急预案

按国家有关法律、法规和公路工程建设行业要求，根据上级主管部门的有关精神，结合我项目部实际施工情况，特制定食物中毒应急预案。

1. 应急准备

（1）培训和演练

①培训和演练由项目部安全领导小组负责主持和组织，要求项目部每年进行一次按中毒事故进行模拟演练。各组员按其职责分工，协调配合完成演练。演练结束后要对应急响应的有效性进行评价，必要时对应急响应的要求进行调整或更新，更新的记录应予以保持。

②施工技术部负责对相关人员每年一次培训。

（2）应急物资的维护、保养及测试

各种应急器材要配备齐全并加强日常管理。

2. 应急响应

当发生中毒事故时，第一发现人应及时大喊高呼并以最快的速度传递信息。接到消息后，立即赶到出事地点，确认其是否为食物中毒，并找出中毒来源。并拨打急救电话 120；紧急事故报警后，派专人负责在大门口接应和负责指挥，并在事故过后出具事故报告。随后立即组织人员赶到事故发生地点，要立即采取措施令其将胃里的东西呕吐出来，当发现其中毒较深昏迷时，立即将其抬到大门口，或直接送往就近医院。

3. 应急措施

（1）食物中毒发生后，应当立即停止可疑中毒食品的食用，防止事态扩大；2h 内向当地县级人民政府卫生行政主管部门报告，有死亡时应同时报告公安机关。

（2）协助抢救和安置中毒病人，将其尽快送往医院进行抢救治疗，减少病人的痛苦。

（3）在卫生防疫部门未到之前保持好中毒现场，妥善保管剩余的可疑中毒食品以及接触食品的工具、容器，若有病人的排泄物应保留，以供采样检验。

（4）配合卫生行政部门进行调查，按其要求如实提供有关材料和样品，协助调查中原因。

（5）确定属于食物中毒后，组织人员对中毒现场及中毒食品进行消毒处理，中毒食品一般先煮沸 15min 后废弃，成型的食品应作无害化处理，操作过的工具和容器用水过后煮沸。

（七）中暑应急预案

按国家有关法律、法规和进一步贯彻落实《建筑施工现场环境与卫生标准》，针对本项目部所处地理位置，为确保项目部施工人员人身安全和健康，项目部特制定中暑应急预案。

1. 应急准备

（1）培训和演练

①项目部安全员负责主持和组织全公司每年进行一次按中暑事故要求的模拟演练。各组织按其职责分工，协调配合完成演练。演练结束后要对应急响应的有效性进行评价，必要时对应急响应的要求进行调整或更新，更新的记录应予以保持。

②施工技术部负责对相关人员每年一次培训。

中暑是由高温环境引起的体温调节中枢功能障碍，汗腺功能衰竭和（或）水、电解质丢失过量所致疾病，是以高热、无汗和意识障碍为临床特点的热射病。在高热环境下患者出汗过多和心血管功能紊乱，引起低血容量和低盐血症，临床表现主要为虚脱者，称为热衰竭，临床表现主要为肌肉痉挛者，热痉挛。

2. 应急响应

当发生中暑事故时，第一发现人应及时大喊高呼并以最快速度联系。确认其是否为高温中暑，并拨打急救电话 120；使其口服凉盐水或清凉含盐饮料。热衰竭和热痉挛要立即转移到通风阴凉处休息，有循环衰竭者由静脉给生理盐水加葡萄糖和氯化钾。

六、环境保护与节约用地措施

（一）文明施工

文明施工是涉及人民的切身利益，同时又是企业取信于民、维护企业声誉的大事。我们将严格按照集中施工、快速施工、文明施工的十二字方针，树立良好的企业形象，把自身的效益与社会公益结合起来，真正做到“六个一” 即干好一项工程，出一项精品，铸一块金牌，留一片美声，占一席市场，交一方朋友。

1. 文明施工组织机构

成立以总工程师为组长的文明施工管理小组，全面开展创建文明工地活动，创造良好的施工环境和氛围，保证整体工程顺利完成。

2. 文明施工方案

全面开展创建文明工地活动，做到“两通三无五必须”即施工现场人行道畅通；施工工地沿线单位和居民出入口畅通；施工中无管线堆放；施工现场排水畅通无积水；施工工地道路平整无坑塘；施工区域与非施工区域严格分隔；施工现场必须挂牌施工；管理人员必须佩卡上岗；工地现场施工材料必须堆放整齐；工地生活设施必须文明；工地现场必须开展以创建文明工地为主要内容的思想政治工作。

(1)健全以项目经理具体领导、文明施工员具体指导、各施工队具体落实的管理网络，增强管理力量。

(2)加强施工人员文明施工意识，组织学习文明施工条例及有关常识，进行上岗教育，讲职业道德、扬行业新风。

3. 文明施工措施

(1)对进场的队伍签订创建文明工地施工协议书，建立健全岗位责任制，把文明施工责任落到实处，提高全体人员文明施工自觉性和责任感。

(2)宣传建设本工程的长远意义，用标语、广播、标牌等方式，使当地居民家喻户晓，从而赢得社会的理解、关注和支持。

(3)在施工标段起讫点树立门架式标牌，写明承建工程概况，三大负责人的姓名及建设单位、施工单位和设计单位名称，质量目标；关键工程及构造物等重点施工点悬挂醒目标牌，写明施工负责人、质检负责人、工程名称、施工配合比、操作规程等；现场施工人员必须佩戴证件上岗；施工现场悬挂宣传标志，营造良好施工氛围。

(4)严格按施工组织设计中的平面布置图划定的位置堆放成品、半成品及原材料，所有材料应堆放整齐，并标明名称、品种、规格等标牌。

(5)按照文明施工要求，执行“五个统一”：统一安全帽的样式和颜色、统一使用标准安全电箱、统一安全生产检查标准、统一文明施工标准、统一现场设施；确保“二通”：施工现场人行道畅通、施工工地沿线单位出入畅通；实现“三无”：施工中无重大管线事故、施工现场周围道路平整无积水、无事故。

(6)施工内业资料齐全、整齐、数据可靠，做好施工原始记录，及时进行单位工程质量评定和各种资料的整理归档，办公室、会议室内按要求布置各类图表，及时反映现场状况及工程进度状况。

(7)积极处理与当地政府和群众的关系，主动与当地派出所联合开展综合治安管理。保持良好的合作关系，相互帮助，相互支持，减少相互干扰。

(8)及时修复因施工遭到破坏的行车、行人路面，确保行车顺畅安全。

(9)现场场地及道路应硬化，其厚度和强度满足施工的行车需要，并设置相应的安全防护设施和安全标志。周边设排水沟，保证排水畅通。

(10)在工地主要入口设置施工标牌，包括施工总平面图、工程概况图、施工组织计划网络图、文明施工管理牌、安全纪律牌、防火须知牌。标牌内容齐全、图案清楚、数字准确、清晰醒目。

(11)凡合同段内有与已建道路交叉、干扰的地段，设置统一的施工警示标志标牌(夜间必须设置反光警示标志)并有专职保畅人负责疏导本标段的交通。

(12)工程实施期间，设专职医务人员，负责为工地人员提供必要的预防医疗和急救服务，并对驻地生活场所及周边环境进行定期消毒，预防疾病传播。

(13)在生活区周围植树种草，美化生活环境，开辟宣传园地，表扬好人好事，宣传国家政策和先进的施工技术。同时开展积极健康的文体活动，严禁黄、毒、赌和打架、斗殴事件发生。

(14)建立来访登记制度，不留宿闲杂人员。

(15)尊重当地风俗，创造宽松的外部社会环境。

(16)夜间施工加强噪声控制，尽量减少噪声，避免影响当地农民休息。

4. 做好廉政建设工作

根据中共中央、国务院《关于实行党风廉政建设责任制的规定》、国务院办公厅《关于加强基础设施工程质量管理的通知》以及住房和城乡建设部关于《在交通基础设施建设中加强廉政建设的若干意见(试行)》等法规，严格执行《中华人民共和国招标投标法》，加强投标过程和工程施工、验收中及质量缺陷责任期间的廉政建设，保证工程项目廉政目标的实现。

（二）环境保护

1. 环境保护指导思想

(1)生态环境保护和水土保持是保证环境资源持续发展和有效利用的根本。我们在施工中，严格按照《中华人民共和国环境保护法》、《中华人民共和国水土保持法》、本项目《环境保护实施计划》和当地环境保护和水土保持的有关规定，依据招标文件，建立管理体系，对我单位公路施工活动范围内环境予以认真保护。

(2)结合本合同段工程实际和自然环境保护特点，制定具体环境保护和水土保持措施并贯彻落实。

(3)无条件地接受当地环保部门和工程师对施工过程中环保工作的监督、指导，积极改进环保、水保中存在的问题，文明施工。

(4)借鉴我单位以往施工中环境保护和水土保持的经验，在施工过程中，全面规划、统一管理、严格执法、综合治理、合理利用、实现环境效益、社会效益和经济效益的统一。

(5)宣传贯彻执行《中华人民共和国环境保护法》、《中华人民共和国水土保持法》和《环境保护实施计划》，加强对全体施工人员环境保护和水土保持方面的教育，提高全员环境保护和水土保持意识。

(6)工作安排时，永临结合，因地制宜，最大限度地减少了施工对环境的破坏，保护环境，防止水土流失。

(7)保护野生动、植物，严禁施工人员猎杀野生动物。

(8)加大奖罚力度，坚持“谁污染，谁负责，谁治理”的原则。

2. 管理体系及组织机构

(1)建立专门机构、配齐专业人员

建立相应的组织机构，设专职管理部门，配齐专业管理人员，聘请1名环保专家指导本标段的环境保护工作。项目部设环境保护室，专人负责本合同段工程的环境保护和水土保持工作，协调、检查、督促各施工队依法保护生态系统的平衡，杜绝污染。

环境保护及水土保持组织机构见图1。

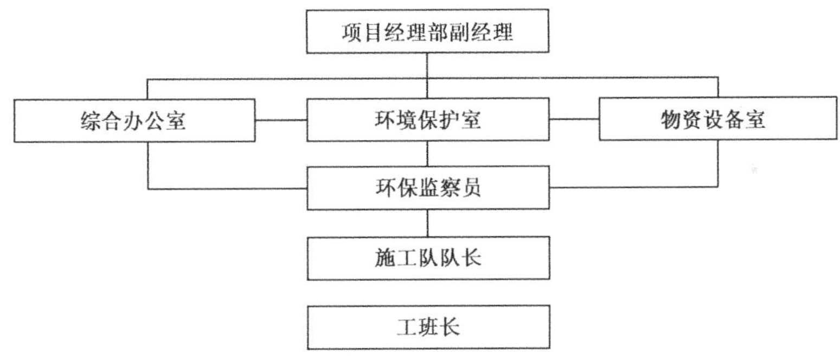

图1　环境保护及水土保持组织机构

(2)建立管理体系

进场后，积极与当地环保部门取得联系，了解有关环境保护、水土保持的规定和要求，制定合理的环保、水保措施和方案，并在施工中严格执行。建立环保、水保管理体系环境保持及水土保持管理体系见图2。

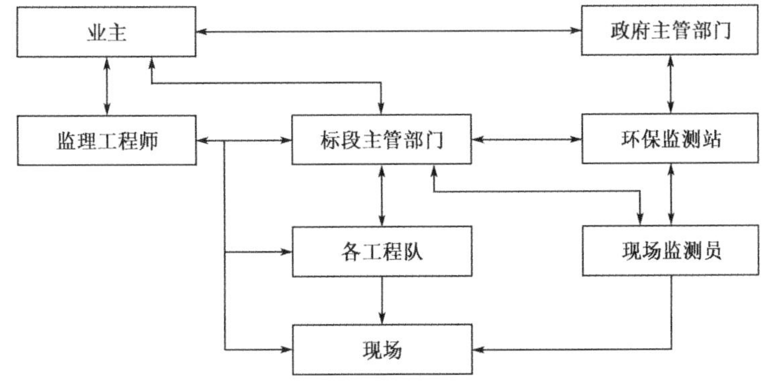

图2　环境保护及水土保持管理体系

3. 环境保护措施

(1)建立各种环境保护制度

①环境保护检查制度。定期、不定期地进行环保及水保检查。群众与领导相结合,自查与互查相结合,定期与经常相结合,专业与综合检查相结合。

②环境保护奖罚制度。采取严格的奖罚措施,通过强制的经济手段,对违反环境保护的单位和个人进行处罚,不断促进广大干部职工的环境保护意识。

③环境保护责任追究制度。施工中实行环境保护责任追究制度,任何违反环境保护和水土保持有关规定,都要严格追究责任,一查到底。

(2)施工、临时驻地的环境管理

建立卫生管理机制,营造良好的环境。在施工现场和生活区设置便于定期清理的厕所和垃圾箱,经常性专人清理打扫,以防蚊、蝇滋生,同时,在生活区周围种植花、草、树木,绿化环境,保持营地和施工现场清洁卫生。生活用水符合世界健康组织对饮用水的要求。

(3)加强环境保护,维持生态平衡的重点措施

为了在施工中保持生态平衡,保护环境,我们针对该合同段的地理环境和施工特点,制定以下重点环保措施。

①临时工程的环境保护和水土保持措施。

临时工程设置科学布局,少占耕地,少破坏植被,减少水土流失。施工便道尽量利用原有道路,对新修道路的泥土和砂石不倒入河流、沟渠,防止沟渠、河流阻塞。便道所经过的沟、河修建永久和临时结合的桥涵,防止山洪暴发时影响排洪。

②制定临时占用农田、耕地平整复耕的措施,以确保工程结束后临时占地能及时恢复种植。

(三)现场生活卫生防疫保证措施

(1)建立施工现场卫生区域,办公室、仓库、职工(包括民工)宿舍经常打扫,保持清洁卫生,并按规定在工程竣工后及时拆除和清整。

(2)职工食堂确保整洁卫生,做到生、熟食物隔离,并设有防蝇、防尘设施,职工饮水桶加盖加锁。厕所派专人管理,定期施洒白灰或其他消毒药物。

(3)以预防为主,加强宣传教育,使广大职工充分认识到卫生防疫的重要性。并针对工程施工的特点,配备一定数量的、有急救和现场医疗经验的医务人员。

(4)设置1名专职的、具有一定卫生常识及传染病防治常识的卫生督查员,负责本标段所在施工现场的传染病检查、控制及报告。设置1间卫生室并制定有关的规章制度,一旦暴发任何具有传染性的疾病时,我公司将严格遵守当地政府或卫生防疫部门为防治和消灭上述传染病蔓延的规章、命令和要求。建立人员流动登记制度、信息报告制度,与当地卫生防疫部门积极合作,做好各项防范措施的落实工作。

七、施工中新技术、新材料、新工艺的应用情况

(一)基层水泥稳定碎石采用振动成型法

经过几个月的施工实践,随着最后一副640m上基层施工、养生、检测结束,至此水泥稳定碎石振动成型法设计与施工技术研究现场施工画上一个圆满的句号。

(二)3~4d取出完整芯样

"取芯"作为《公路路面基层施工技术规范》(JTV 034—2000)规定的检验基层完整性的方法之一,要求在7d正常养生后应能取出完整的芯样,实际情况往往是很难做到的,有的根本取不出,有的虽然能够勉强取出但很难谈得上完整。

(三)压实度提高4%~5%

压实度作为检测基层质量的另一个指标,受到大家的普遍重视,压实度达到较高标准无论对水泥稳定碎石混合料强度、抗裂能力还是抗疲劳能力的提高均有显著作用。然而实际情况是,我们使用着世界上性能优越的振动压路机及轮胎压路机,实测的压实度也都不小于98%,但修筑的半刚性基层路段表面被运料车跑散现象随处可见,反射裂缝也比比皆是。

振动击实法确定的水泥稳定碎石混合料的最佳含水率略低于传统重型击实法,但最大干密度显著提高,为重型击实法的1.040~1.045倍。以振动击实试验确定的最大干密度作为压实度评定标准,工程检测证明,碾压7遍后混合料压实度能达到98%以上;如以重型击实最大干密度为标准,则压实度均达到102%以上。一方面说明传统重型击实法确定的最大干密度太小,在振动作用下现场很容易达到,但此时混合料未必有好的路用性能

(由于没有充分压实,强度低,抗裂性能差)。另一方面也说明,用传统的碾压方式,在不增加设备投资的情况下完全可以达到振动法的压实度要求(98%以上)。

科研合作单位天津市市政工程研究院周卫峰博士对此的总结是:压实、压实、再压实。

(四)水泥减小、强度提高

《基层施工技术规范》明确说明如要求用做基层的混合料有较高强度时,水泥剂量可用4%、5%、6%、7%、8%,并要求工地实际采用的水泥剂量应比室内试验确定的剂量多0.5%~1.0%。为减少基层裂缝,省厅指导意见明确规定了"三个限制",首当其冲的就是在满足强度的基础上限制水泥用量;就基层而言规定水泥剂量范围为3.0%~5.0%。

按传统重型击实法确定的三层基层水泥剂量从下到上大致依次为3.3%、4.0%、4.5%,而用振动击实法确定的水泥剂量则分别为3.3%、3.5%、3.8%,水泥剂量明显减少。而且由于室内振动击实仪基本能够模拟现场实际碾压状况,因此实际生产时不需要额外增加水泥剂量。

试验段施工期间,在现场取料分别采用振动法和静压法成型试件,按标准方法实测混合料无侧限抗压强度,统计结果显示,前者普遍高于后者,两者的比值为1.4~1.8倍。

就路用性能来说,在采用振动成型法修筑的基层、底基层路段尚未发现裂缝,当然观测时间短也是一方面;但是采用振动成型法修筑的路段表面跑散现象则比传统方法修筑的路段轻微得多。

八、工程款支付情况

我项目部外欠债务已全部还清,在此我项目部郑重承诺,如该项目有拖欠农民工工资和劳务费用及工程款的投诉,责任完全在我公司,由我公司负责解决,与建设单位无关,建设单位不承担任何法律责任。

九、施工体会

施工项目现场管理的重点主要分安全管理、质量管理、进度管理、成本管理4个方面。

(一)安全管理

安全管理的目标是保证项目施工过程中没有危险、不出事故、不造成人身伤亡和财产损失。"安全第一,预防为主"是安全管理必须遵循的原则,安全为质量服务,而质量必须以安全作保证。

安全管理必须贯穿于施工管理的全过程,首先应建立安全生产文明施工保证体系,加强职工安全生产文明施工的教育,并针对分部分项工程的特点,制定有针对性的安全技术措施和专项安全生产施工方案,做好班前安全技术交底工作,并突出抓好阶段性的安全工作重点,针对不同阶段的工程特点作重点防范。

其次,在施工过程中应认真贯彻执行《建筑工程文明施工标准》,实行总平面管理和文明施工责任制,创建"两型五化"施工现场,全面提高施工现场的文明施工程度,改善建筑工人的工作和生活环境。

(二)质量管理

质量管理是施工项目现场管理中最为重要的环节之一,施工质量是施工企业的生命,是企业立足市场的基石,靠质量出信誉,靠信誉争市场,靠市场增效益。

在质量管理方面,首先应建立完善的质量管理保证体系和领导体系,强化质量意识,落实质量责任,并强化质量技术管理工作,及时对工人进行技术交底,强化工人的质量责任心,同时层层签订质量责任保证书,明确质量责任,使质量目标的实现落实到每一个人,并按规定建立奖罚制度,与各级工作人员的经济利益挂钩。

其次,应严格执行质量验收制度,对工程质量进行巡回检查,走动管理,对发现的问题必须查明原因,追查责任,并跟踪检查整改措施的落实情况,同时在全面抓好施工质量的同时,应针对不同阶段的工程特点有针对性地加大管理措施,严把材料采购和进场质量验收关,杜绝不合格材料混入现场。

(三)进度管理

进度管理是施工项目现场管理中最主要的环节之一,是施工项目按照合同工期顺利完成的有力保证,是企业信誉、竞争力、履约能力的有力体现。

首先,在进度管理方面,应严格执行公司各项管理制度,层层落实责任,加大奖罚力度,督促全体管理人员、群策群力、克服困难,确保工期目标的实现,分工明确、各负其责,对工期、安全、质量、成本等各项指标进行预控,同时与业主、监理单位、设计单位共同配合协调一致,对工程实行有效管理。

其次,在进度管理过程中应狠抓"两头工期":一是加快开工前准备,一旦中标,项目部人员和工人立即进场,以最快的速度组织材料设备进场,搭设临建、布置临时用水用电线路,做好测量定位等工作,建立各类台账,做好管理准备工作,将开工前的准备时间压缩到最短;二是竣工收尾阶段加大管理协调力度,采取强有力措施,防止因各分项工程同时施工可能发生的混乱,使各项工序积极有序地进行。

再次，运用计算机管理和网络技术科学安排各工序和分部分项工程的施工作业计划，以总进度为大纲安排好月、旬、日施工作业计划和主要工期控制点，并以此为依据，合理安排劳力、材料设备进场计划，科学地组织好各工种的配合，实现分段并进、平等流水、立体交叉做，以创造更多的作业面，投入更多劳力加快施工进度，做到宏观控制好、微观调整活，各关键工期控制点均在控制期内完成；同时加大协调力度，确保各施工方按计划有序地进行施工，做到各负其责，确保政令畅通，协调有力，确保各分项工程按施工进度计划组织施工。

（四）成本管理

成本管理是施工项目管理中的核心内容，是增加企业利润、扩大企业资金积累最主要的途径之一。

在成本管理方面，现场管理人员应责任明确，实行归口管理，管好项目控制投入，降低消耗，提高工效，将安全、质量、进度、成本4方面结合起来进行综合管理，并根据成本管理的目标与劳务施工队伍签订劳务施工合同，明确责任与目标，根据施工项目的实际情况编制降低成本的技术组织措施，深入挖掘各分项工程中存在的降低成本利润点，降低成本。

其次项目部应分期做好“三算”工程：开工前搞好预算，对施工头预算和施工预算进行两算对比，以便对盈亏作出预测；在施工中做好阶段结算和内部承包结算工作，确保收入兑现；竣工后抓好施工项目成本竣工结算。

项目部定期定阶段进行成本分析，并对存在的问题进行分析，找出原因采取措施，控制成本支出加强成本管理。成本分析既要贯穿施工的全过程，服务于成本形成的过程，又要在竣工后进行整体分析找出成本升降的原因，作出成本管理效果的判断，总结项目成本管理经验，制定切实可行的改进措施，不断提高成本管理水平。

施工项目现场管理是全方位的，要求项目管理者对施工项目的安全、质量、进度、成本等方面都要纳入正规化、标准化、制度化管理，这样才能使施工项目现场管理的各项工作有条不紊地顺利进行。成功的项目管理，能促进项目和企业的发展，能推动建筑市场不断进步。与时俱进，开拓创新，总结经验，在项目的实践中不断探索，最终探索出一条施工项目现场管理的成功之路。

江苏海通建设工程有限公司
岭南高速公路路面 No.7 标段项目经理部

第四部分　房　　建

二广高速公路分水岭至南阳段工程房建合同段施工总结报告

目　　录

二广高速公路分水岭至南阳段工程房建合同段施工总结报告

一、工程概况

(一)施工单位(表1)

施工单位　　表1

类别	合同号	单位名称	合同金额
房建	FJ-1	河南六建建筑集团有限公司	3865929.76
	FJ-2	河南科兴建设有限公司	7580243.10
	FJ-3	河南省合立建筑工程有限公司	4873753.01
	FJ-4	中国有色金属第六冶金建设公司洛阳公司	5023897.81
	FJ-5	中铁十五局集团第七工程局有限公司	4795580.48
	FJ-6	林州市建筑工程九公司	6517353.01
	FJ-7	江苏省第一建筑安装有限公司	5660793.07
	FJ-8	焦作市海宇公路工程有限公司	2163924.39
	FJ-9	郑州市第一建筑工程有限责任公司	2232604.91
	FJ-10	深圳市文业装饰设计工程有限公司	1218886.84
	FJ-11	河南省豫美装饰工程有限公司	2158103.19
	FJ-13	河南省合立建筑工程有限公司	5825762.61
	FJ-14	河南锦业实业有限公司	5464116.13

(二)工程规模

LNFJ-01 合同段(河南六建建筑集团有限公司),承建南召收费站位于南召县城郊乡境内,起讫里程为 K20+100。本工程包括综合楼及附属工程和室外工程。总占地面积为 10 亩。场区内布置有综合楼,门卫房、配电房、加压泵房及室外建筑环境、室外安装工程,综合楼为局部 2 层框架结构,门卫房、配电房为 1 层砖混结构,加压泵房为地上 1 层、地下 1 层,室外场区为高低跨分割,相对高差为 0.4m。

主要工程量见表2。

主要工程量　　表2

序号	分部工程	工程数量	
1	综合楼工程	936m^2	
2	配电室工程	94.58m^2	
3	加压泵房工程	126.54m^2	
4	门房工程	38.94m^2	
5	室外工程		
5.1	围墙	337.1m	
5.2	道路	4410m^2	
5.3	挡土墙	1329m^3	

续上表

序　　号	分 部 工 程	工 程 数 量	
5.4	钢筋混凝土排水沟	43m	
5.5	清水池工程	1 座	
5.6	化粪池工程	1 座	

LNFJ-02 合同段（河南科兴建设有限公司），承建南召停车区位于南召县城郊乡境内，起讫里程为 K26 +065。本工程包括综合楼及附属工程和室外工程。总占地面积为 49.75 亩。场区内布置有综合楼，维修车库、发电机房、加压泵房、加油站房及室外建筑环境、室外安装工程，综合楼为 1 层框架结构，加油站房、发电机房为 1 层砖混结构，加压泵房为地上 1 层、地下 1 层，室外场区为高低跨分割，相对高差为 0.4m。主要工程量见表 3。

主 要 工 程 量　　表 3

序　　号	分 部 工 程	工 程 数 量	
1	综合楼工程	$739.04m^2 \times 2$	
2	发电机房工程	$35.7m^2 \times 2$	
3	加压泵房工程	$126.54m^2$	
4	维修车库工程	$102.08m^2 \times 2$	
5	加油站房工程	$126.6m^2 \times 2$	
6	室外工程		
6.1	围墙	1020m	
6.2	道路	$29818m^2$	
6.3	挡土墙	$9100\ m^3$	
6.4	片石排水沟	791.45m	
6.5	钢筋混凝土排水沟	427m	
6.6	清水池工程	1 座	
6.7	化粪池工程	1 座	

LNFJ-03 合同段（河南省合立建筑工程有限公司），承建瓦踅收费站，位于南召县南河店镇瓦踅村，南临 S333 省道，起讫里程为 K34 +372 处。我公司接到中标通知书后立即成立项目经理部，项目部先遣队于 2006 年 12 月 25 日进场，克服天气寒冷、现场无水无电等不利条件，于 2007 年 3 月 1 号正式开工，在岭南公司、河南宏力监理公司监理代表处的直接关怀和领导下，经过全体参战人员的积极努力在 2007 年 11 月 15 号完成了施工任务，并交付使用，为岭南高速公路顺利通车打下了坚实基础。

本合同段包括：综合楼及附属工程和室外工程。总占地面积为 10 亩。场区内布置有综合楼，门卫房、配电房、维修车库、加压泵房及室外建筑环境、室外安装工程，综合楼为局部 3 层框架结构，门卫房、配电房为 1 层砖混结构。维修车库为 1 层框架结构。加压泵房为地上 1 层、地下 1 层，室外场区为高低跨分割，相对高差为 2.4m。

LNFJ-04 合同段（中国有色金属第六冶金建设公司洛阳公司），承建南阳服务区位于岭南高速公路桩号为 K51 +400 处。公司接到中标通知书后立即成立项目经理部，项目部先遣队于 2006 年 12 月 10 日进场，克服雨雪严寒、现场无水无电等不利条件，于 2007 年 2 月 10 日正式动土开工，在岭南项目公司、河南省高等级公路监理部 B 监理代表处的直接关怀和领导下，经过全体人员的努力，于 2007 年 11 月 30 日完成施工任务。本合同段包括综合楼、加压泵房、配电室、维修车库、加油站房等房建工程及室外建筑环境工程等。整个场区占地面积 $5500m^2$，建筑面积 $3775.64m^2$。

LNFJ-05 合同段（中铁十五集团第七工程有限公司），承建南阳服务区（西侧），位于岭南高速公路 K52 +070 处，在南阳市卧龙区谢庄乡境内，占地 74.55 亩。内设综合楼、配电房、加压泵房、维修车库、加油站、蓄水池、化粪池等建筑物。总建筑面积 $3856.19m^2$，场区混凝土道路面积 $27108m^2$，其中综合楼建筑面积 $2545.78m^2$，框架结构，层高 2 层，为设施完善功能齐全的服务区。南阳服务区（西侧）于 2007 年 3 月 18 日开工，至 2007 年 12 月完工。承蒙项目公司领导信任，将南阳服务区(东侧)场区结构层29300m^3 及部分土石方工程于2007年10月份交由我单位施工，2007年12月6日完工。

LNFJ-06合同段(林州市建筑工程九公司)，承建南阳西收费站，该工程总占地面积约9.96亩，综合楼及附属工程总面积为3284.36m^2，其中综合楼建筑面积2479.48m^2，框架结构，地上3层，局部2层，建筑高度13.350m。由于原场地为高回填土，土质较复杂，综合楼基础发生设计变更，由原混凝土独立基础变为混凝土条形基础。综合楼基础±0.000以下采用MU10普通黏土砖，M10水泥砂浆，±0.000以上采用MU10KP1型非承重空心砖，M7.5混合砂浆砌筑。混凝土：原设计垫层C10，板为C25，其余为C30；由于本工程柱、梁、板采用商品混凝土一次浇筑，经业主及设计单位同意将板混凝土强度等级改为C30和柱、梁、板一次性浇筑。附属房基础±0.000以下采用MU10普通黏土砖，M10水泥砂浆，±0.000以上采用MU10黏土空心砖，M7.5混合砂浆。混凝土：垫层C10，基础C30，其余C25。

LNFJ-07合同段(江苏省第一建筑安装有限公司)，承建独山收费站。该工程总占地面积约30余亩，综合楼及附属工程总面积为5397.88m^2，其中综合楼建筑面积4780.77m^2，框架结构，地上5层，建筑高度20.10m。综合楼基础为混凝土条形基础，下面回填3m厚砂石分层碾压。综合楼基础±0.000以下采用MU10普通黏土实心砖，M10水泥砂浆砌筑，±0.000以上采用非承重加气混凝土砌块，M7.5混合砂浆砌筑。混凝土：垫层C15，基础及基础拉梁C30，构造柱、过梁C25，柱、梁、板C30，水电、消防安装到位。附属房基础±0.000以下采用MU10普通黏土砖，M10水泥砂浆，±0.000以上采用MU10黏土空心砖，M7.5混合砂浆。混凝土：垫层C10，基础C30，其余C25；由于本工程工期紧，所以混凝土全部采用商品混凝土，混凝土垫层全部采用C15。

LNFJ-8合同段(焦作市海宇公路工程有限公司)，承建南召、瓦踅、南阳、独山收费站收费天棚，建筑结构类型为四放角锥螺栓球网架作为承重结构，网架屋面采用0.5mm厚彩钢板，檩条采用槽型冷弯薄壁型钢。基础为钢筋混凝土桩基。桩基垫层为C10，桩基混凝土为C20，包括钢立柱安装。本工程开工日期为2007年3月1日，在2008年10月29日完成了合同段的所有工程，保证了道路全面试运行。

LNFJ-9合同段(郑州市第一建筑工程有限责任公司)，承建瓦踅收费站综合楼及附属装饰装修。装饰工程包括花岗岩及瓷砖地面粘铺、厨卫间墙面瓷砖粘贴、纸面石膏板铝塑板掉顶、内外墙涂料、门及门套安装、不锈钢栏杆和不锈钢制品制作、室内轻质隔墙及窗帘盒和部分木品制作、卫生洁具安装、灯饰安装、收费大棚外装饰。

LNFJ-10合同段(深圳市文业装饰设计工程有限公司)，承建工程为南阳收费站：其中包括收费广场、收费大棚装修、空调管装饰、伸缩门及旗台旗杆、票据室隔断及活动房装修；南阳北服务区：其中包括连廊装饰、东西区广场砖植草砖及路边石、东西区附房装修、东区宿舍楼装修、东西区加油站网架安装及装修、西区广场装修、空调管装饰；五朵山收费站：其中包括综合楼玻璃顶棚装修、空调管装饰、伸缩门及旗台旗杆、防盗门安装、不锈钢栏杆、票据室隔断；南召停车区：其中包括空调管装饰、防盗门安装；南召收费站：其中包括收费大棚装修、空调管装饰、伸缩门及旗台旗杆、票据室隔断、防盗门安装；独山收费站：其中包括地下通道工程及地下通道装修及电气安装、收费广场、收费大棚装修、综合楼室内外装修、餐厅室内外装修及电气安装、伸缩门及旗台旗杆、票据室隔断、防盗门安装、餐厅橱柜制作安装、空调管装饰等。从2007年8月22日正式开工，至2009年2月8日完工。

LNFJ-11合同段(河南省豫美装饰工程有限公司)，承建南阳服务区东、西侧室内外装饰工程。

LNFJ-13合同段(河南省合立建筑工程有限公司)，承建主要工程为沿线停车区、服务区加油站工程。主要包括：南召停车区东西两侧，南阳服务区东西两侧，共6个站的油罐基础、设备、管道、电气仪表、智能监控等工程。

LNFJ-14合同段(河南锦业实业有限公司)，承建工程位于岭南高速公路沿线，主要为沿线收费站、停车区、服务区供水工程，本工程包括：南召收费站、南召停车区、南阳收费站、南阳北服务区、瓦踅收费站等，由于岭南高速公路沿线为多岩石山区，地形地貌复杂，沿线站区附近经地质勘察水源贫乏，故设水井位置较远，采用远距离供水的方案解决。

二、机构组成

建立以项目经理为核心的项目领导班子，实行项目经理负责制。项目经理部在公司职能部门的监督与控制下，履行工程合同的权利与义务。

公司根据工程的规模特点、内容多、工期短、影响面广等综合因素，确定该项目的施工采用项目经理部、施工队两个层面一级管理的组织形式。机构组成见图1。

(一)项目经理部各岗位职能

(1)项目经理：负责项目经理部的全面工作，组织协调项目部各专业工程师之间、项目经理部与施工队之间、施工队各专业之间的关系。指导工程计量与结算、合同履行、成本核算、劳动组织分配、进度计划、日(月)报审核等事宜。

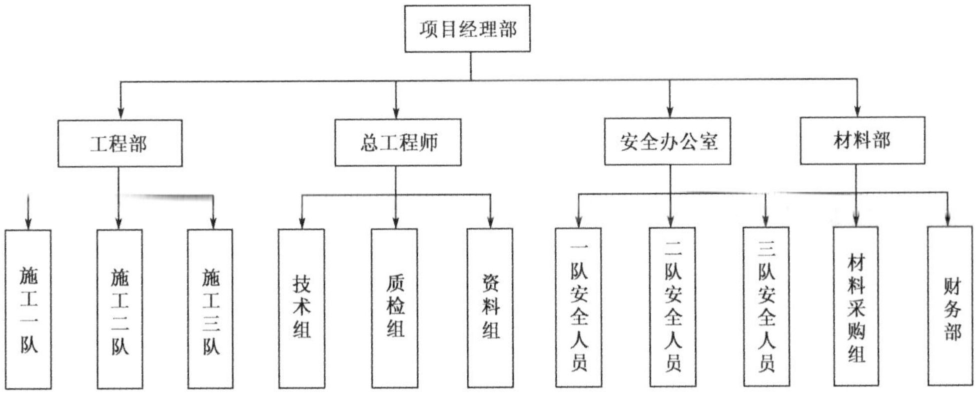

项目经理部
- 工程部：施工一队、施工二队、施工三队
- 总工程师：技术组、质检组、资料组
- 安全办公室：一队安全人员、二队安全人员、三队安全人员
- 材料部：材料采购组、财务部

图1　机构组成

(2)总工程师：主要职责是施工监督、技术指导、技术资料汇总审核。主要负责施工程序及工艺、技术管理、施工组织设计、施工质量审核等工作。

(3)质检工程师：负责施工质量及材料质量检验、技术复核、质量验收、质量评定、质量资料的汇总等与质量有关的工作。

(4)安全工程师：负责施工现场的全面安全工作。

(5)试验工程师：协助项目质检工程师，负责项目施工的材料质量检验、抽检送检、各工序施工材料的检验等工作。

(6)装饰工程师：协助项目总工程师，具体负责装饰工程的施工。

(7)电气安装工程师：协助项目总工程师，具体负责安装工程的施工技术和安装施工。

(8)财务经理：作为公司派往项目部的财务代表，负责资金集中管理，直接对公司负责。

(二)施工人员准备

施工劳务层是施工过程的实际操作人员，是施工质量、进度、安全、文明施工的最直接保证者。

(1)选择施工操作人员的原则：选择具有良好的质量、安全意识，具有较高技术等级并有相关工程施工经验的施工人员。

(2)劳务层组织：由公司劳务管理机构根据现场项目经理部的劳动力计划，在公司劳务队伍中选调。

(三)施工现场准备

施工现场是施工的全体参加者为夺取优质、高速、低消耗的目标，而有节奏、均衡连续地进行施工的活动空间。施工现场的准备工作，主要是为了给拟建工程的施工创造有利的施工条件和物资保证。其具体内容如下。

1. 建造临时设施

按照施工总平面图的布置，建造临时设施，为正式开工准备好生产、办公、生活、居住和储存等临时用房。

2. 安装、调试施工机具

按照施工机具需要量计划，组织施工机具进场，根据施工总平面图将施工机具安置在规定的地点或仓库。对于固定的机具要进行就位、搭棚、接电源、保养和调试等工作。对所有施工机具都必须在开工之前进行检查和试运转。

3. 做好建筑构(配)件、制品和材料的储存和堆放

按照装饰材料、构(配)件和制品的需要量计划组织进场，根据施工总平面图规定的地点和指定的方式进行储存和堆放。

4. 及时提供装饰材料的试验申请计划

按照装饰材料的需要量计划，及时提供装饰材料的试验申请计划。如内外墙乳胶漆等试验。

5. 做好冬、雨季施工安排

按照施工组织设计的要求，落实冬、雨季施工的临时设施和技术措施。

6. 进行新技术项目的试制和试验

按照设计图和施工组织设计的要求，认真进行新技术项目的试制和试验。

7. 设置消防、保安设施

按照施工组织设计的要求，根据施工总平面图的布置，建立消防。保安等组织机构和有关的规章制度，布置安排好消防、保安等措施。

三、质量管理情况

（一）施工技术控制措施

（1）做好施工前的准备工作。

（2）做好施工技术文件的编制工作。

（3）做好人员培训和技术交底工作。

（4）加强施工过程中的质量控制。

（5）制定安全施工措施。

（二）质量控制及管理措施

根据公司ISO9001质量方针——加强过程控制，创建精品工程，持续改进管理，赢得业主满意，质量控制目标工程合格率100%、业主满意率100%和招标文件、国家相关规范的有关质量检验标准，指定专人负责，严格质量管理，实行“三检制”，即施工队对每天完成的工程量进行自检，上一工序转下一工序交接检验，施工结束后报监理工程师进行专职检查，对检验不合格的项目，根据情况采取返工、返修、报废的措施。做到小毛病纠正不过夜，大问题处理不隔天，质量问题实行一票否决制，凡达不到质量要求的材料或施工问题必须重来，不允许蒙混过关。

（1）材料优劣直接关系到工程质量的好坏，为此，各种原材料进场必须有出厂合格证明书，施工工地设专职检验员，及时将各种材料送到试验室检验，经检验不合格的材料及时封存退货。装饰施工阶段材料种类繁杂，材料报验和制作工作尤为重要。

（2）认真落实各种责任制，使各级管理人员及全体施工人员职责分明。实行奖优罚劣。经常开展质量教育，不断提高各级管理人员及全体施工人员的质量意识，严格按规章办事，做好工序交接工作，上道工序要对下道工序负责，下道工序要对上道工序进行复核，上道工序不合格，下道工序不施工，严格执行“三检制”，使工程质量始终保持在优良状态。

（3）装饰工程先做样板间式样板块，施工中严格操作工艺，克服质量通病，精心施工，保证装饰工程质量。验收标准按公司制定的装修内控质量标准进行验收，施工前，实行“样板间、样板墙”制度。内装饰验收标准在原设计基础上，提高一个档次。油漆颜色、品种由建设单位看样选定；涂刷前应彻底清除基层表面的各种缺陷，控制木材面含水率小于8%；油漆应统一配制，以确保颜色均匀一致；控制合适的油漆工作黏度，使其涂刷是不产生流坠又不显刷纹。油漆刷涂工作按操作工艺进行，严格控制每道工序的质量。楼地面面层施工在找平层合格后进行，面层施工前应将楼地面清扫干净，充分湿润；地板砖做到无空鼓，接缝大小一致、顺直。

（4）安装工程与装饰交叉施工时，加强配合与衔接，协同配合好，互相提供方便，保护好建筑成品和上道工序工作成果。及时、准确做好预留、预埋工作，以避免事后剔凿、打洞及返工。采购的材料成品均为符合设计及规范要求的合格产品，并逐一请建设方验收、鉴证，严防伪劣假冒产品流入本工程中。施工时严格按设计图及施工规范和操作规程施工，严格按质量检查评定标准检查验收，加强试压、灌水、通水、测试等手段的检查和检测。加强质量通病的防治，确保不出现滴、渗、堵、不稳不牢、安装不规范、不美观等质量通病。

（5）分区段设成品保护人员，明确责任范围，加强成品保护教育，严格执行奖罚规定。各专业工种做好协调配合工作，贴好的瓷片不允许打洞钻眼。严禁使用铁器对被安装体进行敲打。灯具、开关、电表、卫生洁具、水龙头等安装后房间上锁，锁匙专人保管，凡拿了钥匙进房施工后出来者，需经管钥匙人员检查有无损坏，确定无损坏后方在进场登记本上签字。屋面防水施工完后应及时做保护层，严禁工人穿硬底鞋在防水层上走动。楼地面砖铺完后，禁止在地面上推手推车。

（6）编制作业计划，既考虑工期的需要，又考虑相互交叉作业的工序之间不至于产生较大的干扰，以满足成品保护的需要。

四、施工进度控制

在进度方面，在工程施工中，由于施工场地多、战线长，另外当地老百姓找各种理由常常阻挠施工，通过项目部结合工期要求，综合考虑影响工程进度的种种因素，采取有效的经济技术措施，也在项目公司以及监理代表处的大力配合下，工程进度得到了有效的提高，按期完成了施工任务，于2007年12月底交付使用。

五、施工安全与文明施工情况

(一)安全保证

1. 规章制度

(1)安全施工目标:杜绝重大安全事故,轻伤事故频率控制在10%以下。

(2)文明施工目标:保证达到市级标化文明工地。

(3)质量管理工作九不准规定:计量设施不安全不准施工;原材料不合格或材质不明不准使用;成品半成品不合格不准进出厂;质量通病不清除不准交工;没有合格证的构件不准安装;上道工序不合格不准进行下道工序施工;不合格产品不准计算产时产量;技术资料不合格不准交工;样板墙、样板间不经验收合格不准施工。

(4)安全保卫工作十不准:不准穿拖鞋、高跟鞋进入施工现场;不准进入现场不戴安全帽,高空作业不系安全带;未经批准的现场材料不准运出工地;不准在生活区私拉电线,与使用一切未经批准的小型用电器;不准随意生火,不准在现场烧木料;不准在仓库及易燃易爆区携带火种与吸烟;不准擅自挪动消防器材,堵塞消防通道;不准盗窃公、私财产与破坏机械设备;不准在施工现场及生活区内留宿不明身份人员;不准在施工现场打架斗殴、赌博、酗酒滋事扰乱施工生产秩序。

(5)文明施工六项规则:施工现场各种机械设备、临时设施、建筑材料等必须严格按照施工现场平面图进行布置;施工现场必须做到场地平整,道路畅通,堆放材料整齐,有标识;现场机械设备要及时清洗 、保养;现场材料堆放整齐,做到工完料清;加强施工用电、用水管理,做到工地用电无违章、无积水,电器维修有记录;临建设施合理坚固,室内宽敞明亮清洁,通风良好,厨房卫生干净,生、熟分开,厨房间不得住人与堆放其他工具,水冲厕所要有专人管理,生活区有值日牌。

2. 具体措施

(1)健全安全组织:针对现场特点,以生产管理为龙头建立完善的安全体系。项目经理部配专职安全员,负责工地安全工作,牢固树立“安全第一”的思想。

(2)建立健全安全责任制:制定机械施工、汽车运输等安全措施,开工前提出安全施工方案,报项目经理部批准,方能施工。

(3)定期开展安全教育和检查活动:认真向全体施工人员宣传安全生产的重要性,分期提出安全重点注意事项,使全体施工人员自觉遵守安全生产规章制度。每半月由办公室安全负责人组织有关人员进行一次安全检查,及时发现和改进违反安全操作的行为。

(4)采取严格的安全防患:添置足够的安全防范设施。对不安全地点和部位,派专职安全员进行管理和执勤。

(5)加强现场安全管理:在路口按交通部门的要求,设置施工标志牌和交通警示牌,配备专人管理,疏导交通。在施工现场设置安全标志牌等。

(6)施工用电、采用三相五线制,三级配电、二级漏电保护。电线、电缆架空设置,且不直接挂在金属上,用手持式电器作业时,佩戴绝缘手套和穿绝缘鞋。

(7)夜间施工时,施工部位配有充足照明。

(8)对每次事故苗头和事故进行认真分析处理,并提出整改措施。

(二)文明施工

创建文明化施工工地已成为当前文明施工的重要窗口,把本工程建成一流工程,同时要求工程施工过程中保持安全、文明的施工环境,促进工程顺利进行。

1. 文明管理目标

本工程的文明施工管理目标:达到岭南高速公路文明施工工地要求。

2. 文明管理措施

(1)现场设2名专职文明施工管理员,并成立以项目经理为组长、各专业施工队(班)为组员的现场文明施工领导小组。

(2)建立文明施工责任制,实行每月组织一次检查和评比的制度。

(3)工地办公室应具备各种图表、图牌、标志。施工机械设备安全标识,均按统一要求制作,室内文明卫生、窗明干净、秩序井然有序,室内放置盆花,美化环境。

(4)职工宿舍内、外应干燥,室内保持清洁,喷洒消毒药水灭蚊、灭蝇。

(5)施工现场材料、成品堆放整齐,加强和提高成品保护意识,并设专人看管,防止损坏和污染,建立节水措施,杜绝长流水、常照明现象。

(6)现场环境卫生整洁，无污水横流，无建筑垃圾乱弃。建筑垃圾做到随清随运，不允许堆放过夜，场地必须平整无积水。

六、环境保护与节约用地措施

临近村庄，我项目部非常注重环境保护，明确环境保护目标，成立了环境保护管理小组，制定了环境保护制度，做到责任到人，并对相关人员进行环保培训，每月对相关人员的有关环境知识进行考核，考核的成绩作为相关人员业绩考核的一个组成部分。

七、施工中新技术、新材料、新工艺的应用情况

本工程属于一般的框架和砖混、装修工程，施工材料主要是一些常用材料，新材料、新技术、新工艺没有得到很好应用。

八、工程款支付情况

我项目部外欠债务已全部还清，在此我项目部郑重承诺，如该项目有拖欠农民工工资和劳务费用及工程款的投诉，责任完全在承建单位，由承建单位负责解决，与建设单位无关，建设单位不承担任何法律责任。

九、施工体会

通过项目部管理人员及施工人员的共同努力，顺利完成了合同内的全部工作内容。接到中标通知书后，按照业主的要求积极组织人员进场进行项目部建设，同时组织施工技术人员熟悉图纸、研究各个分项工程的施工方案，为整个工程的顺利完成奠定了基础，施工前逐级进行技术交底，制定了保证工程质量的管理机构和制度，在施工过程中，组织专业施工队伍精心施工，严把材料质量关，坚持不合格材料绝不用于工程中，为工程质量做好了技术、人员和物质保证。由于本工程工期紧、交叉作业多，同时赶上秋收农忙季节，为了保证工期，我项目部采取一系列经济措施保证施工人员数量，协调各施工班组合理安排工序，尽量避免在同一个施工面出现多个施工班子施工。尽管如此，在施工工程中仍出现了很多问题，通过与驻地监理工程师研究协商对出现的问题都作出了妥善合理的处理。在整个施工过程中，驻地监理工程师也提出了一些合理化建议，为工程的顺利完成作出了贡献。

回首整个施工过程虽取得了很大的成绩，但存在许多不足之处。总之，对于一个工程项目要想按期、保质、保量完成任务，必须组织一个团结务实的项目领导班子，组建一支技术全面、能够吃苦耐劳的施工队伍。才能经济、高效地完成各项施工任务，向业主交出一份完整、合格的答卷。

岭南高速公路房建代表标段

第五部分　绿　化

二广高速公路分水岭至南阳段工程绿化合同段施工总结报告

目　　录

二广高速公路分水岭至南阳段工程绿化合同段施工总结报告

一、工程概况

(一)施工单位(表1)

施 工 单 位　　表1

类　别	合 同 号	单 位 名 称	合 同 金 额(元)
绿化	LH-1	河南新封园林绿化工程有限公司	1982061.00
	LH-2	潢川县博宇花卉有限责任公司	1883676.22
	LH-3	许昌四季春园林绿化工程有限公司	2791969.08
	LH-4	河南天图园林景观有限公司	2305118.87
	LH-5	潢川县佳美园林绿化工程有限公司	3223855.39
	LH-6	郑州黄河园林绿化工程公司	388885.65
	LH-7	南阳市政工程总公司	607033.28
	LH-8	潢川县绿洲园林绿化工程有限公司	1019021.87
	LH-9	河南农业大学园林艺术工程公司	483675.72
	LH-10	厦门市厦生园林绿化工程有限公司	2546785.26
	LH-11	河南省通行实业园林工程有限公司	573035.63
	LH-12	河南省豫建园林工程有限公司	849208.38

(二)沿线绿化工程

LH-1:K0+850~K16+500,中央分隔带、路侧边沟绿化;
LH-2:K16+500~K32+400,中央分隔带、路侧边沟绿化;
LH-3:K32+400~K53+200,中央分隔带、路侧边沟绿化;
LH-4:K53+200~K74+756,中央分隔带、路侧边沟绿化;
LH-5:JK0+706~JK24+247.172,中央分隔带、路侧边沟绿化;
LH-6:K19+600~K20+660,南召收费站及互通区绿化;
LH-7:K26+400~K74+756,南召停车区绿化;K34+200~K35+500 五朵山收费站及互通区绿化;
LH-8:K60+400 龚河互通立交、K51+400 南阳服务区;
LH-9:K70+120 南阳收费站、K69+239 南阳互通立交;
LH-10:K74+756.555 张华岗互通式立交;
LH-11:JK17+634.5 独山收费站、独山互通立交;
LH-12:JK24+628.54 祝庄互通立交;
分离式路基绿化标段:K1+450~K13+600 分离式路基绿化、K16+500~K16+583 弃土场绿化。

二、机构组成

我公司根据本合同段工程施工实际情况,以及本工程高标准、高质量的要求,特别组织了有丰富经验的施工和管理人员及施工队伍,派经验丰富的人员担任项目经理,专项负责该项目工程的管理,并为主要管理人员选派了替补人员,以确保本合同段的交通安全设施工程成为优良工程。

（一）现场组织机构（图1）

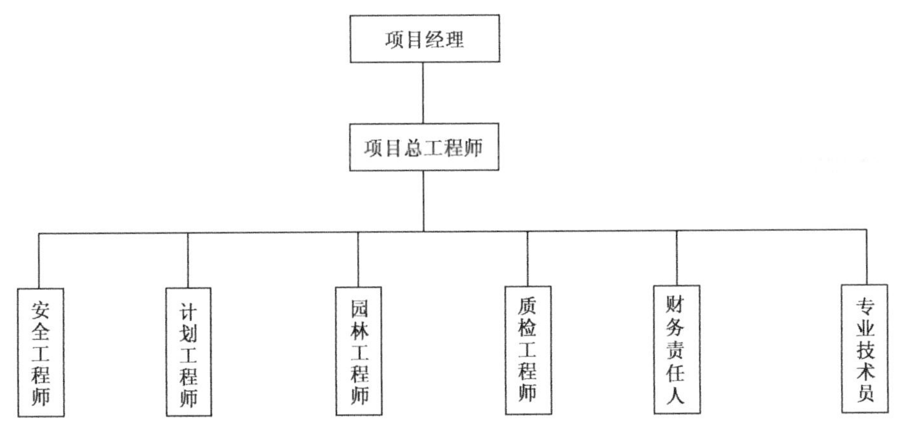

图1　现场组织机构

（二）现场组织机构图的描述

本工程实行总公司监督下的项目经理负责制。项目经理全权处理与本工程有关的日常决策及与本项目有关的内外事务；总工程师作为总公司特派代表，只有对本组织机构违反技术规范及质量管理体系和法律法规的行为行使监督建议权。其他管理部门各自负责，本组织机构责、权、利划分明确。

（三）总部与现场管理部门关系的描述

总部对现场管理部门日常管理不予干涉。只有监督建议权，并负责本组织机构与公司内各部门配合工作，凡超越本组织机构职权范围对总公司可能造成极大危害的事件，由本组织项目经理及时报请总公司领导研究决定，本项目组织机构负责执行。

三、施工质量管理

（1）目标：工程质量符合国家城市绿化工程施工及验收规范，分项工程合格率100%，分部工程优良率达98%，确保优良工程。

（2）质量管理体系组织。建立以项目经理、总工程师、项目部专职质量检查人员，班组不脱产的质量管理员3个层次的现场质量管理组织系统，并由技术负责人负责质量管理，开展系统的组织、督促和检查落实工作。做到现场质量工作事事有人管、人人有专责，“人管成线，群管成网”，办事有程序，检查有标准，形成从上至下的质量管理系统。

（3）以项目经理和总工程师为首的质量保证体系和质量检查机构，实行质量跟踪检查，保证影响工程的各种因素处于受控状态，各级质管人员必须认真落实各项技术管理制度，实行质量岗位责任制，强化质保体系的运转，做好技术交底和技术复核，并在施工中认真检查执行，开展全面质量管理活动，做好隐蔽工作记录，工程施工结束后，认真进行工程质量的检验和评定，做好技术档案的管理工作。

（4）做好“百年大计，质量第一”的宣传教育工作，强化和提高职工的整体质量意识。定期学习规范，掌握规程，熟悉标准和操作方法，做好工序间的三检工作，严格内控质量标准，消除质量通病，确保工程质量。

（5）实行项目目标管理，建立工序质量控制目标，认真编制项目质量计划，进行全过程的质量控制和管理，严把分部、分项工程质量验收标准关。运用全面质量管理方法，提高施工操作人员的工作质量，以工作质量来保证工序质量。

（6）做好高程会审工作，严格隐检制度，严格技术交底，做好技术复检工作，有针对性地编制详细施工方案。

（7）强化全面质量管理，对重要部位、关键工序、薄弱环节进行质量攻关，在施工过程中，分段设重点，按环节强化质量控制，落实各级质量管理负责制，确保工程始终处于受控状态。

如出现事故，由总工程师或质检工程师组织有关人员对事故进行分析，提出缺陷修复方法和质量整改措施，报监理工程师批准后实施。对事故责任人将予以经济处罚，通报批评，直至限令其离开工地，以杜绝类似事故再次发生。

（8）在项目部全体职工的共同努力下，我项目部所承担各项施工任务，均按规范要求保质、保量地完成，各项工程的合格率达到98%，合同段工程质量等级为合格。

四、施工进度控制

自2007年7月份进场后，就开始对承建工程进行了全面的施工规划，以保证在合同工期内顺利按质完成施工任务，并制订了总体工程施工计划。

在初步确定了施工总体进度后，开始对各分项工程进行部署，着手进行施工工序的安排。首先结合实际情况、确定工程施工重点、难点，开展平行施工作业，把施工需注意的地方进行认真、仔细讨论，待确定具体方案后再动工；对在施工中遇到的特殊工程问题，项目部向驻地监理工程师汇报实地情况，并待监理工程师认可上报的施工方案后再进行施工。其次每月把实际施工完成情况与月工作计划安排相比较，找出差距，究其原因，当完成任务与计划安排差距较大时，项目部根据实际情况，对计划重新进行调整。另外有一点是需要明确的，坚决不能一味盲目追求施工进度，而忽视施工质量，在进度与质量相冲突时，项目部首先把质量摆在第一位。合同段严格履行施工合同，并按期完成施工任务。

五、施工安全与文明施工情况

（一）安全保证措施

本工程安全目标确定为“六无一杜绝”、“二消灭”、“一创建”。“六无”即无施工人员伤亡、无重大工程结构安全事故、无重大设备、火灾、管线、交通事故；“一杜绝”即杜绝重伤事故（包括本单位职工、民工，外单位职工、民工）；“二消灭”即消灭违章操作、消灭惯性事故；“一创建”即：创建安全文明施工工地。事故负伤频率控制在0.01%以下，安全管理规范，资料齐全。

在施工中，我们严格遵守国家的安全生产法规，自觉保护劳动者生命安全，力争展现出一个工程良好的企业形象，展示我们生产管理的综合现代化水平。具体做好以下几点。

1. 组织体系（图2）

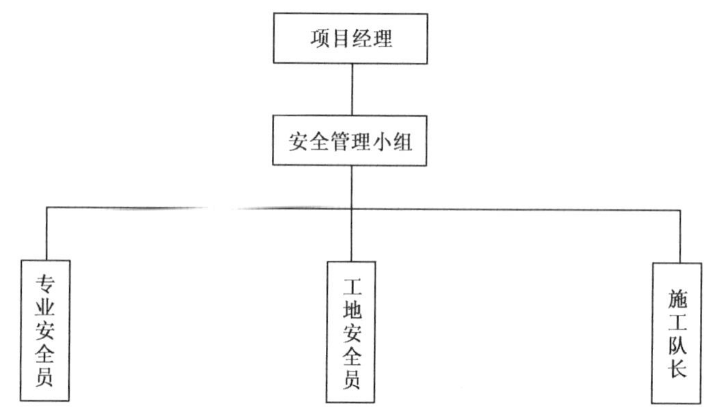

图2　组织体系

建立安全保证体系，以项目经理为安全组长，总工为副组长，确实狠抓安全生产工作。

2. 工程项目施工的安全管理

加强现场管理，做好工程的保卫、防盗，永久工程和临时工程安全工作，防止发生安全事故，在每一个工程项目，制定安全生产的组织措施，并制定严密的安全生产规程，留有足够的安全生产费用，购置安全生产的设备和器件，保证施工生产现场紧急事故处理的开支。

3. 加强安全生产教育和预防措施

为施工人员办理保险，并制定以下预防措施，以保证员工的安全健康。

①对于施工现场及其周围的高压电线、变压器等醒目的安全标志，对开挖地段又处于交通要道处，派专人看守，或有明显的标志，防止过往行人或车辆不注意发生事故。

②对材料和设备储存的库房或堆放点，施工人员生活区，特别注意防火安全，配备足够数量的消灭器具、消防水管和消防栓等，以备急需。

③项目经理自抓安全生产和安全教育，如定期召开安全生产会议，检查安全生产规章执行落实情况，建立安

全生产奖罚制度,促使人人重视安全,设安全生产奖,使安全生产教育落到实处,得到好的成绩。

(二)文明施工

(1)在施工过程中与其他施工单位进行交叉作业时,应注意文明施工,避免发生不必要的冲突。

(2)在施工过程中与当地老百姓直接接触时,应注意言行举止,尊重本地风俗习惯。

六、环境保护与节约用地情况

(1)施工期间主要的噪声来源是施工机械、施工活动和运输车辆。噪声对临近居民和其他设施等有较大影响。采取的控制措施具体如下:

①采取措施,保证在各施工阶段尽量选用低噪声的机械设备的工法。

②在距居民较近的施工现场,对主要噪声的机械设备做隔声屏,使其对居民的干扰降至规定标准。

③合理安排施工时间,对在夜间施工的,按规定报批准并领取夜间施工许可证或昼夜施工许可证后,再进行施工。

④确定施工场地合理布局、优化作业方案和运输方案,保证施工安排和场地布局,考虑尽量减少施工对周围居民生活的影响,减少噪声的强度和敏感点受噪声干扰时间。建立必要的噪声控制设施,如隔声屏障等。

(2)避免水冲刷或水污染、油污染、灰尘污染。施工期间的污染来源主要是施工泥浆水、车辆冲洗水、施工人员生活污水等。采取的控制措施具体如下:

①临时性的水冲刷和水污染放置和本合同规定的永久性防治工作相结合,以便在施工期和运营期内有效、经济、持续地控制水冲刷和水污染。

②在施工中尽量避开生活水源,如果施工区靠近生活水源,则设置用沟壕同生活水源隔开,在施工期间或拆除这些沟壕时,特别注意避免污染生活水源。

③施工便道注意设置过水涵管,临时占地注意不堵塞原有河沟,以保证雨季施工时地面水的排除。

④对废弃物将统一堆放、整平,做好排水设施,以避免冲刷和水土流失。

七、施工中新技术、新材料、新工艺的应用情况

在绿化过程中使用生根粉、蒸腾离子剂等药物提高苗木的成活率,防止苗木干枯死亡。

对栽植的苗木喷施叶面肥,促进苗木生长,提高成活率。

运用网络计划技术实施对整个项目的动态管理,根据现场不断变化的实际情况及时、准确调整施工部署,优化资源配置,经济、高效地作出最佳、最快的选择。

八、工程款支付情况

我项目部外欠债务已全部还清,在此我项目部郑重承诺,如该项目有拖欠农民工工资和劳务费用及工程款的投诉,责任完全在我公司,由我公司负责解决,与建设单位无关,建设单位不承担任何法律责任。

九、施工体会

分水岭至南阳高速公路的圆满建成,凝聚了建设单位、施工单位、设计单位、监理单位、地方政府和有关协作部门全体人员的心血。它的建成代表着河南公路建设又迈上了一个新的台阶,对河南的政治经济和社会的发展有着十分重要的意义。我们决心继续在市场经济的新形势下努力开拓,为中原崛起和河南公路交通建设的大发展以及绿化河南再作出自己的奉献。

岭南高速公路绿化代表标段

第六部分　供配电、机电

1. 二广高速公路分水岭至南阳段工程供配电合同段施工总结报告

目　　录

二广高速公路分水岭至南阳段工程
供配电合同段施工总结报告

一、工程概况

(一)供配电施工单位(表1)

供配电施工单位　　表1

类　别	合　同　号	单 位 名 称	合 同 金 额(元)
供电照明	LNGZ-1	郑州市祥龙电力安装工程有限公司	8845539.07
供电照明	LNGZ-2	郑州市亚通照明工程有限责任公司	10346188.90
	LNGZ-3	中铁建电气化局集团第一工程有限公司	5186002.28
	LNGZ-4	辽宁阳光照明工程有限公司	6633730.09

注:供配电1标段:隧道供配电系统;供配电2标段:隧道照明系统;供配电3标段:道路供配电系统;供配电4标段:道路照明系统。

(二)主要工程规模

LNGZ-1标段(郑州市祥龙电力安装工程有限公司),主要负责该路段分水岭、柴家庄1号、柴家庄2号、上河东、雪家庄5座隧道的预埋钢管,电缆桥架,电缆井,配电房及配电设备等工程。

LNGZ-2标段(郑州市亚通照明工程有限责任公司),主要负责分水岭隧道(RK0+512~RK1+285)、柴家庄1号隧道(RK6+460~RK6+735)、柴家庄2号隧道(LK7+080~LK7+505)(RK6+975~RK7+596)、上河东隧道(LK10+060~LK10+336)(RK10+070~RK10+345)、雪家庄隧道(LK11+850~LK12+308)(RK11+845~RK12+318)共8条隧道的照明工程;于2007年7月进场施工,2008年11月完成本合同段全部施工任务。

LNGZ-3标段(中铁建电气化局集团第一工程有限公司),负责施工的分水岭至南阳高速公路主线全长55km,途径南阳市:张华岗枢纽立交、南阳西收费站(王村)、龚河枢纽立交、南阳北服务区(谢庄)、五朵山收费站、南召停车区、南召收费站,工程主要包括南阳至南召共6个配电所,5个箱式变电站的施工;具体工程量如下:张华岗、龚河、祝庄、南召停车区共5个箱式变电站的安装,其中高压电缆1100m左右;南阳收费站、南阳服务区东西两侧、瓦埕收费站、南召收费站、独山收费站共6个配电所。每个配电所内设备包括:1台干式变压器、1组FN3-10(R)负荷开关、6面低压配电柜、1套真空有载调压开关、1组柴油发电机组。后来根据工程实际需要,又相应增加少部分工程量:3组广场照明配电箱,接地11组。

LNGZ-4标段(辽宁阳光照明工程有限公司),主要工程数量:高杆灯30基,低杆灯28基,配套电缆和配电箱及节电器。

二、机构组成

为确保该工程高质量、高标准、按时完成,公司组建了项目经理总负责的施工组织机构,负责整个工程的全面工作,并配备了经验丰富的高级技术人员及专业技术施工人员。在施工过程中,克服了时间紧任务重等多种不利因素,严格按照图纸及国家的有关规程规范进行施工,高标准地完成了施工任务。

现场组织机构见图1。

本工程实行公司监督下的项目经理负责制。项目经理全权处理与本工程有关的日常决策及与本项目有关的内外事务,对工程全面负责;项目总工作为总公司特派代表,只有对本组织机构违反技术规范及质量管理体系和法律法规的行为行使监督建议权。其他管理部门各司其职,本组织机构责、权、利划分明确。

总部对现场管理部门日常管理不予干涉。只有监督建议权,负责本组织机构与公司内各部门直辖市配合工作,凡超越本组织机构职权范围对总公司可能造成极大危害的事件,由本组织项目经理及时报请总公司领导研究决定,本项目组织机构负责执行。

三、质量管理情况

（一）质量管理体系

1. 质量管理体系

工程开工前，组织全体施工人员学习合同文件和技术规范，时时处处坚持质量第一的原则，并在施工前由总工进行技术交底。做好物资准备，保证原材料、构配件符合质量要求，施工机具运行正常。对施工人员进行有针对性的安全、质量岗前培训，并对其进行考核，不合格者不予上岗。

尊重和服从监理工程师，根据合同条款要求，在监理工程师的监督和指导下施工，并如实向监理工程师汇报工程进度和质量情况。

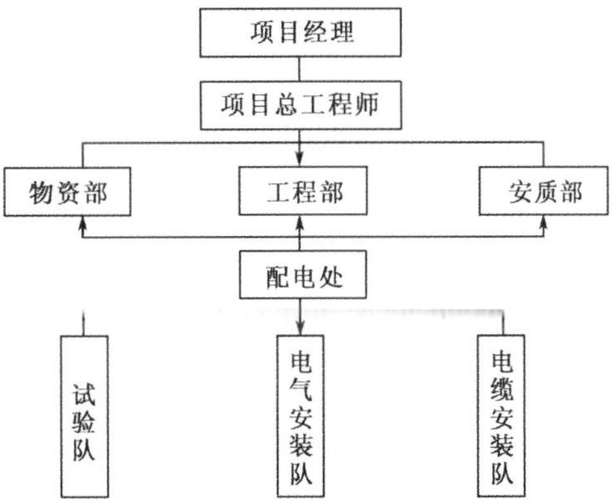

项目经理
项目总工程师
物资部
工程部
安质部
配电处
试验队
电气安装队
电缆安装队

图1　现场组织机构

2. 质量检查旬报制度

对于质量检查，我项目有专人做每天的施工日志、每周的周报及每月的月报。详细了施工作业记录及确保了工程质量。

3. 质量奖罚制度

对出色完成工程质量的人员进行大会表彰及适当的经济奖励，使其安全有效地施工，保证了工程质量。

如出现工程质量事故，由总工程师或制件工程师组织有关人员对事故进行分析，提出缺陷修复方法和质量整改措施，报监理工程师批准后实施，对事故责任人将予以经济处罚，通报批评，直至限令其离开工地，以杜绝类似事故再次发生。

（二）施工质量控制方案

每一批材料进场，先自检合格后再向监理工程师申请材料报验，征得监理工程师同意后方可进场，严把质量关。各单项工程开工前，有试验员及时送试验中心对该项目所需各种材料进行检验，同时在使用过程中加强随机抽检，杜绝不合格材料进入现场。对于混合型材料亦由南阳市质检站进行检验，其数据经过分析对比后，选择质量可靠高的配比，经监理工程师批准后，再予以实施。项目经理部定期进行安全、质量检查，积极配合监理工程师对隐蔽工程的检查。保证提前48h通知监理工程师来现场检查确认，并且和施工安装记录予以签认，以保证工程的可追溯性。

（三）施工中工程质量自检情况

每一项分项工程结束后，我标段都做有自检记录，并存档在案。

（四）工程质量问题的处理

如出现质量问题，由总工程师或制件工程师组织有关人员对问题进行分析，提出缺陷修复方法和质量整改措施，报监理工程师批准后实施。以安全有效的方法确保工程质量。

（五）对完工质量的评价

在项目部全体职工的共同努力下，我项目部所承担的各项施工任务，均按规范要求保质保量地完成了。各项工程的合格率达到99.3%，合同段的工程质量等级为合格。

四、施工进度控制

我合同段自2007年5月中旬进场以后，就开始对承建工程进行了全面的施工计划，以保证我单位在合同工期内顺利按质完成施工任务，并制订了总体工程施工节点计划。

在初步确定了施工总体进度示意图后，我合同段开始对各分项工程进行部署，着手进行施工工序的安排。首先我合同段结合实际情况、确定工程施工重点、难点，开展平行施工作业。把施工需注意的地方进行认真、仔细讨论，待确定具体方案后再动工；对在施工中遇到的特殊工程问题，我项目部向驻地监理工程师汇报实地情况，并待监理工程师认可上报的施工方案后再进行施工。其次每月把实际施工完成情况与月工作计划安排相比较，找出差距，究其原因，当完成任务与计划安排一味盲目追求施工进度，而忽视施工质量，在进度与质量相冲突时，我项目部首先把质量放在第一位。我项目部制订工期节点计划，增加施工人员，增加施工机具，加班加点施工。提前完成了工程节点计划，得到项目公司嘉奖。在设备采购方面项目部派专人负责设备采购工作，使所有设备提前进场并验收合格；我合同段严格履行施工合同并按期完成施工任务。

五、施工安全与文明施工情况

（一）安全保证措施

1. 组织体系

杜绝死亡，消灭交通、火灾、机械、爆炸及其他重大事故。

实现“五无”标准，即无死亡、无重伤、无火灾、无中毒、无触电。

2. 规章制度

遵循国家和交通部、业主有关安全生产的规定，重视施工现场作业安全，制定安全措施，建立行车安全责任制，层层包保、专人负责，采取有效措施，确保我方施工范围内不发生死亡、重伤、火灾、中毒、触电等大事故。以安全标准工地为载体，落实安全生产逐级负责制，完善各项规章制度，强化管理，控制和消灭施工中的惯性事故。

3. 具体措施

项目经理部设安全生产领导小组，由项目经理担任组长，并设专职安全员检查，一经发现问题必须立即纠正并及时限期进行整改，对造成安全责任事故或事故隐患的责任人进行经济和行政处罚，以促进生产的安全进行，各施工负责人和安全员负责日常施工中的安全监督和检查。

所有参加施工的作业人员，必须经针对性的安全技术培训，考试合格后，持证上岗。所有进入施工现场的作业人员必须按要求佩戴防护用品。

项目经理部要制定安全检查的工作计划，每月进行一次、作业队每半月进行一次安全检查，并且有检查记录，检查完后开总结会，对存在问题认真总结并采取有针对性的措施。

（二）文明施工

（1）项目部建立以生产副经理为文明施工管理总负责人，工长为区域文明施工管理责任人，各施工队班组长为各区域文明施工主要执行人的三级管理体制，建立健全文明施工的各项管理制度。

（2）经常对职工加强文明施工思想教育，提高职工的社会公德及社会秩序观念，加强治安管理，遵守政府的各项法令和规章制度，特别是交通、安全、卫生、消防及环境保护等方面的法令和规章制度。

（3）严格执行业主及本公司关于文明施工管理的文件、规定。整个工地实行“城市化、封闭化”管理。具体措施：

①现场附近的各种孔、沟、坑、槽设置防护措施，晚上设红灯警示。

②主要进口正门立有明显醒目的工程标志、各种施工标牌，标牌垂直平整，规格一致。

③严格按施工现场平面布置图停放施工机械，搭设临时办公室。埋设水电线路，防止乱挖、乱放物品。

④建筑垃圾及生活垃圾必须入池，不得外溢，白天封闭覆盖并设专人清理。

⑤施工现场材料堆放做到散材成方、型材成垛，并标明标识，按品种、规格分别堆放。堆放位置合理整齐。钢管按规格、型号、长短堆放整齐。

六、环境保护与节约用地情况

按照《中华人民共和国环境保护法》的要求和地方政府有关的环境保护措施制度，为了在施工建设中做好环境保护工作，防止水土流失，保护生态环境并有利于项目建设，做到建设一方，建好一方，保护一方，树立公司良好的企业形象，特制定本措施。

（一）大力加强宣传教育，强化全员环保意识

（1）严格执行国家《中华人民共和国环境保护法》及地方政府对环保的有关规定，开工前对全体职工进行培训教育，认真学习法律法规，增强全体施工人员的环保意识，提高认识，形成全员过程环保局面。

（2）通过宣传，使广大职工认识到做好环保工作的重要性，充分认识到环保是关系到企业信誉和子孙后代的大事，努力做到我公司标书中的环保承诺，使每个职工做到人人明白，个个心中有数。

（3）在职工生活区域，做好板报宣传；在工程生产区域，做好标语、横幅宣传工作，时时提醒和督促职工爱护环境，保护环境。

（二）强化施工规划中环境保护意识

（1）在施工前期做好施工现场的调查工作，充分了解高速公路的水文及地质情况，在工业场地布置中依据调查资料结合设计图、文件对施工场地进行合理布置。

（2）在职工生活区域，设立垃圾集中堆放点，并定期对垃圾进行清理。厕所的选址力求远离生活区，减少其对空气的污染。

（三）加强施工中环境保护措施的落实

（1）搞好环保调查，了解当地环保内容与要求，严格执行建设单位与当地环保部门签订的有关协议，建立环保检查制度，把环保措施层层落实，做到责任到人，奖罚分明。

（2）在布置施工现场时，构件加工设施尽量远离居民区，以减少视觉和噪声污染。机械车辆途经居住场所、学校时应减速慢行，不鸣喇叭。

（3）生活污水经收集并采用二级生化或化粪池等措施进行净化处理，经检查符合标准后按当地环保部门规定要求排放。生产及生活垃圾定点存放，经集中收集后运至环保部门指定的地点掩埋。及时清理并保持生产、生活区环境卫生，严格禁止随意倾倒垃圾，同时认真做好周围环境的绿化工作。

（4）工点完工后，及时进行现场整理。每天离开施工现场，打扫卫生，工器具规矩地摆放到指定的位置。

（5）在检查材料库、生产、生活区设置足够的消防器材，并放在明显易取的位置上，设立明显标志。各种消防器材定期进行检查和更换，保证其性能完好。防止火灾。

七、施工中新技术、新材料、新工艺的应用情况

提高工程施工的科技含量是施工企业提高工程质量、提高信誉的保证。在本工程施工中，我们充分发挥“科技是第一生产力”的作用，在工程施工中积极采用公司成熟的科技成果、工法及现代管理技术，推广应用新工艺、新技术、新设备、新材料。

八、工程款支付情况

我项目部外欠债务已全部还清，在此我项目部郑重承诺，如该项目有拖欠农民工工资和劳务费用及工程款的投诉，责任完全在我公司，由我公司负责解决，与建设单位无关，建设单位不承担任何法律责任。

九、施工体会

通过这次施工，我们在管理方面采取了很多新措施新方法，对施工过程进行全方位、全过程的动态管理。首先制订施工计划，在施工中运用多种方法进行实际值与计划值比较，发现偏差及时纠正，使工程的质量、进度、投资始终在我们的控制掌握之下。在施工方法上，采取先进施工工艺，合理安排交叉施工，使工程进度明显加快。通过这次施工，我们既锻炼了队伍，又学习了很多先进技术和管理方法，使人员素质得到进一步提高。

岭南高速公路供配电代表标段

2. 二广高速公路分水岭至南阳段工程机电合同段施工总结报告

目　　录

二广高速公路分水岭至南阳段工程机电合同段施工总结报告

一、工程概况

(一)施工单位(表1)

施 工 单 位　　表1

类　别	合 同 号	单位名称	合同金额
机电	LNJD	中铁一局集团电务工程有限公司	51245099.09

(二)收费站布设(表2)

收 费 站 布 设　　表2

序号	名　称	位置(桩号)	土建车道数	设备车道数
1	南召收费站	K20 +297	4	4
2	五朵山收费站	K34 +778	4	4
3	南阳西收费站	K69 +594	5	5
4	独山收费站	JK17 +637	12	12
合计			25	25

(三)服务区(见表3)

服 务 区　　表3

序　号	名　称	位置(桩号)	类　别	用　途
1	南阳北服务区	K52 +070	综合服务	停车、加油、饮食、住宿、车辆维修
2	南召停车区	K26 +400	停车服务	停车、加油、维修

(四)工程规模

分水岭至南阳段主线起于平顶山和南阳市交界处的分水岭,路线向南至张华岗西与上海至武威国家重点公路南阳至内乡高速公路相接,即为LNJD合同段终点。主线全长74.299km,断链长392.343m。联络线起于龚河枢纽互通(主线桩号K60 +955),至祝庄与许平南高速公路相接,即为联络线终点。联络线全长24.25km。

本标段在信南高速翟庄收费站设置路段临时分中心,全线设置路政管理所1处,路政管理所与南阳收费站合建。全线在南召、五朵山、南阳及独山互通共4处匝道收费站,在五朵山收费站设置1处养护管理所,全线设南召停车区、南阳服务区各1处。

根据沿线隧道的分布情况,在分水岭隧道、柴家庄2号隧道、上河东隧道及雪家庄隧道洞口分别设置隧道供电管理站,以满足隧道运营的需求。在五朵山收费站监控室设隧道监控站。

包括全线监控(含隧道)、通信、收费系统的供货,施工,调试,技术服务及培训等工作内容(包括隧道监控分中心)。本标段于2007年5月25日开工,2007年12月9日完成主线(张华岗～K19 +880段)2008年11月26日完成(分水岭～K19 +880、联络线全段),至此本标段全部竣工,期间完成以下工程项目。

1.监控系统

(1)基础浇筑及监控外场设备(包括63套遥控摄像机、13套车辆检测器、3套门式可变情报板、4套小型可变情报板、5套F形可变情报板、2套服务区室外信息发布屏)安装调试以及隧道区的监控(8套摄像机、五朵山隧道监控站)设备安装调试;

(2)开挖电缆沟及敷设各种电缆；
(3)系统技术培训。
2. 通信系统
(1)通信土建(含砌筑人孔、敷设硅芯管、安装管箱支架等)；
(2)敷设管道4、8、14、28、32、40芯单模光缆及接续；敷设30P市话电缆；
(3)信南高速公路翟庄分中心设备扩容1项安装、调试、开通；
(4)南召、五朵山、南阳、独山、南召停车区、南阳服务区共6站通信设备安装，调试，开通；
(5)南召、五朵山、南阳、独山4处收费站办公系统计算机网络设备安装、调试、开通；
(6)系统技术培训。
3. 收费系统
(1)南召、五朵山、南阳、独山4处收费站基础浇注及设备安装，调试，开通；
(2)系统技术培训。

二、机构组成

根据本标段工程分布情况及特点，为保证保质按期完成施工任务，创优质工程，做到安全生产、文明施工，此项工程将作为重点工程组织施工和管理，组建强有力的项目经理部、精良的机械设备、优秀的施工队伍进行该工程施工。施工生产由项目经理全权负责，技术控制、质量标准由总工程师负责，经理部设5部，下辖2个项目工程队和1个中心料库，见图1。

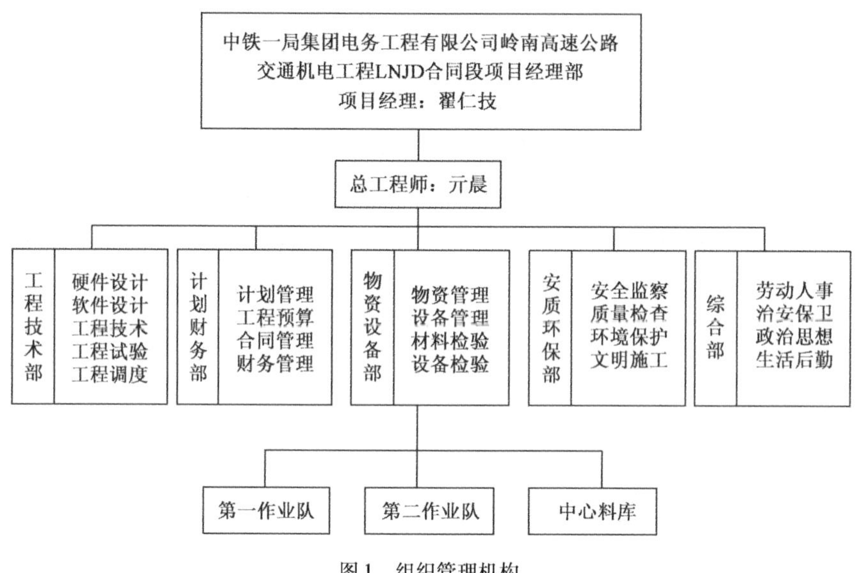

图1　组织管理机构

三、质量管理情况

(一)质量管理目标

工程验收合格率100%，分项、分部、单位工程评分不低于95分。

(二)质量管理体系

牢固树立“百年大计，质量第一”的思想。正确处理质量、效益、工期三者关系，严格质量控制，加强质量管理，不仅要创一流速度，更要创一流质量。

强化质量意识，提高职工素质。建立健全教育培训制度，加强对职工的质量教育和上岗培训，未经教育培训或考核不合格的人员，不得上岗作业。

认真落实岗位责任制，坚持持证上岗制、质量定期检查制、班前讲话制、记名挂牌制、自检互检制、工序交接制，奖优罚劣，把工程质量同每一个职工的切身利益挂钩。

健全和完善工程质量监督体系，强化工程质量监督抽查力度，质检人员行使工程质量奖罚权、质量问题一票否决权。自觉接受业主和监理单位的监督检查，随时配合监理工程师对工程隐蔽项目等进行检查确认。不合格不得掩埋,未达标不得进入下道工序。

开展科技攻关活动。组织开展 QC 小组活动,大力推广新材料、新工艺、新技术,用科学的管理和技术来保证工程质量。

1. 质量保证体系的组织结构

为确保工程质量,争创优质工程,我方拟成立以项目经理为总负责人,由总工程师、工程技术部、安质环保部、物资设备部,以及现场作业队组成的质量管理机构。建立三级质量管理机构,经理部专职质量工程师、作业队专职质检员、各组兼职质检员。全面负责本工程质量管理、检验和控制。根据各管理部门的职责范围,划定工程质量责任区,制定岗位质量目标,以此作为考核各部门工作质量的标准。施工中如果出现质量问题,立即召开质量分析会,剖析问题和原因,并将分析结果反馈有关部门。质量管理机构见图 2。

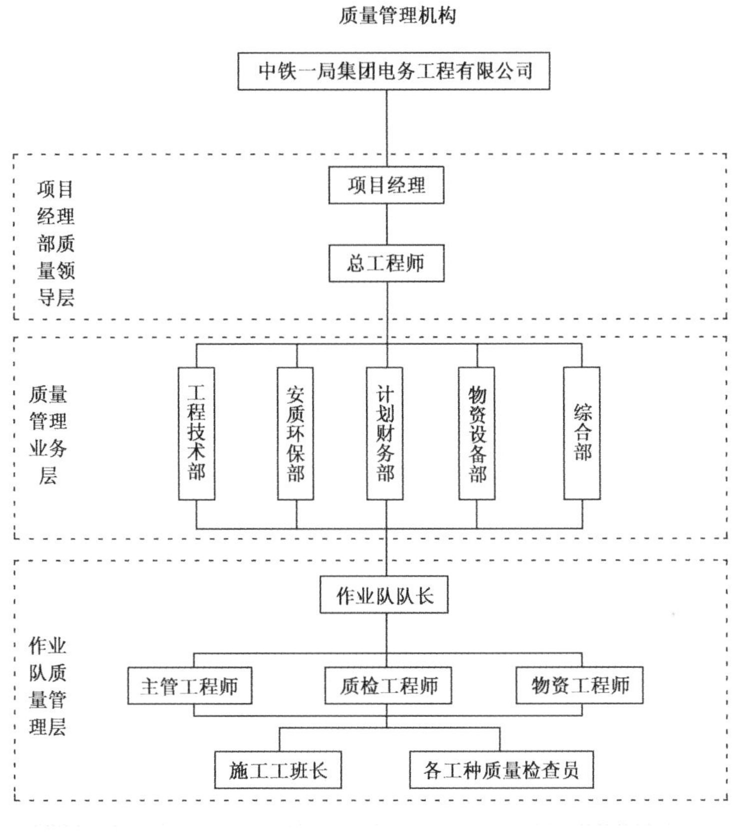

图 2　质量管理机构

2. 质量保证体系

以 ISO9000 质量管理体系为标准,以公司质量体系为基础,建立完善的质量管理体系。制定和完善从项目经理到操作工人的岗位质量责任制,明确各级管理职责,建立严格的考核制度,将经济效益与质量挂钩。制定和完善从施工准备、联合设计、设备材料采购、工厂监造、运输、工程施工到竣工验收等各个环节的质量保证措施。做到检查上工序,干好本工序,服务下工序,确保工程质量。质量保证体系见图 3。

3. 设立的各岗位质量职责

(1)项目经理

①根据合同要求组织编写施工组织设计、月生产计划,并落实实施,确保工期、质量目标的实现,完成合同条款的要求。

②组织建立项目部内安全、质量保证体系,贯彻 ISO9000 标准,组织开展 QC 小组活动,督促、检查施工过程中安全质量情况。

③协调项目部内各部门在施工中的关系,督促各部门及施工队按时完成各自的工作和施工任务。

④做好对甲方各部门以及监理公司的协调工作,及时督促有关部门做好增加工程量、工程价款的签认,及时督促办理质量检查签认证。

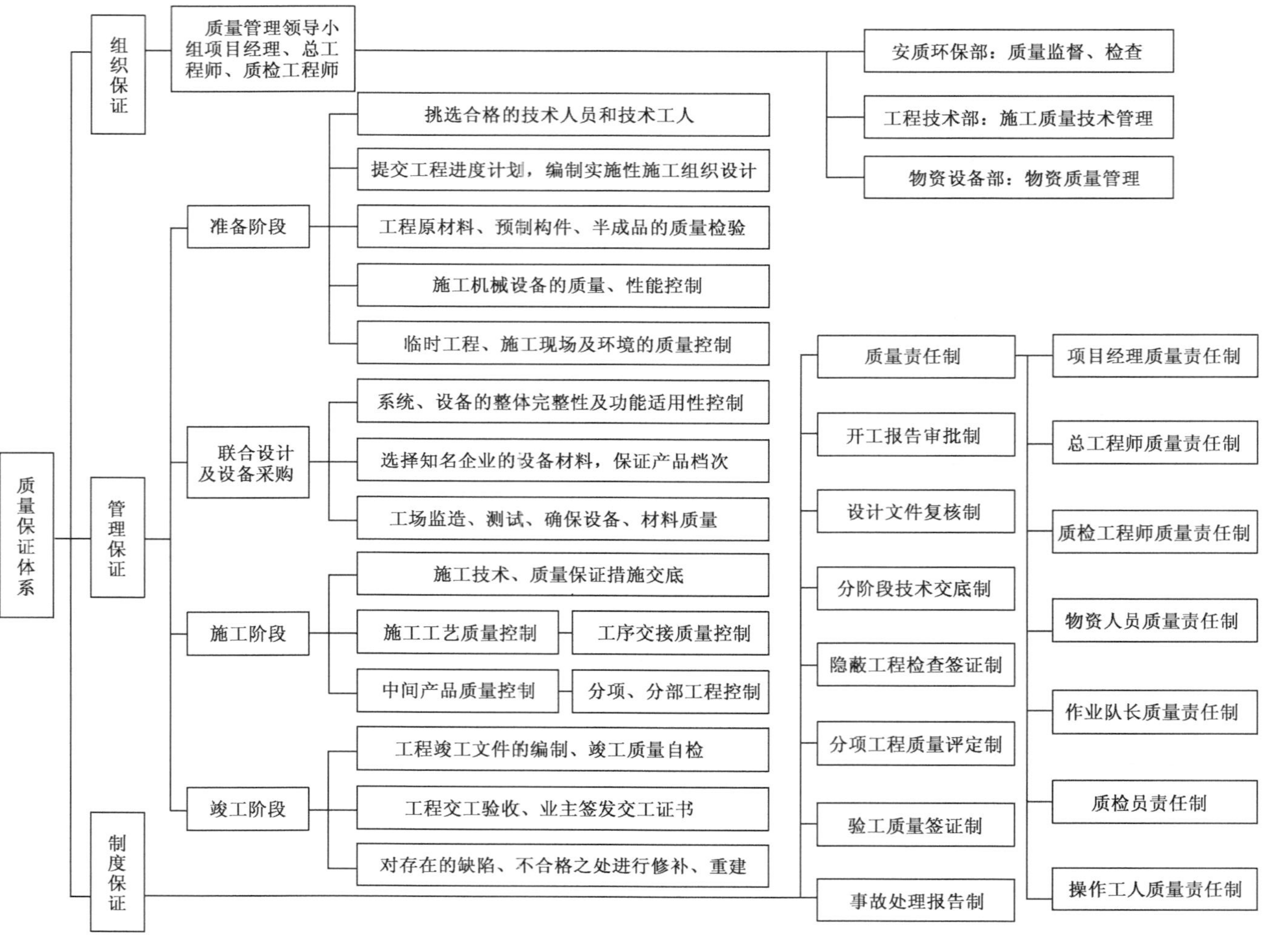

质量保证体系
组织保证
质量管理领导小组项目经理、总工程师、质检工程师
安质环保部：质量监督、检查
工程技术部：施工质量技术管理
物资设备部：物资质量管理
管理保证
准备阶段
挑选合格的技术人员和技术工人
提交工程进度计划，编制实施性施工组织设计
工程原材料、预制构件、半成品的质量检验
施工机械设备的质量、性能控制
临时工程、施工现场及环境的质量控制
联合设计及设备采购
系统、设备的整体完整性及功能适用性控制
选择知名企业的设备材料，保证产品档次
工场监造、测试，确保设备、材料质量
施工阶段
施工技术、质量保证措施交底
施工工艺质量控制
工序交接质量控制
中间产品质量控制
分项、分部工程控制
竣工阶段
工程竣工文件的编制、竣工质量自检
工程交工验收、业主签发交工证书
对存在的缺陷、不合格之处进行修补、重建
制度保证
质量责任制
开工报告审批制
设计文件复核制
分阶段技术交底制
隐蔽工程检查签证制
分项工程质量评定制
验工质量签证制
事故处理报告制
项目经理质量责任制
总工程师质量责任制
质检工程师质量责任制
物资人员质量责任制
作业队长质量责任制
质检员责任制
操作工人质量责任制

图3　质量保证体系

⑤编制施工项目成本分析，掌握工程进度以及工程费用的使用情况，合理安排施工生产。积极采取合理有效的组织和技术措施，降低材料损耗、减少机械使用费，降低工程成本。

⑥开展文明工地建设，督促、检查文明施工、综合治理情况，争创优质工程。

⑦组织工程竣工验收，负责工程价款清算和索赔工作。

(2)项目总工程师

①认真贯彻国家及行业颁布的技术管理、物资管理、安全、质量管理的标准规范，做好工程项目的监督和指导。

②负责工程项目施工调查、图纸的会审、技术交底，确定物资设备供应方案。

③负责编制年、季、月生产计划，编制预算和验工计价，检查计划完成情况。

④参与工程质量最终检查评定，办理工程的初验、交验工作。

⑤负责推广新技术、新材料、新工艺，编制作业指导书。

⑥根据施工需要，负责供应材料和施工机具、仪器仪表，组织定期对计量器具进行检验和标识，确保所供应物资设备、施工机具、仪器仪表的质量，使用准确度及可靠性。

⑦参与材料设备质量检验，明确试验标准，做好验收记录。

⑧指导 QC 小组活动，负责 QC 成果的收集评审及向上申报工作。

⑨参与质量事故的调查、分析，提出处理方案，制定纠正和预防措施。

(3)专业工程师

①认真审核施工图纸，核对材料、设备型号数量，明确设计意图及安装标准，书面向工班作出技术交底。

②月作出用料计划，按月分工序向工班做书面技术交底。

③指导工班严格按技术规范施工，坚持质量标准，负责进场材料设备的质量检验，确保工程质量。

④负责对施工设备、工机具、计量器具和材料的质量、数量进行检查和试验，满足工程需要。

⑤对重点工程、关键工序编写作业指导书，并制定质量保证措施。

⑥坚持“三检”和四大检查制度，对不符合质量标准的工序及时责成工班整改。参加分项、分部工程的质量评定，填写质量记录。

⑦参与 QC 小组活动，解决施工中的疑难问题，提高工程质量。

⑧参加工程竣工检查，参与工程验交和施工资料的收集，编制竣工文件。

⑨参与一般质量事故的调查分析，提出纠正和预防措施并监督落实。

(4)安全质量环保部

①认真执行国家工程质量管理条例及有限公司质量体系文件，确保工程质量处于受控状态。

②制订项目质量检验计划并负责实施，负责项目施工全过程质量监督，参加单位工程的质量评定，办理工程监理质量签证申请手续。

③监督班组按期召开质量分析会议，严格推行工程质量责任卡制度。

④负责向上级管理部门定期反馈工程质量信息，搜集整理优质工程资料，负责优质工程的申报。

⑤参与和监督物资设备进货检验，杜绝不合格物品流入施工环节。

⑥组织 QC 小组活动，推广全面质量管理，负责 QC 成果的内部评审及优秀成果的申报奖励。

⑦参与工程质量事故的调查、原因分析及处理，制定事故预防措施。

⑧按规定要求回访用户，负责组织实施回访保修事宜。

(5)物资设备部

①负责工程所需物资的采购、供应、检验、管理工作。工地料库管理做到账、卡、物、标识相符，对所管物资做到不遗失不损坏。

②组织材料设备的进货检验，确保不合格物资不用于工程。

③建立施工设备、施工机具台账，按《机械设备及施工机具管理办法》做好保养、维护工作。

④按《材料、设备的搬运、储存和发放管理办法》的要求，做好物资的搬运、储存和发放工作。

⑤根据技术部门提供的材料计划，编制物资申请采购计划。

⑥经检验材料、设备不合格时，应进行隔离，同时向顾客和供货方报告，以便及时处理。

(7)施工队长

①贯彻执行公司质量方针，认真落实项目质量目标。严格按照程序文件要求组织施工和检查。

②根据项目管理计划、实施性施工组织设计及生产计划要求，合理组织施工。

③督促工班人员对施工设备、工机具、计量器具及时进行检修，保证处于良好状态，满足施工需要。

④严格按技术规范、施工规范组织施工和检查，确保工程质量。

⑤负责组织对各工序实行“三检”，对不符合质量标准的工序及时组织整改。

⑥组织工班技术员、质检员对分项、分部工程进行检查评定，做好质量记录。

⑦组织 QC 小组活动，消除影响工程质量的各种因素，确保施工质量。

⑧参与一般质量事故的调查分析，负责纠正和预防措施的具体实施。

(8)职工

①牢记并贯彻公司质量方针及项目质量目标。

②熟知公司相关质量管理规定，明确各施工项目的质量要求，严格按质量要求进行施工和检查。

③熟悉作业程序和技术规范，清楚操作规范。

④熟悉本岗位职能，熟悉掌握工作技能和工具设备使用方法。

⑤严格按质量标准施工，为业主生产合格产品。

⑥坚持分项工程和工序的自检、互检制度，对不符合质量标准的工序及时整改，并做好质量记录。

⑦杜绝质量事故，配合技术、安质部门做好纠正和预防措施的落实。

4. 技术交底

施工中技术交底工作项目部对作业层要做到以下几点：

(1)技术交底工作应贯彻在整个施工过程中。

(2)在向作业队进行技术交底时，各作业队长、值班技术人员、施工操作人员及有关的测量人员、试验人员、安全质量员均应参加，交底人员向所有的人员进行传达，做到使所有参与施工人员掌握所从事工作的内容、操作方法和技术要求。

(3)施工组织设计、分部工程或关键工序施工工艺技术交底内容包括设计图纸、设计变更内容、工程特点、施工方案、技术标准、施工进度、施工顺序、施工控制环节、特殊工艺、季节性施工要求、机械设备及物资供应、安全质量措施、质量管理体系、使用的施工方法和材质要求、采用“四新(新技术、新工艺、新材料、新设备)”技术在使用过程中的注意事项等。

(4)分项工程技术交底内容包括施工特点及方法、技术标准、安全、环保注意事项等。

(5)交底时要做到：明确工作内容、各部门(人员)职责和相互间的配合要求、任务工期、施工方法步骤、质量标准、关键技术要求、安全措施等，使施工操作人员心中有数，以提高工效，保证工程质量和安全。

(6)施工技术交底应以书面交底为主，包括结构图表和文字说明。

(7)交底资料必须详细、准确、直观，应便于识读和理解，要有较强的可操作性。

5. 质量宣传体系

在施工中成立以质检工程师为组长，各施工队质检人员参加的从上至下质量宣传体系，并定期开展质量教育培训，保证工程质量，提高全员质量意识。

6. 质量检查旬报制度

项目经理部每月由项目经理组织进行一次质量全面大检查，各工区每旬进行一次定质量检查，各施工班组每天进行随时质量检查，并及时做到发现问题，解决问题，把一切质量隐患消灭在萌芽状态。

7. 质量奖罚制度

实施奖罚的依据，奖罚办法(方案)由经理部制定。奖罚的一般原则如下：

(1)考核结果优秀的部门，经理部给予奖励。

(2)考核结果良好的部门，经理部给予表扬。

(3)考核结果较好的部门，不予奖励。

(4)考核结果一般的部门，限期整改。

(5)考核结果一般的个人，实行下岗培训，待遇按经理部奖罚办法(方案)的规定扣减。

(三)施工质量控制方案

1. 施工准备阶段的质量措施

(1)通过充分的现场调查，掌握现场自然条件、地质、气象、水文，以及施工环境等资料，为联合设计和工程施工奠定了良好的基础。

(2)详细了解本工程的设计和施工原则、技术要求、施工难点、重点，制定保证工程质量的详细措施。

(3)建立健全质量控制体系，制订创优规划，并将有关规划等报业主核备。

(4)对全体施工人员进行岗前教育与培训工作。使参与施工的技术人员和技术工人了解本工程的特点、技术要求、施工工艺及施工操作要点等。

(5)配备后备劳动力,确定调配方案,保证工序间的衔接。配备足够的施工机具,并确保施工机具处于正常运行状态。

2. 联合设计阶段确保设备的整体完整性、功能适用性及产品档次

在联合设计阶段,确定系统设备型号、指标,设备的功能和技术指标,并保证系统功能的实现和设备的完整性、兼容性;选择知名企业的产品,保证设备的适用性和产品档次。

大力推广应用有利于系统功能和工程质量的新技术、新设备、新工艺。为业主提供本项目所需的全新、高质量的机电系统。

3. 设备采购供应阶段,确保设备材料的质量和储备

对于采购的设备材料,按技术含量高低和复杂难易程度进行必要的工厂监造。同时做好在设备、材料到货后的检验、测试工作,不合格品不得进入施工现场。对于不合格品要求返厂更换。做好设备材料的储备工作,保证工程施工的需要。设备材料检验试验质量控制图附后。

4. 施工过程中的质量保证措施

(1)施工过程中的质量保证措施主要是对施工工艺、工序的交接和人员、机械、仪表进行控制。

(2)正确贯彻执行国家、部颁各项技术政策和法令,认真执行国家和上级主管部门制定的施工规范、质量检测试验方法。

(3)质量检测试验由专业工程师完成,并实行个人负责制。定期对质检人员进行新技术、新工艺、新标准的检验试验方法培训,确保质检人员掌握最新的质量检验试验标准。

(4)配备良好质量检测试验仪器仪表,做好设备、材料质量检测试验工作,对质量检验试验结果进行比较,确保质量检验试验的准确性。设备材料检验试验质量控制见图4。

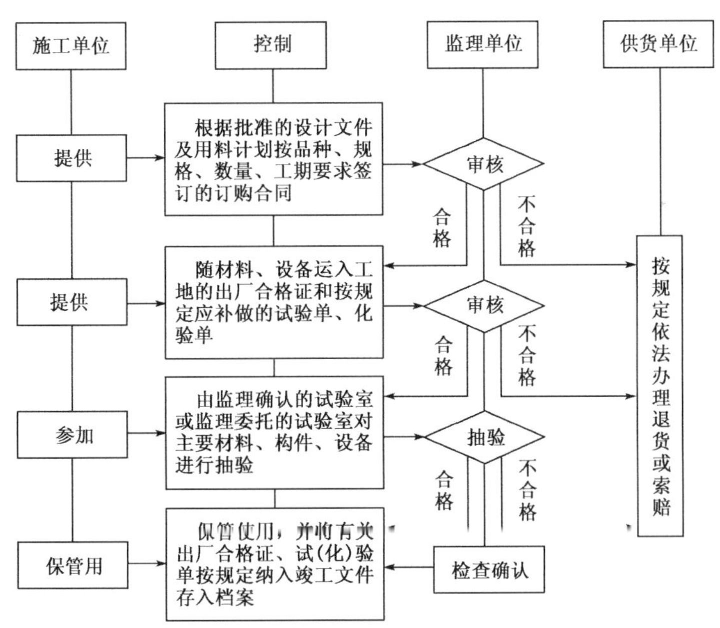

图4　设备材料检验试验质量控制

(5)严格施工过程的质量控制,使工序质量的检测指标处于允许范围内,在产生偏离标准的情况下,分析原因并及时采取措施。

(6)做好对施工工艺、工序交接和人员、机械、仪表的控制,具体控制措施见下。

①施工工艺的控制。严格执行国家、行业和业主制定的相关施工规范和验收标准。对全体施工人员进行施工工艺技术标准的交底,对关键环节的质量、工序、材料和环境进行验证,使施工工艺的质量控制符合标准化、规范化、制度化要求。

②工序质量控制。严格工序管理,按照工序质量控制流程图(图5)对施工工艺、工序交接、中间产品的质量

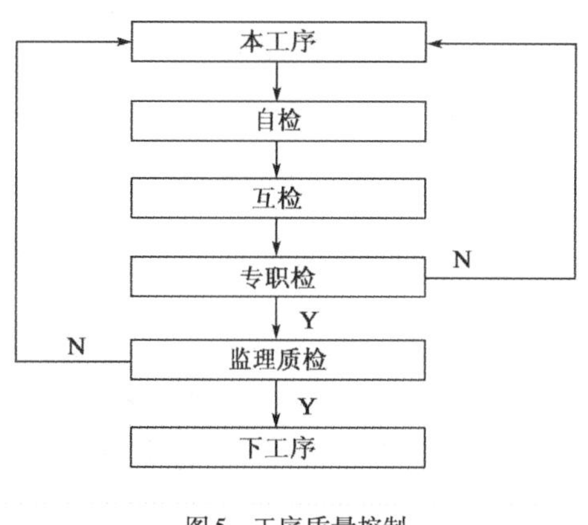

图5 工序质量控制

进行控制，切实执行工班自检、工序互检和质检工程师专检的质量检查程序，发现问题按“三不放过”的原则，进行纠正和补修，保证不合格工序不转入下道工序。

③单位工程质量控制。单位工程的质量控制按单位工程质量控制流程图进行(图6)，按分项、分部、单位工程三级规定进行质量控制。

④施工过程中五大因素控制。影响施工质量有五大因素：人员、材料、机械、方法、环境。施工过程中控制好这五大因素是保证施工质量的关键。

⑤重复性作业。对于重复性的现场作业，遵循现场监理工程师批准的第一次作业程序，并以第一次作业程序的样板指导后续作业的实施和检查。

⑥交接验收阶段的质量保证措施。进行有计划、有步骤、有重点的收尾工程清理工作，按设计文件及验标进行全面自检，找出缺陷，及时修补，并做好工程的成品保护工作，以提高工程一次成优率，工程自检、互检后，进行正式的交工验收工作。

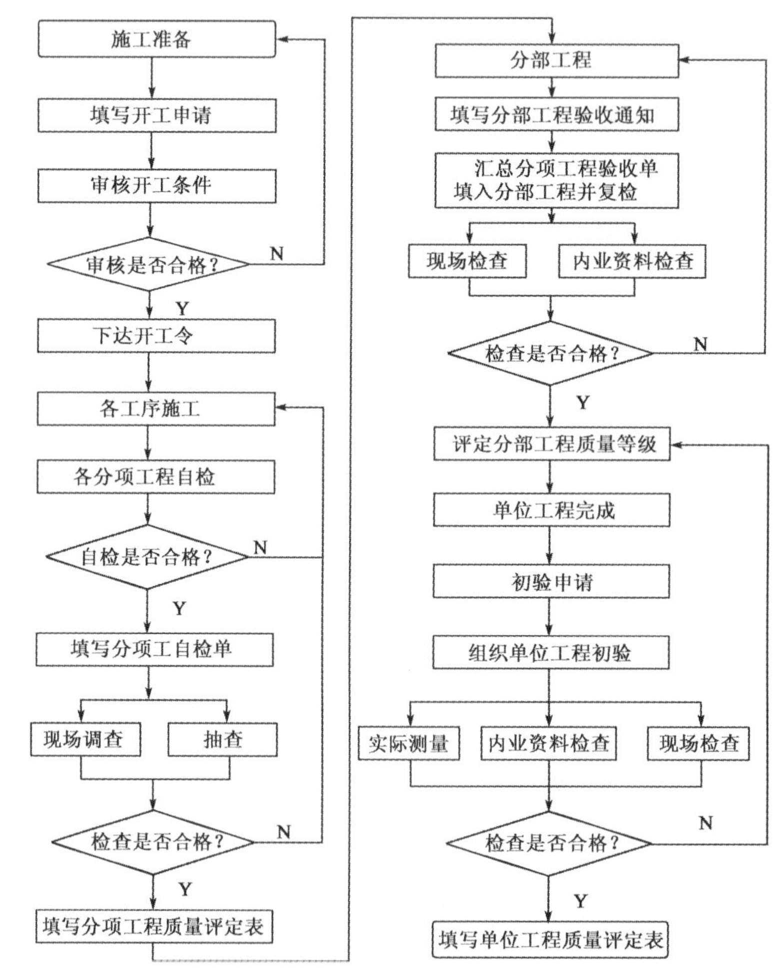

图6 单位工程质量控制

⑦不合格品控制。用标牌、汉字书写或记录的方式对于不合格的设备、材料、施工过程进行标识(报废、退

货、返工等)。标识清晰,易于识别。

对于检验不合格的设备材料,由项目经理部物资部门督促供货商立即更换;施工过程中产生的不合格,由项目经理部负责人组织相关人员评审,制定详细的纠正方案。

(四)施工中工程质量自检情况

在施工中我项目部成立以项目经理为组长、项目副经理和总工程师为副组长的质量管理小组,在施工中严把质量关,深化职工质量意识,开展质量教育,使全体施工人员明确质量目标。并在施工过程中认真接受监理工程师监督,进行自检、互检、交接检,并定期不定期地进行质量检查,制定奖罚措施,制定切实可行的质量检查程序,使施工生产过程中产品质量处于受控状态,从而提高和保证工程质量,使我单位承建工程顺利完成施工,没有发生任何质量事故。

(五)工程质量问题的处理

在施工过程或完工以后,项目部或监理工程师如发现工程存在着技术规范所不容许的质量缺陷,应根据其性质和严重程度,按如下方式处理。

(1)当因施工而引起的质量缺陷处在萌芽状态时,项目部将及时制止,并要求立即处理(如更换不合格材料、设备或不称职的施工人员,或要求立即改变不正确的施工操作方法)。

(2)当因施工而引起的质量缺陷已出现时,项目部立即组织相关人员采取能足以保证施工质量的有效措施,并对质量缺陷进行正确的补救处理,同时必须得到监理工程师认可。

(3)当质量缺陷发生在某道工序或单项工程完工以后,而且质量缺陷的存在将对下道工序或分项工程产生严重影响时,项目部将和监理工程师对质量缺陷产生的原因作出判定,并确定了补救方案后,再进行质量缺陷的处理或下道工序或分项工程的施工。

(4)工程完工后,发现工程质量缺陷时,将按照监理工程师的要求进行修补、加固或返工处理。

(六)完工质量评价

我单位承建的岭南 No. 1 标工程现已顺利完工,工程具备交验条件。在施工中我单位严把质量关,杜绝一切质量隐患,施工中未出现重大质量事故,各项施工均符合《公路工程质量检验评定标准》,各单位、分部、分项工程质量评定均为合格。

四、施工进度控制

本标段从 2005 年 5 月 25 日开工至 2008 年 11 月 26 日底全部竣工。此间经过广大职工的共同努力,我单位在安全、质量无事故情况下圆满完成本合同段全部施工任务。在施工中我单位根据本合同段实际情况,对施工进度进行合理安排,周密部署并采取了严格控制进度的措施,具体如下。

(一)设立工期保证组织机构,建立完善的工期保证体系(图 7、图 8)

(二)各项工期保证措施

1. 组织管理措施

合理组织、配备劳动力和施工机具,使工程形成以关键工序为主的流水作业,避免窝工、停工及误工现象。

编制和完善以工期、投资、劳力、材料为主要技术经济指标的施工组织设计,以科学数据为依据,运用统筹法、计算机进行工序环节管理,特别对关键项目的工序进行科学调控,使工程的各工序处于可控之中。

做好施工中的调度工作,均衡组织生产,协调施工。随时掌握施工动态,协调各方面关系,排除各种矛盾,加强薄弱环节,及时解决施工中存在的各种问题。实现动态平衡,保证作业计划和进度目标的实现。

强化激励约束机制,奖优罚劣,竞争上岗,最大限度地调动全体施工人员的积极性和创造性,确保工程按期完成。

加强工期进度计划的跟踪检查、分析和工期进度计划的调整工作。严格按照施工进度计划的控制方法实施。及时调整施工环节,优化施工方案。

及时向业主和监理工程师提报季、月施工生产计划及各种统计、安全、质量报表。遵从监理工程师的正确指导。

加强检查上道工序,干好本道工序,服务下道工序的检查制定,保证工序衔接紧密,避免因工程质量延误工期。

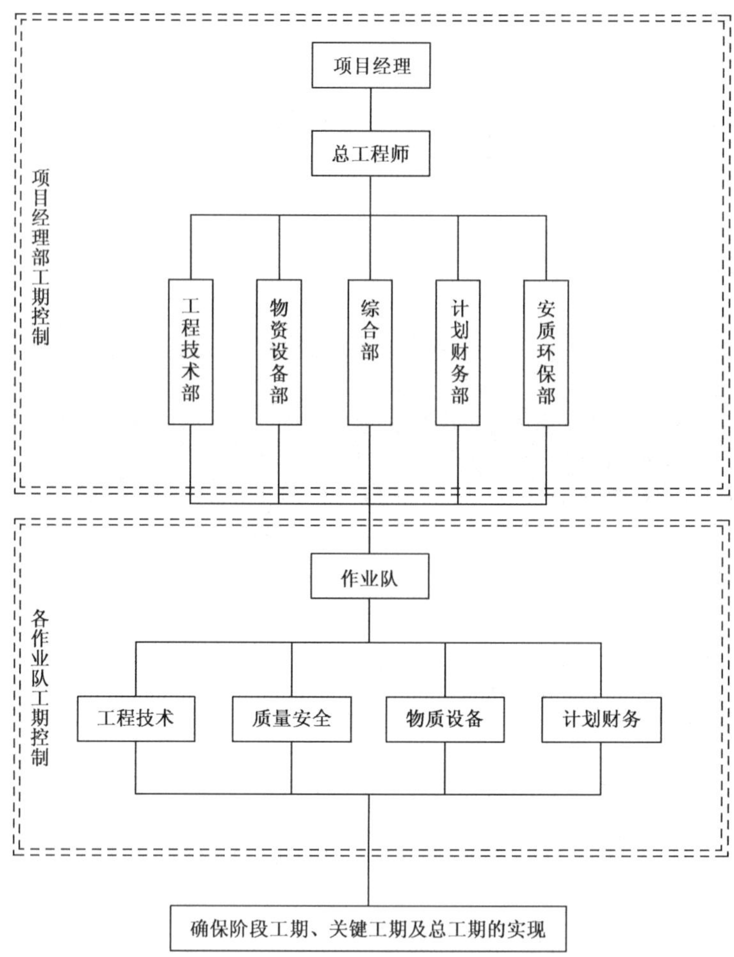

图7　工期保证组织机构

加强相关单位之间的配合和组织协调,创造互相有利的施工条件,使工序衔接紧凑。

在非常规时期,从公司其他工程中抽调技术骨干充实本工程的施工队伍,以扩大作业面,保证工期目标的实现。

2. 技术措施

根据本工程的施工特点,做好施工调查,对施工难点、重点和关键项目,成立攻关小组,研究施工方案,确保进度。

对施工人员进行岗前培训和技术交底。

严格按照设计文件、施工规范、技术操作规程、设备供货商提供的安装手册和有关质量验收评定标准进行施工、检验,确保工程质量,避免返工现象。

运用新工艺、新技术,提高施工进度和质量,利用先进的测试手段进行设备的测试工作,缩短工期。最大限度提高劳动生产率和施工机械设备的利用率。

3. 人员管理措施

挑选有类似经历且经验丰富的工程管理人员、技术人员、技术工人组建精干、高效的施工队伍进场施工,确保工期的顺利完成。

加强职工教育培训工作,提高施工队伍整体素质,使全体参建人员牢固树立工期观念。

通过技术交底,使施工人员了解本工程的特点、难点。进行岗前技术培训,严格施工规范和标准,确保工程质量,避免工程返工。

明确岗位责任,完善分配制度,强化激励机制,激发职工的积极性。

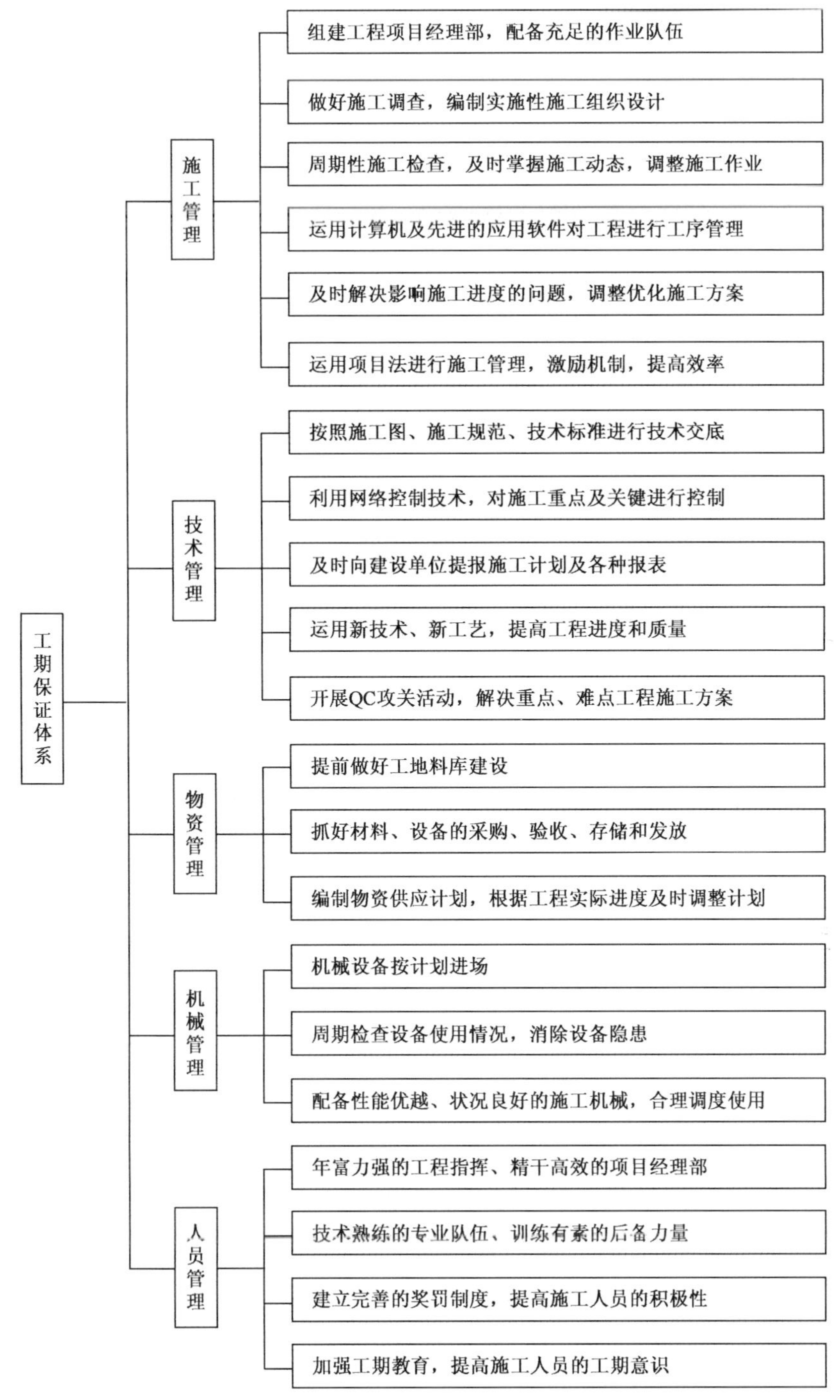

图8　工期保证体系

4. 做好物资设备的采购、供应工作

提前做好工地料库建设，具备接收、存储材料设备的能力。

设备材料及时订购，确保工程施工的需要。抓好材料、器材、设备的接收，检验，入库等工作。

做好设备、材料的检验工作，未经检验或检验不合格的设备材料，不得使用，避免因质量问题造成返工现象。

根据施工进度要求，编制月、旬、周物资供应计划，并根据施工的实际进度情况，及时修正供应计划。

随时掌握物资供应和消耗的最新状态数据，采取相应的措施，保证物资供应能够满足施工生产的需要。

5. 确保施工机械设备、仪器仪表良好

组织和调配足够的性能优越、技术状况良好的施工机械设备进入工地，保证工程需要。

科学调用机械设备，提高利用率。

严格执行施工机械设备安全操作技术规程，加强机械的日常维修、保养，消除设备隐患，确保机械性能良好。

专用工具由专人进行保管，保证性能良好随用随取。

6. 搞好施工协调，确保工程顺利进行

做好本工程的接口管理，加强与业主、监理工程师、设计工程师、其他承包商及供货商之间的沟通与配合，积极主动地配合业主协调各方关系，为工程的顺利进行营造良好的外部环境。

和当地市政府相关部门保持良好关系，争取社会各方面对我方施工的理解，妥善处理好各种干扰和影响，避免矛盾激化，确保施工正常进行。

7. 应对意外情况的措施

在制订施工进度计划时充分考虑雨季对工期造成的影响，在施工进度计划中留足充裕的时间。

我方具备雄厚的施工能力，可以在工期紧张时就近抽调人员和机械参加本工程的施工，以确保工程如期竣工。

受自然灾害影响工期时，我们将对施工计划作相应调整，进一步优化施工组织和劳力配置，以确保总工期不变。

材料、设备若不能如期供货，我们将采取积极催料、驻厂督促、及时调整供货安排与施工计划，见缝插针，材料、设备一到，抓紧进货验证，集中力量进行施工。

组织施工人员加强对已完设施的安全保护，以防意外情况的发生。

五、施工安全与文明施工情况

（一）安全生产保证措施

1. 施工安全保证措施

将“八坚持、三不放过”的原则，贯穿于整个施工过程中。坚持“安全第一、预防为主”的方针和“管生产必须管安全”的原则，大力加强安全教育工作，将安全生产责任落实到人。

建立党政工团齐抓共管安全生产的氛围，发动全体施工人员对现场施工安全情况进行监督，制止他人违章操作。

对施工人员进行安全技术教育和规章制度教育，推行标准化施工和标准化作业，保证施工安全。进行安全知识、安全作业考核，合格者方准上岗。

项目经理部定期进行施工安全检查，召开安全会议，对工程施工中出现的安全隐患进行分析、总结，制定相应的整改措施。工班坚持班前安全讲话、周一安全活动制度和安全操作挂牌制，工班成员制订个人安全保证书。

进入施工现场必须戴好安全帽，禁止穿拖鞋或光脚，高处作业挂好安全带，使用手持和移动电动工具要穿绝缘鞋，戴绝缘手套。

施工人员必须熟悉所使用工具的性能、操作方法，作业前和作业中注意检查，发现问题及时报告，经修复后再用。

施工人员必须熟知安全技术操作规程，熟悉施工要求和作业环境，认真执行安全交底。如安装有防静电要求的设备时，须穿防静电服或戴防静电手腕；对已安装调试的设备，严禁带电插拔电路板；在电源室施工时穿绝缘鞋、防护衣。严禁酒后操作，对没有安全交底的生产任务，有权拒绝接受，有权抵制违章指令。

各作业工班随时对作业过程的安全保护、安全防护设施进行检查，发现不安全因素及时处理和解决。项目经理部安全负责人、作业队安全检查工程师定期对工班的安全问题进行监督检查。

对于公路上的施工作业以及危险作业、特殊工序的作业，由安全环保部负责加强安全检查，建立专门的监督岗，并在施工现场和时段，设立明显的施工警告标志，并设置防护椎、防护栅等安全防护设施。施工现场的防护设施、安全标志和警告牌等，不得任意拆动，若必须改动时，须经有关人员批准。

安装门架式可变情报板门柱、情报板时，制定详细的施工方案，并对吊装机具和钢丝绳等进行强度验算。吊装时，要认真检查，专人指挥，规范信号手势，设警戒标志。吊装机械旋转臂下、钢索旁严禁闲杂人员停留。

系统调试时，相关项目负责人必须到位，在设备、仪表、线路各系统检查无误后，进行通电、功能试验，保证设备、人员安全。对于已安装调试的设备，严禁带电插拔电路板。

2. 机械安全保证措施

设专人对施工机械、工机具、仪器仪表进行保管，做好防盗工作。

定期对工机具、仪器仪表进行检查，发现安全隐患及时进行整修，避免在工程施工中出现不安全事故。施工过程中，各作业班组在班前班后对生产机具、设备等的安全情况进行检查，发现不安全因素及时处理和解决。

严格操作规程和持证上岗，杜绝对工机具、仪器仪表性能不熟悉的人员进行操作。

机械设备根据有关规范进行测试,所有起重和升降设备进入施工现场之前,提交测试合格证供监理工程师审批。

仪器仪表在运输和施工过程中做好安全防护工作,避免造成损坏。

3. 交叉施工作业的安全保证措施

积极主动配合业主、监理工程师或其代表的工作,服从协调。

加强交叉施工配合,争取各相关单位、承包人的大力配合,施工前与相关单位、承包人签订施工协议,交叉施工过程中重点部位派专人盯守,并做好施工的安全防护工作。

加强施工管理,调整施工环节,解决影响施工安全的问题,随时根据施工情况调整优化安全防护方案。

4. 临时用电和机电设备的保护措施

现场临时用电线路的安装和使用,必须按配电规程、安全操作规程和临时用电设计执行,施工临时用电必须由专业电气施工人员进行操作,杜绝无证上岗,乱拉乱接。不准任意拉线接电。

施工临时用电设施要专人管理,严格控制,施工完毕后要及时切断电源,在安全管理人员确认后,方可离开。

临时用电配电箱、开关箱,必须装设漏电保护装置。临时用电的配电箱、电缆必须使用合格产品,不得有破损、漏电现象,以保证临时用电的安全。

临时用电电缆的截面积符合载流的要求,不能以小代大、以次充好。熔断器和熔丝配置适当,严禁用其他金属丝代替熔丝。

各种手持电动工具和额定电流小于60A的用电设备,必须安装触电保安器。

电气设备必须完整无损、绝缘良好、设保护地线。手电钻有绝缘手柄和保护接地线。使用时,站在绝缘垫上或戴绝缘手套。电焊机必须接地,用完必须切断电源。

开关接在相线上,螺栓灯头的丝扣接在中性线上。

不将线头勾挂在灯头上或直接插在插座内。严禁用二线裸露部分搭接作为开关。

如使用裸露的照明装置可能引起火灾,按监理工程师的要求增加预防措施和灭火设备。

5. 危险品使用措施

加强对易燃、易爆等危险品的管理,认真贯彻和实施国家和上级主管部门颁发的施工现场易燃、易爆物品管理规定,按照"谁主管,谁负责"的原则,层层签订易燃、易爆物品安全管理责任书,公安、安检、施工、物资等部门加强督促检查,做到责任明确,确保易燃、易爆物品的安全管理。

按照危险品运输和储存安全条例的要求确保易燃气体、油料、易爆物品或其他危险品的安全运输和储存、保管。

没有监理工程师的批准,不能进行涉及电离或静电辐射的操作,确保所有工作人员和社会公众免受这些辐射的影响。每一辐射区用辐射标志和隔离护栏给予警告,以引起附近人们的注意。

6. 治安措施

为加强施工现场的治安保卫工作,维护好施工现场的治安秩序,保障施工生产顺利进行,我方将成立以项目副经理为组长的治安领导小组,负责施工现场的治安保卫工作,维护治安秩序。并与业主签订治安、防火责任协议书。

根据有关要求,特制定以下治安措施:

(1)施工现场的治安管理,实行预防为主、确保重点、依法管理、服务生产和保障安全的原则。

(2)按照建点、施工准备、全面动工、竣工撤点的不同阶段,实行分阶段管理。

(3)在施工前期主动与当地公安部门建立联系,取得支持与配合,按照分工管辖范围共同维护施工现场的治安秩序。

(4)认真贯彻"预防为主"的方针,做好以防火、防盗、防破坏和哄抢施工物资为重点的治安防范工作;对重点部位、要害设备采取有效措施,建立健全各项安全管理制度,定期检查落实。

(5)加强内部治安管理,坚持不懈地查禁黄、赌、毒等社会现象,净化单位内部治安环境。充分发挥基层组织的作用,切实做好内部治安综合治理工作,形成专群结合共同治安的局面。

(6)严格施工现场的爆炸物品管理,认真贯彻和实施国家和上级主管部门颁发的施工现场爆炸物品管理规定,按照"谁主管,谁负责"的原则,层层签订爆炸物品安全管理责任书,公安、安检、物资等部门加强督促检查,做到责任明确,确保涉爆物品的安全管理。

(7)加强与当地政府、公安机关的合作,积极预防和处置各类纠纷,及时化解各种矛盾,防止矛盾激化、纠纷升级引起阻挠施工,防止各种冲突和械斗事件,确保施工顺利进行。

(8)密切注视经理部和施工现场的治安动态,对治安混乱、严重扰乱施工现场秩序的各种违法犯罪行为,适时组织警力展开集中整顿治理,为施工生产创造良好的社会治安环境。

(9)全面加强施工现场的整体管理,深化施工现场的达标创优工作,创建安全文明工地,确保施工现场治安秩序的稳定。

(10)加强对临时雇佣人员的管理,雇佣前进行安全法律、法规的学习,并签订治安协议。

7. 消防措施

为加强施工现场的消防管理,保障施工生产的顺利进行,根据有关规定,特制定本工程消防措施,具体如下:

(1)严格遵守业主和监理工程师规定的消防规程,认真执行《中华人民共和国消防条例》,贯彻"预防为主,防消结合"的方针,建立防火责任制,全面落实各项防火措施,防止火灾事故的发生。

(2)对职工进行消防知识教育,做到人人都会使用消防灭火器材。宣传用火、用气、用电安全常识,组织义务消防队,进行业务训练,建立执勤、备勤制度。

(3)在办公场所、料库、机房等火灾易发区配备消防器材,严禁挪用,由专人定期检查、更换,保持性能良好。

(4)在禁火区设置明显的禁火标志,严禁在禁火区内违章使用明火。

(5)建立消防巡查制,不定期开展消防工作的落实检查,发现情况,严肃处理,及时整改。发现火险隐患,立即督促消除,不能及时消除的,下发整改通知书,限期整改。

(6)出现火警立即报警并组织扑救。

在消防部门到达后,严格服从消防部门的指挥,直到消防部门解除紧急状态为止。

对发生的火灾事故,认真勘察现场,调查事故原因,吸取教训避免类似事故发生。

(二)文明施工保证措施

1. 文明施工组织机构

成立以项目经理为组长、总工程师为副组长、各作业队队长及相关部门选责任心强的人为组员的文明施工领导小组,采取"标准明确,责任到人"的管理目标责任制,明确各有关人员的分工与职责,将文明施工落实到实处。

全面开展创建文明工地活动,创造良好的施工环境和氛围,保证工程顺利完成。

创建文明工地领导小组,机构组成见图9。

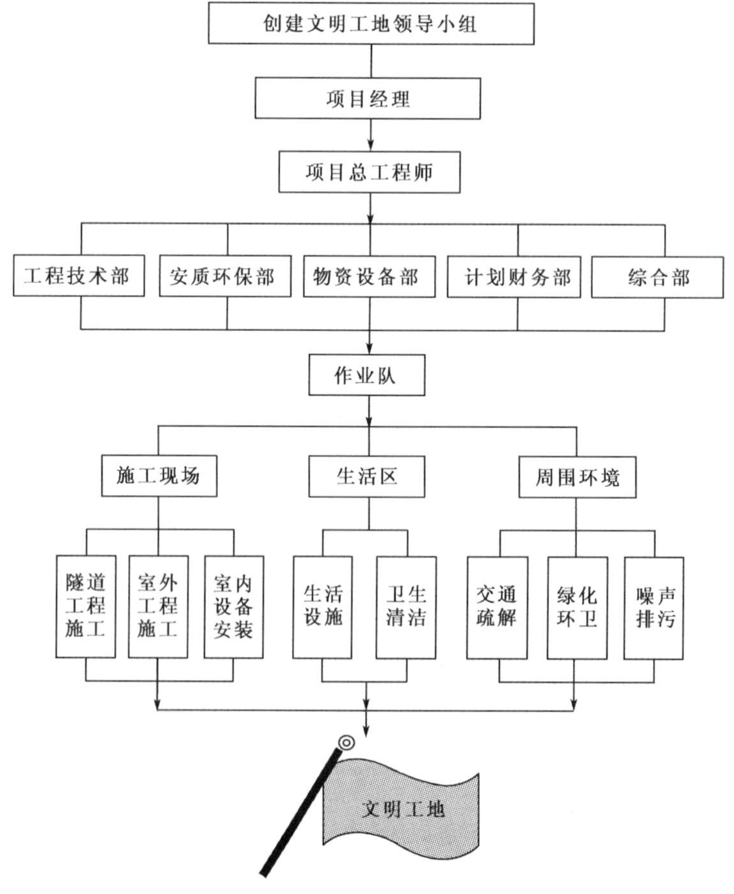

图9　文明工地领导小组机构组成

2. 文明施工保障体系

本标段项目经理负责落实文明施工目标责任制，制定文明施工保证措施，从宣传、教育、监督、检查、管理几个方面入手，全面开展安全、标准、文明工地建设。

文明施工保障体系见图10。

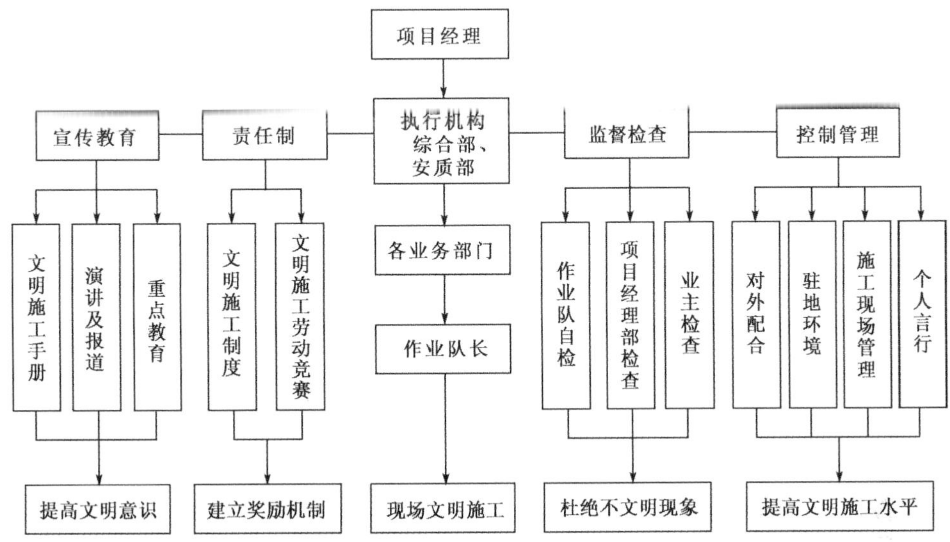

图10 文明施工保证体系

3. 开展文明施工的具体措施

(1)设置明显的"五牌一图"标牌，即工程概况牌、安全纪律牌、防火须知牌、组织网络牌、文明施工管理牌和施工总平面图，以及现场主要管理人员名单和安全无重大事故计时牌。载明工程名称、规模、开竣工日期、施工许可证号、建设单位、设计单位、施工单位、质量、安全监督部门、监理单位和联系电话等。

(2)施工人员必须佩证上岗，着装统一。

(3)认真执行国家及业主有关安全生产和劳动保护法规、章程、文件，建立安全生产责任制。

(4)成品、半成品、原材料的堆放严格按划定的位置堆放整齐。材料标识牌所用材料必须经久耐用，设置牢固，防雨防风。

(5)进出危险作业点必须设置警告、禁止、提示标牌。

(6)污水的处理和排放。所有的生活或其他污水必须分别处理后排入排水管道。杜绝运输中泥浆、散体、流体物料撒漏。施工产生的泥浆，未经沉淀不得排出。废浆和淤泥使用封闭的专用车辆进行运输。

(7)粉尘控制。禁止在施工现场焚烧有毒、有害和有恶臭气味的物质。装卸粉尘的材料时，洒水湿润并在仓库内进行。

(8)噪声控制。尽量采用低噪声的施工工艺和方法。

(9)运输车辆。运输车辆必须冲洗后才能离场上路行驶。

装运施工材料、土石方、建筑垃圾及工程渣土的车辆，采取有效措施，保证行驶途中不污染道路和环境。

(10)现场卫生管理。明确施工现场各区域的卫生负责人；设置足够的垃圾池和垃圾桶，定期做好环境卫生工作，清理垃圾，施药除"四害"；建筑垃圾必须集中堆放并及时清运，做到工完全场清；工地设茶水亭和茶水桶，做到有盖、加锁和有标志。

(11)施工现场设置医疗室，配备相应的医护人员，并与当地医疗单位联系，做好卫生防疫及医疗救护工作。

(12)安全、消防、保卫。由驻地公安负责本工程现场安全保卫工作。建立健全安全、保卫制度，落实治安、防火措施。

施工现场配备专职保卫人员，昼夜值班，做好进入施工现场人员的登记手续，防止外来人员随便进入施工现场。车辆必须登记进场，在场内要服从现场人员的调度安排。

料场、库房的设置符合治安消防要求，并配备必要的消防设施，易燃易爆物品专库专放，严格执行领用、回收制度。消防设施注意经常检查、维修，满足灭火需要。

严格执行用火审批制度，凡电气焊割用明火处，配备足够的灭火器材，周围无易燃物，并有专人看护。

(13)文明施工教育。利用黑板报和其他形式对员工进行法纪宣传教育工作，使施工现场各类施工人员知法、懂法并自觉遵守和维护国家的法律法令，提高员工的法纪观念，防止和杜绝盗窃、斗殴及进行黄、毒等非法活动。

施工内业资料齐全、整洁，数据可靠，办公室内按要求布置各类图表，及时反映现场状况及工程进度状况。

六、环境保护与节约用地措施

(一)环境保护

环境保护是我国的一项基本国策，项目部成立以项目经理为组长的环境保护体系领导小组，并与当地政府和环保部门密切联系合作，配备一定数量的环保设施，采取各种有效措施，控制施工污染，做好环境保护工作。

同时指派专人进行施工过程中的环境管理和检查工作，建立好台账，做好记录，保护好周围环境。

(二)节约用地

本着节约用地、造福当地的原则，我项目部通过实际调查，对施工垃圾集中处理，减少弃渣占地。

七、施工中新技术、新材料、新工艺的应用情况

无。

八、工程款支付情况

本合同段在业主、监理单位的大力支持和监督下，在整个工程项目建设中，所有关于劳务、机械及材料的使用严格履行了合同手续，签署的每一份合同都进行了各部门的合同评审；目前，我合同段的所有工程款已全部支付到位，一切劳务、机械、材料等债务纠纷与建设单位无关。

九、施工体会

本合同段在业主、设计代表、监理单位和当地各级政府的大力支持和帮助下，在整个工程项目建设中，我项目部全体员工更新观念，创新管理途径，科学组织，超越自我，按业主下达的节点工期及时完成任务，安全、工程质量无重大事故。回顾工程取得的成就，有以下体会。

(一)做好协调工作

好的环境，是顺利施工的前提。只有把协调工作做好，才能确保施工的顺利。我标段紧紧依靠项目公司、地方各级政府、协调部门把协调工作做好。我们发扬不等不靠的精神，能自己花钱解决的问题自己主动解决。在整个项目施工中，我项目部协调人员坚守施工岗位，哪儿有问题就到哪儿解决；如遇不能解决的问题，积极主动地与项目公司、县指挥部协调人员联系沟通，及时有效地把问题解决好，为工程创造有利的施工环境。

(二)加大投入

工程进度是与投入紧密相关的，我们能在工程中取得好的成绩，与前期的施工投入分不开。在施工高峰期，项目部合理组织劳动力200多人，保证工程进展。在通信光缆敷设施工阶段最多时投入汽车及吹缆机等大型机械12台，光纤专业技术人员8名，三大系统同时进行系统联调，经过7个昼夜连续奋战，顺利完成本标所有施工任务。

(三)科学组织、合理安排

根据我标段工程特点，结合实际情况，狠抓控制工程，一般工程不放松，对挖沟、敷设硅芯管、吹缆、敷设电缆、设备安装调试每个分项工程分解到每一天，按照每一天工作特点，合理调配机械，机动灵活，充分发挥各种资源配置的作用，确保不停工、不窝工。在施工过程中，及时科学地对计划进行调整，在保证安全、质量的前提下，加快施工进度。每个分项工程都编制完整的计划，统筹安排，组织立体交叉作业，多个工作面同时进行施工，有效地克服了一个位置停工就全面停工的被动局面。

(四)严格管理、狠抓落实

我项目部全体人员牢固树立“精品意识”，认真贯彻ISO9000系列质量管理标准，成立以项目经理为组长，其余管理人员为成员的质量安全管理领导小组，组成了素质过硬、分工明确、责任到人的安全质量保证体系。其中，在质量控制方面，针对工程点多线长、工期较紧等不利情况，加强技术管理、技术服务和监控，严格按照施工设计图和现行规范组织施工，认真执行设计文件会审制度和技术交底制度，并切实将复核制贯彻于施工过程中，从各道施工工序抓起，执行分级复测，职责明确，记录完整，严格控制关键工序，定位准确，一次报验，

一次合格,通过率100%。加强施工过程控制,使每个施工环节都处于受控状态,充分发挥质保体系的作用,强化创优意识,把整个创优工作贯穿到施工生产中,所有工作均严格按照业主和监理工程师要求进行施工。一个工序完成进入下道工序,必须经过监理工程师同意。在安全方面,设置2名专职安全员,全面负责安全工作,责任落实到人。在施工过程中,根据工程特点完善质量保证措施、安全保证措施,把质量、安全隐患消除在萌芽状态。

中铁一局集团电务工程有限公司
岭南高速公路机电合同段项目经理部

第七部分　交通安全设施

二广高速公路分水岭至南阳段工程交通安全设施合同段施工总结报告

目　　录

二广高速公路分水岭至南阳段工程交通安全设施合同段施工总结报告

一、工程概况

（一）交通安全单位（表1）

交通安全单位　　表1

类　别	合同号	单位名称	合同金额（元）
交通安全	JA-1	武安市交通安全设备有限公司	2602770.00
	JA-2	浙江交通设施有限公司	6811548.00
	JA-3	河南省公路附属设施有限公司	3186666.00
	JA-4	河南省新乡六通实业有限公司	1057521.00
	JA-5	河南鸿志实业有限公司	1296603.00
	JA-6	江苏中路交通工程有限公司	2279359.00
	JA-7	江苏耀鑫交通设施有限公司	2533824.00
	JA-8	南通市兴路交通工程有限公司	4256892.00
	JA-9	郑州彩达交通设施工程有限公司	3066089.00
	JA-10	杭州萧山金鹰交通设施有限公司	12396895.00
	JA-11	福建省漳州市公路机械修配厂	34153863.00
	JA-12	杭州神通交通设施有限公司	16381110.00
	JA-13	北京市高速公路交通工程公司	4904158.00

（二）工程规模

JA-1 标合同段，起点桩号为 K0 +849，终点桩号 K32 +400，全长为 31.511km。本项目的交通安全设施工程为标志工程。

JA-2 标合同段，路线起讫桩号为 K32 +400 ~ K74 +756，路线全长 42.356km。内容为道路交通标志，共计交通标志 1953 块。本工程合同金额为 6811548 元。本合同路段设计行车速度均为 120km/h，全线共有瓦踅和南阳 2 个互通、龚河和张华岗 2 个大型枢纽及 1 个南阳北服务区。

JA-3 标合同段，起点桩号为 JK0 +702，终点桩号 JK24 +247.172，全长为 23.545km。本项目的交通安全设施工程为标志工程，2008 年 3 月 15 日开工起至 2008 年 11 月 15 日完成 JK0 +702 ~ JK24 +247.172 的工程量，实际施工工期近 8 个月。

JA-4 标合同段，本合同段设计桩号为 K0 +850 ~ K32 +000，全长 32km，主要工程内容为全线热熔震荡标线 28555.6m^2、热熔普通标线 7949m^2、凸起路标 9905 个。

JA-5 标合同段，起讫桩号为 K32 +400 ~ K64 +400，本项目路线全长 32km，交通标线工程。

JA-6 标合同段，起讫桩号为 K64 +400 ~ K74 +756、JK0 +702 ~ JK24 +247 全长 33.9km。本合同段工程主要内容为路面标线的施工。

JA-7 标合同段，起点桩号为 K0 +849，终点桩号 K32 +400，全长为 31.511km，隔离栅工程。

JA-8 标合同段，承建 k32 +400 ~ k74 +756.555 的隔离栅施工，其中焊接网隔离栅：17503m，刺铁丝隔离栅：64878m。

JA-9 标合同段，承建 K0 +702 ~ K23 +565.102 的隔离栅施工，其中焊接网独山互通 3509m、祝庄互通 6478m，刺钢丝 40894m。

JA-10 标合同段，承建 K0 +849 ~ K32 +400 波形梁施工，全长为 31.511km。

JA-11 标合同段，承建 K32 +400 ~ K74 +991.11 段交安设施施工，全长 43.171km。

主要工程量见表 2。

主 要 工 程 量 表 2

项目名称	单位	数量	项目名称	单位	数量
单面波形梁钢护栏			轮廓标		
路侧普通型	m	145253	柱式轮廓标	个	2200
路侧加强型	m	7594	附着式轮廓标	个	9500
中央分隔带普通型	m	65080.708	防眩板		
中央分隔带加强型	m	19840	构造物上	个	5542
双面波形梁钢护栏	m	1340	中央分隔带开口处	个	660
伸缩式活动护栏	m	1000	防撞桶	个	75
桥上防护网	m	3405			

JA-12 标合同段，承建 JK0 +702 ~ JK24 +247.172 段交安设施施工，全长约 23.545km，合同工期为 5 个月，主要工程内容为联络线全线防撞护栏、轮廓标、防眩板等的生产、安装。主要分项工程数量见表 3。

主要分项工程数量 表 3

序号	细目名称	单位	数量	备注
1	单面波形梁钢护栏	m	89569	
2	双面波形梁钢护栏	m	500	
3	匝道分隔器	m	283	
4	伸缩式活动护栏	m	330	
5	桥上防护网	m	984	
6	轮廓标	个	6042	
7	防眩板	m	604	
8	防撞桶	个	54	
9	公路界碑	个	160	

JA-13 标段，起点从 JK0 +702，路线走向沿走向向南过北沟村及联络线，向东经兰庄、史岗、大沟岩、武家岗、史庄、小陈庄至 JK24 +247.172 结束。主要施工任务包括：该合同段声屏障工程的基础浇铸及屏体安装。

二、机构组成

根据本合同段工程施工实际情况，以及本工程高标准、高质量的要求，特别组织了有丰富经验的施工管理人员及施工队伍，由项目经理专项负责该项目工程的管理，并为主要管理人员选派了替补人员，以确保本合同段的交通安全设施工程成为优良工程。

（一）现场组织机构图（图 1）

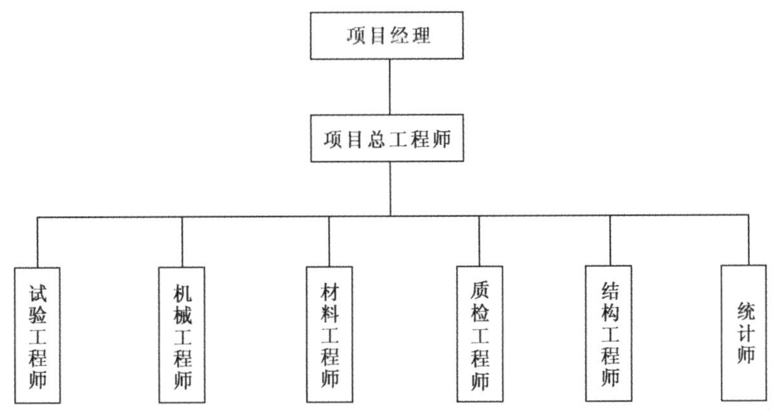

图 1 现场组织机构

（二）现场组织机构图的描述

本工程实行总公司监督下的项目经理负责制。项目经理全权处理与本工程有关的日常决策及与本项目有关的内外事务；总工程师作为总公司特派代表，只有对本组织机构违反技术规范及质量管理体系和法律法规的行为行使监督建议权。其他管理部门各自负责，本组织机构责、权、利划分明确。

（三）总部与现场管理部门关系的描述

总部对现场管理部门日常管理不予干涉；只有监督建议权，并负责本组织机构与公司内各部门配合工作。凡超越本组织机构职权范围对总公司可能造成极大危害的事件，由本组织项目经理及时报请总公司领导研究决定，本项目组织机构负责执行。

三、质量管理情况

（1）“百年大计，质量为本”，为了全面保证工程质量，强化工程管理，降低工程成本，树立良好的企业形象。

首先，项目部建立了本项目的质量保证体系，成立项目经理为组长，总工程师为副组长，各分项负责人为成员的质量检查小组，实行分项负责人进行现场监督，总工程师、质检工程师巡回监督制度。其次，本项目部还采取了一系列质量保证措施，具体如下：

①工程开工前，组织全体职工学习合同文件和技术规范，时时处处坚持质量第一的原则，并在施工前由总工程师进行技术交底。

②尊重和服从监理工程师，根据合同条款的要求，在监理工程师的监督和指导下施工，并如实向监理工程师汇报工程进度和质量情况。

③每一批建筑材料进场，先自检合格后再向监理工程师申请材料报验，征得监理工程师同意后方可进场，严把材料质量关，各单项工程开工前，由试验员及时送试验中心对该项目所需各种材料进行检验，同时在使用过程中加强随机抽检，杜绝不合格材料进入现场，对于混合型材料亦由开封市公路局试验中心进行配比试验，其数据经过分析对比后，选择质量可靠性高的配比经监理工程师批准后，再予以实施。

④每一道工序完工后，经质检人员自检合格，报总工程师复核签字，填写报验单，再报请监理工程师检查，经检查合格签证后，再进行下道工序的施工。对于连续施工工序，交班时施工人员就本班施工质量情况以及需要注意事项向接班人员作详细说明，并认真填写交接班记录。

⑤严格按《公路工程质量检验评定标准》及相关规定的要求对各分项分部工程进行质量检查。

⑥实行质量一票否决制，当质量与进度发生矛盾时必须服从质量要求。

采用各种途径，提高施工人员技术素质，利用雨天和施工间隙，请总工程师及质检工程师讲授技术要求和施工操作方法。

如出现事故，由总工程师或质检工程师组织有关人员对事故进行分析，提出缺陷修复方法和质量整改措施，报监理工程师批准后实施。对事故责任人将予以经济处罚，通报批评，直至限令其离开工地，以杜绝类似事故再次发生。

（2）在项目部全体职工的共同努力下，我项目部所承担各项施工任务，均按规范要求保质、保量地完成，各项工程的合格率达到98%，合同段工程质量等级为合格。

四、施工进度控制

在初步确定了施工总体进度示意后，合同段开始对各分项工程进行部署，着手进行施工工序的安排。首先结合实际情况、确定工程施工重点、难点，开展平行施工作业，把施工需注意的地方进行认真、仔细讨论，待确定具体方案后再动工；对在施工中遇到的特殊工程问题，项目部向驻地监理工程师汇报其实际情况，并待监理工程师认可上报的施工方案后再进行施工。其次每月把实际施工完成情况与月工作计划安排相比较，找出差距，究其原因，当完成任务与计划安排差距较大时，我项目部根据实际情况，对计划重新进行调整。另外有一点是需要明确的坚决不能一味盲目追求施工进度而忽视施工质量，在进度与质量相冲突时，首先把质量摆在第一位。严格履行施工合同，并按期完成施工任务。

五、施工安全与文明施工情况

（一）安全保证措施

本工程安全目标确定为“六无一杜绝”、“二消灭”、“一创建”。“六无”即无施工人员伤亡、无重大工程结构安全事故、无重大设备、火灾、管线、交通事故；“一杜绝”即杜绝重伤事故（包括本单位职工、民工，外单位职工、民工）；“二消灭”即消灭违章操作、消灭惯性事故；“一创建”即创建安全文明施工工地。事故负伤频率控制在0.6‰以下，安全管理规范，资料齐全。

在施工中，我们严格遵守国家的安全生产法规，自觉保护劳动者生命安全，力争展现出一个工程良好的企业形象，展示我们生产管理的综合现代化水平。具体做好以下几点。

1. 组织体系（图2）

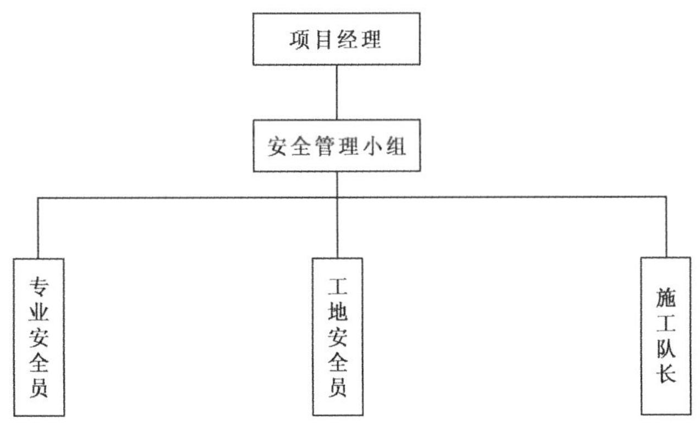

图2　组织体系

建立安全保证体系，以项目经理为安全组长，总工为副组长，确实狠抓安全生产工作。

2. 工程项目施工的安全管理

加强现场管理，做好工程的保卫、防盗，永久工程和临时工程安全工作，防止发生安全事故，在每一个工程项目，制定安全生产的组织措施，并制定严密的安全生产规程，留有足够的安全生产费用，购置安全生产的设备和器件，保证施工生产现场紧急事故处理的开支。

3. 加强安全生产教育和预防措施

为施工人员办理保险，并制定以下预防措施，以保证员工的安全健康。

①对于施工现场及其周围的高压电线、变压器等醒目的安全标志，对开挖地段又处于交通要道处，派专人看守，或有明显的标志，防止过往行人或车辆不注意发生事故。

②对材料和设备储存的库房或堆放点，施工人员生活区，特别注意防火安全，配备足够数量的消灭器具、消防水管和消防栓等，以备急需。

③项目经理自抓安全生产和安全教育，如定期召开安全生产会议，检查安全生产规章执行落实情况，建立安全生产奖罚制度，促使人人重视安全，设安全生产奖，使安全生产教育落到实处，得到好的成绩。

（二）文明施工

(1)在施工过程中与其他施工单位进行交叉作业时，应注意文明施工，避免发生不必要的冲突；

(2)在施工过程中与当地老百姓直接接触时，应注意言行举止，尊重本地风俗习惯。

六、环境保护与节约用地情况

(1)噪声施工期间主要的噪声来源是施工机械、施工活动和运输车辆。噪声对临近居民和其他设施等有较大影响。采取的控制措施具体如下：

①采取措施，保证在各施工阶段尽量选用低噪声的机械设备的工法。

②在距居民较近的施工现场，对主要噪声的机械设备做隔声屏，使其对居民的干扰降至规定标准。

③合理安排施工时间，对在夜间施工的，按规定报批准并领取夜间施工许可证或昼夜施工许可证后，再进行施工。

④确定施工场地合理布局、优化作业方案和运输方案，保证施工安排和场地布局，考虑尽量减少施工对周围居民生活的影响，减少噪声的强度和敏感点受噪声干扰时间。建立必要的噪声控制设施，如隔声屏障等。

(2)避免水冲刷或水污染、油污染、灰尘污染。施工期间的污染来源主要是施工泥浆水、车辆冲洗水、施工人员生活污水等。采取的控制措施具体如下：

①临时性的水冲刷和水污染放置和本合同规定的永久性防治工作相结合，以便在施工期和运营期内有效、经济、持续地控制水冲刷和水污染。

②在施工中尽量避开生活水源，如果施工区靠近生活水源，则设置用沟壕同生活水源隔开，在施工期间或拆除这些沟壕时，特别注意避免污染生活水源。

③施工便道注意设置过水涵管，临时占地注意不堵塞原有河沟，以保证雨季施工时地面水的排除。

④对废弃物将统一堆放、整平，做好排水设施，以避免冲刷和水土流失。

七、施工中新技术、新材料、新工艺的应用情况

无。

八、工程款支付情况

我项目部外欠债务已全部还清，在此项目部郑重承诺，如该项目有拖欠农民工工资和劳务费用及工程款的投诉，责任完全在承建公司，由承建公司负责解决，与建设单位无关，建设单位不承担任何法律责任。

九、施工体会

我项目部的年轻工作人员经过本项目的培养、锻炼，茁壮成长起来，不断提高和丰富了自身施工技能，总结和积累了施工经验，成为公司里的专家，并走上了领导的岗位，为我们以后类似的项目施工打好了坚实的基础。

在施工期间的这段日子里，项目部管理人员尽职尽责、兢兢业业，充分发扬了艰苦奋斗、吃苦耐劳、敢打硬仗的优良传统，在为公司赢得荣誉的同时，进一步拓宽了河南省高速公路市场。

岭南高速公路交通安全设施代表标段

第八部分　接管养护单位

二广高速公路分水岭至南阳段试运营使用情况报告

目　　录

二广高速公路分水岭至南阳段试运营使用情况报告

一、试运营期间养护管理基本情况

岭南高速公路分3批建成通车:工程项目于2005年9月16日开工建设,主线其中55km(土建No.7~No.18标,路面No.2~No.5标)于2007年11月27日完成交工验收,2007年12月9日通车进入试运营;主线剩余18.856km(土建No.1~No.6标、路面No.1标)于2008年11月7日~8日完成交工验收,联络线24.25km(土建No.19~No.22标、路面No.6~No.7标,扣除蒲山特大桥)于2008年11月25日完成交工验收,均于2008年11月26日通车进入试运营;联络线蒲山特大桥于2009年9月17日完成交工验收,于2009年9月30日建成通车进入试运营阶段。河南高速公路发展有限责任公司于2007年11月成立了岭南分公司接管岭南高速公路管养工作。运营管理是建设的继续,是体现设计和实现建设目的和价值的重要保证,因此必须确保管养好。

(一)建立完善机构,加强队伍素质建设

在正式运营前期高标准地迅速完成了养护、征收、路政队伍组建和岗前的业务培训、军事化训练、职业道德培训等一系列工作,在正式运营中对职工队伍实施集中、统一、高效的半军事化管理,形成了通行费征收、养护管理、路政管理、运维中心等较为完善的运营体系。项目公司侯建军董事长、总经理直接兼任管理公司一把手(2010年9月底因岭南公司和信南公司合并成立南阳分公司,不再兼任),2名副经理分管养护、征收及路政工作,下设公司养护管理科、路产科、通行费征收科、运维中心、2个路政大队、4个收费站。

(二)建立健全规章制度,加强基础建设

按照省公司有关要求结合国家、河南省、交通运输厅相关法律、《中华人民共和国征收管理办法》、《中华人民共和国养护管理办法》、《中华人民共和国路政管理办法》等,明确各部门职责,细化管理措施,使得各项管理工作走向科学化、制度化、规范化的轨道,有效保障了征收、养护、路政各项业务工作的顺利开展,为取得良好的运营效益奠定了坚实的基础。

(三)做好征收管理,保障通行费征收工作的顺利进行

征收工作是实现运营的经济价值,维护道路可持续使用和运营的前提和保障,是运营管理中的一项重要工作。岭南公司狠抓征收人员的思想教育,提高认识,端正工作态度,使得广大员工能够爱岗敬业,艰苦奋斗,讲文明,树立高速形象;每月评比选出收费明星予以表彰。逐步实现了征收管理工作科学化、规范化、文明化、军事化。

(四)统一领导,分级管理,提高养护工作效能

高速公路养护管理工作是维护道路及其设施完好,保障运营需要的一种技术性、时限性很强的工作。养护科对养护工区进行全面的业务指导和管理。在工作中积极贯彻执行"预防为主,防治结合"的养护方针,认真落实《河南省高速公路管理办法》,以养护质量为基础,加强日常养护管理。养护工作坚持"两巡视、两检查(日常巡视、夜间巡视、定期检查、特殊检查)"确保路况始终受控;成立专业的维修队伍,做到规范作业,对病害及时发现,及时处理;做好路面保洁工作,2km配置1人保洁员。

(五)加强路政管理,维护路产、路权,确保安全畅通

严明纪律,规范工作程序,做到文明执法。建立了路政快速反应机制,实行四班两运转的24h巡查制度。

二、运营交通量、收费、运营安全状况

2007年12月9日55km交通量:

进口:21687　　出口:17396

通行费收入数:456905元

2008年11月26日80.756km交通量:

进口:550445　　出口:472255

通行费收入数:19447665元

2009 年 9 月 30 日 98.546km(全线开通)交通量:

进口:620051　　出口:590551

通行费收入数:49232977 元

2010 年 9 月交通量:

进口:655736　　出口:602300

通行费收入:46900285 元

岭南公司自 2007 年 12 月 9 日到 2010 年 9 月开运营交通量:

进口:1847919,出口:1682502

通行费自开通收入数:116037832 元(大写:壹亿壹仟陆佰零叁万七千八佰叁拾贰元)

岭南公司根据河南省交通厅高速公路管理局豫交高管〔2007〕92 号文件的批复精神,河南省高速公路政管理总队第一支队二广高速南阳路政大队组建于 2007 年 11 月 26 日,同年 12 月 9 日二广高速南召至南阳段建成通车;2008 年 12 月 26 日二广高速南召至分水岭段建成通车,根据省公司文件批复精神,河南省高速公路路政管理总队第一支队二广高速南召路政大队成立;2009 年 9 月 30 日南阳北绕城高速建成通车。二广高速南阳路政大队、二广高速南召路政大队开始肩负起保护路产、维护路权的职能。

自路政大队成立截止至 2010 年 10 月初,管辖路段共发生有路产损失的交通事故 143 起,共造成路产损失 75.0486 万元,索赔率为 100%,结案率为 100%,上路巡逻 23865 人次,巡逻里程达 851920km。

自开通以来,公司深入学习贯彻《中华人民共和国安全生产法》,结合高速公路管理运行实际和系统设备运行情况,在收费站、服务区、停车区、路政大队、养护管理、运营维护中心的管理中,本着"安全第一、预防为主"的安全工作指导方针,以"防患胜于救灾,责任重于泰山"的责任和忧患意识,做到在思想上高度重视、组织上有力保障、工作中狠抓落实,完善各项安全生产规章制度,强化基层基础管理工作,完善各项应急预案,切实建立起安全生产的长效机制,全面提高安全生产的管理水平,自开通以来的安全生产工作取得了显著的成绩,未发生任何责任性事故,为岭南公司各项工作的顺利开展提供了有效的安全支撑。

三、项目总体使用情况(设施使用性能、功能满足情况)

岭南高速公路机电设备分 3 批交工验收,主线南召收费站、五朵山收费站、南阳西收费站 3 个收费站的机电设备及沿线道路摄像机、情报板、车检器等设备于 2007 年 11 月份投入使用。主线南召收费站至分水岭 4 个隧道配电室及沿线道路道路摄像机、情报板、车检器机电设备于 2008 年 11 月份投入使用。联络线独山收费站机电设备及龚河立交至祝庄立交沿线道路摄像机、情报板、车检器等设备于 2009 年 9 月份投入使用。

运维中心共分管岭南段全线 4 个收费站机电设备、4 个隧道配电室设备及沿线 63 部摄像机、14 部车辆检测器、13 部可变信息情报板以及沿线铺设的通信光缆及监控电缆。

高速公路机电维护工作是维护机电设备及其设施完好,保障设备运行良好需要的一种技术性、时限性很强的工作。它是做好征收工作的保证。运维中心在维护管理工作中严格执行统一领导、分片包干,坚决落实好省运维中心提出的"四四三三"责任维护机制。在健全机制、完善机电维护工作的同时,加强了全面对维护人员的业务技术培训,提高他们的维护水平,在确定以维护好设备为中心的同时,加强了全面维护,使机电维护工作沿着科学化、规范化的工作思路前进。

自设备投入使用后,经过 2 年的维护工作及巡检,设备运行情况良好,各种运行参数稳定,设备满足使用要求。但在机电建设期间也有一些缺陷,针对这些问题我运维中心进行了修复,合计费用为 1277005 元(大写:壹佰贰拾柒万柒仟零伍元),具体项目如下:

(1)2008 年 7 月我运维中心对道路标示标牌进行增补,使用项目费用为 556528.20 元。

(2)2008 年 12 月我运维中心进行南阳北服务区仓库改造,使用项目费用为 76851.32 元。

(3)2008 年 12 月我运维中心进行南阳北服务区仓库改造,使用项目费用为 76851.32 元。

(4)2008 年 12 月我运维中心对南阳北服务区、南召停车区加装安防工程,使用项目费用为 37361.78 元。

(5)2009 年 5 月我运维中心对南阳北独山站、南阳西站、五朵山收费站及南召收费站进行收费大棚亮化工程,使用项目费用为 435511.92 元。

(6)2009 年 6 月我运维中心对南阳北独山站、南阳西站、五朵山收费站及南召收费站进行收费站大棚亮化字安装,使用项目费用为 170752.00 元。

通过以上工程的完善,使机电运维设施得到了补充,能够更好地发挥其应有的功能,为做好道路机电设备维护工作打下了坚实的基础,使得高速公路管理水平的提升具有更好的发展平台。

四、修复完善和养护状况(包括维修费用)

(一)小修完善工程

缺陷责任期内小修完善工程是指为保持高速公路及其附属设施的正常使用功能而实施的预防性保养和修补其轻微损坏部分的作业。维修保养工程的目标是保持原有道路状况和使用品质不下降。在日常养护施工中,明确界定小修保养及缺陷责任工程,发现缺陷责任期内出现的工程缺陷,由养护监理单位、养护施工单位上报后,结合建设公司下发缺陷处理通知单,通知原监理和施工单位,要求原施工单位按时按要求进行施工,如无法按期按要求完成施工,则直接委托养护公司进行完善修复。缺陷责任工作,前期原施工单位对病害维修处理反应比较缓慢,经常是多次督促不见反应,通过下发缺陷处理通知单,有效地督促了缺陷责任工程的及时维修,前期督促加强了绿化浇水、绿化枯死清除、柱式轮廓标加固等工程。

2008 年 8 月 5 日至 2009 年 12 月 30 日共完成小修完善工程资金 13010185 元(大写:壹仟叁佰零壹万零壹佰捌拾伍元)。小修完善工程质量合格,达到使用标准。

(二)各养护管理科管理的主要养护施工内容

高速公路养护工程按其工程性质、规模大小、技术繁简程度划分为小修保养(日常养护)、中修(专项养护)和大修工程 3 类。

养护管理科主要完成日常养护工程。日常养护保养从 2008 年到 2010 年 9 月岭南公司完成日常保养合计 1629579 元(大写:壹佰陆拾贰万玖仟伍佰柒拾玖元),具体见表 1 ~ 表 3。

2008 年岭南路段日常维修保养费用实际支出核定表 表 1

序号	项 目 名 称	单位	单价(元)	申报数量合计	申报金额(元)	审核金额(元)	备注
1	日常保养	km · 月	1250	506.693	633366.25	633366.25	
2	补刺丝网	t	7128.75	6.529	46543.61	46543.61	
3	更换波形护栏	t	7272.02	6.347	46155.51	46155.51	
4	立柱维修、补齐	t	7781.25	2.333	18153.66	18153.66	
5	修复护栏立柱	根	15.88	20	317.60	317.60	
6	补安护栏螺栓(大)	个	5.86	504	2953.44	2953.44	
7	补安护栏螺栓(小)	个	3.41	844	2878.04	2878.04	
8	焊接桥梁扶手	m	15.64	6	93.84	93.84	
9	更换标志牌立柱	t	7814.75	0.165	1289.43	1289.43	
10	钻石级反光膜	m^2	800	21.4	17120.00	17120.00	
11	铝合金标志板	t	16298.7	0.077	1255.00	1255.00	
12	基础混凝土	m^3	600	18.62	11172.00	11172.00	
13	贴反光膜	m^2	480	80.73	38750.40	38750.40	
14	更换防眩板托架、支架	m	58.58	14.7	861.13	861.13	
15	现浇混凝土	m^3	595.3	13.42	7988.93	7988.93	
16	预制小型构件	m^3	705	1.72	1212.60	1212.60	
17	补装隔离栅	m^2	48.64	110.85	5391.74	5391.74	
18	补装隔离栅钢立柱	根	56.5	5	282.50	282.50	
19	更换护栏 A 型端头	个	251.5	1	251.50	251.50	
20	更换护栏 B 型端头	个	197.5	23	4542.50	4542.50	
21	补装反光立柱	根	87.76	66	5792.16	5792.16	
22	修复反光立柱	根	6	89	534.00	534.00	
23	补立柱帽(普通型)	个	8.47	61	516.67	516.67	
24	基础钢筋	t	5080.4	0.158	802.70	802.70	
25	补装防眩板	块	76.24	157	11969.68	11969.68	
	合计				860194.89	860194.89	

2009 年岭南路段日常维修保养费用实际支出核定表　　表 2

序号	项 目 名 称	单位	单价(元)	申报数量合计	申报金额(元)	审核金额(元)	备注
1	日常保养	km · 年	15000	83.839	1257585.00	1257585.00	
2	浇筑基础混凝土	m^3	600	55.354	33212.40	33212.40	
3	浇筑泄水槽	m^3	595.3	38.093	22676.76		
4	浇筑 C20 基础混凝土	m^3	595.3	36.97	22008.24		
5	补装刺丝网	t	7128.75	7.0705	50403.83	50403.83	
6	安装隔离栅	m^2	48.64	1813.44	88205.72	88205.72	
7	更换护栏板	t	7272.02	26.169	190301.49	190301.49	
8	补装护栏立柱(ϕ114)	根	225.6	78	17596.80		
9	补装护栏立柱(ϕ140)	根	386.7	106	40990.20		
10	标志牌立柱	t	7814.75	0.606	4735.74	4735.74	
11	钻石级反光膜	m^2	800	184.93	147944.00	147944.00	
12	铝合金标志板	t	16298.7	0.027	440.06	440.06	
13	安装防眩板	块	76.24	688	52453.12	52453.12	
14	吊运巨石	m^3	100	174.72	17472.00		
15	安装隔声墙	m^2	200	50.5	10100.00	10100.00	
16	校正护栏立柱	根	15.88	30	254.08	254.08	
17	安装中央活动护栏	m	850	77	65450.00	1700.00	
18	加固中央活动护栏	m	155	285	44175.00		
19	补装活动护栏钢管	m	20	3	60.00	60.00	
20	安装 A 型端头	个	251.5	8	2012.00	2012.00	
21	安装 B 型端头	个	197.5	23	4542.50	4542.50	
22	刷黑色反光漆	m^2	30	53.55	1606.50		
23	刷乳化沥青	m^2	1.91	474.12	905.57		
24	广场标线	m^2	43.8	8.78	384.56		
25	补装防落网	m^2	48	172.43	8276.64		
26	路肩培土	m^3	35	925.798	32402.93		
27	水毁回填	m^3	35	813.346	28467.11		
28	水毁回填 5% 水泥土	m^3	109.76	1041.596	114325.58		
29	水毁回填 7% 水泥土	m^3	109.76	162	17781.12		
30	清运边沟淤泥	m^3	83.23	3440.047	286315.11		
31	清运护坡杂土	m^3	65.43	594.451	38894.93		
32	浇筑水泥稳定碎石	m^3	350	28.8	10080.00		
33	回填种植土	m^3	35	131.6	4606.00		
34	清运路边垃圾	m^3	65.43	1124.668	73587.03		
35	安装路缘石	m^3	705	166.31	117248.55		
36	修复片石挡墙	m^3	150	2.88	432.00		
37	片石砌体	m^3	192.46	594.93	114500.23		
38	维修桥头石墙	m^3	50	0.54	27.00		

续上表

序号	项 目 名 称	单位	单价(元)	申报数量合计	申报金额(元)	审核金额(元)	备注
40	拔死树	棵	5	4461	22305.00		
41	割紫穗槐	m^2	0.136	1321991.5	179790.84		
42	砌墙(封堵路口)	m^3	230	12.996	2989.08		
43	现浇混凝土	m^3	595.3	21.6	12858.48		
44	铲除安全岛漆	m^2	7.3	731.82	5342.29		
45	安全岛刷漆	m^2	25	1141.58	28539.50		
46	加固水泥基础(健身器材)	m^3	600	7.776	4665.60		
47	安装立柱帽	个	26.68	733	19556.44		
48	安装螺栓(大)	套	5.86	694	4066.84		
49	安装螺栓(小)	套	3.41	12245	41755.45		
50	维修防眩板	块	5.05	3	15.15		
51	补防眩板螺栓	个	3.41	552	1882.32		
52	补装反光立柱	根	87.76	185	16235.00		
53	补装柱式轮廓标	根	87.76	397	34840.72		
54	补装柱式轮廓标	根	6.96	609	4238.64		
55	补装墙式轮廓标	个	15.81	54	853.74		
56	新增钢管及附件	kg	8.7	2221.34	19325.66		
57	焊接桥梁扶手(含刷漆)	m	17.91	6	107.46		
58	补换桥梁扶手(含刷漆)	m	82.69	41.5	3431.64		
59	补换桥梁扶手支架	个	153.84	19	2922.96		
60	挖运土方	m^3	83.09	1452.987	120728.69		
61	砂浆抹面	m^2	8.53	24.5	208.99		
62	砂浆垫层	m^3	150	0.6	90.00		
63	路肩硬化	m^3	595	0.65	386.75		
64	混凝土硬化护坡	m^3	595	0.5	297.50		
65	更换桥梁扶手钢管 70mm	m	82.69	3	248.07		
66	更换 B 型端头	个	197.5	24	4740.00		
67	更换 A 型端头	个	251.5	2	503.00		
68	防撞桶装砂	m^3	60	17.354	1041.24		
69	更换防撞桶	个	671.96	6	4031.76		
70	安装导向牌	套	800	51	40800.00		
71	安装千米牌	套	1100	4	4400.00		
72	安装千米牌立柱	根	200	1	200.00		
73	破除基础混凝土面板	m^3	103.87	51.59	5358.65		
74	破除基础混凝土隔离挡墙	m^3	103	45.05	4640.15		
75	拆除盖板	m^3	50	1.25	62.50		
76	增设标志牌	m^2	1180	7.8	9204.00		
77	标志牌 ϕ24 基础钢筋	t	5080.4	0.03	152.41		

续上表

序号	项 目 名 称	单位	单价(元)	申报数量合计	申报金额(元)	审核金额(元)	备注
78	标志牌 φ14 基础钢筋	t	5080.4	0.04	203.22		
79	标志牌基础钢板	t	5080.4	0.03	152.41		
80	安装下水管 11cm	m	15	20	300.00		
81	安装铁篦子	个	25	3	75.00		
82	安装下水弯头	个	25	1	25.00		
83	安装下水三通	个	30	2	60.00		
84	安装接头	个	35	2	70.00		
85	更换地板砖	m^2	120	3.42	410.40		
86	膨胀栓	个	5.86	42	246.12		
87	贴缝带裂缝	m^2	37.97	700.75	26607.48		
88	补装墙式护栏端头	个	197.5	8	1580.00		
	小计				3526572.36		

2010 年 9 月岭南路段日常维修保养费用实际支出核定表 表 3

序号	项 目 名 称	单位	单价(元)	申报数量合计	申报金额(元)	审核金额(元)	备注
1	日常保养	km · 年	15000	0	0.00		
2	浇筑基础混凝土	m^3	600	13.296	7977.60		
3	清洗路面	m^2	2	359.15	718.30		
4	清理边沟杂草	m^2	0.136	127.3	17.31		
5	浇筑泄水槽	m^3	595.3	0.925	550.65		
6	补装刺丝网	t	7128.75	0.7696	5486.29		
7	安装隔离栅	m^2	48.64	123.38	6001.20		
8	更换护栏板	t	10190.81	8.791	89587.41		
9	校正立柱	根	15.43	5	77.15		
10	更换护栏板立柱	t	10740.69	0.653	7013.67		
11	钻石级反光膜	m^2	800	19.11	15288.00		
12	安装防眩板	块	76.24	352	26836.48		
13	清运山体滑坡	m^3	65.43	34.904	2283.77		
14	清运山体危石	m^3	91.93	87.696	8061.89		
15	安装防撞桶	个	671.96	8	5375.68		
16	安装百米桩号	个	12	1792	21504.00		
17	铲除百米桩号	个	4	1792	7168.00		
18	护栏板刷漆	m^2	11.73	30.6	358.94		
19	修复刺丝网	m	0.54	85	45.90		
20	补装刺丝立柱(水泥)	根	56	43	2408.00		
21	扶直刺丝立柱	根	10.65	3	31.95		
22	安装钢立柱(刺丝网)	根	56.5	16	904.00		
23	安装托架(护栏)	个	13.74	98	1346.52		

续上表

序号	项目名称	单位	单价(元)	申报数量合计	申报金额(元)	审核金额(元)	备注
24	维修桥头锥坡	m^3	136	0.315	42.84		
25	补装防眩板支架	个	199.48	6	1196.88		
26	安装隔声墙	m^2	368	5.583	2054.54		
27	更换防阻块	块	26.27	190	4991.30		
28	安装中央活动护栏	m	850	30.6	26010.00		
29	安装 A 型端头	个	251.5	1	251.50		
30	安装 B 型端头	个	197.5	10	1975.00		
31	贴抗裂贴	m	45	875.9	39415.50		
32	水毁回填	m^3	76	369.503	28082.23		
33	水毁回填5%水泥土	m^3	109.76	7.563	830.11		
34	清运边沟淤泥	m^3	83.23	295.107	24561.76		
35	清运建筑垃圾	m^3	65.43	187.134	12244.18		
36	清理建筑垃圾	m^3	50	148.509	7425.45		
37	维修路缘石	m	8	73	584.00		
38	增设路缘石	m^3	705	0.84	592.20		
39	拔死树	棵	5	385	1925.00		
40	补装柱式轮廓标	根	87.76	109	9565.84		
41	补安护栏螺栓(大)	个	5.86	63	369.18		
42	补安护栏螺栓(小)	个	3.41	671	2288.11		
43	补装轮廓标	个	15.81	20	316.20		
44	补安立柱帽	个	8.47	33	279.51		
45	补装桥梁扶手钢管	m	172.94	82	14181.08		
46	补装桥梁扶手支座	个	254.77	52	13248.04		
47	新增钢管及附件	kg	8.7	259.625	2258.74		
48	安装导向牌	套	800	8	6400.00		
49	安装公里牌	套	1100	6	6600.00		
50	维修千米牌	套	47.4	1	47.40		
51	砂浆抹面	m^2	8.53	0.2	1.71		
52	贴缝带裂缝	m^2	37.97	968.8	36785.34		
53	砖砌围墙	m^3	269	5.49	1476.81		
54	片石砌体	m^3	192.46	0.525	101.04		
55	补装护栏板立柱(ϕ114)	根	225.6	28	6316.80		
56	补装护栏板立柱(ϕ140)	根	386.7	28	10827.60		
57	补防眩板螺栓	个	3.41	2	6.82		
	小计				416731.90		

岭南高速公路通车试运营两年来,在岭南分公司领导的正确领导下,在养护监理单位、养护施工单位的共同努力下,养护管理工作运行良好,确保了岭南高速公路快捷、安全、舒适、经济、畅通,在今后的养护管理工作中养护管理人员将奋勇拼搏、勇于创新,全身心地投入到养护工作中,争取取得更大的成绩,力争为岭南高速公路的

养护管理工作作出新的贡献。

五、存在的问题及建议

在交工验收组岭南工程时存在的问题：二广主线分水岭至南召山坡岩石分化，不同程度出现滑波、个别路段路基有水毁现象。南阳北绕城高速个别路段路面接缝不好、高程控制较差、点颠感较强。在挖方路段多处出现膨胀土滑坡。各标段桥梁出现露筋、缺损的地方。

总之，经交工验收组评审，认为建设单位、监理单位在工程建设中能够履行合同，承担合同中明确的质量责任和义务，接受公路工程质量监督机构的监督检查。遵守国家规定的基本建设程序和有关规定进行，并依照有关法律、法规、规章的规定和公路工程技术标准的要求圆满完成建设任务。工程质量符合公路工程技术标准，同意交付使用，由河南岭南高速公路有限公司管理和养护。

缺陷完善问题较多，在缺陷责任期内建设单位对存在的质量、完善问题进行及时整改。经过两年缺陷责任期，岭南高速公路路基、路面、桥涵、安全等设施没有出现质量问题，分水岭至南召山体滑坡采用山体挂防护网，南阳北绕城膨胀土滑坡用浆砌片石防护，各标段桥梁出现露筋、缺损的地方进行了维修完善，体现了“以人为本、以车为本”的理念，强化服务意识，提升管理水平，延长公路使用寿命，保持设施完好，实现了畅通、安全、舒适、美观的养护目标。

河南高速公路发展有限责任公司南阳分公司